CAD/CAM 从入门到精通

Mastercam X5 中文版从入门到精通

张云杰　张云静　编　著

清华大学出版社
北　京

内容简介

Mastercam 软件是 CAD/CAM 一体化的软件，广泛应用于机械、电子、航空等领域。本书主要针对目前非常热门的 Mastercam 辅助设计技术，讲解最新版本 Mastercam X5 中文版的设计方法。全书共 17 章，主要包括基本操作、图素选择、绘制二维图形、图形编辑及标注、三维实体造型、曲面造型、三维曲面编辑、加工设置、2 轴铣削加工、3 轴曲面粗加工、3 轴曲面精加工、车削加工和线切割加工等内容，最后还讲解了四个综合的加工范例，从实用的角度介绍了 Mastercam X5 中文版的使用。另外，本书还配备了交互式多媒体教学演示光盘，将案例制作过程制作为多媒体视频进行讲解，讲解形式活泼、方便、实用，便于读者学习使用。

本书内容广泛、通俗易懂、语言规范、实用性强，使读者能够快速、准确地掌握 Mastercam X5 中文版的设计加工方法与技巧。特别适合初、中级用户的学习，是广大读者快速掌握 Mastercam X5 中文版的实用指导书，也可作为大专院校计算机辅助设计课程的指导教材。

图书在版编目(CIP)数据

Mastercam X5 中文版从入门到精通/张云杰等编著. —北京：清华大学出版社，2013（2022.5 重印）
(CAD/CAM 从入门到精通)
ISBN 978-7-302-31947-4

Ⅰ. ①M… Ⅱ. ①张… Ⅲ. ①计算机辅助制造—应用软件 Ⅳ. ①TP391.73

中国版本图书馆 CIP 数据核字(2013)第 078124 号

责任编辑：张彦青
封面设计：杨玉兰
责任校对：李玉萍
责任印制：刘海龙
出版发行：清华大学出版社
网　址：http://www.tup.com.cn, http://www.wqbook.com
地　址：北京清华大学学研大厦 A 座　　邮　编：100084
社 总 机：010-83470000　　邮　购：010-62786544
投稿与读者服务：010-62776969, c-service@tup.tsinghua.edu.cn
质量反馈：010-62772015, zhiliang@tup.tsinghua.edu.cn
课件下载：http://www.tup.com.cn, 010-62791865
印 装 者：天津鑫丰华印务有限公司
经　销：全国新华书店
开　本：185mm×260mm　**印　张**：39.75　**字　数**：965 千字
(附 DVD 1 张)
版　次：2013 年 6 月第 1 版　**印　次**：2022 年 5 月第 6 次印刷
定　价：72.00 元

产品编号：043384-01

前　言

Mastercam 软件是美国 CNC Software 公司研制开发的基于 PC 平台的 CAD/CAM 一体化的软件，在世界上拥有众多忠实用户，广泛应用于机械、电子、航空等领域。Mastercam 软件在我国制造业和教育界，以其高性价比优势，广受赞誉而有着极为广阔的应用环境。目前，Mastercam X5 是市面流行的最新版本，其功能更强大，操作更灵活。

为了使读者能更好地学习，同时尽快熟悉 Mastercam X5 中文版的设计和加工功能，笔者根据多年在该领域的设计经验精心编写了本书。本书以 Mastercam X5 中文版为基础，根据用户的实际需求，从学习的角度由浅入深、循序渐进、详细地讲解了该软件的设计和加工功能。

全书共包括 17 章，从 Mastercam X5 的安装和启动开始，详细介绍了其基本操作、图素选择、绘制二维图形、图形编辑及标注、三维实体造型、曲面造型、三维曲面编辑、加工设置、2 轴铣削加工、3 轴曲面粗加工、3 轴曲面精加工、车削加工和线切割加工等内容，最后还讲解了四个实际的综合加工范例，从实用的角度介绍了 Mastercam X5 中文版的使用方法。

笔者的 CAX 设计教研室长期从事 Mastercam 的专业设计和教学，数年来承接了大量的项目，参与 Mastercam 的教学和培训工作，积累了丰富的实践经验。本书就像一位专业设计师，将设计项目时的思路、流程、方法和技巧、操作步骤面对面地与读者交流。

本书还配备了交互式多媒体教学演示光盘，将案例制作过程制作为多媒体进行讲解，有从教多年的专业讲师全程多媒体语音视频跟踪教学，以面对面的形式讲解，便于读者学习使用。同时，光盘中还提供了所有实例的源文件，以便读者练习使用。关于多媒体教学光盘的使用方法，读者可以参看光盘根目录下的光盘说明。另外，本书还提供了网络的免费技术支持，欢迎大家登录云杰漫步多媒体科技的网上技术论坛进行交流：http://www.yunjiework.com/bbs。论坛分为多个专业的设计版块，可以为读者提供实时的软件技术支持，解答读者。

本书由云杰漫步科技 CAX 教研室编著，参加编写工作的有阎伍平、张云杰、靳翔、尚蕾、刁晓永、张云静、郝利剑、汤明乐、周益斌、刘斌、贺安、祁兵、杨晓晋、龚堰珏、林建龙等。书中的范例均由云杰漫步多媒体科技公司 CAX 设计教研室设计制作，多媒体光盘由云杰漫步多媒体科技公司提供技术支持，同时要感谢出版社的编辑和老师们的大力协助。

由于本书编写时间仓促，编写人员的水平有限，因此在编写过程中难免有不足之处。在此，编写人员对广大用户表示歉意，望广大用户不吝赐教，对书中的不足之处给予指正。

作　者

目　　录

第 1 章

Mastercam X5

Mastercam X5 入门

本章导读：

Mastercam 是工业界及学校广泛采用的 CAD/CAM 系统，它的特长是可模拟零件加工整个过程的刀具路径并进行校验。Mastercam 不但具有强大稳定的造型功能，可以设计出复杂的曲线、曲面零件，而且具有强大的曲面粗加工及灵活的曲面精加工功能。

在使用 Mastercam X5 进行设计、加工之前，首先要了解 Mastercam X5 的发展历程、主要功能及此版本的新增功能，学习软件界面、文件管理、网格设置及系统配置。本章主要针对这些内容进行介绍。

学习内容：

学习目标 / 知识点	理　解	应　用	实　践
Mastercam X5 概述	√		
Mastercam X5 新增功能	√		
Mastercam X5 界面	√	√	
文件管理	√	√	√
设置网格和系统配置	√	√	

1.1 Mastercam X5 概述

Mastercam 是美国 CNC Software 公司开发的基于 PC 平台的 CAD/CAM 软件。它集二维绘图、三维实体造型、曲面设计、图素拼合、数控编程、刀具路径模拟及真实感模拟等功能于一身。它具有方便直观的几何造型功能。Mastercam 提供了设计零件外形所需的环境，其稳定的造型功能可设计出复杂的曲线、曲面零件。Mastercam 9.0 以上版本支持中文环境，而且价位适中，对于广大中小企业是理想的选择，是经济有效的全方位的软件系统，是工业界及学校广泛采用的 CAD/CAM 系统。

作为一个 CAD/CAM 集成软件，Mastercam 系统包括设计(CAD)和加工(CAM)两大部分。其中，设计(CAD)部分主要由 Design 模块来实现，它具有完整的曲线、曲面功能，不仅可以设计和编辑二维、三维空间曲线，还可以生成方程曲线；采用 NURBS、PARAMETERICS 等数学模型，可以以多种方法生成曲面，并具有丰富的曲面编辑功能。加工(CAM)部分主要由 Mill、Lathe 和 Wire 三大模块来实现，并且各个模块本身都包含有完整的设计(CAD)系统。其中，Mill 模块可以用来生成加工刀具路径，并可进行外形铣削、型腔加工、钻孔加工、平面加工、曲面加工以及多轴加工等的模拟；Lathe 模块可以用来生成车削加工刀具路径，并可进行粗/精车、切槽以及车螺纹的加工模拟；Wire 模块用来生成线切割激光加工路径，从而能高效地编制出任何线切割加工程序，可进行 1～4 轴上下异形加工模拟，并支持各种 CNC 控制器。

Mastercam 可靠的刀具路径校验功能使其可模拟零件加工的整个过程。模拟中不但能显示刀具和夹具，还能检查出刀具和夹具与被加工零件的干涉、碰撞情况，真实反映加工过程中的实际情况。同时 Mastercam 对系统运行环境要求较低，使用户无论是在造型设计、CNC 铣床、CNC 车床还是 CNC 线切割等加工操作中，都能获得最佳效果。Mastercam 软件已被广泛应用于通用机械、航空、船舶、军工等行业的设计与 NC 加工，在 20 世纪 80 年代末，我国就引进了这款软件。

1984 年美国 CNC Software 公司推出第一代 Mastercam 产品，当时这一软件很快就以其强大的加工功能闻名于世。多年来该软件在功能上不断更新与完善，已被工业界及学校广泛采用。2008 年，CIMdata 公司对 CAM 软件行业的分析排名表明：Mastercam 销量再次排名世界第一，是 CAD/CAM 软件行业持续 11 年销量第一的软件巨头。Mastercam 后续发行的版本对三轴和多轴功能做了大幅度的提升，包括三轴曲面加工和多轴刀具路径。

2010 年 11 月，CNC Software 推出 Mastercam X5 版本。

Mastercam X5 具有强劲的曲面粗加工及灵活的曲面精加工功能。Mastercam 提供了多种先进的粗加工技术，以提高零件加工的效率和质量。Mastercam 还具有丰富的曲面精加工功能，可以从中选择最好的方法，加工最复杂的零件。Mastercam 的多轴加工功能，为零件的加工提供了更多的灵活性。可靠的刀具路径校验功能可模拟零件加工的整个过程，模拟中不但能显示刀具和夹具，还能检查刀具和夹具与被加工零件的干涉、碰撞情况。

Mastercam X5 提供 400 种以上的后置处理文件以适用各种类型的数控系统，比如常用的 FANUC 系统。根据机床的实际结构，编制专门的后置处理文件，编译 NCI 文件经后置处理后便可生成加工程序。

X5 版本的 Mastercam 采用全新的设计界面，使设计人员能更高效地进行设计开发，操作界面是一个完全可自定义的模块，X 版本加强对“历史记录的操作”，允许用户建立适合的 Mastercam 开发设计风格。

产品开发性能是大家最关心的，Mastercam X 5 版本中 important Z-level toolpaths 的执行效果较以往最高可提高 400%；Mastercam X 5 新功能 “Enhanced Machining Model”可以高速地加快程序设计并保证设计精密。

Mastercam X5 程序完全重新设计，Mastercam X5 的 CAD 设计在新版本中使模型化过程变得空前的高效和灵活。

Mastercam X5 由于有内置的纠错功能，可以自动化地减少设计过程中出现错误的概率。

1.2　Mastercam X5 新增功能

Mastercam 最新发行的版本是 X5，这个版本对四轴功能、五轴功能和多轴功能做了大幅提升，包括四轴、五轴曲面加工和多轴刀具路径。

(1) 使用全新整合式的视窗界面，使工作更加迅速。

(2) 可依据个人的不同喜好，调整屏幕外观及工具栏。

(3) 新的抓点模式，简化操作步骤。

(4) 属性图形改为“使用中的(Live)”，便于而后的修改。

(5) 曲面的建立新增“围离曲面”。

(6) 昆式曲面改成更方便的“网状曲面”。

(7) 增加“面与面倒圆角”命令。

(8) 直接读取其他 CAD 文档，包含 DXF、DWG、IGES、VDA、SAT、Parasolid、SolidEdge 、SolidWorks 及 STEP。

(9) 增加机器定义及控制定义，明确的规划 CNC 机器的功能。

(10) 外形铣削式除了 2D、2D 倒角、螺旋式渐降斜插及残料加工外，新增“毛头”的设定。

(11) 外形铣削、挖槽及全圆铣削增加“贯穿”的设定。

(12) 增强交线清角功能，增加“平行路径”的设定。

(13) 将曲面投影精加工中的两区曲线，熔接独立成“熔接加工”。

(14) 挖槽粗加工、等高外形及残料粗加工采用新的快速等高加工技术(FZT)，大幅减少计算时间。

(15) 改用更人性化的路径模拟界面，可以更精确的观看及检查刀具路径。

1.3　Mastercam X5 界面

学习软件的第一步是认识界面。只有对界面比较熟悉，才有可能熟练地掌握软件的操作。

安装完 Mastercam X5 系统后，会在桌面上创建一个图标，如图 1-1 所示，双击此图标便可启动软件，也可以通过选择【开始】|【程序】| Mastercam X5 | Mastercam X5 命令来启

动，如图 1-2 所示。

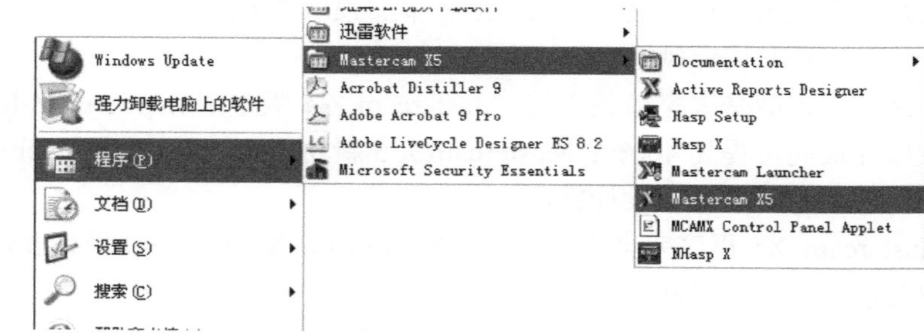

图 1-1　桌面快捷方式　　　　图 1-2　从开始菜单中启动

第一次启动 Mastercam X5，其界面如图 1-3 所示，其中包括标题栏、菜单栏、操控板、工具栏、状态栏、最常使用的功能列表工具栏、快捷工具栏、绘图区、操作管理器和属性栏等。

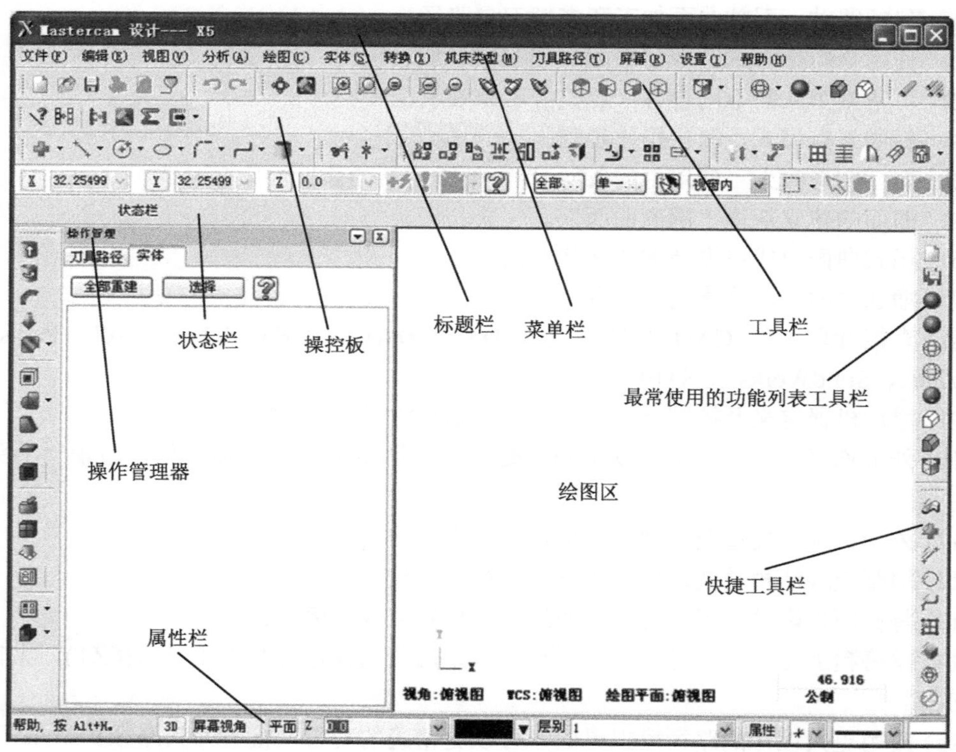

图 1-3　软件界面

1.3.1　菜单栏

菜单栏位于标题栏的下方，内部包含了设计、加工及环境设置等用到的所有命令。工具栏中每一个按钮都可以在菜单栏中找到。

(1)　【文件】菜单：用于文件的新建、打开、合并、保存、打印及属性等操作。

(2) 【编辑】菜单：可以对绘制的图形进行编辑操作，如剪切、复制、粘贴、删除、修剪/打断、连接图素、更改曲线、转为 NURBS、曲线变弧、曲面法向设定及更改等功能。

(3) 【视图】菜单：包括平移、缩放和旋转视图等命令，用于图形视角的变换。

(4) 【分析】菜单：用于图素的坐标位置、距离、角度和串联状况等。

(5) 【绘图】菜单：可以进行点、直线、圆弧、样条曲线、曲面曲线等二维和三维基本图形的构建，并进行倒角和倒圆角操作；曲面的构建及曲面的编辑功能；尺寸的标注功能；矩形、多边形、椭圆、盘旋线、螺旋线的绘制；基本曲面/实体(指圆柱体、圆锥体、立方体、球体和圆环体)的构建；绘制文字等功能。

(6) 【实体】菜单：可以实现由曲线创建实体(包括拉伸、旋转、扫描及举升)的功能；编辑现有实体(包括倒圆角、倒角、实体抽壳、实体修剪、薄片实体加厚、移动实体表面、牵引实体)的功能；布尔运算及由实体生成工程图的功能等。

(7) 【转换】菜单：可以对绘制的图形进行平移、3D 平移、镜像、旋转、比例缩放、动态平移、移动到原点、单体补正、串连补正、投影、阵列、缠绕、拖曳、牵移、转换 STL 文件、图形排版等。

设计(CAD)部分主要由 Design 模块来实现，它具有完整的曲线曲面功能，不仅可以设计和编辑二维、三维空间曲线，还可以生成方程曲线；采用 NURBS、PARAMETERICS 等数学模型，可以以多种方法生成曲面，并具有丰富的曲面编辑功能。【编辑】、【视图】、【分析】、【绘图】、【实体】和【转换】菜单如图 1-4 和图 1-5 所示。

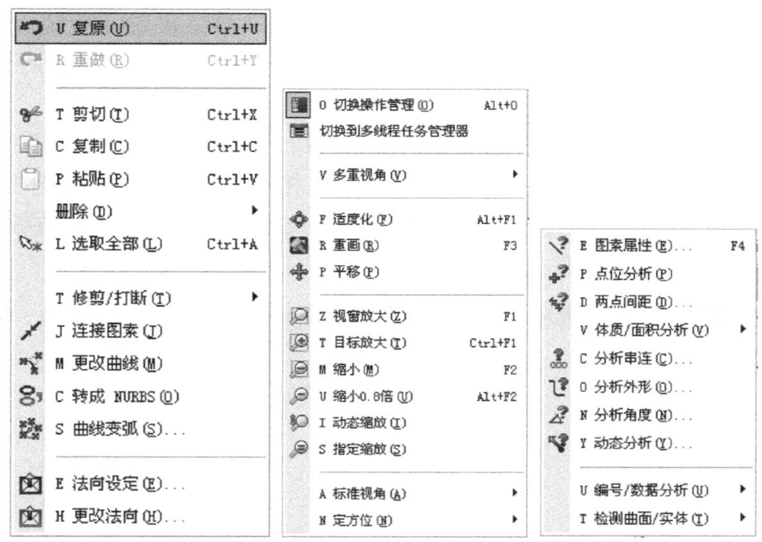

图 1-4 【编辑】、【视图】和【分析】菜单

(8) 【机床类型】菜单：作为一个 CAD/CAM 集成软件，Mastercam X5 包括设计(CAD)和加工(CAM)两大部分，分别是由不同的功能模块来实现的。打开【机床类型】菜单，从中可以选择不同的功能模块，如图 1-6 所示。

(9) 【刀具路径】菜单：根据所选择的机床类型的不同会有所不同，用于创建和编辑加工刀具路径、刀具管理及材料管理等。

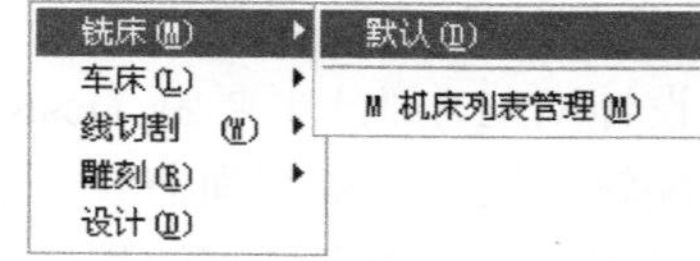

图 1-5 【绘图】、【实体】和【转换】菜单

图 1-6 【机床类型】菜单

(10) 【屏幕】菜单：用于图形的隐藏和恢复、着色、栅格设置及图素属性等。

(11) 【设置】菜单：用于系统配置、快捷键设置、工具栏设置、运行应用程序、机床及控制器定义等。

要想绘制函数曲线/曲面，可以通过选择【设置】|【运行应用程序】菜单命令，弹出【打开】对话框，从中选择 fplot.dll 文件，单击【打开】按钮后又弹出一个【打开】对话框，从中选择一个后缀为“.eqn”的文件，单击【打开】按钮，弹出 Fplot 函数编辑对话框，如图 1-7 所示，然后进行 eqn 文件的操作及图形的绘制。

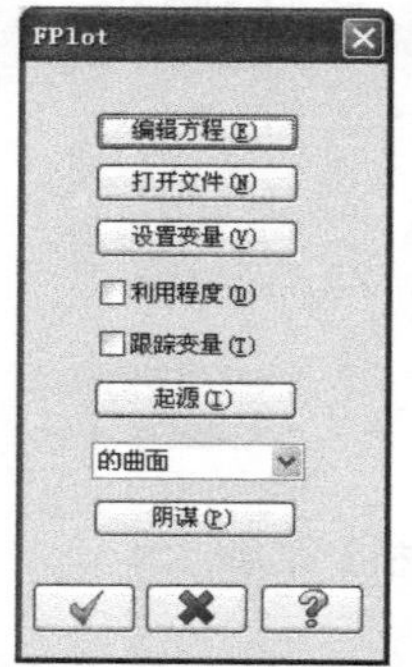

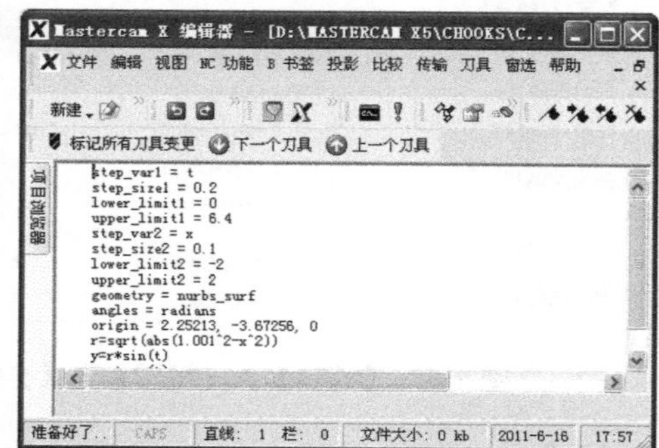

图 1-7 Fplot 函数编辑对话框及.eqn 文件编辑器

(12) 【帮助】菜单：包括帮助目录、参考指南及新增功能等，帮助用户学习软件。

【屏幕】、【设置】和【帮助】菜单如图 1-8 所示。

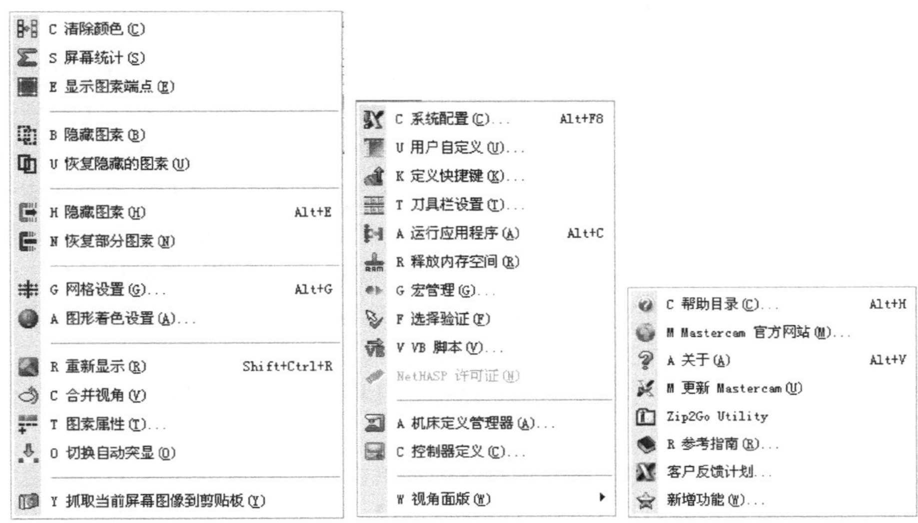

图 1-8　【屏幕】、【设置】和【帮助】菜单

1.3.2　工具栏

工具栏将菜单栏中的各命令以图标的形式表达出来，目的是方便用户的选择，工具栏的命令按钮可以通过选择【设置】|【用户自定义】菜单命令，打开如图 1-9 所示的【自定义】对话框来添加和删除。

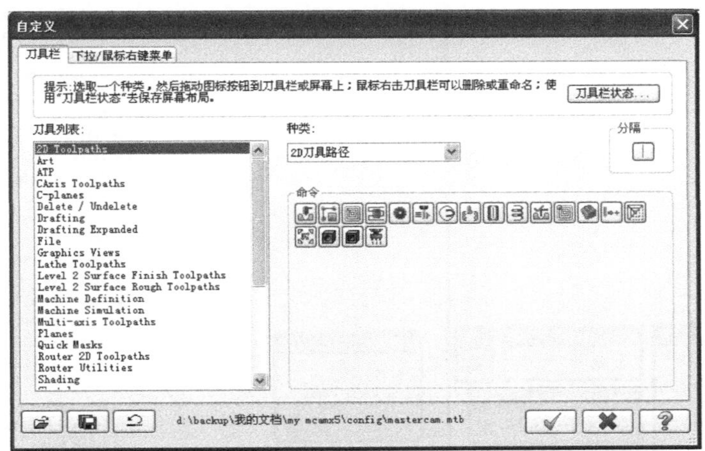

图 1-9　【自定义】对话框

工具栏可以分成如下三种。

(1) 常用工具栏：位于菜单栏的下方，包含了大部分常用控制功能的工具按钮，执行简单的命令。

(2) 最常使用的功能列表工具栏：位于绘图区右侧，记录下了操作者最近使用过的 10 个命令，为再次使用命令提供了捷径。

(3) 快捷工具栏：位于绘图区右侧，通过单击其上的按钮，可以快速地选择某一类型的

图元。

Mastercam 加工(CAM)部分主要由 Mill、Lathe、Wire 和 Router 四大模块来实现，并且各个模块本身都包含有完整的设计(CAD)系统。车削模块用于生成车削加工刀具轨迹，可以进行粗车、精车、车螺纹、切槽、横断、钻孔、镗孔等加工，还可以实现车削中心的 C 轴加工功能。铣削模块用于生成铣削加工刀具路径，分为二维加工系统和三维加工系统，二维加工包括外形铣削、型腔铣削、面铣削、孔铣削等；三维加工包括曲面铣削、多轴加工和线架加工等。雕刻模块用于生成雕铣加工的刀具路径，可以进行木模、塑料模的加工等。线切割模块用来生成线切割激光加工路径，从而能高效地编制出任何线切割加工程序，可进行 1～5 轴上下异形加工模拟，并支持各种 CNC 控制器。

不同的加工模块，可以显示不同的刀具路径工具栏，在 Mastercam X5 中所包含的刀具路径功能的工具栏如图 1-10 所示。

工具栏的显示与关闭除了可以在工具栏空白处单击鼠标右键，在弹出的快捷菜单中进行管理外，如图 1-11 所示；还可以通过【刀具栏状态】对话框来管理。选择【设置】|【刀具栏设置】菜单命令，打开【刀具栏状态】对话框，如图 1-12 所示，在左侧的工具栏状态列表中可以选中其中一项，然后单击【载入】按钮，便应用了该工具栏状态；也可以在右侧的工具栏列表中选中要显示的工具栏前面的复选框，单击【保存】按钮，以备后用。

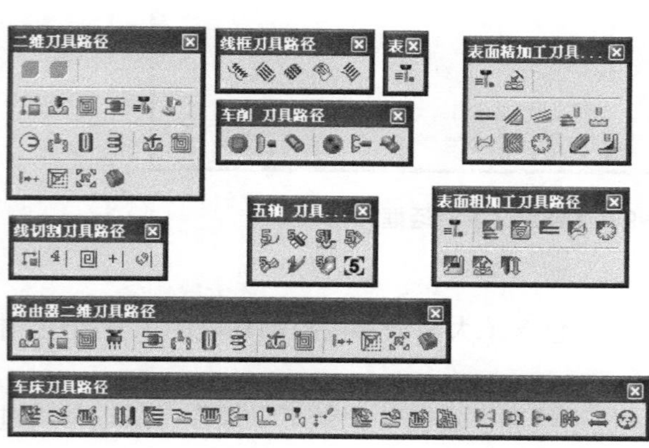

图 1-10 刀具路径工具栏

图 1-11 快捷菜单

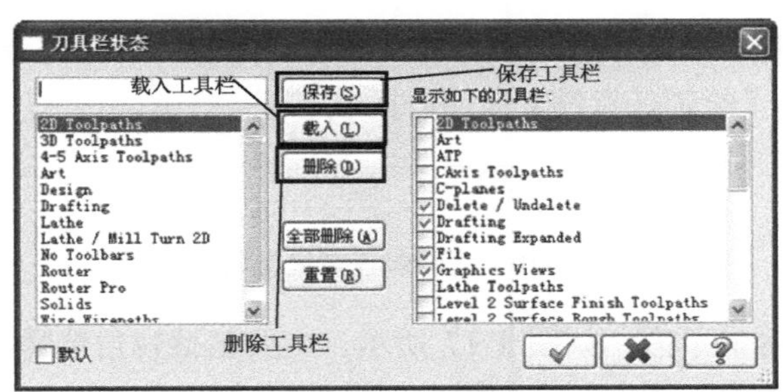

图 1-12　【刀具栏状态】对话框

1.3.3　绘图区

绘图区主要用于创建、编辑、显示几何图形、产生刀具轨迹和模拟加工的区域。在其中单击鼠标右键会弹出如图 1-13 所示的快捷菜单，可以操作视图、抓取点及去除颜色。

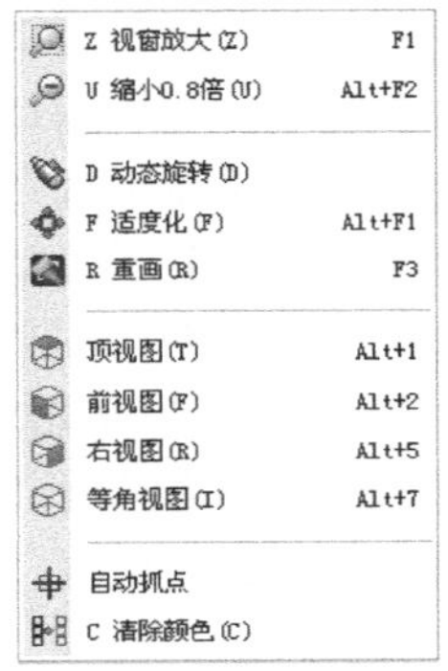

图 1-13　图形区右键快捷菜单

在图形区的左下角，还显示了坐标系图标、屏幕视角、WCS 以及绘图平面目前所处的状态。在图形区的右下角，显示了绘图的一个标尺和单位，标尺所代表的长度随视图的缩放而变化，如图 1-14 所示。

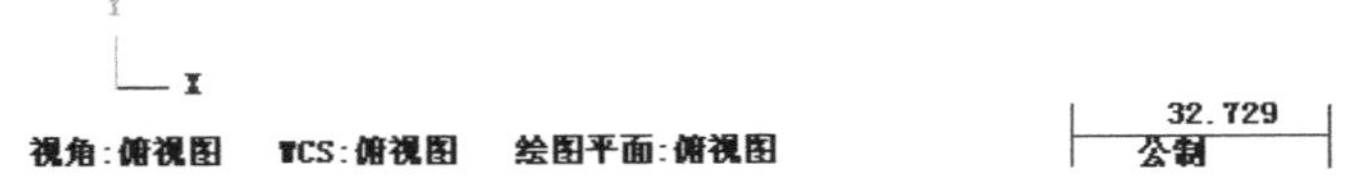

图 1-14　视图、坐标系和标尺

1.3.4　操控板、状态栏及属性栏

操控板位于工具栏的下方，主要用于操作者执行某一操作时，提示下一步的操作，或者提示正在使用的某一功能的设置状态或系统所处的状态等，如图 1-15 所示为绘制直线时的操控板。

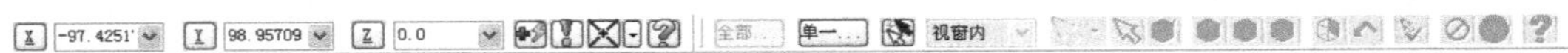

图 1-15　操控板

状态栏一般位于操控板的下方，状态栏一般是特定的，不同的命令对应不同的状态栏。如图 1-16 所示为选择【绘制任意线】命令时的状态栏。

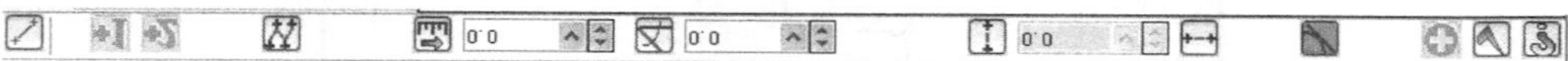

图 1-16 【绘制任意线】状态栏

属性栏位于绘图区的下方，如图 1-17 所示，主要包括视角选择、构图面设置、Z 轴设置、图层设置、颜色设置、图素属性设置、群组设定功能。

图 1-17 属性栏

单击属性栏中各按钮即可进行相应的属性设置。

(1) 2D/3D 按钮：在 2D/3D 构图模式间切换。当选择 2D 构图模式时，所绘制的图素将表达为二维平面图形，即 Z 轴深度相等；当选择 3D 构图模式时，所绘制的图素将不受构图深度和构图平面的约束，可在绘图区直接进行三维图形绘制。

(2) 【屏幕视角】按钮：用于选择和定义图形视角，如图 1-18 所示。其命令可在【视图】菜单中的【标准视图】子菜单和【定方位】子菜单中找到。

(3) 【平面】按钮：用于选择或定义图素的绘图平面和刀具平面。

(4) Z：构图平面 Z 轴深度定义框。用户可以单击 Z 按钮，然后在绘图区中选择点来定义 Z 轴深度，也可以在 Z 右侧的文本框中输入绘图平面的深度值。

(5) 【系统颜色】：单击后弹出【颜色】对话框，用户可以选取适当的颜色或输入 R、G、B 数值定义新的颜色，如图 1-19 所示。

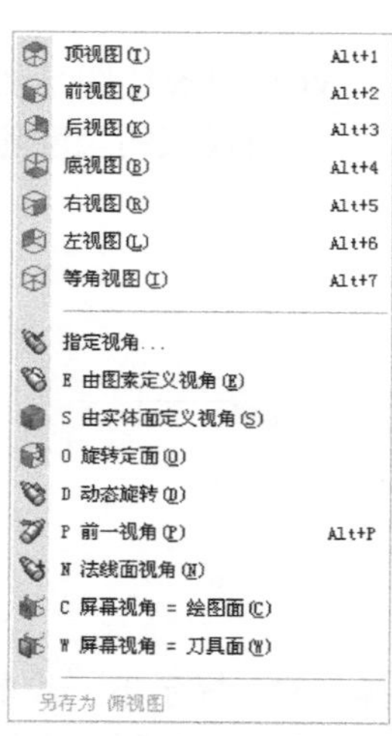

图 1-18 【屏幕视角】菜单

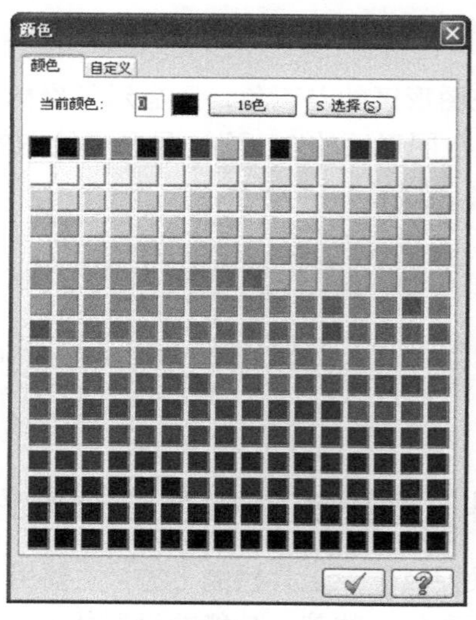

图 1-19 【颜色】对话框

(6) 【层别】：单击后弹出【层别管理】对话框，可以对图层进行选择、创建和关闭等操作，如图 1-20 所示。

(7) 【属性】按钮：单击后弹出【属性】对话框，用于定义点型、线型、图层、线宽、曲面密度等，如图 1-21 所示。

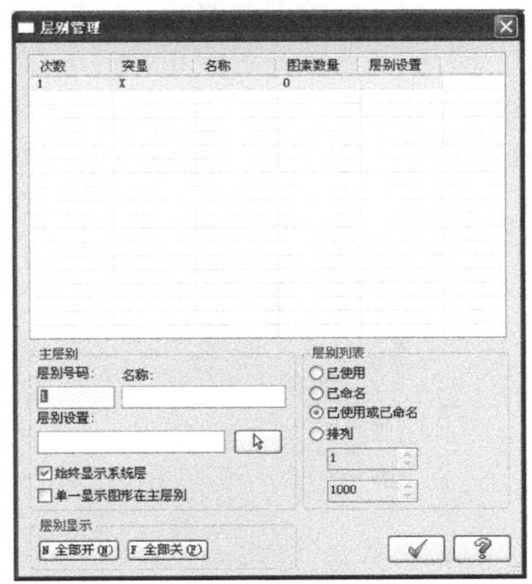

图 1-20　【层别管理】对话框

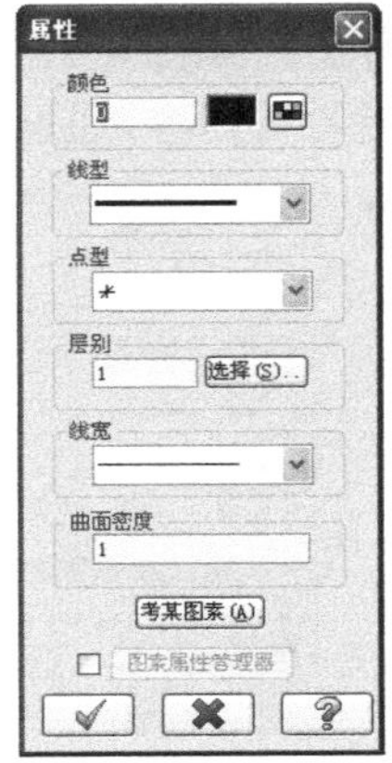

图 1-21　【属性】对话框

(8) WCS 按钮：从弹出的菜单中选择相应的命令，对系统工作坐标系进行方位调整。如图 1-22 所示。

(9) 【群组】按钮：单击后弹出【群组管理】对话框，如图 1-23 所示。在复杂的作业环境中，用户可以通过该功能管理群组，以提高工作效率。

图 1-22　WCS 菜单

图 1-23　【群组管理】对话框

1.3.5　操作管理器

操作管理器位于图形区域的左侧，相当于其他软件的特征设计管理器。其中，包括两个标签页，分别为：【刀具路径】和【实体】。

每一个管理器的作用如下。

(1) 【刀具路径】：如图 1-24 所示，操作管理器把同一加工任务的各项操作集中在一起，如加工使用的刀具和加工参数等，在管理器内可以编辑、校验刀具路径、复制和粘贴相关程序。

(2) 【实体】：如图 1-25 所示，相当于其他软件的模型树，记录了实体造型的每一个步骤以及各项参数等内容，通过每个特征的右键菜单可以对其进行删除、重建和编辑等操作。

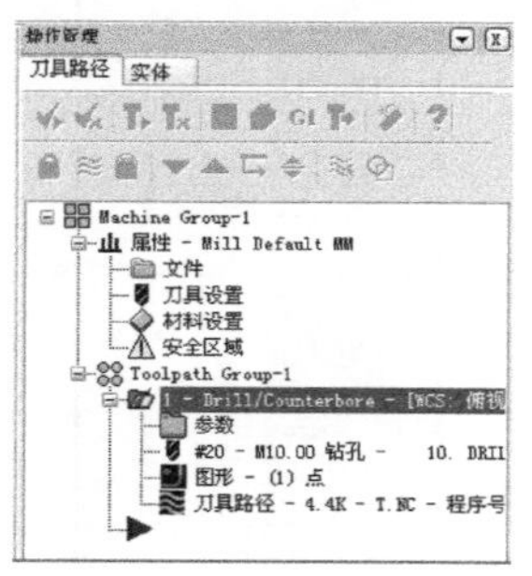

图 1-24 【刀具路径】管理器

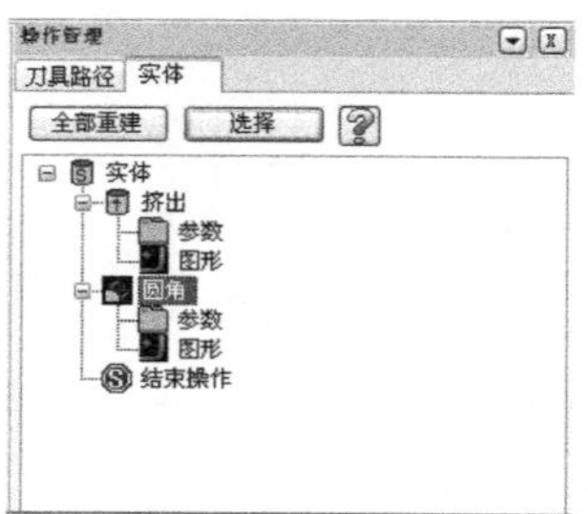

图 1-25 【实体】管理器

1.4 文 件 管 理

在设计和加工仿真的过程中，必须要对文件进行合理的管理，方便以后的调用、查看和编辑。文件管理包括新建文件、打开文件、合并文件、保存文件、输入/输出文件等。

1.4.1 新建文件

系统启动之后，会自动创建一个空文件；用户也可以通过单击【目录】工具栏中的【新建文件】按钮或者选择【文件】|【新建文件】菜单命令，来创建一个新文件。

当用户对打开的文件进行了一些操作后，新建文件时会弹出如图 1-26 所示的提示对话框，若单击【是】按钮，则弹出【另存为】对话框，如图 1-27 所示，给定保存路径和文件名后单击【保存】按钮；若单击【否】按钮，则直接打开一个新的文件，而不保存已改动的文件。

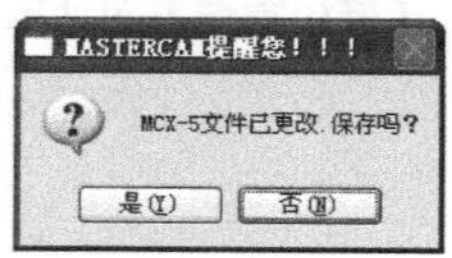

图 1-26 提示对话框

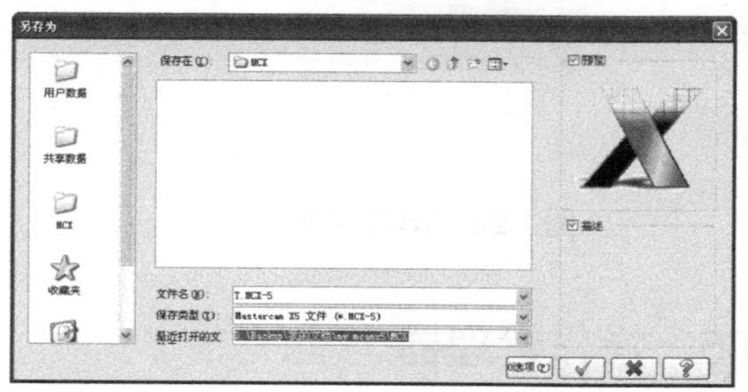

图 1-27 【另存为】对话框

1.4.2　打开文件

单击【目录】工具栏中的【打开文件】按钮或者选择【文件】|【打开文件】菜单命令，弹出【打开】对话框，如图 1-28 所示。在【文件类型】下拉列表框中选择合适的后缀，选择文件，然后单击【打开】按钮，打开文件。

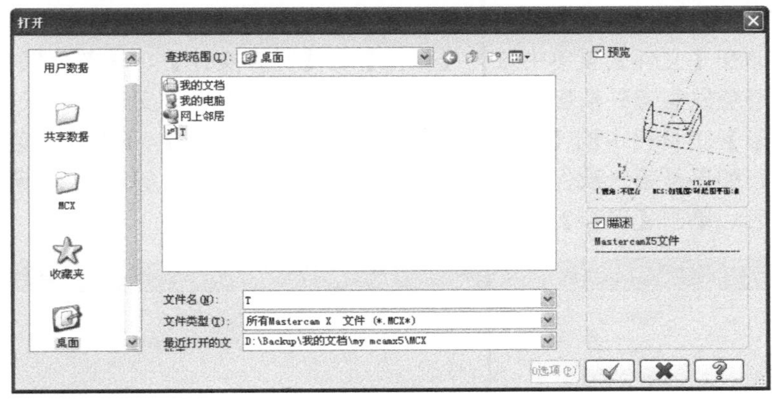

图 1-28　【打开】对话框

当用户对当前文件进行了一些操作后，再打开另一个文件时也会弹出如图 1-26 所示的提示对话框。

1.4.3　合并文件

合并文件是指将 MCX 或其他类型的文件插入到当前的文件中，但插入文件中的关联对象(如刀具路径等)不能插入。

选择【文件】|【合并文件】菜单命令，弹出【打开】对话框，选择需要合并的文件，单击【打开】按钮。当前系统所使用的单位与插入文件所使用的单位不一致时，会弹出【合并文件】对话框，如图 1-29 所示，在其中选择正确的处理方式，然后单击【确定】按钮。

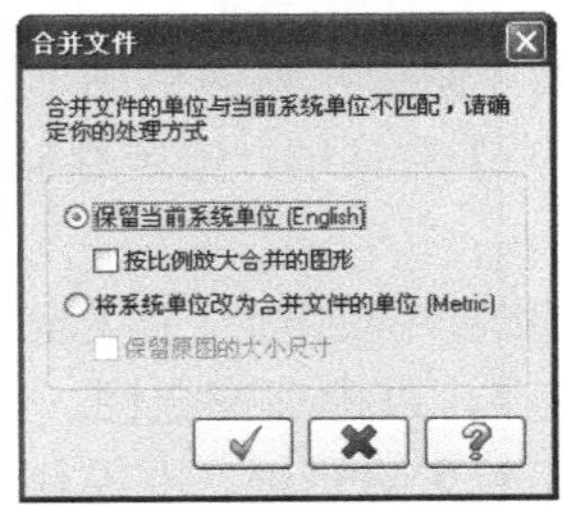

图 1-29　【合并文件】对话框

此时，状态栏如图 1-30 所示，可以对插入的图素进行合理的放置、缩放、旋转、镜像和复制操作。

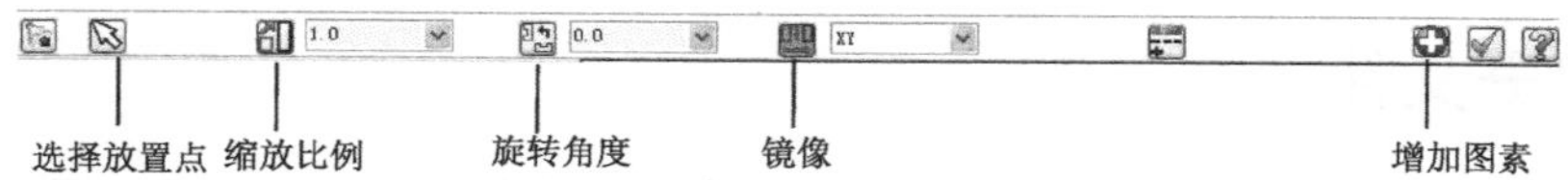

图 1-30 状态栏

1.4.4 保存文件

文件的存储在【文件】菜单中分为【保存】、【另存文件】、【部分保存】三种类型。在操作时为了避免发生意外情况而中断操作，用户应及时对操作文件进行保存。

单击【目录】工具栏中的【保存】按钮或者选择【文件】|【保存】菜单命令，保存已更改的文件。如果是第一次保存，则弹出【另存为】对话框，如图 1-31 所示，给定存储路径和文件名后，单击【保存】按钮。

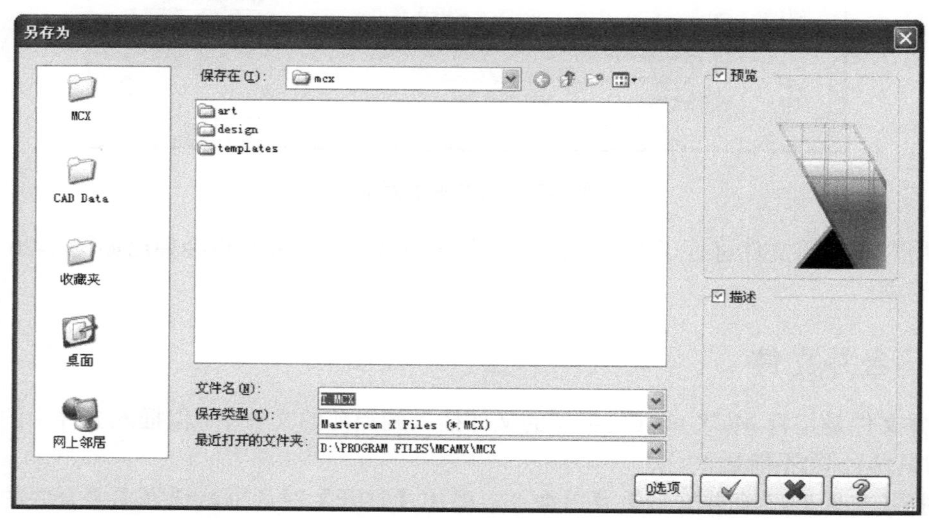

图 1-31 【另存为】对话框

选择【文件】|【另存文件】菜单命令，同样会弹出【另存为】对话框，给定存储路径和文件名后，单击【保存】按钮，保存当前文件的一个副本。

选择【文件】|【部分保存】菜单命令，返回到图形区，单击选中所要保存的图素，然后双击区域任意位置，弹出【另存为】对话框，给定存储路径和文件名后，单击【保存】按钮。

有时，用户把精力放在了设计及软件操作上，而忘记了保存，此时突发事件会造成巨大的损失，因此可以设置文件自动保存，以提高安全性。选择【设置】|【系统配置】菜单命令，打开如图 1-32 所示的【系统配置】对话框。在左侧的树中找到【文件】节点并单击前面的加号展开，选择【自动保存/备份】子节点，在右侧的区域进行想要的设置，完成后单击【确定】按钮。

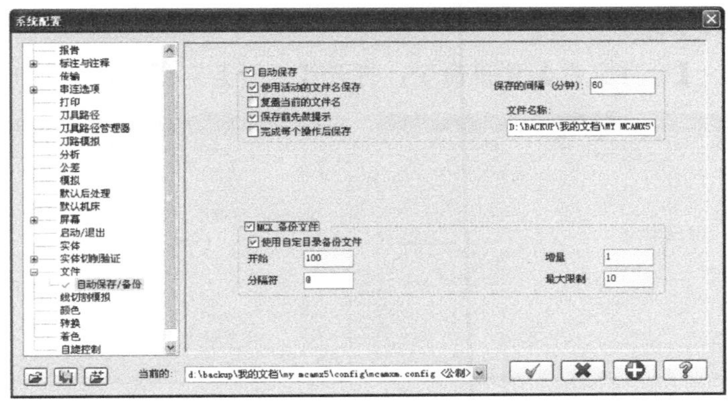

图 1-32　【系统配置】对话框

1.4.5　输入/输出文件

输入/输出文件是将不同格式的文件进行相互转换，输入是将其他格式的文件转换为 MCX 格式的文件，输出是将 MCX 格式的文件转换为其他格式的文件。

选择【文件】|【汇入目录】菜单命令，弹出如图 1-33 所示的【汇入文件夹】对话框，选择汇入文件的类型、源文件目录的位置和输入目录的位置，要查找子文件夹，则启用【在子文件夹内查找】复选框。

选择【文件】|【汇出目录】菜单命令，弹出如图 1-34 所示的【导出文件夹】对话框，选择输出文件的类型、源文件目录的位置和输出目录的位置，要查找子文件夹，则启用【在子文件夹内查找】复选框。

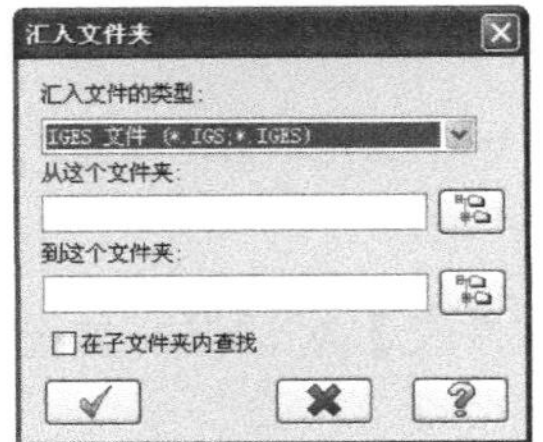

图 1-33　【汇入文件夹】对话框

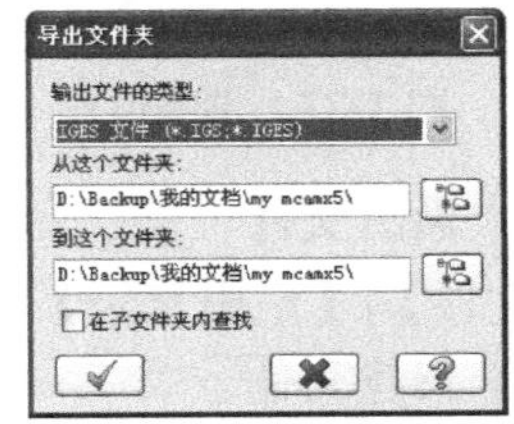

图 1-34　【导出文件夹】对话框

1.4.6　文件管理范例

本范例练习文件：\01\1-4-6. MCX-5，1-4-7. MCX-5。

本范例完成文件：\01\1-4-8. MCX-5。

多媒体教学路径：光盘→多媒体教学→第 1 章→1.4.6 节。

步骤 01 打开文件

选择【文件】|【打开文件】菜单命令，打开【打开】对话框，如图 1-35 所示。

步骤 02 合并文件

选择【文件】|【合并文件】菜单命令，打开【打开】对话框，如图 1-36 所示。

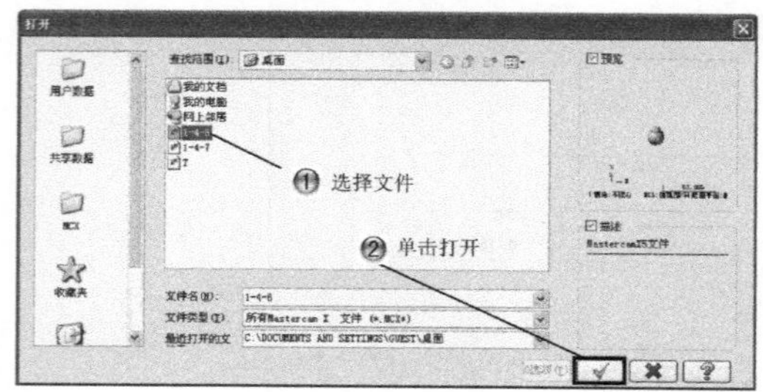

图 1-35　打开文件

图 1-36　合并文件

步骤 03 调整位置

单击【状态栏】中的【选择】按钮，在绘图区单击重新放置图形，如图 1-37 所示。

步骤 04 保存文件

选择【文件】|【另存为】菜单命令，打开【另存为】对话框，如图 1-38 所示。

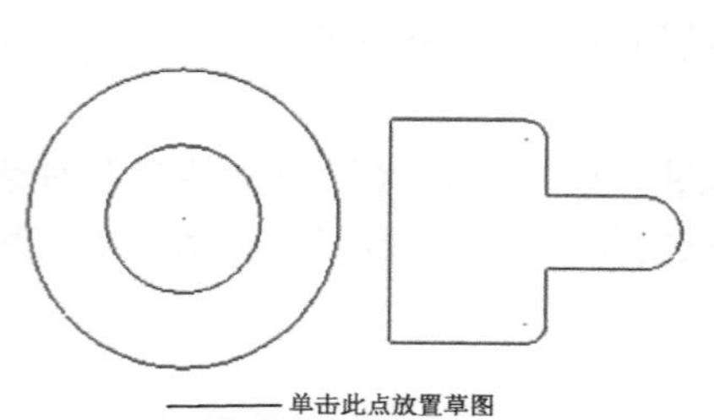

图 1-37　调整位置

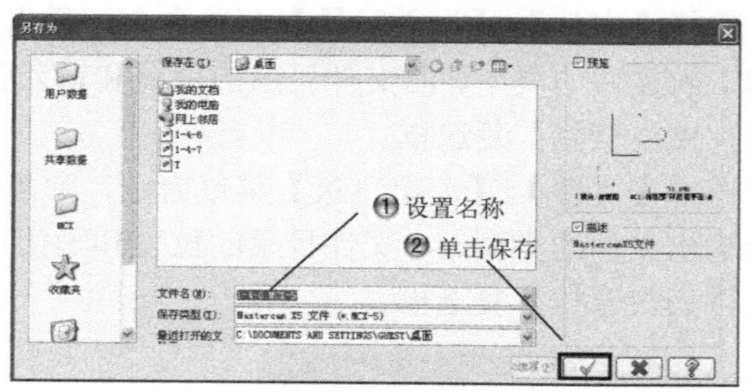

图 1-38　保存文件

步骤 05 输出文件

选择【文件】|【汇出目录】菜单命令，打开【导出文件夹】对话框，如图 1-39 所示。

步骤 06 新建文件

选择【文件】|【新建文件】菜单命令，弹出提示对话框，如图 1-40 所示，单击【是】按钮进行保存。

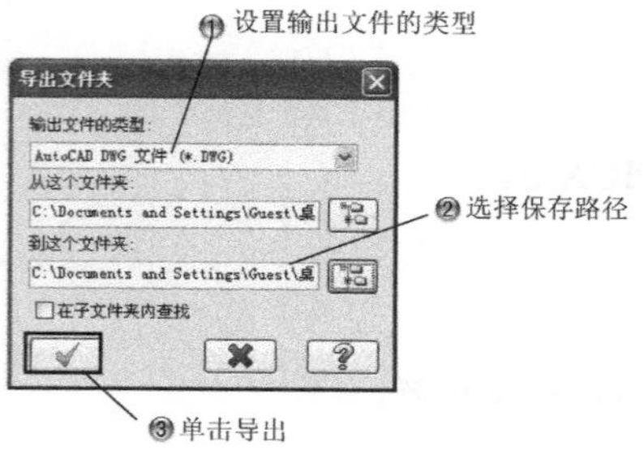

图 1-39　输出文件

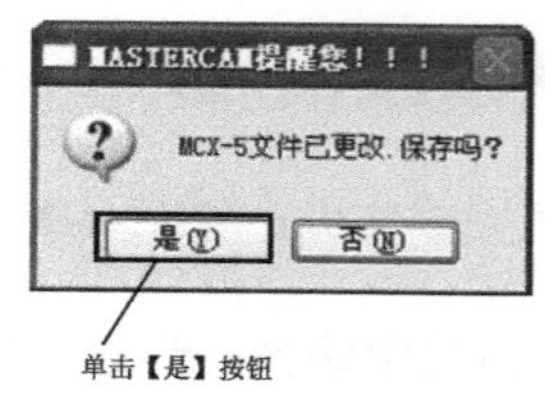

图 1-40　新建文件

1.5　设置网格和系统配置

1.5.1　设置网格

网格设置可以在绘图区显示网格划分，便于几何图形的绘制。选择【屏幕】|【网格参数】菜单命令，弹出【网格参数】对话框，如图 1-41 所示；启用【启用网格】和【显于网格】复选框后，绘图区显示网格，并可以进行捕捉绘制图形，如图 1-42 所示。

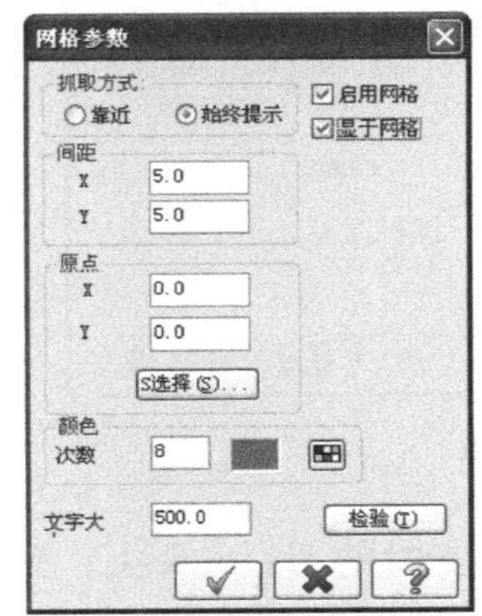

图 1-41　【网格参数】对话框

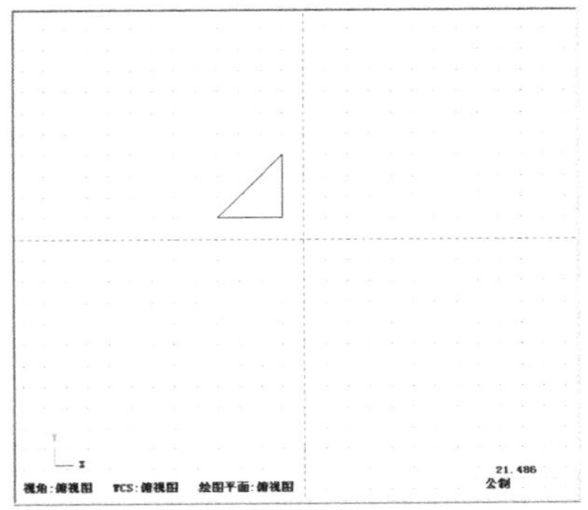

图 1-42　绘图区网格

1.5.2　系统配置

参数设置分为全局设置和局部设置，全局设置对系统的全局产生影响，而局部设置只影响局部操作结果而不影响全局。

选择【设置】|【系统配置】菜单命令，弹出【系统配置】对话框，如图 1-43 所示，共有 24 项，用户可以按照需要对系统默认的部分参数选项进行更改。需要说明的是，在【系统配置】对话框中进行的参数更改，是全局设置，将对系统全局产生影响。

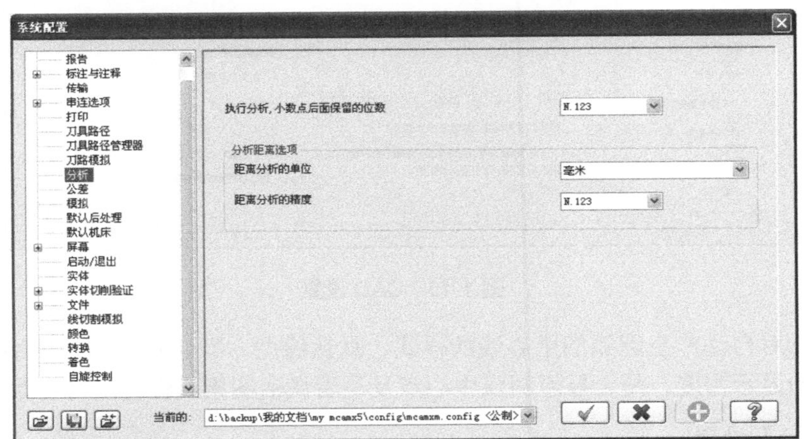

图 1-43　【系统配置】对话框

1. 【刀路模拟】设置

在【系统配置】对话框左侧的树中选择【刀路模拟】节点，右侧显示出与刀路模拟相关的参数，如图 1-44 所示。

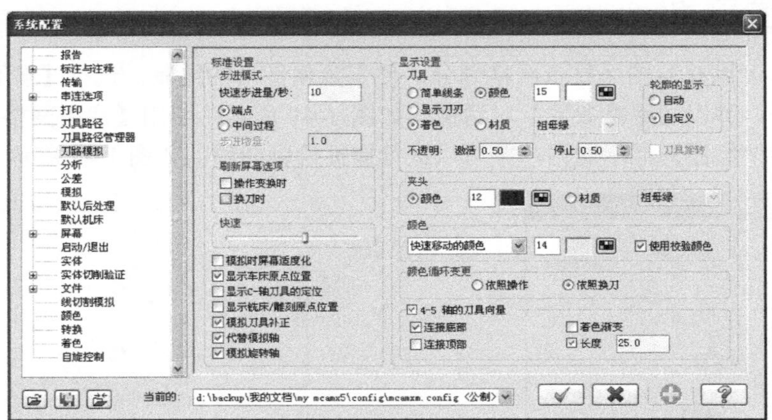

图 1-44　【刀路模拟】设置

用户可以对步进模式、屏幕刷新、模拟速度、模拟加工时的刀具、夹头、颜色及颜色循环变更等参数进行设置。

2. CAD 设置

在【系统配置】对话框左侧的树中选择【CAD 设置】节点，右侧显示出与 CAD 绘图相关的参数，如图 1-45 所示。

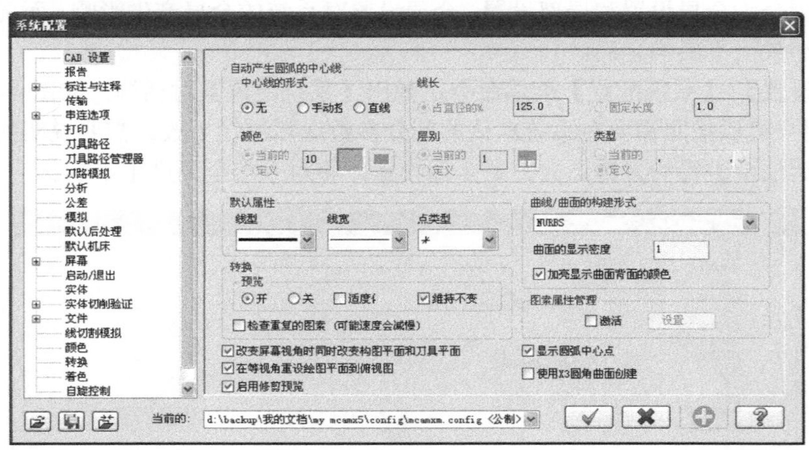

图 1-45　CAD 设置

用户可以对自动产生圆弧的中心线的样式、默认线型、默认点类型、曲线/曲面的构建形式、曲面的显示密度、是否显示圆弧中心点及是否激活图素属性管理等参数进行设置。

3. 【颜色】设置

在【系统配置】对话框左侧的树中选择【颜色】节点，右侧显示出与界面及几何图形的

颜色相关的参数，如图 1-46 所示。

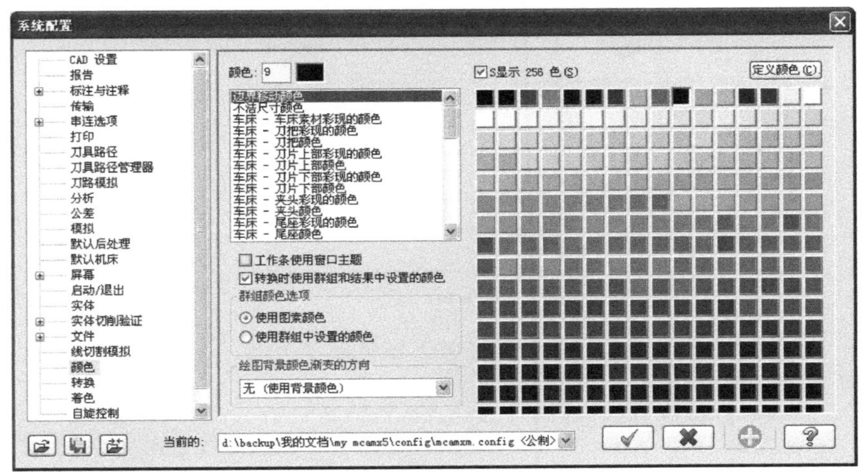

图 1-46　【颜色】设置

用户可以对机床要素颜色、刀具路径颜色、工作区背景颜色、绘图颜色、群组颜色、栅格颜色、铣床/雕刻安全区域颜色、铣床/雕刻工件颜色等参数进行设置。

4. 【转换】设置

在【系统配置】对话框左侧的树中选择【转换】节点，右侧显示出与系统转换文件相关的参数，如图 1-47 所示。

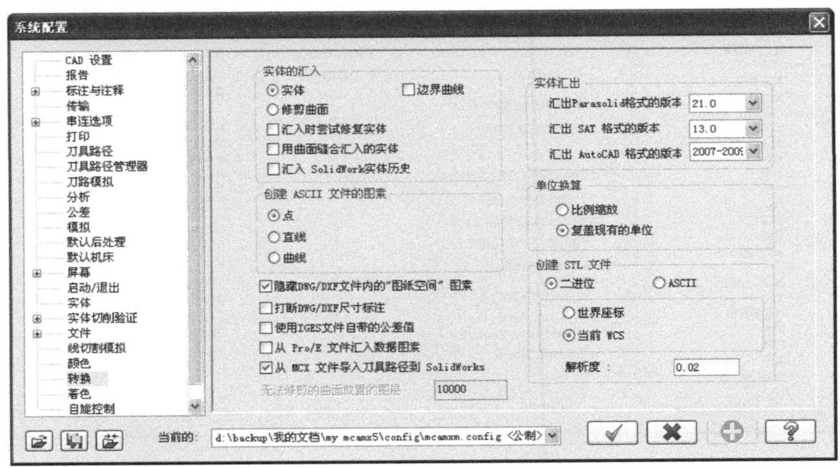

图 1-47　【转换】设置

用户可以对实体汇入的不同方式、实体汇出 Parasolid 文件和 SAT 文件格式的版本、创建 ASCII 文件的图素的表达形式、IEGS 文件与现有文件的单位相匹配的方式等参数进行设置。

5. 【默认机床】设置

在【系统配置】对话框左侧的树中选择【默认机床】节点，右侧显示出与默认机床相关的参数，如图 1-48 所示。

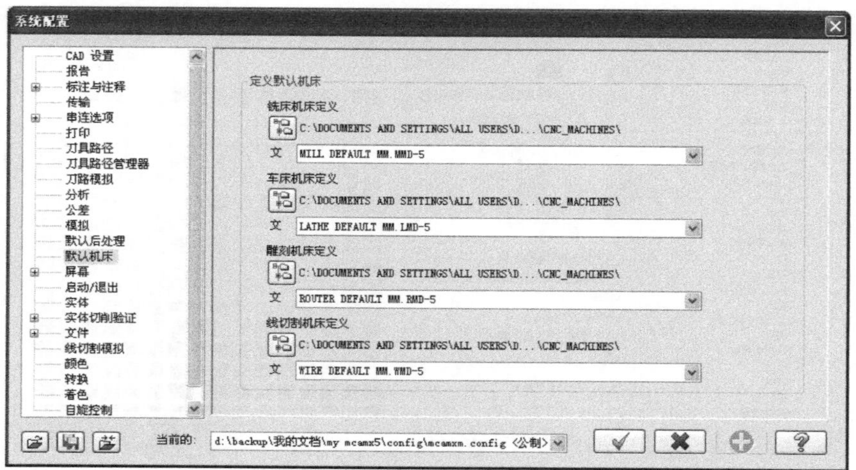

图 1-48 【默认机床】设置

用户可以对铣床、车床、雕刻机床、线切割机床的定义文件进行设置。

6. 【屏幕】设置

在【系统配置】对话框左侧的树中选择【屏幕】节点，右侧显示出与屏幕显示和图素操作相关的参数，如图 1-49 所示。

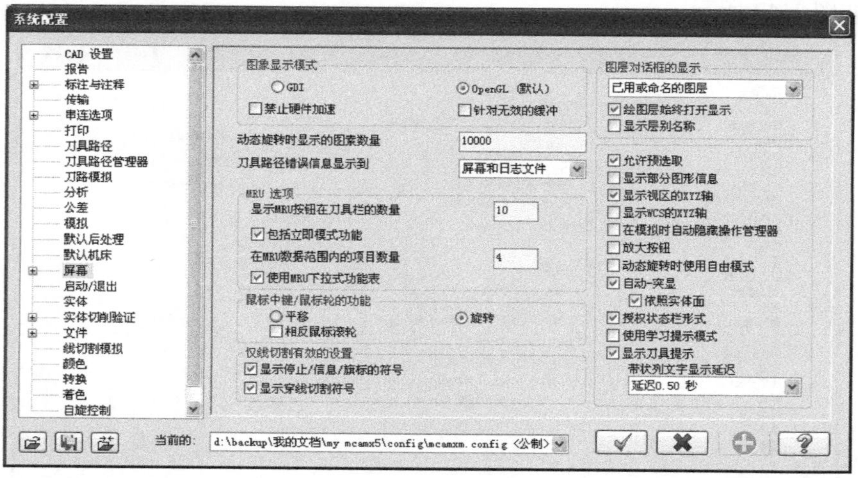

图 1-49 【屏幕】设置

用户可以对图像显示模式、动态旋转时显示图素的数量、刀具路径错误信息显示、鼠标中键/轮的功能、是否显示 WCS 的 XYZ 轴及是否显示视区的 XYZ 轴等参数进行设置。

单击【屏幕】左侧的加号展开该项，选择【网格】节点，如图 1-50 所示，启用【显示网格】复选框，设置合适的 X、Y 方向间距和原点 X、Y 值，其中原点也可以通过单击【选择】按钮，在绘图区选择。

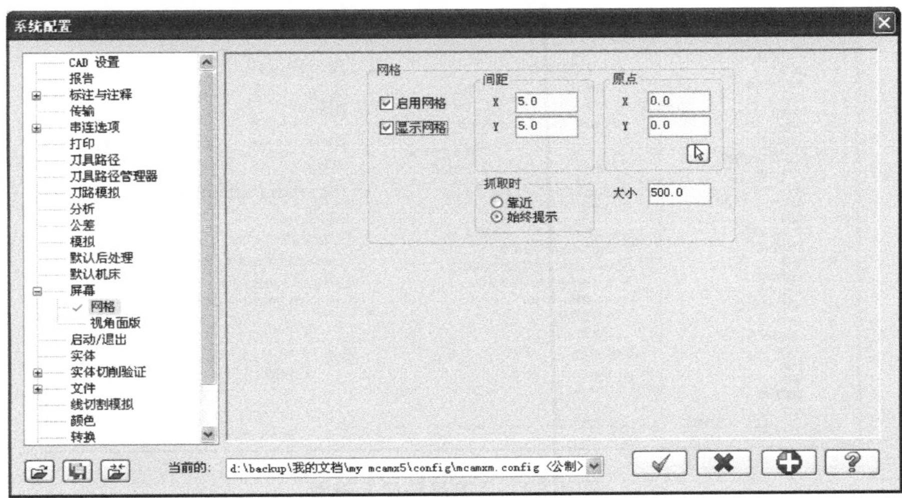

图 1-50　【网格】设置

7. 【启动/退出】设置

在【系统配置】对话框左侧的树中选择【启动/退出】节点，右侧显示出与启动和退出时相关的参数，如图 1-51 所示。

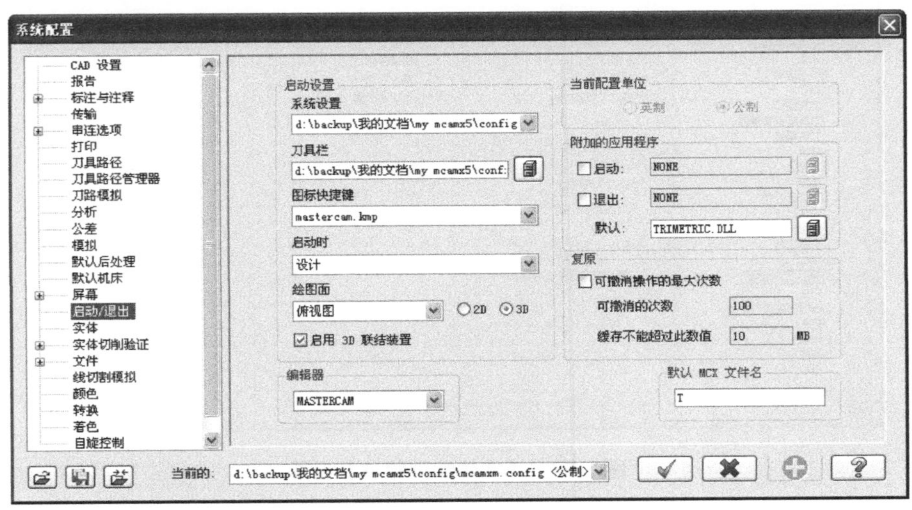

图 1-51　【启动/退出】设置

用户可以对启动时的配置文件、刀具栏、图标快捷键、默认功能模块、绘图平面、可撤销操作的最大次数及默认的 MCX 文件名等参数进行设置。

8. 【刀具路径】设置

在【系统配置】对话框左侧的树中选择【刀具路径】节点，右侧显示出与加工模拟时刀具路径相关的参数，如图 1-52 所示。

用户可以对刀具路径的显示、刀具路径的曲面选取及删除记录文件等参数进行设置。

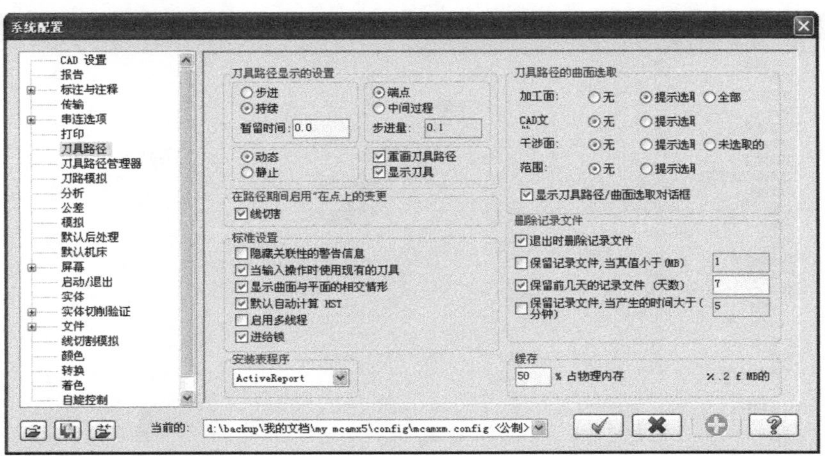

图 1-52 【刀具路径】设置

9. 【实体切削验证】设置

在【系统配置】对话框左侧的树中选择【实体切削验证】节点，右侧显示出与模拟加工验证相关的参数，如图 1-53 所示。

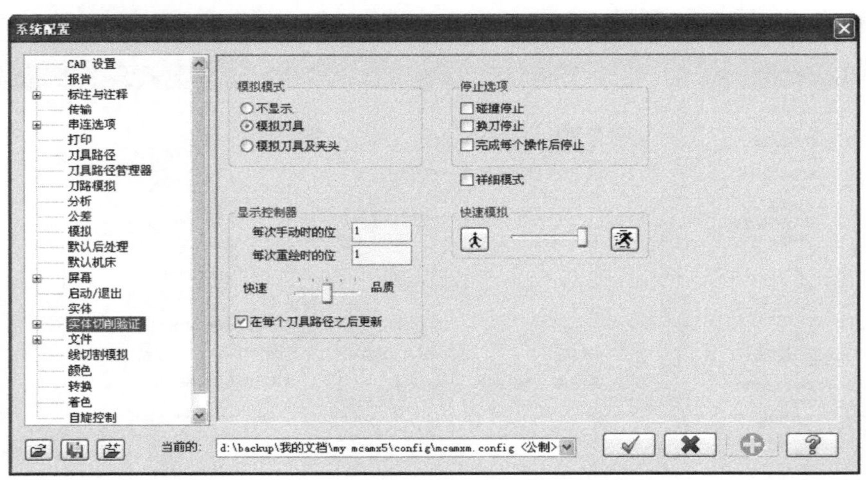

图 1-53 【实体切削验证】设置

用户可以对模拟模式、停止情形、控制器显示及模拟速度等参数进行设置。

单击【实体切削验证】左侧的加号展开树，选择【校验设置】节点，如图 1-54 所示，用户可以对材料类型、材料尺寸、材料颜色及轮廓类型等参数进行设置。

10. 单位设置

在【系统配置】对话框的底部，从【当前的】下拉列表框中选择公制或是英制，如图 1-55 所示。

当单位改变后，单击【确定】按钮 ✓ 时，会弹出如图 1-56 所示的提示对话框，如果单击【是】按钮，则将目前的图形依比例调整为改后的单位制度；如果单击【否】按钮，则不改变目前的图形比例，但是单位变为英制。

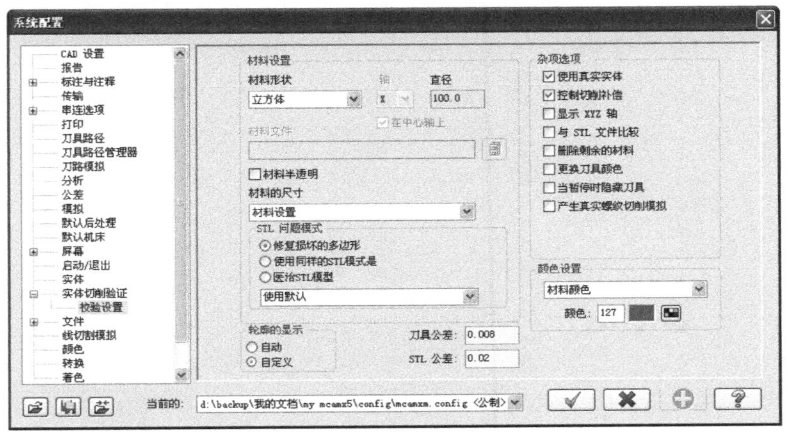

图 1-54　校验设置

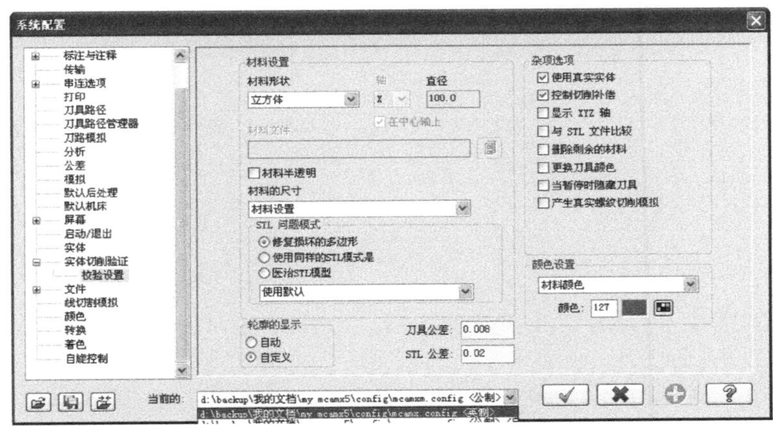

图 1-55　单位设置

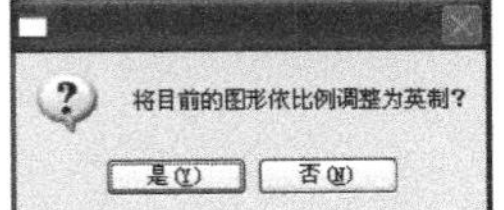

图 1-56　提示对话框

1.6　本 章 小 结

本章主要讲解了 Mastercam X5 的一些基础知识，包括软件的概述、主要功能及新增功能，介绍了 Mastercam X5 的界面组成和对文件的新建、打开、合并、保存、输入/输出操作，也介绍了如何进行刀路模拟设置、颜色设置、CAD 设置、转换设置、默认机床设置、启动/退出设置、单位的设置等默认系统设置。

通过本章的学习，读者须重点掌握文件的管理、系统配置的方法、各种图素的选取方法及特征点捕捉的方法，能够在后续工作中熟练应用。

第 2 章

Mastercam X5

图素的选择

本章导读：

Mastercam 在进行设计和数控加工的过程中，要对图形进行编辑、删除等操作，就需要选择几何对象，然后才能进行下一步的工作。随着工作的进行，绘图区中的图素会越来越多，有的相互叠加，有的距离很小，要想从中选中需要的图素变得非常困难。只有熟练掌握了 Mastercam X5 提供的强大的对象选取功能，才可以准确而又快速地选取几何对象。

Mastercam 提供的选取方法有：单体选取、串连选取、矩形框选、多边形选取、向量选取、区域选取、全部选取、单一选取等；Mastercam 还提供了灵活的捕捉功能；同时利用【串连选项】对话框可以选取串连图素。

学习内容：

知识点 \ 学习目标	理　解	应　用	实　践
基本选择方法	√	√	√
限定选择方法	√	√	√
捕捉	√	√	√
【串连选项】对话框	√	√	√

2.1 基本选择方法

Mastercam X5 中提供了一个【标准选择】工具栏，其中列出了不同的选择方法和几种选择操作，如图 2-1 所示。单击某些按钮后会弹出相应的设置对话框。

【标准选择】工具栏中从左到右依次为：【全部选取】按钮、【单一选取】按钮、【转换选择】按钮、【窗选类型】下拉列表框、【选择类型】下拉列表框以及标准选择包含的五个按钮，分别是【实体选择】、【选择上次】、【验证选择】、【撤销选择】、【结束选择】。需要注意的是在几何对象的选取过程中，【标准选择】工具栏会根据不同的操作，自动显示为图素选择模式或实体选择模式，令不使用的按钮变为灰色。图 2-1 中【标准选择】工具栏处于图素选择模式。

单击选择类型右侧的下拉箭头，会弹出如图 2-2 所示的下拉列表，其中包括【串连】、【窗选】、【多边形】、【单体】、【范围】、【向量】五种选择类型，其中【单体】、【串连】、【窗选】是对象选择中使最为频繁的类型，【单体】、【窗选】是系统默认的选取方式。

图 2-1 【标准选择】工具栏

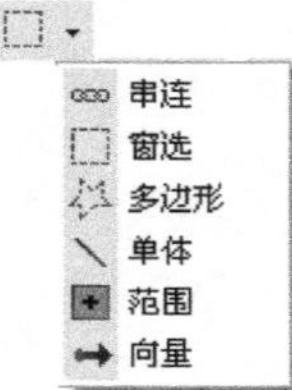

图 2-2 选择类型下拉列表

2.1.1 单体选取

由于单体选择是系统默认的选择类型，所以在没有另外选择其他选取方法时，可以在绘图区中直接单击要选取的图素。如果当前处于非单体选取方法时，可以从选择类型下拉列表中单击【单体】按钮，也可以在【标准选择】工具栏中单击【标准选择】按钮，以切换到系统默认的选取方式。

要在图 2-3 中选取 4 个单一图素，可以执行如下操作。

(1) 如果不处于单体选取方式，按照如上所述的方法更改。

(2) 移动光标到最左侧的直线上方，该直线被高亮显示出来，然后单击，该直线即被选取。

(3) 接着移动光标到左上方的点上方，该点也被高亮显示出来，然后单击，该点同样被选取。以相同的方法选择其他两个图素。

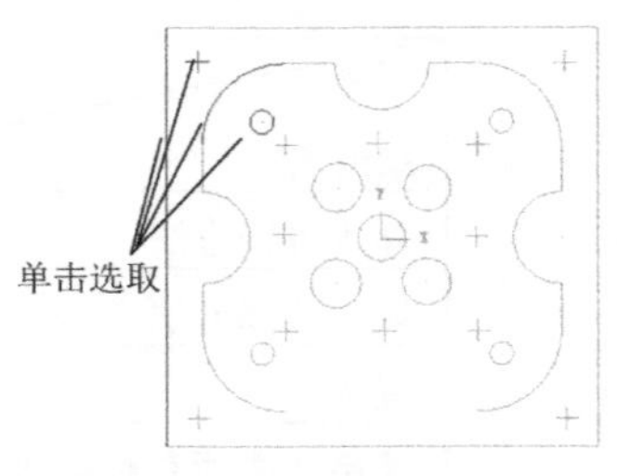

图 2-3 选择 4 个单一图素

(4) 在已被选取的图素上，再次单击，则将会取消该图素的选取。如果要取消所有选取的图素可以按 Esc 键，也可以在【标准选择】工具栏中单击【取消选择】按钮。图素高亮显示时的颜色和选取后的颜色可以在【系统配置】对话框的【颜色】节点中更改。

2.1.2　串连选取

当需要选取一些首尾相连的图素时，为了节省时间，可以采用串连选取的方式一次选取。串连的形式分为闭环形式和开环形式，闭环形式是封闭起来的，起点和终点重合；而开环是不封闭的，起点和终点是不相同的。

把选择方式更改为串连选取，常用的有以下两种方式。

(1) 在选择类型下拉列表中单击【串连】按钮。

(2) 按住 Shift 键进行选取。

要在图 2-4 中选取两个串连图素，其中一个为闭环，另一个为开环，可以执行如下操作。

(1) 按住上述方法，切换到串连选取方式。

(2) 移动光标到外侧闭环的任意一条直线上方，该直线被高亮显示出来，然后单击，则该闭环的所有图素即被选取。

(3) 按住 Shift 键，或再次从选择类型下拉列表中单击【串连】按钮，以同样的方法选取组成内侧开环的所有图素。

(4) 在处于串连选取方式下，再次单击已被选中的串连图素中的任意一个，则将会取消对该串连图素的选取。

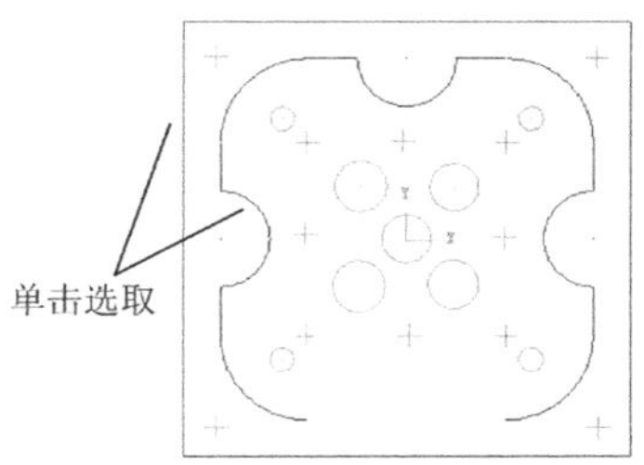

图 2-4　选择两个串连图素

2.1.3　矩形框选

矩形框选也是系统默认的选取方式，因此可以直接在绘图区中框选图素。该选取方式的切换方法同单体选取一样。矩形框选和下面的多边形选取都有 5 种窗选类型，它们决定了被选图素与选择框的位置关系，在【标准选择】工具栏上单击【窗选类型】下拉列表框右侧的下拉箭头，弹出如图 2-5 所示的下拉列表，各选项表示的意义如下所示。

图 2-5　【窗选类型】下拉列表

① 【视窗内】：完全处于窗体内的图素被选取。

② 【视窗外】：完全处于窗体外的图素被选取。

③ 【范围内】：完全处于窗体内的图素和与窗体相交的图素被选取。

④ 【范围外】：完全处于窗体外的图素和与窗体相交的图素被选取。

⑤ 【相交】：只有与窗体相交的图素被选取。

系统默认的类型为视窗内。

要在图 2-6 中选取图形的多个单体图素，可以执行如下操作。

(1) 按系统默认的选取方式，或切换回系统默认的选取方式。

(2) 移动光标到如图 2-7 所示的矩形选择框的左上角，单击后移动到右下角，再次单击，则该选择框中的所有图素即被选中。

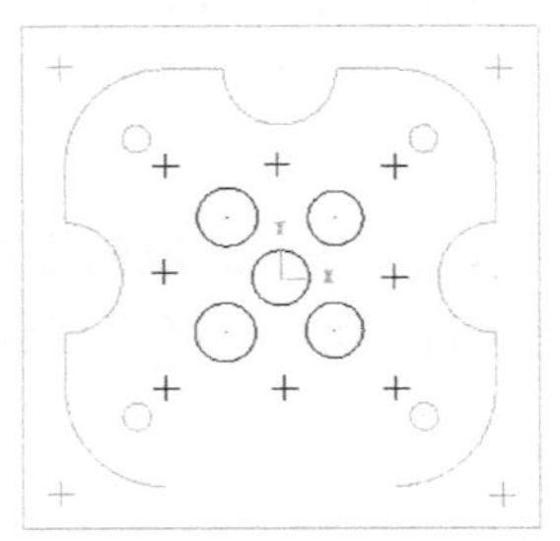

图 2-6 要选取的多个图素

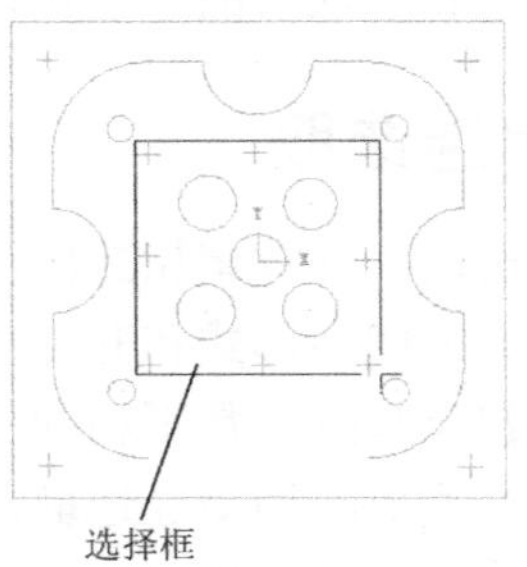

图 2-7 矩形选择框

注 意

如果多个图素间的距离很小，按照系统默认的选取方式，可能会很难找准矩形框的两个角点，此时可以在【选择类型】下拉列表中单击【窗选】按钮，而不让系统去决定是单体选取，还是窗选。

2.1.4 多边形选取

多边形选取同矩形框选非常相似，只是通过绘制一个多边形，来决定哪些图素被选取。要在图 2-8 中选取图形中的多个单体图素，可以执行如下操作。

(1) 在【选择类型】下拉列表中单击【多边形】按钮。

(2) 在绘图区中，绘制如图 2-9 所示的多边形。

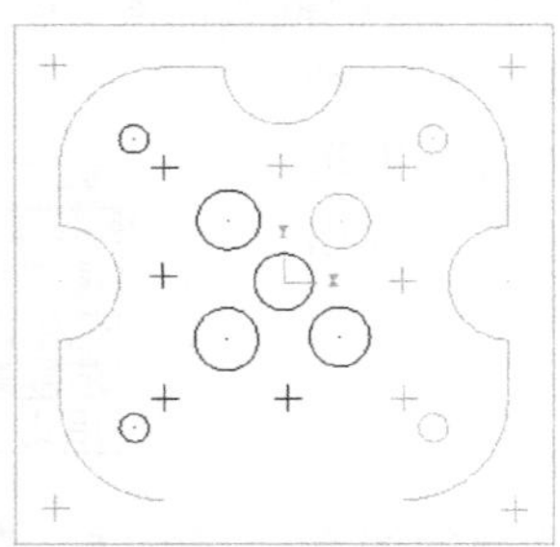

图 2-8 选取多个图素

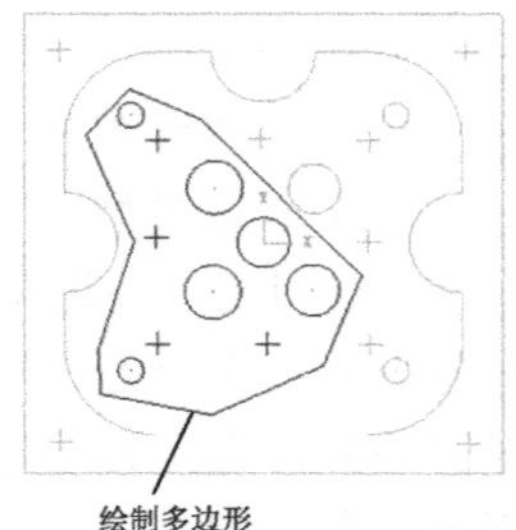

图 2-9 绘制多边形框

(3) 当绘制完最后一个顶点时，按 Enter 键，结束多边形的绘制，则多边形中的图素即被选中。结束多边形的绘制，也可以在绘制最后一个顶点时，采用双击的方式。

2.1.5 向量选取

向量选取方式是通过在绘图区内绘制多条连续的线段来选取对象，凡是与所绘制的线段相交的图素即被选中。

要在图 2-10 中选取多个单体图素，可以执行如下操作。

(1) 在【选择类型】下拉列表中单击【向量】按钮。

(2) 在绘图区中绘制如图 2-11 所示的直线段，确保该线段与所要选取的图素相交，如果有些不相交，可以绘制多条线段。

(3) 当绘制完所有线段后，按 Enter 键，结束绘制，则所有与线段相交的图素即被选中，同样也可以在绘制最后一个线段端点时，双击来结束绘制。

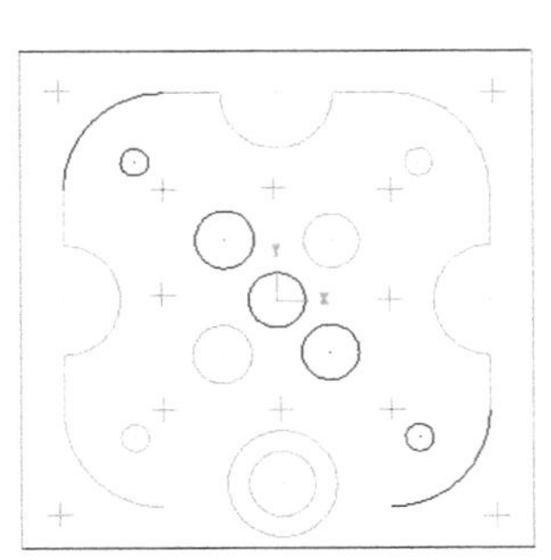

图 2-10　选取多个图素

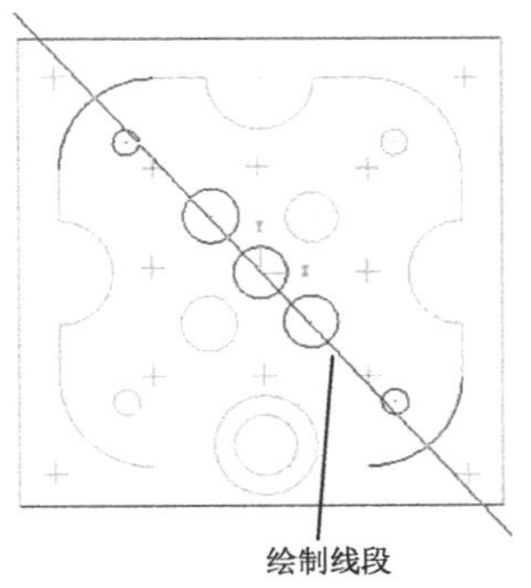

图 2-11　绘制线段

2.1.6　区域选取

区域选取是指通过单击封闭区域内的一点来选取对象。如图 2-12 和图 2-13 所示，是两种不同的结果，前者没有选中区域内部的全部串连图素，后者却选中了。这两种选取结果的不同，取决于是否启用【系统配置】对话框中【串连选项】节点内的【区域内全部串连】复选框。

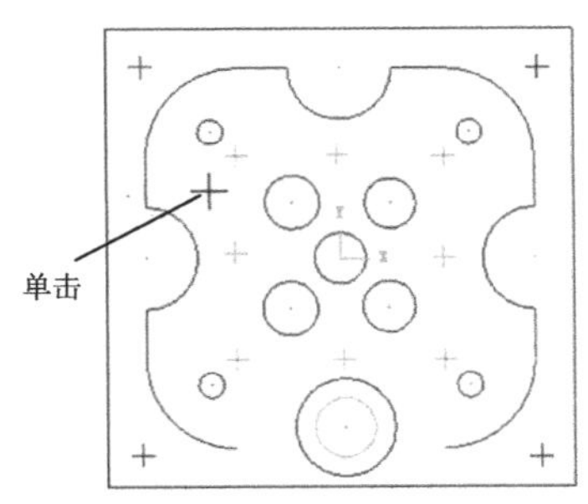

图 2-12　取消启用【区域内全部串连】复选框

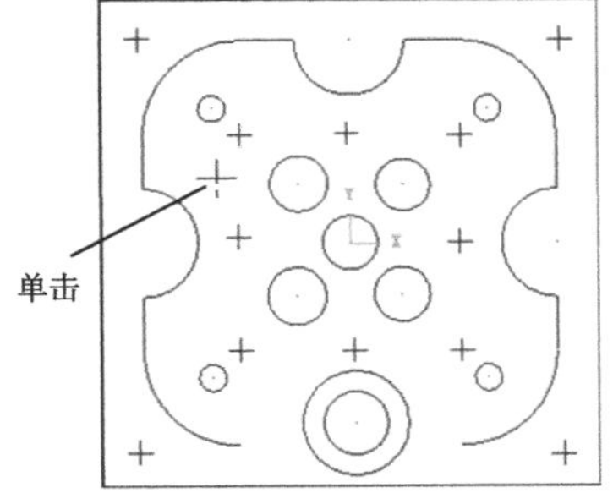

图 2-13　启用【区域内全部串连】复选框

把选择方式更改为区域选取，有以下两种方式。

(1) 在【选择类型】下拉列表中单击【范围】按钮。

(2) 按住 Shift 键进行选取。

要选取多个图素，可以执行如下操作。

(1) 按照上述方法切换到区域选取方式。

(2) 选择【系统配置】对话框中的【串连选项】节点，确保启用【区域内全部串连】复选框。

(3) 在绘图区内，单击如图 2-13 所示的位置，则选中了区域内的所有图素。

2.1.7 基本选择方法范例

本范例练习文件：\02\2-1-7. MCX-5。

本范例完成文件：\02\2-1-8. MCX-5。

多媒体教学路径：光盘→多媒体教学→第 2 章→2.1.7 节。

步骤 01 单体删除

在绘图区单击选择一个圆形图素，如图 2-14 所示。单击【删除/取消删除】工具栏中的【删除图素】按钮，删除图素。

步骤 02 串连删除

在【选择类型】下拉列表中单击【串连】按钮，选择如图 2-15 所示的串连元素，进行删除操作。

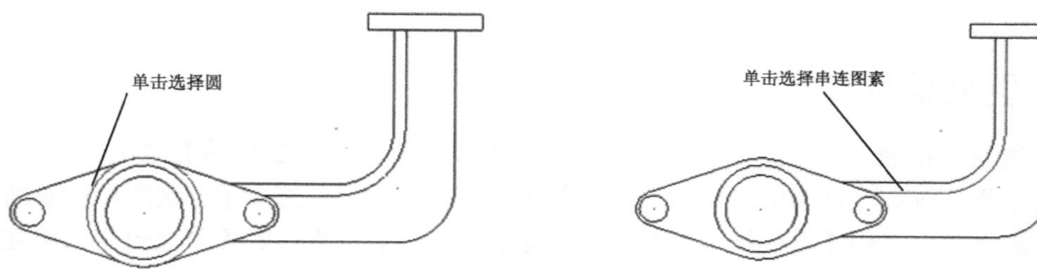

图 2-14 单体删除　　图 2-15 串连删除

步骤 03 框选复制

单击【参考变换】工具栏中的【平移】按钮。具体操作如图 2-16 所示。

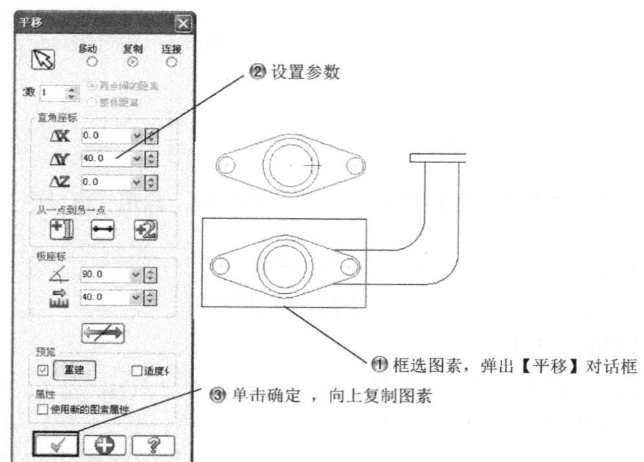

图 2-16 框选复制

步骤 04 多边形选取删除

在【选择类型】下拉列表中单击【多边形】按钮，绘制如图 2-17 所示的多边形选取图素，单击【删除图素】按钮，进行删除操作。

步骤 05 向量选取删除

在【选择类型】下拉列表中单击【向量】按钮，绘制如图 2-18 所示的直线选取图素，单击【删除图素】按钮，进行删除操作。

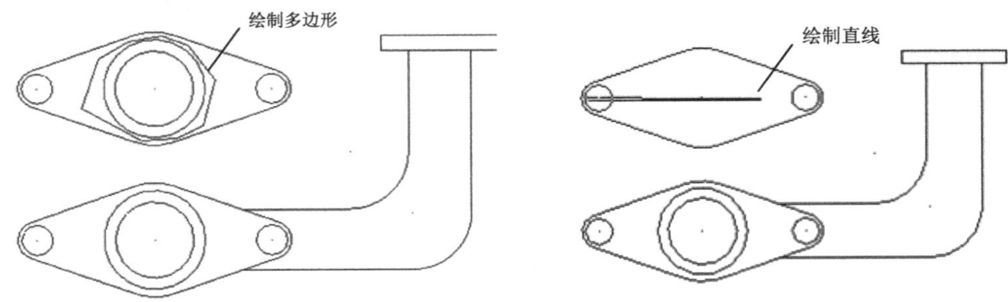

图 2-17　多边形选取删除　　　图 2-18　向量选取删除

步骤 06 区域选取

在【选择类型】下拉列表中单击【区域】按钮，可以一次单击选取如图 2-19 所示的所有图素。

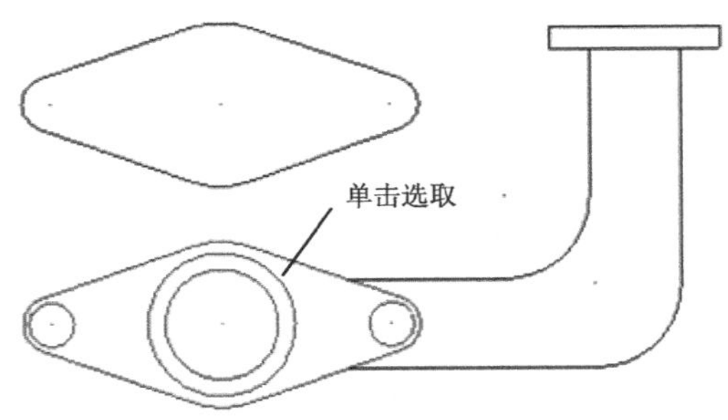

图 2-19　区域选取

2.2　限定选择方法

Mastercam 还提供了一种按照图素的属性及类别来选取某一类图素的选取方法，分为全部图素选取和单一图素选取两种。当多种图素交织在一起时，利用该方法可以轻松地选取所要类型的图素。

2.2.1　限定全部

限定全部可以一次选取绘图区中的所有图素，也可以按照指定的属性和类型来选取符合条件的所有图素。在【标准选择】工具栏中单击【全部】按钮，弹出【全先】(应为“全选”，

软件汉化有误)对话框，如图 2-20 所示。在该对话框的顶部有 4 个按钮，单击【所有图素】、【所有结果】、【所有群组】3 个按钮会关闭对话框，同时绘图区中符合条件的图素被选中；单击【群组管理】按钮，则打开【群组管理】对话框，从中选择要选取的群组。往下是 7 个复选框，启用每一个复选框，则会在下面的列表中显示出本类型的细分列表，图 2-20 为【选取图素】的细分列表，图 2-21 是【手动控制】的细分列表。

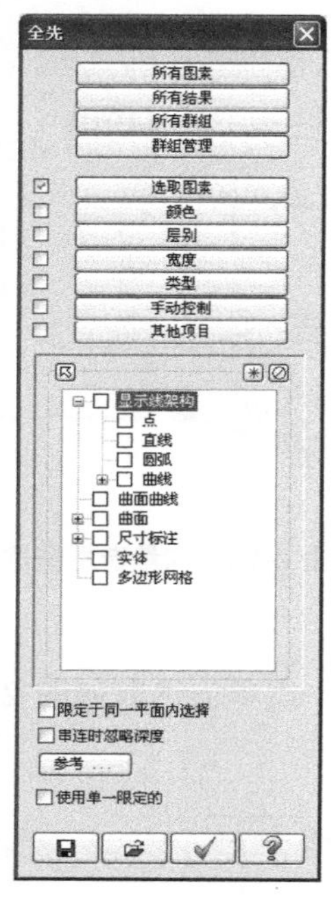

图 2-20 【全先】对话框

图 2-21 【手动控制】细分列表

如果要删除草图中所有的点，可以执行如下操作。

(1) 打开【全先】对话框。

(2) 启用【选取图素】复选框，在下面的细分列表中启用【点】复选框，也可以单击【手动控制】按钮，在下面的细分列表中启用【* 3D 星形】复选框，单击【确定】按钮，则绘图区中所有的点被选中。

(3) 按 Delete 键，则所有的点被删除，也可以在【删除/取消删除】工具栏中单击【删除图素】按钮。

2.2.2 限定单一

限定单一是指选取某一类中的部分或全部图素，此选取方法更为灵活。在【标准选择】工具栏中单击【单一】按钮，弹出【单一选取消】对话框，如图 2-22 所示。在该对话框中没有顶部的 4 个按钮，其他操作与【全先】对话框相同。

图 2-22 【单一选取消】对话框

2.2.3　限定选择方法范例

本范例练习文件：\02\2-2-3. MCX-5。

本范例完成文件：\02\2-2-4. MCX-5。

多媒体教学路径：光盘→多媒体教学→第 2 章→2.2.3 节。

步骤 01　选择全部点删除

单击【标准选择】工具栏中的【全部】按钮，弹出【全先】对话框，如图 2-23 所示。

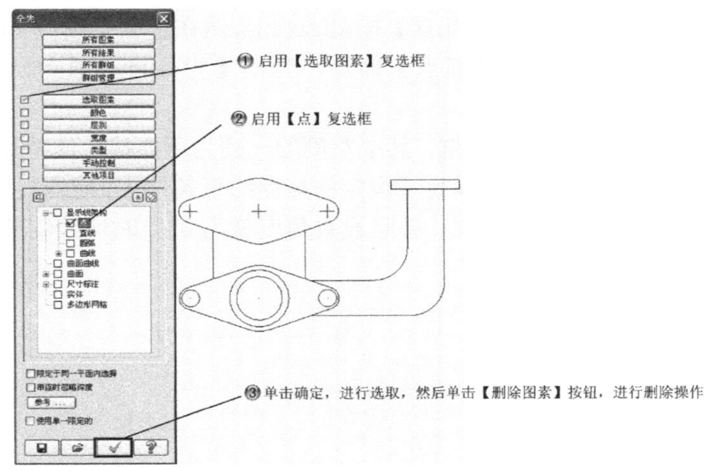

图 2-23　选择全部点删除

步骤 02　选取圆和圆弧图形

单击【标准选择】工具栏中的【单一】按钮，弹出【单一选取消】对话框，如图 2-24 所示。

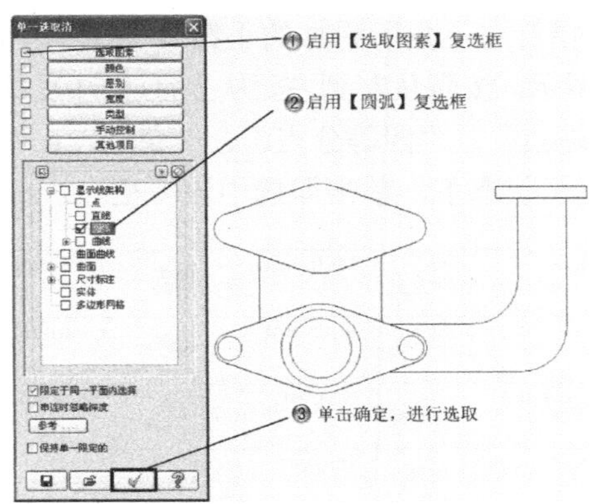

图 2-24　选择圆和圆弧图形

2.3 捕　　捉

在进行图形的绘制时，往往要用到图素的某些特征点，如端点、中点、圆心、交点、相切点等。Mastercam 提供了两种捕捉方法，即手动捕捉和自动捕捉。在实际绘制图形的过程中，以自动捕捉为主，手动捕捉为辅，大大提高了用户绘图的准确性、易操作性。

2.3.1 自动捕捉

自动捕捉的情况下，系统可以根据鼠标所处的位置，自动判断并捕捉到符合设定条件的点。

在【自动抓点】工具栏中单击【配置】按钮(此按钮在选取绘图命令时可用)，或从绘图区的右键快捷菜单中选择【自动抓点】命令，弹出【光标自动抓点设置】对话框，如图 2-25 所示。

在该对话框的上部，有两列复选框，其中左侧的一列为所要捕捉的特征点类型，右侧一列为捕捉约束条件。在绘图时，只有满足了设定的捕捉约束条件，才能捕捉到设定的特征点。如图 2-26 所示为启用【角度】复选框，并且设置角度值为 45° 时所绘制的图形。

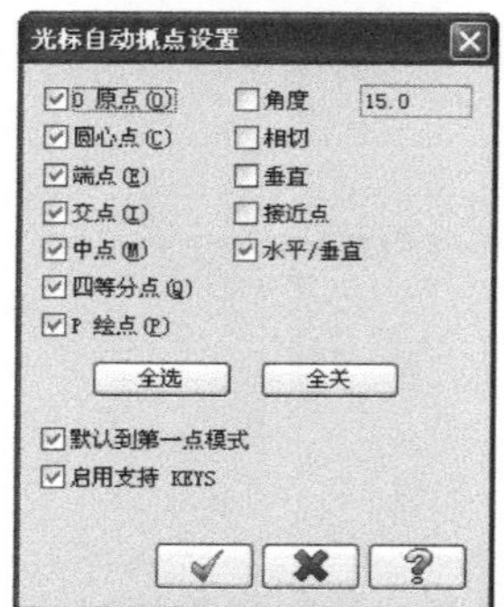

图 2-25 【光标自动抓点设置】对话框

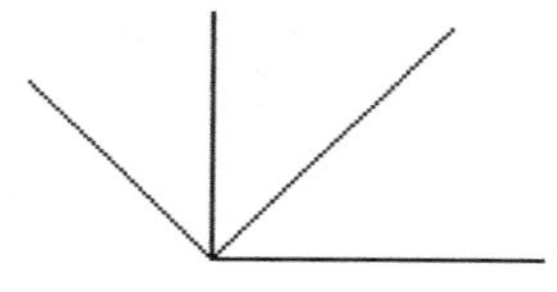

图 2-26 角度约束图形

在捕捉特征点时，鼠标指针右上角所附加的小符号表示了不同的特征点类型，每一个符号的形状和含义如图 2-27 所示。按照从左到右，从上往下的顺序依次为“原点”、“中点”、“圆弧中心”、“点”、“端点”、“四等分点”、“交点”、“接近点”、“水平/竖直”、“垂直”、“相切”。在提示状态下，单击即选中该特征点。

Origin	Midpoint	Arc Center
Point	Endpoint	Quadrant
Intersection	Nearest	Horizontal/Vertical
Perpendicular	Tangent	

图 2-27 特征点提示符号

在【光标自动抓点设置】对话框，有一个【启用支持KEYS】复选框。当启用该复选框后，绘制图形时可以按下相应的键，以锁定某类特征点，键与特征点对应关系如下所示。例如在绘制直线时，按 O 键，则第一点被放在了原点的位置，如图 2-28 所示。

O——原点；C——圆弧中心；E——端点；I——交点；M——中点；Q——四等分点；P——点。

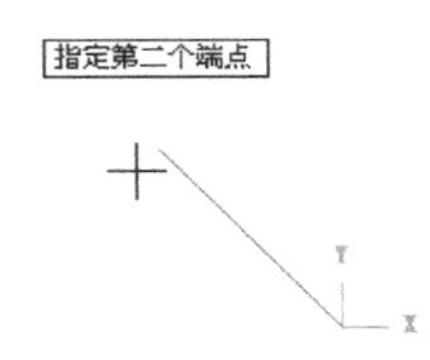

图 2-28　按下 O 键绘图区显示

2.3.2　手动捕捉

在自动捕捉的情况下，设定的特征点类型比较多。如果在很多不同类型的特征点汇聚的地方进行捕捉，会非常浪费时间和精力。为了在这种情况下能够快速地选取，可以采用手动捕捉的方法。

在【自动抓点】工具栏中单击【原点】按钮右侧的下拉箭头(此按钮在选取绘图命令时可用)，弹出如图 2-29 所示的【手动捕捉】下拉列表。

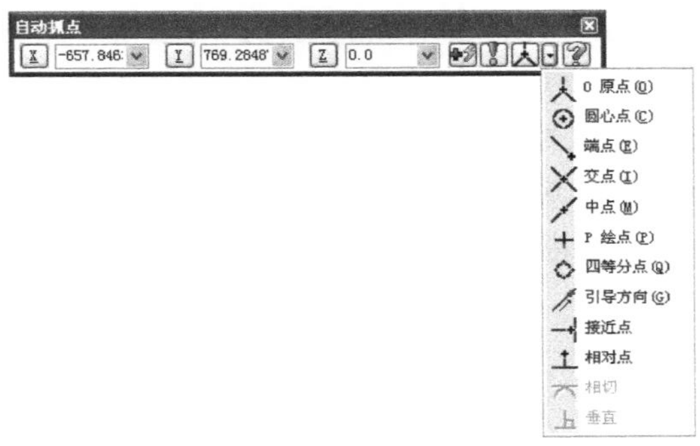

图 2-29　【手动捕捉】下拉列表

从中选择一种捕捉类型后，按照屏幕的提示选取能够定义特征点的图素，即可捕捉到所需的特征点。例如，选择【圆心点】捕捉类型，在绘图区中选取如图 2-30 所示的圆弧，则圆弧的圆心即被选取(以绘制直线为例，圆心为第一个端点)。又如，选择【交点】捕捉类型，在绘图区中选择如图 2-31 所示的两条线段，则它们的交点即被选中(以绘制圆为例，交点为圆心)。

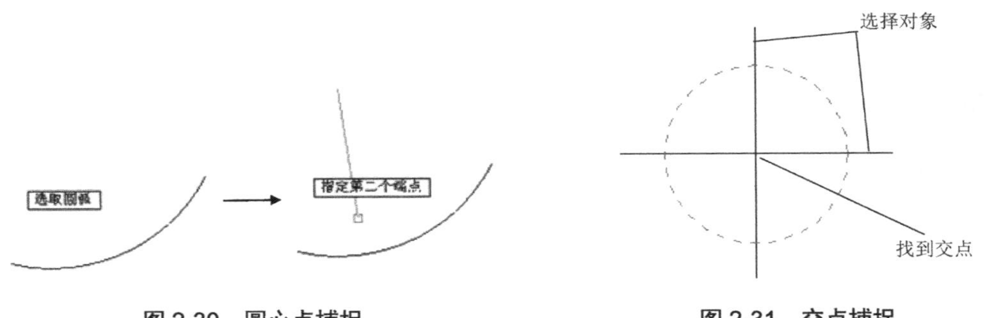

图 2-30　圆心点捕捉

图 2-31　交点捕捉

提 示

按 Esc 键可以退出手动捕捉模式，也可以单击【原点】按钮。需要注意的是手动捕捉会忽略自动捕捉功能，其有效次数为一次，而在【光标自动抓点设置】对话框中设置则会一直有效。

2.3.3 捕捉范例

本范例练习文件：\02\2-2-3. MCX-5。

本范例完成文件：\02\2-3-3. MCX-5。

多媒体教学路径：光盘→多媒体教学→第 2 章→2.3.3 节。

步骤 01 自动捕捉垂足

单击【草图(Sketcher)】工具栏中的【绘制任意线】按钮，再单击【自动抓点】工具栏中的【配置】按钮，弹出【光标自动抓点设置】对话框，如图 2-32 所示。

步骤 02 手动捕捉交点

单击【草图】工具栏中的【绘制任意线】按钮，在【自动抓点】工具栏中单击【原点】按钮右侧的下拉箭头，选择【交点】命令。

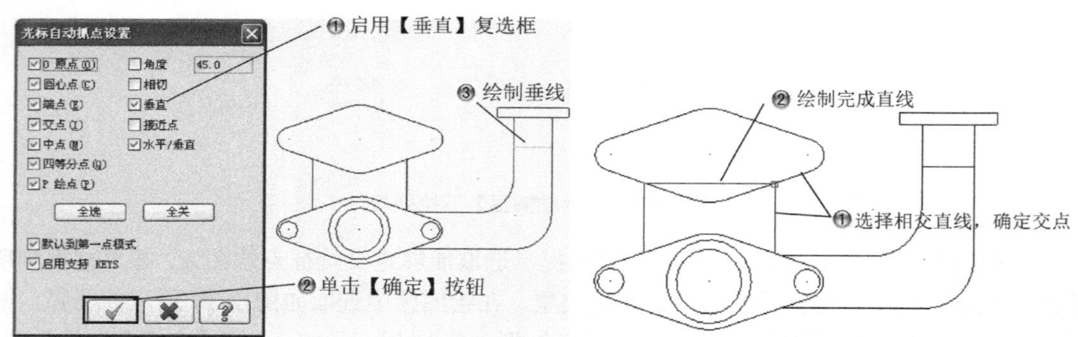

图 2-32　自动捕捉垂足　　　图 2-33　手动捕捉交点

2.4 串连选项设置

Mastercam 提供了操作更灵活、选取方式多样化的串连选取方法，是通过如图 2-34 所示的【串连选项】对话框来完成的。该对话框可以解决串连选取时一些特定的要求，如串连的起点、终点位置及串连方向等。对于轮廓加工操作还可以由实体边界来生成串连路径。执行某些命令(如选择【实体】|【挤出实体】菜单命令)后，会弹出该对话框。

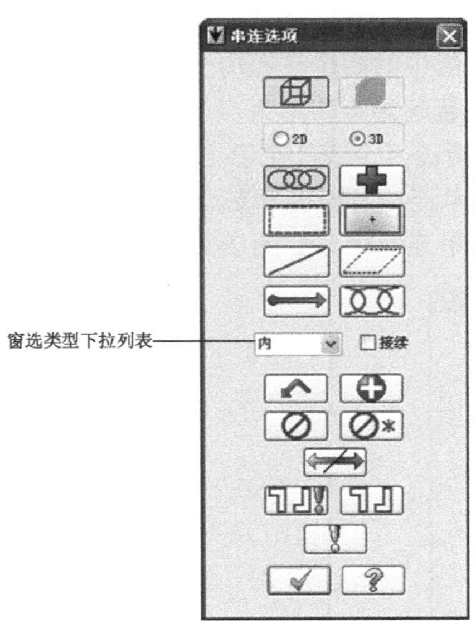

图 2-34　【串连选项】对话框

2.4.1　串连选取的特定要求

串连选取的特定要求包括开环与闭环、串连的方向、分支点及全部串连和部分串连。

(1) 开环与闭环。在前面的串连选取部分已经讲过，开环是不封闭的，起点与终点是不重合的；而闭环是封闭的，起点和终点是重合的。如图 2-35 所示，左侧是开环串连，右侧是闭环串连。

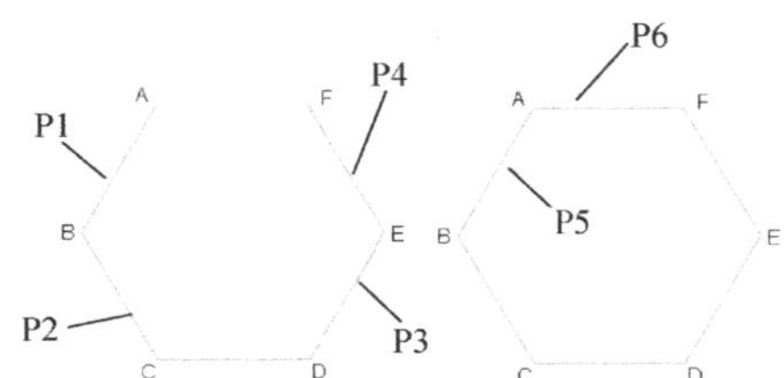

图 2-35　开环与闭环

(2) 串连的方向。串连图素的选取是有方向的，鼠标单击的位置不同，则所选取串连图素的方向可能不同。对于开环，距离单击位置最近的开环端点被定义为起点，单击位置所在侧被定义为方向；对于闭环，距离单击位置最近的图素(所单击的图素)端点被定义为起点，单击位置所在侧被定义为方向，起始点处显示出一个带有点标记的绿色箭头，而结束点处显示出一个带有点标记的红色箭头。在图 2-35 左侧的图中，如果单击 P1 处或 P2 处，串连的方向都是从 A～F；如果单击 P3 或 P4 处，则串连的方向是从 F 到 A。在右侧的图中，如果单击 P5 处，串连的方向是从 A 以逆时针方向出发再返回到 A；如果单击 P6 处，串连的方向是从 A 以顺时针方向出发再返回到 A。

单击【串连选项】对话框中的【方向切换】按钮，可以更改串连的方向。

单击【串连选项】对话框标题栏中的【展开对话框】按钮，则在【串连选项】对话框的底部可以打开如图 2-36 所示的部分窗口，其中【开始】选项组中的两个按钮用于调整起始点的位置，【结束】选项组中的两个按钮用于调整结束点的位置，两个选项组中间的【动态】按钮用于动态地调整起始点和结束点的位置。

(3) 分支点。分支点是指被三个或三个以上的图素所共享的端点，此时要想选取所要的串连图素，需要指定多个子串连。当到达分支点时，系统会出现“已到达分支点，请选择分支”提示，然后选取下一个串连即可。如图 2-37 所示，B 和 E 即是分支点。

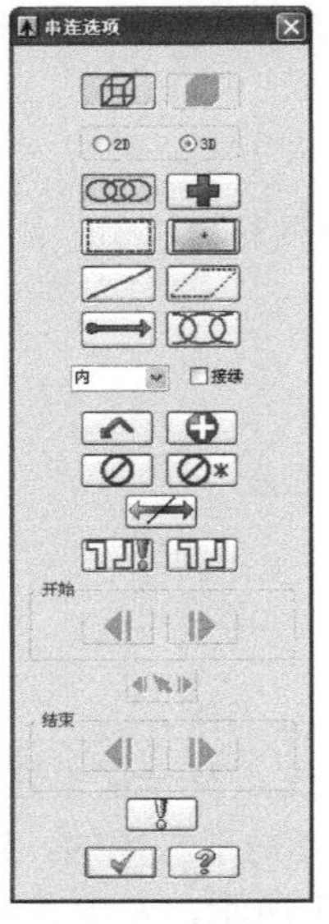

图 2-36 展开对话框

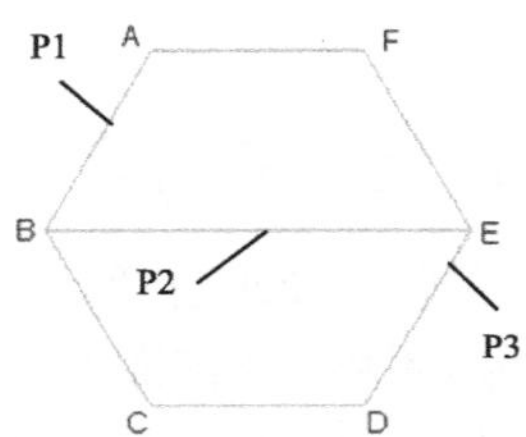

图 2-37 分支点

当单击 P1 处时，BAFE 开环串连即被选中，出现提示后在 P2 处单击，则 BAFEB 闭环串连即被选中，如图 2-38 左侧所示；如果要想选取 BAFEDCB 闭环串连，可以先单击 P1 处，再单击 P3 处，如图 2-38 右侧所示。

(4) 全部串连和部分串连。全部串连是指选取串连路径上的所有图素，部分串连是指仅选取串连路径上的部分图素。以上讲述的串连选取都是全部串连，因为在【串连选项】对话框中单击了【串连】按钮。如果要切换到部分串连选取方式，只需单击【部分串连】按钮即可。在选取部分串连时，首先单击部分串连中的第一个图素，距离单击位置最近的图素(所单击的图素)端点被定义为起点，然后单击部分串连中的最后一个图素。在图 2-35 的左侧图中，要想选取 BCDE 这个串连图素，只需单击 P2 处和 P3 处即可，结果如图 2-39 所示。

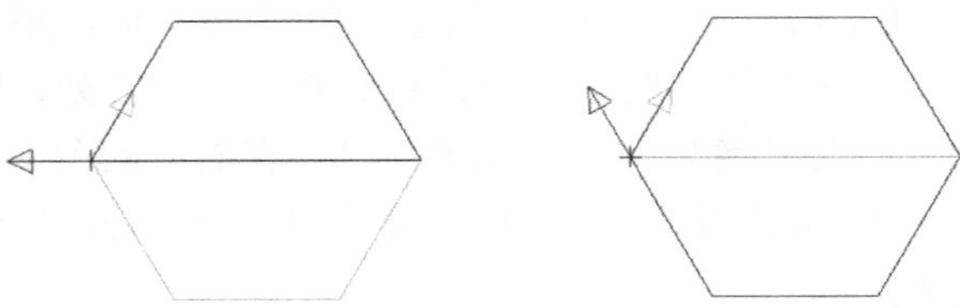
图 2-38 选取存在分支点的串连图素

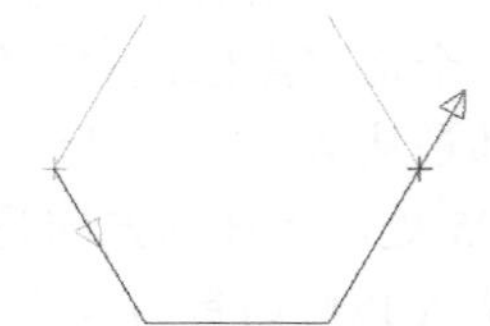
图 2-39 选取部分串连

2.4.2　设置串连选项

单击如图 2-36 所示的【串连选项】对话框中的【选项】按钮，将打开如图 2-40 所示的另一个【串连选项】对话框。

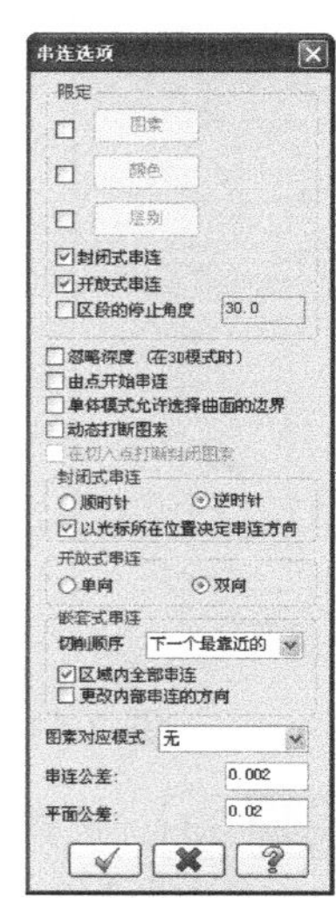

图 2-40　【串连选项】对话框

在【限定】选项组中可以设置将要选取的图素类型(如点、直线、圆弧等)、图素颜色、图素所在图层、是否可以选取封闭的串连、是否可以选取开放的串连及区域的停止角度(两个相接的图素间允许串连方向改变的最大角度)；启用【忽略深度】复选框，在 3D 模式下，可以选取到所在平面与构图面平行的图素；【封闭式串连】选项组中可以设置封闭式串连时串连方向是顺时针还是逆时针，或由光标所在位置决定；【开放式串连】选项组可以设置为单向或双向(仅用于“矩形框”或“多边形”选择方式)；【嵌套式串连】选项组可以设置切削顺序、区域内是否全部串连，是否更改内部串连的方向(仅影响“区域”选择方式)。

2.4.3　选取串连图素

在线架构选择模式下，提供的串连选取方式有“串连”、“单点”、“窗口”、“区域”、“单体”、“多边形”、“向量”及“部分串连”。此处只对前面没有提到的方式做下讲解。

(1)　点。选取单一点作为构成串连的图素，此时可以限定选取的图素仅为点，以避免选取与点相连的其他图素。

(2)　“矩形框”和“多边形”。选取范围内的图素作为串连图素，然后指定一个点作为端点和方向的判别依据。这两种方式下，可以在【串连选项】对话框的【窗选类型】下拉列表中选择“内”、“内+相交”、“相交”、“外+相交”和“外”5 种类型。

(3)　“区域”。在区域内单击或选取一点，则区域内的部分图素或全部图素被选取。

(4)　“单体”。选取单一图素作为串连图素。

(5)　“向量”。与向量相交的图素被选中作为串连图素。

2.4.4　图素的选择范例

本范例练习文件：\02\2-3-3. MCX-5。

本范例完成文件：\02\2-4-4. MCX-5。

多媒体教学路径：光盘→多媒体教学→第 2 章→2.4.4 节。

步骤 01　选择串连图素

单击【曲面(Surfaces)】工具栏中的【挤出曲面】按钮，弹出【串连选项】对话框，如图 2-41 所示。

步骤 02　拉伸曲面

系统弹出【拉伸曲面】对话框，如图 2-42 所示。

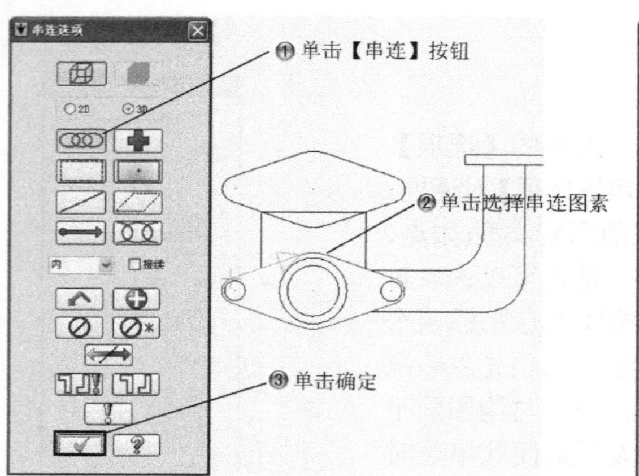

图 2-41　选择串连图素

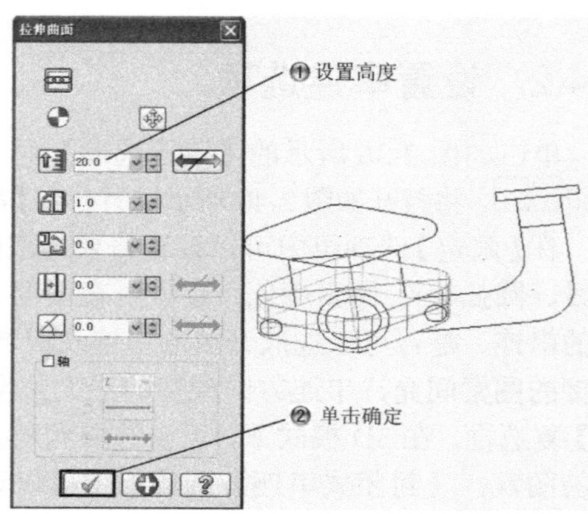

图 2-42　拉伸曲面

步骤 03　选择单体图素

单击【曲面】工具栏中的【挤出曲面】按钮，弹出【串连选项】对话框，如图 2-43 所示。

步骤 04　拉伸曲面

系统弹出【拉伸曲面】对话框，如图 2-44 所示。

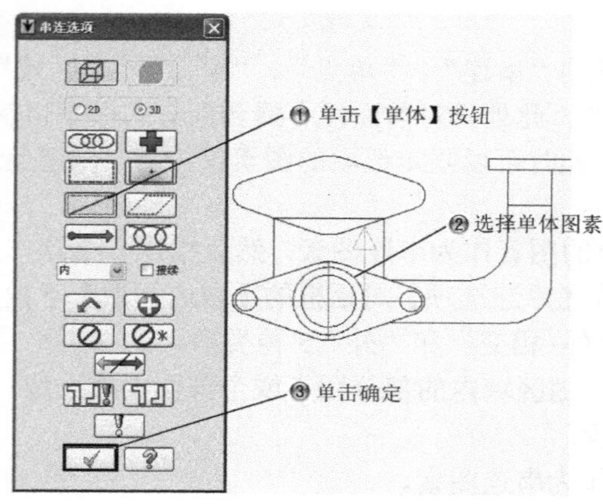

图 2-43　选择单体图素

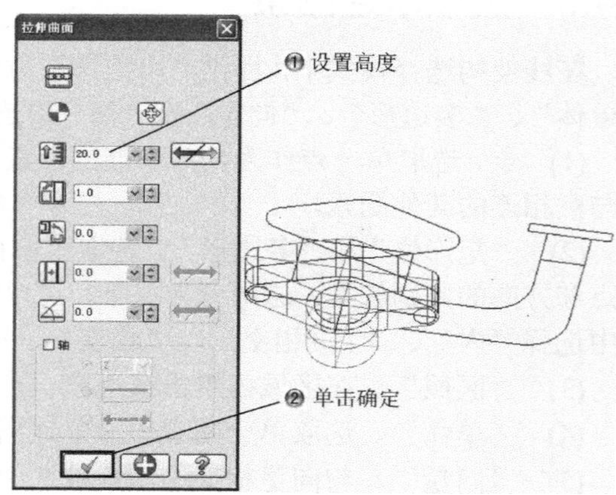

图 2-44　拉伸曲面

2.5　本 章 小 结

本章主要介绍了 Mastercam X5 绘图当中图素的各种选取方法，包括基本选取方法、限定选取方法及特征点捕捉方法。基本选取方法又包括单体选取、窗体选取、多边形选取、向量选取、区域选取、串连选取 6 种方法，其中单体选择、窗体选择、串连选择是最常用的选取方法；限定选择方法和捕捉属于系统设置后的选取方式；两种限定选取方法提高了选取的效率和快速性；特征点捕捉功能使图形的绘制更准确、更快速。【串连选项】对话框在使用实体和曲面命令时要经常使用，读者可以结合范例进行体会学习。

第 3 章

Mastercam X5

绘制二维图形

本章导读：

绘制二维图形是创建三维模型的基础，也是数控加工的根本。操作软件的熟练程度和绘制二维图形的技能，决定了模型设计效果的好坏和数控加工的优劣。因此，在学习 Mastercam 的过程中，必须很好地掌握二维图形绘制的方法和技巧。

Mastercam 提供了丰富的二维图形绘制命令。本章主要介绍绘制点、直线、圆、圆弧、椭圆、矩形、正多边形、螺旋线和样条曲线等内容。

学习内容：

学习目标 / 知识点	理　解	应　用	实　践
二维绘图的方法	√		
绘制点	√	√	√
绘制直线	√	√	√
绘制圆弧	√	√	√
绘制矩形	√	√	√
绘制其他图形	√	√	√
绘制样条线	√	√	√

3.1 二维绘图的方法

在绘制二维图形之前，用户应该按照第 1 章介绍的方法，进行二维绘图的基本设置。用户还要知道 Mastercam 提供了哪些二维绘图工具。

3.1.1 基本设置

用户可以根据个人的喜好等来设置不同的图素属性，并且在建模的过程中还要不断地更改屏幕视角、构图面及 Z 深度。这些操作是 Mastercam 绘制图形时最基本的操作，用户必须熟练掌握。下面讲解具体的设置方法。

(1) 属性设置。在属性栏中单击【属性】按钮，弹出【属性】对话框，如图 3-1 所示，设置【颜色】、【线型】、【点型】、【层别】、【线宽】及【曲面密度】，也可保持系统默认，然后单击【确定】按钮✓。

(2) 屏幕视角设置。在属性栏中单击【屏幕视角】按钮，弹出如图 3-2 所示的【屏幕视角】列表，从中选择或定义不同的图形视角。也可以从【图形查看】工具栏中选择 4 种常用的屏幕视角，如图 3-3 所示。常用到的是【屏幕视角=绘图面】选项，可以使当前构图平面正对于用户，方便二维图形的绘制与观察。

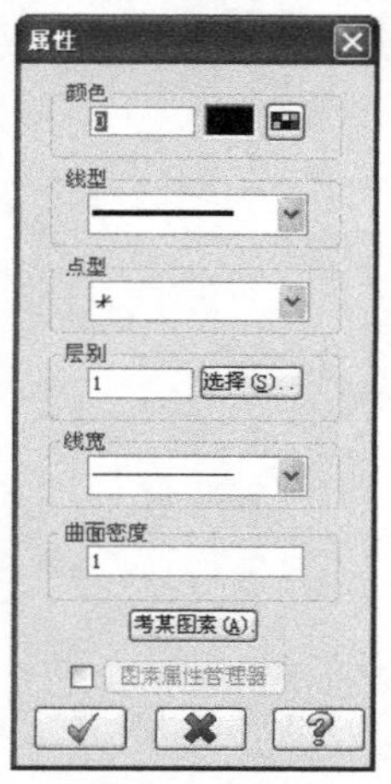

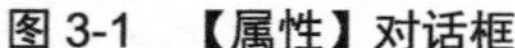

图 3-1 【属性】对话框

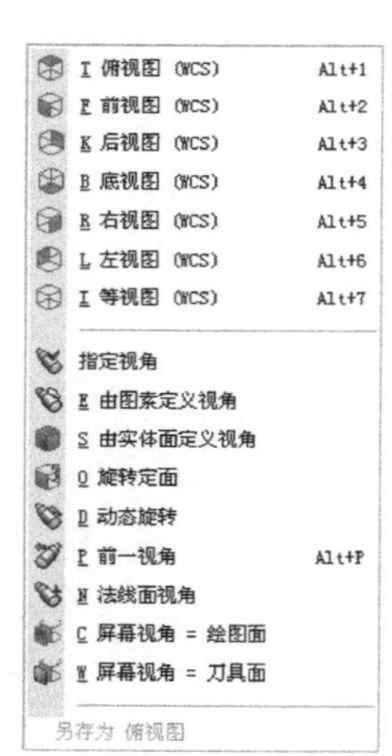

图 3-2 【屏幕视角】列表

图 3-3 【图形查看】工具栏

(3) 视图设置。在属性栏中单击【平面】按钮，弹出如图 3-4 所示的【视图】列表，从中选择或定义不同的构图面。也可以从【视图】工具栏中选择 7 种常用的构图面，如图 3-5 所示。

(4) Z 深度设置。Z 深度决定了同一视图方向上不同构图面所处的位置。Z 深度的定义有两种方式，一种是在属性栏中单击 Z 按钮，出现“选取一点定义新的构图深度”提示后，在绘图区中抓取一点，则此点与当前构图面之间的距离被定义为 Z 深度；另一种是在 Z 选项右侧的文本框中输入 Z 深度的值。

图 3-4　【视图】列表

图 3-5　【视图】工具栏

3.1.2　绘图工具

单击【绘图】菜单，打开如图 3-6 所示的下拉菜单，绘制二维图形的命令主要集中于此，单击某些绘图命令会打开其子菜单，图中所打开的是【绘点】子菜单。

为了提高绘图效率，Mastercam 将一些最常用的绘图命令放置在【草图】工具栏中，如图 3-7 所示。单击某些命令右侧的下拉箭头，则会弹出相应的列表。图中所单击的是【矩形】右侧的下拉箭头。【草图】工具栏中的按钮同【绘图】菜单中的命令是对应的，所以用户既可以在工具栏中选取按钮来绘图，也可从菜单中选取命令来绘图。用户可以自行定义工具栏的按钮，比如可以把自己常用的绘图工具放在上面。

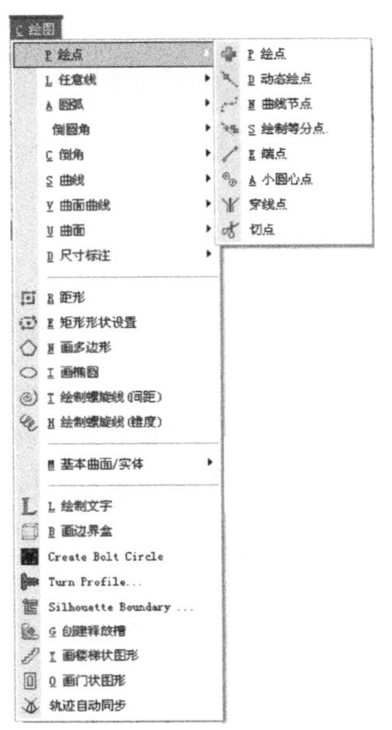

图 3-6　【绘图】菜单

图 3-7　【草图】工具栏

3.2 绘 制 点

绘制点通常是为了给其他图素提供定位参考。Mastercam 提供了 8 种点的绘制方法。它们位于【绘图】|【绘点】子菜单中，或部分位于【绘点】按钮右侧的下拉菜单中，分别为【绘点】、【动态绘点】、【曲线节点】、【绘制等分点】、【端点】、【小圆心点】、【穿线点(创建螺旋点)】、【切点】。下面分别讲解这 8 种绘点方法的使用。

3.2.1 绘制点

1. 在指定位置绘点

指定位置绘点能够在某一指定的位置(如绘图区内任意位置、圆心点、中点、四等分点、交点等)绘制点。选择【绘图】|【绘点】|【绘点】菜单命令，或在【草图】工具栏中单击【绘点】按钮，激活【自动抓点】工具栏，图形区中显示【请选择任意点】提示。

(1) 输入坐标方式。进入绘点模式后，通过键盘输入如图 3-8 所示的“2，3，5”字串(此时【自动抓点】工具栏中的 X、Y、Z 坐标值区域变为一个文本输入框)，或如图 3-9 所示依次输入 X、Y、Z 的数值，都会在绘图区中绘制坐标为(2，3，5)的点。

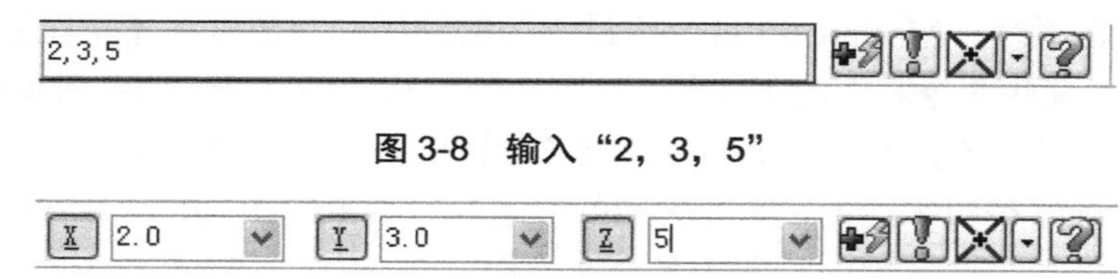

图 3-8 输入“2，3，5”

图 3-9 输入数值

注 意

采用坐标输入的方法创建点时，如果输入了 Z 值，则 Z 是起作用的；如果只是输入了 X 和 Y 值，则 Z 由构图面的 Z 深度决定。

(2) 单击鼠标方式。在绘图区任意位置单击即可绘制任意点。如果启用了自动捕捉功能，就可以捕捉到图素的特征点，在特征点处绘制点；有些自动捕捉无法完成的捕捉功能可以利用手动捕捉的方法，如“相对点”(与某点的距离为一定长)。

(3) 绘制原点。在自动捕捉功能启动的情况下，移动鼠标到原点位置，当鼠标变为形状时，单击即可绘制原点；直接在【手动捕捉】下拉列表中单击【原点】按钮，同样可以在原点处绘制一点；按下键盘上的 O 键可以会绘制原点，此方法的前提是选中【启用支持 KEYS】复选框。

(4) 绘制圆心点。移动鼠标到圆或圆弧的中心，单击即可绘制圆心点，如图 3-10 所示。直接在【手动捕捉】下拉列表中单击【圆心点】按钮，选择圆或者圆弧的本身，即可以确定圆心。

(5) 绘制端点。移动鼠标到图素的端点位置，当鼠标变为形状时，单击即可绘制端点，如图 3-11 所示。在【手动捕捉】下拉列表中单击【端点】按钮，选择图形的本身，即可以确定端点。

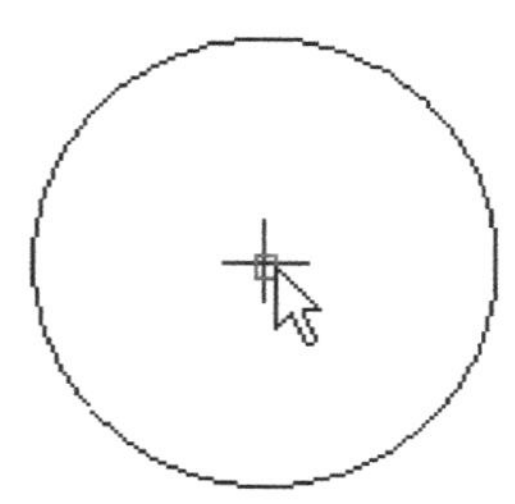

图 3-10　绘制圆心点

图 3-11　绘制端点

(6)　绘制交点。移动鼠标到两个图素相交的位置，当鼠标变为形状时，单击即可绘制交点，如图 3-12 所示。在【手动捕捉】下拉列表中单击【交点】按钮，选择两个图形的本身，即可以确定交点。

(7)　绘制中点。移动鼠标到图素中点的位置，当鼠标变为形状时，单击即可绘制中点，如图 3-13 所示。在【手动捕捉】下拉列表中单击【中点】按钮，选择图形的本身，即可以确定中点。

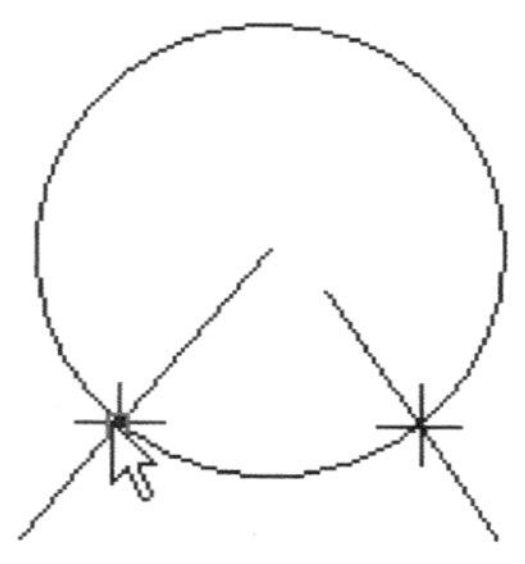

图 3-12　绘制交点

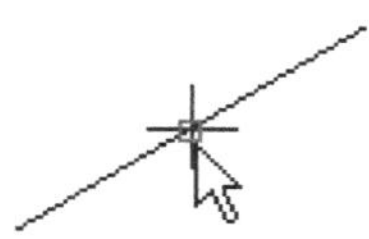

图 3-13　绘制中点

(8)　在已存在的点上绘点。移动鼠标到某一个点的位置，当鼠标变为形状时，单击即可绘制与该点重合的点。

(9)　绘制四等分点。在【手动捕捉】下拉列表中单击【四等分点】按钮，在圆接近四等分处单击，可以确定四等分点，如图 3-14 所示。

(10) 在距离端点指定距离处绘点。在【手动捕捉】下拉列表中单击【引导方向】按钮，此时绘图区中显示“选取直线，圆弧或曲线”提示，同时状态栏变为如图 3-15 所示。首先在图素上单击靠近端点的位置，然后在【长度】按钮右侧的文本框中输入距离值，按 Enter 键或单击【确定】按钮，则在距离端点指定距离处绘制一点。

注 意

用户在【长度】文本框中输入的距离值是指从端点开始沿曲线测量的长度，而非端点与所绘点间的直线距离，测量端点的确定同绘制端点时一样。

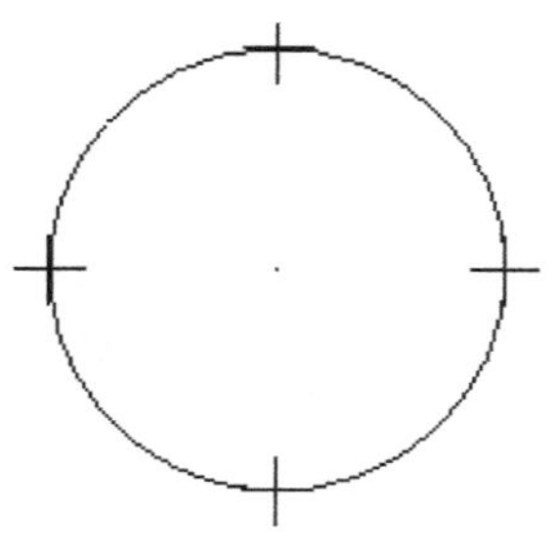

图 3-14　绘制四等分点

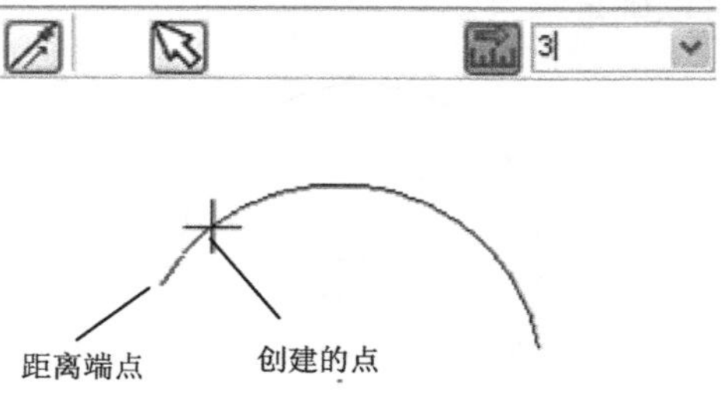

图 3-15　在距离端点指定距离处绘点

(11) 绘制接近点。在【手动捕捉】下拉列表中单击【接近点】按钮，移动鼠标靠近图素，当图素高亮显示时，单击即可在图素的此处绘制点，如图 3-16 所示。

(12) 绘制相对点。在【手动捕捉】下拉列表中单击【相对点】按钮，此时绘图区中显示“输入已知点或改变为引导模式”提示，同时对话栏变为如图 3-17 所示的【相对位置】状态栏。定义相对点有三种方式，分别列在了状态栏上。

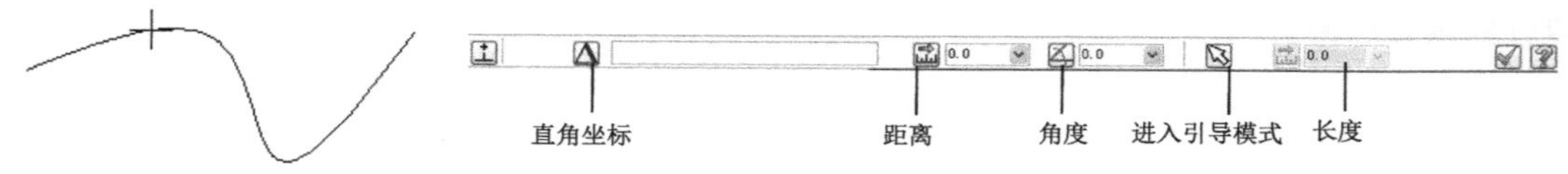

图 3-16　绘制接近点

图 3-17　【相对位置】状态栏

① 通过 X、Y 的增量值来确定相对点，首先在绘图区中选取一个已存在的点或一个图素特征点或通过输入坐标值确定的一个基准点，然后在【直角坐标】按钮右侧的文本框中输入例如“10，20”的增量值，如图 3-18 所示。

② 通过距离和角度来确定相对点，首先在绘图区中选取一个已存在的点或一个图素特征点或通过输入坐标值确定结果的一个基准点，然后在【距离】按钮右侧的文本框中输入距离值，在【角度】按钮右侧的文本框中输入角度值，如图 3-19 所示。

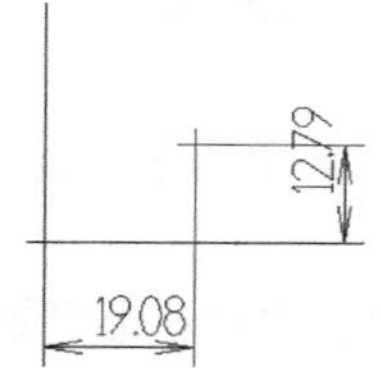

图 3-18　通过 X、Y 的增量值确定点

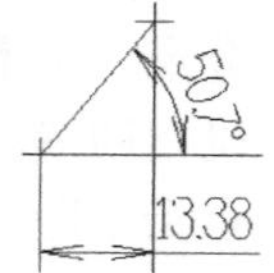

图 3-19　通过距离和角度确定点

③ 通过引导模式来确定相对点，单击【相对点】状态栏中的【选择】按钮，则进入引导模式，以下的操作和此操作相同。

(13) 【点】状态栏。在点的绘制过程中，会发现每次进入绘点功能后，对话框中都会出现如图 3-20 所示的【点】状态栏，而且在绘制完点后，该点仍然处于选取状态。此时单击【编辑点】按钮可以对点进行编辑，如果继续绘制下一个点，则此点会被固定。

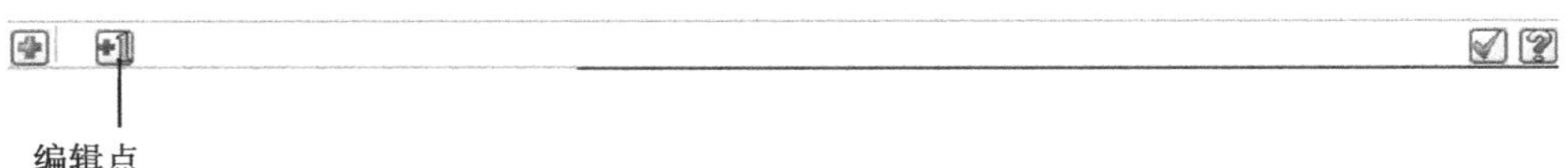

图 3-20　【点】状态栏

2. 绘制动态点

绘制动态点是指能够沿着某一选定的图素或偏移图素指定距离绘制点。

(1) 选择【绘图】|【绘点】|【动态绘点】 菜单命令，或在【草图】工具栏的下拉列表中单击【动态绘点】按钮，图形区中显示“选取直线，圆弧，曲线，曲面或实体面”提示，同时会出现如图 3-21 所示的【动态绘点】状态栏。

图 3-21　【动态绘点】状态栏

(2) 绘制图素上的点。在绘图区选取一条直线、圆弧、曲线、曲面或实体面，将会出现一个能够跟随鼠标光标移动的箭头，移动箭头到适当的位置后单击，则在该位置绘制了一点，可以继续移动并单击绘制其他的点，如图 3-22 所示。从图中可以看到图素的特征点也会被捕捉到。

(3) 绘制偏移图素上的点。在【动态绘点】状态栏中单击【距离】按钮右侧的文本框，输入要绘制的点与图素端点的距离，然后按 Enter 键结束输入，则会绘制出离端点指定距离的点。单击【补正】按钮右侧的文本框，输入要绘制的点偏移图素的距离，然后在绘图区中单击图素的某一侧来决定偏移方向，如图 3-23 所示。

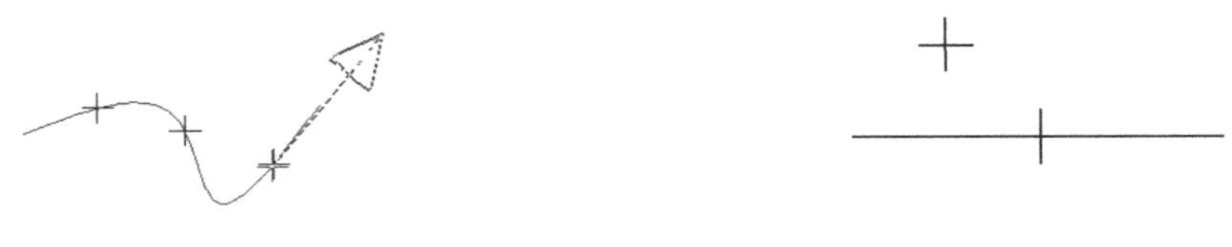

图 3-22　动态绘制点　　　　图 3-23　设置距离和偏距

3. 绘制曲线节点

在曲线节点位置绘点就是将控制曲线形状的多个节点绘制出来，这些点和样条曲线不是关联的，即绘制的点不会随样条的修改而修改。

(1) 选择【绘图】|【绘点】|【曲线节点】命令，或在【草图】工具栏的下拉列表中单击【曲线节点】按钮，图形区中显示“请选取一曲线”提示。

(2) 在图形区域中选择要得到节点的样条曲线，则系统自动在每个节点处绘制了一个点，如图 3-24 所示。

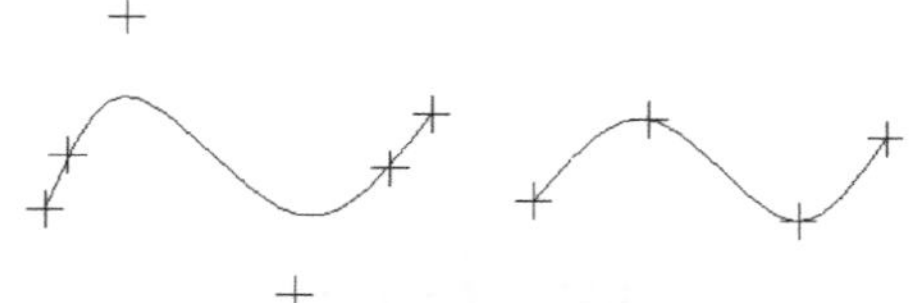

图 3-24　在曲线节点位置绘点

提 示

在图 3-24 中，可以看到两条样条曲线的节点是不同的。这是因为曲线 1 为 NURBS 样条曲线，其控制点除了端点外，都在曲线外面，如图 3-25 所示；而曲线 2 为参数式样条曲线，其节点都在曲线之上，如图 3-26 所示。

在 Mastercam 中，要想更改样条曲线的类型，可以参考第 1 章中系统配置的内容。要想查看所绘制的样条曲线的类型，可以通过选择【分析】|【图素属性】菜单命令，然后选取样条曲线，从弹出的对话框的标题可以看到，如图 3-27 和图 3-28 所示。

图 3-25　NURBS 样条曲线

图 3-26　参数式样条曲线

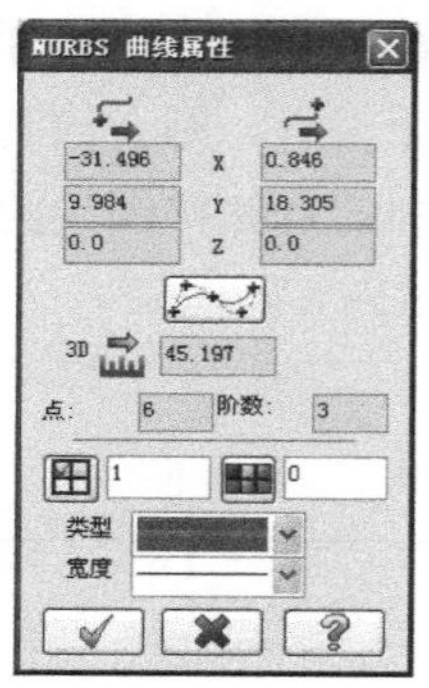

图 3-27　【NURBS 曲线属性】对话框

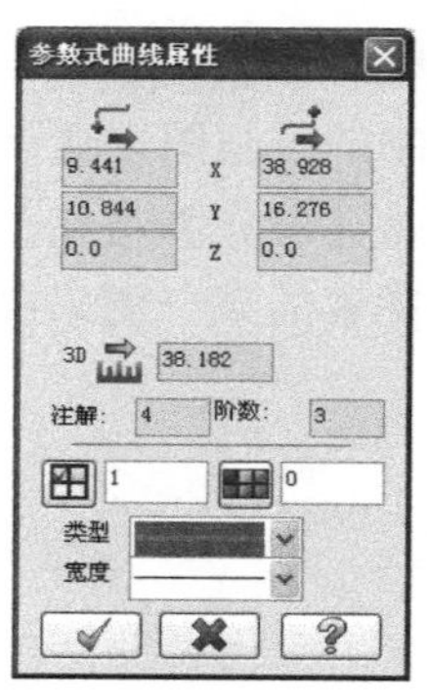

图 3-28　【参数式曲线属性】对话框

4. 绘制等分点

绘制等分点就是在选定的图素上，按照给定的等分距离和等分点数来等分图素，从而绘制出一系列点。

(1)　选择【绘图】|【绘点】|【绘制等分点】菜单命令，或在【草图】工具栏的下拉列表中单击【绘制等分点】按钮，图形区中显示“沿一图素画点：请选择图素”提示，同时出现如图 3-29 所示的【等分绘点】状态栏。

(2)　在图形区域中选择要得到等分点的曲线，然后在【距离】按钮右侧的文本框中输入等分距离，或在【次数】按钮右侧的文本框中输入等分点的个数，按 Enter 键或单击【确定】按钮，得到如图 3-30 所示的等分点。

注 意

在选择曲线时，鼠标选择点应靠近曲线等分起始端，防止系统以另一端的端点为基点开始进行等分。

使用等分距离方式时，如果曲线的最后一段长度小于等分距离，则停止等分；使用等分点方式时，系统会按等分点的个数把曲线完全等分。

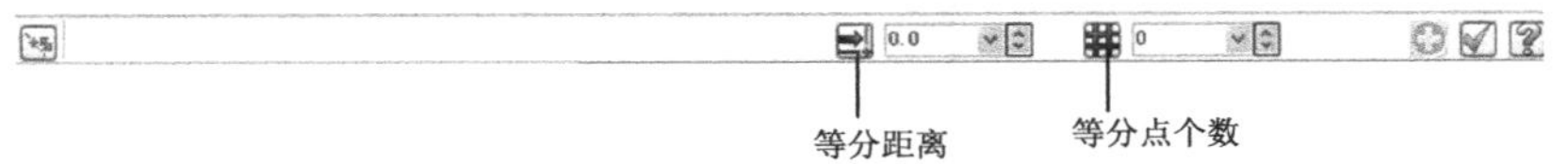

图 3-29　【等分绘点】状态栏

5. 绘制端点

绘制端点可以在所有图素的端点处绘制点。

选择【绘图】|【绘点】|【绘制端点】菜单命令，或在【草图】工具栏的下拉列表中单击【绘制端点】按钮，则系统自动在所有图素的端点处绘制点，如图 3-31 所示。

在图 3-31 中，直线是开环的，起点与终点是不重合的，直接在两个端点处绘制即可；圆是封闭的图形，系统会在组成该封闭环的每一个图素的两端绘制点；对于圆和椭圆等封闭环只有一个图素组成的情况，即起点和终点是重合的，系统只绘制一个点。

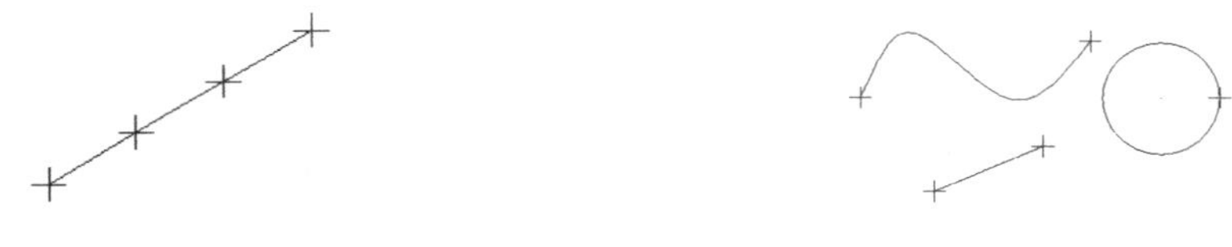

图 3-30　绘制等分点　　　图 3-31　绘制端点

6. 绘制小圆心点

绘制小圆心点是指在半径小于指定值的圆或圆弧的圆心处绘制点。

(1) 选择【绘图】|【绘点】|【小圆心点】菜单命令，或在【草图】工具栏的下拉列表中单击【小圆心点】按钮，图形区中显示“选取弧/圆，按 Enter 键完成”提示，同时出现如图 3-32 所示的【创建小于指定半径的圆心点】状态栏。

图 3-32　【创建小于指定半径的圆心点】状态栏

(2) 在【最大半径】按钮右侧的列表框中输入 15，【包含不完整圆弧】按钮和【删除圆弧】按钮未显示下沉状态，表明只有半径小于或等于 2 的圆才被计算在内，且不删除圆，然后在绘图区中利用矩形框的方法选择所有的图素，按下 Enter 键，结果如图 3-33 所示。

(3) 如果状态栏中【包含不完整圆弧】按钮被按下，结果如图 3-34 所示；如果状态栏中【包含不完整圆弧】按钮和【删除圆弧】按钮被按下，则结果如图 3-35 所示。

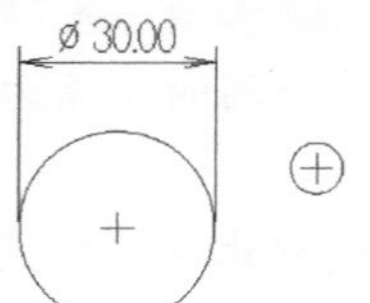

图 3-33　最大半径

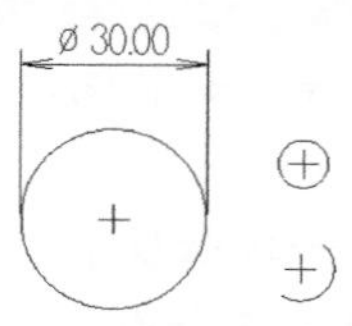

图 3-34　包含不完整圆弧

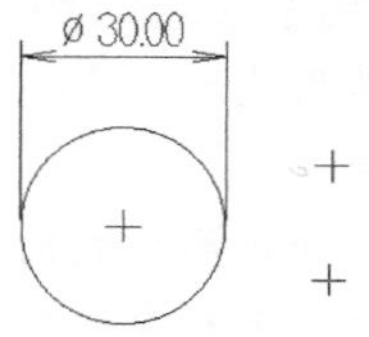

图 3-35　包含不完整圆弧且删除圆弧

7. 绘制穿线点

选择【绘图】|【绘点】|【穿线点】菜单命令，或在【草图】工具栏的下拉列表中单击【穿线点】按钮，激活【自动抓点】工具栏，图形区中显示“请选择任意点”提示。绘制穿线点的方法同在指定位置绘点相似，点的符号与上述不同，如图 3-36 所示。

8. 绘制切点

选择【绘图】|【绘点】|【切点】菜单命令，或在【草图】工具栏的下拉列表中单击【切点】按钮，激活【自动抓点】工具栏，图形区中显示“请选择任意点”提示。绘制切点的方法同在指定位置绘点相似，点的符号与上述不同，如图 3-37 所示。

图 3-36　绘制穿线点

图 3-37　绘制切点

3.2.2　绘制点范例

本范例练习文件：\03\3-2-2. MCX-5。

本范例完成文件：\03\3-2-3. MCX-5。

多媒体教学路径：光盘→多媒体教学→第 3 章→3.2.2 节。

步骤 01　绘制点

单击【草图】工具栏中的【绘点】按钮，绘制几何中心点，在状态栏中单击【确定】按钮，如图 3-38 所示。

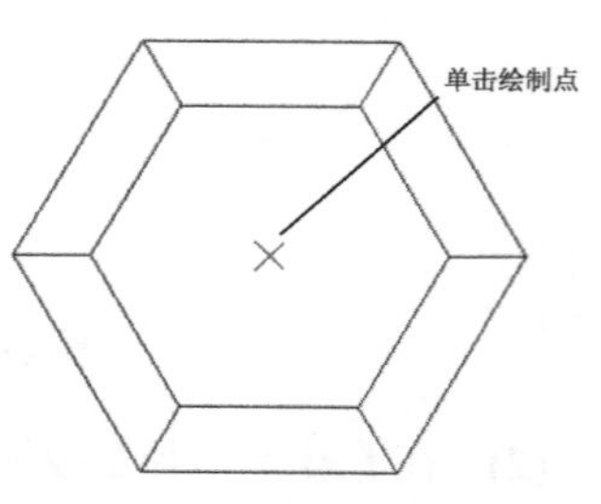

图 3-38　绘制点

步骤 02　动态绘点

单击【草图】工具栏中的【动态绘点】按钮。

步骤 03　绘制曲线

单击【草图】工具栏中的【手动画曲线】按钮，分别单击四个顶点，绘制曲线，在状态栏中单击【确定】按钮，如图 3-40 所示。

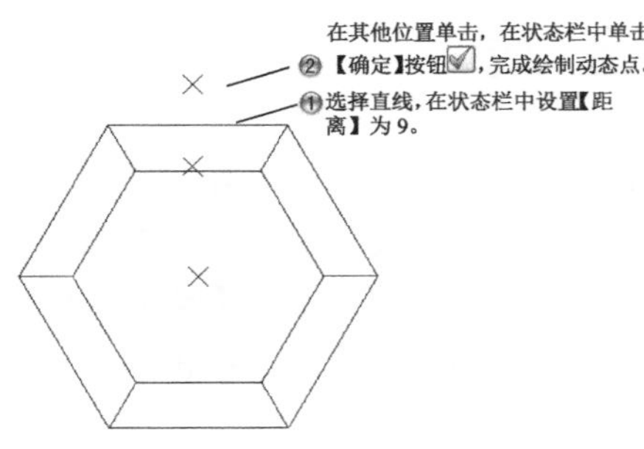

图 3-39　动态绘点

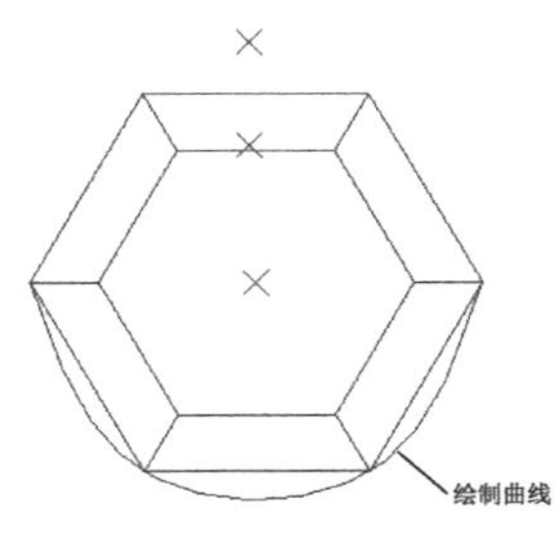

图 3-40　绘制曲线

步骤 04 绘制曲线节点

单击【草图】工具栏中的【曲线节点】按钮，再选择曲线，并完成曲线节点的绘制，如图 3-41 所示。

步骤 05 绘制等分点

单击【草图】工具栏中的【绘制等分点】按钮，在状态栏中设置【个数】为 5，选择直线，单击【确定】按钮，完成 5 等分点绘制，如图 3-42 所示。

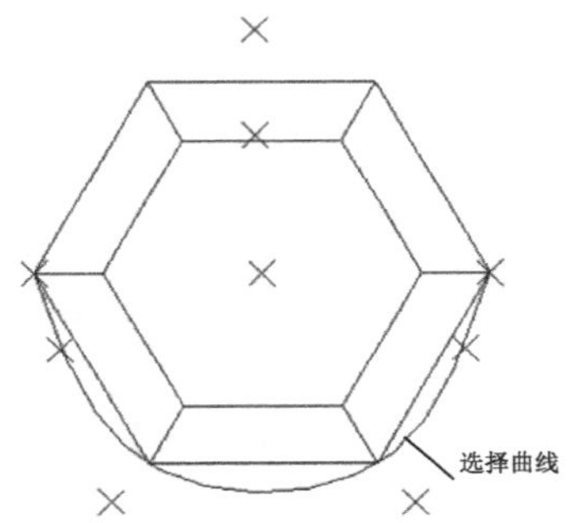

图 3-41　绘制曲线节点

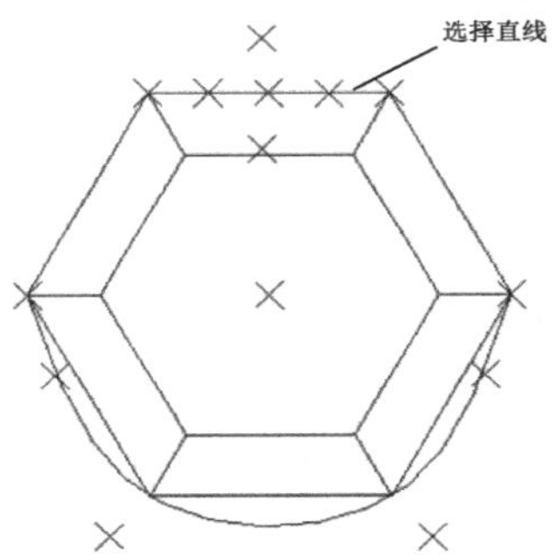

图 3-42　绘制等分点

步骤 06 绘制端点

单击【草图】工具栏中的【绘制端点】按钮，再选择直线，并完成直线端点的绘制，如图 3-43 所示。

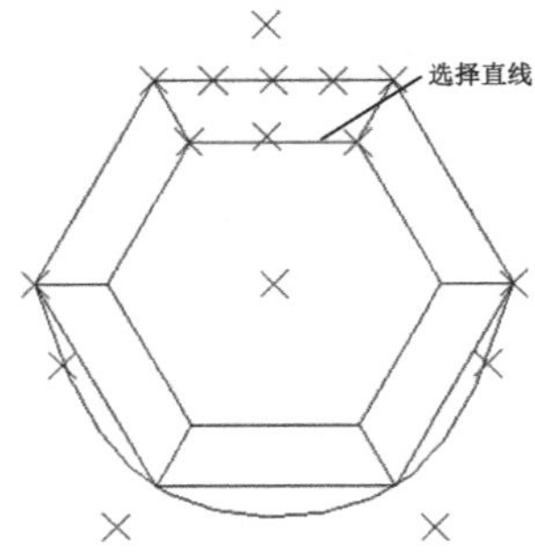

图 3-43　绘制端点

3.3 绘 制 直 线

直线也是组成二维图形最基本的图素之一。Mastercam 提供了直线的 6 种绘制方法，位于如图 3-44 所示的【任意线】子菜单中，或者如图 3-45 所示的【绘制任意线】按钮右侧的下拉列表中，分别为【绘制任意线】、【绘制两图素间的近距线】、【绘制两直线夹角间的分角线】、【绘制垂直正交线】、【绘制平行线】、【创建切线通过点相切】。下面分别讲解这 6 种直线绘制方法的使用。

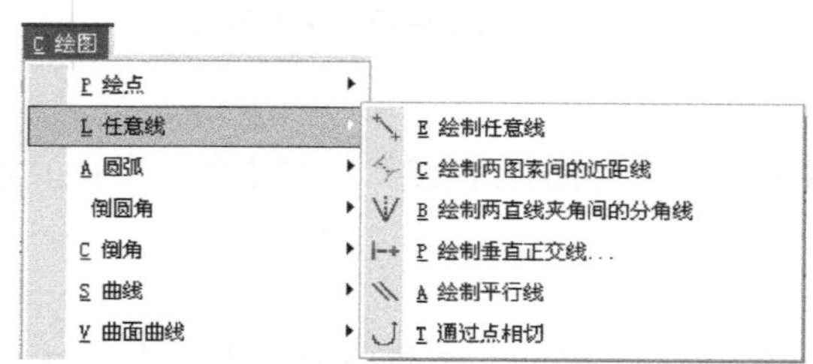

图 3-44 【任意线】子菜单

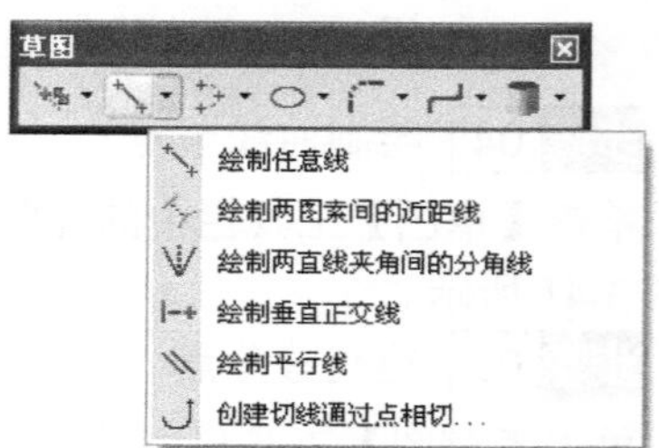

图 3-45 【绘制任意线】按钮

3.3.1 绘制直线

1. 通过两点绘制直线

通过两点绘制直线需要定义直线的起点和终点，绘制的直线类型包括：直线段、连续线、水平线、垂直线和切线。

(1) 选择【绘图】|【任意线】|【绘制任意线】菜单命令，或在【草图】工具栏中单击【绘制任意线】按钮，出现如图 3-46 所示的【直线】状态栏。

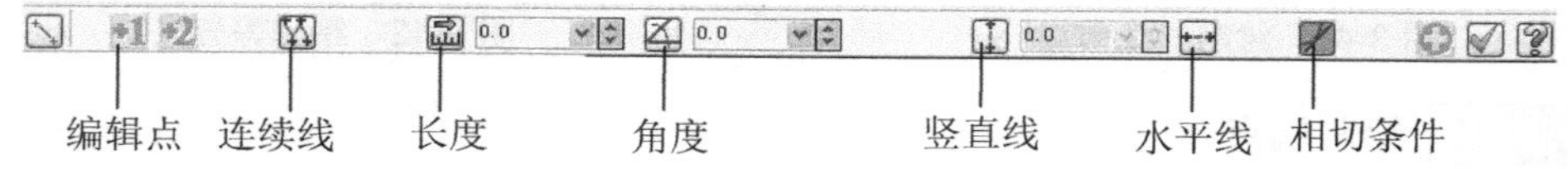

图 3-46 【直线】状态栏

(2) 绘制任意直线段。在绘制的过程中为了不受到选择约束，可以从绘图区的右键快捷菜单中选择【自动抓点】命令，在弹出的【光标自动抓点的设置】对话框中取消选中右侧的捕捉约束条件，如图 3-47 所示。在系统的提示下，采用键盘输入端点坐标的形式，绘制一条直线；在绘图区内单击两个不同的位置，同样也可以绘制一条直线。

(3) 绘制连续线段。单击【绘制任意线】状态栏中的【连续线】按钮，则可以绘制多条连续的任意线段，如图 3-48 所示。

(4) 绘制指定长度和角度的直线段。首先采用坐标输入或捕捉的方式确定线段的起点，移动鼠标到大致的位置处单击；然后在【长度】按钮右侧的文本框中输入线段长度，在【角度】按钮右侧的文本框中输入角度。按 Enter 键完成绘制，如图 3-49 所示，绘制的是一条长度为 10，角度为 45° 的直线段。

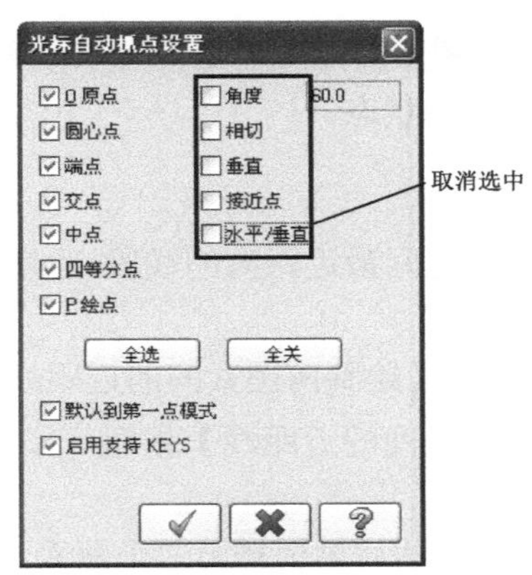

图 3-47　取消捕捉约束条件的选中

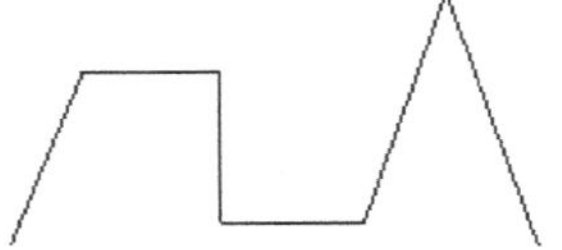

图 3-48　绘制连续线段

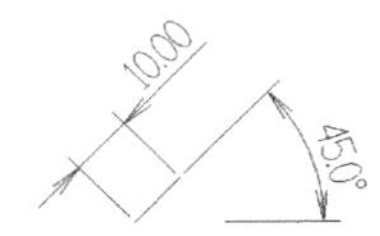

图 3-49　绘制指定长度和角度的直线段

(5) 绘制指定角度的直线段。在【光标自动抓点的设置】对话框中启用【角度】捕捉约束条件，并在角度文本框中输入所要求的角度，此后所绘直线的角度都是设定角度的整数倍。如图 3-50 所示的正六边形，绘制时设置约束角度为 60°，线段长度为 10，且选择连续绘制方式。

(6) 绘制水平线。单击【水平】按钮，以输入坐标或光标捕捉的方式确定第一个点，此时移动光标可以看到直线被限定在了水平方向，单击确定第二个点，接着可以更改线段的长度及线段与原点的距离，按 Enter 键完成绘制，如图 3-51 所示。

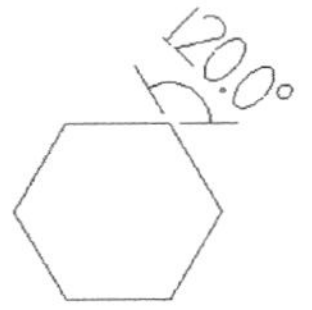

图 3-50　绘制指定角度的直线段

图 3-51　绘制水平线

(7) 绘制垂直线。单击【垂直】按钮，接下来的操作与水平线的绘制相同。

(8) 绘制切线。单击【相切】按钮，可以在绘图区中依次选取两个曲线图素来绘制它们之间的相切线，也可以先确定起点，再选取一条曲线图素来绘制过起点且与曲线相切的线段。如果定义了长度值和角度值，则会绘制一条定长定角度的切线，只需选择切线方向即可。如图 3-52 所示，切线 1 为两个圆之间的切线，切线 2 为通过起点与圆相切的切线，切线 3 为定长定角度的切线。

(9) 编辑任意线的两个端点。在【绘制任意线】状态栏中分别单击【编辑第一点】按钮和【编辑第二点】按钮，即可进入起点和终点的重新定义状态。须注意的是，连续线

段和切线是不可以进行编辑的，且图素固定后也是不可以编辑的，可以观察两个编辑按钮是否可以用来决定端点是否处于可编辑状态。

2. 绘制近距线

近距线是指能够表示两个元素之间最近距离的线段，也就是两个图素上所有点之间距离最短的连线。

(1) 选择【绘图】|【任意线】|【绘制两图素间的近距线】菜单命令，或在【草图】工具栏的下拉列表中单击【绘制两图素间的近距线】按钮，绘图区中弹出“选取直线，圆弧，或曲线”提示。

(2) 按照提示选取第一个图素，然后再选择第二个图素，系统会自动计算出两个图素中距离最短的点，并绘制一条直线。如果两个图素相交，系统会在交点处绘制一个点。如图 3-53 所示，绘制两两图素之间的近距线。

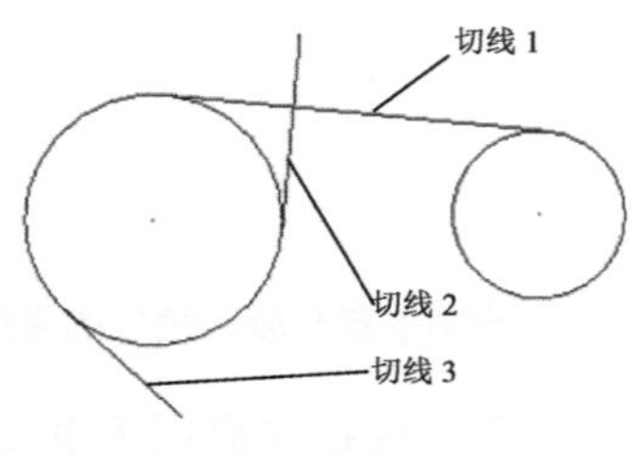

图 3-52　绘制切线

图 3-53　绘制近距线

3. 绘制分角线

分角线，顾名思义就是把由两条直线组成的角分成两个相等角的直线。因为两条直线的夹角有 4 个，所以分角线也有 4 种情况。

(1) 选择【绘图】|【任意线】|【绘制两直线夹角间的分角线】菜单命令，或在【草图】工具栏中单击【绘制两直线夹角间的分角线】按钮，绘图区中弹出“选择二条相切的线”提示，同时出现如图 3-54 所示的【角平分线】状态栏。

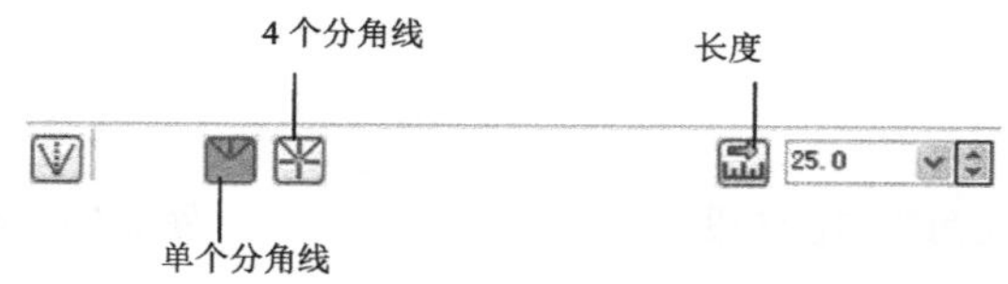

图 3-54　【角平分线】状态栏

(2) 绘制单个分角线。在【绘制分角线】状态栏中单击 1 solution 按钮，在【长度】按钮右侧的文本框中输入分角线的长度，然后在图形区中选择两条相交的直线，则系统会以所选图素的交点为起点绘制分角线，如图 3-55 所示。注意选择位置的不同，所绘制的分角线也会不同。

(3) 绘制 4 个分角线。在【绘制分角线】状态栏中单击【4 的解决方案】按钮，在【长度】按钮右侧的文本框中输入分角线的长度，然后在图形区中选择两条相交的直线，则系统会自动绘制出 4 条分角线，如图 3-56 所示。

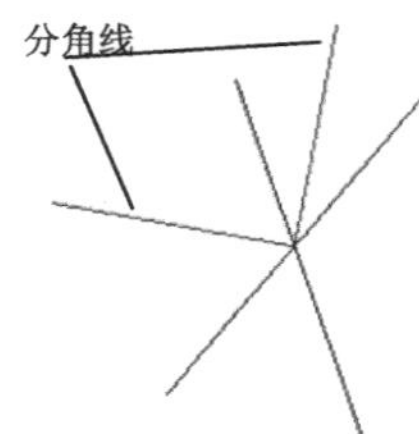

图 3-55　创建单个分角线

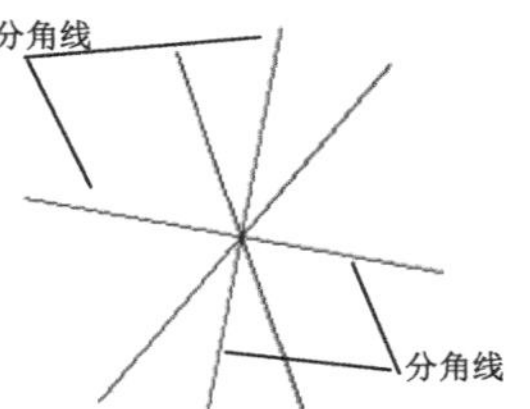

图 3-56　绘制 4 个分角线

4. 绘制法线

可以绘制直线、圆或圆弧、曲线某一点处的法线，在法线的基础上还可以添加如相切等约束条件。

(1) 选择【绘图】|【任意线】|【绘制垂直正交线】菜单命令，或在【草图】工具栏中单击【绘制垂直正交线】按钮，绘图区中弹出“选取直线，圆弧或曲线”提示，同时出现如图 3-57 所示的【垂直正交线】状态栏。

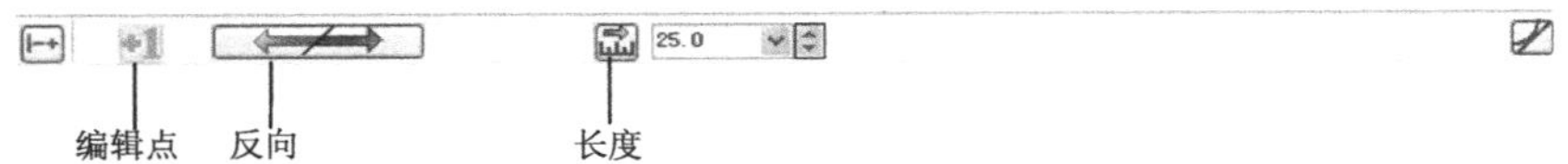

图 3-57　【垂直正交线】状态栏

(2) 在图形区域中选择一条曲线，移动鼠标时可以看到有一条始终垂直于曲线的直线段随之移动，如果交点确定，可以在【长度】按钮右侧的文本框中输入长度来完全定义法线；如果交点不确定，可以利用输入坐标或捕捉的方式确定另一端点来完全定义法线。如图 3-58 所示，法线 1 通过点 1 且长度为 10，法线 2 通过点 2、法线 3 与圆弧相切。

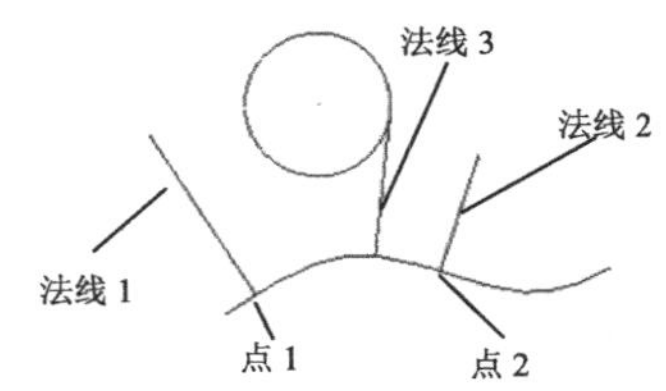

图 3-58　绘制法线

5. 绘制平行线

绘制平行线时可以通过距离来定位，也可以通过添加约束关系来定位。

(1) 选择【绘图】|【任意线】|【绘制平行线】菜单命令，或在【草图】工具栏中单击【绘制平行线】按钮，绘图区中弹出“选取一线”提示，同时出现如图 3-59 所示的【平行线】状态栏。

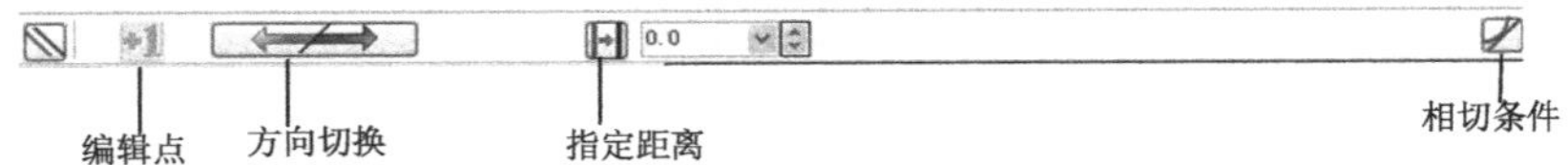

图 3-59　【平行线】状态栏

(2) 在图形区域中选择一条直线，然后在【距离】按钮右侧的文本框中输入距离值，按 Enter 键完成绘制；在定位平行线时，可以让其通过某一个点，此点可以输入坐标或捕捉；

也可以单击【相切】按钮，然后在绘图区选取相切图素，如图 3-60 所示。

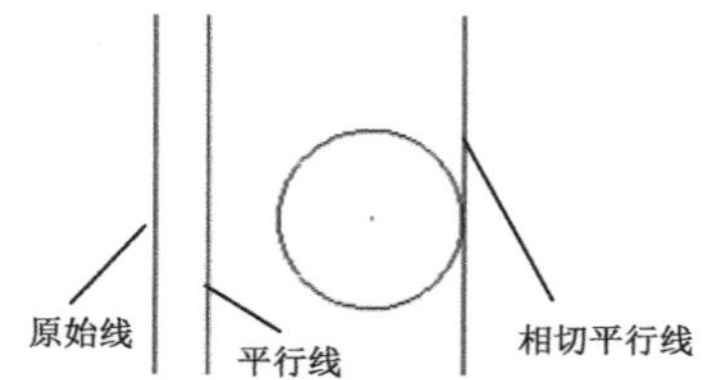

图 3-60 绘制平行线

6. 绘制通过点相切的直线

通过点相切的直线即与圆弧或曲线相切，其起点又位于圆弧或曲线上。

(1) 选择【绘图】|【任意线】|【创建切线通过点相切】菜单命令，或在【草图】工具栏中单击【创建切线通过点相切】按钮，绘图区中弹出“选择圆弧或曲线”提示，同时出现如图 3-61 所示的【通过点相切】状态栏。

(2) 在图形区域中选择一条曲线，接着选择曲线上的一个点作为切线的起点，最后输入坐标确定下一端点，也可以通过光标捕捉下一端点，也可以在【长度】按钮右侧的文本框中输入起点与下一端点的距离值，这里采用了输入距离来确定下一端点，如图 3-62 所示。

图 3-61 【通过点相切】状态栏

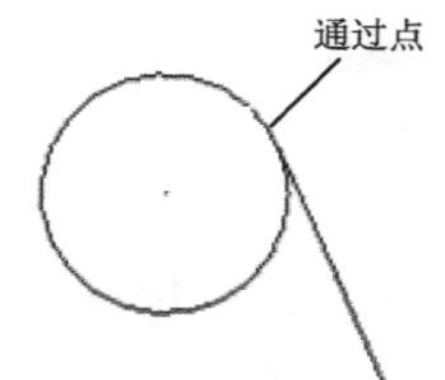

图 3-62 绘制通过点相切的直线

3.3.2 绘制直线范例

本范例练习文件：\03\3-3-2. MCX-5。

本范例完成文件：\03\3-3-3. MCX-5。

多媒体教学路径：光盘→多媒体教学→第 3 章→3.3.2 节。

步骤 01 绘制直线图形

单击【草图】工具栏中的【绘制任意线】按钮，绘制直线图形，如图 3-63 所示。

步骤 02 绘制分角线

单击【草图】工具栏中的【绘制两直线夹角间的分角线】按钮，在状态栏中设置【长度】为 500，选择两条成角度的直线，如图 3-64 所示，单击【确定】按钮，完成分角线绘制。

步骤 03 绘制平行线

单击【草图】工具栏中的【绘制平行线】按钮，在状态栏中设置【距离】为 200。

单击【确定】按钮，完成平行线绘制，如图 3-65 所示。

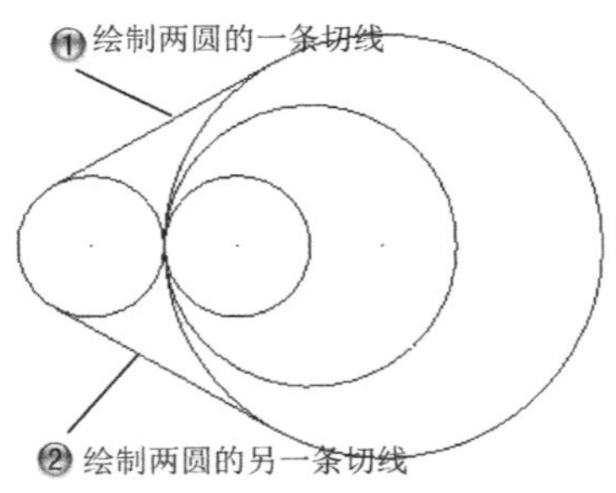

图 3-63　绘制直线图形

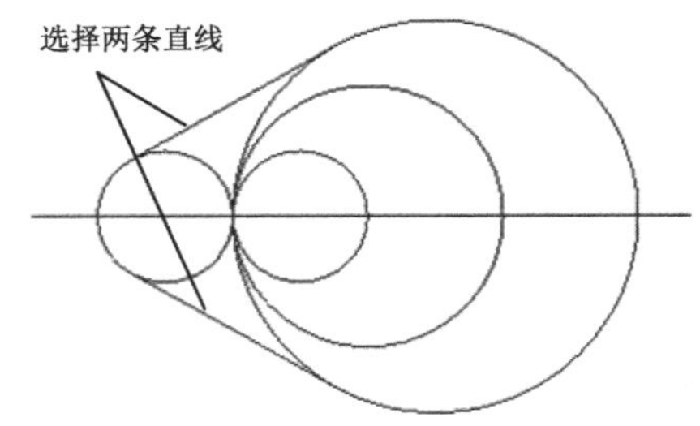

图 3-64　绘制分角线

步骤 04 绘制近距线

单击【草图】工具栏中的【绘制两图素间的近距线】按钮，选择两条直线，如图 3-66 所示，完成近距线绘制。

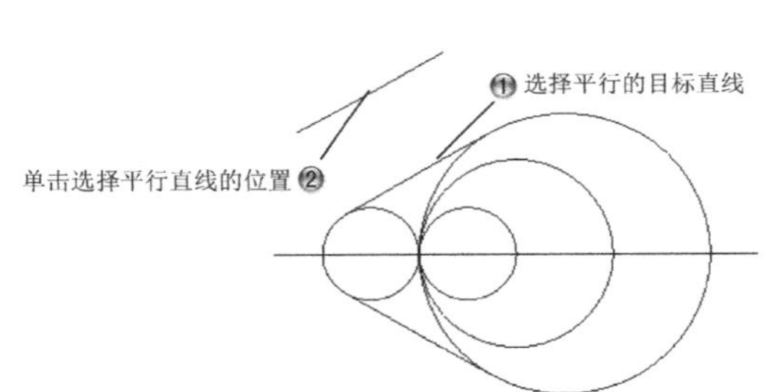

图 3-65　绘制平行线

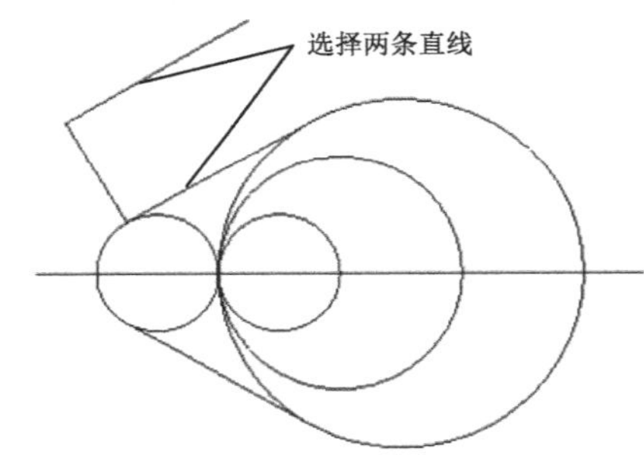

图 3-66　绘制近距线

步骤 05 绘制法线

单击【草图】工具栏中的【绘制垂直正交线】按钮。单击【确定】按钮，完成法线绘制，如图 3-67 所示。

步骤 06 绘制切线

单击【草图】工具栏中的【创建切线通过点相切】按钮，设置切线的【长度】，单击【确定】按钮，完成切线绘制，如图 3-68 所示。

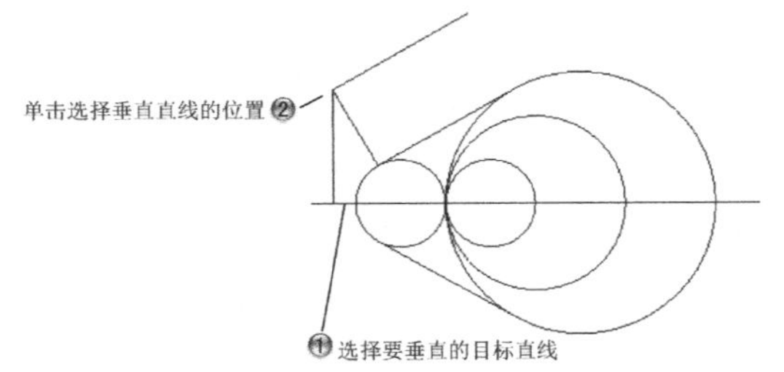

图 3-67　绘制法线

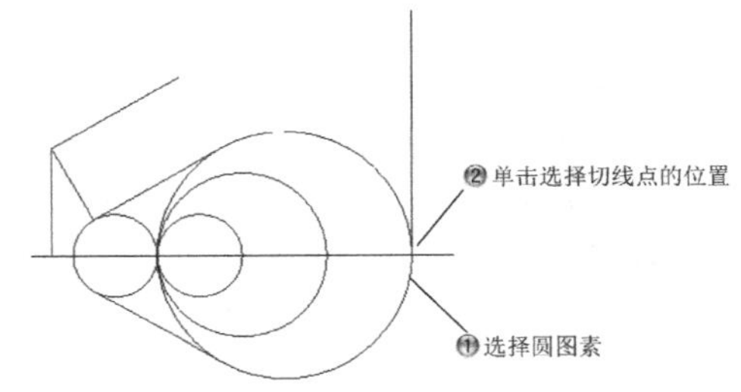

图 3-68　绘制切线

3.4 绘制圆弧

圆弧也是二维图形中最基本的图素之一。Mastercam 提供了 5 种圆弧绘制方法，位于如图 3-69 所示的【圆弧】子菜单中，或如图 3-70 所示的【圆弧】按钮右侧的下拉列表中，分别为【极坐标圆弧】、【两点画弧】、【三点画弧】、【极坐标画弧】、【切弧】。下面分别讲解这 5 种圆弧的绘制方法。

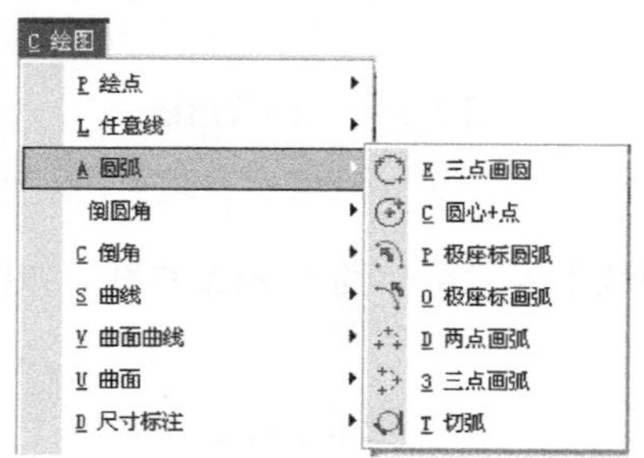

图 3-69 【圆弧】子菜单

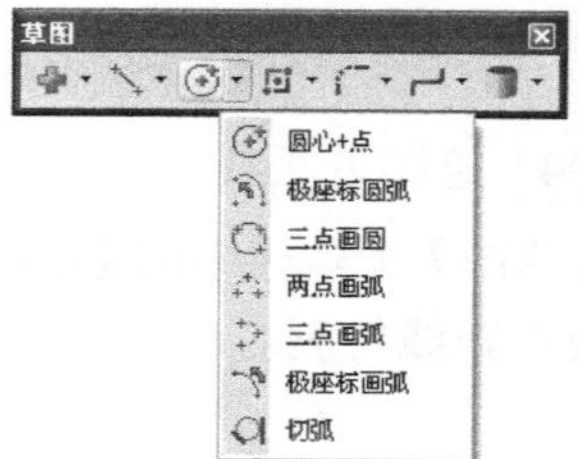

图 3-70 【圆弧】按钮

3.4.1 绘制圆弧

1. 通过极坐标和圆心绘制圆弧

极坐标圆弧是指利用圆心、半径/直径、起始角度、终止角度来绘制圆弧，起始角度也可以由相切条件来代替。

(1) 选择【绘图】|【圆弧】|【极坐标圆弧】菜单命令，或从【草图】工具栏中单击【极坐标圆弧】按钮，在图形区出现“请输入圆心点”提示，出现【已知圆心，极坐标画弧】状态栏，如图 3-71 所示。

图 3-71 【已知圆心，极坐标画弧】状态栏

(2) 输入参数定义极坐标圆弧。在绘图区中利用坐标输入或捕捉的方式指定一点作为圆心点；接下来将会出现“使用滑鼠指出起始角度的概略位置”提示，移动鼠标到起点所在的大致位置单击；然后会出现“使用滑鼠指出终止角度的概略位置”提示，移动鼠标到终点所在的大致位置单击，即可绘制出圆弧的大致图形；最后在【半径】按钮右侧的文本框中输入圆弧的半径，在【起始角度】按钮右侧的文本框中输入圆弧的起始角度，在【终止角度】按钮右侧的文本框中输入圆弧的终止角度，按 Enter 键完成圆弧绘制，如图 3-72 所示。

(3) 有相切条件的极坐标圆弧。单击【相切】按钮，在绘图区首先选取一点作为圆心，按照“选取圆弧或直线”提示选取圆弧或直线作为相切图素，然后移动鼠标到终点所在

的大致位置单击，最后设置终止角度值，即可完成圆弧绘制，如图 3-73 所示。

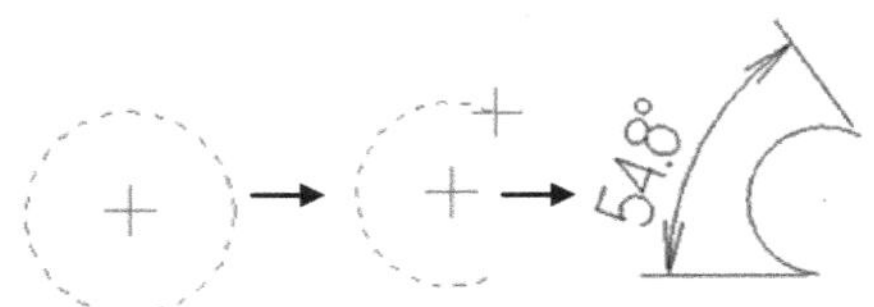

图 3-72　输入参数定义极坐标圆弧

(4) 更改起始角度和终止角度的方向。绘制完圆弧后，在【已知圆心，极坐标画弧】状态栏中单击【方向切换】按钮，则更改起始角度和终止角度的方向，如图 3-74 所示。

图 3-73　有相切条件的极坐标圆弧

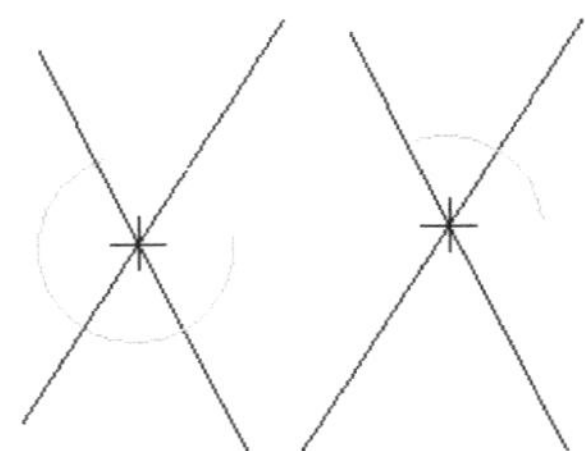

图 3-74　更改起始角度和终止角度的方向

提 示

利用极坐标方式绘制圆弧时，起始角度和终止角度的正方向为逆时针旋转方向。圆心与起始点的连线对 X 轴的夹角为起始角，圆心与终止点的连线对 X 轴的夹角为终止角。如果起始角度等于终止角度，则绘制的将是一个整圆。

2. 通过极坐标和端点绘制圆弧

极坐标画弧是指利用起点/终点、半径/直径、起始角度、终止角度来绘制圆弧，圆弧的起点和终点只能指定其中之一。

(1) 选择【绘图】|【圆弧】|【极坐标画弧】菜单命令，或在【草图】工具栏中单击【极坐标画弧】按钮，出现【极坐标画弧】状态栏，如图 3-75 所示。

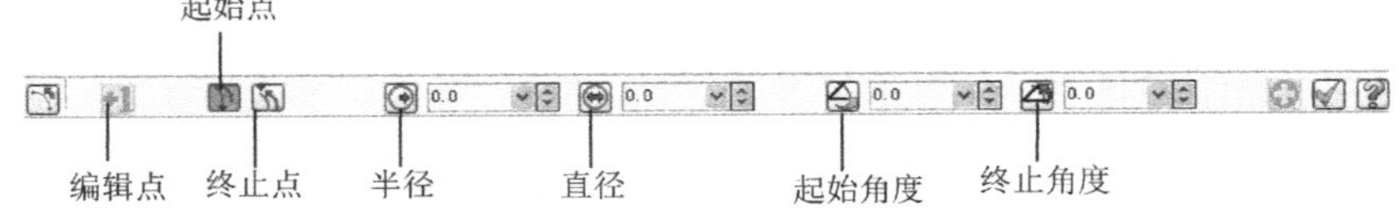

图 3-75　【极坐标画弧】状态栏

(2) 起点方式绘制圆弧。单击【起始点】按钮，在绘图区中出现“请输入起点”提示，利用坐标输入或捕捉方式确定起点，接着出现“输入半径，起始点和终点角度”提示，在相应的文本框中输入半径和终止角度，按 Enter 键完成绘制，如图 3-76 所示。

(3) 终点方式绘制圆弧。单击【终止点】按钮，操作同起点方式绘制圆弧相同，如图 3-77 所示。

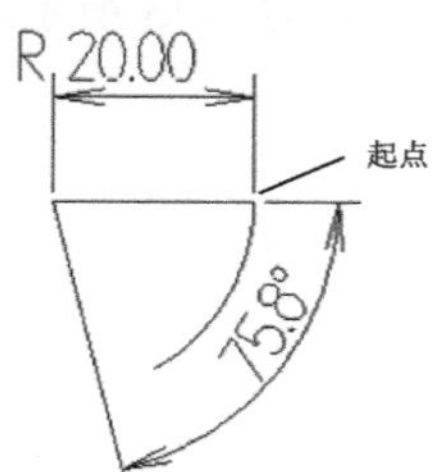

图 3-76　起点方式绘制圆弧

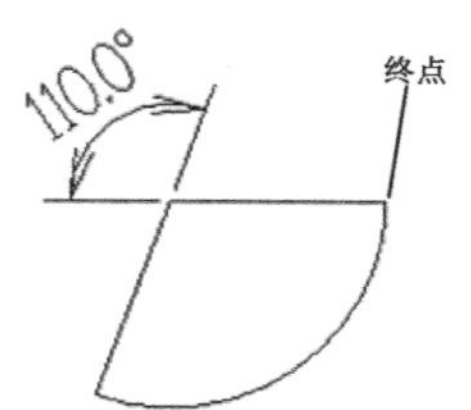

图 3-77　终点方式绘制圆弧

3. 通过两点绘制圆弧

两点绘制圆弧是指先选取圆周上的两个点，再添加半径/直径或相切条件。

(1) 选择【绘图】|【圆弧】|【两点画弧】菜单命令，或在【草图】工具栏中单击【两点画弧】按钮，出现【两点画弧】状态栏，如图 3-78 所示。

图 3-78　【两点画弧】状态栏

(2) 通过两点和半径绘制圆弧。采用坐标输入或捕捉的方式，在绘图中依次确定两个端点及圆弧上的一点，然后在【半径】按钮右侧的文本框中输入圆弧的半径，按 Enter 键完成绘制，如图 3-79 所示。

(3) 通过两点和相切绘制圆弧。单击【相切】按钮，在绘图区中依次确定两个端点，在出现“选取圆弧或直线”提示后，选取一个要相切的图素，则完成圆弧绘制，如图 3-80 所示。

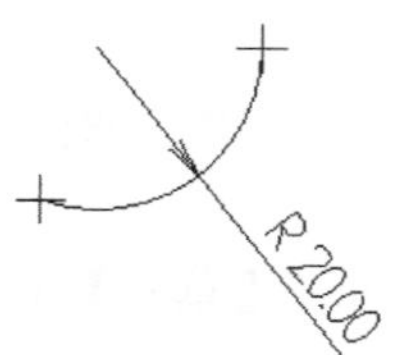

图 3-79　通过两点和半径绘制圆弧

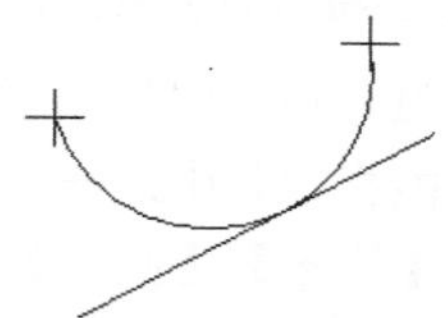

图 3-80　通过两点和相切绘制圆弧

4. 通过三点绘制圆弧

三点画弧是指通过选择圆周上的三个点或三个相切的图素来绘制圆弧。

(1) 选择【绘图】|【圆弧】|【三点画弧】菜单命令，或在【草图】工具栏中单击【三点画弧】按钮，出现【三点画弧】状态栏，如图 3-81 所示。

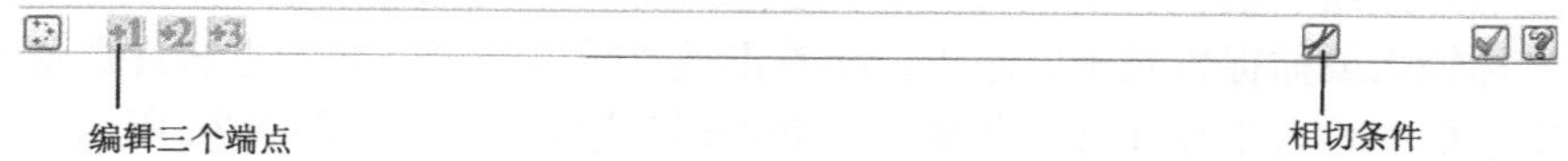

图 3-81　【三点画弧】状态栏

(2) 通过三点绘制圆弧。按照提示在绘图区中确定三个点，其中第一个点和第三个点为圆弧的端点，第二个点为圆弧上的点；圆弧绘制完成后，可以单击三个按钮，分别对三个点进行编辑修改，如图 3-82 所示。

(3) 通过三个相切图素绘制圆弧。单击【相切】按钮，在绘图区中依次选择三个要相切的图素，其中与第一个图素和第三个图素的切点为圆弧的端点，系统将自动绘制出该圆弧，同样可以单击编辑按钮，重新定义相切图素，如图 3-83 所示。

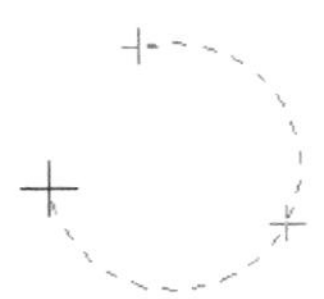

图 3-82　通过三点绘制圆弧

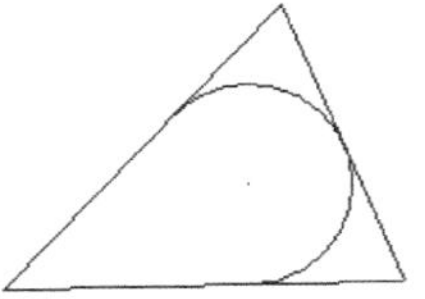

图 3-83　通过三个相切图素绘制圆弧

5. 通过切点绘制圆弧

绘制切弧是指绘制与一个或多个图素相切的圆弧。

(1) 选择【绘图】|【圆弧】|【切弧】菜单命令，或在【草图】工具栏中单击【切弧】按钮，出现【切弧】状态栏，如图 3-84 所示，通过该状态栏可以选择 7 种不同的绘制圆弧的方法。

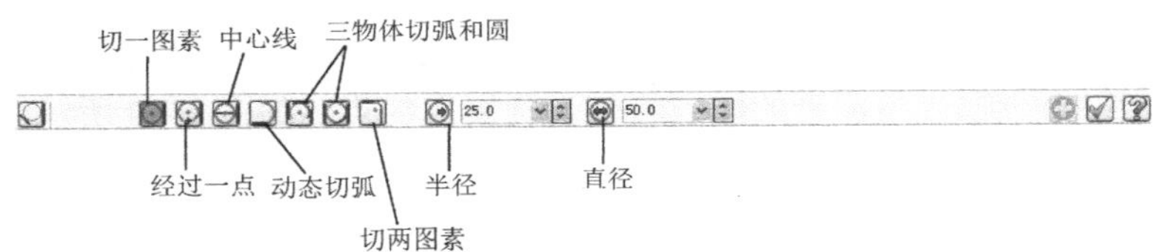

图 3-84　【切弧】状态栏

(2) 切一物体方法绘制圆弧。单击【切一物体】按钮，按照提示先选取一条直线或圆弧作为要相切的图素，再选取该图素上的一点作为切点；然后从出现的多个 180º 圆弧中选取所要的圆弧；最后在【半径】按钮右侧的文本框中输入圆弧的半径，按 Enter 键完成绘制，如图 3-85 所示。

(3) 经过一点方法绘制圆弧。单击【经过一点】按钮，按照提示先选取一条直线或圆弧作为要相切的图素，再选取一个点(已绘制的点、图素特征点或坐标输入的点)；然后从出现的多个圆弧中选取所要的圆弧；最后在【半径】按钮右侧的文本框中输入圆弧的半径，按 Enter 键完成绘制，如图 3-86 所示。

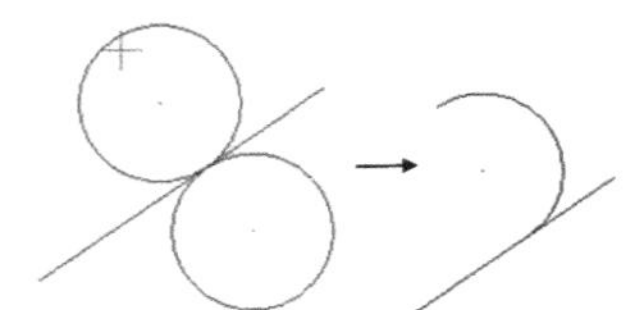

图 3-85　切一物体方法绘制圆弧

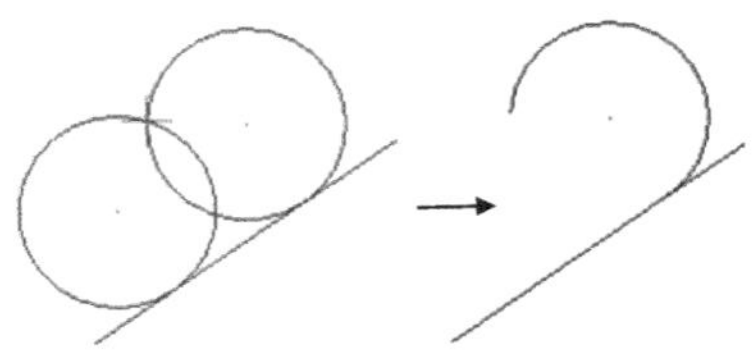

图 3-86　经过一点方法绘制圆弧

注 意

输入的圆弧半径应该大于或等于指定点与相切图素间的最短距离的一半。

(4) 中心线方法绘制切弧。单击【中心线】按钮，按照提示先选取一条直线作为要相切的图素，再选取一条圆心所在的直线；然后从出现的多个圆弧中选取所要的圆弧；最后在【半径】按钮右侧的文本框中输入圆弧的半径，按 Enter 键完成绘制，如图 3-87 所示。

(5) 动态切弧方法绘制切弧。单击【动态切弧】按钮，按照提示先选取一条直线或圆弧作为要相切的图素，移动带标记的箭头到适当的位置后单击鼠标，该点被定义为切点，再选取一点(已绘制的点、图素特征点或坐标输入的点)作为圆弧的端点，如图 3-88 所示。

图 3-87 中心线方法绘制切弧　　图 3-88 动态切弧方法绘制切弧

(6) 三物体切弧方法绘制切弧。单击【三物体切弧】按钮，按照提示依次选取三个要相切的图素(直线或圆弧)，与第一个图素和第三个图素的切点作为圆弧的端点，与第二个图素的切点作为圆弧上的一点，如图 3-89 所示。

(7) 三物体切圆方法绘制圆。单击【三物体切圆】按钮，按照提示依次选取三个要相切的图素(直线或圆弧)，与图素的切点将作为圆周上的点，如图 3-90 所示。

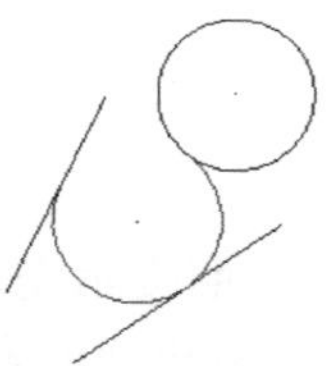

图 3-89 三物体切弧方法绘制切弧

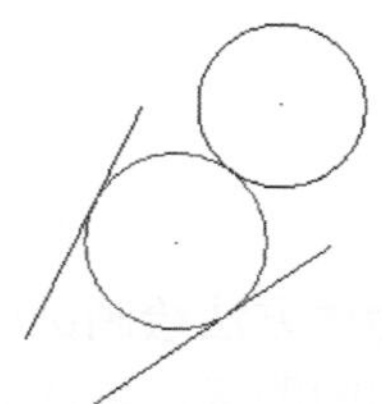

图 3-90 三物体切圆方法绘制圆

(8) 切两物体方法绘制切弧。单击【切两物体】按钮，先在【半径】按钮右侧的文本框中输入圆弧的半径；然后按照提示依次选取两条圆弧作为要相切的图素；最后从出现的多个圆弧中选取所要的圆弧，如图 3-91 所示。

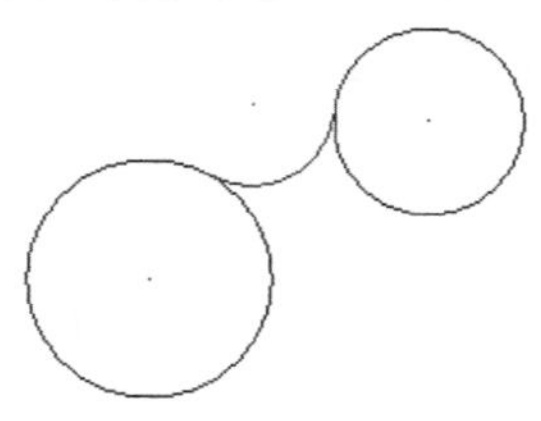

图 3-91 切两物体方法绘制切弧

3.4.2　绘制圆弧范例

本范例完成文件：\03\3-4-2. MCX-5。

多媒体教学路径：光盘→多媒体教学→第 3 章→3.4.2 节。

步骤 01　绘制直线

单击【草图】工具栏中的【绘制任意线】按钮，绘制一条长度为 10 的直线，如图 3-92 所示。

步骤 02　绘制切线弧

单击【草图】工具栏中的【切弧】按钮，在状态栏中单击【切一物体】按钮，设置圆弧半径为 6，单击【确定】按钮，如图 3-93 所示。

图 3-92　绘制直线

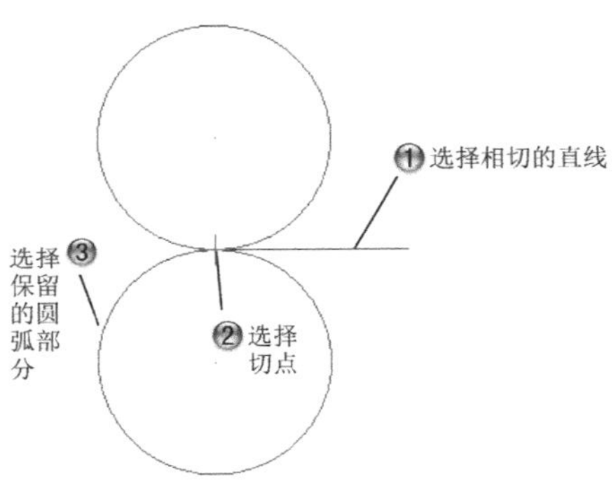

图 3-93　绘制切线弧

步骤 03　绘制对称切弧

单击【草图】工具栏中的【切弧】按钮，在状态栏中单击【切一物体】按钮，设置圆弧半径为 6，单击【确定】按钮，如图 3-94 所示。

步骤 04　绘制直线图形

单击【草图】工具栏中的【绘制任意线】按钮，具体操作如图 3-95 所示。

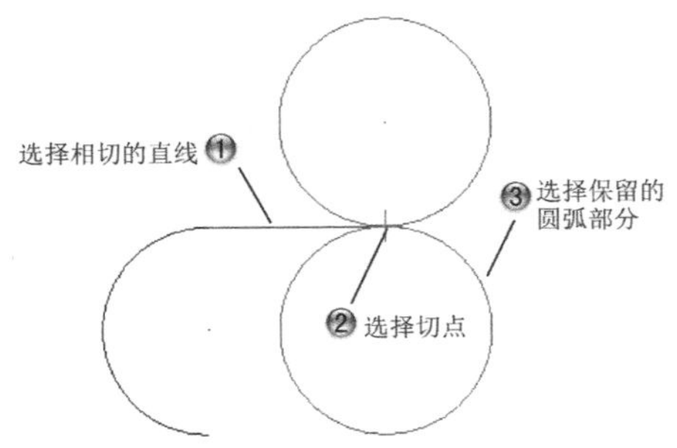

图 3-94　绘制对称切弧

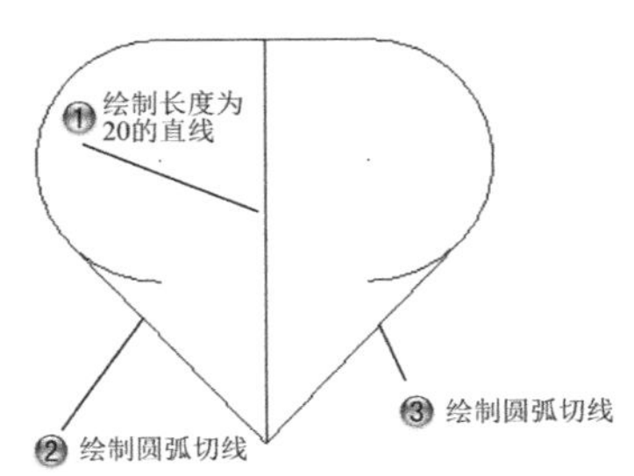

图 3-95　绘制直线图形

步骤 05　修剪切线

单击【修剪/打断】工具栏中的【修剪/打断/延伸】按钮。具体操作如图 3-96 所示。

步骤 06 绘制切弧

单击【草图】工具栏中的【切弧】按钮，在状态栏单击【切二物体】按钮，设置圆弧半径为 6，单击【确定】按钮，如图 3-97 所示。

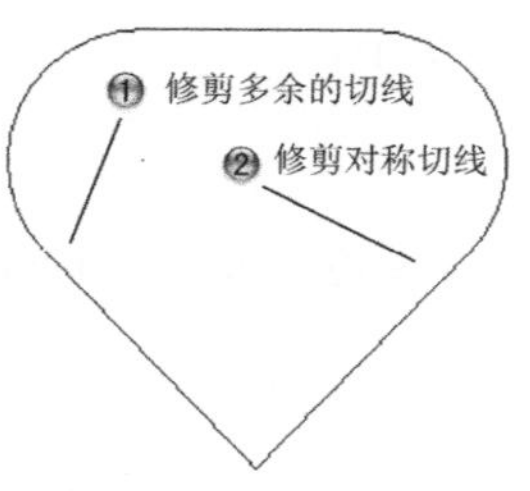

图 3-96 修剪切线

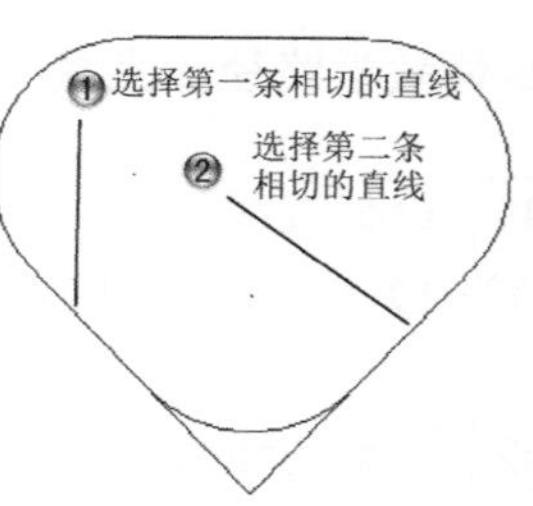

图 3-97 绘制切弧

步骤 07 修剪图形

单击【修剪/打断】工具栏中的【修剪/打断/延伸】按钮，具体操作如图 3-98 所示。

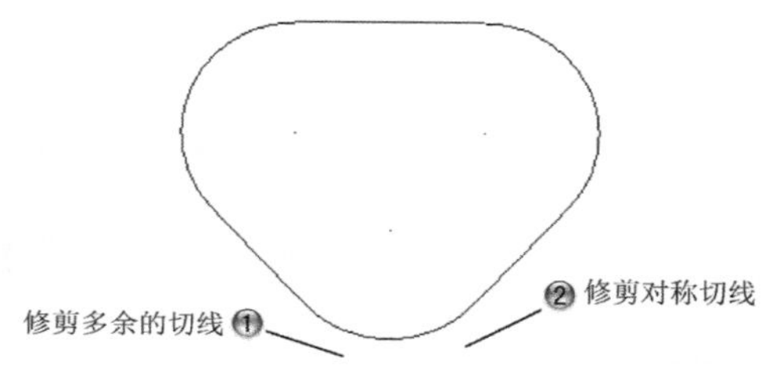

图 3-98 修剪图形

3.5 绘制矩形

3.5.1 绘制矩形

Mastercam 绘制矩形是比较灵活的，可以分为绘制基本矩形和绘制变形矩形，而每一种当中又有多种绘制形式。

1. 绘制基本矩形

基本矩形是由两条竖直线段和两条水平线段组成的。绘制方法包括：通过两个角点绘制矩形、通过中心点和角点绘制矩形、通过一点和高度、宽度绘制矩形。

(1) 选择【绘图】|【矩形】菜单命令，或在【草图】工具栏中单击【矩形】按钮，出现【矩形】状态栏，如图 3-99 所示。

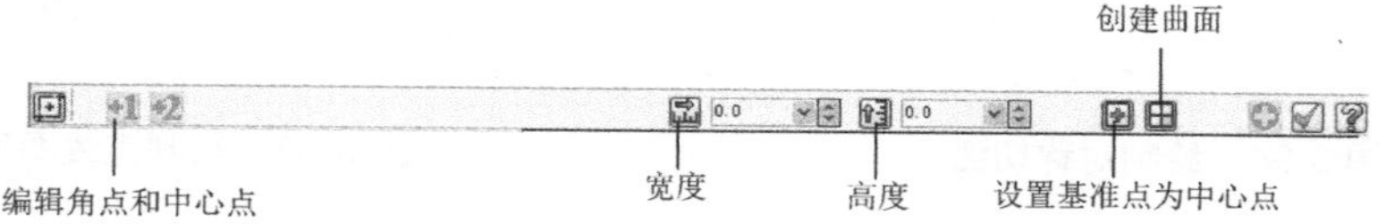

图 3-99 【矩形】状态栏

(2) 通过两个角点绘制矩形。按照提示在绘图区中依次确定第一个角点和第二个角点(已绘制的点、图素特征点或坐标输入的点)，然后在矩形激活的情况下可以输入宽度和高度值，如图 3-100 所示。

(3) 通过中心点和角点绘制矩形。单击【设置基准点为中心点】按钮，按照提示在绘图区中依次确定中心点和一个角点(已绘制的点、图素特征点或坐标输入的点)，然后在矩形激活的情况下可以输入宽度和高度值，如图 3-101 所示。

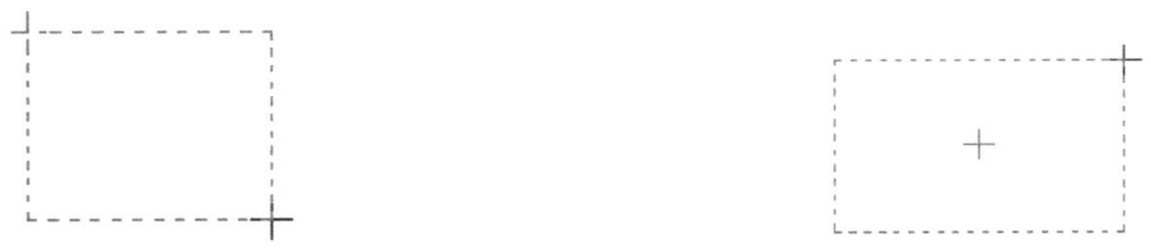

图 3-100　通过两个角点绘制矩形　　　　图 3-101　通过中心点和角点绘制矩形

(4) 通过一点和高度、宽度绘制矩形。首先输入矩形的宽度和高度，然后按 Enter 键，可以看到一个虚拟的矩形随鼠标移动。如果【设置基准点为中心点】按钮没有被选中，然后在绘图区确定一个角点，否则确定中心点。而宽度和高度的方向与选择的角点的类型有关系，如果是左下角角点，宽度和高度为正值；如果是右下角角点，宽度为负值，高度为正值；如果是左上角角点，宽度是正值，高度是负值；如果是右上角角点，宽度和高度都是负值；如果是中心点，正负都可以，如图 3-102 所示。

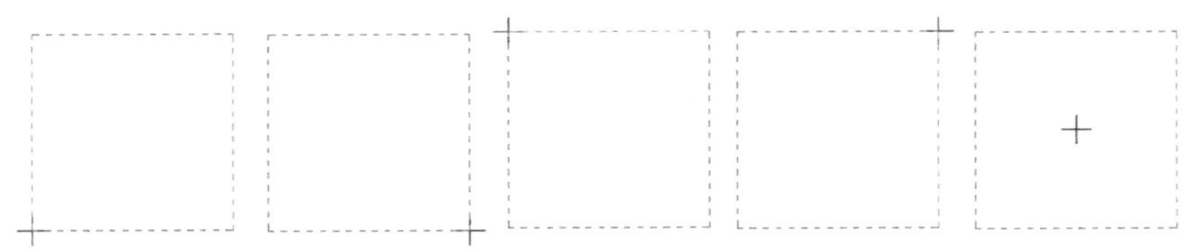

图 3-102　通过一点和高度、宽度绘制矩形

2. 绘制变形矩形

通过矩形形状的设置使得矩形的形状更加多样化，可以用来创建圆角形、半径形、圆弧形等。

(1) 选择【绘图】|【矩形形状设置】菜单命令，或在【草图】工具栏中单击【矩形形状设置】按钮，弹出【矩形选项】对话框，如图 3-103 所示，左侧为选择一点方式时的对话框，右侧为选择两点方式时的对话框。

(2) 绘制带有圆角和旋转角度的矩形。首先在绘图区中按照选择的绘制方式创建一个矩形，然后在【圆角半径】文本框中输入矩形角点处的半径值，在【旋转】文本框中输入旋转角度，按 Enter 键完成绘制，如图 3-104 所示。

(3) 创建圆角形、半径形、圆弧形。在【形状】选项组中分别单击【圆角形】、【半径形】和【圆弧形】按钮，在绘图区中按照选择的绘制方式创建一个虚拟矩形，则系统自动绘制所需的形状，如图 3-105 所示，其中在创建圆弧形时选中【中心点】复选框。

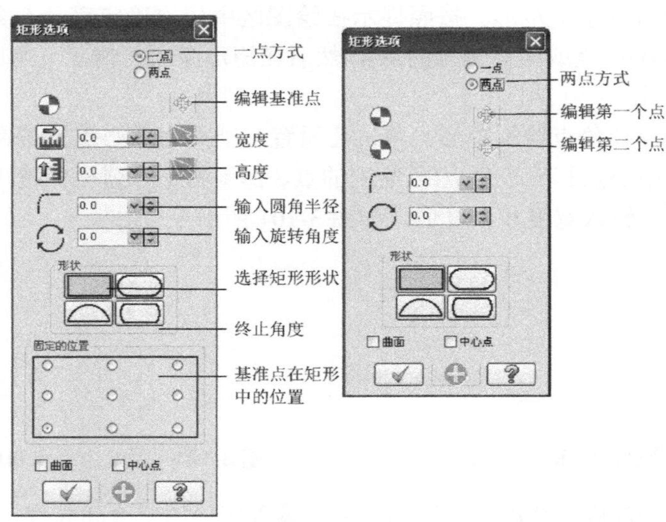

图 3-103 【矩形选项】对话框

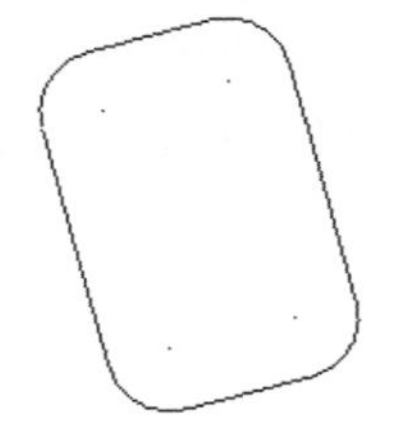

图 3-104 绘制带有圆角和旋转角度的矩形

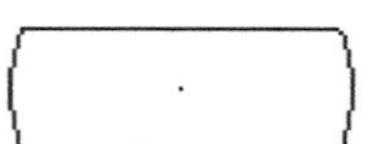
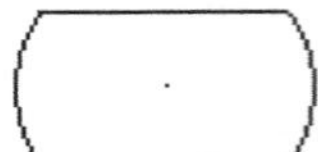

图 3-105 创建圆角形、半径形、圆弧形

3.5.2 绘制矩形范例

本范例完成文件：\03\3-5-2. MCX-5。

多媒体教学路径：光盘→多媒体教学→第 3 章→3.5.2 节。

步骤 01 绘制长方形矩形

单击【草图】工具栏中的【矩形形状设置】按钮，弹出【矩形选项】对话框，如图 3-106 所示。

步骤 02 绘制圆角形矩形

单击【草图】工具栏中的【矩形形状设置】按钮，弹出【矩形选项】对话框，如图 3-107 所示。

步骤 03 绘制圆形

单击【草图】工具栏中的【圆心+点】按钮，绘制 4 个半径为 1.5 的小圆，如图 3-108 所示。

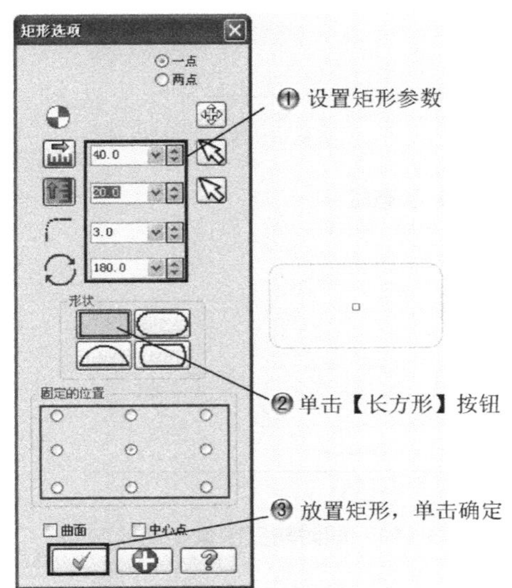

图 3-106　绘制长方形矩形

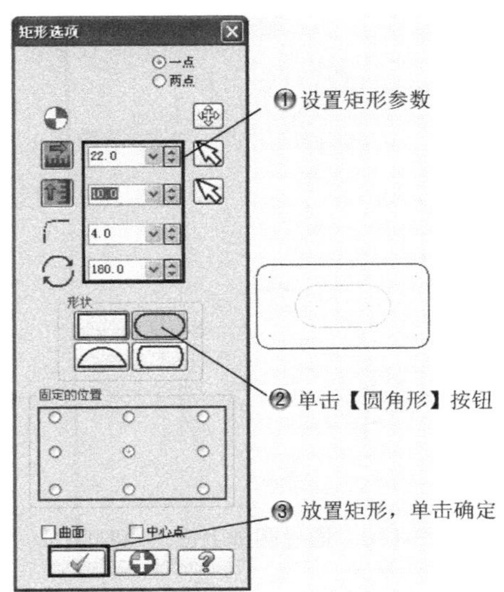

图 3-107　绘制圆角形矩形

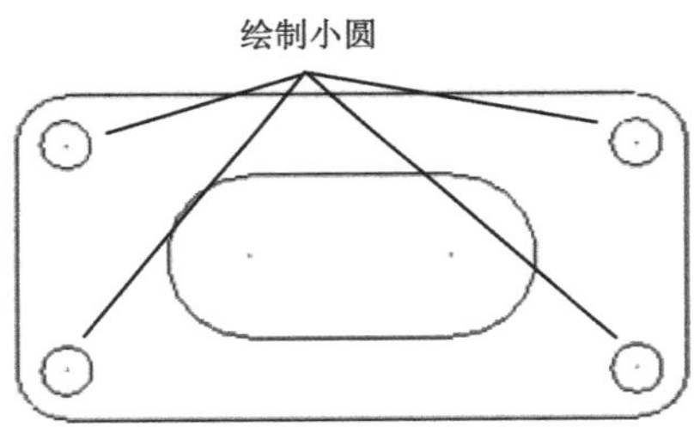

图 3-108　绘制圆形

3.6　绘制其他图形

3.6.1　绘制圆

1. 通过三点绘制圆

三点画圆是指绘制能够同时通过所选取的三个点的圆，在绘制时也可以添加相切、直径或半径的约束。

(1) 选择【绘图】|【画弧】|【三点画圆】菜单命令，或在【草图】工具栏中单击【三点画圆】按钮，在图形区出现“请输入第一点”提示，出现【已知边界点画圆】状态栏，如图 3-109 所示。

(2) 通过圆周上三点绘制圆。单击【三点】按钮，然后在绘图区中通过输入坐标或捕捉的方式选取三个点，则可绘制出一个定圆，如图 3-110 所示。

(3) 同时与三图素相切绘制圆。单击【三点】按钮及【相切】按钮，然后在绘图

区中选取三个图素，系统便绘制出与三图素相切的圆，如图 3-111 所示。

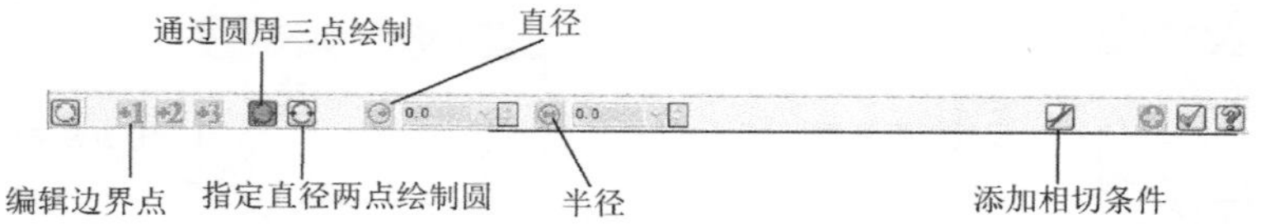

图 3-109 【已知边界点画圆】状态栏

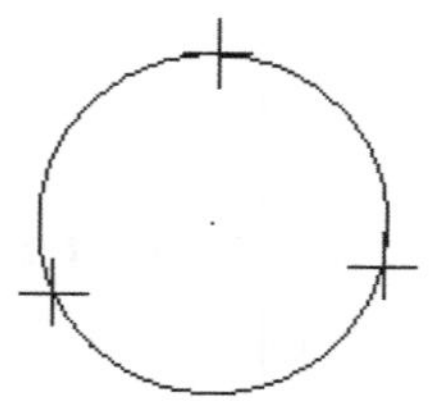

图 3-110 通过圆周上三点绘制圆

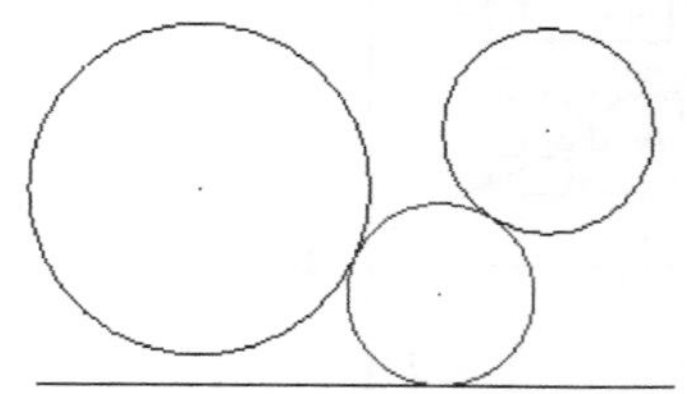

图 3-111 同时与三图素相切绘制圆

(4) 指定直径的两点绘制圆。单击【两点】按钮，然后在绘图区中通过输入坐标或捕捉的方式选取两个点，则以两点间的连线为直线绘制出一个定圆，如图 3-112 所示。

(5) 与两个图素相切并指定半径或直径绘制圆。单击【两点】按钮及【相切】按钮，此时可以看到【半径】和【直径】文本框是激活的，输入半径值或直径值，然后在绘图区中选择两个要相切的图素，如图 3-113 所示。

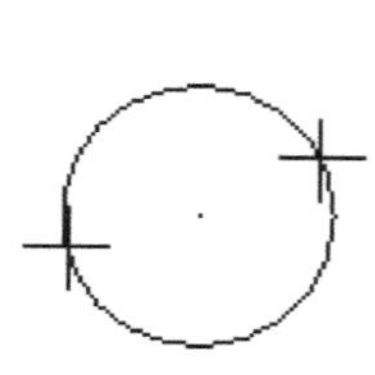

图 3-112 指定直径的两点绘制圆

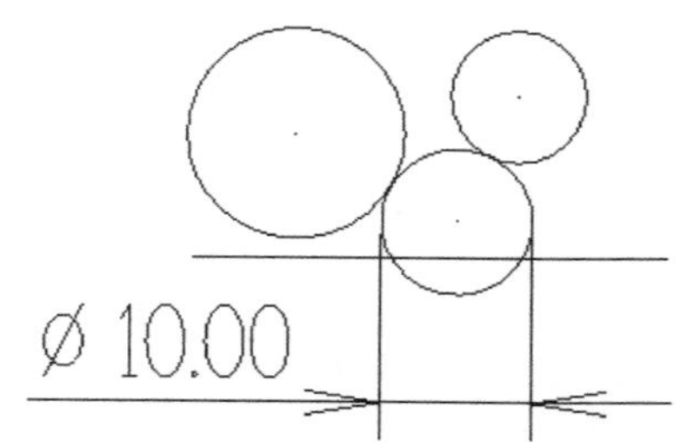

图 3-113 与两个图素相切并指定直径绘制圆

(6) 修改点。在以三点画圆结束时，(编辑第一点、编辑第二点、编辑第三点)三个按钮是可用的，单击可以对三个点进行修改；在以两点画圆时(编辑第一点、编辑第二点)两个按钮是可用的，单击可以对直径的两个点重新定义。

2. 通过圆心+点绘制圆

圆心+点绘制圆需要指定圆心及一点，或圆心和半径或直径，或圆心和一个相切图素。

(1) 选择【绘图】|【画弧】|【圆心+点】菜单命令，或在【草图】工具栏中单击【圆心+点】按钮，在图形区出现“请输入圆心点”提示，出现【编辑圆心点】状态栏，如图 3-114 所示。

(2) 通过指定圆心及圆周上一点绘制圆。在绘图区中，以输入坐标或捕捉的方式确定圆心和圆周上一点，则绘制出一个圆，如图 3-115 所示。

(3) 通过指定圆心及半径绘制圆。在【半径】按钮右侧的文本框中输入半径值，然后在绘图区中选择一点来放置圆，如图 3-116 所示。

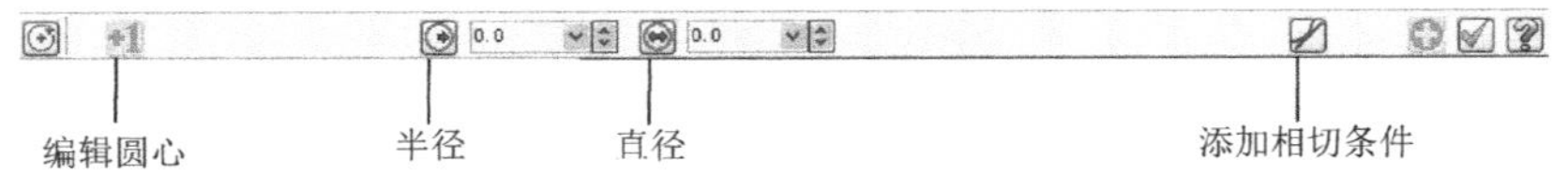

图 3-114　【编辑圆心点】状态栏

图 3-115　通过指定圆心及圆周上一点绘制圆

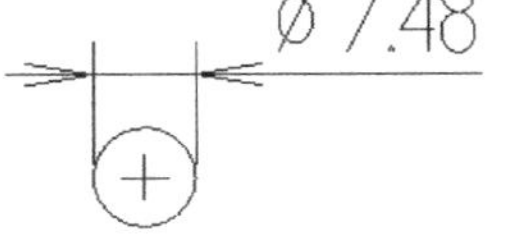

图 3-116　通过指定圆心及半径绘制圆

(4) 指定圆心及相切图素绘制圆。单击【相切】按钮，然后在绘图区中确定圆心，并选取一个要相切的圆弧或直线，如图 3-117 所示。

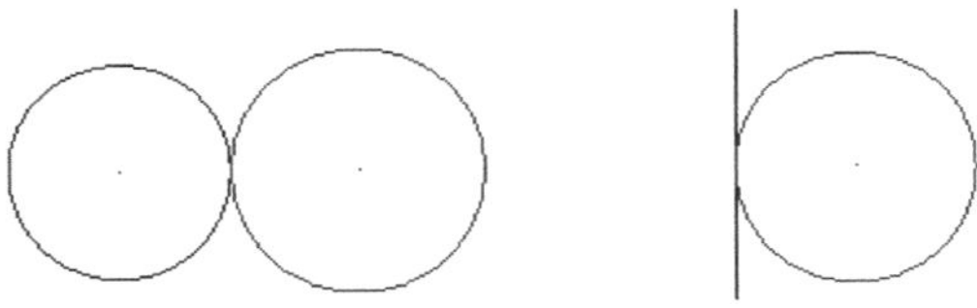

图 3-117　指定圆心及相切图素绘制圆

3.6.2　绘制椭圆

椭圆的绘制需要定义中心点、长轴半径、短轴半径，既可以绘制完整的椭圆，也可以绘制椭圆弧。

(1) 选择【绘图】|【画椭圆】菜单命令，或在【草图】工具栏中单击【画椭圆】按钮，弹出【椭圆曲面】对话框，如图 3-118 所示。

(2) 绘制椭圆。首先在“选取基准点位置”提示下，定义椭圆中心点(已绘制的点、图素特征点或坐标输入的点)；然后在“输入 X 轴半径或选取一点”提示下，移动鼠标到合适位置单击，或选择某一点(已绘制的点、图素特征点或坐标输入的点)定义长轴；最后在“输入 X 轴半径或选取一点”提示下，移动鼠标到合适位置单击，或选择某一点(已绘制的点、图素特征点或坐标输入的点)定义短轴，如图 3-119 所示，其中的两个虚线圆是定义长短轴时的虚拟圆。

(3) 绘制椭圆弧。单击【展开】按钮，按照(2)的过程绘制一个椭圆后，保持其激活状态，在【起始角度】文本框中输入起始角度，在【终止角度】文本框中输入终止角度，如果需要旋转，则在【旋转】文本框中输入旋转角度，按 Enter 键完成绘制，如图 3-120 所示，定义的起始角度为 0°，终止角度为 180°，旋转角度为 0°，并选中【中心点】复选框。

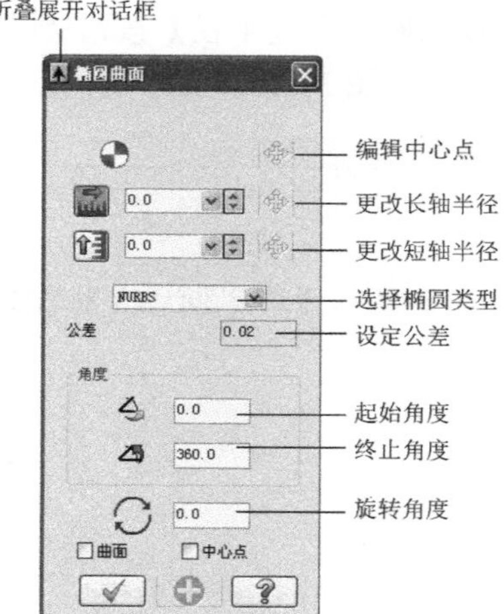

图 3-118 【椭圆曲面】对话框

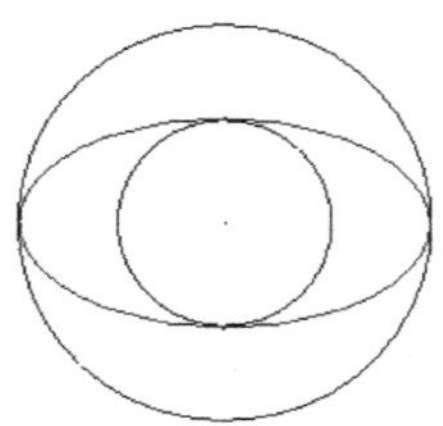

图 3-119 绘制椭圆

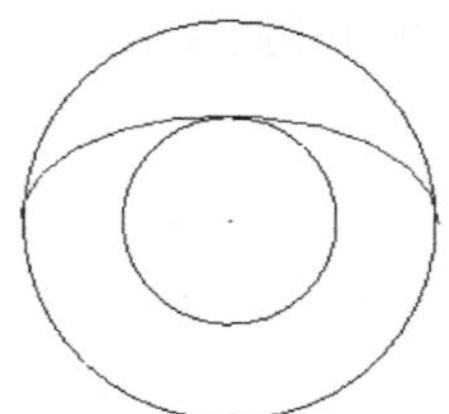

图 3-120 绘制椭圆弧

3.6.3 绘制正多边形

正多边形的绘制是通过一个内接或外切的虚拟圆来定义的，并且可以在角点处添加圆角及旋转一个角度。

(1) 选择【绘图】|【画多边形】菜单命令，或在【草图】工具栏中单击【画多边形】按钮，弹出【多边形选项】对话框，如图 3-121 所示。

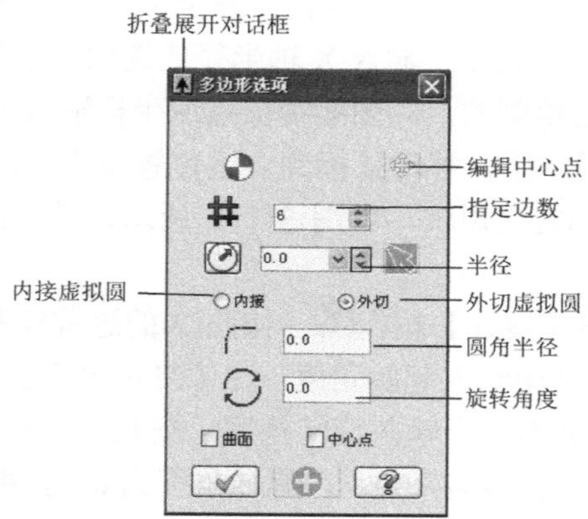

图 3-121 【多边形选项】对话框

(2) 通过内接虚拟圆绘制正多边形。在“选取基准点位置”提示下，移动鼠标到合适位置单击，或选择一点(已绘制的点、图素特征点或坐标输入的点)来定义正多边形的中心点，然后在“输入半径或选取一点”提示下，输入半径或通过选择一点(鼠标单击处、已绘制的点、图素特征点或坐标输入的点)的形式来定义虚拟圆的半径，如图 3-122 所示。

(3) 通过外切虚拟圆绘制正多边形。选中【外切】单选按钮，按照(2)的步骤绘制一个正六边形，如图 3-123 所示，在角点处添加了圆角，旋转了 30°，且选中【中心点】复选框。

图 3-122　通过内接虚拟圆绘制正多边形

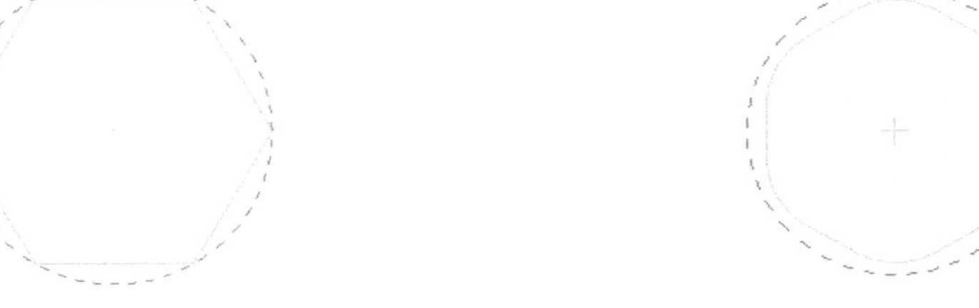

图 3-123　通过外切虚拟圆绘制正多边形

3.6.4　绘制螺旋线

1. 绘制间距螺旋线

间距螺旋线是通过定义起始间距、结束间距、半径及圈数/高度来进行创建的。

(1) 选择【绘图】|【绘制螺旋线(间距)】菜单命令，或在【草图】工具栏中单击【绘制螺旋线(间距)】按钮，弹出【螺旋形】对话框，如图 3-124 所示。

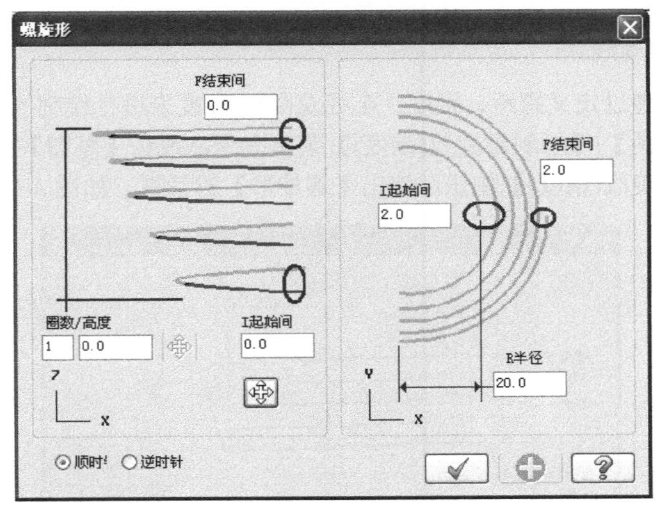

图 3-124　【螺旋形】对话框

(2) 绘制间距螺旋线。此时可以看到有一个平面螺旋形的曲线跟随鼠标移动，并且出现“请输入圆心点”提示，在绘图区中确定一点(鼠标单击处、已绘制的点、图素特征点或坐

标输入的点)作为基准点；然后在【螺旋形】对话框的相应参数文本框中输入合适的值并选择螺旋线的方向，按两次 Enter 键完成绘制。如图 3-125 所示，其中最左侧的螺旋线是顺时针方向的，中间的螺旋线是逆时针方向的，最右侧的螺旋线的高度值输入的是负值。

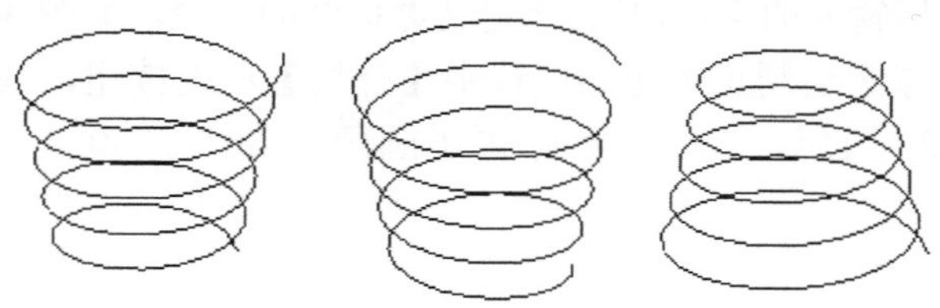

图 3-125　绘制间距螺旋线

(3) 绘制特殊的螺旋线。如果螺旋线的高度值输入为 0，则为平面螺旋线，如图 3-126 所示。如果在 X-Y 选项组中的【起始间距】和【结束间距】文本框中输入 0，则绘制的是圆柱形螺旋线，如图 3-127 所示，可以用来作为弹簧扫描体的扫描路径。

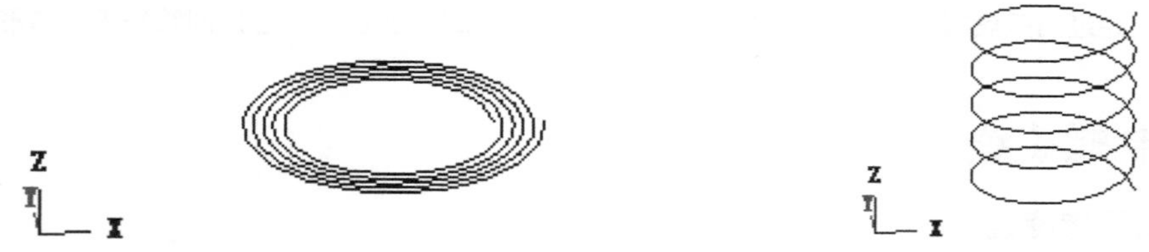

图 3-126　平面螺旋线

图 3-127　圆柱形螺旋线

(4) 更改基准点。单击【螺旋形】对话框中的【基准点】按钮，在绘图区中重新定义螺旋线的基准点。

2. 绘制锥度螺旋线

锥度螺旋线是通过定义螺距、锥度、半径及圈数/高度来进行绘制的。

(1) 选择【绘图】|【绘制螺旋线(锥度)】菜单命令，或在【草图】工具栏的下拉列表中单击【绘制螺旋线(锥度)】按钮，弹出【螺旋形】对话框，如图 3-128 所示。

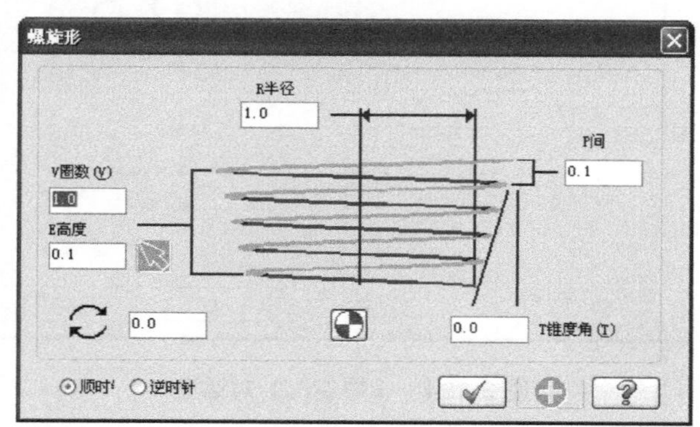

图 3-128　【螺旋形】对话框

(2) 绘制螺旋线。首先在“请输入圆心点”提示下，确定一个点(鼠标单击处、已绘制

的点、图素特征点或坐标输入的点)作为螺旋线的基准点，然后在【螺旋形】对话框的相应参数文本框中，输入合适的值并选择螺旋线的方向，按两次 Enter 键完成绘制。利用锥度螺旋线命令，同样也可以绘制圆柱形螺旋线。

(3) 更改螺旋线的初始角度及基准点。在【旋转】文本框中输入角度值，按 Enter 键，即更改了螺旋线的初始角度；单击【螺旋形】对话框中的【基准点】按钮，在绘图区中重新定义螺旋线的基准点。

3.6.5　绘制其他图形范例

本范例完成文件：\03\3-6-5. MCX-5。

多媒体教学路径：光盘→多媒体教学→第 3 章→3.6.5 节。

步骤 01　绘制圆弧形矩形

单击【草图】工具栏中的【矩形形状设置】按钮，弹出【矩形选项】对话框，如图 3-129 所示。

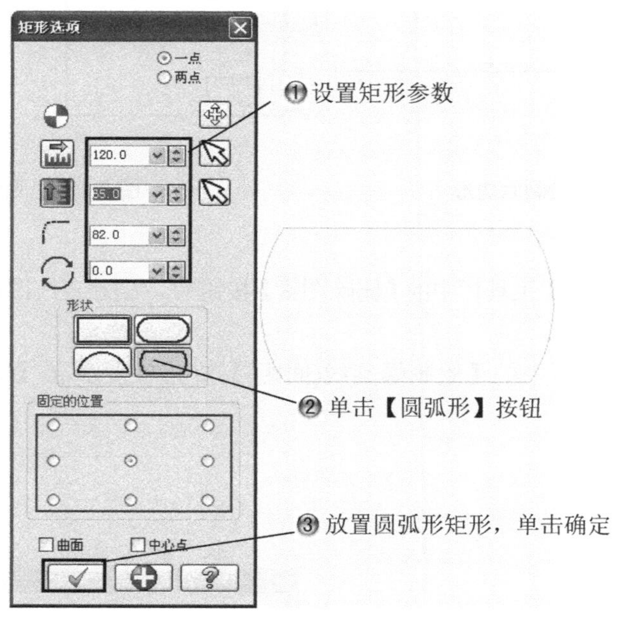

图 3-129　绘制圆弧形矩形

步骤 02　绘制直线

单击【草图】工具栏中的【绘制任意线】按钮，绘制一条直线，如图 3-130 所示。

步骤 03　绘制圆

单击【草图】工具栏中的【圆心+点】按钮，绘制半径为 8 的圆，如图 3-131 所示。

步骤 04　绘制六边形

单击【草图】工具栏中的【画多边形】按钮，弹出【多边形选项】对话框，如图 3-132

所示。

步骤 05 绘制椭圆

单击【草图】工具栏中的【画椭圆】按钮，弹出【椭圆曲面】对话框，如图 3-133 所示。

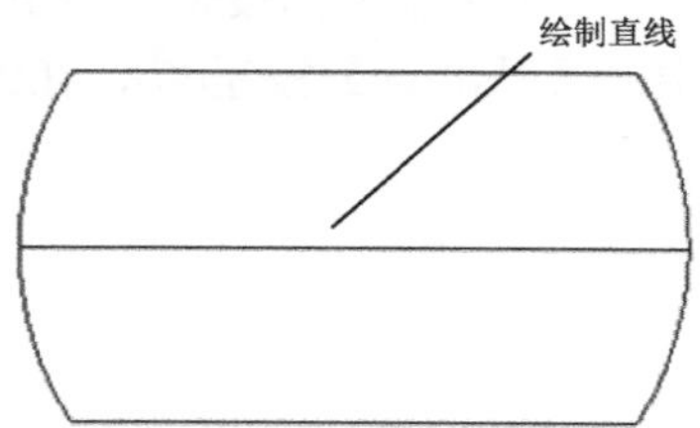

图 3-130　绘制直线

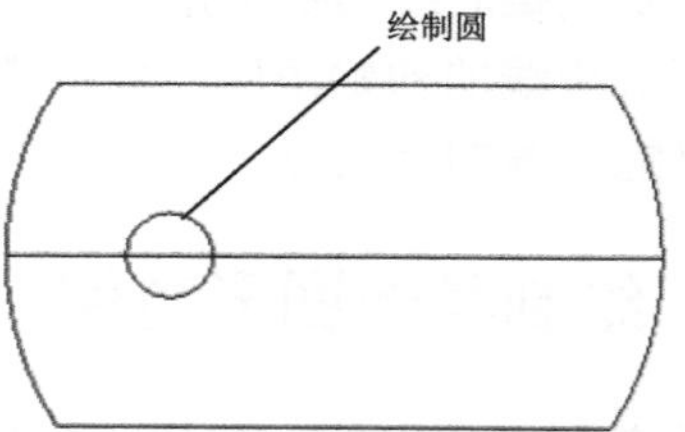

图 3-131　绘制圆

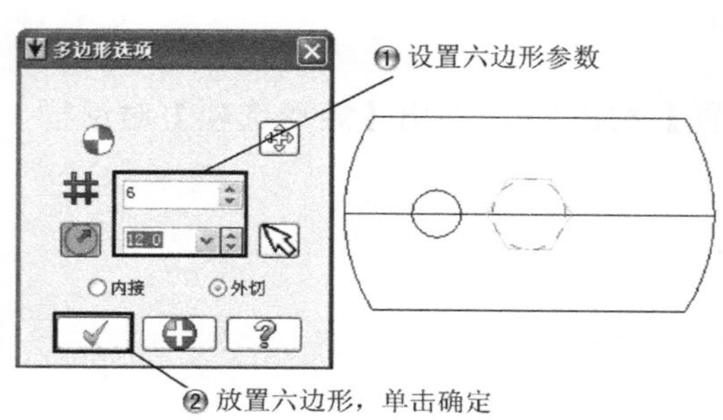

图 3-132　绘制六边形

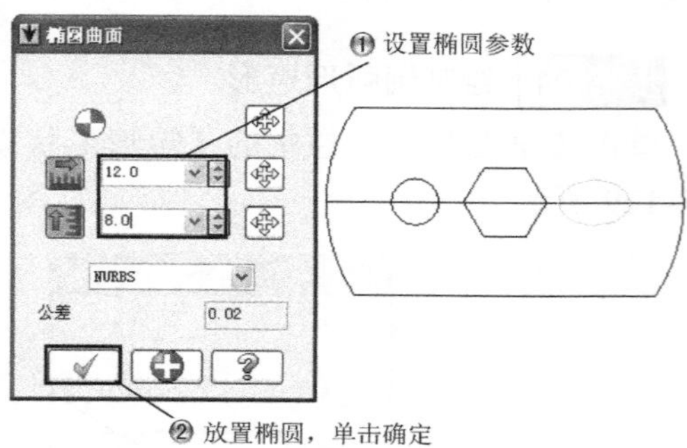

图 3-133　绘制椭圆

步骤 06 删除直线

单击【删除/取消删除】工具栏中的【删除图素】按钮，删除直线图素，如图 3-134 所示。

步骤 07 绘制螺旋线

单击【草图】工具栏中的【绘制螺旋线(间距)】按钮，弹出【螺旋形】对话框，如图 3-135 所示。

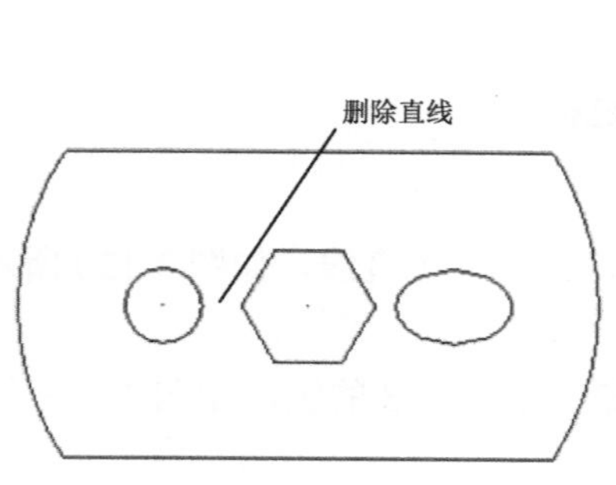

图 3-134　删除直线

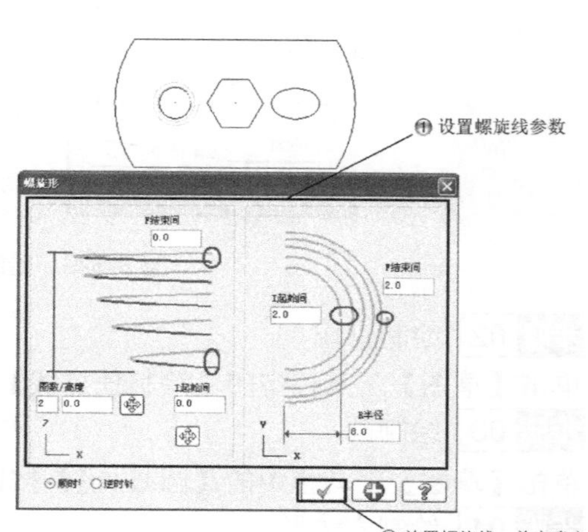

图 3-135　绘制螺旋线

3.7 绘制样条线

在绘制点一节中介绍过，样条曲线分为参数式样条曲线和 NURBS 曲线，它们的形成原理是不同的。参数式样条曲线是由一系列节点定义的，且节点位于曲线之上；而 NURBS 曲线是非均匀有理 B 样条曲线的简称，是由一系列控制点定义的，除了第一个点和最后一个点位于曲线之上外，其他的都在曲线外面。更改及查看曲线的类型已经讲过，不再赘述。

3.7.1 绘制样条线

Mastercam 用于样条曲线绘制的方法包括手动绘制样条曲线、自动绘制样条曲线、转成单一曲线及熔接曲线。

1. 手动绘制样条曲线

手动绘制样条曲线是指采用手动的方式定义一系列的点来绘制样条曲线。不论是参数式样条曲线还是 NURBS 曲线，都必须经过所有定义的点。所以即使要绘制 NURBS 曲线，系统也会以参数式样条曲线进行绘制，再转换为 NURBS 曲线。

(1) 选择【绘图】|【曲线】|【手动画曲线】菜单命令，或在【草图】工具栏中单击【手动画曲线】按钮，出现【曲线】状态栏，如图 3-136 所示。

图 3-136 【曲线】状态栏

(2) 手动绘制样条曲线。在绘图区中，按照提示定义一系列的点(鼠标单击处、已绘制的点、图素特征点或坐标输入的点)，按 Enter 键完成绘制或在最后一点时双击，如图 3-137 所示。

图 3-137 手动绘制样条曲线

(3) 编辑端点状态。在结束样条曲线的绘制之前，单击【编辑端点状态】按钮，这种情况下结束绘制时，对话栏会变为如图 3-138 所示的【编辑端点状态】状态栏。端点状态的类型可以在【起始点】按钮和【终止点】按钮右侧的下拉列表中选择。

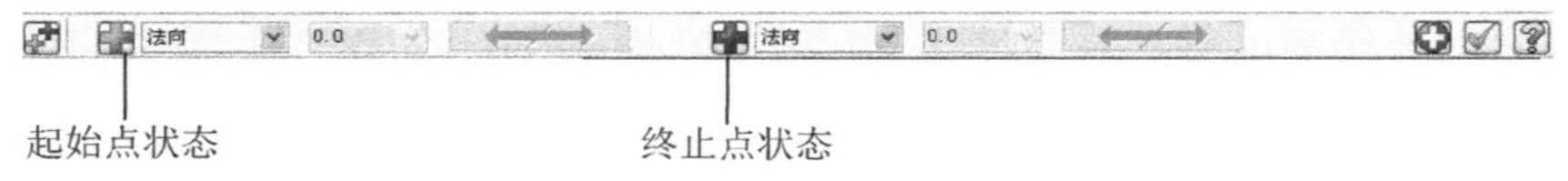

图 3-138 【编辑端点状态】状态栏

① 【三点圆弧】：曲线在起始点/终止点处的切线方向与开始/最后三点所构成的圆，在该点处的切线方向一致，如图 3-139 所示，图中的虚线圆是过开始/最后三点的圆(编辑端点状态时是没有的)。

② 【法向】：两个端点相当于自由端点，这种端点状态是系统默认的。

③ 【至图素】：曲线在起始点/终止点处的切线方向与该点在所选图素处的切线方向一致，单击【方向切换】按钮，切换为相反方向。如图 3-140 所示，左侧的图形是采用默认的端点状态，中间与右侧的端点采用“至图素”，但切线方向是相反的。

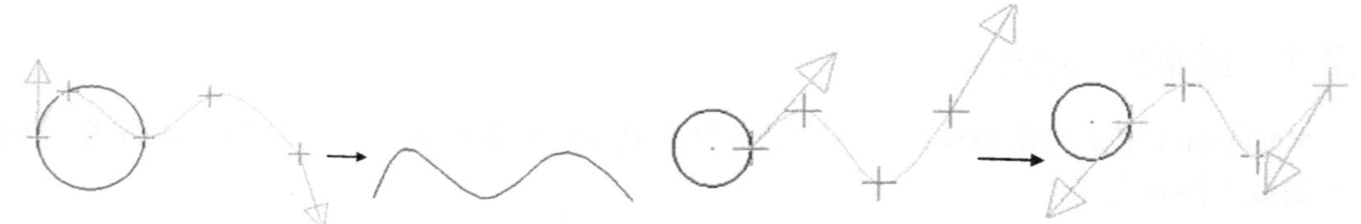

图 3-139 【三点圆弧】端点状态　　图 3-140 【至图素】端点状态

④ 【至端点】：曲线在起始点/终止点处的切线方向与所选图素上的端点(离所选点最近的端点)处的切线方向一致，和【至图素】一样可以更改切线方向。如图 3-141 所示，左侧的图形是采用默认的端点状态，中间与右侧的端点采用【至端点】，但切线方向是相反的。

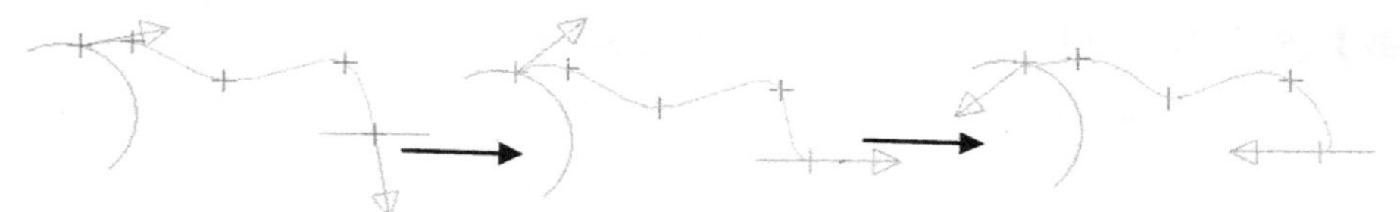

图 3-141 【至端点】端点状态

⑤ 【角度】：输入一个值来指定起始点/终止点处的切线方向，也可以取相反方向。如图 3-142 所示，左侧的图形是采用默认的端点状态，中间和右侧的图形两个端点的切线角度都是 30°，但切线方向是相反的。

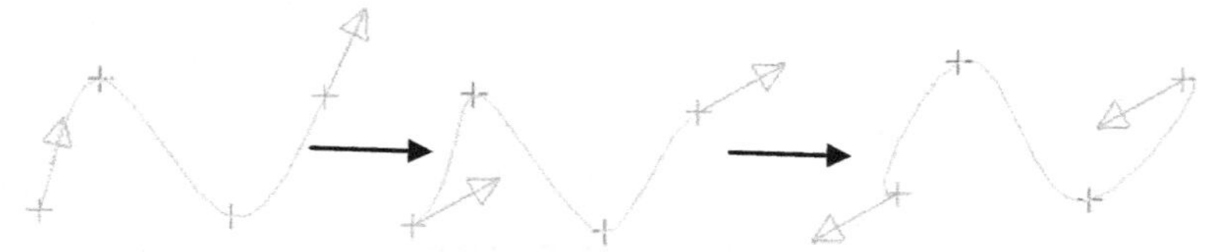

图 3-142 【角度】端点状态

2. 自动绘制样条曲线

自动绘制样条曲线是指手动选取三个点，系统自动计算其他的点而绘制出样条曲线。在利用此方法之前要绘制出所有的点，且这些点的排列不能过于分散，否则有些点系统会忽略。

(1) 选择【绘图】|【曲线】|【自动生成曲线】菜单命令，或单击【草图】工具栏中的【自动生成曲线】按钮，出现【自动创建曲线】状态栏，如图 3-143 所示。

图 3-143 【自动创建曲线】状态栏

(2) 自动绘制样条曲线。按照提示，在绘图区域中依次选择三个点，系统则会自动绘制出样条曲线，根据需求同样可以给两个端点添加不同的状态。如图 3-144 所示。

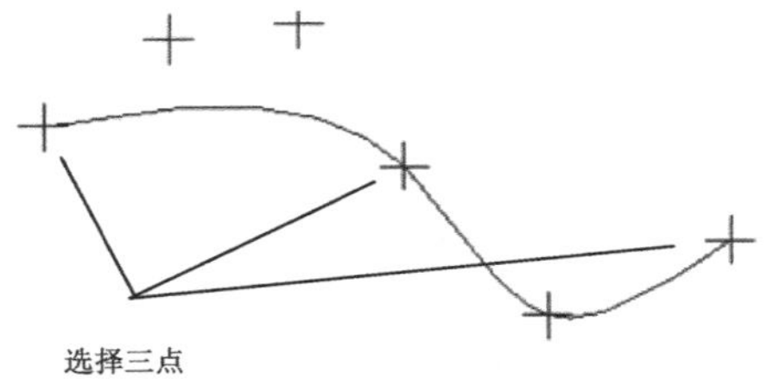

图 3-144 自动绘制样条曲线

3. 转成单一曲线

转成单一曲线是指将一系列首尾相连的图素，如图直线、圆弧或曲线，转换成一条样条曲线。

(1) 选择【绘图】|【曲线】|【转成单一曲线】菜单命令，或在【草图】工具栏中单击【转成单一曲线】按钮，出现【转成曲线】状态栏，如图 3-145 所示，同时弹出【串连选项】对话框。

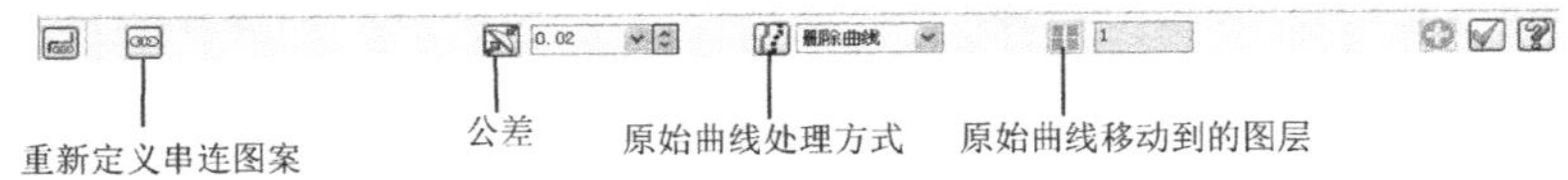

图 3-145 【转成曲线】状态栏

(2) 转成单一曲线。在绘图区中选取串连图素的其中之一，单击【串连选项】对话框中的【确定】按钮，然后在【误差】按钮右侧的文本框中输入公差(公差越小，越接近原始曲线)，在【原始曲线】右侧的下拉列表中选择对原始曲线的处理方式。如图 3-146 所示，如果选择了【移到另一层别】选项，则 1 (图层)被激活，可以设置将要移至的图层，最后单击【确定】按钮。如图 3-147 所示，这里为了看清楚转成曲线与原始曲线，把公差设置得比较大。

图 3-146 对原始曲线的处理方式　　图 3-147 转成单一曲线

4. 熔接曲线

熔接曲线是指不同曲线之间的衔接操作。

(1) 选择【绘图】|【曲线】|【熔接曲线】菜单命令，或单击【草图】工具栏的下拉列表中的【熔接曲线】按钮，出现【曲线熔接状态】状态栏，如图 3-148 所示。

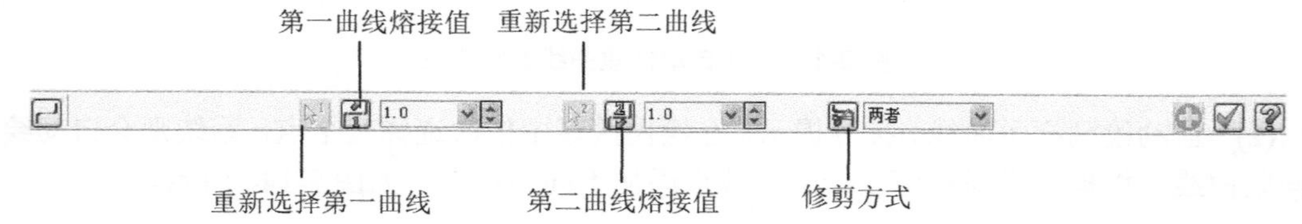

图 3-148 【曲线熔接状态】状态栏

(2) 首先从【修剪方式】按钮右侧的下拉列表中选择一种修剪方式，如图 3-149 所示，然后按照提示，在绘图区中选择第一条曲线，此时会出现一个可以在曲线上移动的箭头，其方向与曲线在该点处的切线方向相同，移动箭头到该曲线的熔接点处单击，接着选择第二条曲线，同样移动箭头到第二条曲线的熔接点处单击，系统会根据所选择的修剪方式的不同，做相应的处理。

如图 3-150 所示为熔接前的样条曲线，图 3-151 是选择了不同的修剪方式后的样条曲线，从左到右依次为“无”、“两者”、“第一条曲线”、“第二条曲线”。

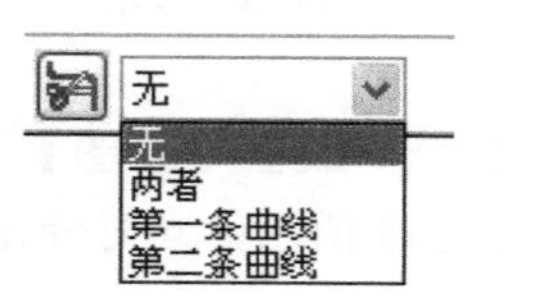

图 3-149 【修剪方式】下拉列表

图 3-150 熔接前的样条曲线

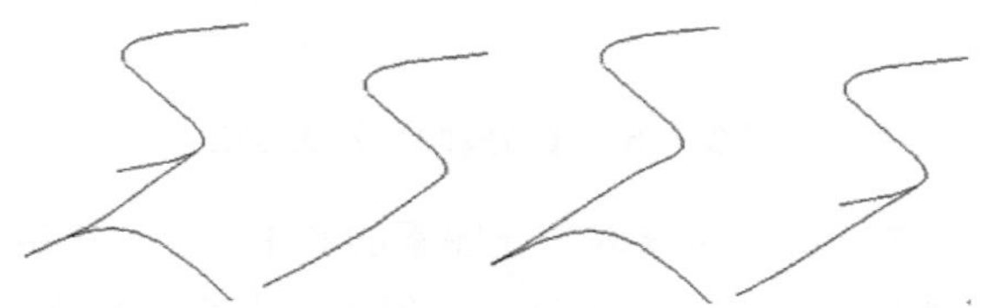

图 3-151 选择不同的修剪方式

3.7.2 绘制样条曲线范例

本范例完成文件：\03\3-7-2. MCX-5。

多媒体教学路径：光盘→多媒体教学→第 3 章→3.7.2 节。

步骤 01 绘制直线图形

单击【草图】工具栏中的【绘制任意线】按钮，绘制一条长度为 100 的直线，如图 3-152 所示。

步骤 02 绘制小圆

单击【草图】工具栏中的【圆心+点】按钮，绘制半径为 5 的圆，如图 3-153 所示。

图 3-152　绘制直线图形

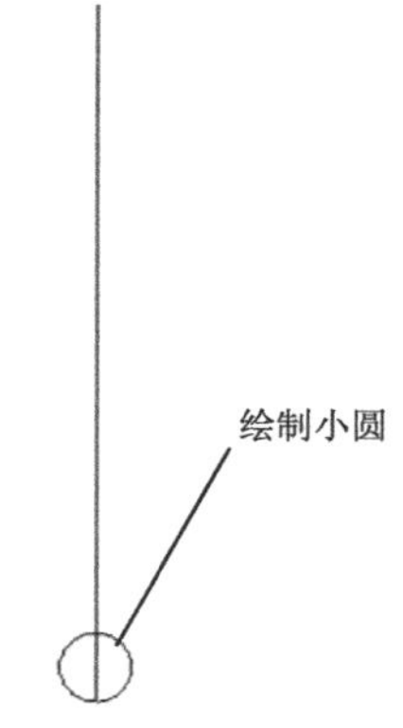

图 3-153　绘制小圆

步骤 03 绘制短直线

单击【草图】工具栏中的【绘制任意线】按钮，绘制小圆的垂直切线，如图 3-154 所示。

步骤 04 绘制样条线

单击【草图】工具栏中的【手动画曲线】按钮，出现【曲线】状态栏，依此单击绘制样条曲线，如图 3-155 所示。

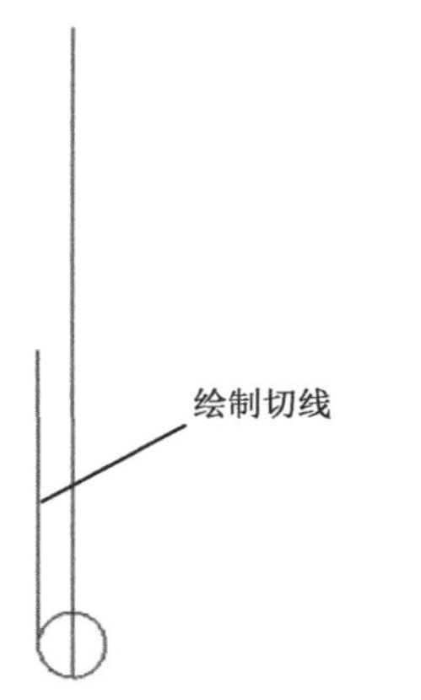

图 3-154　绘制短直线

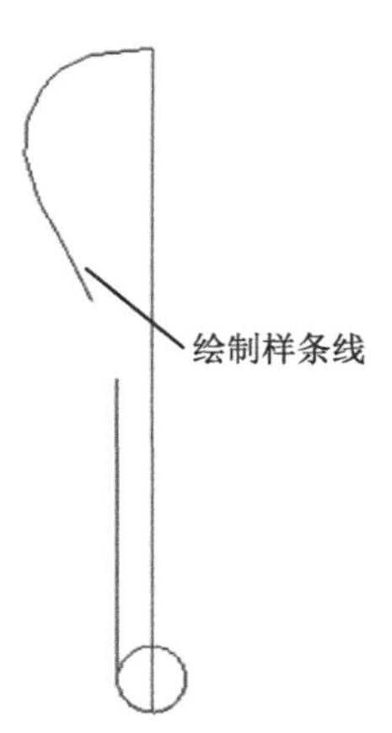

图 3-155　绘制样条线

步骤 05 绘制熔接曲线

单击【草图】工具栏的下拉列表中的【熔接曲线】按钮，出现【曲线熔接状态】状态栏。单击【确定】按钮，如图 3-156 所示。

步骤 06 修剪图形

单击【修剪/打断】工具栏中的【修剪/打断/延伸】按钮，修剪小圆多余部分，如图 3-157 所示。

步骤 07 镜像图形

单击【参考变换】工具栏中的【镜像】按钮，弹出【镜像】对话框，如图 3-158 所示。

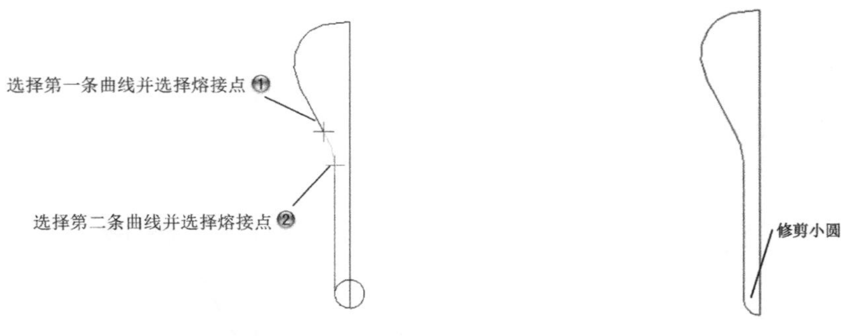

图 3-156 绘制熔接曲线　　图 3-157 修剪图形

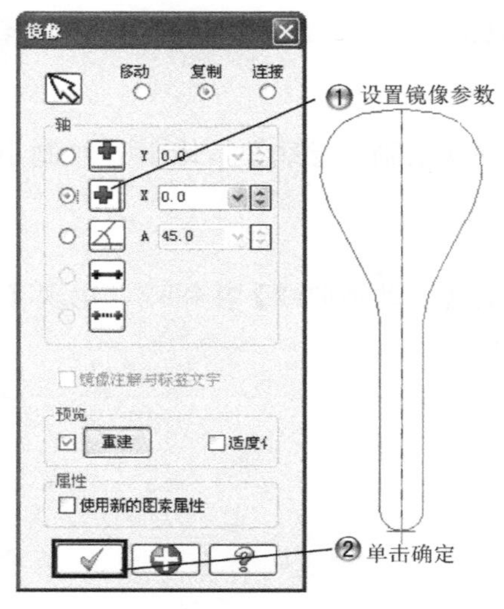

图 3-158 镜像图形

3.8 本章小结

本章介绍了二维图形的绘制方法，包括点的绘制、直线的绘制、圆/圆弧的绘制、矩形的绘制、椭圆的绘制、正多边形的绘制、螺旋线和样条曲线的绘制。其中，点、直线和圆/圆弧的绘制是平常设计中应用最多的二维图形绘制工具，也是读者应该重点掌握的工具。重中之重是点的绘制，因为在其他图素的绘制过程中要经常用到点来辅助绘制。

通过本章的学习，读者应该重点掌握各种图素的绘制方法，尤其是点、线、圆/圆弧的绘制，应该达到在日后的设计中灵活运用的程度。

第 4 章

Mastercam X5

图形的编辑及标注

本章导读：

在绘制复杂零件的二维图形时，只使用基本绘图命令是不够的，而且绘制起来也十分烦琐。为了提高绘制图形的效率，还应该掌握本章所介绍的图素编辑和转换，以及标注的操作方法。

本章主要讲解的图形编辑命令包括【倒圆角】、【倒角】、【修剪】、【断开】、【打断】等；图形转换命令包括【平移】、【旋转】、【镜像】、【缩放】、【补正】、【投影】、【阵列】等；以及各种标注方法。

学习内容：

学习目标 知识点	理　解	应　用	实　践
编辑图素	√	√	√
转换图素	√	√	√
标注原则	√		
尺寸标注	√	√	√
其他类型的图形标注	√	√	√

4.1 编辑图素

4.1.1 倒圆角和倒角

图形的编辑是指对已经绘制好的几何图形进行修剪、打断及转换等操作。Mastercam 中用于图素编辑的命令集中在两个菜单，其中倒圆角和倒角命令位于如图 4-1 所示的【绘图】菜单中和【草图】工具栏的【倒圆角】下拉列表中。

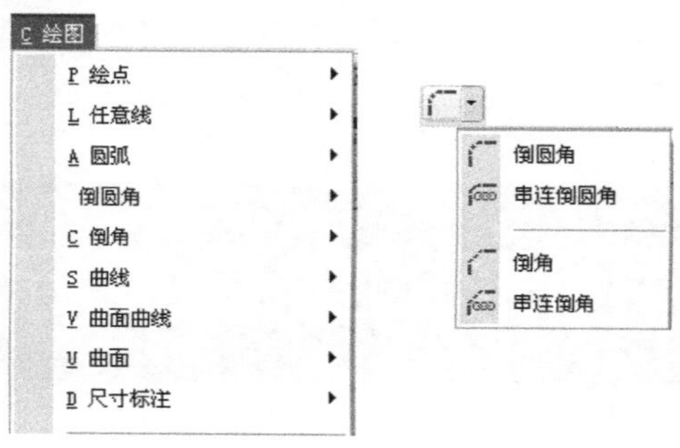

图 4-1　倒圆角和倒角命令

1. 倒圆角

倒圆角是指在两个图素间创建相切的圆弧过渡。创建圆角时，可以手动选取要进行圆角的图素，也可以让系统来判断所要创建的圆角特征。用户可以选择不同的圆角类型，以及对要进行圆角的图素的处理方式。

(1) 选择【绘图】|【倒圆角】|【倒圆角】菜单命令，或在【草图】工具栏的【倒圆角】下拉列表中单击【倒圆角】按钮，绘图区中显示“倒圆角：选取一图素”提示，同时出现如图 4-2 所示的【圆角】状态栏。

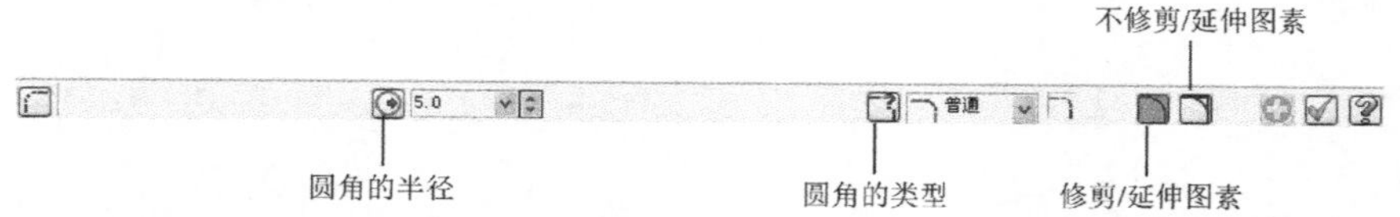

图 4-2　【圆角】状态栏

(2) 创建倒圆角方法 1。先在绘图区域中选取一个图素(直线、圆弧或样条曲线)，此时发现当鼠标靠近两个图素相交(或延伸之后相交)的位置会出现一个虚拟的圆角特征，出现“倒圆角：选取另一图素”提示时再选取另一个图素，则在这两个图素的相交(或延伸之后相交)处创建了一个圆弧，此时圆弧处于激活状态，在状态栏中【半径】按钮右侧的文本框中输入圆角半径值，按 Enter 键，即完成了圆角的创建。在两个相交的图素间创建倒圆角特征，如图 4-3 所示。在两个延伸后相交的图素间创建倒圆角特征，如图 4-4 所示。

(3) 创建倒圆角方法 2。在出现“倒圆角：选取一图素”提示时，移动鼠标到两元素相交(或延伸之后相交)的部位，当显示出虚拟圆角时单击，即完成创建，然后输入圆角半径即可。

图 4-3 倒圆角特征(图素相交)　　图 4-4 倒圆角特征(图素延伸后相交)

(4) 图素选择位置与倒圆角的关系。在第 2 章讲解二维图形绘制命令“分角线”时，讲到选择图素的位置不同，则创建的分角线也不同，此处二者的关系也是如此，如图 4-5 所示。

(5) 设置圆角类型。在创建圆角之前或圆角特征激活的情况下，在如图 4-6 所示的状态栏的【类型】下拉列表中选择某一个类型，则会创建不同的圆角特征。其中，【普通】表示创建一个劣弧(小于半圆的弧)；【反向】表示创建一个优弧(大于半圆的弧)；【圆柱】表示创建一个正圆；【安全高度】表示创建一个通过两个图素交点的圆弧。在下拉列表的左侧有一个图标，显示的是当前的圆角类型。如图 4-7 所示的圆角类型从左到右依次为【普通】、【反向】、【圆柱】、【安全高度】。

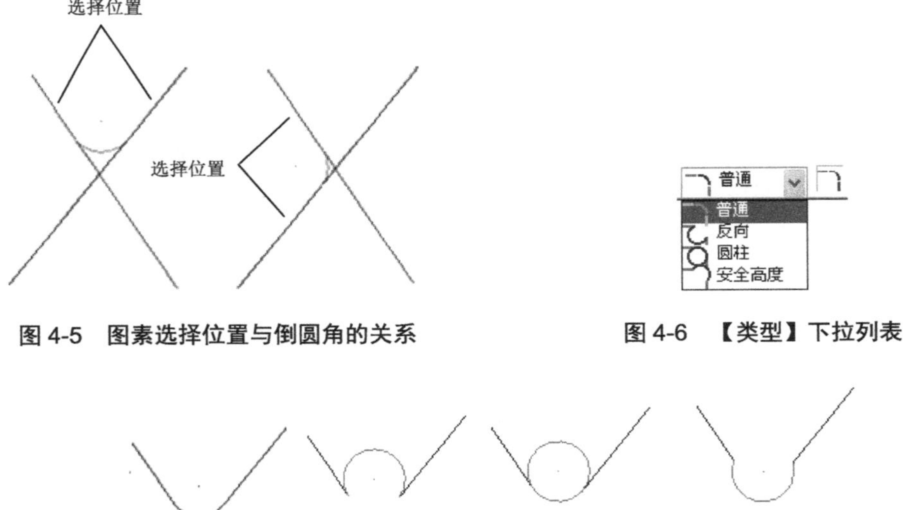

图 4-5 图素选择位置与倒圆角的关系　　图 4-6 【类型】下拉列表

图 4-7 圆角的不同类型

(6) 修剪/延伸图素。在创建圆角的时候，如果单击【修剪】按钮，则会修剪掉不在圆角上的图素，如图 4-8 所示；如果单击【不修剪】按钮，当图素相交或不相交时都不会修剪图素，如图 4-9 所示。

图 4-8 修剪图素

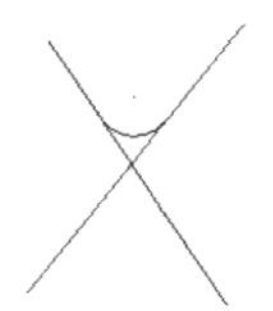

图 4-9 不修剪图素

2. 串连倒圆角

串连倒圆角是指在多个图素串连的拐角处创建相切的圆弧过渡。可以在所有拐角处创建圆角，也可以在所有顺时针或逆时针拐角处创建圆角。

(1) 选择【绘图】|【倒圆角】|【串连倒圆角】菜单命令，或在【草图】工具栏的【倒圆角】下拉列表中单击【串连倒圆角】按钮，出现如图 4-10 所示的【串连圆角】状态栏，同时弹出【串连选项】对话框。

图 4-10 【串连圆角】状态栏

(2) 创建串连倒圆角。在“选取串连 1”的提示下，选取一个串连图素，然后单击【串连选项】对话框中的【确定】按钮或按 Enter 键关闭对话框，接着在【半径】按钮右侧的文本框中输入圆角半径值，按 Enter 键使输入的半径值起作用，在图素激活的状态下可以单击【串连】按钮重新选取串连图素，单击状态栏中的【确定】按钮或再次按 Enter 键完成圆角特征的创建，如图 4-11 所示。

(3) 设置圆角位置。在圆角特征激活的状态下，从如图 4-12 所示的【方向】下拉列表中选择某一个方向类型，其中【所有转角】表示在所有串连转角处创建圆角；【正向扫描】表示在逆时针转角处创建圆角；【反向扫描】表示在顺时针转角处创建圆角。在列表的后面有一个图标，代表当前的方向类型。不同的方向类型决定了串连中进行圆角的位置，如图 4-13 所示。左边的图形是采用【正向扫描】类型；右侧的图形是采用 “反向扫描”类型，图 4-11 所示的图形采用的是【所有圆角】类型。

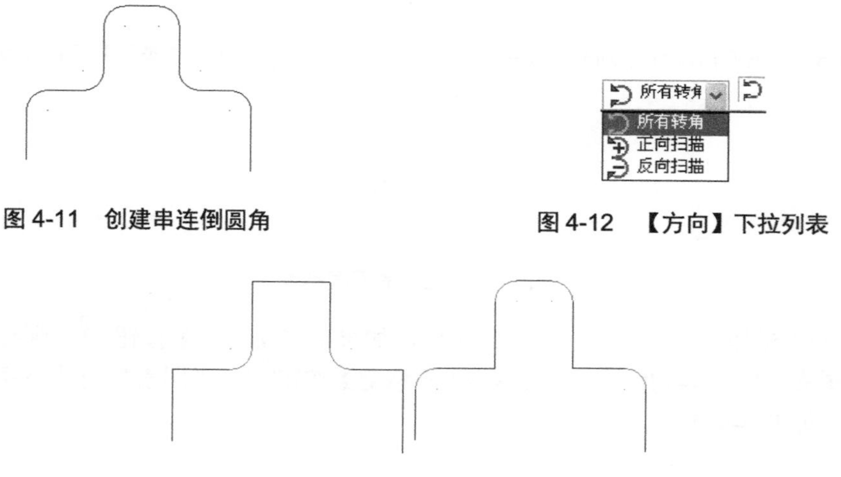

图 4-11 创建串连倒圆角

图 4-12 【方向】下拉列表

图 4-13 【正向扫描】与【反向扫描】类型

(4) 设置圆角类型及选择是否修剪/延伸。此处与倒圆角中的讲述相同。

3. 倒角

倒角是指在两个图素间创建直线连接。倒角的创建方法同样也有两种，既可以选择倒角

边，也可以让系统自动判断。在创建倒角时可以选择 4 种不同的倒角类型。

(1) 选择【绘图】|【倒角】|【倒角】菜单命令，或在【草图】工具栏的【倒圆角】下拉列表中单击【倒角】按钮，绘图区中显示“选取直线或圆弧”提示，同时对话栏出现如图 4-14 所示的【倒角】状态栏。

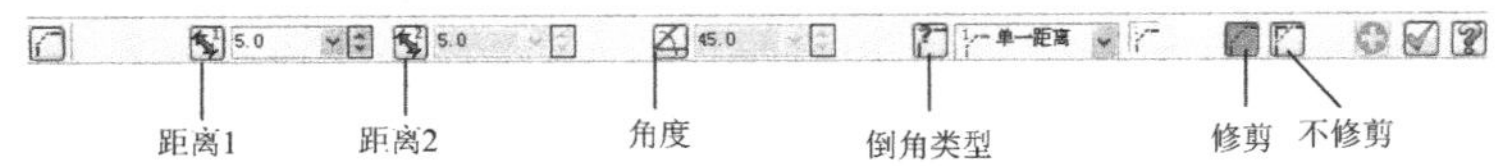

图 4-14　【倒角】状态栏

(2) 创建倒角方法 1。先在绘图区域中选取一个图素(直线或圆弧)，此时发现当鼠标靠近两个图素相交(或延伸之后相交)的位置时会出现一个虚拟的倒角特征，再选取另一个图素，则在这两个图素的相交(或延伸之后相交)处创建了一段直线。此时该直线处于激活状态，在状态栏中【距离 1】按钮右侧的文本框中输入距离，按 Enter 键，即完成了倒角的创建。在两个相交的图素间创建倒角特征，如图 4-15 所示。在两个延伸后相交的图素间创建倒角特征，如图 4-16 所示。

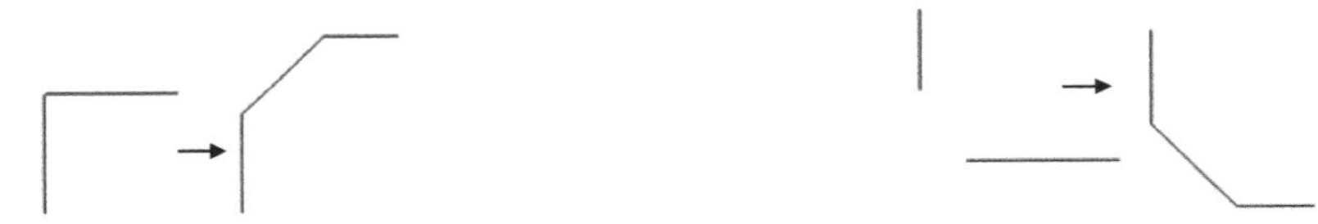

图 4-15　创建倒角(图素相交)　　图 4-16　创建倒角(图素延伸后相交)

(3) 创建倒角方法 2。在没有选取图素时，移动鼠标到两元素相交(或延伸之后相交)的部位，当显示出虚拟倒角时单击，即完成创建，然后输入倒角距离即可。

(4) 设置倒角类型。在创建倒角之前或倒角特征激活的情况下，在如图 4-17 所示的状态栏的【类型】下拉列表中选择某一个类型，则会创建不同的倒角角特征。其中【单一距离】表示在两个图素上的倒角距离是相等的，此时只有【距离 1】文本框是可输入的；【不同距离】表示在两个图素上的倒角距离是不相等的，此时【距离 1】文本框、【距离 2】文本框都是可输入的，第一次选择的图素将接受距离 1；【距离/角度】表示一个图素(第一次选择的)的倒角距离是输入的，另一个图素的倒角距离是通过输入的距离和角度计算得到的，此时【距离 1】文本框和【角度】文本框是可输入的；【宽度】表示倒角线段的长度是输入的值，图素的倒角距离是计算得到的，此时【距离 1】文本框是可以输入的。在下拉列表的左侧有一个图标，显示的是当前的倒角类型。如图 4-18 所示，倒角类型从左到右依次为【单一距离】、【不同距离】、【距离/角度】、【宽度】。

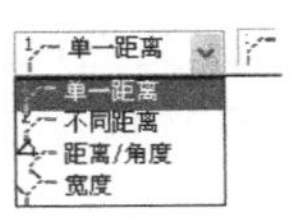

图 4-17　【类型】下拉列表

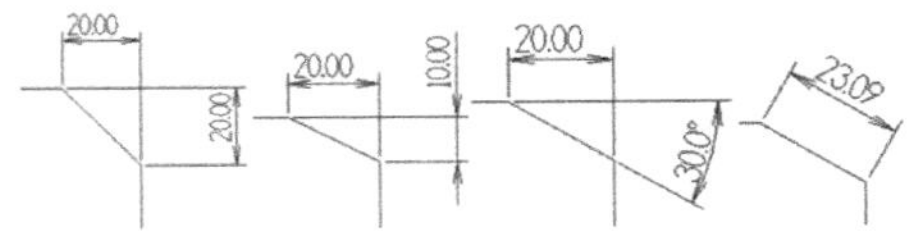

图 4-18　倒角的类型

(5) 图素选择位置与倒角的关系及修剪/延伸图素。这两个方面的内容与倒圆角特征中的设置类似。

4. 串连倒角

串连倒角是指在多个图素串连的拐角处创建直线连接。同倒角特征一样，也可以选择不同的倒角类型。

(1) 选择【绘图】|【倒角】|【串连倒角】菜单命令，或在【草图】工具栏的【倒圆角】下拉列表中单击【串连倒角】按钮，出现如图 4-19 所示的【串连倒角】状态栏，同时弹出【串连选项】对话框。

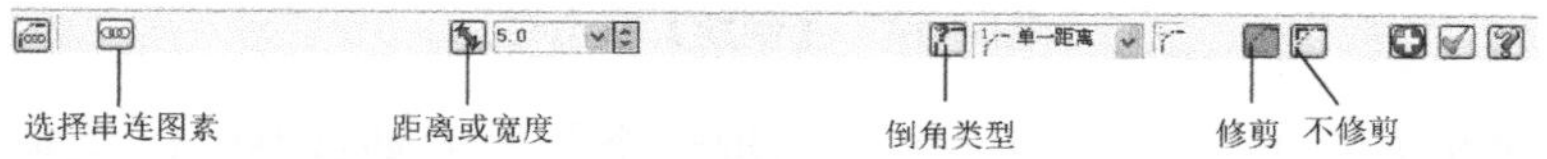

图 4-19 【串连倒角】状态栏

(2) 创建串连倒角。在【选取串连 1】的提示下，选取一个串连图素，然后单击【串连选项】对话框中的【确定】按钮或按 Enter 键关闭对话框，接着在【距离 1】按钮右侧的文本框中输入距离，按 Enter 键使输入的距离起作用，在图素激活的状态下可以单击【串连】按钮重新选取串连图素，单击状态栏上的【确定】按钮或再次按 Enter 键完成圆角特征的创建，如图 4-20 所示。

(3) 设置倒角类型。在圆角特征激活的状态下，从【类型】下拉列表中选择某一个类型，则会创建不同的倒角特征，倒角的类型只有【单一距离】和【宽度】两种，选择任何一种都会使【距离】文本框处于可输入状态。在列表的后面有一个图标，代表当前的倒角类型。如图 4-21 所示，选择的倒角类型是【宽度】，图 4-20 所示的图形采用的是【单一距离】类型。

图 4-20 创建串连倒角

图 4-21 【宽度】类型

4.1.2 修剪和打断

1. 修剪/打断/延伸

对几何图素的修剪/延伸操作是指在交点(或延伸后的交点)处修剪曲线或延伸(除样条曲线外)至交点(或延伸后的交点)；打断操作是指在交点(或延伸后的交点)处打断图素。修剪/打断/延伸的方式有修剪一物体、修剪二物体、修剪三物体、分割物体、修剪至点、修剪指定长度，要想采用不同的方式可以在状态栏中单击相应的按钮。如图 4-22 所示是修剪/打断命令所在的菜单和工具栏。

(1) 选择【编辑】|【修剪/打断】|【修剪/打断/延伸】菜单命令，或单击【修剪/打断】工具栏中的【修剪/打断/延伸】按钮，出现如图 4-23 所示的【修剪/延伸/打断】状态栏。

单击【修剪】按钮，则进入修剪/延伸模式，单击【打断】按钮，则进入打断模式，状态栏上提供了 6 种修剪/打断/延伸的方法。

图 4-22　【编辑】菜单和【修剪/打断】工具栏

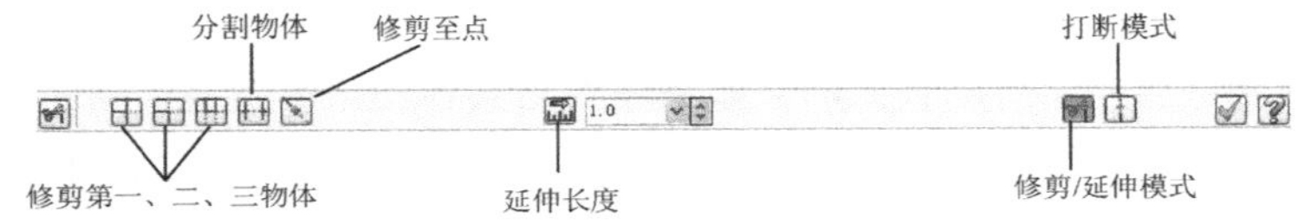

图 4-23　【修剪/延伸/打断】状态栏

(2)　修剪一物体。在状态栏中单击【修剪一物体】按钮，在“选取图素去修剪或延伸”提示下选取一个需要修剪的图素，选取后出现“选取修剪或延伸到的图素”提示，移动鼠标到作为修剪工具的图素上会看到修剪的部分是以虚线的形式表示的，单击可以看到需要修剪的图素已经在交点处被修剪，单击的一侧被保留下来。如果两个图素延伸后才相交，则需要修剪的图素在延伸后的交点位置处被修剪。如果是在打断模式下进行的操作，则需要修剪的图素在交点(延伸后的交点)处被打断。如图 4-24 所示，从左到右依次为在交点修剪图素、在延伸后的交点处修剪图素、在交点处打断图素、在延伸后的交点处打断图素。

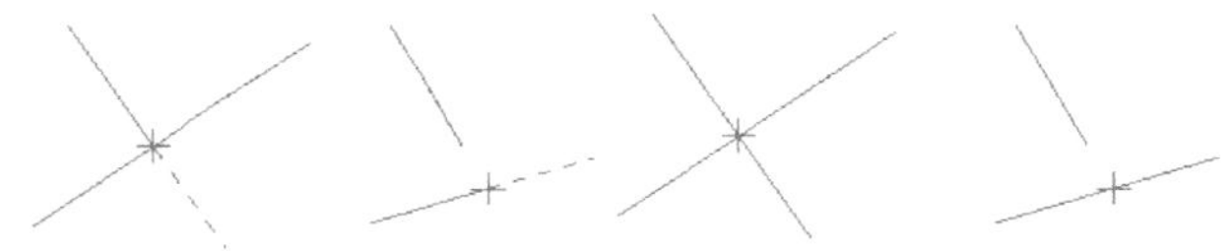

图 4-24　修剪一物体

(3)　修剪二物体。在状态栏中单击【修剪二物体】按钮，其操作方法与修剪一物体的操作方法相同，只是在交点(延伸后的交点)处对两个图素同时进行修剪、延伸和打断操作。修剪时注意选择的一侧是保留下来的部分，另一侧是将要剪掉的部分。如图 4-25 所示，从左到右依次为在交点处修剪两个图素、延伸一个图素并在延伸后的交点处修剪另一个图素、在交点处打断两个图素、延伸一个图素(延伸段是一个独立的图素)并在延伸后的交点处打断另一个图素。

(4)　修剪三物体。在状态栏中单击【修剪三物体】按钮，在“选取修剪或延伸第一个图素”提示下选取第一个需要修剪的图素，然后在“选取修剪或延伸第二个图素”提示下

选取第二个需要修剪的图素；最后在“选取修剪或延伸到的图素”提示下选取作为修剪工具的图素，选取后可以预览修剪的结果。在选取每一个图素时都应注意选取的位置，如图 4-26 所示，修剪工具图素的三个不同选取位置得到三种不同的修剪结果。

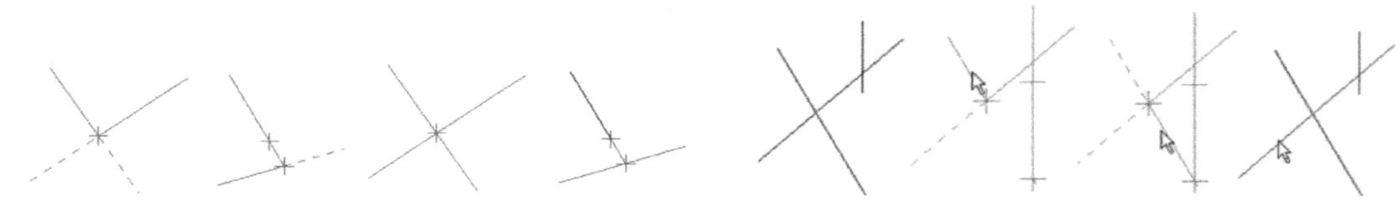

图 4-25　修剪二物体　　　　图 4-26　修剪三物体

如果此时处于打断模式，选取的位置的不同同样影响到打断操作的结果。

(5) 分割物体。在状态栏中单击【分割物体】按钮，在 Select the curve to divide/delete 提示下，选取要进行分割的图素。此时当鼠标移动到图素上方时，该图素将要被分割的部分会以虚线的形式显示，单击该虚线后，虚线所代表的部分即被剪切掉。当处于修剪模式时，如果图素与其他图素有交点，则所选取的一侧被修剪掉；如果图素与其他图素没有交点，则该图素被整个删除。当处于打断模式时，如果图素与其他图素有交点，则所选取的一侧会在交点处被打断，而成为独立的图素；如果图素与其他图素没有交点，则该图素没有变化。如图 4-27 所示，左侧图形为选取有交点的图素，中间图形为选取独立的图素，右侧图形为打断模式下选取有交点的图素。

(6) 修剪至点。在状态栏中单击【修剪至点】按钮，首先在“选取图素去修剪或延伸的位置”提示下，选取需要修剪的图素，然后在“指出修剪或延伸的位置”提示下确定一个点(单击处、已绘制的点、图素特征点或坐标输入的点)，则此点(如果不在修剪图素上，则为图素上离此点最近的点)被定义为修剪位置，选取修剪图素的位置所在的一侧被保留下来，另一侧被修剪掉。如果修剪位置处于修剪图素的延长线上，则延长该图素到修剪位置，如图 4-28 所示。

图 4-27　分割物体

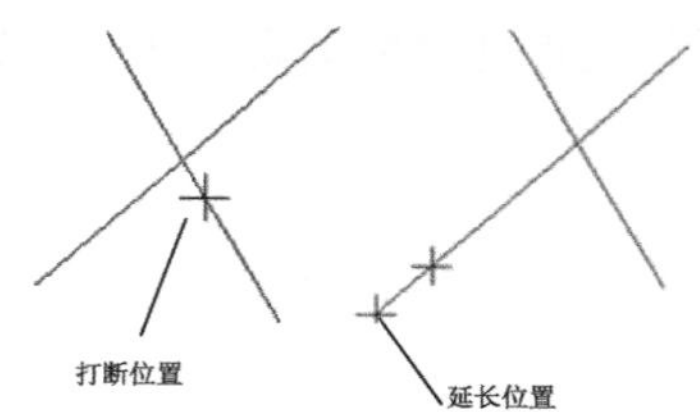

图 4-28　修剪至点

如果此时处于打断模式，则在修剪位置处打断修剪图素；如果修剪位置处于修剪图素的延长线上，则延长该图素到修剪位置，且延长段是独立的图素。

(7) 修剪指定长度。在修剪方式按钮不被按下的情况下，首先在右侧的【长度】文本框中输入修剪长度(修剪时为负值)，然后选取一个需要修剪的图素，选取后可以预览修剪的结果。修剪指定长度的起始点是修剪图素上离所选位置的较近的端点。如果在【长度】文本框中输入正值，则从起始点延伸所选择图素。如果此时是在打断模式下，当输入负值时，则在离起始点指定长度处打断图素；当输入正值时，则从起始点处延伸图素，且延伸部分为独立的图素。如图 4-29 所示是在打断模式下，且长度为正值时的操作结果。

2. 多物修整

多物修整是指可以同时对多个图素进行修剪。此命令可以在修剪模式和打断模式下操作，对出现的特殊情况将做出不同处理。

(1) 选择【编辑】|【修剪/打断】|【多物修整】菜单命令，或在【修剪/打断】工具栏的下拉列表中单击【多物修整】按钮，出现如图 4-30 所示的【多物体修剪】状态栏，此时状态栏处于不可用的状态。单击【修剪】按钮，则进入修剪/延伸模式，单击【打断】按钮，则进入打断模式，状态栏上提供了 6 种修剪/打断/延伸的方法。

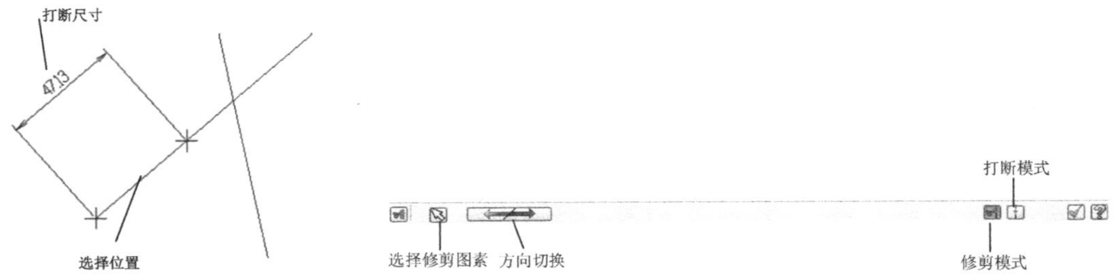

图 4-29　修剪指定长度

图 4-30　【多物体修剪】状态栏

(2) 修剪模式。在“选取曲线去修剪”提示下，选取多条需要修剪的图素(直线、圆/圆弧、样条曲线)，选取后按 Enter 键或在绘图区的空白处双击。此时状态栏被激活，可以单击【修剪】按钮，则进入修剪/延伸模式；单击【打断】按钮，则进入打断模式。接着在“选取曲线修剪”的提示下选取作为修剪工具的图素，选取后出现“指定修剪曲线要保留的位置”提示，单击要保留的图素所在的一侧，此时可以预览修剪结果。单击状态栏中的【方向切换】按钮，可以选择另一侧为保留侧。如图 4-31 所示，左侧为没有修剪时的图形，中间的图形选择上侧为保留侧，右侧的图形选择下侧为保留侧。

(3) 修剪工具延长后与修剪图素相交的情况。如果有的修剪图素与修剪工具图素不相交，但修剪工具延长后与修剪图素相交，则在延长后的交点处修剪图素。如图 4-32 所示，左侧图形为选择保留上侧的效果，右侧图形为选择保留下侧的效果。

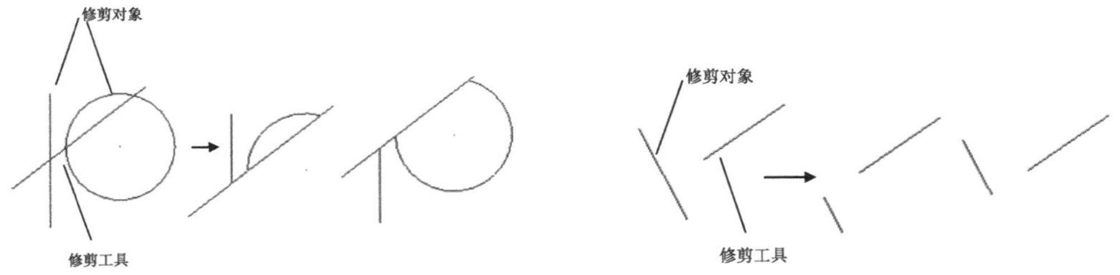

图 4-31　修剪多个物体

图 4-32　修剪工具延长后与修剪图素相交的情况

(4) 修剪图素延长后与修剪工具相交的情况。如果有的修剪图素与修剪工具图素不相交，但修剪图素延长后与修剪工具相交，此时如果选择的保留侧为修剪图素所在侧，则图素被延长到修剪工具；如果相反，将弹出如图 4-33 所示的【警告】对话框，且不对图素做任何操作。如图 4-34 所示，左侧为没有操作时的图形和选择保留上侧时的图形；右侧为选择保留下侧时的图形。

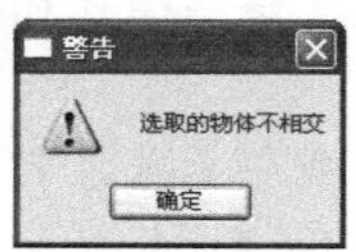

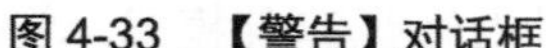

图 4-33 【警告】对话框

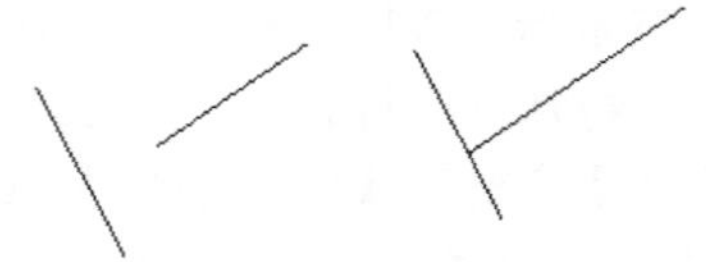

图 4-34 修剪图素延长后与修剪工具相交的情况

(5) 打断模式。在打断模式，会在修剪图素和修剪工具的交点处进行打断。当出现(3)中的情况时，会在修剪工具延长后和修剪图素的交点处打断，如果此时修剪图素的类型是样条曲线，则会弹出 4-33 所示的【警告】对话框。当出现(4)中的情况时，会延长修剪图素到修剪工具，且延长的一段为独立图素。

3. 两点打断

两点打断是指在选定的位置将选取的图素截成两段。

(1) 选择【编辑】|【修剪/打断】|【两点打断】菜单命令，或在【修剪/打断】工具栏中单击【两点打断】按钮，绘图区中显示“选择要打断的图素”提示，同时出现【两点打断】状态栏。

(2) 首先在绘图区中选取要打断的图素(直线、圆/圆弧、样条曲线)，然后在“指定打断位置”提示下确定一点(鼠标单击处、已绘制的点、图素特征点或坐标输入的点)作为打断位置，如果此点不在需要打断的图素上，则图素上离该点最近的点作为打断位置，如图 4-35 所示。在提示下可以继续两点打断操作。注意两点打断命令同修剪/打断/延伸命令在打断模式下修剪至点的功能完全一样，但在操作上更快捷。

4. 在交点处打断

在交点处打断是指在两个或多个图素的交点位置将曲线打断。

(1) 选择【编辑】|【修剪/打断】|【在交点处打断】菜单命令，或单击【修剪/打断】工具栏中的【在交点处打断】按钮，绘图区中显示“选取一图素去打断或延伸”提示。

(2) 利用快速的选择方法选取需要在其交点处进行打断的图素，双击绘图区空白处或按 Enter 键即可结束打断操作。如图 4-36 所示是用矩形框选的方式选取所有的图素后双击绘图区空白处所得的结果。

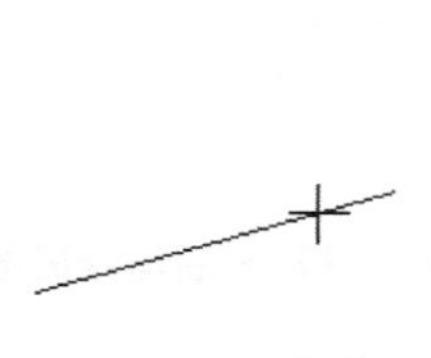

图 4-35 两点打断

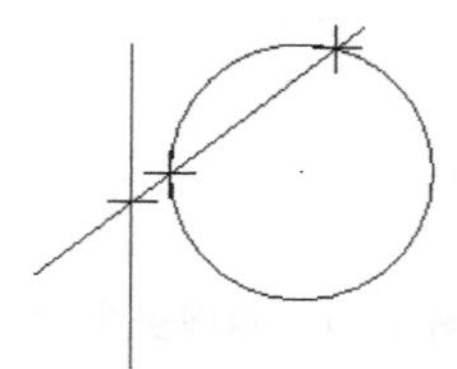

图 4-36 在交点处打断

5. 打成若干段

打成若干段是指按照指定的方式把一个图素打断成多个图素。打断的方式有按指定的数

量打断图素、按指定的长度打断图素、按指定的公差打断图素。图素打断后的表达形式包括直线型和圆弧型，同时可以对原图素做不同的处理。

(1) 选择【编辑】|【修剪/打断】|【打成若干段】菜单命令，或在【修剪/打断】工具栏中单击【打成若干段】按钮，绘图区中显示“选取一图素去打断或延伸”提示。

(2) 在绘图区中选取一个需要打断的图素，双击绘图区空白处或按 Enter 键，此时出现如图 4-37 所示的【打断成若干段】状态栏，同时图素采用默认的参数被打断，可以预览图素被打断后的结果，此时打断的图素处于激活状态，用户可以设置新的参数。

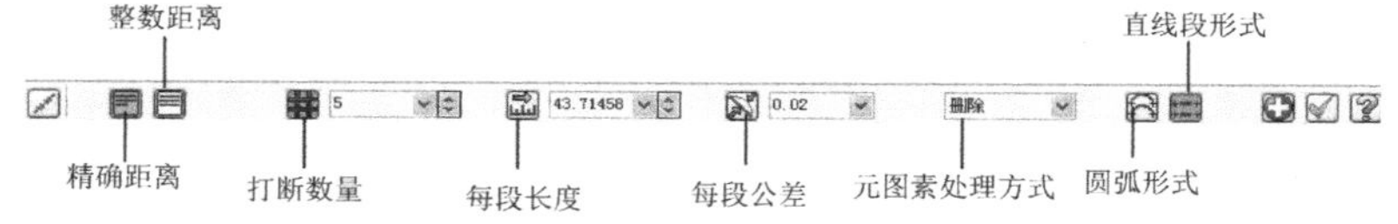

图 4-37　【打断成若干段】状态栏

(3) 按指定的数量打断图素。在图素的打断操作处于预览状态时，在【打断数量】按钮右侧的【次数】文本框中输入图素需要被打断的数量，按 Enter 键后可以看到图素被均匀地打断成指定的数量，如图 4-38 所示，圆被打断成 5 段。

(4) 按指定的长度打断图素。在图素的打断操作处于预览状态时，在【每段长度】按钮右侧的【长度】文本框中输入图素被打断后每段的长度，按 Enter 键后可以看到图素按指定的长度被打断。距离选择图素时单击的位置最近的端点被定义为打断的起始点，从起始点开始打断操作，直到图素的另一个端点，如果最后的一段的长度小于指定的长度，则不会延长，如图 4-39 所示，圆被打断成 4 段，而最后一段的长度小于指定的长度。

(5) 按指定的公差打断图素。这种方法在轨迹的离散中叫作等误差法，也就是每段曲线的误差是相同的。在图素的打断操作处于预览状态时，在【每段公差】按钮右侧的【公差】文本框中输入图素被打断后每段的公差，按 Enter 键后可以看到图素按指定的公差被打断。如图 4-40 所示，圆被打断成 15 段。

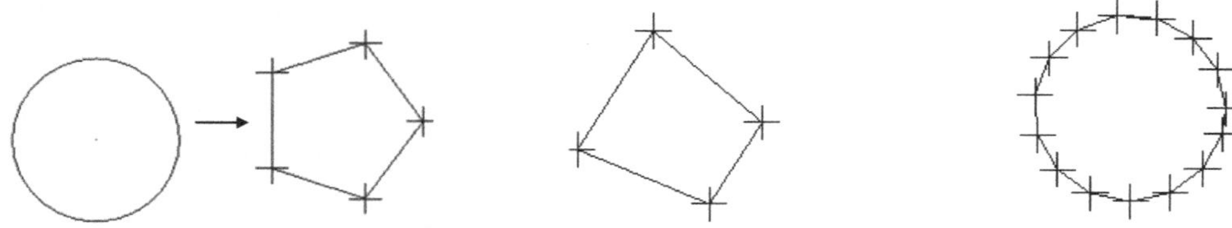

图 4-38　按指定的数量打断图素　图 4-39　按指定的长度打断图素　图 4-40　按指定的公差打断图素

提 示

仔细观察图 4-40 中的断点，我们会发现在曲线的曲率较大的地方断点分布较密集。这是因为在曲率大的地方，如果长度相同，其公差也相对大，所以只有多增加几个断点，才能达到指定的公差值。

(6) 图素打断后的表达形式。在(3)、(4)、(5)的操作中单击的是【直线】按钮，因此打断后的每一段图素都是一条直线段；如果单击【圆弧】按钮，则打断后的每一段图素

都将会一条圆弧。

(7) 对原图素的处理方式。在如图 4-41 所示的下拉列表中列出了三种对原图素的处理方式，根据需要选择其中的一种。如图 4-42 所示，从左到右依次为【删除】和【保留】的情况，选择【隐藏】选项则不显示图素。

图 4-41 对原图素的处理方式

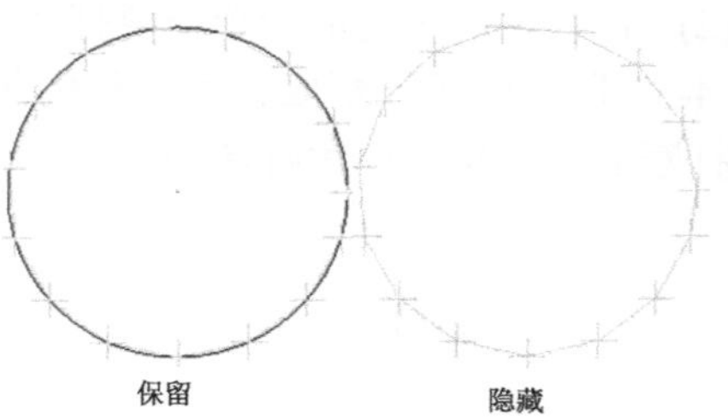

图 4-42 选择不同的处理方式

6. 依指定长度

含有指定长度可以将尺寸、剖面线或复合图素进行分解。

(1) 选择【编辑】|【修剪/打断】|【依指定长度】菜单命令，或在【修剪/打断】工具栏中单击【依指定长度】按钮，绘图区中显示“选取尺寸标注，剖面线或符合资料去分解”提示。

(2) 首先在绘图区中单击选取要分解的对象，然后双击绘图区的空白处或按 Enter 键，此时可以看到所选择的对象被分解为多个图素。如图 4-43 所示，左侧图形中的尺寸标注是没有分解的，还是一个整体，而右侧图形中的尺寸标注是分解后的，已经被打成多个图素(绘制了端点以方便观察)。

7. 打断、恢复全圆

打断全圆是指将完整的圆均匀地打断成几段圆弧。

(1) 选择【编辑】|【修剪/打断】|【打断全圆】菜单命令，或在【修剪/打断】工具栏中单击【打断全圆】按钮，绘图区中显示出“选择要打断的圆弧”提示。

(2) 首先在绘图区中选取要进行打断的圆或矩形框选多个圆，然后双击绘图区的空白处或按 Enter 键，此时弹出如图 4-44 所示的【全圆打断的圆数量】对话框，在文本框中输入数量值，按 Enter 键完成打断操作，注意每一个圆都被打断为指定数量的圆弧。如图 4-45 所示，圆都被打断成 6 段(绘制了端点以方便观察)。

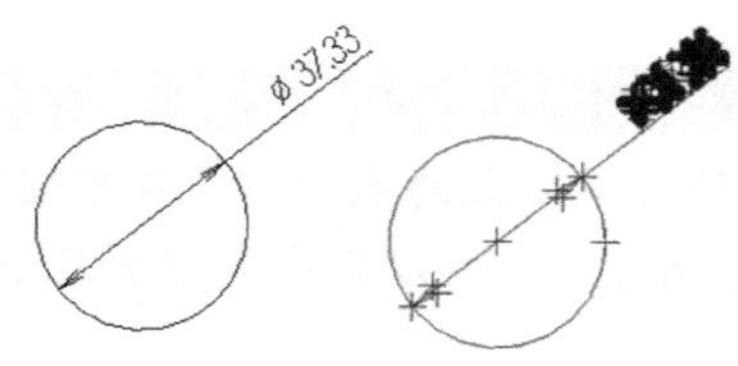

图 4-43 分解尺寸标注

图 4-44 【全圆打断的圆数量】对话框

恢复全圆是指将圆弧封闭为整圆，圆心位置和半径不变。

(1) 选择【编辑】|【修剪/打断】|【恢复全圆】菜单命令，或单击【修剪/打断】工具栏中的【恢复全圆】按钮，绘图区中显示“选取一个圆弧去封闭全圆”提示。

(2) 首先在绘图区中选取要进行封闭的圆弧或矩形框选多个圆弧，然后双击绘图区的空白处或按 Enter 键完成恢复全圆的操作。如图 4-46 所示，圆弧被封闭为整圆。

图 4-45　打断全圆

图 4-46　恢复全圆

4.1.3　连接图素和转换曲线

1. 连接图素

连接图素是指将两个图素连接成一个独立的图素。两个图素是否能够连接，取决于两条直线是否共线、两个圆弧是否有相同的圆心和半径、两段曲线是否来自同一个样条曲线。当连接多个图素时，满足连接条件的图素被连接在一起。

(1) 选择【编辑】|【连接图素】菜单命令，或在【修剪/打断】工具栏中单击【连接图素】按钮，绘图区中显示“选取图素去连接”提示。

(2) 连接两个图素。首先在绘图区中选取要进行连接的两个图素(两个直线段、两段圆弧、两条样条曲线段)，然后双击绘图区的空白处或按 Enter 键完成图素连接的操作。如图 4-47 所示的是共线的直线段连接；如图 4-48 所示的是同心同半径的圆弧连接。

图 4-47　共线的直线段连接

图 4-48　同心同半径的圆弧连接

(3) 连接多个图素。如果选取的多个图素满足能够连接的条件，且是连续的，则将它们连接成为一个图素，如图 4-49 所示(左侧图形中为了说明是多个圆弧，绘制了圆弧端点)。

如果选取的多个图素满足能够连接的条件，且是不连续的，按 Enter 键后会弹出如图 4-50 所示的【连接图素】对话框，单击【是】按钮，则完成连接操作，如图 4-51 所示。

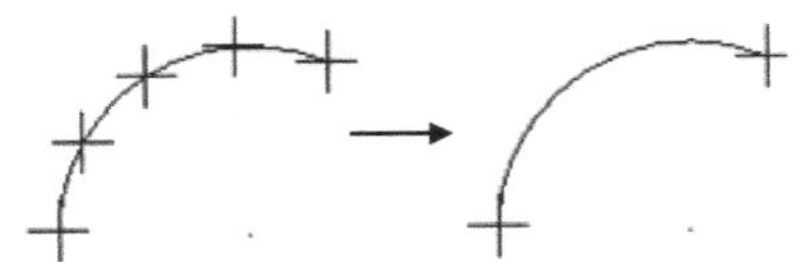

图 4-49　连接多个连续的图素

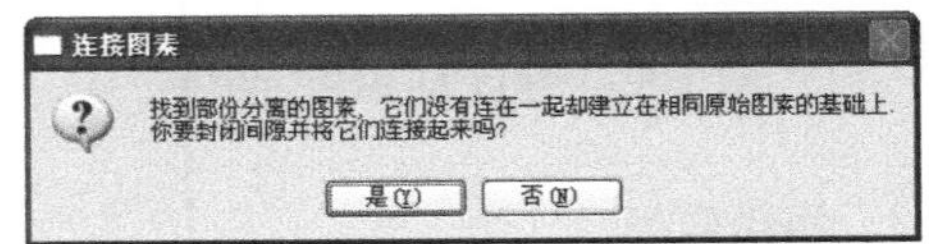

图 4-50　【连接图素】对话框

如果选择的图素中包含多种连接图素，比如两条直线段、两条圆弧、两条样条曲线段，且都满足连接条件，在按 Enter 键后也会弹出如图 4-50 所示的【连接图素】对话框，单击【是】按钮，则完成所选图素的两两连接。

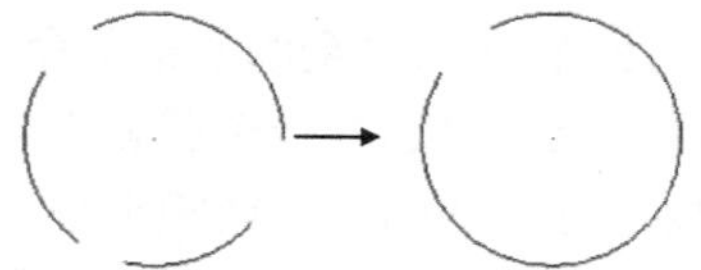

图 4-51　连接多个不连续的图素

2. 转成 NURBS 曲线

转成 NUBRS 曲线是指将选取的直线、圆/圆弧、参数式样条曲线转换为 NURBS 曲线。转换之后，可以通过改变控制点的位置更改曲线的形状。

(1) 选择【编辑】|【转成 NURBS】菜单命令，或在【修剪/打断】工具栏中单击【转成 NURBS】按钮，绘图区中显示出“选取直线，圆弧，曲线或曲面去转换成 NURBS 格式”提示。

(2) 首先在绘图区中选择要转换为 NURBS 曲线的图素(可以框选多个图素)，然后双击绘图区的空白处或按 Enter 键完成操作。可以通过前面讲过的查看图素属性的方法检查一下图素是否已经转为 NURBS 曲线。如图 4-52 所示，圆和直线被转换为 NURBS 曲线(为了说明是 NURBS 曲线，绘制了曲线的节点)。

3. 更改曲线

更改曲线是指通过更改 NURBS 曲线控制点的位置来改变曲线的形状。如果曲线是非 NURBS 曲线的时，可以先将该曲线转成 NURBS 曲线。

(1) 选择【编辑】|【更改曲线】菜单命令，或单击【修剪/打断】工具栏中的【更改曲线】按钮，绘图区中显示出“选取一条曲线或曲面”提示。

(2) 首先在绘图区中选取一条 NURBS 曲线，将会显示出曲线的所有控制点并提示“选取一个控制点，按[Enter]结束”，然后单击选择一个控制点，移动鼠标到合适位置单击或选择其他方式(坐标输入、捕捉特征点)来重新定义该控制点，可以继续选择其他的控制点并重新定义，最后按 Enter 键完成更改曲线的操作。如图 4-53 所示，前提是已经将圆更改为 NURBS 类型的曲线。

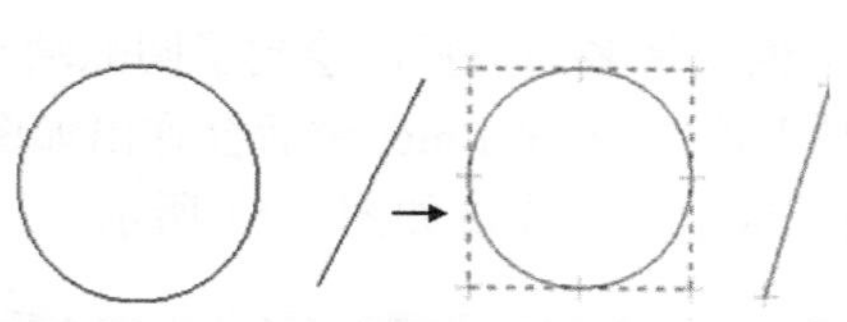

图 4-52　转成 NURBS 曲线

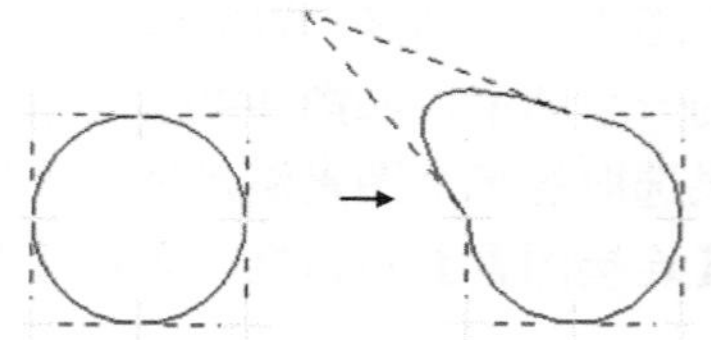

图 4-53　更改曲线

4. 曲线变弧

曲线变弧是指将接近圆弧形状的曲线按给定的公差生成圆弧。

(1) 选择【编辑】|【曲线变弧】菜单命令，或在【修剪/打断】工具栏中单击【曲线变弧】按钮，绘图区中显示“选取曲线去转换为圆弧”提示，同时出现如图 4-54 所示的【简化成圆弧】状态栏。

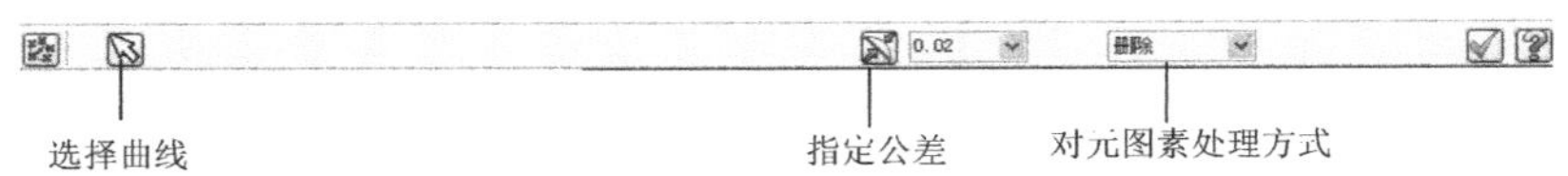

图 4-54　【简化成圆弧】状态栏

(2)　首先在绘图区中选择简化成圆弧的曲线，再在【指定公差】按钮右侧的【公差】文本框中输入公差值，按 Enter 键即可生成一个近似的圆弧。当样条曲线的形状与近似圆弧的形状相差太大时，输入的公差值也会大。在对原图素的处理方式下拉列表中提供了【删除】、【保留】和【隐藏】三种类型，根据需要选择其中的一种。如图 4-55 所示，标准圆弧变为拉长的圆弧，图形对原图素都选择了【保留】处理方式。

图 4-55　曲线变弧

4.1.4　编辑图素范例

本范例练习文件：\04\4-1-4. MCX-5。

多媒体教学路径：光盘→多媒体教学→第 4 章→4.1.4 节。

步骤 01　绘制三条直线

单击【草图】工具栏中的【绘制任意线】按钮。绘制过程如图 4-56 所示。

步骤 02　绘制直线和圆弧

单击【草图】工具栏中的【绘制任意线】按钮和【两点画弧】按钮。绘制过程如图 4-57 所示。

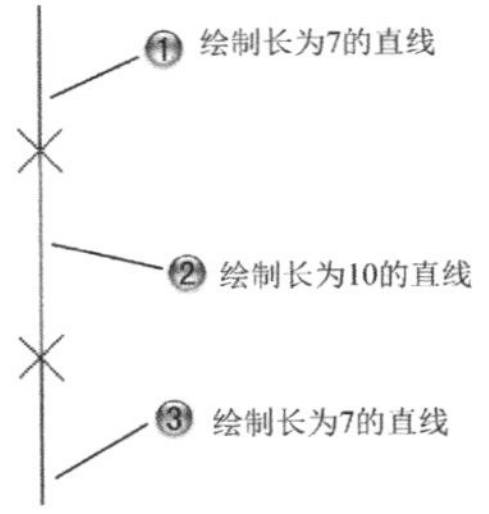

图 4-56　绘制三条直线

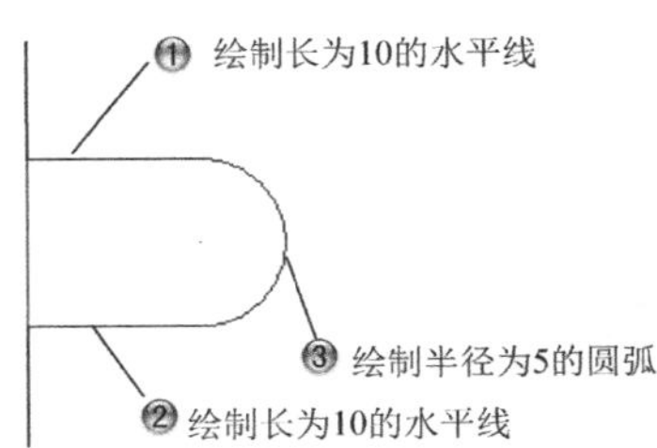

图 4-57　绘制直线和圆弧

步骤 03　绘制其他直线

单击【草图】工具栏中的【绘制任意线】按钮。绘制过程如图 4-58 所示。

步骤 04　封闭图形

单击【草图】工具栏中的【绘制任意线】按钮。绘制过程如图 4-59 所示。

步骤 05　倒圆角

单击【草图】工具栏中的【倒圆角】按钮。绘制过程如图 4-60 所示。

步骤 06　倒角

单击【草图】工具栏中的【倒角】按钮，在状态栏中的【类型】下拉列表中选择【单一距离】选项，设置【距离 1】为 5，单击【确定】按钮，如图 4-61 所示。

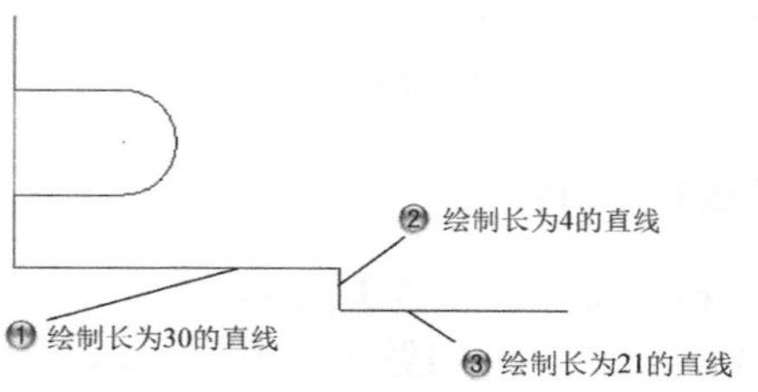

图 4-58 绘制其他直线

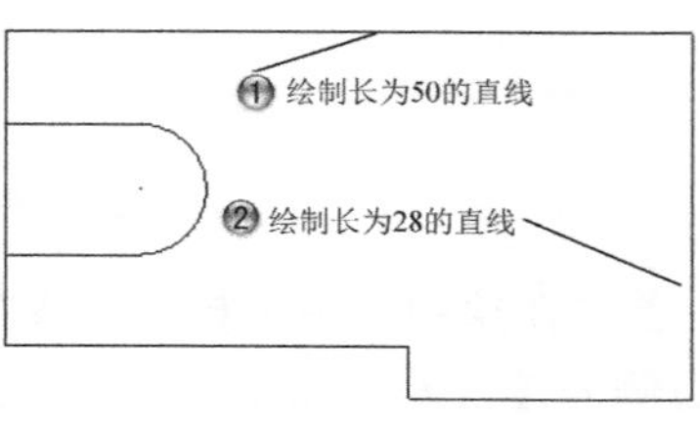

图 4-59 封闭图形

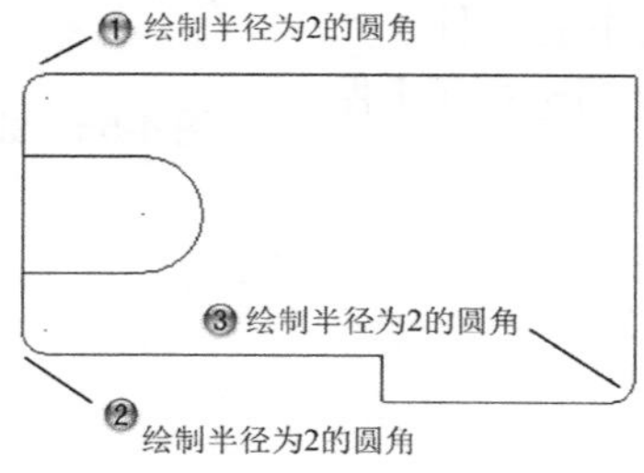

图 4-60 倒圆角

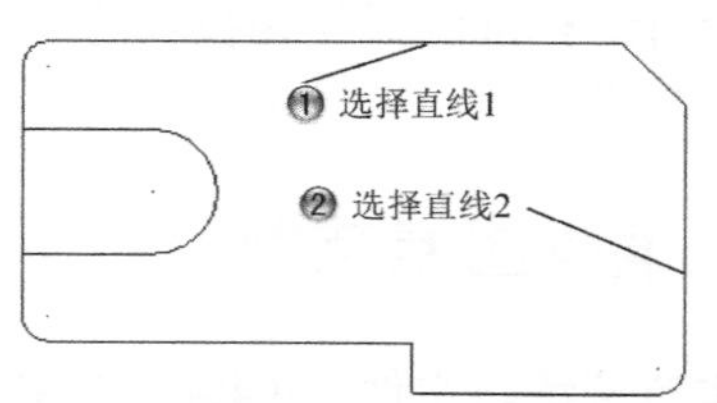

图 4-61 倒角

步骤 07 绘制六边形

单击【草图】工具栏中的【画多边形】按钮，弹出【多边形选项】对话框，如图 4-62 所示。

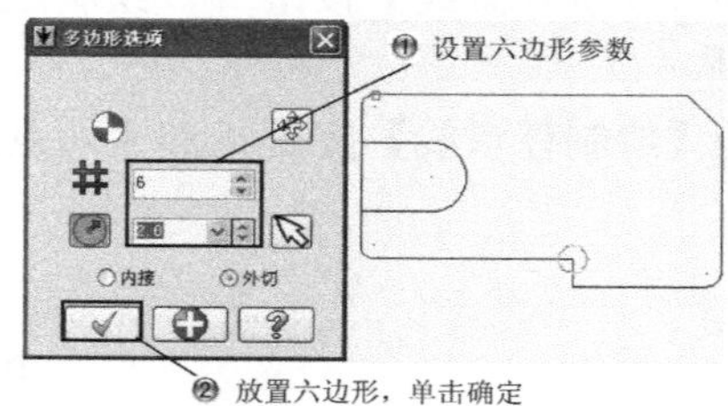

图 4-62 绘制六边形

步骤 08 修剪图形

单击【修剪/打断】工具栏中的【修剪/打断/延伸】按钮，对六边形内的线条进行修剪，如图 4-63 所示。

步骤 09 转换和修改圆弧

具体操作如图 4-64 所示。

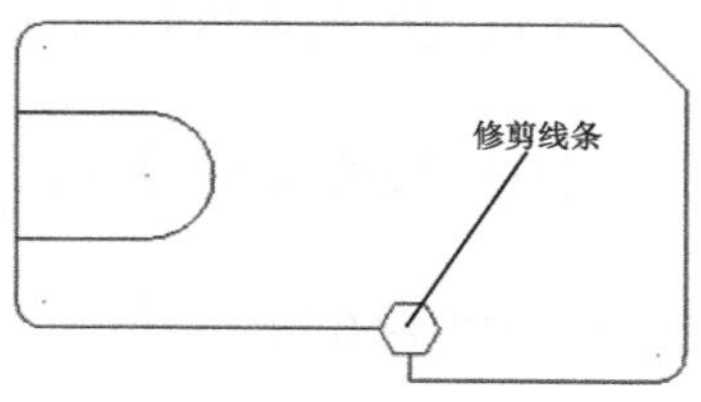

图 4-63 修剪图形

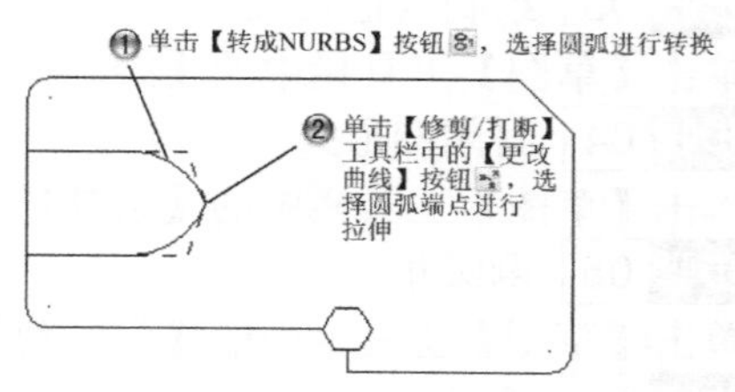

图 4-64 转换和修改圆弧

4.2 转 换 图 素

4.2.1 平移

图形的转换是指对已经绘制好的几何图形进行移动、旋转、缩放等操作。Mastercam X5 中用于图素转换的命令集中在【转换】菜单中，也可以通过 Xform 工具栏快速地选取这些命令，如图 4-65 和图 4-66 所示。

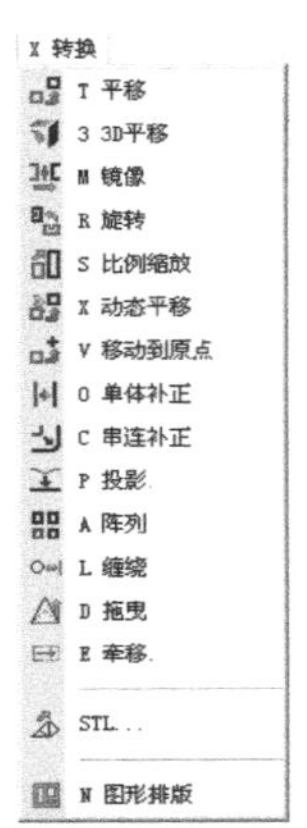

图 4-65 【转换】下拉菜单

图 4-66 Xform 工具栏

1. 普通平移

平移是指在 2D 或 3D 绘图模式下将选取的图素按照指定的方式移动或复制到新的位置，复制后也可以在原图素和复制图素的对应端点间建立直线连接。平移操作可以通过直角坐标系、极坐标系、两点或一条直线来定义。

(1) 选择【转换】|【平移】菜单命令，或在【参考变换】工具栏中单击【平移】按钮，绘图区中显示出“平移：选取图素去平移”提示。

(2) 在绘图区中选取要平移的图素(单击选取一个或框选多个)，双击绘图区空白处或按 Enter 键完成选取，此时弹出如图 4-67 所示的【平移】对话框，图素的平移操作主要通过此对话框来完成。单击对话框顶部的【增加/移除图素】按钮，可以返回到图素选取状态，根据需要增加图素或删除不需要的图素。

(3) 选择平移类型。如果要移动所选择的图素，则选中【移动】单选按钮；如果要移动复制后的图素，则选中【复制】单选按钮；如果移动复制的图素后，要在对应端点处添加直线段连接，则选中【连接】单选按钮。如图 4-68 所示，每个图形所选择的平移类型从左到右依次为移动、复制、连接(圆的起点和终点重合)。

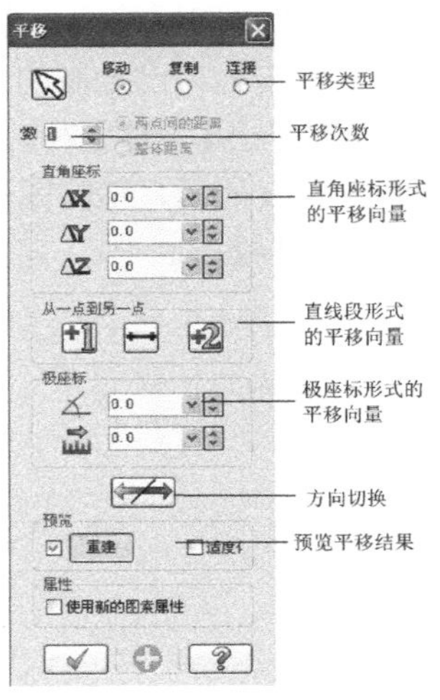

图 4-67 【平移】对话框

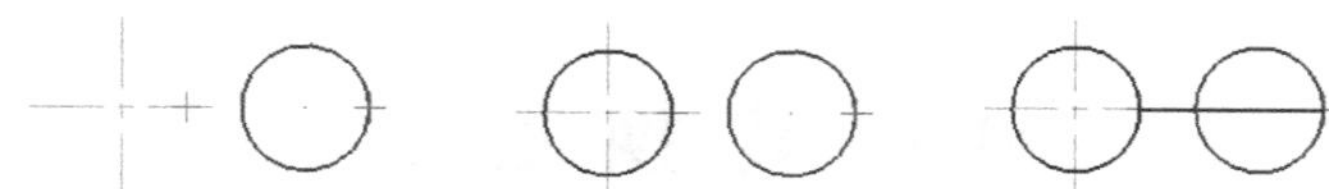

图 4-68　平移类型

(4)　以直角坐标系的形式定义平移向量。在【直角座标】选项组中分别输入ΔX、ΔY、ΔZ 的值，按 Enter 键应用输入的值，则所选图素按照平移向量(ΔX，ΔY，ΔZ)进行平移。如图 4-69 所示，左侧图形中设置的平移向量为(1,-1,0)，右侧图形中设置的平移向量为(10,10,15)。

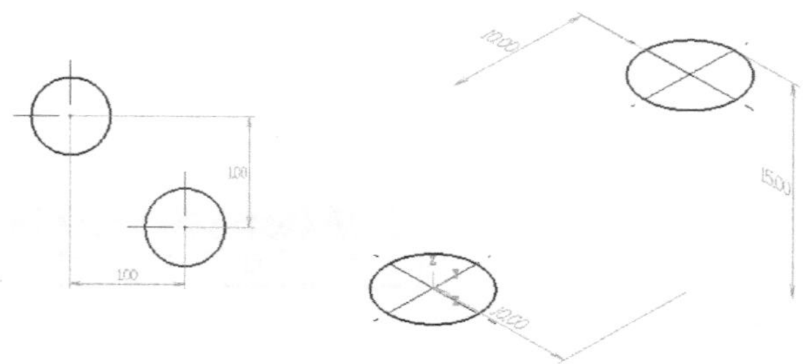

图 4-69　以直角坐标系的形式定义平移向量

注 意

当处于 2D 绘制模式时，图形只能在绘图平面内或沿 Z 轴平移；当处于 3D 绘图模式时，可以在空间中任意平移。在进行图 4-69 所示右侧的平移操作时，首先应在属性栏中把 2D 绘图模式改为 3D 绘图模式。

(5)　以直线段的形式定义平移向量。在【从一点到另一点】选项组中单击【选择起始点】按钮或【选择终止点】按钮，对话框将会关闭并出现“选取平移起点”提示，在绘图区中定义一个点(单击处、已绘制的点、图素特征点或坐标输入的点)作为平移向量的起始点，然后在“选取平移终点”提示下(此时出现有一条跟随鼠标移动而变换终止点的直线)定义另一点(单击处、已绘制的点、图素特征点或坐标输入的点)作为平移向量的终止点，定义两点后再次弹出【平移】对话框且平移向量已被应用到所选图素上，按下 Enter 键确认完成操作。如图 4-70 所示，左侧图形为 2D 绘图模式下进行的平移操作，右侧图形为 3D 绘图模式下进行的平移操作。

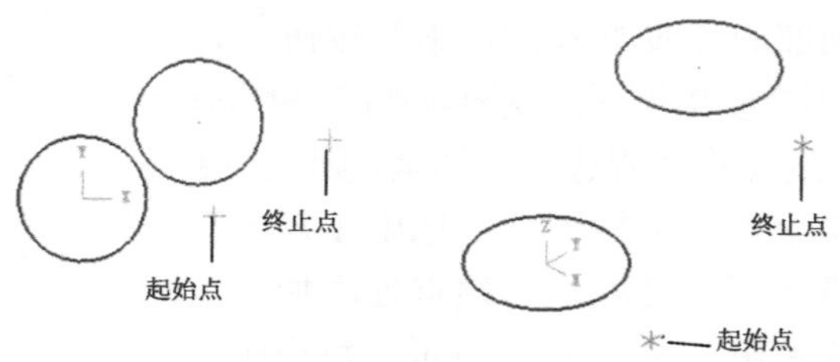

图 4-70　通过两点定义平移向量

除了可以选择两个点来定义平移向量外，还可以通过选取一条直线来定义平移向量，离鼠标所选位置较近的直线端点被定义为向量的起始点。单击【选择线】按钮，对话框关闭后出现 “选择从->到线”提示，鼠标单击选取一条直线(注意单击位置)，再次弹出对话框时按 Enter 键结束本次平移操作。此时可以单击【选择起始点】按钮或【选择终止点】按钮更改平移向量的起始点和终止点。如图 4-71 所示，左侧图形为选择绘图面上的直线来定义平移向量，右侧图形为选择三维的直线来定义平移向量。

注 意

当选择两点定义来平移向量或选择一条直线来定义平移向量时，【直角坐标】和【极座标】选项组中的各选项也会有相应的变化。

(6) 以极坐标的形式定义平移向量。在【极座标】选项组中的【角度】和【长度】文本框中输入用来定义平移向量的角度值和长度值，按 Enter 键应用输入的值，再次按 Enter 键结束当前的操作。如图 4-72 所示，左侧图形中设置的【角度】为 30，【长度】为 8；右侧图形中设置的【角度】为 30，【长度】为 8，并在【直角坐标】选项组的 ΔZ 文本框中输入 6。

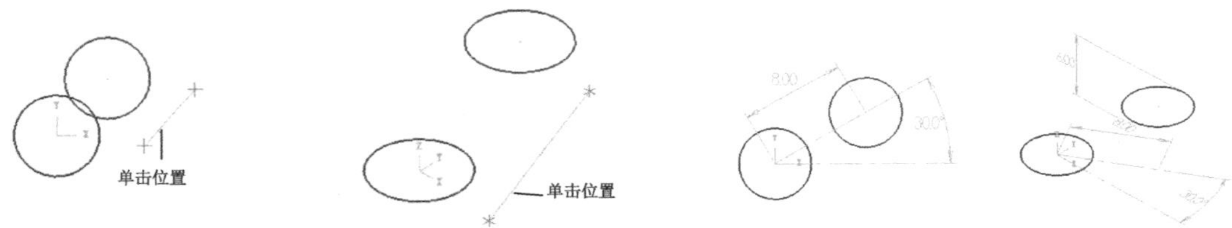

图 4-71　通过直线定义平移向量　　图 4-72　以极坐标的形式定义平移向量

(7) 更改平移方向。单击对话框中的【方向切换】按钮，可以在正向、反向、双向间切换。如图 4-73 所示，从左到右为正向、反向、双向。

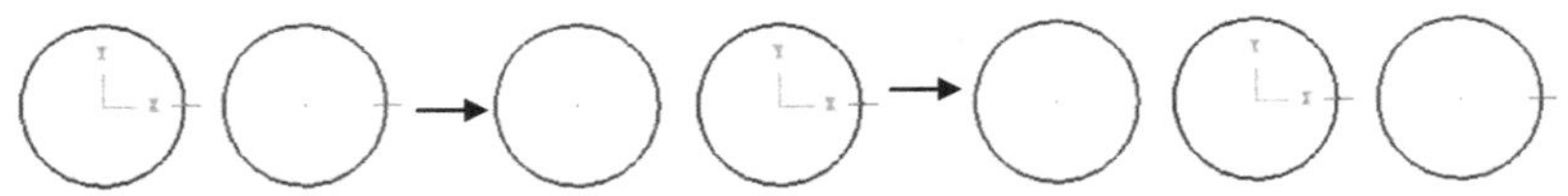

图 4-73　更改平移方向

(8) 增加平移的次数。要想对选取的图素进行多次平移，可以在【次数】文本框中输入需要平移的次数。当输入的值大于 1 时，该文本框右侧的两个单项按钮由不可用变为可用，如果选中【两点间的距离】单选按钮，则平移后的图素间隔为指定的长度；如果选中【整体距离】单选按钮，则平移后的图素间隔的和为指定的长度。如图 4-74 所示，指定的长度为 10，左侧图形为选中了【两点间的距离】单选按钮后的效果；右侧图形为选中【整体距离】单选按钮后的效果。

(9) 使用新的图层属性。在对话框的【属性】选项组中选中【使用新的图素属性】复选框，则展开如图 4-75 所示的【属性】选项组的其他选项。在其中可以设置平移后的图素所在的图层及颜色，当图素平移的次数大于 1 时，【每次平移都增加一个图层】复选框可用，选中该复选框后，每个平移的图素都被放在了一个新的图层上。如图 4-76 所示，【层别管理】对话框中自动新建了两个图层，每个图层上放置一个平移后的图素。

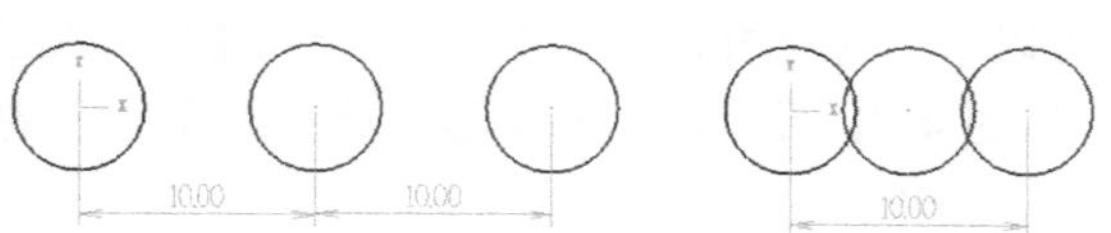

图 4-74　增加平移的次数

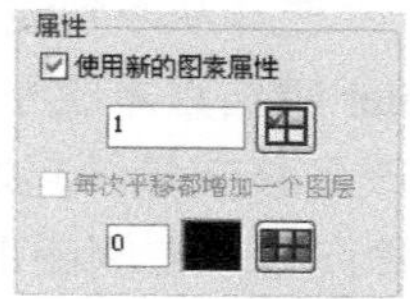

图 4-75　【属性】选项组

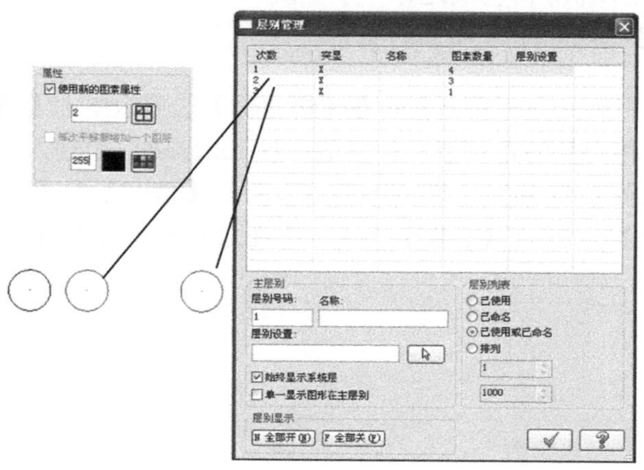

图 4-76　使用新的图素属性

提 示

可以选择【屏幕】|【清除颜色】菜单命令，清除图形因为平移操作而改变的颜色。

2. 3D 平移

3D 平移可以将选取的图素在不同的视角平面间进行平移。视角平面可以是标准的视角平面，也可以是用户自定义的视角平面。

(1) 选择【转换】|【3D 平移】菜单命令，或在【参考变换】工具栏中单击【3D 平移】按钮，绘图区中显示出“平移：选取图素去平移”提示。

(2) 在绘图区中选取要平移的图素(单击选取一个或框选多个)，双击绘图区空白处或按 Enter 键结束选取，此时弹出如图 4-77 所示的【3D 平移选项】对话框，图素的 3D 平移操作主要由此对话框来完成。单击对话框顶部的【增加/移除图形】按钮，可以返回到图素选取状态，根据需要增加图素或删除不需要的图素。如果想移动图素，而不是复制图素，则选中【移动】单选按钮，否则选中【复制】单选按钮。

(3) 在视角平面间进行平移。在【视角】选项组中的【起始视角】下拉列表中选择某一个标准视角作为源视角，再在【结束视角】下拉列表中选择另一个不同的标准视角作为目标视角，则选中的图素被移动到目标视角上。如图 4-78 所示，源视角为【俯视图】，目标视角为【前视图】，两个视角都采用默认的原点作为平移起点/终点。

(4) 更改平移起点/终点。单击【起始视角】中的【定义旋转的中心或(点)】按钮或【结束视角】中的相同按钮，对话框将会关闭并出现“选取平移点”提示，在绘图区中定义一个点(单击处、已绘制的点、图素特征点或坐标输入的点)作为该视角的平移起点/终点。如图 4-79 所示，源视角为【俯视图】，采用自定义的点作为平移起点；目标视角为【前视图】，采用默认的原点作为平移终点。

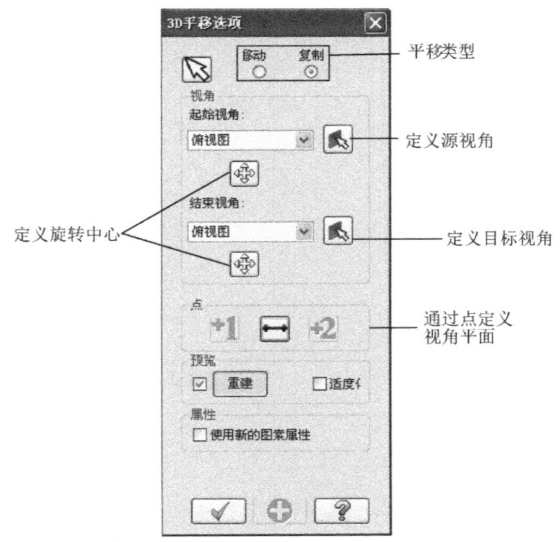

图 4-77　【3D 平移选项】对话框

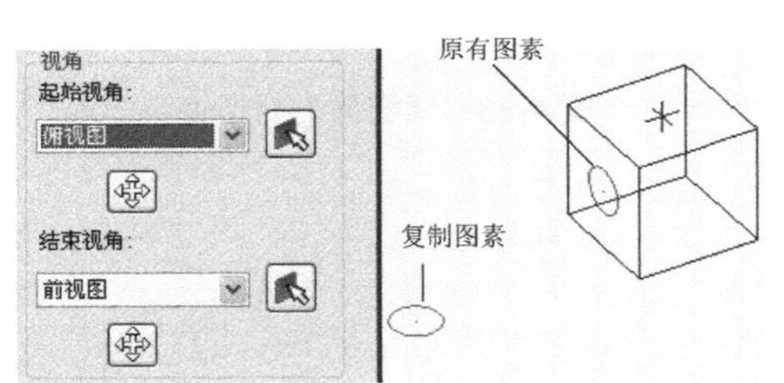

图 4-78　在视角平面间进行平移

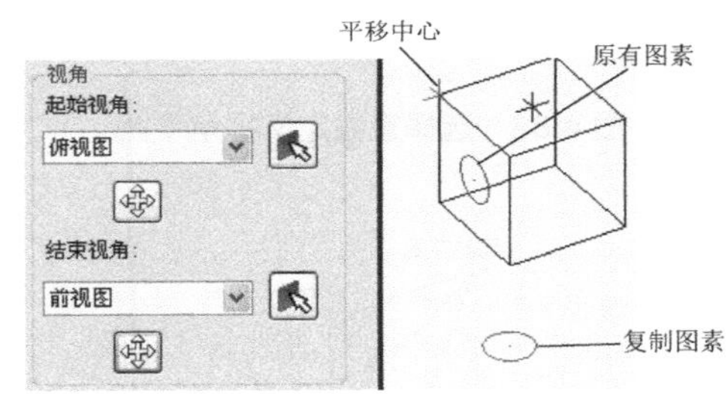

图 4-79　更改平移起点

(5) 修改视角平面。单击【起始视角】中的【来源：俯视图】按钮或【结束视角】中的【目标：前视图】按钮，都会弹出如图 4-80 所示的【平面选择】对话框，同时绘图区中会出现一个代表视图平面及其法向的符号，如图 4-81 所示。在定义完视角平面后，单击【确定】按钮返回到【3D 平移选项】对话框。

对话框中的各个按钮的功能说明如下。

① X、Y、Z按钮：在其后的文本框中输入一个值，定义视角平面在 X/Y /Z 轴方向上到原点的距离。

② 【选择直线】按钮：当前构图面的所有法线中与所选直线相交的那一条与所选直线够成视图面。如图 4-82 所示，通过选择直线来定义源视角。不要选择与法线平行的直线，否则弹出如图 4-83 所示的【警告】对话框。

③ 【选择三点】按钮：选择三个点定义视角平面，如图 4-84 所示。

④ 【选择图素】按钮：选择一个圆弧或两条直线来定义视角平面，如图 4-85 所示。

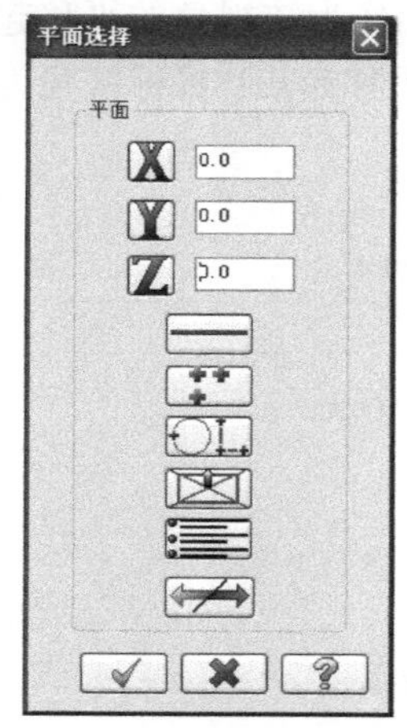

图 4-80 【平面选择】对话框

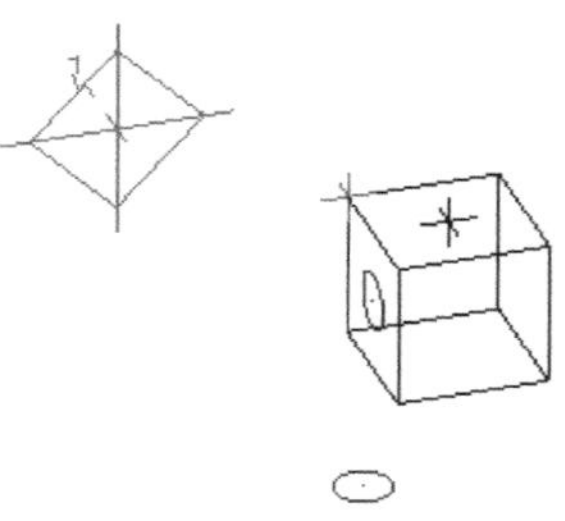

图 4-81 代表视图平面及其法向的符号

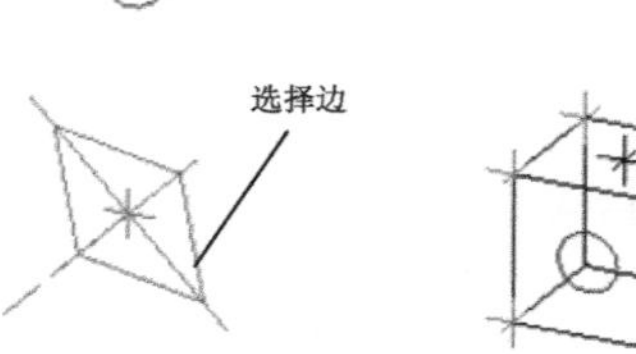

图 4-82 选择直线定义视角平面

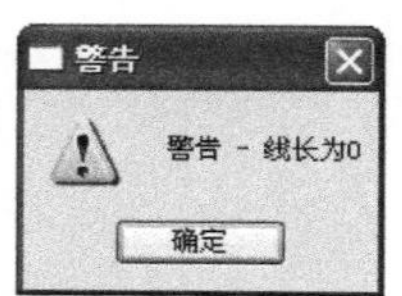

图 4-83 【警告】对话框

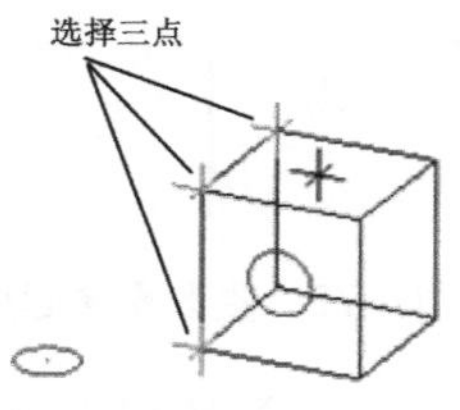

图 4-84 选择三点

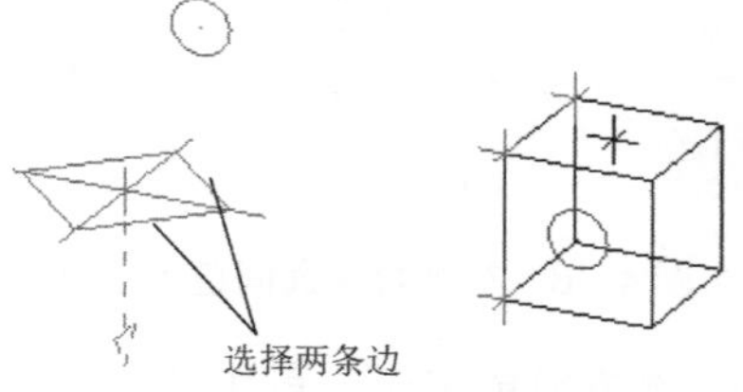

图 4-85 选择图素

⑤ 【选择法向】按钮：选择一条直线作为法向来定义视角平面，如图 4-86 所示。

⑥ 【视角选择】按钮：单击弹出如图 4-87 所示的【视角选择】对话框，从【名称】栏选择已定义的视角平面。

⑦ 【方向切换】按钮：单击该按钮可以改变视角平面的方向为反向。

(6) 通过点定义视角平面。单击【点】选项组中的【选择起始/结束位置】按钮，对话框将会关闭并出现“指定 XY 原点(点)或选择 X 轴的(线)原视角”提示，在绘图区中定义第一个点(单击处、已绘制的点、图素特征点或坐标输入的点)，继续按照提示定义其他 5 个点，定义完成后返回到【3D 平移选项】对话框并完成图素的平移。定义的 6 个点中，用第一个点作为源视角的平移起点，用第一个点和第二个点的连线作为 X 轴方向，用第三个点定义 Y 轴方向来定义源视图平面，同样用后三个点来定义目标视角平面，如图 4-88 所示。

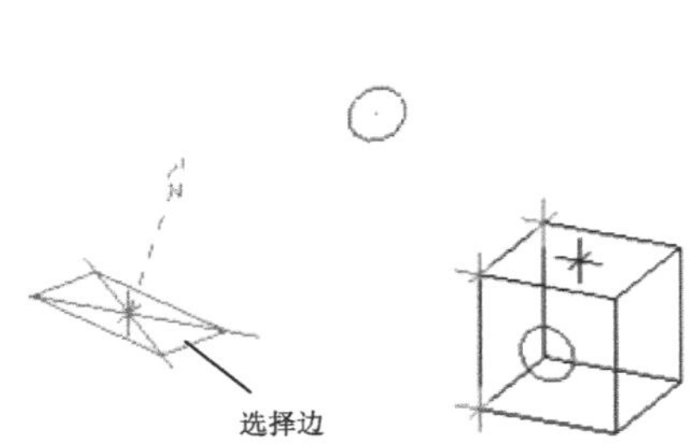

图 4-86　选择法向

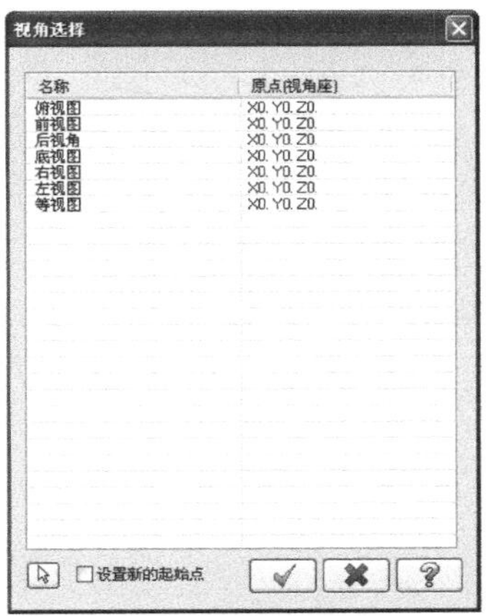

图 4-87　【视角选择】对话框

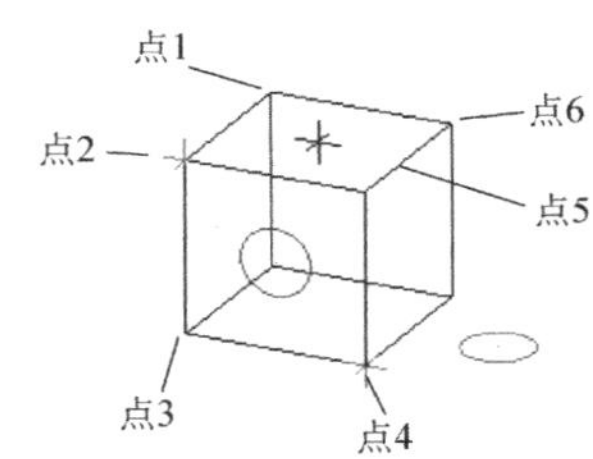

图 4-88　通过点定义视角平面

3. 动态平移

动态平移是新增功能，是指在 3D 绘图模式下，将选取的图素按照指定的方式移动或复制到新的位置。平移操作可以通过直角坐标系、极坐标系、两点或一条直线来定义。

(1) 选择【转换】|【动态平移】菜单命令，或在【参考变换】工具栏中单击【动态平移】按钮，绘图区中显示出“选择图形移动/复制”提示。

(2) 在绘图区中选取要平移的图素(单击选取一个或框选多个)，双击绘图区空白处或按 Enter 完成结束选取，此时弹出如图 4-89 所示的【动态平移】状态栏，图素的平移操作主要由此状态栏来完成。

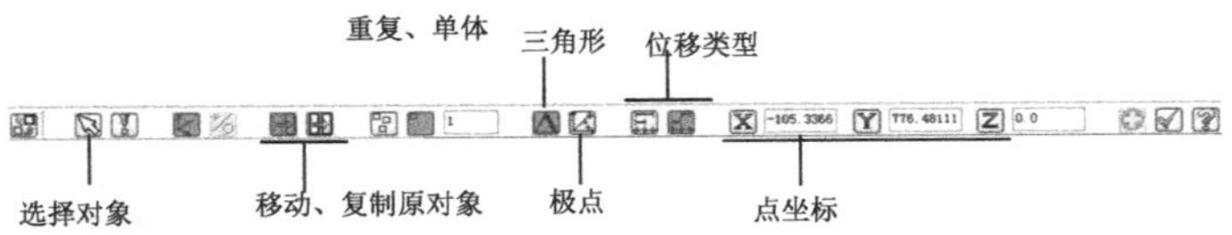

图 4-89　【动态平移】状态栏

(3) 在绘图区单击选择坐标系的原点，如图 4-90 所示。

(4) 再次单击可以放置新的坐标系位置，这时所选对象也进行平移，如图 4-91 所示。

(5) 在【动态平移】状态栏的【移动到原点】按钮和【结合到轴】按钮后的下拉列表中选择原点和轴的类型，如图 4-92 所示。单击坐标轴可以进行旋转操作，如图 4-93 所示。

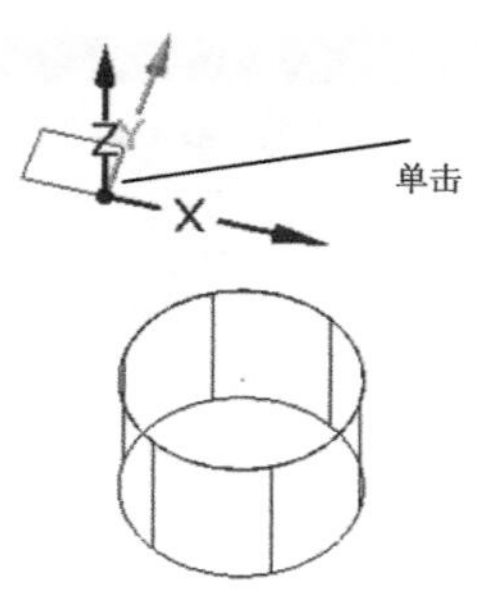

图 4-90　选择坐标系原点

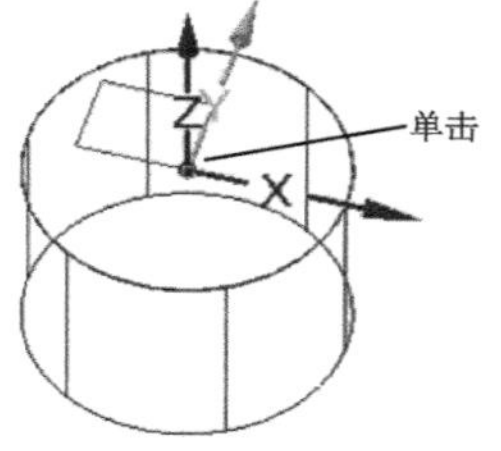

图 4-91　放置坐标系

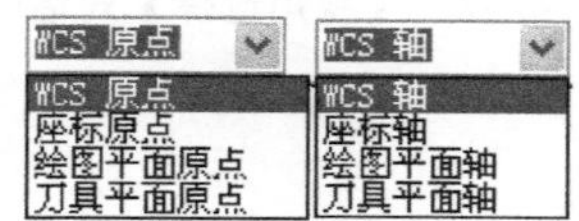

图 4-92　原点和轴的类型下拉列表

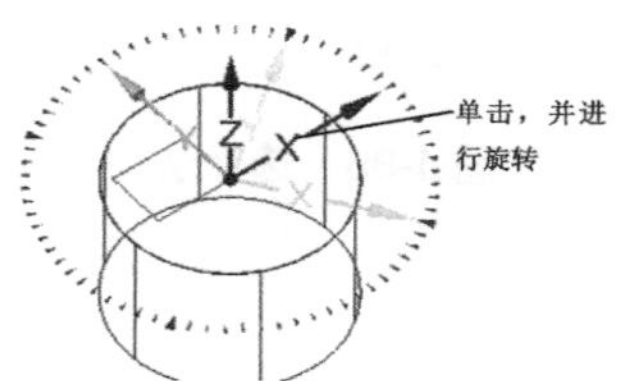

图 4-93　选择坐标轴

4.2.2　旋转、镜像和缩放

1. 旋转

旋转是指在构图面内将选取的图素绕指定的点旋转指定的角度。旋转的类型也包括移动、复制和连接。

(1) 选择【转换】|【旋转】菜单命令，或在【参考变换】工具栏中单击【旋转】按钮，绘图区中显示出“旋转：选取图素去旋转”提示。

(2) 在绘图区中选取要进行旋转的图素(单击选取一个或框选多个)，双击绘图区空白处或按 Enter 键完成选取，此时弹出如图 4-94 所示的【旋转】对话框，图素的旋转操作主要由此对话框来完成。单击对话框顶部的【增加/移除图形】按钮，可以返回到图素选取状态，根据需要增加图素或删除不需要的图素。如果想移动图素，则选中【移动】单选按钮；如果想复制图素，则选中【复制】单选按钮，如果想用圆弧连接图素的端点，则选中【连接】单选按钮。

(3) 定义旋转操作。单击【定义旋转的中心或(点)】按钮，对话框将会关闭并出现“选取旋转的基点”提示，在绘图区定义一点(单击处、已绘制的点、图素特征点或坐标输入的点)作为旋转基点，返回到对话框后在【旋转角度】按钮后面的【角度】文本框中输入旋转角度值，按 Enter 键可以预览旋转的结果。如果选中【旋转】单选按钮，则图素将会绕旋转基点做旋转；如果选中【平移】单选按钮；则图素将会以平动的方式旋转至目标点。单击【方向切换】按钮，可以更改旋转的方向。如图 4-95 所示，左侧图形为选中【旋转】单选按钮的效果；右侧图形为选中【平移】单选按钮的效果。

(4) 移除项目和重设项目。如果【次数】文本框中的数值大于 1，则【移动项目】按钮成为可用的，单击该按钮，对话框将会关闭并提示“选择复制或移动按<ENTER>”，在绘图区中选取需要移除的对象，则对象被立即删除，然后按 Enter 键完成移除。此时【重设项目】按钮变为可用的状态，单击该按钮可以恢复所有被移除的项目。

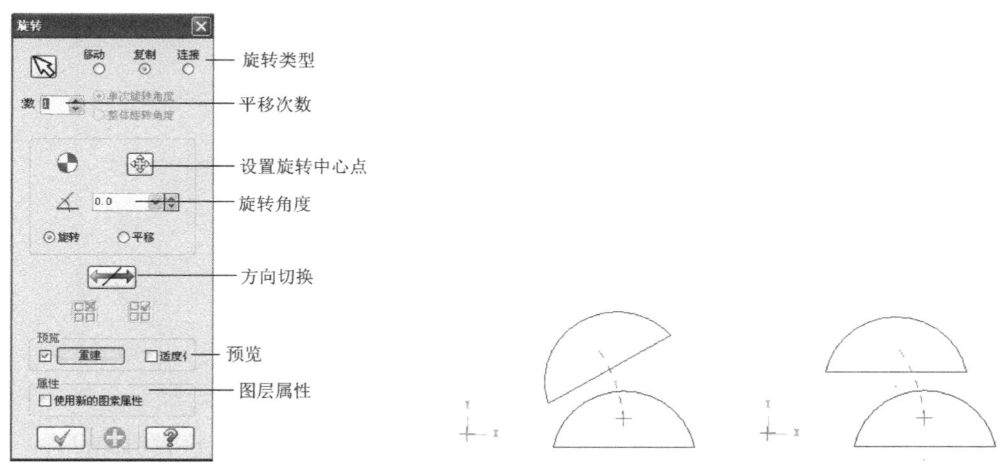

图 4-94 【旋转】对话框

图 4-95 旋转图素

注 意

在选取将要移除的项目时，如果所旋转的图素是多个，只需选取其中的一个图素即可。

2. 镜像

镜像是指将选取的图素以对称的方式移动或复制到对称轴的另一侧。利用镜像命令可以快速地创建具有对称特征的图形。

(1) 选择【转换】|【镜像】菜单命令，或在【参考变换】工具栏中单击【镜像】按钮，绘图区中显示出“镜像：选取图素去镜像”提示。

(2) 在绘图区中选取要进行镜像的图素(单击选取一个或框选多个)，双击绘图区空白处或按 Enter 键完成选取，此时弹出如图 4-96 所示的【镜像】对话框，图素的镜像操作主要由此对话框来完成。单击对话框顶部的【增加/移除图形】按钮，可以返回到图素选取状态下，根据需要增加图素或删除不需要的图素。如果想移动图素，则选中【移动】单选按钮；如果想复制图素，则选中【复制】单选按钮；如果想用直线连接图素的端点，则选中【连接】单选按钮。

(3) 定义水平对称轴。在【轴】选项组中选中第一个单选按钮，在 Y 右侧的文本框中输入 y 值，然后按 Enter 键，此时在绘图区中创建了一条虚拟的对称轴和对称后的图素，如图 4-97 所示。也可以单击【X 轴：选择点】按钮，然后在绘图区定义一点(单击处、已绘制的点、图素特征点或坐标输入的点)来定位水平对称轴。单击【应用】按钮进行下一次镜像操作。

(4) 定义竖直对称轴。在【轴】选项组中选中第二个单选按钮，定义方法与定义水平对称轴的方法相同，如图 4-98 所示。

(5) 通过点和角度定义对称轴。在【轴】选项组中选中第三个单选按钮，在 A 右侧的文本框中输入角度值(相当于 X 轴)，单击【极坐标：选择点】按钮，关闭对话框后定义一点(单击处、已绘制的点、图素特征点或坐标输入的点)作为对称轴上的点，最后单击对话框中的【应用】按钮进行下一次镜像操作，如图 4-99 所示。

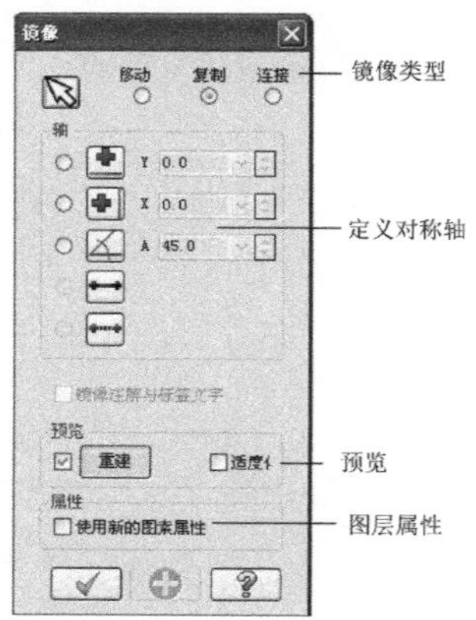

图 4-96 【镜像】对话框

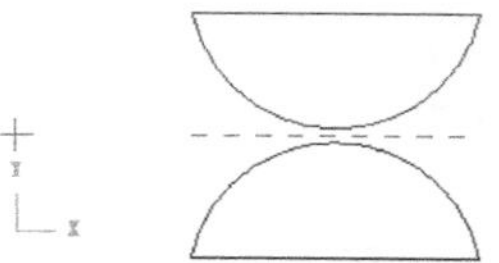

图 4-97 定义水平对称轴

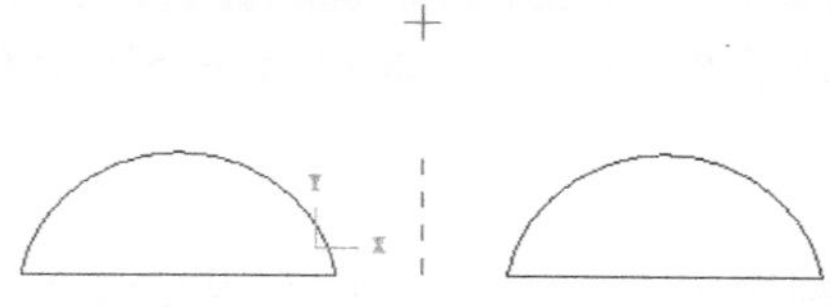

图 4-98 定义竖直对称轴

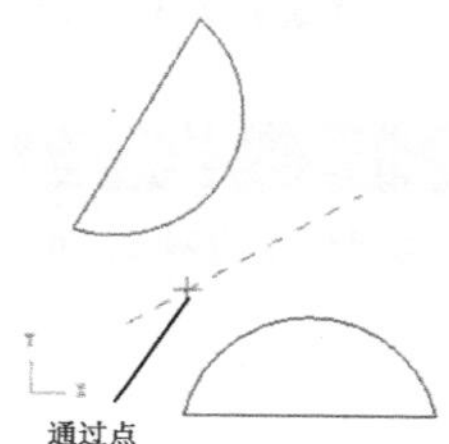

图 4-99 通过点和角度定义对称轴

(6) 选择现有的直线作为对称轴。单击【选择线】按钮，对话框关闭后选取一条现有的直线作为对称轴，再次返回到对话框并可以预览操作的结果，单击【应用】按钮进行下一次镜像操作，如图 4-100 所示。

(7) 选择两点定义对称轴。单击【选择二点】按钮，对话框关闭后分别定义对称轴上的两个点(单击处、已绘制的点、图素特征点或坐标输入的点)，再次返回到对话框并可以预览操作的结果，单击【应用】按钮进行下一次镜像操作，如图 4-101 所示。

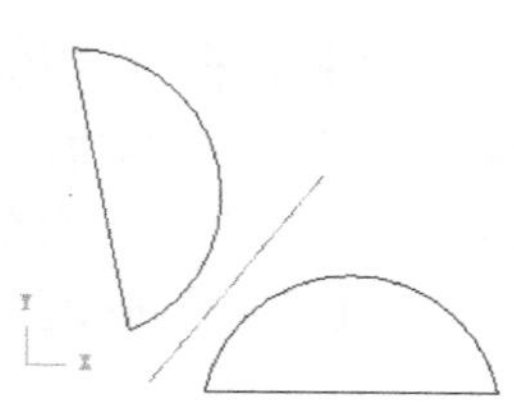

图 4-100 选择现有的直线作为对称轴

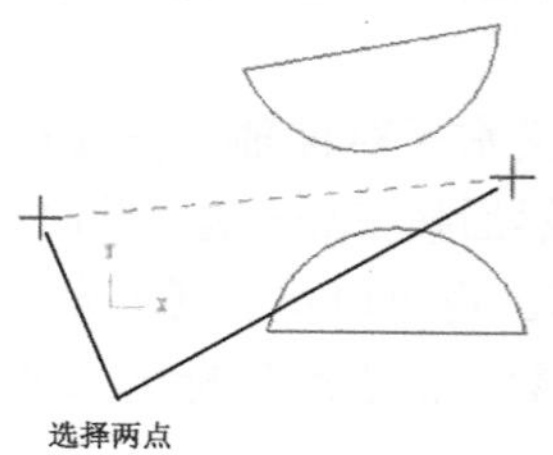

图 4-101 选择两点定义对称轴

3. 比例缩放

比例缩放是指将选取的图素按照等比例或不等比例进行放大或缩小。当选择了不等比例缩放时，可以分别设置 X、Y、Z 轴向的比例因子。

(1) 选择【转换】|【比例缩放】菜单命令，或在【参考变换】工具栏中单击【比例缩放】按钮，绘图区中显示出“比例：选取图素去缩放”提示。

(2) 在绘图区中选取要进行比例缩放的图素(单击选取一个或框选多个)，双击绘图区空白处或按 Enter 键完成选取，此时弹出如图 4-102 所示的【比例】对话框，图素的比例缩放操作主要由此对话框来完成。单击对话框顶部的【增加/移除图形】按钮，可以返回到图素选取状态下，根据需要增加图素或删除不需要的图素。如果想移动图素，则选中【移动】单选按钮；如果想复制图素，则选中【复制】单选按钮；如果想用直线连接图素的端点，则选中【连接】单选按钮。

(3) 等比例缩放模式。选中【等比例】单选按钮。在【等比例】选项组中，如果选中的是【比例因子】单选按钮，则在下方的文本框中输入比例因子；如果选中的是【百分比】单选按钮，则在下方的文本框中输入百分比。系统默认的比例缩放参考点为原点，用户可以单击【定义比例缩放参考点】按钮进行重新定义。如图 4-103 所示，左右两个图形都是将正六边形缩放为原来的 50%，缩放类型选中【连接】，但右侧图形中选择最右侧的顶点作为缩放参考点。

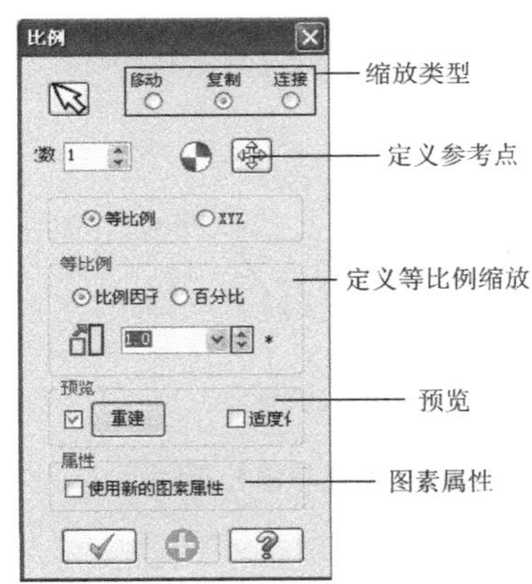

图 4-102 【比例】对话框

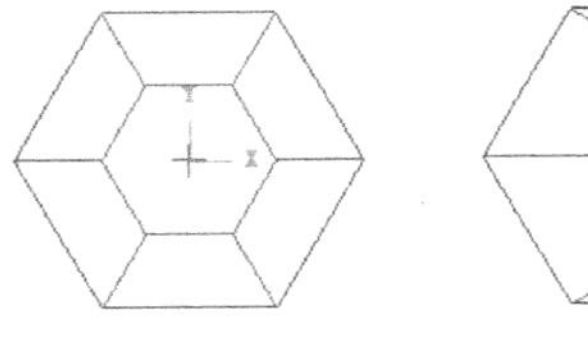

图 4-103 等比例缩放

(4) 不等比例缩放模式。选中 XYZ 单选按钮，则【等比例】选项组切换为如图 4-104 所示的 XYZ 选项组。在该选项组中同样存在【比例因子】和【百分比】两种方式，选择其中一种后分别在X、Y、Z三个按钮右侧的文本框中输入 X、Y、Z 轴向的比例因子或百分比。如图 4-105 所示的不等比例缩放效果，选中的是【比例因子】单选按钮，X 轴向比例因子设置为 0.8，Y 轴向比例因子设置为 0.6。

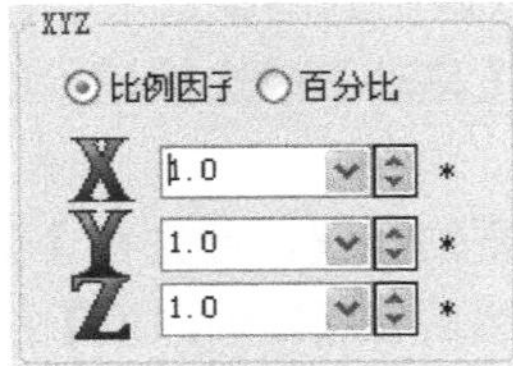

图 4-104 XYZ 选项组

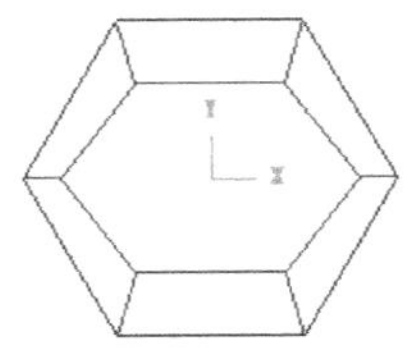

图 4-105 不等比例缩放

4.2.3 补正

1. 单体补正

单体补正是指对选取的单一图素进行偏移操作。

(1) 选择【转换】|【单体补正】菜单命令，或在【参考变换】工具栏中单击【单体补正】按钮，绘图区中显示出“选取线，圆弧，曲线或曲面线去补正”提示，同时弹出如图 4-106 所示的【补正】对话框。

(2) 在【次数】文本框中输入需要偏移的个数，在【距离】文本框中输入偏移的距离，此处的距离是相邻图素(包括原始图素和偏移图素)之间的距离。再在绘图区中选择想要偏移的单个图素，出现“指定补正方向”提示时单击图素的某一侧来定义偏移方向，此时绘图区中显示出预览图形。在偏移方向确定以后，还可以单击【方向切换】按钮，在【正向】、【反向】和【双向】间切换。如图 4-107 所示，偏移方向为双向。

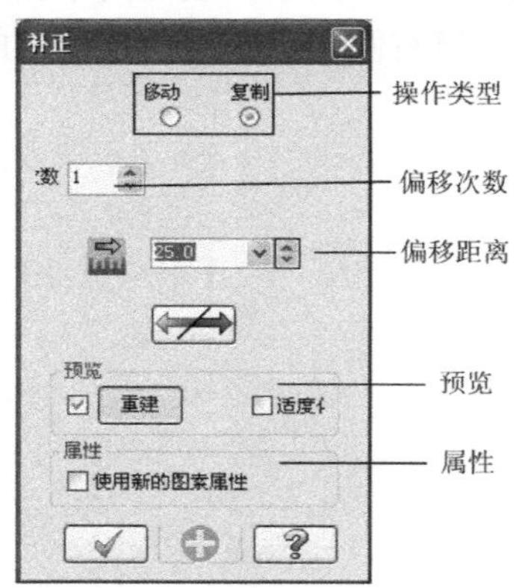

图 4-106 【补正】对话框

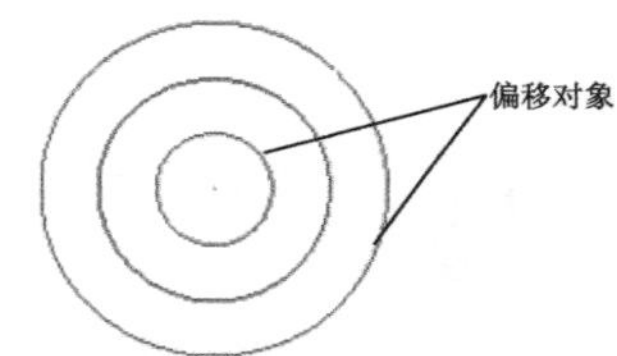

图 4-107 创建单体补正特征

2. 串连补正

串连补正是指在绘图面内将所选串连图素做整体偏移，若指定深度或角度，则在 Z 轴方向上做平移。

(1) 选择【转换】|【串连补正】菜单命令，或在【参考变换】工具栏中单击【串连补正】按钮，绘图区中显示 “补正：选取串连 1”提示，同时弹出【串连选项】对话框。

(2) 在绘图区域中选择一个或多个串连图素，单击【确定】按钮完成串连的选取。接着会弹出如图 4-108 所示的【串连补正】对话框，且绘图区中显示出采用默认参数的操作结果。单击对话框顶部的【增加/移除图形】按钮，可以返回到图素选取状态，根据需要增加图素或删除不需要的图素。如果想移动图素，则选中【移动】单选按钮；如果想复制图素，则选中【复制】单选按钮。

(3) 创建串连补正。在【提刀距离】选项组中进行必要的设置，首先在【偏移距离】按钮右侧的【距离】文本框中输入绘图面内的偏移距离；然后在【Z 轴深度】按钮右侧的【深度】文本框中输入 Z 轴方向的深度，则系统自动计算角度值，此处也可以指定深度值和角度值，让系统自动计算偏移距离值。单击【方向切换】按钮可以在【正向】、【反向】和【双向】间切换。如图 4-109 所示，左侧图形中指定了距离和深度，右侧图形中指定了深度和角度。

注 意

在进行串连补正时，如果选择的是多个串连，应注意每个串连选择的位置。在前面讲过串连图素选择的位置不同，串连的方向也是不同的。如果此处选择的多个串连的方向是相同的，则偏移方向也是相同的；如果相反，则偏移方向也是相反的。

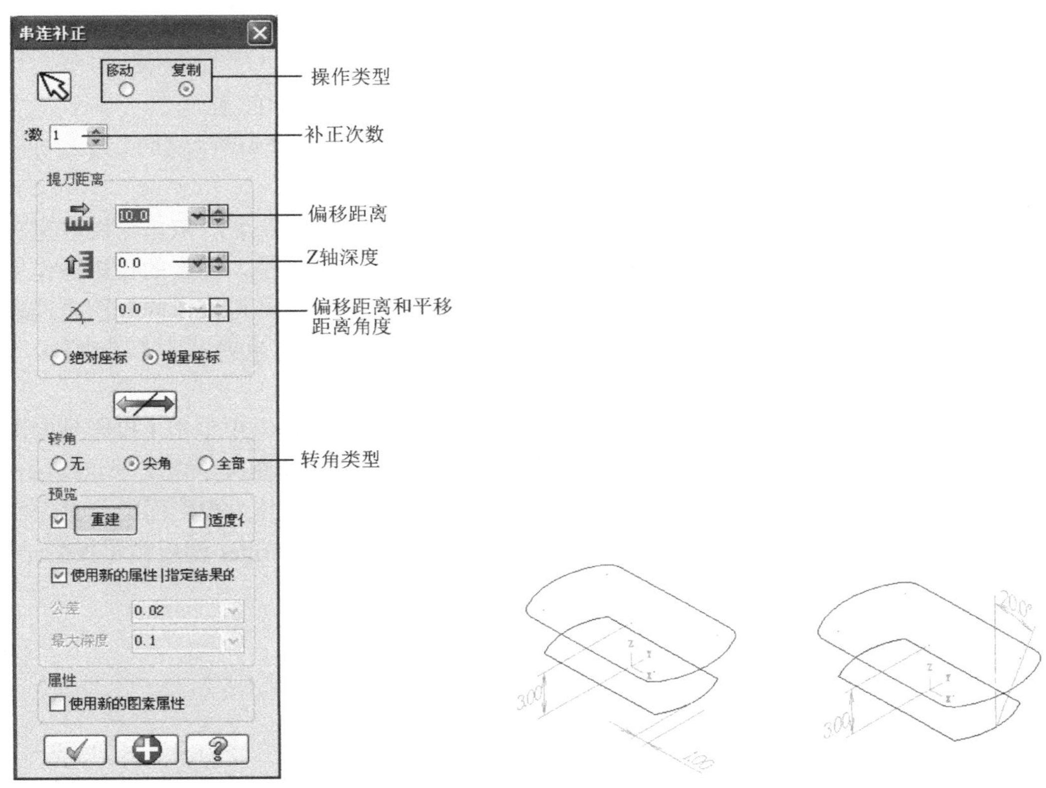

图 4-108　【串连补正】对话框　　　图 4-109　创建串连补正

(4)　选择坐标类型。如果绘图面的 Z 深度不为 0，则选中【绝对座标】或【增量座标】单选按钮将会影响到 Z 轴方向的平移距离。如果选中【绝对座标】单选按钮，则是指 Z 轴绝对值；如果选中【增量座标】单选按钮，则是指相当于所选图素的值。如图 4-110 所示，左侧图形中选择的屏幕视角是【等视图】，右侧图形中选择的屏幕视角是【前视图】，原始串连所在绘图面的 Z 深度不为 0，创建串连补正 1 时选择的是【绝对座标】，创建串连补正 2 时选择的是【增量座标】。

(5)　转角设置。在【转角】选项组中可以对补正串连拐角处的处理进行选择，如果选中【无】单选按钮，则不在拐角处创建圆角；如果选中【尖角】单选按钮，则在小于等于 135° 的拐角处创建圆角；如果选中【全部】单选按钮，则在所有拐角处创建圆角。如图 4-111 所示，从左到右依次选择的处理方式是【无】、【尖角】和【全部】。

图 4-110 【绝对座标】和【增量座标】偏移的区别

图 4-111 转角设置

4.2.4 投影和阵列

1. 投影

投影是指将选取的图素按照指定的方向投影到指定的平面或曲面上。

(1) 选择【转换】|【投影】菜单命令，或在【参考变换】工具栏中单击【投影】按钮，绘图区中显示出 “选取图素去投影”提示。

(2) 在绘图区中选取要进行投影的图素(单击选取一个或框选多个)，双击绘图区空白处或按 Enter 键完成选取，此时弹出如图 4-112 所示的【投影】对话框，图素的投影操作主要由此对话框来完成。单击对话框顶部的【增加/移除图形】按钮，可以返回到图素选取状态下，根据需要增加图素或删除不需要的图素。投影对话框的顶部也列出了【移动】、【复制】和【连接】三种操作类型。

(3) 投影到构图面或与构图面平行的平面。在【投影至】选项组中单击【投影到构图平面】按钮，对话框将会关闭并出现“定义深度”提示，然后在绘图区中定义一点(单击处、已绘制的点、图素特征点或坐标输入的点)，则此点的 Z 轴深度被作为投影面的位置。也可以在【投影到构图平面】按钮右侧的文本框中输入 Z 轴深度，按 Enter 键后预览投影结果，如图 4-113 所示。

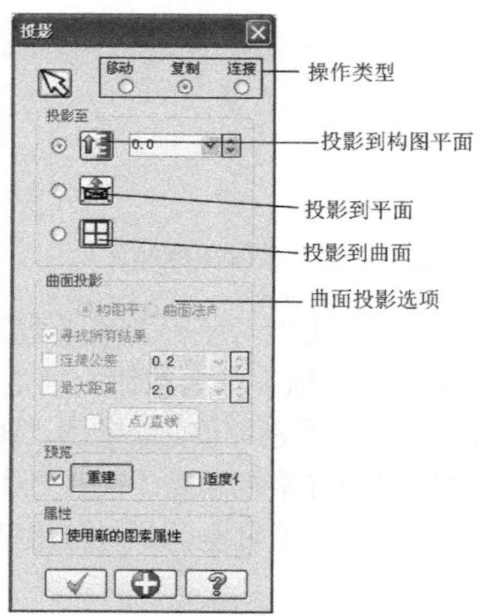

图 4-112 【投影】对话框

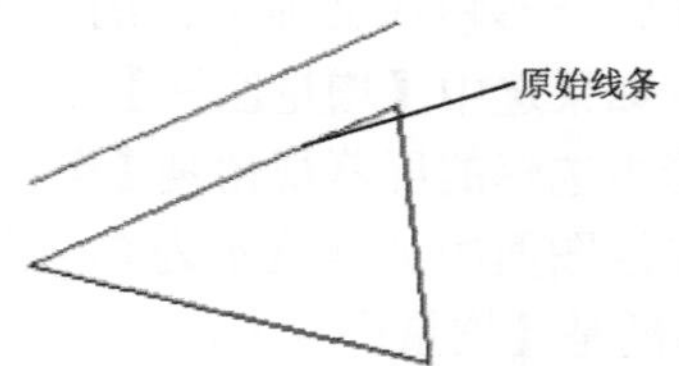

图 4-113 投影到构图面或与构图面平行的平面

(4) 投影至平面。在【投影至】选项组中单击【投影至平面】按钮，打开如图 4-114 所示的【平面选择】对话框，其各个文本框和按钮的含义与 4.2.1 节中所述相同，此处不再赘述。单击【视角选择】按钮，从打开的【视角选择】对话框中选择【右视角】选项，

如图 4-115 所示为选择后的预览图形。

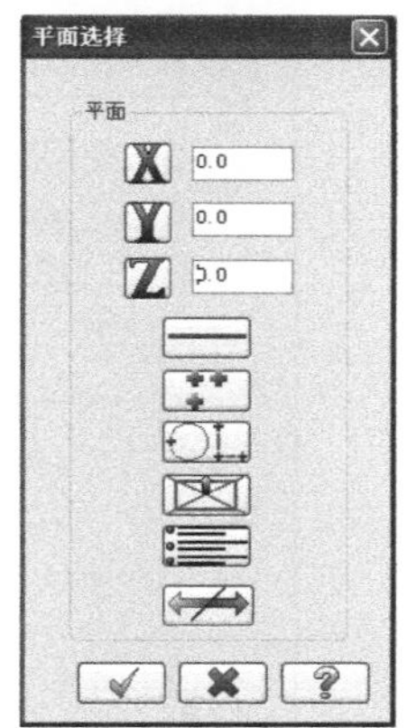

图 4-114　【平面选择】对话框

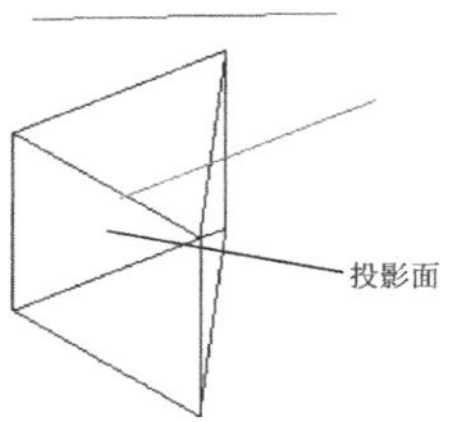

图 4-115　投影至面

(5)　投影至曲面。在【投影至】选项组中单击【投影至曲面上】按钮，对话框关闭后出现“选取曲面”提示，在绘图区中选择一个曲面后双击绘图区的空白处或按 Enter 键，返回到【投影】对话框并可预览操作的结果。此时【曲面投影】选项组由不可用变为可用，若选中【构图平面】单选按钮，则以构图平面的方向为投影方向，将选取的图素投影到曲面上；若选中【曲面法向】单选按钮，则以曲面的法向为投影方向，将选取的图素投影到曲面上，如图 4-116 所示。

注 意

当选中【构图平面】单选按钮时，如果投影无效，则会弹出如图 4-117 所示的【错误】对话框。比如，在进行如图 4-116 所示的投影操作前，更改构图面为“右视图”，此时再进行投影操作就会弹出【错误】对话框，因为以右视图方向为投影方向是投影不到曲面上的。

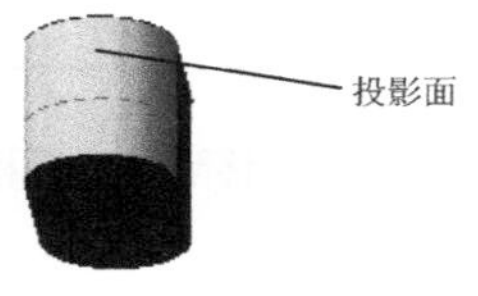

图 4-116　投影至曲面

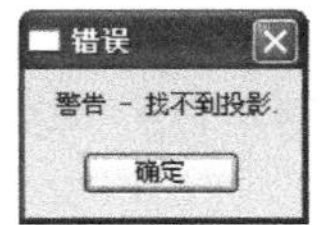

图 4-117　【错误】对话框

2. 阵列

阵列是指将选取的图素沿两个方向进行复制。每一个方向都可以设置阵列次数、间距、角度及方向。

(1)　选择【转换】|【阵列】菜单命令，或在【参考变换】工具栏中单击【阵列】按钮，绘图区中显示出“平移：选取图素去平移”提示。

(2) 在绘图区中选取要阵列的图素(单击选取一个或框选多个)，双击绘图区空白处或按 Enter 键完成选取，此时弹出如图 4-118 所示的【阵列选项】对话框，图素的阵列操作主要由此对话框来完成。单击对话框顶部的【增加/移除图素】按钮，可以返回到图素选取状态，根据需要增加图素或删除不需要的图素。

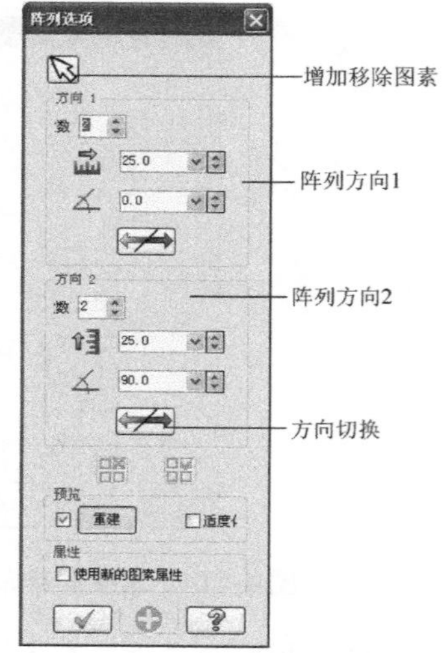

图 4-118 【阵列选项】对话框

(3) 设置阵列方向。在【方向 1】选项组中，【次数】右侧的文本框中输入沿方向 1 要复制的个数，在右侧的【距离】文本框中输入沿方向 1 阵列项目之间的间距，在右侧的【角度】文本框中输入方向 1 与 X 轴之间的夹角，单击【方向切换】按钮，可以使方向 1 在“正向”、“反向”、“双向”间切换；在【方向 2】选项组中，【次数】右侧的文本框中输入沿方向 2 要复制的个数，在右侧的【距离】文本框中输入沿方向 2 阵列项目之间的间距，在右侧的【角度】文本框中输入方向 2 与方向 1 之间的夹角，单击【方向切换】按钮，可以使方向 2 在【正向】、【反向】和【双向】间切换，每个文本框输入完后绘图区中的预览结果都会做出相应的变化，如图 4-119 所示。

(4) 移除项目和重设项目。单击【方向 2】选项组下方的【移除项目】按钮，此时对话框将会关闭，然后选取不需要的阵列项目，所选取的项目被立即删除，选取完后按 Enter 键返回到【阵列选项】对话框。此时【重设项目】按钮由不可用变为可用，单击该按钮可以恢复所有删除的项目。如图 4-120 所示，删除与边界相交的两个阵列项目后的效果。

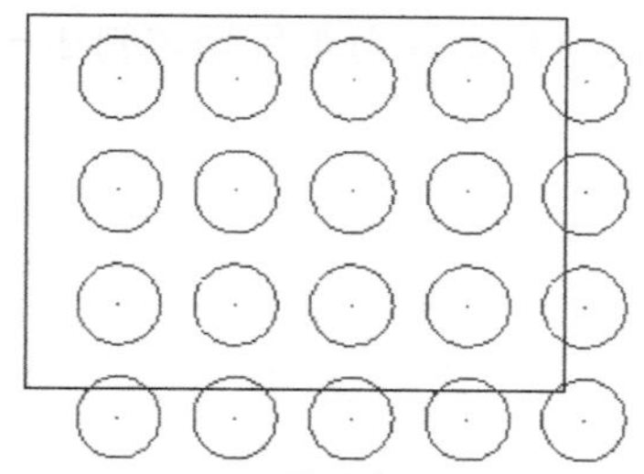

图 4-119 阵列

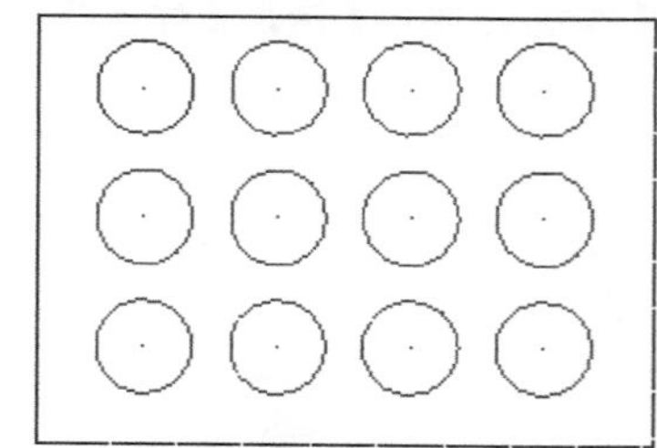

图 4-120 移除与边界相交的阵列项目

4.2.5 拖曳、缠绕和牵移

1. 拖曳

拖曳是指将选取的图素按照指定的拖曳方式移动或复制到指定的位置。拖曳的方式包括平移、排列和旋转。

(1) 选择【转换】|【拖曳】菜单命令，或在【参考变换】工具栏中单击【拖曳】按钮，绘图区中显示 “选择要拖曳的图素”提示，同时出现如图 4-121 所示的【动态移位】状态栏。

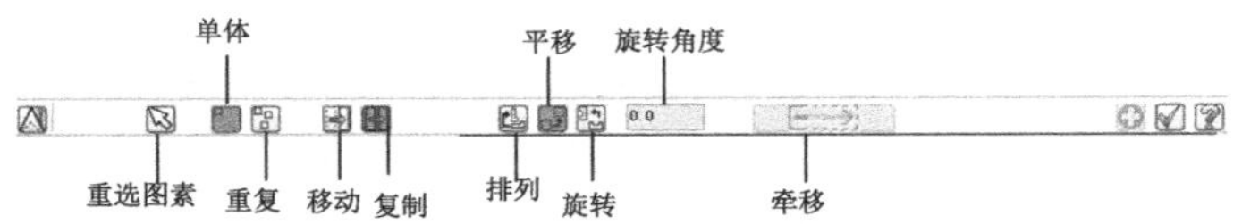

图 4-121　【动态移位】状态栏

(2) 移动图素。此处以平移方式为例说明移动图素的操作过程。在绘图区中选取要拖曳的图素(单击选取一个或框选多个)，选取完成后双击绘图区空白处或按 Enter 键，若需要重新选取可以单击状态栏中的【图形】按钮。出现提示“选取起点”时在状态栏中单击【移动】按钮，然后在绘图区中定义一个移动的起点(单击处、已绘制的点、图素特征点或坐标输入的点)，此时可以看到选取的图素会跟随光标移动，拖曳光标到合适的位置后单击来放置图素，如图 4-122 所示。

(3) 复制图素。此处同样以平移方式为例说明复制图素的操作过程。在选取完将要拖曳的图素后，单击状态栏中的【复制】按钮，然后选取起点并移动复制的图素到合适的位置，单击即放置了图素。在单击【复制】按钮后，状态栏中的【单体】按钮和【重复】按钮是可用的，若单击【单体】按钮，则再次单击时移动的是同一个图素；若单击【重复】按钮，则每次单击都会放置一个不同的图素，如图 4-123 所示，左侧图形为单击【单体】按钮的效果，右侧图形为单击【重复】按钮的效果。

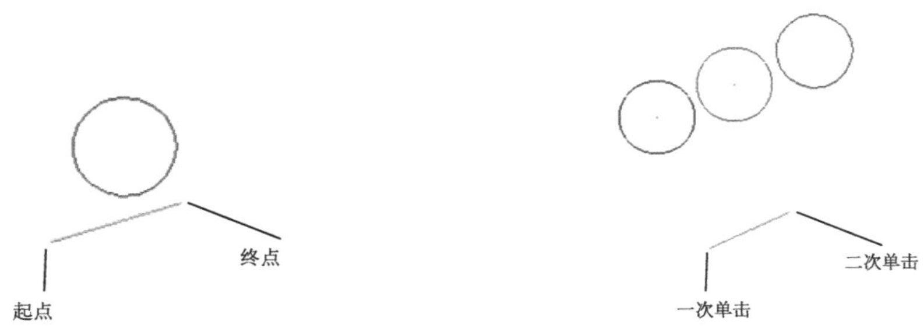

图 4-122　动态移动图素　　图 4-123　动态复制图素

(4) 排列图素。在选取完将要拖曳的图素后，单击状态栏中的【排列】按钮，在“选择原图的基准点”提示下确定第一个点作为原始图素的基准点，接着在“选择原图的 X 轴点”提示下确定第二个点，则第一个点和第二点定义了原始图素的 X 轴。同样在出现“选择新定向的基准点”提示时确定第三个点作为新图素的基准点，在“选择新定向的 X 轴点”提示下确定第四个点，则第三个点和第四个点定义了新图素的 X 轴，选取完成后新的图素被放置在了绘图区中。如图 4-124 所示，新图素的基准点和 X 轴定义点是在拖曳操作之前绘制好的，操作时单击了【复制】按钮。

(5) 旋转图素。在选取完将要拖曳的图素后，单击状态栏中的【旋转】按钮，在“选择旋转的起始点”提示下确定一个点作为旋转的基准点，然后移动鼠标时可以看到所选的图素绕指定的点旋转，【角度】文本框中显示了当前旋转的角度值，到合适位置处单击便放置了新图素。如图 4-125 所示为原始图素绕原点旋转，且单击了【复制】按钮的效果。

(6) 牵移图素。在选取将要拖曳的图素时，先在【标准选择】工具栏中更改窗选类型为

【范围内】，再用矩形框选的方法框选一个图素的端点或多个图素的交点，双击绘图区的空白处或按 Enter 键完成图素的选取。此时状态栏中的【牵移】按钮由不可用变为可用，单击该按钮并确保【平移】按钮也是被选中的，在绘图区中单击所选的端点或交点，此时可以看到此端点会跟随光标移动，其他端点是固定的，到合适位置处单击便放置了新图素，和移动图素类似。

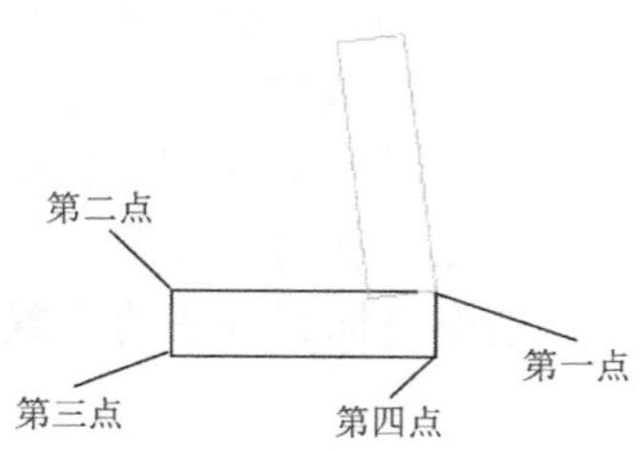

图 4-124　排列图素

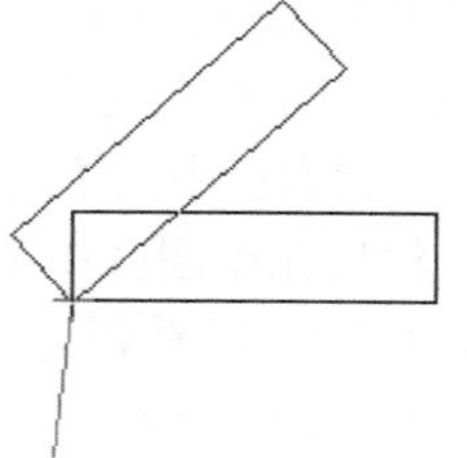

图 4-125　旋转图素

2. 缠绕

缠绕是指将选取的串连图素缠绕在一个假设的圆柱体上。该命令也可以把缠绕好的图素重新展开。

(1) 选择【转换】|【拖曳】菜单命令，或在【参考变换】工具栏中单击【缠绕】按钮。此时会弹出【串连选项】对话框，并出现“缠绕：选取串连 1”提示。

(2) 在绘图区中选取一个或多个串连后，单击【串连选项】对话框中的【确定】按钮，紧接着会弹出如图 4-126 所示的【缠绕选项】对话框。单击对话框顶部的【增加/移除图素】按钮，可以返回到图素选取状态下，根据需要增加图素或删除不需要的图素。缠绕操作提供了移动和复制两种操作类型，根据需要选中相应的单选按钮。

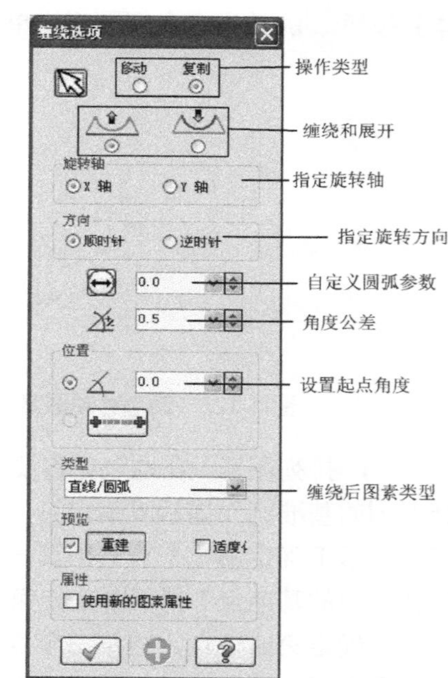

图 4-126　【缠绕选项】对话框

(3) 缠绕图素。在对话框中选中【缠绕】单选按钮，在【旋转轴】选项组中选择旋转轴是【X 轴】或【Y 轴】，在【方向】选项组中选择缠绕方向是【顺时针】或【逆时针】。单击【选择自定义圆弧参数】按钮，对话框关闭后选取一个圆弧，则该圆弧的直径被定义为缠绕圆柱体的直径；或者直接在【选择自定义圆弧参数】按钮右侧的文本框中输入缠绕圆柱体的直径，按 Enter 键后绘图区中绘制了一个虚拟的圆，且可以预览图素的缠绕结果。再在【右侧的角度】文本框中输入缠绕的起始角度值，按 Enter 键应用该值。最后单击【应用】按钮，完成本次缠绕操作。如图 4-127 所示，选取的直线被缠绕在直径为 50 的圆上。

(4) 展开图素。展开图素和缠绕图素是一对相反的操作，在【缠绕选项】对话框中的各项设置与缠绕图素的操作相同。如图 4-128 所示，把上步创建的缠绕图素展开回来。

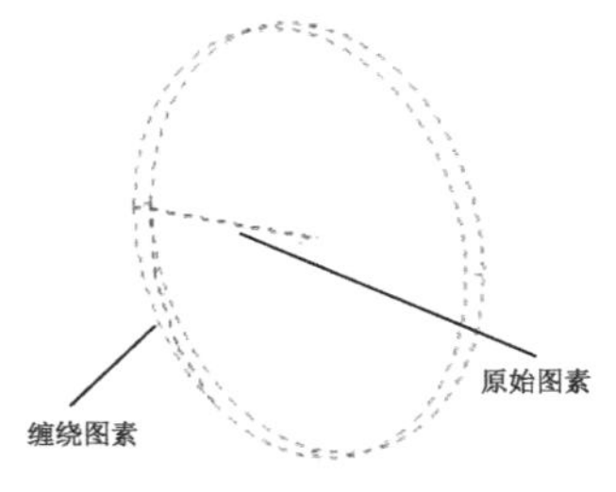

图 4-127　缠绕图素

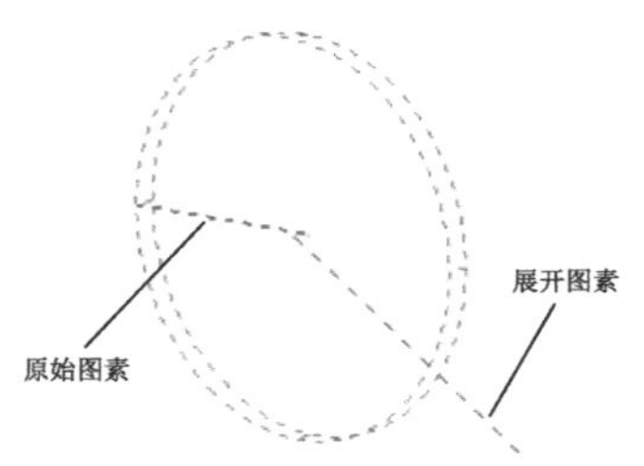

图 4-128　展开图素

3. 牵移

牵移是指将选取的图素端点平移到新的位置。此命令实现的功能同拖曳命令中的牵移图素是相同的。

(1) 选择【转换】|【牵移】菜单命令，或在【参考变换】工具栏中单击【牵移】按钮，绘图区中出现“延伸：延伸到窗口相交图素”提示，同时在【标准选择】工具栏中窗选的类型被更改为【范围内】，选取方法被更改为【窗选】。

(2) 在绘图区中，用矩形框选的方法框选多个图素的端点，双击绘图区的空白处或按 Enter 键，此时弹出如图 4-129 所示的【牵移】对话框。该对话框中除了【连接】单选按钮是不可用的外，其余选项及功能同【平移】对话框相同。选择一种平移方式进行参数设置，按 Enter 键屏幕中立即显示出结果的预览。

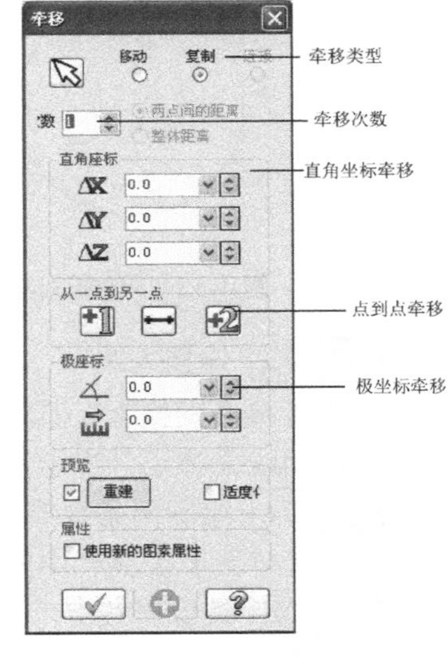

图 4-129　【牵移】对话框

如图 4-130 所示，在平面图形上框选圆形，中间图形所示的平移为在 X 方向上移动 10 的效果，右侧图形所示的平移为在 Z 方向上移动 10 的效果。

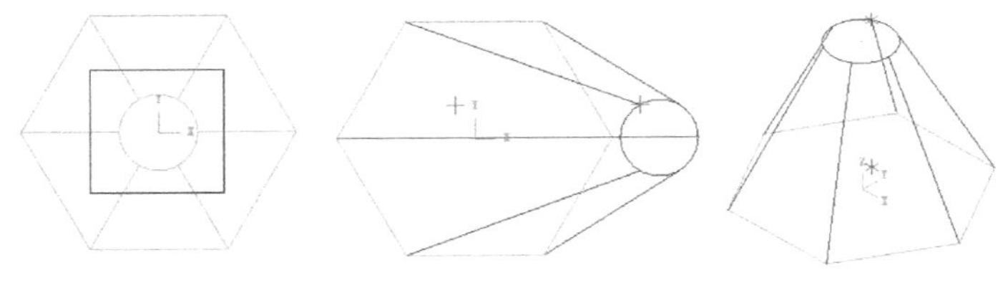

图 4-130　牵移操作

4.2.6　转换图素范例

本范例完成文件：\04\4-2-6. MCX-5。

多媒体教学路径：光盘→多媒体教学→第 4 章→4.2.6 节。

步骤 01 绘制圆形

单击【草图】工具栏中的【圆心+点】按钮，出现【编辑圆心点】状态栏，在绘图区绘制半径为 12 的圆，如图 4-131 所示。

步骤 02 偏移小圆

单击【参考变换】工具栏中的【单体补正】按钮，绘图区中显示“选取线，圆弧，曲线或曲面线去补正”提示，同时弹出如图 4-132 所示的【补正】对话框。

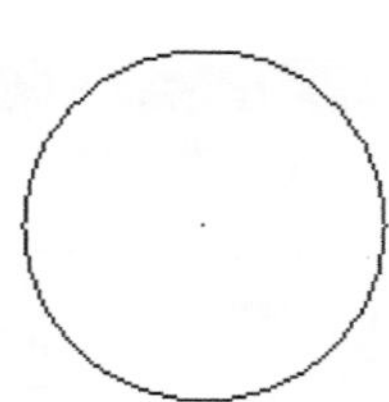

图 4-131 绘制圆形

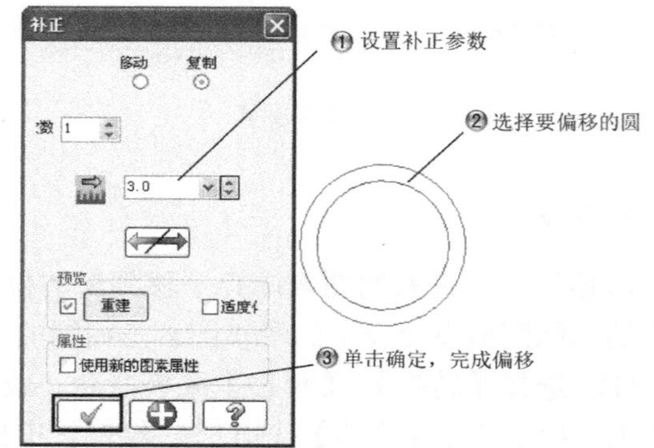

图 4-132 偏移小圆

步骤 03 偏移大圆

单击【参考变换】工具栏中的【单体补正】按钮，绘图区中显示“选取线，圆弧，曲线或曲面线去补正”提示，同时弹出如图 4-133 所示的【补正】对话框。

步骤 04 绘制两条直线

单击【草图】工具栏中的【绘制任意线】按钮。

步骤 05 镜像直线

单击【参考变换】工具栏中的【镜像】按钮，同时弹出如图 4-135 所示的【镜像】对话框。

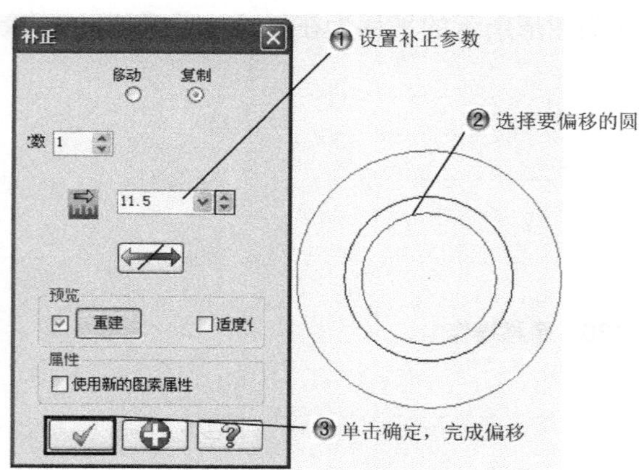

图 4-133 偏移大圆

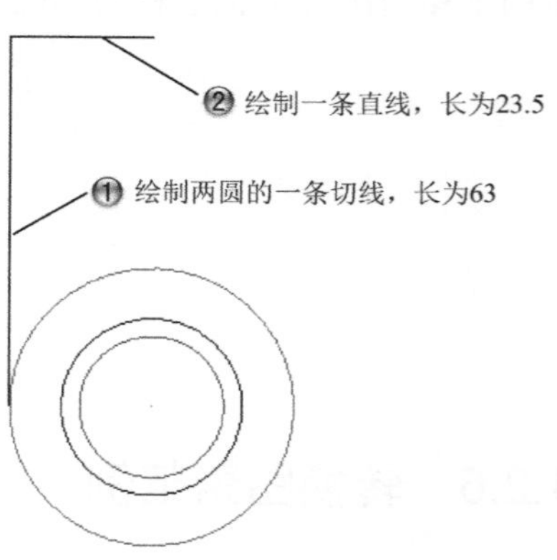

图 4-134 绘制两条直线

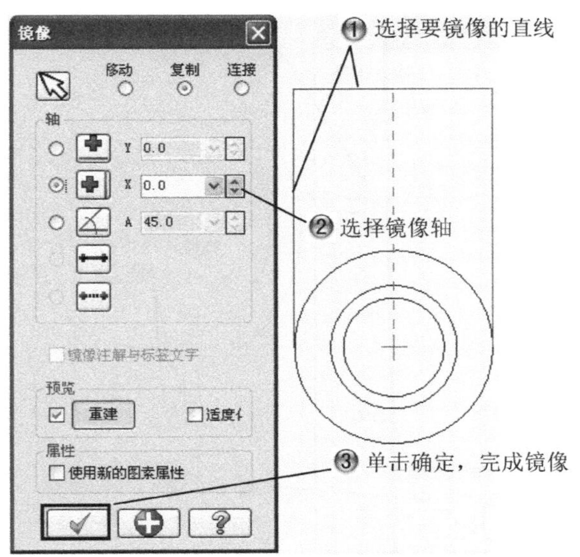

图 4-135　镜像直线

步骤 06 绘制矩形

单击【草图】工具栏中的【矩形】按钮，绘制中心在(0, 41, 0)位置的矩形，矩形长为 37，宽为 31，如图 4-136 所示。

步骤 07 绘制直线图形

单击【草图】工具栏中的【绘制任意线】按钮，绘制两部分直线图形，尺寸如图 4-137 所示。

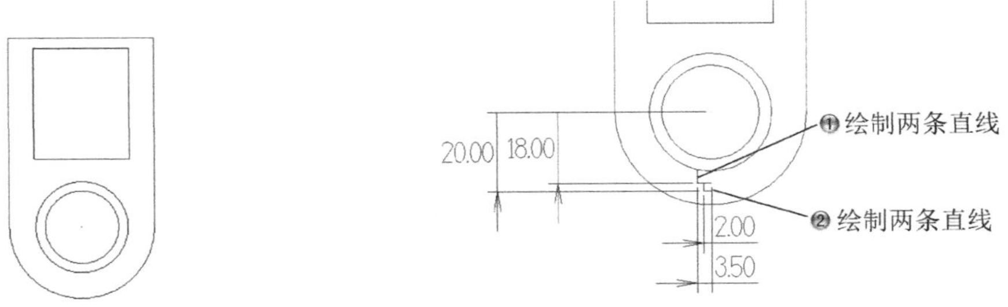

图 4-136　绘制矩形　　　　图 4-137　绘制直线图形

步骤 08 镜像直线图形

单击【参考变换】工具栏中的【镜像】按钮，同时弹出如图 4-138 所示的【镜像】对话框。

步骤 09 旋转直线图形

单击【参考变换】工具栏中的【旋转】按钮，同时弹出如图 4-139 所示的【旋转】对话框。

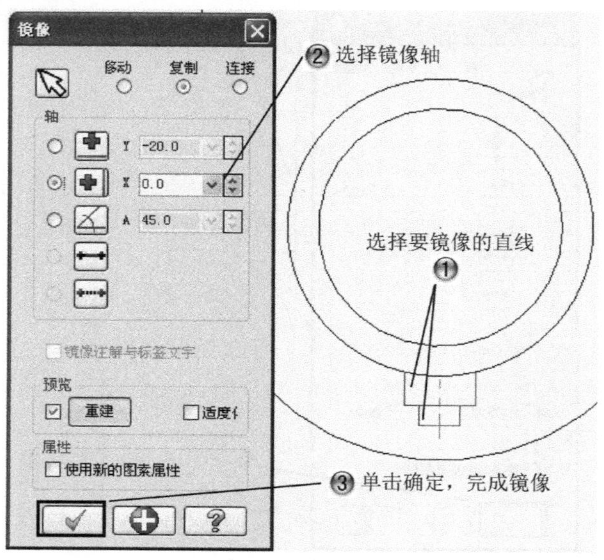

图 4-138　镜像直线图形

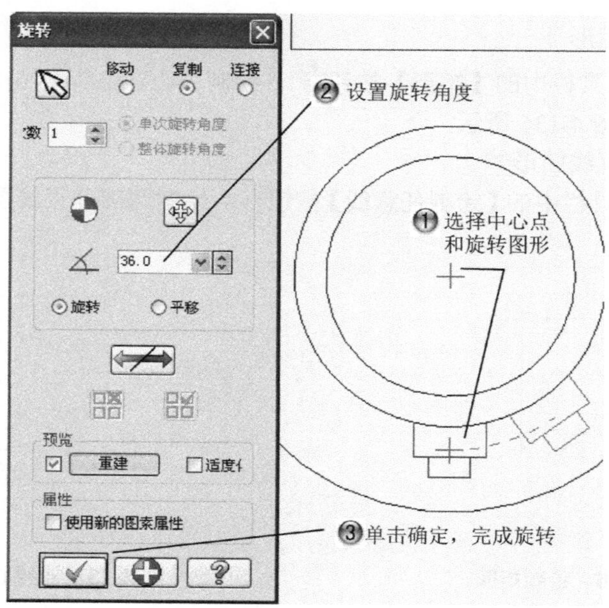

图 4-139　旋转直线图形

步骤 10　平移圆形

单击【参考变换】工具栏中的【平移】按钮，同时弹出如图 4-140 所示的【平移】对话框。

步骤 11　缩小圆形

单击【参考变换】工具栏中的【比例缩放】按钮，同时弹出如图 4-141 所示的【比例】对话框。

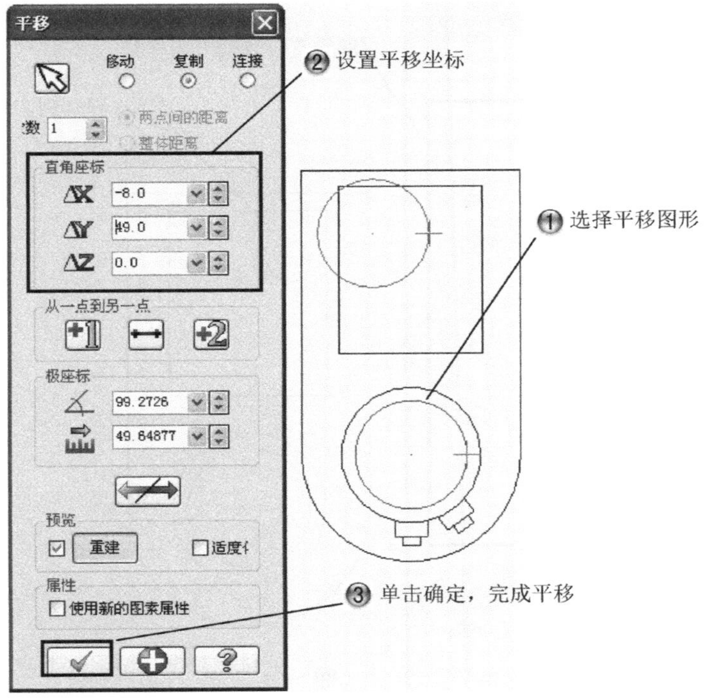

图 4-140　平移圆形

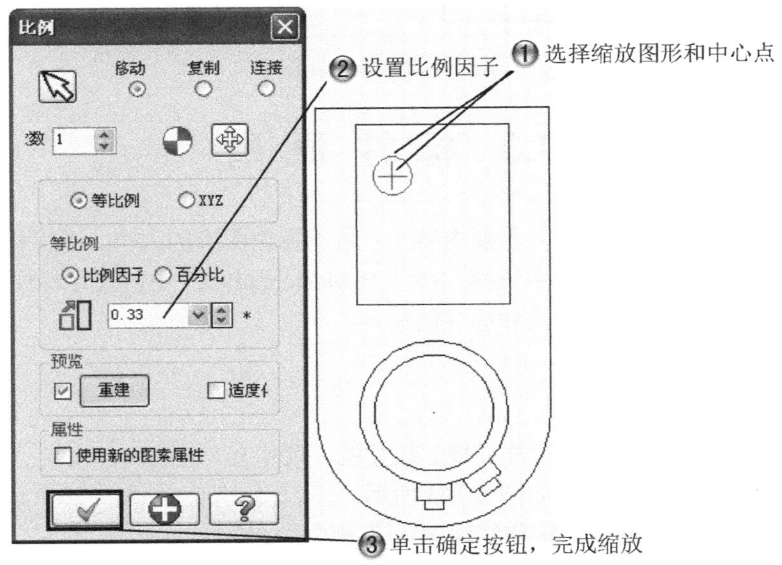

图 4-141　缩小圆形

步骤 12　阵列圆形

单击【参考变换】工具栏中的【阵列】按钮，弹出如图 4-142 所示的【阵列选项】对话框。

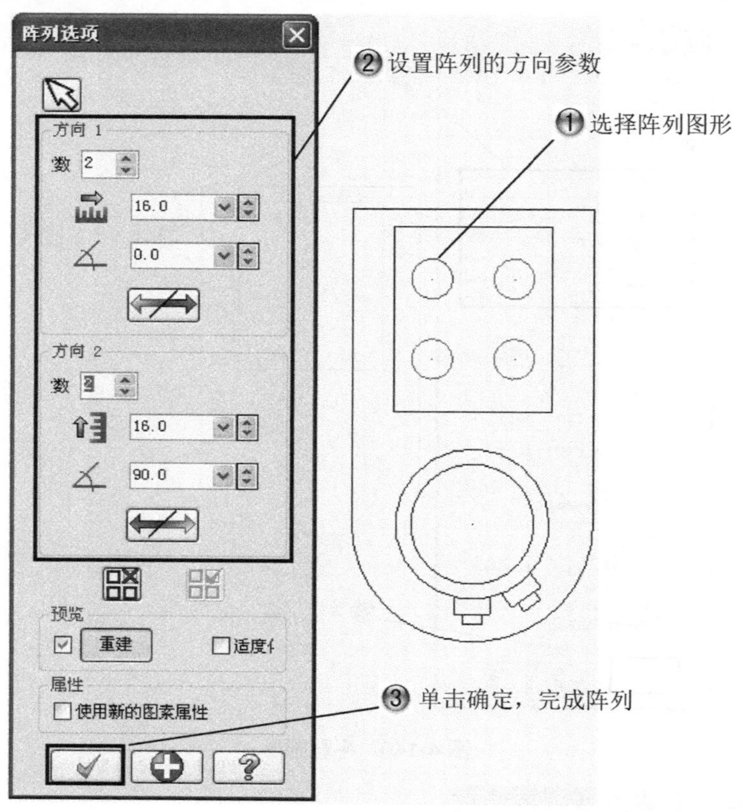

图 4-142　阵列圆形

4.3　标 注 原 则

尺寸标注是图形绘制中的一项重要内容，它用于标识图形的大小、形状和位置，它是进行图形识读和指导生产的主要技术依据。在学习 Mastercam X5 中的尺寸标注功能之前，需要先学习以下尺寸标注的组成和尺寸标注的原则。

4.3.1　尺寸标注的组成

一个完整的尺寸标准应该由尺寸界线、尺寸线、尺寸文本及尺寸箭头这 4 个部分组成，如图 4-143 所示。

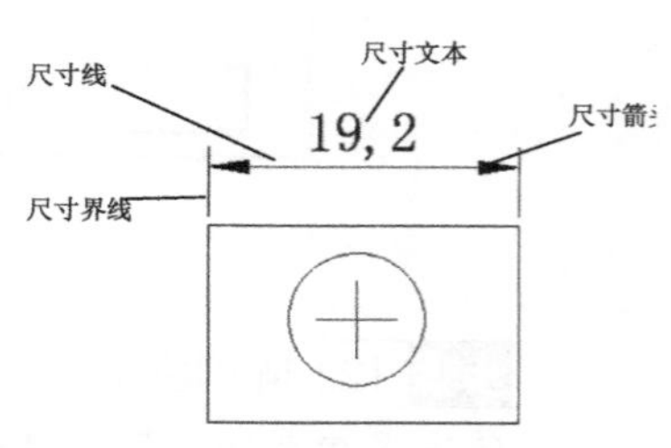

图 4-143　尺寸标注的组成

(1)　尺寸界线。尺寸界线用细实线绘制，应超过尺寸线 2～5mm。它由图形轮廓线、轴线或对称中心线引出，有时也可以利用图形轮廓线、轴线或对称中心线代替，用以表示尺寸起始位置。一般情况下，尺寸界线应与尺寸线相互垂直。

(2)　尺寸线。尺寸线也用细实线绘制，通常与所标注对象平行，放在两尺寸界线之间，不能用图形中已有图线代替，也不得与其他图形重合或画在其他图形的延长线上，必须单

独画出。

(3) 尺寸文本。写在尺寸线上方或中断处，用以表示所选定图形的具体大小。当空间不够时，可以使用引出标注。

(4) 尺寸箭头。在尺寸线两端，用以表明尺寸线的起始位置。在绘制箭头空间不够的情况下，允许改用圆点或斜线代替箭头。

4.3.2 尺寸标注原则

尺寸标注原则可以分为以下 4 条。

(1) 合理选择基准。根据基准的作用不同，可把零件的尺寸基准分成以下两类。

① 设计基准。在设计零件时，为保证功能、确定结构形状和相对位置时所选用的基准。用来作为设计基准的，大多是工作时确定零件在机器或机构中位置的面、线或点。

② 工艺基准。在加工零件时，为保证加工精度和方便加工及测量而选用的基准。用作工艺基准的，一般是加工时用作零件定位和对刀起点及测量起点的面、线或点。

(2) 主要尺寸应从设计基准直接注出。主要尺寸是指直接影响机器装配精度和工作性能的尺寸。这些尺寸应从设计基准出发直接注出，而不应用其他尺寸推算出来。常用基准要素有点、轴线、对称面、端面和底面。

(3) 避免出现封闭尺寸链。尺寸链中的每一个尺寸称为尺寸链的环。其中，在加工过程(或装配过程)最后形成的一环称为封闭环，而其余各环则称为组成环。显然，任一组成环的尺寸变动必然引起封闭环尺寸的变动，且封闭环的尺寸误差为各组成环的尺寸误差之和。

(4) 应尽量方便加工和测量。一个特征的尺寸标注有多种方法，应采用有利于方便加工和测量的一种。

在 Mastercam X5 中 ，用于尺寸标注的命令位于如图 4-144 所示的【绘图】|【尺寸标注】子菜单中，为了能够快速地选取这些尺寸标注命令，还提供如图 4-145 所示的【起草】工具栏。下面详细地讲解各种尺寸标注方法。

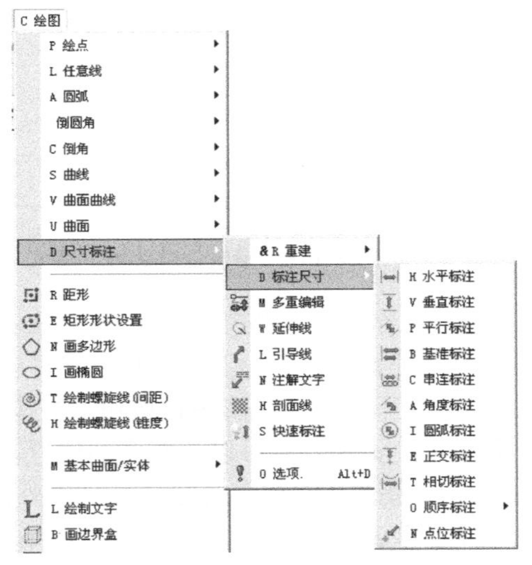

图 4-144　【尺寸标注】子菜单

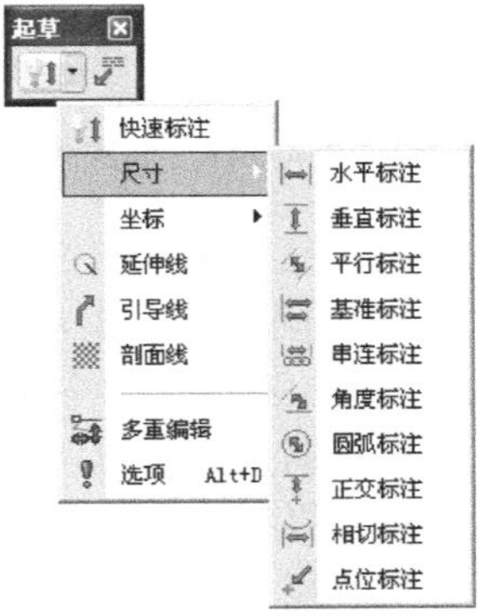

图 4-145　【起草】工具栏

4.4 尺 寸 标 注

4.4.1 线性标注

线性标注包括水平标注、垂直标注和平行标注。水平标注用来标注两点间的水平距离；垂直标注用来标注两点间的垂直距离；平行标注用来标注两点间沿两点连续方向的距离，即标注两点间的最短距离。

(1) 选择水平标注命令。选择【绘图】|【尺寸标注】|【标注尺寸】|【水平标注】菜单命令，或在【起草】工具栏的下拉列表中选择【尺寸】|【水平标注】命令，此时出现如图 4-146 所示的【尺寸标注】状态栏。

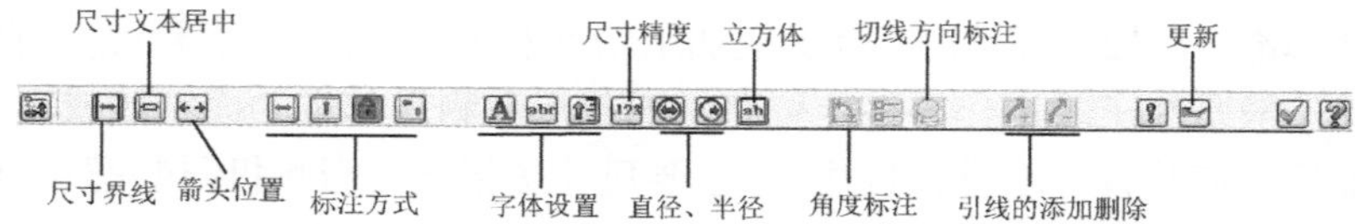

图 4-146 【尺寸标注】状态栏

注 意

在所有的尺寸标注命令中，除了【基准标注】和【串连标注】外，单击后都会出现【尺寸标注】状态栏。

(2) 创建水平标注。在系统的提示下，依次选取需要标注距离的两个点，或直接选取要标注的直线段，在到合适的位置单击，以确认放置该尺寸标注，如图 4-147 所示。

(3) 设置此处界线的样式。在状态栏中单击【延伸线(尺寸界线)】按钮，可以在、、、4 种图标按钮间切换，分别代表左右都有尺寸界线、右边有尺寸界线、无尺寸界线和左边有尺寸界线，如图 4-148 所示。

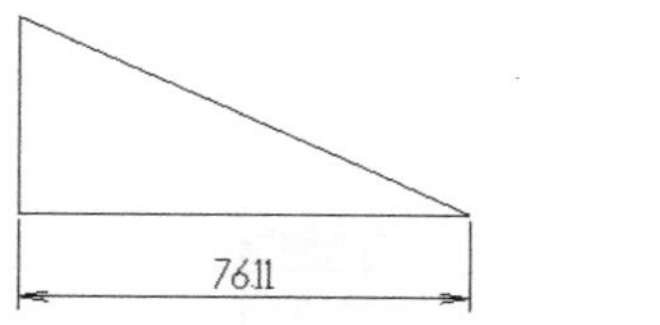

图 4-147 创建水平标注

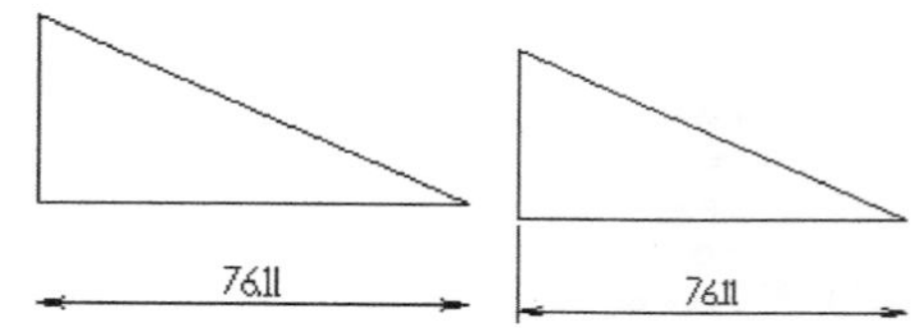

图 4-148 设置此处界线的样式

(4) 设置尺寸文本的位置。单击状态栏中的【文字对中】按钮，则尺寸文本被放置在尺寸线的中间部位；若取消该按钮的选中状态，则尺寸文本已非对中的方式放置。如图 4-149 所示，左侧图形中【文字对中】按钮被按下，右侧图形中该按钮未被按下。

(5) 设置箭头的位置。单击状态栏中的【箭头】按钮，可以让箭头的位置在尺寸界线内侧和尺寸界线外侧相互切换。如图 4-150 所示，图形中的箭头处于尺寸界线外侧。

(6) 更改尺寸文本的字体。单击状态栏中的【字型】按钮，打开如图 4-151 所示的【编辑字体】对话框，从字体下拉列表框中选择一种字体，则右侧的显示区会出现该字体的预览。单击【A 增加真实字型】按钮，将会打开如图 4-152 所示的【字体】对话框，在其中设置需要的字体后单击【确定】按钮，返回到【字体】对话框后单击【确定】按钮，则尺寸文本的字体变为选择的字体。

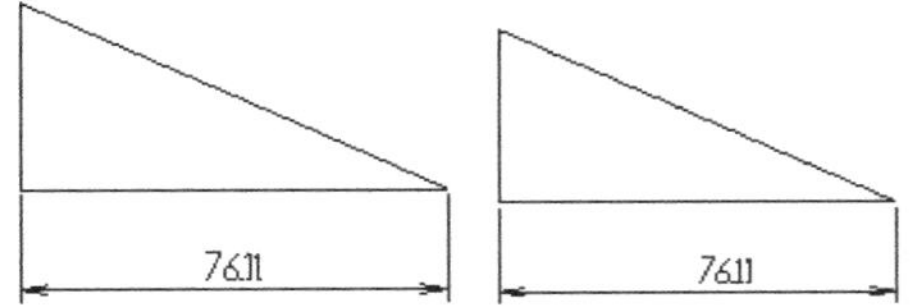

图 4-149　设置尺寸文本的位置

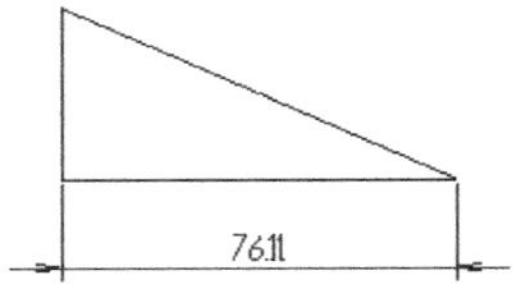

图 4-150　设置箭头的位置

图 4-151　【编辑字体】对话框

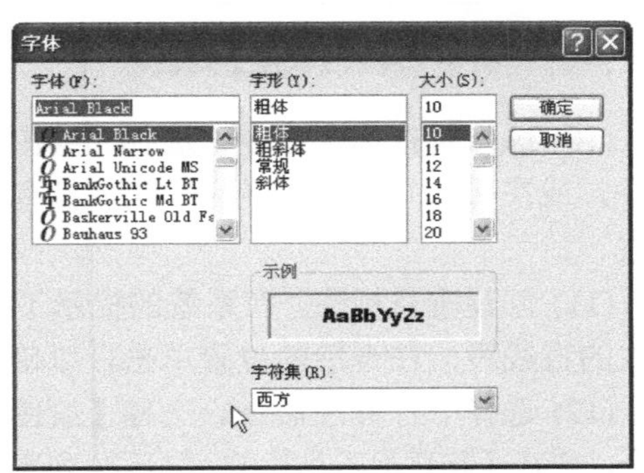

图 4-152　【字体】对话框

(7)　更改尺寸文本。单击状态栏中的【调整文字】按钮，打开如图 4-153 所示的【编辑尺寸标注的文字】对话框，在上方的文本框中输入更改后的文字。如果要添加特殊字符，可以单击【字符】按钮，从中选择即可。尺寸文本编辑好后，单击【确定】按钮，完成更改。

图 4-153　【编辑尺寸标注的文字】对话框

(8)　设置尺寸文本的高度。单击状态栏中的【高度】按钮，打开如图 4-154 所示的【高度】对话框，在【输入文字高度】文本框中输入需要的文字高度。在【调整箭头和公差的高度】选项组中，可以设置是否调整箭头和公差的高度。设置好后，单击【确定】按钮，完成更改。

(9) 设置尺寸精度。单击状态栏中的【尺寸精度】按钮，打开如图 4-155 所示的【请输入小数位数】对话框，在文本框中输入需要保留的小数位数，然后按 Enter 键，使输入值得到应用。

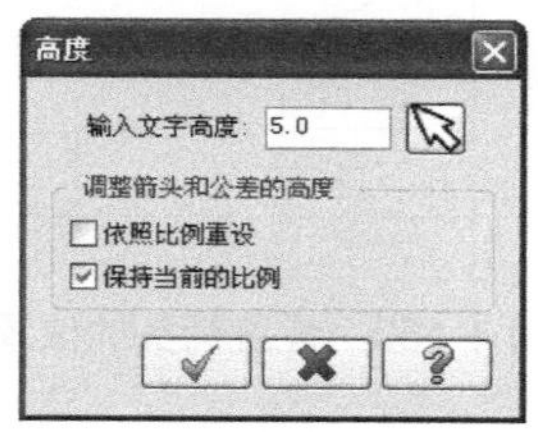

图 4-154 【高度】对话框

图 4-155 【请输入小数位数】对话框

(10) 选择垂直标注命令。选择【绘图】|【尺寸标注】|【标注尺寸】|【垂直标注】菜单命令，或在【起草】工具栏的下拉列表中选择【尺寸】|【垂直标注】命令，进行垂直标注。

(11) 创建垂直标注。在系统的提示下，依次选取需要标注距离的两个点，或直接选取要标注的直线段，在合适的位置单击，以确认放置该尺寸标注，如图 4-156 所示。

(12) 选择平行标注命令。选择【绘图】|【尺寸标注】|【标注尺寸】|【平行标注】菜单命令，或在【起草】工具栏的下拉列表中选择【尺寸】|【平行标注】命令，进行平行标注。

(13) 创建平行标注。在系统的提示下，依次选取需要标注距离的两个点，或直接选取要标注的直线段，在合适的位置单击，以确认放置该尺寸标注，如图 4-157 所示。

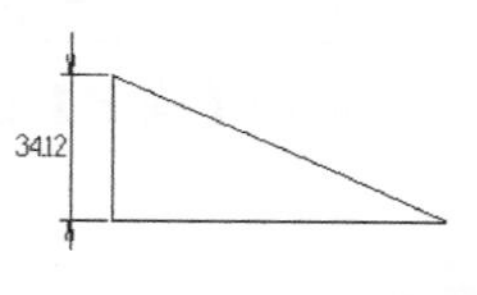

图 4-156 创建垂直标注

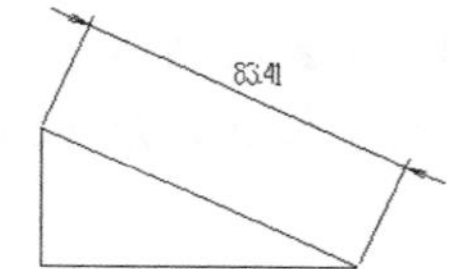

图 4-157 创建平行标注

4.4.2 基线和串连标注

基准标注和串连标注都是选取现有的线性标注为基准，完成一系列的线性尺寸标注。不同的是，基准标注的第一个端点是所选线性标注的一个端点，且该端点是与所选端点较远的那个端点；串连标注的第一个端点是前一标注的第二个端点。基准标注的特点是各尺寸间采用并联的标注形式；而串连标注采用的是串连的标注形式。

(1) 选择基准标注命令。选择【绘图】|【尺寸标注】|【标注尺寸】|【基准标注】菜单命令，或在【起草】工具栏的下拉列表中选择【尺寸】|【基准标注】命令。

(2) 创建基准标注。在“尺寸标注：建立尺寸，基线：选取一线性尺寸”的提示下，选取一个线性尺寸，然后在“尺寸标注：建立尺寸，基线：指定第二个端点”的提示下，选取所要标注尺寸的第二个端点，选取后尺寸标注即创建完成。继续选取其他所要标注尺寸的第二个端点，直到完成所有的标注。按 Esc 键两次，退出该命令。如图 4-158 所示，选取图中所标的水平尺寸作为基准，然后标注上侧的孔位置。

(3) 选择串连标注命令。选择【绘图】|【尺寸标注】|【标注尺寸】|【串连标注】菜单命令，或在【起草】工具栏的下拉列表中选择【尺寸】|【串连标注】命令。

(4) 创建串连标注。选取基准线性尺寸和所要标注尺寸的第二个端点的过程，与基准标注的选取方法相同。如图 4-159 所示，选取图中所标的水平尺寸作为基准，然后标注下侧的孔位置。

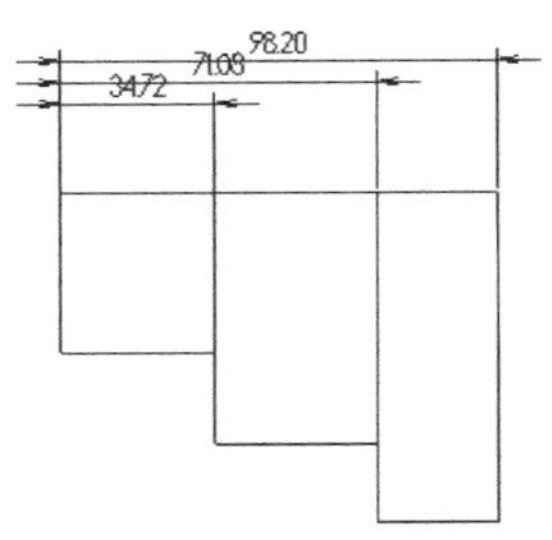

图 4-158　创建基准标注

图 4-159　创建串连标注

4.4.3　角度标注

角度标注用来标注两条不平行的直线之间的夹角或圆弧的圆心角。利用此命令还可以选取三个点来标注角度，或选取一条直线、一个点及输入角度值来标注角度。

(1) 选择【绘图】|【尺寸标注】|【标注尺寸】|【角度标注】菜单命令，或在【起草】工具栏的下拉列表中选择【尺寸】|【角度标注】命令，标注角度尺寸。

(2) 标注两条直线的夹角。在系统的提示下，依次选取两条不平行的直线，移动鼠标到合适的位置后单击，以确认放置该尺寸标注，如图 4-160 所示。

(3) 标注圆弧的圆心角。在系统的提示下，选取一个圆弧，在合适的位置单击，以确认放置该尺寸标注，如图 4-161 所示。

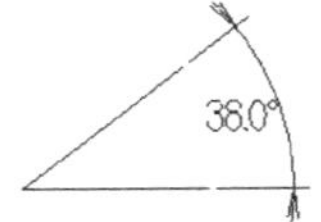

图 4-160　标注两条直线的夹角

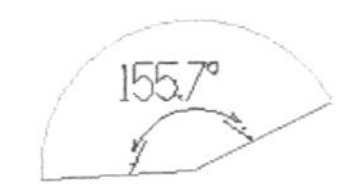

图 4-161　标注圆弧的圆心角

(4) 指定三个点来标注角度。在系统的提示下，依次定义三个点(单击处、已绘制的点、图素特征点或坐标输入的点)，定义完后在合适的位置单击，以确认放置该尺寸标注。系统会根据定义点的顺序构建一个虚拟的夹角，其中第一个点作为夹角的顶点，后两个点作为夹角边线上的点，如图 4-162 所示。

(5) 指定直线、点及输入角度来标注角度。在系统的提示下，先选择一条直线，再定义一个点(单击处、已绘制的点、图素特征点或坐标输入的点)，此时弹出如图 4-163 所示的【输入角度】文本框，输入角度后按 Enter 键，在合适的位置单击，以确认放置该尺寸标注，如图 4-164 所示。

(6) 设置角度标注范围。当角度标注处于激活状态时，单击状态栏中的【角度】按钮，可以在小于 180° 的标注和大于 180° 的标注之间进行切换，如图 4-165 所示。

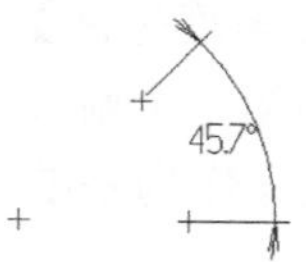

图 4-162　指定三个点来标注角度

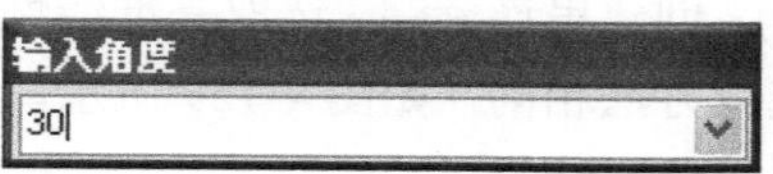

图 4-163　【输入角度】文本框

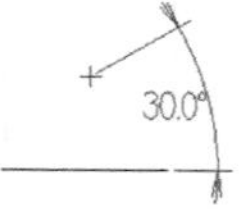

图 4-164　指定直线、点及输入角度来标注角度

图 4-165　设置角度标注范围

4.4.4　圆弧标注

圆弧标注可以用来标注圆或圆弧的直径或半径。标注的形式可以在【尺寸标注】状态栏上进行设置。

(1)　选择【绘图】|【尺寸标注】|【标注尺寸】|【圆弧标注】菜单命令，或在【起草】工具栏的下拉列表中选择【尺寸】|【圆弧标注】命令，进行圆弧标注。

(2)　创建圆弧标注。在系统的提示下，选取一个圆或圆弧，在合适的位置单击，以确认放置该尺寸标注。根据单击的位置，会标注出如图 4-166 所示的尺寸。

(3)　切换直径和半径标注。在图 4-166 中标注的是圆的直径，如果想标注半径，可以单击状态栏中的【半径】按钮。如果单击【直径】按钮又可以切换回直径标注。如图 4-167 所示，标注的是圆弧的半径。

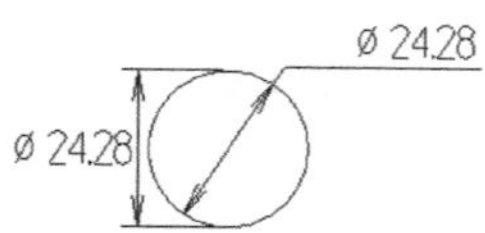

图 4-166　创建圆弧标注

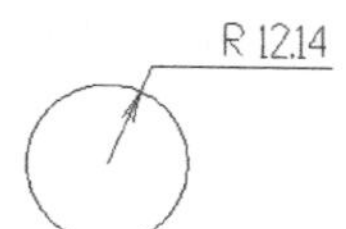

图 4-167　标注圆弧的半径

4.4.5　正交标注

正交标注用来标注两条平行线之间的距离，或在点和直线之间进行正交标注。当选择直线和点时，将会出现不同的标注情况。

(1)　选择【绘图】|【尺寸标注】|【标注尺寸】|【正交标注】菜单命令，或在【起草】工具栏的下拉列表中选择【尺寸】|【正交标注】命令，进行正交标注。

(2)　标注两条平行线之间的距离。在系统的提示下，选取两条平行的直线，在合适的位置单击，以确认放置该尺寸标注，如图 4-168 所示。

(3)　创建直线和点的正交标注。在系统的提示下，先选取一条直线，再选取一个点，在合适的位置单击，以确认放置该尺寸标注。根据单击的位置，会标注出如图 4-169 所示的两种形式。

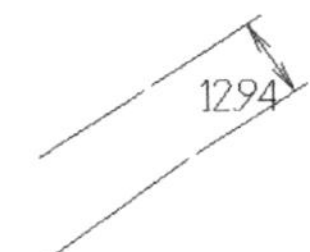

图 4-168　标注两条平行线之间的距离

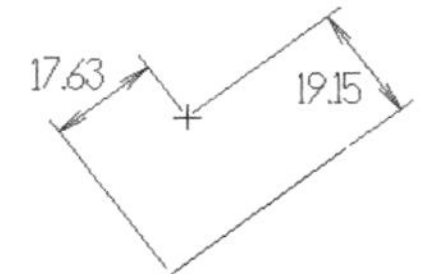

图 4-169　创建直线和点的正交标注

4.4.6　相切标注

相切标注用来在圆弧与圆弧、圆弧与直线及圆弧与点之间进行切线标注。标注时会出现多个解，要想从中选择哪一个，可以通过单击的位置来决定，也可以在【尺寸标注】状态栏中设置。

(1) 选择【绘图】|【尺寸标注】|【标注尺寸】|【相切标注】菜单命令，或在【起草】工具栏的下拉列表中选择【尺寸】|【相切标注】命令，进行相切标注。

(2) 创建圆弧与圆弧之间的相切标注。在系统的提示下，选取两个不同的圆/圆弧，在合适的位置单击，以确认放置该尺寸标注。根据单击的位置，会标注出如图 4-170 所示的多种形式。

(3) 创建圆弧与直线之间的相切标注。在系统的提示下，先选择一个圆或圆弧，再选择一条直线，在合适的位置单击，以确认放置该尺寸标注。根据单击的位置，会标注出如图 4-171 所示的多种形式。

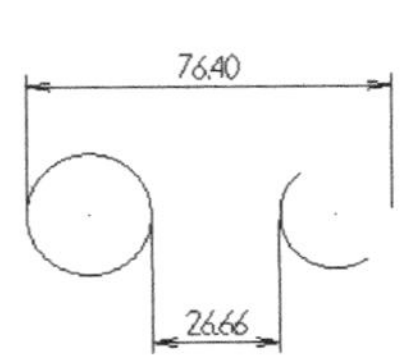

图 4-170　创建圆弧与圆弧之间的相切标注

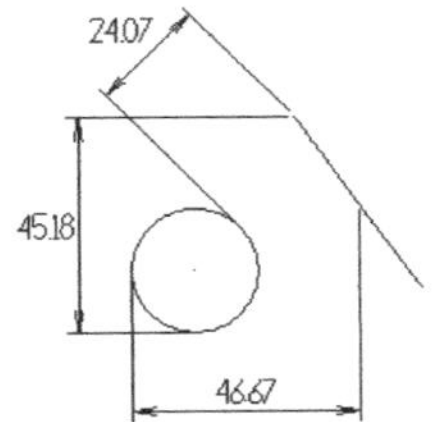

图 4-171　创建圆弧与直线之间的相切标注

(4) 创建圆弧与点之间的相切标注。在系统的提示下，先选择一个圆或圆弧，再选择一个点，在合适的位置单击，以确认放置该尺寸标注。根据单击的位置，会标注出如图 4-172 所示的多种形式。

(5) 设置标注方向。用户还可以在状态栏中进行设置来决定采用哪一个解。单击【水平】按钮、【垂直】按钮和【方向】按钮，可以在水平标注、垂直标注和某一角度方位标注之间切换。当单击【方向】按钮时，会弹出如图 4-173 所示的【方向】对话框，可以在【角度(90 到-90)】文本框中输入角度来定义标注的方位，也可以选中【保持正交于圆心】复选框，选中该复选框后尺寸界线与圆心的连线是平行或垂直的。单击【锁定】按钮时，标注的类型会被锁定为当前的线性标注的类型。单击【四等分点】按钮，可以改变象限点的位置。如图 4-174 所示，标注时选中了【保持正交于圆心】复选框且单击了【锁定】按钮。

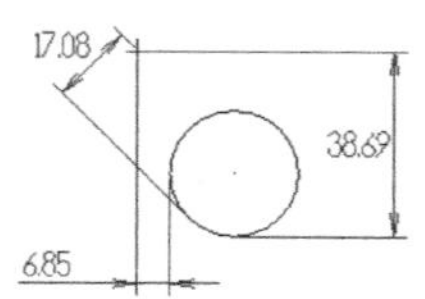

图 4-172　创建圆弧与点之间的相切标注

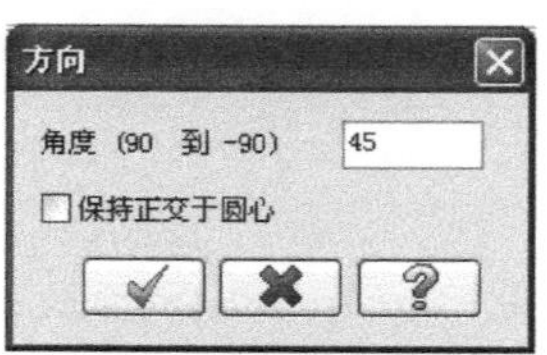

图 4-173　【方向】对话框

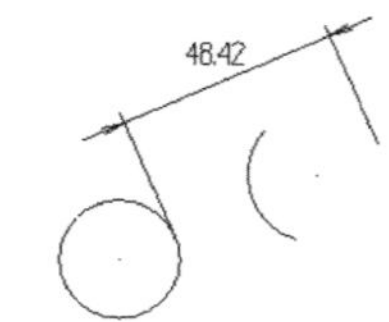

图 4-174　选中【保持正交于圆心】复选框

4.4.7　点位标注

点位标注用来标注点的坐标。标注时可以设置为只标注 X、Y 两个坐标，也可以设置为标注 X、Y、Z 三个坐标。

(1)　选择【绘图】|【尺寸标注】|【标注尺寸】|【点位标注】菜单命令，或在【起草】工具栏的下拉列表中选择【尺寸】|【点位标注】命令，进行点坐标标注。

(2)　创建点位标注。在系统的提示下，选取确定一个点(单击处、已绘制的点、图素特征点或坐标输入的点)，在合适的位置单击，以确认放置该尺寸标注，如图 4-175 所示。

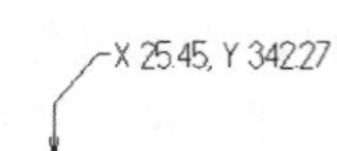

图 4-175　创建点位标注

(3)　标注 X、Y、Z 三个坐标。打开【系统配置】对话框中【标注与注释】节点下的【尺寸文字】子节点，在【点位标注】选项组中，选中【3D 标签】单选按钮，如图 4-176 所示。然后单击【确定】按钮，接着在弹出的提示对话框中单击【是】按钮。此时标注点时会标注 X、Y、Z 三个坐标，如图 4-177 所示。

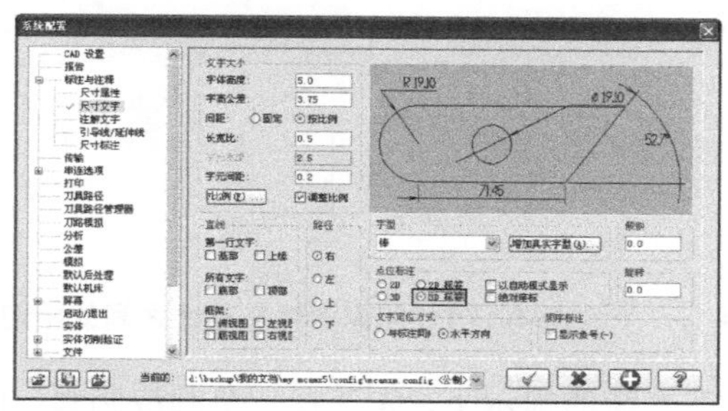

图 4-176　【系统配置】对话框

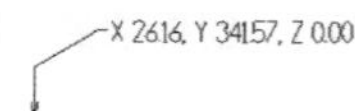

图 4-177　标注 X、Y、Z 三个坐标

4.4.8　顺序标注

顺序标注用来标注一系列的点相对于基准点的距离。顺序标注方法包括【水平顺序标注】、【垂直顺序标注】、【平行顺序标注】、【增加至现有顺序标注】、【自动标注顺序尺寸】和【牵引排列顺序尺寸】。下面将会具体讲解这 6 种标注方法。

选择【绘图】|【尺寸标注】|【标注尺寸】|【顺序标注】菜单命令，或在【起草】工具栏的下拉列表中选择【尺寸】|【坐标】命令，如图 4-178 和图 4-179 所示，其中列出了 6 种顺序标注方法。

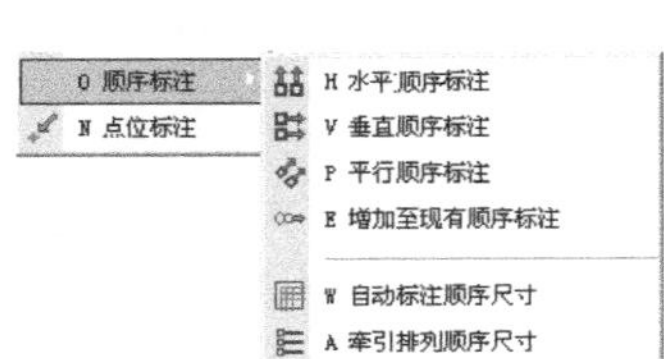

图 4-178　【顺序标注】子菜单

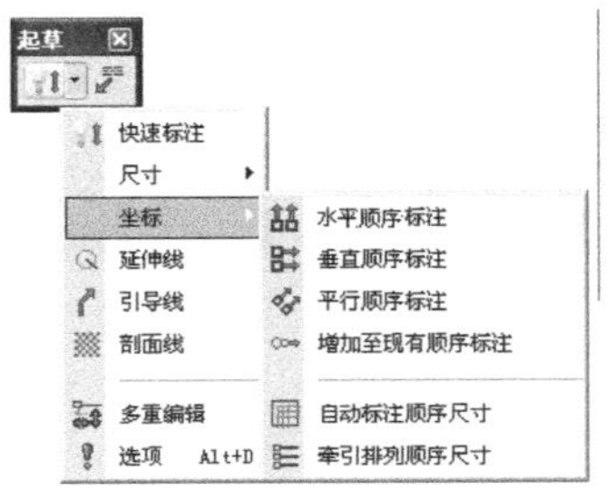

图 4-179　【坐标】子菜单

(1)　【水平顺序标注】。该命令用于标注各点与基准点之间的水平距离。在系统的提示下，先定义一个点作为基准点，再依次选取需要标注的其他点，选取需要标注的点后在合适的位置单击，以确认放置该尺寸标注。标注完成后，按 Esc 键退出该命令，如图 4-180 所示，其中标注为“0.00”的点为基准点。

(2)　【垂直顺序标注】。该命令用于标注各点与基准点之间的垂直距离。标注的过程与水平顺序标注相同。如图 4-181 所示，其中标注为“0.00”的点为基准点。

(3)　【平行顺序标注】。该命令用于标注各点与基准点之间在指定方向上的距离。在系统的提示下，先定义一个点作为基准点，再定义一个确定方向的点，则与两点连线垂直的方向即为距离方向。依次选取需要标注的其他点，选取需要标注的点后在合适的位置单击，以确认放置该尺寸标注。标注完成后，按 Esc 键退出该命令，如图 4-182 所示。

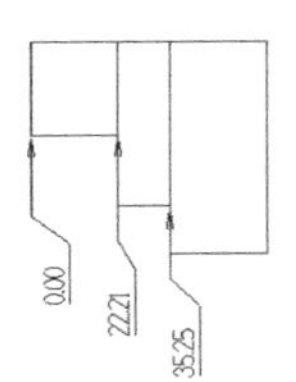

图 4-180　水平顺序标注

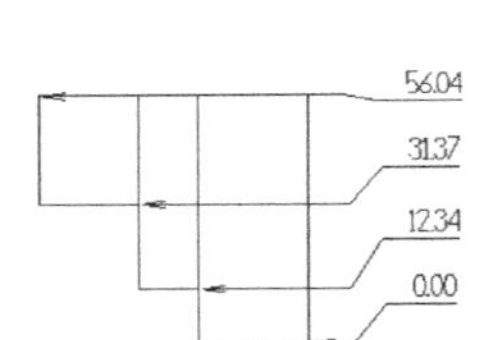

图 4-181　垂直顺序标注

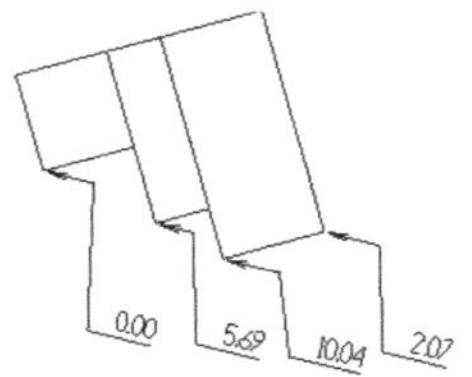

图 4-182　平行顺序标注

(4)　【增加至现有顺序标注】。该命令用于标注与所选顺序标注类型相同的其他标注。在系统的提示下，先选取一个已有的基准标注作为基准，再依次选取需要标注的其他点，选取需要标注的点后在合适的位置单击，以确认放置该尺寸标注。如果首先选择的标注不是基准标注，则会弹出如图 4-183 所示的【尺寸标注的信息...】对话框。标注完成后，按 Esc 键退出该命令。如图 4-184 所示，“标注 0.00”是已有顺序标注，其他标注是以它为基准，新增的标注。

(5)　【自动标注顺序尺寸】。该命令用于自动标注各点与基准点之间的水平和垂直距离。选择该命令后，选择该命令，弹出如图 4-185 所示的【顺序标注尺寸/自动标注】对话框。在【原点】选项组中可以通过输入坐标的方式定义基准点，也可以单击【选择】按钮，在绘图区中确定一点作为基准点。在【点】选项组中可以设置需要标注的点的类型，包括圆弧的圆心点、只针对全圆的圆心点、圆弧的端点、直线或样条曲线的端点，只需选中相应的复选框即可。在【选项】选项组中可以设置尺寸文本前是否显示正负号、小数点前是否加“0”、尺寸线是否显示箭头以及尺寸线的长度。在【创建】选项组中可以选择顺序标注的类型，包括水平顺序标注和垂直顺序标注两种。设置好后单击【确定】按钮，然后在绘图区中框选需要标注的图素，则绘图区中自动标注出想要的顺序标注。

如图 4-186 所示为顺序标注，其【顺序标注尺寸/自动标注】对话框的设置为：取消选中【端点】复选框，在【边缘间距】文本框中输入 20。

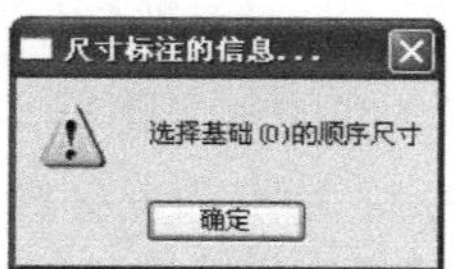

图 4-183 【尺寸标注的信息...】对话框

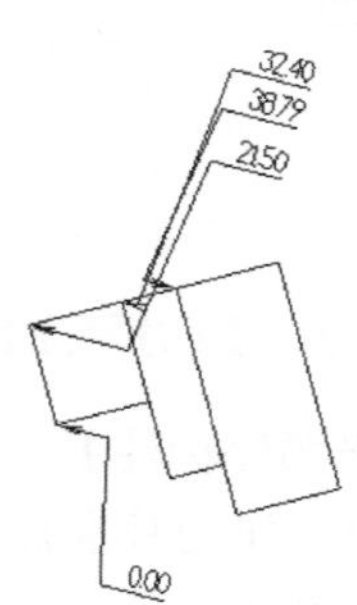

图 4-184 增加至现有顺序标注

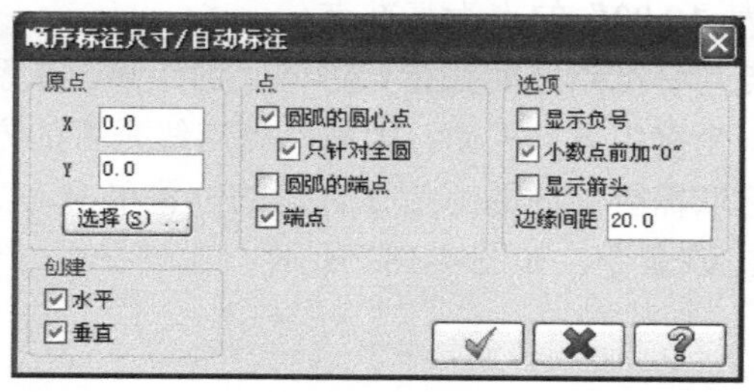

图 4-185 【顺序标注尺寸/自动标注】对话框

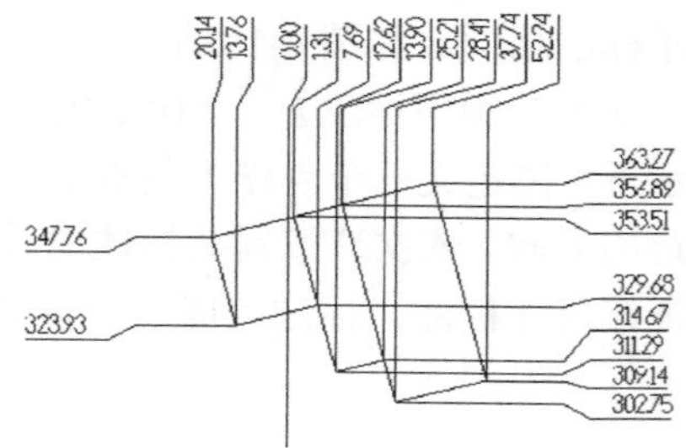

图 4-186 自动标注顺序尺寸

(6) 【牵引排列顺序尺寸】。该命令用于同时拖曳与所选标注相关联的顺序标注，以改变标注的位置。单击此命令后，选取一个标注，在合适的位置单击即可，如图 4-187 所示。

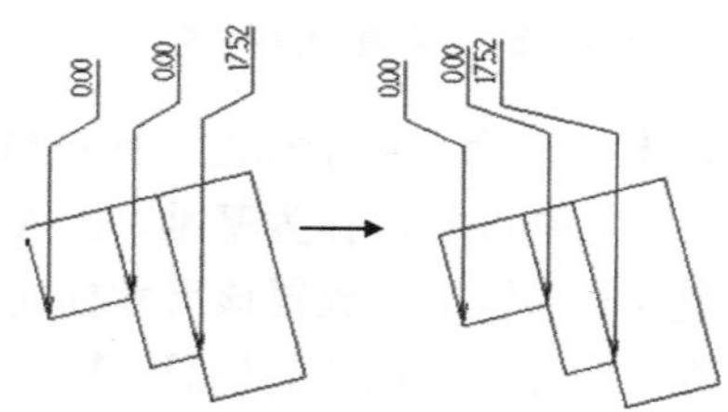

图 4-187 牵引排列顺序尺寸

4.4.9 快速标注

快速标注是 Mastercam 提供的一种快捷的尺寸标注方法，利用该命令可以完成除基准标注、串连标注和顺序标注外的其他尺寸标注，并且还可以对已有的尺寸标注进行编辑和移动。

选择【绘图】|【尺寸标注】|【快速标注】菜单命令，或在【起草】工具栏中单击【快速标注】按钮，进行快速标注。

(1) 快速标注尺寸。在如图 4-188 所示的提示下，选取点、直线或圆、圆弧，继续按照提示选取能够构成尺寸标注的其他图素。选取的图素不同，则尺寸标注的类型也是不同的，此处可以按照水平尺寸标注、垂直尺寸标注等特定标注方法的图素选取规则进行选取。图素选取后在合适的位置单击，以确认放置该尺寸标注。图形中的所有尺寸标注都可以用快速标注命令来完成。

建立尺寸，灵活：
选择线性尺寸的第一点
选择要标示线性尺寸的直线
选择要标示圆弧尺寸的圆弧
选择要编辑(移位)的尺寸

图 4-188　快速标注提示

提 示

要想利用快速标注指令进行点位标注，需要在【尺寸标注】状态栏中单击【选项】按钮，打开如图 4-189 所示的【尺寸标注设置】对话框，从左侧的树中选择【尺寸文字】节点，在右侧打开的选项卡中选中【点位标注】选项组中的【以自动模式显示】复选框。也可以打开【系统配置】对话框中【标注与注释】节点下的【尺寸文字】子节点，在【点位标注】选项组中，选中相同的复选框。

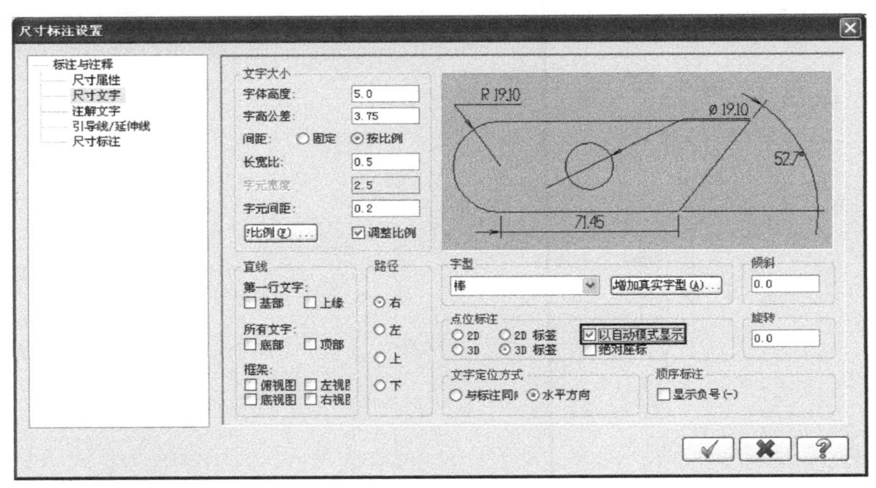

图 4-189　【尺寸标注设置】对话框

(2)　移动尺寸标注。在系统提示下，选取已经存在的尺寸标注，选取后该尺寸标注将会跟随光标的移动而移动，在合适的位置单击，即可重新放置该尺寸标注。

(3)　编辑尺寸标注。在系统提示下，选取已经存在的尺寸标注，然后在【尺寸标注】状态栏中单击相应的功能按钮，即可进行尺寸标注的编辑。如图 4-190 所示，选取已经存在圆的直径标注，将其更改为半径标注，且修改尺寸文本的高度。

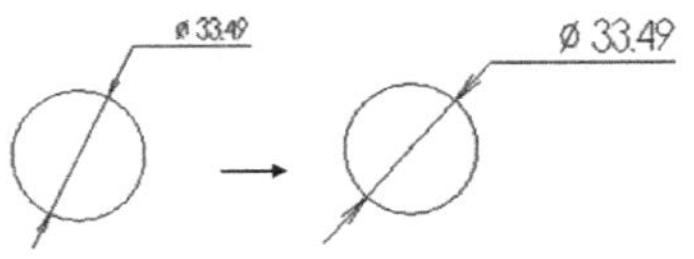

图 4-190　编辑尺寸标注

4.4.10 尺寸标注范例

本范例练习文件：\04\4-2-6. MCX-5。

本范例完成文件：\04\4-4-10. MCX-5。

多媒体教学路径：光盘→多媒体教学→第 4 章→4.4.10 节。

步骤 01 垂直标注

选择【绘图】|【尺寸标注】|【标注尺寸】|【垂直标注】菜单命令，进行尺寸标注，如图 4-191 所示。

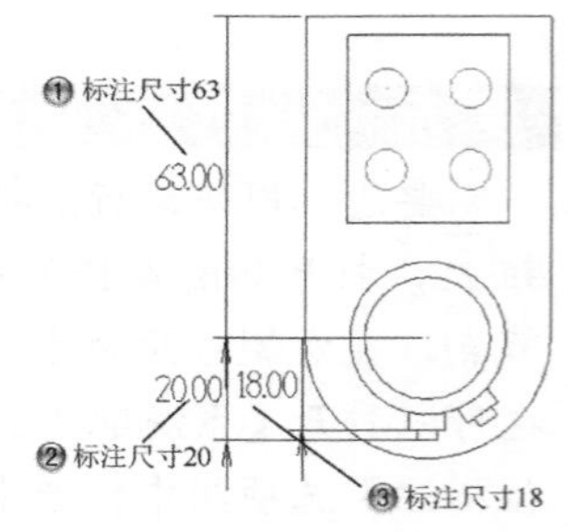

图 4-191 垂直标注

步骤 02 水平标注

选择【绘图】|【尺寸标注】|【标注尺寸】|【水平标注】菜单命令，进行尺寸标注，如图 4-192 所示。

步骤 03 垂直顺序标注

选择【绘图】|【尺寸标注】|【标注尺寸】|【顺序标注】|【垂直顺序标注】菜单命令，进行尺寸标注，如图 4-193 所示。

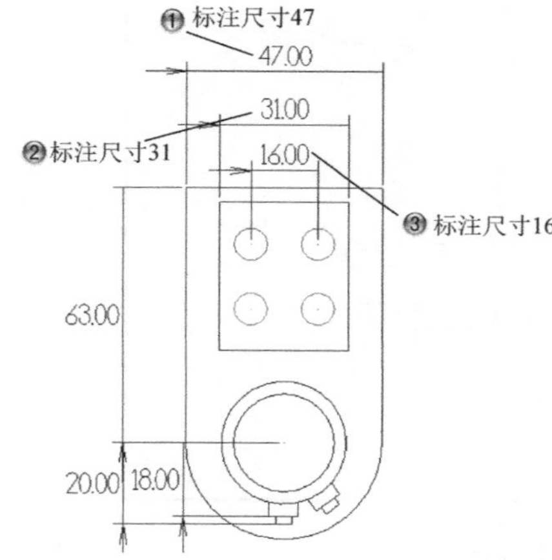

图 4-192 水平标注

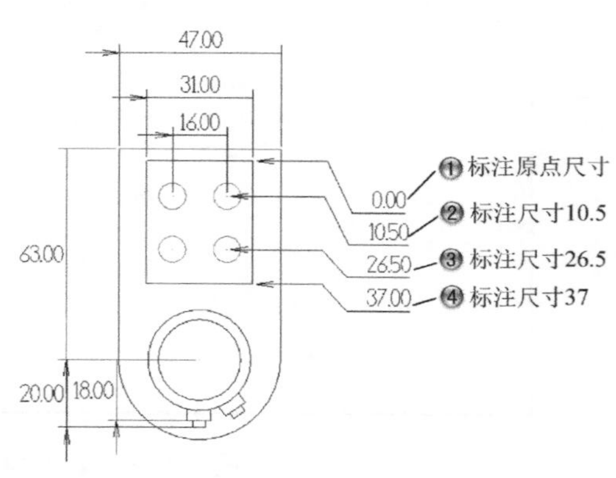

图 4-193 垂直顺序标注

步骤 04 角度标注

选择【绘图】|【尺寸标注】|【标注尺寸】|【角度标注】菜单命令，选择三点，如图 4-194 所示，进行角度标注。

步骤 05 半径标注

选择【绘图】|【尺寸标注】|【标注尺寸】|【圆弧标注】菜单命令，在状态栏中单击【半径】按钮，标注圆的半径，如图 4-195 所示。

步骤 06 直径标注

选择【绘图】|【尺寸标注】|【标注尺寸】|【圆弧标注】菜单命令，标注圆的直径，如

图 4-196 所示。

步骤 07　点位标注

选择【绘图】|【尺寸标注】|【标注尺寸】|【点位标注】菜单命令，进行点位置坐标的标注，如图 4-197 所示。

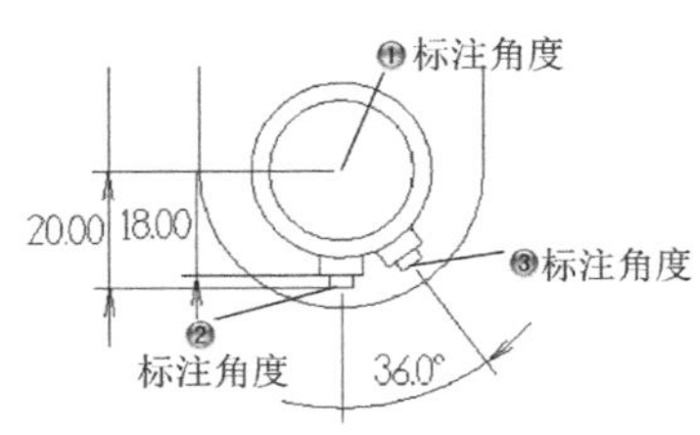

图 4-194　角度标注

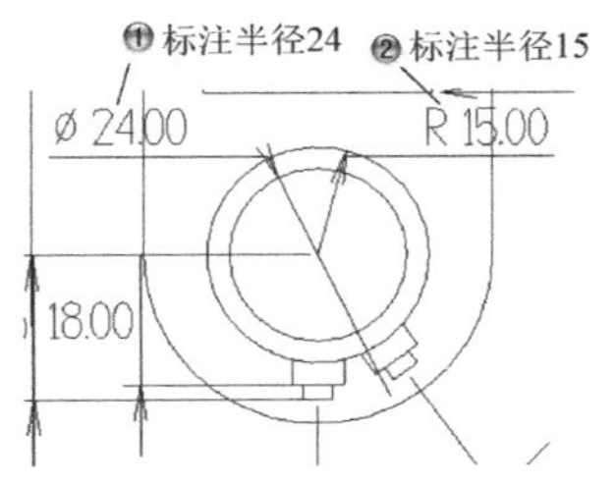

图 4-195　半径标注

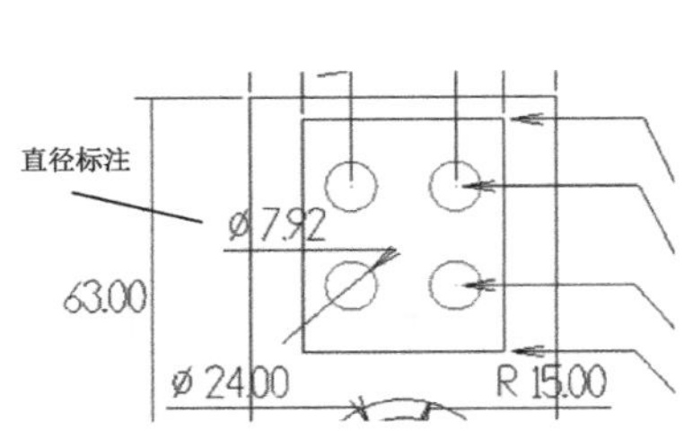

图 4-196　直径标注

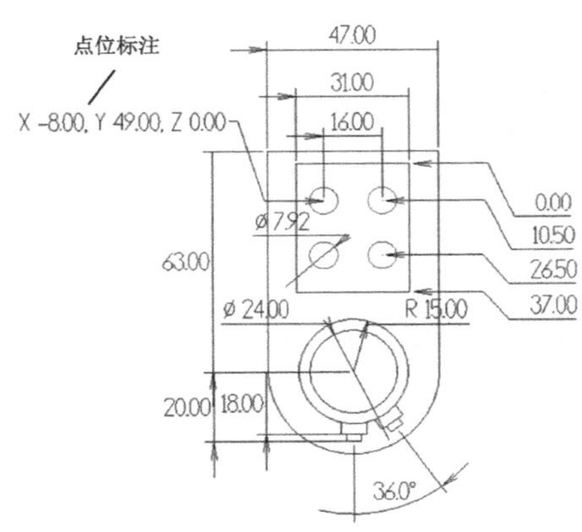

图 4-197　点位标注

4.5　其他类型的图形标注

4.5.1　绘制延伸线

延伸线是一个类似于直线的图形，可以用来作为尺寸界线。

(1) 选择【绘图】|【尺寸标注】|【延伸线】菜单命令，或在【起草】工具栏的下拉列表中单击【延伸线】按钮，绘图区中出现“尺寸标注：建立延伸线：指定第一个端点”提示。

(2) 绘制延伸线。在系统的提示下，依次定义延伸线的第一个端点和第二个端点，两个端点都可以是单击处、已绘制的点、图素特征点或坐标输入的点。端点定义完后，系统自动绘制一条端点间的连线，如图 4-198 所示。

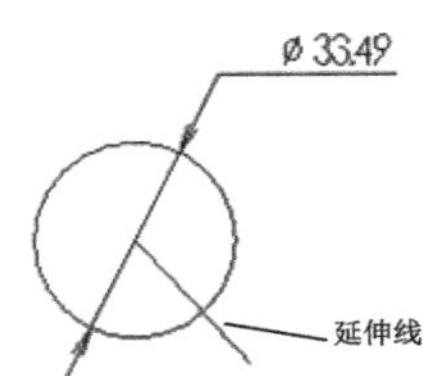

图 4-198　绘制延伸线

4.5.2 绘制引导线

引导线是一个带有箭头类似于折线的图形，可以用来作为尺寸的引出线。

(1) 选择【绘图】|【尺寸标注】|【引导线】菜单命令，或在【起草】工具栏的下拉列表中单击【引导线】按钮，绘图区中出现“尺寸标注：建立引导线：指定引导线的箭头位置”提示。

(2) 绘制引导线。在系统的提示下，首先定义第一个点作为箭头的位置，然后定义第二个点作为引导线尾部位置 1，此时可以按 Esc 键结束操作，将会绘制一条带有箭头的直线。如果不结束操作，可以再定义第三个点作为引导线尾部位置 2，继续定义其他的点，此时按 Esc 键则会绘制一条带有箭头的折线，如图 4-199 所示。

图 4-199　绘制引导线

注 意

通过查看图素的属性，可以发现延伸线不是直线，引导线也不是折线。因此它们的端点在图形绘制时是捕捉不到的，也不存在特征点。

4.5.3 绘制注解文字

在图形中添加注解文字，可以对图形进行附加说明。

选择【绘图】|【尺寸标注】|【注解文字】菜单命令，或在【起草】工具栏中单击【注解文字】按钮，将会弹出如图 4-200 所示的【注解文字】对话框。可以在注解文字输入框内输入文字，也可以单击【载入文件】按钮，导入一个文本文件，如果需要特殊字符时，可以单击【增加符号】按钮，从打开的对话框中选择即可。注解文字的产生方式有 8 种，可以在【创建】选项组中选中相应的单选按钮，设置好后单击【确定】按钮，在绘图区中根据提示即可绘制不同形式的注解文字。

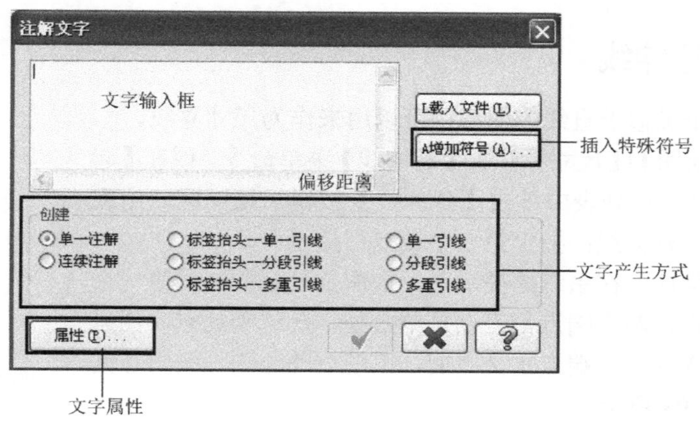

图 4-200　【注解文字】对话框

(1) 【单一注解】。该产生方式仅能创建文字，且有效性为一次。关闭【注解文字】对话框后，弹出【尺寸标注】状态栏，在绘图区中单击即可放置注解文字。如果单击状态栏中的【增加引导线】按钮，可以按照系统提示先绘制一条引导线，再按 Esc 键，则注解文字被放在了引导线的末端，此时又可以单击【移除引导线】按钮，去掉添加的引导线。在合适的位置单击，以确认放置。如图 4-201 所示，左侧图形中为没有引导线的单一注解，右侧为增加引导线的单一注解。

图 4-201　单一注解

(2) 【连续注解】。该产生方式也是仅能创建文字，但是需要按 Esc 键来完成绘制。创建方法同单一注解，也可以为其添加引导线。

(3) 【标签抬头--单一引线】。该产生方式可以创建带有单根引导线的注解文字。在操作时首先定义一点作为箭头的位置，按 Esc 键后再单击来确定注解文字的位置。可以单击状态栏中的【移除引导线】按钮，去掉引导线。

(4) 【标签抬头--分段引线】。该产生方式可以创建带有折线形式引导线的注解文字。在操作时首先定义一点作为箭头的位置，再定义多个点作为引导线尾部位置，按 Esc 键后再单击来确定注解文字的位置。可以单击状态栏中的【移除引导线】按钮，去掉引导线，如图 4-202 所示。

(5) 【标签抬头--多重引线】。该产生方式可以创建带有多根引导线的注解文字。在操作时首先选取多个点作为多根引导线的箭头位置，按 Esc 键后再单击来确定注解文字的位置。可以单击状态栏中的【增加引导线】按钮，增加一根引导线；也可以单击状态栏中的【移除引导线】按钮，去掉一根引导线，如图 4-203 所示。

图 4-202　标签抬头--分段引线

图 4-203　标签抬头--多重引线

(6) 【单一引线】、【分段引线】、【多重引线】。这三种产生方式分别可以创建单根引导线、折线形式引导线和多根引导线。

4.5.4　绘制剖面线

绘制剖面线可以在选取的一个或多个串连内填充一种特定的图案。一般来说不同的图案代表不同的零件或材料。

(1) 选择【绘图】|【尺寸标注】|【剖面线】菜单命令，或在【起草】工具栏的下拉列表中单击【剖面线】按钮，将会弹出如图 4-204 所示的【剖面线】对话框。

(2) 选择图样。在【图样】选项组中，可以从系统提供的 8 种图样中选择一种，在右侧同时显示该图样的预览。也可以单击【U 用户自定义的剖面线图样】按钮，打开如图 4-205 所示的【自定义剖面线图样】对话框，单击【新增】按钮，剖面线编号被设置为 1，再次单击【新增】按钮，会把编号设置为 2，用户最多可以定义 8 种剖面线图样，单击【删除】按钮，可以删除当前编号的图样。此时对话框中的选项被激活，在【剖面线】选项组中设置剖面线的编号及线型，在【相交的剖面线】选项组中设置剖面线的编号及线型。定义完新图样后单击【确定】按钮 ✓ 。

(3) 参数设置。在【参数】选项组中的【间距】文本框中可以输入剖面线的间距，在【角度】文本框中输入剖面线与 X 轴的夹角。

(4) 绘制剖面线。剖面线设置好后单击【确定】按钮 ✓ ，将会打开【串连选项】对话框，在绘图区中选取需要填充图案的串连，然后按 Enter 键完成剖面线的绘制，如图 4-206 所示。

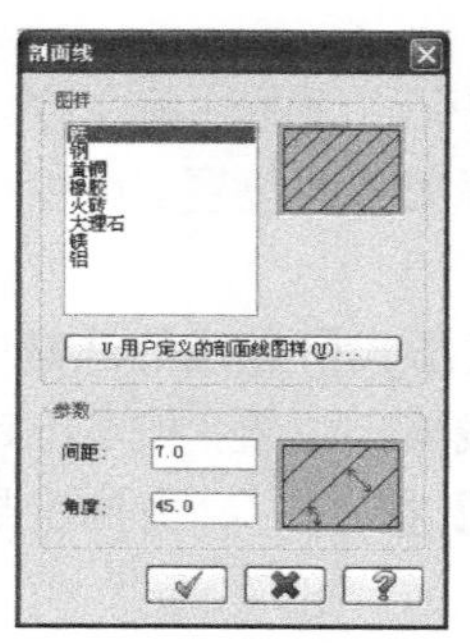

图 4-204 【剖面线】对话框

图 4-205 【自定义剖面线图样】对话框

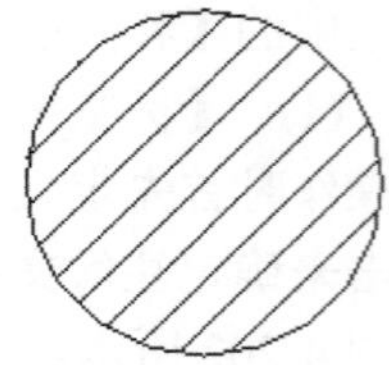

图 4-206 绘制剖面线

4.5.5 多重编辑

多重编辑使用户一次可以编辑多个尺寸标注，而前面讲到的快速标注方法每次只能编辑一个尺寸标注。

(1) 选择【绘图】|【尺寸标注】|【多重编辑】菜单命令，或在【起草】工具栏的 下拉列表中单击【多重编辑】按钮，同时出现“选取图素”提示。

(2) 在绘图区中选取多个需要编辑的尺寸标注，选取完后双击绘图区的空白处或按 Enter 键，打开如图 4-207 所示的【尺寸标注设置】对话框。在左侧的主题树中选择一个节点，都会打开相应的选项界面，在选项界面内可以进行相关的设置，然后单击【确定】按钮 ✓ ，使所做的设置应用到所选择的尺寸标注上。

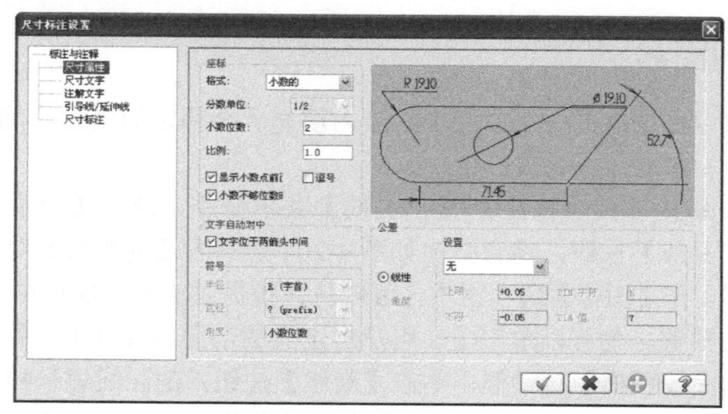

图 4-207 【尺寸标注设置】对话框

如图 4-208 所示，将【座标】选项组中【小数位数】文本框的值更改为 0 后，则选取的两个尺寸标注小数位数由 2 修改为 0。

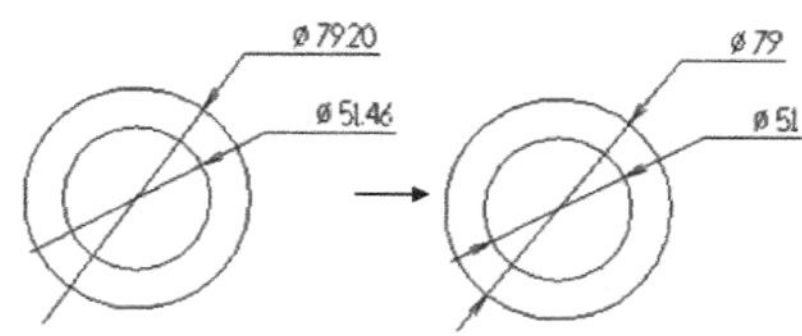

图 4-208　修改尺寸数字的小数位数

4.5.6　重新建立

当几何对象的尺寸与位置发生变化时，若与之相关联的尺寸标注没有自动更新，将会出现尺寸标注与该图素不能相匹配的问题现象，同时这些失效的尺寸标注会用红色高亮显示出来。重新建立的作用就是修整尺寸标注的位置和数值，使它们与几何图形相匹配。

重新建立命令位于【绘图】|【尺寸标注】|【重建】子菜单中，如图 4-209 所示，包括【快速重建尺寸标注】、【重建有效的标注】、【选取尺寸标注重建】及【重建所有的标注】4 个命令。

(1)　【快速重建尺寸标注】。该命令是一个开关命令，当选择该命令后系统可以自动更新尺寸标注。

(2)　【重建有效的标注】。该命令对所有与图素相关联,或不关联的尺寸标注，全部进行更新。选择该命令后，系统将检测所有尺寸的有效性，并弹出如图 4-210 所示的【尺寸标注的信息】对话框，该对话框中显示出了取出尺寸、重建尺寸和清除尺寸的数量。

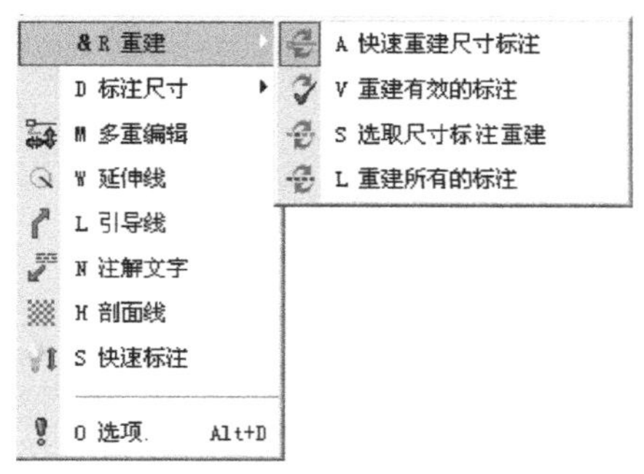

图 4-209　【重建】子菜单

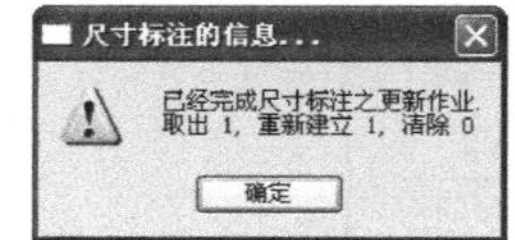

图 4-210　【尺寸标注的信息】对话框

(3)　【选取尺寸标注重建】。该命令用于对选取的一个或多个尺寸标注进行更新。

(4)　【重建所有的标注】。该命令可以对所有关联的图素进行更新，不必手动选取。

4.5.7　其他类型的图形标注范例

本范例练习文件：\04\4-1-4. MCX-5。

本范例完成文件：\04\4-5-7. MCX-5。

多媒体教学路径：光盘→多媒体教学→第 4 章→4.5.7 节。

步骤 01 标注剖面线

选择【绘图】|【尺寸标注】|【剖面线】菜单命令，弹出【剖面线】对话框，如图 4-211 所示。

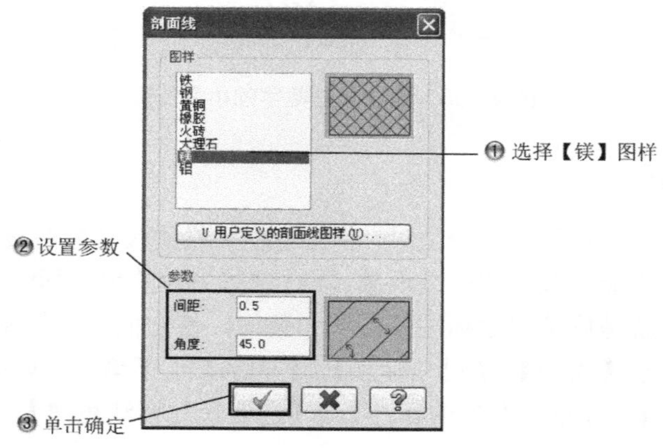

图 4-211 标注剖面线

步骤 02 选择串连图素

系统弹出【串连选项】对话框，如图 4-212 所示。

步骤 03 快速标注尺寸

选择【绘图】|【尺寸标注】|【快速标注】菜单命令，进行尺寸标注，如图 4-213 所示。

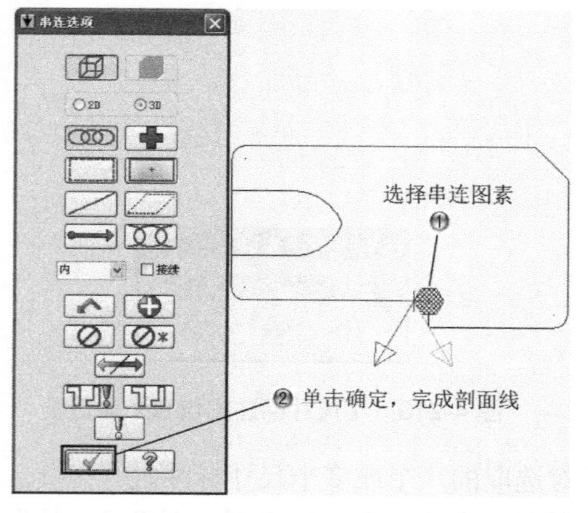

图 4-212 选择串连图素

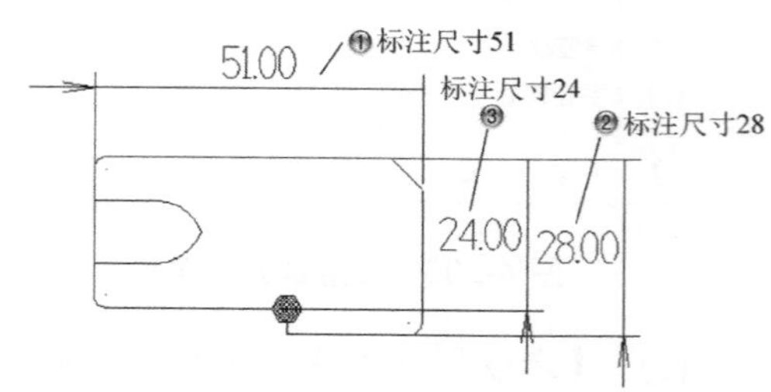

图 4-213 快速标注尺寸

步骤 04 尺寸标注设置

选择【绘图】|【尺寸标注】|【多重编辑】菜单命令，打开【尺寸标注设置】对话框，如图 4-214 所示。

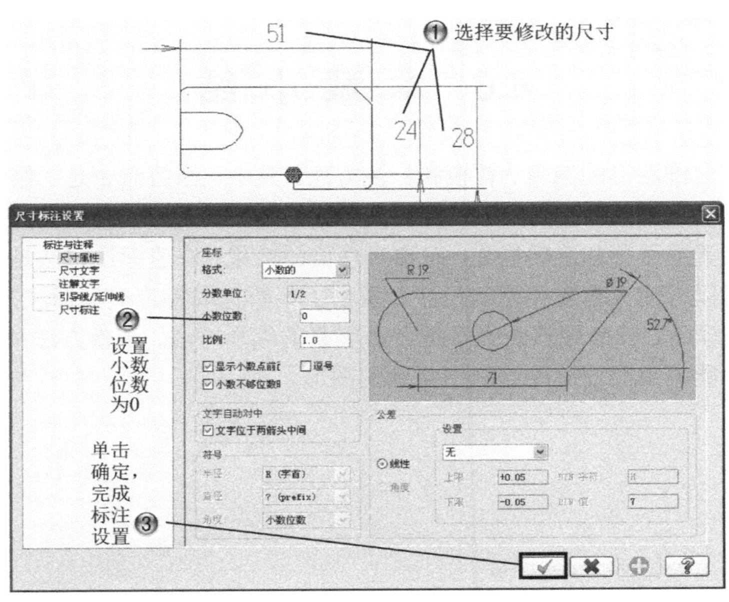

图 4-214　尺寸标注设置

步骤 05　绘制引导线

选择【绘图】|【尺寸标注】|【引导线】菜单命令，在圆角处绘制引导线，如图 4-215 所示。

步骤 06　绘制注解文字

单击【起草】工具栏中的【注解文字】按钮，弹出如图 4-216 所示的【注解文字】对话框。

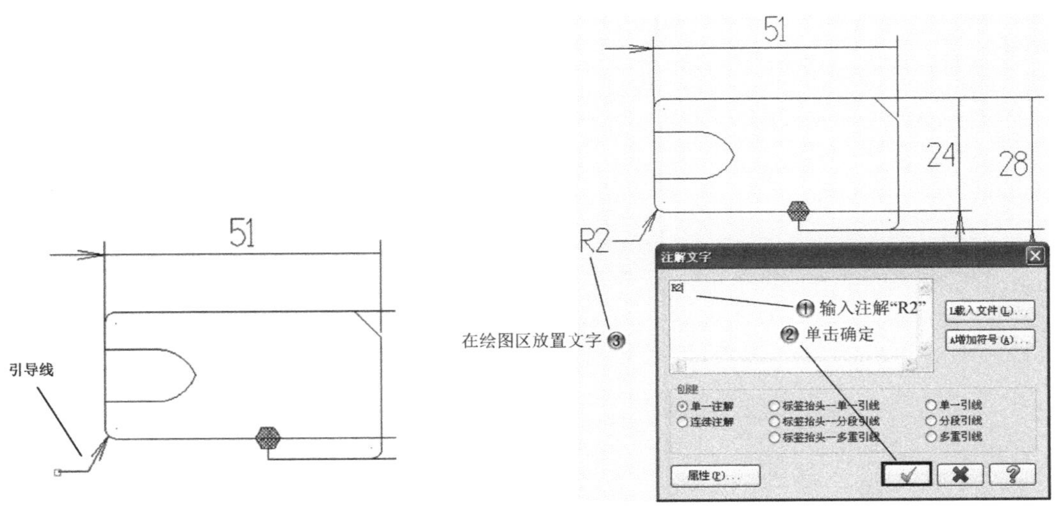

图 4-215　绘制引导线

图 4-216　绘制注解文字

4.6 本章小结

本章介绍了二维图形的编辑、转换和标注方法。其中，修剪命令是二维图形编辑中最常用到的命令。由于编辑命令使用灵活，使得图形的绘制变得简单；在图素的转换中，动态平移命令可以使图素的平移和旋转操作，有事半功倍的效果；快速标注方法是尺寸标注中经常用到的命令，可以标注大多数类型的尺寸，省去了不断选取特定类型标注方法的烦琐。

通过本章的学习，读者应该重点掌握各种图素的编辑方法、转换方法和标注方法，只有掌握了这些，才能高效而便捷地绘制出复杂的图形。

第 5 章

Mastercam X5

三维实体造型

本章导读：

实体造型是以立方体、圆柱体、球体、锥体、环状体等多种基本体素为单位元素，通过集合运算（拼合或布尔运算），生成所需要的几何形体。这些形体具有完整的几何信息，是真实而唯一的三维物体。所以，实体造型包括两部分内容：即体素定义和描述，以及体素之间的布尔运算（并、交、差）。在 Mastercam X5 中，实体造型包括基本实体和通过对选取的曲线串连进行拉伸、旋转、扫描、举升等操作来创建的实体。实体的编辑功能可以对已有的实体进行倒角、圆角等操作，还可以进行实体的布尔运算，利用抽壳、牵引面、加厚、修剪等编辑功能得到更复杂的实体模型。

本章介绍 Mastercam X5 三维实体造型设计的实用知识，包括基本实体的创建和生成、实体的布尔运算、实体的倒角和圆角，以及实体编辑、牵引面、实体操作管理器和查找实体特征等内容。

学习内容：

学习目标 知识点	理　解	应　用	实　践
实体造型简介	√		
创建基本实体	√	√	√
生成实体	√	√	√
实体布尔运算	√	√	√
实体圆角	√	√	√
实体倒角	√	√	√
实体编辑	√	√	√
牵引面	√	√	√
实体操作管理器	√	√	
查找实体特征	√	√	

5.1 实体造型简介

5.1.1 实体造型简介

实体造型的出现可以追溯到 20 世纪 60 年代初期，但由于当时理论研究和实践都不够成熟，实体造型技术发展缓慢。70 年代初出现了简单的具有一定实用性的基于实体造型的 CAD/CAM 系统，实体造型在理论研究方面也相应取得了发展。比如 1973 年，英国剑桥大学的布雷德(I.C.Braid)曾提出采用 6 种体素作为构造机械零件的积木块的方法，但仍然不能满足实体造型技术发展的需要。在实践中人们认识到，实体造型只用几何信息表示是不充分的，还需要表示形体之间相互关系、拓扑信息。到 70 年代后期，实体造型技术在理论、算法和应用方面日趋成熟。进入 80 年代后，国内外不断推出实用的实体造型系统，在实体建模、实体机械零件设计、物性计算、三维形体的有限元分析、运动学分析、建筑物设计、空间布置、计算机辅助制造中的 NC 程序的生成和检验、部件装配、机器人、电影制片技术中的动画、电影特技镜头、景物模拟、医疗工程中的立体断面检查等方面得到广泛的应用。

现在的三维实体造型技术是指描述几何模型的形状和属性的信息，并保存于计算机内，由计算机生成具有真实感的、可视的三维图形技术。三维实体造型可以使零件模型更加直观，便于生产和制造。因此，在工程设计和绘图过程中，三维实体建模应用得十分广泛。

实体模型具有线框模型和表面模型所没有的体的特征，其内部是实心的，所以用户可以对它进行各种编辑操作，如穿孔、切割、倒角和布尔运算，也可以分析其质量、体积、重心等物理特性。而且实体模型能为一些工程应用，如数控加工、有限元分析等提供数据。实体模型通常也可以线框模型或表面模型的方式进行显示，用户可以对它进行消隐、着色或渲染处理。

5.1.2 实体造型方法

在实体造型的应用软件中，使用的几何实体造型的方法一般有扫描表示法(Sweeping)、构造实体几何法(Constructive Solid Geometry)和边界表示法(Boundary Representation)3 种。此外还有单元分解法、参数形体调用法、空间枚举法等，但使用场合不多。下面简单地介绍 3 种常用的实体造型方法。

1. 扫描表示法

扫描表示法是用曲线、曲面或形体沿某一指定路径运动后，形成 2D 或 3D 物体的一种常用造型方法。它要具备两个要素：首先，要给出一个运动形体(基体)，基体可以是曲线、曲面或实体；其次，要给出基体的运动轨迹，该轨迹是可以用解析式来定义的路径。扫描表示法非常容易理解，而且已被广泛应用于各种 CAD 造型系统中，是一种实用而有效的造型手段。它一般分两种类型：平移扫描和旋转扫描。

2. 构造实体几何法

构造实体几何法即 CSG 方法，也称几何体素构造法，是以简单几何体系构造复杂实体

的造型方法。其基本思想是：一个复杂物体可以由比较简单的一些形体(体素)，经过布尔运算后得到。它是以集合论为基础的。首先是定义有界体素(集合本身)，如立方体、柱体、球体等，然后将这些体素进行交、并、差运算。

3. 边界表示法

边界表示法即 B-rep 法，是一种以物体的边界表面为基础，定义和描述几何形体的方法，它能给出物体完整显示的边界描述。它的理论是：物体的边界是有限个单元面的并集，而每一个单元面都必须是有界的。边界描述法须具备如下条件：封闭、有向、不自交、有限、互相连接、能区分实体边界内外和边界上的点。边界表示法其实是将物体拆成各种有边界的面来表示，并使它们按拓扑结构的信息连接。B-rep 的表示方法，类似于工程图的表示，在图形处理上有明显的优点。利用 B-rep 数据可方便地转换为线框模型，便于交互式的设计与修改调整。既可以用来描述平面，又可以实现对自由曲面的描述。

5.2　创建基本实体

Mastercam X5 提供了一些直接创建基本实体的方法，包括圆柱体、圆锥体、立方体、球体和圆环体等。选择【绘图】|【基本曲面/实体】菜单命令或打开【草图】工具栏中按钮右侧的下拉列表，选择相应的基本实体创建，如图 5-1、图 5-2 所示。

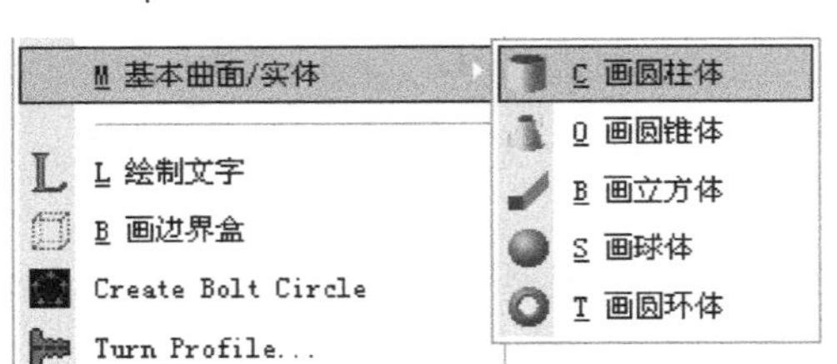

图 5-1　【基本曲面/实体】子菜单

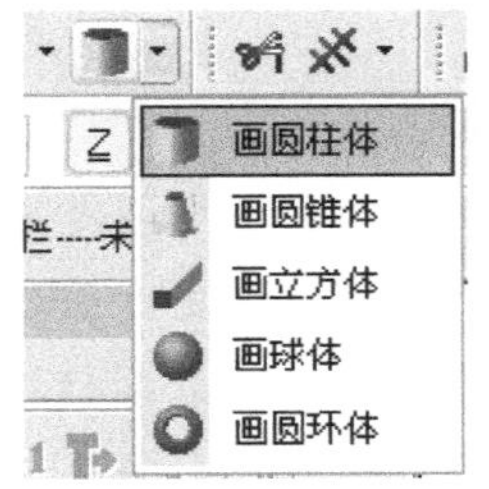

图 5-2　【草图】工具栏按钮

5.2.1　绘制圆柱实体

(1) 选择【绘图】|【基本曲面/实体】|【画圆柱体】菜单命令或单击【草图】工具栏中【画圆柱体】按钮，弹出【圆柱体】对话框。单击对话框标题栏中的按钮，可以使该对话框显示更多的选项，如图 5-3 所示。

(2) 在【圆柱体】对话框中选中【实体】单选按钮，设置圆柱体半径为 30，圆柱体高度为 50，其他设置默认。

(3) 系统提示选取圆柱体的基准点位置，指定基准点位置的坐标为(0, 0, 0)。

(4) 单击【圆柱体】对话框中【确定】按钮，完成圆柱体的创建。单击【绘图显示】工具栏中的【等角视图】按钮，设置屏幕视角为【等角视图】。圆柱体的效果如图 5-4 所示。

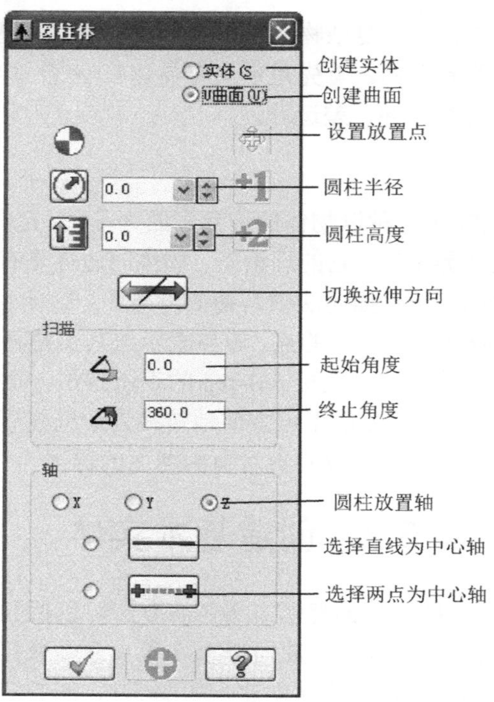

图 5-3　展开的【圆柱体】对话框

技 巧

【扫描】选项组：用来设置圆柱体的扫描角度，创建各种扇形柱体。图 5-5 所示的是起始角度为 0，终止角度为 260 的效果图。

【轴】选项组：设置圆柱体的轴，可以选择 X、Y、Z 轴作为参考轴，也可以一条直线或两个点的连线为圆柱体的参考轴，如图 5-6 所示。

图 5-4　创建的圆柱体

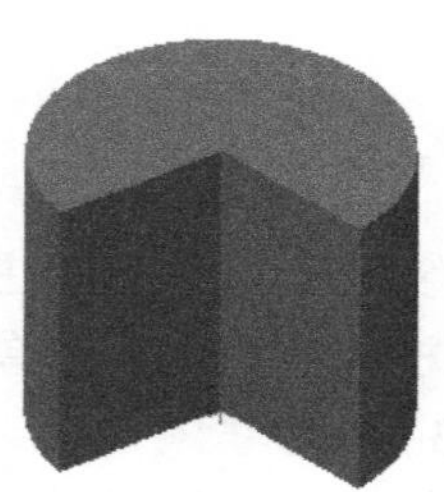

图 5-5　扇形圆柱体图

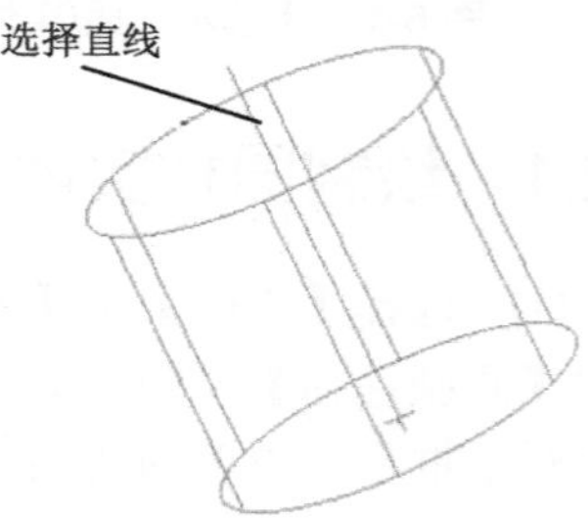

图 5-6　设置参考轴

5.2.2　绘制圆锥实体

(1)　选择【绘图】|【基本曲面/实体】|【画圆锥体】菜单命令或单击【草图】工具栏中【画圆锥体】按钮，弹出如图 5-7 所示【圆锥体】对话框。单击对话框标题栏中的按钮可以使该对话框显示更多的选项。

(2) 在【圆锥体】对话框中选中【实体】单选按钮，设置圆锥体底部半径为 50，圆锥体高度为 60，顶部半径为 20，其他设置默认。

(3) 系统出现"选取圆锥体的基准点位置"的提示信息。在绘图区指定一点作为圆锥体的基准点位置。这里设置基准点位置的坐标为(0,0,0)。

(4) 单击【圆锥体】对话框中的【确定】按钮，完成圆锥体的创建。单击【绘图显示】工具栏中的【等角视图】按钮，设置屏幕视角为【等角视图】，如图 5-8 所示。

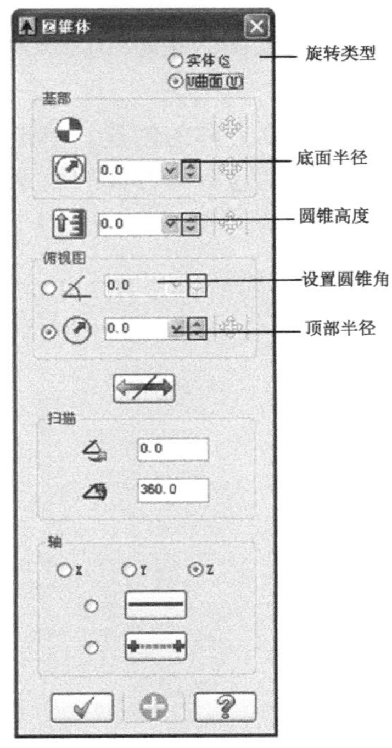

图 5-7　【圆锥体】对话框

图 5-8　圆锥体

技巧

【俯视图】选项组：用户可以在右侧的【角度】文本框中设置圆锥体的锥角，也可以在右侧的【半径】文本框中设置圆锥体的顶部半径。这里要注意的是，想得到尖顶的圆锥体，只需将顶部半径设置为"0"即可。图 5-9 所示为得到的不同形状的圆锥体。

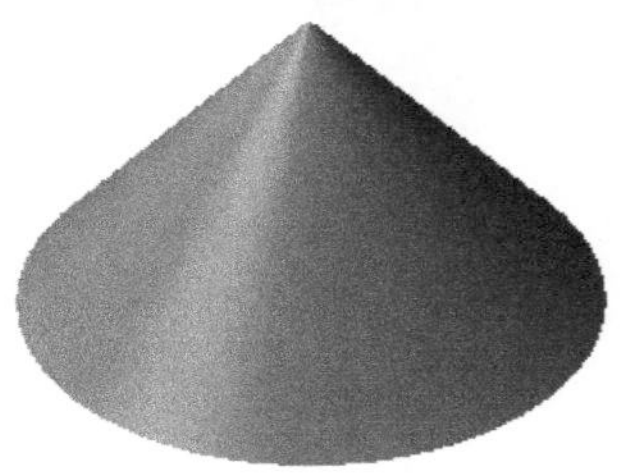

(a) 尖顶圆锥体

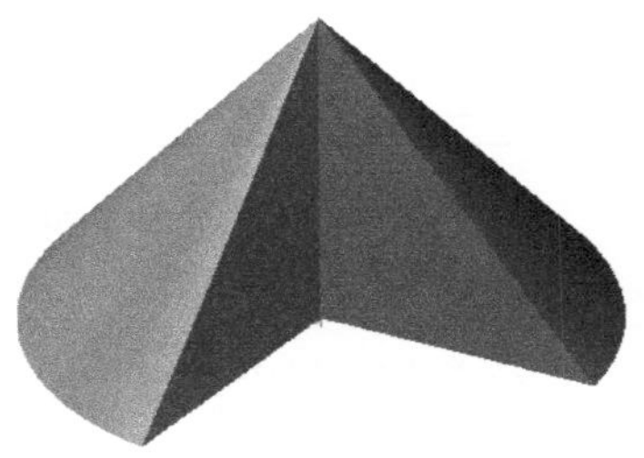

(b) 扇形圆锥体

图 5-9　不同形状的圆锥体

5.2.3 绘制立方实体

(1) 选择【绘图】|【基本曲面/实体】|【画立方体】菜单命令或单击【草图】工具栏中的【画立方体】按钮，弹出如图 5-10 所示【立方体】对话框。单击对话框标题栏中的按钮可以使该对话框显示更多的选项。

(2) 在【立方体】对话框中选中【实体】单选按钮，设置立方体长度为 30，宽度为 50，高度为 20。

(3) 系统出现“选取立方体的基准点位置”提示信息。在绘图区指定一点作为立方体的基准点位置。这里设置基准点位置的坐标为(0, 0, 0)。

(4) 单击【立方体】对话框中【确定】按钮，完成立方体的创建。单击【绘图显示】工具栏中【等角视图】按钮，设置屏幕视角为【等角视图】。立方体的效果如图 5-11 所示。

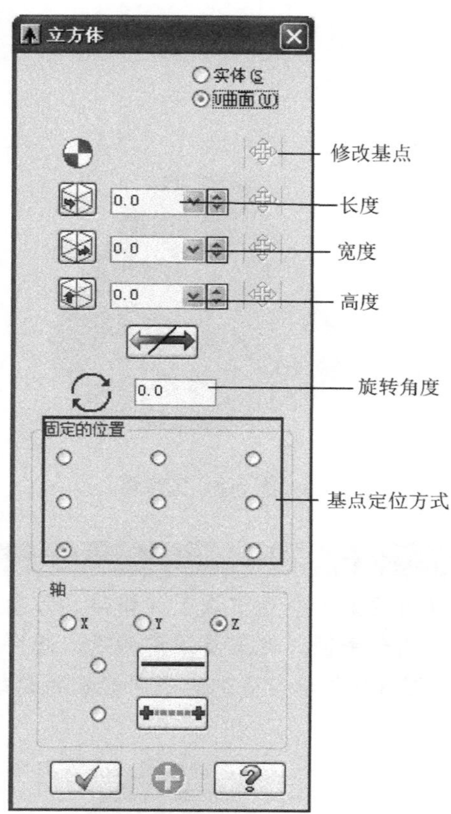

图 5-10 【立方体】对话框

图 5-11 立方体

5.2.4 绘制球体实体

(1) 选择【绘图】|【基本曲面/实体】|【画球体】菜单命令或单击【草图】工具栏中【画球体】按钮，弹出如图 5-12 所示的【球体】对话框。单击对话框标题栏中的按

钮可以使该对话框显示更多的选项。

(2) 在【球体】对话框中选中【实体】单选按钮，设置球体半径为 20。

(3) 系统出现“选取球体的基准点位置”提示信息。在绘图区指定一点作为球体的基准点位置。这里设置基准点位置的坐标为(0,0,0)。

(4) 单击【球体】对话框中【确定】按钮，完成球体的创建。单击【绘图显示】工具栏中的【等角视图】按钮，设置屏幕视角为【等角视图】。球体的效果如图 5-13 所示。

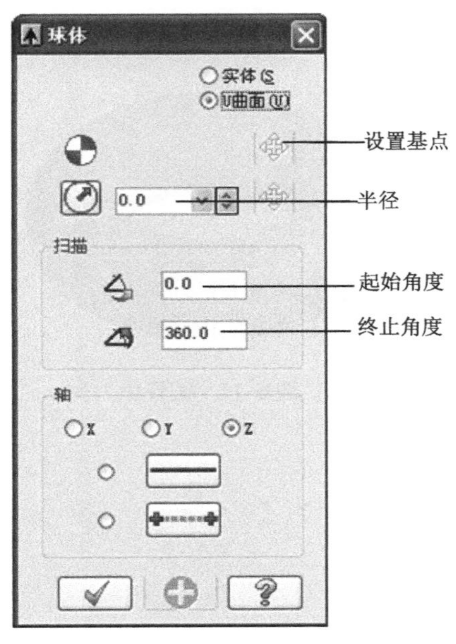

图 5-12　【球体】对话框

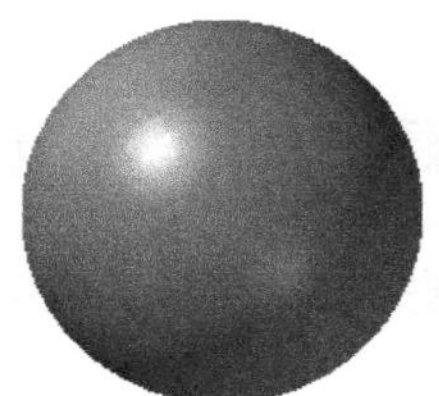

图 5-13　球体

5.2.5　绘制圆环实体

(1) 选择【绘图】|【基本曲面/实体】|【画圆环体】菜单命令或单击【草图】工具栏中的【画圆环体】按钮，弹出如图 5-14 所示【圆环体】对话框。单击对话框标题栏中的按钮可以使该对话框显示更多的选项。

(2) 在【圆环体】对话框中选中【实体】单选按钮，在右侧的【半径】文本框中输入 50，在右侧的【较小的半径】文本框中输入 20。

(3) 系统出现“选取圆环体的基准点位置”提示信息。在绘图区指定一点作为圆环体的基准点位置。这里设置基准点位置的坐标为(0, 0, 0)。

(4) 单击【圆环体】对话框中的【确定】按钮，完成圆环体的创建。单击【绘图显示】工具栏中【等角视图】按钮，设置屏幕视角为【等角视图】。圆环体的效果如图 5-15 所示。

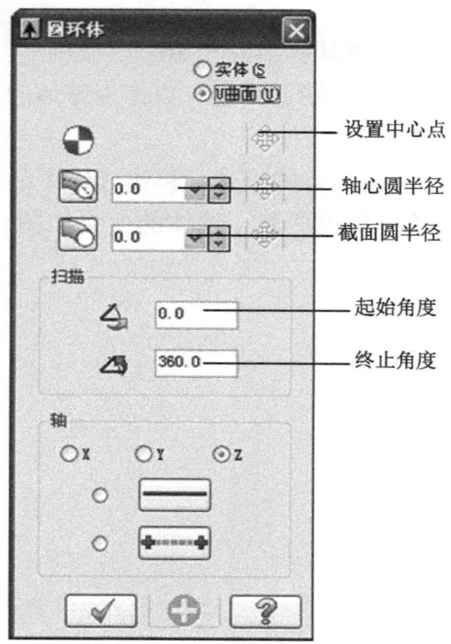

图 5-14 【圆环体】对话框

图 5-15 圆环体

5.2.6 创建基本实体范例

本范例完成文件：\05\5-2-6. MCX-5。

多媒体教学路径：光盘→多媒体教学→第 5 章→5.2.6 节。

步骤 01 创建立方体

单击【草图】工具栏中的【画立方体】按钮，弹出如图 5-16 所示的【立方体】对话框。

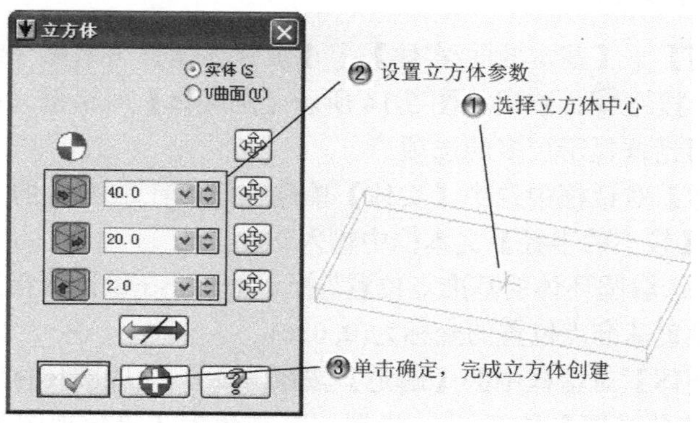

图 5-16 创建立方体

步骤 02 创建圆锥体

单击【草图】工具栏中的【画圆锥体】按钮，弹出如图 5-17 所示【圆锥体】对话框。

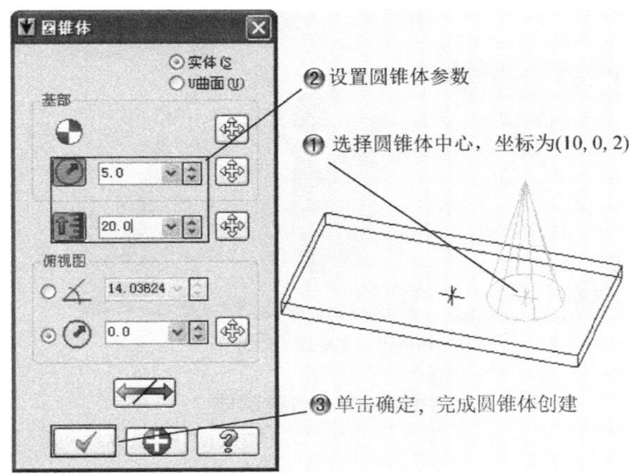

图 5-17　创建圆锥体

步骤 03　创建圆柱体

单击【草图】工具栏中的【画圆柱体】按钮，弹出【圆柱体】对话框，如图 5-18 所示。

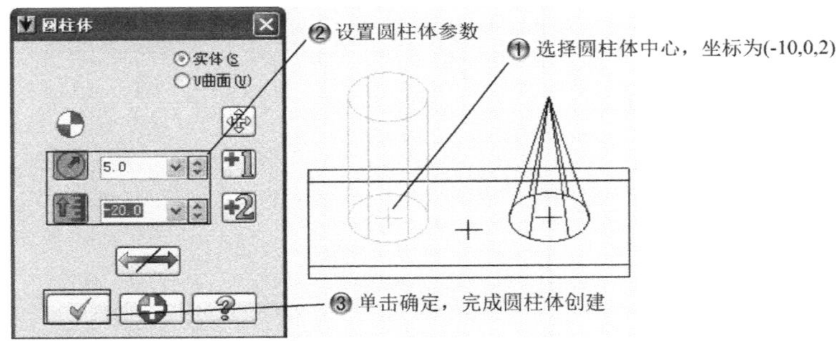

图 5-18　创建圆柱体

步骤 04　创建圆环

单击【草图】工具栏中的【画圆环体】按钮，弹出如图 5-19 所示的【圆环体】对话框。

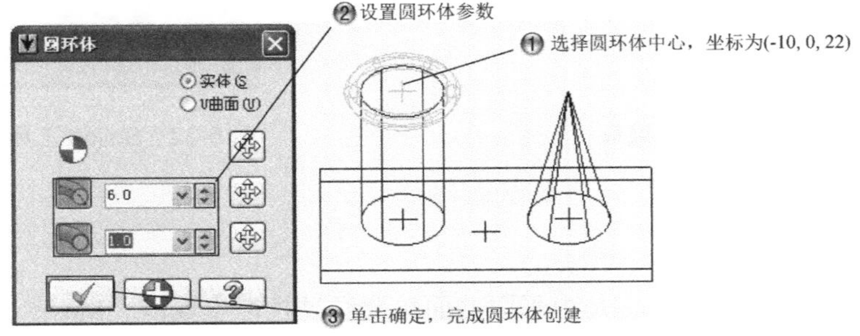

图 5-19　创建圆环

步骤 05　创建球体

单击【草图】工具栏中的【画球体】按钮，弹出如图 5-20 所示的【球体】对话框。

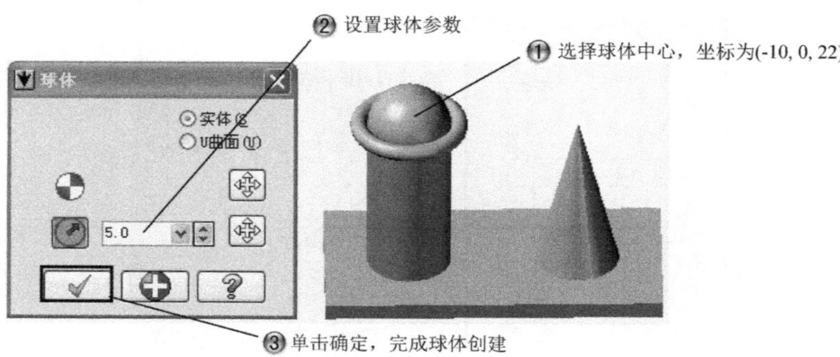

图 5-20　创建球体

5.3 生 成 实 体

Mastercam X5 除了能够生成基本实体外，还提供了丰富的生成实体功能。包括挤出实体、旋转实体、扫描实体、举升实体和曲面生成实体等。

这些生成实体功能位于【实体】菜单命令下，也可通过 Solids 工具栏中的相应功能按钮获得，如图 5-21、图 5-22 所示。

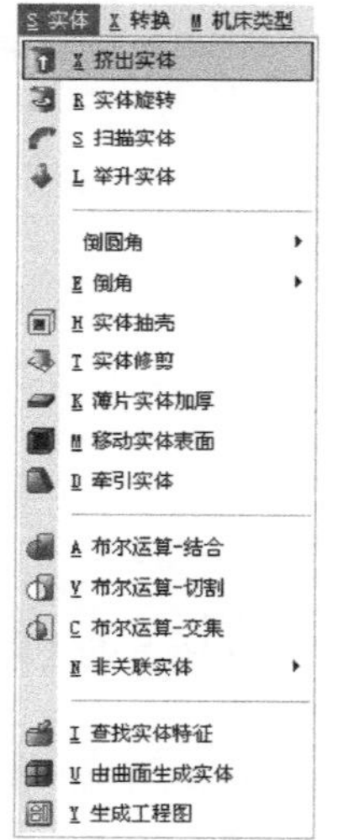

图 5-21　【实体】菜单

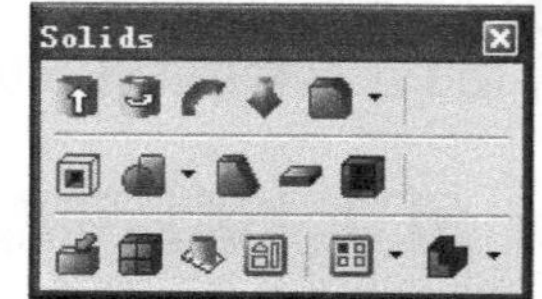

图 5-22　Solids 工具栏

5.3.1　挤出实体

挤出实体又称拉伸实体，它是由平面截面轮廓经过拉伸生成的。Mastercam X5 挤出实体功能，是将一个或多个共面的曲线串连连接，按指定的方向进行拉伸而形成新的实体，如图 5-23 所示。

Mastercam X5 挤出实体功能的【实体挤出的设置】对话框，包括【挤出】和【薄壁设置】两个选项卡。

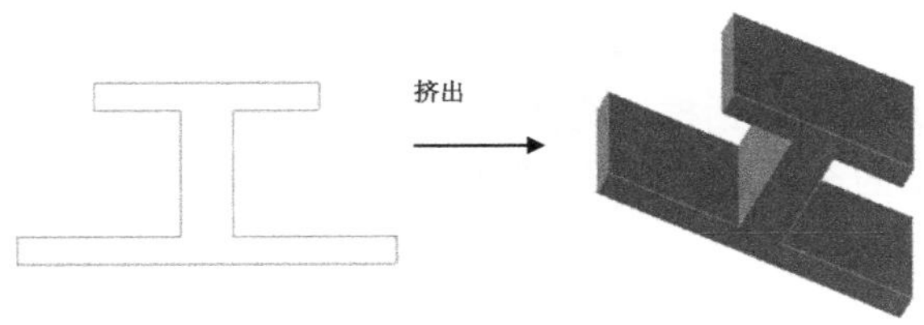

图 5-23　挤出实体

1. 【挤出】选项卡

【挤出】选项卡主要用于设置挤出操作类型、拔模方式、挤出的距离/方向等，如图 5-24 所示。

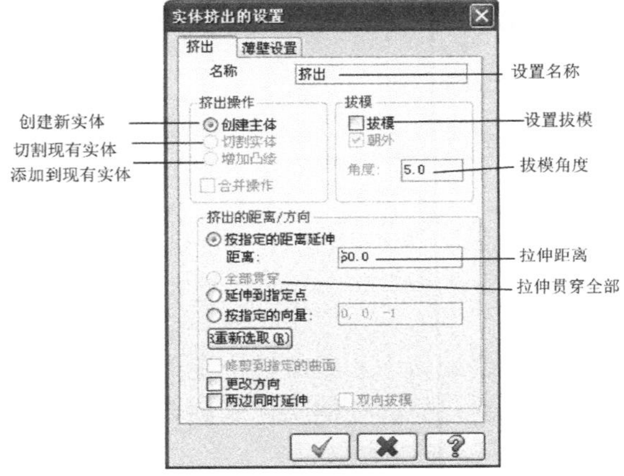

图 5-24　【挤出】选项卡

2. 【薄壁设置】选项卡

【薄壁设置】选项卡用于设置薄壁的相关参数，如图 5-25 所示。

(1)　首先绘制挤出草图，如图 5-26 所示。

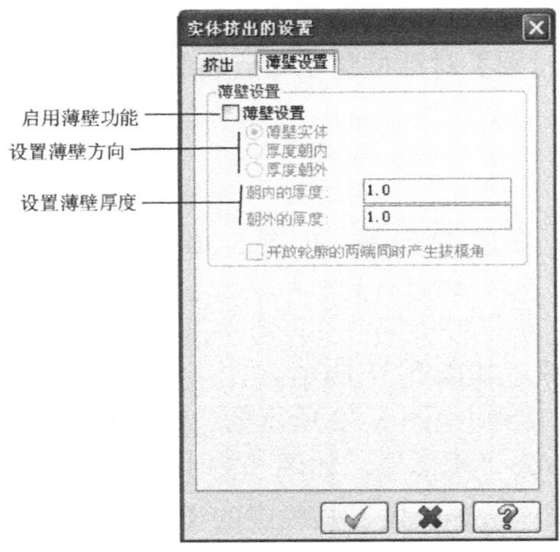

图 5-25　【薄壁设置】选项卡

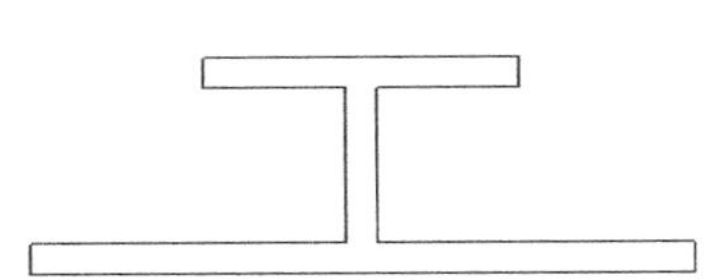

图 5-26　绘制挤出草图

(2) 选择【实体】|【挤出实体】菜单命令或单击 Solids 工具栏中的【挤出实体】按钮，系统弹出【串连选项】对话框，选择串连图像，如图 5-27 所示。

(3) 在【实体挤出的设置】对话框设置挤出距离、拔模和薄壁特征等参数，挤出实体，如图 5-28 所示。

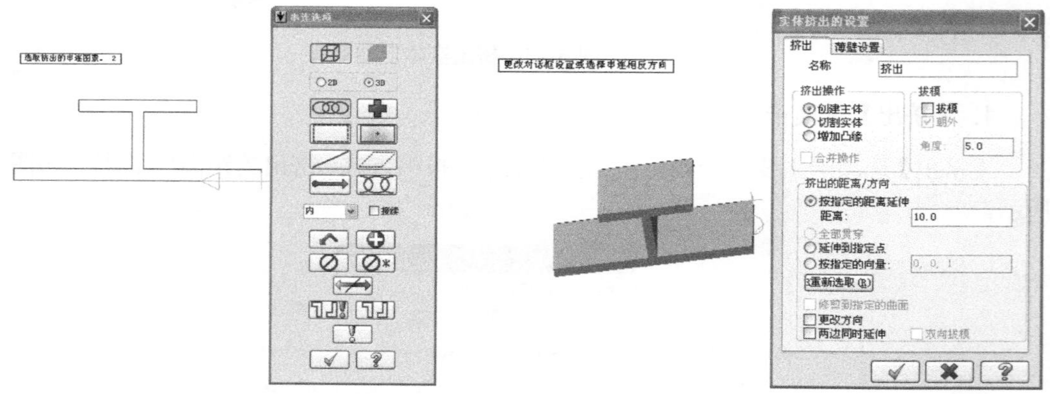

图 5-27　选择串连图像　　　　图 5-28　挤出实体

5.3.2　旋转实体

旋转实体是实体特征截面，绕旋转中心线旋转一定角度，产生的旋转实体或薄壁件；用户也可以使用实体旋转功能，来对已经存在的实体做旋转切割操作，或者增加材料操作，如图 5-29 所示。

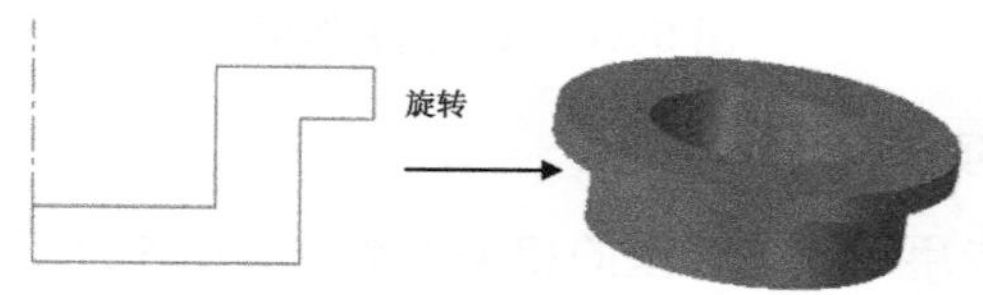

图 5-29　旋转实体

Mastercam X5 旋转实体功能的【旋转实体的设置】对话框包括【旋转】和【薄壁设置】两个选项卡。

1. 【旋转】选项卡

【旋转】选项卡主要用于设置旋转操作类型、角度/轴向等，如图 5-30 所示。

2. 【薄壁设置】选项卡

【薄壁设置】选项卡用于设置薄壁的相关参数，如图 5-31 所示。

(1) 选择视角视图和绘图平面为【俯视图】，绘制如图 5-32 所示的二维图形。

(2) 将当前图层设置为图层 2，设置图层名称为“实体”，如图 5-33 所示。

(3) 选择【实体】|【旋转实体】菜单命令或单击 Solids 工具栏中的【旋转实体】按钮，弹出【串连选项】对话框。

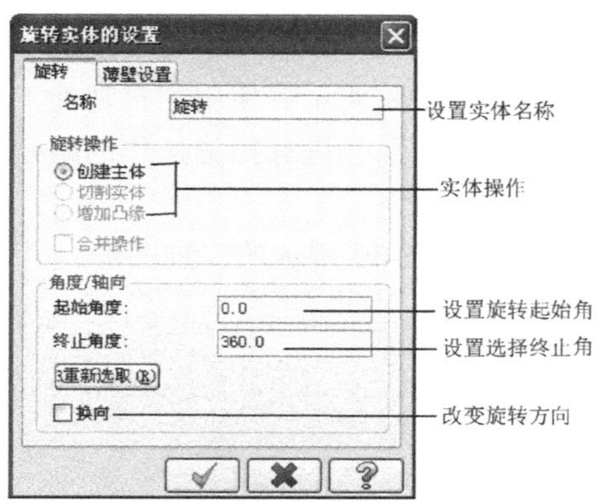

图 5-30 【旋转】选项卡

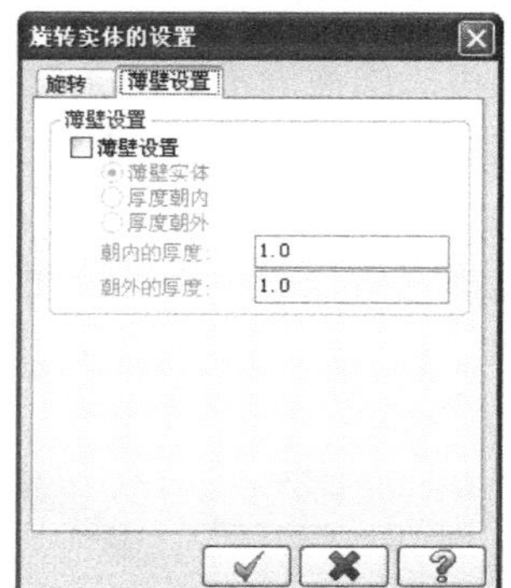

图 5-31 【薄壁设置】选项卡

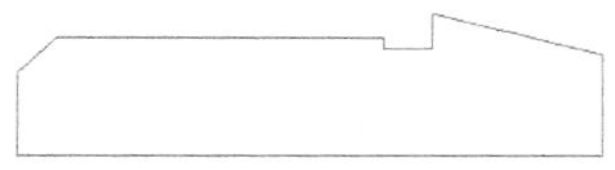

图 5-32 二维图形

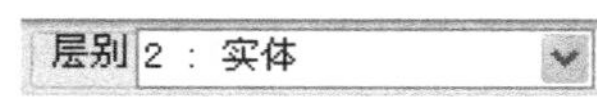

图 5-33 设置图层 2

(4) 系统出现“选取旋转的串连图素.1”提示信息。在【串连选项】对话框中选中【串连】按钮，在绘图区单击如图 5-34 所示的图形，然后在【串连选项】对话框中单击【确定】按钮。

(5) 系统出现“请选一直线作为参考轴”提示信息。在绘图区选择旋转轴，弹出【方向】对话框，如图 5-35 所示，单击【方向】对话框中的【确定】按钮。

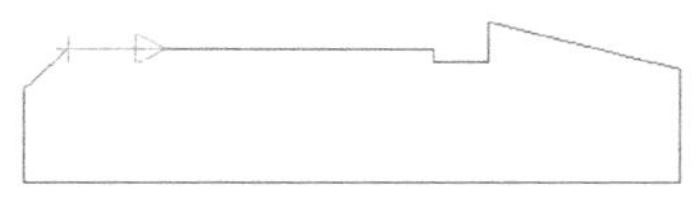

图 5-34 选择的串连图素

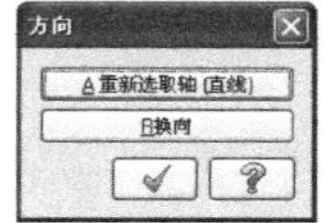

图 5-35 【方向】对话框

(6) 系统弹出【旋转实体的设置】对话框。参数的设置如图 5-36 所示，单击【确定】按钮，完成旋转实体的创建。关闭图层 1，并单击工具栏中的【等角视图】按钮，设置屏幕视角为【等角视图】。旋转实体的效果如图 5-37 所示。

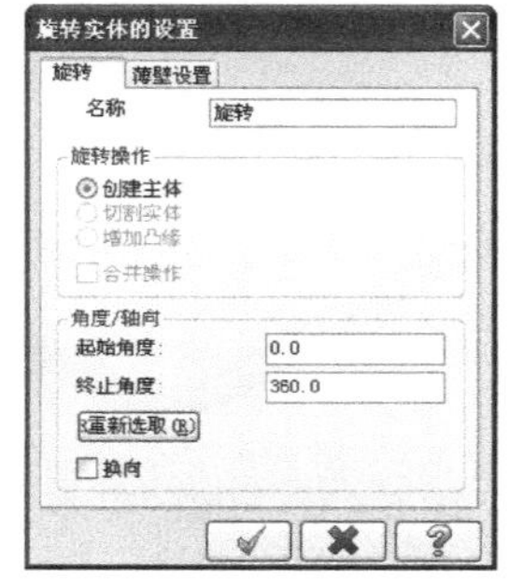

图 5-36 【旋转实体的设置】对话框

图 5-37 旋转实体

5.3.3 扫描实体

扫描是将二维截面沿着一条轨迹线扫描出实体，如图 5-38 所示。使用扫描功能，可以以扫描的方式切除现有实体，或者为现有实体增加凸缘材料。用于进行扫描操作的路径要求避免尖角，以免扫描失败。

(1) 选择视角视图和绘图平面为【俯视图】，绘制如图 5-39 所示的二维图形。

图 5-38 扫描实体

图 5-39 二维图形

(2) 选择视角视图和绘图平面为【前视图】，绘制如图 5-40 所示的二维图形。

(3) 将当前图层设置为图层 2，设置图层名称为“实体”。

(4) 选择【实体】|【扫描实体】菜单命令或单击 Solids 工具栏中的【扫描实体】按钮。

(5) 系统弹出【串连选项】对话框，同时出现“请选择要扫掠的串连图素 1”的提示信息。在绘图区选择绘制的圆为扫描截面，然后按 Enter 键确定。

(6) 系统出现“请选择扫掠路径的串连图素 1”提示信息。在绘图区选择绘制的矩形作为扫描路径，如图 5-41 所示。

图 5-40 【前视图】上绘制的图形

图 5-41 选择扫描的截面和路径

(7) 系统弹出【扫描实体的设置】对话框，如图 5-42 所示。单击【确定】按钮，完成扫描实体的创建。关闭图层 1，单击【绘图显示】工具栏中的【等角视图】按钮，设置屏幕视角为【等角视图】。扫描实体的效果如图 5-43 所示。

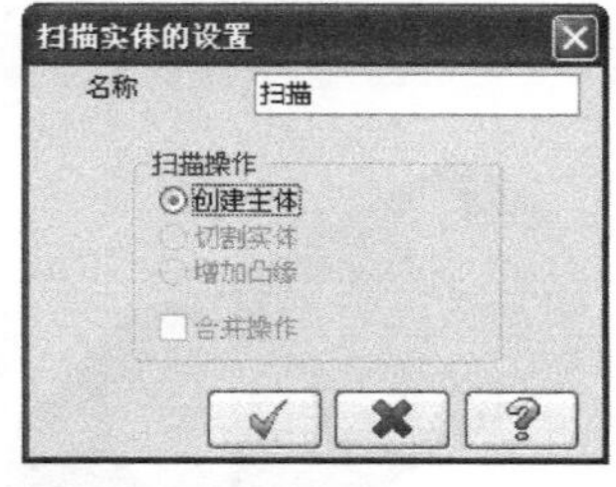

图 5-42 【扫描实体的设置】对话框

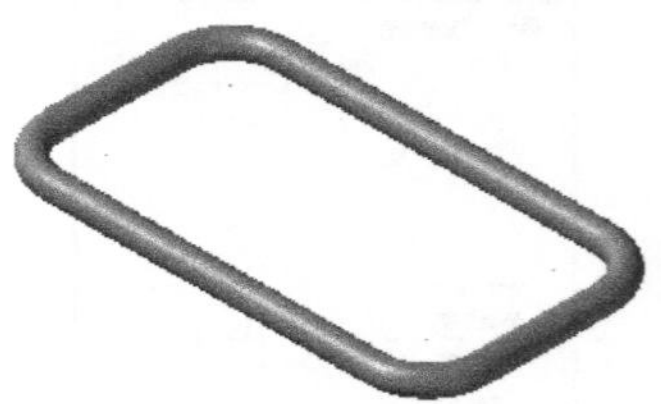

图 5-43 扫描的实体

5.3.4　举升实体

举升实体又叫放样或混合，是将两个或两个以上的封闭曲线串连，按照指定的熔接方式进行各轮廓之间的放样过渡，从而创建新实体；或将生成的实体作为工具实体，与选取的目标实体进行布尔加减操作。在举升操作中选取的各截面串连，必须是共面的封闭曲线串连，但各截面间可以不平行。如图 5-44 所示为举升操作制作的实体。

(1)　选择【俯视图】为绘图平面，分别设置不同的深度，绘制如图 5-45 所示的二维图形。

图 5-44　举升模型

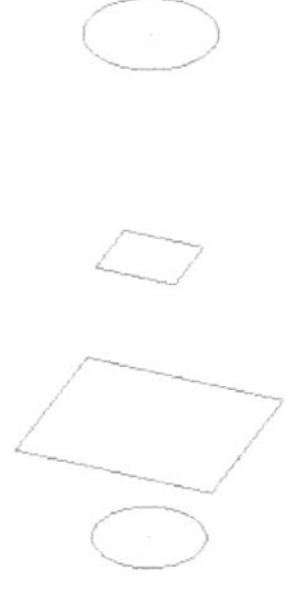

图 5-45　二维图形

(2)　将当前图层设置为图层 2，设置图层名称为“实体”。

(3)　选择【实体】|【举升实体】菜单命令或单击 Solids 工具栏中的【举升实体】按钮，弹出【串连选项】对话框。

(4)　在【串连选项】对话框中选中【串连】按钮，在绘图区依次选择串连图素，注意它们方向的一致性。然后在【串连选项】对话框中单击【确定】按钮。

注 意

在进行举升实体时，每个串连的图素都必须是二维的封闭轮廓，且在串连外形时必须注意匹配起点、串连方向和选择顺序，否则无法创建放样实体或创建一个扭曲的实体。

(5)　系统弹出【举升实体的设置】对话框，选中【以直纹方式产生实体】复选框，如图 5-46 所示。单击【确定】按钮，完成举升实体的创建。创建的模型如图 5-47 所示。

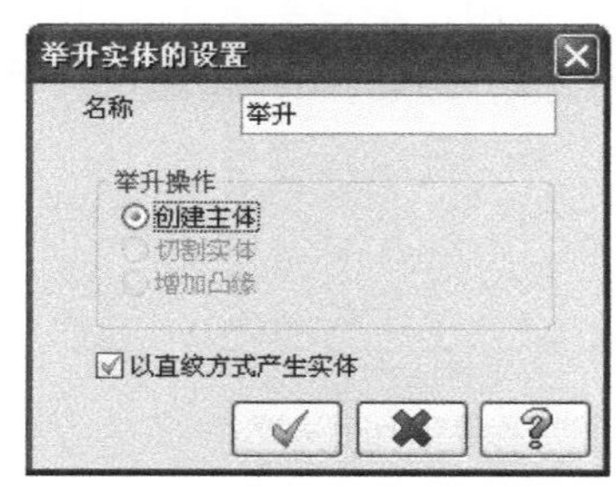

图 5-46　【举升实体的设置】对话框

图 5-47　以直纹方式产生的实体

5.3.5 由曲面生成实体

【由曲面生成实体】命令可以将开放或封闭的曲面转换成实体。如果是开放的曲面，转换后的实体效果与其曲面形状还是一样的，但不再是曲面特征而是薄片实体。

(1) 绘制如图 5-48 所示的曲面，为了便于区分以线架结构显示。

(2) 选择【实体】|【由曲面生成实体】菜单命令或单击 Solids 工具栏中的【由曲面生成实体】按钮。弹出【曲面转为实体】对话框，如图 5-49 所示。

图 5-48 绘制的曲面

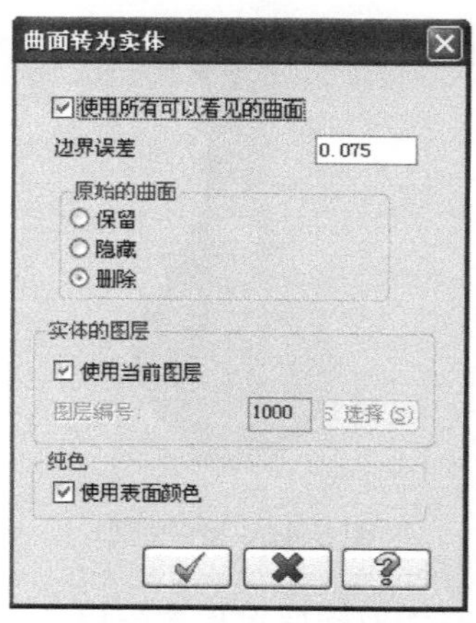

图 5-49 【曲面转为实体】对话框

【曲面转为实体】对话框中各选项的含义如下。

- 【使用所有可以看见的曲面】复选框：若选中该复选框，系统直接将所有曲面转换为一个或多个实体；若取消选中该复选框，则需要手动选取曲面来转换。
- 【边界误差】文本框：用于指定转换操作中的边界误差。
- 【原始的曲面】选项组：用于设置转换后是否保留原曲面，包括【保留】、【隐藏】和【删除】3 个单选按钮。
- 【实体的图层】选项组：用于设置转换操作生成实体所在图层。选中【使用当前图层】复选框时，转换生成的实体使用当前图层；取消选中时，则可以在【图层编号】文本框中指定图层。

(3) 保持【曲面转为实体】对话框设置为默认值，单击【确定】按钮。

(4) 系统弹出一个如图 5-50 所示的提示对话框，提示用户是否要在开放的边界绘制边界曲线。在该对话框中单击【否】按钮，完成实体的转换。得到的实体如图 5-51 所示。

图 5-50 提示对话框

图 5-51 得到的薄片实体

提 示

如果在图 5-50 所示的对话框中单击【是】按钮，则系统弹出【颜色】对话框，可以从中设置边界曲线的颜色。

5.3.6　生成实体范例

本范例完成文件：\05\5-3-6. MCX-5。

多媒体教学路径：光盘→多媒体教学→第 5 章→5.3.6 节。

步骤 01 挤出草图

单击 Solids 工具栏中的【挤出实体】按钮，系统弹出【串连选项】对话框，如图 5-52 所示。

步骤 02 挤出实体

打开【实体挤出的设置】对话框，如图 5-53 所示。

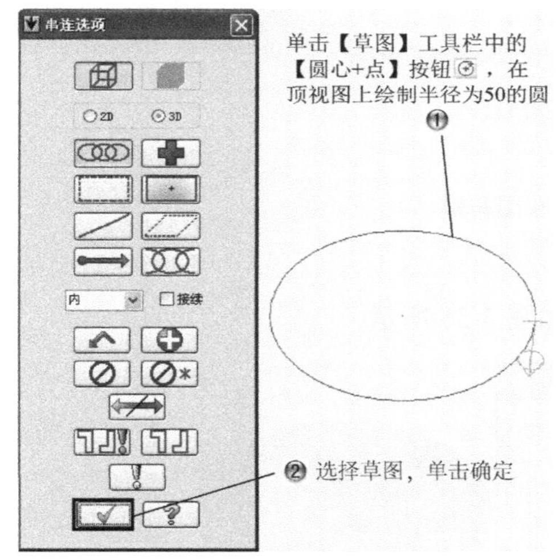

图 5-52　挤出草图

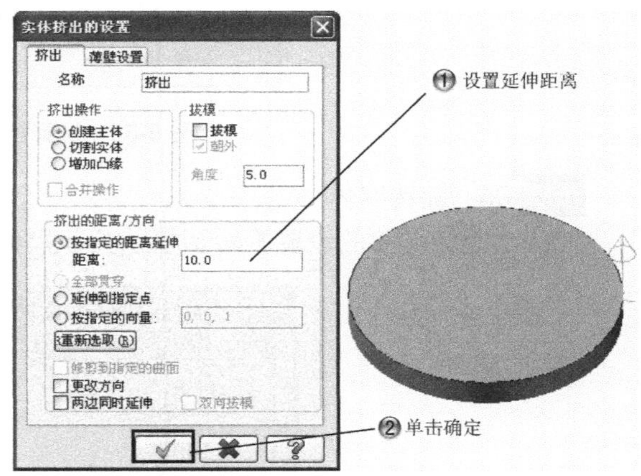

图 5-53　挤出实体

步骤 03 绘制旋转草图

单击【草图】工具栏中的【绘制任意线】按钮，按图 5-54 所示进行绘制。

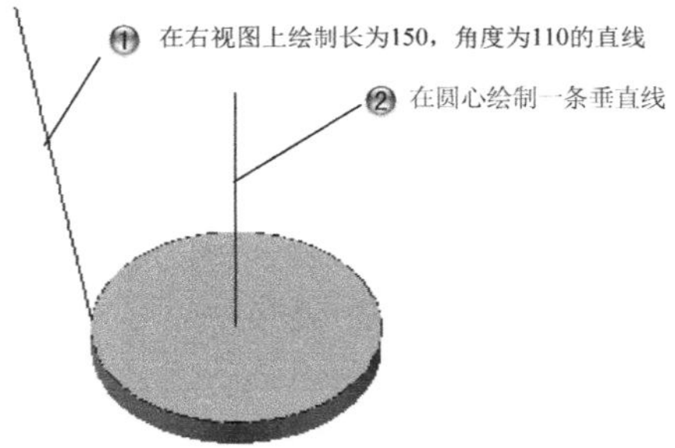

图 5-54　绘制旋转草图

步骤 04 选择旋转草图和轴

单击 Solids 工具栏中的【旋转实体】按钮，弹出【串连选项】对话框，如图 5-55 所示。

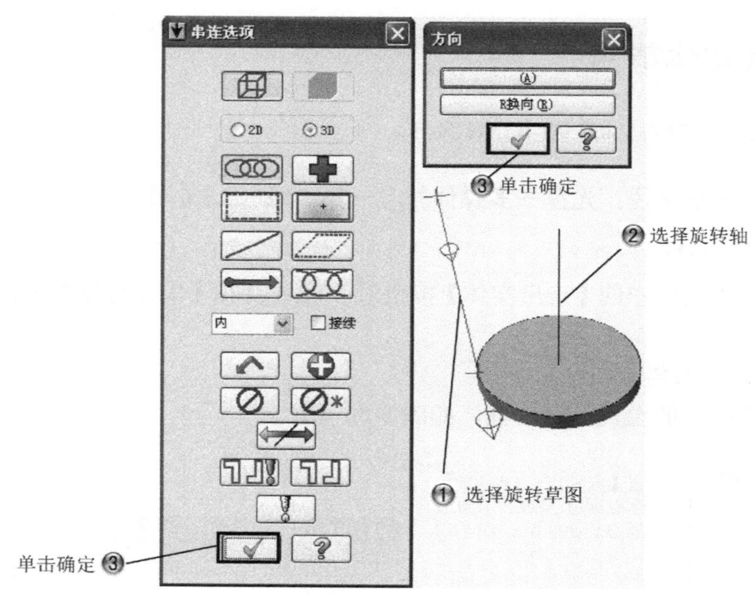

图 5-55　选择旋转草图和轴

步骤 05 旋转实体

打开【旋转实体的设置】对话框，具体操作如图 5-56 所示。

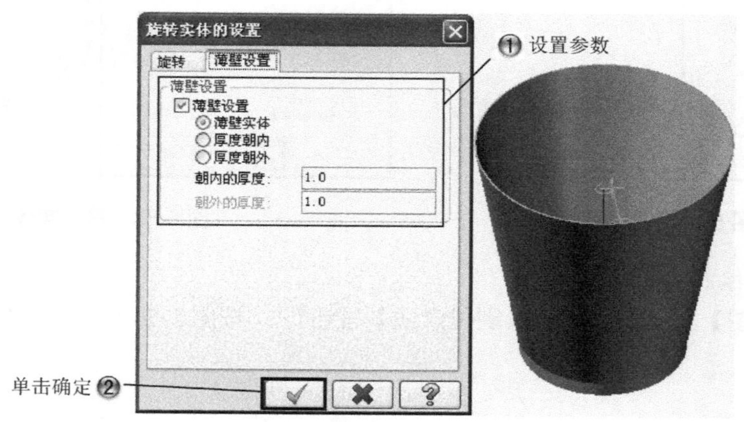

图 5-56　旋转实体

步骤 06 绘制扫描草图

打开【草图】工具栏，具体操作如图 5-57 所示。

步骤 07 选择扫描截面和扫描路径

单击 Solids 工具栏中的【扫描实体】按钮，系统弹出【串连选项】对话框，具体操作如图 5-58 所示。

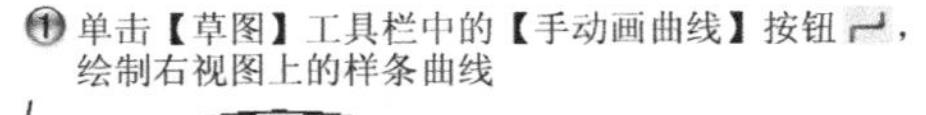

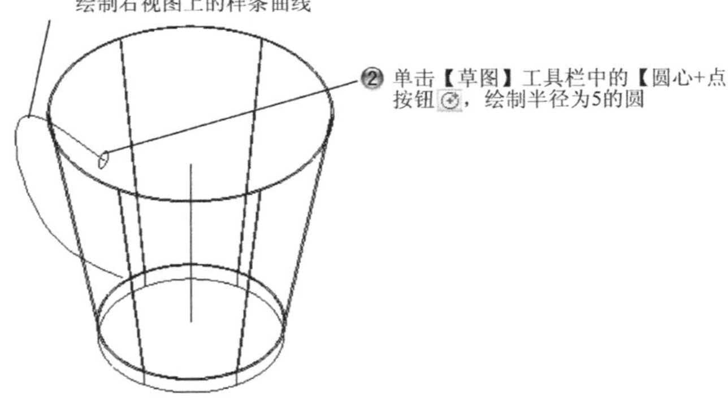

图 5-57　绘制扫描草图

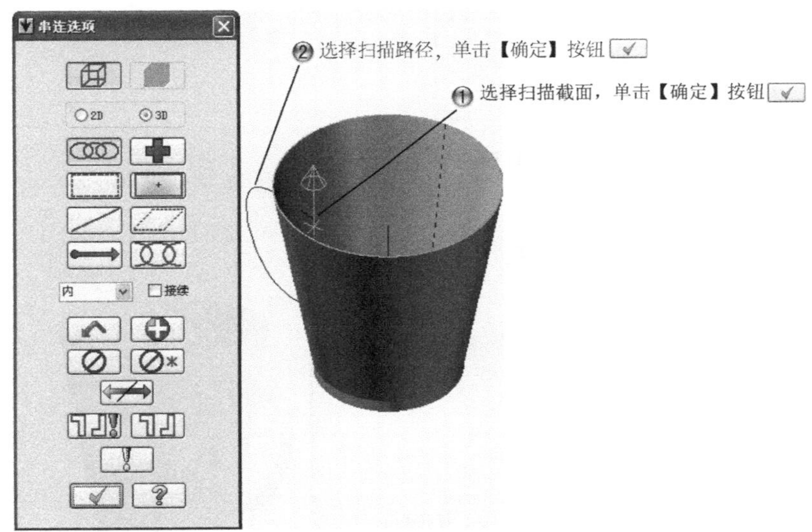

图 5-58　选择扫描路径和截面

步骤 08　扫描实体

打开【扫描实体的设置】对话框，具体操作如图 5-59 所示。

步骤 09　绘制举升草图

单击【草图】工具栏中的【圆心+点】按钮，按图 5-60 所示进行操作。

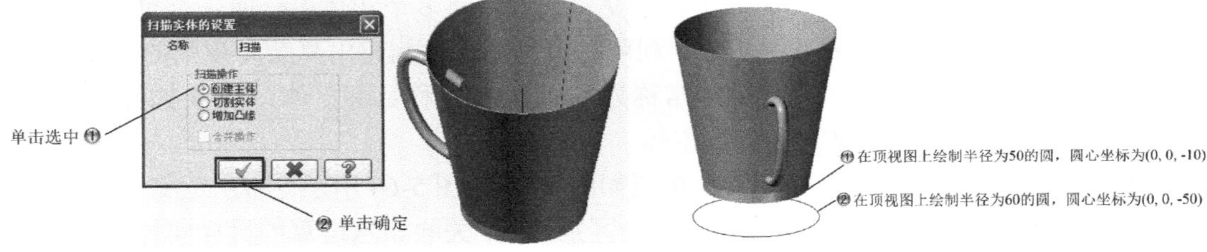

图 5-59　扫描实体

图 5-60　绘制举升草图

步骤 10 选择举升截面

单击 Solids 工具栏中的【举升实体】按钮，弹出【串连选项】对话框，如图 5-61 所示。

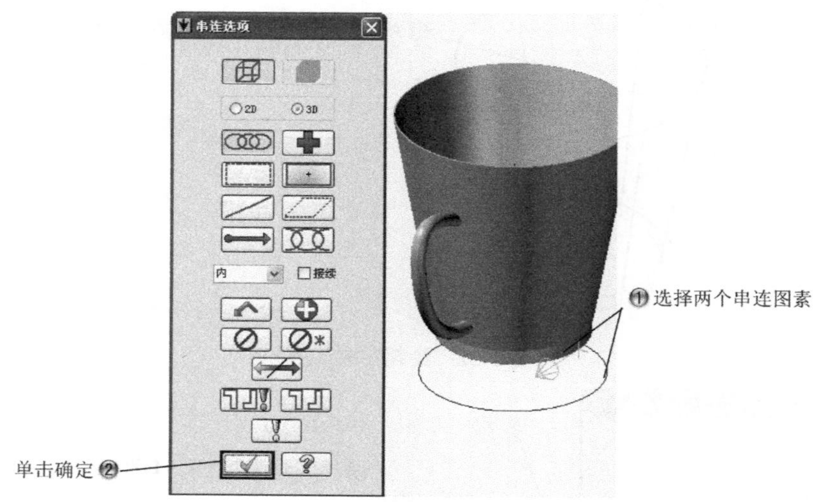

图 5-61 选择举升截面

步骤 11 举升实体

打开【举升实体的设置】对话框，如图 5-62 所示。

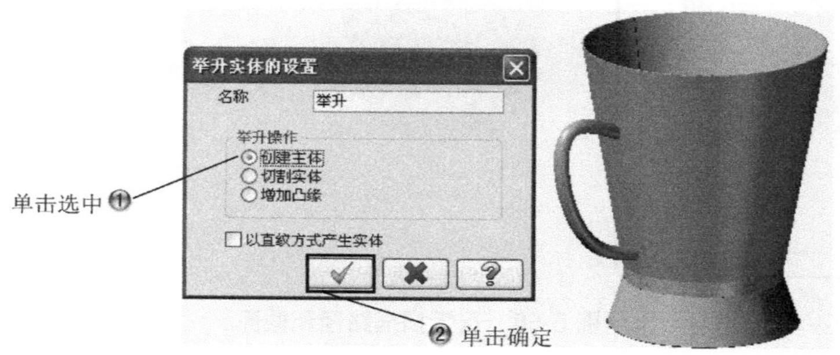

图 5-62 举升实体

5.4 实体布尔运算

实体布尔运算是指通过结合、切割和求交集的方法将多个实体组合成一个单独的实体。布尔运算是实体造型中的一种重要方法，利用它可以迅速地构建出复杂而规则的形体。在实体的布尔运算中，选择的第一个实体通常称为目标实体(也称目标主体)，其余的称为工件实体(也称工件主体)，运算的结果为一个主体。

布尔运算功能的菜单命令和工具栏按钮如图 5-63 和图 5-64 所示。布尔运算命令分为两类：关联布尔运算和非关联布尔运算。它们的区别在于：关联布尔运算的目标实体将被删除，而非关联布尔运算的目标实体、工件实体则可以选择被保留。

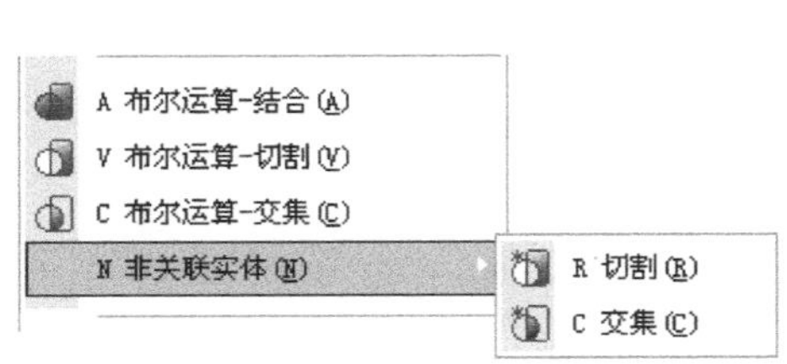

图 5-63　布尔运算菜单命令

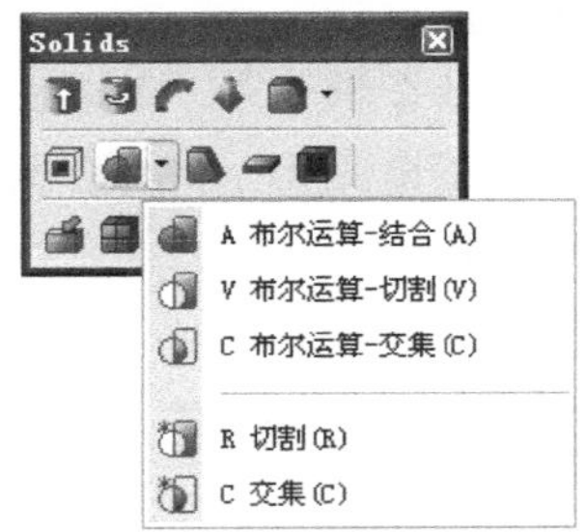

图 5-64　【布尔运算】工具栏按钮

5.4.1　实体并集运算

实体并集运算在 Mastercam X5 对应的命名为“布尔运算-结合”，是将工件主体(一个或多个)的材料加入到目标主体中来创建一个新的实体。【布尔运算-结合】的操作步骤如下。

(1) 创建如图 5-65 所示的多实体模型。该模型包含 5 个实体。

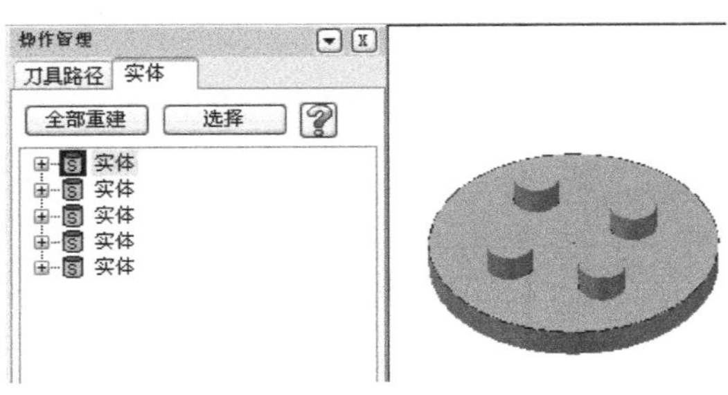

图 5-65　实体操作管理器及多实体模型

(2) 选择【实体】|【布尔运算-结合】菜单命令或单击 Solids 工具栏中的【布尔运算-结合】按钮。系统出现“请选取要布尔运算的目标主体”提示信息，在绘图区单击模型的【实体 1】特征；系统出现“请选取要布尔运算的工件主体”提示信息，在绘图区选择其余全部实体，如图 5-66 所示。

(3) 按 Enter 键，完成结合操作。结合后的模型如图 5-67 所示。

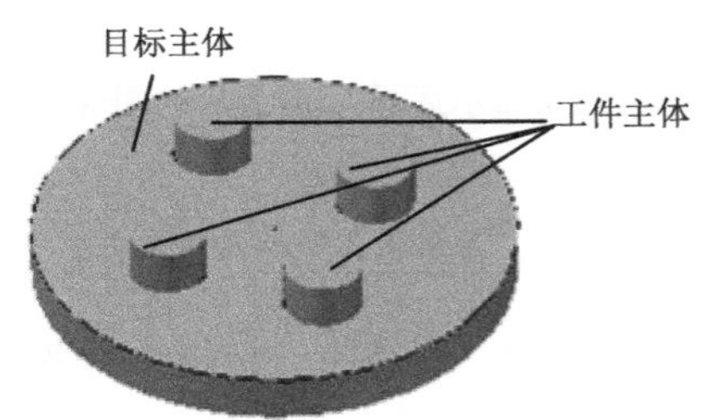

图 5-66　选择模板主体和工件主体

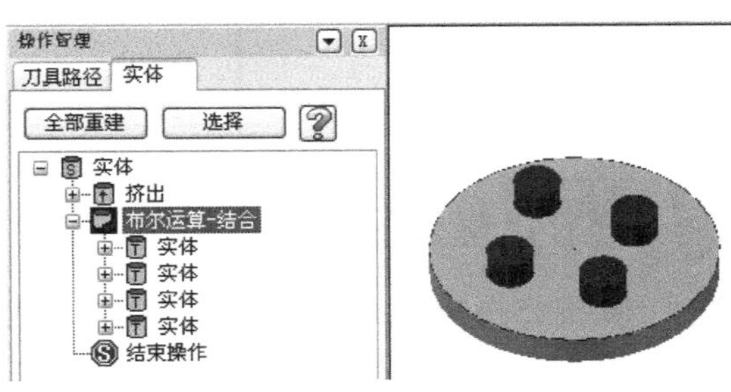

图 5-67　实体操作管理器及【布尔运算-结合】后的图形

提 示

布尔运算结合操作中，目标主体只有一个，但工件主体可以有多个。结合运算完成后，模型的外形看不出变化，但结合的实体已经是一个实体了，这可以从图 5-67 中的实体操作管理器中看出。

5.4.2 实体差集运算

实体差集运算在 Mastercam X5 对应的命名为“布尔运算-切割”，是在目标主体中切掉与工件主体公共部分的材料，从而创建成一个新实体。布尔运算-切割的操作步骤如下。

(1) 创建如图 5-68 所示的多实体模型。该模型包含 5 个实体。

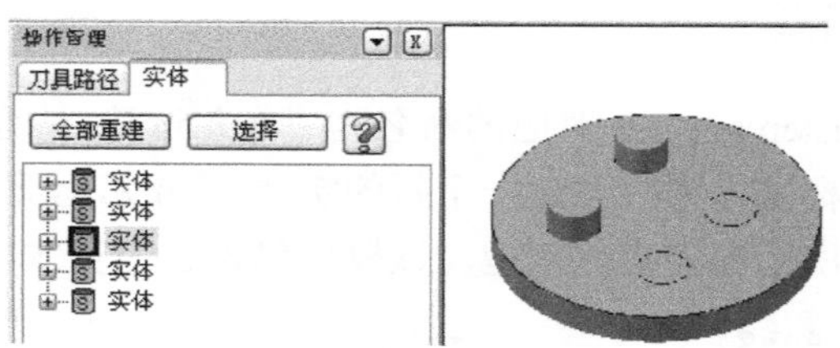

图 5-68 实体操作管理器及多实体模型

(2) 选择【实体】|【布尔运算-切割】菜单命令或单击 Solids 工具栏中的【布尔运算-切割】按钮。系统出现“请选取要布尔运算的目标主体”提示信息，在绘图区单击模型的模型的【实体 1】特征；系统出现“请选取要布尔运算的工件主体”提示信息，在绘图区选择其余全部实体，如图 5-69 所示。

(3) 按 Enter 键，完成切割操作。切割后的模型如图 5-70 所示。注意【实体】操作管理器中实体对象的变化，切割后多实体组合成一个实体了。

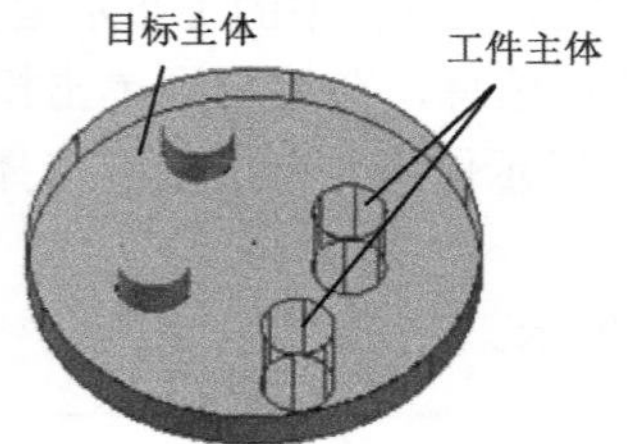

图 5-69 选择目标主体和工件主体

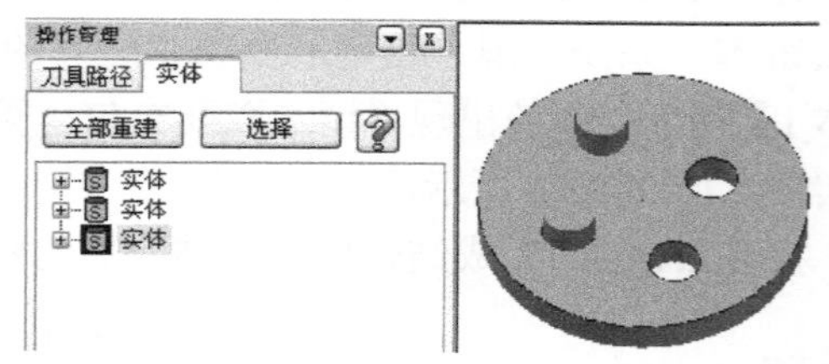

图 5-70 实体操作管理器及【布尔运算-切割】后的图形

5.4.3 实体交集运算

实体交集运算在 Mastercam X5 对应的命名为“布尔运算-交集”，是将目标主体与各工件主体的公共部分组合成一个新的实体。布尔运算-交集的操作步骤如下。

(1) 创建如图 5-71 所示的多实体模型。

(2) 选择【实体】|【布尔运算-交集】菜单命令或单击 Solids 工具栏中的【布尔运算-交集】按钮。系统出现“请选取要布尔运算的目标主体”提示信息，在绘图区单击工件

主体；系统出现“请选取要布尔运算的工件主体”提示信息，在绘图区选择目标主体，如图 5-72 所示。

(3) 按 Enter 键，完成交集操作，如图 5-73 所示。从实体管理器可以看出，原来的两个实体经过交集后成为一个实体了。

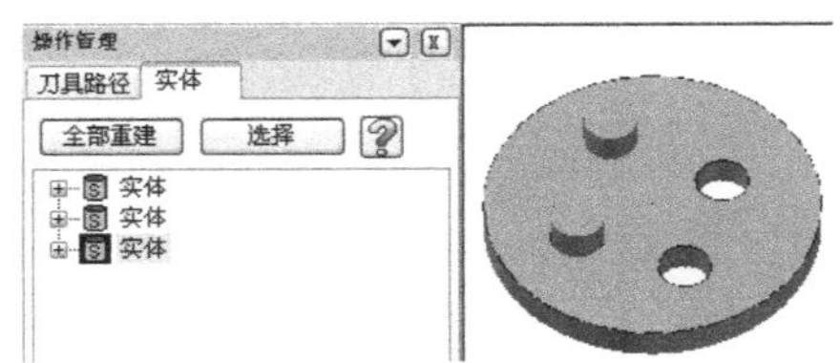

图 5-71　实体操作管理器及多实体模型

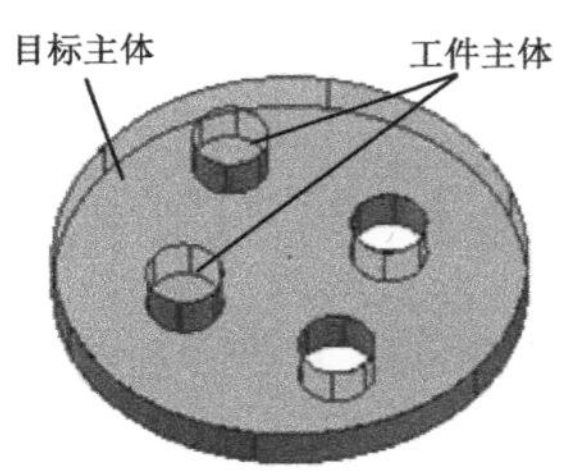

图 5-72　选择的目标主体和工件主体

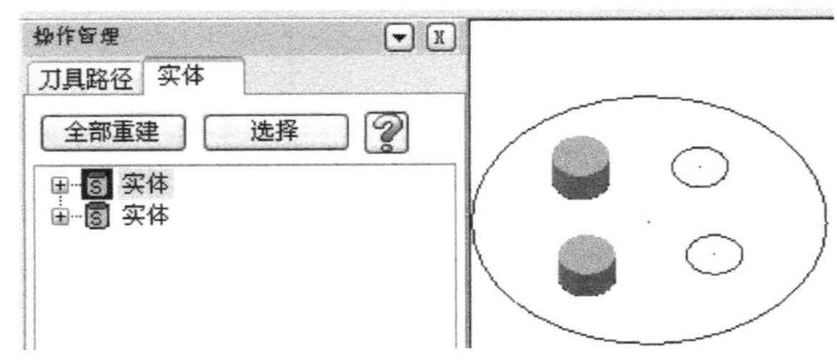

图 5-73　实体操作管理器及【布尔运算-交集】后的图形

5.4.4　非关联布尔运算

实体的非关联布尔运算包括【切割】和【交集】两种操作，其操作步骤和关联实体布尔运算类似。在进行实体的非关联布尔运算操作时，选择好目标主体和工件主体后，系统会弹出【实体非关联的布尔运算】对话框，如图 5-74 所示。该对话框用来提示用户，实体非关联的布尔运算操作将要建立一个没有操作记录的新实体，原来的目标主体和工件主体可以保留或删除。用户可以启用或者取消选中【保留原来的目标实体】和【保留原来的工件实体】两个复选框来进行相应操作。设置后单击【确定】按钮✓即可完成布尔运算操作。

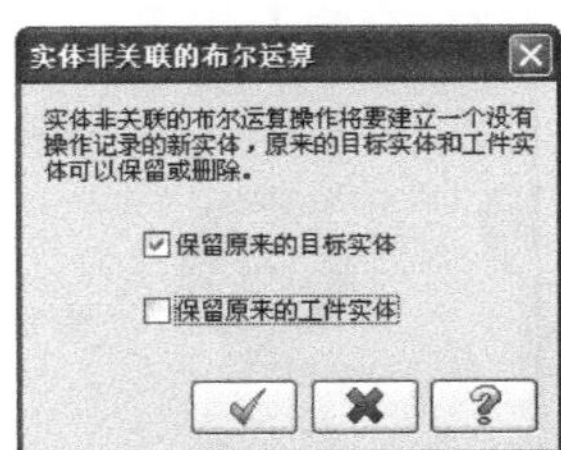

图 5-74　【实体非关联的布尔运算】对话框

5.4.5　实体布尔运算范例

本范例练习文件：\05\5-2-6. MCX-5。

本范例完成文件：\05\5-4-5. MCX-5。

多媒体教学路径：光盘→多媒体教学→第 5 章→5.4.5 节。

步骤 01 差集运算

单击 Solids 工具栏中的【布尔运算-切割】按钮，按图 5-75 所示进行操作。

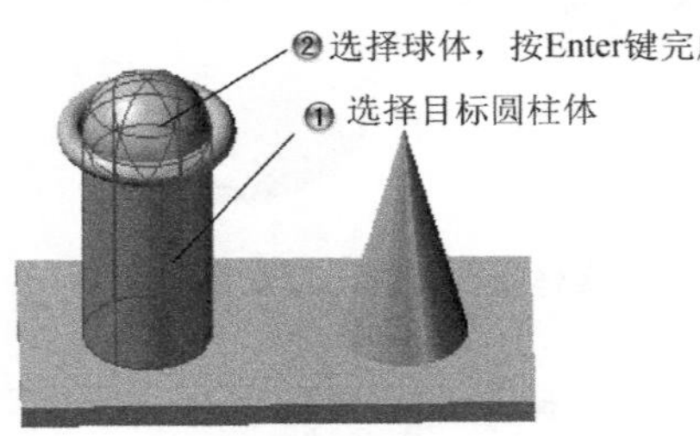

图 5-75 并集运算

步骤 02 绘制圆球

单击【草图】工具栏中的【画球体】按钮，弹出如图 5-76 所示的【球体】对话框。

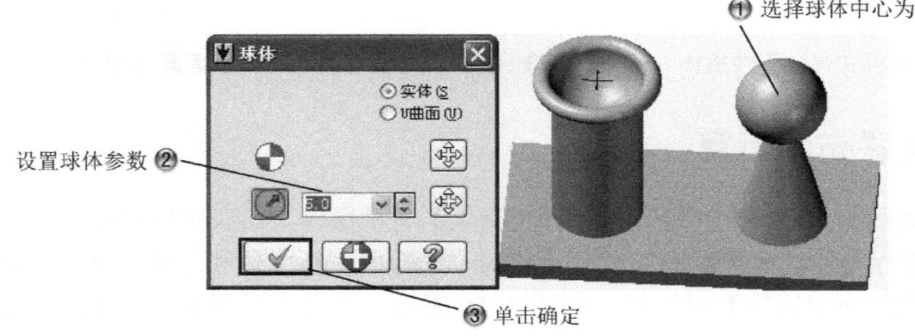

图 5-76 绘制圆球

步骤 03 交集运算

单击 Solids 工具栏中的【布尔运算-交集】按钮，按图 5-77 所示进行操作。

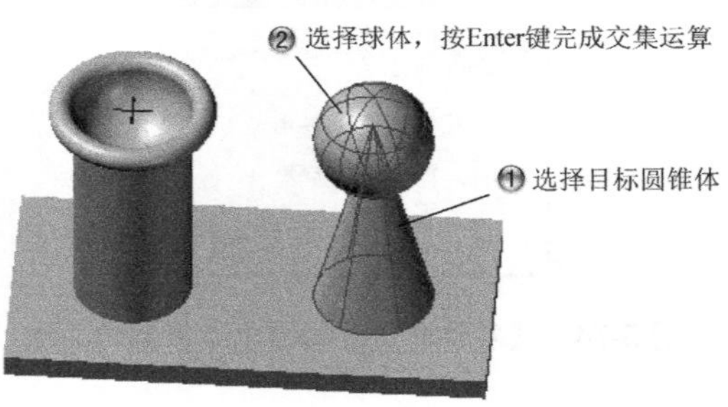

图 5-77 交集运算

步骤 04　并集运算

单击 Solids 工具栏中的【布尔运算-结合】按钮，选择几何体，按 Enter 键完成并集运算，如图 5-78 所示。

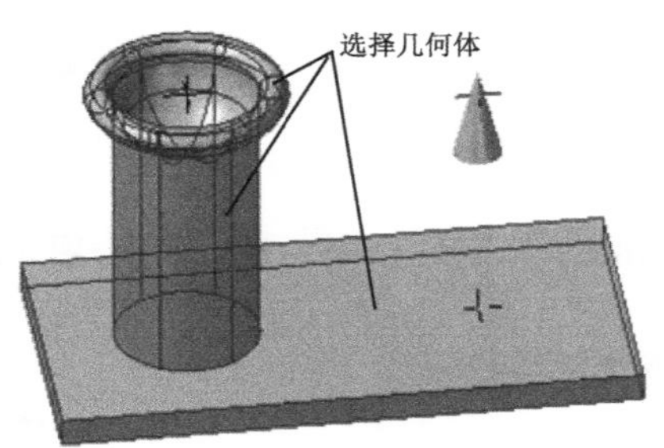

图 5-78　并集运算

5.5　实 体 圆 角

实体倒圆角是指在实体的边缘处，按指定的曲率半径构建一个圆弧面。该圆弧面与该边的两个面相切，以使实体平滑过渡。圆角半径可以是固定的，也可以是变化的。

对实体的倒圆角命令有两个：【实体倒圆角】和【面与面倒圆角】，其功能菜单的子菜单和工具栏按钮如图 5-79 和图 5-80 所示。

图 5-79　【倒圆角】工具栏按钮

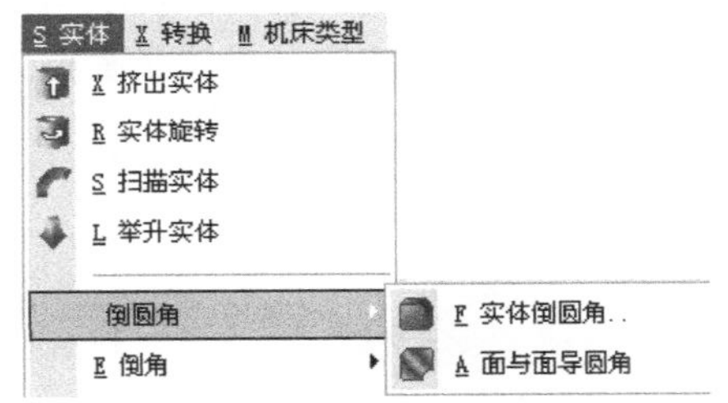

图 5-80　【倒圆角】子菜单

5.5.1　实体倒圆角

1. 实体边倒圆角

这种倒圆角可以通过选择实体边界、实体面或实体主体，在实体边界上创建过渡圆角。圆角半径可以是固定半径，也可以是变化半径。

(1)　创建如图 5-81 所示的实体模型。

(2)　选择【实体】|【倒圆角】|【实体倒圆角】菜单命令或单击 Solids 工具栏中的【实体倒圆角】按钮，系统出现“请选择要导圆角的图素”提示信息。在绘图区选择要圆角的边，如图 5-82 所示。

(3)　按 Enter 键，系统弹出【实体倒圆角参数】对话框。选中【固定半径】单选按钮，设置半径值为 2，如图 5-83 所示。单击【确定】按钮完成圆角操作，效果如图 5-84 所示。

图 5-81　圆角实例模型

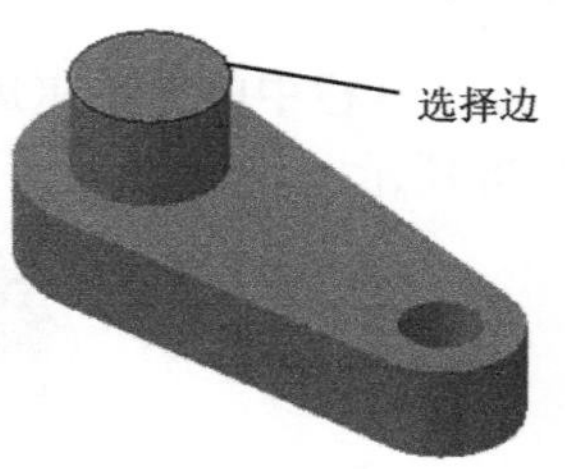

图 5-82　选取的圆角边

图 5-83　【实体倒圆角参数】对话框

图 5-84　圆角后的图形

(4) 单击 Solids 工具栏中的【实体倒圆角】按钮，系统出现“请选择要导圆角的图素”提示信息。在绘图区选择要圆角的边，如图 5-85 所示。

(5) 按 Enter 键，系统弹出【实体倒圆角参数】对话框。选中【变化半径】单选按钮，并选中【平滑】单选按钮，设置半径值为 2。选中【沿切线边界延伸】复选框，如图 5-86 所示。

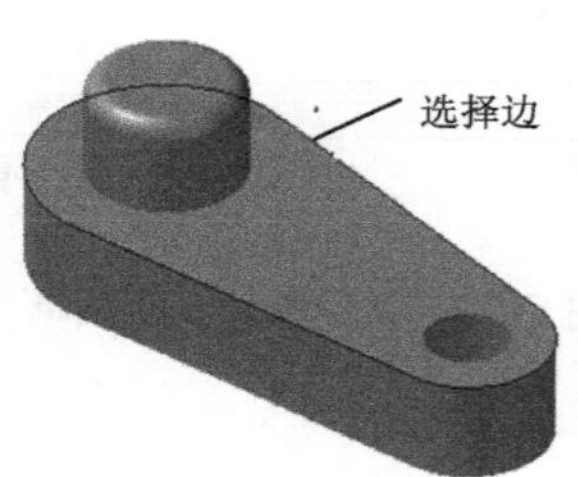

图 5-85　选取的圆角边

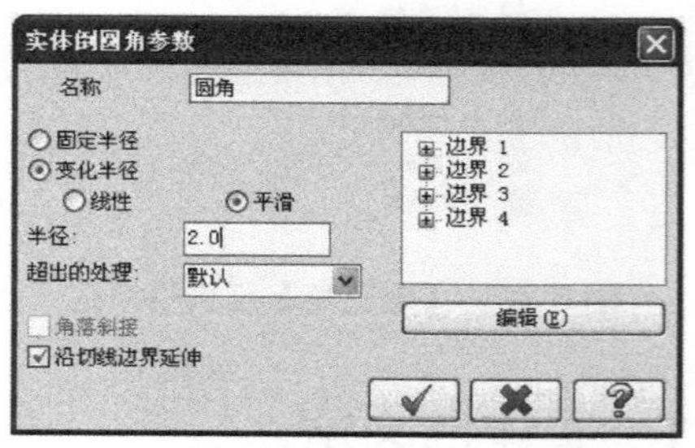

图 5-86　【实体倒圆角参数】对话框

(6) 单击【实体倒圆角参数】对话框中的【编辑】按钮，在出现的快捷菜单中选择【中点插入】命令，如图 5-87 所示。

【实体倒圆角参数】对话框中【编辑】按钮快捷菜单中各选项功能介绍如下。

① 【动态插入】：在选取的边上移动光标来改变插入位置。

② 【中点插入】：在选取的边的中点插入半径点，同时设置该点的半径值。

③ 【修改位置】：修改选取边上半径的位置，但不能改变端点和交点位置。

④ 【修改半径】：用于修改指定位置点的半径。

⑤ 【移动】：用于移除端点间的半径点，但不能删除端点。

⑥　【循环】：用于循环显示并设置各半径点的半径值。

(7)　系统出现“选择目标边界中之一段”提示信息。在绘图区选择如图 5-88 所示的边线，系统弹出【输入半径】对话框，在文本框中输入半径为 4，如图 5-89 所示。

(8)　按 Enter 键，系统退回到【实体倒圆角参数】对话框。单击【确定】按钮完成圆角操作，效果如图 5-90 所示。

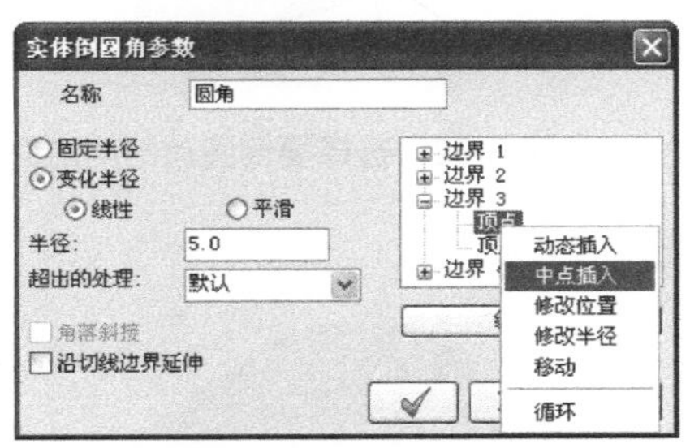

图 5-87　【实体倒圆角参数】对话框

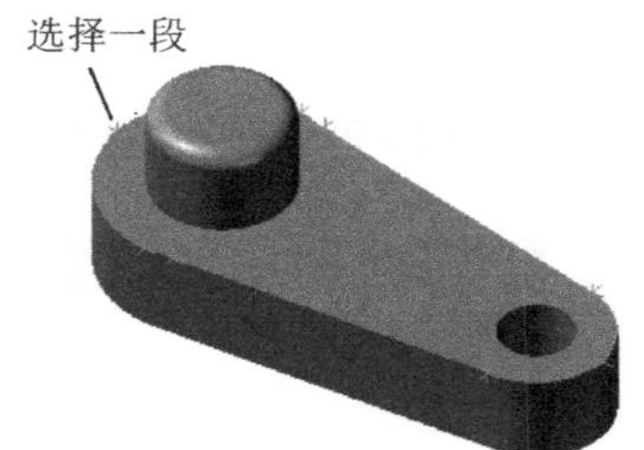

图 5-88　选择目标边界

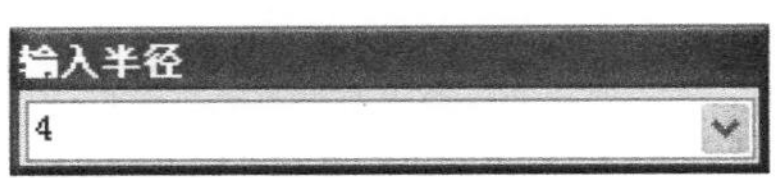

图 5-89　【输入半径】对话框

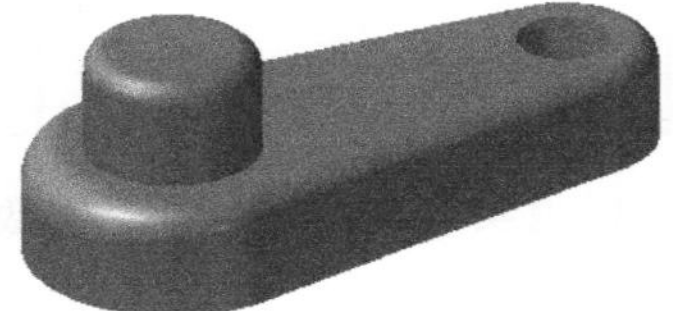

图 5-90　变化半径圆角效果

提 示

对实体的倒圆角操作，也可以通过选择实体的表面或实体主体实现，但只能进行固定半径倒圆角，而不能像边界方式倒圆角那样，可采用固定半径和变化半径两种方式。

2. 实体面与面倒圆角

实体面与面倒圆角是通过选择两组相邻的实体表面来创建倒圆角的。

(1)　创建如图 5-91 所示的实体模型。

(2)　选择【实体】|【倒圆角】|【面与面倒圆角】菜单命令或单击 Solids 工具栏中的【面与面倒圆角】按钮，系统出现“选择执行面与面导圆角的第一个面/第一组面”提示信息。在绘图区选择第一组曲面。

(3)　按 Enter 键，系统又出现“选择执行面与面导圆角的第二个面/第二组面”提示信息。在绘图区选择第二组曲面，如图 5-92 所示。

(4)　按 Enter 键，系统弹出【实体的面与面倒圆角参数】对话框。设置半径值为 2，如图 5-93 所示。单击【确定】按钮完成圆角操作，效果如图 5-94 所示。

提 示

从【实体的面与面倒圆角参数】对话框中可以看到，面与面倒圆角的参数有 3 种:【半径】、【宽度】和【控制线】。选中不同的单选按钮，能激活不同的设置框。

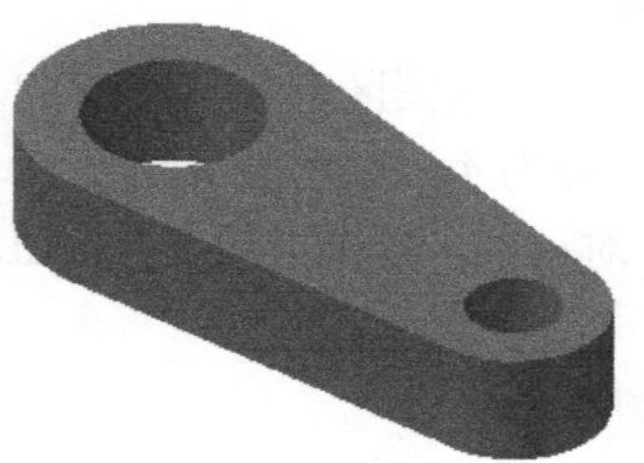

图 5-91　倒圆角模型

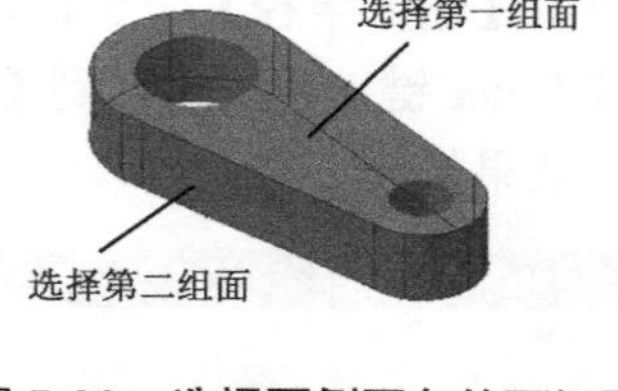

图 5-92　选择要倒圆角的两组面

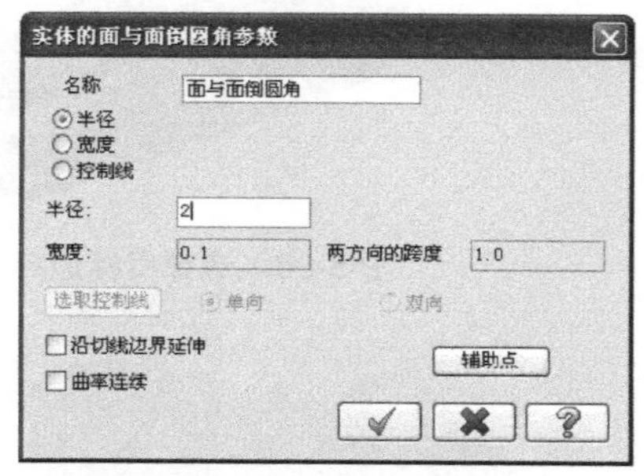

图 5-93　【实体的面与面倒圆角参数】对话框

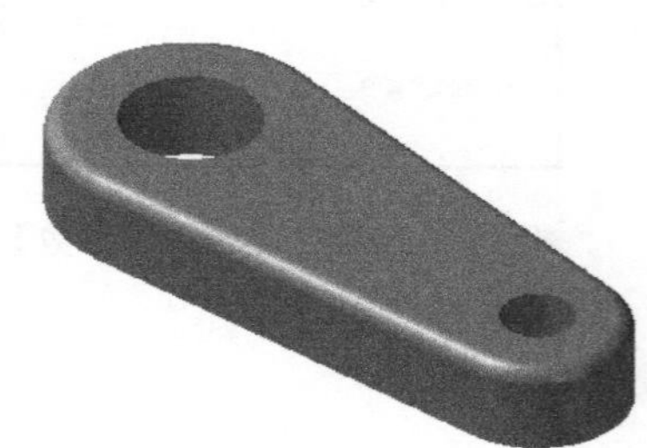

图 5-94　圆角后的图形

5.5.2　实体圆角范例

本范例练习文件：\05\5-3-6. MCX-5。

本范例完成文件：\05\5-5-2. MCX-5。

多媒体教学路径：光盘→多媒体教学→第 5 章→5.5.2 节。

步骤 01　一边倒圆角

单击 Solids 工具栏中的【实体倒圆角】按钮，系统弹出【实体倒圆角参数】对话框，如图 5-95 所示。

图 5-95　一边倒圆角

步骤 02 另一边倒圆角

单击 Solids 工具栏中的【实体倒圆角】按钮，系统弹出【实体倒圆角参数】对话框，如图 5-96 所示。

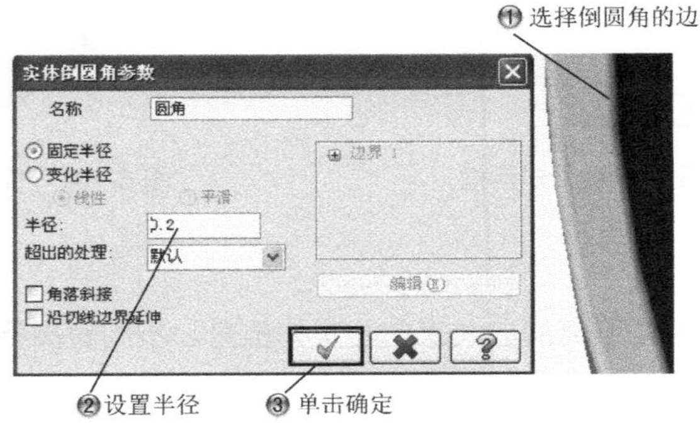

图 5-96　另一边倒圆角

5.6　实 体 倒 角

实体倒角是指在实体被选定的边上，以切除材料的方式来实现倒角处理。

对实体倒角的方式有 3 种：【单一距离倒角】、【不同距离】和【距离/角度】，它的功能菜单命令如图 5-97 所示。

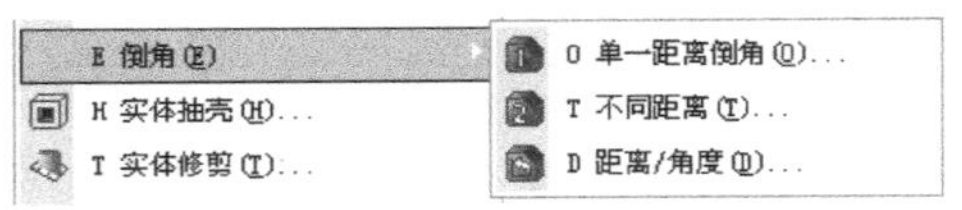

图 5-97　【倒角】菜单命令

5.6.1　实体倒角

1. 相同倒角距离

相同倒角距离在 Mastercam X5 对应的命令为【单一距离倒角】，是以单一距离的方式来创建实体倒角。单一距离倒角的操作步骤如下。

(1) 创建如图 5-98 所示的立方体模型。

(2) 选择【实体】|【倒角】|【单一距离倒角】菜单命令或单击 Solids 工具栏中的【单一距离倒角】按钮，系统出现“选择要倒角的图素”的提示信息。选择要创建倒角的图素，如图 5-99 所示。这里选择图素的对象可以是边界线、面或体。

图 5-98　倒角模型

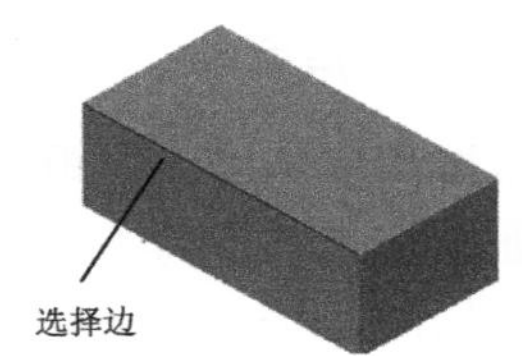

图 5-99　选择倒角的图素

(3) 按 Enter 键，系统弹出【实体倒角参数】对话框。设置倒角【距离】为 5，如图 5-100 所示。单击【确定】按钮完成倒角操作，倒角效果如图 5-101 所示。

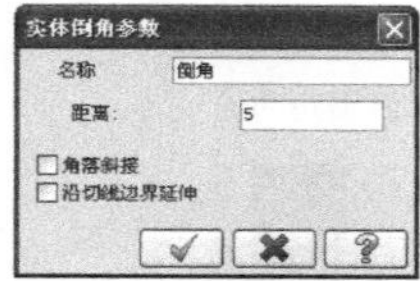

图 5-100 【实体倒角参数】对话框

图 5-101 倒角后的效果

2. 不同倒角距离

不同距离倒角是以两个距离的方式来创建实体倒角。不同距离倒角的操作步骤如下。

(1) 创建如图 5-102 所示的立方体模型。

(2) 选择【实体】|【倒角】|【不同距离】菜单命令或单击 Solids 工具栏中的【不同距离】按钮，系统出现“选择要倒角的图素”的提示信息。选择要创建倒角的图素，同样这里选择图素的对象可以是边界线、面或体。按 Enter 键，系统弹出【选取参考面】对话框，如图 5-103 所示。通过单击该对话框中【其他的面】按钮，可以在与选取倒角边线相邻的两个面间切换，单击【确定】按钮。

图 5-102 倒角模型

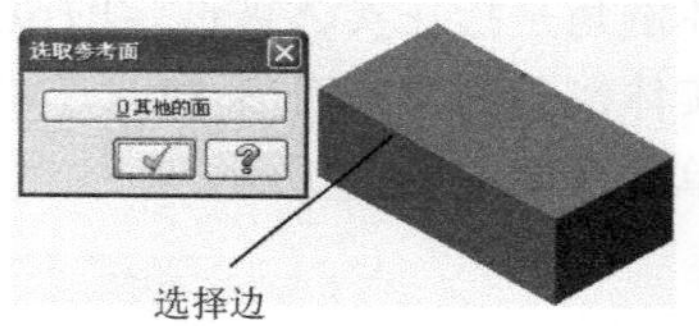

图 5-103 选择的倒角图素及【选取参考面】对话框

(3) 按 Enter 键，系统弹出【实体倒角参数】对话框。设置倒角【距离 1】为 5，【距离 2】为 2，如图 5-104 所示。单击【确定】按钮完成倒角操作，倒角效果如图 5-105 所示。

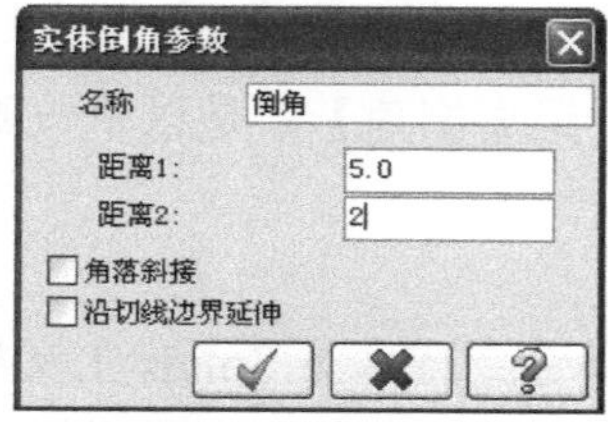

图 5-104 【实体倒角参数】对话框

图 5-105 倒角后的效果

3. 倒角距离与角度

距离和角度倒角是以一个距离和一个角度的方式，来创建实体倒角的，其中距离和角度是相对参考面而言的。距离/角度倒角的操作步骤如下。

(1) 创建如图 5-106 所示的立方体模型。

(2) 选择【实体】|【倒角】|【距离/角度】菜单命令或单击 Solids 工具栏中的【距

离/角度】按钮，系统出现“选择要倒角的图素”的提示信息。选择要创建倒角的图素，同样这里选择图素的对象可以是边界线、面或体。按 Enter 键，系统弹出【选取参考面】对话框，如图 5-107 所示。通过单击该对话框中【其他的面】按钮，可以在与选取倒角边线相邻的两个面间切换，单击【确定】按钮。

图 5-106　倒角模型

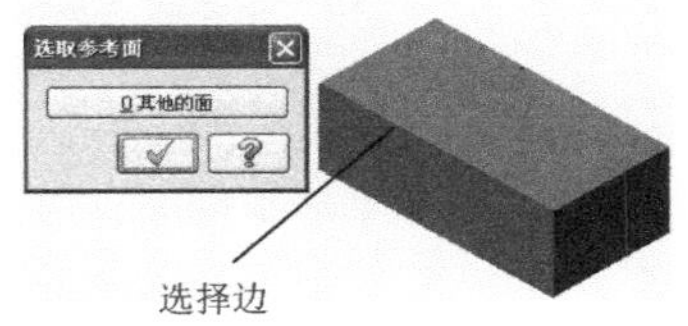

图 5-107　选择的倒角图素及【选取参考面】对话框

(3)　按 Enter 键，系统弹出【实体倒角参数】对话框。设置倒角【距离】为 5，【角度】为 60，如图 5-108 所示。单击【确定】按钮完成倒角操作，倒角效果如图 5-109 所示。

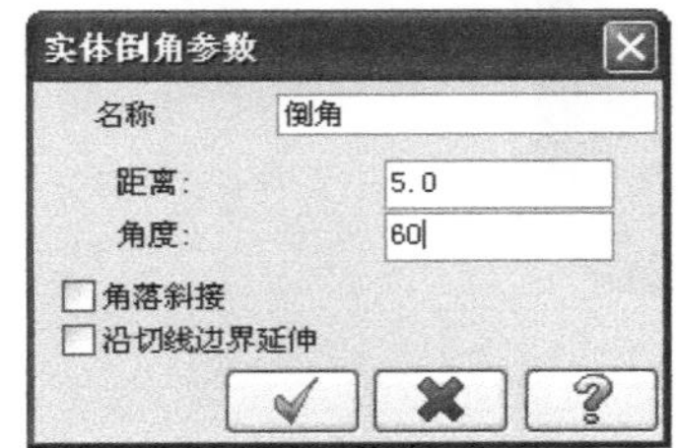

图 5-108　【实体倒角参数】对话框

图 5-109　倒角后的效果

5.6.2　实体倒角范例

本范例练习文件：\05\5-5-2. MCX-5。

本范例完成文件：\05\5-6-2. MCX-5。

多媒体教学路径：光盘→多媒体教学→第 5 章→5.6.2 节。

步骤 01　实体倒角

单击 Solids 工具栏中的【单一距离倒角】按钮，系统弹出【实体倒角参数】对话框，如图 5-110 所示。

步骤 02　实体倒角

单击 Solids 工具栏中的【距离/角度】按钮，系统弹出【实体倒角参数】对话框，如图 5-111 所示。

图 5-110　实体倒角

图 5-111　实体倒角

5.7　实体编辑

Mastercam X5 提供了丰富的实体编辑功能。设计好三维实体后，可以根据设计要对实体进行编辑操作，以使模型更加合理和完美。

本节主要介绍 Mastercam X5 的编辑功能，包括实体抽壳、薄片实体加厚、移除实体表面和实体修剪。

5.7.1　实体抽壳

实体抽壳是指将实体内部掏空，使实体转变成为有一定厚度的空心实体。进行实体抽壳操作时可以选择整个实体，也可以选择实体表面。如果选择整个实体，则生成的是一个没有开口的壳体；如果选择实体上的一个或多个实体面，则生成的是移除这些实体面的开口壳体结构。

实体抽壳的操作方法和步骤如下。

(1)　创建如图 5-112 所示实体模型。

(2)　选择【实体】|【实体抽壳】菜单命令或单击 Solids 工具栏中的【实体抽壳】按钮，系统出现“请选择要保留开启的主体或面”的提示信息。选择实体的上表面，如图 5-113 所示。

图 5-112　实体抽壳模型

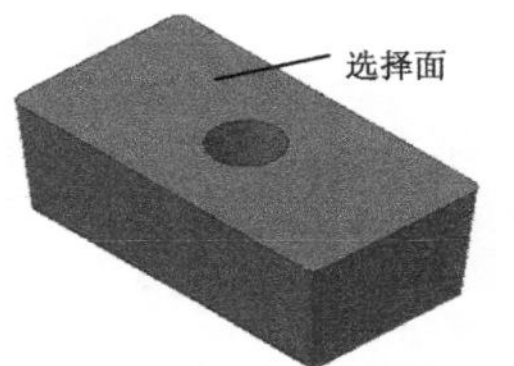

图 5-113　选择要保留开启的面

(3) 按 Enter 键，系统弹出【实体薄壳】对话框。选中【朝内】单选按钮，设置【朝内的厚度】为 2，如图 5-114 所示。单击【确定】按钮完成抽壳操作，抽壳的效果如图 5-115 所示。

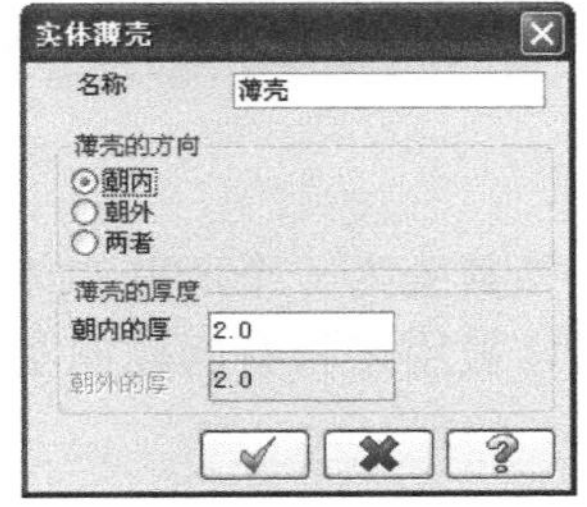

图 5-114　【实体薄壳】对话框

图 5-115　抽壳后的效果

5.7.2　薄片加厚

【薄片实体加厚】是将一些由曲面生成的没有厚度的实体进行加厚操作，生成具有一定厚度的实体。

(1) 创建如图 5-116 所示的薄的壳实体模型。

(2) 选择【实体】|【薄片实体加厚】菜单命令或单击 Solids 工具栏中的【薄片实体加厚】按钮，系统弹出【增加薄片实体的厚度】对话框，如图 5-117 所示，单击【确定】按钮。

图 5-116　薄壳实体模型

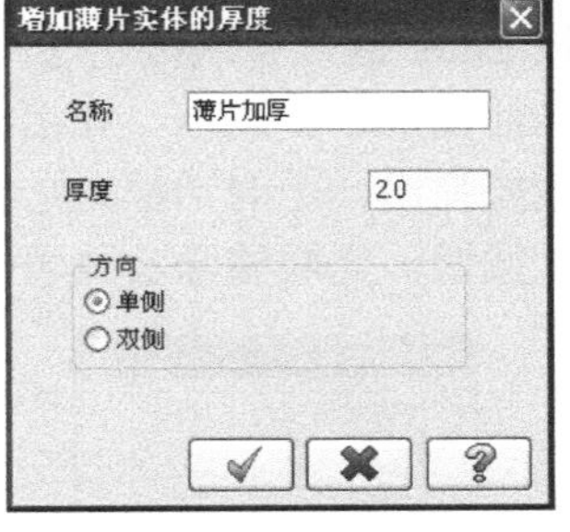

图 5-117　【增加薄片实体的厚度】对话框

(3) 系统弹出【厚度方向】对话框。单击【反向】按钮可以调整加厚的方向，如图 5-118 所示。单击【确定】按钮完成加厚操作，加厚后的效果如图 5-119 所示。

图 5-118　设置加厚方向及【厚度方向】对话框

图 5-119　加厚后的效果

注 意

【薄片实体加厚】功能只能对薄片实体进行加厚，曲面和其他实体都不能加厚。并且只能对薄片实体进行一次加厚。

5.7.3　去除表面

【移除实体表面】命令是将实体上指定的表面移除，使其变为一个薄壁实体。被移除面的实体可以是封闭的实体，也可以是薄片实体。该功能通常被用来将有问题的实体表面，或需要设计更改的实体表面删除掉。

(1)　创建如图 5-120 所示的实体模型。

(2)　选择【实体】|【移除实体表面】菜单命令或单击 Solids 工具栏中的【移除实体表面】按钮，系统出现“请选择要移除的实体面”的提示信息。选择实体的上表面，如图 5-121 所示。

图 5-120　实体模型

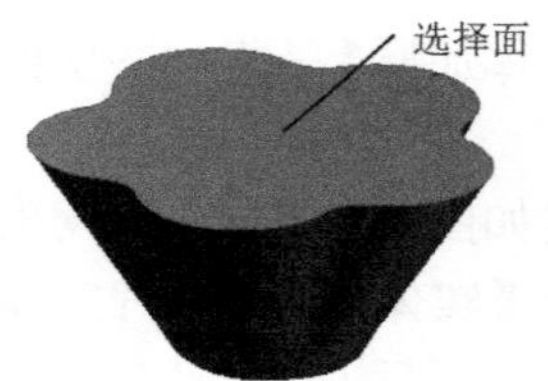

图 5-121　选择要移除的实体表面

(3)　按 Enter 键，系统弹出【移除实体的表面】对话框。选中【删除】单选按钮，并选中【使用当前图层】复选框，如图 5-122 所示，单击【确定】按钮。

(4)　系统弹出一个对话框，提示用户是否要在开放的边界绘制边界曲线。单击该对话框中的【否】按钮，完成移除实体表面操作，移除实体表面后的效果如图 5-123 所示。

图 5-122　【移除实体的表面】对话框

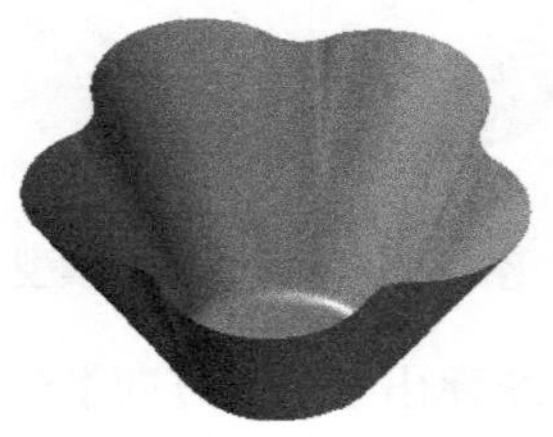

图 5-123　移除实体表面后的效果

技 巧

在进行移除实体表面操作时，可以同时对实体的多个表面进行移除。如图 5-124 所示为移除立方体两个表面的效果。

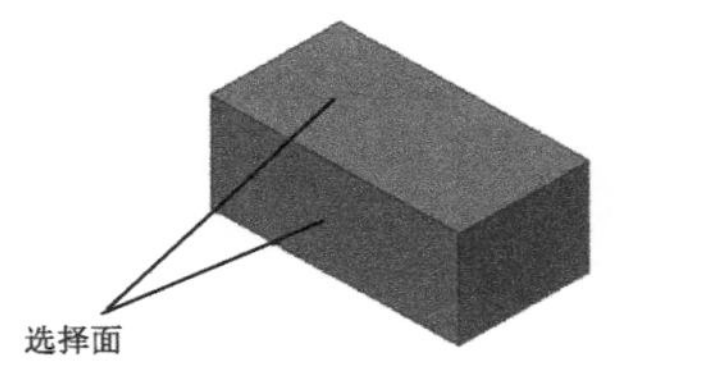

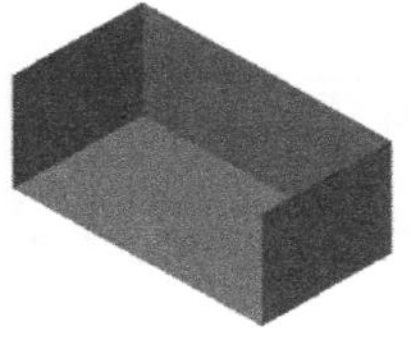

图 5-124　移除两个实体面

5.7.4　修剪实体

【实体修剪】命令可以使用平面、曲面或实体薄片来对已有的实体进行修剪。

(1) 创建如图 5-125 所示的实体模型。

图 5-125　实体模型

图 5-126　【修剪实体】对话框

(2) 选择【实体】|【实体修剪】菜单命令或单击 Solids 工具栏中的【实体修剪】按钮，系统弹出【修剪实体】对话框，如图 5-126 所示。在【修剪到】选项组中选中【平面】单选按钮，系统弹出【平面选择】对话框。选择 Z 平面，即与 Z 轴垂直的平面，如图 5-127 所示，单击【确定】按钮。

(3) 系统返回【修剪实体】对话框，单击【修剪另一侧】按钮可以选择要保留的部分。单击【确定】按钮，完成修剪操作，修剪后的效果如图 5-128 所示。

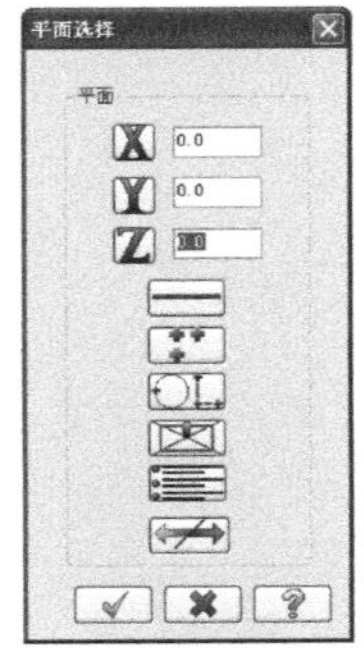

图 5-127　【平面选择】对话框

图 5-128　修剪后的模型

提 示

当选中【修剪实体】对话框中的【全部保留】复选框时，被修剪掉的部分也将保留下来作为一个新实体，但这个新实体没有任何历史记录。

5.7.5 实体编辑范例

本范例练习文件：\05\5-6-2. MCX-5。

本范例完成文件：\05\5-7-5. MCX-5。

多媒体教学路径：光盘→多媒体教学→第 5 章→5.7.5 节。

步骤 01 移除实体表面

单击 Solids 工具栏中的【移除实体表面】按钮，系统弹出【移除实体的表面】对话框，如图 5-129 所示。

图 5-129 移除实体表面

步骤 02 薄片加厚

单击 Solids 工具栏中的【薄片实体加厚】按钮，系统弹出【增加薄片实体的厚度】对话框，如图 5-130 所示。

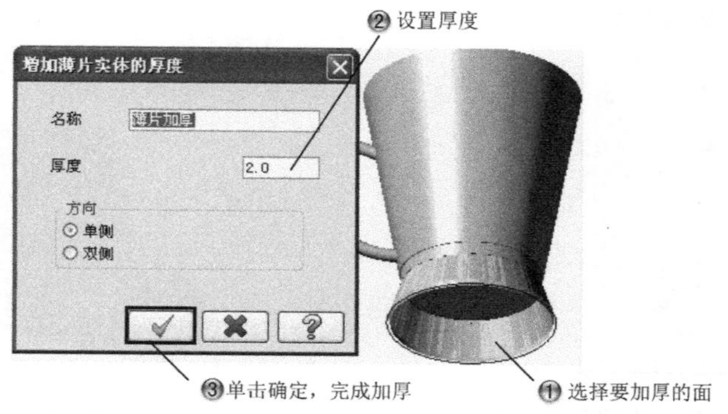

图 5-130 薄片加厚

步骤 03 实体抽壳

单击 Solids 工具栏中的【实体抽壳】按钮，系统弹出【实体薄壳】对话框，如图 5-131 所示。

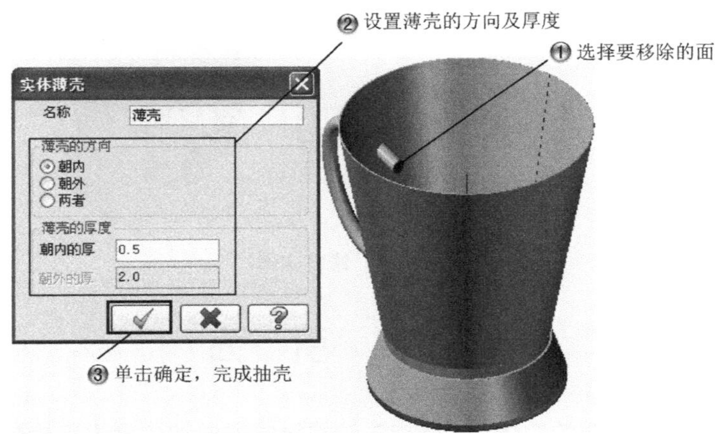

图 5-131　实体抽壳

步骤 04 创建曲面

单击 Solids 工具栏中的【旋转实体】按钮，弹出【串连选项】对话框，如图 5-132 所示。

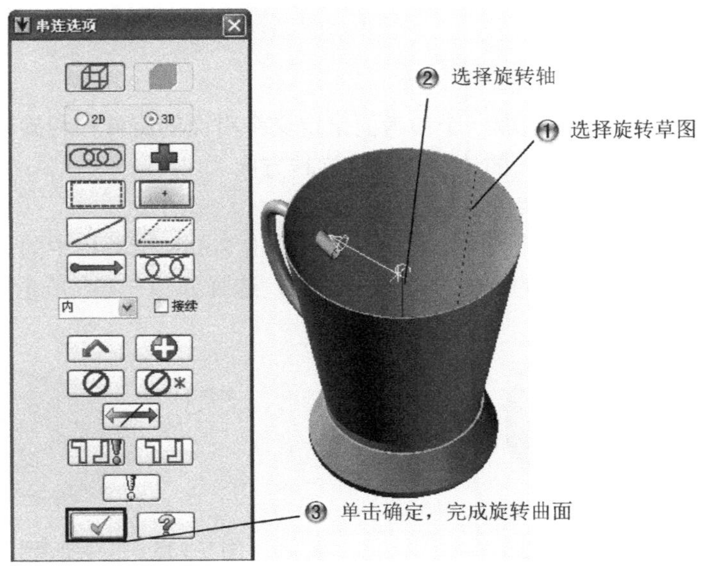

图 5-132　创建曲面

步骤 05 修剪实体

单击 Solids 工具栏中的【实体修剪】按钮，系统弹出【修剪实体】对话框，如图 5-133 所示。

图 5-133　修剪实体

5.8　牵　引　面

牵引实体操作是将选取的实体面，绕旋转轴按指定方向和角度进行旋转后，生成一个新的表面。当实体的一个表面被牵引时，其相邻的表面将被剪切或延伸，以适应新的几何形状。如果相邻表面不能适应新的几何形状，则不能创建牵引表面。通常在实体设计或模具设计中，使用【牵引实体】功能来生成拔模斜度。

实现【牵引实体】功能的方式包括：牵引到实体面、牵引到指定平面、牵引到指定边界和牵引挤出。

5.8.1　牵引到实体面

【牵引到实体面】：直接选取一个参考面来定义牵引面的旋转轴和旋转方向。旋转轴为参考面与牵引面的交线，参考面的法线方向为旋转方向。

(1)　创建如图 5-134 所示实体模型。

(2)　选择【实体】|【牵引实体】菜单命令或单击 Solids 工具栏中的【牵引实体】按钮，系统出现"请选择要牵引的实体面"提示信息，选择如图 5-135 所示的圆柱面。

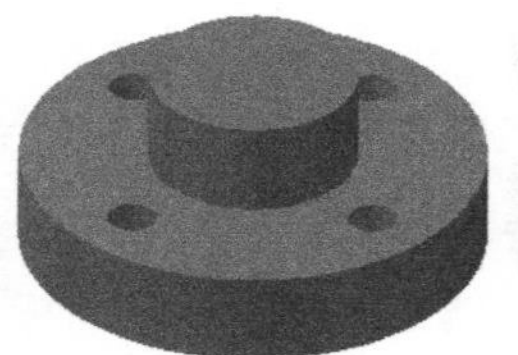

图 5-134　实体模型

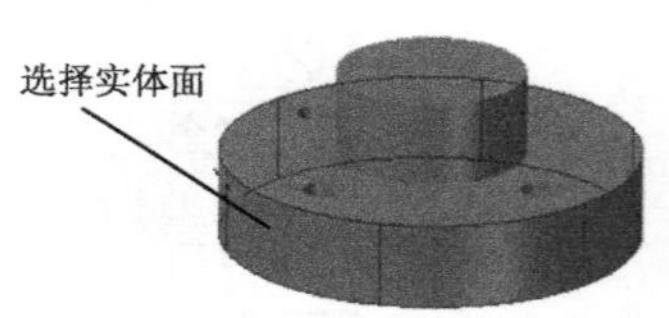

图 5-135　选择要牵引的实体面

(3)　按 Enter 键，系统弹出【实体牵引面的参数】对话框。选中【牵引到实体面】单选按钮，设置【牵引角度】为 5，如图 5-136 所示，单击【确定】按钮。

(4)　系统出现"选择平的实体面来指定牵引平面"提示信息。选择如图 5-137 所示的平面，系统弹出【拔模方向】对话框，根据需要可以调整拔模方向。单击【确定】按钮，完成牵引实体操作，牵引后的模型如图 5-138 所示。

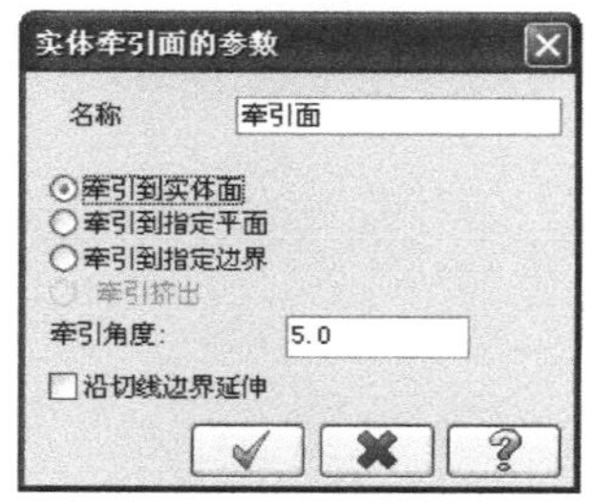

图 5-136　【实体牵引面的参数】对话框

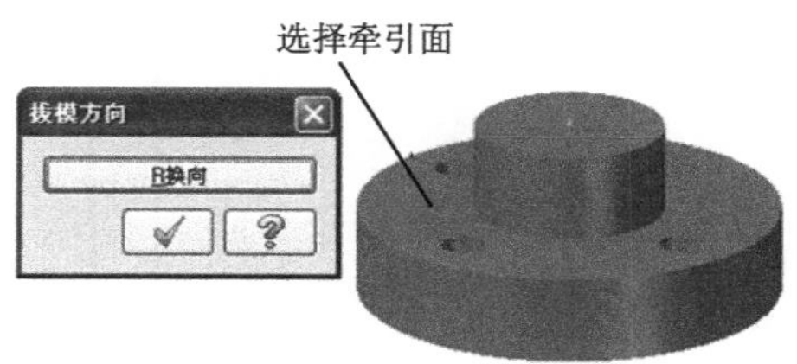

图 5-137　【拔模方向】对话框及牵引平面

图 5-138　牵引后的模型

5.8.2　牵引到指定平面

【牵引到指定平面】是定义一个参考平面来定义牵引面的旋转轴和旋转方向。

(1) 以 5.81 节完成的模型为原型，如图 5-138 所示。

(2) 单击 Solids 工具栏中的【牵引实体】按钮，系统出现“请选择要牵引的实体面”提示信息，选择如图 5-139 所示的圆柱面。

(3) 按 Enter 键，系统弹出【实体牵引面的参数】对话框。选中【牵引到指定平面】单选按钮，设置【牵引角度】为 5，如图 5-140 所示，单击【确定】按钮。

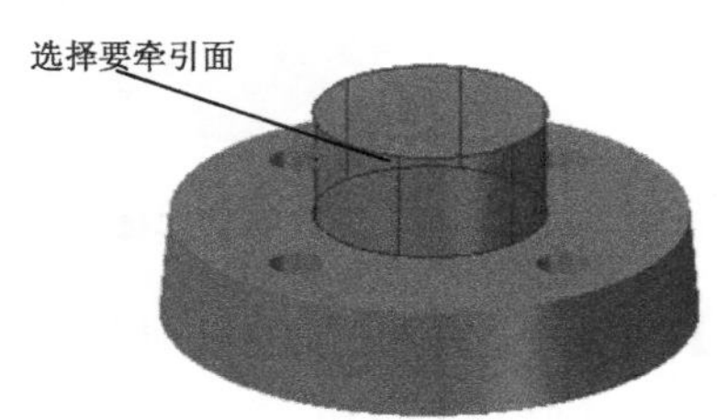

图 5-139　选择要牵引的面

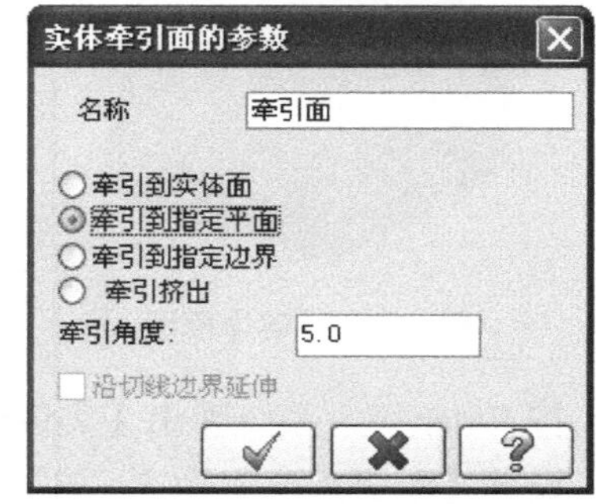

图 5-140　【实体牵引面的参数】对话框

(4) 系统弹出【平面选择】对话框。设置平面为 Z 平面，深度为 20，如图 5-141 所示，单击【确定】按钮。

(5) 系统弹出【拔模方向】对话框，根据需要可以调整拔模方向。单击【确定】按钮，完成牵引实体操作。牵引后的模型如图 5-142 所示。

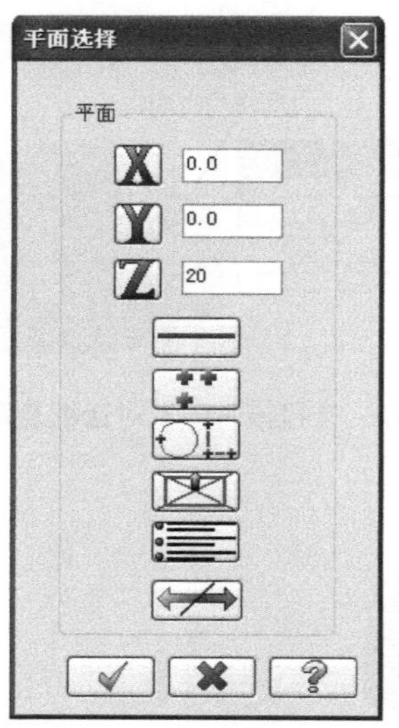

图 5-141 【平面选择】对话框

图 5-142 牵引后的模型

5.8.3 牵引到指定边界

【牵引到指定边界】是选择牵引面的一条边作为选择轴，再选取与这条轴相交的两个面中的一个面作为参考面来定义旋转方向。

(1) 创建图 5-143 所示的实体模型。

(2) 单击 Solids 工具栏中的【牵引实体】按钮，系统出现“请选择要牵引的实体面”提示信息。选择如图 5-144 所示的模型全部侧表面。

图 5-143 实体模型

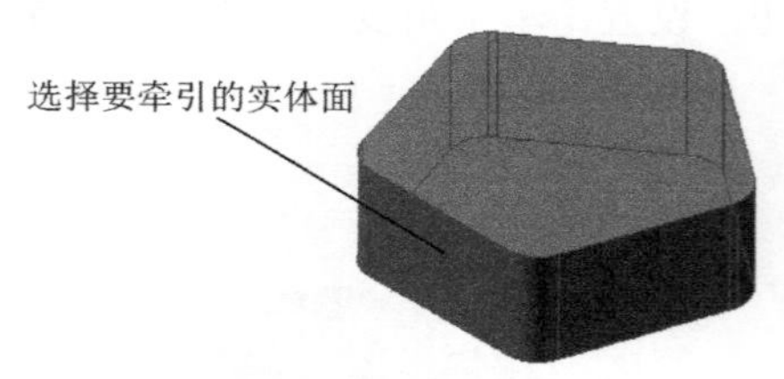

图 5-144 选择要牵引的实体面

(3) 按 Enter 键，系统弹出【实体牵引面的参数】对话框。选中【牵引到指定边界】单选按钮，设置【牵引角度】为 5，如图 5-145 所示，单击【确定】按钮。

(4) 系统出现“选择突显之实体面的参考边界”提示信息，选择如图 5-146 所示的边线。按 Enter 键。依次选择牵引面的上边线。系统又出现“选择边界或实体面来指定牵引的方向”的提示信息。选择如图 5-147 所示的表面，系统弹出【拔模方向】对话框，单击【确定】按钮，完成牵引实体操作。牵引后的图形如图 5-148 所示。

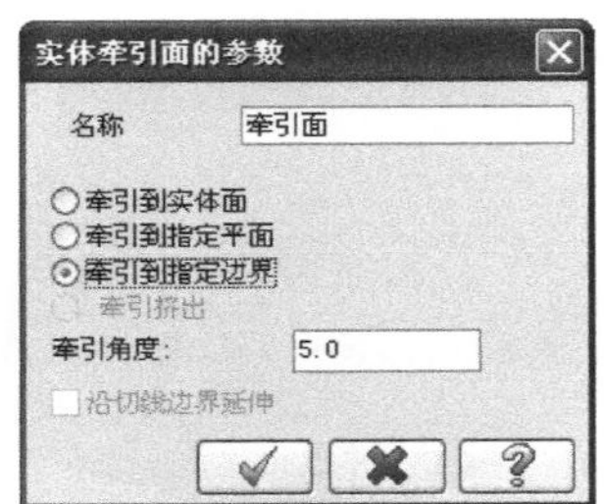

图 5-145　【实体牵引面的参数】对话框

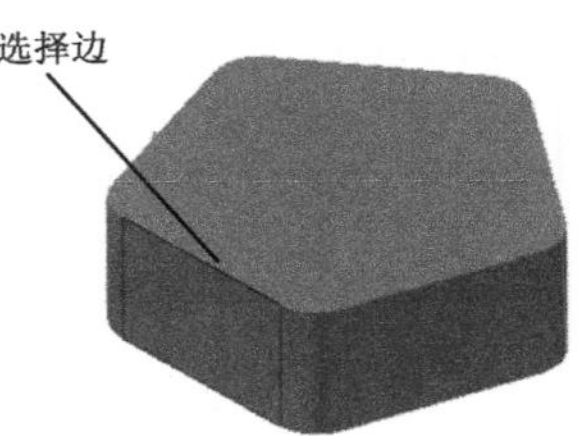

图 5-146　选择的参考边界

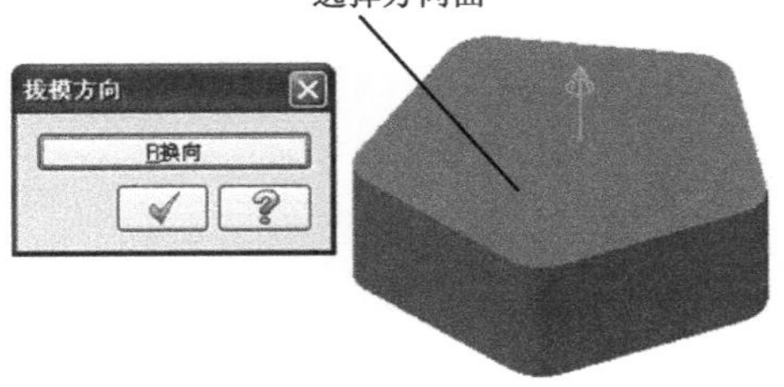

图 5-147　选择的牵引方向面及【拔模方向】对话框

图 5-148　牵引后的图形

5.8.4　牵引挤出

【牵引挤出】是选择牵引面和设置旋转角进行牵引拉伸，旋转轴为拉伸牵引面的边，参考面为原串连面。

(1)　创建图 5-149 所示的实体模型。

(2)　单击 Solids 工具栏中的【牵引实体】按钮，系统出现“请选择要牵引的实体面”提示信息。选择如图 5-150 所示的模型全部侧表面。

图 5-149　实体模型

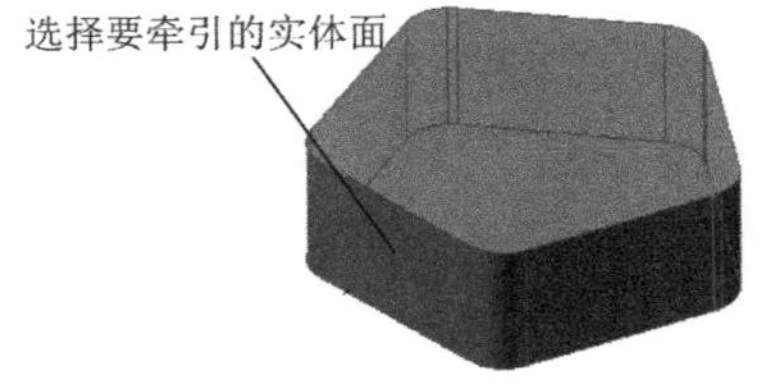

图 5-150　选择要牵引的实体面

(3)　按 Enter 键，系统弹出【实体牵引面的参数】对话框。选中【牵引挤出】单选按钮，设置【牵引角度】为 5，如图 5-151 所示。单击【确定】按钮，完成牵引实体操作。牵引后的图形如图 5-152 所示。

注 意

【牵引挤出】只有在选择的牵引面为拉伸实体的侧面时才被激活。

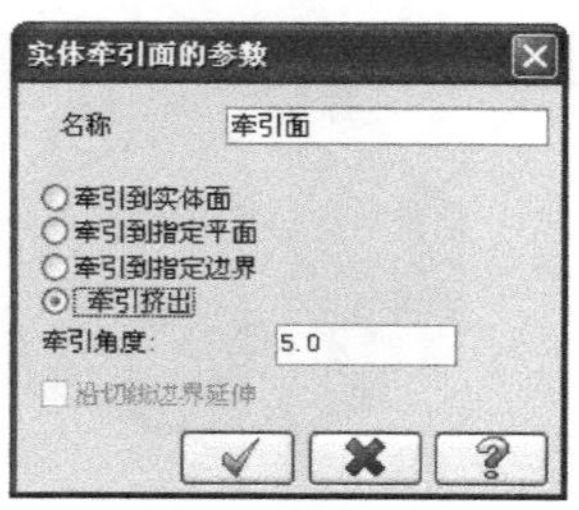

图 5-151 【实体牵引面的参数】对话框

图 5-152 牵引后的图形

5.8.5 牵引面范例

本范例练习文件：\05\5-8-5. MCX-5。

本范例完成文件：\05\5-8-6. MCX-5。

多媒体教学路径：光盘→多媒体教学→第 5 章→5.8.5 节。

步骤 01 牵引到实体面

单击 Solids 工具栏中的【牵引实体】按钮。选择牵引面，系统弹出【实体牵引面的参数】对话框，如图 5-153 所示。

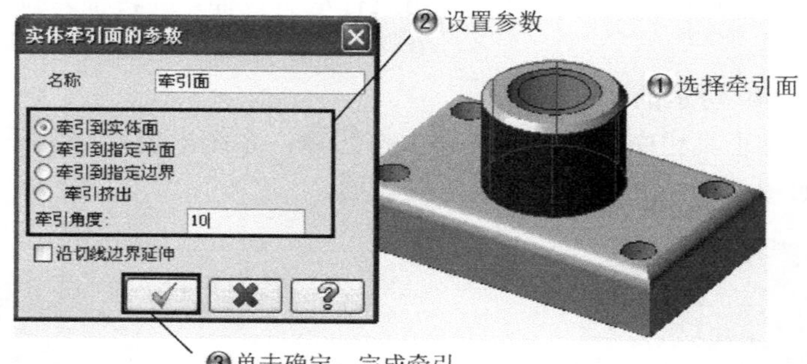

图 5-153 牵引到实体面

步骤 02 牵引到指定平面

单击 Solids 工具栏中的【牵引实体】按钮，选择牵引面，系统弹出【实体牵引面的参数】对话框，如图 5-154 所示。

步骤 03 设置指定平面

打开【平面选择】对话框，按图 5-155 所示进行操作。

步骤 04 牵引到指定边界

单击 Solids 工具栏中的【牵引实体】按钮，选择牵引面，系统弹出【实体牵引面的参数】对话框，如图 5-156 所示。

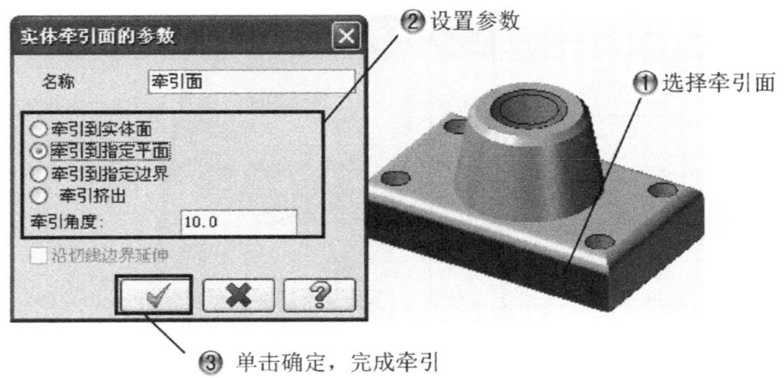

图 5-154　牵引到指定平面

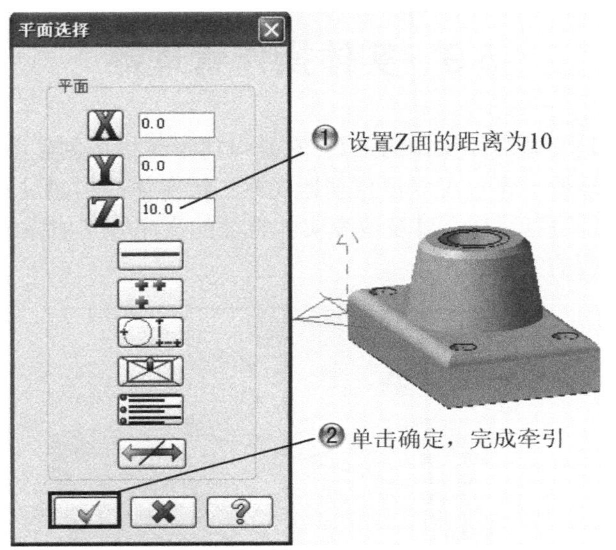

图 5-155　设置指定平面

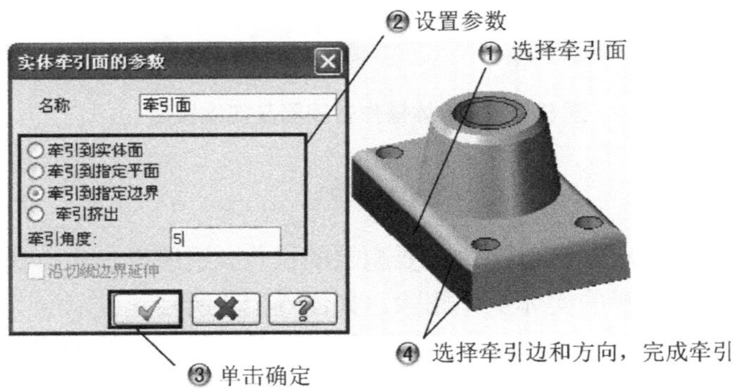

图 5-156　牵引到指定边界

步骤 05 牵引挤出

单击 Solids 工具栏中的【牵引实体】按钮，选择牵引面，系统弹出【实体牵引面的参数】对话框，如图 5-157 所示。

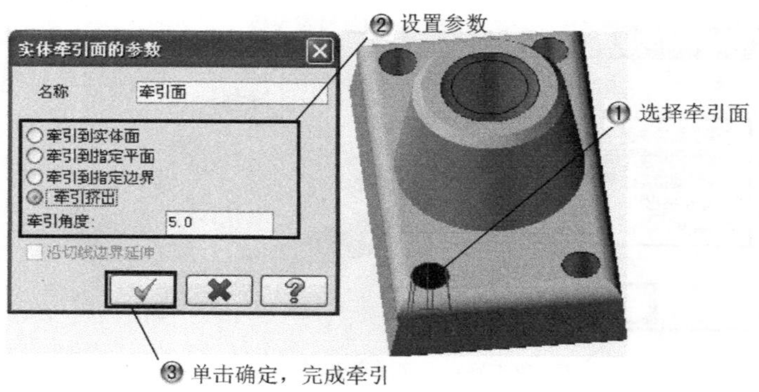

图 5-157 牵引挤出

5.9 实体操作管理器

实体操作管理器是管理实体操作的工具，它是以树形结构按创建顺序列出每个实体的操作记录。利用实体管理器，不仅可以很直观地观察三维实体的构建过程和图素的父子关系，而且还可以对实体特征进行编辑，以及改变实体特征的次序等其他操作。图 5-158 所示为实体操作管理器以及对应的实体操作。

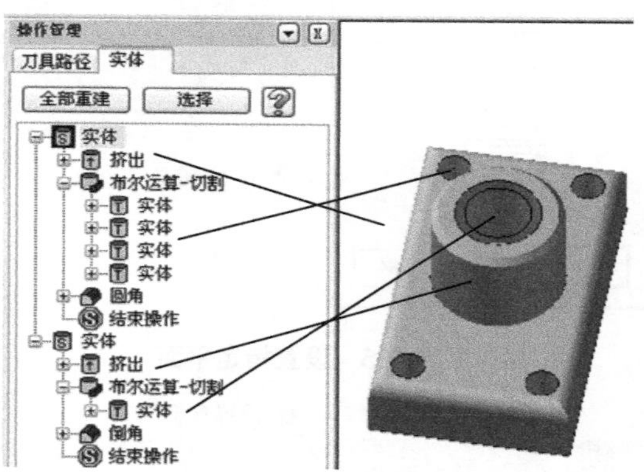

图 5-158 实体操作管理器及实体模型

5.9.1 删除操作

在实体操作管理器中用鼠标右键单击要删除的操作，系统弹出实体操作快捷菜单。选择【删除】命令，即可将选择的实体操作删除，如图 5-159 所示。

对于实体的第一个实体操作即基本实体，是不能删除的。当要试图删除第一个实体操作时，系统会弹出【处理实体期间出错】对话框，提示“不能删除基础的操作”。

对于其他操作的删除，当成功删除后，模型并没有立刻重建，而在【实体】节点前面出现 实体标记。单击实体操作管理器中的【全部重建】按钮，才能显示删除操作后的效果。

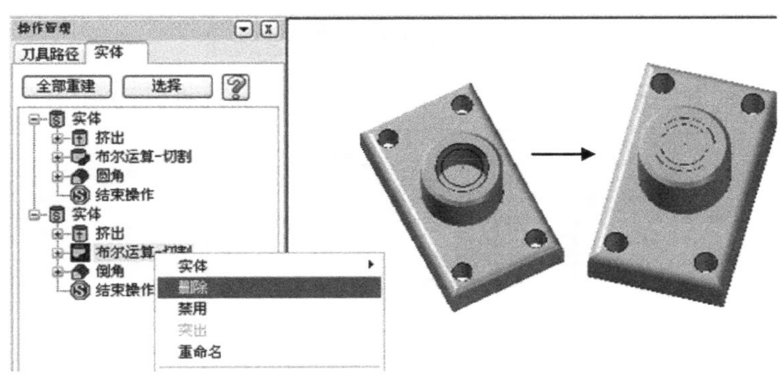

图 5-159　实体操作管理器及删除操作

5.9.2　暂时屏蔽操作效果

在实体操作管理器中用鼠标右键单击要屏蔽的操作，系统弹出实体操作快捷菜单。选择【禁用】命令，即可将选择的实体操作屏蔽掉，如图 5-160 所示。

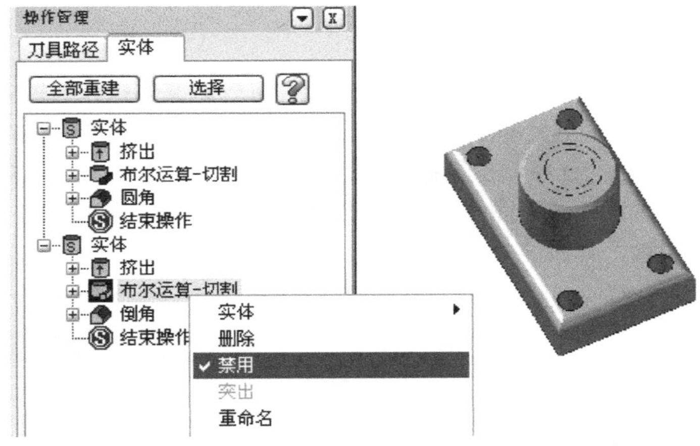

图 5-160　实体操作管理器及禁用操作

同删除操作一样，也不能对实体的第一个操作进行禁用。禁用后的操作可以通过同样的方法重新显示。即用鼠标右键单击，在弹出的实体操作快捷菜单中选择【禁用】命令就可以将禁用的操作重新在模型中显示。

5.9.3　编辑操作参数

利用实体操作管理器可以对实体特征进行编辑。展开要编辑的特征，选择其下的【参数】节点，系统弹出用于定义该图素的对话框，从中可以修改相关参数。图 5-161 显示了单击节点对应的内容。

在编辑实体特征之后，需单击【操作管理器】中的【全部重建】按钮，才能显示编辑后的效果。

图 5-161　实体操作管理器及编辑参数操作

5.9.4　编辑二维图形

展开要编辑的特征，单击其下的【图形】节点，可以对实体操作的图素进行编辑。对于不同的操作，系统返回的位置不同。对于拉伸、旋转、扫描和放样等，系统弹出【实体串连管理器】对话框。在该对话框中单击鼠标右键，在弹出的快捷菜单中选择【基本串连】命令，在弹出的菜单命令中进行相应的操作。对于倒圆角、倒角、抽壳等操作，系统返回绘图区，用户可以选择新的图素，如图 5-162 所示。

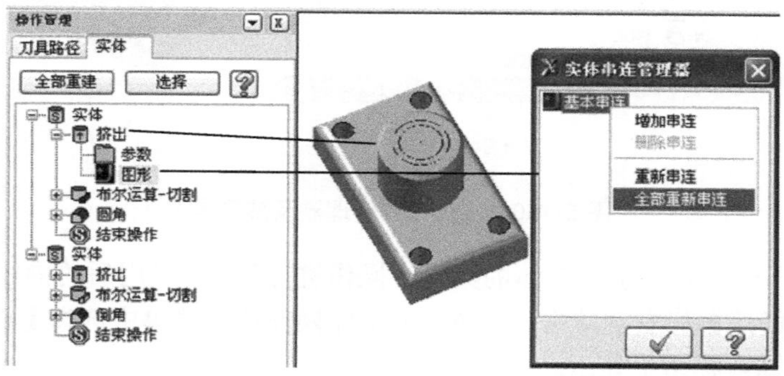

图 5-162　实体串连管理器及编辑图形操作

5.9.5　改变操作的次序

在实体管理器中，可以使用拖动的方式将某一个操作移动到新的位置，以改变实体操作的顺序来产生不同的实体效果，如图 5-163 所示。在改变操作次序时，一定要注意特征间的父子关系，子特征是不能拖曳到父特征前面的。

在每个实体的操作列表中，有个结束操作标志Ⓢ结束操作，用可以根据需要拖曳这个标志到一个位置来添加特征，如图 5-164 所示。

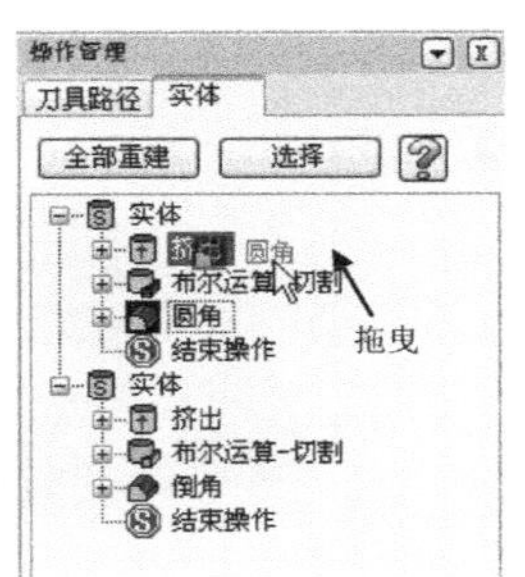

图 5-163　改变操作次序

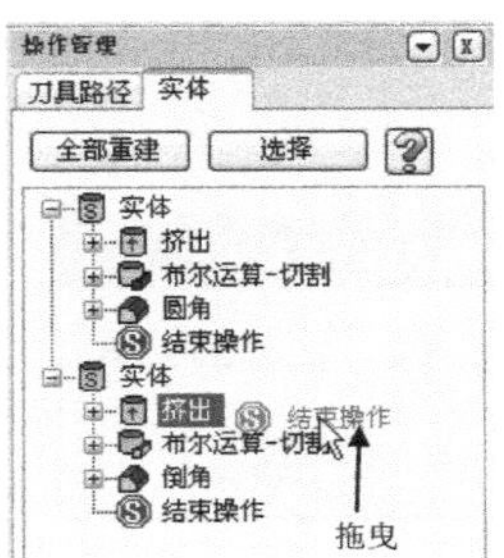

图 5-164　插入特征

5.10　查找实体特征

Mastercam X5 能够识别出多种格式文件，其他软件设计的实体可以直接导入 Mastercam X5 中。导入的实体没有具体的操作历史记录。为了可以通过修改参数来编辑导入实体，Mastercam X5 提供了查找实体特征命令，以查找实体中的圆角和内孔。

查找实体的功能方式有两种，即【建立操作】和【移除特征】。【建立操作】功能是将查找出的特征独立出来，成为一个新的操作添加到历史记录中；【移除特征】功能是将查找的特征进行移除。

5.10.1　建立特征

(1) 导入其他格式的实体模型，如图 5-165 所示。从实体操作管理器中可以看到这种导入实体没有任何的操作历史记录。

(2) 选择【实体】|【查找实体特征】菜单命令或单击 Solids 工具栏中的【查找实体特征】按钮，系统弹出【寻找特征】对话框。在【特征】选项组中选中【圆角】单选按钮，在【特征】选项组中选中【建立操作】单选按钮，其他设置如图 5-166 所示。

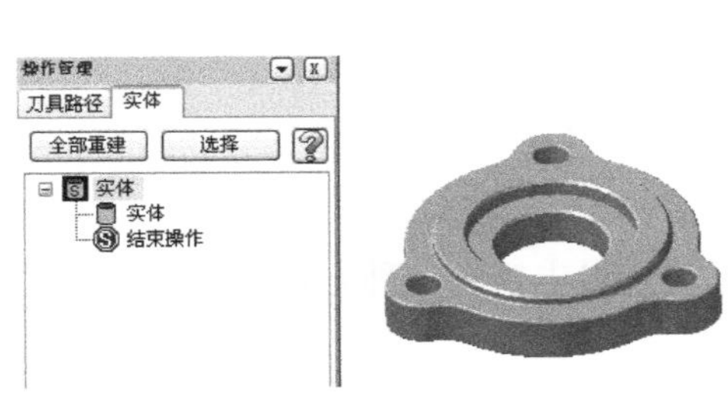

图 5-165　【实体操作管理器】及导入实体

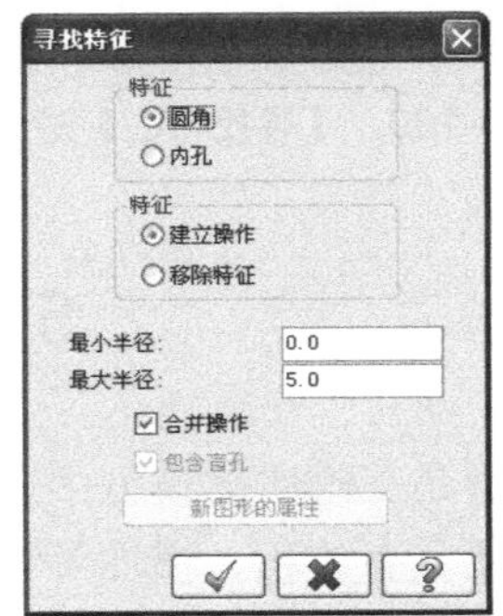

图 5-166　【寻找特征】对话框

(3) 单击【确定】按钮，系统弹出【发现实体特征】对话框，如图 5-167 所示，单击【确定】按钮，完成特征的查找。完成后的模型如图 5-168 所示。我们可以看到，模型的所有圆角特征操作已经添加到实体管理器中了。

图 5-167 【发现实体特征】对话框

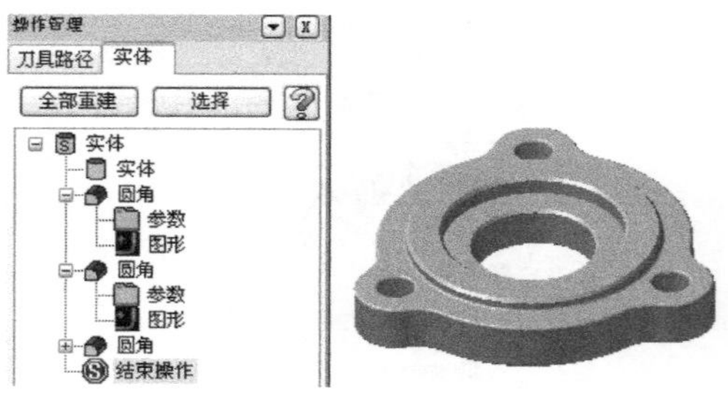

图 5-168 实体操作管理器及查找特征后的模型

5.10.2 移除特征

继续以图 5-165 所示的模型为例。

(1) 单击 Solids 工具栏中的【查找实体特征】按钮，系统弹出【寻找特征】对话框。在【特征】选项组中选中【内孔】单选按钮，在【特征】选项组中选中【移除特征】单选按钮，其他设置如图 5-169 所示。

(2) 单击【确定】按钮，系统弹出【发现实体特征】对话框，提示发现了三个孔特征，单击【确定】按钮，完成特征的查找。完成后的模型如图 5-170 所示。我们可以看到，查找出的孔特征已经被删除了。

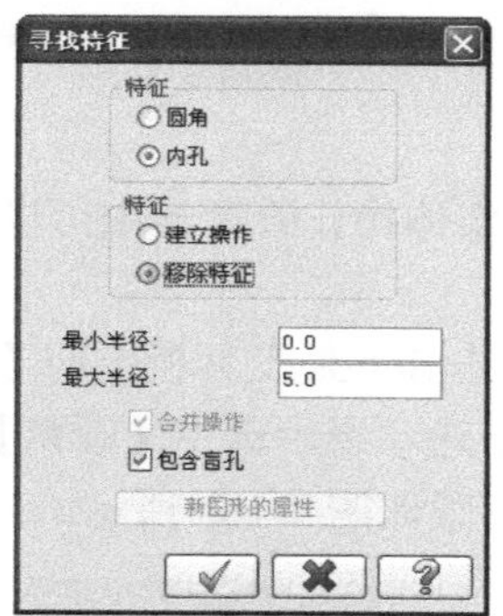

图 5-169 【寻找特征】对话框

图 5-170 查找特征后的模型

5.11 本 章 小 结

实体造型是三维实体模型中表现最逼真、信息包含最丰富的一种方式，它不但具有面的特性，而且还具有体积、惯性等物理特性。

本章首先介绍了三维实体的创建，其中包括基本实体的绘制和通过二维图形操作而生成的实体。接下来介绍了实体的编辑功能，包括实体的布尔运算、倒圆角、抽壳、加厚、修剪以及牵引面等。实体操作管理器是个非常实用的工具，通过它，用户可以对之前的设计进行修改等操作。三维实体的创建和编辑是本章的重点，当然也是难点。读者一定要通过亲手练习，才能掌握其中的要点和技巧。

第 6 章

Mastercam X5

曲面造型

本章导读：

曲线是动点运动时，方向连续变化所成的线。曲面是一条动线，它是在给定的条件下，在空间连续运动的轨迹。因此，曲线和曲面可以描述物体的表面特征，是创建曲面实体的关键步骤，但曲面不能得到立体的质量、重心和体积等物理特性。

本章从曲线曲面的基本概念入手，详细介绍 Mastercam X5 曲面造型的设计方法和技巧。内容包括曲面和曲线、构图面、Z 深度及视图、线架构、基本三维曲面绘制、四种延伸曲面的绘制和其他三维曲面的绘制。

学习内容：

知识点 \ 学习目标	理 解	应 用	实 践
曲面曲线基本操作	√	√	√
曲面曲线操作进阶	√	√	√
构图面、Z 深度及视图	√	√	
线架构	√	√	√
绘制基本三维曲面	√	√	√
绘制其他三维曲面	√	√	√

6.1 曲面曲线基本操作

本节介绍的曲面曲线的基本操作包括边界曲线、常参数曲线、曲面流线、动态曲线和剖切曲线。【曲面曲线】子菜单如图 6-1 所示。

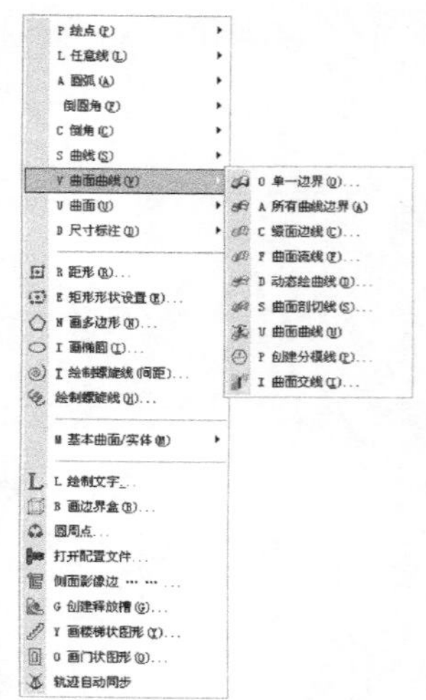

图 6-1 【曲面曲线】子菜单

6.1.1 边界曲线

通过曲面的边界生成曲线包括【单一边界】和【所有曲线边界】两个命令。使用【单一边界】命令，可以由被选曲面的边界生成边界曲线；使用【所有曲线边界】命令，可以在所选实体表面、曲面的所有边界处生成曲线。

(1) 选择【绘图】|【曲面曲线】|【单一边界】菜单命令，选择如图 6-2 所示的曲面。系统出现一个可以移动的箭头，并出现“移动箭头到您想要的曲面边界处”提示信息。移动显示的箭头到想要的曲面边界处，单击确认，如图 6-3 所示。

系统出现“设置选项，选取一个新的曲面，按<ENTER>键或‘确定’键”提示信息，这时可以继续选取曲面进行操作。在【单一边界】状态栏中单击【确定】按钮，完成单一边界曲线的创建，如图 6-4 所示。

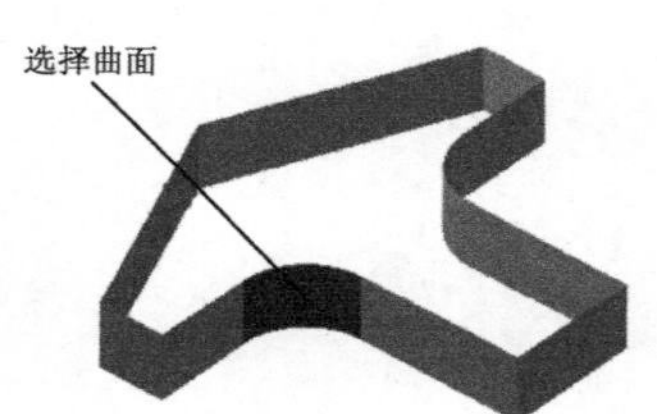

图 6-2 选择曲面

图 6-3 移动箭头到想要的边界

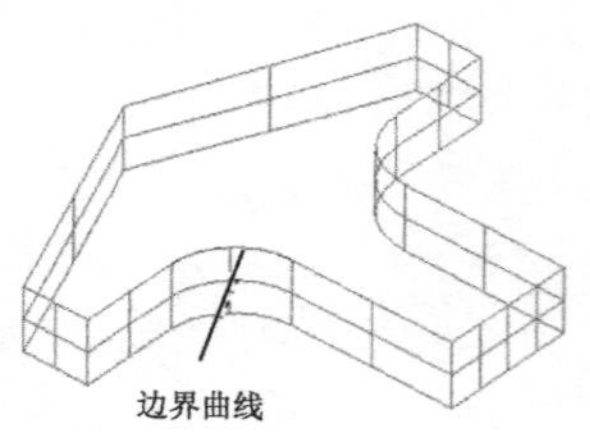

图 6-4 创建的单一边界曲线

(2) 选择【绘图】|【曲面曲线】|【所有曲面边界】菜单命令，系统出现“选取曲面，实体或实体面”提示信息。选择该模型的所有曲面，按 Enter 键。

系统出现“设置选项，按<ENTER>键或‘确定’键”的提示信息。可以在图 6-5 所示的【创建所有边界线】状态栏中设置参数。

图 6-5 【创建所有边界线】状态栏

单击【创建所有边界线】状态栏中的【确定】按钮，完成所有曲面边界的创建，如图 6-6 和图 6-7 所示。

图 6-6　曲面曲线全部显示

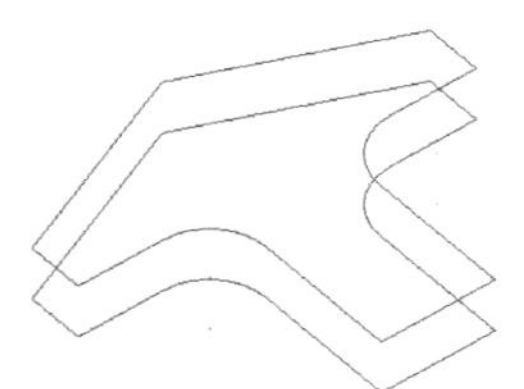

图 6-7　单独显示创建的曲线

6.1.2　参数曲线

常参数曲线在 Mastercam X5 对应的命令是【缀面边线】，是指在曲面上沿着曲面的一个或两个常参数方向的指定位置生成曲线。其操作步骤如下。

选择【绘图】|【曲面曲线】|【缀面边线】菜单命令，选择实例曲面。系统出现“移动到您要的位置”提示信息，并在曲面上出现一箭头。移动箭头到合适的位置单击，如图 6-8 所示。

系统出现“设置选项，选取一个新的曲面，按<ENTER>键或‘确定’键”的提示信息，并在所选位置的曲面上默认生成一条曲线。可在图 6-9 所示的【指定位置曲面曲线】状态栏中单击【方向转换】按钮，同时可以设置【弦高】参数。弦高参数决定曲线从曲面的任意点可分离的最大距离。单击【方向转换】按钮，曲面上出现如图 6-10 所示的预览曲线。单击【指定位置曲面曲线】状态栏中的【确定】按钮，完成缀面边线的创建，如图 6-11 所示。

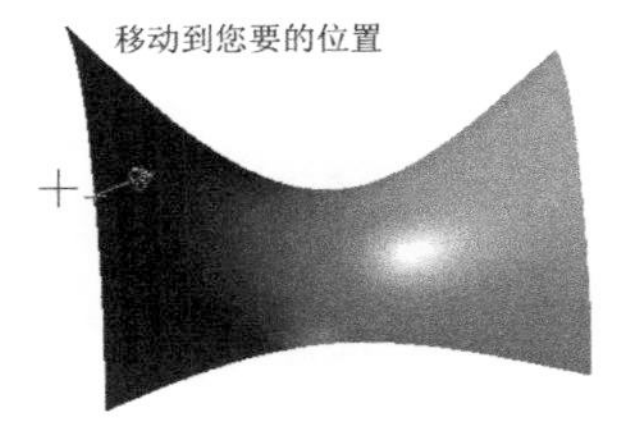

图 6-8　移动鼠标到所需的位置

图 6-9　【指定位置曲面曲线】状态栏

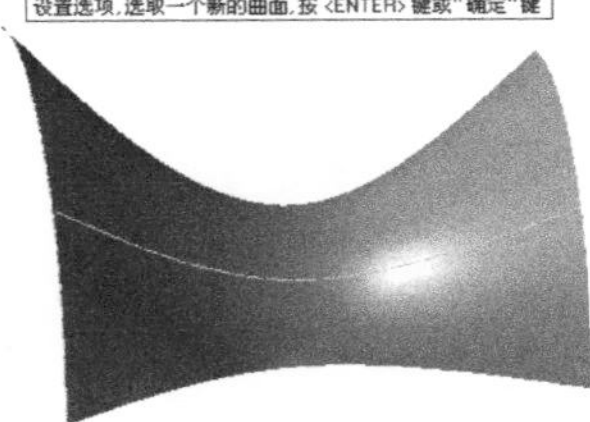

图 6-10　调整【方向转换】按钮为双向时的图形

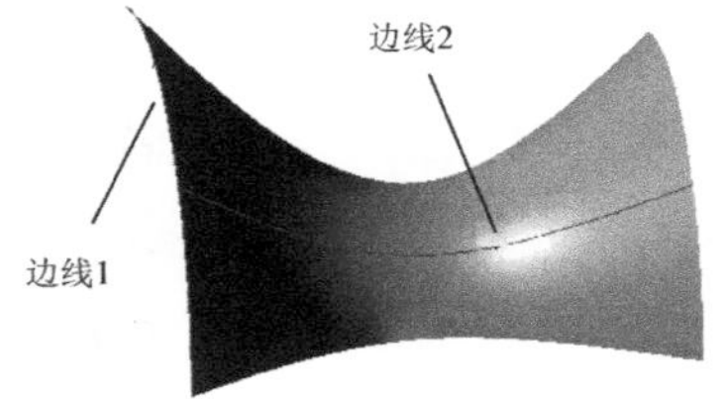

图 6-11　双向生成的缀面边线

6.1.3　曲面流线

曲面流线命令可以在曲面上创建纵向或横向的常参数曲线，这些曲线可以设置精度计算方式及参数值，如图 6-12 所示。

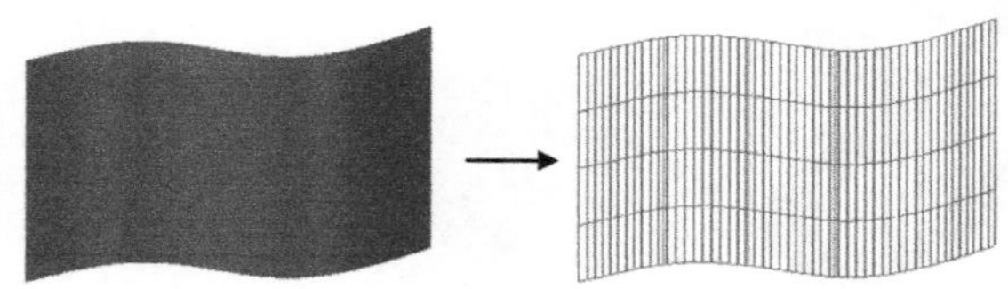

图 6-12　曲面流线

选择【绘图】|【曲面曲线】|【曲面流线】菜单命令，选择实例曲面。

系统出现 “设置选项，选取一个新的曲面，按<ENTER>键或‘确定’键”的提示信息，设置【流线曲线】状态栏中的参数，如图 6-13 所示。单击【确定】按钮☑，完成曲面流线的创建。

图 6-13　【流线曲线】状态栏

6.1.4　动态曲线

动态曲线命令是通过在曲面或实体表面上，动态选取若干点来创建经过这些点的曲线。如图 6-14 所示。

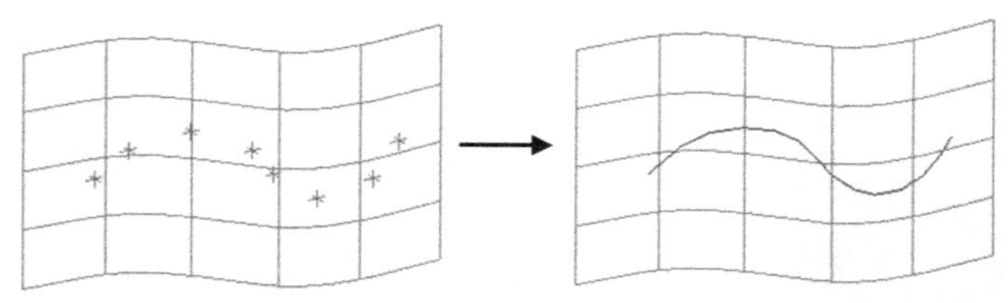

图 6-14　动态曲线

选择【绘图】|【曲面曲线】|【动态绘曲线】菜单命令，选择实例曲面。

系统出现“选取一点，按<ENTER>键完成”提示信息，可以在如图 6-15 所示的【绘动态曲线】状态栏中设置参数。

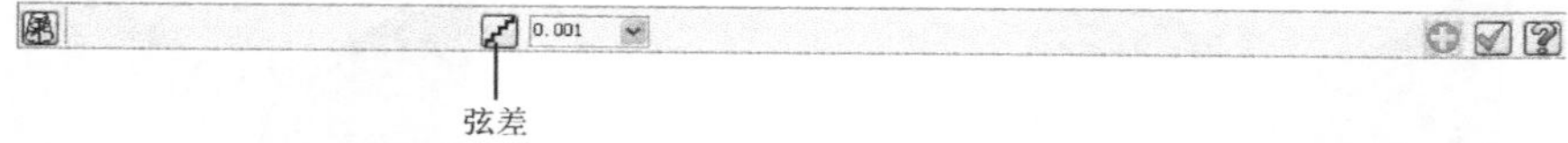

图 6-15　【绘动态曲线】状态栏

在曲面中显示的箭头移动到合适的位置并单击，指定一点。继续移动箭头指定下一点。确定所有点后按 Enter 键，单击【绘动态曲线】状态栏中的【确定】按钮☑，完成动态曲线的创建。

6.1.5　剖切曲线

利用剖切线命令可以通过选取的平面来剖切曲面，得到平面与曲面的交线；也可以用同样的方法剖切曲线在曲线上创建点。

选择【绘图】|【曲面曲线】|【曲面剖切线】菜单命令，系统出现“选取曲面或曲线，按<ENTER>键完成”的提示信息。在绘图区选取所有曲面，然后单击【剖切线】状态栏中的【平面】按钮，系统弹出【平面选择】对话框。选择 Z 平面，设置距离为 5，如图 6-16 所示，单击【确定】按钮。

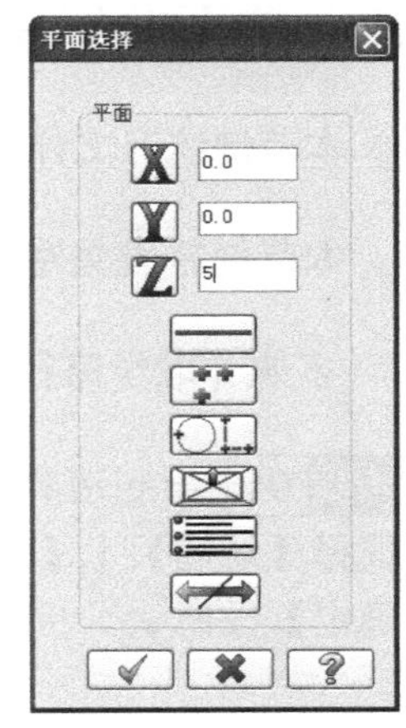

图 6-16　【平面选择】对话框

在【剖切线】状态栏中，设置间距为 0，补正为-3，如图 6-17 所示。单击【确定】按钮完成剖切线的创建，如图 6-18 所示。如果设置间距为 20，其他参数不变，则曲面会与三个剖切面相交，如图 6-19 所示。

图 6-17　【剖切线】状态栏

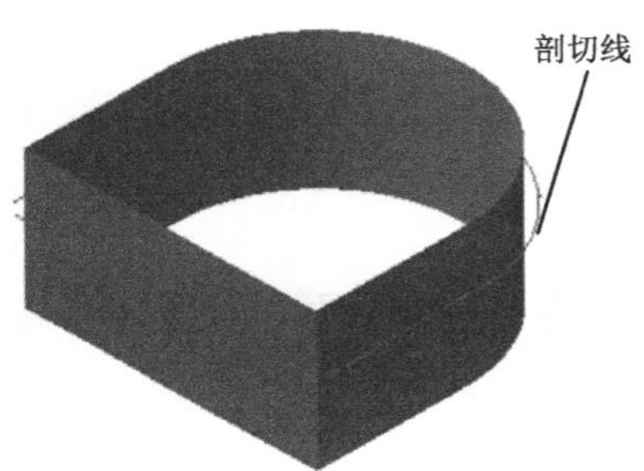

图 6-18　间距为 0 时的剖切线

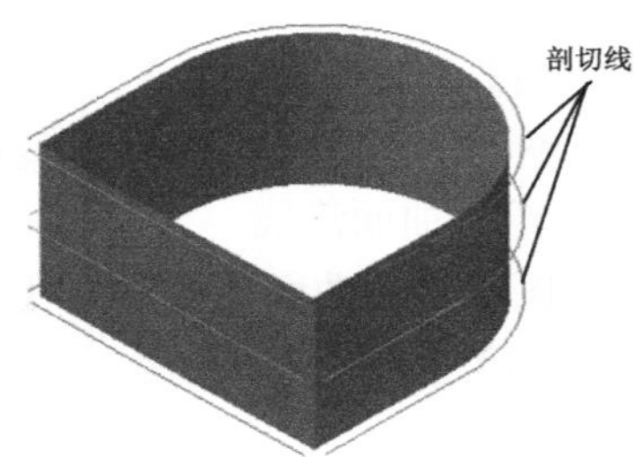

图 6-19　间距为 20 时的剖切线

技 巧

在【剖切线】状态栏中通过在【间隔】按钮后的文本框输入一个间隔值，则可按间隔距离形成多个平行于所选剖切面的平面，同时对曲面进行剖切，可创建多条剖切线；在【补偿】按钮后的文本框输入一个偏移值，则绘制的曲线不在曲面上，而是按偏移值绘制剖切线的等距线；若单击【连接】按钮，则可使在同一剖切面上分离的曲线连接为一条曲线；若单击【寻求多解】按钮，则系统在求出第一个解之后，将寻求其他可能的解(建议用户在已知解的情况下，不使用此功能，以免增加计算时间)。

6.1.6 曲面曲线基本操作范例

本范例练习文件：\06\6-1-6. MCX-5。

本范例完成文件：\06\6-1-7. MCX-5。

多媒体教学路径：光盘→多媒体教学→第 6 章→6.1.6 节。

步骤 01 绘制边界曲线

选择【绘图】|【曲面曲线】|【单一边界】菜单命令。按图 6-20 所示进行操作，单击【确定】按钮，完成边界线绘制。

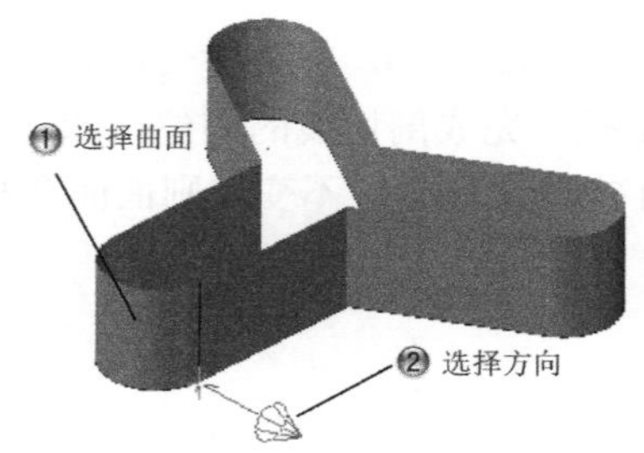

图 6-20 绘制边界曲线

步骤 02 绘制参数曲线

选择【绘图】|【曲面曲线】|【缀面边线】菜单命令。按图 6-21 所示进行操作，单击【确定】按钮，完成参数曲线的绘制。

步骤 03 绘制曲面流线

选择【绘图】|【曲面曲线】|【曲面流线】菜单命令，选择曲面，设置【弦高】为 0.5，单击【确定】按钮，完成曲面流线的绘制，如图 6-22 所示。

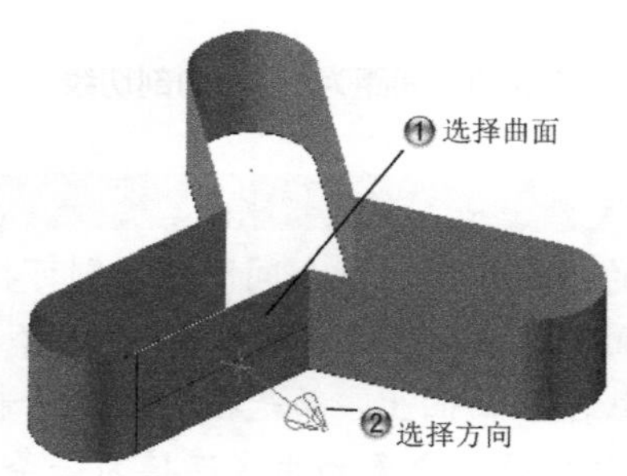

图 6-21 绘制参数曲线

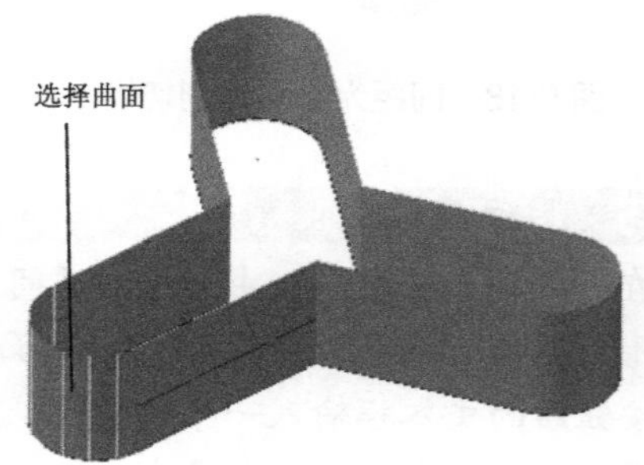

图 6-22 绘制曲面流线

步骤 04 绘制动态曲线

选择【绘图】|【曲面曲线】|【动态绘曲线】菜单命令。按图 6-23 所示进行操作。单击【确定】按钮，完成动态曲线的绘制。

步骤 05　绘制剖切曲线

选择【绘图】|【曲面曲线】|【曲面剖切线】菜单命令，选择曲面，设置【间距】为 5，单击【确定】按钮，完成剖切曲线绘制，如图 6-24 所示。

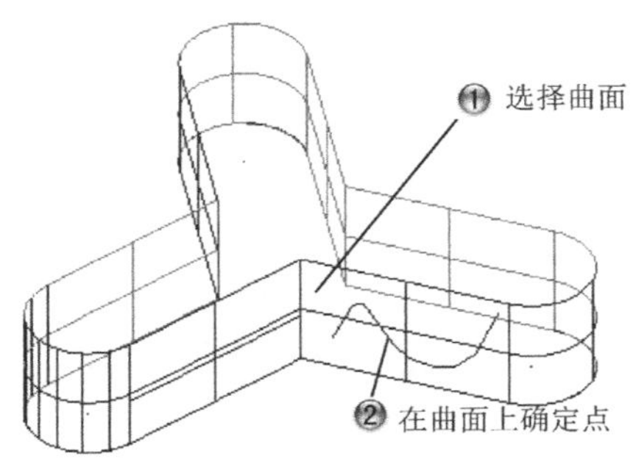

图 6-23　绘制动态曲线

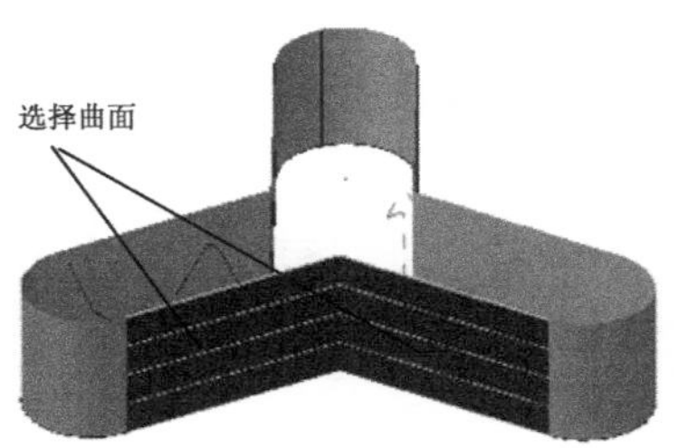

图 6-24　绘制剖切曲线

6.2　曲面曲线操作进阶

本节主要介绍曲面曲线操作的进阶部分，包括曲线转化为曲面曲线、分模线和相交线。

6.2.1　曲线转化为曲面曲线

由 6.1 节介绍的曲面曲线的基本操作功能绘制的曲线，根据系统的规划，可以是参数式曲线，也可以是 NURBS 曲线。曲面曲线功能是将上述曲线转化为曲面曲线。在 Mastercam X5 中，曲面曲线是由曲面和一组 UV 坐标所定义的 3D 曲线，与曲面具有关联性。

(1) 选择【绘图】|【曲面曲线】|【单一边界】菜单命令，在曲面的上部生成一条边界曲线，如图 6-25 所示。

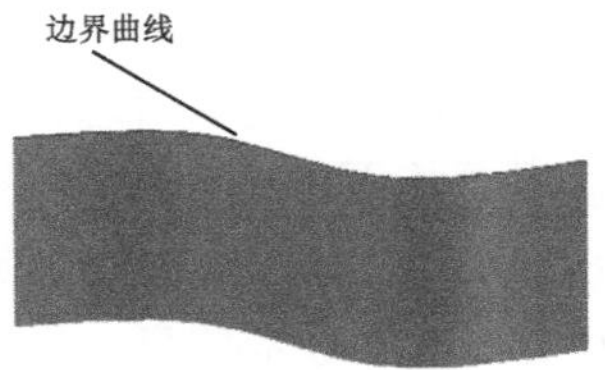

图 6-25　生成的边界曲线

为了便于观察曲线转化前后的变化，对转化前的曲线进行分析。选择【分析】|【图素属性】菜单命令，选择生成的边界曲线。该曲线的属性如图 6-26 所示。

(2) 选择【绘图】|【曲面曲线】|【曲面曲线】菜单命令，系统出现“选取曲线去转换为曲面曲线”提示信息。选择生成的边界曲线，即可完成转化操作。

选择【分析】|【图素属性】菜单命令，选择转化后的边界曲线。该曲线的属性如图 6-27 所示。可以看到该曲线已经成为曲面曲线。

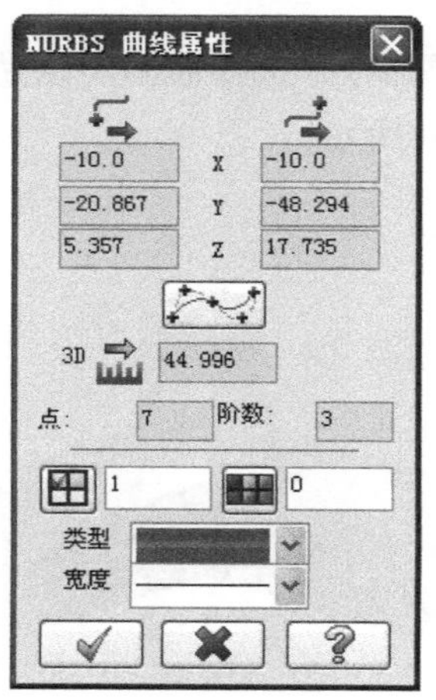

图 6-26　转化前的曲线属性

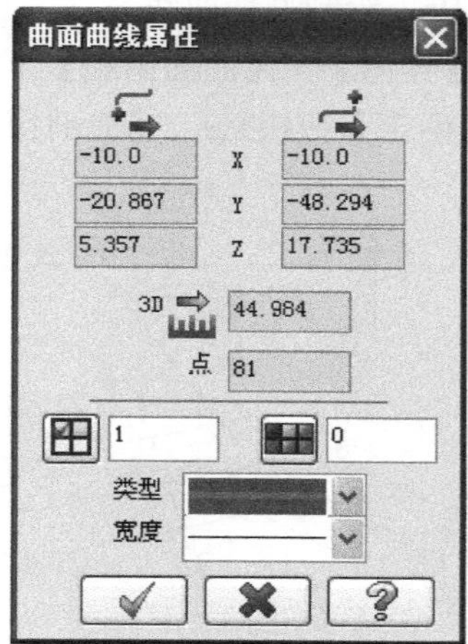

图 6-27　转化后的曲线属性

提 示

进行曲线转化曲面曲线时，不管转换是否成功，操作即告完成，系统不做提示。这时可以通过分析图素属性的方法进行查看。由于曲面曲线与曲面的关联性，所以只有那些完全位于曲面上的曲线才能转换为曲面曲线。同时如果对曲面曲线进行平移等操作时，曲面也随之移动。

6.2.2　分模线

【创建分模线】命令可自动计算出一个与构图面平行的平面，该平面与曲面或实体的交线即为分模线，一般应在曲面上外形最大的位置分模。

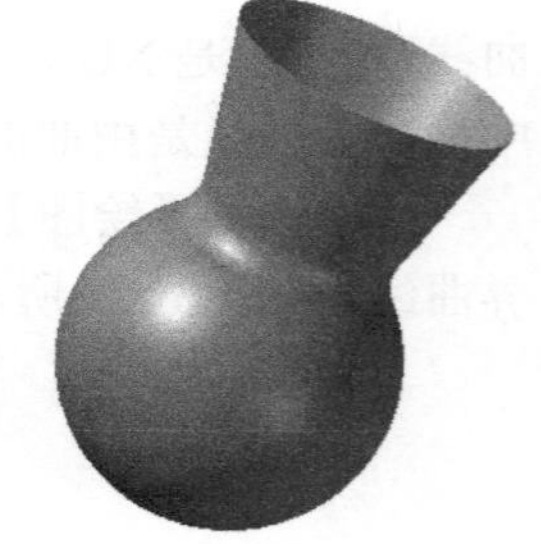
图 6-28　曲面模型

选择【绘图】|【曲面曲线】|【创建分模线】菜单命令，系统出现“设置构图平面，按‘应用’键完成”提示信息。可以重新制定构图面或采用构图平面。这里设置构图面为俯视图。

选择模型的所有曲面，如图 6-28 所示，按 Enter 键。系统出现“设置选项，按<ENTER>键或‘确定’键”提示信息。在如图 6-29 所示的【分模线】状态栏中设置分模角度为 0°。单击状态栏中的【应用】按钮，创建的分模线如图 6-30 所示。

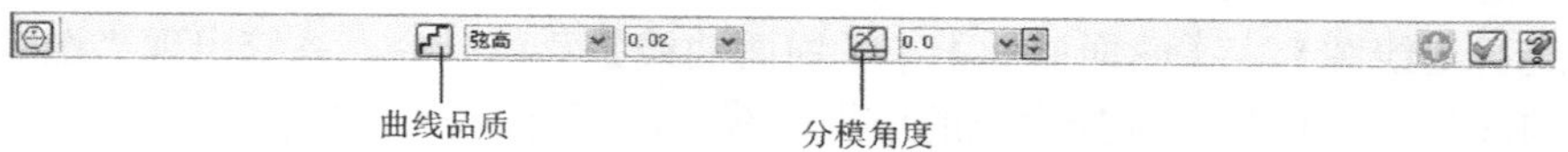

图 6-29　【分模线】状态栏

继续选择模型曲面，分别设置分模角度为 30° 和 60°，得到的分模线如图 6-31 所示。可以看到当分模角度为 60° 时，在俯视图构图面上的分模线变为两条。

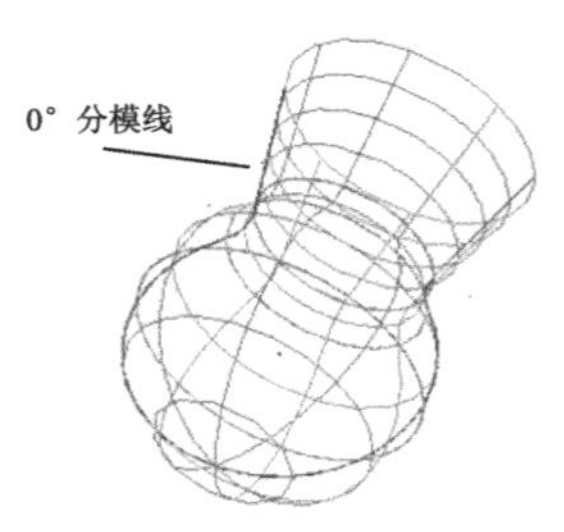

图 6-30　分模角度为 0° 时的分模线

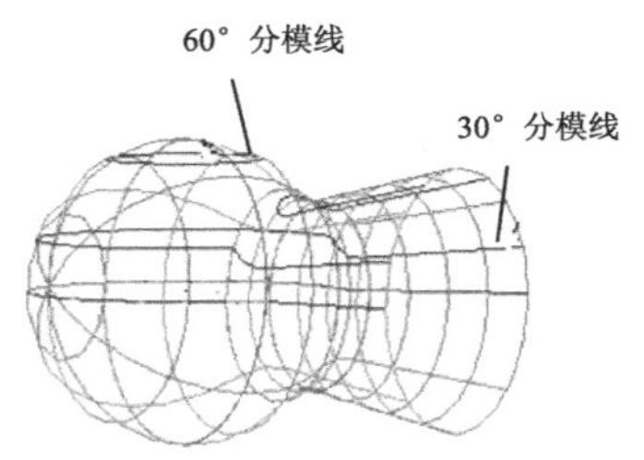

图 6-31　不同角度分模角度的分模线

6.2.3　绘制相交线

绘制相交线命令可在两组曲面之间，计算曲面的相交曲线或其偏移曲线。

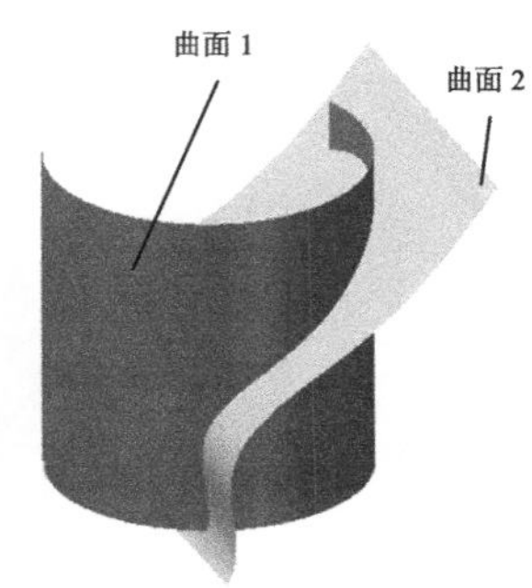

图 6-32　选择的曲面

选择【绘图】|【曲面曲线】|【曲面交线】菜单命令，系统出现“选取设置的第一曲面”的提示信息。选择半柱形曲面作为第一个曲面，按 Enter 键。系统出现“选取设置的第二曲面”的提示信息，选择其余所有曲面为第二组曲面，按 Enter 键，如图 6-32 所示。

系统出现“设置选项，按<ENTER>键或‘确定’键”的提示信息。这时可以设置【曲面交线】状态栏，如图 6-33 所示。单击【确定】按钮完成曲面交线的创建，如图 6-34 所示。

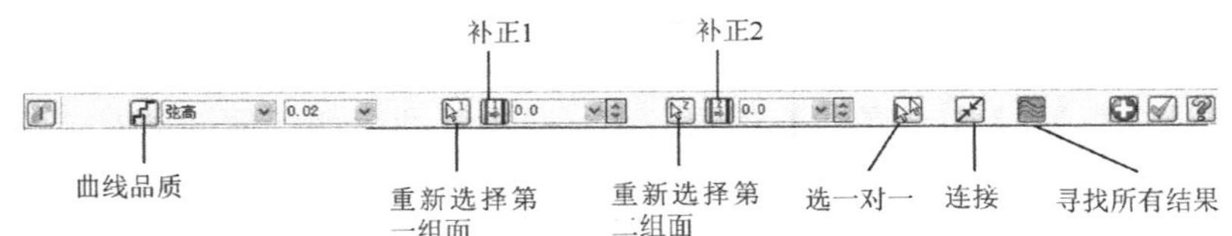

图 6-33　【曲面交线】状态栏

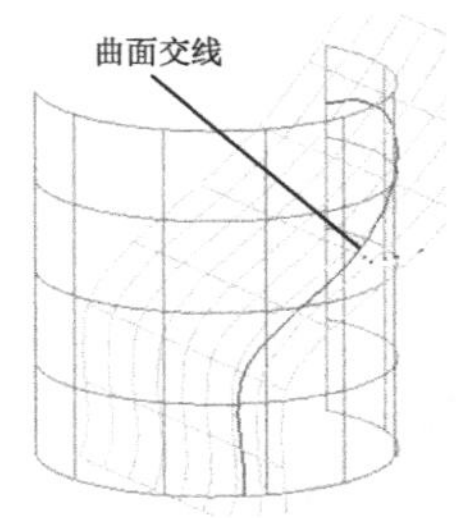

图 6-34　创建的曲面交线

6.2.4　曲面曲线操作进阶范例

本范例练习文件：\06\6-2-4. MCX-5。

本范例完成文件：\06\6-2-5. MCX-5。

多媒体教学路径：光盘→多媒体教学→第 6 章→6.2.4 节。

步骤 01 绘制曲面交线

选择【绘图】|【曲面曲线】|【曲面交线】菜单命令。按图 6-35 所示进行操作，单击【确定】按钮，完成曲面交线绘制。

步骤 02 删除面

选择平面，如图 6-36 所示，单击【删除/取消删除】工具栏中的【删除图素】按钮，删除平面。

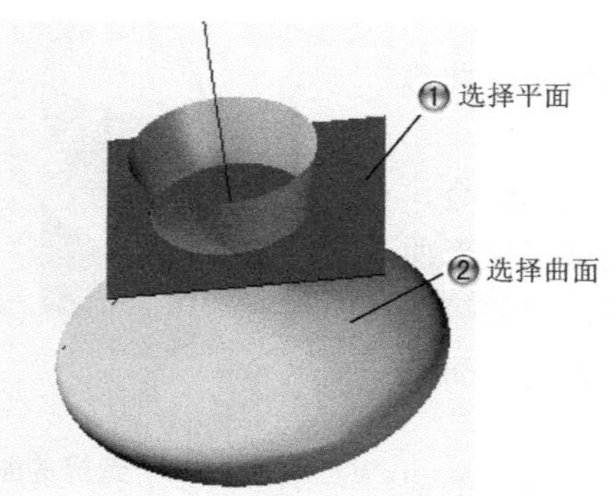

图 6-35 绘制曲面交线

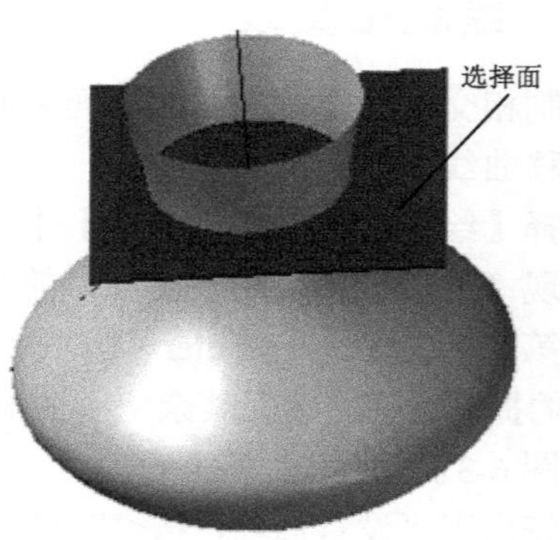

图 6-36 删除面

步骤 03 转换曲面曲线

选择【绘图】|【曲面曲线】|【单一边界】菜单命令，选择相交线，进行转换；选择相交线，选择【分析】|【图素属性】菜单命令，弹出【曲面曲线属性】对话框，如图 6-37 所示。

步骤 04 创建分模线

选择【绘图】|【曲面曲线】|【创建分模线】菜单命令，选择曲面，设置【弦高】为 2，【分模角度】为 20°，单击【确定】按钮，完成分模线绘制，如图 6-38 所示。

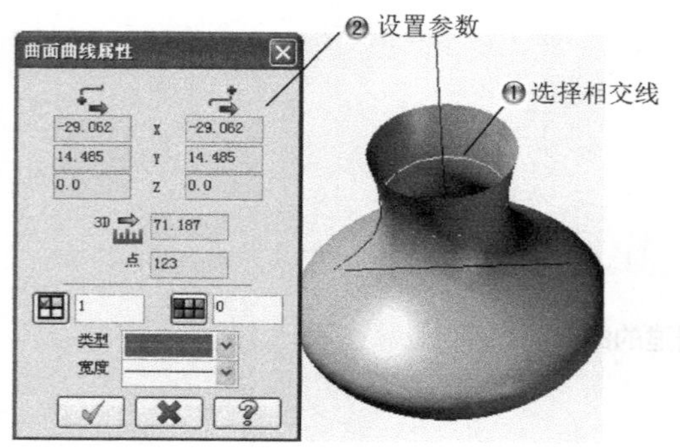

图 6-37 转换曲面曲线

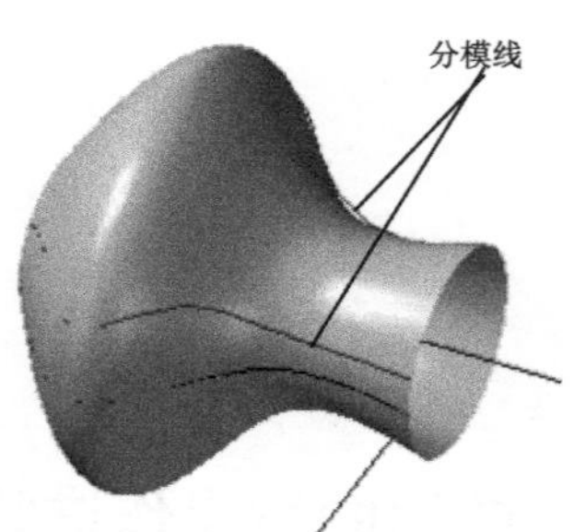

图 6-38 创建分模线

6.3　构图面、Z 深度及视图

构图平面是用户当前要使用的绘制平面，与相应的坐标面平行。构图面的概念是将复杂的三维绘图简化为简单的二维绘制。构图深度是相对当前构图面而言的，即定义构图面沿 Z 轴方向的相对坐标位置。视图是当前屏幕的视角，用于从不同视角观察模型。

6.3.1　构图面设置

单击【视图】工具栏中按钮右方的下三角按钮，弹出如图 6-39 所示的下拉菜单。单击菜单中的相应命令就可以设置三维构图面。构图面的设置除了标准的视图外，还有【按实体面定面】和【按图形定面】等。当然用户也可应用【指定视角】命令来自定义一个绘图面。

单击属性栏中的【平面】按钮，弹出如图 6-40 所示的菜单，然后单击相应的按钮就可以设置所需的构图平面。

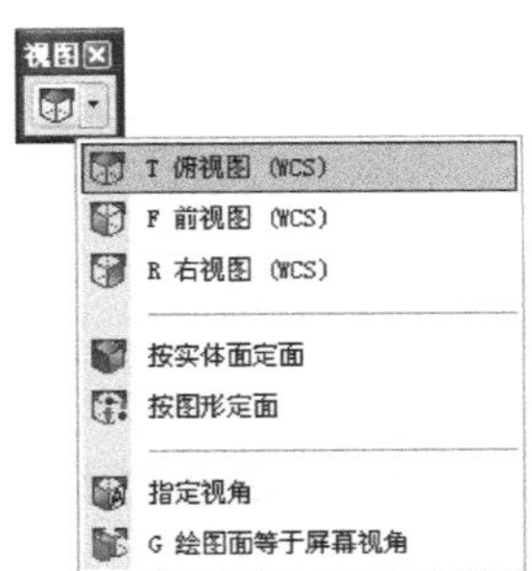

图 6-39　【视图】工具栏下拉菜单

图 6-40　选择构图面

提 示

相对所定义的构图面而言，当前构图面的坐标轴向为：水平向右一定是 X 轴正向，垂直向上一定是 Y 轴正向，Z 轴正向总是垂直于 X 轴与 Y 轴并朝向当前构图面的外侧。

几种常用的构图面设置介绍。

(1)　标准视图。

俯视图和底视图：选择 XY 平面为构图面，Z 坐标为设置的构图深度。

前视图和后视图：选择 XZ 平面为构图面，Y 坐标为设置的构图深度。

右视图和左视图：选择 YZ 平面为构图面，X 坐标为设置的构图深度。

(2) 【按实体面定面】：通过选择实体面来确定当前绘图使用的构图面。

(3) 【按图形定面】：通过选择绘图区的某一平面、两条线或者三个点来确定当前绘图使用的构图面。

(4) 【指定视角】：选择此命令可以打开【视角选择】对话框，该对话框列出了所有已命名的构图面，包括标准构图面。在对话框中选择一个构图面即可。

(5) 【绘图面等于屏幕视角】：使选择的构图面与屏幕视角的选择相同。

(6) 【旋转定面】：选择此命令可以打开【旋转视角】对话框，设置相对于各轴旋转的角度来设置当前绘图所使用的构图面。

(7) 【法向定面】：通过选取一条直线作为构图面的法线方向来确定当前绘图所使用的构图面。

6.3.2 Z 深度设置

构图深度又称 Z 深度，是与构图面紧密联系的位置概念。系统默认的构图面 Z 深度是 0。要设置构图面 Z 深度，可以在如图 6-41 所示的属性栏的 Z 文本框中输入构图深度值即可。单击 Z 按钮系统会出现“选取一点定义新的构图深度”的提示信息，这时用户可以通过指定点来设置构图深度。

对同一个构图面而言，不同的构图面 Z 深度，绘制的几何图形所处的空间位置也不同，如图 6-42 所示。

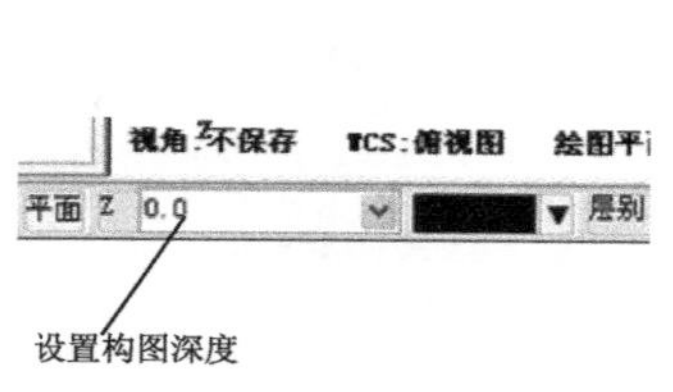

图 6-41 设置构图深度

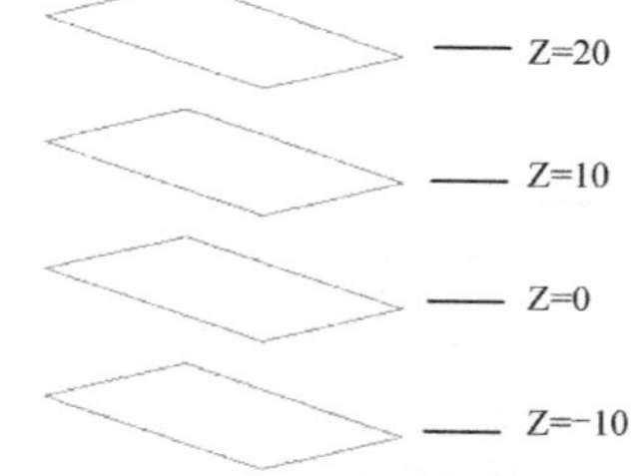

图 6-42 同一构图面不同 Z 深度

注 意

在绘制三维图形时，如果是捕捉几何图形上的某一点来绘制几何图形，则所绘制的几何图形的 Z 深度为捕捉点的 Z 深度，而当前设置的 Z 深度对其无效；设置构图深度时，必须在 2D 状态下，否则设定的深度无效。

6.3.3 视图设置

选择【视图】|【标准视角】菜单命令，出现如图 6-43 所示的菜单，选择相应的菜单命令就可以设置当前的视角。

单击属性栏中的【屏幕视角】按钮，弹出如图 6-44 所示的菜单，然后单击相应的按钮即可。

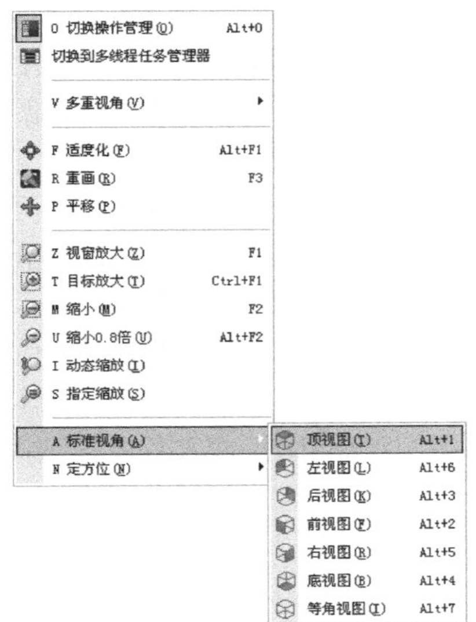

图 6-43　【视图】菜单

图 6-44　【屏幕视角】菜单

注 意

当改变图形视图时，选择某一标准视图后，当前的构图面也将发生相应的变化，变为与图形视角的方向一致。特别是，当图形视角变为【等视图】时，构图面将变为【俯视图】。

如果当前的构图面与视图平面不一致而是相互平行时，进行绘图操作时系统会弹出一个警示对话框，此时必须调整视角平面或构图面才可以进行下一步操作。

6.4　线　架　构

6.4.1　线架构简介

线框模型(Wireframe Modeling)是 CAD 技术中最早使用的三维模型，是利用对象形体的棱边和顶点来表示几何形状的一种模型。一般来说，线框模型由一些基本的图元来表示，这些图元包括点、线段、圆、圆环、弧等。所以它只反映出二维实体的部分形状信息，难以得到物体的剖面图、消除隐藏线及画出两个面的交线或轮廓线等。

线框模型是可以生成、修改、处理二维和三维线框几何体，可以生成点、直线、圆、二次曲线、样条曲线等，又可以对这些基本线框元素进行修剪、延伸分段、连接等处理，生成更复杂的曲线。线框模型的另一种方法是通过三维曲面的处理来进行，即利用曲面与曲面的求交、曲面的等参数线、曲面边界线、曲线在曲面上的投影和曲面在某一方向的分模线等方法来生成复杂曲线。实际上，线框功能是进一步构造曲面和实体模型的基础工具。在复杂的产品设计中，往往是先用线条勾画出基本轮廓，即所谓“控制线”，然后逐步细化，在此基础上构造出曲面和实体模型。

线框定义过程简单，很多复杂的产品，先用几条线勾画出基本轮廓，然后逐步细化。线框的存储量小，操作灵活，响应速度快。从它产生二维图和工程图也比较方便。另外，这种造型方法对硬件的要求不高，容易掌握，处理时间较短。线框结构并不只适用于CAD/CAM的二维软件几何模型，三维软件也有用武之地，当然和二维软件相比，对线框结构做了进一步的改进，其三维模型的基础是多边形，已经不是线段、圆、弧这样零碎的图素。

但是，线框造型也有其局限性。一方面，线框造型的数据模型规定了各条边的两个顶点以及各个顶点的坐标，这对由平面构成的物体而言，轮廓线与棱线一致，能够比较清楚地反映物体的真实形状；但是对于曲面体，仅能表示物体的棱边就不够准确。例如，表示圆柱的形状，就必须添加母线。另一方面，线框模型所构造的实体模型，只有离散的边，而没有边与边的关系，即没有构成面的信息，由于信息表达不完整，在许多情况下，会对物体形状的判断产生多义性。由于造型后产生的物体所有的边都显示在图形中，而大多数的三维线框模型系统尚不具备自动消隐的功能，因此无法判断哪些是不可见边，哪些又是可见边。对同一种基于线框模型的三维实体重构问题的分析与研究线框模型，难以准确地确定实体的真实形状，这不仅不能完整、准确、唯一地表达几何实体，也给物体的几何特性、物理特性的计算带来困难。

6.4.2 线架构的方法技巧

线框模型是利用对象形体的棱边和顶点来表示几何形状的一种模型，它由物体上的点、直线、曲线等几何要素组成。在绘制线架构模型时要注意以下几方面的内容。

(1) 选择合适的屏幕视角。因为设置屏幕视角的目的是便于图形的观察，当需要在不同的平面内构图时，就应选择相应平行的屏幕视角。

(2) 正确设置构图面。当屏幕视角为标准视角时，构图面也相应地变为同屏幕视角相同。特别是当屏幕视角设为等角视图时，构图面将自动更为俯视图，这时有可能要根据需要进行构图面设置。

(3) 正确切换状态栏中的 2D 按钮和 3D 按钮。一般情况下，选择 3D 模式可完成大部分作业，但当捕捉点与所绘制的图形不在同一 Z 深度时，此时必须切换到 2D 模式。

(4) 在 2D 模式下注意随时设置 Z 轴深度。因为在 2D 模式下以光标捕捉方式绘制图形时，图形的位置完全取决于 Z 轴的深度，因此在这种情况下要频繁地更换 Z 轴深度，特别是在更换构图面时。

6.4.3 线架构与曲面模型

线架构是用来定义曲面的边界和曲面横截面特征的一系列特殊几何图素的总称，几何图素可以是点、线、圆弧或曲线，这些线架就是曲面的骨架。

曲面模型(Surface Modeling)是以物体的各表面为单位来表示形体特征的。它在线框模型的基础上增加了有关面和边的结构信息(拓扑信息)，给出了顶点、顶点与边、边与面之间的二层拓扑信息。因此，它可以描述物体的表面特征。

图 6-45 和图 6-46 就是线架构模型通过举升曲面功能得到的曲面模型。

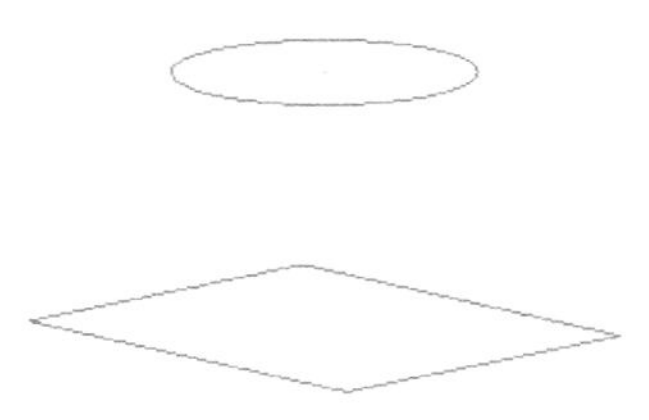

图 6-45　线架构模型

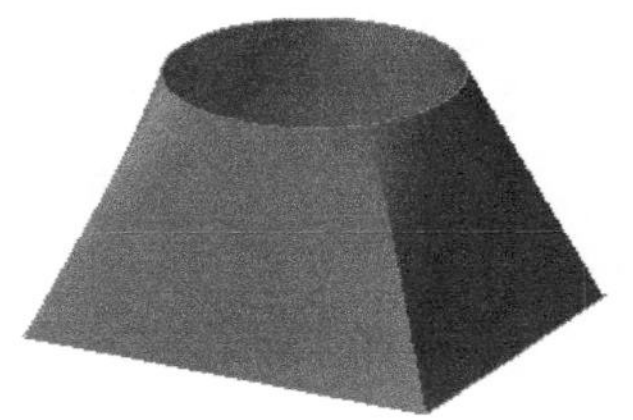

图 6-46　举升曲面模型

6.4.4　线架构范例

本范例完成文件：\06\6-4-4. MCX-5。

多媒体教学路径：光盘→多媒体教学→第 6 章→6.4.4 节。

步骤 01　绘制圆弧矩形

单击【草图】工具栏中的【矩形形状设置】按钮，弹出【矩形选项】对话框，如图 6-47 所示。

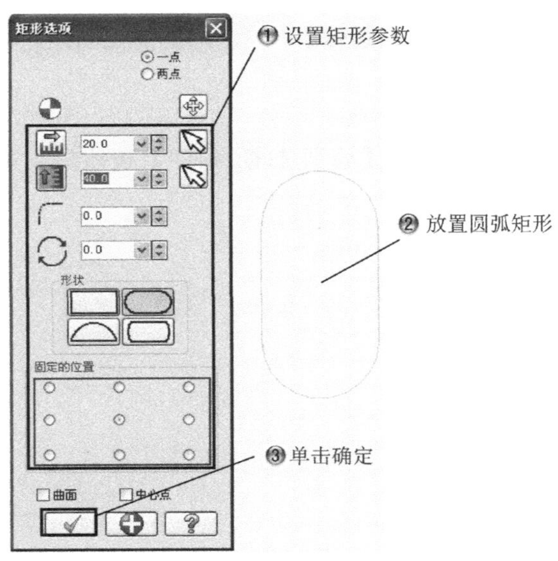

图 6-47　绘制圆弧矩形

步骤 02　平移圆弧矩形

单击【参考变换】工具栏中的【平移】按钮，同时弹出如图 6-48 所示的【平移】对话框。

步骤 03　绘制圆弧

单击【草图】工具栏中的【两点圆弧】按钮，选择右视图，绘制半径为 30 的圆弧，如图 6-49 所示。

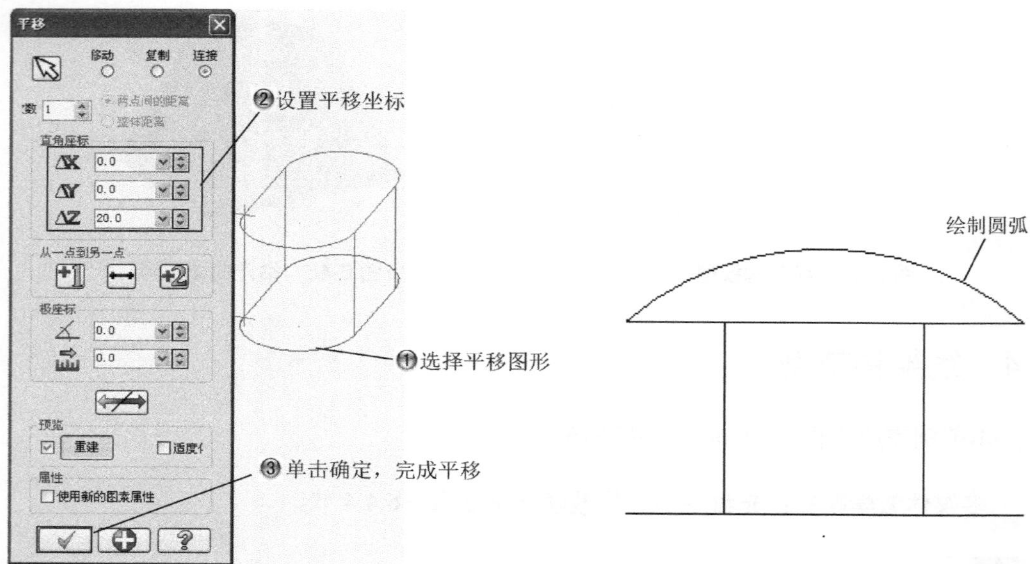

图 6-48　平移圆弧矩形

图 6-49　绘制圆弧

步骤 04 绘制三点圆弧

单击【草图】工具栏中的【三点画弧】，选择前视图，绘制三点圆弧，如图 6-50 所示。

步骤 05 修剪圆弧

单击【修剪/打断】工具栏中的【修剪/打断/延伸】按钮，对弧线线条进行修剪，如图 6-51 所示。

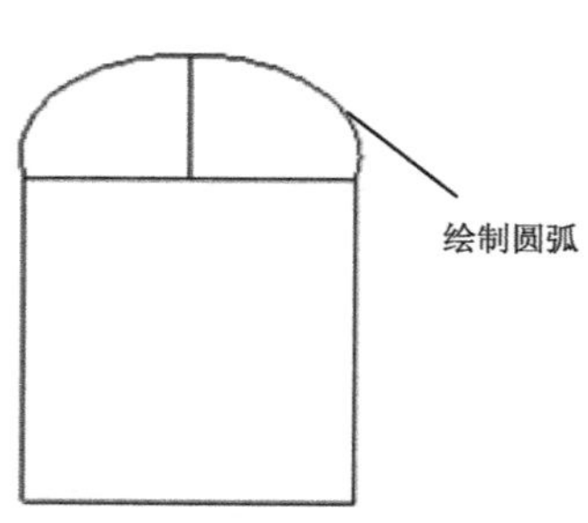

图 6-50　绘制三点圆弧

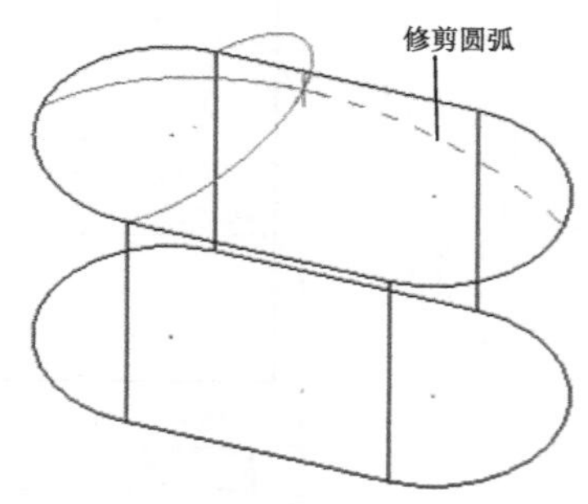

图 6-51　修剪圆弧

步骤 06 绘制直线图形

单击【草图】工具栏中的【绘制任意线】按钮，按图 6-52 所示进行操作。

步骤 07 绘制直线图形

单击【草图】工具栏中的【绘制任意线】按钮，按图 6-53 所示进行操作。

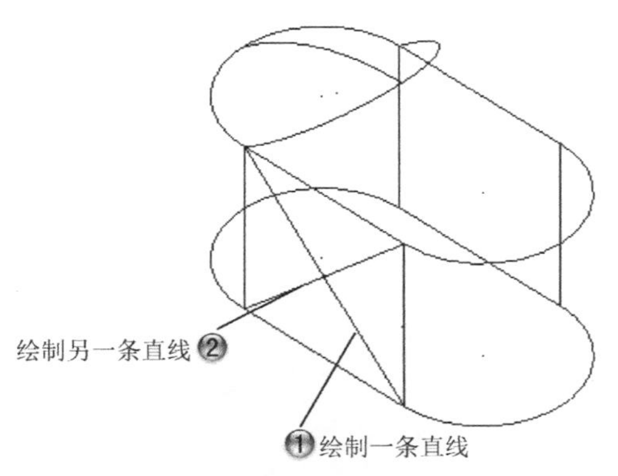

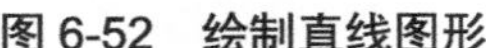
图 6-52　绘制直线图形

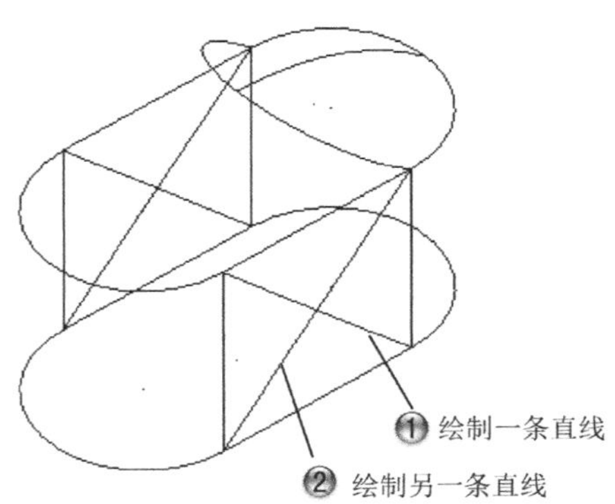

图 6-53　绘制直线图形

6.5　绘制基本三维曲面

Mastercam X5 提供了 5 种基本曲面的造型方法，包括圆柱曲面、锥形曲面、长方体曲面、球体曲面和圆环曲面。基本曲面造型方法的共同特点是参数化造型，及通过改变曲面的参数，可以方便地绘出同类的多种曲面。

基本三维曲面的绘制同基本实体的绘制方法一样。选择【绘图】|【基本曲面/实体】菜单命令或单击【草图】工具栏中按钮右侧的下三角按钮，选择相应的基本曲面进行创建，如图 6-54 和图 6-55 所示。

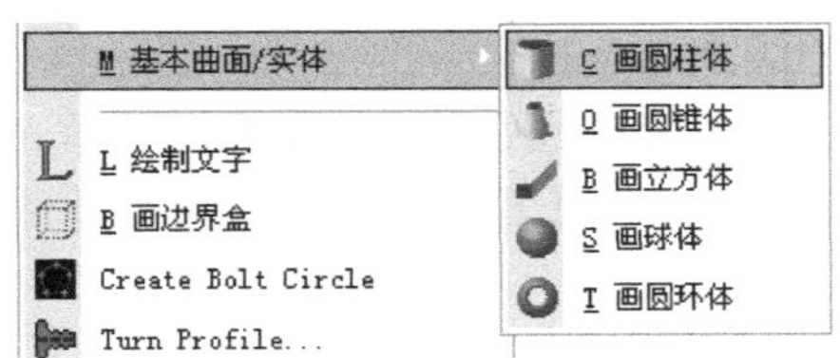

图 6-54　【基本曲面/实体】设计菜单

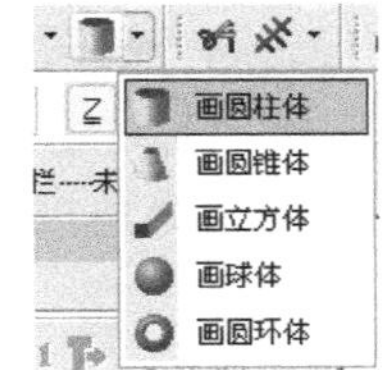

图 6-55　【基本曲面/实体】工具栏按钮

6.5.1　绘制圆柱体曲面

(1)　选择【绘图】|【基本曲面/实体】|【画圆柱体】菜单命令或单击【草图】工具栏中的【画圆柱体】按钮，弹出【圆柱体】对话框。单击对话框标题栏中的按钮可以使该对话框显示更多的选项，如图 6-56 所示。

(2)　在【圆柱体】对话框中选中【曲面】单选按钮，设置半径为 30，高度为 50，其他设置默认，如图 6-56 所示。

(3)　系统提示选取圆柱体的基准点位置，指定基准点位置的坐标为(0,0,0)。

(4)　单击【圆柱体】对话框中的【确定】按钮，完成圆柱体曲面的创建。单击【绘图显示】工具栏中的【等角视图】按钮，设置屏幕视角为【等角视图】。圆柱体曲面的效果如图 6-57 所示。

图 6-56　展开的【圆柱体】对话框

图 6-57　圆柱体曲面

6.5.2　绘制圆锥体曲面

(1) 选择【绘图】|【基本曲面/实体】|【画圆锥体】菜单命令或单击【草图】工具栏中的【画圆锥体】按钮，弹出如图 6-58 所示的【圆锥体】对话框。单击对话框标题栏中的按钮可以使该对话框显示更多的选项。

(2) 在【圆锥体】对话框中选中【曲面】单选按钮，设置圆锥体底部半径为 50，圆锥体高度为 60，顶部半径为 20，其他设置默认，如图 6-58 所示。

(3) 系统出现“选取圆锥体的基准点位置”的提示信息。在绘图区指定一点作为圆锥体曲面的基准点位置。这里设置基准点位置的坐标为(0,0,0)。

(4) 单击【圆锥体】对话框中的【确定】按钮，完成圆锥体曲面的创建。单击【绘图显示】工具栏中的【等角视图】按钮，设置屏幕视角为【等角视图】。圆锥体曲面的效果如图 6-59 所示。

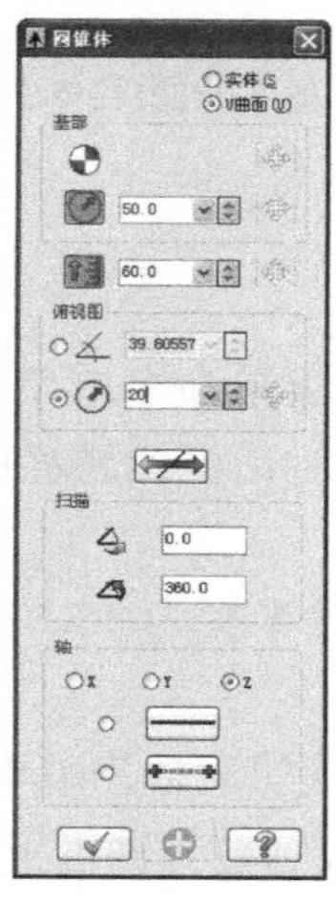

图 6-58　展开的【圆锥体】对话框

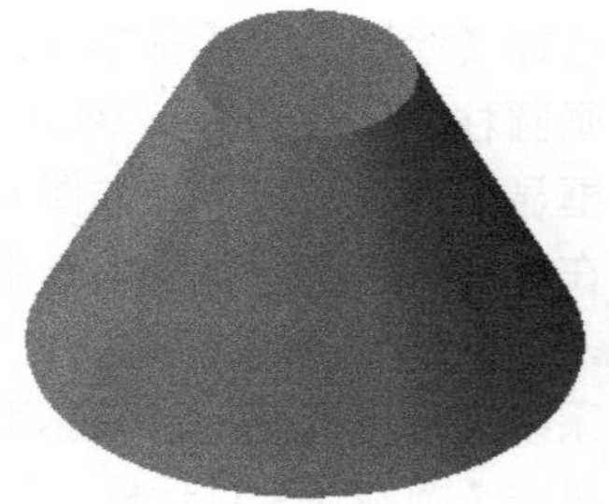

图 6-59　圆锥体曲面

6.5.3　绘制长方体曲面

(1) 选择【绘图】|【基本曲面/实体】|【画立方体】菜单命令或单击【草图】工具栏中的【画立方体】按钮，弹出如图 6-60 所示的【立方体】对话框。单击对话框标题栏中的按钮可以使该对话框显示更多的选项。

(2) 在【立方体】对话框中选中【曲面】单选按钮，设置长方体长度为 30，宽度为 50，高度为 20，其他设置如图 6-60 所示。

(3) 系统出现“选取立方体的基准点位置”的提示信息。在绘图区指定一点作为长方体曲面的基准点位置。这里设置基准点位置的坐标为(0,0,0)。

(4) 单击【立方体】对话框中的【确定】按钮，完成立方体曲面的创建。单击【绘图显示】工具栏中的【等角视图】按钮，设置屏幕视角为【等角视图】。长方体曲面的效果如图 6-61 所示。

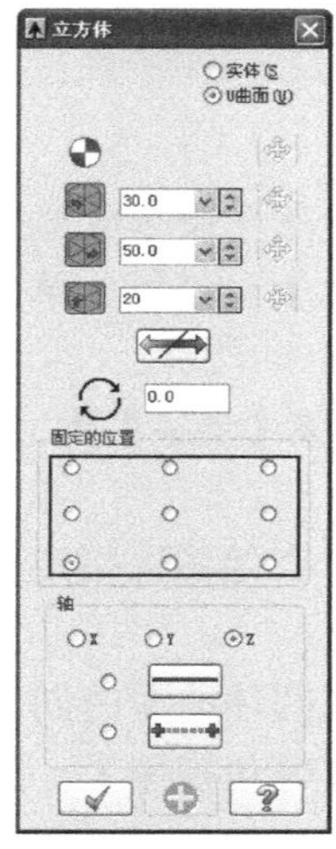

图 6-60　展开的【立方体】对话框

图 6-61　长方体曲面

6.5.4　绘制球体曲面

(1) 选择【绘图】|【基本曲面/实体】|【画球体】菜单命令或单击【草图】工具栏中的【画球体】按钮，弹出如图 6-62 所示的【球体】对话框。单击对话框标题栏中的按钮可以使该对话框显示更多的选项。

(2) 在【球体】对话框中选中【曲面】单选按钮，设置球体半径为 20，其他设置如图 6-62 所示。

(3) 系统出现“选取球体的基准点位置”的提示信息。在绘图区指定一点作为球体曲面的基准点位置。这里设置基准点位置的坐标为(0,0,0)。

(4) 单击【球体】对话框中的【确定】按钮，完成球体曲面的创建。单击【绘图显示】工具栏中的【等角视图】按钮，设置屏幕视角为【等角视图】。球体曲面的效果如图 6-63 所示。

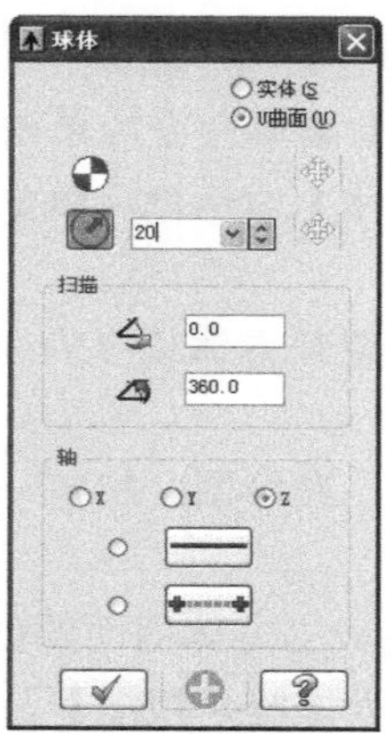

图 6-62 展开的【球体】对话框

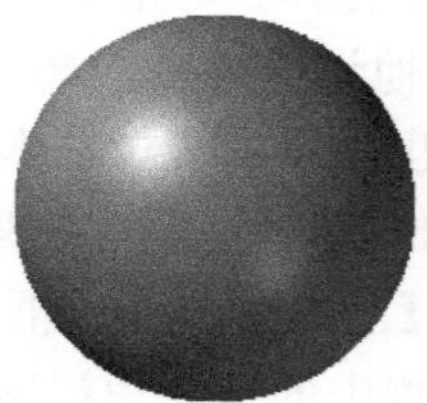

图 6-63 球体曲面

6.5.5 绘制圆环曲面

(1) 选择【绘图】|【基本曲面/实体】|【画圆环体】菜单命令或单击【草图】工具栏中的【画圆环体】按钮，弹出如图 6-64 所示的【圆环体】对话框。单击对话框标题栏中的按钮可以使该对话框显示更多的选项。

(2) 在【圆环体】对话框中选中【曲面】单选按钮，设置【半径】为 50，设置【较小的半径】为 20，其他设置如图 6-64 所示。

(3) 系统出现“选取圆环体的基准点位置”的提示信息。在绘图区指定一点作为圆环体曲面的基准点位置。这里设置基准点位置的坐标为(0,0,0)。

(4) 单击【圆环体】对话框中【确定】按钮，完成圆环曲面的创建。单击【绘图显示】工具栏中的【等角视图】按钮，设置屏幕视角为【等角视图】。圆环曲面的效果如图 6-65 所示。

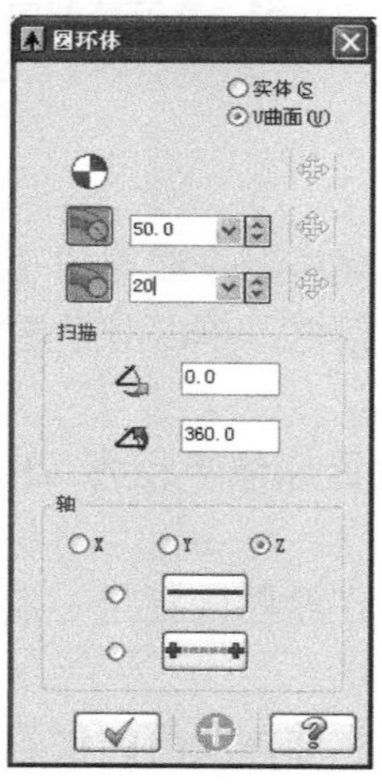

图 6-64 展开的【圆环体】对话框

图 6-65 圆环曲面

6.5.6　绘制基本三维曲面范例

本范例完成文件：\06\6-5-6. MCX-5。

多媒体教学路径：光盘→多媒体教学→第 6 章→6.5.6 节。

步骤 01　绘制圆柱体曲面

单击【草图】工具栏中的【画圆柱体】按钮，弹出如图 6-66 所示的【圆柱体】对话框。

步骤 02　绘制圆锥体曲面

单击【草图】工具栏中的【画圆锥体】按钮，弹出如图 6-67 所示的【圆锥体】对话框。

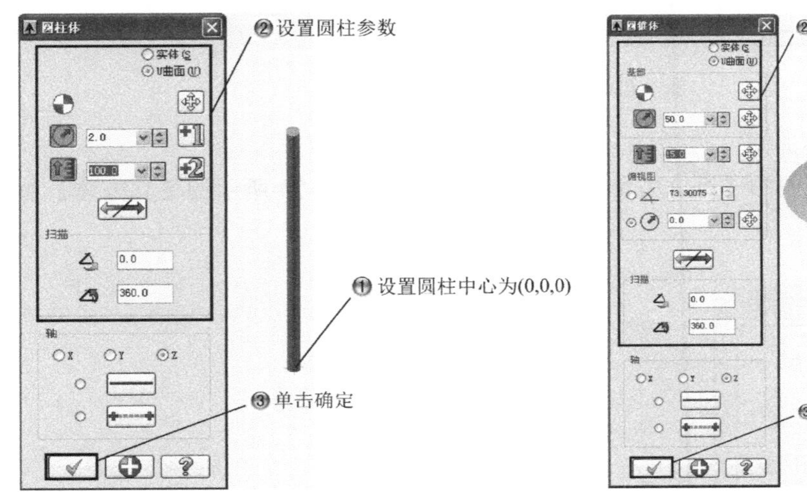

图 6-66　绘制圆柱体曲面

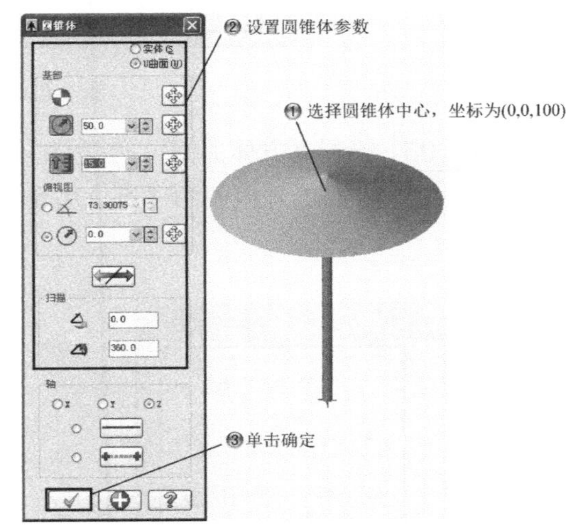

图 6-67　绘制圆锥体曲面

步骤 03　绘制圆环曲面

单击【草图】工具栏中的【画圆环体】按钮，弹出如图 6-68 所示的【圆环体】对话框。

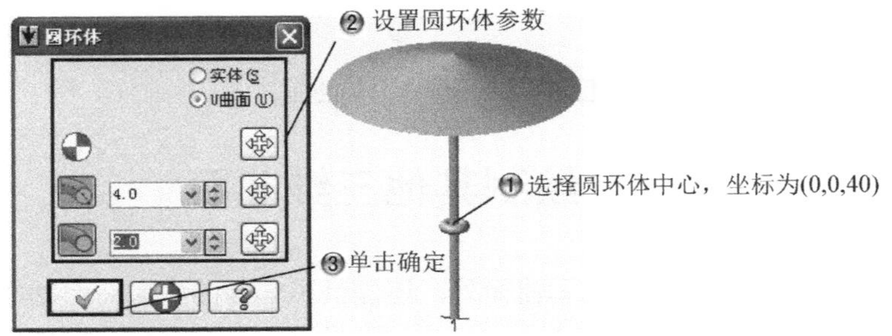

图 6-68　绘制圆环曲面

步骤 04　绘制球体曲面

单击【草图】工具栏中的【画球体】按钮，弹出如图 6-69 所示的【球体】对话框。

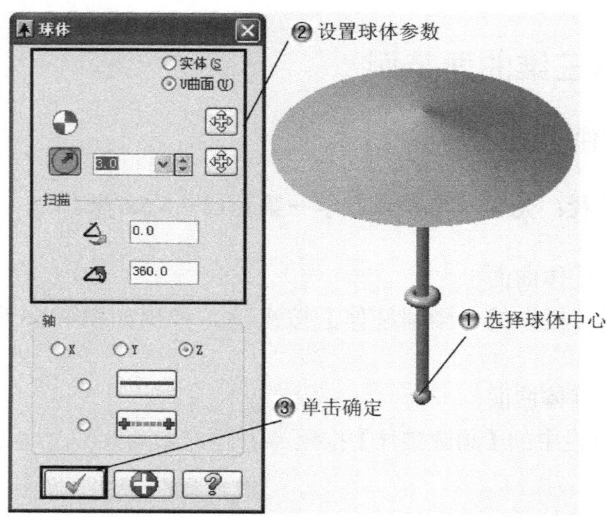

图 6-69　绘制球体曲面

步骤 05 绘制立方体曲面

单击【草图】工具栏中的【画立方体】按钮，弹出如图 6-70 所示的【立方体】对话框。

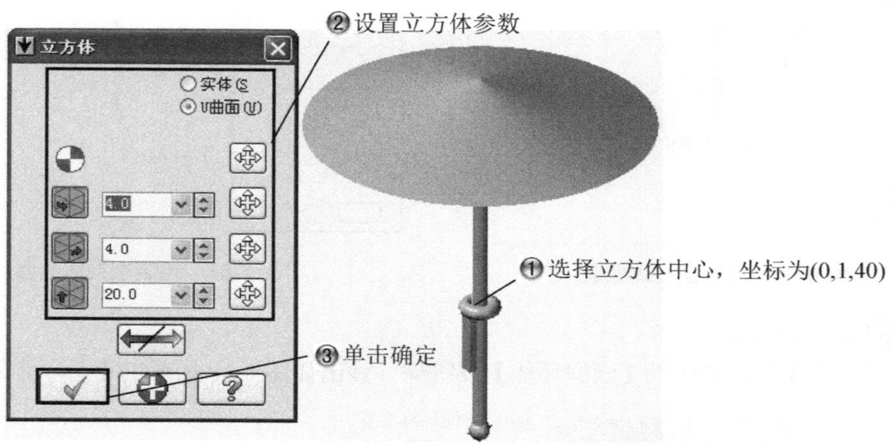

图 6-70　绘制立方体曲面

6.6　绘制其他三维曲面

Mastercam X5 除了能够生成基本曲面外，还提供了丰富的生成曲面功能。其中包括举升曲面、挤出曲面、牵引曲面、平整曲面，还有网状曲面、旋转曲面、扫描曲面以及由实体生成曲面等。

这些绘制曲面功能位于【绘图】|【曲面】菜单命令下，也可通过【曲面(Surfaces)】工具栏中的相应功能按钮获得，如图 6-71 和图 6-72 所示。

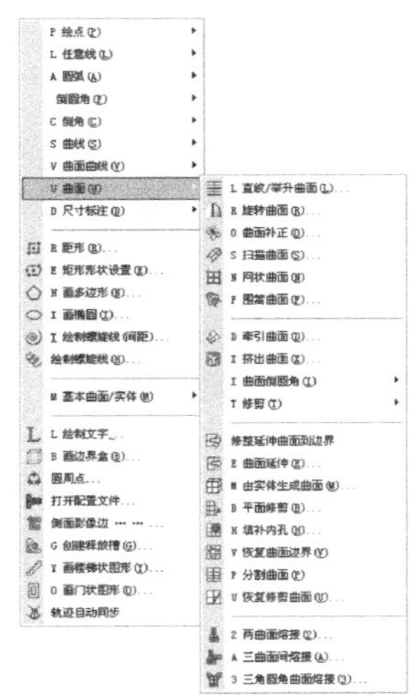

图 6-71　【曲面】菜单

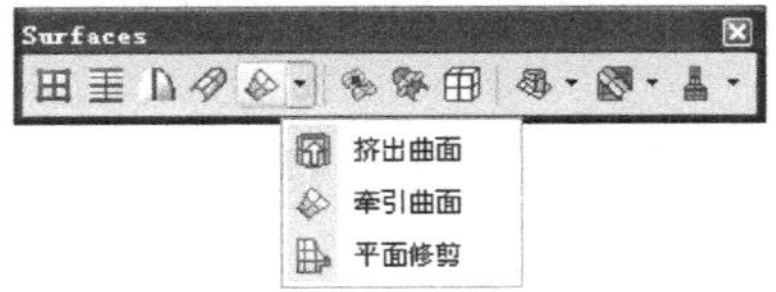

图 6-72　【曲面】工具栏按钮

6.6.1　绘制举升曲面

直纹/举升曲面是通过提供的一组剖面线框，以一定的方式连接起来而生成的曲面。其中，如果每个剖面线框之间采用直线的熔接，那么生成的曲面成为直纹曲面；如果每个剖面线框之间采用参数化的平滑的熔接，那么生成的曲面成为举升曲面，如图 6-73～图 6-75 所示。

选择【绘图】|【曲面】|【直纹/举升曲面】菜单命令或单击【曲面】工具栏中的【直纹/举升曲面】按钮，弹出【串连选项】对话框。

在【串连选项】对话框中单击【串连】按钮，在绘图区依次选择串连图素，注意它们方向的一致性，如图 6-76 所示。然后在【串连选项】对话框中单击【确定】按钮。

图 6-73　线框模型　　图 6-74　直纹曲面　　图 6-75　举升曲面　　图 6-76　选择串连

在【直纹/举升】状态栏中单击【举升】按钮，如图 6-77 所示。单击【直纹/举升】状态栏中的【确定】按钮，完成举升曲面的创建，如图 6-78 所示。

注 意

当需要对多个剖面线框进行串连操作时，一定要注意串连的顺序，因为串连的顺序不同，创建的曲面结构也不同。在进行图素串连时，还应注意串连的起点及串连的方向。对于串连起点不在同一角度的情况，应通过打断某图素，使各图素起点一一对应。

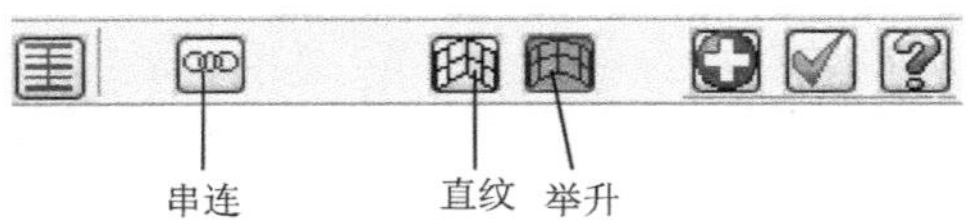

图 6-77 【直纹/举升】状态栏

图 6-78 举升曲面

6.6.2 绘制挤出曲面

挤出曲面是以封闭的曲线串连为基础，产生一个包括顶面与底面的封闭曲面，如图 6-79 所示。

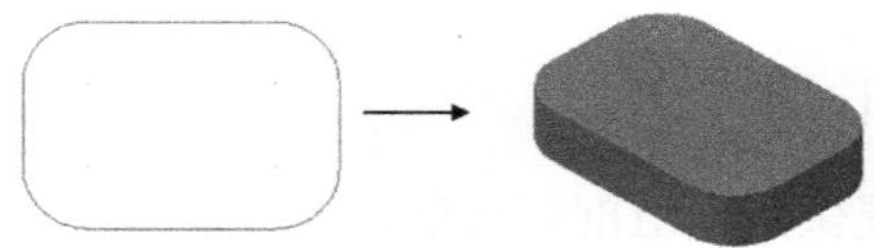

图 6-79 挤出曲面

选择【绘图】|【曲面】|【挤出曲面】菜单命令或单击【曲面】工具栏中的【拉伸曲面】按钮，弹出【串连选项】对话框，同时系统出现“选择由直线及圆弧构成的串连或一封闭曲线 1”提示信息。在【串连选项】对话框中选中【串连】按钮，然后在绘图区选择如图 6-80 所示的线框轮廓。

系统弹出【拉伸曲面】对话框。设置拉伸高度为 20，如图 6-81 所示。单击【确定】按钮，完成挤出曲面的创建，如图 6-82 所示。

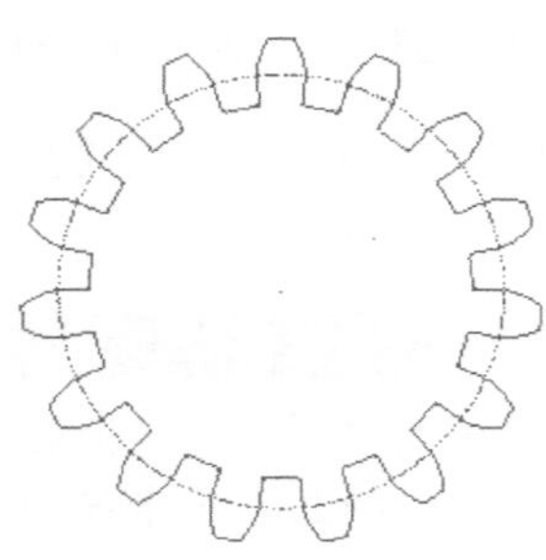

图 6-80 线框图

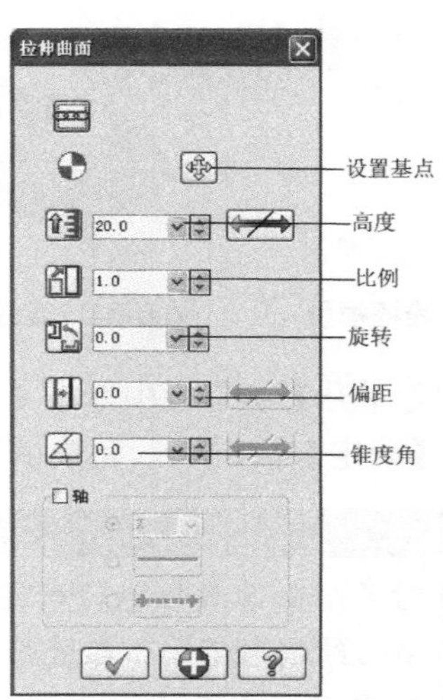

图 6-81 【拉伸曲面】对话框

注 意

当进行曲面拉伸时，拉伸的线框必须是封闭的。如果是未封闭的图形，系统会弹出如图 6-83 所示的【绘制封闭的实体曲面】对话框。单击【是】按钮，系统自动添加一线段使图形封闭；单击【否】按钮，不进行拉伸操作。

图 6-82　挤出曲面

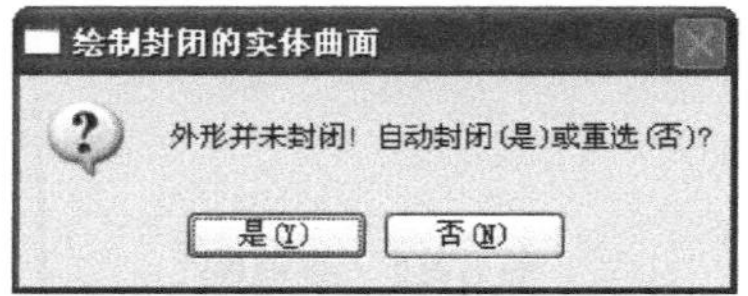

图 6-83　【绘制封闭的实体曲面】对话框

6.6.3　绘制牵引曲面

牵引曲面是以当前的构图面为牵引平面，将一条或多条外形轮廓按指定的长度和角度牵引出曲面或牵引到指定的平面。曲面的牵引高度可以按垂直高度测量，也可以按实际挤出长度测量。牵引操作还可以设置一个角度作为拔模角，当角度为 0° 时，牵引方向与构图面垂直。

提 示

由于构图面决定着牵引曲面的牵引方向，因此在进行牵引曲面操作之前，应先设置好相应的构图面。

(1) 选择【绘图】|【曲面】|【牵引曲面】菜单命令或单击【曲面】工具栏中的【牵引曲面】按钮，弹出【串连选项】对话框，同时系统出现“选取直线，圆弧，或曲线 1”提示信息。在【串连选项】对话框中单击【串连】按钮，然后在绘图区选择如图 6-84 所示的线框轮廓。在【串连选项】对话框中单击【确定】按钮。

系统弹出【牵引曲面】对话框。选中【长度】单选按钮，设置长度为 20，角度为 10°，其他参数设置如图 6-85 所示。单击对话框中的【应用】按钮，创建的牵引曲面如图 6-86 所示。

(2) 继续使用【牵引曲面】菜单命令，在出现的【串连选项】对话框中单击【串连】按钮，然后在绘图区选择原线框轮廓。单击对话框中的【确定】按钮。

在弹出的【牵引曲面】对话框中选中【平面】单选按钮，设置角度为 0°，如图 6-87 所示。单击【牵引曲面】对话框中的【平面】按钮，系统弹出【平面选择】对话框。在该对话框中选择 Z 平面，设置深度为-20，如图 6-88 所示。单击【确定】按钮。

单击【牵引曲面】对话框中的【确定】按钮，完成牵引曲面的创建，如图 6-89 所示。

图 6-84　线框图

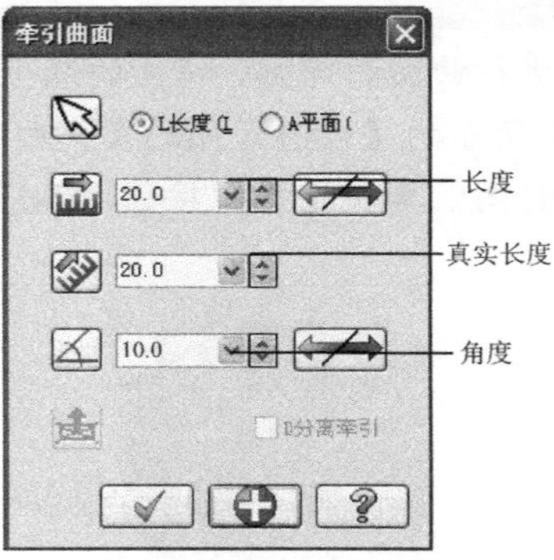

图 6-85　【牵引曲面】对话框

图 6-86　牵引曲面

图 6-87　【牵引曲面】对话框

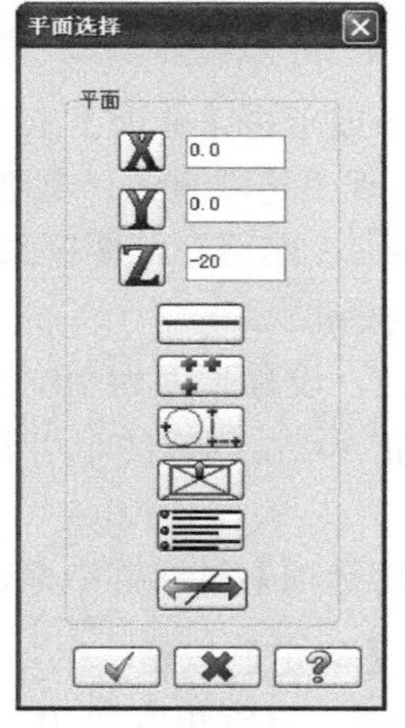

图 6-88　【平面选择】对话框

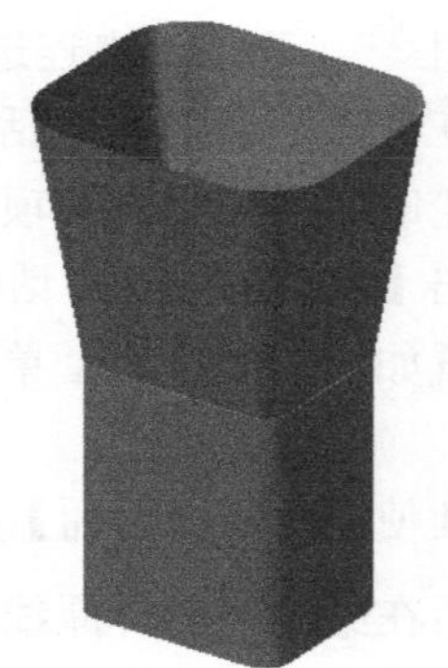

图 6-89　牵引曲面

6.6.4　绘制平整曲面

绘制平整曲面在 Mastercam X5 中对应的命令是【平面修剪】。该命令可通过选取同一构图面内的若干封闭外形来构建曲面。也可以通过选择【手动串连】后，通过选取曲面及曲

面边界来构建曲面，构建的平面曲面将以串连曲线为边界进行修剪，因此该命令称为平面修剪曲面或平面边界曲面。

选择【绘图】|【曲面】|【平面修剪】菜单命令或单击【曲面】工具栏中的【平面修剪】按钮，弹出【串连选项】对话框，同时系统出现“选择要定义平面边界的串连 1”的提示信息。在【串连选项】对话框中单击【串连】按钮，然后在绘图区选择如图 6-90 所示的边界。在【串连选项】对话框中单击【确定】按钮。

在如图 6-91 所示的【平面修剪】状态栏中，单击【应用】按钮，完成曲面的创建，如图 6-92 所示。

同样方法选择五星线框的其他边界进行串连，最后的效果如图 6-93 所示。

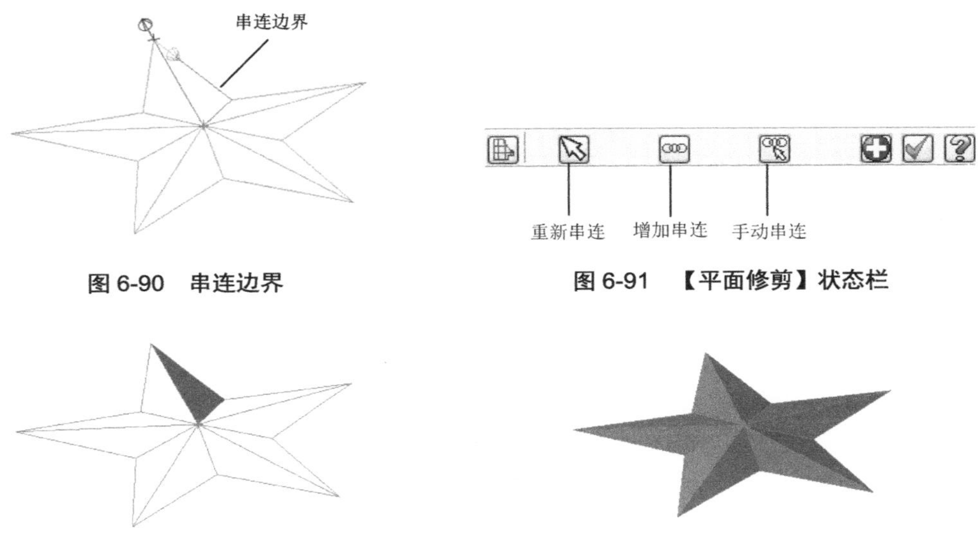

图 6-90　串连边界

图 6-91　【平面修剪】状态栏

图 6-92　边界曲面

图 6-93　五星曲面

技 巧

当使用平面修剪命令创建平整曲面时，如果选取多个封闭边界时，则允许在一个最大边界的内部再选取小的边界，但创建曲面后，小边界的内部将成为空洞，如图 6-94 所示。

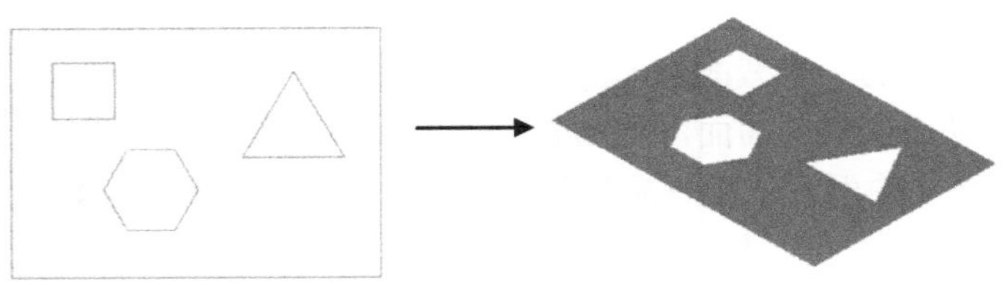

图 6-94　平面修剪

6.6.5　绘制旋转曲面

旋转曲面是将选取的曲线串连，按指定的旋转轴旋转一定角度而生成的曲面。在创建旋转曲面之前，需要绘制好一条或多条旋转母线和旋转轴。

选择【绘图】|【曲面】|【旋转曲面】菜单命令或单击【曲面】工具栏中的【旋转曲面】按钮，弹出【串连选项】对话框，同时系统出现“选取轮廓曲线 1”提示信息。选取串连图素，在【串连选项】对话框中单击【确定】按钮，系统出现“选取旋转轴”的提示，选择竖直中心线为旋转轴，如图 6-95 所示。

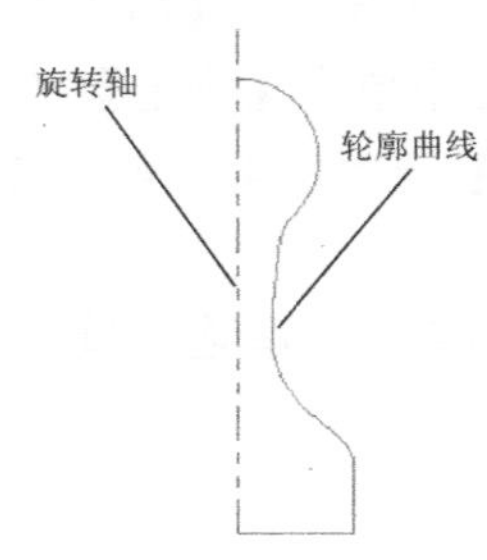

图 6-95　选择轮廓曲线及旋转轴

设置【旋转曲面】状态栏如图 6-96 所示。单击【确定】按钮完成旋转曲面的创建，如图 6-97 所示。

图 6-96　【旋转曲面】状态栏

图 6-97　旋转曲面

6.6.6　绘制扫描曲面

扫描曲面是将选取的一个截面外形沿着一个或两个轨迹曲线移动，或将多个截面外形沿着一个轨迹曲线移动而生成的曲面，如图 6-98 和图 6-99 所示。

选择【绘图】|【曲面】|【扫描曲面】菜单命令或单击【曲面】工具栏中的【扫描曲面】按钮，弹出【串连选项】对话框，同时系统出现“扫描曲面：定义截面方向外形”提示信息。

选取凸形截面为截面外形，单击【串连选项】对话框中的【确定】按钮，系统出现“扫描曲面：定义引导方向外形”提示，选择矩形轮廓为引导方向，如图 6-100 所示。在【串连选项】对话框中单击【确定】按钮。

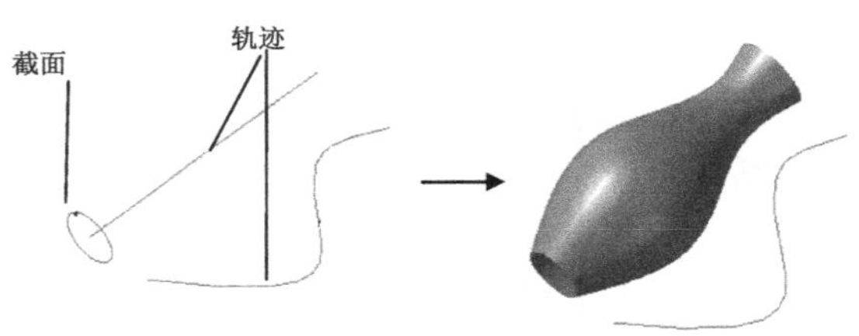

图 6-98　一个截面两条路径扫描

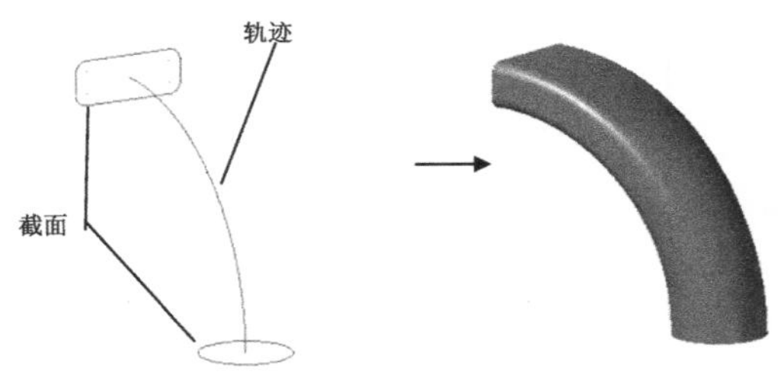

图 6-99　两个截面一条路径扫描

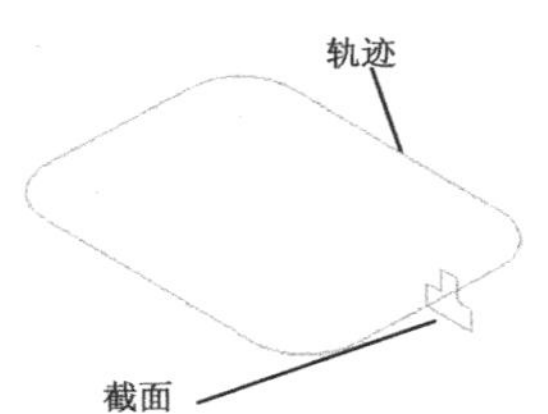

图 6-100　扫描截面及引导外形

设置【扫描曲面】状态栏如图 6-101 所示。单击【确定】按钮完成扫描曲面的创建，如图 6-102 所示。

提 示

平移扫描和选择扫描的区别在于：采用平移扫描时的截面外形沿引导方向移动时仍保持其原有的方位不变，而旋转扫描时，截面外形在移动的同时还包括旋转的运动。图 6-103 就是采用平移旋转后得到的曲面。

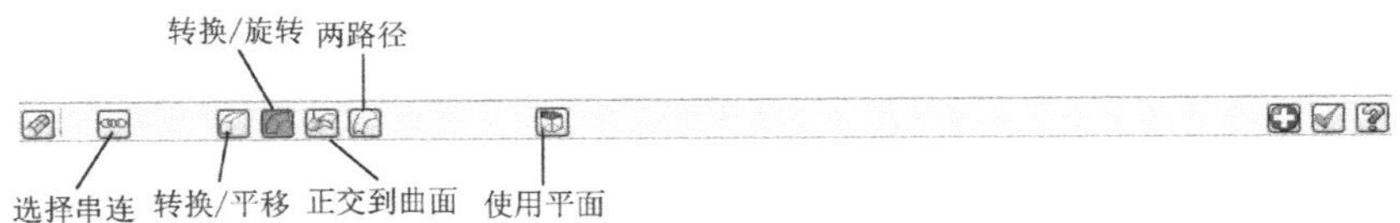

图 6-101　【扫描曲面】状态栏

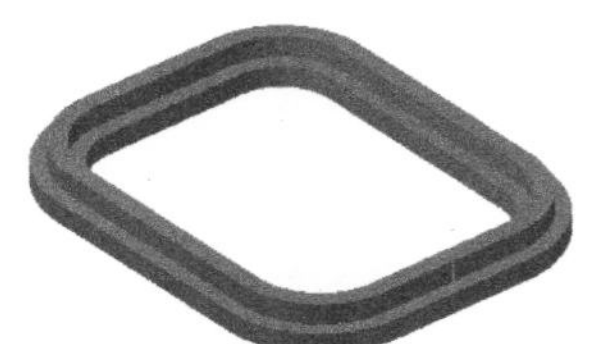

图 6-102　扫描曲面

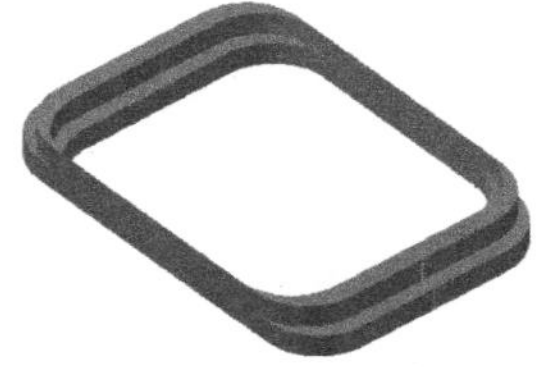

图 6-103　平移扫描

6.6.7　绘制网状曲面

网状曲面是指由一系列沿引导方向和截断方向所绘制的曲线，在相交的区域范围内所构建的曲面。网状曲面是一种比较复杂的曲面，可以是单片曲面，也可以是由多片曲面组成。

在 Mastercam X5 中绘制单片的网状曲面时，一般采用自动串连生成方式；绘制多片网状曲面时，则采用手动串连生成方式。自动串连生成方式通过选用至少 3 个有效串连图素来定义曲面。当分歧点较多或线架结构复杂时，通常使用手动串连方式定义曲面，在操作过程中需要指定顶点基准点。

(1) 选择【绘图】|【曲面】|【网状曲面】菜单命令或单击【曲面】工具栏中的【网状曲面】按钮，弹出如图 6-104 所示的【串连选项】对话框，同时出现如图 6-105 所示的【创建网状曲面】状态栏。

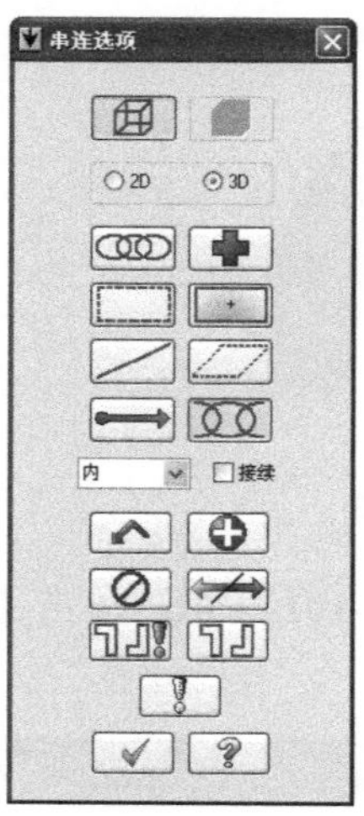

图 6-104 【串连选项】对话框

图 6-105 【创建网状曲面】状态栏

在【串连选项】对话框中单击【部分串连】按钮，然后在绘图区分别按照如图 6-106 所示的顺序选择曲线。单击【串连选项】对话框中的【确定】按钮，再在【创建网状曲面】状态栏中单击【应用】按钮，创建的网状曲面如图 6-107 所示。

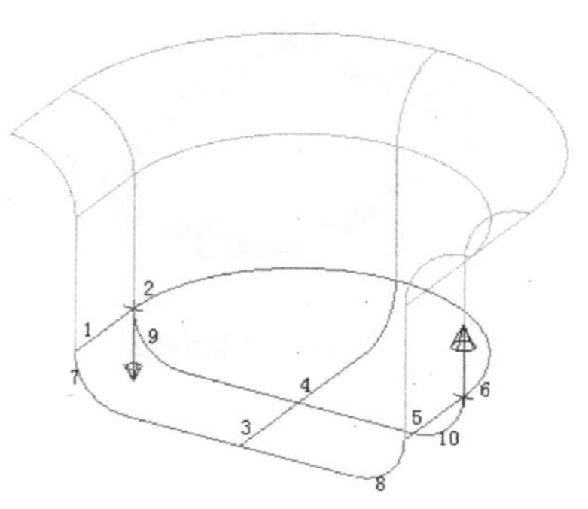

图 6-106 选择串连图素

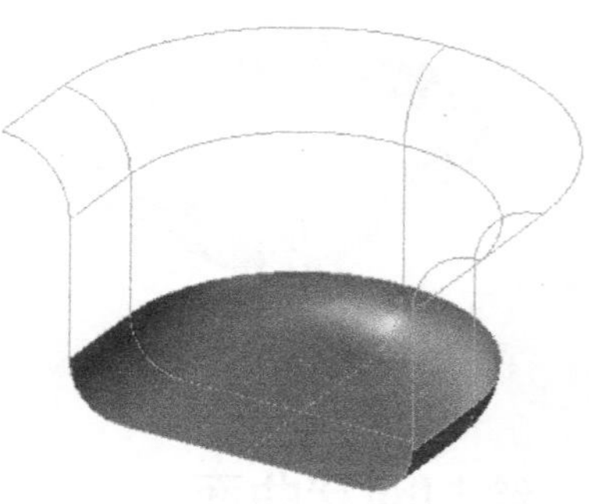

图 6-107 网状曲面

提 示

在选择串连图素时，图素的的选取点一定要靠近相交点，这样就能够使串连的方向(箭头指向)由相交点开始指向外。

(2) 继续选择【网状曲面】命令，系统再次出现【串连选项】对话框，在对话框中单击【部分串连】按钮，然后在绘图区分别按照如图 6-108 所示的顺序选择曲线。单击【串连选项】对话框中的【确定】按钮，再在【创建网状曲面】状态栏中单击【确定】按钮，完成网状曲面的创建，如图 6-109 所示。

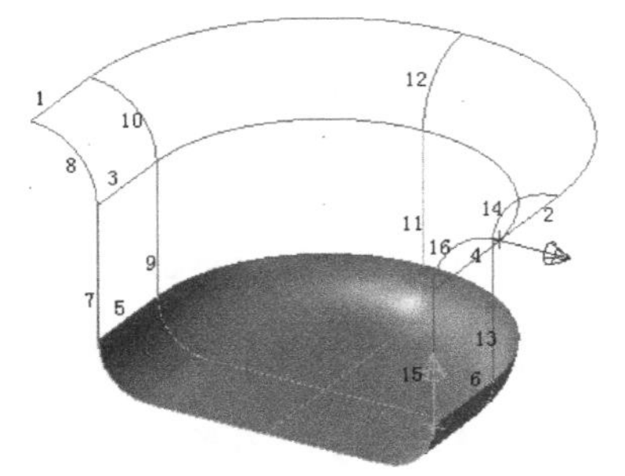

图 6-108　选择串连图素

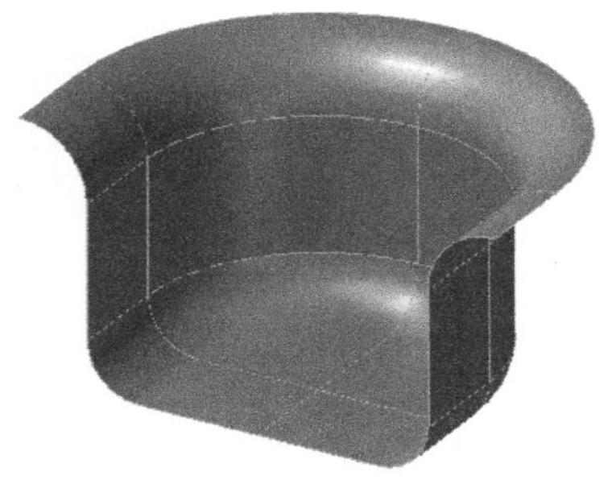

图 6-109　网状曲面

6.6.8　创建放式曲面

创建放式曲面在 Mastercam X5 中对应的命令是【围篱曲面】。该命令是依据选取的曲面及曲面上的一条或几条曲线，来构建一个直纹曲面。在构建直纹曲面时，该曲面曲线将作为直纹曲面的一个边界，而另一个边界的位置则可以通过【围篱曲面】状态栏设置的高度及角度来决定。如果在构建围篱曲面时，选取的曲线串连没有完全位于选取的曲面上，系统将以该曲线在曲面上的投影曲线，作为直纹曲面的边界曲线。

选择【绘图】|【曲面】|【围篱曲面】菜单命令或单击【曲面】工具栏中的【围篱曲面】按钮，系统出现“选取曲面”的提示信息，选择曲面。

系统弹出【串连选项】对话框，在【串连选项】对话框中单击【部分串连】按钮，然后在绘图区选择如图 6-110 所示的边界。在【串连选项】对话框中单击【确定】按钮。

图 6-110　选择部分串连

在【围篱曲面】状态栏的【熔接方式】下拉列表中选择【相同圆角】，设置起始高度为 20，起始角度为 0°，如图 6-111 所示。单击状态栏中的【应用】按钮，完成围篱曲面的创建，如图 6-112 所示。

之后系统提示选取曲面，继续选取原始曲面。系统又出现【串连选项】对话框，在【串连选项】对话框中单击【部分串连】按钮，然后在绘图区选择如图6-113所示的边界。在【串连选项】对话框中单击【确定】按钮。

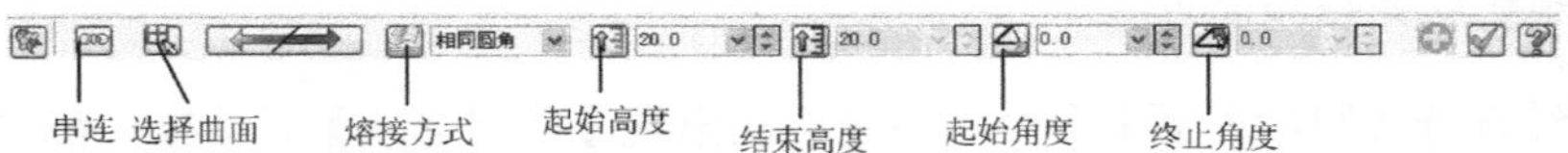

图6-111 【围篱曲面】状态栏

图6-112 围篱曲面

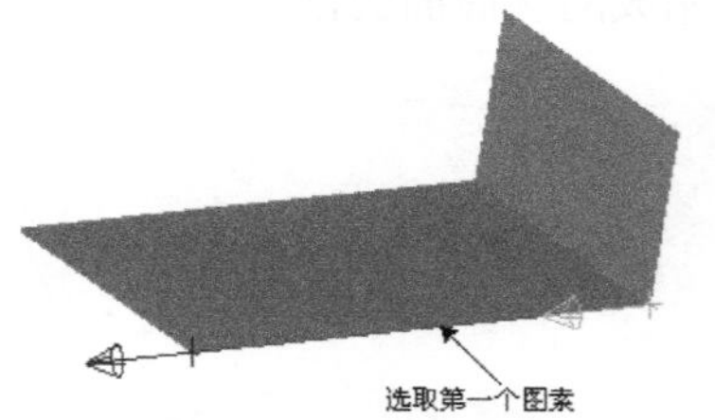

图6-113 选择部分串连

在【围篱曲面】状态栏的【熔接方式】下拉列表中选择【线锥】，设置起始高度为30，结束高度为50；起始角度为-10°，终止角度为-10°。单击状态栏中的【应用】按钮，完成围篱曲面的创建，如图6-114所示。

用同样的方法选择原始曲面的一条边线作为部分串连，在【围篱曲面】状态栏的【熔接方式】下拉列表中选择【混合立体】，设置起始高度为30，结束高度为50；起始角度和终止角度均为-10°，得到的围篱曲面如图6-115所示。

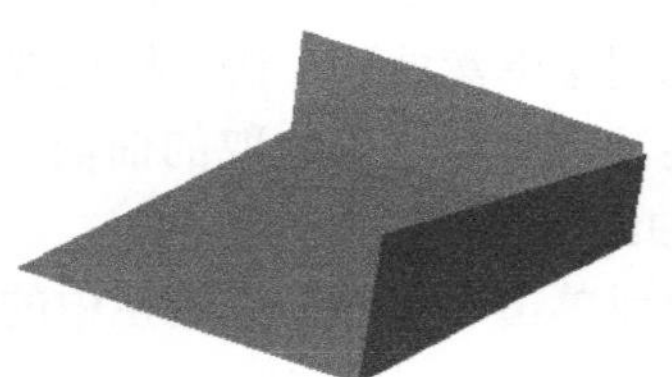

图6-114 围篱曲面

图6-115 围篱曲面

提 示

创建围篱曲面时的熔接方式包括：【相同圆角】、【线锥】和【混合立体】。当选择【相同圆角】时，围篱曲面的高度及角度是恒定的，只有一个高度参数和一个角度参数可以设置；当选择【线锥】时，围篱曲面的展开边界按线性变化；选择【混合立体】时，围篱曲面的展开边界按立方曲线变化。当选择【线锥】和【混合立体】时，可分别设置起始高度和结束高度以及起始角度和终止角度。

6.6.9 由实体生成曲面

在Mastercam X5中，实体与曲面是可以相互转化的。由实体生成曲面就是将实体造型的表面剥离而形成的曲面。

选择【绘图】|【曲面】|【由实体生成曲面】菜单命令或单击【曲面】工具栏中的【由实体产成曲面)按钮，系统出现“请选择要产生曲面的主体或面”提示信息。在【标准选择】工具栏中单击【选择实体面】按钮，并关闭其他按钮，如图 6-116 所示。

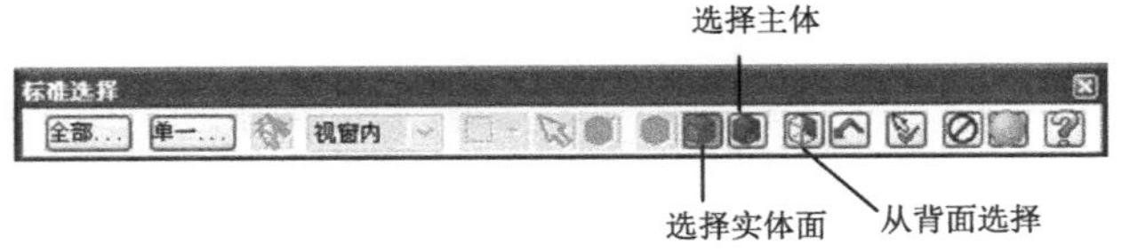

图 6-116　【标准选择】工具栏

选择如图 6-117 所示的实体上表面，按 Enter 键。在弹出的【由实体生成曲面】状态栏中单击【删除】按钮，如图 6-118 所示。单击状态栏中的【确定】按钮，完成曲面的创建，如图 6-119 和图 6-120 所示。

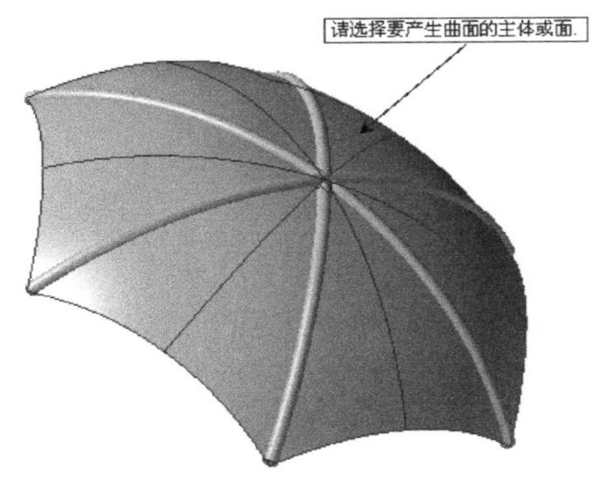

图 6-117　选择产生曲面的实体面

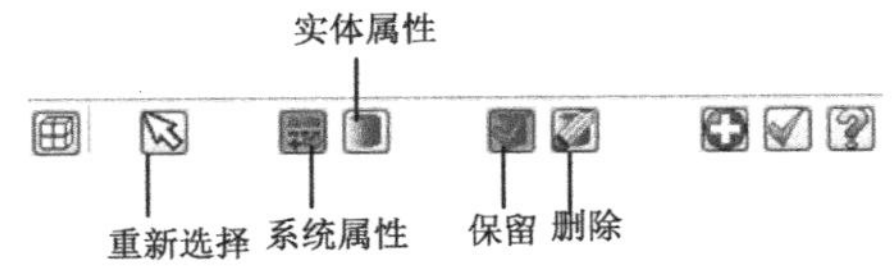

图 6-118　【由实体生成曲面】状态栏

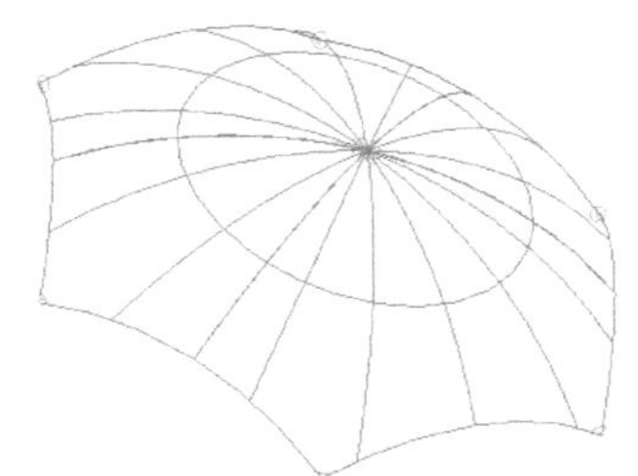

图 6-119　以线架显示的曲面效果

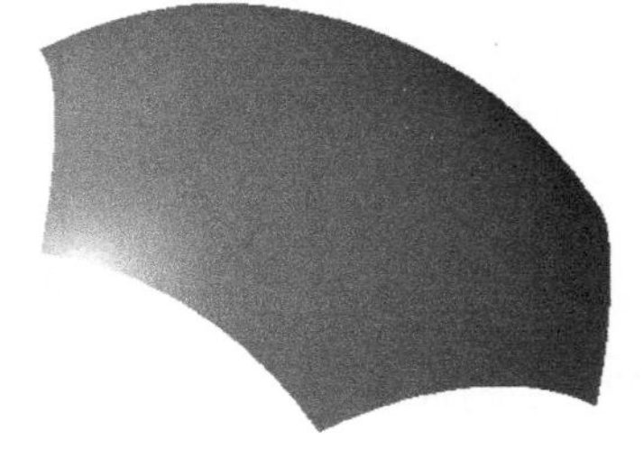

图 6-120　隐藏其他实体后的曲面效果

6.6.10　绘制其他曲面范例

 本范例完成文件：**\06\6-6-10. MCX-5**。

 多媒体教学路径：光盘→多媒体教学→第 **6** 章→**6.6.10** 节。

步骤 01 绘制圆弧

单击【草图】工具栏中的【两点圆弧】按钮，按图 6-121 所示进行操作。

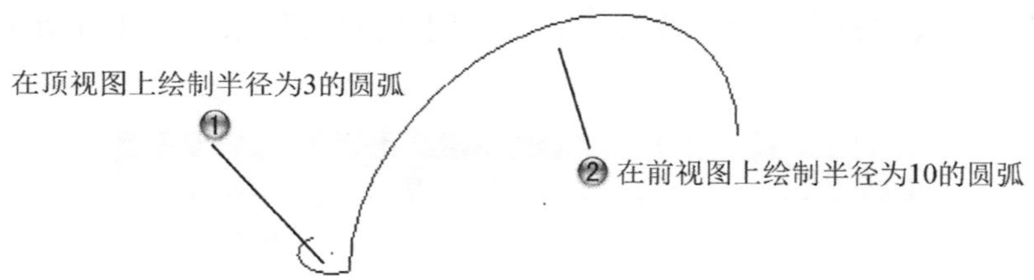

图 6-121 绘制圆弧

步骤 02 生成扫描曲面

单击【曲面】工具栏中的【扫描曲面】按钮，弹出【串连选项】对话框，如图 6-122 所示。

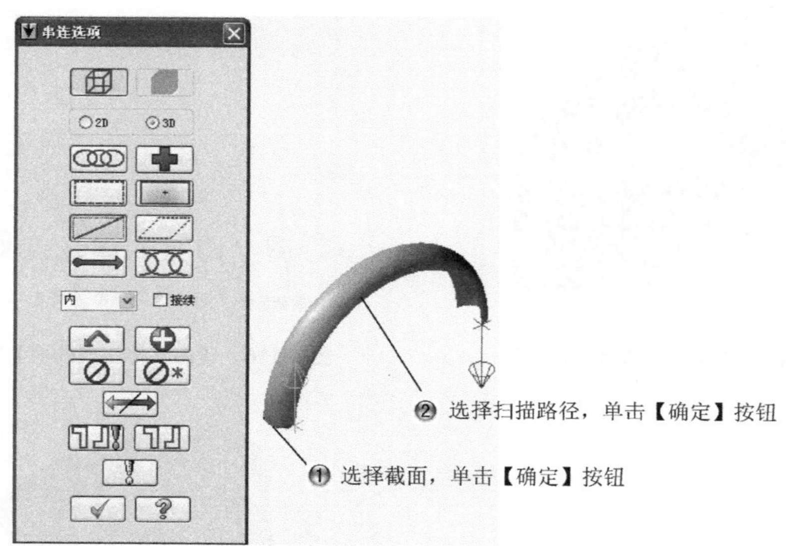

图 6-122 生成扫描曲面

骤 03 绘制样条线

单击【草图】工具栏中的【手动画曲线】按钮，出现【曲线】状态栏，在顶视图上依此单击绘制样条曲线，如图 6-123 所示。

步骤 04 平移圆弧

单击【参考变换】工具栏中的【平移】按钮，同时弹出如图 6-124 所示的【平移】对话框。

步骤 05 绘制网格曲面

选择【绘图】|【曲面】|【网状曲面】菜单命令，弹出如图 6-125 所示的【串连选项】对话框。

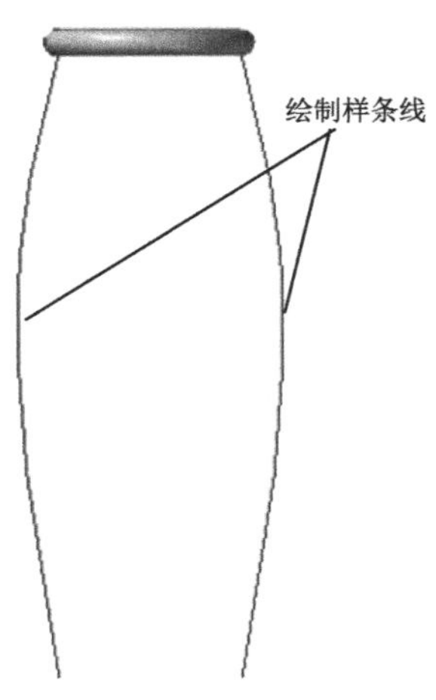

图 6-123　绘制样条线

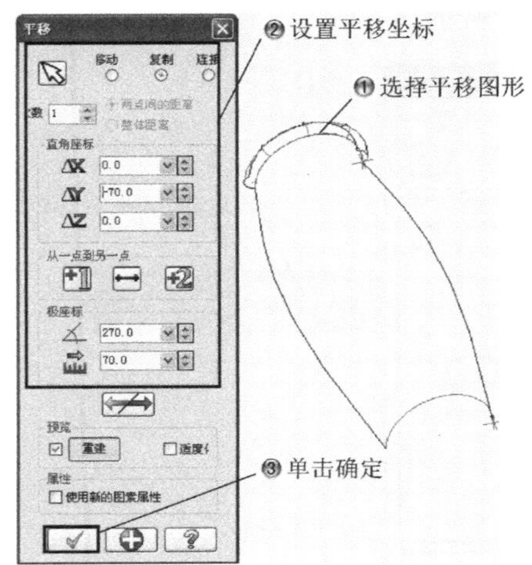

图 6-124　平移圆弧

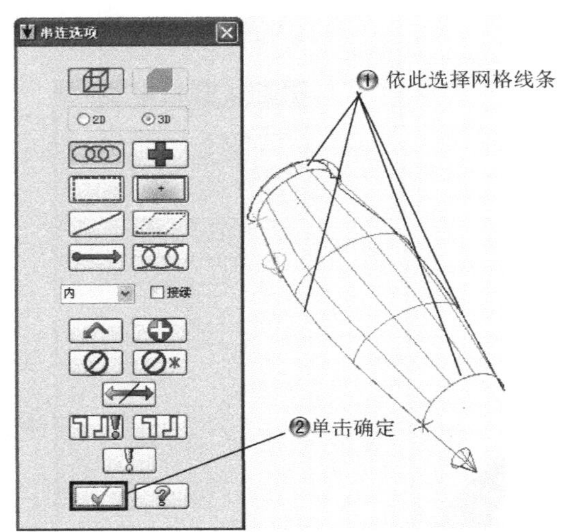

图 6-125　绘制网格曲面

步骤 06　绘制矩形

单击【草图】工具栏中的【矩形形状设置】按钮，弹出【矩形选项】对话框，如图 6-126 所示。

步骤 07　牵引曲面

选择【绘图】|【曲面】|【牵引曲面】菜单命令，系统弹出【牵引曲面】对话框，如图 6-127 所示。

步骤 08　绘制圆弧

打开【草图】工具栏，单击【两点圆弧】按钮，在顶视图上绘制半径为 10 的圆弧，Z 深度为-70。单击【绘制任意线】按钮，绘制中心线，如图 6-128 所示。

步骤 09　生成旋转曲面

选择【绘图】|【曲面】|【旋转曲面】菜单命令，弹出【串连选项】对话框，如

图 6-129 所示。

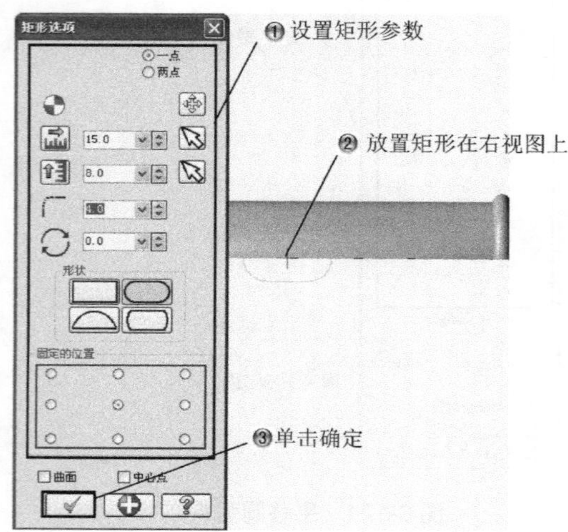

图 6-126　绘制矩形

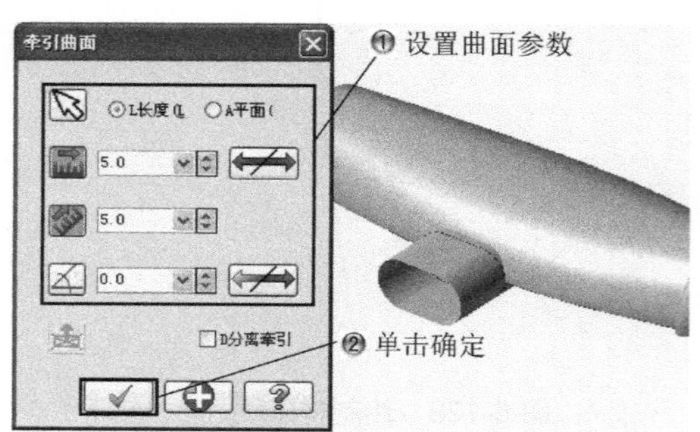

图 6-127　牵引曲面

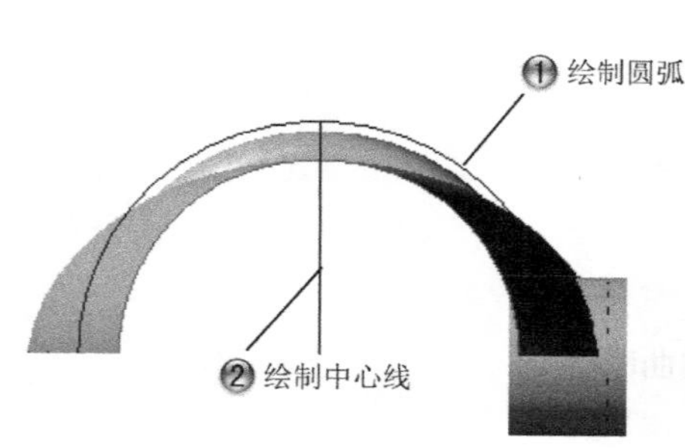

图 6-128　绘制圆弧

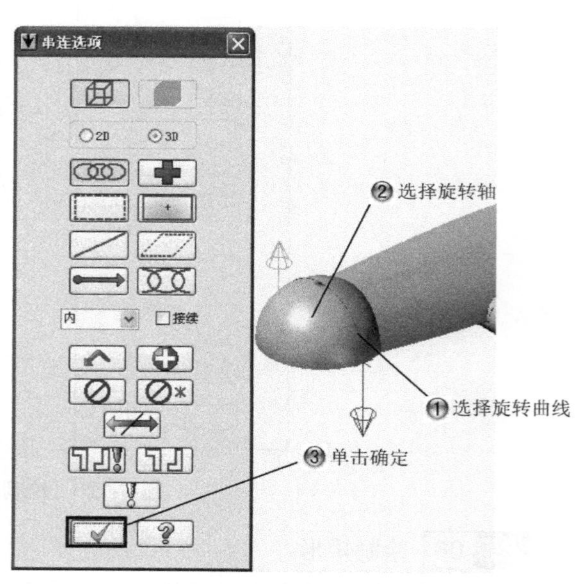

图 6-129　生成旋转曲面

步骤 10　平整曲面

选择【绘图】|【曲面】|【平面修剪】菜单命令，弹出【串连选项】对话框，如图 6-130 所示。

步骤 11　制作围篱曲面

单击【曲面】工具栏中的【围篱曲面】按钮，系统弹出【串连选项】对话框，如图 6-131 所示。

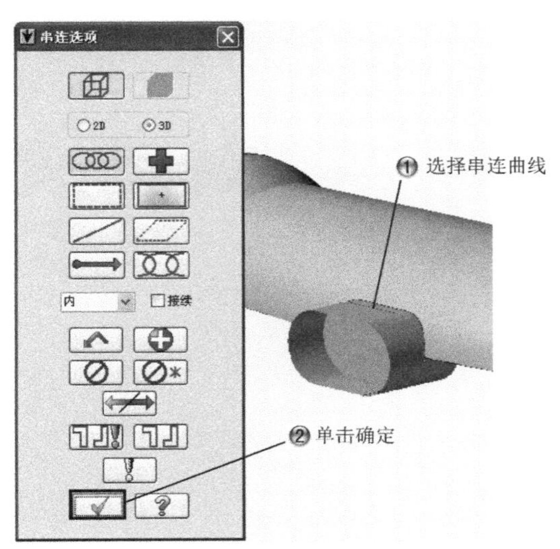

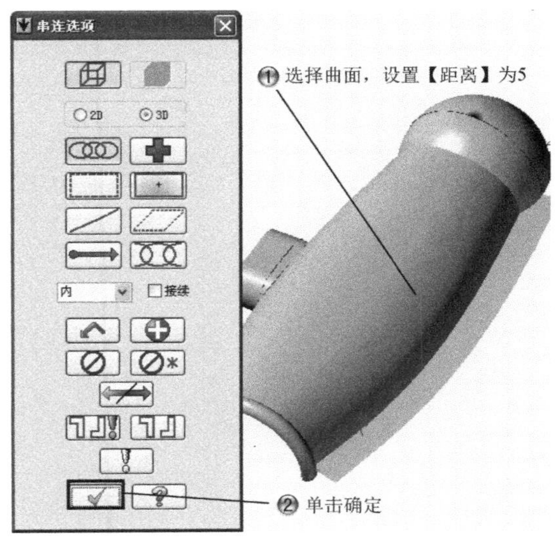

图 6-130　平整曲面

图 6-131　制作围篱曲面

6.7　本 章 小 结

曲面是利用各种曲面命令对点、线进行操作后生成的面体，是一种定义边界的非实体特征。基本三维曲面的创建和基本三维实体的创建方法相同，都是使用已有的线架创建曲面，但它们也有着本质的区别，实体特征可以直接形成具有一定体积和质量的模型实体，主要包括基础特征和工程特征两种类型；曲面特征是构建特殊造型模型必备的参考元素，有大小，但没有质量，并且不影响模型的属性参数。

本章在介绍构图面和构图深度的基础上，讲解了线架模型的创建，为构建曲面打下基础，并分别介绍了基本曲面和其他高级曲面的创建，使读者对曲面创建过程有一个整体的了解。

第 7 章

Mastercam X5

三维曲面编辑

本章导读：

普通三维曲面创建完成之后，还需要对已创建好的曲面进行编辑，以完成模型的创建。Mastercam X5 提供了灵活多样的曲面编辑功能，用户可以调用这些功能方便快捷地完成曲面编辑工作。

本章将详细介绍 Mastercam X5 曲面编辑的方法和技巧，内容包括曲面圆角、偏置曲面、曲面修剪和曲面延伸、恢复修剪、恢复边界、填补孔洞、分割曲面和曲面熔接等。

学习内容：

知识点 \ 学习目标	理　解	应　用	实　践
曲面圆角	√	√	√
偏置曲面	√	√	
曲面修剪和延伸	√	√	√
恢复修剪	√	√	
恢复边界	√	√	
填补孔洞	√	√	
分割曲面	√	√	
曲面融接	√	√	√

7.1 曲面圆角

曲面倒圆角是指在已有曲面上产生一组由圆弧面构成的曲面，该圆弧面与一个或两个原曲面相切。曲面倒圆角共有 3 种方式：曲面与曲面倒圆角、曲线与曲面倒圆角、曲面与平面倒圆角。

选择【绘图】|【曲面】|【曲面倒圆角】菜单命令或单击【曲面】工具栏中的按钮右侧的下三角按钮，选择相应的圆角命令，如图 7-1、图 7-2 所示。

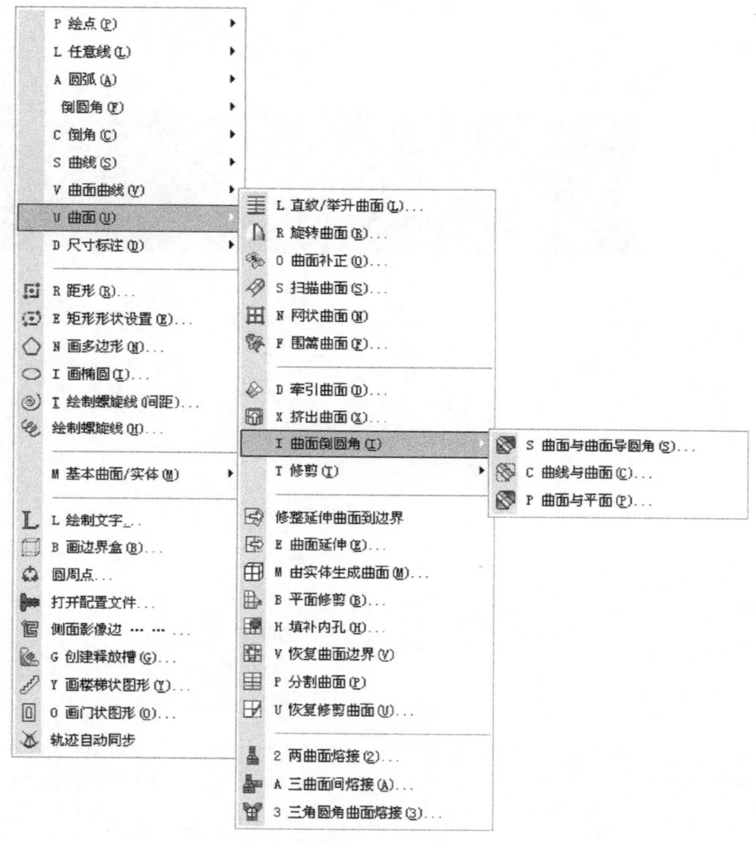

图 7-1 【曲面倒圆角】菜单命令

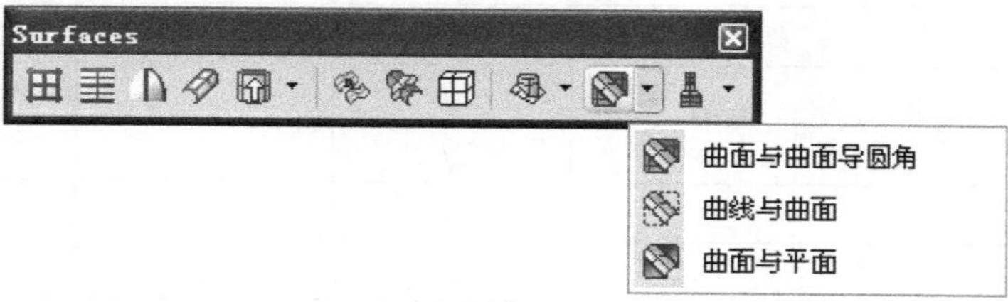

图 7-2 【曲面】工具栏按钮

7.1.1　曲面法向对圆角的影响

在对曲面进行倒圆角时，曲面的法向对圆角的位置有很大的影响。因为生成的圆角位置总是在两曲面的正面一侧，即两曲面的法线方向都指向倒圆角曲面的圆心。在曲面与曲面倒圆角、曲线与曲面倒圆角、曲面与平面倒圆角时，如果曲面与曲面的法向、曲面法向与曲线串连法向、曲面法向与平面法向不一致，就不能生成正确的倒圆角，甚至不能生成倒圆角曲面。

图 7-3 列出了相同两个曲面当法线方向不同时产生的不同圆角。

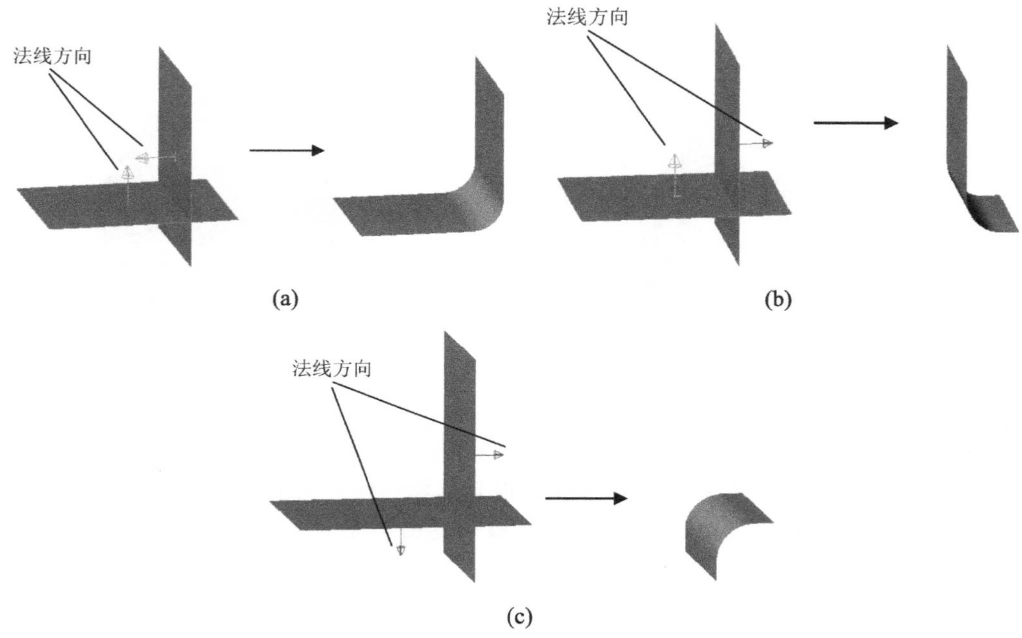

图 7-3　曲面法线对圆角的影响

7.1.2　曲面与曲面倒圆角

曲面与曲面倒圆角是指在两个曲面之间创建一个圆角曲面。要在如图 7-4 所示的曲面上创建圆角，需要先进行法线的变更。

选择【编辑】|【更改法向】菜单命令，保证要圆角的两个曲面的法线方向朝内，如图 7-5 所示。

图 7-4　曲面模型

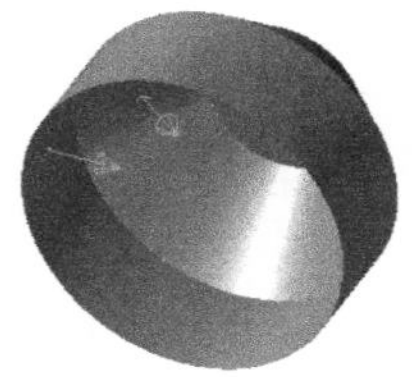

图 7-5　设置曲面法线方向

提 示

在倒圆角时，两组曲面的法线方向必须同时指向圆角的圆心方向，否则无法创建圆角。要改变法线方向，也可在接下来出现的【曲面与曲面倒圆角】对话框中单击【法向切换】按钮，然后选择相应的曲面来改变法线方向。

选择【绘图】|【曲面】|【曲面倒圆角】|【曲面与曲面倒圆角】菜单命令或单击【曲面】工具栏中的【曲面与曲面倒圆角】按钮，系统出现“选取第一个曲面或按<Esc>键去退出”提示信息。在绘图区选择如图 7-6 所示的锥形曲面，按 Enter 键。

系统出现“选取第二个曲面或按<Esc>键去退出”提示信息，在绘图区选择如图 7-7 所示的柱形曲面，按 Enter 键。

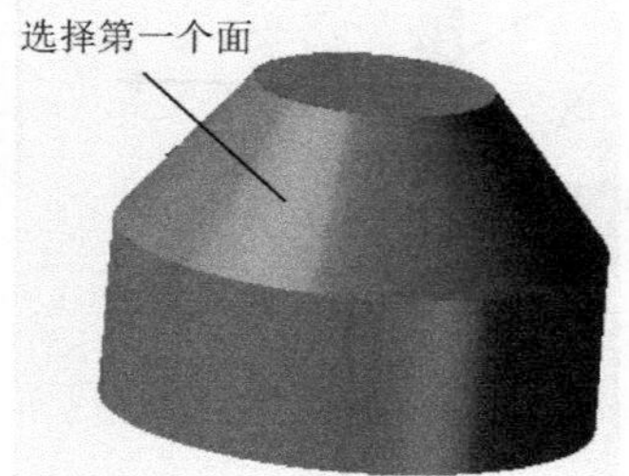

图 7-6　选取第一个曲面

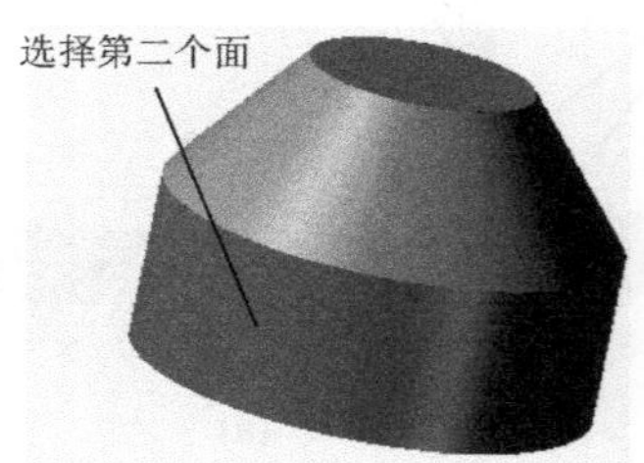

图 7-7　选取第二个曲面

提 示

在选取两个要圆角的曲面时，也可以采用只选取一组曲面的方法来快速选取多个曲面，当系统出现“选取第二个曲面或按<Esc>键去退出”提示信息时，按 Enter 键结束。此时系统将在第一组选取的曲面中自动搜索相交的曲面。但这样可能会增加计算时间。

系统弹出【曲面与曲面倒圆角】对话框。输入圆角半径为 15，选中【修剪】和【连接】复选框，如图 7-8 所示。单击对话框中的【确定】按钮，完成圆角操作。效果如图 7-9 所示。

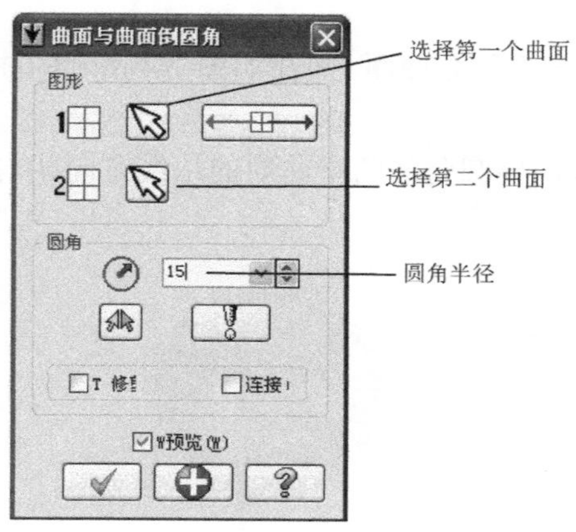

图 7-8　【曲面与曲面倒圆角】对话框

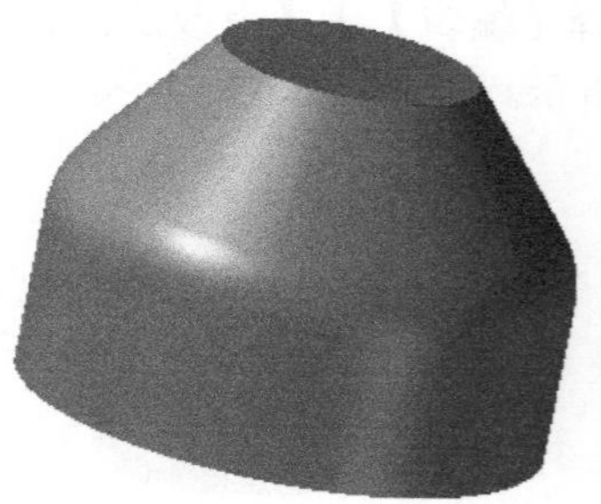
图 7-9　两曲面圆角效果

技 巧

在【曲面与曲面倒圆角】对话框中单击【选项】按钮，系统会弹出【曲面倒圆角选项】对话框。该对话框中各项参数的功能如图 7-10 所示。

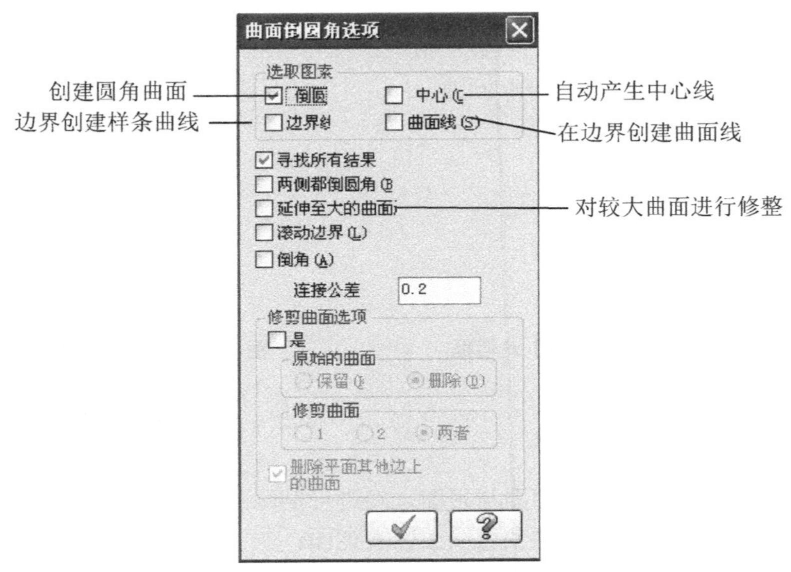

图 7-10　【曲面倒圆角选项】对话框

7.1.3　曲线与曲面倒圆角

曲线与曲面倒圆角可在曲线与曲面之间进行倒圆角操作，创建的圆角曲面以曲线为其一条边界，另一边界则与曲面相切。

选择【绘图】|【曲面】|【曲面倒圆角】|【曲线与曲面】菜单命令或单击【曲面】工具栏中的【曲线与曲面】按钮，系统出现“选择曲面或按<Esc>键去退出”提示信息。在绘图区选择图 7-11 所示的曲面，按 Enter 键。

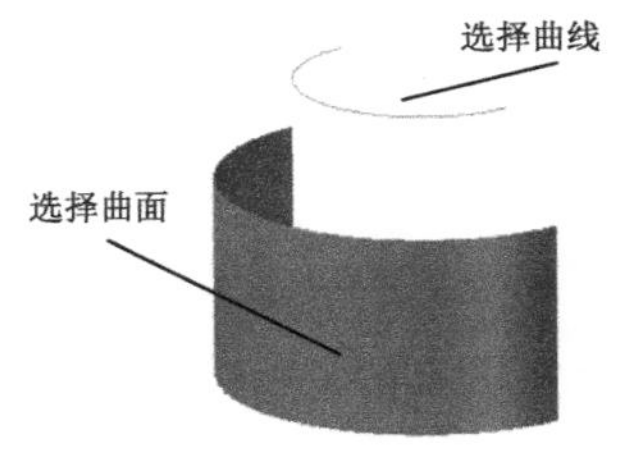

图 7-11　选择曲线和曲面

系统弹出【串连选项】对话框，同时出现“请选取曲线 1”提示信息。在绘图区选择曲线。单击对话框中的【确定】按钮。

系统弹出【曲线与曲面倒圆角】对话框。输入圆角半径为 35，选中【修剪】复选框，如图 7-12 所示。单击对话框中的【确定】按钮，完成曲线与曲面倒圆角的操作。圆角效果如图 7-13 所示。

注 意

在进行曲线与曲面倒圆角时，如果设置的半径值过小，或者曲线的串连方向不对，系统会弹出【警告】对话框，提示找不到圆角。关闭该对话框，并重新设置圆角半径和串连，直到设置正确后才能生成圆角。

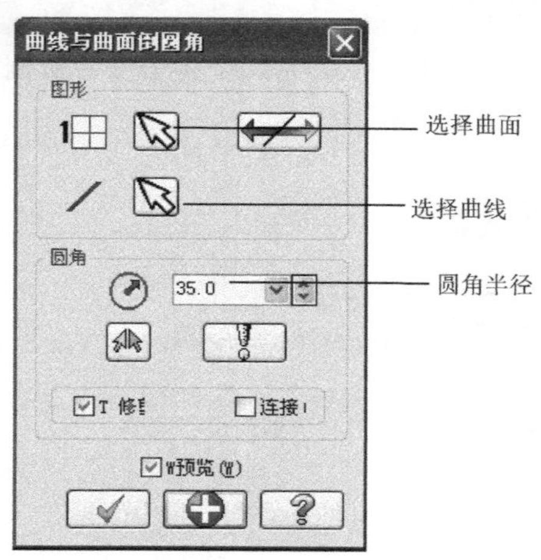

图 7-12 【曲线与曲面倒圆角】对话框

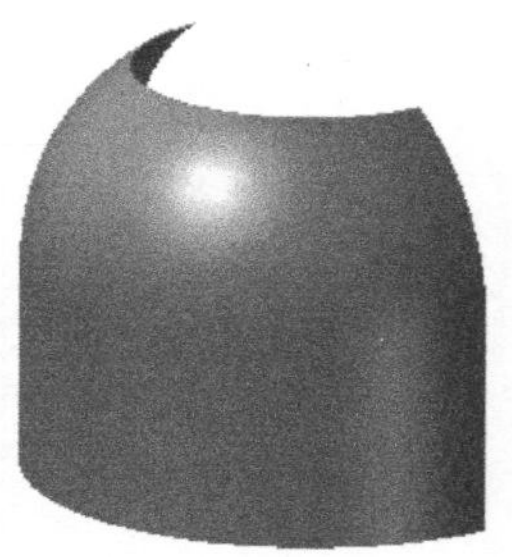

图 7-13 曲线与曲面圆角效果

7.1.4 曲面与平面倒圆角

曲面与平面倒圆角命令可在曲面与平面之间进行倒圆角操作，创建的圆角曲面与曲面及平面均相切，而平面可以是构图面也可以由图素定面。

选择【绘图】|【曲面】|【曲面倒圆角】|【曲面与平面】菜单命令或单击【曲面】工具栏中的【曲面与平面】按钮，系统出现“选择曲面或按[Esc]离开”提示信息。在绘图区选择如图 7-14 所示的曲面，按 Enter 键。

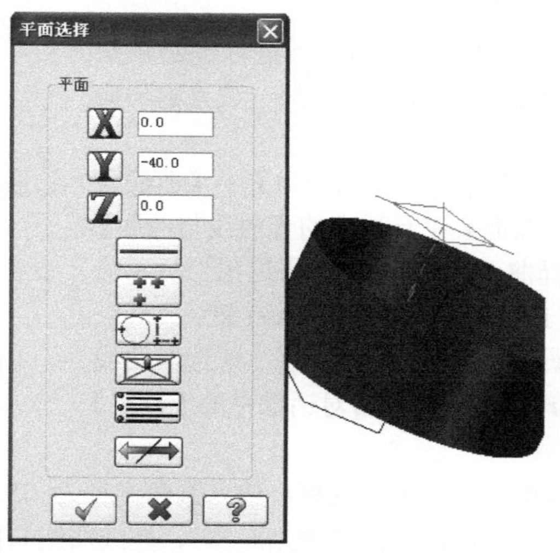

图 7-14 【平面选择】对话框及 Z 平面法向

系统弹出【平面与曲面倒圆角】对话框和【平面选择】对话框。在【平面选择】对话框中选择 Z 平面，并设置深度为-40，单击对话框中的【方向切换】按钮，保证 Z 平面的法向朝下，如图 7-14 所示。单击对话框中的【确定】按钮。

系统弹出【平面与曲面倒圆角】对话框，设置圆角半径为 20，选中【修剪】复选框，如图 7-15 所示。单击对话框中的【确定】按钮，完成圆角的创建，效果如图 7-16 所示。

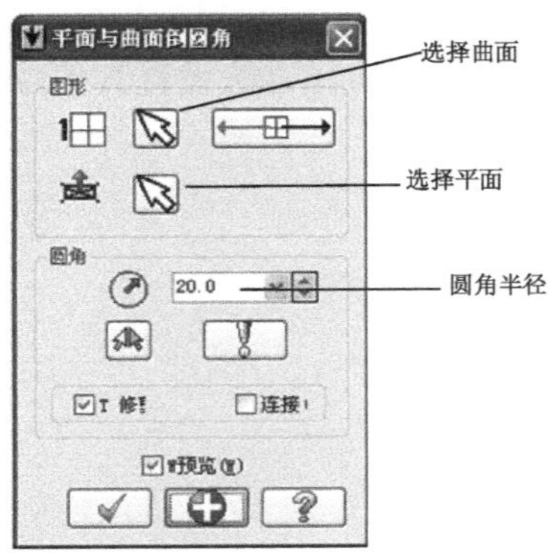

图 7-15　【平面与曲面倒圆角】对话框

图 7-16　圆角效果

技 巧

在曲面与平面倒圆角中，如果圆角半径设置不正确，不仅有时不能生成圆角，而且半径不同生成的圆角曲面也不同。在上例中其他设置不变，只改变半径值，生成的圆角曲面如图 7-17 所示。

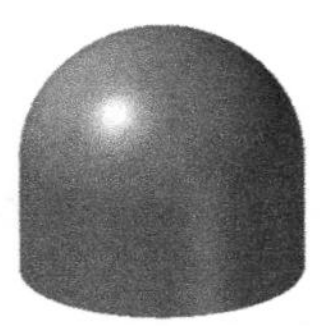

半径 35.5

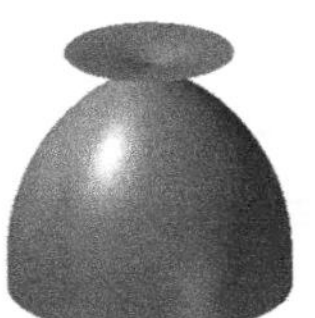

半径 60

图 7-17　不同半径值的圆角

7.1.5　曲面变半径倒圆角

在曲面与曲面倒圆角和曲面与平面倒圆角中，可以设置变化半径倒圆角。选择【编辑】｜【更改法向】菜单命令，保证要圆角的两个曲面的法线方向，如图 7-18 所示。

图 7-18　设置法线方向

选择【绘图】｜【曲面】｜【曲面倒圆角】｜【曲面与曲面倒圆角】菜单命令或单击【曲面】工具栏中的【曲面与曲面倒圆角】按钮，系统出现“选取第一个曲面或按<Esc>键去退出”提示信息。在绘图区选择斜平面，按 Enter 键。

系统出现“选取第二个曲面或按<Esc>键去退出”提示信息，在绘图区选择柱形曲面，按 Enter 键。

系统弹出【曲面与曲面倒圆角】对话框，单击对话框标题栏中的按钮可以使该对话框显示更多的选项。设置圆角半径为 3，选中【修剪】和【连接】复选框，如图 7-19 所示。

在【曲面与曲面倒圆角】对话框中选中【变化圆角】选项组，设置变化圆角半径为 5，然后单击【动态插入】按钮，系统出现“选择中心曲线”提示信息。单击【底纹(Shading)】工具栏中的【线架实体】按钮，使曲面模型以线框形式显示。然后用光标捕捉圆角中线，并移动箭头，在合适位置单击，设置一个动态变化位置点。同样方法设置其他位置点，如图 7-20 所示。

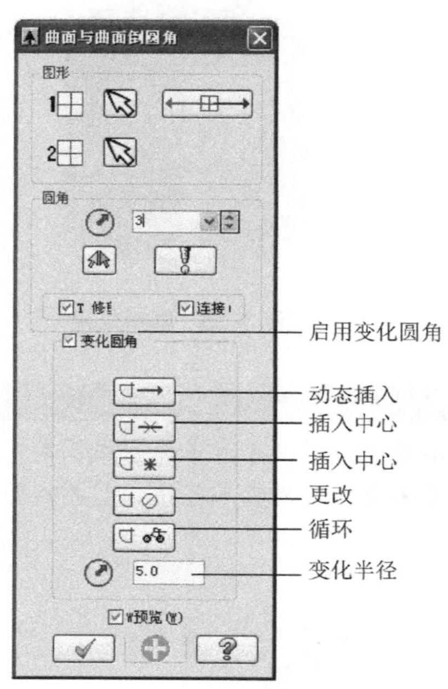

图 7-19　展开的【曲面与曲面倒圆角】对话框

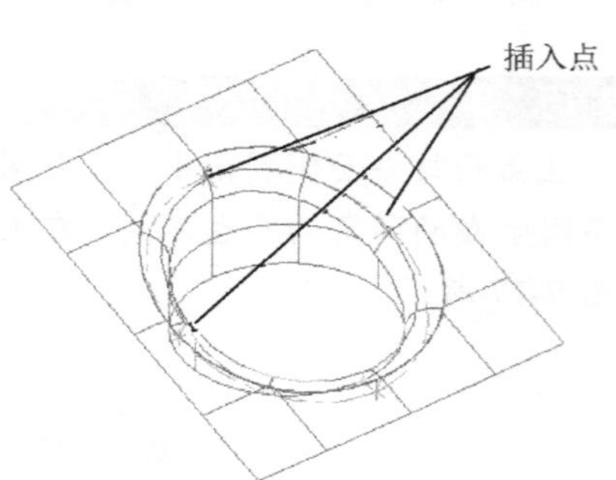

图 7-20　动态插入点

提 示

在选择中心曲线时，最好以线架结构显示模型，这样便于光标的捕捉。

在【曲面与曲面倒圆角】对话框中单击【更改】按钮，系统出现“选择半径标记”提示信息。选择如图 7-21 所示的点，系统又出现“输入新的半径”提示信息，在【曲面与曲面倒圆角】对话框中输入变化半径为 10，单击对话框中的【确定】按钮，完成圆角操作。效果如图 7-22 所示。

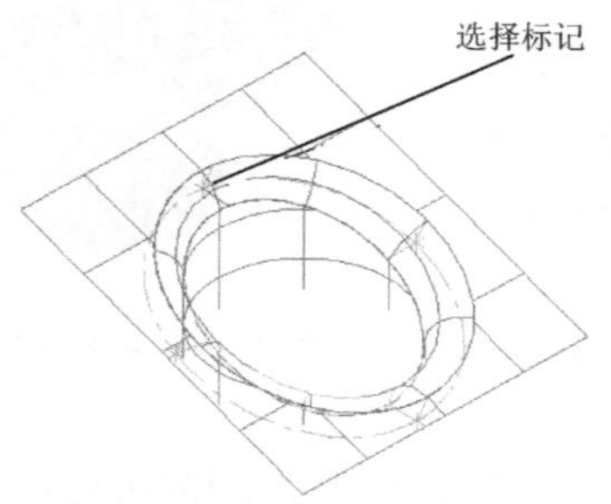

图 7-21　选择半径标记

图 7-22　变半径圆角效果

7.1.6 曲面圆角范例

本范例练习文件：\07\7-1-6. MCX-5。

本范例完成文件：\07\7-1-7. MCX-5。

多媒体教学路径：光盘→多媒体教学→第 7 章→7.1.6 节。

步骤 01 变半径倒圆角

单击【曲面】工具栏中的【曲面与曲面倒圆角】按钮，系统弹出【曲面与曲面倒圆角】对话框，如图 7-23 所示。

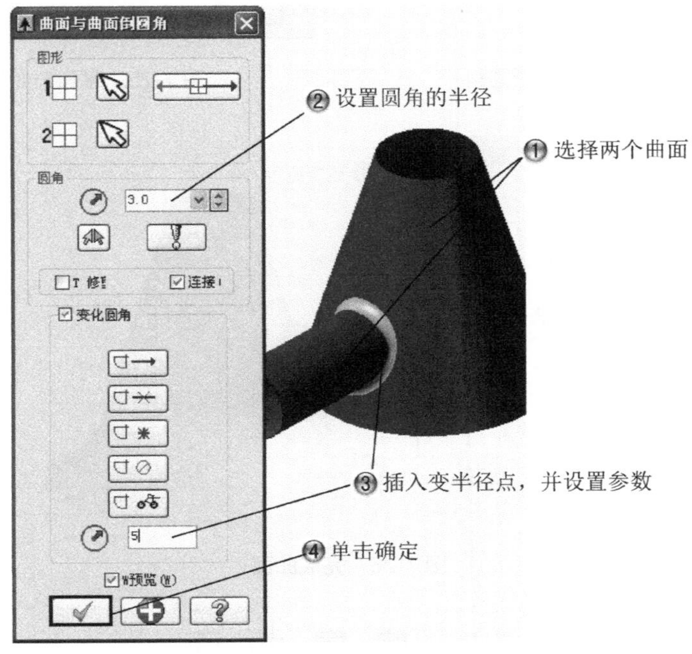

图 7-23 变半径倒圆角

步骤 02 曲线与曲面倒圆角

单击【曲面】工具栏中的【曲线与曲面】按钮，系统弹出【串连选项】对话框。选择曲线和曲面，系统弹出【曲线与曲面倒圆角】对话框，如图 7-24 所示。

步骤 03 平面与曲面倒圆角

单击【曲面】工具栏中的【曲面与平面】按钮，系统弹出【平面选择】对话框，如图 7-25 所示。

步骤 04 完成曲面

打开【平面与曲面倒圆角】对话框，如图 7-26 所示。

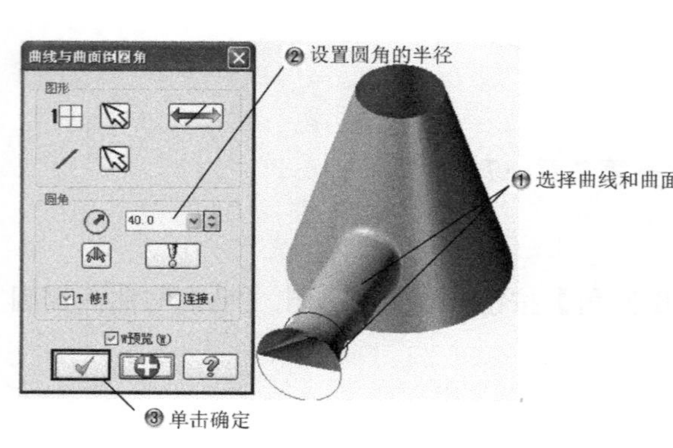

图 7-24　曲线与曲面倒圆角

图 7-25　平面与曲面倒圆角

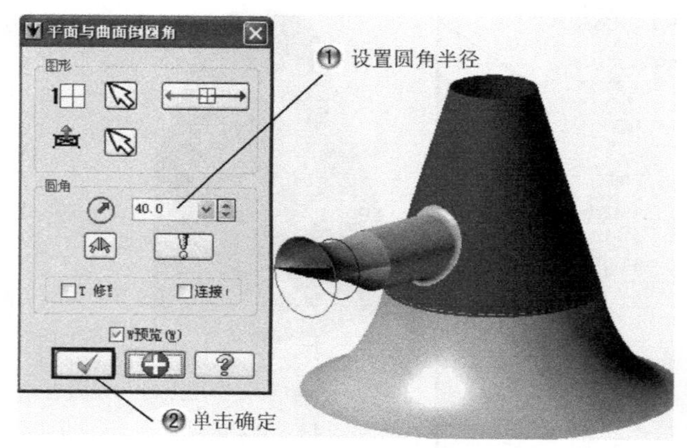

图 7-26　完成曲面

7.2 偏置曲面

偏置曲面在 Mastercam X5 软件中称为曲面补正。曲面补正是指将选取的曲面按照指定的距离沿曲面的法线方向进行偏移产生的另一个新的曲面。它与平面图形的偏移一样，曲面补正命令在移动曲面的同时，也可以复制曲面。

打开如图 7-27 所示的模型。

选择【编辑】|【更改法向】菜单命令，保证要偏移曲面的法线方向向上，如图 7-28 所示。

选择【绘图】|【曲面】|【曲面补正】菜单命令或单击【曲面】工具栏中的【曲面补正】按钮，系统出现“选择要补正的曲面”提示信息，在绘图区选择模型的上曲面，按 Enter 键。

在【曲面补正】状态栏设置【补正距离】为 20，单击【移动】按钮，如图 7-29 所示。单击【确定】按钮。完成曲面补正的操作，效果如图 7-30 所示。

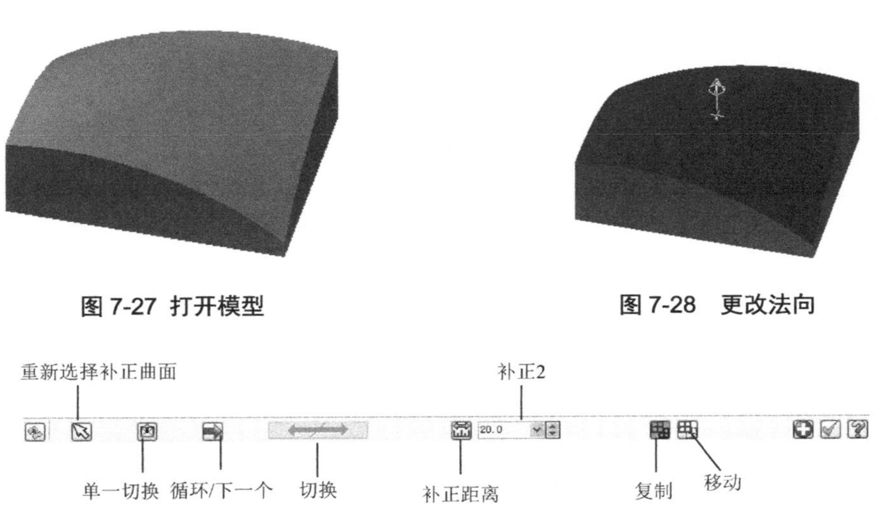

图 7-27 打开模型　　图 7-28　更改法向

图 7-29　【曲面补正】状态栏

如果单击【曲面补正】状态栏中【方向切换】按钮，调整补正曲面的法向方向，则得到的补正曲面效果如图 7-31 所示。

图 7-30　曲面补正

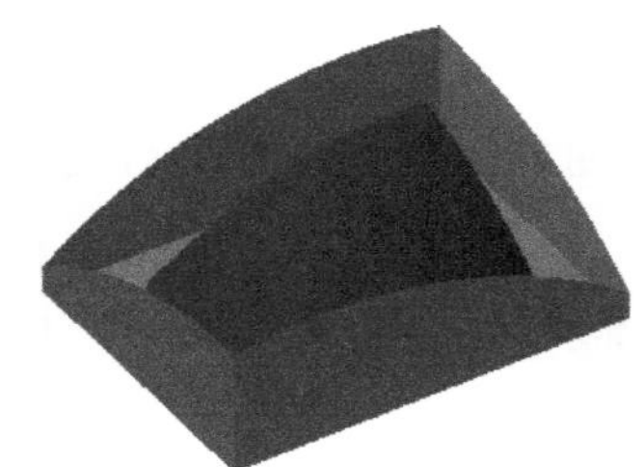

图 7-31　更改法向后的曲面补正

提 示

在【曲面补正】状态栏中，方向切换按钮与单一切换按钮的含义相同，可以改变补正曲面产生的方向。但有时，方向切换按钮为状态时，不可用。这时可以通过单击【循环/下一个】按钮，使方向切换按钮变为状态，激活该按钮。

7.3　曲面修剪和延伸

曲面修剪是指通过选取已知曲面进行修剪操作而产生新的曲面。但在使用曲面修剪功能时，必须有一个已知的曲面和至少一个图素作为修剪的边界，修剪的边界可以是曲线、曲面和平面。曲面修剪有 3 种方式：修整至曲面、修整至曲线和修整至平面。图 7-32 和图 7-33 所示分别为曲面修剪的功能菜单和工具栏命令按钮。

曲面延伸是指将选取的曲面沿着指定的方向延伸指定的长度，或延伸到指定的平面。其中曲面延伸包括线性延伸和非线性延伸。线性延伸是将原曲面按指定的方向和距离进行线性延伸；非线性延伸是指将原曲面按原曲面的曲率变化进行非线性延伸。

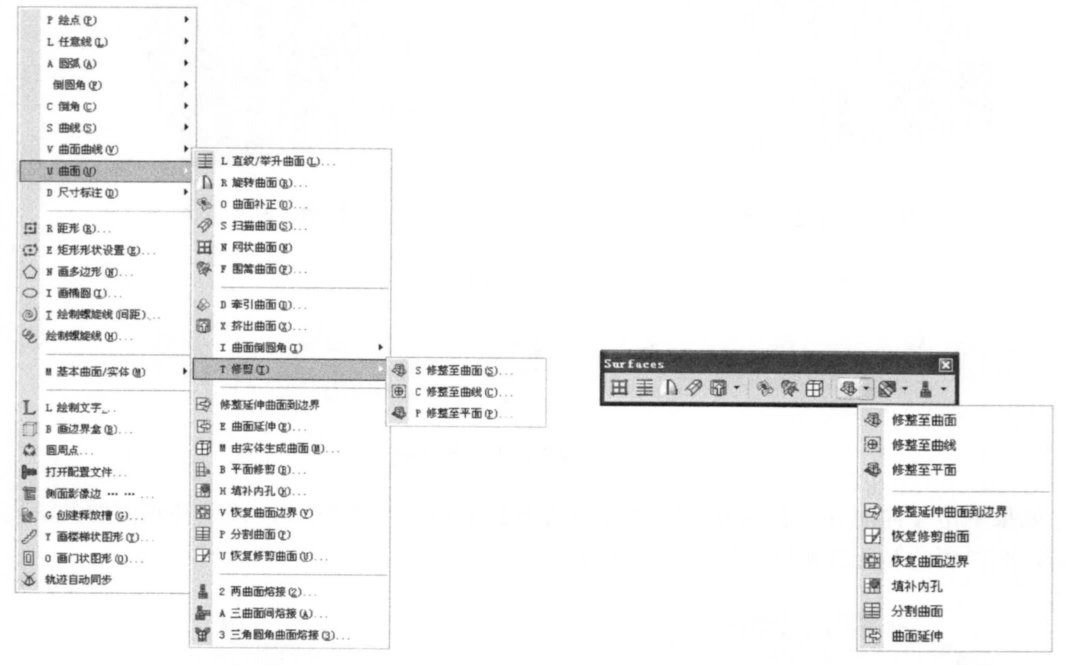

图 7-32 【修剪】菜单命令

图 7-33 【曲面】工具栏按钮

7.3.1 修整至曲面

修整至曲面此功能可在一个曲面与多个曲面的相交处，对它们进行修剪。可以选择只修剪一个曲面、多个曲面或两者都进行修剪，对修剪掉的曲面还可以选择保留。

选择【绘图】|【曲面】|【曲面修剪】|【修整至曲面】菜单命令或单击【曲面】工具栏中的【修整至曲面】按钮，分别选取要修剪的两组曲面并按 Enter 键，系统出现如图 7-34 所示的【曲面至曲面】状态栏。

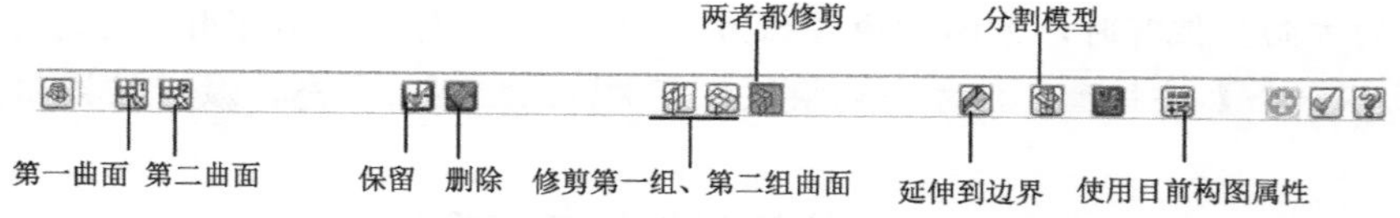

图 7-34 【曲面至曲面】状态栏

选择【绘图】|【曲面】|【曲面修剪】|【修整至曲面】菜单命令或单击【曲面】工具栏中的【修整至曲面】按钮，系统出现“选取第一个曲面或按<Esc>键去退出”提示信息，在绘图区选择模型中的扫描曲面，按 Enter 键。如图 7-35 所示。

系统出现“选取第二个曲面或按<Esc>键去退出”提示信息。在绘图区选择模型中的牵引曲面，按 Enter 键，如图 7-36 所示。

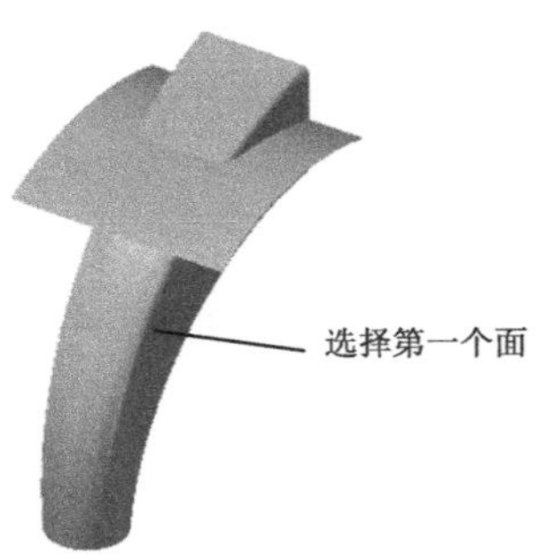

图 7-35　选择第一个曲面

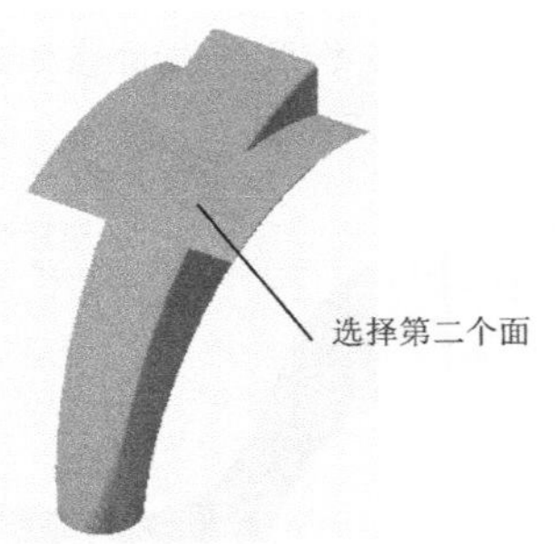

图 7-36　选择第二个曲面

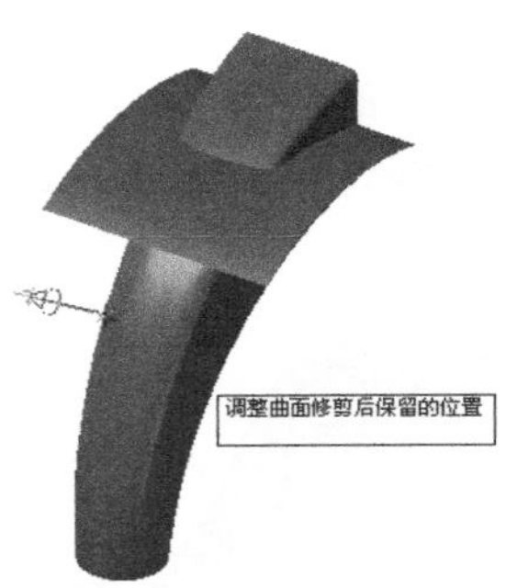

图 7-37　指定保留区域

系统出现“指出保留区域-选取曲面去修剪”提示信息。在【曲面至曲面】状态栏中单击【删除】按钮和【两者】按钮，然后在绘图区单击第一个曲面，系统将在第一个曲面上显示一个移动的箭头。移动箭头到指定需要保留的区域并单击，如图 7-37 所示。

系统出现“指出保留区域-选取曲面去修剪”提示信息，在绘图区单击第二个曲面，系统将在第二个曲面上显示一个移动的箭头。移动箭头到指定需要保留的区域并单击，如图 7-38 所示。

单击【曲面至曲面】状态栏中的【确定】按钮。完成曲面修剪的创建，效果如图 7-39 所示。

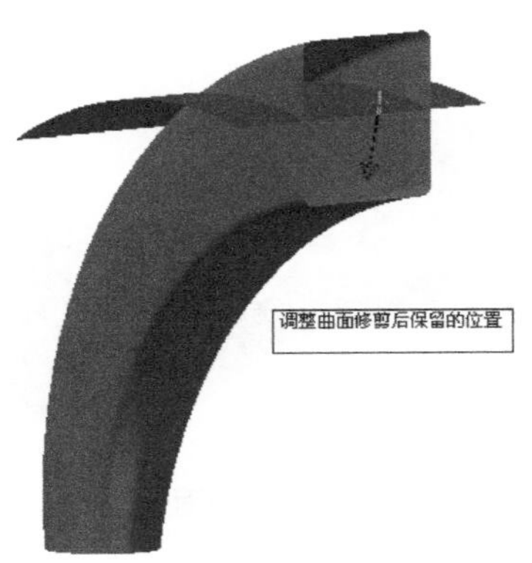

图 7-38　指定保留位置

图 7-39　修剪曲面

7.3.2　修整至曲线

修整至曲线功能可利用一条或多条曲线(直线、圆弧、样条曲线或曲面曲线)对曲面进行修剪。当用于修剪的曲线不在曲面上时，系统将以投影方式来确定修剪边界。

选择【绘图】|【曲面】|【曲面修剪】|【修整至曲线】菜单命令或单击【曲面】工具栏中的【修整至曲线】按钮，系统出现“选择曲面或按[Esc]离开”提示信息，在绘图区选择如图 7-40 所示的曲面，按 Enter 键。

系统弹出【串连选项】对话框。单击【串连】按钮，在绘图区选择如图 7-41 所示的串连曲线为修剪曲线，按 Enter 键。

系统出现“指出保留区域-选取曲面去修剪”提示信息。选择要修剪的曲面模型，系统将在修剪的曲面上显示一个箭头，并出现“调整曲面修剪后保留的位置”提示信息。移动箭头至曲线投影的内侧单击，如图 7-42 所示。

图 7-40 选取修剪曲面

选择曲线

图 7-41 选择修剪曲线

图 7-42 选择要保留的位置

在【曲面至曲线】状态栏中单击【删除】按钮，其他设置如图 7-43 所示。单击【确定】按钮完成曲面修剪的操作，修剪效果如图 7-44 所示。

如果选择投影曲线的外侧为保留位置，其他设置不变，得到的修剪曲面如图 7-45 所示。

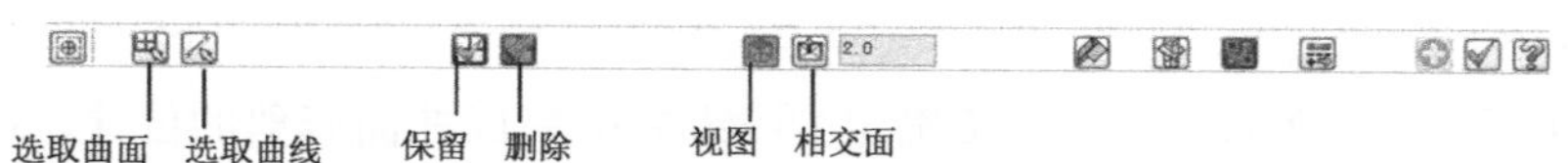

图 7-43 【曲面至曲线】状态栏

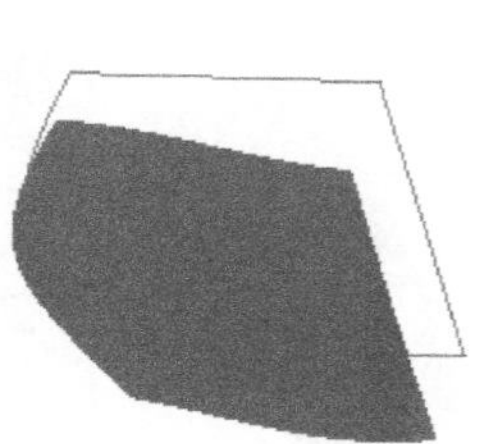
图 7-44 曲面修剪

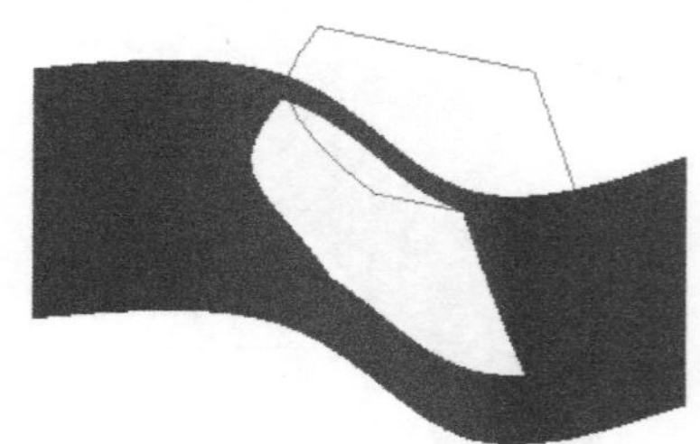
图 7-45 曲面修剪

7.3.3 修整至平面

修整至平面功能可通过定义的平面对多个曲面进行修整，并保留平面法线方向一侧的曲面。

选择【绘图】|【曲面】|【曲面修剪】|【修整至平面】菜单命令或单击【曲面】工具栏中的【修整至平面】按钮，系统出现“选择曲面或按[Esc]离开”提示信息，在绘图区选择如图 7-46 所示的曲面，按 Enter 键。

系统弹出【平面选择】对话框，并出现“选取平面”提示信息。在【平面选择】对话框中选择 Z 平面，设置深度为 35，如图 7-47 和图 7-48 所示。

单击【平面选择】对话框中的【确定】按钮。在【曲面至平面】状态栏中单击【删除】按钮，单击【确定】按钮完成曲面修剪的创建，效果如图 7-49 所示。

图 7-46　选择曲面

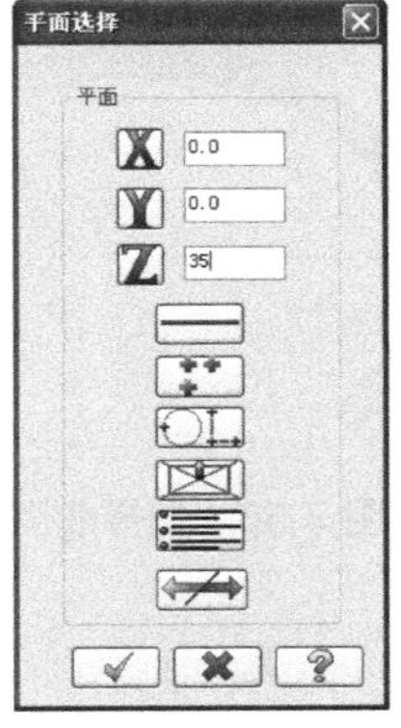

图 7-47　【平面选择】对话框

图 7-48　选择的平面

图 7-49　曲面修剪

注 意

在修整至平面操作中，修剪曲面的保留部分为选取平面的法线正方向所指的部分。用户可以通过单击【平面选择】对话框中的【方向切换】按钮调整所选曲面的法向，以确定要保留的曲面部分。

7.3.4　线性延伸

曲面的线性延伸是指原曲面将以构图平面的法线，按指定距离进行线性延伸，或以线性方式延伸到指定平面。

选择【绘图】|【曲面】|【曲面延伸】菜单命令或单击【曲面】工具栏中的【曲面延伸】按钮，系统出现“选取要延伸的曲面”提示信息，在绘图区选择图 7-50 所示的曲面。

在选取的曲面上显示一个红色的移动箭头，并出现“移动箭头到要延伸的边界”提示信息。移动箭头到如图 7-51 所示的边界单击。

在【曲面延伸】状态栏中单击【线性】按钮，设置长度为 80，如图 7-52 所示。单击【确定】按钮完成曲面的延伸，效果如图 7-53 所示。

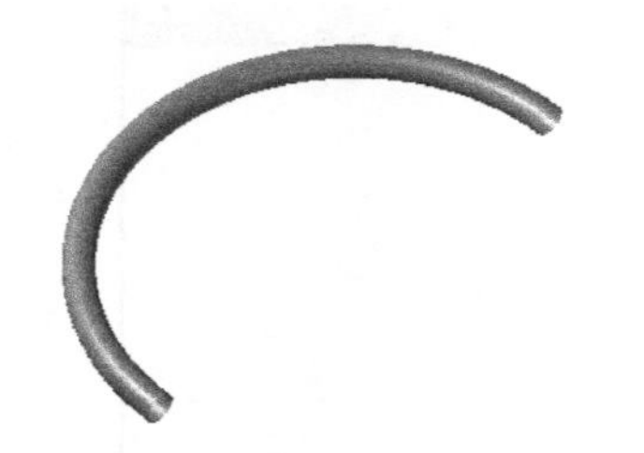
图 7-50　选择曲面

图 7-51　移动箭头到要延伸的边界

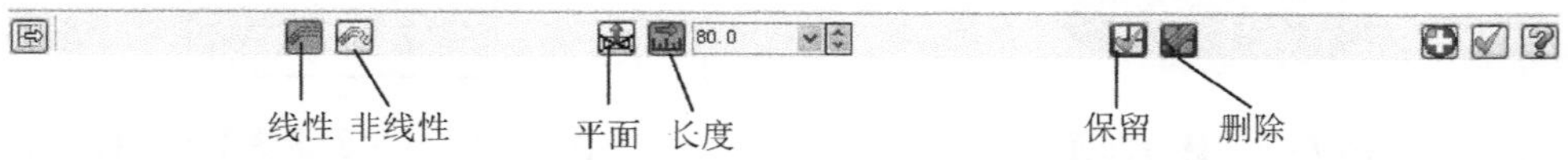

图 7-52　【曲面延伸】状态栏

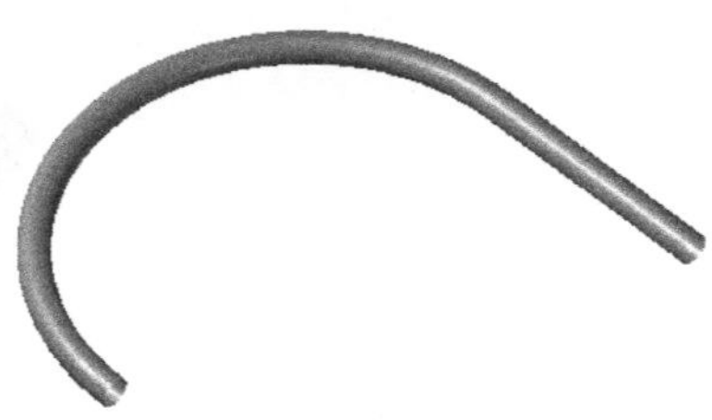
图 7-53　曲面线性延伸

7.3.5　沿原始曲率延伸

曲面延伸的非线性延伸是指按原曲面的曲率变化进行指导距离非线性延伸，或以非线性方式延伸到指定的平面。非线性延伸的操作步骤和线性延伸的操作步骤类似。

选择【绘图】|【曲面】|【曲面延伸】菜单命令或单击【曲面】工具栏中的【曲面延伸】按钮，系统出现“选取要延伸的曲面”提示信息，在绘图区选择模型曲面。

在选取的曲面上显示一个红色的移动箭头，并出现“移动箭头到要延伸的边界”提示信息。移动箭头到如图 7-54 所示的边界单击。

在【曲面延伸】状态栏中单击【非-线性】按钮，设置长度为 80。单击【确定】按钮完成曲面的延伸，效果如图 7-55 所示。

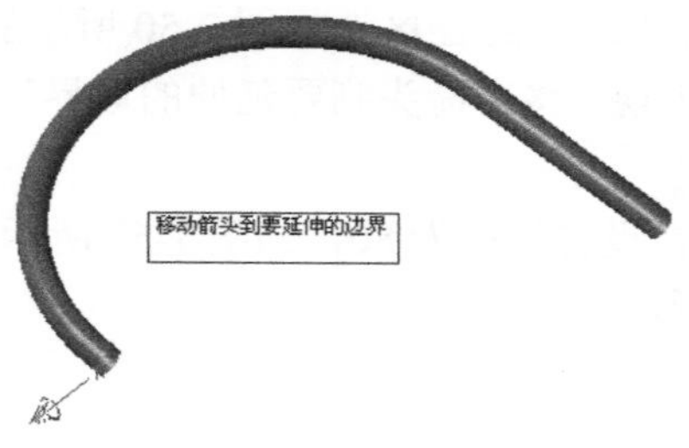

图 7-54　移动箭头到要延伸的边界

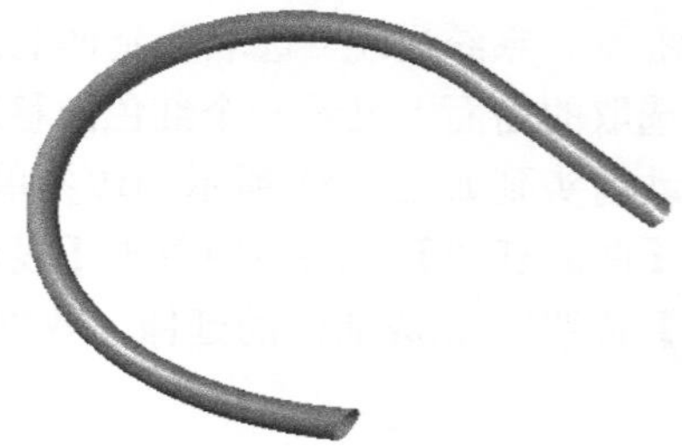
图 7-55　曲面非线性延伸

7.3.6　曲面修剪和延伸范例

 **本范例练习文件：\07\7-1-7. MCX-5。**

 **本范例完成文件：\07\7-3-6. MCX-5。**

 **多媒体教学路径：光盘→多媒体教学→第 7 章→7.3.6 节。**

步骤 01 修剪曲面

单击【曲面】工具栏中的【修整至曲面】按钮，进行曲面修剪；按图 7-56 所示进行操作，单击【曲面至曲面】状态栏中的【确定】按钮，完成曲面修剪。

步骤 02 删除曲面

选择曲面，如图 7-57 所示，单击【删除/取消删除】工具栏中的【删除图素】按钮，删除曲面。

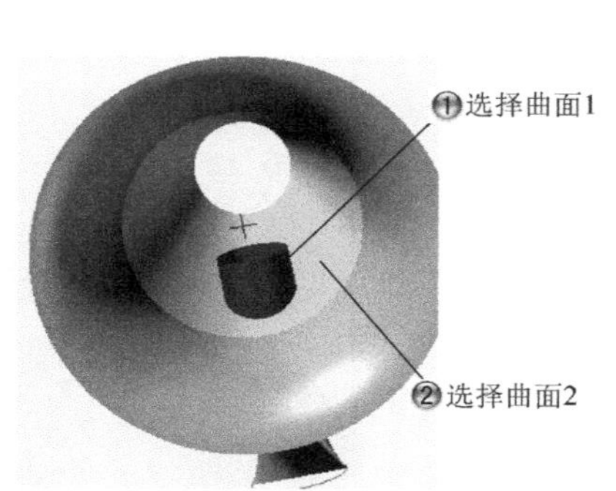

图 7-56　修剪曲面

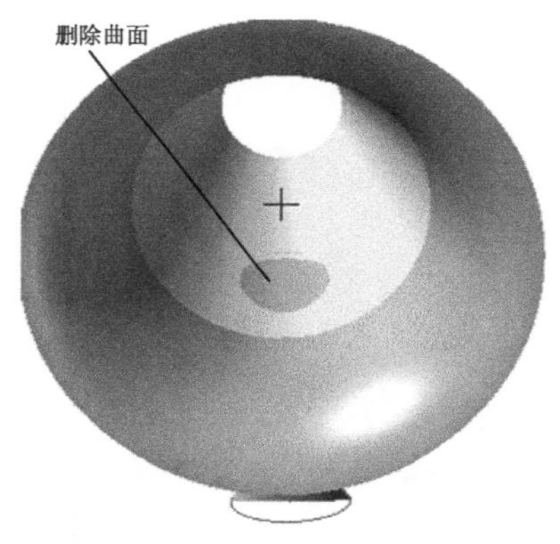

图 7-57　删除曲面

步骤 03 修整至曲线

单击【曲面】工具栏中的【修整至曲线】按钮，系统弹出【串连选项】对话框，如图 7-58 所示。

步骤 04 延伸曲面

单击【曲面】工具栏中的【曲面延伸】按钮，选择曲面和方向，如图 7-59 所示，在【曲面延伸】状态栏中单击【线性】按钮，设置【长度】为 20，单击【确定】按钮，完成曲面的延伸。

步骤 05 延伸曲率曲面

单击【曲面】工具栏中的【曲面延伸】按钮，选择曲面和方向，如图 7-60 所示，在【曲面延伸】状态栏中单击【非-线性】按钮，设置【长度】为 20，单击【确定】按钮，完成曲率曲面的延伸。

步骤 06 修整至平面

单击【曲面】工具栏中的【修整至平面】按钮，系统弹出【平面选择】对话框，如

图 7-61 所示。

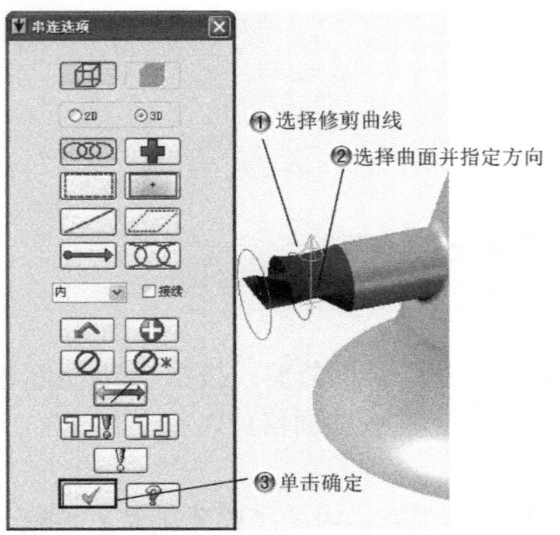

图 7-58　修整至曲线

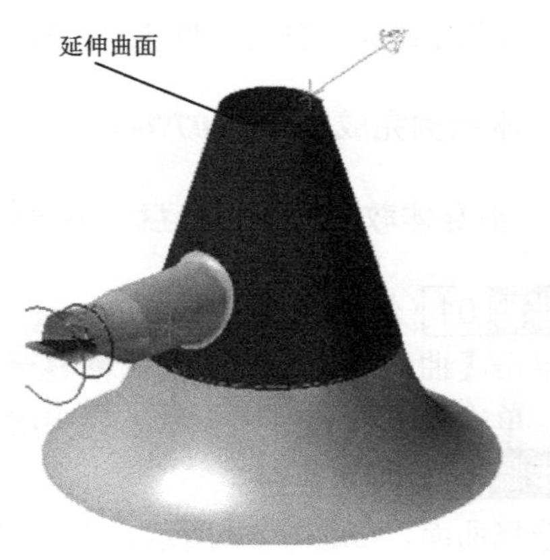

图 7-59　延伸曲面

图 7-60　延伸曲率曲面

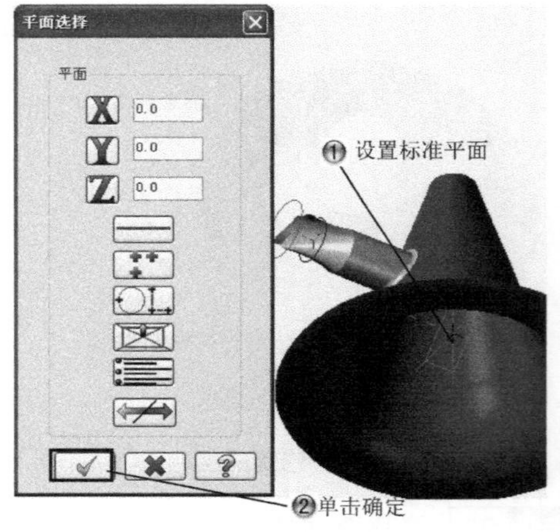

图 7-61　修整至平面

步骤 07　完成修剪

查看完成修剪后的曲面，如图 7-62 所示。

图 7-62　完成修剪

7.4　恢复修剪

恢复修建曲面是指将修剪过的曲面恢复到原状，并对修剪过的曲面进行保留或删除操作。其操作过程很简单，选择【绘图】|【曲面】|【恢复修剪曲面】菜单命令或单击【曲面】工具栏中的【恢复修剪曲面】按钮，根据系统提示选择要恢复修剪的曲面，单击状态栏中的【确定】按钮即可完成恢复修剪曲面操作。

选择【绘图】|【曲面】|【恢复修剪曲面】菜单命令或单击【曲面】工具栏中的【恢复修剪曲面】按钮，系统出现“选取曲面”提示信息。选择如图 7-63 所示的修剪过的曲面。

在绘图区域选择模型曲面，在【恢复修剪曲面】状态栏中单击【删除】按钮，单击【确定】按钮完成恢复修剪曲面操作。效果如图 7-64 所示。

图 7-63　修剪模型

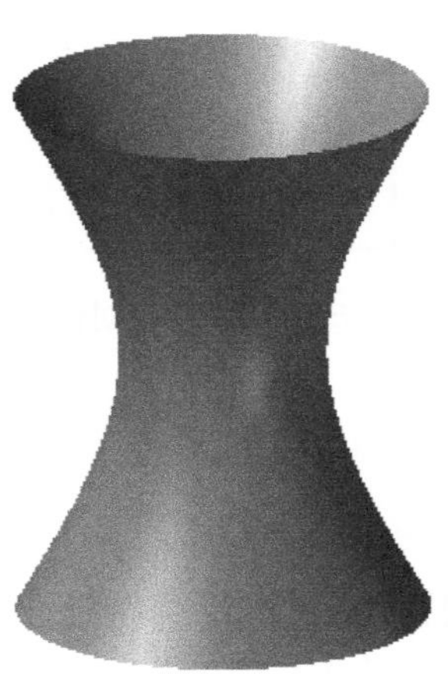

图 7-64　恢复修剪曲面

7.5　恢复边界

恢复边界可对选取的曲面边界区域恢复其曲面，该功能不会产生新的曲面，而是将原曲面恢复成一个完整的曲面。

选择【绘图】|【曲面】|【恢复曲面边界】菜单命令或单击【曲面】工具栏中的【恢复曲面边界】按钮，系统出现“选取一曲面”提示信息。

选择打开的模型曲面，系统出现“请将箭头移到要恢复的边界”提示信息，并在所选曲面上出现一个红色的移动箭头。根据提示移动箭头到模型的内部大孔边界，如图 7-65 所示。

单击鼠标左键，系统弹出【警告】对话框，提示是否要移除所有的内边界，如图 7-66 所示。单击【是】按钮则将所选曲面的所有的内边界移除；单击【否】按钮则只恢复选取的内边界。图 7-67 所示为单击【否】按钮后的效果。

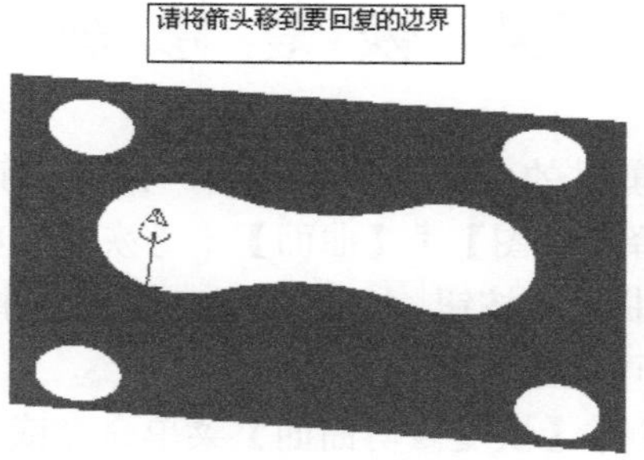

图 7-65　移动箭头到要恢复的边界

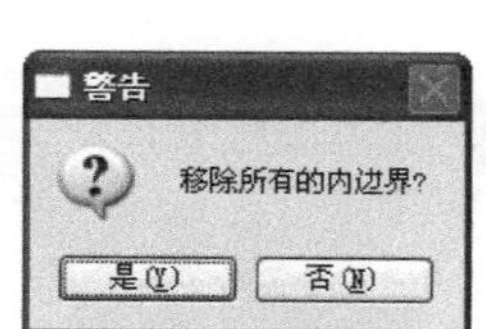

图 7-66　【警告】对话框

图 7-67　恢复曲面边界

7.6　填补孔洞

填补内孔是对曲面或实体上的孔洞进行修补，从而产生一个新的独立的曲面。该命令与恢复曲面边界的操作方法类似。

选择【绘图】|【曲面】|【填补内孔】菜单命令或单击【曲面】工具栏中的【填补内孔】按钮，系统出现“选择一曲面或实体面”提示信息。

选择打开的模型曲面，系统出现“选择要填补的内孔边界”提示信息，并在所选曲面上出现一个红色的移动箭头。根据提示移动箭头到如图 7-68 所示模型的内部孔边界。

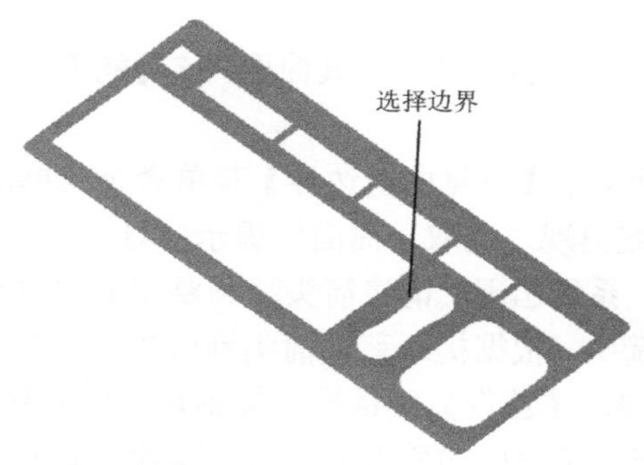

图 7-68　选择要填补的内孔边界

单击鼠标左键，系统弹出【警告】对话框，提示是否要填补所有的内孔，如图 7-69 所

示。单击【是】按钮则将填补所选曲面的所有内孔；单击【否】按钮则只填补选取的内孔。图 7-70 所示为单击【否】按钮后的效果。

提 示

填补内孔和恢复曲面边界功能类似，但填补内孔命令是添加新的曲面而不是恢复原曲面。它们的另一个不同之处是，填补内孔可以通过选取实体面及孔边界在有实体孔的平面表面创建曲面。

图 7-69　【警告】对话框

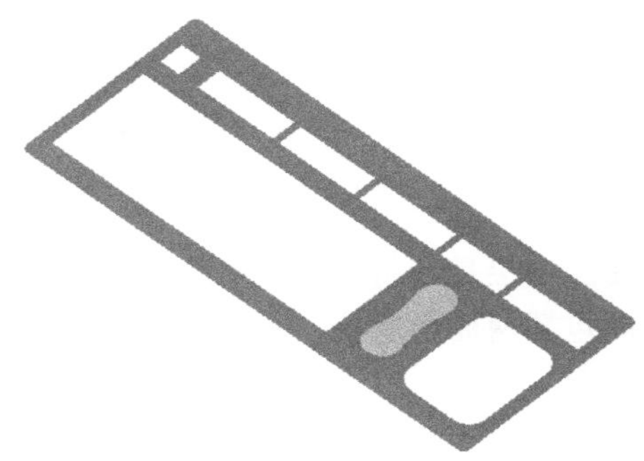

图 7-70　填补内孔

7.7　分 割 曲 面

分割曲面是指将原始曲面按指定的位置和方向，分割成两个独立的曲面。

选择【绘图】|【曲面】|【分割曲面】菜单命令或单击【曲面】工具栏中的【分割曲面】按钮，系统出现“选取曲面”提示信息。

选择打开的模型曲面，系统出现“请将游标移至欲分割的位置”提示信息，并在所选曲面上出现一个红色的移动箭头。根据提示移动箭头到如图 7-71 所示的位置并单击。

图 7-71　移动游标到分割的位置

系统出现“选取‘切换’去转换分割方向，或者选取其他的曲面去分割”提示信息，模型曲面出现如图 7-72 所示的分割预览。单击【分割曲面】状态栏中的【方向切换】按钮，将垂直分割的曲面切换为水平分割。单击状态栏中的【确定】按钮，完成曲面分割的创建，水平分割后的效果如图 7-73 所示。

图 7-72　垂直分割效果

图 7-73　水平分割后的效果

7.8　曲 面 熔 接

曲面熔接是指将两个或两个以上的曲面以一个或多个平滑的曲面进行相切连接。曲面熔接功能包括两曲面熔接、三曲面间熔接和三圆角曲面熔接，其中以【三圆角曲面熔接】命令使用最多。

图 7-74 所示为【曲面】工具栏中曲面熔接功能的下拉菜单。

图 7-74　曲面熔接工具栏命名菜单

7.8.1　两曲面熔接

两曲面熔接能够在两曲面之间产生顺滑曲面将两曲面熔接起来。

选择【绘图】|【曲面】|【两曲面熔接】菜单命令或单击【曲面】工具栏中的【两曲面熔接】按钮，系统弹出【两曲面熔接】对话框，如图 7-75 所示，同时出现“选取曲面去熔接”提示信息。

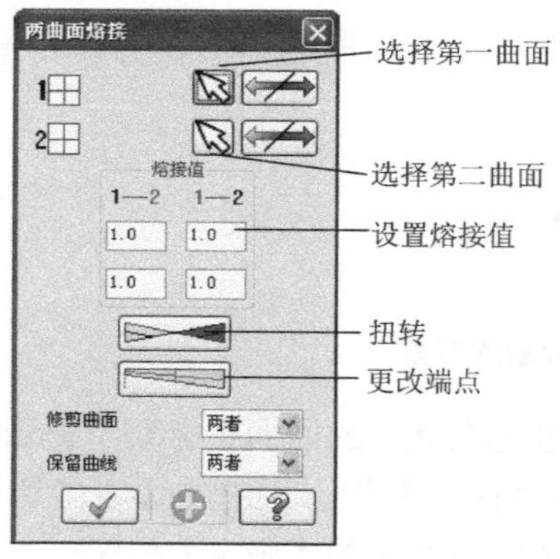

图 7-75　【两曲面熔接】对话框

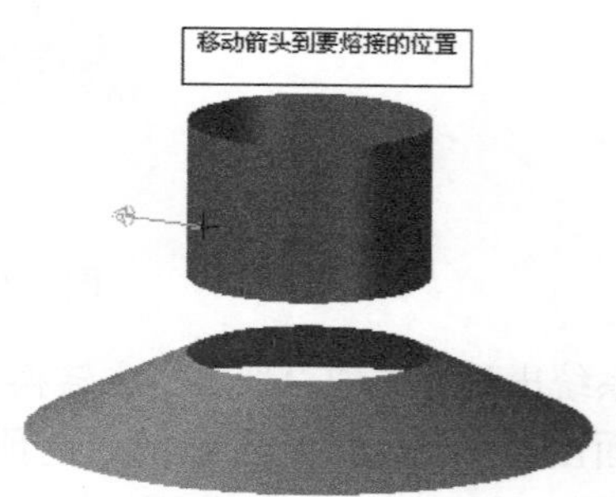

图 7-76　移动箭头到要熔接的位置

选择打开的模型的柱形曲面，系统出现“移动箭头到要熔接的位置”提示信息，并在所选曲面上出现一个红色的移动箭头。根据提示移动箭头到如图 7-76 所示的位置并单击。

系统出现“选取曲面去熔接”提示信息，选取模型锥形曲面为第二曲面，系统出现“移动箭头到要熔接的位置”提示信息，并在所选曲面上出现一个红色的移动箭头。根据提示移动箭头到如图 7-77 所示的位置并单击。系统出现如图 7-78 所示的熔接预览效果。

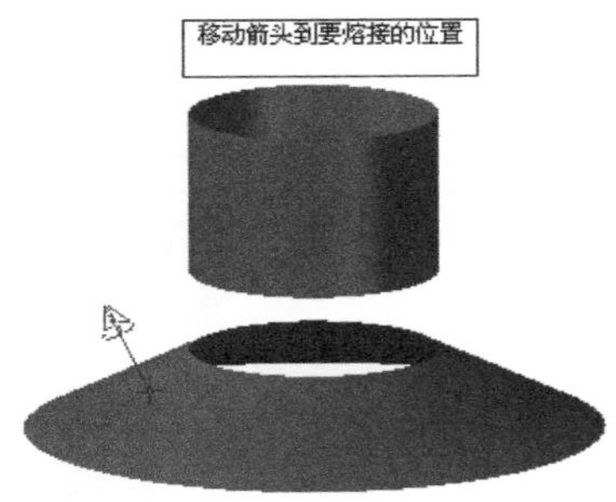

图 7-77　移动箭头到要熔接的位置

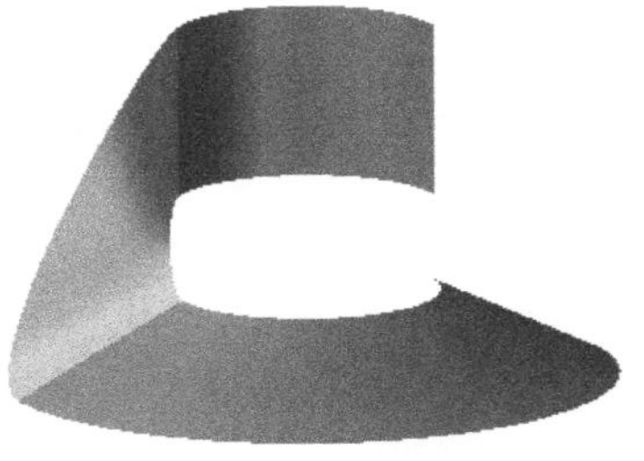
图 7-78　熔接效果

在【两曲面熔接】对话框中单击 1 和 2 图标旁的【方向切换】按钮，调整两曲面的熔接方式，使之符合设计要求。对话框中其他设置如图 7-79 所示。单击【确定】按钮完成曲面熔接的创建，熔接效果如图 7-80 所示。

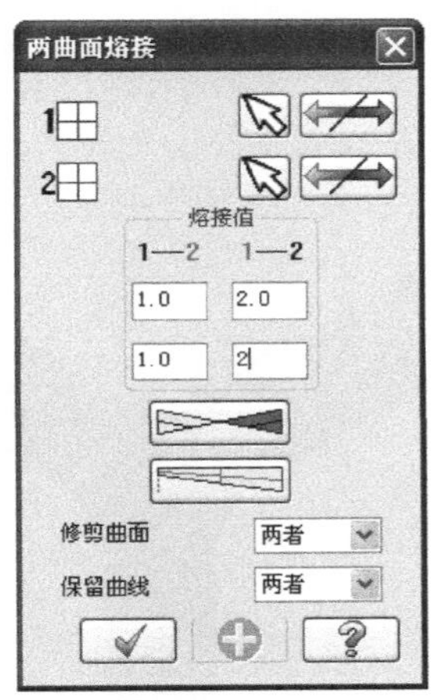

图 7-79　【两曲面熔接】对话框

图 7-80　熔接效果

7.8.2　三曲面熔接

三曲面熔接是指创建平滑的熔接曲面，将 3 个曲面熔接起来。其操作过程与两曲面熔接相似，但此时设置的熔接值是包括 3 个曲面的熔接值。

选择【绘图】|【曲面】|【三曲面熔接】菜单命令或单击【曲面】工具栏中的【三曲面熔接】按钮，系统出现“选择第一熔接曲面”提示信息。选择第一个熔接曲面，系统在所选曲面上出现一个红色的移动箭头，同时出现“移动箭头到要熔接的位置”提示信息。根据提示移动箭头到如图 7-81 所示的位置并单击。

系统出现“按<F>切换到曲线方向；按<Enter>或选择下一个熔接曲面”提示信息。选择第二个熔接曲面，系统在所选曲面上出现一个红色的移动箭头，同时出现“移动箭头到要熔接的位置”提示信息。根据提示移动箭头到如图 7-82 所示的位置并单击。

根据系统提示，选取第三个熔接曲面，系统在所选曲面上出现一个红色的移动箭头，同时出现“移动箭头到要熔接的位置”提示信息。根据提示移动箭头到如图 7-83 所示的位置并单击。

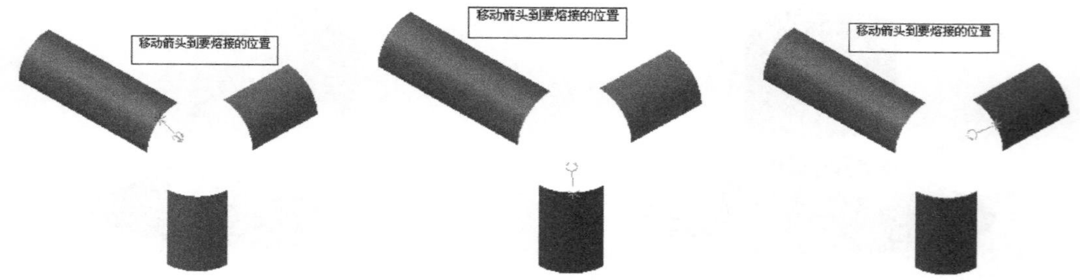

图 7-81　选择第一熔接曲面　　图 7-82　选择第二熔接曲面　　图 7-83　选择第三熔接曲面

系统出现“按<F>切换到曲线方向；按<Enter>”提示信息。按 Enter 键，系统弹出【三曲面熔接】对话框，如图 7-84 所示。单击【确定】按钮完成曲面熔接的创建，熔接效果如图 7-85 所示。

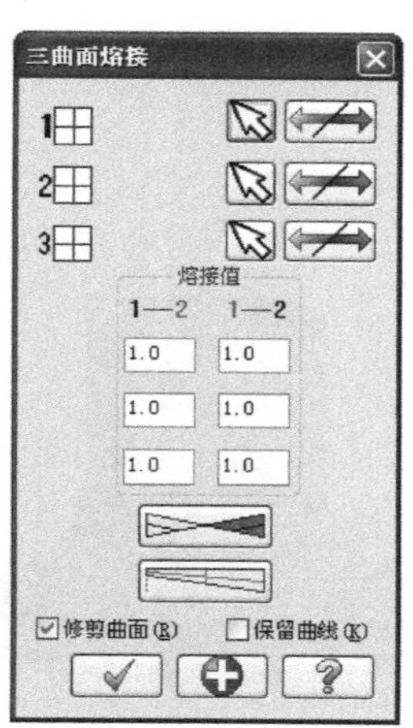

图 7-84　【三曲面熔接】对话框

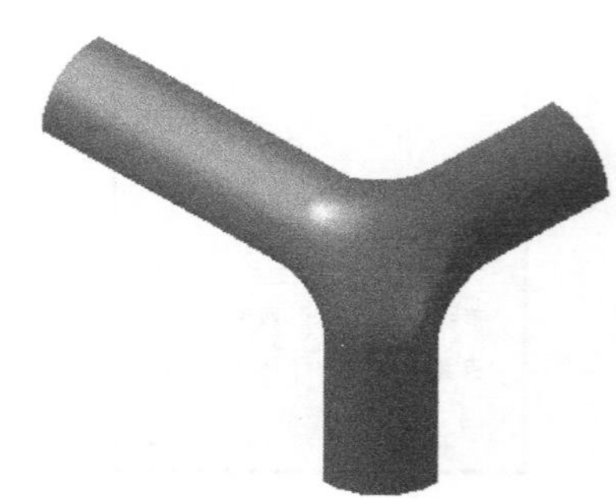

图 7-85　三曲面熔接效果

7.8.3　三圆角熔接

三圆角熔接一般用于在曲面与曲面倒圆角后，对创建的 3 个圆角曲面进行熔接，以便在 3 圆角曲面的交接处得到光滑的圆角过渡。

选择【曲面与曲面倒圆角】命令，选择如图 7-86 所示的两组曲面，设置圆角半径为 5mm，生成圆角曲面。

选择【曲面与曲面倒圆角】命令，选择如图 7-87 所示的两组曲面，设置圆角半径为 8mm，生成圆角曲面。

选择【曲面与曲面倒圆角】命令，选择如图 7-88 所示的两组曲面，设置圆角半径为 10mm，生成圆角曲面。

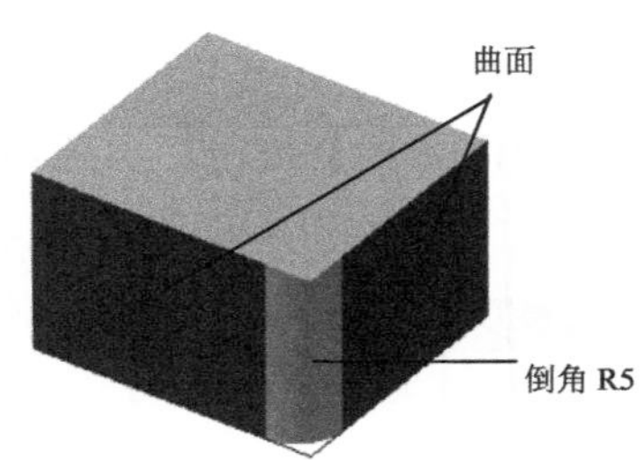

图 7-86　曲面与曲面倒角(R5)

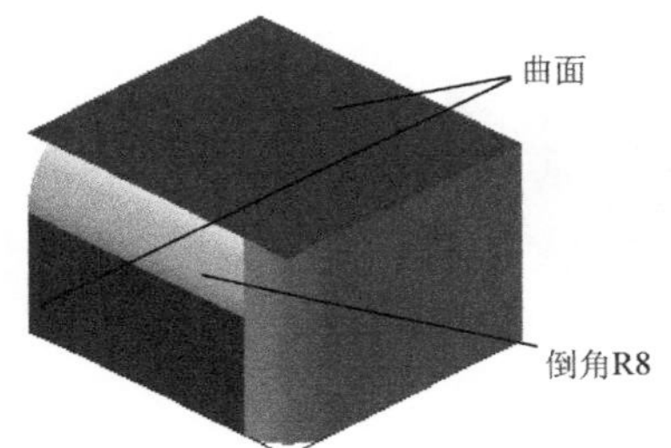

图 7-87　曲面与曲面倒角(R8)

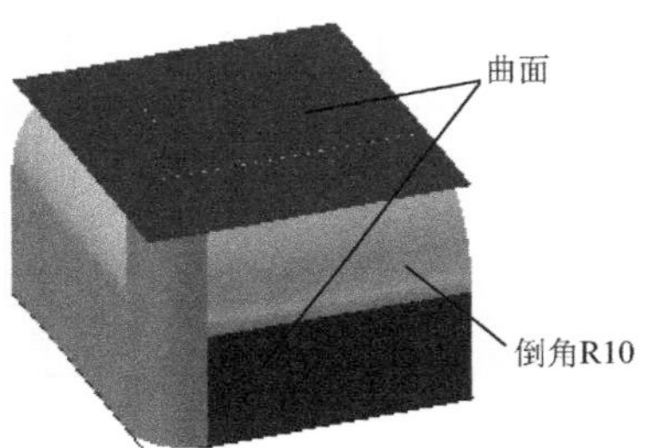

图 7-88　曲面与曲面倒角(R10)

选择【绘图】|【曲面】|【三圆角曲面熔接】菜单命令或单击【曲面】工具栏中的【三圆角曲面熔接】按钮，系统出现“选择第一个圆角曲面”提示信息，选择半径为 5mm 的圆角曲面；系统出现“选择第二个圆角曲面”提示信息，选择半径为 8mm 的圆角曲面；系统出现“选择第三个圆角曲面”提示信息，选择半径为 10mm 的圆角曲面。

系统弹出【三个圆角曲面熔接】对话框，选中单选按钮，选中【修剪曲面】复选框，如图 7-89 所示。单击【确定】按钮完成曲面熔接的创建，熔接效果如图 7-90 所示。

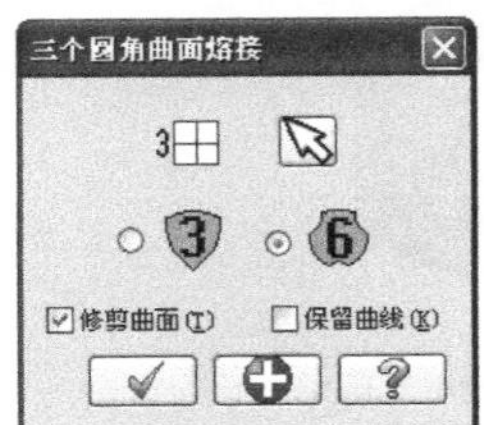

图 7-89　【三个圆角曲面熔接】对话框

图 7-90　曲面熔接效果

7.8.4　曲面熔接范例

本范例练习文件：\07\7-8-4. MCX-5。

本范例完成文件：\07\7-8-5. MCX-5。

多媒体教学路径：光盘→多媒体教学→第 7 章→7.8.4 节。

步骤 01 两曲面熔接

单击【曲面】工具栏中的【两曲面熔接】按钮，系统弹出【两曲面熔接】对话框，如图 7-91 所示。

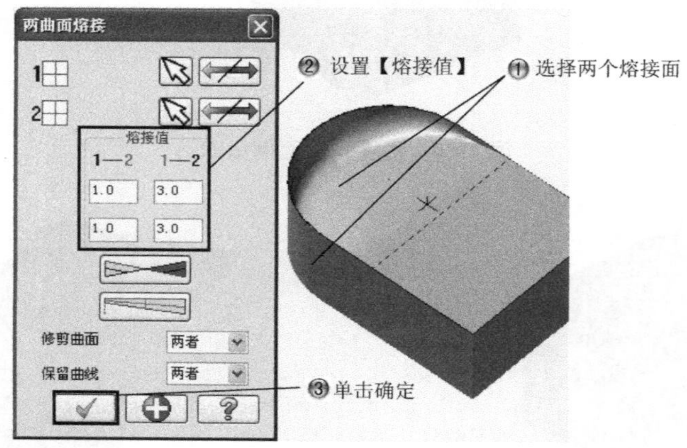

图 7-91 两曲面熔接

步骤 02 曲面倒圆角

单击【曲面】工具栏中的【曲面与曲面倒圆角】按钮，进行曲面倒圆角，按图 7-92 所示进行操作。

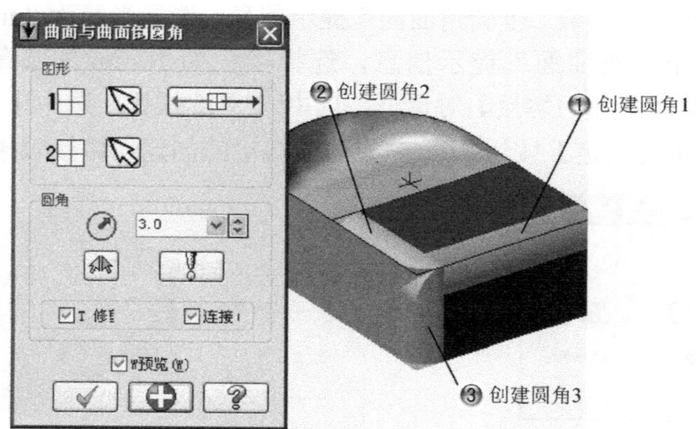

图 7-92 曲面倒圆角

步骤 03 三圆角熔接

单击【曲面】工具栏中的【三圆角曲面熔接】按钮，选择三个圆角面，系统弹出【三个圆角曲面熔接】对话框，如图 7-93 所示。

步骤 04 删除曲面

选择如图 7-94 所示的曲面，单击【删除/取消删除】工具栏中的【删除图素】按钮，

删除曲面。

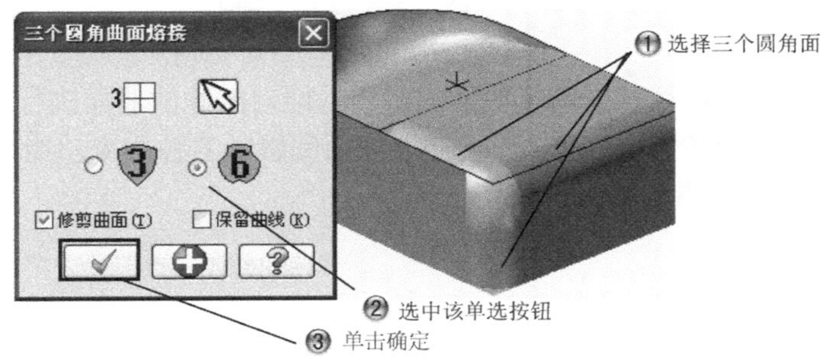

图 7-93　三圆角熔接

步骤 05　三曲面熔接

单击【曲面】工具栏中的【三曲面熔接】按钮，依次选择三个曲面，并确认方向，如图 7-95 所示。

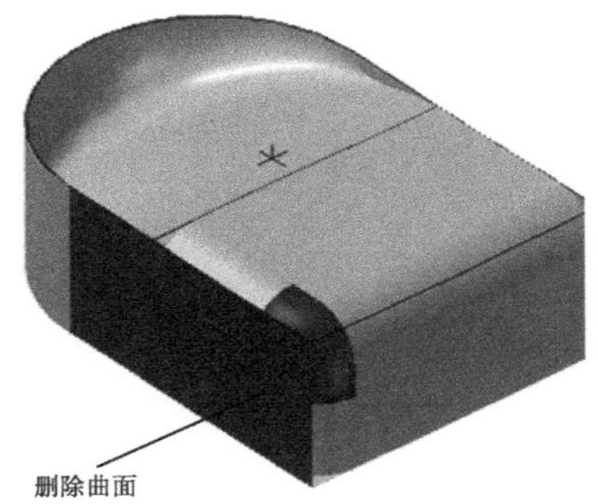

图 7-94　删除曲面

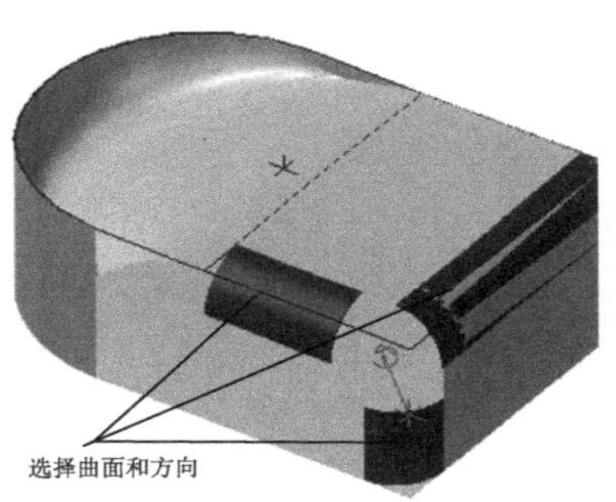

图 7-95　三曲面熔接

步骤 06　完成熔接曲面

在系统弹出的【三曲面熔接】对话框中进行设置，如图 7-96 所示。

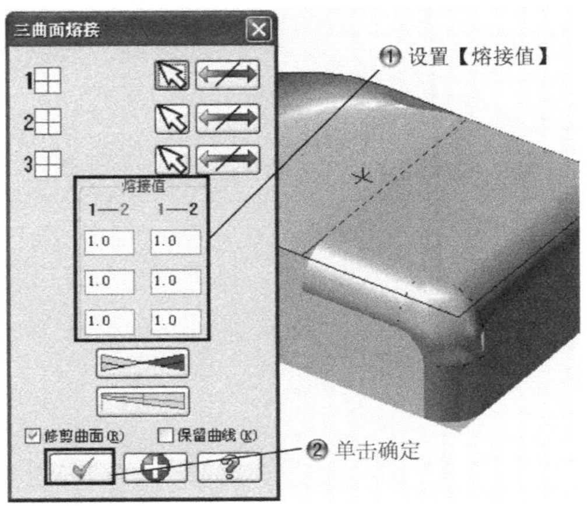

图 7-96　完成熔接曲面

7.9 本 章 小 结

在进行曲面设计时，往往要借助于曲面的编辑功能对创建的曲面进行编辑，才能达到设计时的要求。本章详细地介绍了 Mastercam X5 曲面编辑的各种命令功能，希望读者多加练习，真正掌握各种曲面编辑的功能和使用技巧。

第 8 章

Mastercam X5

Mastercam X5 加工参数

本章导读：

Mastercam X5 加工包含二维加工和三维加工，如外形加工、挖槽加工、钻孔加工等，三维加工有平行粗精加工、放射粗精加工等。但不管是三维还是二维加工，它们都需要设置一些共同的参数，这些参数在加工中是非常重要的。掌握这些通用参数的含义和设置技巧，对于掌握 Mastercam 加工是至关重要的，下面进行详细讲解。

学习内容：

学习目标 / 知识点	理　解	应　用	实　践
设置加工刀具	√		√
设置加工工件	√		√
加工通用参数设置		√	√
三维曲面加工参数		√	√

8.1 加工基础简介

加工基础是加工编程一些常用的参数、必需的步骤，包括刀具设置、加工工件设置、加工仿真模拟、加工通用参数设置、三维曲面加工参数设置等。这些参数除了少部分是特殊的刀路才有的，其他的大部分参数是所有刀路都需要设置的。因此，掌握并理解这些参数是非常重要的。

下面将一一讲解参数的含义和设置。

8.2 设置加工刀具

加工刀具的设置是所有加工都要面对的步骤，也是最先需要设置的参数。用户可以直接调用系统刀具库中的刀具，也可以修改刀具库中的刀具产生需要的刀具形式，还可以自定义新的刀具，并保存刀具到刀具库中。选择【刀具路径】|【外形铣削】菜单命令，在弹出的【输入新 NC 的名称】对话框中输入新的名称，然后利用【串连选项】对话框选取加工位置，选取完毕后单击【确定】按钮，系统弹出【2D 刀具路径-外形参数】对话框，在该对话框中单击【刀具】节点，在弹出的【刀具】设置界面中即可设置刀具的相关参数，如图 8-1 所示。

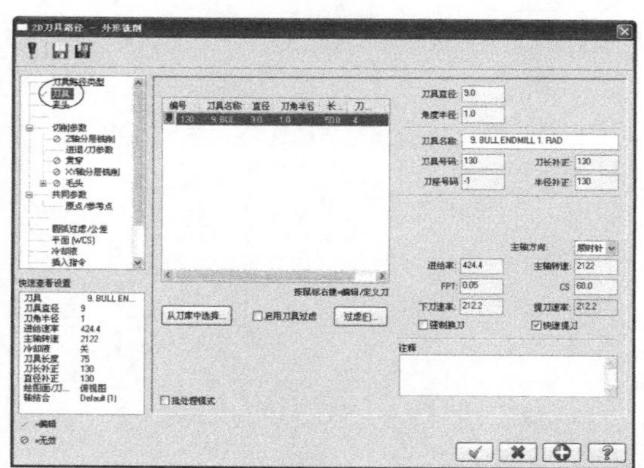

图 8-1　刀具参数

刀具设置主要包括从刀库选刀、修改刀具、自定义新刀具、设置刀具相关参数等，下面进行相关讲解。

8.2.1 从刀具库中选择刀具

从刀具库中选择刀具是最基本最常用的方式，操作也比较简单。在【刀具】设置界面的空白处单击鼠标右键，在弹出的快捷菜单中选择【选择库中的刀具】命令，弹出【选择刀具】对话框，如图 8-2 所示。该对话框用来从刀具库中选择用户所需要的刀具。

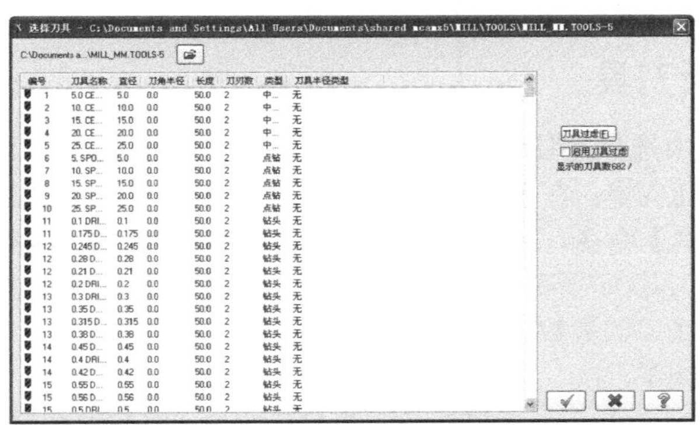

图 8-2 刀具库选刀

其部分参数含义如下。

① 【启用刀具过滤】：选中【启用刀具过滤】复选框，可启用刀具过滤功能。

② 【刀具过滤】：用于进行选取刀具时设置单独过滤某一类的刀具供用户选择。该项只有在选中【启用刀具过滤】复选框后才有效。

8.2.2 修改刀具库刀具

从刀具库选择的加工刀具，其刀具参数如刀径、刀长、切刃长度等是刀库预设的，用户可以对其修改来得到所需要的刀具。在【刀具】设置界面中选择要修改的刀具后单击鼠标右键，在弹出的快捷菜单中选择【编辑刀具】命令，弹出【定义刀具】对话框，如图 8-3 所示，可以对其参数进行修改。

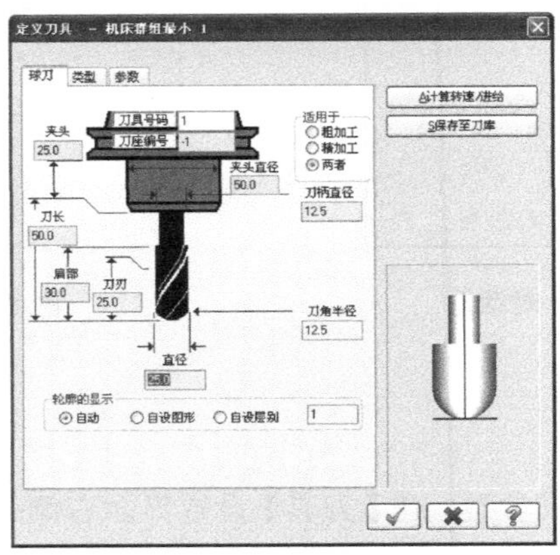

图 8-3 修改刀具参数

其部分参数含义如下。

【刀具号码】：刀具对应的刀具号码；【刀座编号】：与刀具对应的刀座号码；【适用于】：设置刀具用于加工类型；【夹头】：输入夹头的高度；【夹头直径】：刀座装夹部位直径；【刀柄直径】：刀具装夹部位直径；【刀长】：输入刀具露出夹头的总长度；【肩部】：输入刀具肩部到刀口的长度；【刀刃】：输入刀具有切削刃的长度；【直径】：输入直径；【刀角半径】：输入圆鼻刀的刀角半径；【轮廓的显示】：设置刀具在模拟时显示的方式。

8.2.3 自定义新刀具

除了通过从刀库中选择刀具和修改刀具来设置加工所需要的刀具外，用户还可以自定义新的刀具来产生加工刀具。在【刀具】设置界面的空白处单击鼠标右键，从弹出的快捷菜单中选择【创建新刀具】命令，弹出的【定义刀具】对话框，如图 8-4 所示。在【类型】选项卡中选择所需要的刀具(如平底刀)，然后切换到【平底刀】选项卡，如图 8-5 所示，在该选项卡中可以设置平底刀的参数。

其部分参数含义如下。

① 【计算转速/进给】：系统根据选取的刀具自动计算转速和进给速度。

② 【保存至刀库】：用户还可以将自定义的新刀具保存到刀库，在【定义刀具】对话框中单击【保存至刀库】按钮，即可将刀具保存到刀具库中。

③ 【适用于】：用于刚才新建的刀具适合的条件，有【粗加工】、【精加工】以及【两者】3 种选项。一般选中【两者】即可。

④ 【轮廓的显示】：在右册会显示所新建的刀具形状。

其他参数与图 8-3 一样，在此不再赘述。

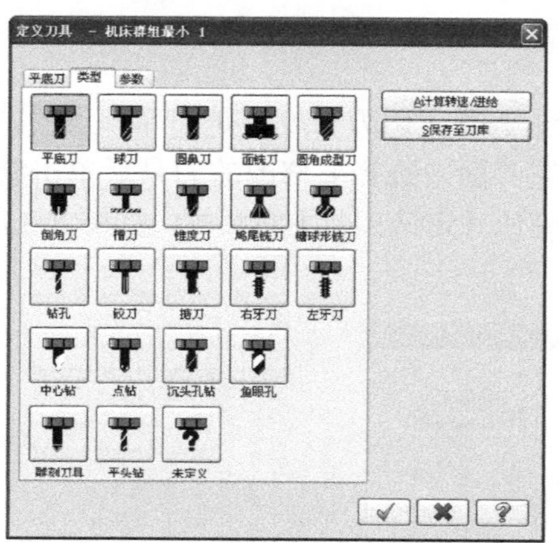

图 8-4 【定义刀具】对话框

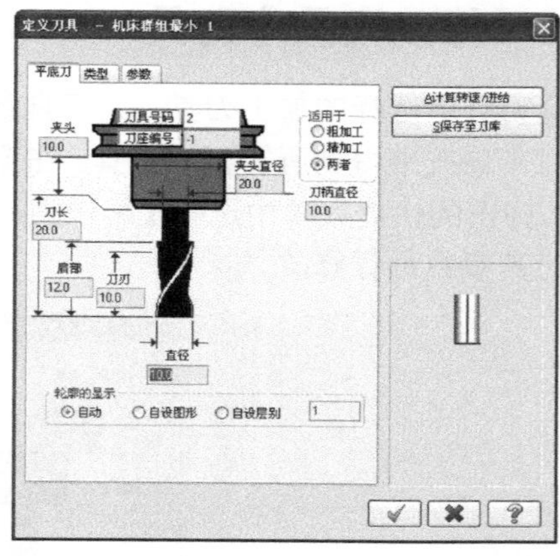

图 8-5 定义刀具参数

8.2.4 设置刀具参数

设置刀具后就要设置刀具参数，在【刀具】设置界面右侧的参数文本框中输入刀具加工的相关参数，如图 8-6 所示。

其部分参数含义如下。

【刀具名称】：输入所选择刀具的名称；【刀具号码】：设置刀号，输入“1”时将在 NC 程序中产生 T01。【刀座号码】：设置刀头号；【刀长补正】：设置长度补偿号，输入“1”时在 NC 程序中将输出“H1”；【半径补正】：设置刀具半径补偿，输入“1”时将在 NC 程序中输出“D1”；【刀具直径】：输入刀具的直径；【角度半径】：输入圆角刀具的圆角半径；【进给率】：设置在水平 XY 平面上的刀具进给速率；【下刀速率】：设置刀具在 Z 轴方向的进给速率；【主轴转速】：设置主轴转速；【提刀速率】：设置刀具回刀速率；【强制换刀】：设置强制换刀；【快速提刀】：设置快速提刀；【从库中选择】：从刀具库中选择刀具；【启用刀具过滤】：设置刀具过滤参数；【批处理模式】：设置批处理模式。

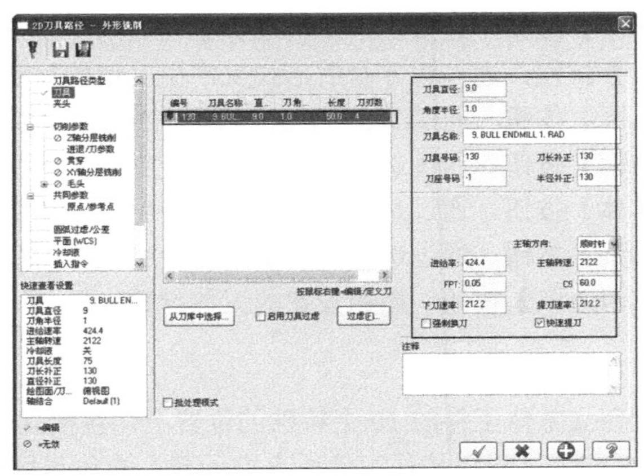

图 8-6 设置刀具参数

8.3 设置加工工件

刀具和刀具参数设置完毕后，就可以设置工件了，加工工件的设置包括工件的尺寸、原点、材料、显示等参数。一般在进行实体模拟时必须要设置工件。若不进行实体模拟，工件的设置也可以忽略。

8.3.1 设置工件尺寸及原点

要设置工件尺寸及原点，可以在刀具路径操作管理器中双击【素材设置】节点，如图 8-7 所示。打开【机器群组属性】对话框的【材料设置】选项卡，该选项卡用来设置坯料参数，如图 8-8 所示。

图 8-7 刀具路径操作管理器

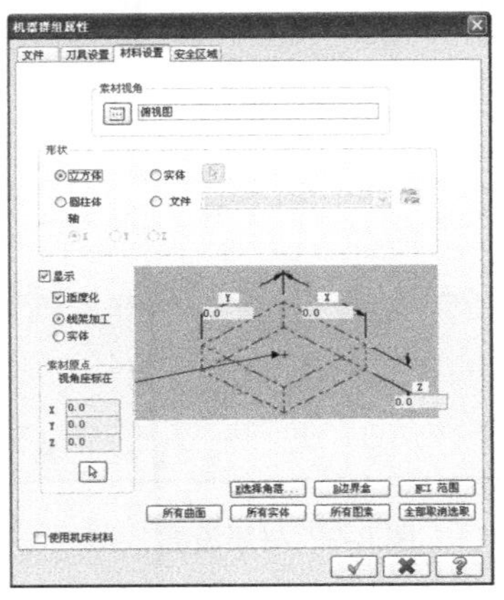

图 8-8 素材设置

1. 设置工件尺寸

工件尺寸设置是依据产品来确定，设置工件尺寸有以下 8 个选项。

① 通过直接输入 X、Y、Z 值来确定工件尺寸。

② 单击【选择角落】按钮，通过在绘图区选择工件的两个角点来得到工件尺寸。

③ 单击【边界盒】按钮，通过边界盒的形式来产生工件的尺寸。

④ 单击【NCI 范围】按钮，通过 NCI 刀路形状来产生工件的尺寸。

⑤ 单击【所有曲面】按钮，通过选择所有曲面来产生工件的尺寸。

⑥ 单击【所有实体】按钮，通过选择所有实体来产生工件的尺寸。

⑦ 单击【所有图素】按钮，通过选择所有图素来产生工件的尺寸。

⑧ 单击【全部取消选取】按钮，撤销设置的工件参数。

2. 设置工件原点

工件原点可以设置在立方体工件的 10 个特殊的位置上，包括立方体的 8 个角点和上下面的中心点。要设置工件原点，可以按住工件原点指示箭头拖动到目标点即可。此外还要设置原点坐标，直接输入原点坐标值即可。

8.3.2 设置工件材料

要设置工件材料，可以在【刀具设置】选项卡的【材质】选项组中单击【选择】按钮，如图 8-9 所示。弹出【材质库】对话框，从中可以选择工件的材料，如图 8-10 所示。

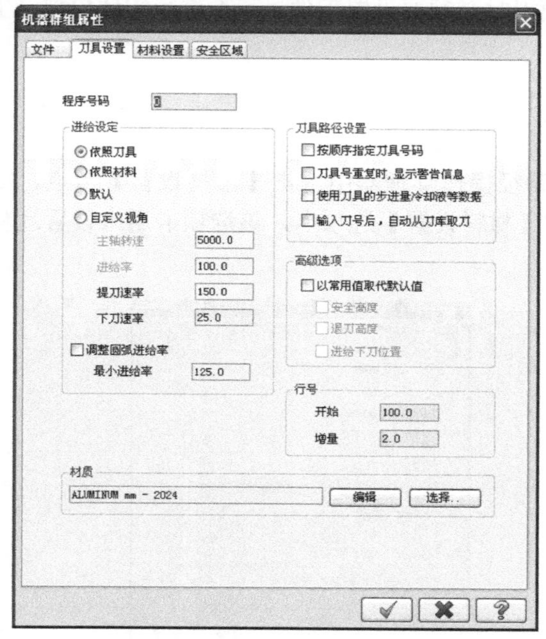

图 8-9　材质设置

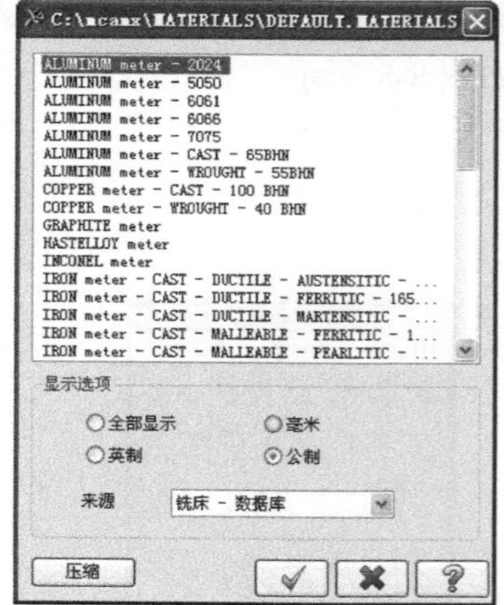

图 8-10　材质库

8.3.3 加工仿真模拟

加工参数及工件参数设置完毕后便可以利用加工操作管理器进行实际加工前的切削模拟，当验证无误后再利用 POST 后处理功能输出正确的 NC 加工程序。【刀具路径】操作管理器如图 8-11 所示。

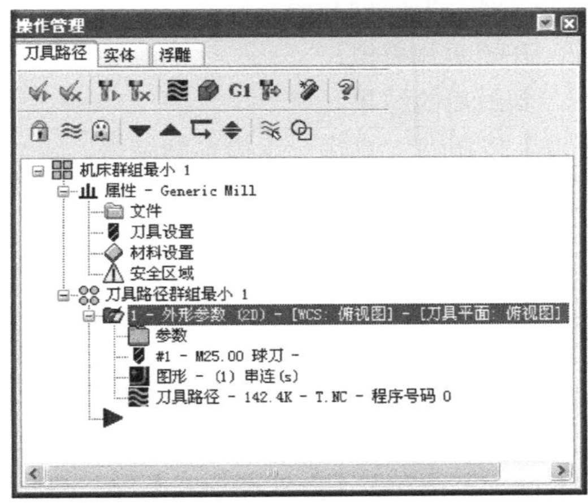

图 8-11 【刀具路径】操作管理器

其部分参数含义如下。

① 【选取所有操作】按钮：选取所有刀具路径操作。

② 【选取所有失效操作】按钮：选取所有失效的操作。

③ 【重建所有操作】按钮：重建所有操作。

④ 【重建所有失效的操作】按钮：重建所有失效的操作。

⑤ 【刀具路径模拟】按钮：进行刀具模拟。

⑥ 【实体模拟】按钮：进行实体模拟。

⑦ 【后处理】按钮 G1：产生后处理操作。

⑧ 【高速铣削】按钮：产生高速铣削功能。

⑨ 【彻底删除所有操作】按钮：删除所有操作。

8.3.4 刀具路径模拟

要执行刀具路径模拟，可以在【刀具路径】操作管理器中单击【刀具路径模拟】按钮，弹出【刀路模拟】对话框，如图 8-12 所示。

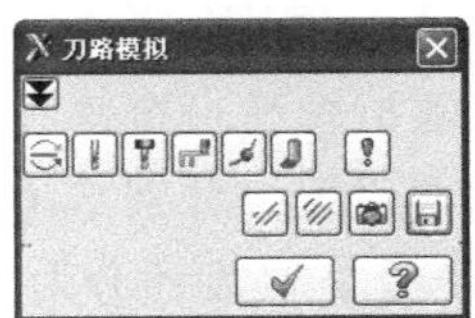

图 8-12 【刀路模拟】对话框

其部分参数含义如下。

① 【刀具】按钮：带刀具模拟。

② 【夹头】按钮：带夹头模拟。

8.3.5　实体加工模拟

要执行实体加工模拟，可以单击【实体模拟】按钮，弹出【验证】对话框，如图 8-13 所示。

其部分参数含义如下。

①　【返回到开始】按钮：返回到开始。

②　【开始】按钮：开始实体模拟。

③　【快进】按钮，到最后的结果。

④　【不显示刀具模拟】按钮，直接一步模拟到结果。

⑤　【带刀具模拟】按钮：慢速模拟。

⑥　【带夹头模拟】按钮，带刀具和夹头的模拟。

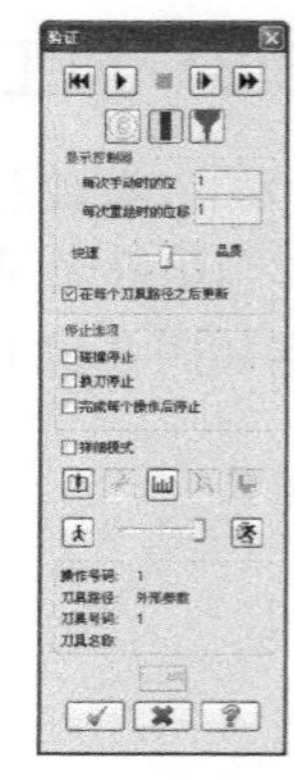

图 8-13　实体模拟

8.3.6　后处理设置

实体加工模拟完毕后，若未发现任何问题，就可以后处理产生 NC 程序了。要执行后处理，可以单击【刀具路径】操作管理器中的【后处理】按钮，弹出【后处理程式】对话框，在对话框中可设置后处理的参数，如图 8-14 所示。

其部分参数含义如下。

①　【更改后处理程式】：更改与机床相对应的后处理程序。

②　【NC 文件扩展名】：输入在刀具路径文件后的后缀名。

③　【询问】：若有同名的文件，系统在覆盖前会进行询问。

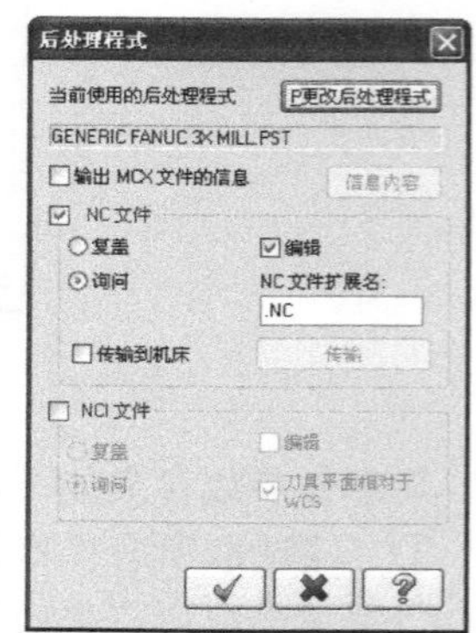

图 8-14　【后处理程式】对话框

8.4　加工通用参数设置

本节主要讲解加工过程中通用参数的设置。包括高度设置、补偿设置、转角设置、外型设置、深度设置、进/退刀向量设置、过滤设置等。

8.4.1　高度设置

高度参数设置是二维和三维刀具路径都有的共同参数。【高度】选项卡中共有 5 个高度需要设置，分别是【安全高度】、【参考高度】、【进给下刀位置】、【工件表面】和【深度】。高度还分为【绝对坐标】和【增量坐标】两种。绝对坐标是相对系统原点来测量的。系统原点是不变的。增量坐标是相对工件表面的高度来测量的。工件表面随着加工深入的不断变化，因而增量坐标是不断变化的。在【2D 刀具路径-外形参数】对话框中单击【共同参数】节点，弹出【共同参数】设置界面，如图 8-15 所示。

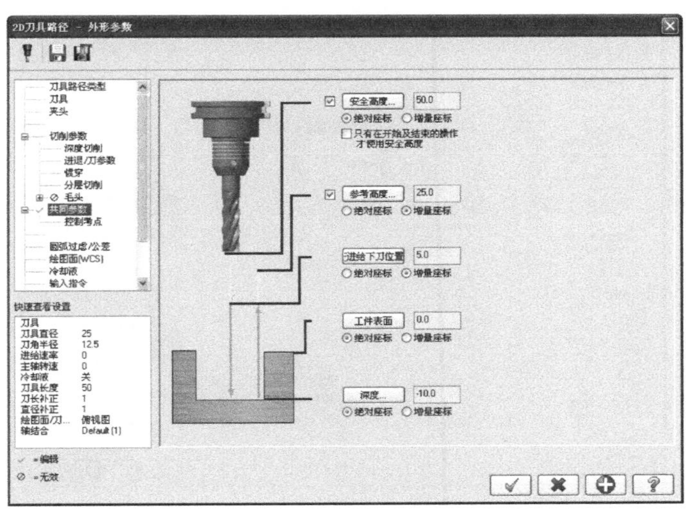

图 8-15　高度参数设置

其部分参数含义如下。

① 【安全高度】：是刀具开始加工和加工结束后返回机械原点前所停留的高度位置。选中此复选框，用户可以输入一高度值，刀具在此高度值上一般不会撞刀，比较安全。此高度值一般设置绝对值为 50～100mm。在安全高度下方有【只有在开始及结束的操作才使用安全高度】复选框，当选中该复选框时，仅在该加工操作的开始和结束时移动到安全高度；当取消选中此复选框时，每次刀具在回缩时均移动到安全高度。

② 【绝对座标】：是相对系统原点来测量的。

③ 【增量座标】：是相对工件表面的高度来测量的。

④ 【参考高度】：是刀具结束某一路径的加工，进行下一路径加工前在 Z 方向的回刀高度。也称退刀高度。此处一般设置绝对值为 10～25mm。

⑤ 【进给下刀位置】：指刀具下刀速度由 G00 速度变为 G01 速度(进给速度)的平面高度。刀具首先从安全高度快速的移动到下刀位置，然后再以设定的速度靠近工件，下刀高度即是靠近工件前的缓冲高度，是为了刀具安全的切入工件，但是考虑到效率，此高度值不要设得太高，一般设置增量坐标为 5～10mm。

⑥ 【工件表面】：即加工件表面的 Z 值。一般设置为 0。

⑦ 【深度】：即工件实际的要切削的深度。一般设置为负值。

8.4.2　补偿设置

在【2D 刀具路径-外形参数】对话框中单击【切削参数】节点，弹出【切削参数】设置界面，该设置界面中可以设置【补正方式】和【补正方向】选项，【补正方式】下拉列表框用来设置补正的类型，如图 8-16 所示。

在实际的铣削过程中，刀具所走的加工路径并不是工件的外形轮廓，还包括一个补偿量，补偿量包括：实际使用的刀具的半径；程序中指定的刀具半径与实际刀具半径之间的差值；刀具的磨损量；工件间的配合间隙。

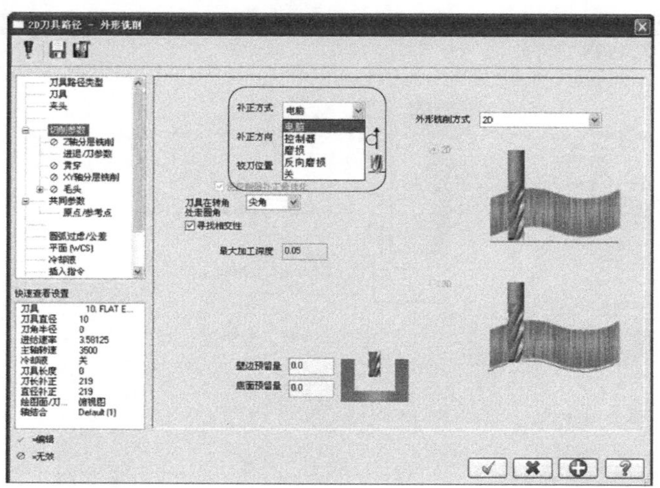

图 8-16　补正类型

Mastercam 提供了 5 种补偿形式和两个补偿方向供用户选择，补偿设置如下。

1. 补正方式

刀具补正方式包括【电脑】补偿、【控制器】补偿、【磨损】补偿、【反向磨损】补偿和【关】5 种。

① 当设置为【电脑】补偿时，刀具中心向指定的方向(左或右)移动一个补偿量(一般为刀具的半径)，NC 程序中的刀具移动轨迹坐标是加入了补偿量的坐标值。

② 当设置为【控制器】补偿时，刀具中心向左或右移动一个存储在寄存器里的补偿量(一般为刀具半径)，系统将在 NC 程序中给出补偿控制代码(左补 G41 或右补 G42)，NC 程序中的坐标值是外形轮廓值。

③ 当设置为【磨损】补偿时，即刀具磨损补偿时，同时具有【电脑】补偿和【控制器】补偿，且补偿方向相同，并在 NC 程序中给出加入了补偿量的轨迹坐标值，同时又输出控制代码 G41 或 G42。

④ 当设置为【反向磨损】补偿时，即刀具磨损反向补偿时，也同时具有【电脑】补偿和【控制器】补偿，但控制器补偿的补偿方向与设置的方向反向。即当采用电脑左补偿时，系统在 NC 程序中输出反向补偿控制代码 G42，当采用电脑右补偿时，系统在 NC 程序中输出反向补偿控制代码 G41。

④ 当设置为【关】补偿时，系统将关闭补偿设置，在 NC 程序中给出外形轮廓的坐标值，且在 NC 程序中无控制补偿代码 G41 或 G42。

提 示

在设置刀具补偿时可以设置为刀具磨损补偿或刀具磨损反向补偿，使刀具同时具有【电脑】刀具补偿和【控制器】刀具补偿，用户可以按指定的刀具直径来设置【电脑】补偿，而实际刀具直径与指定刀具直径的差值可以由【控制器】补偿来补正。当两个刀具直径相同的时候，在暂存器里的补偿值应该是 0；当两个刀具直径不相同的时候，在暂存器里的补偿值应该是两个直径的差值。

2．补正方向

刀具补正方向有左补和右补两种。如图 8-17 所示铣削一圆柱形凹槽，如果不补正，刀具沿着圆走，则刀具的中心轨迹即是圆，这样由于刀具有一个半径在槽外，因而实际凹槽铣削的效果比理论上要大一个刀具半径。要想实际铣削的效果与理论值同样大，则必须使刀具向内偏移一个半径。再根据选取的方向来判断是左补偿还是右补偿。如图 8-18 所示，铣削一圆柱形凸缘，如果不补正，刀具沿着圆走，则刀具的中心轨迹即是圆，这样由于有一个刀具半径在凸缘内，因而实际凸缘铣削的效果比理论上要小一个半径。要想实际铣削的效果与理论值一样大，则必须使刀具向外偏移一个半径。具体是左偏，还是右偏要看串连选取的方向。所以为弥补刀具带来的差距要进行刀具补正。

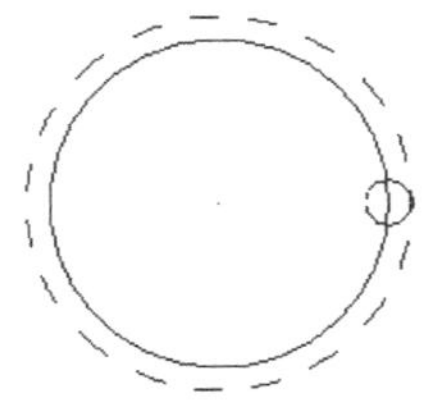

图 8-17　铣削凹槽

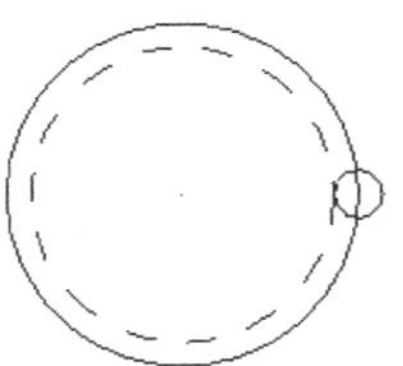

图 8-18　铣削凸缘

8.4.3　转角设置

在【切削参数】设置界面中有【刀具在转角处走圆角】下拉列表框，用于设置两条及两条以上的相连线段转角处的刀具路径，即根据不同选择模式决定在转角处是否采用弧形刀具路径。可以从如图 8-19 所示的【刀具在转角处走圆角】下拉列表框中选择某一种选项。

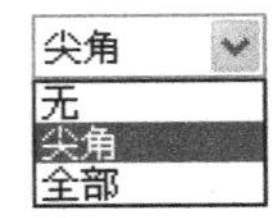

图 8-19　【刀具在转角处走圆角】下拉列表框

① 当选择【无】选项时，即不走圆角，在转角地方不采用圆弧刀具路径。如图 8-20 所示，不管转角的角度是多少，都不采用圆弧刀具路径。

② 当选择【尖角】选项时，即在尖角处走圆角，在小于 135° 转角处采用圆弧刀具路径。如图 8-21 所示，在 100° 处采用圆弧刀具路径，而在 136° 处采用尖角，即没有采用圆弧刀具路径。

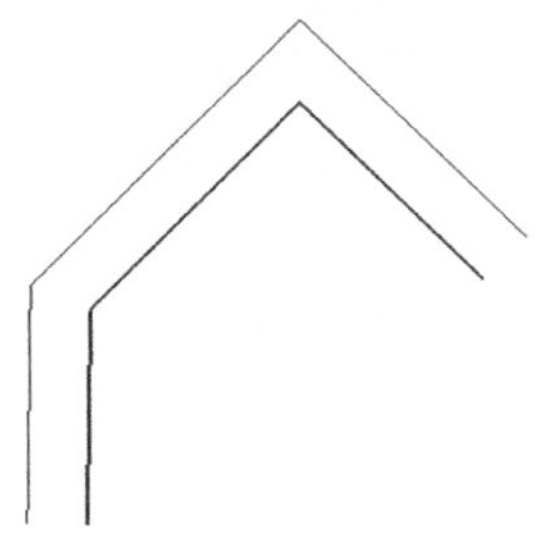

图 8-20　转角不走圆角

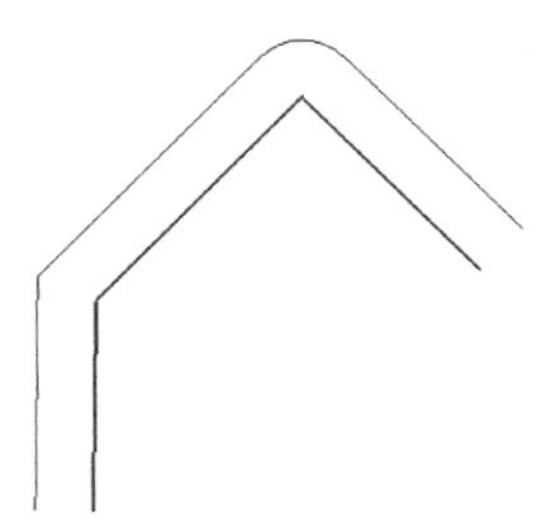

图 8-21　尖角处走圆角

③　当选择【全部】选项时，即在所有转角处都走圆角，在所有转角处都采用圆弧刀具路径。如图 8-22 所示，所有转角处都走圆弧。

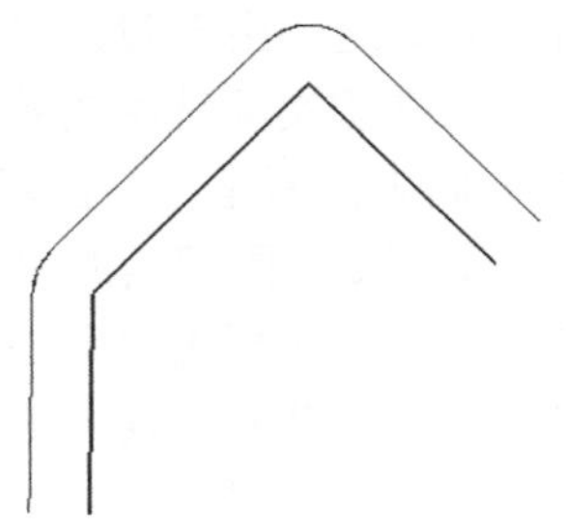

图 8-22　全部走圆角

8.4.4　外形设置

在【2D 刀具路径–外形参数】对话框中单击【分层切削】节点，打开【分层切削】设置界面，如图 8-23 所示。该设置界面用来设置定义外形分层铣削的粗切和精修的参数。

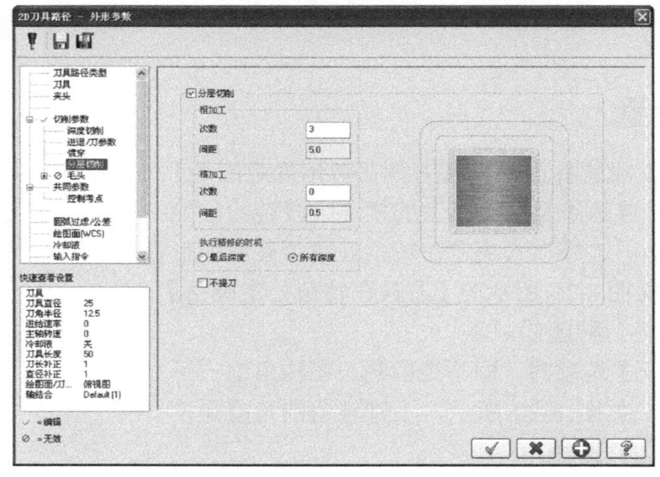

图 8-23　【分层切削】设置界面

其部分参数含义如下。

①　【粗加工】：用来定义粗切外形分层铣削的设置，有【次数】和【间距】两项。该【次数】和【间距】文本框分别用来输入切削平面中的粗切削的次数及刀具切削的间距。粗切削的间距是由刀具直径决定，通常粗切削的间距设置为刀具直径的 60%～75%。此值是对平刀而言，若是圆角刀则需要除开圆角之后的有效部分的 60%～75%。

②　【精加工】：用来定义外形铣削精修的设置，有【次数】和【间距】两项。该【次数】和【间距】文本框分别用来输入切削平面中的精修的次数及精修量。精修次数与粗切次数有些不同，粗切次数多次直到残料全部清除为止。精修次数不需太多，一般一两次即可。因为在粗切削过程中，刀具受力铣削精度达不到要求，需要留一些余量，精修的目的就是要把余量清除，所以 1～2 次即可。精修间距一般设置为 0.1～0.5 即可。

③ 【执行精修的时机】：用来选择是在最后深度进行精修还是在每层都进行精修。当选中【最后深度】单选按钮时，精修刀具路径在最后的深度下产生；当选中【所有深度】单选按钮时，精修刀具路径在每一个深度下均产生。

④ 【不提刀】：用来选择刀具在每一层外形切削后，是否返回到下刀位置的高度上。当选中该复选框时，刀具会从目前的外形直接移到下一层切削外形；若取消选中该复选框，则刀具返回到原来下刀位置的高度，然后移动到下一层切削的外形。如取消选中该复选框，外形分层次数为 10 次，则每铣一次后都抬刀，要抬刀 10 次才将 XY 平面外形铣完；若选中该复选框，则不会提刀。

8.4.5 深度设置

在【2D 刀具路径-外形参数】对话框中单击【深度切削】节点，打开【深度切削】设置界面，如图 8-24 所示。该设置界面用来设置定义深度分层铣削的粗切和精修的参数。

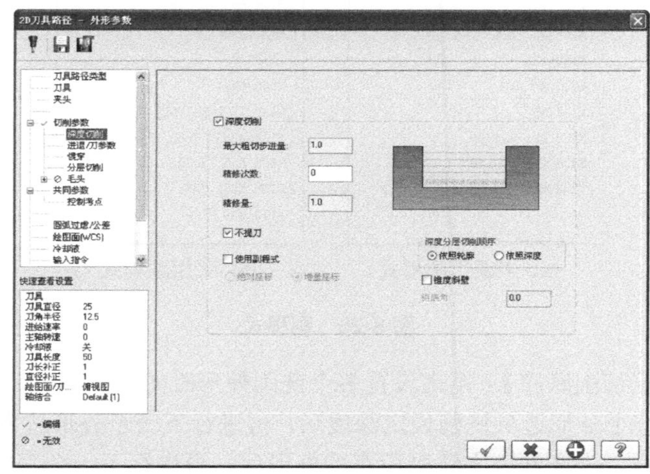

图 8-24 【深度切削】设置界面

其部分参数含义如下。

① 【最大粗切步进量】：用来输入粗切削时的最大进刀量。该值要视工件材料而定。一般来说，工件材料比较软时，比如铜，粗切步进量可以设置大一些；工件材料较硬，像铣一些模具钢时该值要设置得小一些。另外还与刀具材料的好坏有关，比如硬质合金钢刀进量可以稍微大些，若白钢刀进量则要小些。

② 【精修次数】：用来输入需要在深度方向上精修的次数，此处应输入整数值。

③ 【精修量】：用来输入在深度方向上的精修量。一般比粗切步进量小。

④ 【不提刀】：用来选择刀具在每一个切削深度后，是否返回到下刀位置的高度上。当选中该复选框时，刀具会从目前的深度直接移到下一个切削深度；若取消选中该复选框，则刀具返回到原来的下刀位置的高度，然后移动到下一个切削的深度。

⑤ 【使用副程式】：用来调用子程序命令。在输出的 NC 程序中会出现辅助功能代码 M98(M99)。如图 8-25(a)所示是取消选中【使用副程式】复选框的 NC 代码，图中没有出现 M98 和 M99 辅助功能代码。程序段从 N104～N152 共 48 行。图 8-25(b)所示是选中【使用

副程式】复选框的 NC 代码。图中出现了 M98 和 M99 辅助功能代码。对于复杂的编程使用副程式可以大大减少程序段。

```
%
O0000(T)
N100 G21
N102 G0 G17 G40 G49 G80 G90
N104 T1 M6
N106 G0 G90 G54 X55. Y0. S0 M5
N108 G43 H1 Z25.
N110 Z5.
N112 G1 Z-1. F0.
N114 G3 X0. Y55. I-55. J0.
N116 X-55. Y0. I0. J-55.
N118 X0. Y-55. I55. J0.
N120 X55. Y0. I0. J55.
N122 G1 Z-8-
N124 G3 X0. Y55. I-55. J0.
N126 X-55. Y0. I0. J-55.
N128 X0. Y-55. I55. J0.
N130 X55. Y0. I0. J55.
N132 G0 Z25.
N134 M5
N136 G91 G28 Z0.
N138 G28 X0. Y0.
N140 M30
```

(a) 未采用副程式

```
%
O0000(T)
N100 G21
N102 G0 G17 G40 G49 G80 G90
N104 T1 M6
N106 G0 G90 G54 X55. Y0. S0 M5
N108 G43 H1 Z25.
N110 Z5.
N112 G1 Z-1. F0.
N114 M98 P1001
N116 G1 G90 Z-8-
N118 M98 P1001
N120 G0 G90 Z25.
N122 M5
N124 G91 G28 Z0.
N126 G28 X0. Y0.
N128 M30
 O1001
N100 G91
N102 G3 X-55. Y55. I-55. J0.
N104 X-55. Y-55. I0. J-55.
N106 X55. Y-55. I55. J0.
N108 X55. Y55. I0. J55.
N110 M99
```

(b) 采用副程式

图 8-25 副程式

⑥ 【深度分层切削顺序】：用来设置多个铣削外形时的铣削顺序。当选中【依照轮廓】单选按钮后，先在一个外形边界铣削设定深度后，再进行下一个外形边界铣削。当选中【依照深度】单选按钮后，先在深度上铣削所有的外形后，再进行下一个深度的铣削。

⑦ 【锥度斜壁】：用来铣削带锥度的二维图形。当选中该复选框，从工件表面按所输入的角度铣削到最后的角度。

如果是铣削内腔则锥度向内。如图 8-26 所示，锥度角为 40° 。如果是铣削外形则锥度向外，如图 8-27 所示，锥度角也为 40° 。

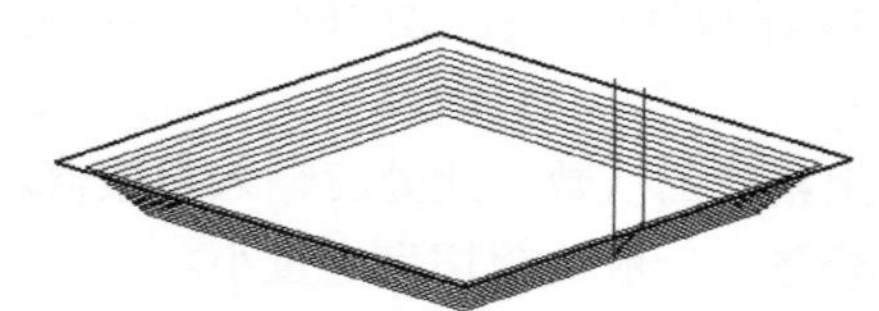

图 8-26 带锥度铣削内腔

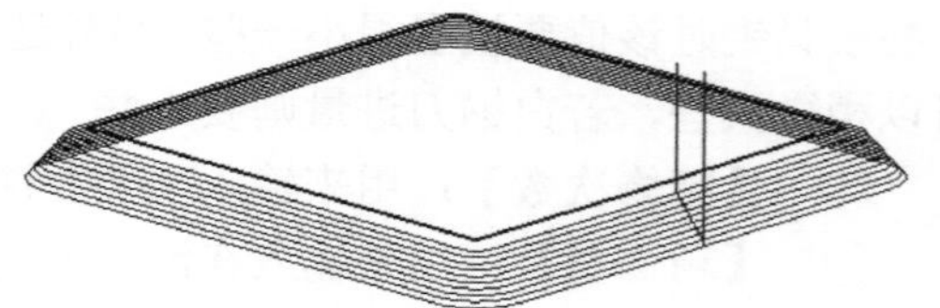

图 8-27 带锥度铣削外形

8.4.6 进/退刀向量设置

在【2D 刀具路径-外形参数】对话框中单击【进退/刀参数】节点，打开【进退/刀参数】

设置界面，如图 8-28 所示。该设置界面用来设置刀具路径的起始及结束加入一直线或圆弧刀具路径，使其与工件及刀具平滑连接。起始刀具路径称为进刀，结束刀具路径称为退刀。

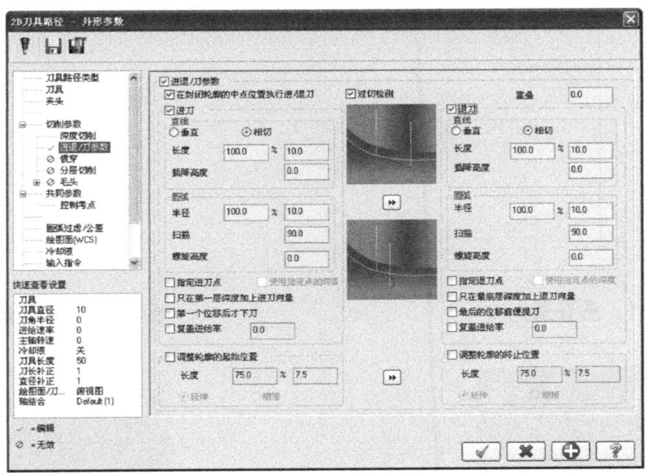

图 8-28 【进退/刀参数】设置界面

其部分参数含义如下。

① 【在封闭轮廓的中点位置执行进/退刀】：选中该复选框，控制进退刀的位置。这样可避免在角落处进刀，对刀具的不利。如图 8-29 所示为选中该复选框时的刀具路径；图 8-30 所示为取消选中该复选框时的刀具路径。

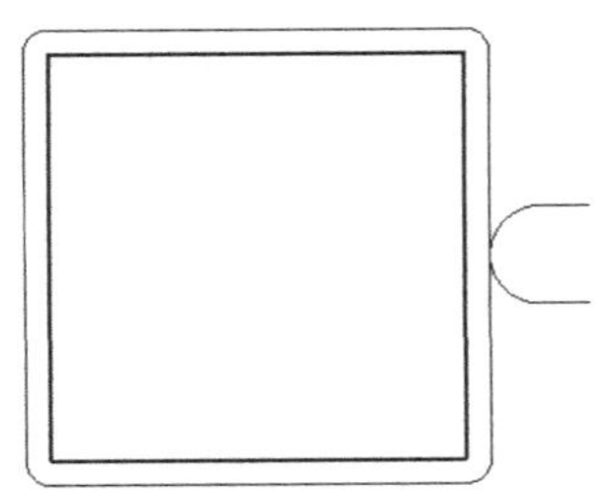

图 8-29 选中【在封闭轮廓的中点位置执行进/退刀】复选框的刀具路径

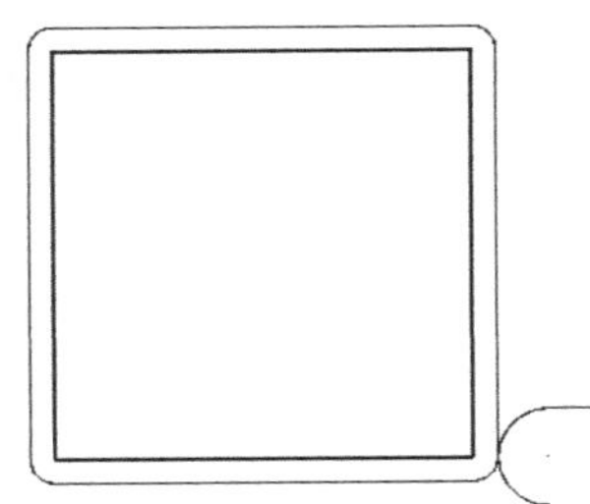

图 8-30 取消选中【在封闭轮廓的中点位置执行进/退刀】复选框的刀具路径

② 【重叠】：在【重叠】文本框中输入重叠值，用来设置进刀点和退刀点之间的距离。若设置为 0，则进刀点和退刀点重合，如图 8-31 所示为重叠量设置为 0 时的进退刀向量。有时为了避免在进刀点和退刀点重合处产生切痕，就在【重叠】文本框中输入重叠值。如图 8-32 所示为重叠量设置为 20 时的进退刀向量。其中进刀点并未发生改变，改变的只是退刀点，退刀点多退了 20 的距离。

③ 【直线】选项组：在直线进/退刀中，直线刀具路径的移动有两个模式，即垂直和相切。垂直进/退刀模式的刀具路径与其相近的刀具路径垂直，如图 8-33 所示；相切进/退刀模式的刀具路径与其相近的刀具路径相切，如图 8-34 所示。

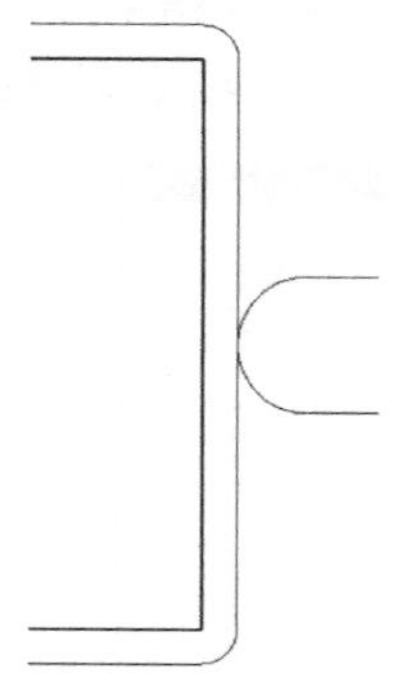

图 8-31　重叠量为 0

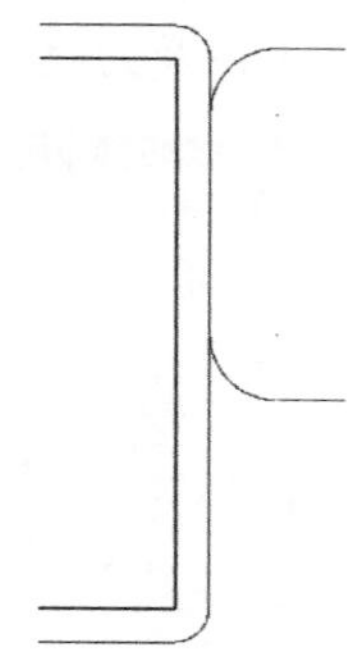

图 8-32　重叠量为 20

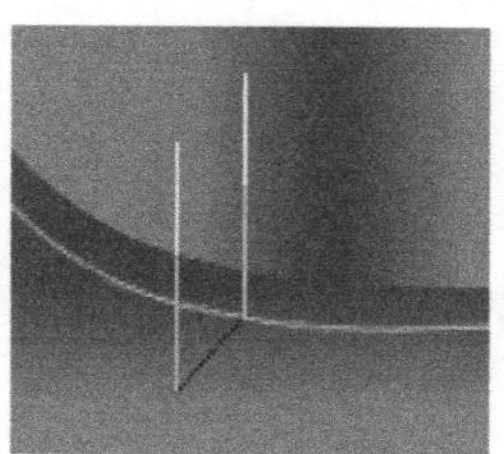

图 8-33　垂直模式

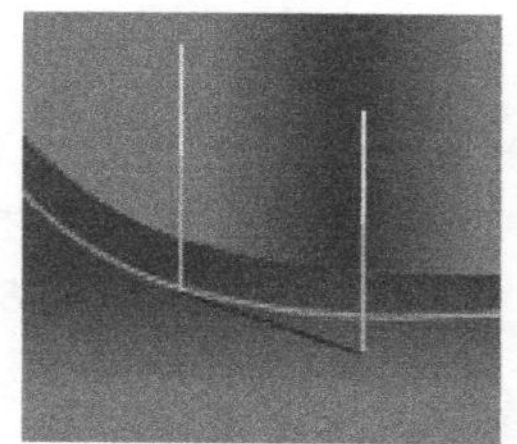

图 8-34　相切模式

【长度】文本框用来输入直线刀具路径的长度，前面的【长度】文本框用来输入路径的长度与刀具直径的百分比，后面的【长度】文本框为刀具路径的长度。两个文本框是连动的，输入其中一个另一个会相应变化。【插降高度】文本框用来输入直线刀具路径的进刀以及退刀刀具路径的起点相对末端的高度。如图 8-35 所示为进刀设置为 3，退刀设置为 10 时的刀具路径。

④　【圆弧】选项组：圆弧进/退刀是在进/退刀时采用圆弧的模式，方便刀具顺利地进入工件。该模式有 3 个参数。

当选择【半径】时，输入进退刀刀具路径的圆弧半径。前面的【半径】文本框用来输入圆弧路径的半径与刀具直径的百分比，后面的【半径】文本框为刀具路径的半径值，这两个值也是连动的。当选择扫描角度时，输入进退刀圆弧刀具路径的扫描的角度。当选择螺旋高度时，输入进退刀刀具路径螺旋的高度。如图 8-36 所示为螺旋高度设置为 3 时的刀具路径。设置为高度值，使进退刀时刀具受力均匀，避免刀具由空运行状态突然进入高负荷状态。

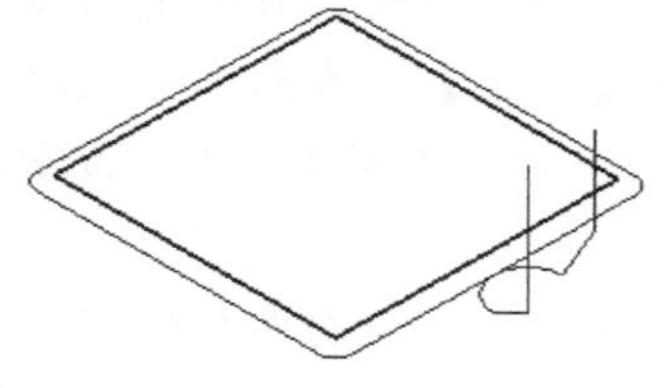

图 8-35　斜向高度

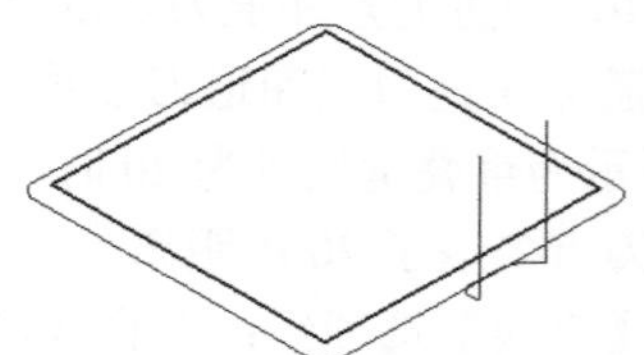

图 8-36　螺旋高度为 3

8.4.7　过滤设置

在【2D 刀具路径-外形参数】对话框中单击【圆弧过滤/公差】节点，打开【圆弧过滤/公差】设置界面，如图 8-37 所示。在该设置界面中可以设置 NCI 文件的过滤参数。通过对 NCI 文件进行过滤，删除长度在设定公差内的刀具路径来优化或简化 NCI 文件。

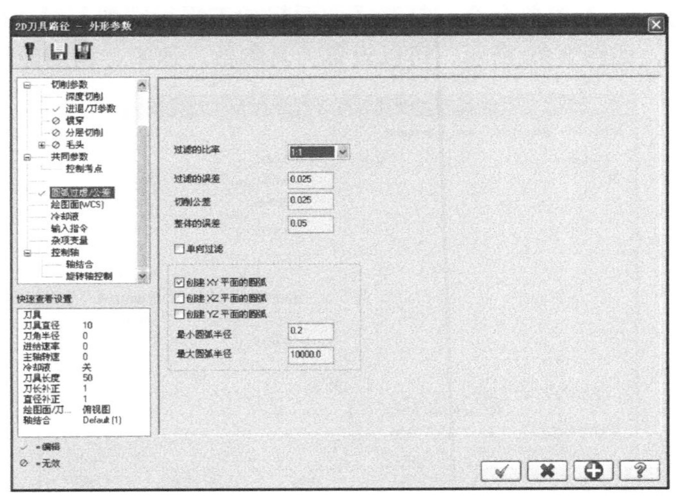

图 8-37　【圆弧过滤/公差】设置界面

其部分参数如下。

① 【过滤的比率】下拉列表框用来设置过滤误差和切削公差之比，过滤误差与切削公差之和等于整体公差。

② 【过滤的误差】文本框设置截断方向的误差值，小于此值即进行过滤。

③ 【切削公差】文本框设置切削方向的公差值，公差值小于此值的将被过滤。

④ 【创建 XY/XZ /YZ 平面的圆弧】复选框取消选中时，在去除刀具路径时用直线来调整刀具路径；当选中时用圆弧代替直线来调整刀具路径。但当圆弧半径值小于【最小圆弧半径】文本框输入的半径或大于【最大圆弧半径】文本框输入的半径时，仍用直线来调整刀具路径。

⑤ 【最小圆弧半径】文本框用来设置在过滤操作过程中圆弧路径的最小半径值，但圆弧半径小于该值时用直线代替。

⑥ 【最大圆弧半径】文本框用来设置在过滤操作过程中圆弧路径的最大半径值，但圆弧半径大于该值时用直线代替。

8.5　三维曲面加工参数

Mastercam 能对曲面、实体以及 STL 文件产生刀具路径，一般加工采用曲面来编程。曲面加工可分为曲面粗加工和曲面精加工。不管是粗加工还是精加工，它们都有一些共同的参数需要设置。下面将对曲面加工的共同参数做讲解。

8.5.1 刀具路径设置

刀具路径参数主要用来设置与刀具相关的参数。与二维刀具路径不同的是，三维刀具路径参数所需的刀具通常与曲面的曲率半径有关系。精修时刀具半径不能超过曲面曲率半径。一般粗加工采用大刀、平刀或圆鼻刀，精修采用小刀、球刀。选择【刀具路径】|【粗加工】|【粗加工平行铣削加工】菜单命令，打开【曲面粗加工平行铣削】对话框，切换到【刀具路径参数】选项卡，如图 8-38 所示，可以设置刀具参数、速率、构图面等。

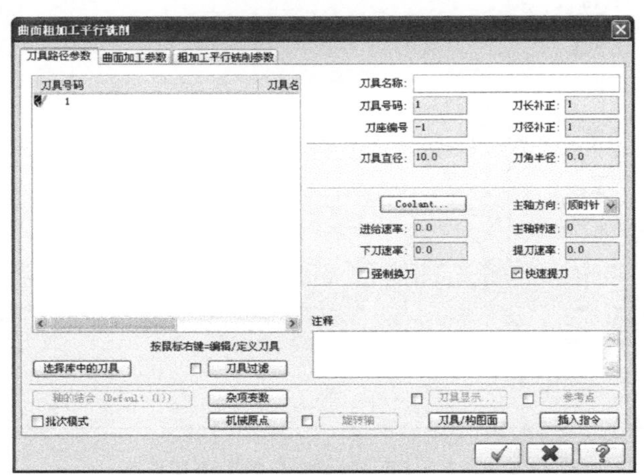

图 8-38 【刀具路径参数】选项卡

刀具设置和速率的设置在【二维加工】参数中已经讲过，本节主要讲解【刀具/构图面】参数、机械原点的设置等。

1. 刀具/构图面

在【曲面粗加工平行铣削】对话框的【刀具路径参数】选项卡中单击【刀具/构图面】按钮，弹出【刀具面/构图面的设定】对话框，如图 8-39 所示。在该对话框中可以设置【工作座标系统】、【绘图平面】和【刀具平面】。当刀具平面和绘图平面不一致时，可以单击【复制到右边】按钮将左边内容复制到右边，或单击【复制到左边】按钮将右边内容复制到左边。

图 8-39 【刀具面/构图面的设定】对话框

此外还可以单击【视角选择】按钮▦，弹出【视角选择】对话框，如图 8-40 所示。在该对话框中可以设置改变视角，使视角与工作坐标系中的一致。

2. 机械原点

在【曲面粗加工平行铣削】对话框的【刀具路径参数】选项卡中单击【机械原点】按钮，弹出【换刀点】对话框，如图 8-41 所示。该对话框用来定义机械原点的位置，可以在 X、Y、Z 坐标文本框中输入坐标值作为机械原点值，也可以单击【选择】按钮来选择某点作为机械原点值，或单击【来自机械】按钮，使用【来自机床】设定的值作为机械原点值。

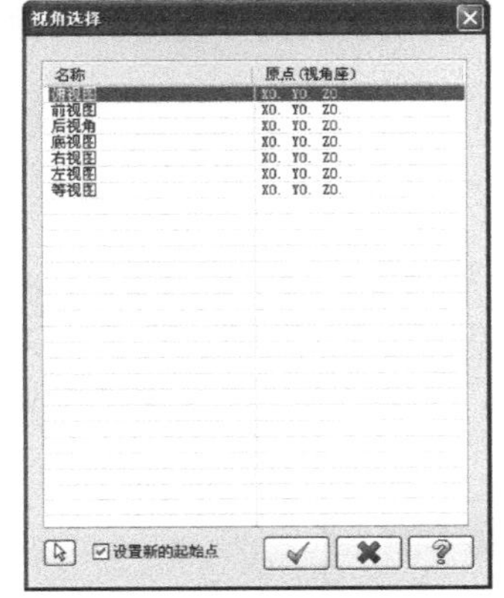

图 8-40 【视角选择】对话框

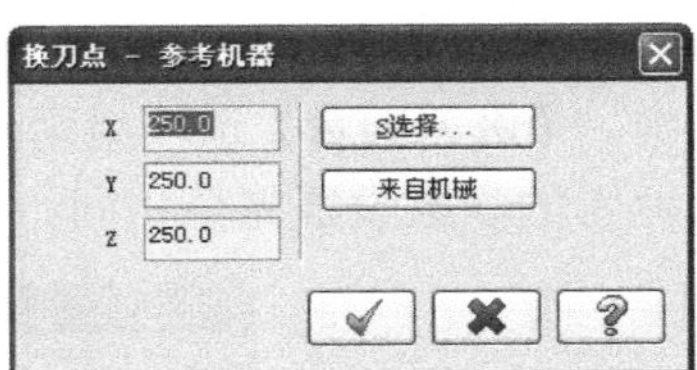

图 8-41 定义机械原点

8.5.2 曲面加工参数

不管是粗加工还是精加工，用户都需要设置【曲面加工参数】选项卡中的参数，如图 8-42 所示。主要设置包括安全高度、参考高度、进给下刀位置和工件表面。一般没有深度选项，因为曲面的底部就是加工的深度位置，该位置是由曲面的外形来决定，故无须用户设置。

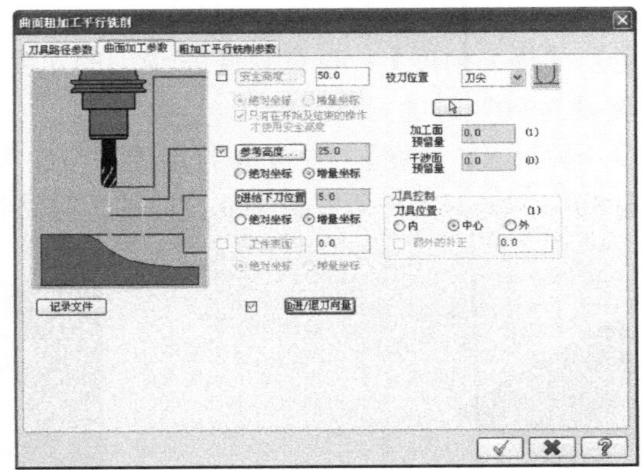

图 8-42 【曲面加工参数】选项卡

其部分参数含义如下。

① 【安全高度】：是指每个操作的起刀高度，刀具在此高度上移动一般不会装刀，即

不会撞到工件或夹具，因而称为安全高度。在安全高度上开始下刀一般是采用 G00 的速度。此高度一般设为绝对值。

② 【绝对座标】：以系统坐标系原点作为基准。

③ 【增量座标】：以工件表面的高度作为基准。

④ 【参考高度】：在两切削路径之间抬刀高度，也称退刀高度。参考高度一般也设为绝对值，此值要比进给下刀位置高。一般设绝对值为 10～25mm。

⑤ 【进给下刀位置】：是指刀具速率由 G00 速率转变为 G01 速率的高度，也就是一个缓冲高度，可避免撞到工件表面。但此高度也不能太高，一般设为相对高度 5～10mm。

⑥ 【工件表面】：设置工件的上表面 Z 轴坐标，系统默认为不使用，以曲面最高点作为工件表面。

8.5.3 进/退刀向量

在【曲面加工参数】选项卡中选中【进/退刀向量】复选框，单击【进/退刀向量】按钮，弹出【方向】对话框，如图 8-43 所示。该对话框用来设置曲面加工时刀具的切入与退出的方式。其中，【进刀向量】选项组用来设置进刀时向量；【退刀向量】选项组用来设置退刀时向量。两者的参数设置完全相同。

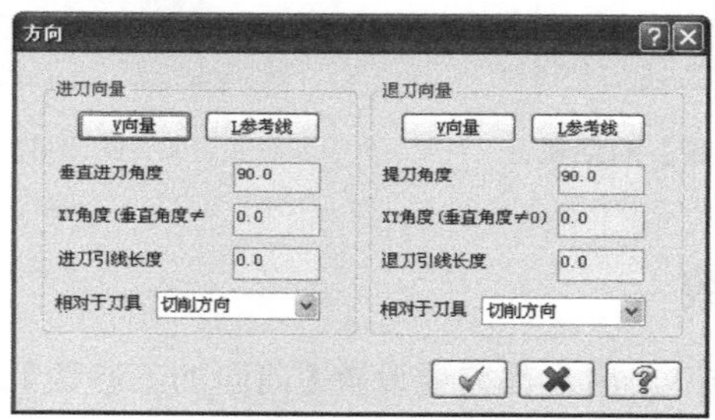

图 8-43 【方向】对话框

其部分参数含义如下。

① 【垂直进刀角度】/【提刀角度】：设置垂直进/退刀的角度。如图 8-44 所示，进刀角度设为 45°，退刀角度设为 90° 时的刀具路径。

② 进刀【XY 角度】/退刀【XY 角度】：设置水平进/退刀与参考方向的角度。如图 8-45 所示为进刀 XY 角度设为 30°，退刀 XY 角度设为 0 度时的刀具路径。

图 8-44 进刀角度 45°、退刀角度 90°

图 8-45 XY 角度

③ 【进刀引线长度】/【退刀引线长度】：设置进/退刀引线的长度，如图 8-46 所示，

进刀引线长度设为 20，退刀引线长度设为 10 时的刀具路径。

④ 进刀【相对于刀具】/退刀【相对于刀具】：设置进/退刀引线的参考方向。有两个选项，分别是【切削方向】和【刀具平面 X 轴】。当选择【切削方向】选项时，表示进刀线所设置的参数是相对于切削方向。当选择【刀具平面 X 轴】选项时，表示进刀线所设置的参数是相对于所处刀具平面的 X 轴方向。如图 8-47 所示为采用相对于切削方向进刀角度为 45° 时的刀具路径；如图 8-48 所示为相对于 X 轴进刀角度为 45° 时的刀具路径。

⑤ 【向量】：单击【向量】按钮，弹出【向量】对话框，如图 8-49 所示，可以输入 X、Y、Z 三个方向的向量来确定进退刀线的长度和角度。

⑥ 【参考线】：此按钮用来选择存在的线段来确定进/退刀线的位置、长度和角度。

图 8-46 进/退刀引线

图 8-47 相对切削方向

图 8-48 相对于 X 轴

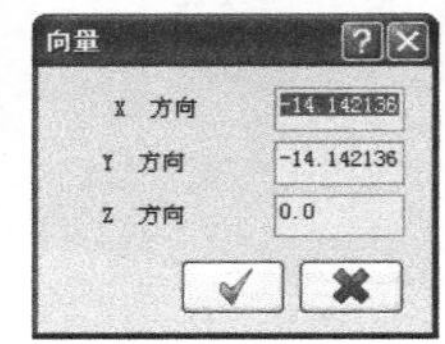

图 8-49 【向量】对话框

8.5.4 校刀位置

【曲面加工参数】选项卡中的【校刀位置】下拉列表框如图 8-50 所示，包括【中心】和【刀尖】选项。当选择【刀尖】选项时，产生的刀具路径为刀尖所走的轨迹；当选择【中心】选项，产生的刀具路径为刀具中心所走的轨迹。由于平刀不存在球心，所以这两个选项在使用平刀时一样，但在使用球刀时不一样。如图 8-51 所示，为选择【刀尖】作为校刀位置的刀具路径；如图 8-52 所示，为选择【中心】作为校刀位置的刀具路径。

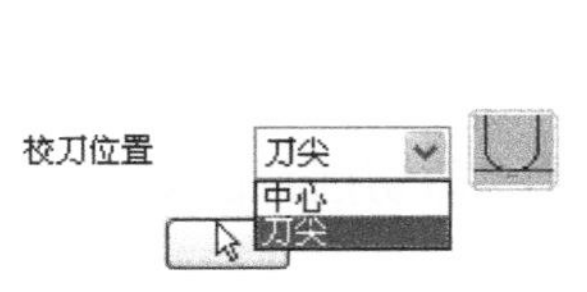

图 8-50 选择校刀位置

图 8-51 刀尖校刀位置

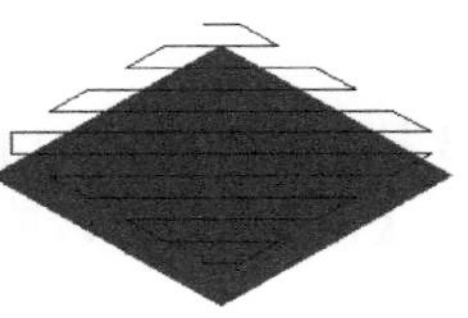

图 8-52 中心校刀位置

8.5.5 加工曲面/干涉面/加工范围

在【曲面加工参数】选项卡中单击【选取】按钮，弹出【刀具路径的曲面选取】对话框，如图 8-53 所示。

其部分参数含义如下。

【加工曲面】即需要加工的曲面；【干涉】即不需要加工的曲面；【边界范围】即在加工曲面的基础上再限定某个范围来加工；【指定下刀点】即选择某点作为下刀或进刀位置。

图 8-53 【刀具路径的曲面选取】对话框

8.5.6 预留量设置

预留量是指在曲面加工过程中，预留少量的材料不予加工，或留给后续的加工工序来加工。其中包括加工曲面的预留量和加工刀具避开干涉面的距离。在进行粗加工时一般需要设置加工面的预留量，通常设置为 0.2～0.5mm，目的是为了便于后续的精加工。图 8-54 所示的曲面预留量为 0；图 8-55 所示的曲面预留量为 0.5，很明显抬高了一定高度。

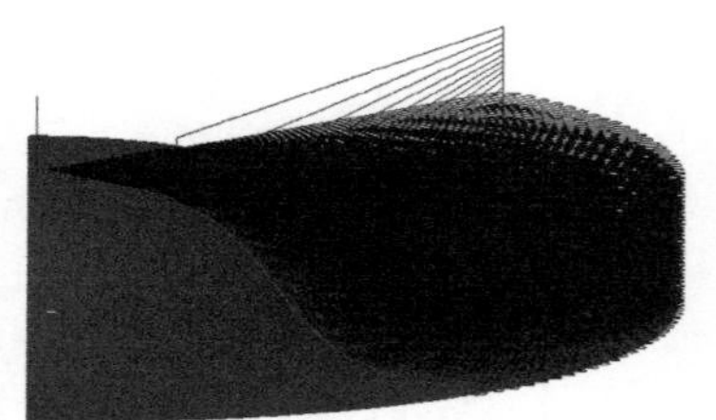

图 8-54 曲面预留量为 0

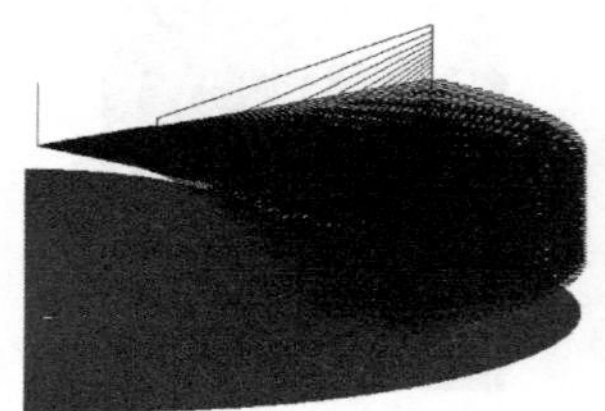

图 8-55 曲面预留量为 0.5

8.5.7 刀具切削范围

在【曲面加工参数】选项卡的【刀具控制】选项组中选中【刀具位置】选项中的单选按钮，如图 8-56 所示。刀具的位置包括 3 种：【内】、【中心】、【外】。

图 8-56 【刀具控制】选项组

这 3 种位置的含义如下。

① 【内】：选中该单选按钮时刀具在加工区域内侧切削，即切削范围就是选择的加工区域。

② 【中心】：选中该单选按钮时刀具中心走加工区域的边界，切削范围比选择的加工区域多一个刀具半径。

③　【外】：选中该单选按钮时刀具在加工区域外侧切削，切削范围比选择的加工区域多一个刀具直径。

如图 8-57 所示为选择【内】；如图 8-58 所示为选择【中心】；如图 8-59 所示为选择【外】。

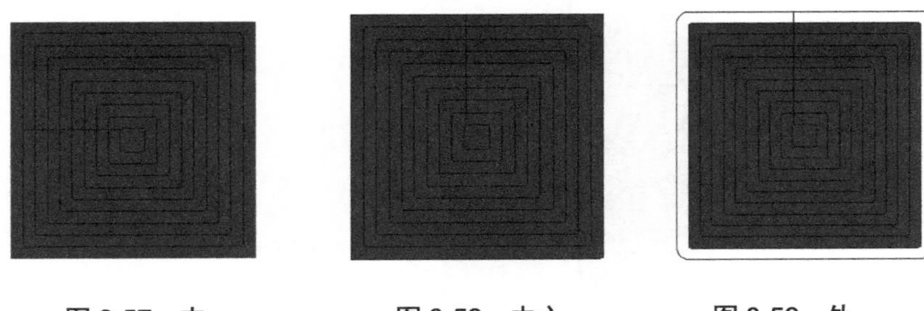

图 8-57　内　　　　图 8-58　中心　　　　图 8-59　外

提　示

用户选择【内】或【外】刀具补偿范围方式时，还可以在【额外的补正】文本框中输入额外的补偿量。

8.5.8　切削深度

切削深度是用来控制加工铣削深度的。在【曲面粗加工平行铣削】对话框的【粗加工平行铣削参数】选项卡中单击【切削深度】按钮，弹出【切削深度的设定】对话框，如图 8-60 所示。该对话框主要用来控制加工深度。

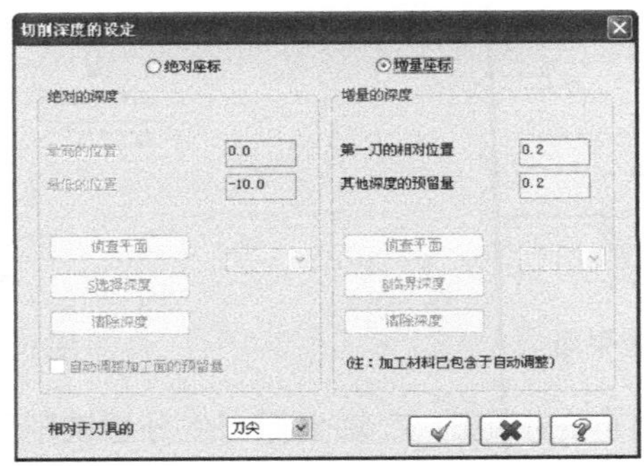

图 8-60　【切削深度的设定】对话框

切削深度的设置分为【增量座标】和【绝对座标】两种方式，其中增量方式为系统默认。其选项介绍如下。

1．增量坐标

①　【增量座标】：是以相对工件表面的计算方式来指定深度加工范围的最高位置和最低位置。

②　【第一刀的相对位置】：设定第一刀的切削深度位置到曲面最高点的距离。该值决定了曲面粗加工分层铣深第一刀的切削深度。

③　【其他深度的预留量】：设置最后一层切削深度到曲面最低点的距离。一般设置为 0。

④ 【增量的深度】：一般主要用来控制第一刀深度，其他深度不控制，增量深度示意图如图 8-61 所示。

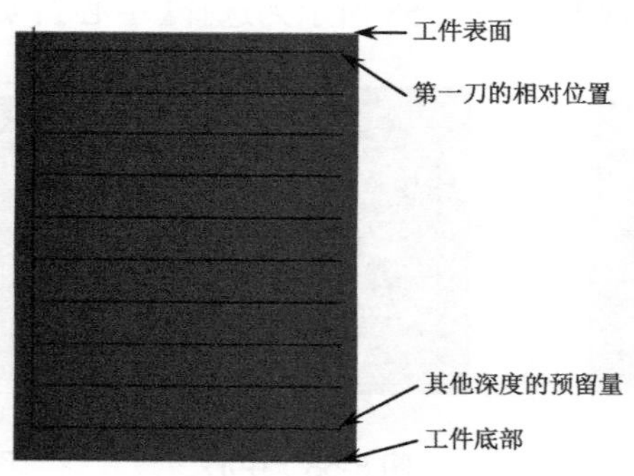

图 8-61 增量深度示意图

⑤ 【侦查平面】：如果加工曲面中存在平面，在粗加工分层铣深时，会因每层切削深度的关系，常在平面上留下太多的残料。单击【侦查平面】按钮，系统会在右边的显示栏显示侦查到的平面 Z 坐标数字。并在侦测加工曲面中的平面后，自动调整每层切削深度，使平面残留量减少。

如图 8-62 所示为没有侦查平面时的刀具路径示意图，会留下部分残料。如图 8-63 所示为通过侦查平面后的刀具路径示意图。系统重新调整分层铣深深度，进行平均分配，残料减少。

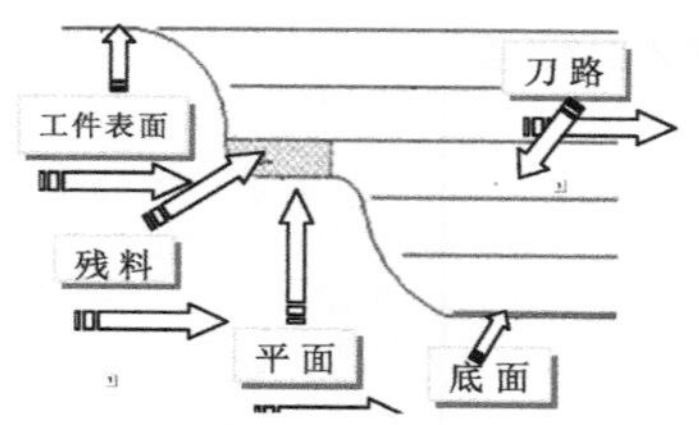

图 8-62 未侦查平面

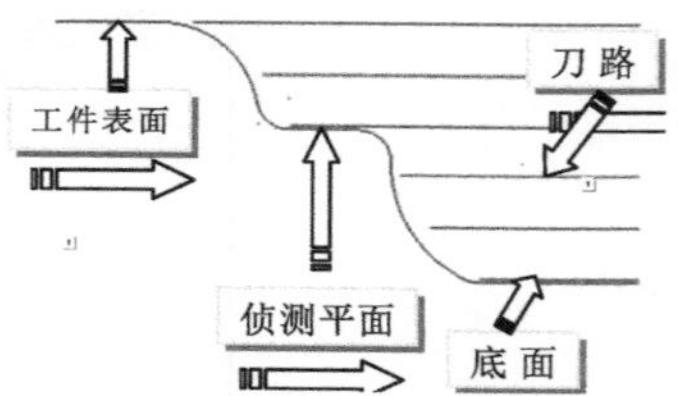

图 8-63 侦查平面

⑥ 【临界深度】：用户在指定的 Z 轴坐标产生分层铣削路径。单击【临界深度】按钮，返回到绘图区，选择或输入要产生分层铣深的 Z 轴坐标。选择或输入的 Z 轴坐标会显示在临界深度坐标栏。

⑦ 【清除深度】：在深度坐标栏显示的数值全部清除。

2. 绝对坐标

绝对坐标是以输入绝对坐标的方式来控制加工深度的最高点和最低点。绝对坐标方式常用于加工深度较深的工件，因为太深的工件需要很长的刀具加工，如果一次加工完毕，刀具磨损会比较严重，这样在成本上不经济，且加工质量也不好。一般用短的旧刀具加工工件的上半部分，再用长的新刀具加工下半部分。如图 8-64 所示是先用旧短刀从 0 加工到-100，再用新长刀从-100 加工到-200，如图 8-65 所示。这样不仅节约刀具，还可以提高效率。

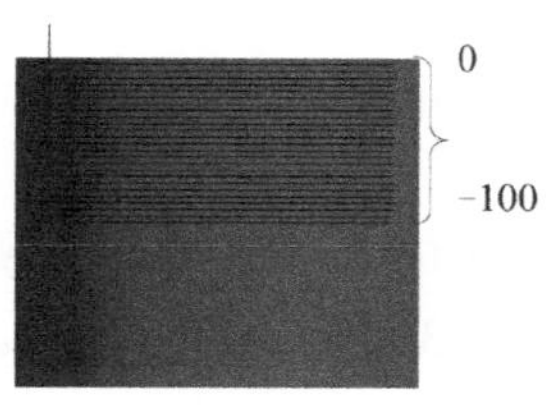

图 8-64　加工上半

图 8-65　加工下半

8.5.9　间隙设定

间隙分为 3 种类型，有两条切削路径之间的间隙、曲面中间的破孔或者加工曲面之间的间隙。如图 8-66 所示为刀具路径间的间隙；如图 8-67 所示为曲面破孔间隙；如图 8-68 所示为曲面间的间隙。

图 8-66　路径间隙　　图 8-67　破孔间隙　　图 8-68　曲面间的间隙

在【粗加工平行铣削参数】选项卡中单击【间隙设定】按钮，弹出【刀具路径的间隙设置】对话框，用来设置刀具遇到间隙时的处理方式，如图 8-69 所示。

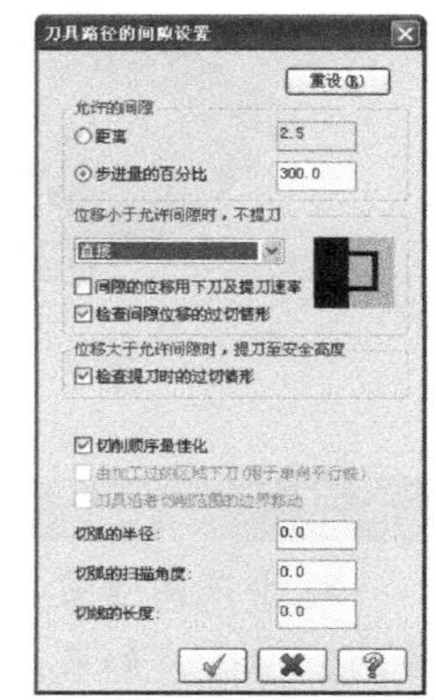

图 8-69　【刀具路径的间隙设置】对话框

该对话框中各参数的含义如下。

(1)　【允许的间隙】选项组：设定刀具遇到间隙时是否提刀的判断依据，有以下两个选项。

①　【距离】：在其后的文本框中输入允许间隙距离。如果刀具路径中的间隙距离小于所设的允许间隙距离，此时不提刀；如果大于所设的允计间隙距离，则会提刀到参考高度后再下刀。

如图 8-70 所示为两路径之间距离间隙为 6，小于允许的间隙 10，则不提刀；图 8-71 所示为两路径之间距离间隙为 6，大于所设的允许间隙距离允许的间隙 3，提刀。

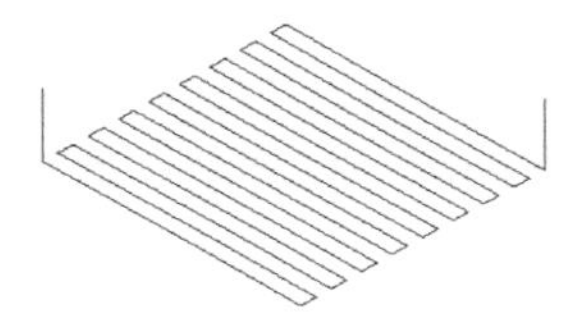

图 8-70　间隙小于允许间隙

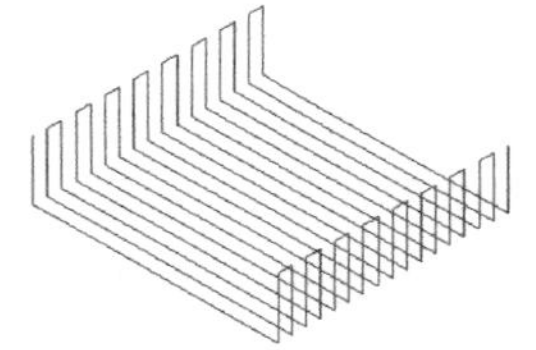

图 8-71　间隙大于允许间隙

② 【步进量的百分比】：步进量是指最大切削间距，即每两条切削路径之间的距离。以输入最大切削间距的百分比来设定。比如输入 300%，则间隙小于两路径之间距离的 3 倍就不提刀，大于则提刀到参考高度。

如图 8-72 所示为圆的直径 10 小于两路径之间距离 6 的 3 倍(300%)，所以不提刀；图 8-73 所示为圆的直径 19 大于两路径之间的距离 6 的 3 倍(300%)，所以提刀。

图 8-72　间隙小于允许间隙

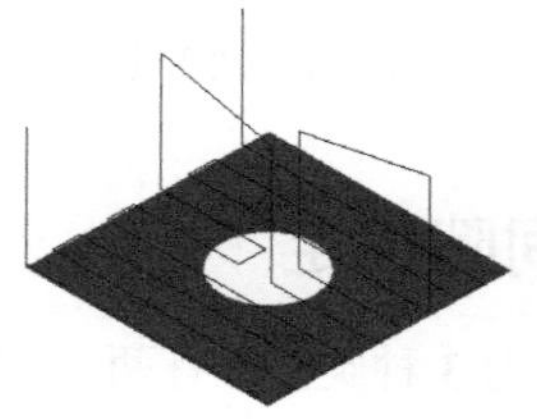

图 8-73　间隙大于允许间隙

(2) 【位移小于允许间隙时，不提刀】选项组：当间隙小于允许间隙时刀具路径不提刀，且可以设置刀具过间隙的方式。有直接、打断、平滑和沿着曲面 4 种。

① 【直接】：刀具在两切削路径间以直接横越的方式移动，如图 8-74 所示为采用横越方式移动。

② 【打断】：刀具先向上移动，再水平移动后下刀，如图 8-75 所示为采用打断方式移动。

图 8-74　直接

图 8-75　打断

注 意

对于采用【直接】的方式要注意，曲面是凹形的，刀具采用【直接】的方式是可以过渡的。但是，如果曲面是凸形的，刀具采用直接方式过渡，就会将曲面过切，在设置时要注意分析曲面。

③ 【平滑】：刀具以流线圆弧的方式越过间隙，通常在高速加工中使用，如图 8-76 所示为采用平滑方式移动。

④ 【沿着曲面】：沿着曲面的方式移动，如图 8-77 所示为采用沿着曲面方式移动。

【间隙的位移用下刀及提刀速率】：选中该复选框，在间隙处位移动作的进给率以刀具参数的下刀和提刀速率来取代。

【检查间隙位移的过切情形】：即使间隙小于允许间隙，刀具仍有可能发生过切情况。此参数会自动调整刀具移动方式避免过切。

图 8-76　平滑

图 8-77　沿着曲面

注 意

上面所说的【直接】的方式过渡时，对凸出来的曲面会导致过切，如果选中【检查间隙位移的过切情形】前的复选框，系统会检测过切情况，对凸形曲面将导致过切的地方采用抬刀处理，避免过切。

(3)　【位移大于允许间隙时，提刀至安全高度】选项组：间隙大于允许间隙时，系统自动抬刀到参考高度，再位移后下刀。如图 8-78 所示，当斜向间距大于允许间隙时，系统自动控制刀具提刀。

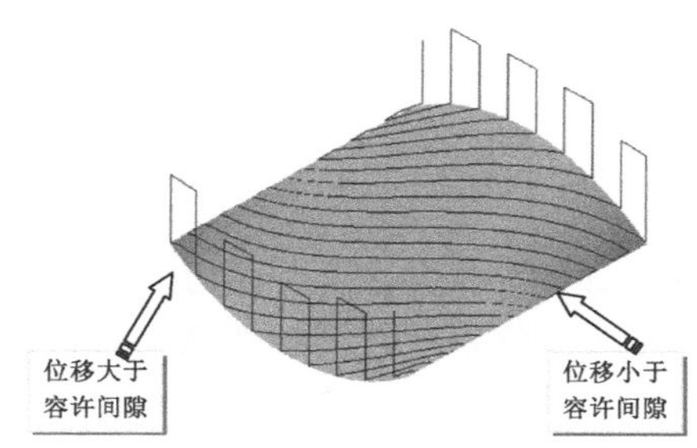

图 8-78　位移大于间隙抬刀

【检查提刀时的过切情形】：若在提刀过程中发生过切情形，该参数会自动调整提刀路径。

(4)　【切削顺序最佳化】复选框：选中该复选框会使刀具在区域内寻找连续的加工路径，直到完成此区域所有的刀具路径才移动到其他区域加工。这样可以减少提刀机会。

如图 8-79 所示为选中【切削顺序最佳化】复选框时的刀具路径。如图 8-80 所示为取消选中【切削顺序最佳化】复选框时的刀具路径。很明显提刀次数增多，效率降低。

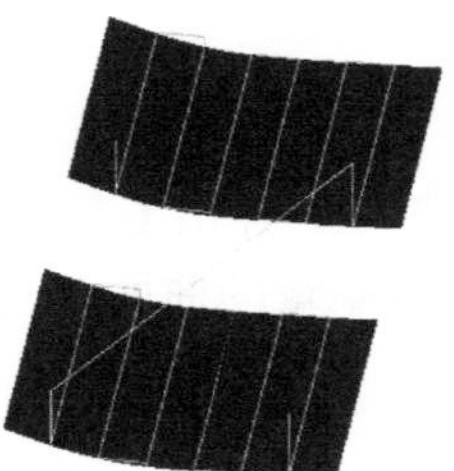

图 8-79　选中【切削顺序最佳化】复选框时的刀具路径

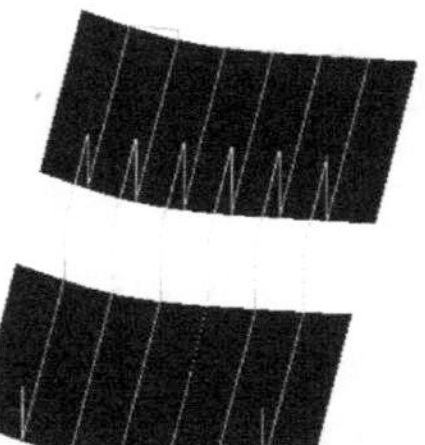

图 8-80　取消选中【切削顺序最佳化】复选框时的刀具路径

(5) 【由加工过的区域下刀(用于单向平行铣)】复选框：选中该复选框允许刀具由先前切削过的区域下刀，但只适用于平行铣削的单向铣削功能。

(6) 【刀具沿着切削范围的边界移动】复选框：选中该复选框后如果选取了切削范围边界，此参数会使间隙上的路径沿着切削范围边界移动。

如图 8-81 所示为选中【刀具沿着切削范围的边界移动】复选框时的刀具路径。如图 8-82 所示为取消选中【刀具沿着切削范围的边界移动】复选框时的刀具路径。对于非直线组成的边界，此参数能让边界铣削的效果更加平滑。

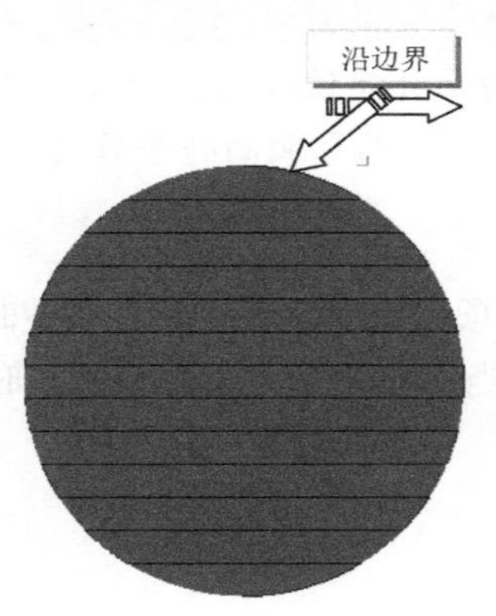

图 8-81 沿边界

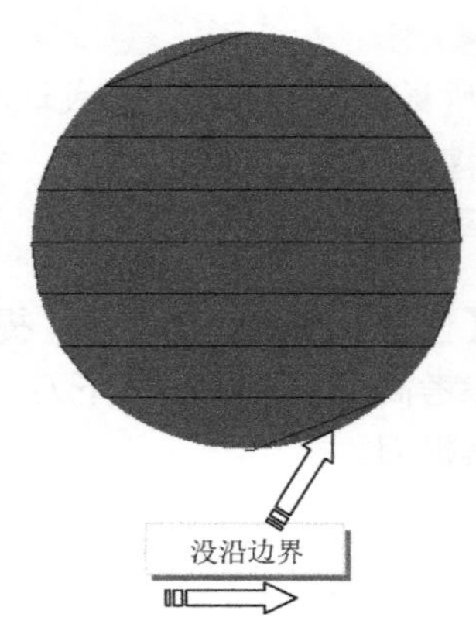

图 8-82 没沿边界

(7) 【切弧的半径】、【切弧的扫描角度】、【切线的长度】文本框：这 3 个参数是用来设置在曲面精加工刀具路径起点、终点位置增加切弧进刀刀具路径或退刀刀具路径，使刀具平滑地进入工件。

图 8-83 所示为切线长度为 10 的刀具路径；图 8-84 所示为切弧半径为 R=10、切弧扫描角度为 90° 的刀具路径；图 8-85 所示为切线长度为 10、切弧半径为 R=10、切弧扫描角度为 90° 的刀具路径。

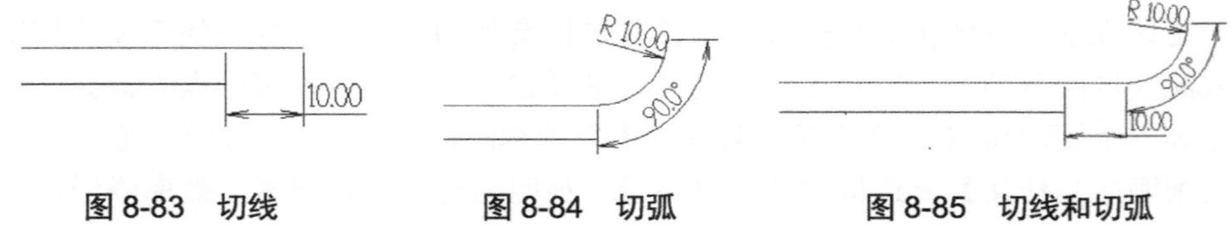

图 8-83 切线　　图 8-84 切弧　　图 8-85 切线和切弧

8.5.10 进阶设定

在【粗加工平行铣削参数】选项卡中单击【进阶设定】按钮，弹出【高级设置】对话框，设置刀具在曲面和实体边缘的动作与精准度参数。也可以检查隐藏的曲面和实体面是否有折角，如图 8-86 所示。

【高级设置】对话框中各选项的含义如下。

(1) 【刀具在曲面(实体面)的边缘走圆角】：用来设置刀具在曲面边缘走圆角。提供以下 3 种方式。

①　【自动(以图形为基础)】：会依据选取的切削范围和图形来决定是否走圆角。如果选取了切削范围，刀具会在所有的加工面的边缘产生走圆角刀具路径，如图 8-87 所示；如果没有选取切削范围，只在两曲面间走圆角，如图 8-88 所示自动的方式是系统默认的方式。

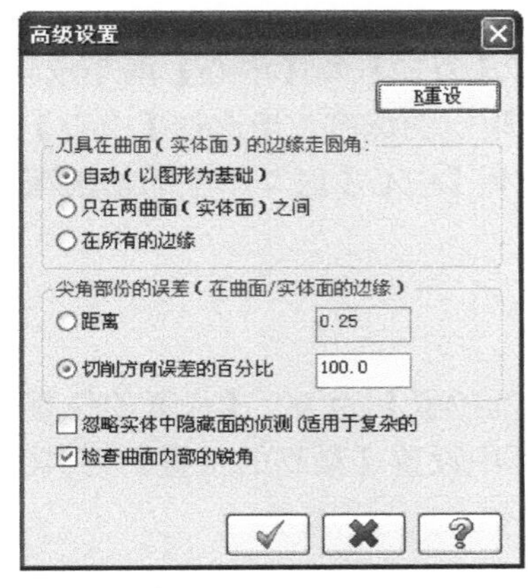

图 8-86　【高级设置】对话框

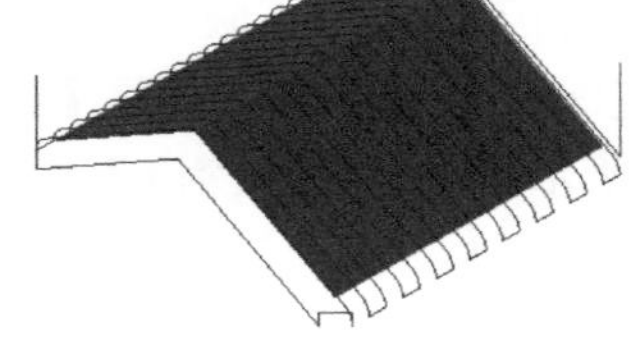

图 8-87　选取了边界

图 8-88　没有选取边界

②　【只在两曲面(实体面)之间】：只在两曲面相接时形成外凸尖角处走圆角刀具路径。如图 8-89 所示为两曲面形成相接的外凸尖角走圆角的刀具路径；图 8-90 所示为两曲面形成相接的内凹尖角不走圆角的刀具路径。

③　【在所有的边缘】：在所有的曲面和实体面的边缘都走圆角，如图 8-91 所示。

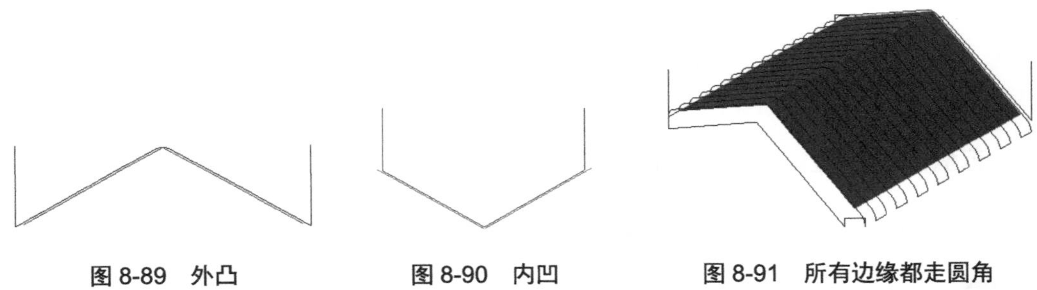

图 8-89　外凸　　图 8-90　内凹　　图 8-91　所有边缘都走圆角

(2)　【尖角部分的误差(在曲面/实体面的边缘)】：用于设定圆角路径部分的误差值。

①　【距离】：距离越小，走圆角的路径越精确；距离越大，走角路径偏差就越大。

②　【切削方向误差的百分比】：误差值越小，走圆角的路径越精确；误差值越大，走圆角路径偏差就越大，还有可能伤及曲面边界。

(3)　【忽略实体中隐藏面的侦测】：此参数适合在大量实体面组成的复杂的实体上产生刀具路径时，加快刀具路径的计算速度。在简单实体上因为花的计算时间不是很多就不需要了。

(4)　【检查曲面内部的锐角】：曲面有折角将会导致刀具过切。此参数能检查曲面是否有锐角。如果发现曲面有锐角，系统会弹出警告并建议重建有锐角的曲面。

8.5.11　限定深度

选择【刀具路径】|【精加工】|【精加工平行铣削加工】菜单命令，打开【曲面精加工

平行铣削】对话框，切换到【精加工平行铣削参数】选项卡，单击【限定深度】按钮，弹出【限定深度】对话框，如图 8-92 所示。该对话框用来限制精加工的加工深度范围。用户可通过在【最高的位置】和【最低的位置】文本框中输入值来限制刀具路径的深度范围。

其参数含义如下。

① 【相对于刀具的】：可以设置限定深度的参考，有【刀尖】和【中心】两个选项。当选择【刀尖】选项时，表示切削路径刀具的刀尖不能超出限定的深度。当选择【中心】选项时，表示切削路径刀具的中心不能超出限定的深度。当选择【中心】时，产生的切削深度会比刀尖深一个刀角半径。

② 【最高的位置】：刀具加工的最高上限。

③ 【最低的位置】：刀具加工的最低下限。

如图 8-93 所示为在【限定深度】对话框中设置【最高的位置】为 0、【最低的位置】为-10 的刀具路径。如图 8-94 所示是在【限定深度】对话框中设置【最高的位置】为-10、【最低的位置】为-35 的刀具路径。

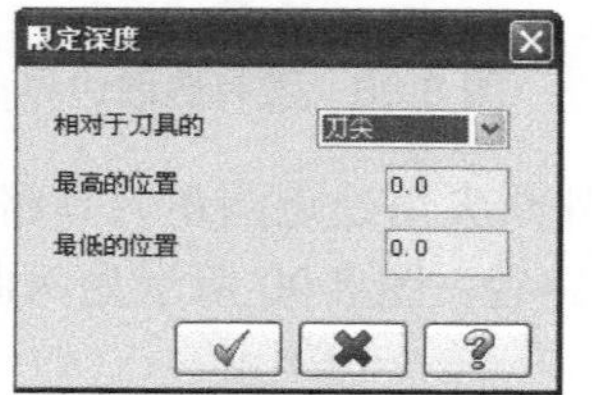

图 8-92 【限定深度】对话框

图 8-93 限定深度从 0～-10

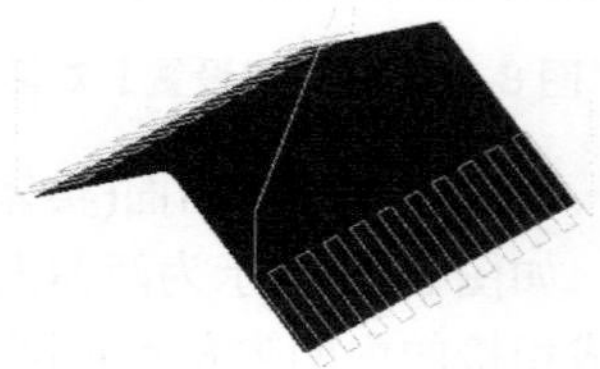

图 8-94 限定深度从-10～-35

8.6 实体模拟范例

范例文件(光盘)：/08/8-6.mcx。

多媒体教学路径：光盘→多媒体教学→第 8 章→8.6 节。

步骤 01 打开源文件

首先打开文件 8-6.mcx，需要加工的图形如图 8-95 所示。

步骤 02 设置毛坯

在刀具路径操作管理器中单击【素材设置】节点，如图 8-96 所示；弹出【机器群组属性】对话框，切换到【材料设置】选项卡，按图 8-97 所示进行操作，设置结果如图 8-98 所示。

步骤 03 实体仿真模拟

在【刀具路径】操作管理器中单击【实体模拟】按钮，按图 8-99 所示进行操作。模拟结果如图 8-100 所示。

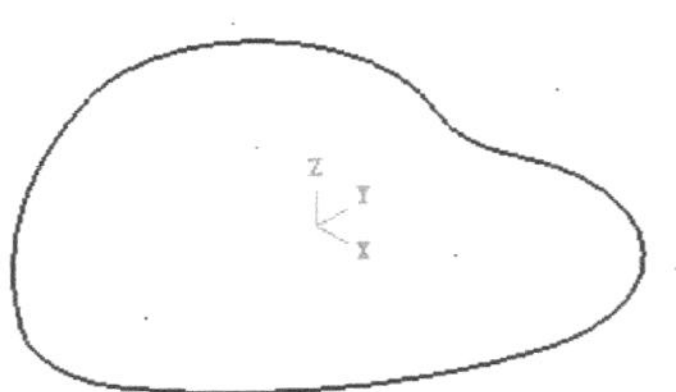

图 8-95　加工图形

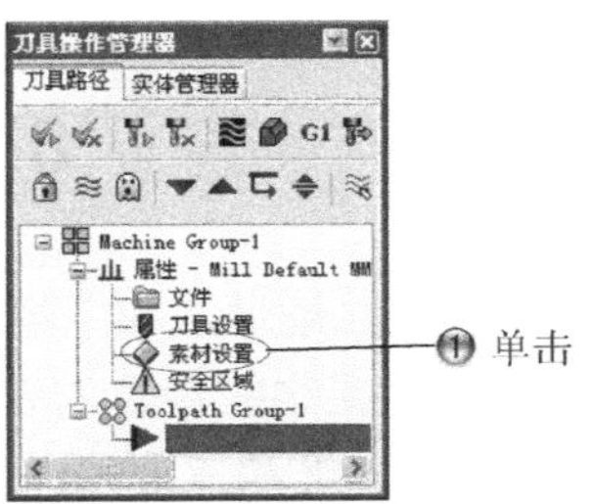

图 8-96　刀具路径操作管理器

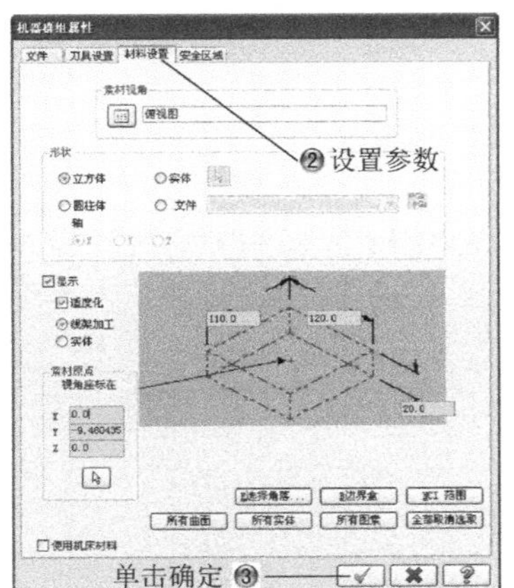

图 8-97　设置毛坯

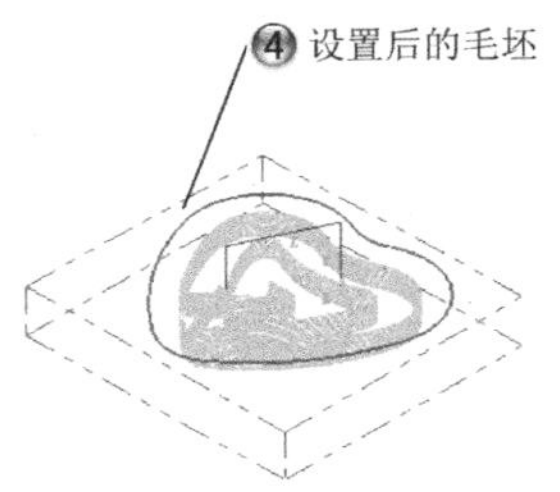

图 8-98　毛坯

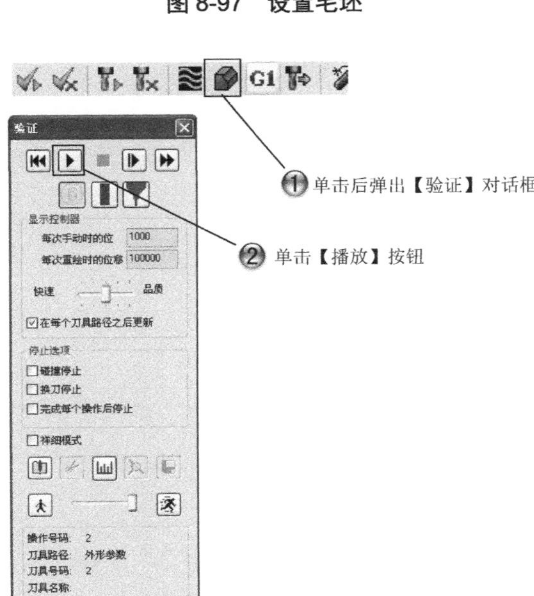

图 8-99　模拟

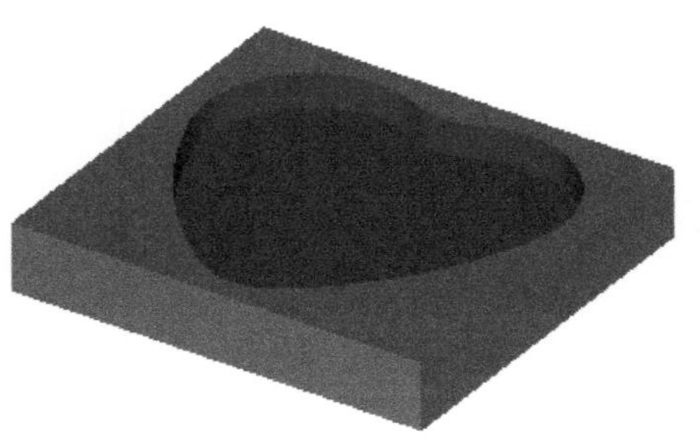

图 8-100　模拟结果

8.7 本章小结

本章主要讲解二维加工和三维加工相关的参数设置，包括共同的通用参数和一些刀路的特殊专有参数。掌握这些参数的含义和设置步骤，才能快速准确的编制高效的加工刀路。Mastercam 系统将二维和三维刀路分开，方便用户学习和应用。Mastercam 系统的二维加工更是本软件的特色，在行业中有极大的优势，用户不可忽视。

第 9 章

Mastercam X5

2 轴铣床加工

本章导读：

在 Mastercam X5 加工模块中，2 轴铣床加工是 Mastercam 相对于业内其他的 CAM 软件最大的优势。Mastercam 中的 2 轴铣床加工操作方式简单，刀路计算快捷，深受广大用户的喜爱。Mastercam 的 2 轴加工包括平面铣削、外形铣削、挖槽加工、钻孔加工等，下面将一一讲解。

学习内容：

知识点 \ 学习目标	理　解	应　用	实　践
2 轴加工概述	√	√	
平面铣削加工		√	√
外形铣削加工		√	√
挖槽加工		√	√
钻孔加工		√	√

9.1　2 轴加工概述

Mastercam 中 2 轴加工包括平面铣削加工、外形铣削加工、挖槽铣削加工、钻孔铣削加工、雕刻铣削加工 5 种刀具路径，这 5 种刀具路径都是在铣床上加工时刀具通过 2 轴的移动即可完成。加工时只需要二维线框模型，不需要绘制三维实体模型或者三维曲面模型即可进行刀路的编制。Mastercam 在计算这 5 种刀路时都是在限定的范围内将 Z 深度分成等分的多层，然后再逐层进行 2 轴加工，在每一层上加工过程中刀具的 Z 轴深度是不变的。下面将详细讲解 5 种刀具路径的加工技法。

9.2　平面铣削加工

平面铣削加工主要是对零件表面上的平面进行铣削加工，或对毛坯表面进行加工，加工需要得到的结果即是平整的表面。平面加工采用的刀具是面铣刀，一般尽量采用大的面铣刀，以保证快速得到平整表面，而较少考虑加工表面的光洁度。

9.2.1　平面铣削加工参数

平面铣削专门用来铣坯料的某个面或零件的表面。用来消除坯料或零件表面不平、沙眼等，提高坯料或零件的平整度、表面粗糙度。选择【刀具路径】|【平面铣】菜单命令，弹出【2D 刀具路径-平面加工】对话框，在该对话框中单击【刀具路径类型】节点，打开【刀具路径类型】设置界面，选取加工类型为【平面加工】，如图 9-1 所示。

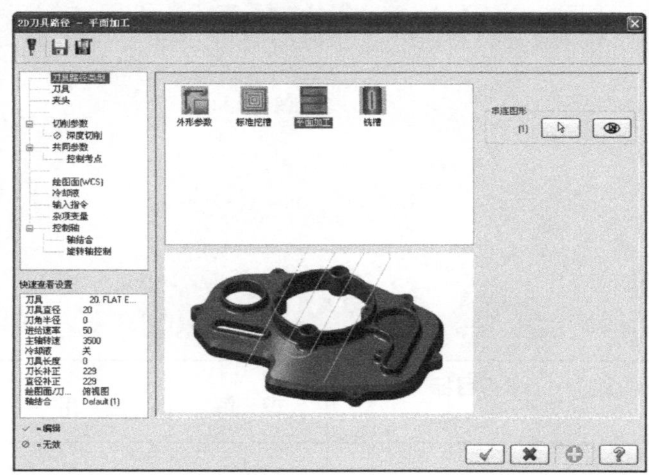

图 9-1　平面加工参数

1．切削参数

面铣加工通常采用大直径的面铣刀，对工件表面材料进行快速去除，在【2D 刀具路径-平面加工】对话框中单击【切削参数】节点，系统弹出【切削参数】设置界面，可用来设置切削的常用参数，如图 9-2 所示。

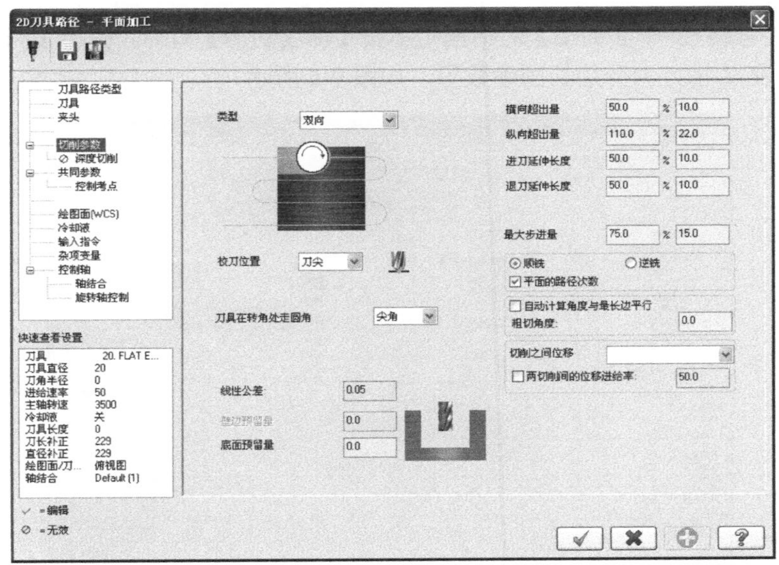

图 9-2　【切削参数】主题页

在【切削参数】对话框的【类型】下拉列表框中共有 4 种面铣加工类型，如图 9-3 所示。分别为：【双向】即采用双向来回切削方式；【单向】即采用单向切削方式；【一刀式】即将工件只切削一刀即可完成切削；【动态】即跟随工件外形进行切削。

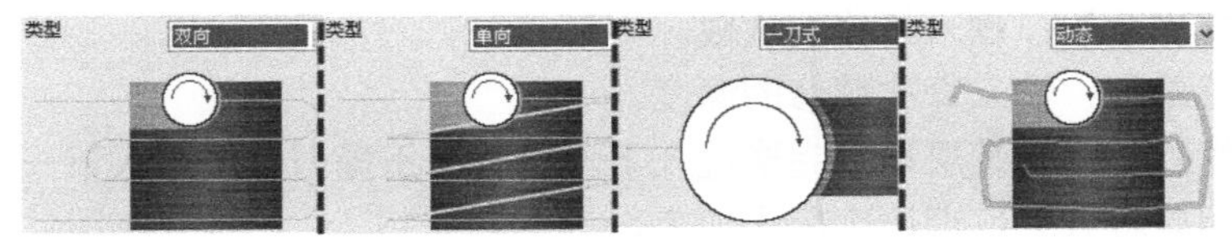

图 9-3　面铣类型

在【切削参数】设置界面中有刀具超出量的控制选项，刀具超出量控制包括 4 个参数，如图 9-4 所示。

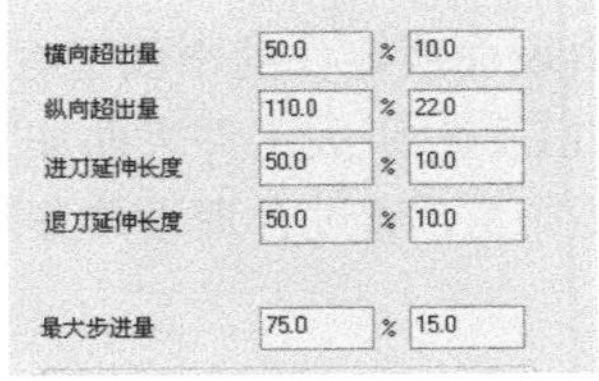

图 9-4　刀具超出量

其部分参数含义如下。

【横向超出量】即截断方向切削刀具路径超出面铣轮廓的量；【纵向超出量】即切削方向切削刀具路径超出面铣轮廓的量；【进刀延伸长度】即面铣削导引入切削刀具路径超出面铣轮廓的量；【退刀延伸长度】即面铣削导引出切削刀具路径超出面铣轮廓的量。

2. Z 轴分层铣深

在【2D 刀具路径-平面加工】对话框中单击【深度切削】节点，弹出【深度切削】设置界面，可设置在 Z 轴方向分层切削参数等，如图 9-5 所示。

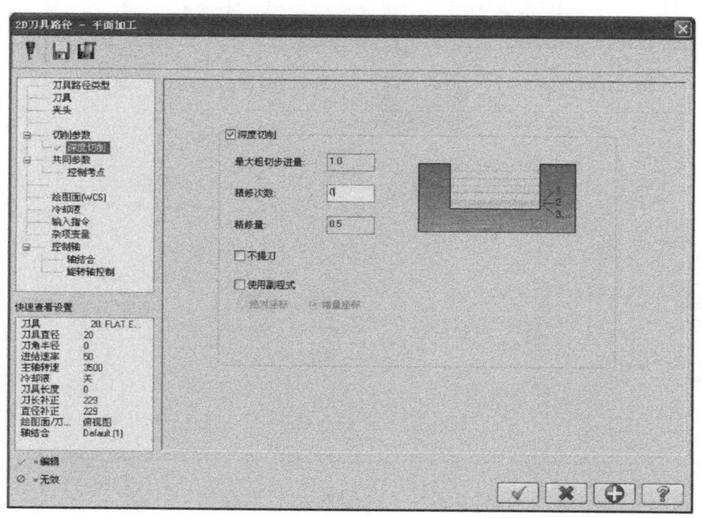

图 9-5　分层切削参数

其参数含义如下。

① 【最大粗切步进量】：每层切削的最大深度。

② 【精修次数】：输入精修的次数。

③ 【精修量】：输入每次精修的深度。

④ 【不提刀】：当某层切削完毕进入下一层时，不提刀直接进入下一层切削。

⑤ 【使用副程式】：调用副程式加工。

⑥ 【绝对座标】：副程式中的坐标值采用绝对坐标值。

⑦ 【增量座标】：副程式中的坐标值采用相对坐标值。

9.2.2　多平面铣削范例

面铣削主要用于对工件的坯料表面或零件的平面进行加工，目的是方便后续的刀具路径加工。一般采用大的面铣刀进行加工，对于大工件表面加工效率特别高。通常是单个平面加工，如果零件表面有多个平面需要加工，通过合理设置参数，也可以采用平面铣削一次加工完毕。

 **范例文件(光盘)：/09/9-2-2.mcx。**

 **多媒体教学路径：光盘→多媒体教学→第 9 章→9.2.2 节。**

步骤 01　打开源文件

打开文件 9-2-2.mcx，需要加工的图形如图 9-6 所示。

技术点拨

此零件顶面是工作平面，两边 U 形槽主要用来紧固，其他地方全部是铸造，不需要加工，而顶面工作平面采用铸造面不能满足使用要求，因而需要将此面进行加工，采用面铣可以快速加工此平面。两边的需要加螺栓和螺母进行固定，而与螺母固定位有一凸台，凸台必须平整，因此也采用面铣加工快速加工。按常理此零件要分三次面铣加工三个区域，可以通过参数合理设置一次加工完毕。

步骤 02 新建刀具路径

选择【刀具路径】|【面铣削】菜单命令，弹出【输入新的 NC 名称】对话框，如图 9-7 所示。

图 9-6　加工图形

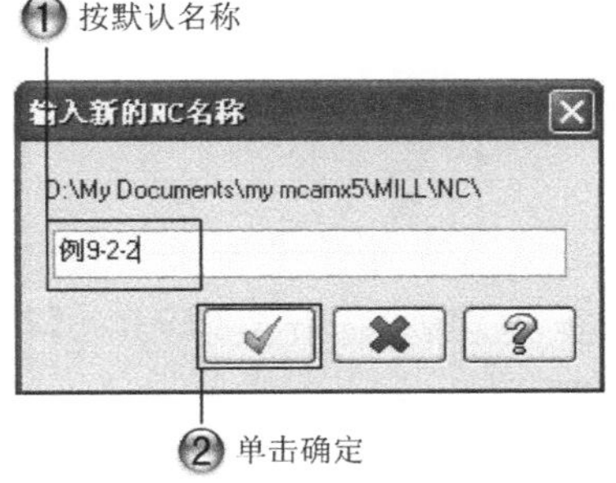

图 9-7　输入新的 NC 名称

步骤 03 选取加工串连

系统弹出【串连选项】对话框，如图 9-8 所示。

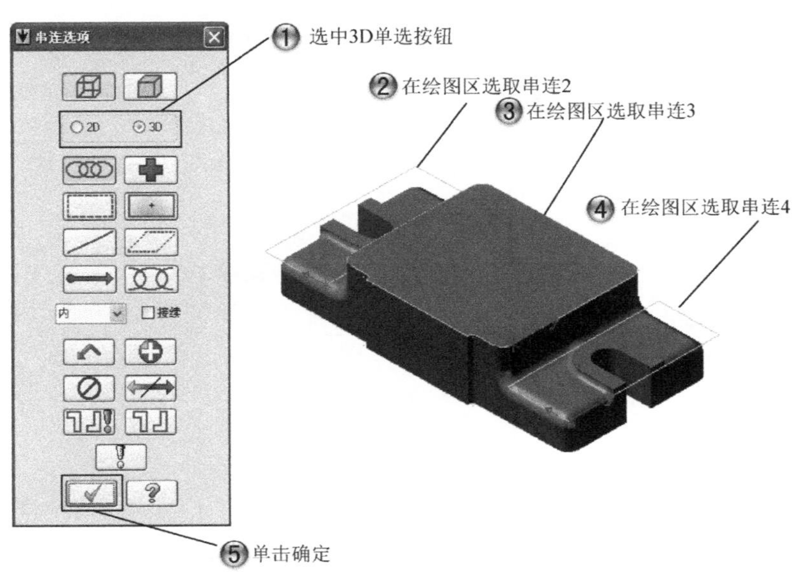

图 9-8　选取串连

系统弹出【2D 刀具路径-平面加工】对话框，如图 9-9 所示。

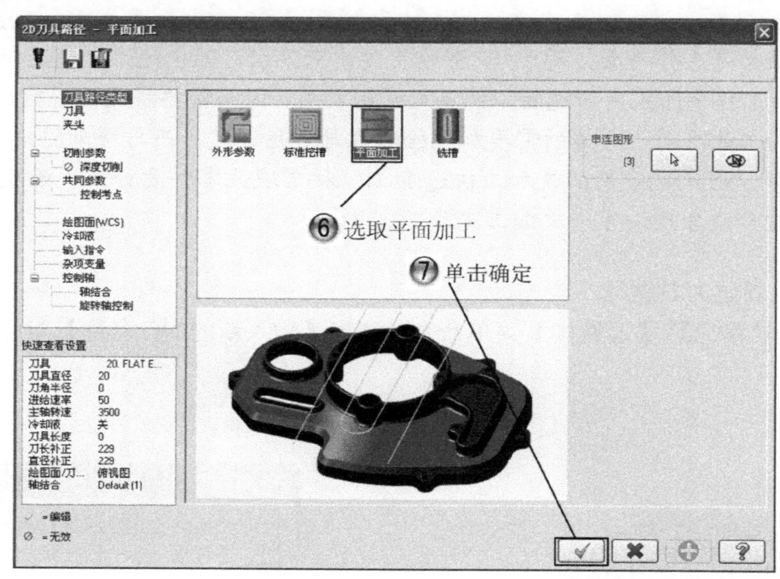

图 9-9　【2D 刀具路径-平面加工】对话框

步骤 04 设置加工刀具

按图 9-10～图 9-13 所示进行操作。

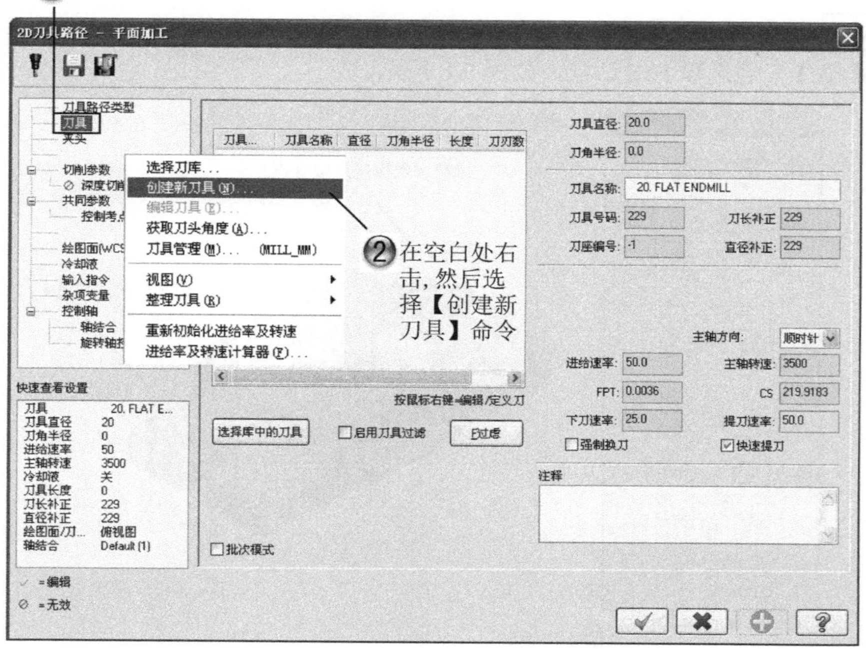

图 9-10　【新建刀具】主题页

弹出【定义刀具】对话框，选取刀具类型为【面铣刀】，按图 9-11 和图 9-12 进行操作。

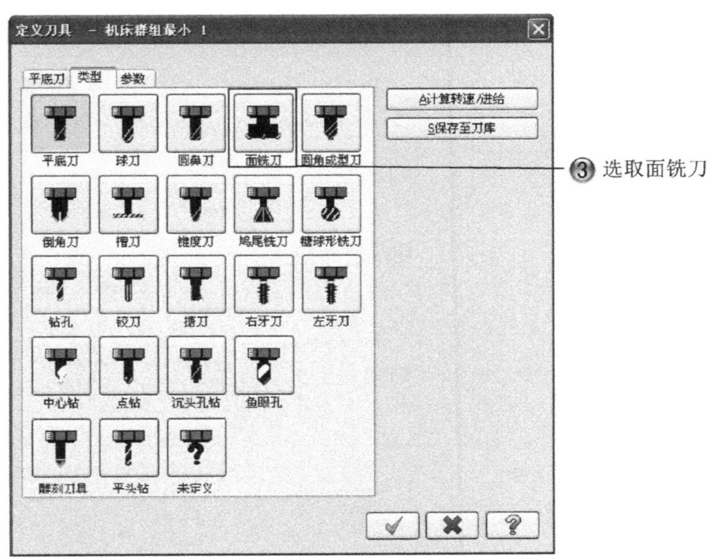

图 9-11　选取刀具类型

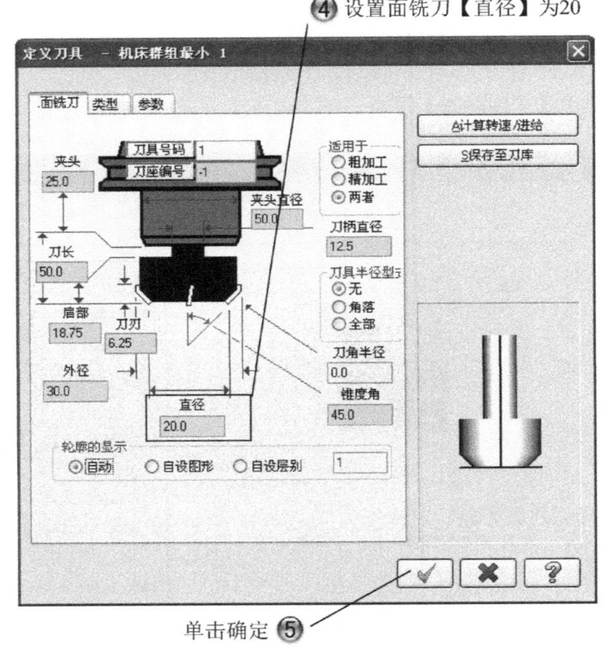

图 9-12　设置面铣刀

技 巧

面铣加工是采用面铣刀来加工平面区域，面铣刀是在刀把上镶嵌 4 颗刀片，因此刀把的刚性非常好，刀片采用硬质合金钢制成，硬度非常大，不易磨损，可以承受大平面铣削中的大切削力和耐高温。

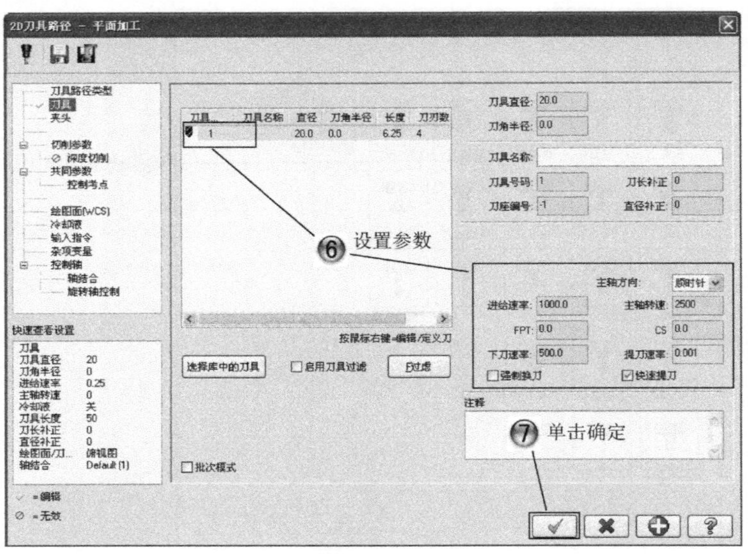

图 9-13　设置刀具相关参数

步骤 05　设置刀路参数

按图 9-14～图 9-16 所示进行操作。

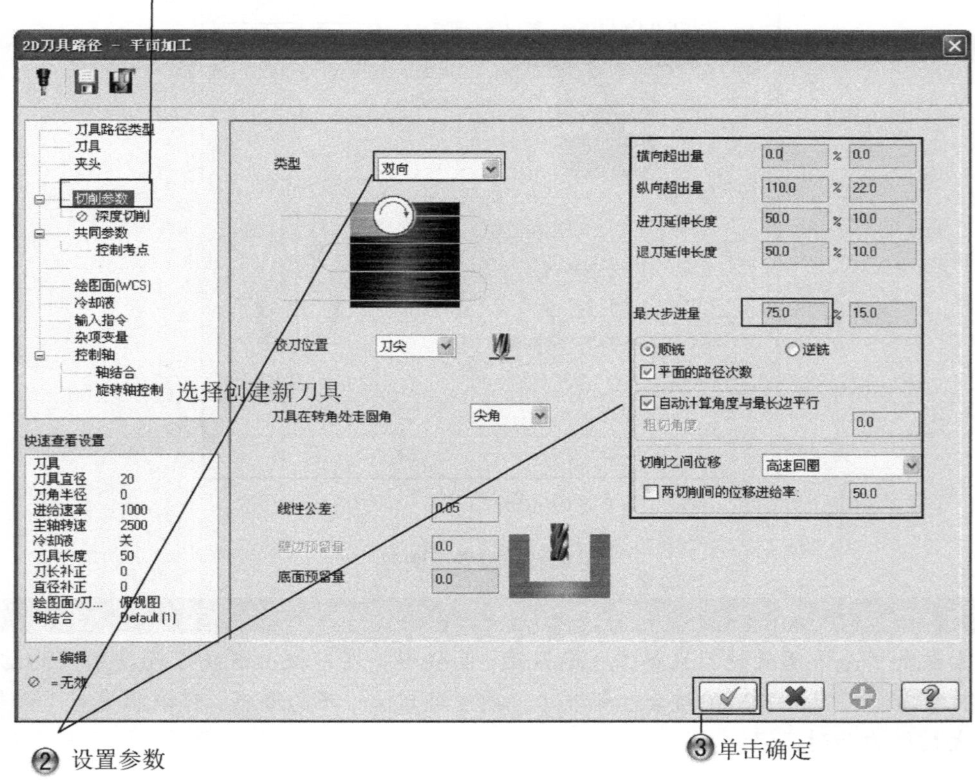

图 9-14　设置切削参数

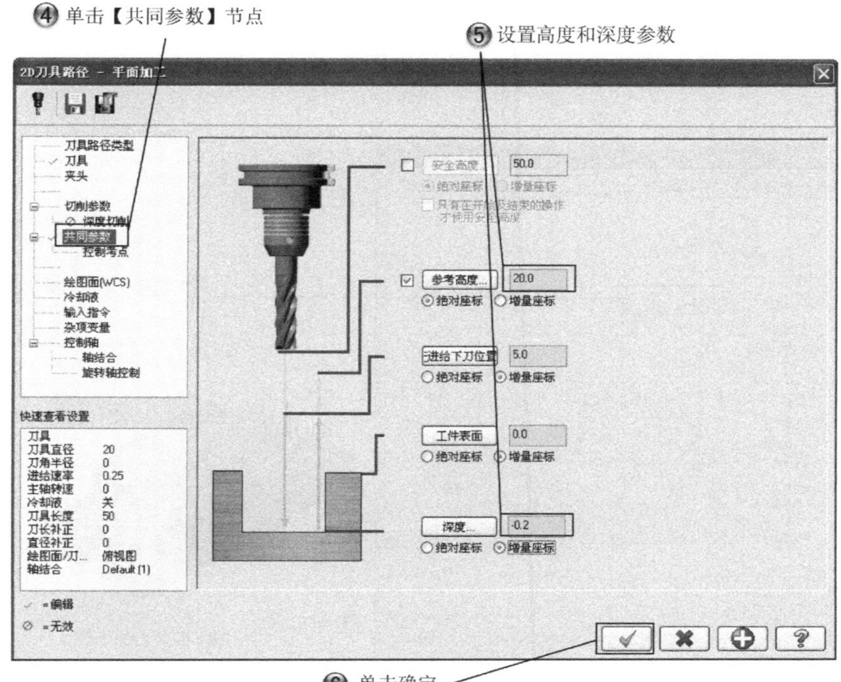

图 9-15　设置共同参数

技 巧

对于需要同时加工多个平面，除了约束好加工范围之外，最重要的是处理多个平面加工深度不一样的问题。本例中加工的三个平面，加工的起始平面和终止平面都不同，只是加工深度一致，都在各自的起始位置往下加工 0.2mm 深度。因此，此处将加工的串连绘制在要加工的起始位置平面上，将加工的工件表面和深度值都设置成增量坐标即可解决这个问题，工件表面都是相对二维线框距离为 0，深度都是相对工件表面往下 0.2mm，这样就解决了多平面不在同一平面的加个的问题。

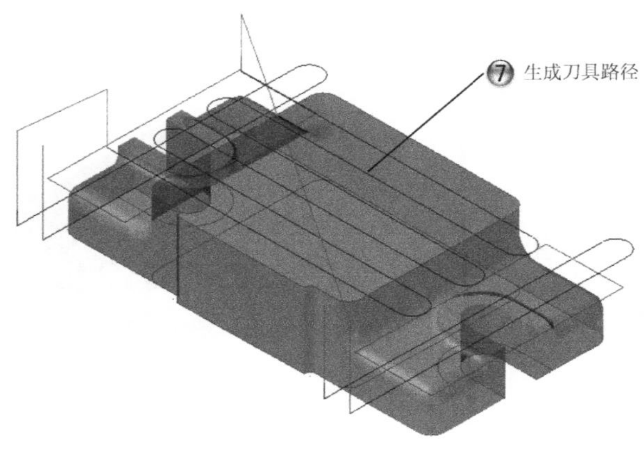

图 9-16　生成刀具路径

步骤 06 设置工件

在【刀具路径】操作管理器中单击【素材设置】节点，弹出【机器群组属性】对话框，如图 9-17 所示。

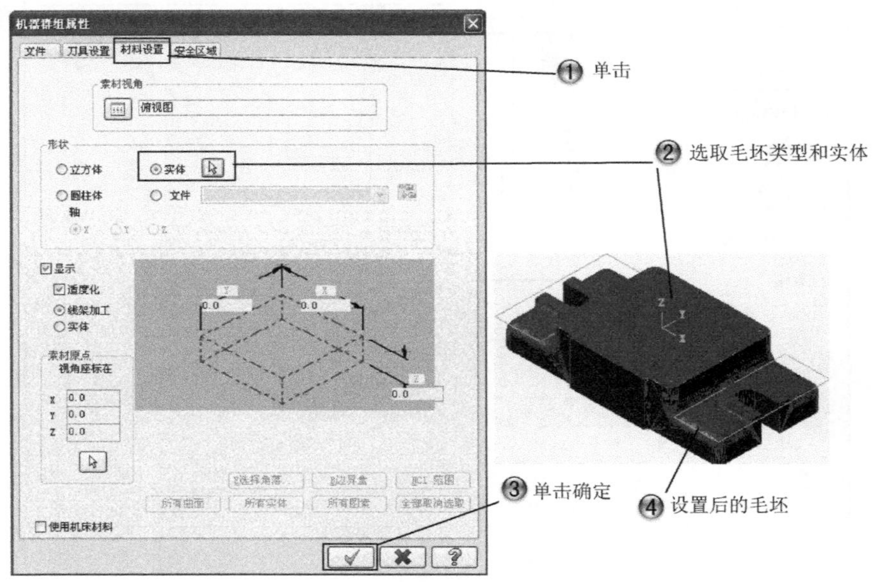

图 9-17 设置毛坯

步骤 07 实体仿真模拟

在刀具路径操作管理器中单击【实体模拟】按钮，弹出【验证】对话框，如图 9-18 所示。单击【播放】按钮，模拟结果如图 9-19 所示。

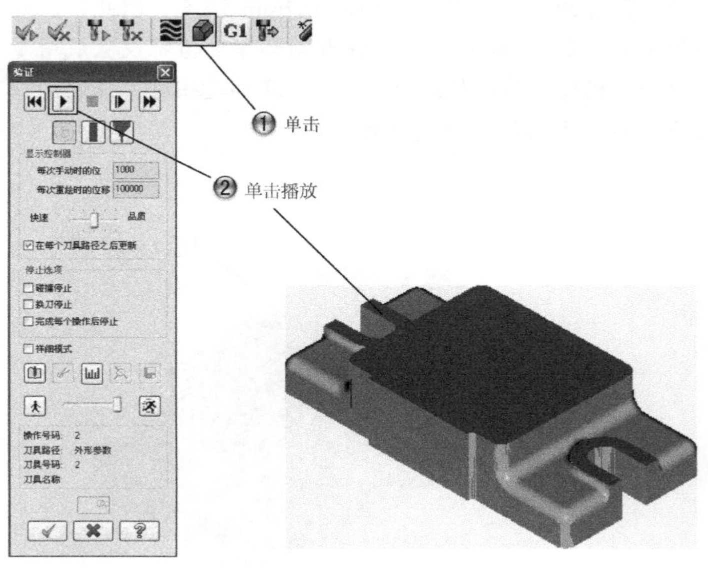

图 9-18 模拟　　　　图 9-19 模拟结果

9.3　外形铣削加工

外形铣削加工是对外形轮廓进行加工，通常是用于二维工件或三维工件的外形轮廓加工。外形铣削加工是二维加工还是三维加工，要取决于用户所选的外形轮廓线是二维线架还是三维线架。如果用户选取的线架是二维的，外形铣削加工刀具路径就是二维的。如果用户选取的线架是三维的，外形铣削加工刀具路径就是三维的。二维外形铣削加工刀具路径的切削深度不变，是用户设的深度值；而三维外形铣削加工刀具路径的切削深度是随外形的位置变化而变化的。一般二维外形加工比较常用。

9.3.1　外形加工参数

选择【刀具路径】|【外形铣削】菜单命令，在弹出的【输入新 NC 的名称】对话框中输入新的名称，然后利用【串连选项】对话框选取加工位置，选取完毕后单击【确定】按钮 ，系统弹出【2D 刀具路径-外形铣削】对话框，在该对话框中单击【切削参数】节点，系统弹出【切削参数】设置界面，用来设置外形加工类型，如图 9-20 所示。

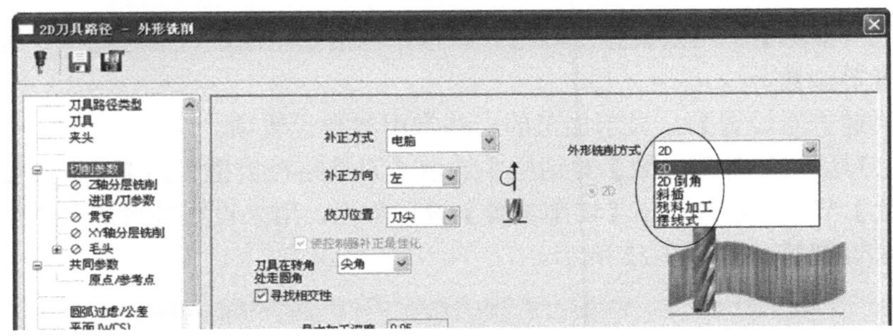

图 9-20　刀路类型

【外形铣削方式】下拉列表框包括 2D、【2D 倒角】、【斜插】、【残料加工】和【摆线式】5 种加工方式。其中 2D 外形加工主要是沿外形轮廓进行加工，可以加工凹槽也可以加工外形凸缘，比较常用，后 4 种方式用来辅助，进行倒角或残料等加工。

2D 外形铣削加工刀具路径铣削凹槽形工件或铣削凸缘形工件主要是通过控制补偿方向向左或向右，来控制刀具是铣削凹槽形还是铣削凸缘形。

选择【刀具路径】|【外形铣削】菜单命令，选取串连后，系统弹出【2D 刀具路径-外形参数】对话框，该对话框用来设置所有的外形加工参数，如图 9-21 所示。

其部分参数含义如下。

①　【串连图形】：选取要加工的串连几何。

②　【刀具路径类型】：用来选取二维加工类型。

③　【刀具】：用来设置刀具及其相关参数。

④　【夹头】：用来设置夹头。

⑤　【切削参数】：用来设置深度分层及外形分层和进退刀等参数。

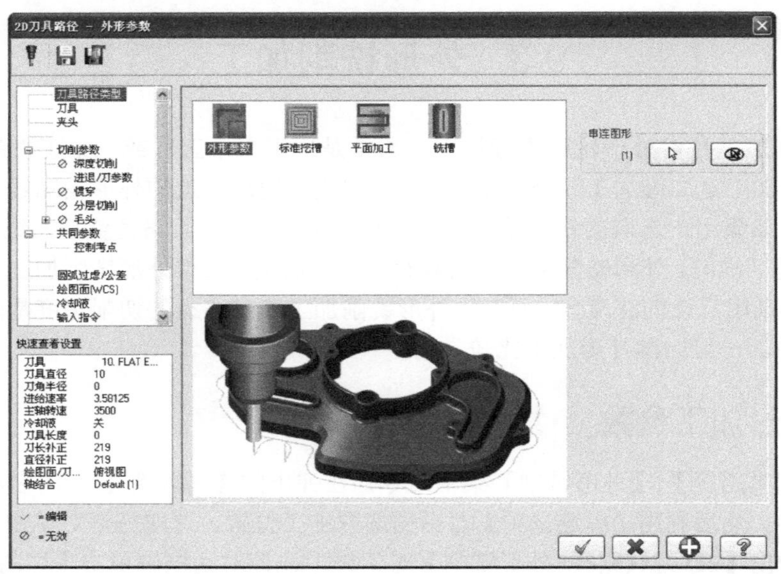

图 9-21 外形参数

⑥ 【共同参数】：用来设置二维公共参数，包括安全高度、参考高度、进给平面、工件表面、深度等参数。

⑦ 【快速查看设置】：显示加工的一些常用参数设置项。

在【2D 刀具路径-外形参数】对话框中选取【刀具路径类型】为【外形参数】后，再单击【切削参数】节点，系统弹出【切削参数】设置界面，用来设置外形加工类型、补正类型及方向、转角设置等，如图 9-22 所示。

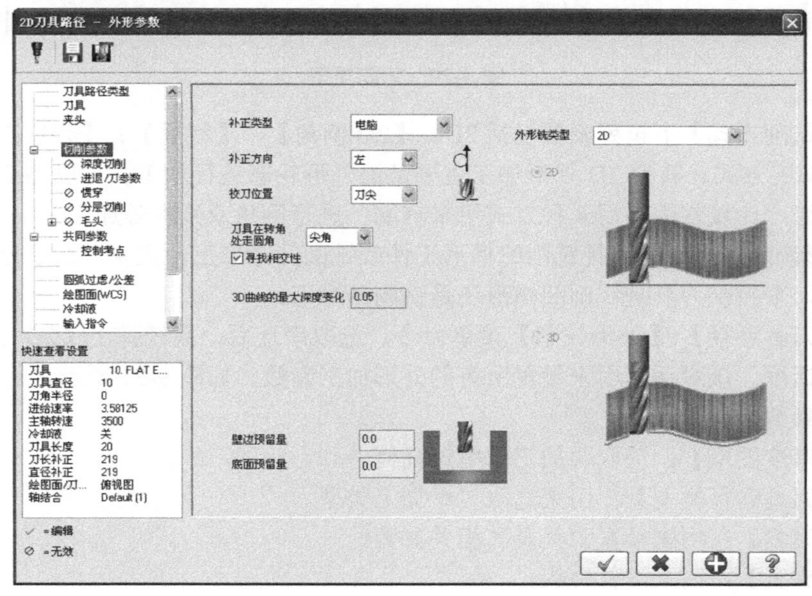

图 9-22 切削参数

其部分参数含义如下。

①　【外形铣类型】：设置外形加工类型，包括 2D、【2D 倒角】、【斜降】、【残料加工】和【轨迹线加工】。

②　【补正类型】：设置补偿类型，有【电脑】、【控制器】、【磨损】、【反向磨损】和【关】5 种。

③　【补正方向】：设置补偿的方向，有【左】和【右】两种。

④　【校刀位置】：设置校刀参考，有【刀尖】和【球心】。

⑤　【刀具在转角处走圆角】：设置转角过渡圆弧，有【无】、【尖部】和【全部】。

⑥　【壁边预留量】：设置加工侧壁的预留量。

⑦　【底面预留量】：设置加工底面 Z 方向预留量。

2D 外形倒角铣削加工是利用 2D 外形来产生倒角特征的加工刀具路径。加工路径的步骤与 2D 外形加工类似。

倒角加工参数与外形参数基本相同，这里主要讲解与外形加工不同的参数。在【切削参数】设置界面中选择【外形铣类型】为【2D 倒角】后，系统弹出【2D 倒角】的参数设置，用来设置倒角参数，如图 9-23 所示。

其部分参数含义如下。

①　【宽度】：设置倒角加工第一侧的宽度。倒角加工的第二侧的宽度主要是通过倒角刀具的角度来控制。

②　【尖部补偿】：设置倒角刀具的尖部往倒角最下端补偿一段距离，消除毛边。

斜插下刀加工一般是用来加工铣削深度较大的二维外形，主要是控制下刀类型，采用多种控制方式优化下刀刀路，使起始切削负荷均匀，切痕平滑，减少刀具损伤。

斜插加工参数与外形参数基本相同，这里主要讲解斜插参数。在【切削参数】设置界面中选择【外形铣削方式】为【斜插】后，系统弹出【斜插】参数的设置，用来设置斜插下刀参数，如图 9-24 所示。

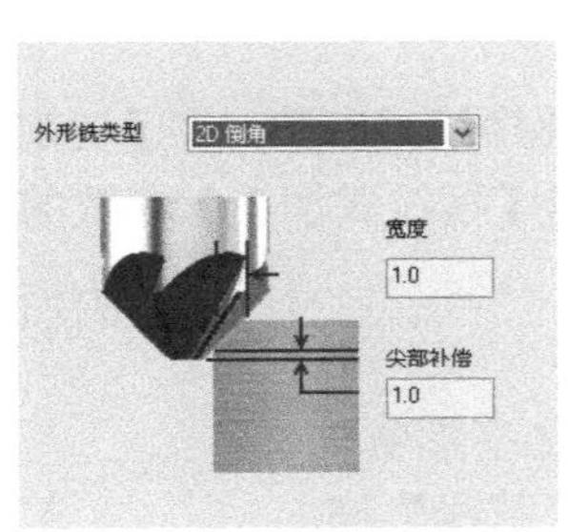

图 9-23　倒角参数

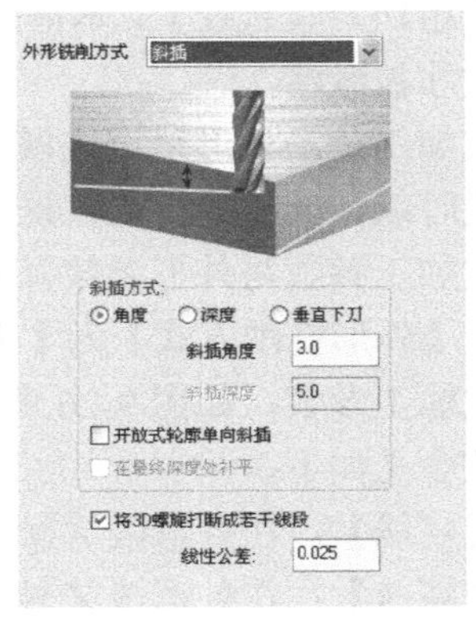

图 9-24　斜插下刀加工参数

各参数含义如下。

①　【斜插方式】：用来设置斜插下刀走刀方式。包括【角度】、【深度】和【垂直下刀】3 种方式。

② 【角度】：下刀和走刀都以设置的角度值铣削。

③ 【深度】：下刀和走刀在每层上都以设置的深度值倾斜铣削。

④ 【垂直下刀】：在下刀处以设置的深度值下刀，走刀时深度值不变。

⑤ 【斜插角度】：设置下刀走刀斜插的角度值。

⑥ 【斜插深度】：设置下刀走刀斜插的深度值。此选项只有在【深度】或【垂直下刀】单选按钮被选中时才被激活。

⑦ 【开放式轮廓单向斜插】：设置开放式的轮廓时采用单向斜插走刀。

⑧ 【在最终深度处补平】：在最底部的一刀采用平铣，即深度不变，此处只有在【深度】单选按钮被选中时才被激活。

⑨ 【将 3D 螺旋打断成若干线段】：将走刀的螺旋刀具路径打断成直线，以小段直线逼近曲线的方式进行铣削。

⑩ 【线性公差】：设置将 3D 螺旋打断成若干线段的误差值。此值越小，打断成直线的段数越多，直线长度也越小，铣削的效果越接近理想值，但计算时间就越长。反之亦反。

残料加工一般用于上一次外形铣削加工后留下的残余材料。为了提高加工速度，当铣削加工的铣削量较大时，开始采用大直径刀具和大的进给量，再采用残料外形加工来加工到最后的效果。

残料加工参数与外形参数基本相同，这里主要讲解残料参数。在【切削参数】设置界面中选择【外形铣削方式】为【残料加工】后，系统弹出【残料加工】的参数设置，用来设置残料加工参数，如图 9-25 所示。

部分参数含义如下。

① 【剩余材料的计算是来自】：设置残料计算依据类型。

② 【所有先前的操作】：依据所有先前操作来计算残料。

③ 【前一个操作】：只依据前一个操作计算残料。

④ 【粗切刀具直径】单选按钮：依据所设的粗切刀具直径来计算残料。

⑤ 【粗切刀具直径】文本框：设置粗切刀具直径，此选项只有在选中【粗切刀具直径】单选按钮时才被激活。

摆线式加工是沿外形轨迹线增加在 Z 轴的摆动，这样可以减少刀具磨损，对切削更加稀薄的材料时或被碾压的材料，这种方法是特别有效的。

摆线式加工参数与外形参数基本相同，这里主要讲解摆线式参数。在【切削参数】设置界面中选择【外形铣削方式】为【摆线式】后，系统弹出【摆线式加工】参数的设置，用来设置摆线式加工参数，如图 9-26 所示。

各参数含义如下。

① 【直线】：在外形线 Z 轴方向摆动轨迹为线性之字形轨迹。

② 【高速】：在外形线 Z 轴方向摆动轨迹为 sin 正弦线轨迹。

③ 【最低位置】：设置摆动轨迹离深度平面的偏离值。

④ 【距离沿着外形】：沿着外形方向摆动的距离值。

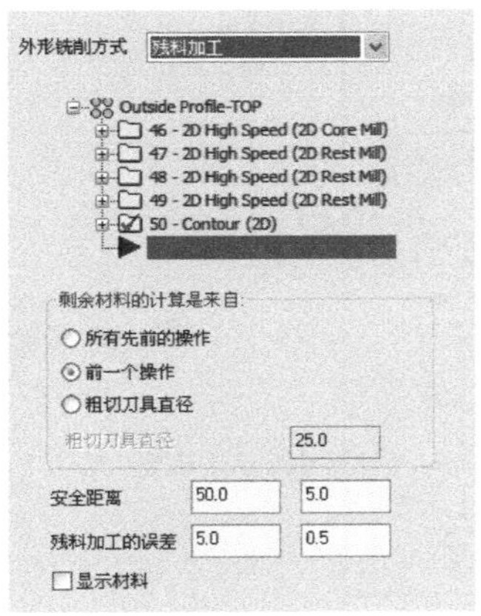

图 9-25　残料加工参数

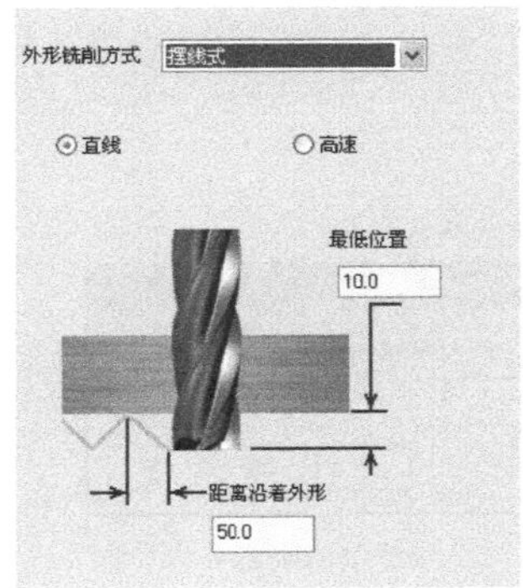

图 9-26　摆线式加工

9.3.2　2D 外形加工范例

范例文件(光盘)：/09/9-3-2.mcx。

多媒体教学路径：光盘→多媒体教学→第 9 章→9.3.2 节。

步骤 01　打开源文件

打开文件 9-3-2.mcx，加工的图形如图 9-27 所示。

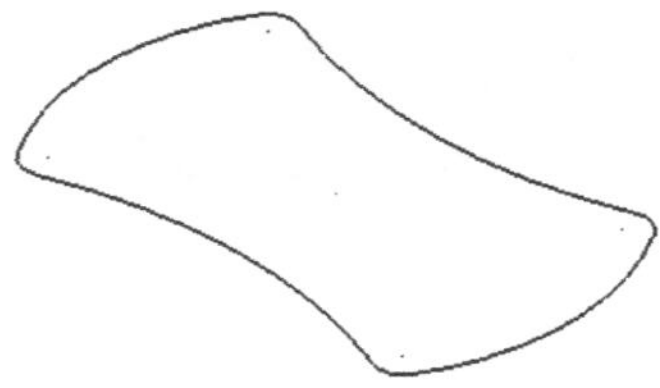

图 9-27　加工图形

技术点拨

此零件是 2.5D 线框加工，线框外形是杯子盖上的凸起外形，本例要制作的是杯子盖模具的镶件，加工时要将线框内材料保留，线框外材料全部清除，因此可以采用外形加工，配合补偿方向向外，即可将外面的残料铣削掉。

步骤 02　选取串连

选择【刀具路径】|【外形铣削】菜单命令，弹出【输入新的 NC 名称】对话框，按图 9-28～图 9-30 所示进行操作。

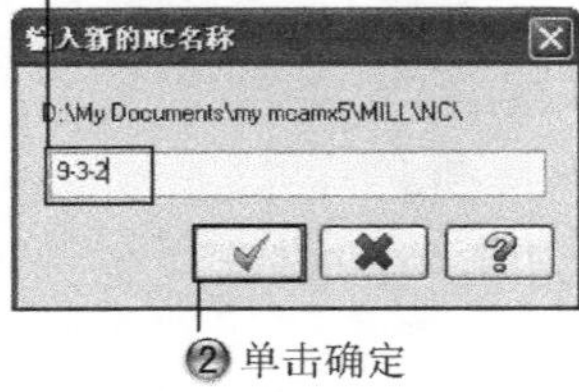

图 9-28　输入新的 NC 名称

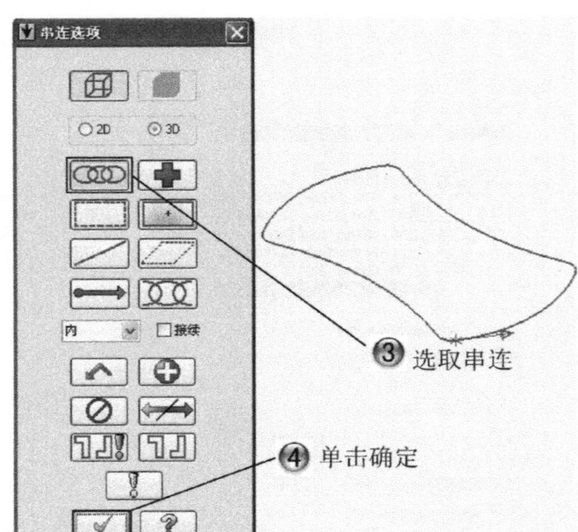

图 9-29　选取串连

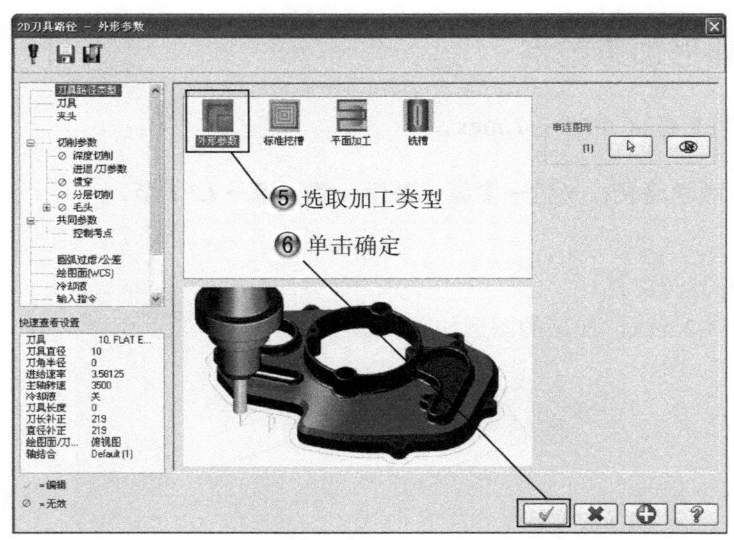

图 9-30　选取加工类型

步骤 03　设置刀具参数

按图 9-31～图 9-34 所示进行操作。

注 意

此处零件需要铣削的是 2.5D 线框，底部是平的，侧壁是竖直的，因此，要加工此零件需采用棒刀，即平底刀。平底刀通常用来加工凹槽和外形轮廓。

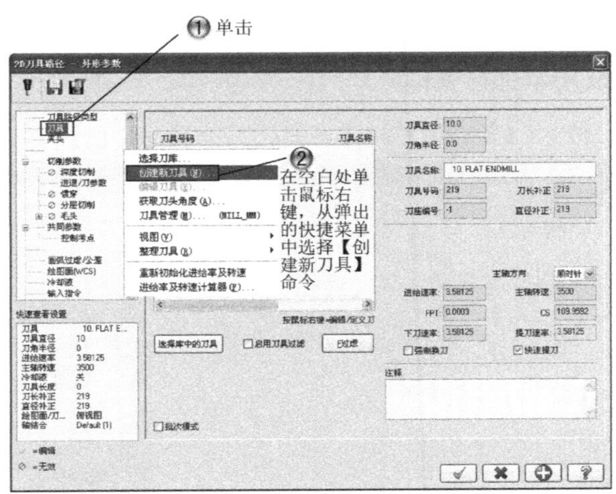

图 9-31　新建刀具

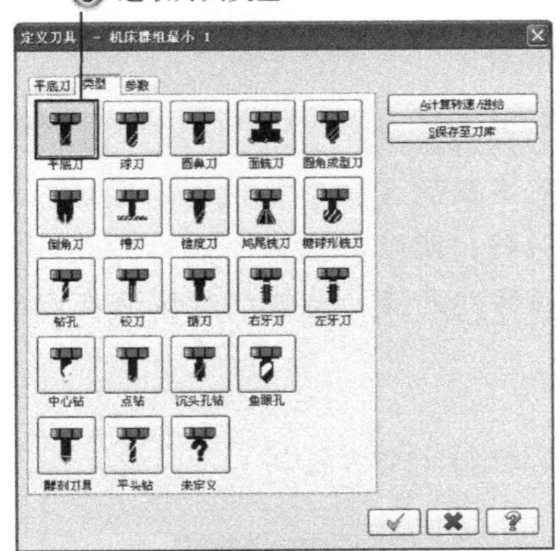

图 9-32　选取刀具类型

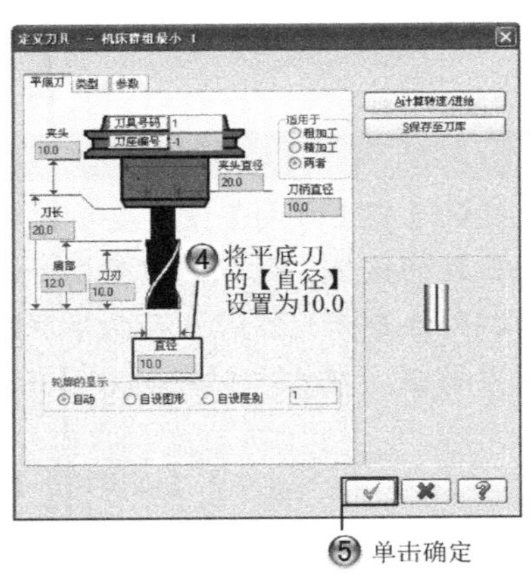

图 9-33　设置刀具参数

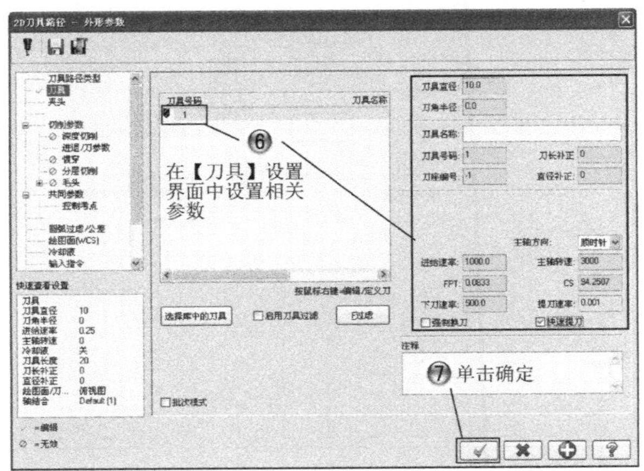

图 9-34　设置刀具相关参数

步骤 04 设置加工参数。

按图 9-35～图 9-39 所示进行操作。

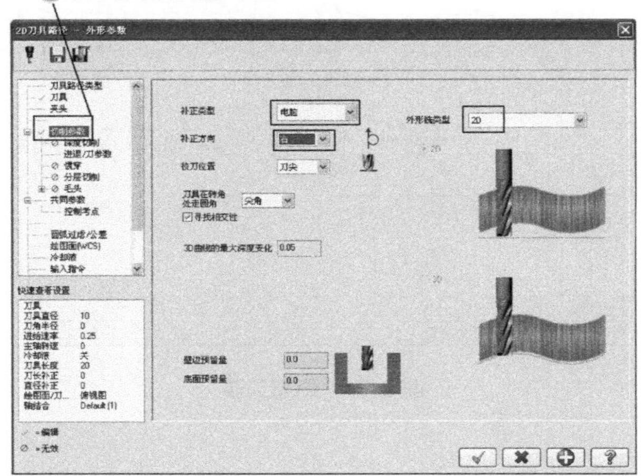

图 9-35 设置切削参数

注 意

此处的【补正方向】设置要参考刚才选取的外形串联的方向和要铣削的区域，本例要铣削轮廓外的区域，电脑补偿要向外，而串联是逆时针，所以补正方向向右即朝外。补正方向的判断法则是：假若人面向串联方向，并沿串联方向行走，要铣削的区域在人的左手侧即向左补正，在右手侧即向右补正。

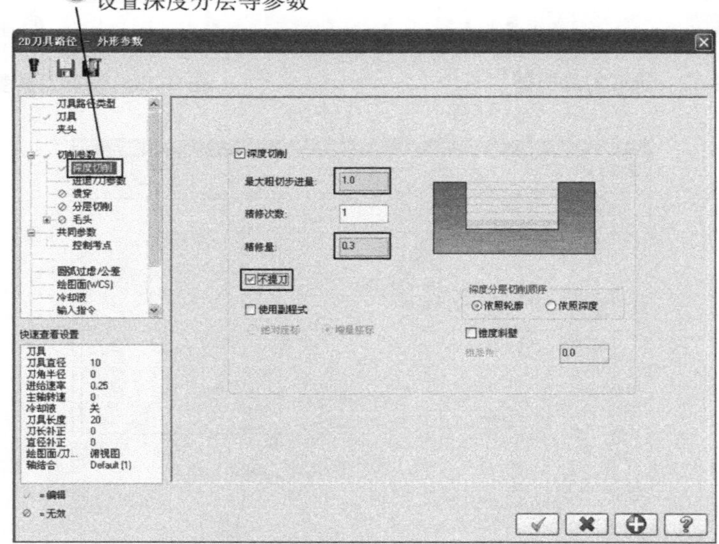

图 9-36 设置深度切削参数

③ 单击【进退/刀参数】节点，在【进退/刀参数】设置界面中设置进刀和退刀参数

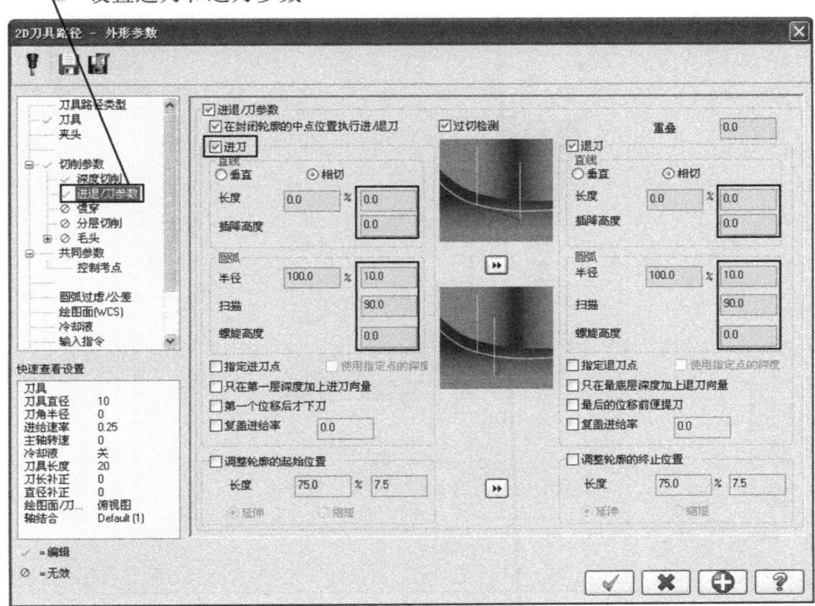

图 9-37　设置进/退刀参数

④ 单击【分层切削】节点，在【分层切削】设置界面中设置参数

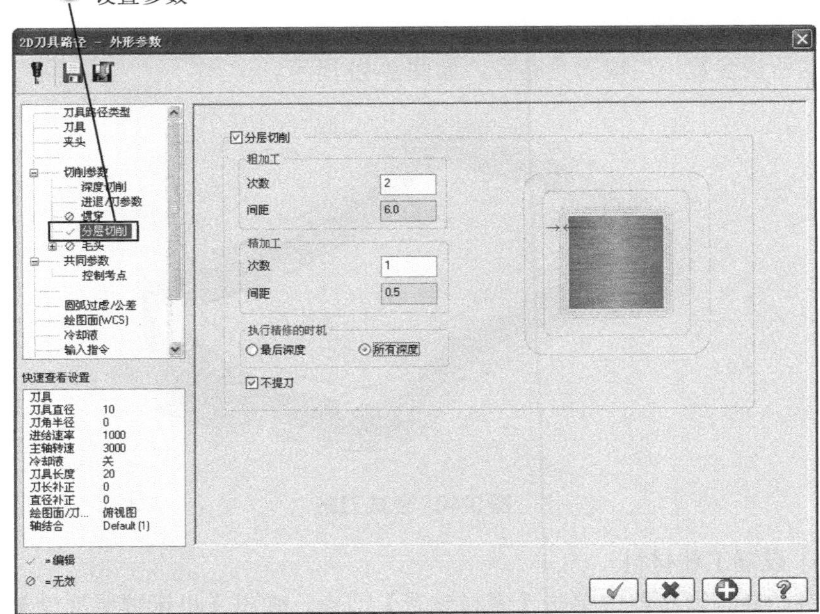

图 9-38　设置分层参数

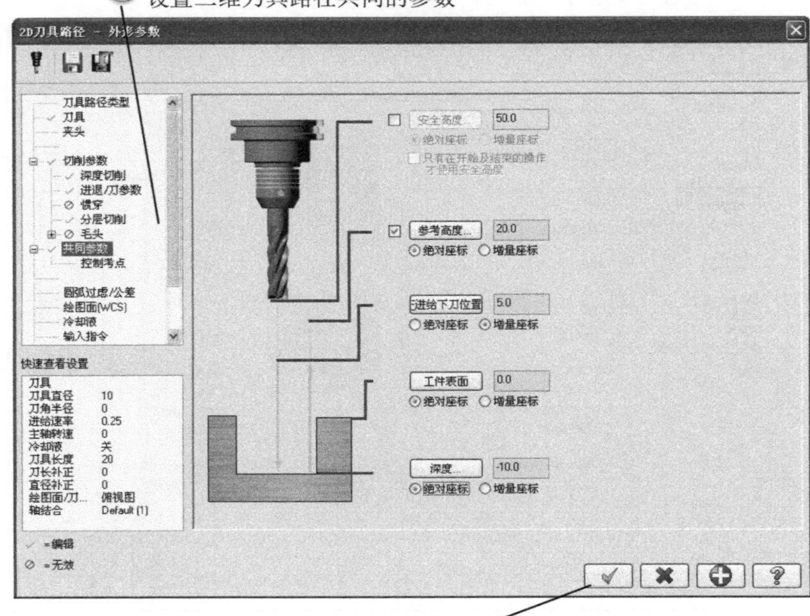

图 9-39　设置共同参数

步骤 05　生成刀具路径

系统根据所设参数，生成刀具路径，如图 9-40 所示。

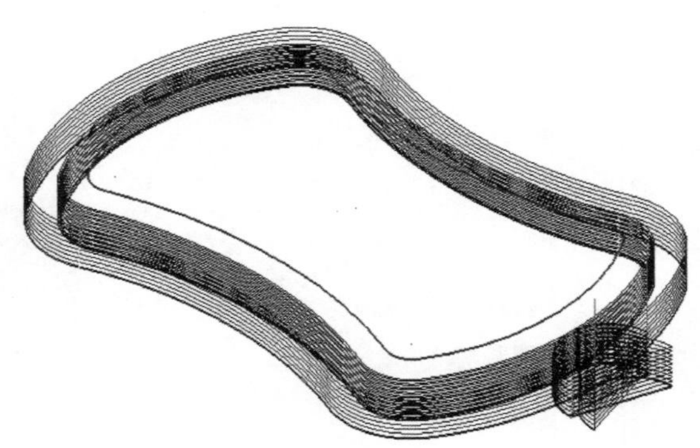

图 9-40　生成刀路

步骤 06　设置工件材料

在刀具路径操作管理器中单击【素材设置】节点，弹出【机床群组属性】对话框，如图 9-41 所示，坯料设置结果如图 9-42 所示。

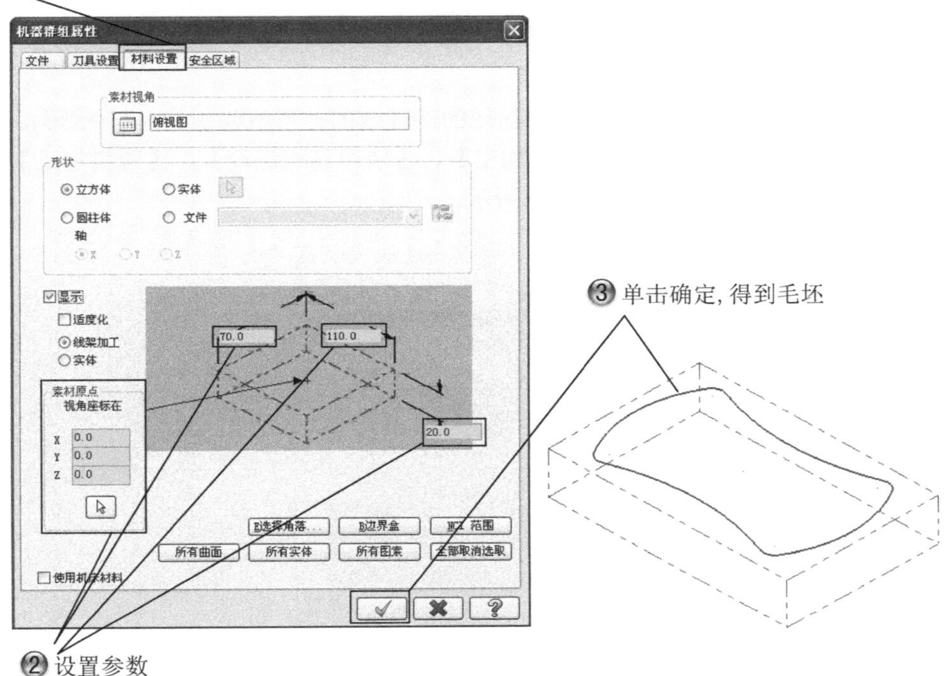

图 9-41　设置参数　　　　图 9-42　设置后的毛坯

步骤 07　实体仿真模拟

单击【实体模拟】按钮，弹出【验证】对话框，如图 9-43 所示。单击【播放】按钮，模拟结果如图 9-44 所示。

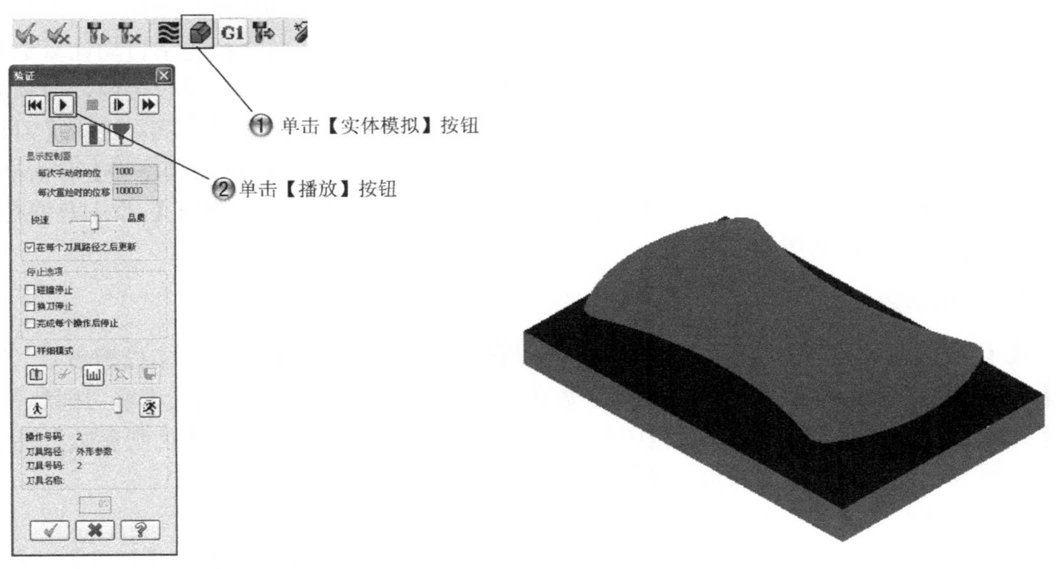

图 9-43　模拟　　　　图 9-44　模拟结果

9.4 挖 槽 加 工

二维挖槽加工刀具路径主要用来切除封闭的或开放的外形所包围的材料(槽形)。二维挖槽加工刀具路径有【标准挖槽】、【平面加工】、【使用岛屿深度】、【残料加工】和【开放式挖槽】5 种挖槽加工类型，如图 9-45 所示。

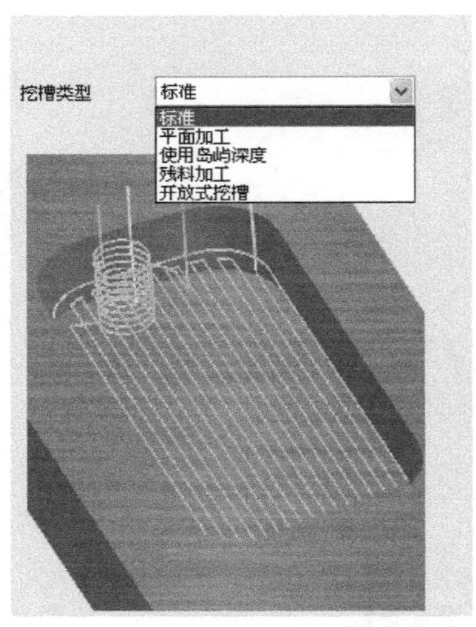

图 9-45 【挖槽类型】下拉列表框

9.4.1 2D 标准挖槽加工

2D 标准挖槽加工专门对平面槽形工件加工，且二维加工轮廓必须是封闭的，不能是开放的。用 2D 标准挖槽加工槽形的轮廓时，参数设置非常方便，系统根据轮廓自动计算走刀次数，无须用户计算。此外，2D 标准挖槽加工采用逐层加工的方式，在每一层内，刀具会以最少的刀具路径、最快的速度去除残料，因此 2D 标准挖槽加工效率非常高。选择【刀具路径】|【标准挖槽】菜单命令，选取挖槽串连并确定后，系统弹出【2D 刀具路径】对话框，在【2D 刀具路径】对话框选取刀具路径类型为【标准挖槽】选项，系统弹出【2D 刀具路径-标准挖槽】对话框，如图 9-46 所示。

1．切削参数

在【2D 刀具路径-标准挖槽】对话框中可以设置生成挖槽刀具路径的基本挖槽参数。包括【切削参数】和【共同参数】等。共同参数在前面已经做了介绍，下面主要讲解切削参数。在【2D 刀具路径-标准挖槽】对话框中单击【切削参数】节点，系统弹出【切削参数】设置界面，用来设置切削有关的参数，如图 9-47 所示。

部分切削参数的含义如下。

(1) 【加工方向】：用来设置刀具相对工件的加工方向，有【顺铣】和【逆铣】两种。【顺铣】即根据顺铣的方向生成挖槽的加工刀具路径。【逆铣】即根据逆铣的方向生成挖槽的加工刀具路径。

顺铣与逆铣的示意图如图 9-48 所示。

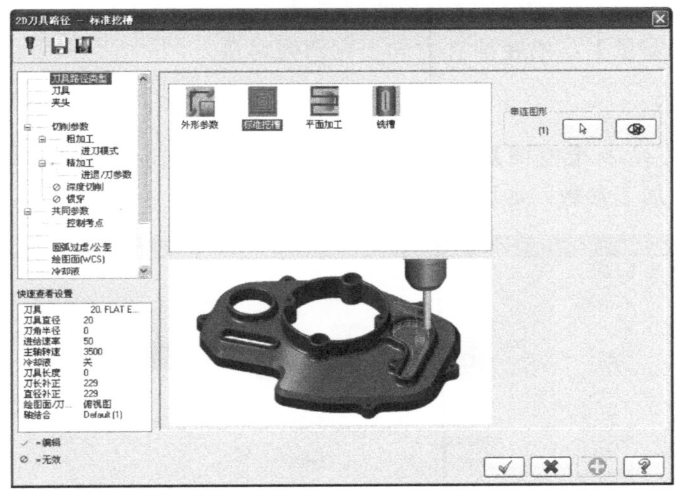

图 9-46　【2D 刀具路径-标准挖槽】对话框

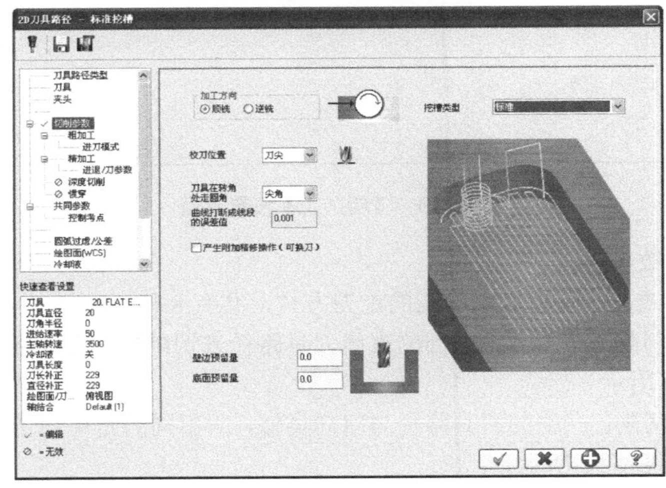

图 9-47　【切削参数】设置界面

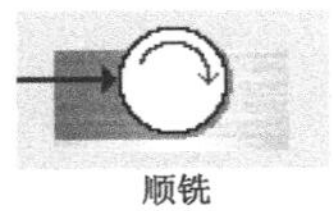

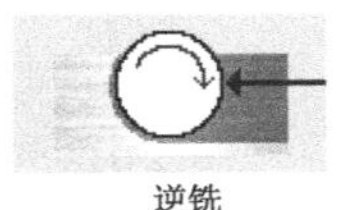

图 9-48　顺铣和逆铣

(2)　【挖槽类型】：用来设置挖槽的类型，有【标准】、【平面加工】、【使用岛屿深度】、【残料加工】和【开放式挖槽】。

(3)　【校刀位置】：设置校刀参考为【刀尖】或【中心】。

(4)　【刀具在转角处走圆角】：设置刀具在转角地方走刀方式，有【全部】、【无】和【尖角】3 个选项。【无】即不走圆弧；【全部】即全部走圆弧；【尖角】即小于 135° 的尖角走圆弧。

(5) 【壁边预留量】：XY 方向上预留残料量。

(6) 【底面预留量】：槽底部 Z 方向上预留残料量。

2. 粗加工参数

在【2D 刀具路径-标准挖槽】对话框中单击【粗加工】节点，系统弹出【粗加工】设置界面，用来设置粗加工参数，如图 9-49 所示。

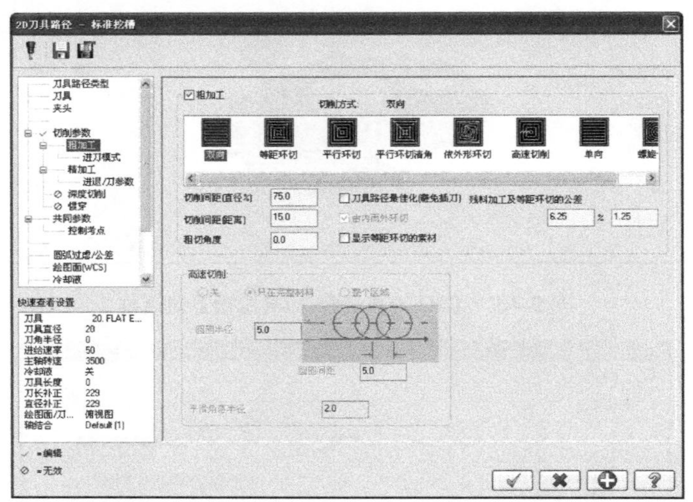

图 9-49 【粗加工】设置界面

部分粗加工参数如下。

(1) 【切削方式】：设置切削加工的走刀方式，共有 8 种。

① 【双向】切削：产生一组来回的直线刀具路径来切削槽。刀具路径的方向由粗切角度决定，如图 9-50 所示

② 【单向】切削：产生的刀具路径与双向类似，所不同的是单向切削的刀具路径按同一个方向切削，如图 9-51 所示。

③ 【等距环切】：以等距切削的螺旋方式产生挖槽刀具路径，如图 9-52 所示。

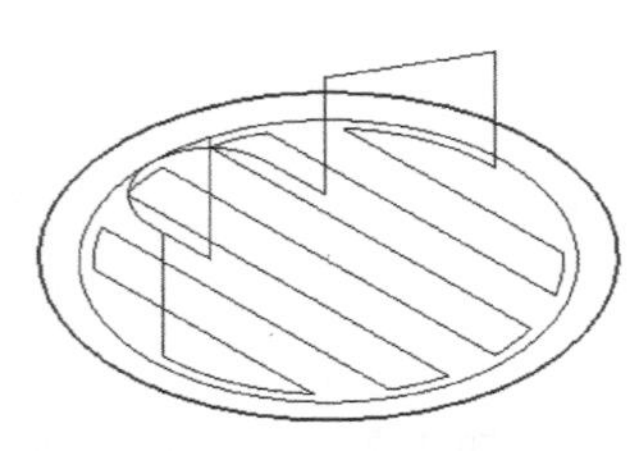

图 9-50 双向

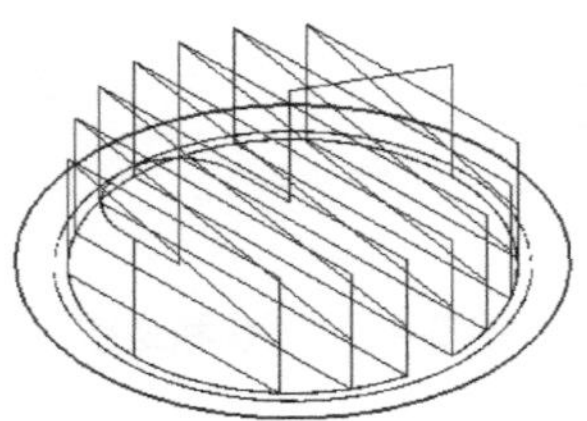

图 9-51 单向

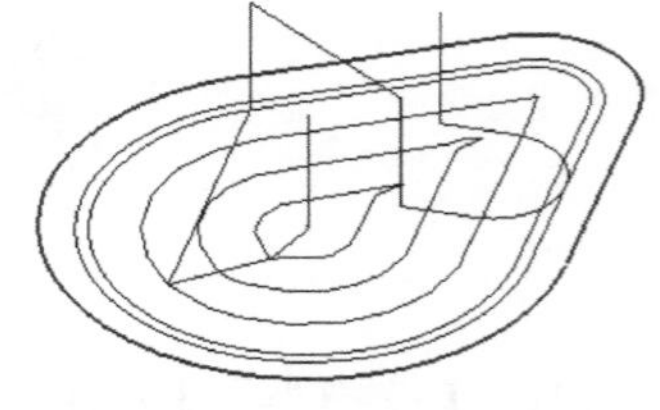

图 9-52 等距环切

④ 【平行环切】：以平行螺旋方式产生挖槽刀具路径，如图 9-53 所示。

⑤ 【平行环切清角】：以平行螺旋并清角的方式产生挖槽刀具路径，如图 9-54 所示。

⑥ 【依外形环切】：依外形螺旋方式产生挖槽刀具路径，如图 9-55 所示。

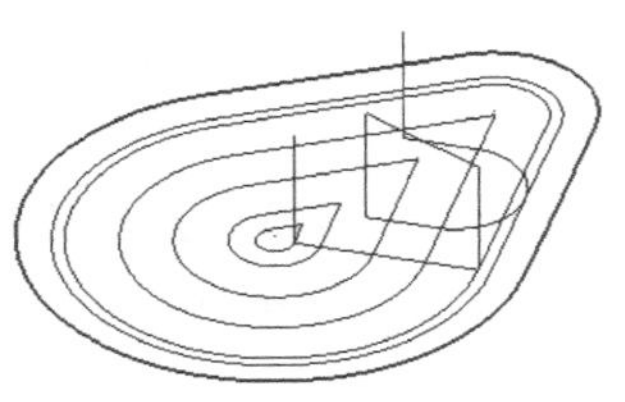

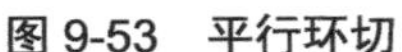

图 9-53　平行环切

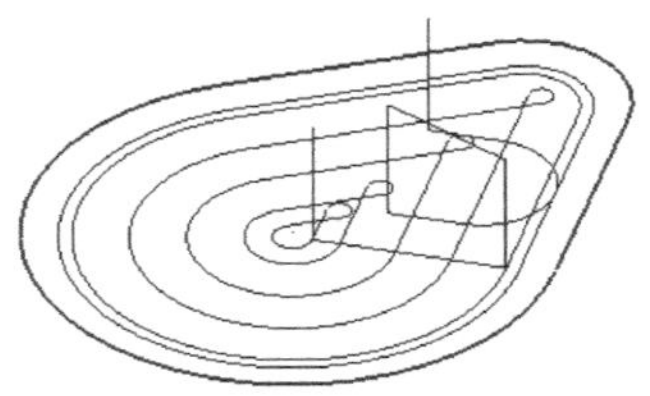

图 9-54　平行环切清角

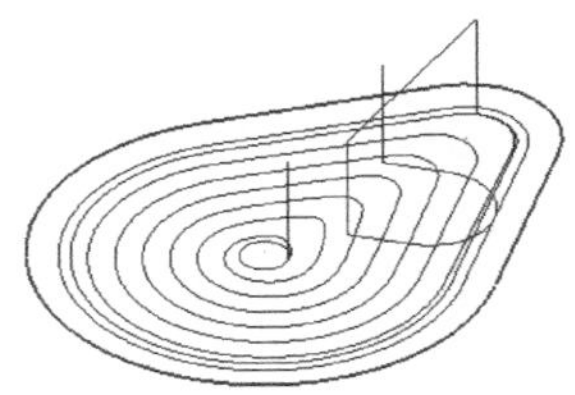

图 9-55　依外形环切

⑦　【高速切削】：以圆弧、螺旋进行摆动式产生挖槽刀具路径，如图 9-56 所示。

⑧　【螺旋切削】：以平滑的圆弧方式产生高速切削的挖槽刀具路径，如图 9-57 所示。

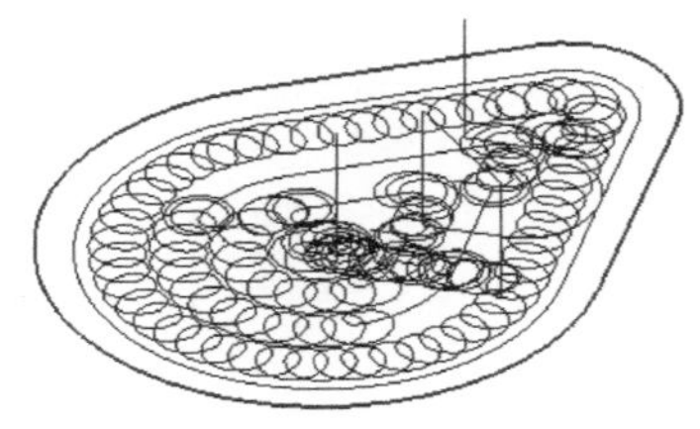

图 9-56　高速切削

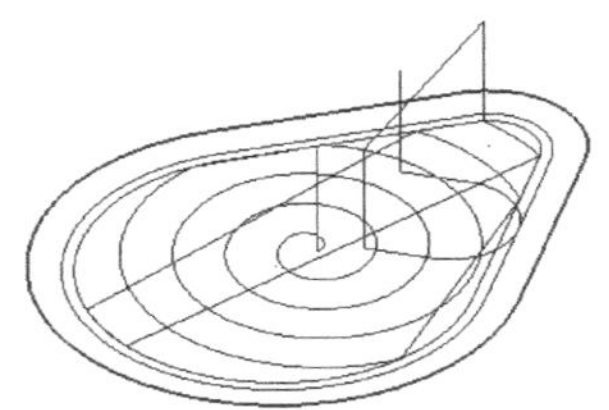

图 9-57　螺旋切削

(2)　切削间距：设置两条刀具路径之间的距离。

①　【切削间距(直径%)】：以刀具直径的百分比来定义刀具路径的间距。一般为 60%～75%。

②　【切削间距(距离)】：直接以距离来定义刀具路径的间距。它与【切削间距(直径%)】选项是连动的。

(3)　【粗切角度】：用来控制刀具路径的铣削方向，指的是刀具路径切削方向与 X 轴的夹角。此项只有粗切方式为双向和单向切削时才激活可用。

(4)　【由内而外环切】：环切刀具路径的挖槽进刀起点都有两种方法决定，它是由【由内而外环切】复选框来决定的。当选中该复选框时，切削方法是以挖槽中心或用户指定的起点开始，螺旋切削至挖槽边界，如图 9-58 所示。当取消选中该复选框时，切削方法是以挖槽边界或用户指定的起点开始，螺旋切削至挖槽中心，如图 9-59 所示。

(5)　【刀具路径最佳化(避免插刀)】：系统对刀具路径优化，以最佳的方式走刀。

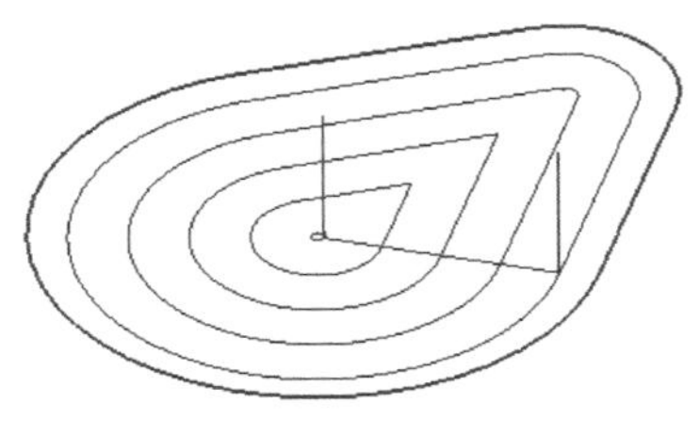

图 9-58　由内而外环切

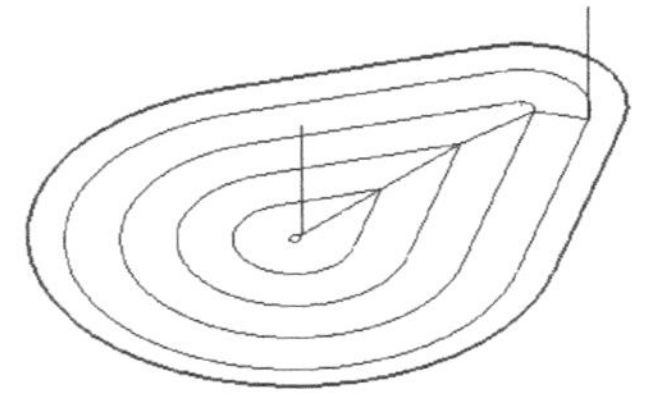

图 9-59　由外而内环切

3. 进刀模式

为了避免刀具直接进入工件而伤及工件或损坏刀具，因而需要设置下刀方式。下刀方式用来指定刀具如何进入工件的方法。在【2D 刀具路径-标准挖槽】对话框中单击【进刀模式】节点，系统弹出【进刀模式】设置界面，用来设置粗加工进刀参数，如图 9-60 所示。

进刀模式有 3 种，【关】、【斜降下刀】和【螺旋形】。

(1) 斜降下刀是采用与水平面呈一角度的倾斜直线进行下刀。在【进刀模式】设置界面中选中【斜降下刀】单选按钮，系统弹出【斜降下刀】的参数设置页面，如图 9-61 所示。

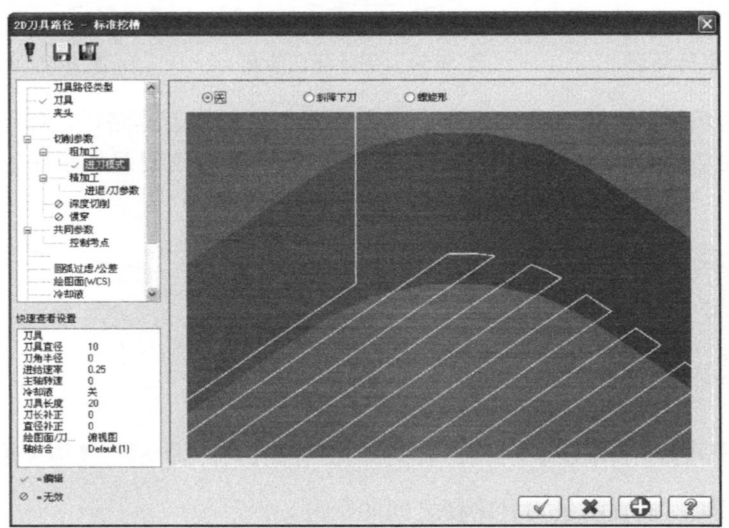

图 9-60 【进刀模式】设置界面

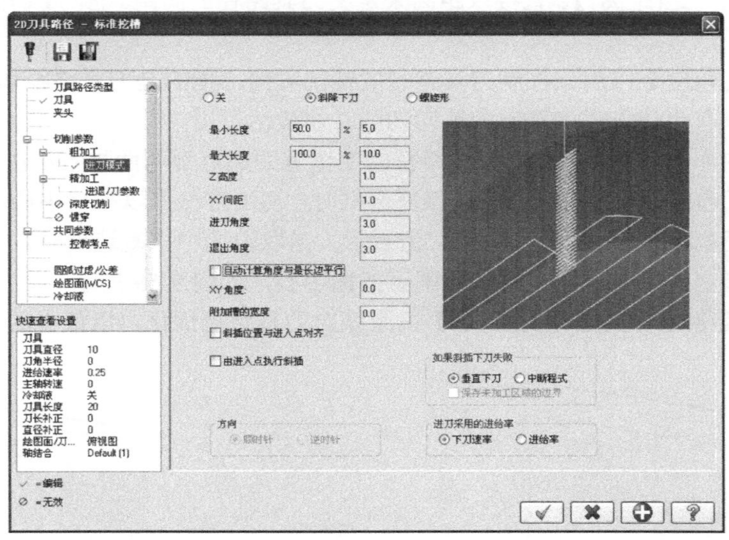

图 9-61 【斜降下刀】参数页面

斜降下刀的部分参数含义如下。

① 【最小长度】：指定进刀的路径的最小长度。输入刀具直径的百分比或直接输入最小半径值，两文本框是连动的。

② 【最大长度】：指定进刀的路径的最大长度。输入刀具直径的百分比或直接输入最

大半径值，两文本框也是连动的。

③　【Z 高度】：指定开始斜插的高度。

④　【XY 间距】：指定刀具和最后精修挖槽加工的预留间隙。

⑤　【进刀角度】：指定斜插进刀的角度。

⑥　【退出角度】：指定斜插退刀的角度。

⑦　【自动计算角度与最长边平行】：选中该复选框时，斜插进刀在 XY 轴方向的角度由系统决定；当取消选中该复选框时，斜插进刀在 XY 轴方向的角度由 XY 轴角度文本框输入的角度来决定。

⑧　【附加槽的宽度】：指定刀具每一快速直落时添加的额外刀具路径。

⑨　【斜插位置与进入点对齐】：选中该复选框时，进刀点与刀具路径对齐。

⑩　【由进入点执行斜插】：选中该复选框时，进刀点即是斜插刀具路径的起点。

⑪　【如果斜插下刀失败】：如果斜插下刀出现失败，可以选取解决方案是垂直进刀和中断程式。

⑫　【进刀采用的进给率】：选取进刀过程中采用的速率，可以选择下刀速率也可以选择进给率。

(2)　螺旋式下刀模式下，刀具先落到螺旋起始高度，然后以螺旋下降方式切削工件到最后深度。在【进刀模式】设置界面中选中【螺旋形】单选按钮，系统弹出螺旋式下刀的参数设置，如图 9-62 所示。

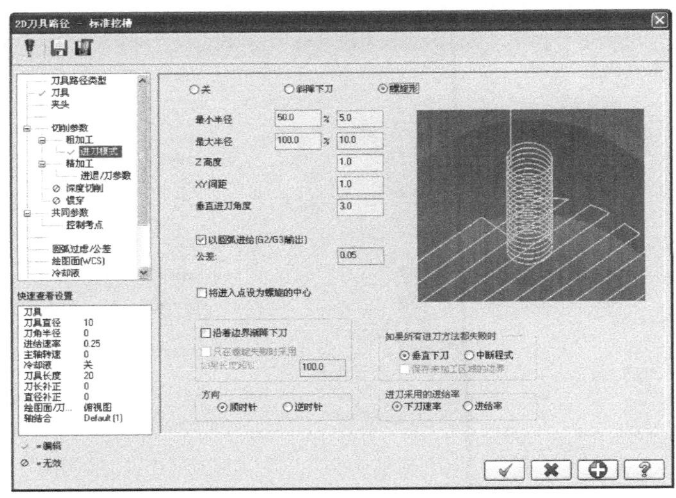

图 9-62　螺旋式下刀参数

螺旋式下刀的部分参数含义如下。

①　【最小半径】：指定螺旋的最小半径，输入刀具直径的百分比或直接输入最小半径值，两文本框是连动的。

②　【最大半径】：指定螺旋的最大半径，输入刀具直径的百分比或直接输入最大半径值，两文本框也是连动的。

③　【Z 高度】：指定开始螺旋的高度。

④　【XY 间距】：指定刀具和最后精修挖槽加工的预留间隙。

⑤ 【进垂直刀角度】：指定螺旋进刀的下刀角度。

⑥ 【方向】：指定螺旋下刀的方向是顺时针还是逆时针。

⑦ 【沿着边界渐降下刀】：选中该复选框，设定刀具沿边界移动。

⑧ 【只在螺旋失败时采用】：仅当螺旋下刀失败时，设定刀具沿边界移动。

⑨ 【如果所有进刀方法都失败时】：当所有进刀方法都失败时，设定为【垂直下刀】或【中断程式】。

⑩ 【进刀采用的进给率】：选中该复选框，进刀采用的进给率有两种，包括【下刀速率】和【进给率】。当选中【下刀速率】单选按钮时，采用 Z 向进刀量；当选中【进给率】单选按钮时，采用水平切削进刀量。

⑪ 【以圆弧进给(G2/G3 输出)】：选中该复选框，螺旋下刀刀具路径采用圆弧刀具路径；取消选中该复选框，则以输入的公差转换为线段，螺旋下刀刀具路径采用线段的刀具路径。

⑫ 【将进入点设为螺旋的中心】：选中该复选框，以进入点作为螺旋下刀刀具路径的中心。

进刀角度决定螺旋下刀刀具路径的长度，角度越小，螺旋的次数越多，螺旋长度越长。

4．精加工参数

精加工参数主要用来设置对侧壁和底部进行精修操作的参数，在【2D 刀具路径-标准挖槽】对话框中单击【精加工】节点，系统弹出【精加工】设置界面，用来设置精加工的次数和精修量等参数，如图 9-63 所示。

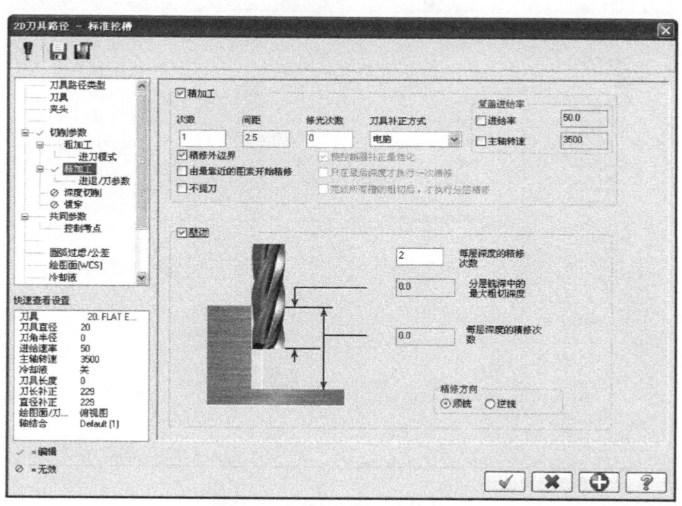

图 9-63 【精加工】设置界面

精加工的部分参数含义如下。

① 【次数】：设置精加工次数。

② 【间距】：设置精加工时刀具路径之间的间距。

③ 【修光次数】：设置修光的次数。

④ 【刀具补正方式】：设置精加工时刀具补偿的类型。

⑤ 【覆盖进给率】：设置新的精修进给率和主轴转速来覆盖先前设置的粗切时的进给

率和主轴转速。

⑥　【精修外边界】：对边界进行精修。

⑦　【由最靠近的图素开始精修】：从最靠近的图形开始精修。

⑧　【不提刀】：精修时不提刀。

5. 深度切削参数

深度切削参数主要用来设置刀具在 Z 方向深度上加工的参数。在【2D 刀具路径-标准挖槽】对话框中单击【深度切削】节点，系统弹出【深度切削】设置界面，用来设置深度分层、精修等参数，如图 9-64 所示。

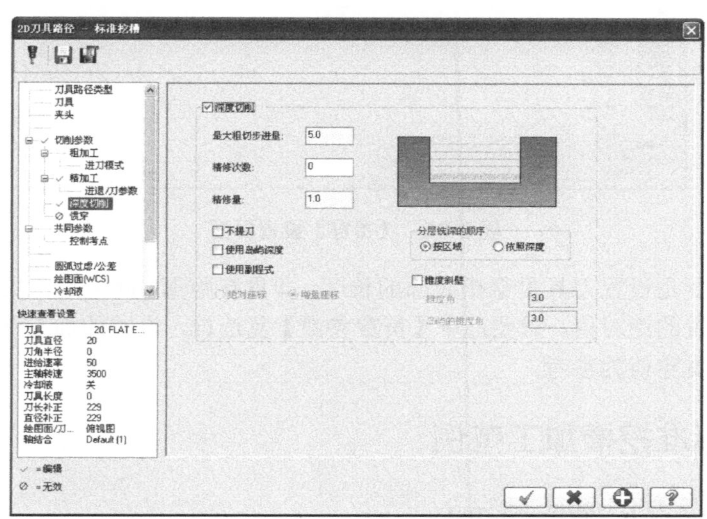

图 9-64　【深度切削】设置界面

深度切削的部分参数含义如下。

①　【最大粗切步进量】：输入每层最大的切削深度。

②　【精修次数】：输入精光次数。

③　【精修量】：精光的切削量。

④　【不提刀】：在每层切削完毕不进行提刀动作，而直接进行下一层切削。

⑤　【使用岛屿深度】：当槽内存在岛屿时，激活岛屿深度。

⑥　【使用副程式】：在程序中每一层的刀具路径采用子程序加工，缩短加工程序长度。

⑦　【分层铣深的顺序】：当同时存在多个槽形时，定义加工的顺序，当选中【按区域】单选按钮时，加工以区域为单位，将每一个区域加工完毕后才进入下一个区域的加工。当选中【依照深度】单选按钮时，加工时以深度为依据，在同一深度上将所有的区域加工完毕后再进入到下一个深度的加工。

⑧　【锥度斜壁】：输入挖槽加工侧壁的锥度角。

6. 贯穿参数

当要铣削的槽是通槽时，即整个槽贯穿到底部，此时可以采用贯穿参数来控制。在【2D 刀具路径-标准挖槽】对话框中单击【贯穿】节点，系统弹出【贯穿】设置界面，用来设置贯穿参数，如图 9-65 所示。

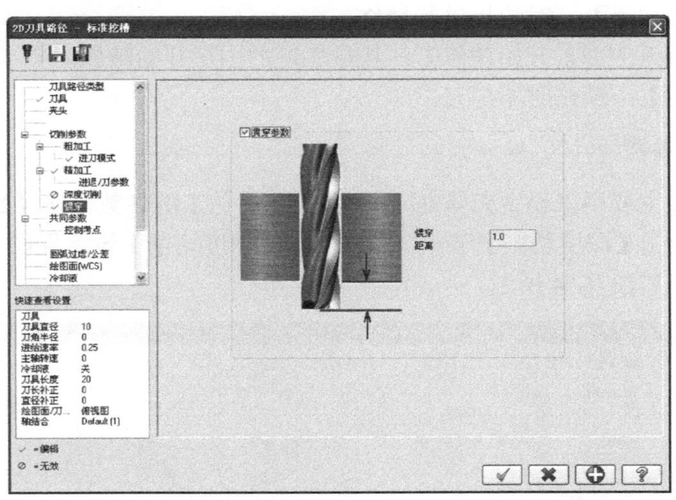

图 9-65 【贯穿】设置界面

贯穿参数主要是设置刀具贯穿槽底部的长度，即贯穿距离，此值是刀尖穿透槽的最低位置并低于最低位置的绝对值。只要选中【贯穿参数】复选框，设置的加工深度值将无效。实际加工深度将以贯穿值为参考。

9.4.2 2D 标准挖槽加工范例

范例文件(光盘)：/09/9-4-2.mcx。

多媒体教学路径：光盘→多媒体教学→第 9 章→9.4.2 节。

步骤 01 打开源文件

打开 9-4-2.mcx 文件，显示加工的图形如图 9-66 所示。下面将具体讲解面铣加工的操作步骤。

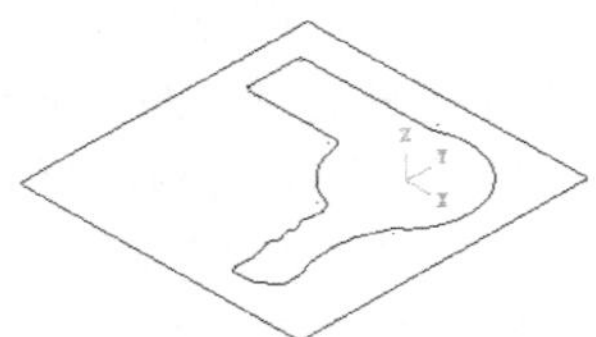

图 9-66 加工图形

技术点拨

此零件需要加工出吹风机凹槽，凹槽外形串联封闭，虽然可以采用外形加工来加工凹槽，但是此凹槽形状不规则，采用外形加工会有局部区域无法加工留有残料，可以直接采用 2D 标准，无须计算加工次数。

步骤 02 选取加工串连

选择【刀具路径】|【标准挖槽】菜单命令，弹出【输入新的 NC 名称】对话框，按图 9-67 所示进行操作，弹出如图 9-68 所示的【串连选项】对话框，继续进行操作，系统弹出【2D 刀具路径】对话框，如图 9-69 所示。

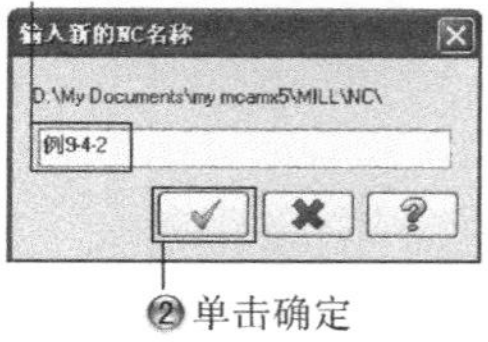

图 9-67　按默认名称

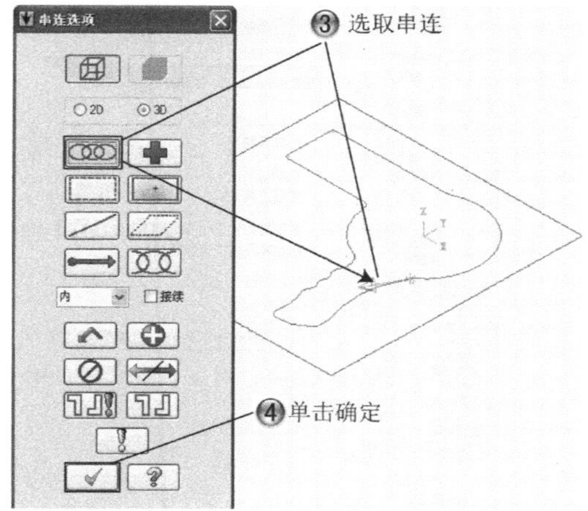

图 9-68　选取串连

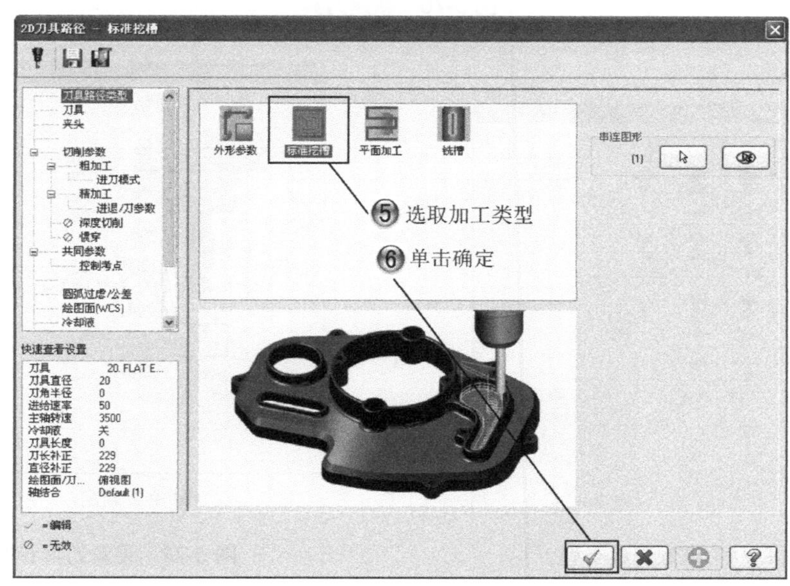

图 9-69　选取加工类型

步骤 03 设置刀具参数

按图 9-70～图 9-73 所示进行操作。

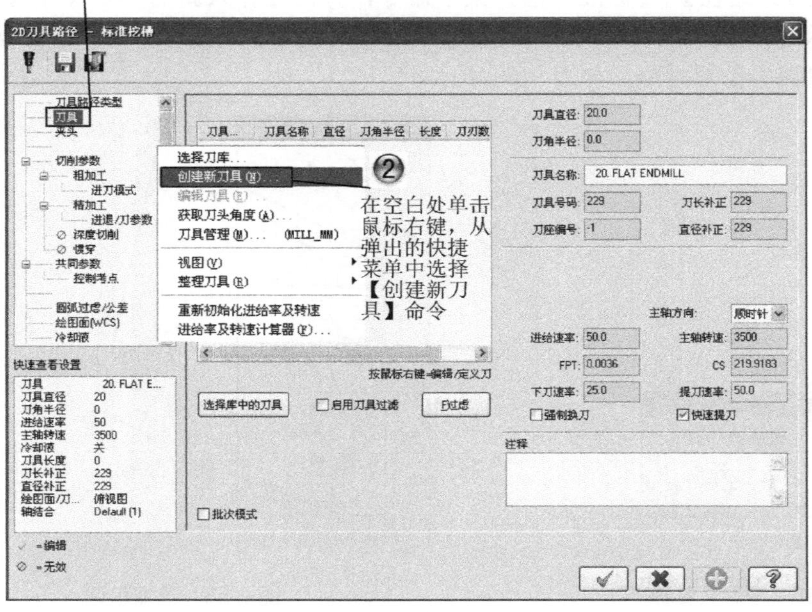

图 9-70　新建刀具

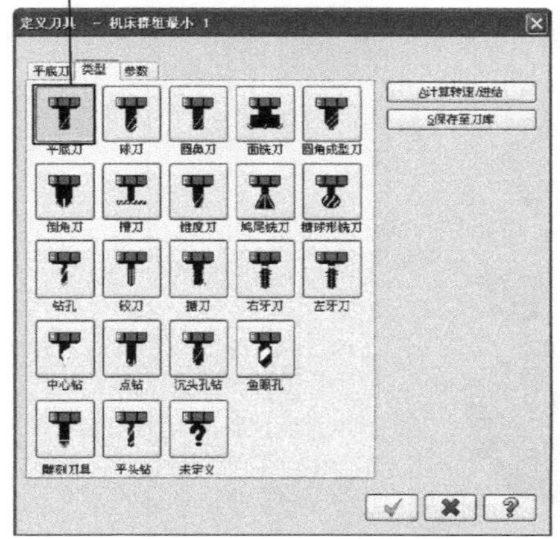

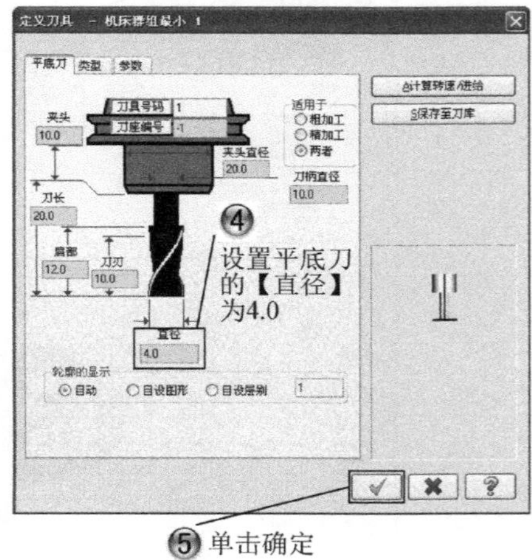

图 9-71　选取刀具类型

图 9-72　设置刀具参数

注 意

由于加工不规则凹槽，所以采用挖槽加工，刀具采用棒刀，另外分析线框图可知，最小内凹半径为 2mm，如果刀具半径小于最小内凹半径，则刀具无法进入，导致铣削不到，所以刀具半径设为 D4。

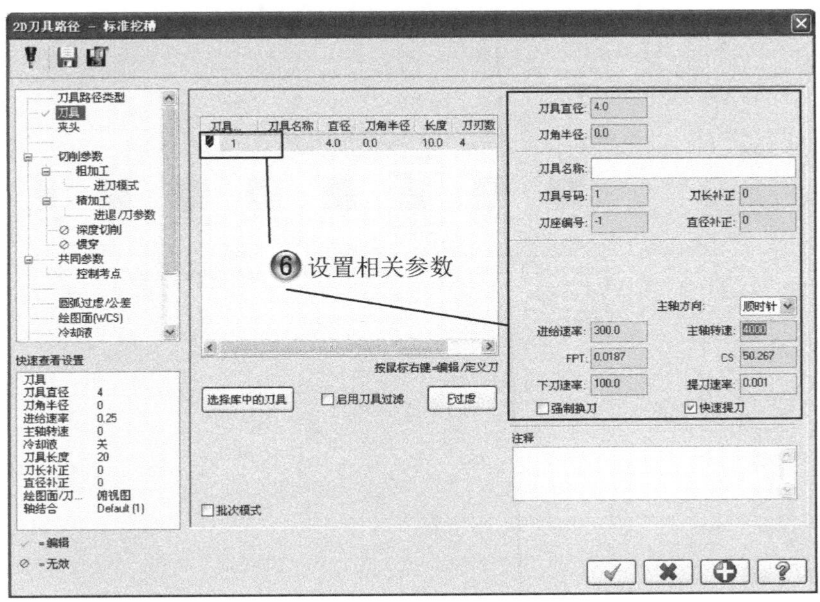

图 9-73　设置刀具相关参数

步骤 04　设置加工参数

按图 9-74～图 9-79 所示进行操作。

① 单击【切削参数】节点，然后设置切削相关参数

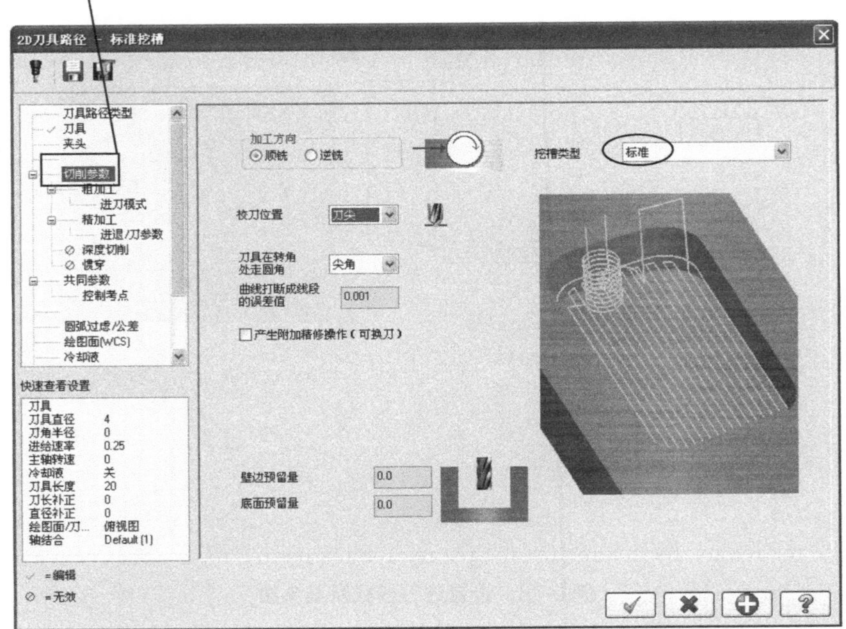

图 9-74　设置切削参数

② 单击【粗加工】节点，在弹出的【粗加工】设置界面中设置粗切削走刀以及刀间距等参数

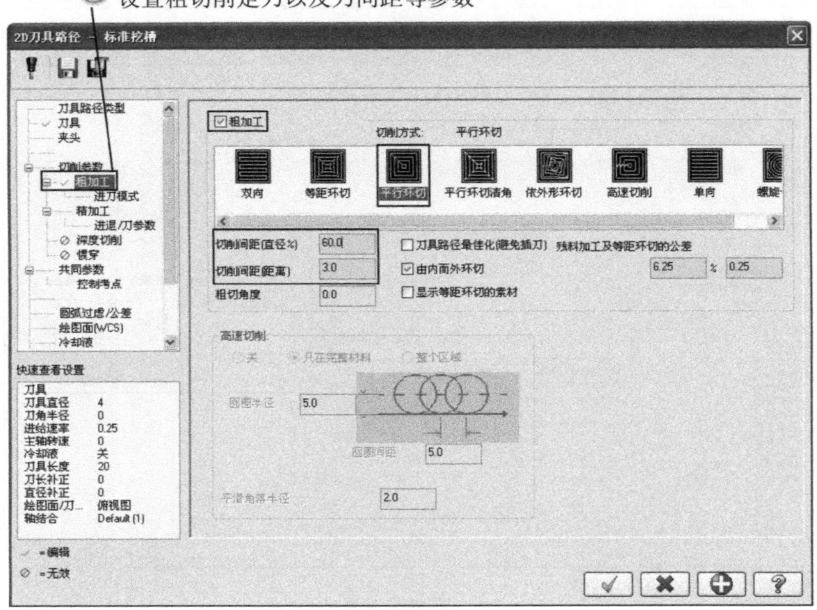

图 9-75　设置粗加工参数

③ 单击【进刀模式】节点，在弹出的【进刀模式】设置界面中选中【斜降下刀】单选按钮

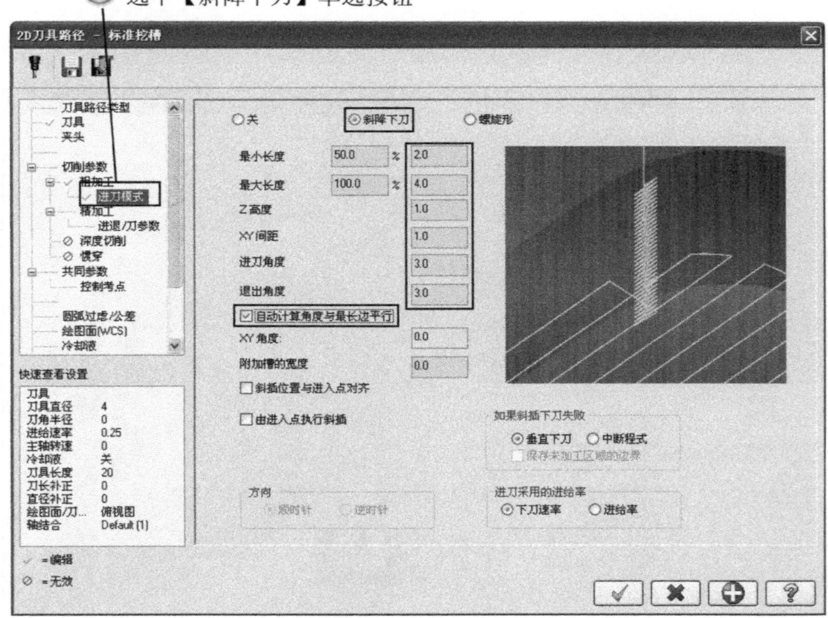

图 9-76　设置进刀模式及其参数

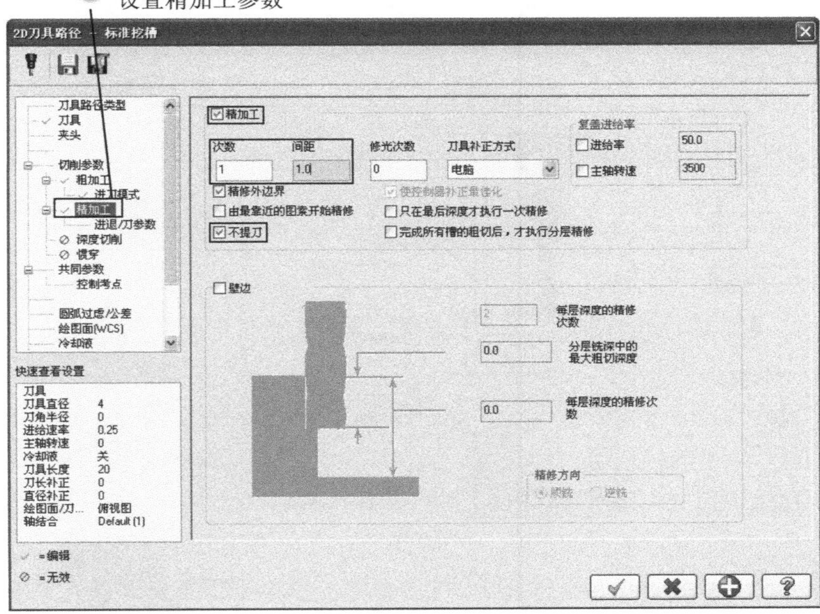

图 9-77　设置精加工参数

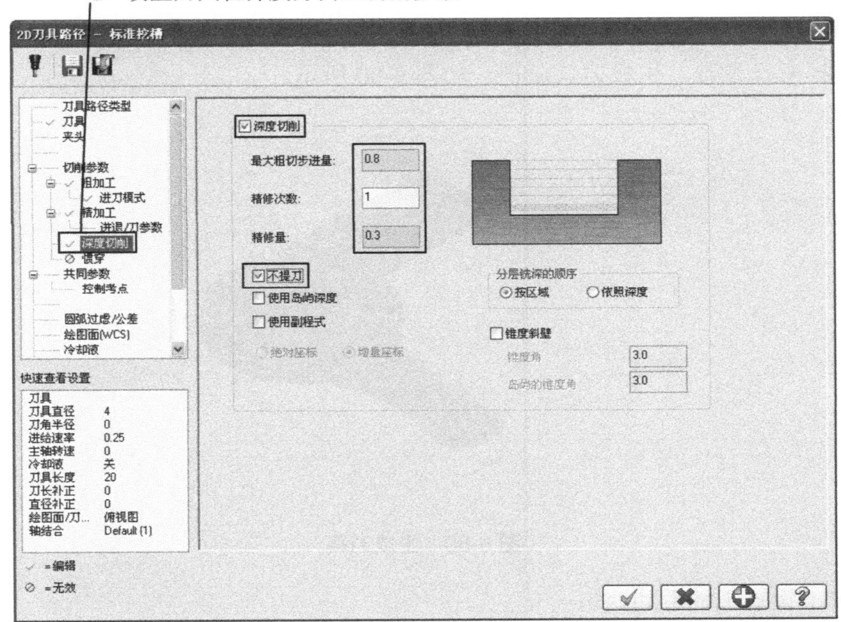

图 9-78　设置分层参数

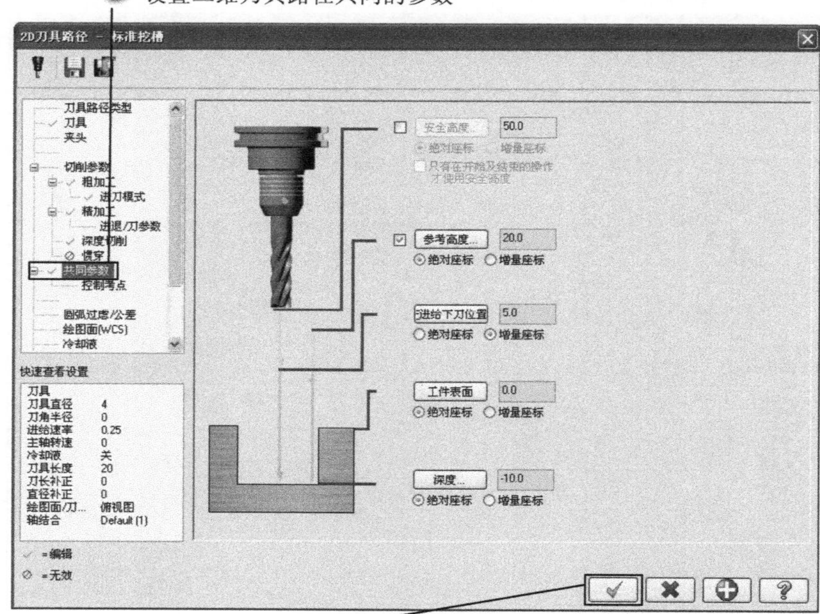

图 9-79　设置共同参数

步骤 05 生成刀具路径

系统根据所设参数，生成刀具路径，如图 9-80 所示。

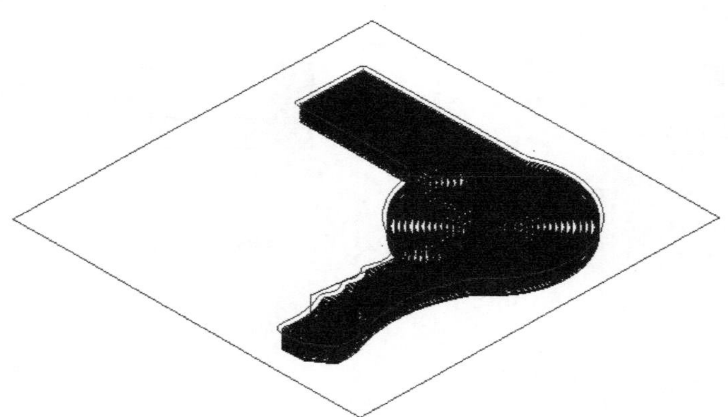

图 9-80　生成刀路

步骤 06 设置工件毛坯

在刀具路径操作管理器中单击【素材设置】节点，弹出【机器群组属性】对话框，按图 9-81 所示进行操作，坯料设置结果如图 9-82 所示。

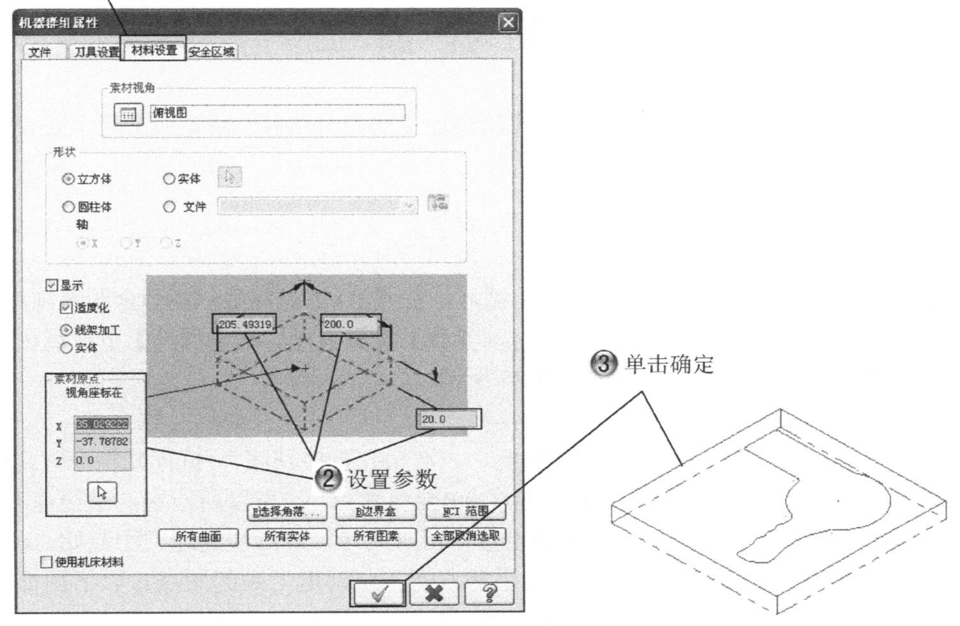

图 9-81　设置参数　　　图 9-82　设置后的毛坯

步骤 07 实体仿真模拟

在刀具路径操作管理器中单击【实体模拟】按钮，弹出【验证】对话框，如图 9-83 所示。单击【播放】按钮，进行模拟，模拟结果如图 9-84 所示。

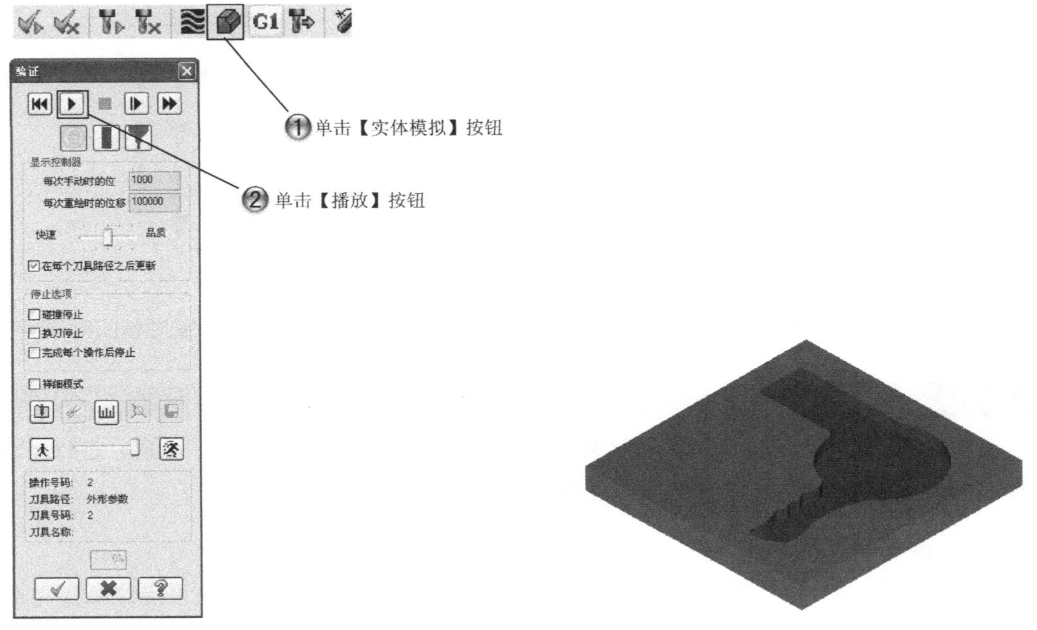

图 9-83　模拟　　　图 9-84　模拟结果

9.5 钻 孔 加 工

钻孔刀具路径主要用于钻孔、镗孔和攻丝等加工的刀具路径。钻孔加工除了要设置通用参数外还要设置专用钻孔参数。

9.5.1 钻孔循环

Mastercam 系统提供了多种类型的钻孔循环，在【2D 刀具路径-钻孔/全圆铣削深孔钻】对话框中单击【切削参数】节点，打开【切削参数】设置界面，在【循环】下拉列表框中包括 6 种钻孔循环和自设循环类型，如图 9-85 所示。

(1) 深孔啄钻(G81/G82)循环

深孔啄钻(G81/G82)循环是一般简单钻孔，一次钻孔直接到底， 执行此指令时，钻头先快速定位至所指定的坐标位置，再快速定位(G00)至参考点，接着以所指定的进给速率 F 向下钻削至所指定的孔底位置，可以在孔底设置停留时间 P，最后快速退刀至起始点(G98 模式)或参考点(G99 模式)完成循环，这里为讲解方便，全部退刀到起始点。以下图都以实线表示进给速率线，以虚线表示快速定位(G00)速率线，如图 9-86 所示。

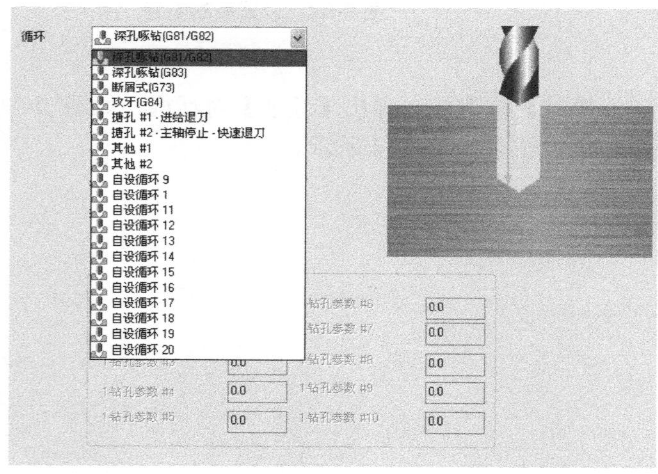

图 9-85　钻孔循环

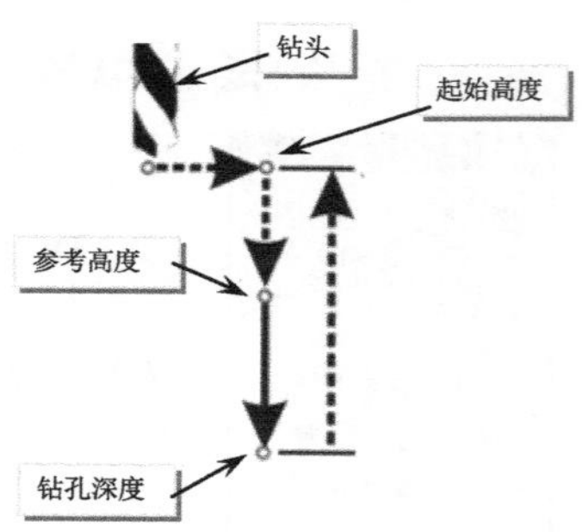

图 9-86　深孔啄钻(G81)循环

提 示

G82 指令除了在孔底会暂停时间 P 外，其余加工动作均与 G81 相同。G82 使刀具切削到孔底后暂停几秒，可改善钻盲孔、柱坑、锥坑的孔底精度。

(2) 深孔啄钻(G83)循环

深孔啄钻(G83)循环是钻头先快速定位至所指定的坐标位置，再快速定位到参考高度，接着向 Z 轴下钻所指定的距离 *Q*(*Q* 必为正值)，再快速退回到参考高度。这样便可把切屑带出孔外，以免切屑将钻槽塞满而增加钻削阻力或使切削剂无法到达切边，故 G83 适于深孔

钻削，依此方式一直钻孔到所指定的孔底位置。最后快速抬刀到起始高度，如图 9-87 所示。

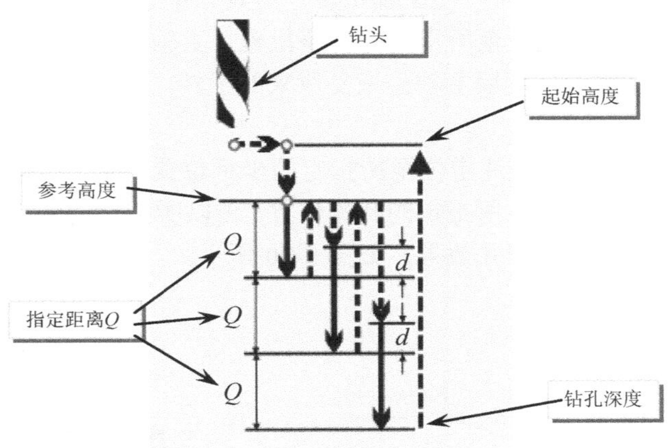

图 9-87　深孔啄钻(G83)循环

(3)　断屑式(G73)循环

断屑式(G73)循环是钻头先快速定位至所指定的坐标位置，再快速定位参考高度，接着向 Z 轴下钻所指定的距离 Q(Q 必为正值)，再快速退回距离 d，依此方式一直钻孔到所指定的孔底位置。此种间歇进给的加工方式可使切屑裂断且切削剂易到达切边，进而使排屑容易且冷却、润滑效果佳，如图 9-88 所示。

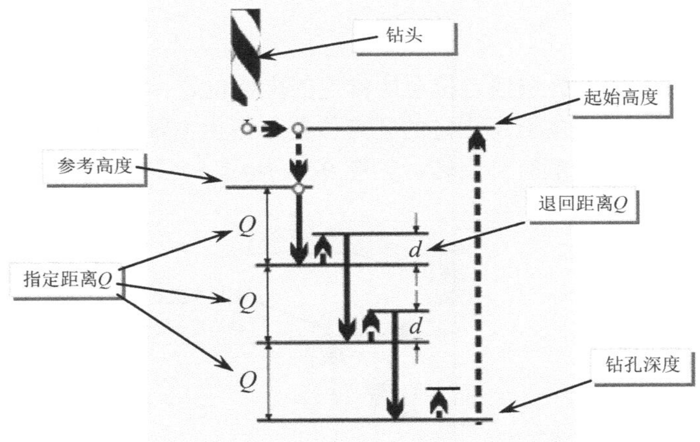

图 9-88　断屑式(G73)循环

提 示

G73/G83 是较复杂的钻孔动作，非一次钻到底，而是分段啄进，每段都有退屑的动作，G83 与 G73 不同处是在退刀时，G83 每次退刀皆退回到参考高度处，G73 退屑时，只退固定的排屑长度 d。

(4) 攻牙(G84)循环

攻牙(G84)循环用于右手攻牙，使主轴正转，刀具先快速定位至所指定的坐标位置，再快速定位到参考高度，接着攻牙至所指定的孔座位置，主轴改为反转且同时向 Z 轴正方向退回至参考高度，退至参考高度后主轴会恢复原来的正转，如图 9-89 所示。

(5) 镗孔(G85)循环

镗孔(G85)①循环是铰刀先快速定位至所指定的坐标位置，再快速定位至参考高度，接着以所指定的进给速率向下铰削至所指定的孔座位置，仍以所指定的进给速率向上退刀。对孔进行两次镗削，能产生光滑的镗孔效果，如图 9-90 所示。

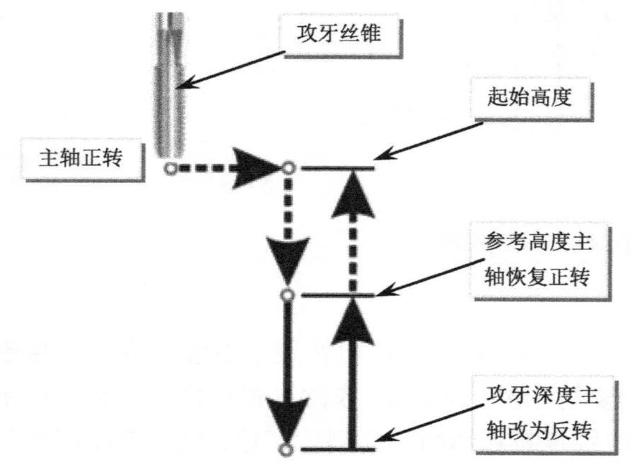

图 9-89 攻牙(G84)循环

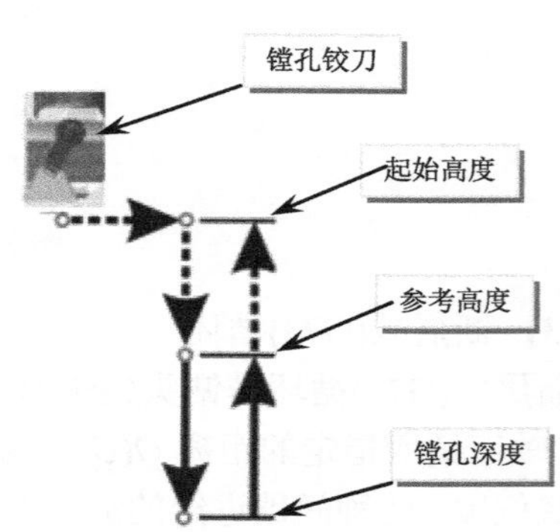

图 9-90 镗孔(G85)循环

(6) 镗孔(G86)循环

镗孔(G86)②循环是铰刀先快速定位至所指定的坐标位置，再快速定位至参考高度，接着以所指定的进给速率向下铰削至所指定的孔座位置，停止主轴旋转，以 G00 速度回抽至原起始高度，而后主轴再恢复顺时针旋转，如图 9-91 所示。

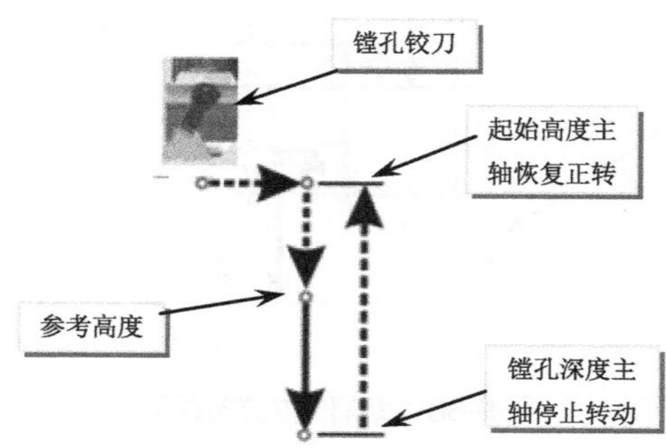

图 9-91 镗孔(G86)循环

① 本软件翻译为【搪孔#1-进给退刀】，正确翻译为【镗孔(G85)循环】。

② 本软件翻译为【搪孔#2-主轴停止-快速退刀】，正确翻译为【镗孔(G86)循环】。

9.5.2 钻孔加工参数

钻孔参数包括刀具参数、切削参数和共同参数。共同参数基本上与【外形加工】中的共同参数相同，下面主要讲解它们的不同之处。

1. 切削参数

切削参数包括首次啄钻、副次切量、安全余隙、回缩量、暂停时间和提刀偏移量等。在【2D 刀具路径-钻孔/全圆铣削深孔钻-无啄孔】对话框中单击【切削参数】节点，弹出【切削参数】设置界面，用来设置钻孔相关参数，如图 9-92 所示。

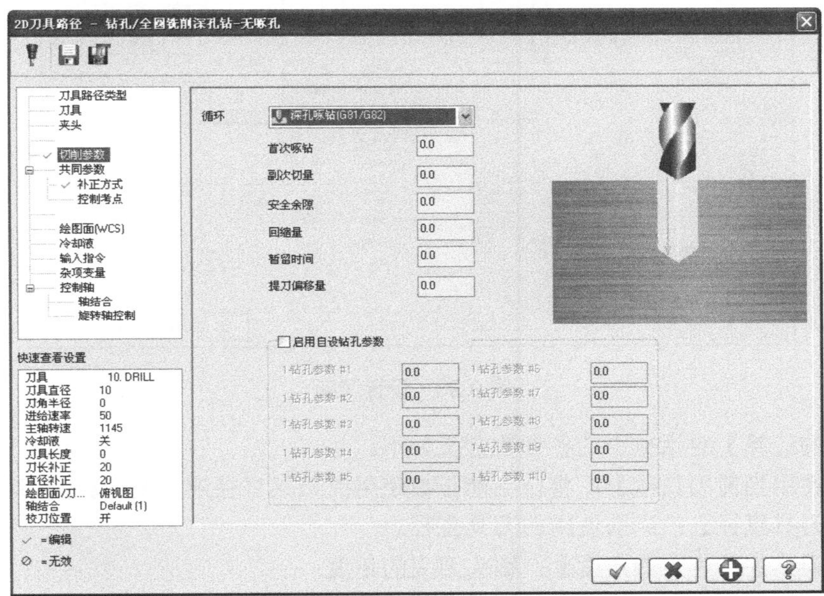

图 9-92　【切削参数】设置界面

其部分参数含义如下。

①　【首次啄钻】：设置第一次步进钻孔深度。

②　【副次切量】：后续的每一次步进钻孔深度。

③　【安全余隙】：本次刀具快速进刀与上次步进深度的间隙。

④　【回缩量】：设置退刀量。

⑤　【暂留时间】：设置刀具在钻孔底部的停留时间。

⑥　【提刀偏移量】：此参数是设置镗孔刀具在退刀前让开孔壁一段距离，以免伤及孔壁，只用于镗孔循环。

2. 深度补偿

在【2D 刀具路径-钻孔/全圆铣削深孔钻-无啄孔】对话框中单击【共同参数】节点，弹出【共同参数】设置界面，用来设置钻孔公共参数，在【共同参数】设置界面的【深度】文本框中输入深度值，若钻削孔深度不是通孔，则输入的深度值只是刀尖的深度。如果要使刀具的有效深度达到输入的深度，就必须要加深孔的输入深度。由于钻头尖部夹角为 118°，为方便计算，系统提供的深度补偿功能可以自动帮用户计算钻头刀尖的长度。单击【深度】按钮右侧的【计算器】按钮，弹出【深度的计算】对话框，如图 9-93 所示。该对话框会根据用户所设置的【刀具直径】和【刀具尖部包含的角度】自动计算应该补偿的深度。

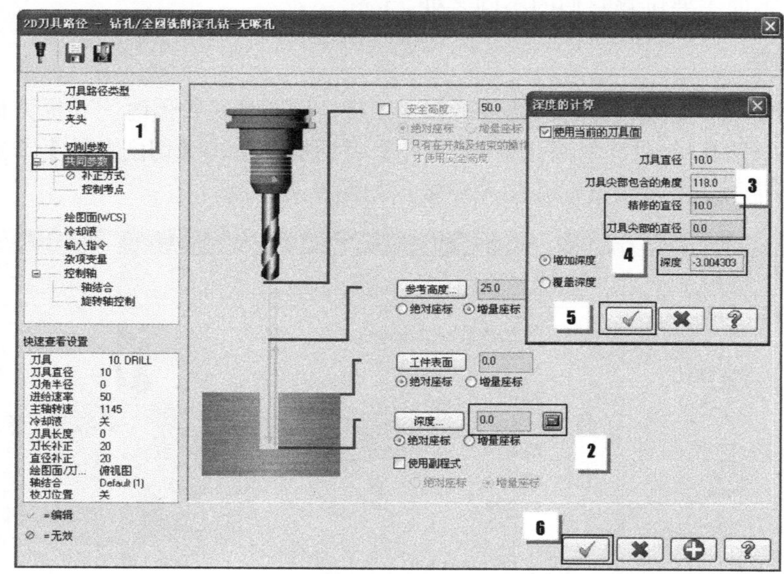

图 9-93　设置深度

【深度的计算】对话框中的各参数含义如下。

① 【使用当前刀具值】：将以当前正被使用的刀具直径最为要计算的刀具直径。

② 【刀具直径】：当前使用的刀具直径。

③ 【刀具尖部包含的角度】：钻头刀尖的角度。

④ 【精修的直径】：设置当前要计算刀具直径。

⑤ 【刀具尖部的直径】：设置要计算的刀具刀尖直径。

⑥ 【增加深度】：将计算的深度增加到深度值中。

⑦ 【覆盖深度】：将计算的深度覆盖到深度值中。

⑧ 【深度】：计算出来的深度。

3．补正方式

在【2D 刀具路径-钻孔/全圆铣削深孔钻-无啄孔】对话框中单击【补正方式】节点，弹出【补正方式】设置界面，用来设置钻孔深度补偿，如图 9-94 所示。

补正方式的各参数含义如下。

① 【刀具直径】：当前使用的钻头直径。

② 【贯穿距离】：钻头(除掉刀尖以外)贯穿工件超出的距离。

③ 【刀尖长度】：钻头尖部的长度。

④ 【刀尖角度】：钻头尖部的角度。

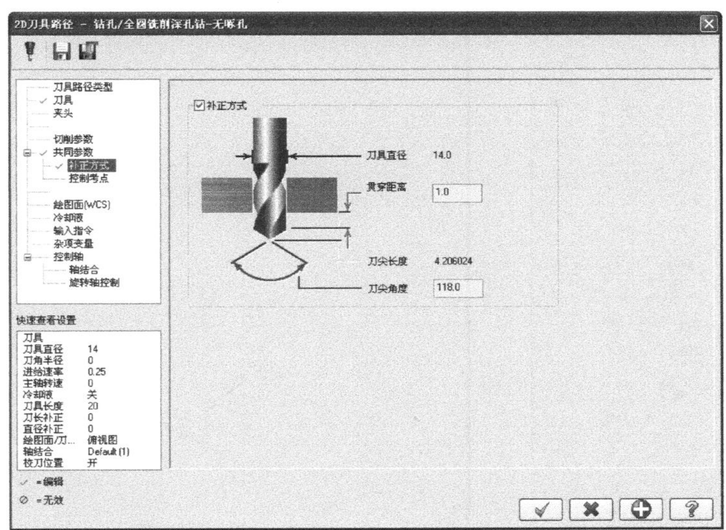

图 9-94　【补正方式】设置界面

注 意

如果不使用贯穿选项，输入的距离只是钻头刀尖所到达的深度，在钻削通孔时若设置的钻孔深度与材料的厚度相同，会导致孔底留有残料，无法穿孔。采用尖部补偿功能可以将残料清除。

9.5.3　钻孔点的选择方式

要进行钻孔刀具路径的编制，就必须定义钻孔所需要的点。这里所说的钻孔点并不仅仅指【点】，而是指能够用来定义钻孔刀具路径的图素，包括存在点、各种图素的端点、中点以及圆弧等都可以作为钻孔的图素。

选择【刀具路径】|【钻孔】菜单命令，弹出如图 9-95 所示的【选取钻孔的点】对话框，设置点的选择方式。

1．手动方式

在【选取钻孔的点】对话框中的【手动方式】按钮是系统默认的选取方式。用户采用手动方式可以选择存在点、输入的坐标点、捕捉图素的端点、中点、交点、中心点或圆的圆心点、象限点等来产生钻孔点。

2．自动方式

在【选取钻孔的点】对话框中单击【自动】按钮，即采用自动选取的点作为钻孔点的选取方式，将选取一系列的已存在点作为钻孔的中心点，通过三点来定义自动选取的范围。如图 9-96 所示为自动选取方式选取第一点 A、第二点 B 和第三点 C 后所产生的钻孔刀具路径。

图 9-95 【选取钻孔的点】对话框

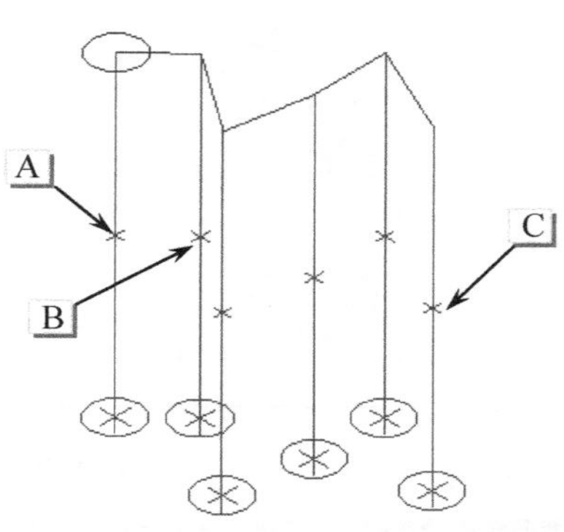

图 9-96 自动选点

注 意

自动选点功能并不能将屏幕上所有的点都选中，如果是人工按先后顺序绘制的点，则按顺序选取第一点、第二点和第三点才可以选取全部的点。

3. 图素选点

在【选取钻孔的点】对话框中单击【选取图素】按钮，即采用选取图素的特殊点作为钻孔点的选取方式。在单击该按钮后，将提示选取图素，在绘图区选取图素，系统根据用户捕捉图素点的位置自动判断钻孔点的中心位置。如图 9-97 所示为选取六边形的所有线后的钻孔刀具路径。

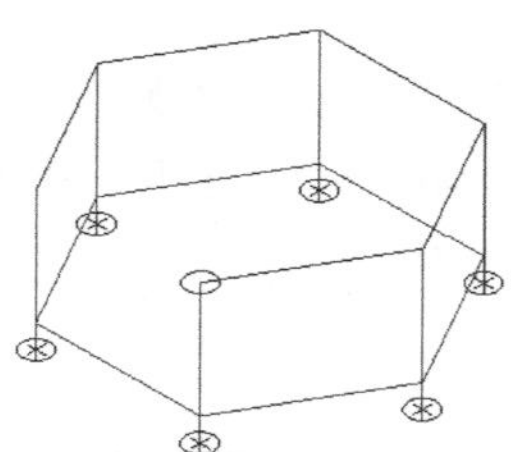

图 9-97 图素选点

注 意

图素选点模式选取图素时，当存在多个点重叠时，不用担心两图素的交点重复问题，系统会自动过滤掉重复的点。

4．视窗选点

在【选取钻孔的点】对话框中单击【窗选】按钮，即采用视窗选点方式作为钻孔点的选取方式。通过视窗左上点和视窗右下点来选取视窗内的钻孔点，系统根据所选取的点选择系统默认的钻孔顺序来产生钻孔刀具路径，如图 9-98 所示。

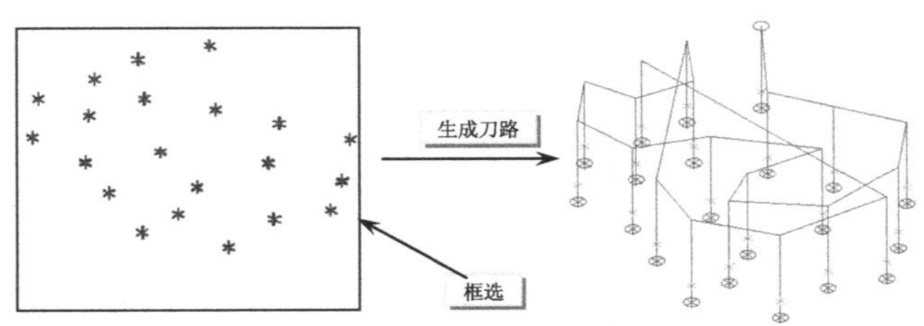

图 9-98　窗选钻孔刀具路径

5．栅格阵列钻孔点

在【选取钻孔的点】对话框中选中【图样】复选框和【网格】单选按钮，并在 X 文本框输入点和间距值，在 Y 文本框中输入点和间距值。即可产生栅格阵列钻孔点及阵列点的钻孔刀具路径，如图 9-99 所示。

6．圆周阵列钻孔点

在【选取钻孔的点】对话框中选中【图样】复选框和【圆周点】单选按钮，并在【半径】文本框中输入圆周阵列的圆半径；在【起始角度】文本框中输入圆周阵列的起始角度；在【角度增量】文本框中输入圆周阵列的角度增量；在【圆孔数量】文本框中输入圆周阵列的个数。即产生圆周阵列钻孔点及阵列点的钻孔刀具路径，如图 9-100 所示。

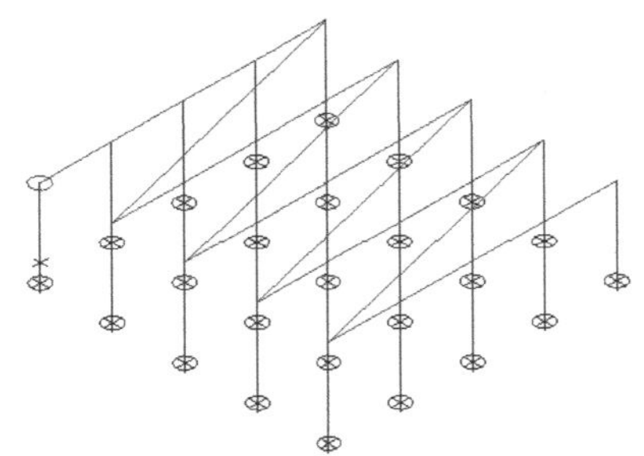

图 9-99　栅格阵列点钻孔刀具路径

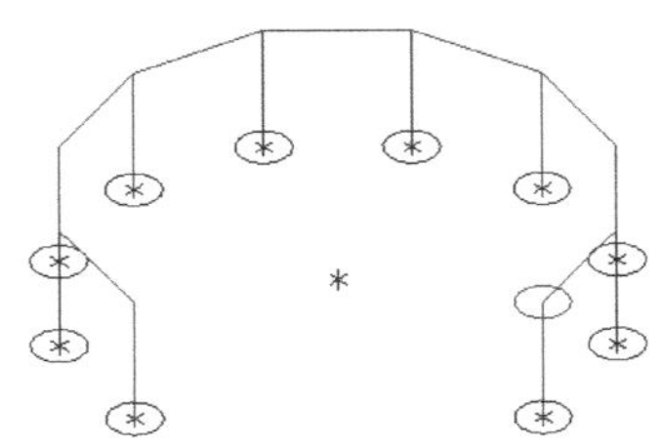

图 9-100　圆周阵列钻孔刀具路径

7．限定半径

在【选取钻孔的点】对话框中单击【限定半径】按钮，即采用限定圆弧半径选点方式作为钻孔点的选取方式。单击该按钮后提示选取基准圆弧，在绘图区任意选择一圆弧，作为基准，以后不管选取其他任何圆弧，只要跟此圆弧半径相等即可被选中，不相等或不是圆弧则被排除。

9.5.4 钻孔加工范例

源文件(光盘)：/09/9-5-3.mcx。

多媒体教学路径：光盘→多媒体教学→第 9 章→9.5.4 节。

步骤 01 打开源文件

首先打开文件 9-5-4.mcx，显示要加工的图形，如图 9-101 所示。

技术点拨

此零件为缸体盖，需要加工出 4 个螺丝孔，用于紧固定位。因此采用钻头进行钻孔加工来加工 4 个通孔。

步骤 02 选取加工串连

选择【刀具路径】|【面铣削】菜单命令，弹出【输入新的 NC 名称】对话框，然后按如图 9-102～图 9-104 所示进行操作。

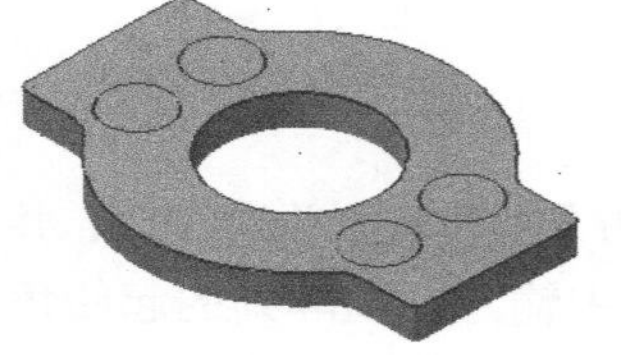

图 9-101 加工图形

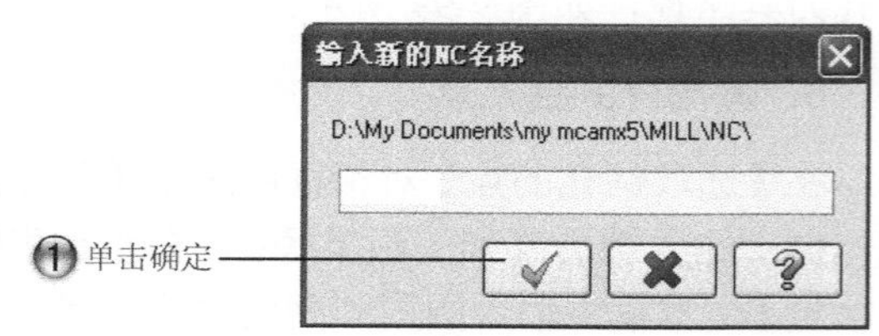

图 9-102 【输入新的 NC 名称】对话框

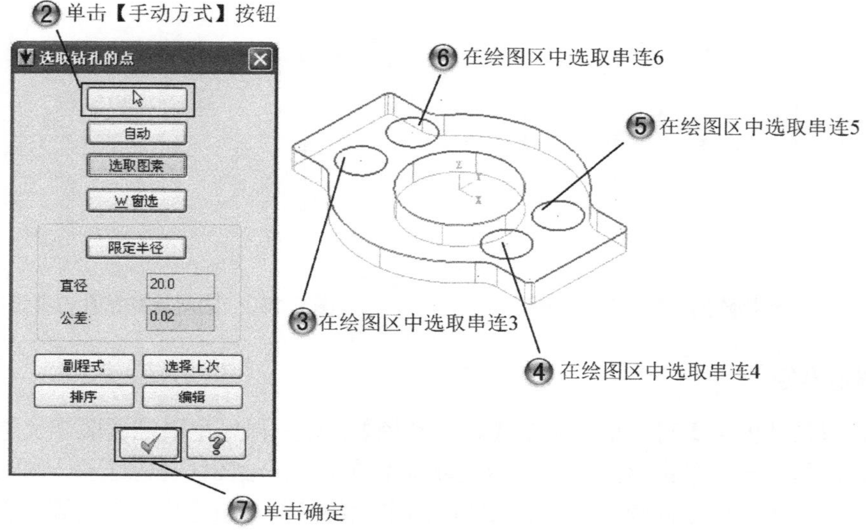

图 9-103 选取串连

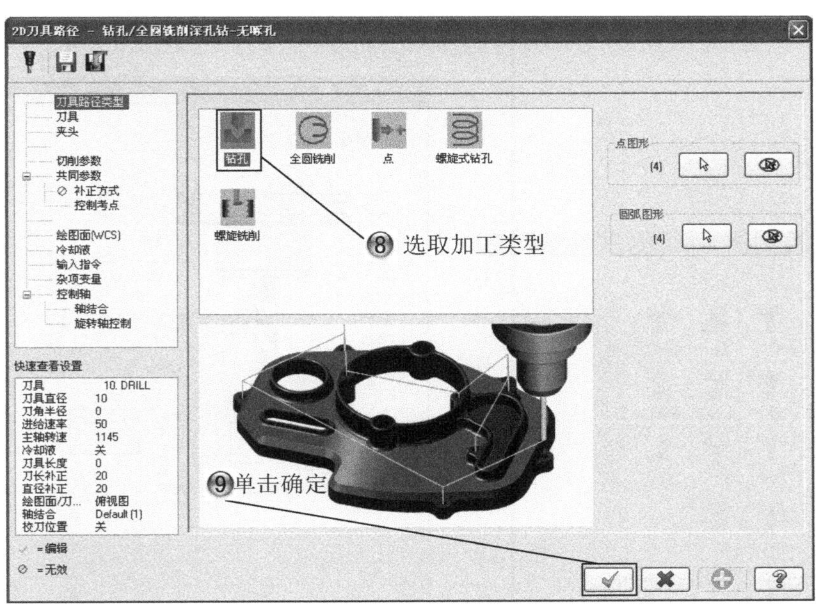

图 9-104　选取加工类型

步骤 03　设置刀具参数

按图 9-105～图 9-108 所示进行操作。

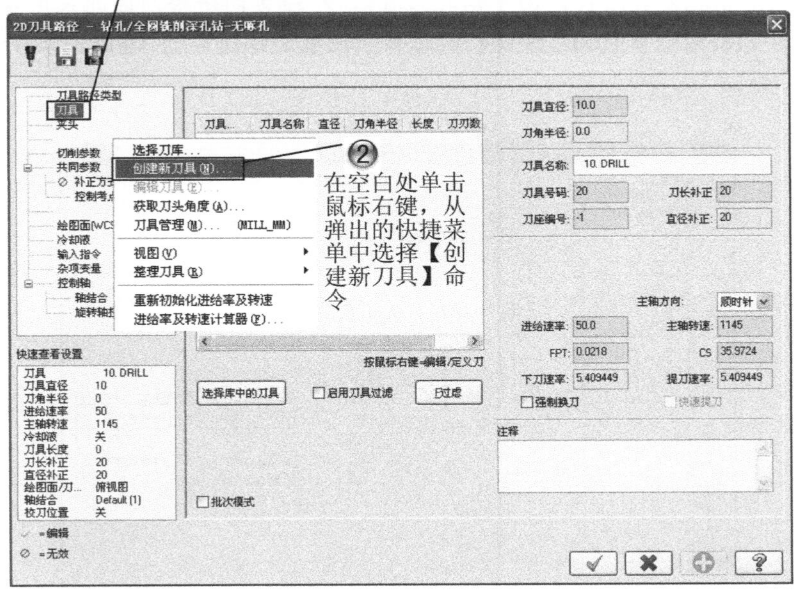

图 9-105　新建刀具

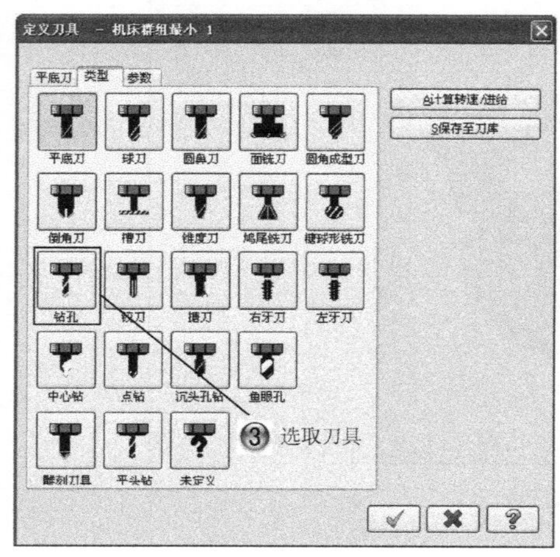

图 9-106　选取刀具类型

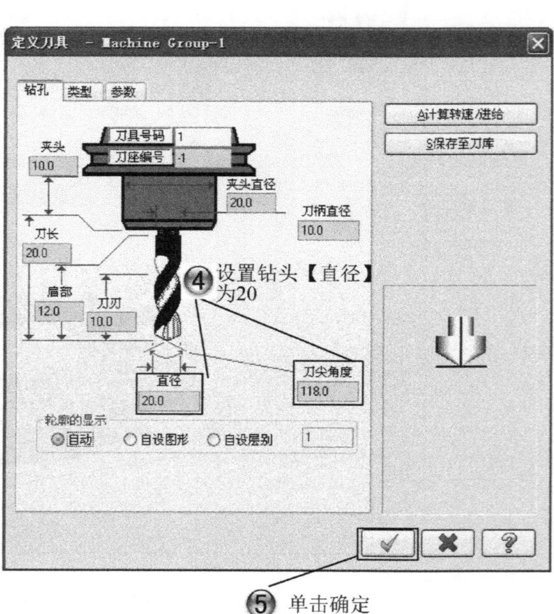

图 9-107　设置刀具直径

注 意

钻通孔采用钻孔刀具路径，由于钻孔只有沿 Z 轴方向进给，因此采用钻头加工，钻头刀尖角度为 118(见图 9-107)，方便钻入工件。设置进给速率为 1000 毫米/分，主轴转速为 3000 毫米/分。

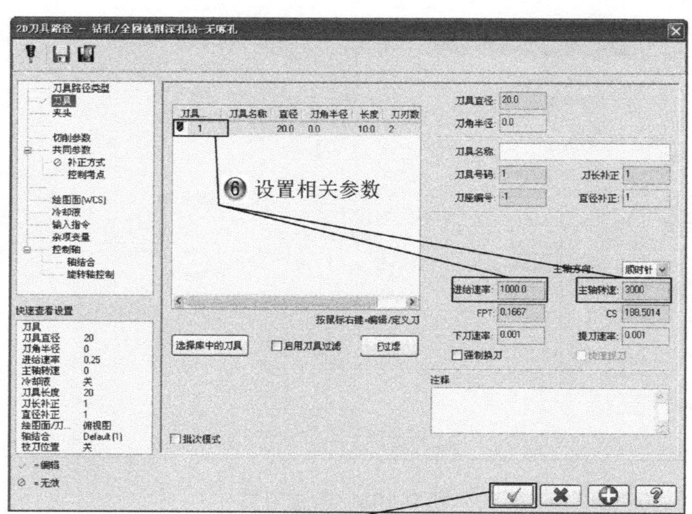

图 9-108　设置刀具相关参数

步骤 04 设置加工参数

按图 9-109～图 9-111 所示进行操作，最后的生成刀具路径如图 9-112 所示。

① 单击【切削参数】节点，在弹出的【切削参数】设置界面中设置切削相关参数

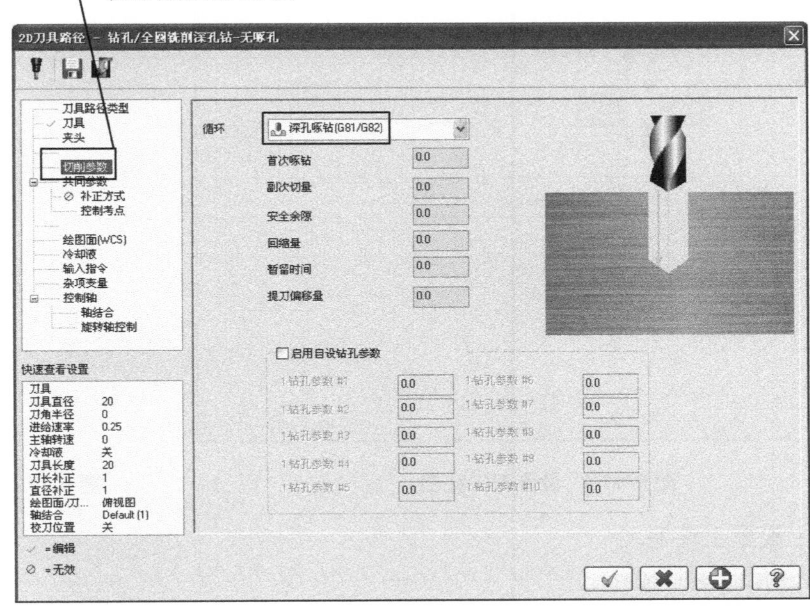

图 9-109　设置切削参数

② 单击【共同参数】节点，在弹出的【共同参数】设置界面中设置二维刀具路径共同的参数

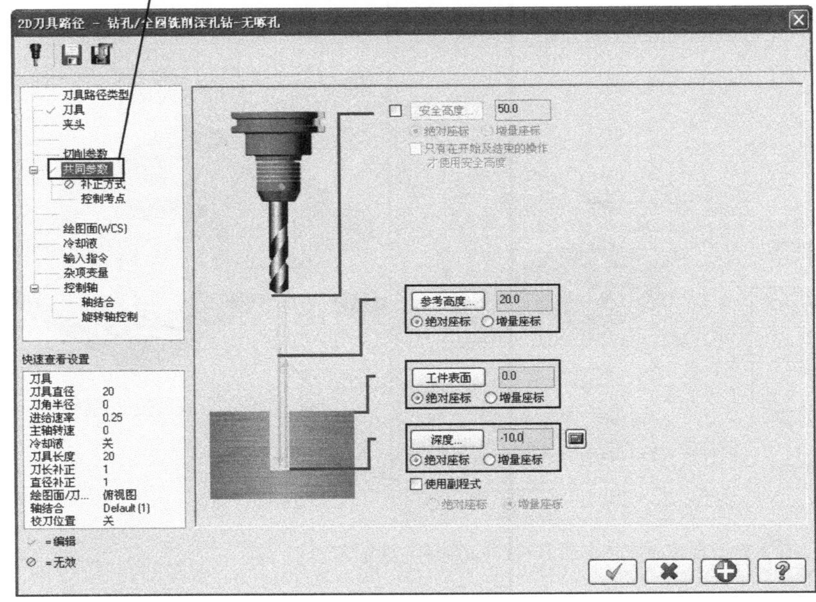

图 9-110　设置共同参数

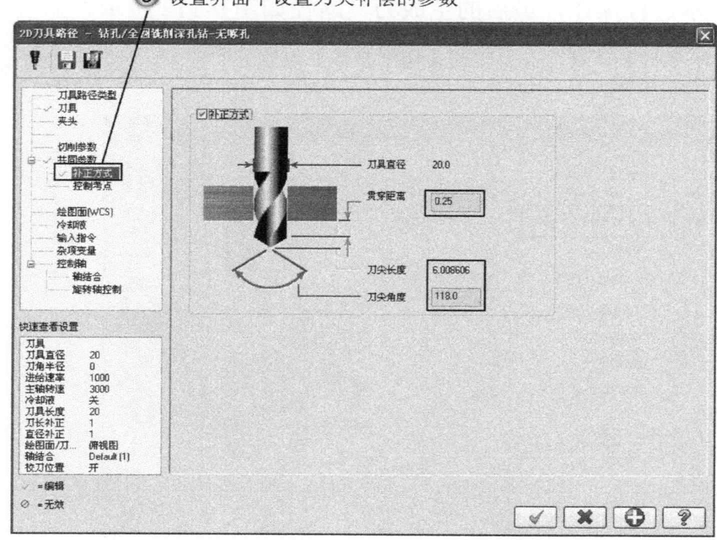

图 9-111 设置刀尖补偿

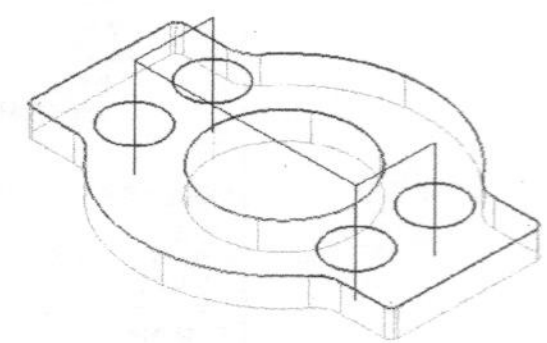

图 9-112 生成刀路

步骤 05 设置工件毛坯

按图 9-113 所示进行操作。

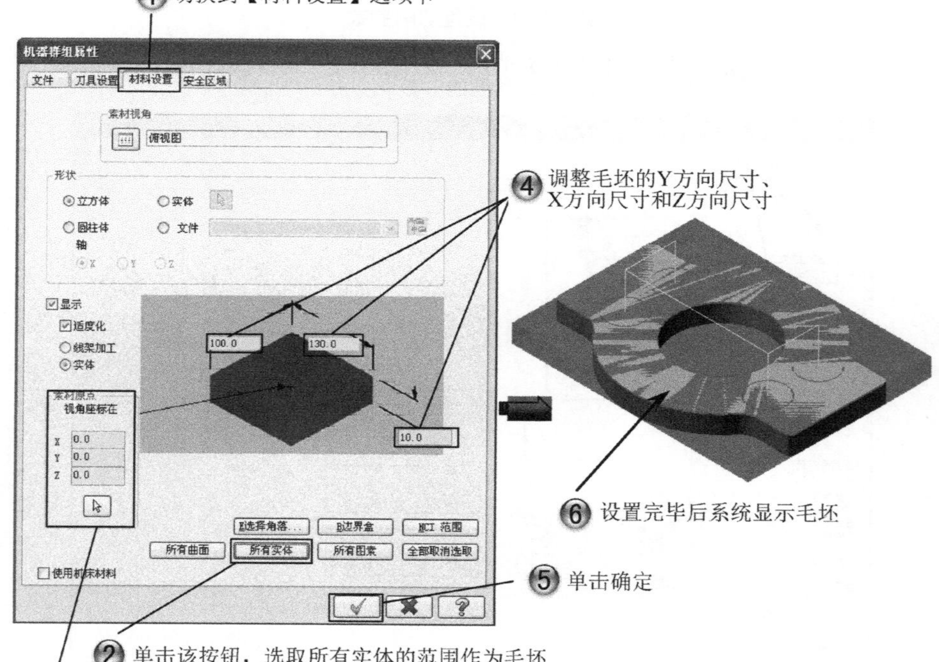

图 9-113 设置毛坯

步骤 06 实体仿真模拟

按图 9-114 所示进行操作。

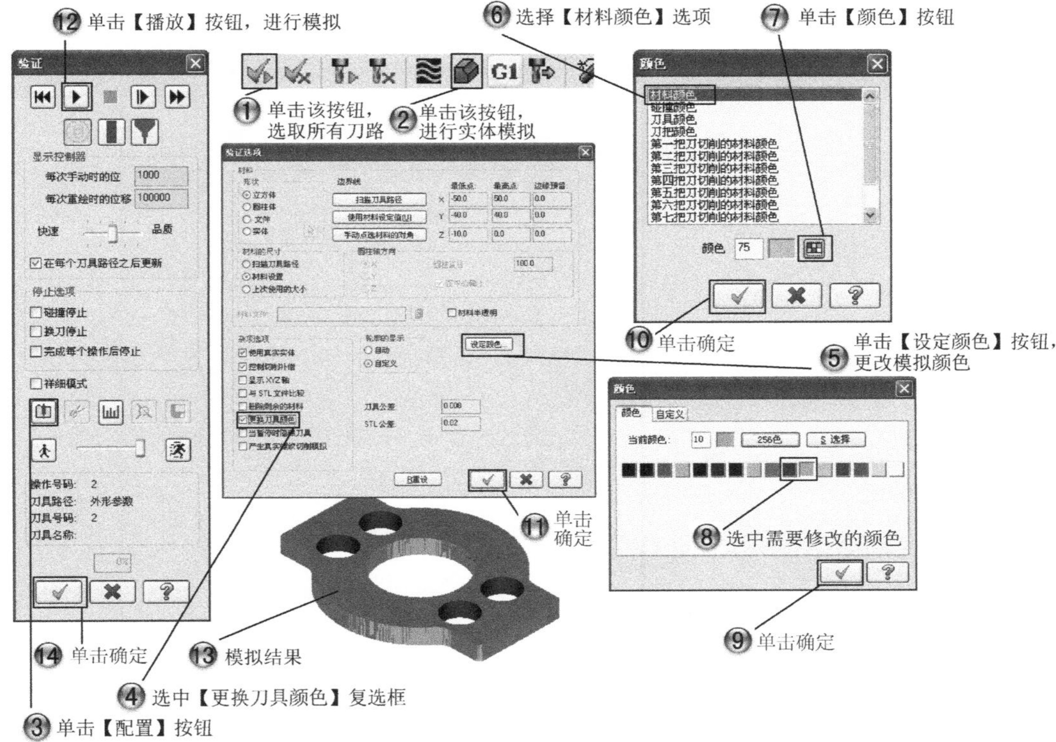

图 9-114　模拟步骤

9.6　本 章 小 结

二维刀具路径是 Mastercam 系统的最具优势的刀路，计算时间短，加工效率高，在业内享有盛誉。本章主要讲解的二维刀具路径有平面铣削、外形铣削、2D 挖槽、钻孔等。其中外形加工和挖槽加工又分多种刀路，在实际加工过程中使用也比较频繁。钻孔刀具路径有多种钻孔方式，理解每一种钻孔方式的差异，并加以灵活运用。

读者要重点掌握外形铣削加工和 2D 挖槽加工刀具路径，这两个刀具路径基本上可以完成 80%以上的二维加工，加工效率和加工质量都非常高。

第10章

Mastercam X5

3轴曲面粗加工

本章导读：

在 MastercamX5 加工中，曲面粗加工主要是用来对工件进行初次清除大部分的残料，系统提供的形式比较多。其中较常用的有挖槽粗加工、等高外形粗加工、残料粗加工等。下面将一一讲解。

学习内容：

知识点 \ 学习目标	理 解	应 用	实 践
曲面粗加工概述	√	√	
平行粗加工	√	√	
放射状粗加工	√		√
投影粗加工	√		√
挖槽粗加工	√		√
残料粗加工	√		√
钻削粗加工	√		√
曲面流线粗加工	√		√
等高外形粗加工	√		√

10.1 曲面粗加工概述

Mastercam X5 提供了 8 种曲面粗加工方式来进行开粗加工。这 8 种粗加工分别为平行粗加工、放射粗加工、投影粗加工、挖槽粗加工、残料粗加工、钻削粗加工、曲面流线粗加工和等高外形粗加工。每种粗加工都有其专用的加工参数。粗加工的目的是尽可能快的去除残料，所以粗加工一般尽可能使用大的刀具。这样刀具钢性好，可以用大的切削量，快速地清除残料、提高效率。

10.2 平行粗加工

平行粗加工是一种最通用、简单和有效的加工方法。平行粗加工的刀具沿指定的进给方向进行切削，生成的刀具路径相互平行。平行粗加工刀具路径比较适合加工凸台或凹槽不多或相对比较平坦的曲面。

平行粗加工参数包括 3 个选项卡，【刀具参数】和【曲面加工参数】在前面已经讲解，这里要讲解的是【粗加工平行铣削参数】。

10.2.1 粗加工平行铣削参数

在进行曲面粗加工平行铣削加工时首先要进行曲面的选择，当用户启动粗加工平行铣削加工方式时，会弹出【选取工件的形状】对话框，如图 10-1 所示，可选取的曲面类型有【凸】、【凹】和【未定义】3 种，其中【未定义】表示用户不指定或选取的曲面有凸又有凹。用户根据曲面形状选择相应的曲面类型，系统将自动提前进行优化，减少参数设置量，提高效率。

图 10-1 选取曲面类型

在【曲面粗加工平行铣削】对话框的【粗加工平行铣削参数】选项卡中可以设置平行粗加工专有参数，包括【整体误差】、【切削方式】和【下刀的控制】等参数，如图 10-2 所示。

其部分参数讲解如下。

1. 整体误差

在【整体误差】按钮右侧的文本框可以设置刀具路径的精度误差。公差越小，加工得到的曲面就越接近真实曲面，加工时间也就越长。在粗加工阶段，可以设置较大的公差值以提高加工效率。

在【粗加工平行铣削参数】选项卡中单击【整体误差】按钮，弹出【整体误差设置】对话框，如图 10-3 所示，可以设置整体误差和切削误差。

其部分参数含义如下。

① 【过滤的误差】：当两条路径之间的距离小于或等于指定值时，可将这两条路径合为一条，以精简刀具路径，提高加工效率。

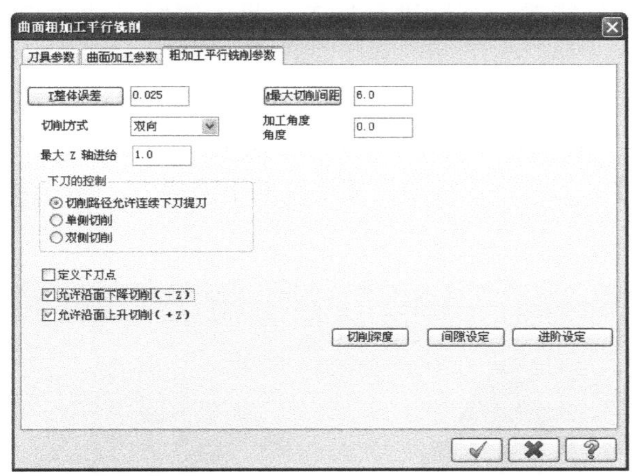

图 10-2　【粗加工平行铣削参数】选项卡

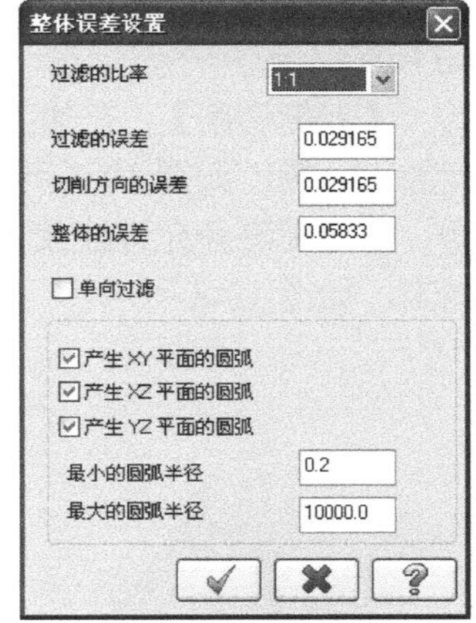

图 10-3　【整体误差设置】对话框

② 【切削方向的误差】：指的是刀具路径趋近真实曲面的精度，值越小则越接近真实曲面，生成的 NC 程序越多，加工时间就越长。

③ 【产生 XY/XZ /YZ 平面的圆弧】：在过滤刀具路径时，允许使用一段半径在指定范围的圆弧路径取代原有的路径。

④ 【整体的误差】：整体误差等于过滤误差和切削误差之和。在设置好【整体误差】后，可以通过【过滤的比率】下拉列表框来指定公差的分配比例。系统提供了 5 种比例：【关】、1∶1、2∶1、3∶1 和【自设】。选择【关】选项，切削误差和整体误差就相等；选择【自设】选项，用户还可以另行设置两种误差的比例。

2. 切削方式

在【切削方式】下拉列表框中，有【双向】和【单向】两种方式。【双向】切削是指刀具在完成一行切削后立即转向下一行进行切削；【单向】切削是指加工时刀具只沿一个方向进行切削，完成一行后，需要提刀返回到起点再进行下一行的切削。

双向切削有利于缩短加工时间，而单向切削可以保证一直采用顺铣和逆铣的方式，以获得良好的加工质量。如图 10-4 所示为单向切削刀具路径；如图 10-5 所示为双向切削刀具路径。

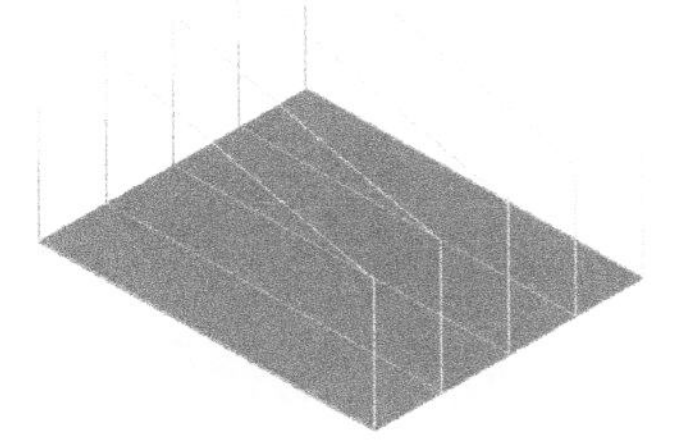

图 10-4　单向切削

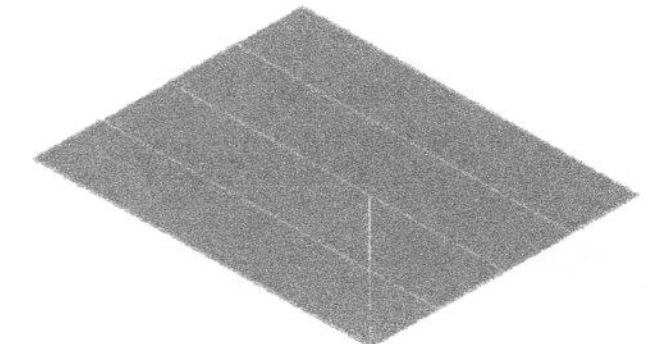

图 10-5　双向切削

3. 下刀方式

下刀方式决定了刀具下刀或退刀时在 Z 方向的运动方式。其参数含义如下。

① 【单侧切削】：从一侧切削，只能对一个坡进行加工，另一侧则无法加工，如图 10-6 所示。

② 【双侧切削】：在加工完一侧后，另一侧再进行加工的，可以加工到两侧，但是每次只能加工一侧，如图 10-7 所示。

③ 【切削路径允许连续下刀提刀】：刀具将在坡的两侧连续的下刀提刀，同时对两侧进行加工，如图 10-8 所示。

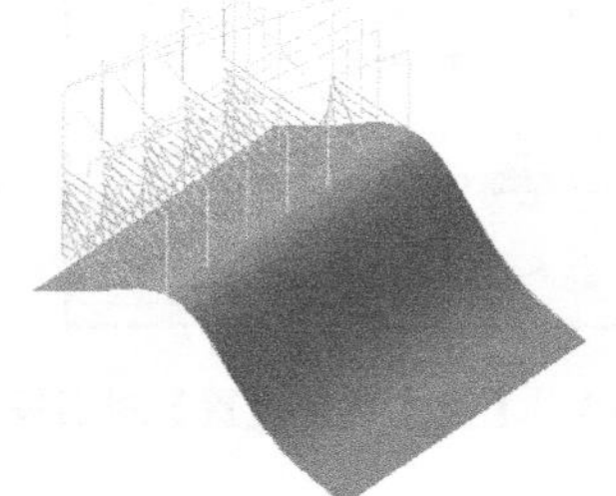
图 10-6　单侧

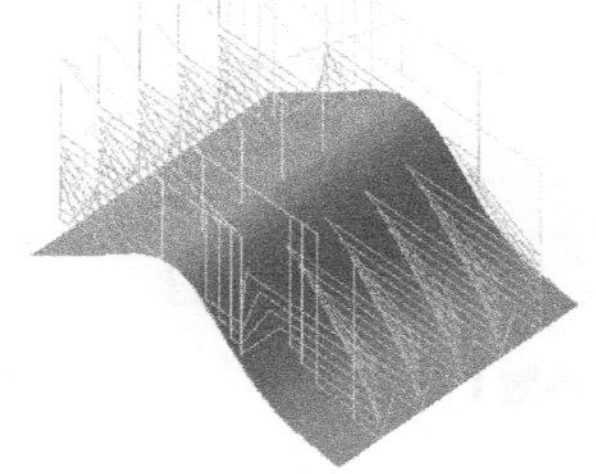
图 10-7　双侧

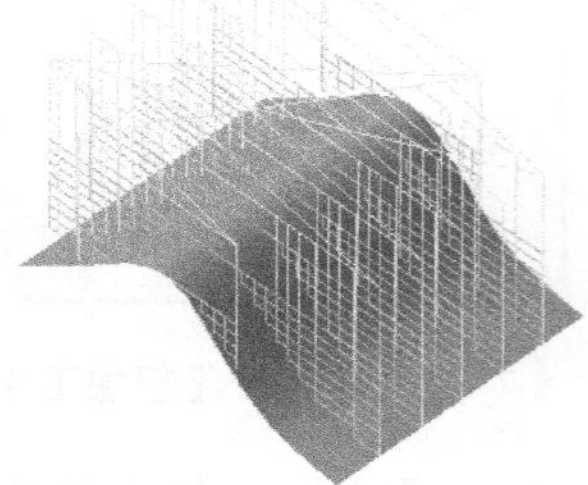
图 10-8　连续

4．切削间距

在【粗加工平行铣削参数】选项卡的【最大切削间距】右侧的文本框中可以设置切削路径间距大小。为了加工效果，此值必须小于直径，若刀具间距过大，两条路径之间会有部分材料加工不到位，留下残脊。一般设为刀具直径的 60%～75%。在粗加工过程中，为了提高效率，可以把这个值在允许的范围内尽量设大一些。

单击【最大切削间距】按钮，弹出【最大步进量】对话框，如图 10-9 所示，设置环绕高度等参数。

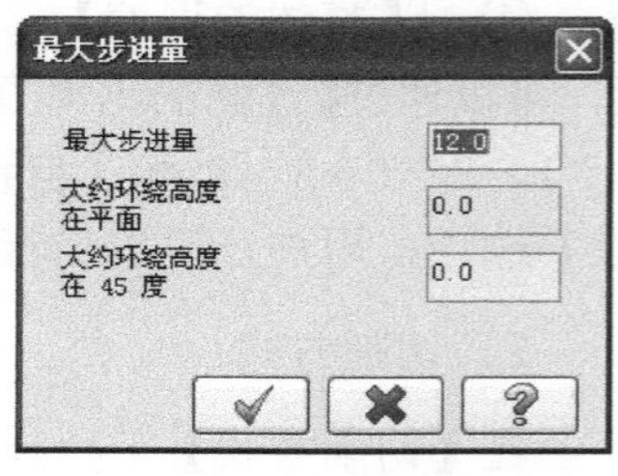

图 10-9　【最大步进量】对话框

10.2.2　粗加工平行铣削范例

范例文件(光盘)：/10/10-2-2.mcx。

多媒体教学路径：光盘→多媒体教学→第 10 章→10.2.2 节。

步骤 01　打开源文件

从光盘打开 10-2-2.mcx 文件，显示的加工图形如图 10-10 所示。

技术点拨

本例主要对凹字形曲面进行加工，加工的重点主要是凹字形曲面中间的凹形侧面竖直。这样在加工的时候刀具容易产生空刀加工不到的情形，因为粗加工的加工步进量大，不管水平加工还是竖直加工都会产生加工不到的情形。因此，将加工刀路切削方向设置一定的角度与凹形侧面形成一定角度，这样可以很好地将残料清除。

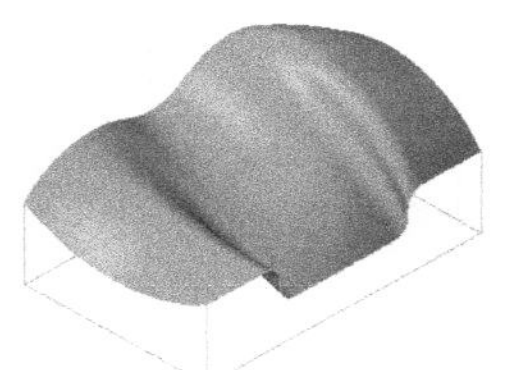

图 10-10 加工图形

步骤 02 选取加工曲面和切削范围

选择【刀具路径】|【曲面粗加工】|【粗加工平行铣削加工】菜单命令，弹出【选取工件的形状】对话框，按图 10-11～图 10-13 所示进行操作。

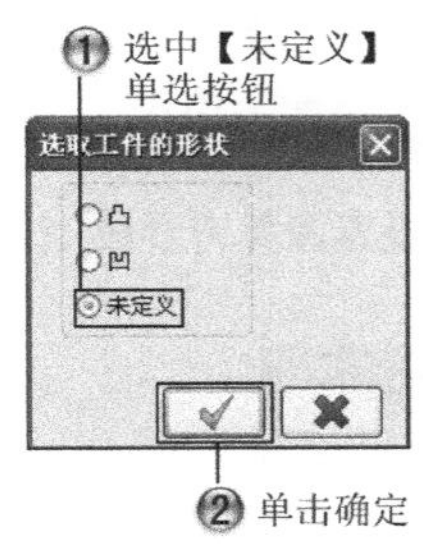

图 10-11 选取曲面类型

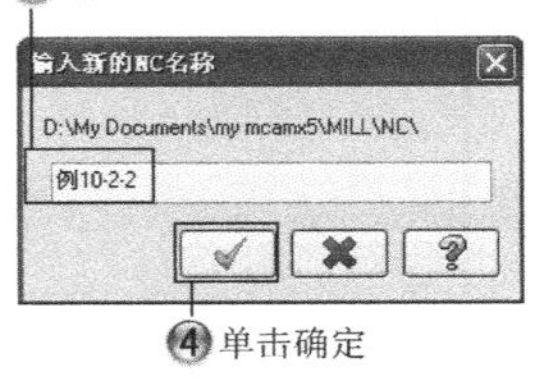

图 10-12 输入范例名称

⑤ 选取加工曲面和
曲面加工范围
刀具路径的曲面选取
加工曲面
CAD 文件
显示曲面
干涉
显示曲面
边界范围
指定下刀点
⑥ 单击确定

图 10-13 曲面的选取

步骤 03 设置刀具参数

系统弹出【曲面粗加工平行铣削】对话框，单击【刀具路径参数】标签，切换到【刀具路径参数】选项卡，按图 10-14～图 10-17 所示进行操作。

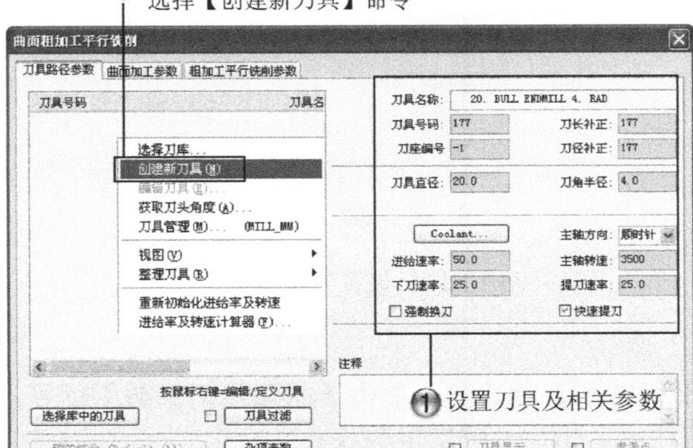

图 10-14 新建刀具

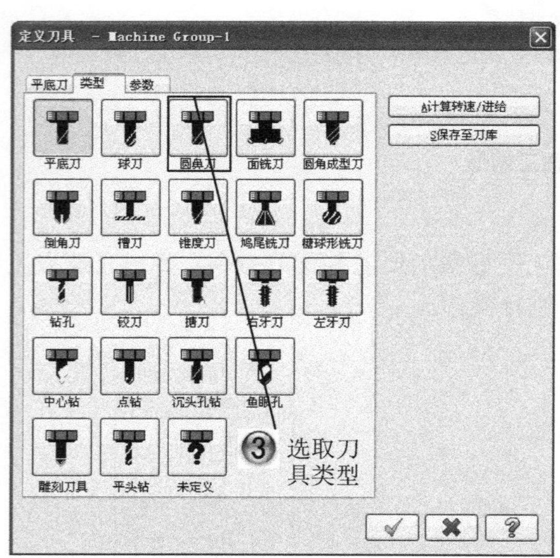

图 10-15 选取刀具类型

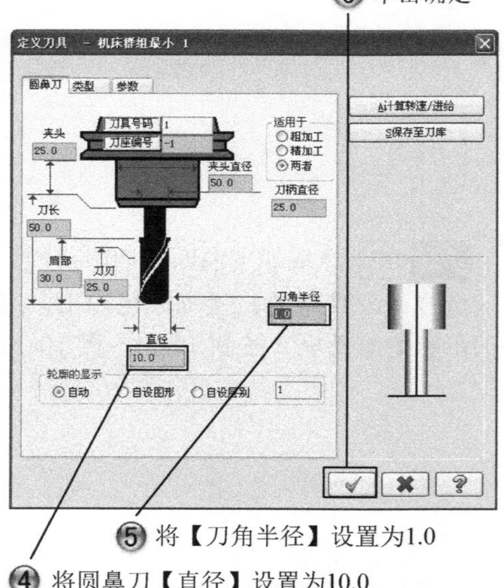

图 10-16 设置圆鼻刀参数

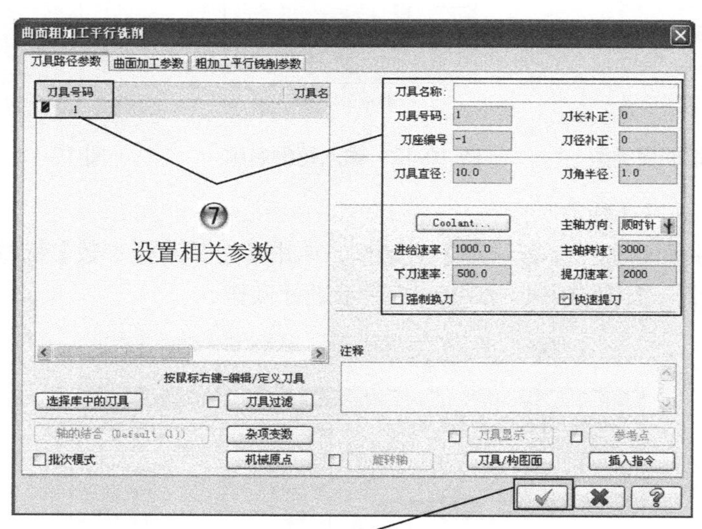

图 10-17 设置刀具相关参数

步骤 04 设置加工参数

在【曲面粗加工平行铣削】对话框中单击【曲面加工参数】标签，切换到【曲面加工参数】选项卡，按图 10-18～图 10-21 所示进行操作。

步骤 05 生成刀具路径

系统会根据设置的参数生成平行粗加工刀具路径，如图 10-22 所示。

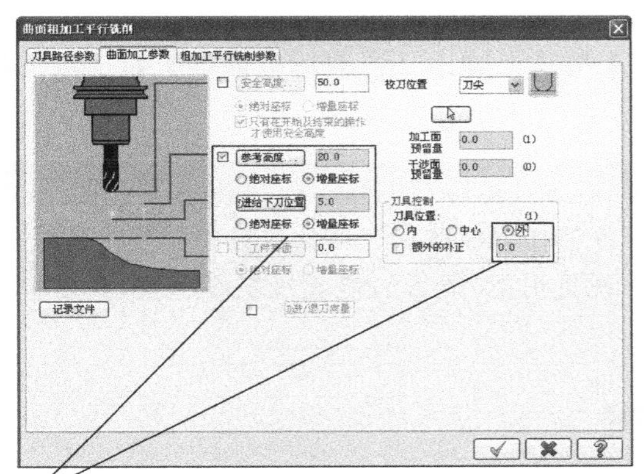

① 设置曲面相关参数(由于这里不做精加工，所以预留量暂时不设，等到后面精加工时再做)，设置参考高度为20，进给下刀位置为5，刀具控制范围为外

图 10-18　设置加工参数

② 设置平行粗加工专用参数，设置【加工角度】为45°

③ 单击【切削深度】按钮

图 10-19　设置平行粗加工专用参数

④ 设定第一刀的相对位置和其他深度的预留量

⑤ 单击确定

图 10-20　设置切削深度

⑥ 设置刀具路径在遇到间隙时的处理方式

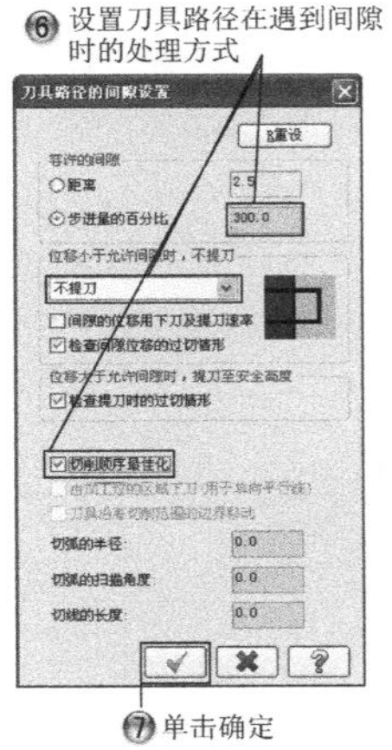

⑦ 单击确定

图 10-21　间隙设置

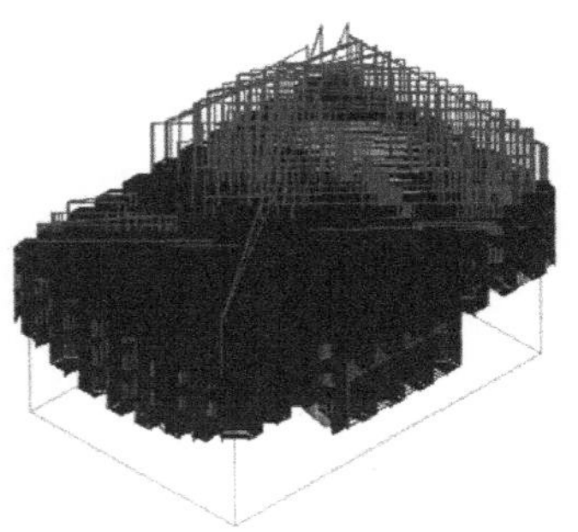

图 10-22　平行粗加工刀具路径

步骤 06 设置工件毛坯

在刀具路径操作管理器中单击【素材设置】节点，弹出【机器群组属性】对话框，按图 10-23 所示进行操作，结果如图 10-24 所示。

注 意

平行铣削加工的缺点是在比较陡的斜面会留下梯田状残料，而且残料比较多。另外平行铣削加工提刀次数特别多，对于凸起多的工件就更明显，而且只能直线下刀，对刀具不利。

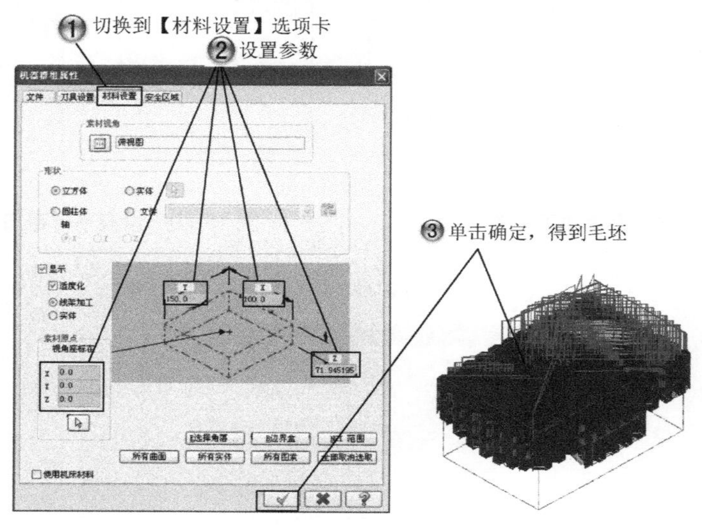

图 10-23 材料参数设置　　图 10-24 设置后的毛坯

步骤 07 实体仿真模拟

在刀具路径操作管理器中单击【实体模拟】按钮，弹出【验证】对话框，如图 10-25 所示。单击【播放】按钮进行模拟，模拟结果如图 10-26 所示。

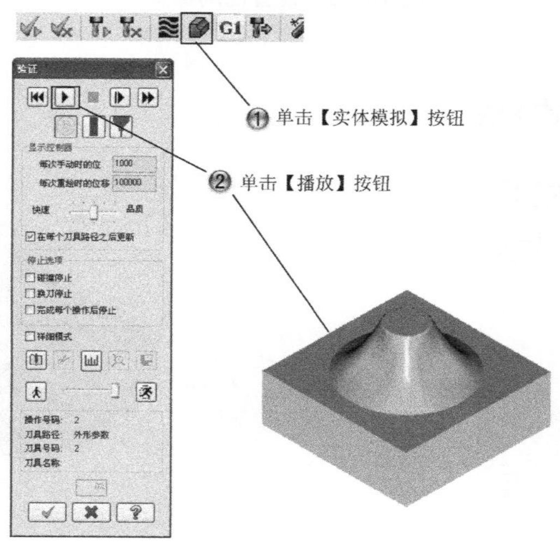

图 10-25 实体模拟　　图 10-26 模拟结果

10.3　放射状粗加工

放射状粗加工是以某一点为中心向四周发散，或者由四周向一点集中的一种刀具路径。它适合圆形工件加工。在中心处加工效果比较好，靠近边缘处加工效果略差，因而整体效果不均匀。

10.3.1　放射状粗加工参数

选择【刀具路径】|【曲面粗加工】|【粗加工放射状加工】菜单命令，弹出【选取工件的形状】对话框，如图 10-27 所示。选择相应类型后，弹出【曲面粗加工放射状】对话框，单击【放射状粗加工参数】标签，切换到【放射状粗加工参数】选项卡，如图 10-28 所示，用来设置放射加工的专用参数。

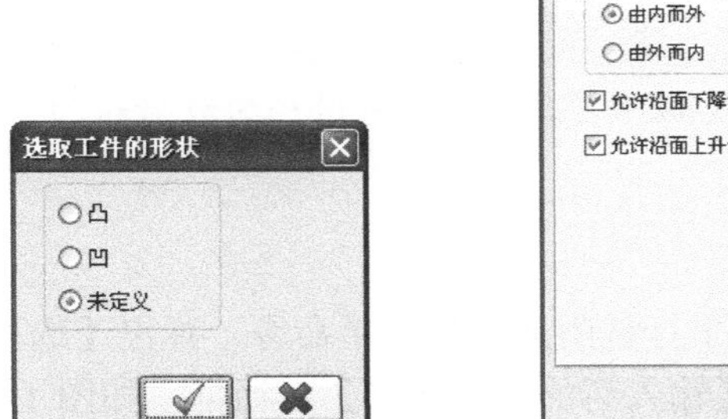

图 10-27　选取工件形状

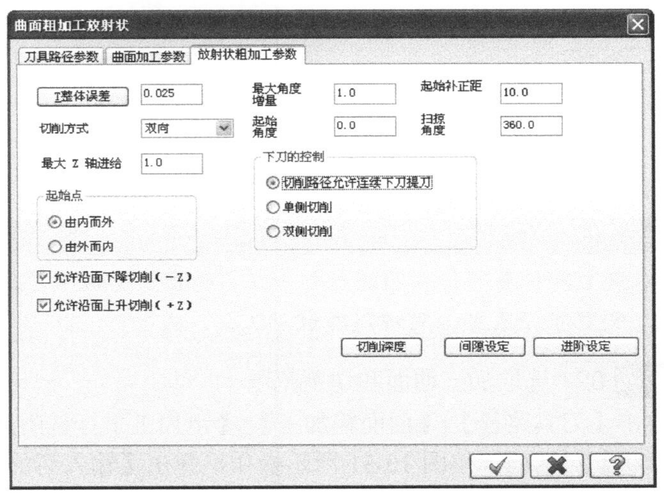

图 10-28　放射状加工专用参数

其部分参数含义如下。

①　【最大角度增量】：设置放射加工两条相邻的刀具路径之间的夹角。

②　【起始补正距】：设置放射状粗加工刀具路径以指定的中心为圆心，以起始补正距离为半径的范围内不产生刀具路径，在此范围外开始放射加工。

③　【起始角度】：放射状粗加工在 XY 平面上开始加工的角度。

④　【扫掠角度】：放射状路径从起始角度开始到加工终止位置所扫描过的范围。规定以逆时针方向为正，顺时针方向为负。

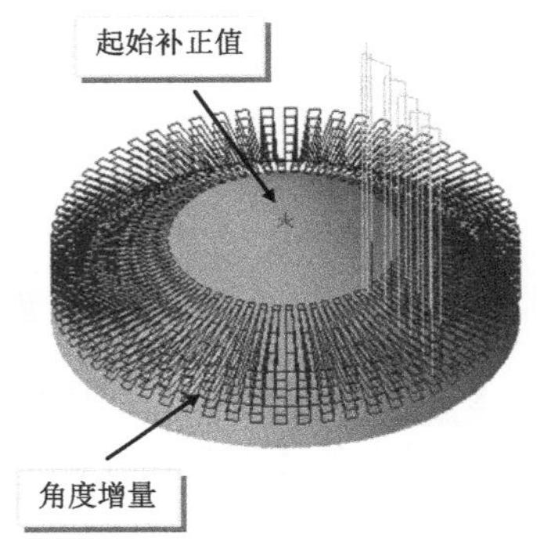

图 10-29　放射状加工

如图 10-29 所示是最大角度增量为 3°，起始补正值为 10，起始角度为 0，扫描角度为 360° 时放射状加工刀具路径。

⑤ 【由内而外】：起始点在内，放射状加工从内向外发散，刀具路径由内向外加工。

⑥ 【由外而内】：起始点在外，放射状加工从外向内收敛，刀具路径由外向内加工。

10.3.2 放射状粗加工范例

范例文件(光盘)：/10/10-3-2.mcx。

多媒体教学路径：光盘→多媒体教学→第 10 章→10.3.2 节。

步骤 01 打开源文件

打开 10-3-2.mcx 文件，显示的加工图形如图 10-30 所示。下面将详细讲解其操作步骤。

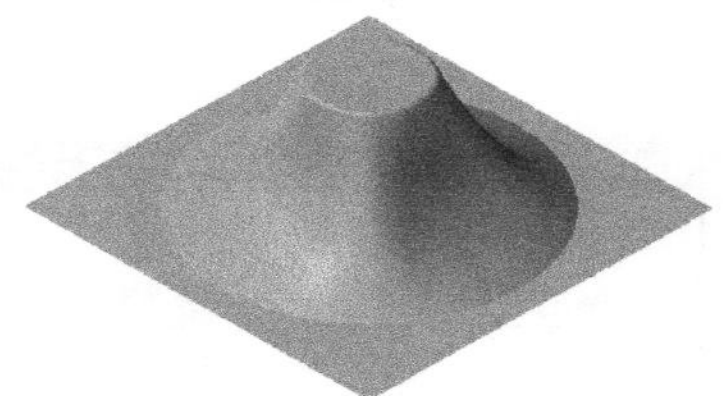

图 10-30 加工图形

技术点拨

本例主要对蘑菇形曲面进行粗加工，曲面是类似回转体，所以采用径向放射粗加工来铣削，采用球刀从中心向四周发散加工。

步骤 02 选取加工曲面和切削范围

单击【刀具路径】|【曲面粗加工】|【粗加工平行铣削加工】菜单命令，弹出【选取工件的形状】对话框，按图 10-31 所示操作，弹出【输入新的 NC 名称】对话框，如图 10-32 所示。

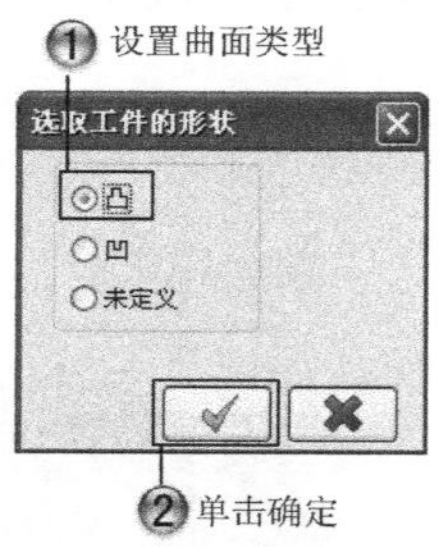

图 10-31 选取曲面类型

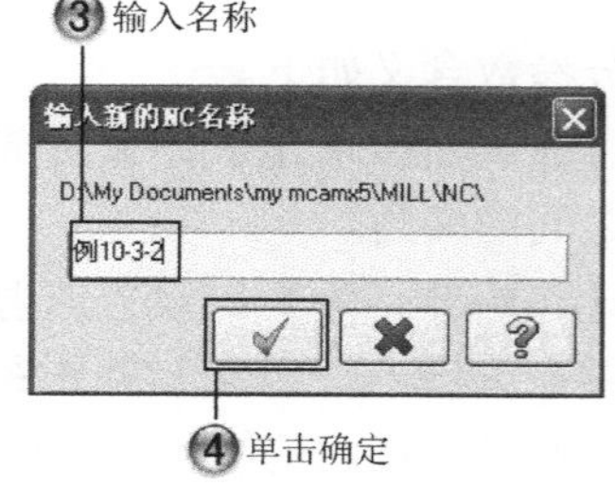

图 10-32 输入新的 NC 名称

步骤 03 选取加工曲面和切削范围

在弹出的【刀具路径的曲面选取】对话框中进行操作，如图 10-33 所示。

步骤 04 设置刀具参数

此时弹出【曲面粗加工放射状】对话框，按图 10-34～图 10-37 所示进行操作。

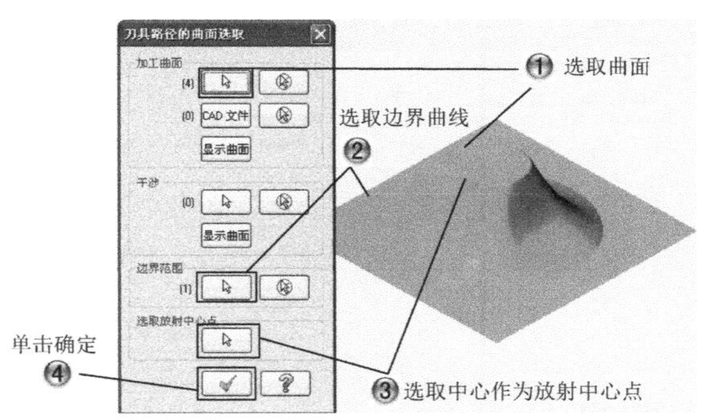

图 10-33　选取曲面和范围

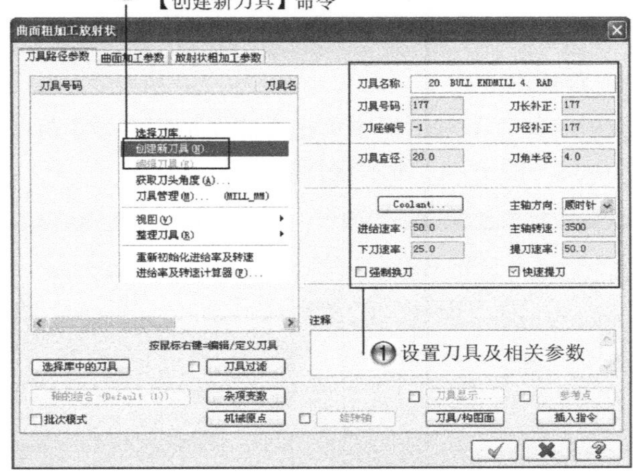

图 10-34　新建刀具

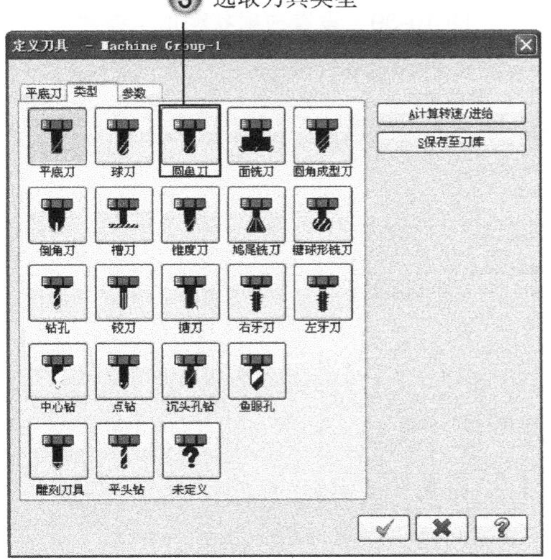

图 10-35　选取刀具类型

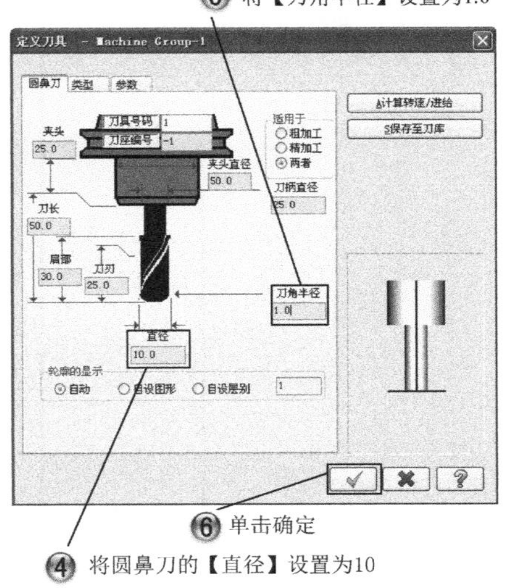

图 10-36　设置圆鼻刀参数

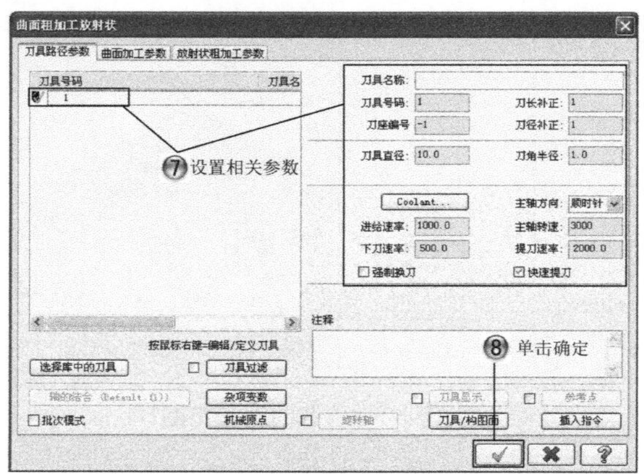

图 10-37　设置刀具相关参数

步骤 05 设置加工参数

在【曲面粗加工放射状加工】对话框中单击【曲面加工参数】标签，切换到【曲面加工参数】选项卡，按图 10-38～图 10-42 所示进行操作。

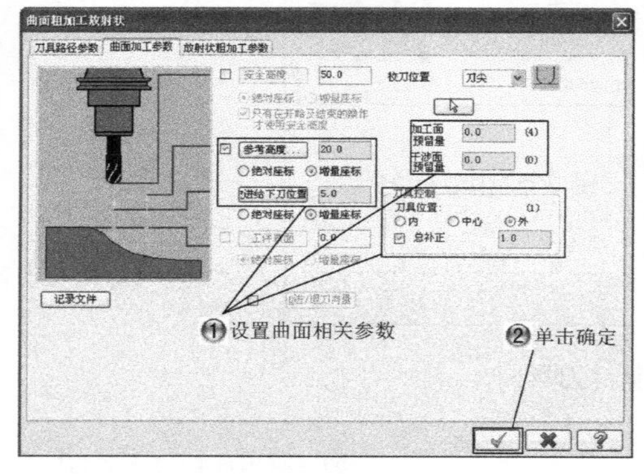

图 10-38　设置曲面参数

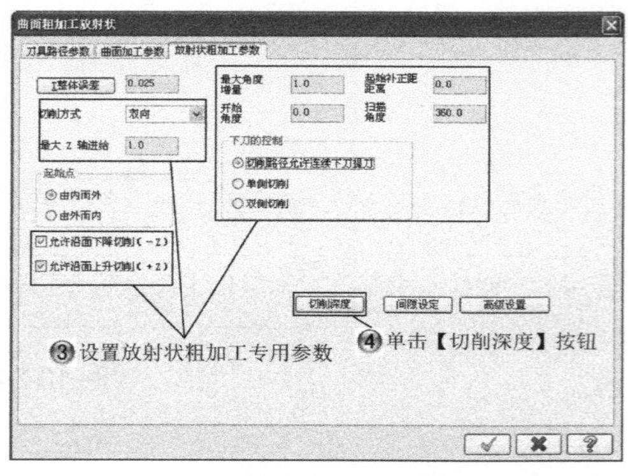

图 10-39　设置放射状粗加工参数

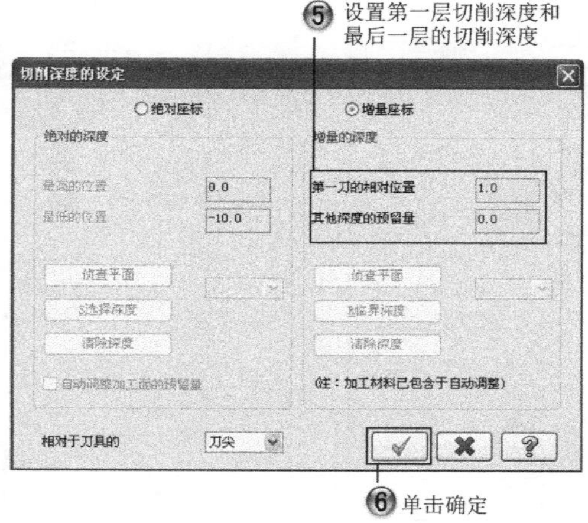

图 10-40　切削深度

步骤 06 生成刀具路径

在【放射状粗加工参数】选项卡中单击【间隙设定】按钮，系统弹出【刀具路径的间隙设置】对话框，按图 10-41 所示进行操作，系统生成如图 10-42 所示的刀具路径。

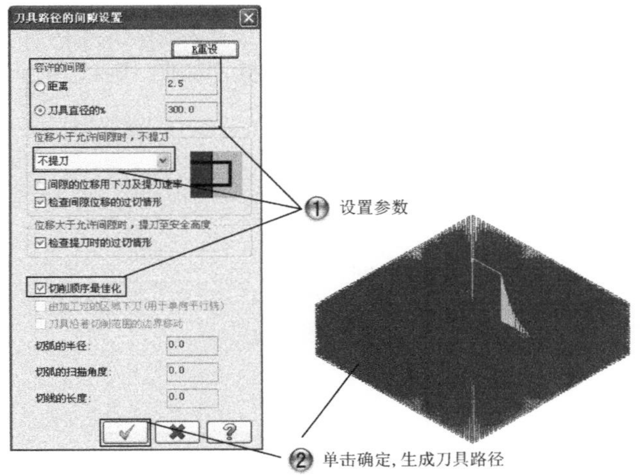

图 10-41　间隙设置　　图 10-42　放射状粗加工刀具路径

步骤 07 设置工件毛坯

在刀具路径操作管理器中单击【素材设置】节点，弹出【机器群组属性】对话框，按图 10-43 所示进行操作，结果如图 10-44 所示。

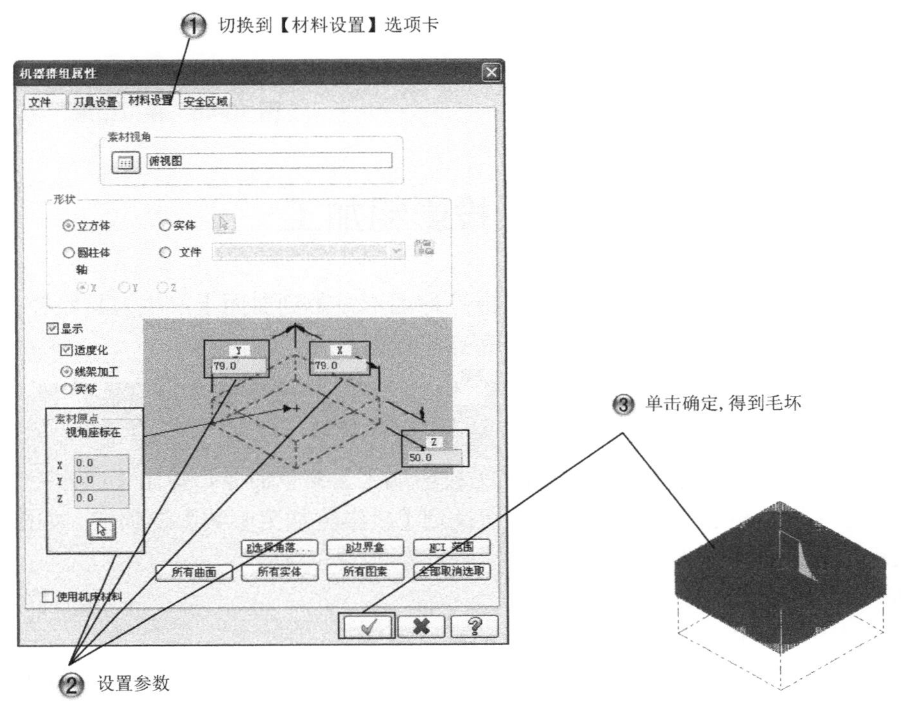

图 10-43　材料参数设置　　图 10-44　设置后的毛坯

注 意

放射状加工刀具路径是以中心向外呈发散状，因此在中心部分，刀具非常密集，加工刀具路径在远离中心的部分，刀路比较稀疏，加工结果不是很均匀。

步骤 08 实体仿真模拟

单击【实体模拟】按钮，弹出【验证】对话框，如图 10-45 所示。单击【播放】按钮进行模拟，模拟结果如图 10-46 所示。

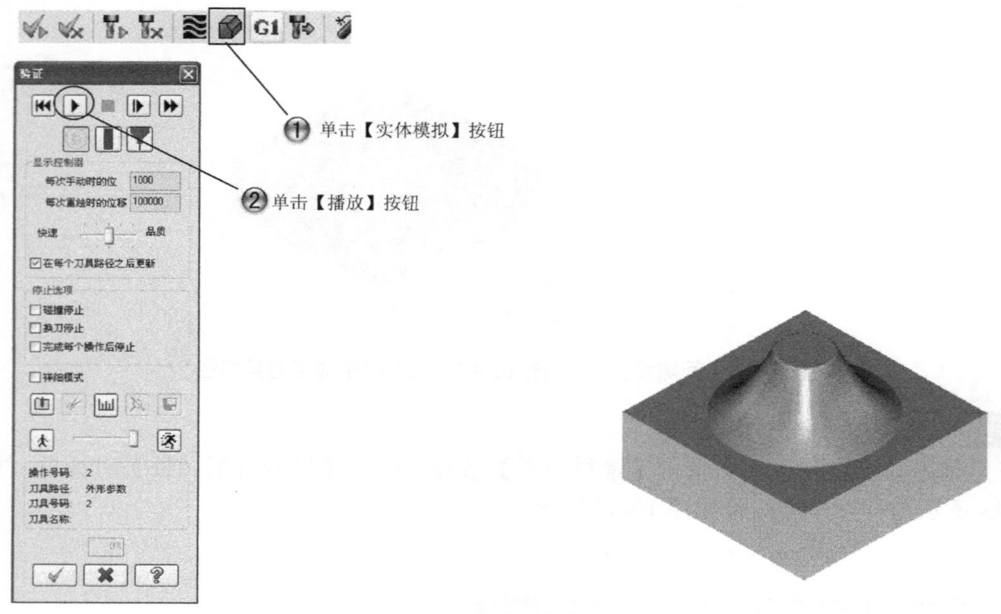

图 10-45　实体模拟

图 10-46　模拟结果

10.4　投影粗加工

投影粗加工是将已经存在的刀具路径或几何图形投影到曲面上产生刀具路径。投影加工的类型有：曲线投影、NCI 文件投影加工和点集投影。

10.4.1　投影粗加工参数

【刀具路径】|【曲面粗加工】|【粗加工投影加工】菜单命令，弹出【曲面粗加工投影】对话框，单击【投影粗加工参数】标签，切换到【投影粗加工参数】选项卡，如图 10-47 所示，用来设置投影加工的专用参数。

其部分参数含义如下。

①　【最大 Z 轴进给量】：每层最大的进给深度。

②　【投影方式】：设置投影加工的投影类型。【NCI】即指投影刀路；【曲线】即指投影曲线生成刀路；【点】即指投影点生成刀路。

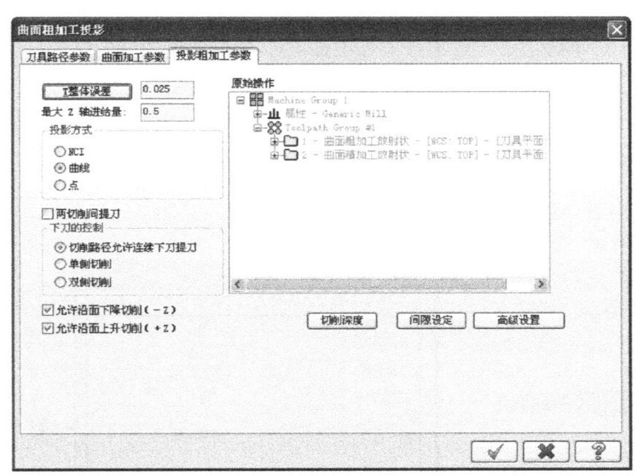

图 10-47　投影加工专用参数

10.4.2　投影粗加工范例

源文件(光盘)：/10/10-4-2.mcx。

多媒体教学路径：光盘→多媒体教学→第 10 章→10.4.2 节。

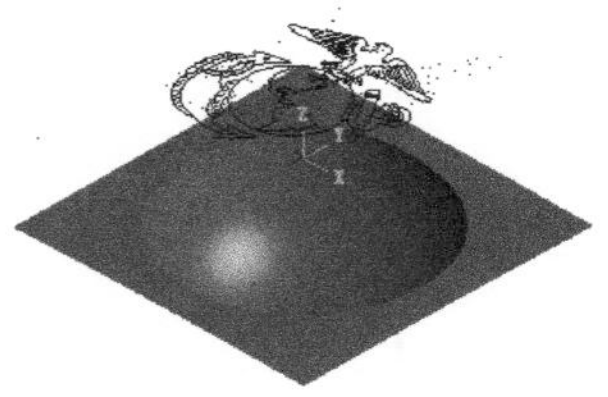

图 10-48　粗加工投影

步骤 01　打开源文件

打开 10-4-2.mcx 文件，曲线投影到曲面图形如图 10-48 所示。

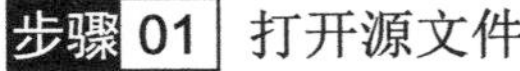

技术点拨

本例主要是将二维线框图形投影到曲面形成加工刀具路径进行铣削加工，即采用投影粗加工，刀具为小直径球刀。

步骤 02　选取加工曲面和切削范围

【刀具路径】|【曲面粗加工】|【粗加工投影加工】菜单命令，弹出【选取工件的形状】对话框，按图 10-49 所示进行操作，弹出【刀具路径的曲面选取】对话框，如图 10-50 所示。

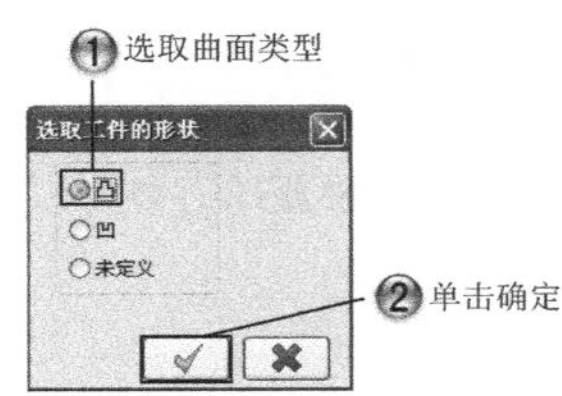

图 10-49　选取曲面类型

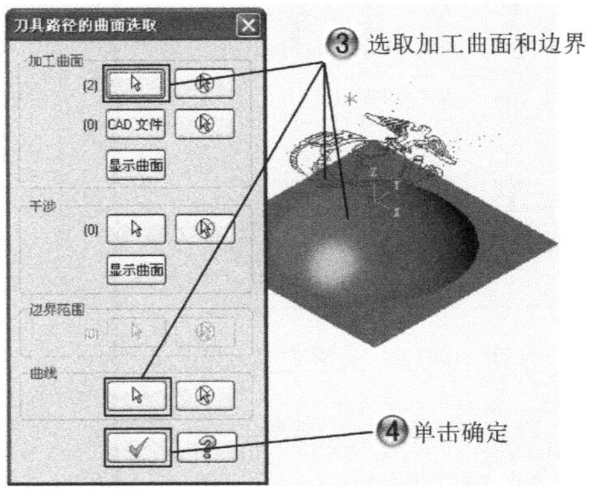

图 10-50　选取曲面和投影曲线

步骤 03 设置刀具参数

按图 10-51～图 10-55 所示进行操作。

图 10-51　新建刀具

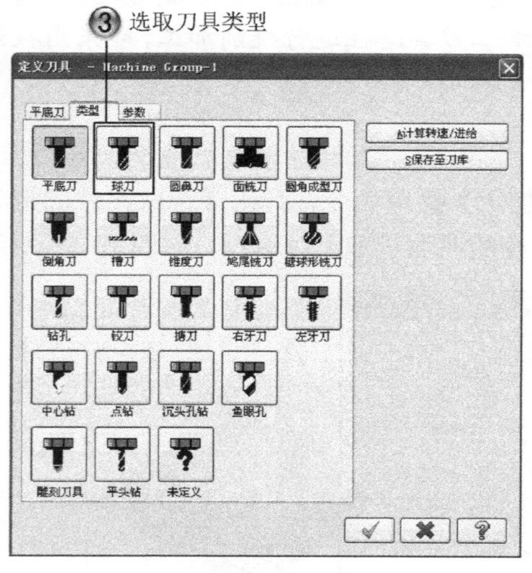

图 10-52　选取刀具类型

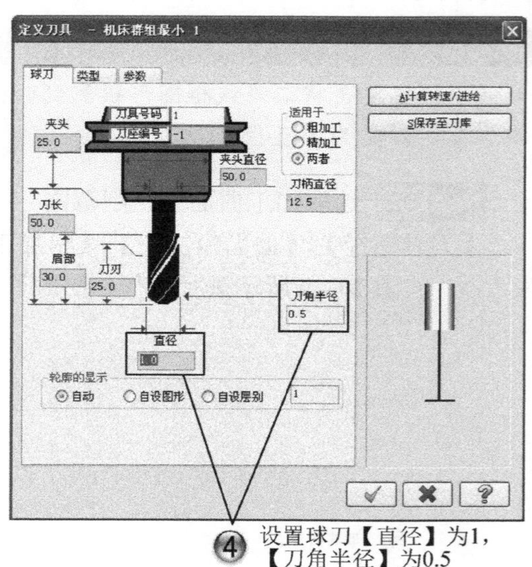

图 10-53　设置球刀参数

步骤 04 设置加工参数

按图 10-56～图 10-58 所示进行操作。

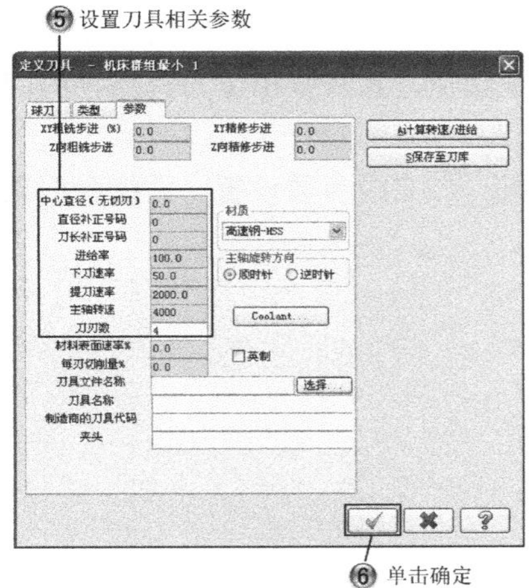

图 10-54　定义参数

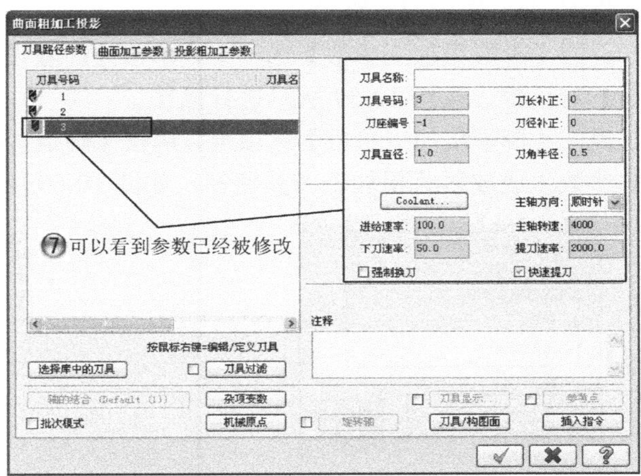

图 10-55　刀具相关参数

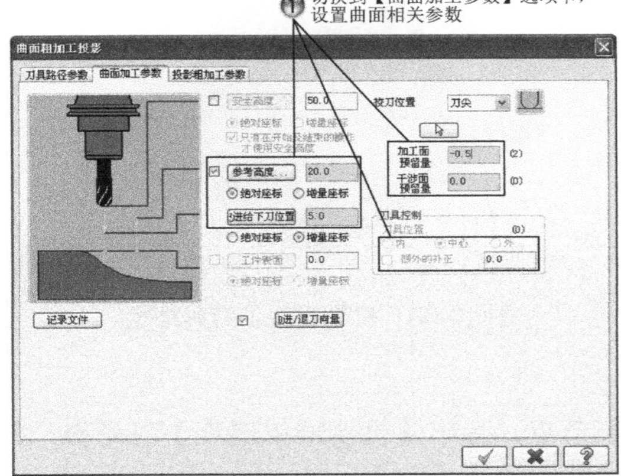

图 10-56　曲面参数

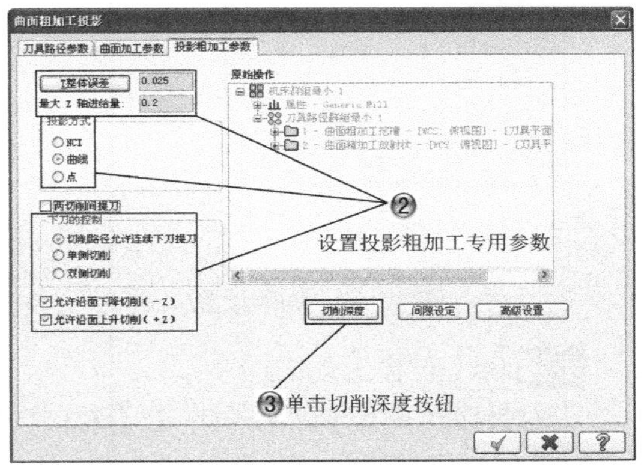

图 10-57　设置投影粗加工参数

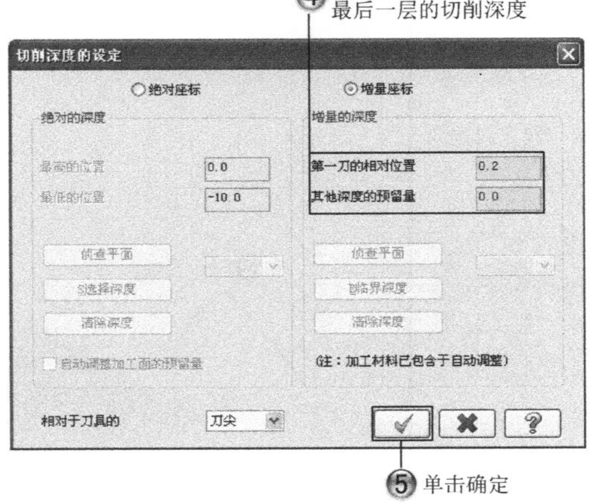

图 10-58　设置切削深度

步骤 05 生成刀具路径

返回【投影粗加工参数】选项卡，单击【间隙设定】按钮，系统弹出【刀具路径的间隙设置】对话框，按图 10-59 所示进行操作。

返回【投影粗加工参数】选项卡，单击【确定】按钮 ✔ 完成参数设置。系统会根据设置的参数生成放射状粗加工刀具路径，如图 10-60 所示。

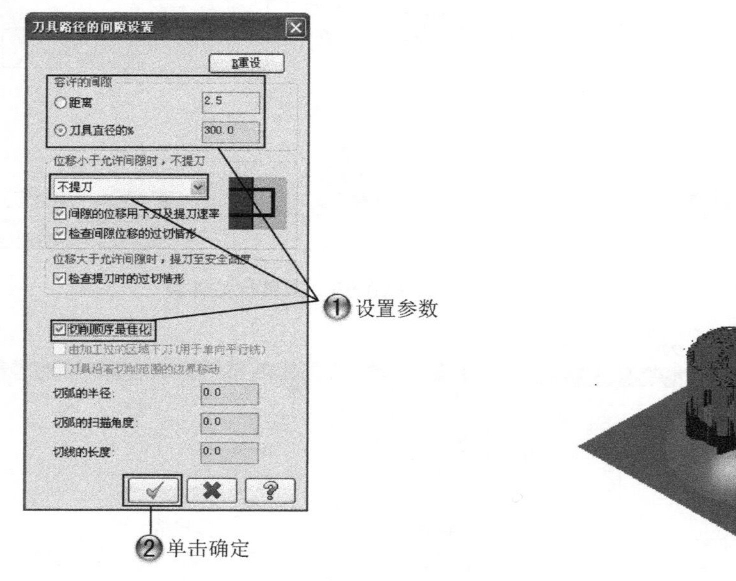

图 10-59　间隙设置

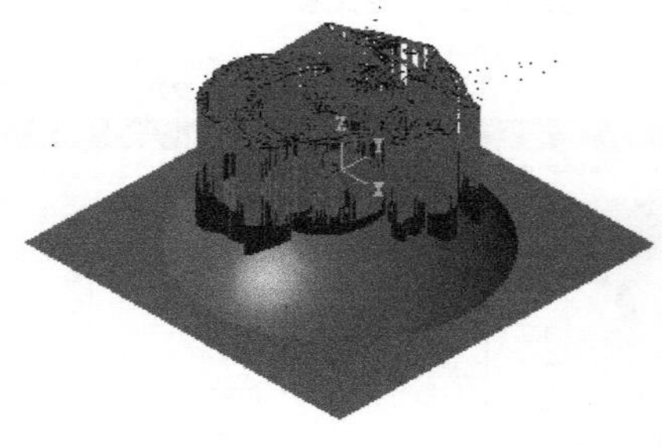

图 10-60　投影粗加工刀具路径

步骤 06 设置工件毛坯

在刀具路径操作管理器中单击【素材设置】节点，弹出【机器群组属性】对话框，按图 10-61 所示进行操作，得到如图 10-62 所示的结果

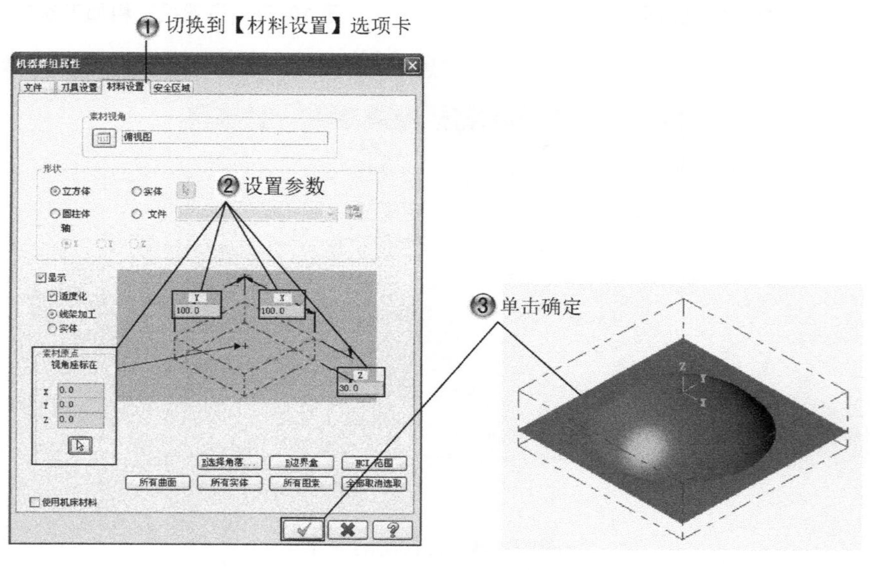

图 10-61　材料参数设置　　　　图 10-62　设置后的毛坯

注 意

投影粗加工是利用曲线、点或 NCI 文件投影到曲面上产生投影加工刀具路径。这 3 种类型的投影加工中，曲线投影用得最多，常用于曲面上的文字加工、商标加工等。

步骤 07 实体仿真模拟

单击【实体模拟】按钮，弹出【验证】对话框，如图 10-63 所示。单击【播放】按钮进行模拟，模拟结果如图 10-64 所示。

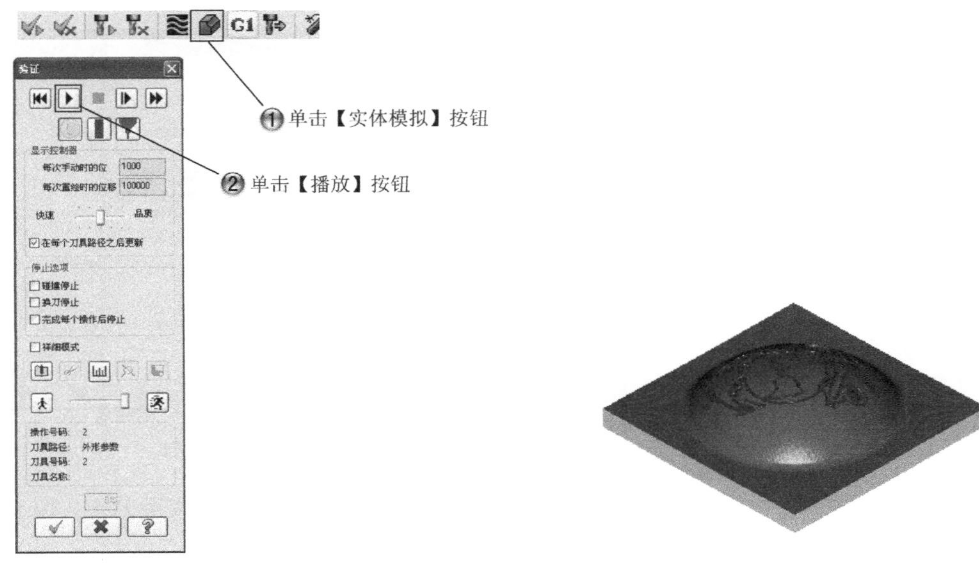

图 10-63　实体模拟　　图 10-64　模拟结果

10.5　挖槽粗加工

挖槽粗加工是将工件在同一高度上进行等分后产生分层铣削的刀具路径，即在同一高度上完成所有的加工后再进行下一个高度的加工。它在每一层上的走刀方式与二维挖槽类似。挖槽粗加工在实际粗加工过程中使用频率最高，所以也称其为【万能粗加工】，绝大多数的工件都可以利用挖槽来进行开粗。挖槽粗加工提供了多样化的刀具路径、多种下刀方式，是粗加工中最为重要的刀具路径。

10.5.1　挖槽粗加工参数

挖槽粗加工有 4 个选项卡需要设置：【刀具路径参数】、【曲面加工参数】、【粗加工参数】和【挖槽参数】。其中【刀具路径参数】和【曲面加工参数】在前面都已经讲过，本节就只介绍【粗加工参数】和【挖槽参数】。

1．粗加工参数

在【曲面粗加工挖槽】对话框中单击【粗加工参数】标签，切换到【粗加工参数】选项

卡，如图 10-65 所示可以设置挖槽粗加工所需要的一些参数，包括 Z 轴最大进刀量、粗加工下刀方式、切削深度、平面设置等。

其部分参数含义如下。

① 【Z 轴最大进给量】：设置 Z 轴方向每刀最大切削深度。

② 【螺旋式下刀】：选中【螺旋式下刀】复选框，将采用螺旋式下刀；取消选中该复选框，将采用直线下刀。【螺旋/斜插式下刀参数】对话框提供了螺旋式下刀和斜插下刀两种下刀方式，如图 10-66 所示。

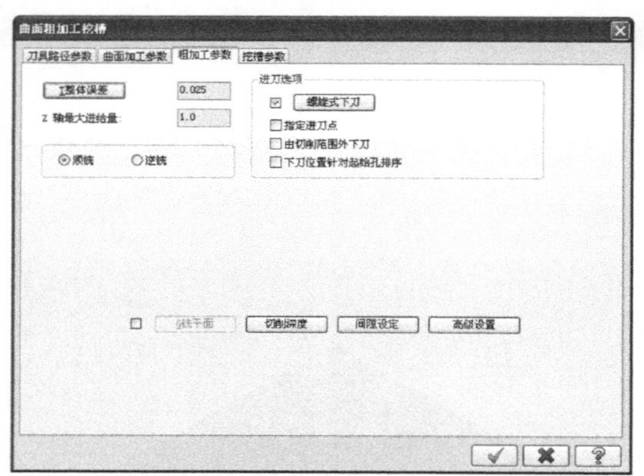

图 10-65 挖槽粗加工参数

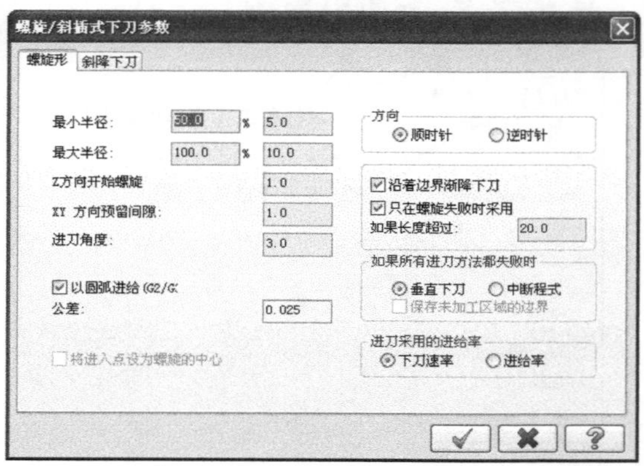

图 10-66 螺旋式下刀

③ 【指定进刀点】：选中该复选框，输入所有加工参数，会提示选取进刀点，所有每层切削路径都会以选取的下刀点作为起点。

④ 【由切削范围外下刀】：允许切削刀具路径从切削范围外下刀。此复选框一般在凸形工件中启用，刀具从范围外进刀，不会产生过切。

⑤ 【下刀位置针对起始孔排序】：选中该复选框，每层下刀位置安排在同一位置或区域，如有钻起始孔，可以钻的起始孔作为下刀位置。

⑥ 【顺铣】：切削方式以顺铣方式加工。

⑦ 【逆铣】：切削方式以逆铣方式加工。

2. 挖槽参数

在【曲面粗加工挖槽】对话框中单击【挖槽参数】标签，切换到【挖槽参数】选项卡，如图 10-67 所示，用来设置挖槽专用参数。

其部分参数含义如下。

① 【粗加工】：选中该复选框时，可按设定的切削方式执行分层粗加工路径。

② 【切削方式】：这里提供了 8 种切削方式，与二维挖槽一样。

③ 【切削间距】：设置两刀具路径之间的距离，可以用刀具直径的百分比或直接输入距离来表示。

④ 【粗切角度】：此字段只在双向或单向切削时，设定刀具切削方向与 X 轴的方向。

⑤ 【刀具路径最佳化】：选中该复选框时，可优化挖槽刀具路径，尽量减少刀具负荷，以最优化的走刀方式进行切削。

⑥　【由内而外环切】：挖槽刀具路径由中心向外加工到边界，适合所有的环绕式切削路径。该复选框只有在选择环绕式加工方式时才能被激活。若取消选中该复选框，则由外向内加工。

⑦　【使用快速双向切削】：该复选框只有在粗加工切削方式为双向切削时才可以被选用。选中该复选框时可优化计算刀路，尽量以最短的时间进行加工。

⑧　【精加工】：选中该复选框，每层粗铣后会对外形和岛屿进行精加工，且能减小精加工刀具切削负荷。

⑨　【次数】：设置精加工次数。

⑩　【间距】：设置精加工刀具路径间的距离。

⑪　【修光次数】：设置产生沿最后精修路径重复加工的次数。如果刀具钢性不好，在加工侧壁时刀具受力会产生让刀，导致垂直度不高，可以采用修光次数进行重复走刀，以提高垂直度。

⑫　【刀具补正方式】：包括【电脑】、【两者】和【两者反向】选项。

⑬　【覆盖进给率】：可设置精修刀具路径的转速和进给率。

⑭　【壁边精修】：选中该复选框，弹出【薄壁精参数】对话框，如图 10-68 所示。

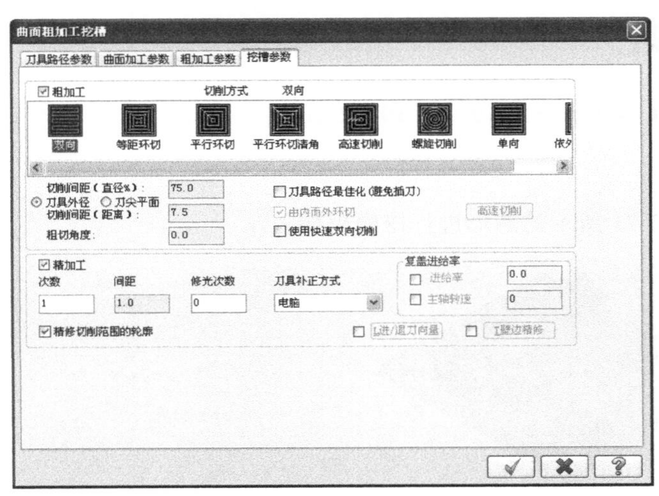

图 10-67　挖槽专用参数

图 10-68　【薄壁精参数】对话框

其部分参数含义如下。

①　【分层铣深中的最大粗切深度】：该项显示在分层铣深中所设置的最大切削深度。

②　【每层深度的精修次数】：设置每层铣深要精修的次数。

③　【精修方向】：设置精修加工方向。

3．挖槽加工的计算方式

曲面挖槽加工采用分层加工的计算方式。以最大 Z 轴进给量沿 Z 轴方向寻找曲面，在 XY 方向剖切断面，在此断面内采用 2D 挖槽的方式进行加工。

按曲面类型可以将挖槽分为凹槽形和凸形 3 种，图 10-69 为凹槽形，图 10-70 为凸形。

图 10-69　凹槽形

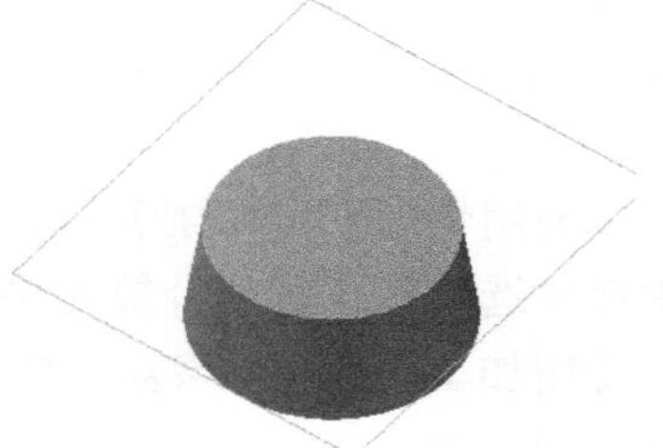

图 10-70　凸形

从上面的计算方式可以看出，如果将垂直 Z 轴的平面进行剖切，那么凹槽形剖切之后的剖面即是一个圆，可以做 2D 挖槽加工，所以凹槽形的外形曲面可以作为挖槽的边界范围。由于凸形是开放的，凸形曲面只能作为挖槽的内边界，而无法约束刀具向外延伸，因而缺少外边界，系统计算会出现错误，此时可以另外加一 2D 封闭曲线组成外边界，即可产生挖槽加工刀具路径

10.5.2　挖槽粗加工范例

范例文件(光盘)：/10/10-5-2.mcx。

多媒体教学路径：光盘→多媒体教学→第 10 章→10.5.2 节。

步骤 01 打开源文件

打开 10-5-2.mcx 文件，将如图 10-71 所示的图形进行挖槽粗加工。

图 10-71　挖槽图形

技术点拨

本例主要对吹风机凸模进行挖槽开粗，由于凸模四周材料需要清楚，外面没有边界，因此在挖槽加工中需要选取边界，外面材料全部需要加工，可以采用从外面进刀。

步骤 02 选取加工曲面和切削范围

选择【刀具路径】|【曲面粗加工】|【粗加工挖槽加工】菜单命令，弹出【输入新的 NC 名称】对话框，按图 10-72 所示操作，弹出如图 10-73 所示的【刀具路径的曲面选取】对话框。

步骤 03 设置刀具参数

此时打开【曲面粗加工挖槽】对话框，单击【刀具路径参数】标签，切换到【刀具路径参数】选项卡，按图 10-74～图 10-77 所示进行操作。

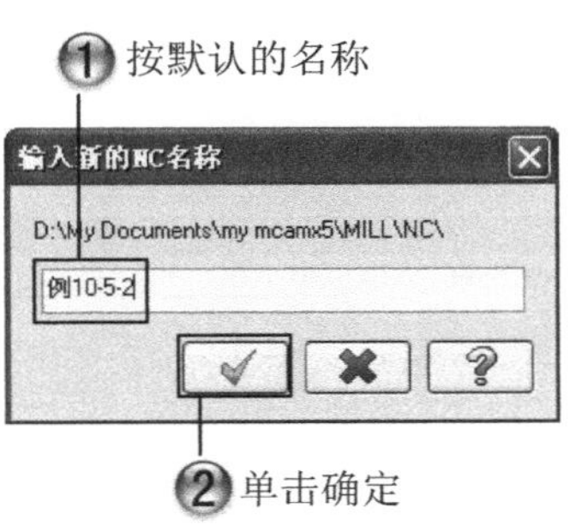

图 10-72　输入新的 NC 名称

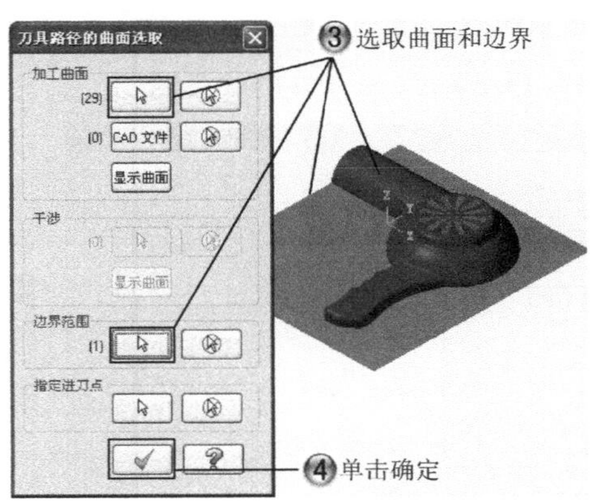

图 10-73　选取曲面的边界

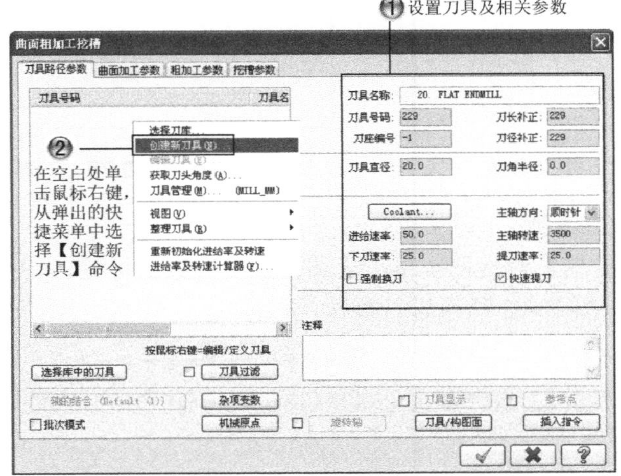

图 10-74　新建刀具

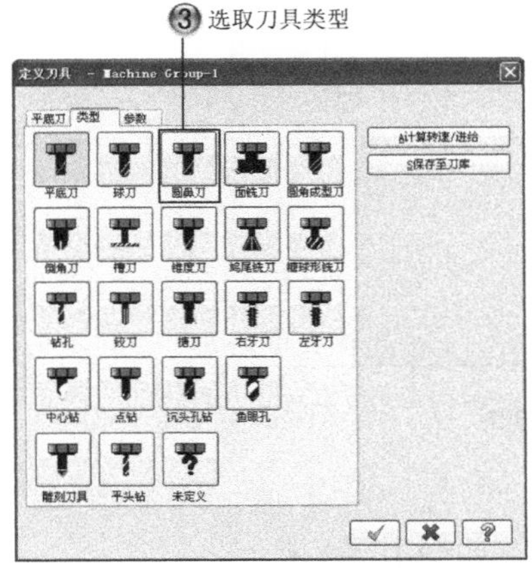

图 10-75　选取刀具类型

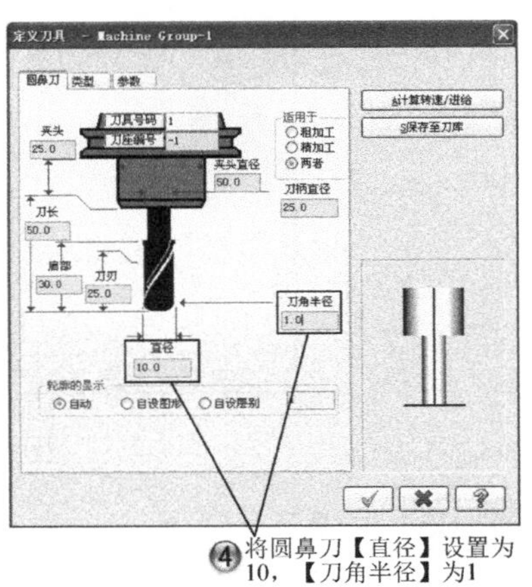

图 10-76　设置圆鼻刀参数

此时系统返回【曲面粗加工挖槽】对话框，如图 10-78 所示，可以看到参数被修改。

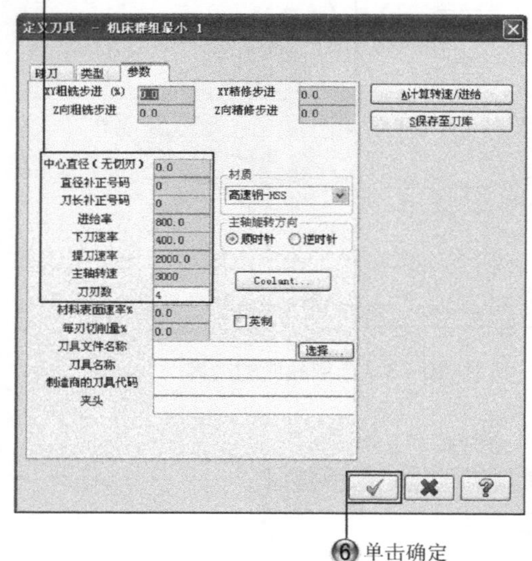

图 10-77　定义参数

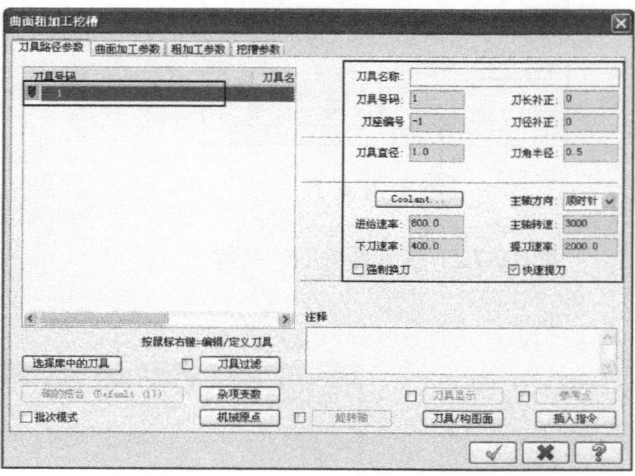

图 10-78　刀具相关参数

步骤 04 设置加工参数

在【曲面粗加工挖槽】对话框中单击【曲面加工参数】标签，切换到【曲面加工参数】选项卡，按图 10-79～图 10-83 所示进行操作。

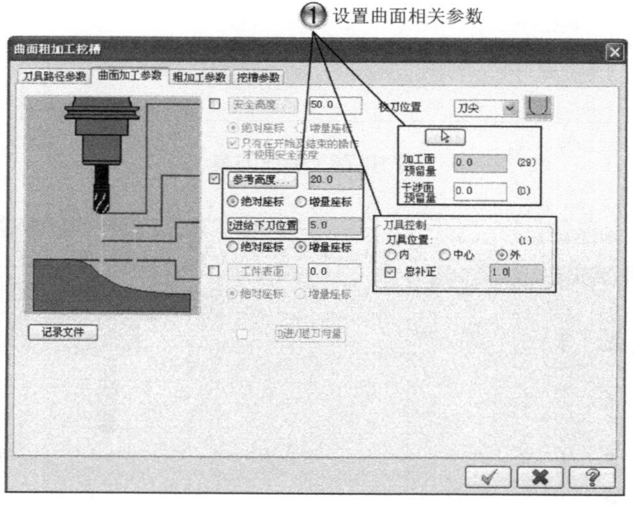

图 10-79　设置曲面参数

步骤 05 生成刀具路径

系统会根据设置的参数生成挖槽粗加工刀具路径，如图 10-84 所示。

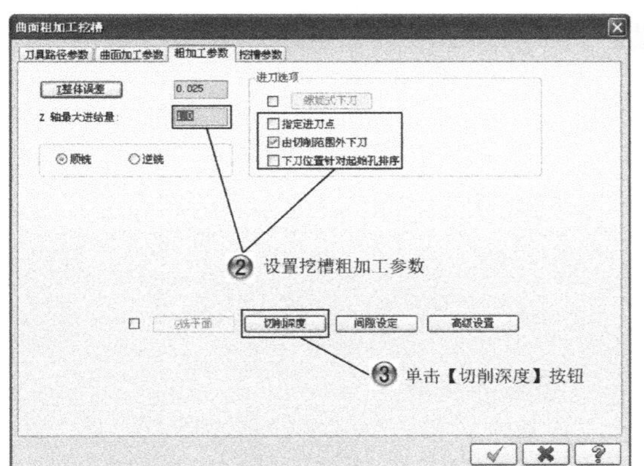

图 10-80　设置挖槽粗加工参数

④设定第一层切削深度和最后一层的切削深度
⑤单击确定

图 10-81　设置切削深度

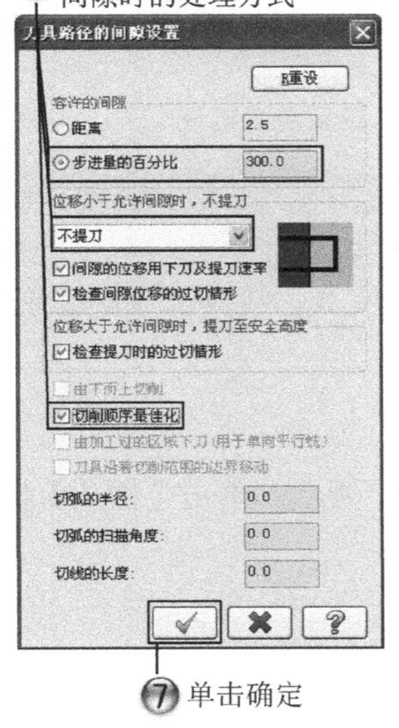

图 10-82　间隙设置

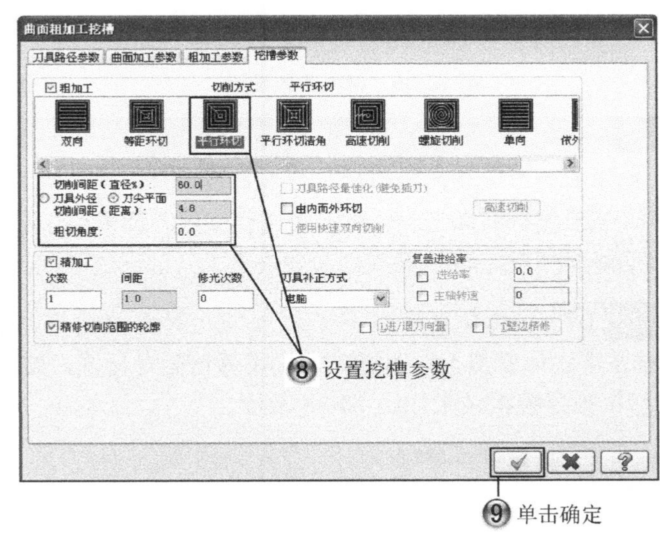

图 10-83　设置挖槽参数

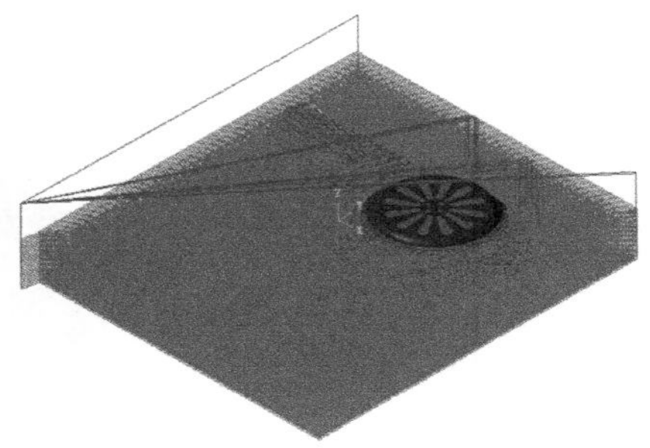

图 10-84　挖槽粗加工刀具路径

步骤 06 设置工件毛坯

在刀具路径操作管理器中单击【素材设置】节点，弹出【机器群组属性】对话框，按图 10-85 所示进行操作，结果如图 10-86 所示。

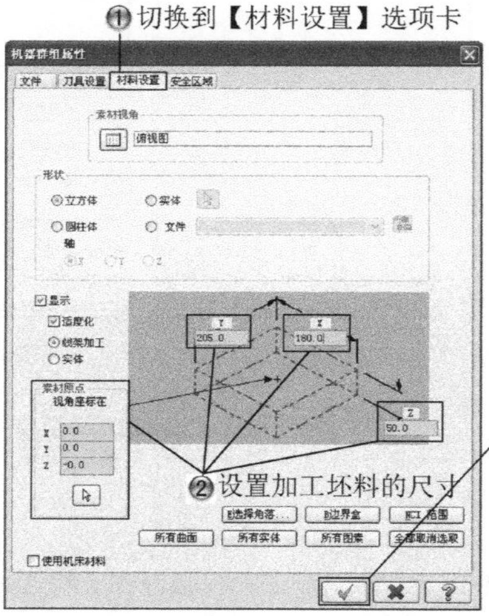

图 10-85　材料参数设置

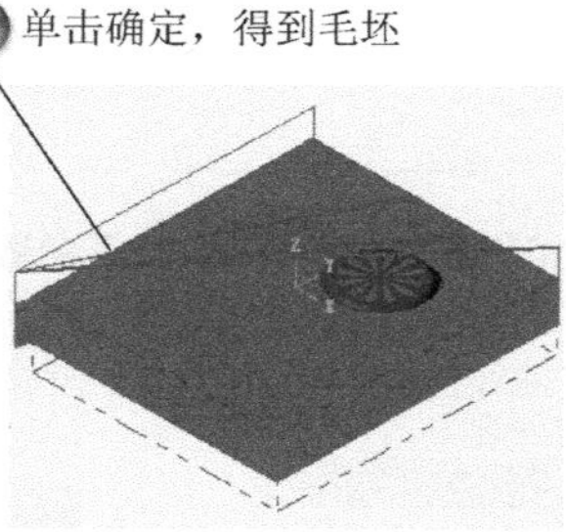

图 10-86　设置后的毛坯

注 意

挖槽粗加工适合凹槽形的工件和凸形工件，并提供了多种下刀方式可以选择。一般凹槽形工件采用斜插式下刀，要注意内部空间不能太小，避免下刀失败。凸形工件通常采用切削范围外下刀，这样刀具会更加安全。

步骤 07 实体仿真模拟

单击【实体模拟】按钮，弹出【验证】对话框，如图 10-87 所示。单击【播放】按钮进行模拟，模拟结果如图 10-88 所示。

图 10-87　实体模拟

图 10-88　模拟结果

10.6　残料粗加工

残料粗加工可以侦测先前曲面粗加工刀具路径留下来的残料，并用等高加工方式铣削残料。残料加工主要用于二次开粗。

10.6.1　残料粗加工参数

残料粗加工除了前面讲的【刀具路径参数】和【曲面加工参数】选项卡外，还有两个选项卡，即【残料粗加工参数】和【剩余材料参数】。【残料粗加工参数】主要用来设置残料加工的开粗参数；【剩余材料参数】用来设置剩余材料计算依据。

1. 残料加工参数

在【曲面残料粗加工】对话框中单击【残料粗加工参数】标签，切换到【残料加工参数】选项卡，如图 10-89 所示。

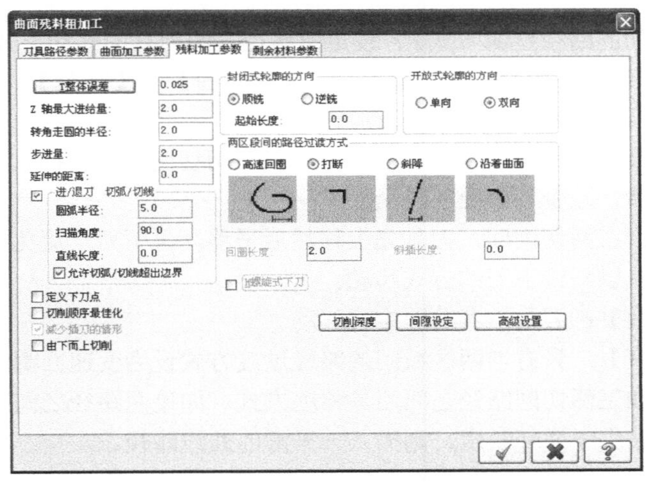

图 10-89　【残料加工参数】选项卡

其部分参数含义如下。

①　【整体误差】：设定刀具路径与曲面之间的误差值。

②　【Z 轴最大进给量】：设定 Z 轴方向每刀最大切深。

③　【转角走圆的半径】：设定刀具路径的转角处走圆弧的半径。小于或等于 135° 的转角处将采用圆弧刀具路径。

④　【步进量】：设定残料加工时 XY 平面上两路径之间的距离。

⑤　【延伸的距离】：设定每一切削路径的延伸距离。

⑥　【进/退刀　切弧/切线】：在每一切削路径的起点和终点产生一进刀或退刀的圆弧或者切线。

⑦　【允许切弧/切线超出边界】：允许进退刀圆弧超出切削范围。

⑧　【定义下刀点】：用来设置刀具路径的下刀位置，刀具路径会从最接近选择点的曲

面角落下刀。

⑨ 【切削顺序最佳化】：使刀具尽量在一区域加工，直到该区域所有切削路径都完成后，再移动到下一区域进行加工。这样可以减少提刀次数，提高加工效率。

⑩ 【减少插刀的情形】：只在选中【切削顺序最佳化】复选框后才会激活，当选中【切削顺序最佳化】复选框时，刀具切削完当前区域再切削下一区域，如果两区域刀具路径之间距离小于刀具直径时，有可能导致刀具埋入量过深，刀具负荷过大，很容易损坏刀具。因而，选中【减少插刀的情形】复选框，系统对刀具路径距离小于刀具直径的区域直接加工，而不采用刀具路径切削顺序最佳化。

⑪ 【由下而上切削】：会使刀具路径由工件底部开始加工到工件顶部。

⑫ 【封闭式轮廓的方向】：设定残料加工运算中封闭式路径的切削方向。提供了【顺铣】和【逆铣】两种。

⑬ 【起始长度】：设定封闭式切削路径起点之间的距离，这样可以使路径起点分散，不会在工件上留下明显的痕迹。

⑭ 【开放式轮廓的方向】：设定残料加工中开放式路径的切削方式，有【双向】和【单向】两种。

⑮ 【两区段间的路径过滤方式】：设定两路径之间刀具的移动方式，即路径终点到下一路径的起点。系统提供了 4 种过渡方式：【高速回圈】、【打断】、【斜降】和【沿着曲面】。

⑯ 【高速回圈】：该项用于高速加工，是尽量在两切削路径间插入一圆弧形平滑路径，使刀具路径尽量平滑，减少不必要的转角。

⑰ 【打断】：在两切削间，刀具先上移然后平移，再下刀，避免撞刀。

⑱ 【斜降】：以斜进下刀的方式移动。

⑲ 【沿着曲面】：刀具沿着曲面方式移动。

⑳ 【回圈长度】：只有当两区域间的路径过渡方式设为变速回圈时该项才会被激活。该项用来设置残料加工两切削路径之间刀具移动方式。如果两路径之间距离小于循环长度，会插入一循环，如果大于循环长度，则插入一平滑的曲线路径。

㉑ 【斜插长度】：该选项是设置等高路径之间的斜插长度，只有在选中【高速回圈】和【斜降】时该项才被激活。

㉒ 【螺旋式下刀】：以螺旋的方式下刀。有些残料区域是封闭的，没有可供直线下刀的空间。如果直线下刀容易断刀，要采用螺旋式下刀。

2．剩余材料参数

在【曲面残料粗加工】对话框中单击【剩余材料参数】标签，切换到【剩余材料参数】选项卡，如图 10-90 所示，可以设置残料加工的剩余残料计算依据。

其部分参数含义如下。

① 【所有先前的操作】：所有先前的刀具路径都被作为残料计算的来源。

② 【另一个操作】：选中该单选按钮时在右边的操作显示区会显示被选择的操作记录文件作为残料的来源。选中该项后计算粗铣刀具无法进入的区域作为残料区域。如没选中该单选按钮，可计算被选择的刀具路径中计算出残料区域。

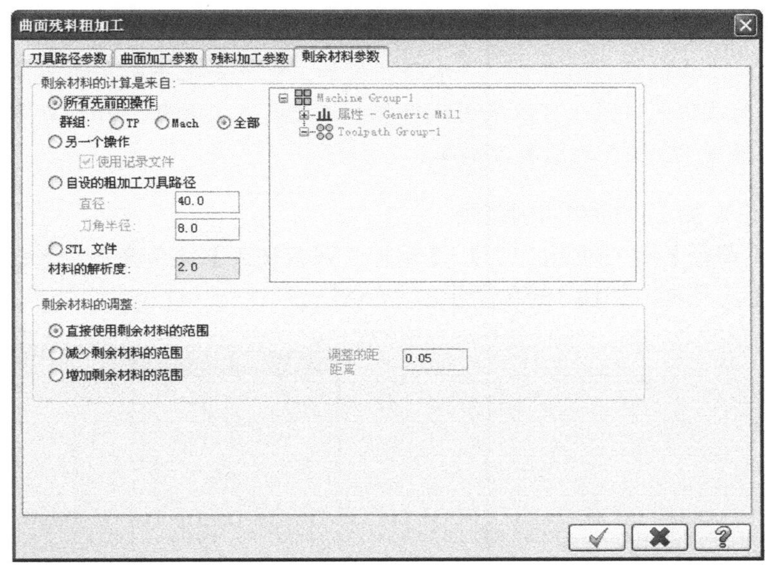

图 10-90　【剩余材料参数】选项卡

③　【自设的粗加工刀具路径】：用来设置粗铣的刀具的直径和刀角半径来计算残料区域。

④　【STL 文件】：用来设置残料计算的依据是与 STL 文件比较后剩余的部分作为残料区域。

⑤　【材料的解析度】：材料解析度即材料的分辨率，可用来控制残料的计算误差，数值愈小，残料愈精准，计算时间愈长。

⑥　【剩余材料的调整】：在粗加工中采用大直径刀具进行切削，导致曲面表面留下阶梯式残料，如图 10-91 所示。可用该项参数来增加或减小残料范围，设定阶梯式残料是否要加工。【直接使用剩余材料的范围】表示不做调整运算；【减少剩余材料的范围】表示允许忽略阶梯式残料，残料范围减少，可加快刀具路径计算速度；【增加剩余材料的范围】表示通过增加残料范围，产生将阶梯式的残料移除的刀具路径。

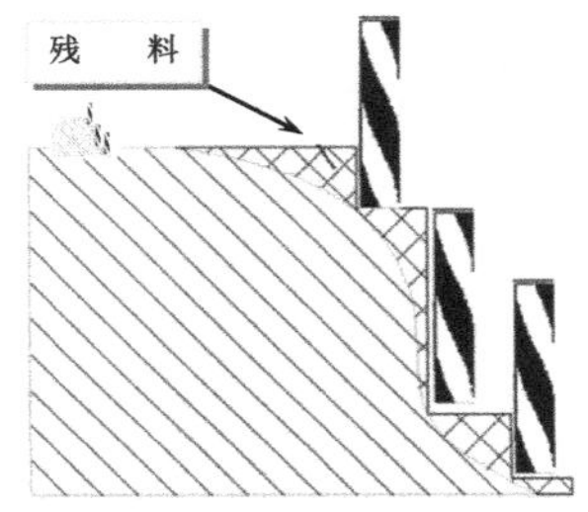

图 10-91　残料区域

⑦　【调整的距离】：设定加大或缩小残料范围的距离。

10.6.2　残料粗加工范例

范例文件(光盘)：/10/10-6-2.mcx。

多媒体教学路径：光盘→多媒体教学→第 10 章→10.6.2 节。

步骤 01　打开源文件

打开 10-6-2.mcx 文件，将如图 10-92 所示的挖槽结果进行残料粗加工。

技术点拨

本例主要对水壶的凸模进行加工，水壶凸模加工重点是把手所在的凹槽部位，凹槽在粗加工时刀具无法进入，因此可以采用残料粗加工进行二次开粗。由于凹槽不大，铣削刀具不易过大，采用 D3R0.5 的圆鼻刀加工。

步骤 02 选取加工曲面和切削范围

选择【刀具路径】|【曲面粗加工】|【粗加工残料加工】菜单命令，系统弹出【刀具路径的曲面选取】对话框，如图 10-93 所示。

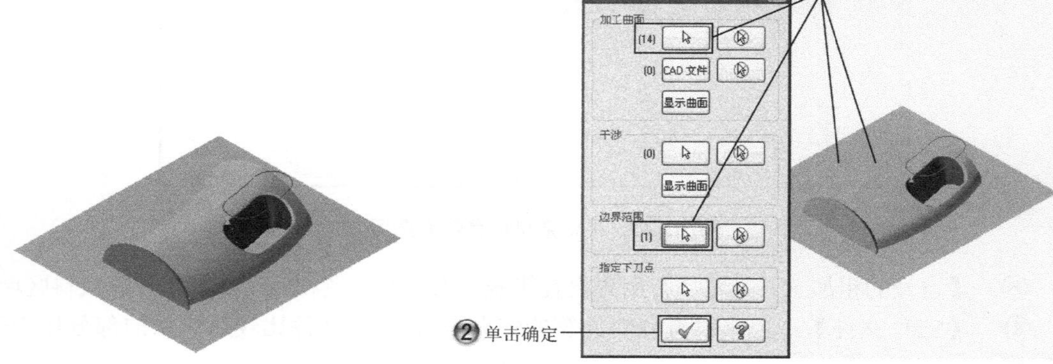

图 10-92 挖槽结果　　图 10-93 选取曲面和切削范围

步骤 03 设置刀具参数

按图 10-94～图 10-97 所示进行操作。

① 设置曲面残料粗加工的各种参数

② 在空白处单击鼠标右键，从弹出的快捷菜单中选择【创建新刀具】命令

图 10-94 新建刀具

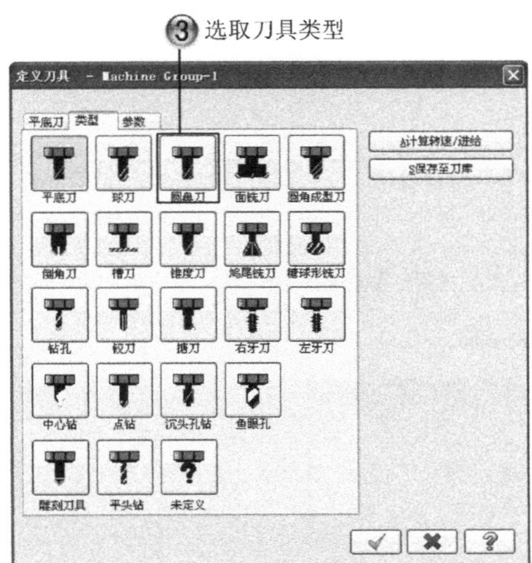

图 10-95　选取刀具类型

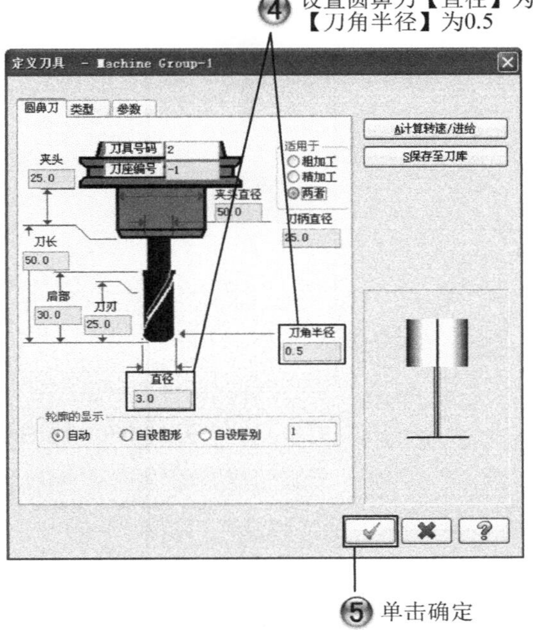

图 10-96　设置圆鼻刀参数

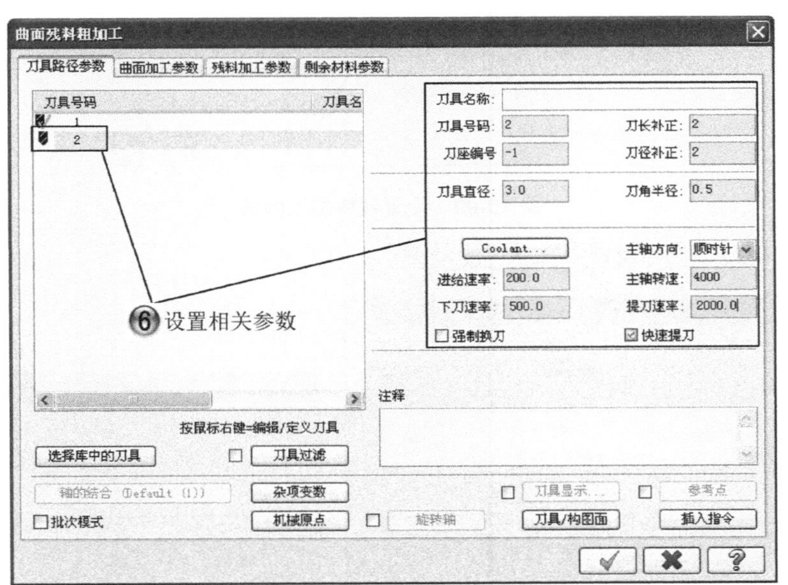

图 10-97　设置刀具路径相关参数

步骤 04 设置加工参数

在【曲面残料粗加工】对话框中单击【曲面加工参数】标签，切换到【曲面加工参数】选项卡，按图 10-98～图 10-102 所示进行操作。

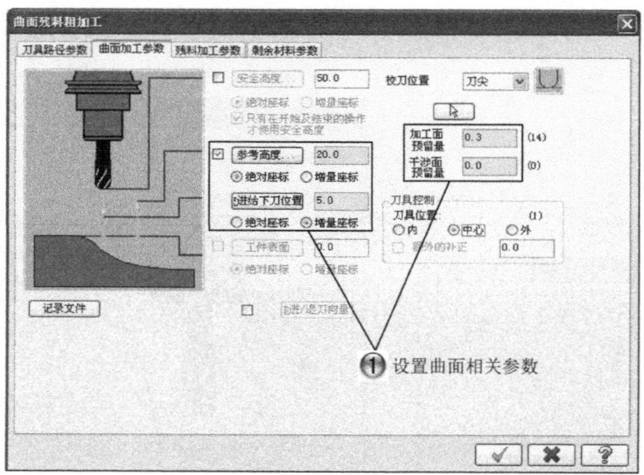

图 10-98　设置曲面相关参数

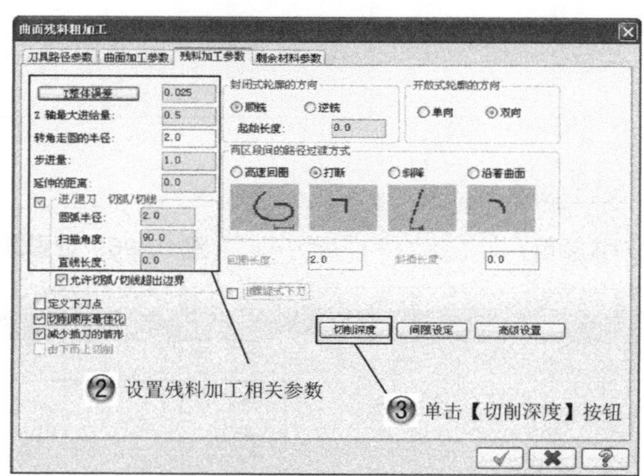

图 10-99　设置残料加工参数

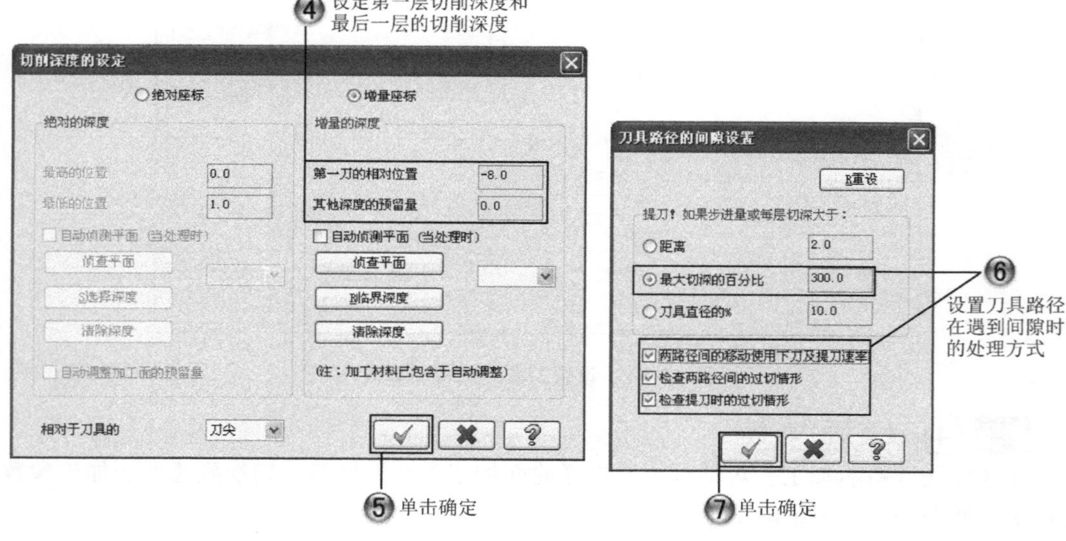

图 10-100　设置切削深度　　　　图 10-101　间隙设置

步骤 05 生成刀具路径

系统根据参数生成残料加工刀具路径，如图 10-103 所示。

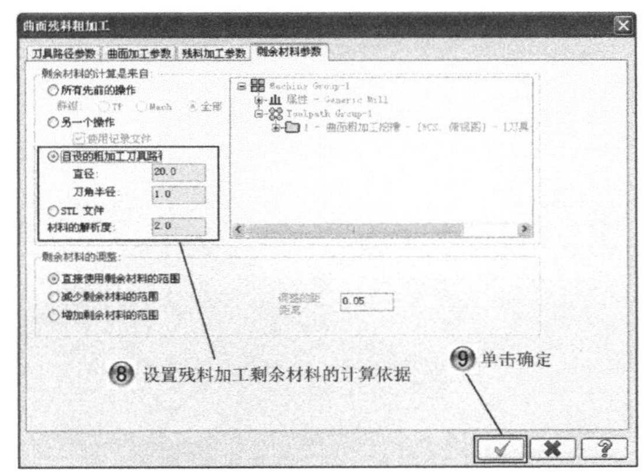

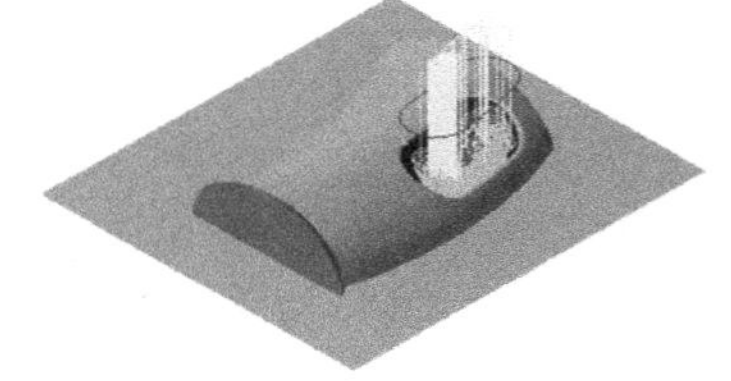

图 10-102　设置剩余材料参数　　　图 10-103　生成残料刀路

步骤 06 设置工件毛坯

在刀具路径操作管理器中单击【素材设置】节点，弹出【机器群组属性】对话框，按图 10-104 所示进行操作，结果如图 10-105 所示。

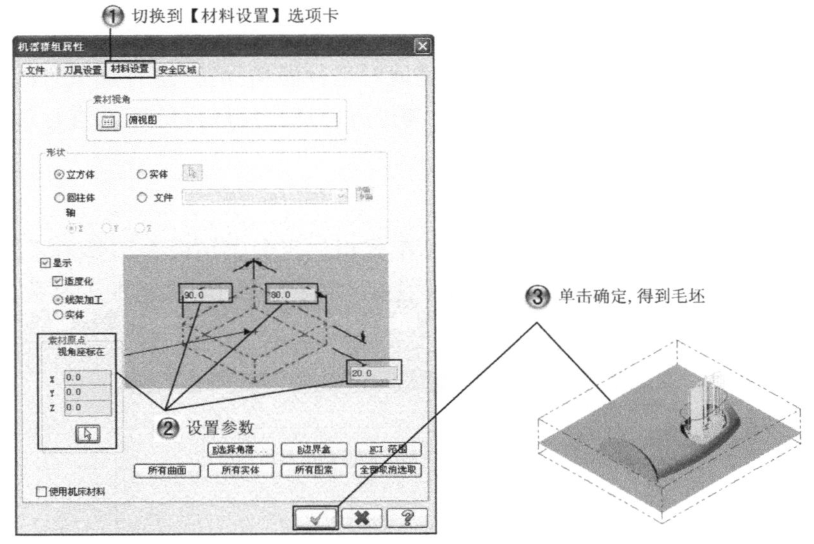

图 10-104　材料参数设置　　　图 10-105　设置后的毛坯

注　意

加工过程中通常采用大直径刀具进行开粗，快速去除大部分残料，再采用残料粗加工进行二次开粗，对大直径刀具无法加工到的区域进行再加工，这样有利于提高效率，节约成本。

步骤 07 实体仿真模拟

单击【实体模拟】按钮，弹出【验证】对话框，如图 10-106 所示。单击【播放】按钮▶进行模拟，模拟结果如图 10-107 所示。

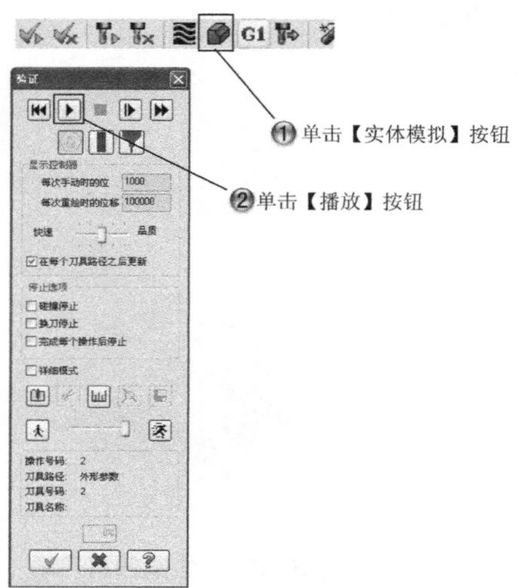

图 10-106　实体模拟

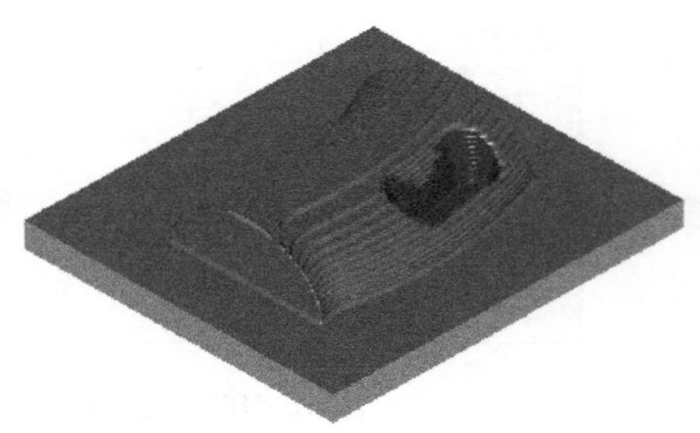
图 10-107　模拟结果

10.7　钻削粗加工

钻削式加工是使用类似钻孔的方式，快速地对工件做粗加工。这种加工方式有专用刀具，刀具中心有冷却液的出水孔，以供钻削时顺利排屑，适合比较深的工件进行加工。

10.7.1　钻削粗加工参数

选择【刀具路径】|【曲面粗加工】|【钻削式粗加工】菜单命令，弹出【曲面粗加工钻削式】对话框，单击【钻削式粗加工参数】标签，切换到【钻削式粗加工参数】选项卡，如图 10-108 所示。

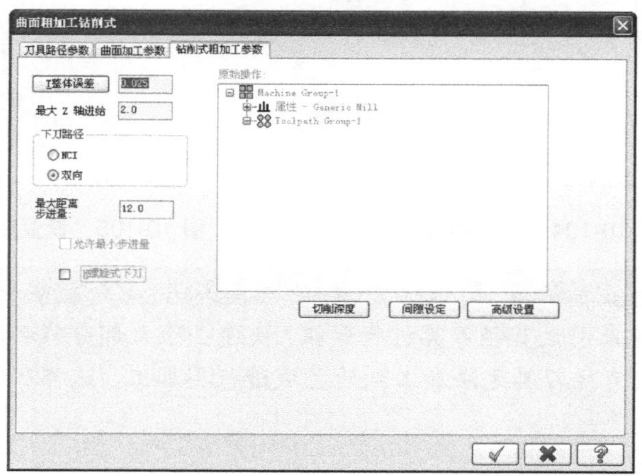

图 10-108　【钻削式粗加工参数】选项卡

其部分参数含义如下。

① 【整体误差】：设定刀具路径与曲面之间的误差。

② 【最大 Z 轴进给】：设定 Z 轴方向每刀最大切削深度。

③ 【下刀路径】：钻削路径的产生方式，有 NCI 和【双向】两种。NCI 是指参考某一操作的刀具路径来产生钻削路径。钻削的位置会沿着被参考的路径，这样可以产生多样化的钻削顺序。如果选择【双向】，会提示选择两对角点来决定钻削的矩形范围。

④ 【最大距离步进量】：设定两钻削路径之间的距离。

⑤ 【螺旋式下刀】：以螺旋的方式下刀。

10.7.2 钻削粗加工范例

源文件(光盘)：/10/10-7-2.mcx。

多媒体教学路径：光盘→多媒体教学→第 10 章→10.7.2 节。

步骤 01 打开源文件

打开 10-7-2.mcx 文件，将如图 10-109 所示的图形进行钻削式粗加工。

技术点拨

此模型通过分析可知总高度为 100mm，比较高，需要加工去除的残料也比较多，因此可以采用钻削粗加工的方式快速去除。由于钻削是采用类似于钻孔的方式加工，需采用专用刀具，这里采用普通钻头来代替。

步骤 02 选取加工曲面和切削范围

选择【刀具路径】|【曲面粗加工】|【粗加工钻削式加工】菜单命令，弹出【刀具路径的曲面选取】对话框，按图 10-110 所示进行操作。

图 10-109 钻削粗加工图形

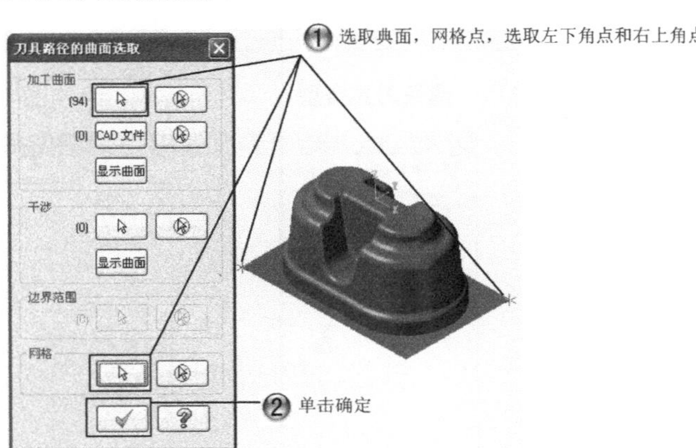

图 10-110 选取曲面和网格点

步骤 03 设置刀具参数

按图 10-111～图 10-114 所示进行操作。

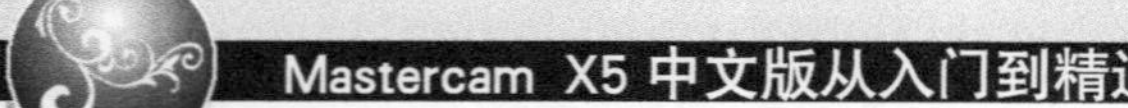

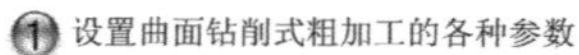

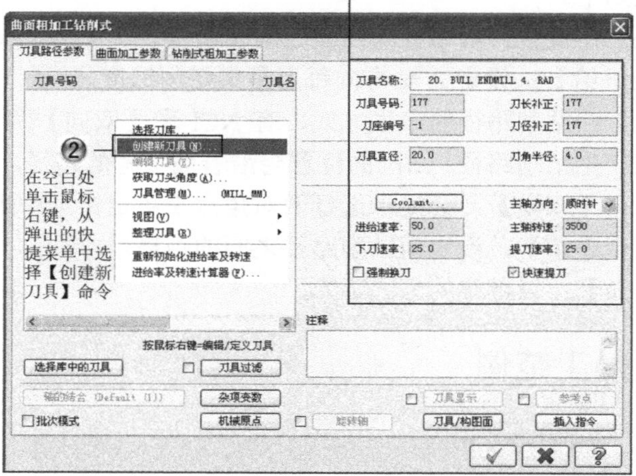

图 10-111　新建刀具

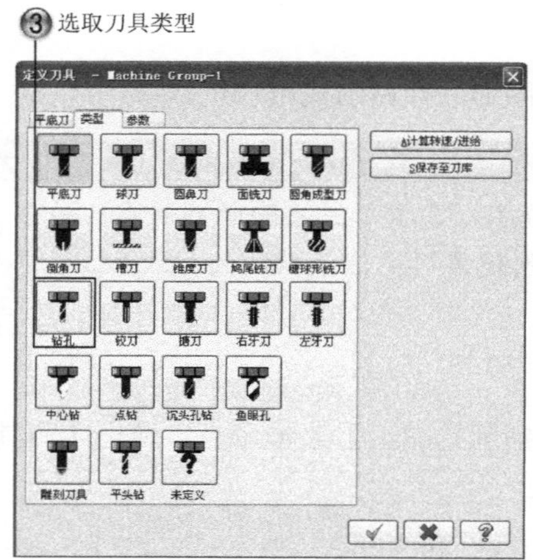

图 10-112　选取刀具类型

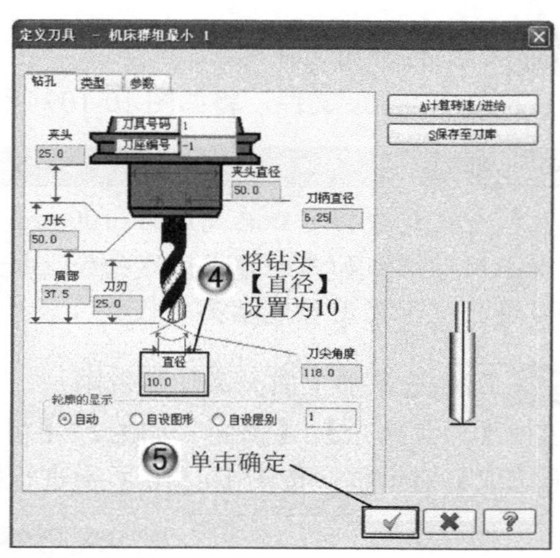

图 10-113　设置钻孔参数

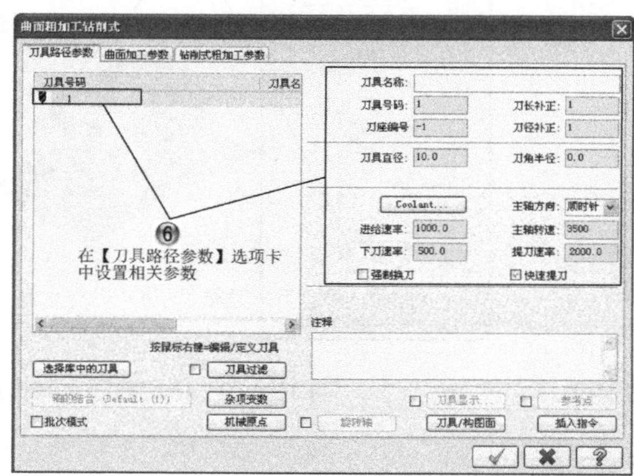

图 10-114　设置刀具路径相关参数

步骤 04 设置加工参数

在【曲面粗加工钻削式】对话框中单击【曲面加工参数】标签，切换到【曲面加工参数】选项卡，按图 10-115～图 10-117 所示进行操作。

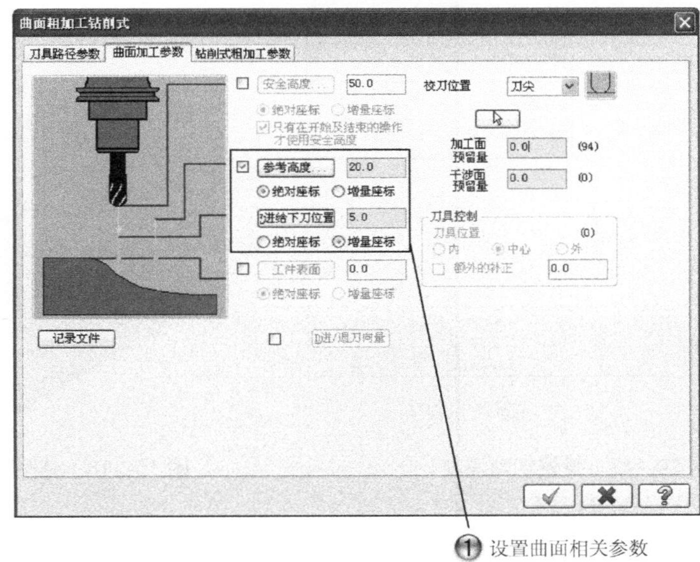

图 10-115　设置曲面加工参数

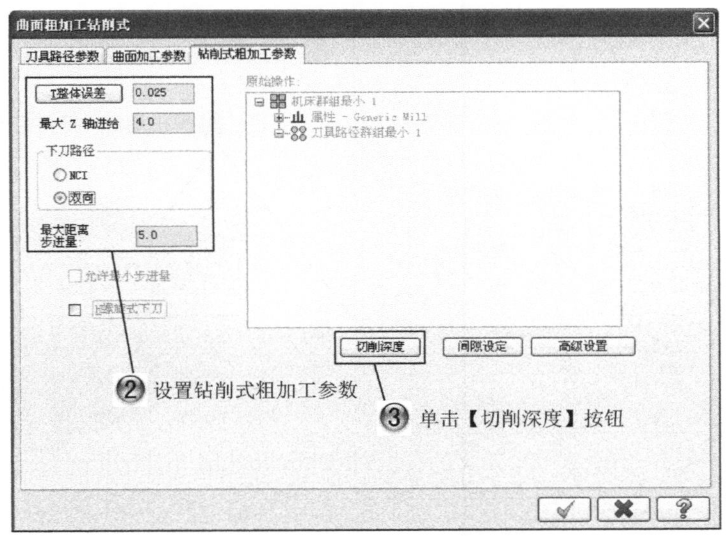

图 10-116　设置钻削式粗加工参数

步骤 05 生成刀具路径

参数设置完毕后，系统会根据设置的参数生成钻削式粗加工刀具路径，如图 10-118 所示。

步骤 06 设置工件毛坯

在刀具路径操作管理器中单击【素材设置】节点，弹出【机器群组属性】对话框，按

图 10-119 所示进行操作，结果如图 10-120 所示。

图 10-117 设置切削深度

图 10-118 钻削式加工路径

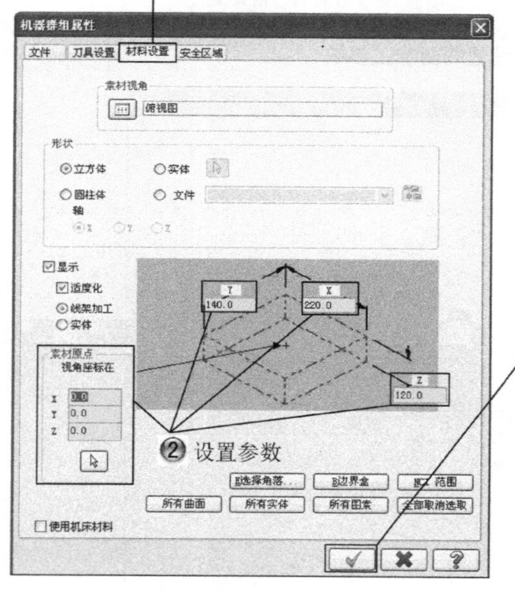

图 10-119 材料参数设置

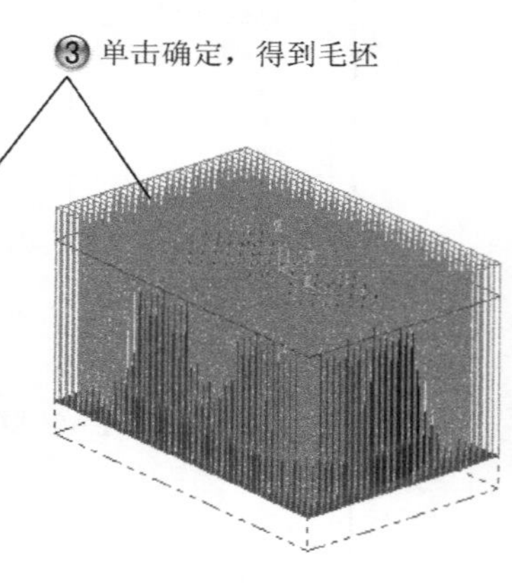

图 10-120 设置后的毛坯

步骤 07 实体仿真模拟

单击【实体模拟】按钮，弹出【验证】对话框，如图 10-121 所示。单击【播放】按钮进行模拟，模拟结果如图 10-122 所示。

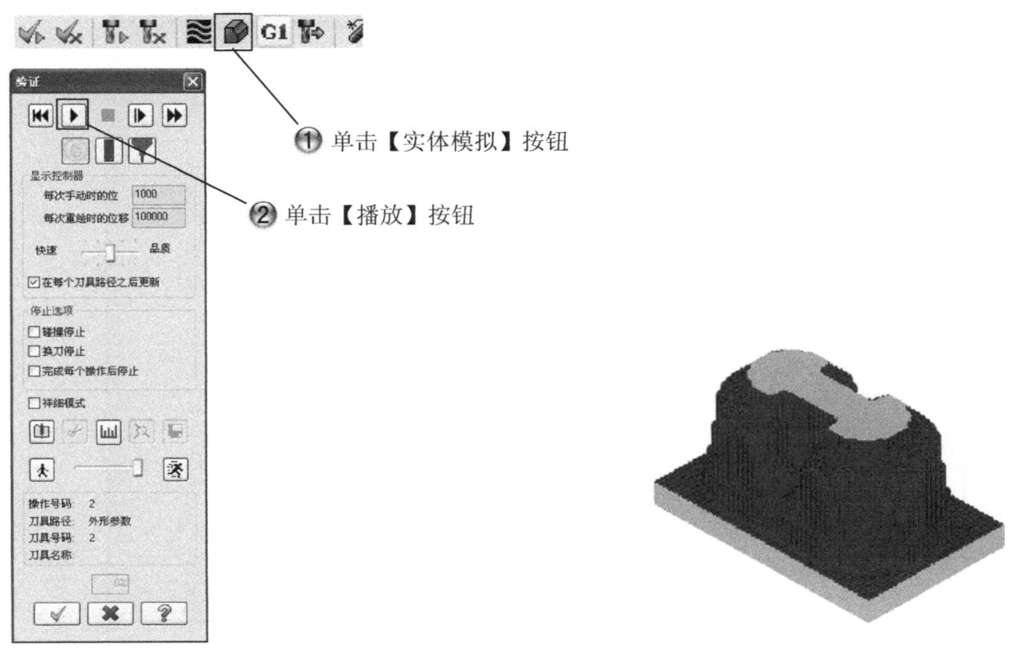

图 10-121　实体模拟　　　　图 10-122　模拟结果

10.8　曲面流线粗加工

曲面流线粗加工能产生沿着曲面的引导方向(U 向)或曲面的截断方向(V 向)加工的刀具路径。可以采用控制残脊高度来进行精准控制残料，也可以采用步进量即刀间距来控制残料。曲面流线加工比较适合曲面流线相同或类似的曲面加工，对曲面要求只要流线不交叉，产生的路径不交叉即可生成刀具路径。

10.8.1　曲面流线粗加工参数

选择【刀具路径】|【曲面粗加工】|【粗加工流线加工】菜单命令，弹出【曲面粗加工流线】对话框，单击【曲面流线粗加工参数】标签，切换到【曲面流线粗加工参数】选项卡，主要用来设置流线粗加工参数，如图 10-123 所示。

其部分参数含义如下。

①　【切削控制】：控制切削方向加工误差。由【距离】和【整体误差】两个参数来控制。【距离】即指采用切削方向上的曲线打断成直线的最小距离即移动增量来控制加工精度，这种方式的精度较差。要得到高精度，此距离值要设置得非常小，但是计算时间会变长。【整体误差】即指以设定刀具路径与曲面之间的误差来决定切削方向路径的精度。所有超过此设定误差的路径系统会自动增加节点，使路径变短，误差减少。

②　【执行过切检查】：选中此复选框，如果刀具过切，系统会自动调整刀具路径，避免过切，该选项会增加计算时间。

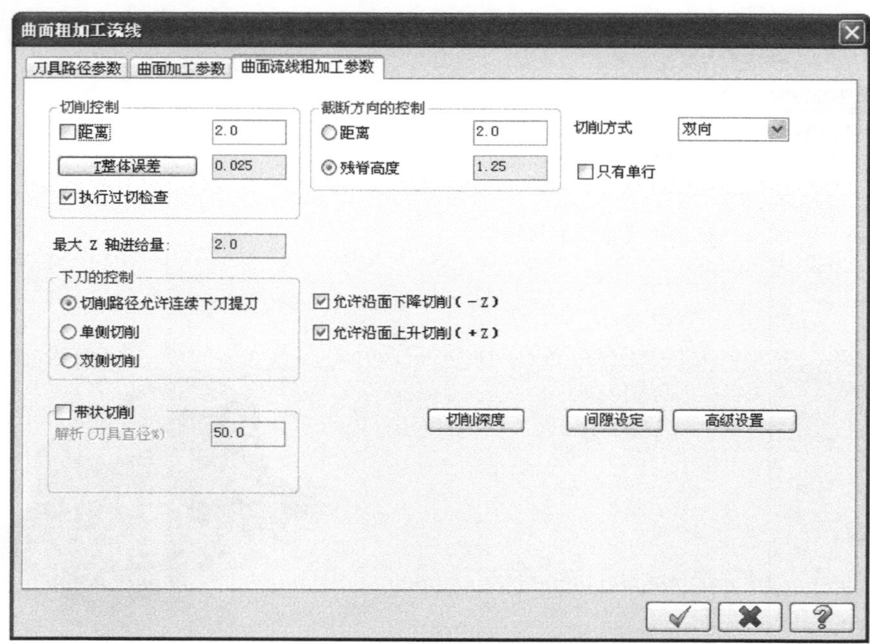

图 10-123　曲面流线粗加工参数

③　【截断方向的控制】：用来设置控制切削路径之间的距离。有【距离】和【残脊高度】两个选项。【距离】用来设定两切削路径之间的距离；【残脊高度】用来设定两切削路径之间所留下的残料的高度。系统根据高度来控制距离。

④　【切削方式】：设置切削加工走刀方式，有【双向】、【单向】和【螺旋式】。【双向】即指以来回的方式切削加工；【单向】即指从某一方向切削到终点侧，抬刀回到起点侧，再以同样的方向到达终点侧，所有切削路径都朝同一方向；【螺旋式】即指产生螺旋式切削路径，适合封闭式流线曲面。

⑤　【只有单行】：限定只有排成一列的曲面上产生流线加工。

⑥　【最大 Z 轴进给量】：设定粗切每层最大切削深度。

⑦　【下刀的控制】：控制下刀侧。可以单侧下刀、双侧下刀以及连续下刀。

⑧　【允许沿面下降切削】：允许刀具在曲面上沿着曲面下降切削。

⑨　【允许沿面上升切削】：允许刀具在曲面上沿着曲面上升切削。

流线粗加工参数主要是切削方向控制和截断方向控制。对于切削方向通常采用整体误差来控制；对于截断方向，球刀铣削曲面时在两刀具路径之间存在残脊，可以通过控制残脊高度来控制残料的多少。另外也可以通过控制两切削路径之间的距离来控制残料多少。采用距离控制刀路之间的残料要更直接和简单，一般采用距离来控制残料。

10.8.2　曲面流线粗加工范例

范例文件(光盘)：/10/10-8-2.mcx。

多媒体教学路径：光盘→多媒体教学→第 10 章→10.8.2 节。

步骤 01 打开源文件

打开 10-8-2.mcx 文件，对如图 10-124 所示的图形采用流线粗加工进行铣削。

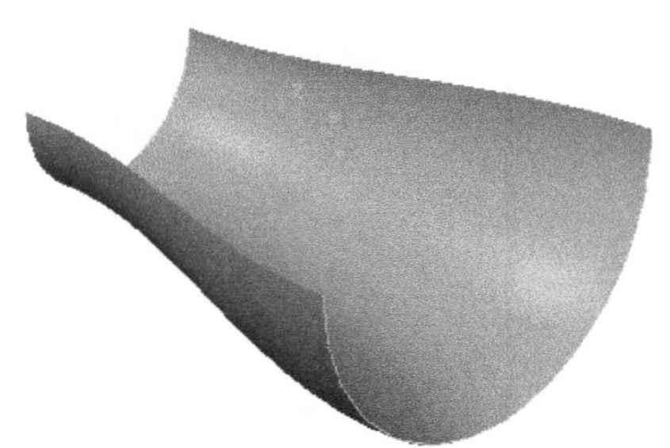

图 10-124　加工图形

技术点拨

此半边的管道模型是单个网格曲面形成，内部流线非常均匀，可以采用流线粗加工进行铣削加工。

步骤 02 设置流线选项

选择【刀具路径】|【曲面粗加工】|【粗加工流线铣削加工】菜单命令，弹出【选取工件的形状】对话框，按图 10-125 所示进行操作，弹出【输入新的 NC 名称】对话框，如图 10-126 所示。

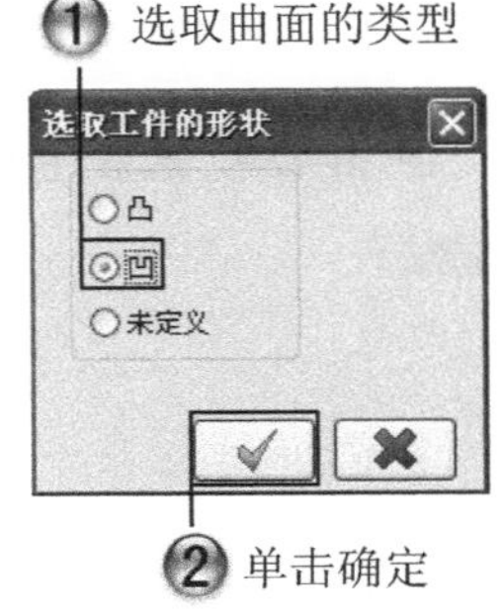

图 10-125　选取曲面类型

图 10-126　输入新的 NC 名称

选择【刀具路径】|【曲面粗加工】|【粗加工流线铣削加工】菜单命令，系统弹出【曲面流线设置】对话框，如图 10-127 所示。

步骤 03 设置刀具参数

按图 10-128～图 10-131 所示进行操作。

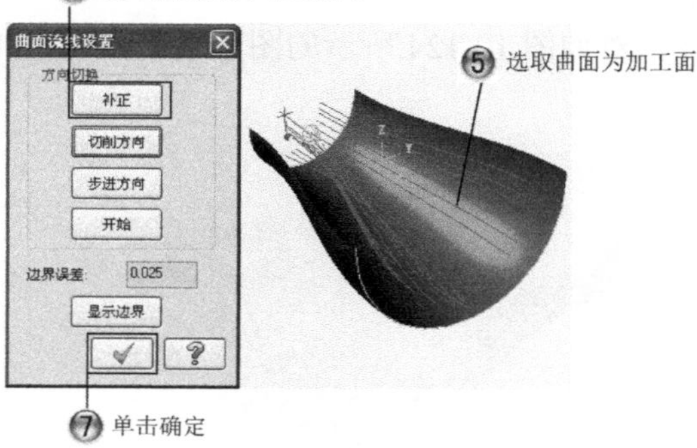

图 10-127　流线选项

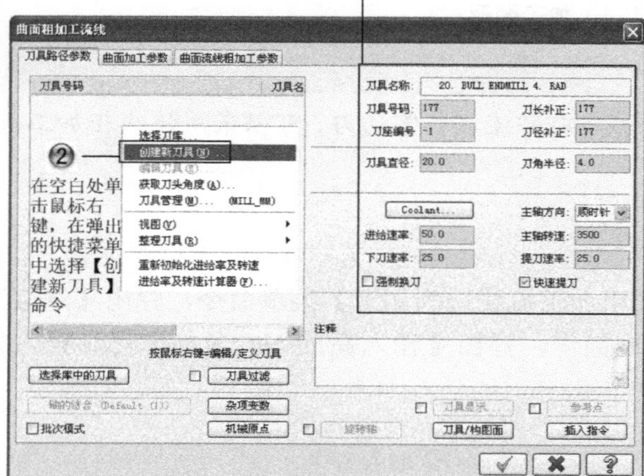

图 10-128　新建刀具

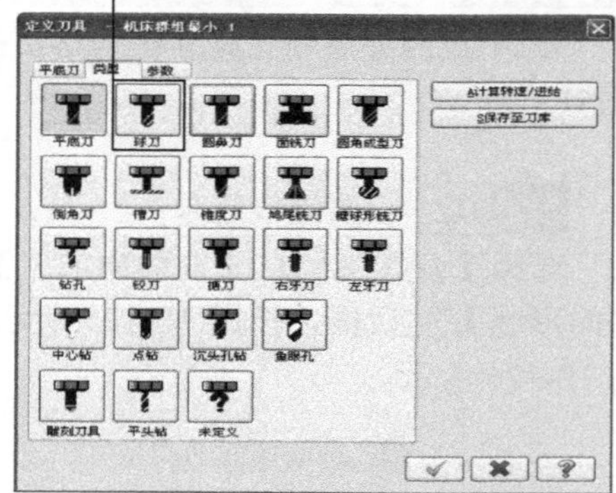

图 10-129　选取刀具类型

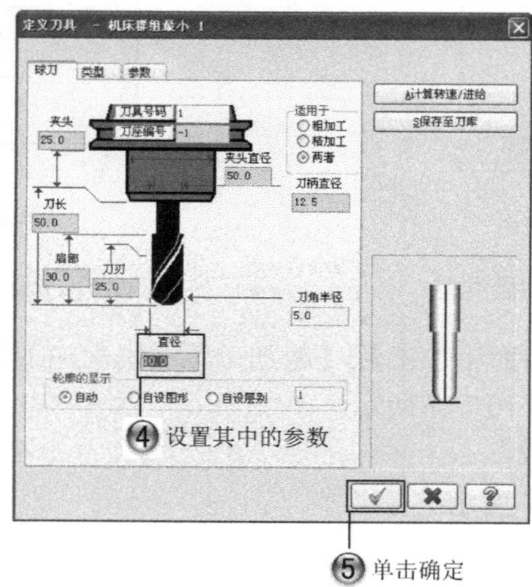

图 10-130　设置球刀参数

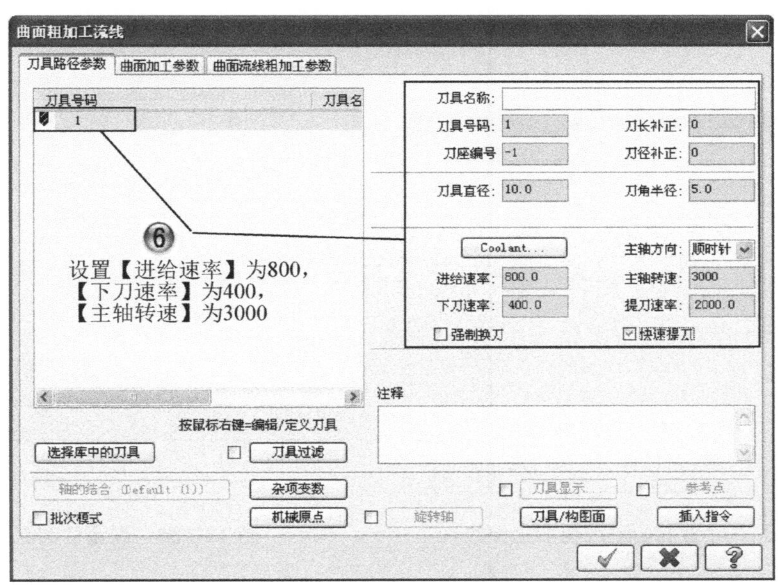

图 10-131　设置刀具路径参数

步骤 04　设置加工参数

在【曲面粗加工流线】对话框中单击【曲面加工参数】标签，切换到【曲面加工参数】选项卡，如图 10-132 所示。

步骤 05　生成刀具路径

按图 10-135 所示进行操作，最后生成如图 10-136 所示的刀具路径。

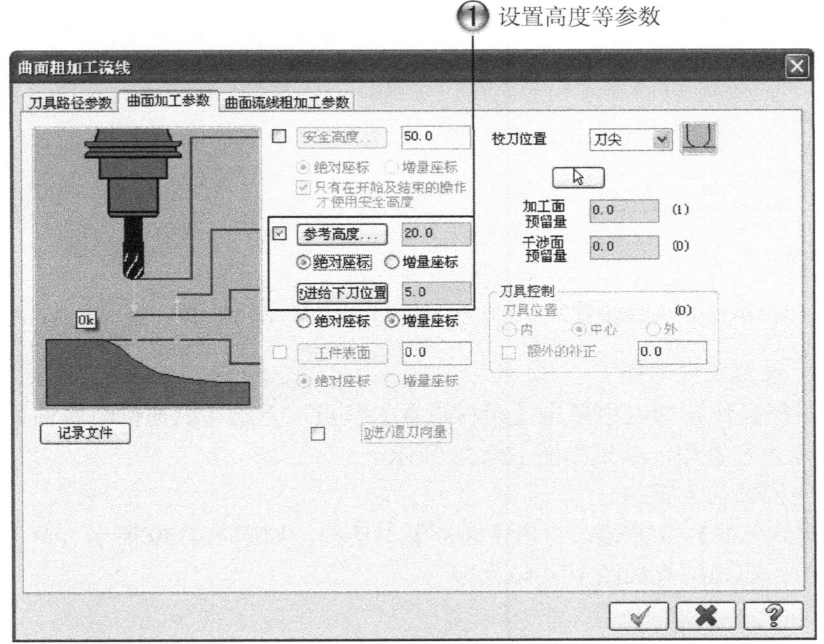

图 10-132　设置曲面加工参数

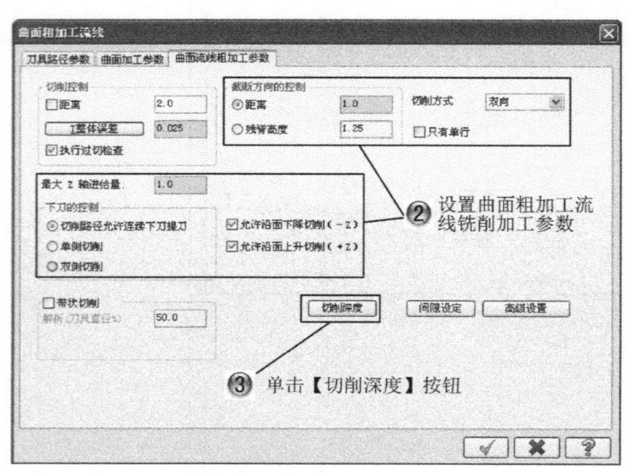

图 10-133　设置曲面流线粗加工参数

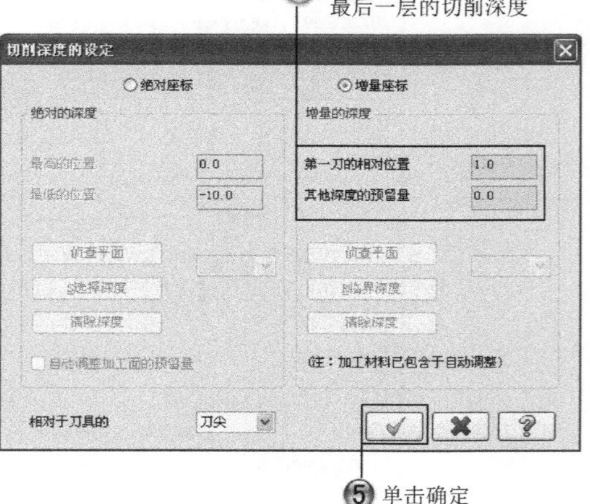

图 10-134　设置切削深度

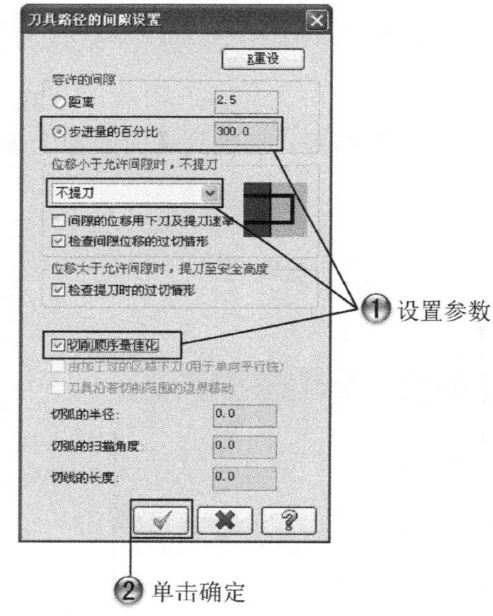

图 10-135　间隙设置

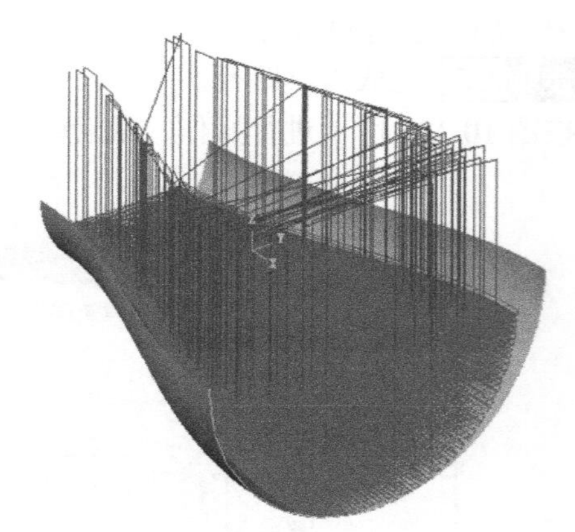

图 10-136　生成残料刀路

步骤 06　设置工件毛坯

在刀具路径操作管理器中单击【素材设置】节点，弹出【机器群组属性】对话框，按图 10-137 所示进行操作，结果如图 10-138 所示。

步骤 07　实体仿真模拟

单击【实体模拟】按钮，弹出【验证】对话框，如图 10-139 所示。单击【播放】按钮进行模拟，模拟结果如图 10-140 所示。

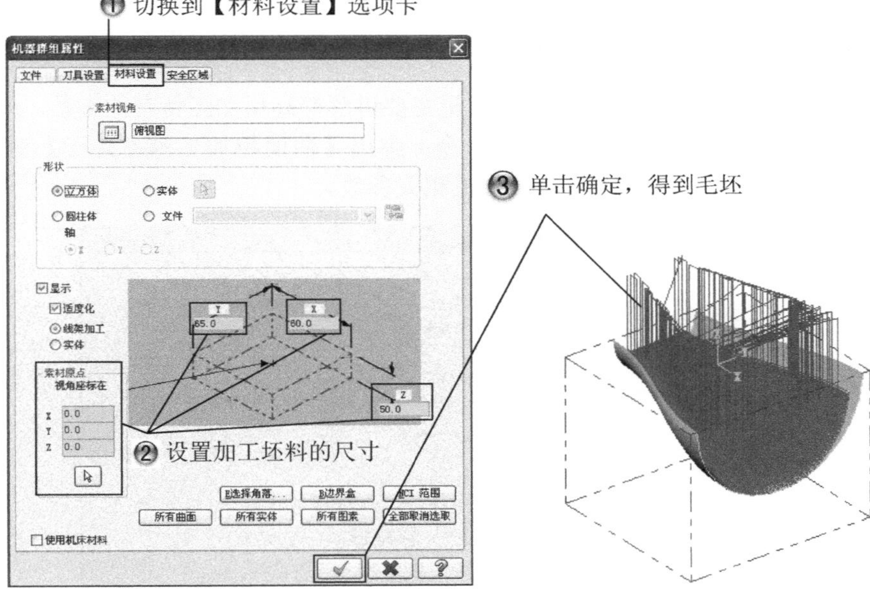

图 10-137　材料参数设置　　　　图 10-138　设置后的毛坯

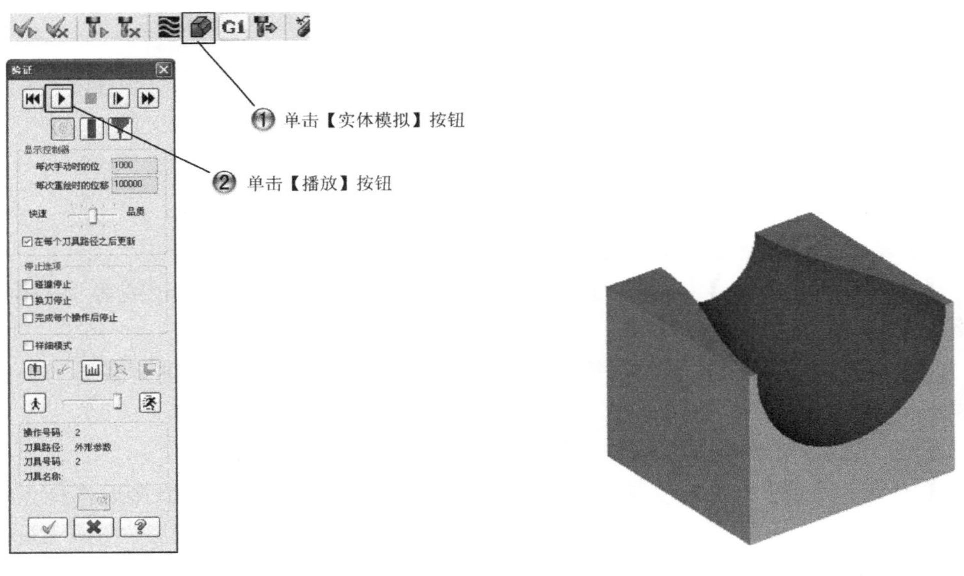

图 10-139　实体模拟　　　　图 10-140　模拟结果

10.9　等高外形粗加工

等高粗加工是采用等高线的方式进行逐层加工，曲面越陡，等高加工效果越好。等高粗加工常作为二次开粗，或者用于铸件毛坯的开粗。等高加工是绝大多数高速机所采用的加工方式。

10.9.1 等高外形粗加工参数

等高粗加工参数与其他粗加工类似，这里主要讲解等高粗加工特有的参数。选择【刀具路径】|【粗加工】|【等高粗加工】菜单命令，弹出【曲面粗加工等高外形】对话框，如图 10-141 所示。该对话框用来设置等高加工相关参数。

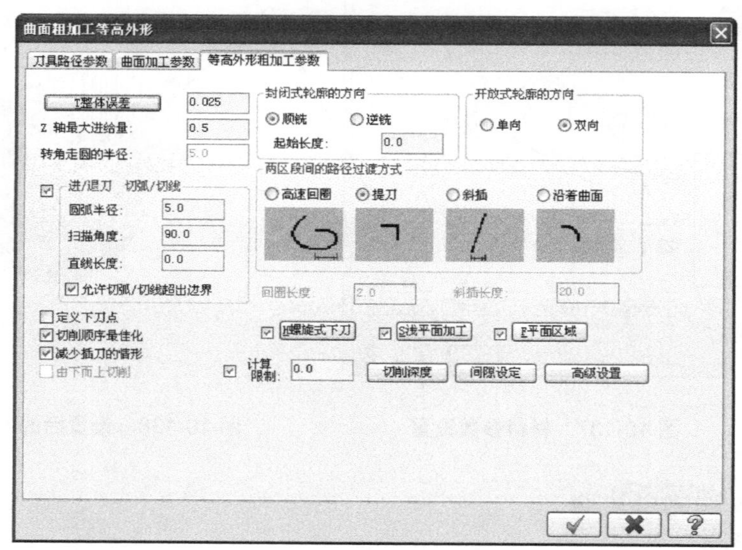

图 10-141 等高外形粗加工参数

其部分参数含义如下。

① 【整体误差】：设定刀具路径与曲面之间的误差值。

② 【Z 轴最大进给量】：设定 Z 轴方向每刀最大切深。

③ 【转角走圆的半径】：设定刀具路径的转角处走圆弧的半径。小于或等于 135° 的转角处将采用圆弧刀具路径。

④ 【进/退刀 切弧/切线】：在每一切削路径的起点和终点产生一进刀或退刀的圆弧或者切线。

⑤ 【允许切弧/切线超出边界】：允许进退刀圆弧超出切削范围。

⑥ 【定义下刀点】：用来设置刀具路径的下刀位置，刀具路径会从最接近选择点的曲面角落下刀。

⑦ 【切削顺序最佳化】：使刀具尽量在一区域加工，直到该区域所有切削路径都完成后，再移动到下一区域进行加工。这样可以减少提刀次数，提高加工效率。

⑧ 【减少插刀的情形】：只在选中【切削顺序最佳化】复选框后才会激活，当选中【切削顺序最佳化】复选框时，刀具切削完当前区域再切削下一区域，如果两区域刀具路径之间距离小于刀具直径时，有可能导致刀具埋入量过深，刀具负荷过大，很容易损坏刀具。因而，选中【减少插刀的情形】复选框，系统对刀具路径距离小于刀具直径的区域直接加工，而不采用刀具路径切削顺序最佳化。

⑨ 【封闭式轮廓的方向】：设定等高加工运算中封闭式路径的切削方向。提供了【顺

铣】和【逆铣】两种。

⑩　【起始长度】：设定封闭式切削路径起点之间的距离，这样可以使路径起点分散，不会在工件上留下明显的痕迹。

⑪　【开放式轮廓的方向】：设定等高加工中开放式路径的切削方式，有【双向】和【单向】两种。

⑫　【两区段间的路径过滤方式】：设定两路径之间刀具的移动方式，即路径终点到下一路径的起点。系统提供了 4 种过渡方式：【高速回圈】、【提刀】、【斜插】和【沿着曲面】。【高速回圈】用于高速加工，是尽量在两切削路径间插入一圆弧形平滑路径，使刀具路径尽量平滑，减少不必要的转角；【提刀】即指在两切削间，刀具先上移然后平移，再下刀，避免撞刀；【斜降】即指以斜进下刀的方式移动；【沿着曲面】即指刀具沿着曲面方式移动。

⑬　【回圈长度】：只有当【两区段间的路径过渡方式】设为【高速回圈】时该项才会被激活。该项用来设置残料加工两切削路径之间刀具移动方式；如果两路径之间距离小于循环长度，会插入一循环，如果大于循环长度，则插入一平滑的曲线路径。

⑭　【斜插长度】：该选项是设置等高路径之间的斜插长度，只有在选中【高速回圈】和【斜插】单选按钮时该项才被激活。

⑮　【螺旋式下刀】：以螺旋的方式下刀。

10.9.2　等高外形粗加工范例

源文件(光盘)：/10/10-9-2.mcx。

多媒体教学路径：光盘→多媒体教学→第 10 章→10.9.2 节。

步骤 01　打开源文件

打开 10-9-2.mcx 文件，对如图 10-142 所示的图形采用等高外形粗加工进行铣削。

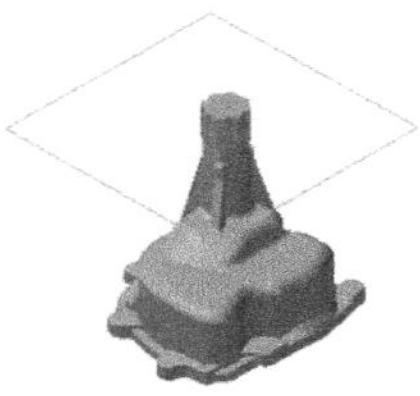

图 10-142　加工图形

技术点拨

此模型侧壁比较陡峭，在已有的粗加工基础上可以采用等高外形粗加工进行二次开粗。沿曲面外形加工一层。采用球刀加工。

步骤 02　选取加工曲面和切削范围

选择【刀具路径】|【曲面粗加工】|【粗加工等高外形加工】菜单命令，选择曲面后弹出【刀具路径的曲面选取】对话框，按图 10-143 所示进行操作。

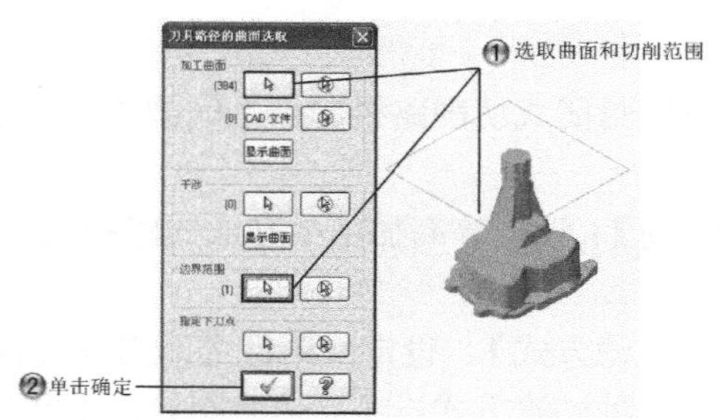

图 10-143　选取曲面和切削范围

步骤 03 设置刀具参数

按图 10-144～图 10-147 所示进行操作。

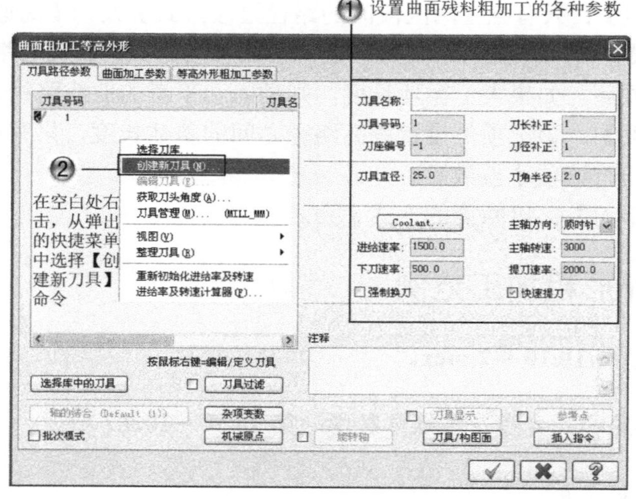

图 10-144　新建刀具

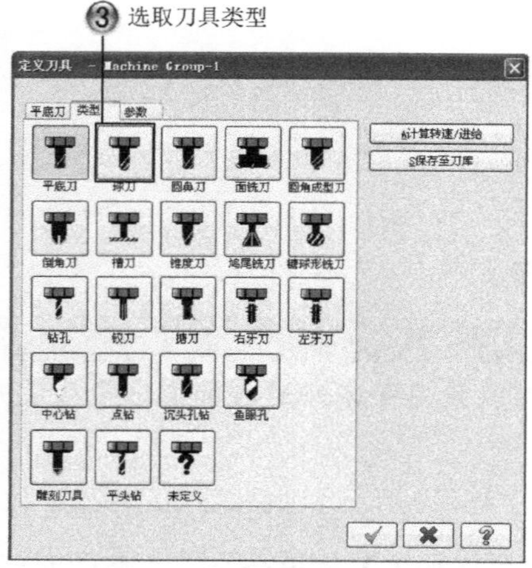

图 10-145　选取刀具类型

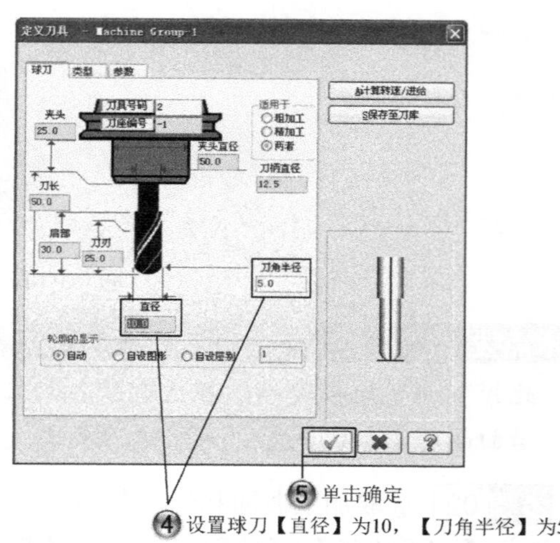

图 10-146　设置球刀参数

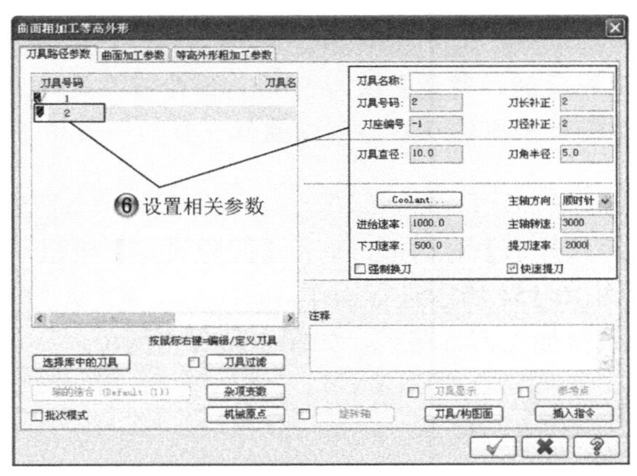

图 10-147　设置刀具路径相关参数

步骤 04　设置加工参数

在【曲面粗加工等高外形】对话框中单击【曲面加工参数】标签，切换到【曲面加工参数】选项卡，按图 10-148～图 10-150 所示进行操作。

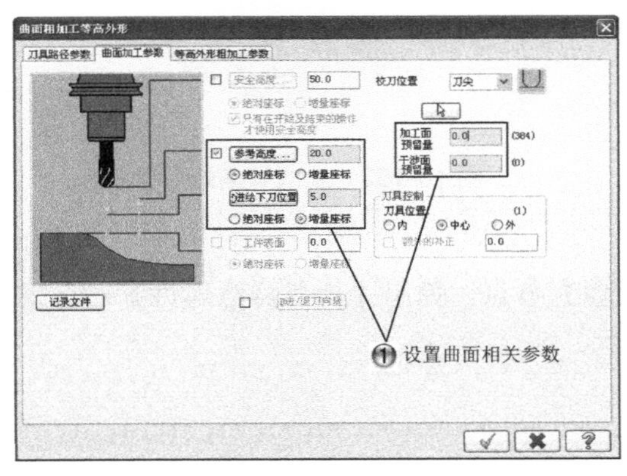

图 10-148　设置曲面加工参数

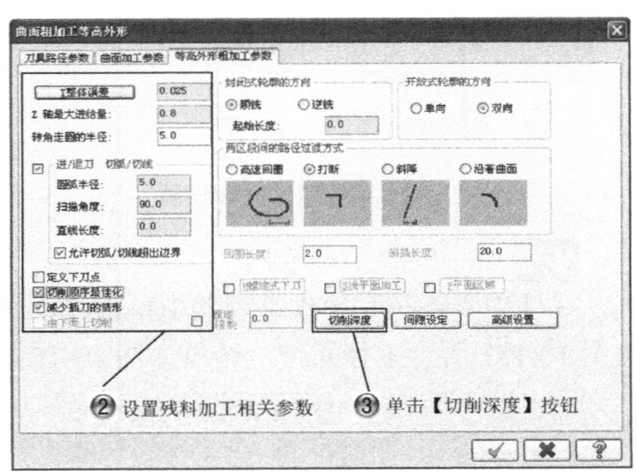

图 10-149　设置等高外形粗加工参数

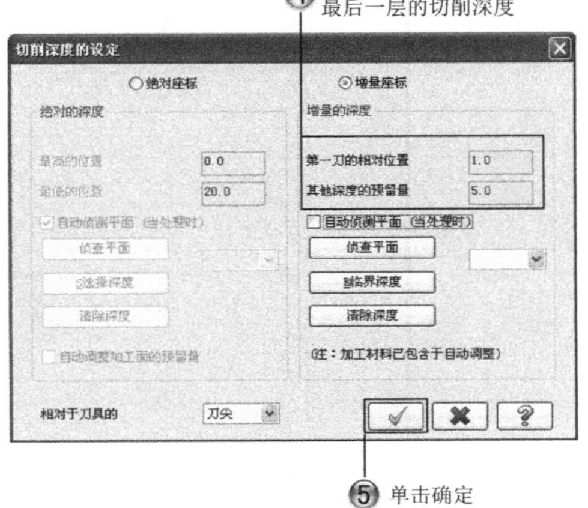

图 10-150　设置切削深度

注 意

图 10-150 中【其他深度的预留量】设为 5mm，因为刀具是球刀，半径为 R5，如果不设预留量，可能会过切底面，损伤刀具。所以最低点最后一刀留 5mm。

步骤 05 生成刀具路径

返回【曲面粗加工等高外形】对话框，单击【间隙设定】按钮，系统弹出【刀具路径的间隙设置】对话框，按图 10-151 所示进行操作。

系统根据参数生成残料加工刀具路径，如图 10-152 所示。

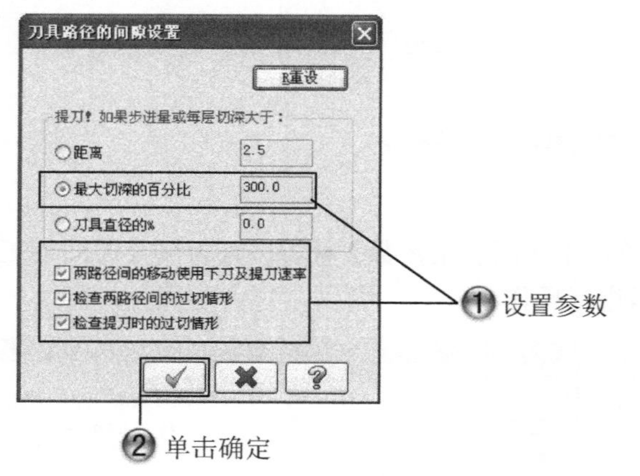

图 10-151 间隙设置

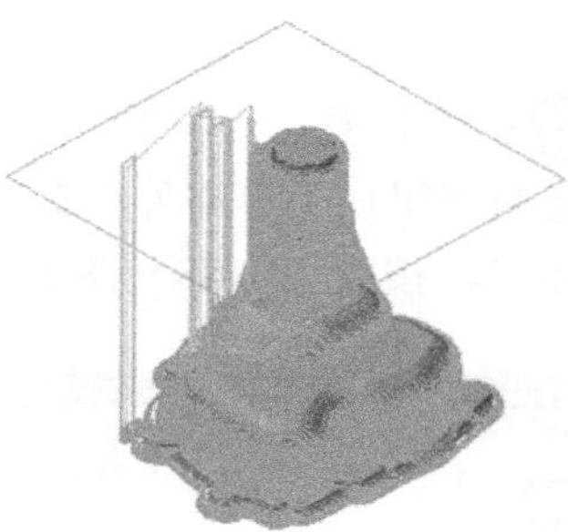

图 10-152 生成等高外形刀路

步骤 06 设置工件毛坯

在【刀具路径】操作管理器中单击【素材设置】节点，弹出【机器群组属性】对话框，按图 10-153 所示进行操作，结果如图 10-154 所示。

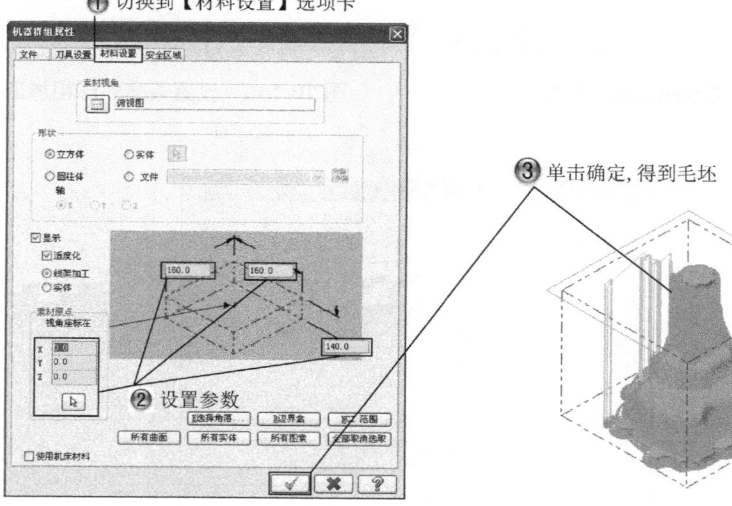

图 10-153 材料参数设置

图 10-154 设置后的毛坯

步骤 07 实体仿真模拟

单击【实体模拟】按钮，弹出【验证】对话框，如图 10-155 所示。单击【播放】按钮进行模拟，模拟结果如图 10-156 所示。

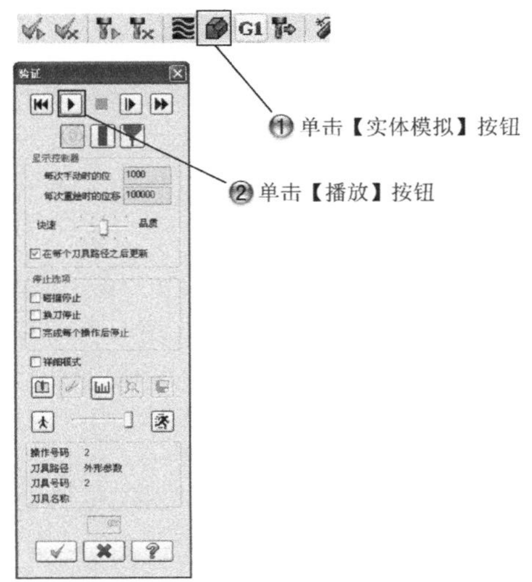

图 10-155　实体模拟

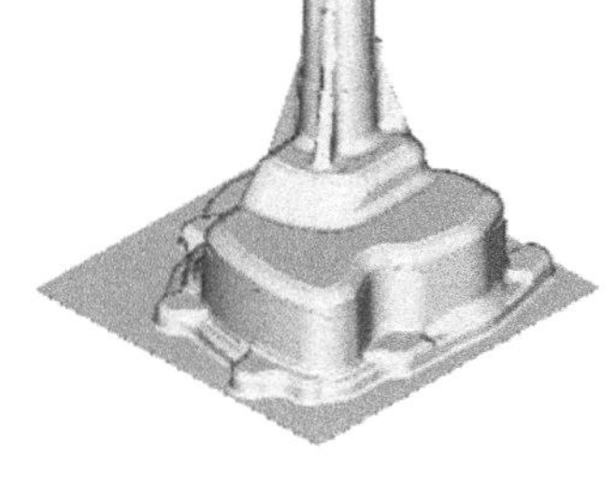

图 10-156　模拟结果

10.10　本 章 小 结

本章主要讲解曲面粗加工刀具路径加工技法，曲面粗加工刀具路径主要用来开粗，即快速地去除大部分的残料，要求的是效率和速度。因此，在 8 种粗加工刀具路径中，挖槽粗加工一般作为首次开粗，应用非常多。其次，等高外形粗加工和残料粗加工一般作为二次开粗，进行局部残料的清除。有时挖槽粗加工也可以进行范围限定后的二次开粗，效率非常高。读者要掌握各自刀路的优缺点，进行相互组合，优劣互补。

第11章

Mastercam X5

3轴曲面精加工

本章导读：

在 MastercamX5 加工中，3 轴曲面精加工主要是对上一工序的粗加工后剩余的残料进行再加工，以进一步清除残料，达到所要求的精度和粗糙度。曲面精加工的刀具路径有多种形式，下面将详细讲解。

学习内容：

学习目标 知识点	理 解	应 用	实 践
平行精加工、放射状精加工、投影精加工、曲面流线精加工、等高外形精加工、陡斜面精加工、浅平面精加工、交线清角精加工、残精清角精加工、环绕等距精加工、熔接精加工		√	√

11.1　3 轴曲面精加工概述

曲面精加工共有 11 种，选择【刀具路径】|【曲面精加工】菜单命令，即可调取所需要的精加工。包括平行精加工、放射精加工、投影精加工、流线精加工、等高外形精加工、陡斜面加工、浅平面加工、交线清角加工、残料清角加工、环绕等距精加工、熔接精加工。利用曲面精加工刀具路径可产生精准的精修曲面。曲面精加工的目的主要是通过精修获得必要的加工精度和表面粗糙度。

11.2　平行精加工

平行精加工是以指定的角度产生平行的刀具切削路径。刀具路径相互平行，在加工比较平坦的曲面，此刀具路径加工的效果非常好，精度也比较高。

11.2.1　平行精加工参数

选择【刀具路径】|【曲面精加工】|【平行精加工平行铣削】菜单命令，选取工件形状和要加工的曲面，单击【确定】按钮，弹出【曲面精加工平行铣削】对话框，单击【精加工平行铣削参数】标签，切换到【精加工平行铣削参数】选项卡，如图 11-1 所示。

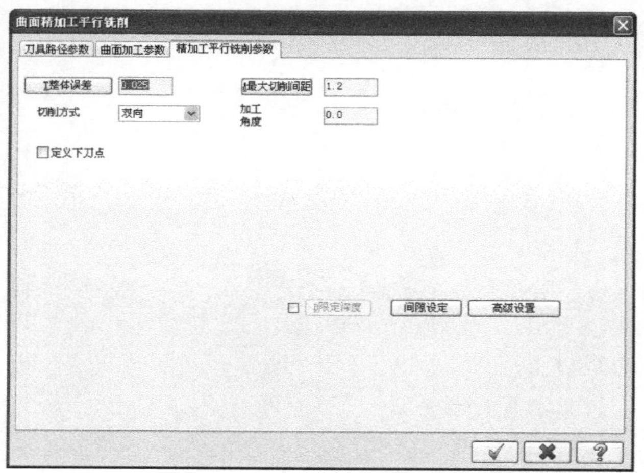

图 11-1　曲面精加工平行铣削参数

其部分参数含义如下。

①　【整体误差】：设定刀具路径与曲面之间的误差。误差值越大，计算速度越快，但精度越差；误差值越小，计算速度越慢，但可以获得高的精度。

②　【最大切削间距】：设定刀具路径之间的距离，此处精加工采用球刀，所以间距要设得小一些。单击【最大切削间距】按钮，弹出【最大切削间距】对话框，如图 11-2 所示。该对话框还提供了平坦区域和在 45° 斜面区域产生的残脊高度供用户参考。

③ 【切削方式】：设定曲面加工平行铣削刀具路径的切削方式，有单向切削和双向切削方式两种。【双向】即指以来回两方向切削工件，如图 11-3 所示；【单向】即指以一方向切削后，快速提刀，提刀到参考点再平移到起点后再下刀，单向抬刀的次数比较多，如图 11-4 所示。

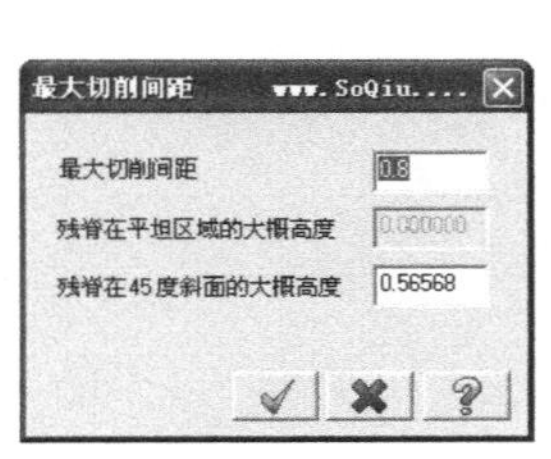

图 11-2 最大切削间距

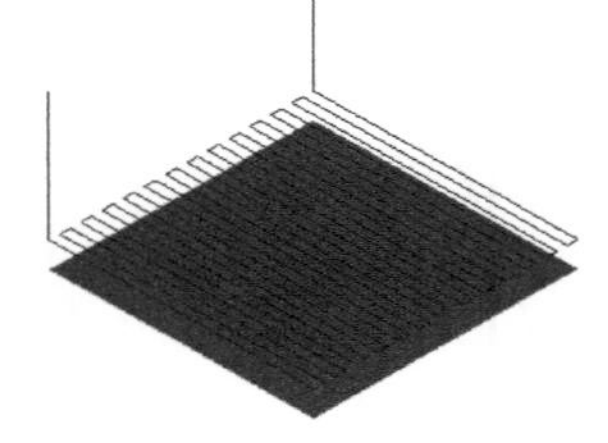

图 11-3 双向

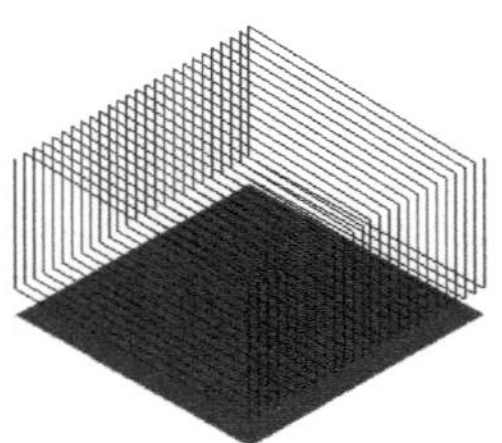

图 11-4 单向

④ 【加工角度】：设定刀具路径的切削方向与当前 X 轴的角度，以逆时针为正，顺时针为负。

⑤ 【定义下刀点】：如启用该复选框，系统会要求选取或输入下刀点位置，刀具从最接近选取点进刀。

11.2.2 平行精加工范例

范例文件(光盘)：/11/11-2-2.mcx。

多媒体教学路径：光盘→多媒体教学→第 11 章→11.2.2 节。

步骤 01 打开源文件

打开 11-2-2 文件，对如图 11-5 所示的图形进行平行精加工。

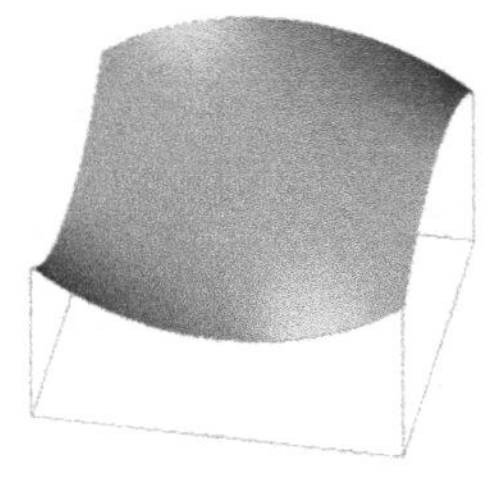

图 11-5 加工图形

技术点拨

本例曲面比较简单，没有特别的凸起和凹陷，曲面比较光顺，直接采用 D10 的球刀进行曲面平行精加工光刀即可。

步骤 02 选取串连

选择【刀具路径】|【曲面精加工】|【精加工平行铣削加工】菜单命令，弹出【刀具路径的曲面选取】对话框，如图 11-6 所示。

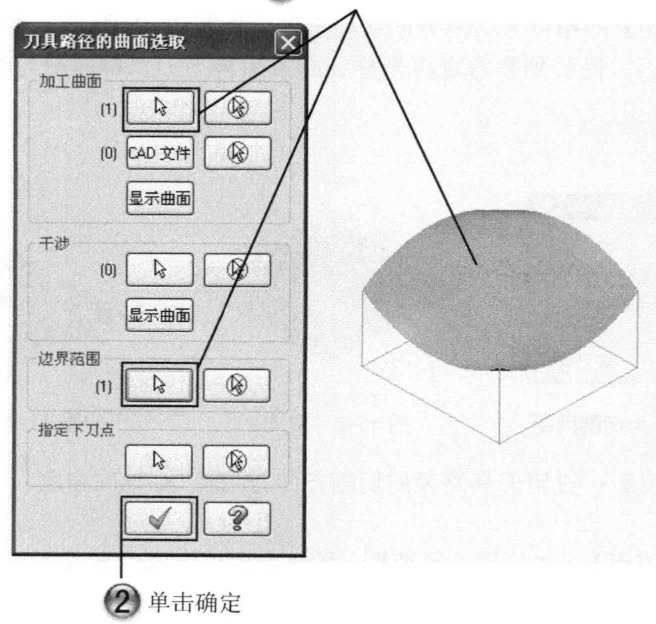

图 11-6　选取曲面和边界

步骤 03 设置刀具参数

按图 11-7～图 11-10 所示进行操作。

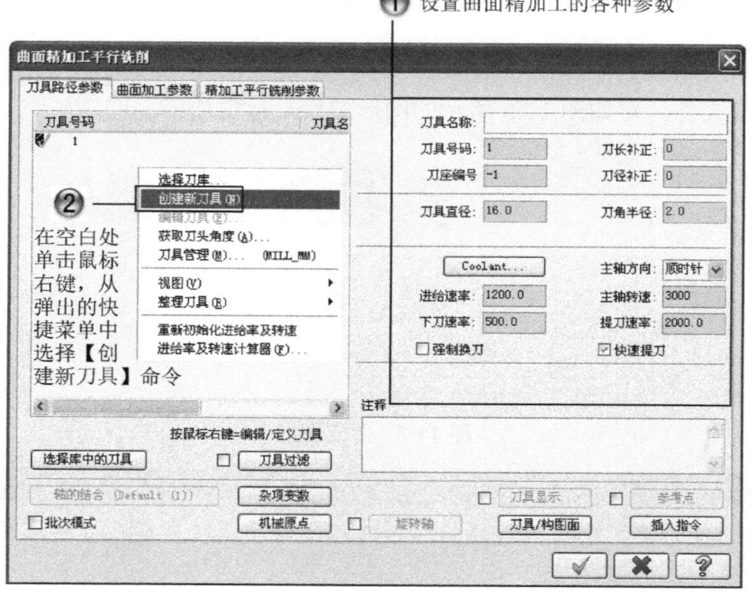

图 11-7　新建刀具

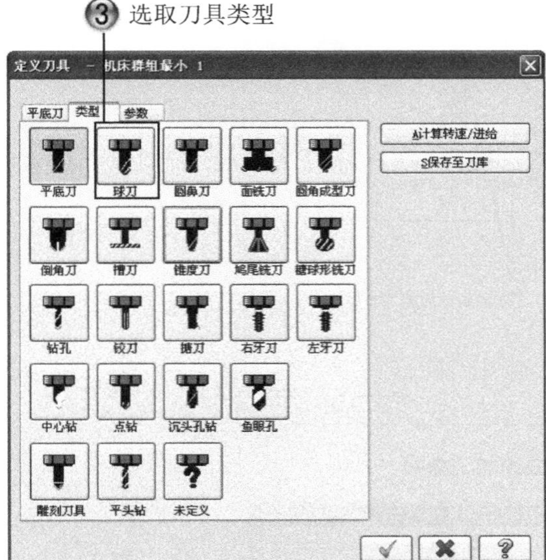

图 11-8　选取刀具类型

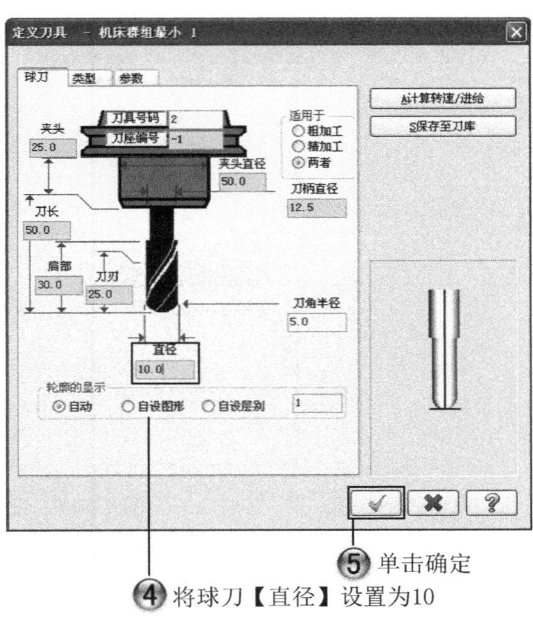

图 11-9　设置球刀参数

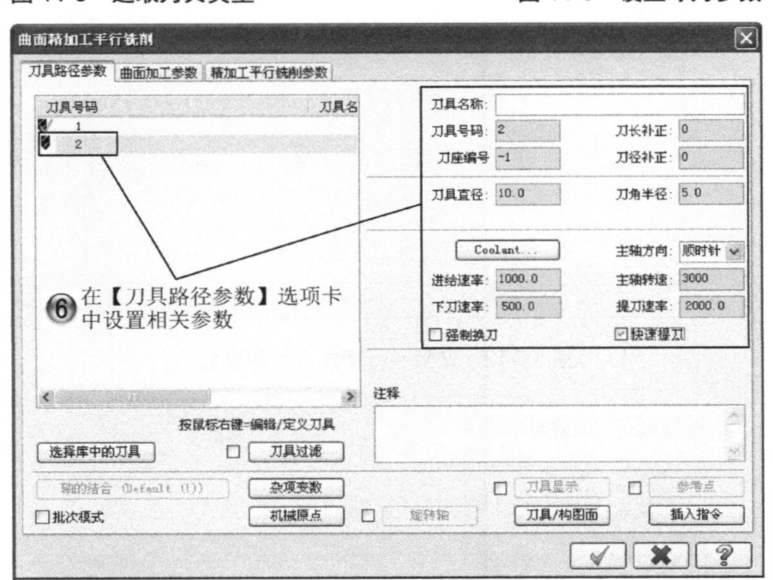

图 11-10　设置刀具路径相关参数

步骤 04　设置加工参数

在【曲面精加工平行铣削】对话框中单击【曲面加工参数】标签，切换到【曲面加工参数】选项卡，按图 11-11～图 11-12 所示进行操作。

步骤 05　生成刀具路径

单击【间隙设定】按钮，系统弹出【刀具路径的间隙设置】对话框，如图 11-13 所示。系统会根据所设置的参数生成平行精加工刀具路径，如图 11-14 所示。

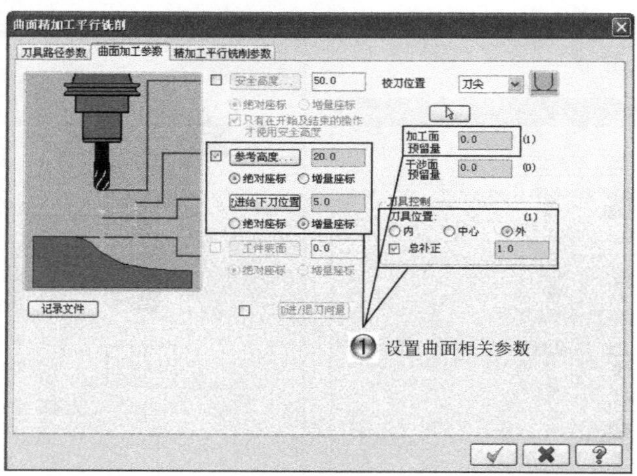

图 11-11　设置曲面加工参数

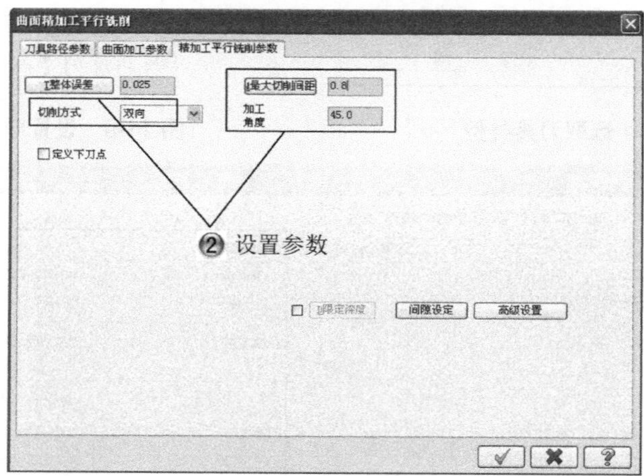

图 11-12　设置平行精加工专用参数

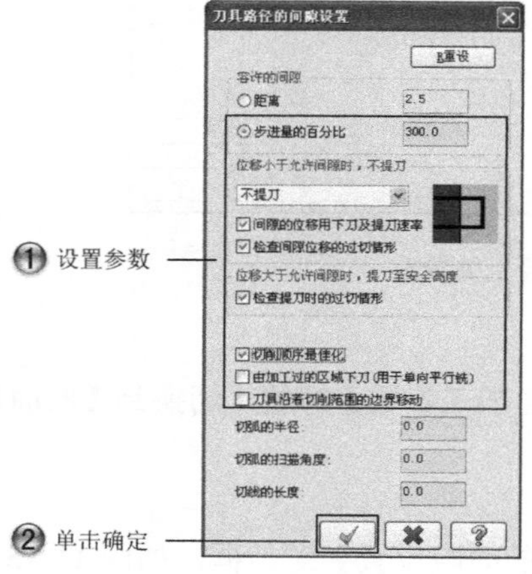

图 11-13　间隙设置

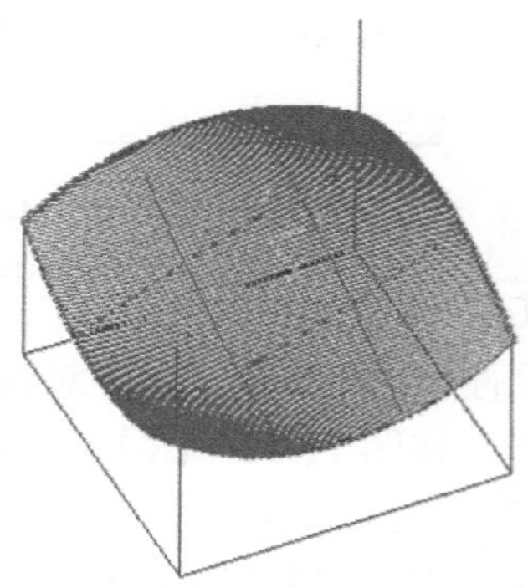

图 11-14　平行精加工刀具路径

步骤 06 设置工件毛坯

在刀具路径操作管理器中单击【素材设置】节点，打开【机器群组属性】对话框，按图 11-15 所示进行操作。坯料设置结果如图 11-16 所示。

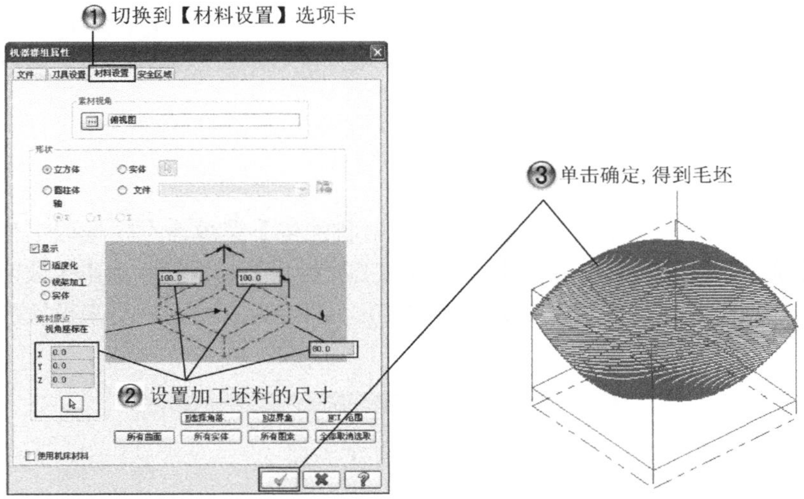

图 11-15　材料参数设置　　　　图 11-16　设置后的毛坯

注 意

平行精加工产生沿曲面相互平行的精加工刀具路径，加工切削负荷稳定，常用于一些精度要求比较高的曲面加工。在切削角度的设置上，应尽量与粗加工成一定夹角，或相互垂直。这样可以减少粗加工的刀具痕迹，提高表面加工质量。

步骤 07 实体仿真模拟

单击【实体模拟】按钮，弹出【验证】对话框，如图 11-17 所示。单击【播放】按钮，模拟结果如图 11-18 所示。

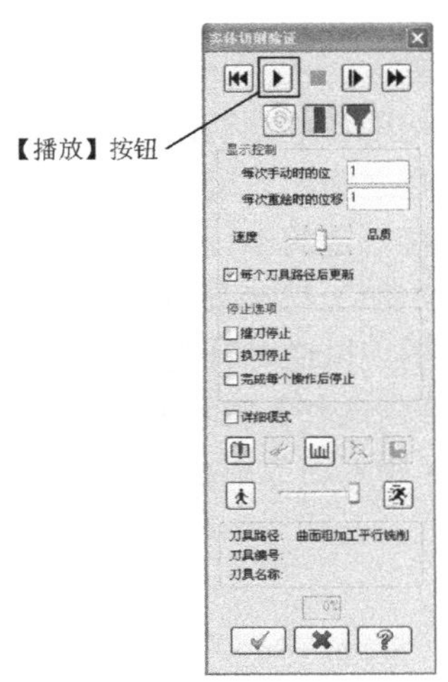

图 11-17　实体模拟

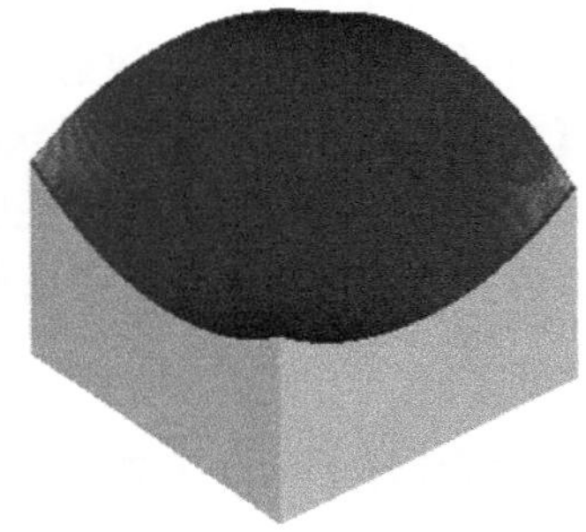

图 11-18　模拟结果

11.3 放射状精加工

放射状精加工主要用于类似回转体工件的加工，产生从一点向四周发散或者从四周向中心集中的精加工刀具路径。值得注意的是此刀具路径中心加工效果比较好，边缘加工效果不太好。

11.3.1 放射状精加工参数

选择【刀具路径】|【精加工】|【精加工放射状加工】菜单命令，选取工件类型和加工曲面，单击【确定】按钮✓，弹出【曲面精加工放射状】对话框。单击【放射状精加工参数】标签，切换到【放射状精加工参数】选项卡，如图 11-19 所示，用来设置放射状精加工参数。

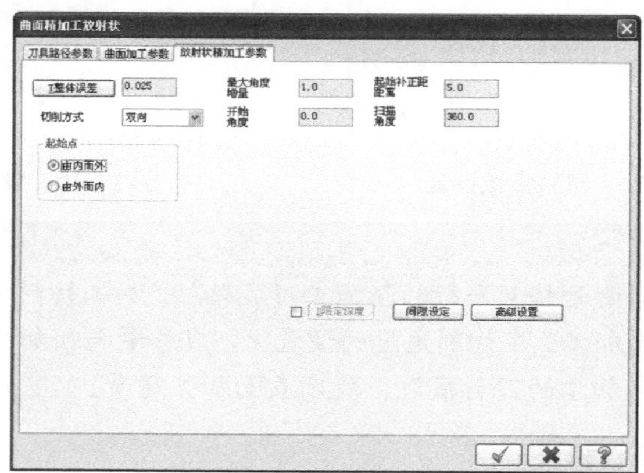

图 11-19　放射状精加工参数

其各参数含义如下。

① 【整体误差】：设定刀具路径与曲面之间的误差。

② 【切削方式】：设置切削走刀的方式，有双向切削和单向切削两种。

③ 【最大角度增量】：设定放射状精加工刀具路径之间的角度。

④ 【起始补正距】：以指定的点为中心，向外偏移一定的半径后再切削。

⑤ 【开始角度】：设置放射状精加工刀具路径起始加工与 X 轴的夹角。

⑥ 【扫描角度】：设置放射状路径加工的角度范围。以逆时针为正。

⑦ 【起始点】：设置刀具路径的加工起始点。【由内向外】表示加工起始点在放射中心点，加工方向从内向外铣削；【由外向内】表示加工起始点在放射边缘，加工方向从外向内铣削。

11.3.2 放射状精加工范例

范例文件(光盘)：/11/11-3-2.mcx。

多媒体教学路径：光盘→多媒体教学→第 11 章→11.3.2 节。

步骤 01　打开源文件

打开源文件 11-3-2，对如图 11-20 所示的图形进行放射精加工。

技术点拨

本例蘑菇形曲面属于凸形曲面，类似于回转体但不是回转体，可以采用回转体类的工件的加个方法，即径向放射加工。从中心点向四周发散加工，采用球刀加工。

步骤 02　选取加工面和范围边界

选择【刀具路径】|【曲面精加工】|【精加工放射状加工】菜单命令，弹出【刀具路径的曲面选取】对话框，如图 11-21 所示。

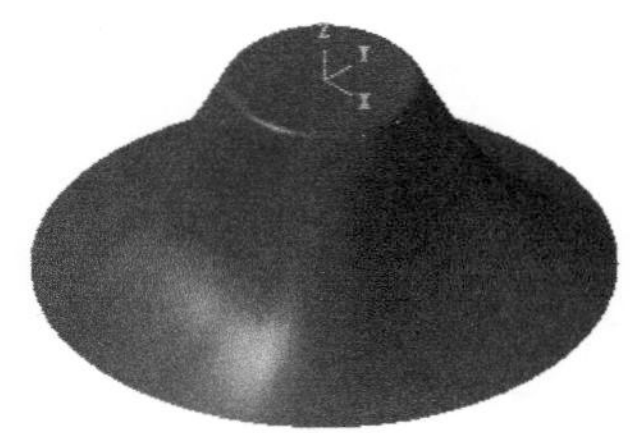

图 11-20　放射加工图形

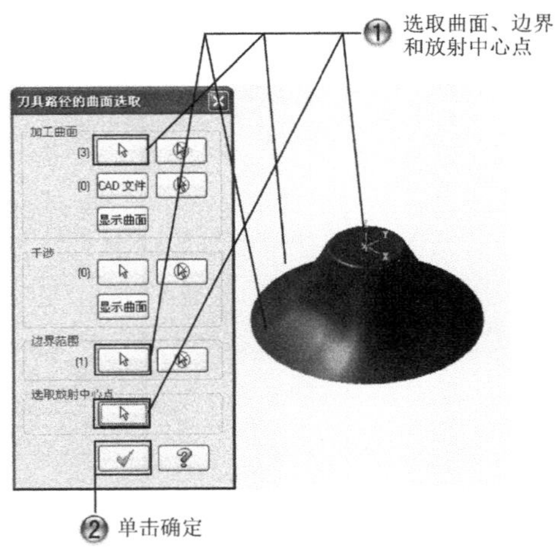

图 11-21　选取曲面及加工范围和放射中心点

步骤 03　设置刀具参数

按图 11-22～图 11-25 所示进行操作。

①设置刀具相关参数

②在空白处单击鼠标右键，从弹出的快捷菜单中选择【创建新刀具】命令

图 11-22　新建刀具

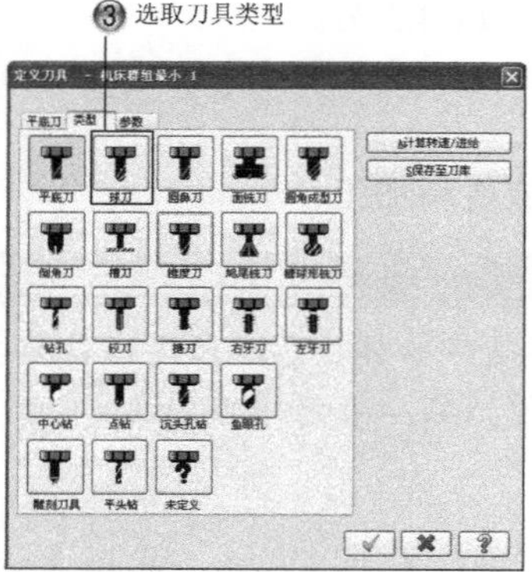

图 11-23　选取刀具类型

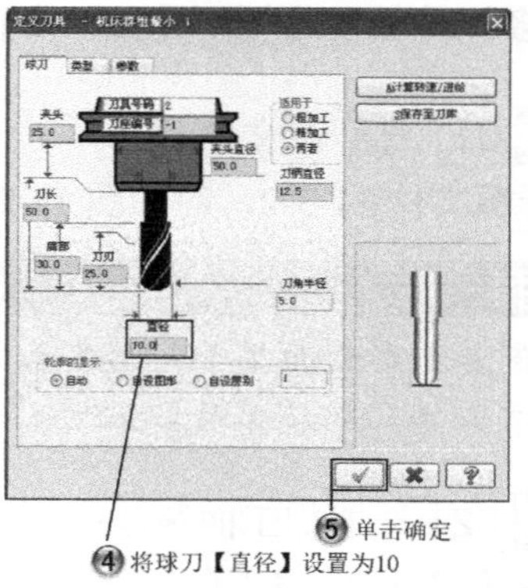

图 11-24　设置球刀参数

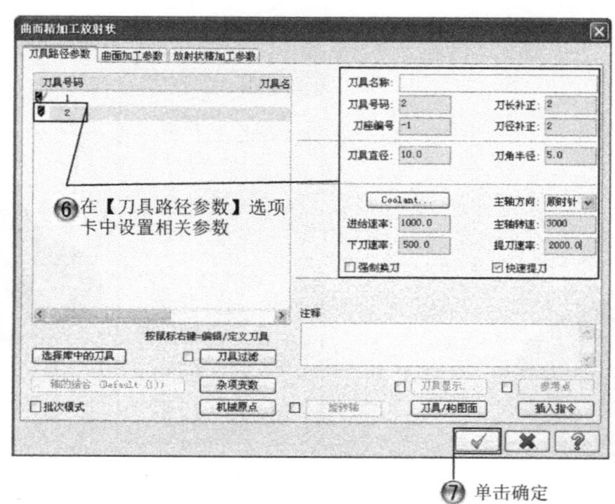

图 11-25　设置刀具路径相关参数

步骤 04　设置加工参数

按图 11-26～图 11-29 所示进行操作。

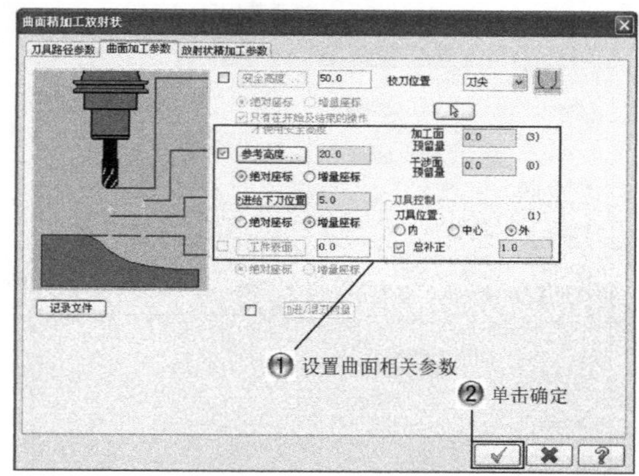

图 11-26　设置曲面加工参数

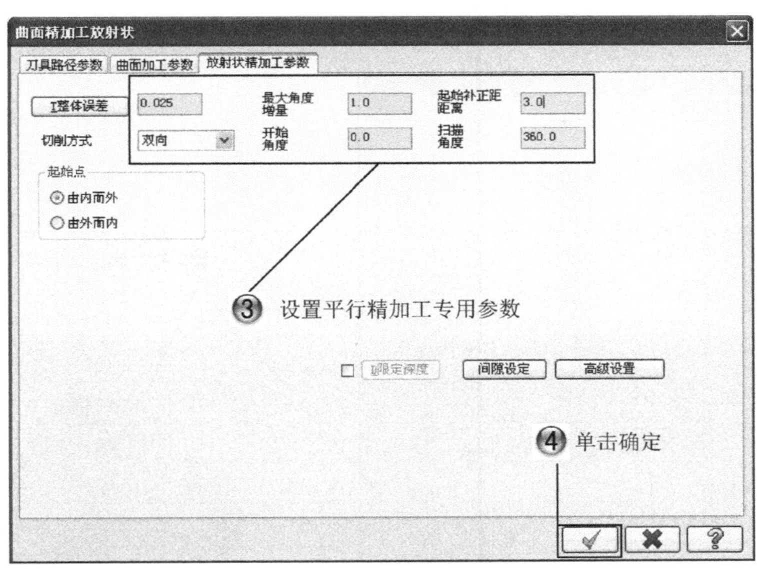

图 11-27　放射状精加工专用参数

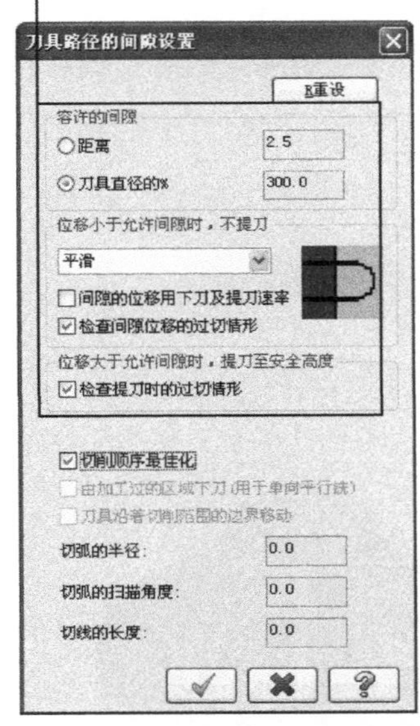

图 11-28　间隙设定

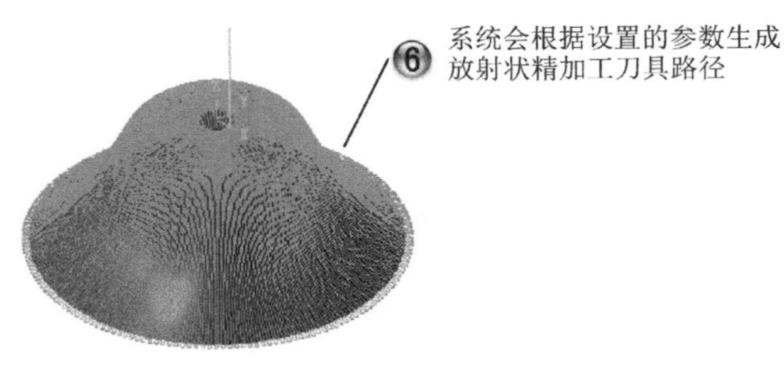

图 11-29　放射状精加工刀具路径

步骤 05　设置工件毛坯

在【刀具路径】操作管理器中单击【素材设置】节点，弹出【机器群组属性】对话框，按图 11-30 所示进行操作，结果如图 11-31 所示。

步骤 06　实体仿真模拟

单击【实体模拟】按钮，弹出【验证】对话框，如图 11-32 所示。单击【播放】按钮，模拟结果如图 11-33 所示。

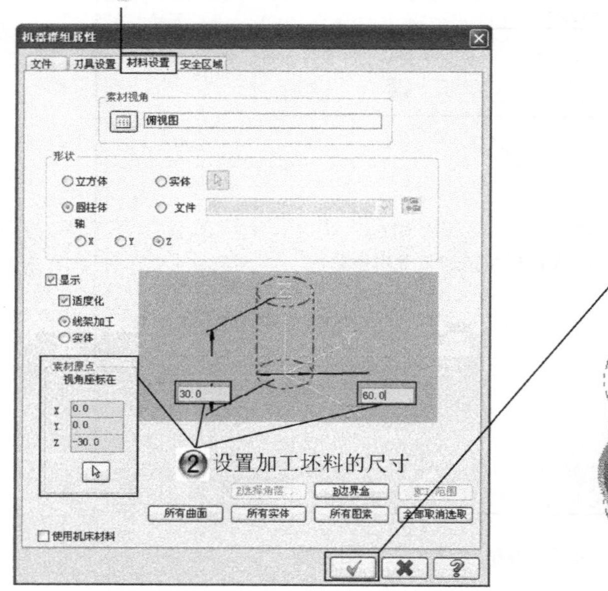

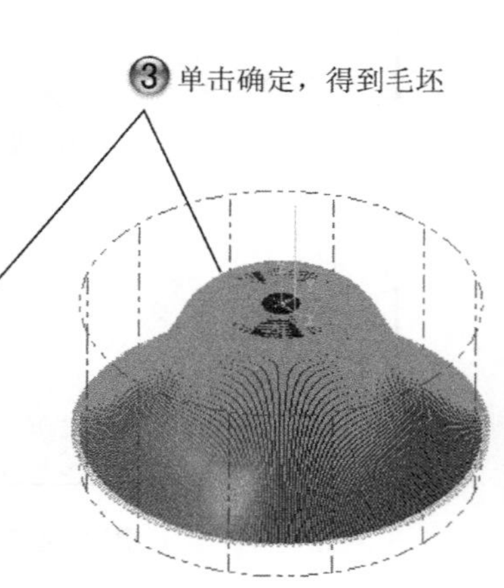

图 11-30　材料参数设置

图 11-31　设置后的毛坯

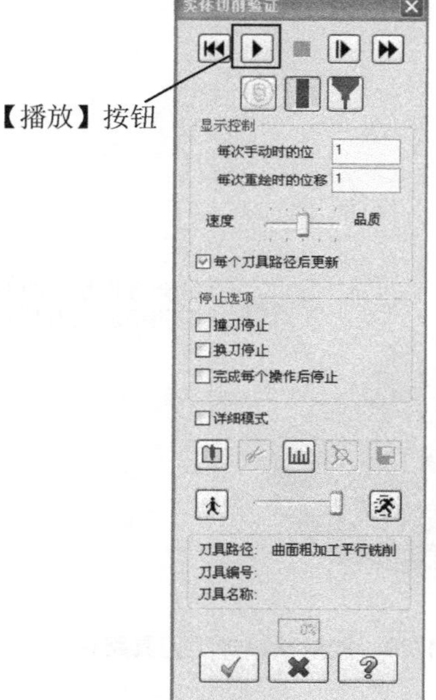

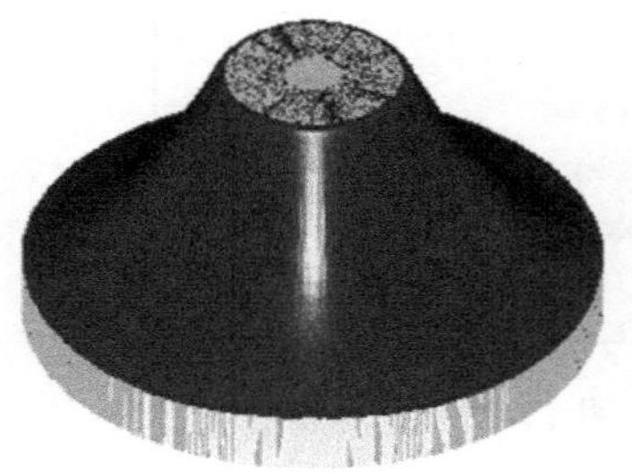

图 11-32　模拟

图 11-33　模拟结果

11.4　投影精加工

投影精加工是将已经存在的刀具路径或几何图形，投影到曲面上产生刀具路径。投影加

工的类型有：NCI 文件投影加工、曲线投影和点集投影，加工方法与投影粗加工类似。

11.4.1　投影精加工参数

选择【刀具路径】|【精加工】|【精加工投影加工】菜单命令，选取加工曲面和投影曲线，单击【确定】按钮，弹出【曲面精加工投影】对话框，单击【投影精加工参数】标签，切换到【投影精加工参数】选项卡，如图 11-34 所示。

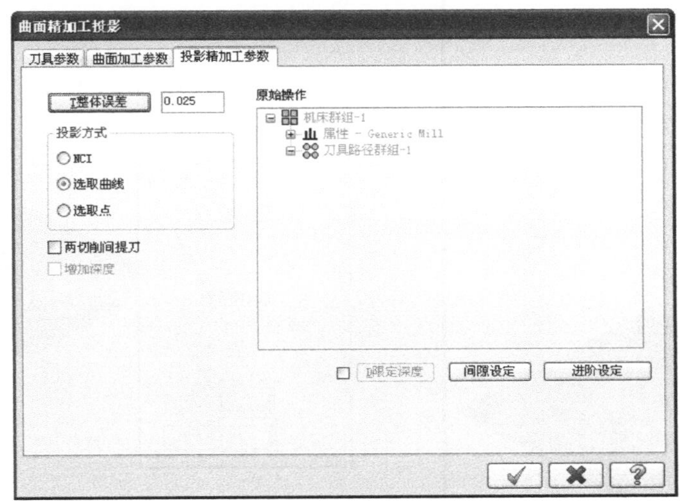

图 11-34　投影精加工参数

其部分参数含义如下。

① 【整体误差】：设置刀具路径与曲面之间的误差值。

② 【投影方式】：设置投影加工刀具路径的类型，其中，NCI 是采用刀具路径投影；【选取曲线】是将曲线投影到曲面进行加工；【选取点】是将点或多个点投影到曲面上进行加工。

③ 【两切削间提刀】：在两切削路径之间提刀。

④ 【增加深度】：此项只有在 NCI 投影时才被激活，是在原有的基础上进行增加一定的深度。

⑤ 【原始操作】：此项只有在 NCI 投影时才被激活，选取 NCI 投影加工所需要的刀具路径文件。

11.4.2　投影精加工范例

范例文件(光盘)：/11/11-4-2.mcx。

多媒体教学路径：光盘→多媒体教学→第 11 章→11.4.2 节。

步骤 01 打开源文件

打开源文件 11-4-2，对如图 11-35 所示的图形进行投影精加工。

技术点拨

本例主要是将树形的二维线框投影到曲面上形成刀路即投影精加工，相当于在曲面上进行雕刻花纹。采用小直径球刀进行加工。

步骤 02 选取加工面和切削范围

选择【刀具路径】|【精加工】|【精加工投影加工】菜单命令，弹出【刀具路径的曲面选取】对话框，如图 11-36 所示。

图 11-35 精加工投影

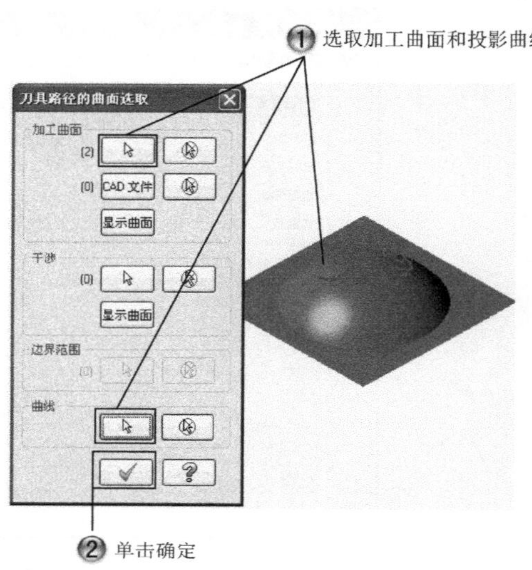

图 11-36 加工曲面和投影曲线的选取

步骤 03 设置刀具参数

按图 11-37～图 11-40 所示进行操作。

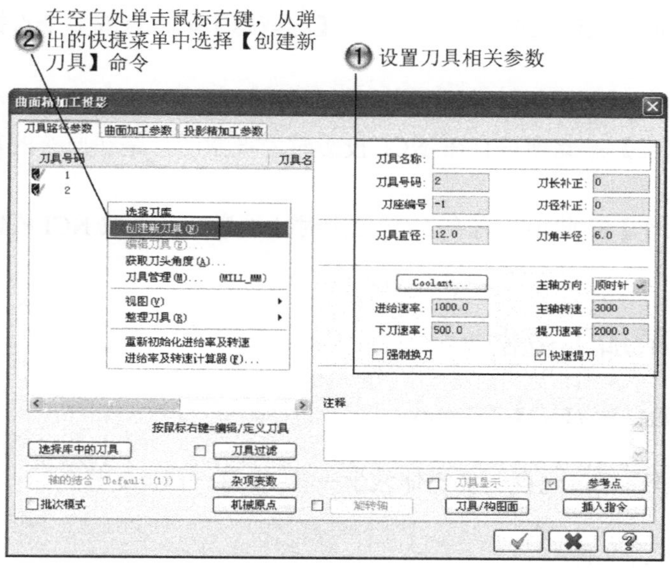

图 11-37 新建刀具

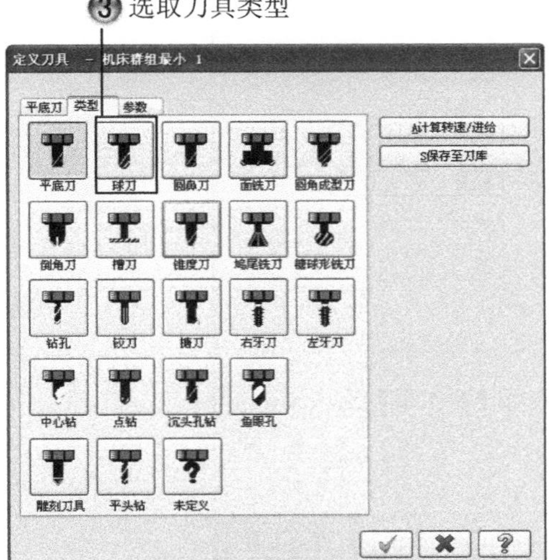

图 11-38　选取刀具类型

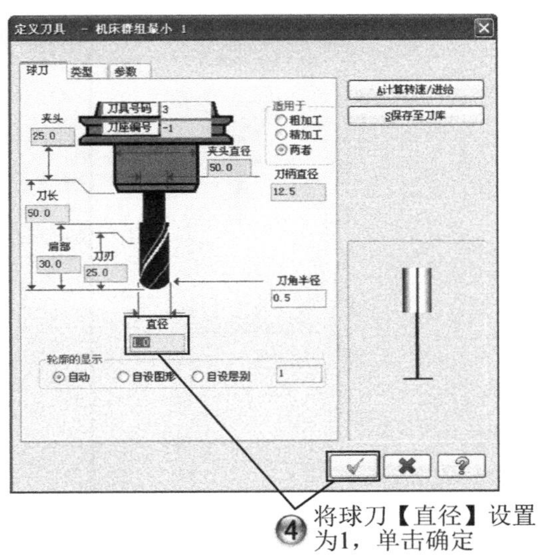

图 11-39　设置球刀直径

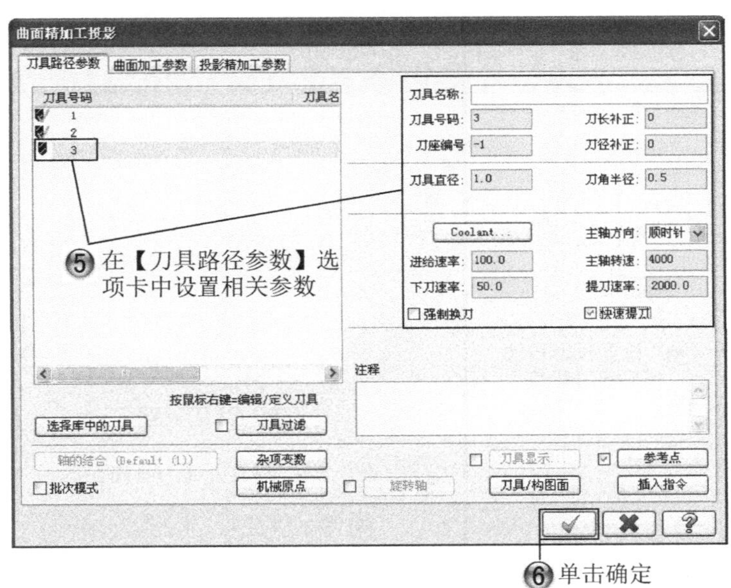

图 11-40　设置刀具路径相关参数

步骤 04　设置加工参数

在【曲面精加工投影】对话框中单击【曲面加工参数】标签，切换到【曲面加工参数】选项卡，按图 11-41～图 11-43 所示进行操作。

步骤 05　生成刀具路径

系统会根据设置的参数生成放射状精加工刀具路径，如图 11-44 所示。

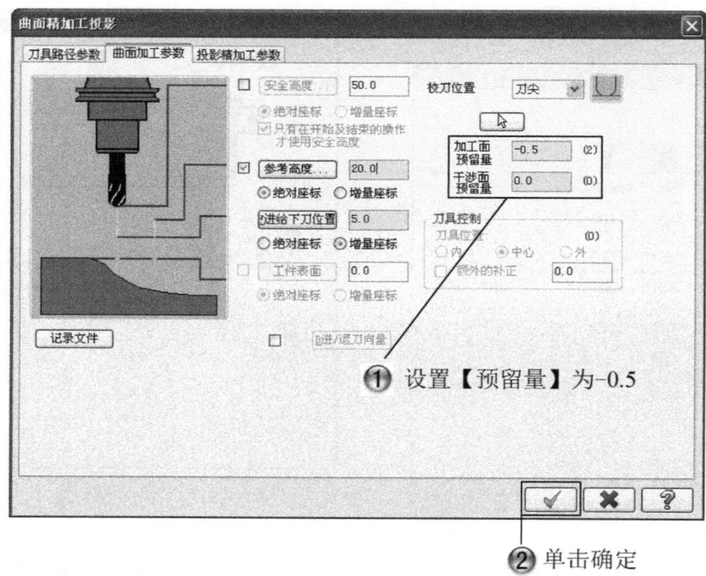

图 11-41　曲面参数

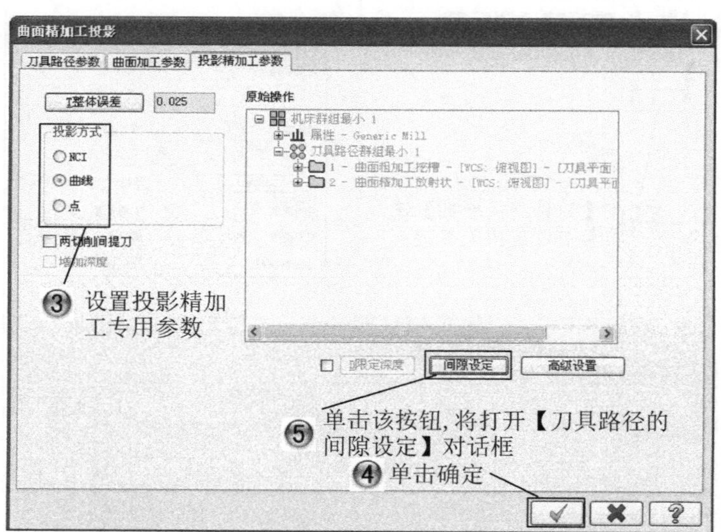

图 11-42　投影精加工专用参数

步骤 06 设置工件毛坯

在刀具路径操作管理器中单击【素材设置】节点，弹出【机器群组属性】对话框，按图 11-45 所示进行操作，结果如图 11-46 所示。

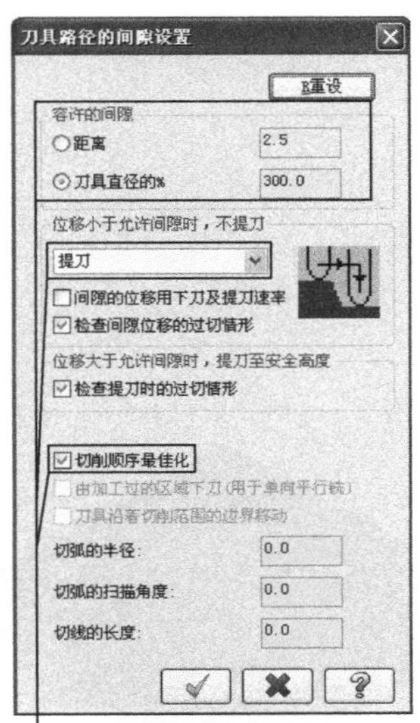

图 11-43　间隙设定

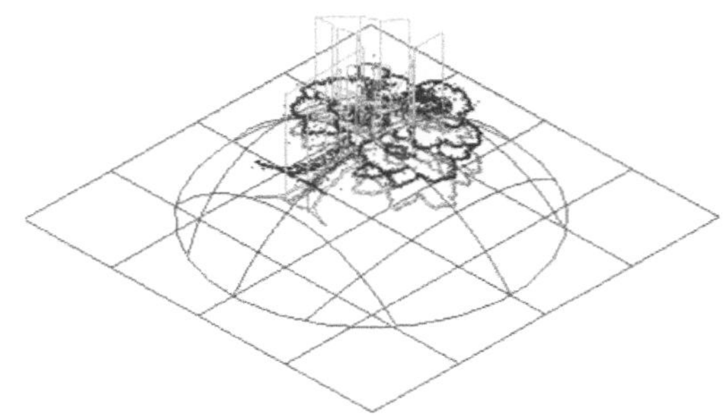

图 11-44　加工刀具路径

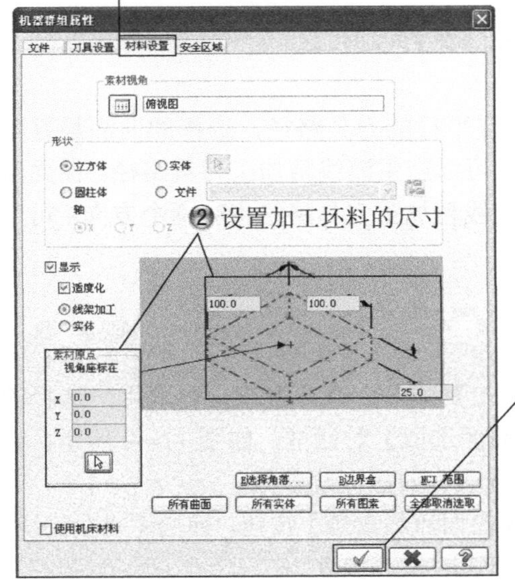

图 11-45　材料参数设置

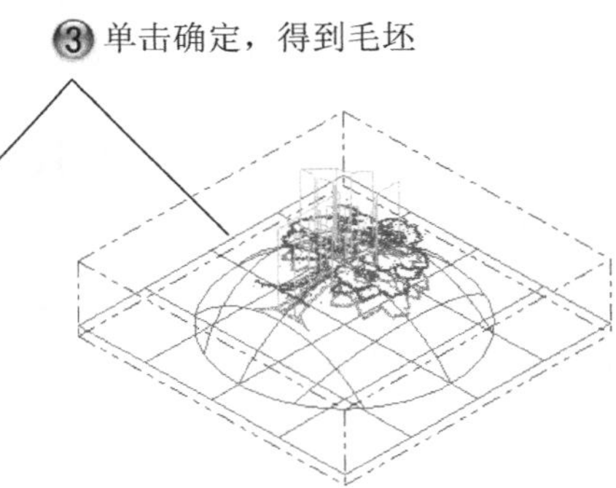

图 11-46　设置后的毛坯

步骤 07　实体仿真模拟

单击【实体模拟】按钮，弹出【验证】对话框，如图 11-47 所示。单击【播放】按钮，模拟结果如图 11-48 所示。

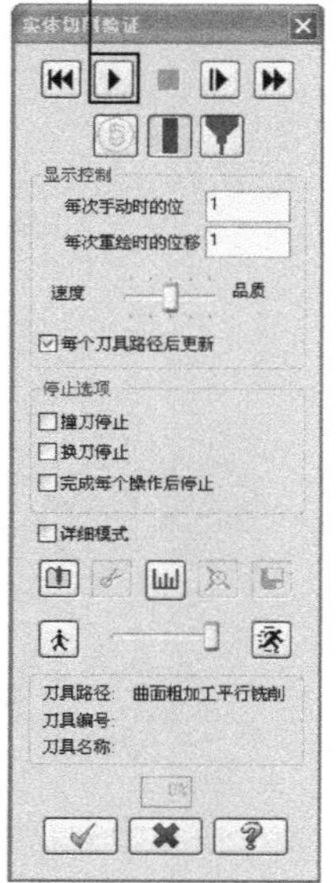

图 11-47　模拟

图 11-48　模拟结果

11.5　曲面流线精加工

曲面流线精加工是沿着曲面的流线产生相互平行的刀具路径，选择的曲面最好不要相交，且流线方向相同，刀具路径不产生冲突，才可以产生流线精加工刀具路径。曲面流线方向一般有两个方向，且两方向相互垂直，所以流线精加工刀具路径也有两个方向，可产生曲面引导方向或截断方向加工刀具路径。

11.5.1　曲面流线精加工参数

选择【刀具路径】|【精加工】|【流线精加工】菜单命令，系统会要求用户选择流线加工所需曲面，选取完毕后，弹出【刀具路径的曲面选取】对话框，如图 11-49 所示。该对话框可以用来设置加工曲面的选取、干涉曲面的选取和曲面流线参数。

在【刀具路径的曲面选取】对话框中单击【曲面流线参数】按钮，弹出【曲面流线设置】对话框，如图 11-50 所示，可以用来设置曲面流线的相关参数。

曲面流线部分参数含义如下。

①　【补正方向】：刀具路径产生在曲面的正面或反面的切换按钮。如图 11-51 所示为补正方向向外；如图 11-52 所示为补正方向向内。

②　【切削方向】：刀具路径切削方向的切换按钮。如图 11-53 所示加工方向为切削方向；如图 11-54 所示加工方向为截断方向。

③　【步进方向】：刀具路径截断方向起始点的控制按钮。如图 11-55 所示为从下向上加工；如图 11-56 所示为从上向下加工。

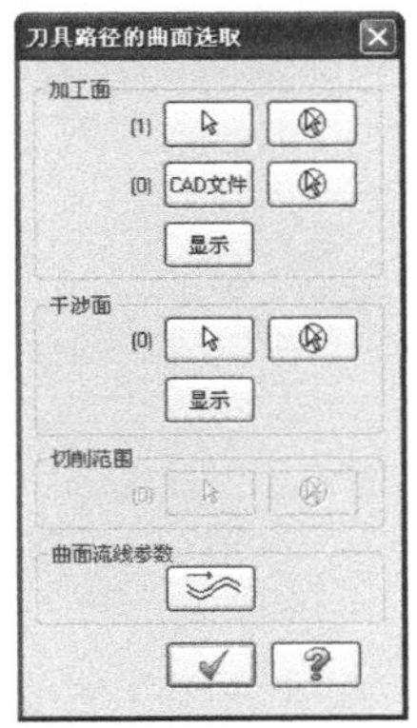

图 11-49　曲面选取

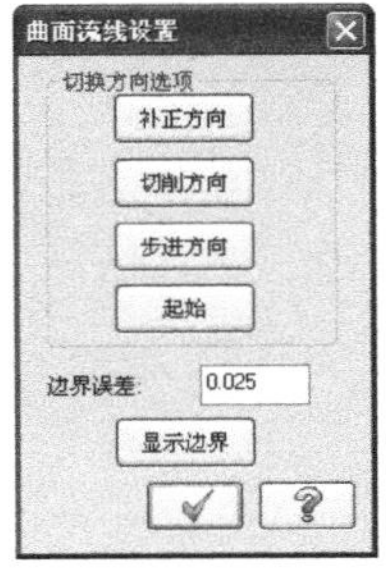

图 11-50　曲面流线参数

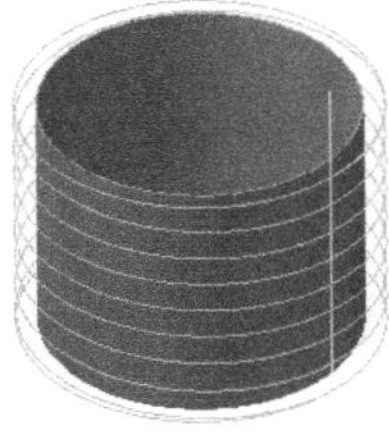

图 11-51　补正方向向外

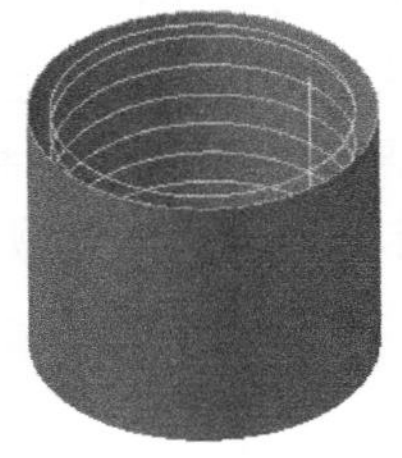

图 11-52　补正方向向内

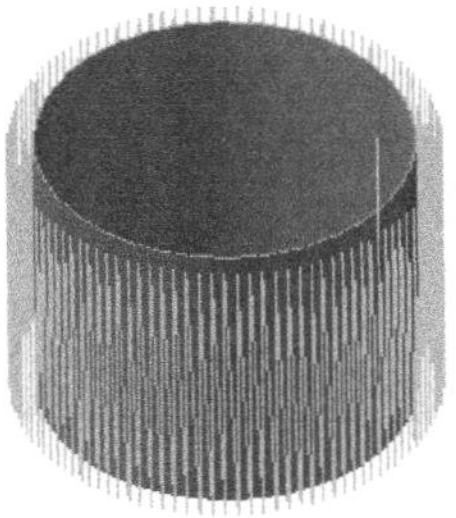

图 11-53　切削方向

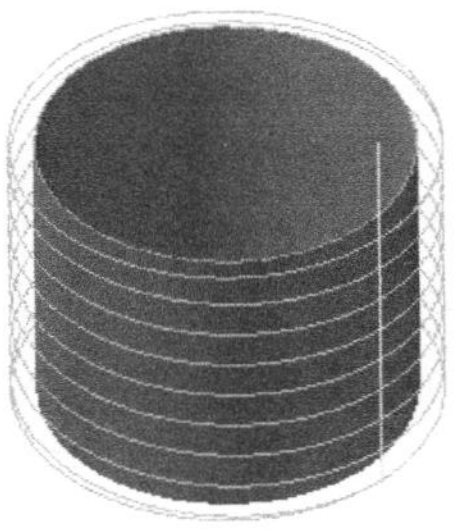

图 11-54　截断方向

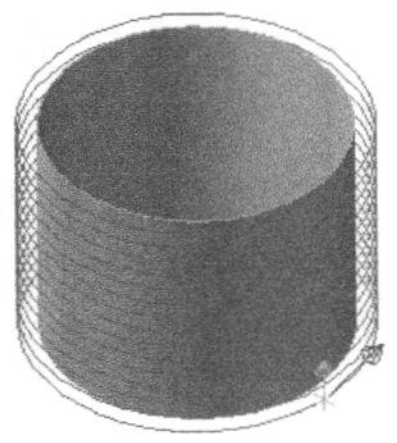

图 11-55　从下向上加工

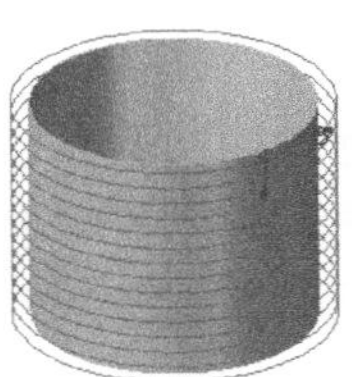

图 11-56　从上向下加工

④ 【起始】：刀具路径切削方向起点的控制按钮。如图 11-57 所示切削方向向左，如图 11-58 所示为切削方向向右。

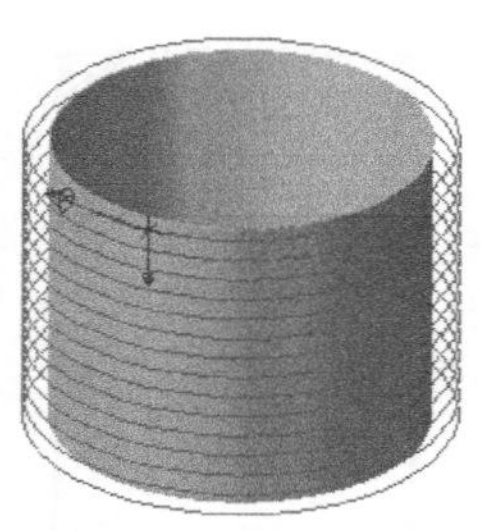

图 11-57 切削方向向左

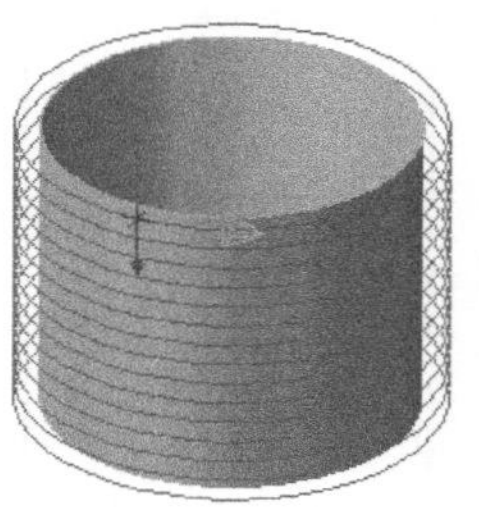

图 11-58 切削方向向右

⑤ 【边界误差】：设置曲面与曲面之间的间隙值。当曲面边界之间的值大于此值，被认为曲面不连续，刀具路径也不会连续。当曲面边界之间的值小于此值，系统可以忽略曲面之间的间隙，认为曲面连续，会产生连续的刀具路径。

在【曲面精加工流线】对话框中单击【曲面流线精加工参数】标签，切换到【流线精加工参数】选项卡，如图 11-59 所示，用来设置曲面流线精加工参数。

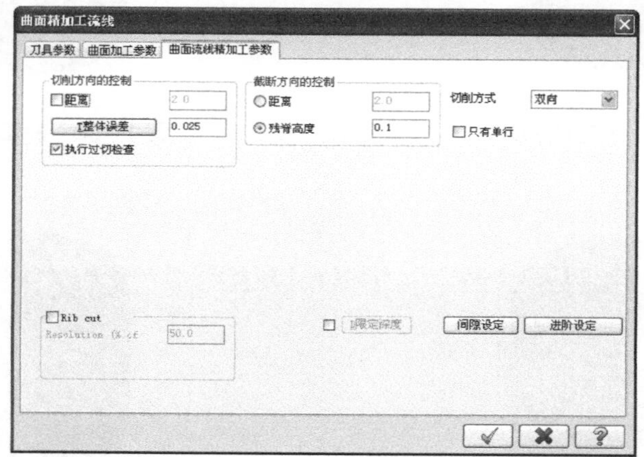

图 11-59 曲面流线精加工参数

该选项卡中各参数含义如下。

① 【切削方向的控制】：控制沿着切削方向路径的误差。其中：【距离】用来设定刀具在曲面上沿切削方向的移动的增量，此方式误差较大；【整体误差】用来以设定刀具路径与曲面之间的误差值来控制切削方向路径的误差。

② 【执行过切检查】：该参数会对刀具过切现象进行调整，避免过切。

③ 【截断方向的控制】：控制垂直切削方向路径的误差。其中：【距离】用来设置切削路径之间的距离；【残脊高度】用来设置切削路径之间留下的残料高度，残料超过设置高度，系统自动调整切削路径之间的距离。

④ 【切削方式】：设置流线加工的切削方式。其中：【双向】用来以双向来回切削的方式进行加工；【单向】用来以单方向进行切削，提刀到参考高度，再下刀到起点循环切削；

【螺旋式】用来产生螺旋式切削刀具路径。

⑤　【只有单行】：限定只能排成一列的曲面上产生流线加工刀具路径。

11.5.2　曲面流线精加工范例

源文件(光盘)：/11/11-5-2.mcx。

多媒体教学路径：光盘→多媒体教学→第 11 章→11.5.2 节。

步骤 01　打开源文件

打开源文件 11-5-2，将如图 11-60 所示的图形采用流线精加工。

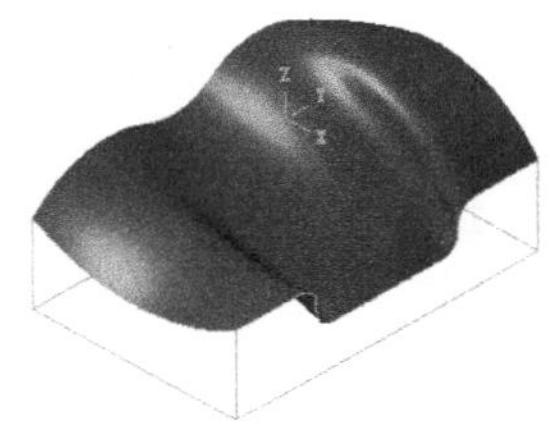

图 11-60　流线精加工图形

技术点拨

本例凹字形曲面其中有一边是凹字形，其余边采用圆弧形，曲面凸凹起伏，但曲面流线还是比较规则，可以采用曲面精加工流线加工配合一定的角度可以将工件铣削的效果比较好。

步骤 02　选取加工面和切削范围

选择【刀具路径】|【曲面精加工】|【精加工流线加工】菜单命令，弹出【刀具路径的曲面选取】对话框，按图 11-61 所示操作，弹出【曲面流线设置】对话框，如图 11-62 所示。

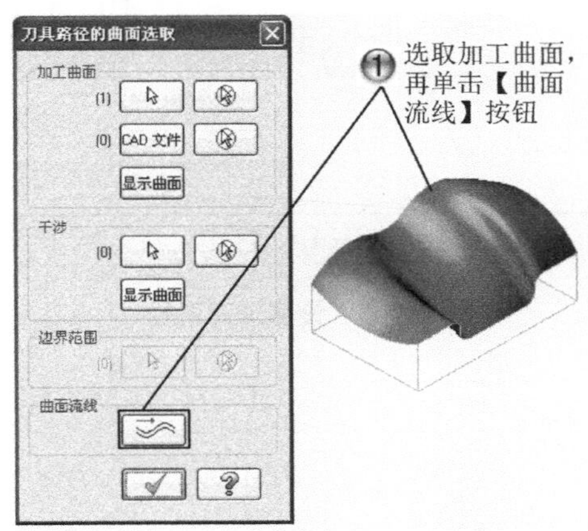

图 11-61　曲面选取

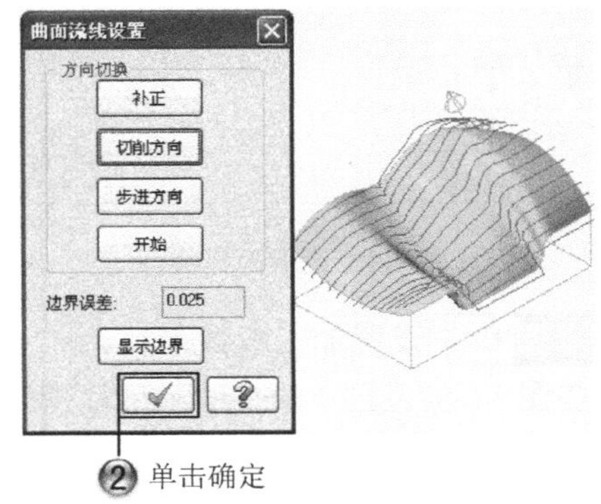

图 11-62　曲面流线设置

步骤 03 设置刀具参数

按图 11-63～图 11-66 所示进行操作。

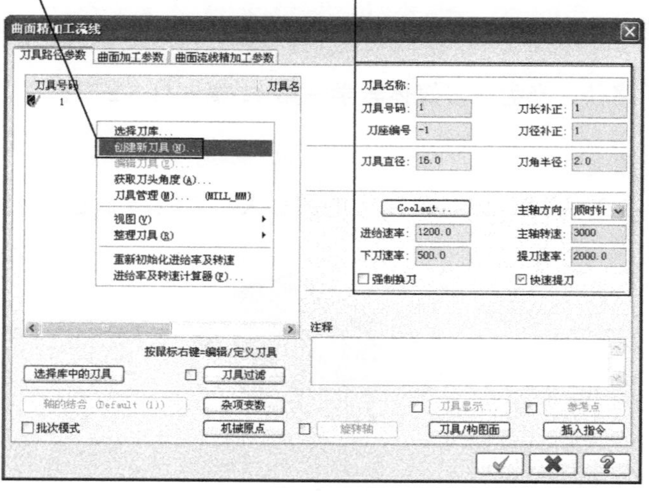

图 11-63　新建刀具

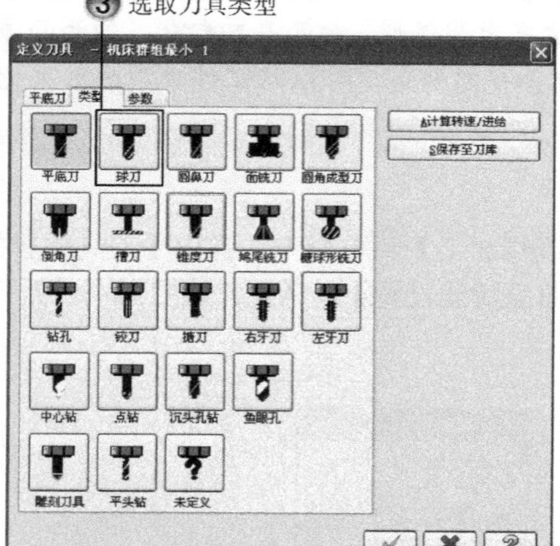

图 11-64　选取刀具类型

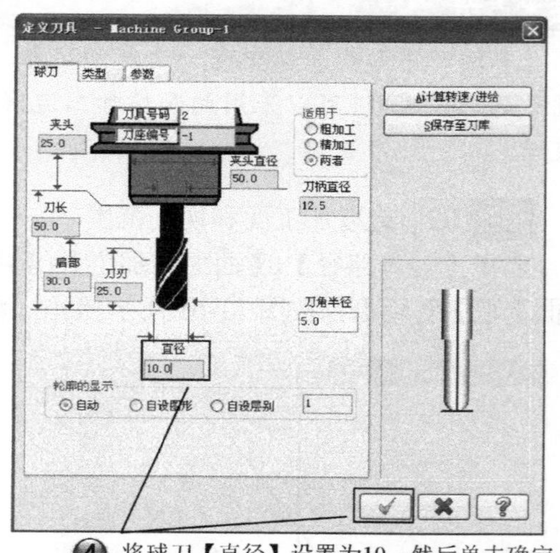

图 11-65　设置球刀直径

步骤 04 设置加工参数

按图 11-67～图 11-69 所示进行操作。

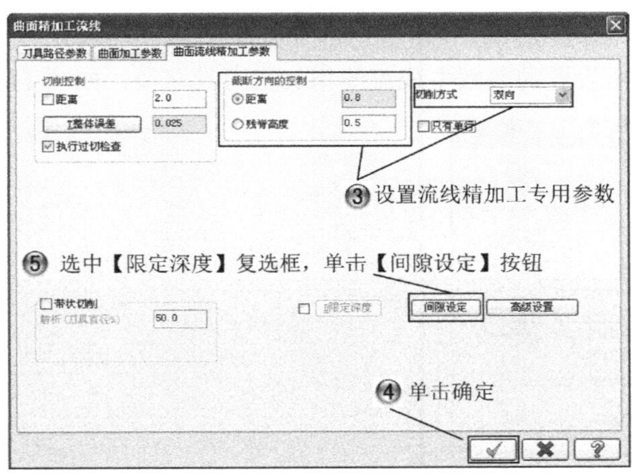

图 11-66　设置刀具路径相关参数

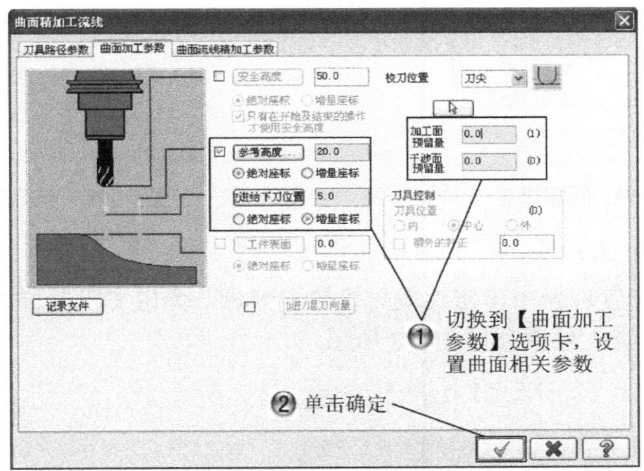

图 11-67　设置曲面加工参数

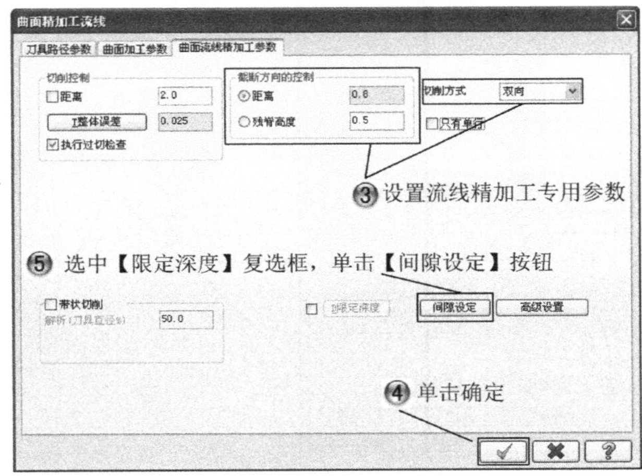

图 11-68　设置曲面流线精加工参数

步骤 05 生成刀具路径

系统会根据用户所设置的参数生成流线精加工刀具路径，如图 11-70 所示。

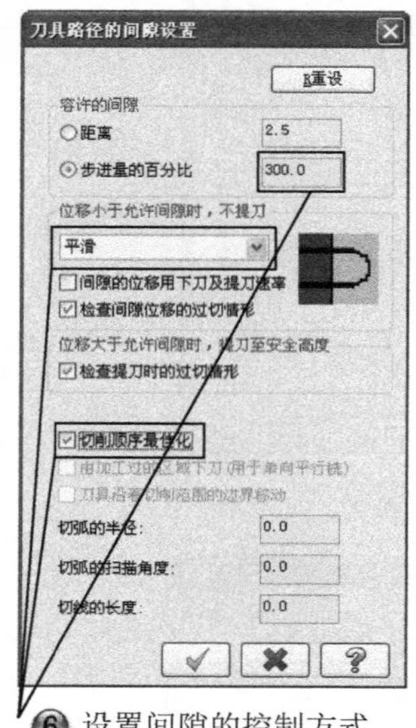

图 11-69　间隙设置

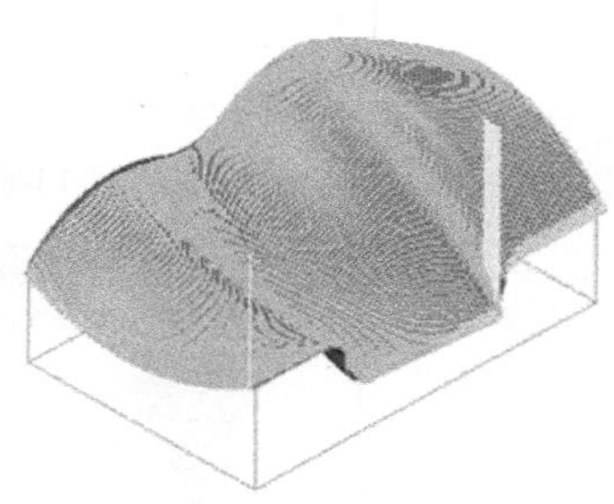

图 11-70　流线刀具路径

步骤 06 设置工件毛坯

在刀具路径操作管理器中单击【素材设置】节点，弹出【机器群组属性】对话框，按图 11-71 所示进行操作，结果如图 11-72 所示。

① 切换到【材料设置】选项卡

② 设置加工坯料的尺寸

③ 单击确定，得到毛坯

图 11-71　设置材料参数

图 11-72　设置后的毛坯

步骤 07 实体仿真模拟

单击【实体模拟】按钮，弹出【验证】对话框，如图 11-73 所示。单击【播放】按钮，模拟结果如图 11-74 所示。

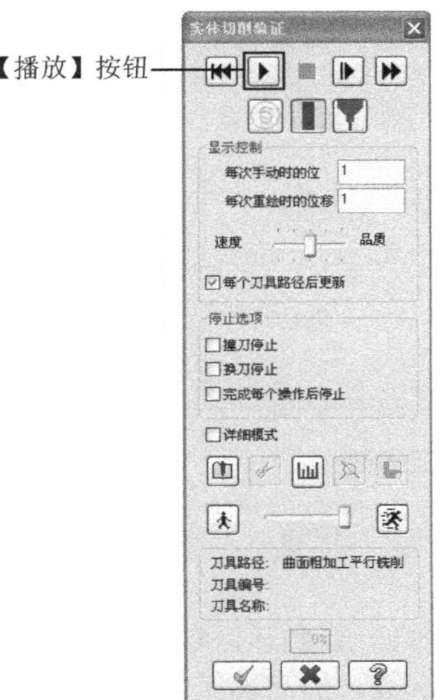

图 11-73　模拟

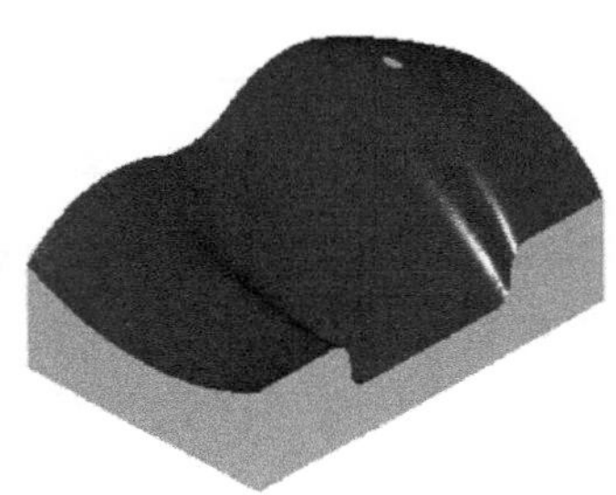

图 11-74　模拟结果

11.6　等高外形精加工

等高外形精加工适用于陡斜面加工，在工件上产生沿等高线分布的刀具路径，相当于将工件沿 Z 轴进行等分。等高外形除了可以沿 Z 轴等分外，还可以沿外形等分。

11.6.1　等高外形精加工参数

选择【刀具路径】|【精加工】|【精加工等高外形加工】菜单命令，选取加工曲面后，单击【确定】按钮，弹出【曲面精加工等高外形】对话框，单击【等高外形精加工参数】标签，切换到【等高外形精加工参数】选项卡，如图 11-75 所示，可以用来设置等高外形精加工参数。

其参数含义如下。

①　【整体误差】：设定刀具路径与曲面之间的误差值。

②　【Z 轴最大进给量】：设定 Z 轴方向每刀最大切深。

③　【转角走圆的半径】：设定刀具路径的转角处走圆弧的半径。小于或等于 135° 度的转角处将采用圆弧刀具路径。

④　【进/退刀 切弧/切线】：在每一切削路径的起点和终点产生一进刀或退刀的圆弧或者切线。

⑤　【允许切弧/切线超出边界】：允许进退刀圆弧超出切削范围。

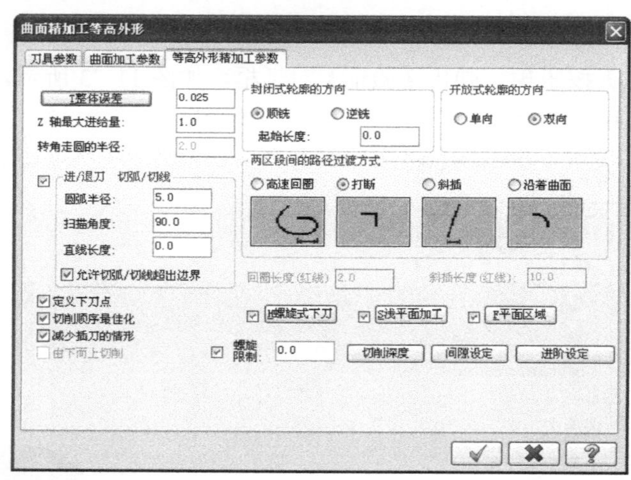

图 11-75 等高外形精加工参数

⑥ 【定义下刀点】：此选项用来设置刀具路径的下刀位置，刀具路径会从最接近选择点的曲面角落下刀。

⑦ 【切削顺序最佳化】：使刀具尽量在一区域加工，直到该区域所有切削路径都完成后，才移动到下一区域进行加工。这样可以减少提刀次数，提高加工效率。

⑧ 【减少插刀的情形】：该参数只在选中【切削顺序最佳化】复选框时才会激活，在选中【减少插刀的情形】复选框时，系统对刀具路径距离小于刀具直径的区域直接加工，而不采用刀具路径切削顺序最佳化。

⑨ 【由下而上切削】：会使刀具路径由工件底部开始加工到工件顶部。

⑩ 【封闭式轮廓的方向】：设定残料加工在运算中封闭式路径的切削方向。有【顺铣】和【逆铣】两种。

⑪ 【起始长度】：设定封闭式切削路径起点之间的距离，这样可以使路径起点分散，不在工件上留下明显的痕迹。

⑫ 【开放式轮廓的方向】：设定残料加工中开放式路径的切削方式，有【双向】和【单向】两种。

⑬ 【两区段间的路径过渡方式】：设定两路径之间刀具的移动方式，即路径终点到下一路径的起点。系统提供了 4 种过渡方式：【高速回圈】常用于高速切削中，在两切削路径间插入一圆弧路径，使刀具路径尽量平滑过渡；【打断】在两切削间，刀具先上移后平移，再下刀，可避免撞刀；【斜插】以斜进下刀的方式移动；【沿着曲面】即指刀具沿着曲面方式移动。

⑭ 【回圈长度】：只有选中【高速】切削时该项才被激活。该项用来设置残料加工两切削路径之间刀具移动方式。如果两路径之间距离小于循环长度，就插入循环；如果大于循环长度，则插入一平滑的曲线路径。

⑮ 【斜插长度】：该选项可设置等高路径之间的斜插长度，只有在选中【高速回圈】和【斜插】时才被激活。

⑯ 【螺旋式下刀】：以螺旋式的方式下刀。有些残料区域是封闭的，没有可供直线下刀的空间，且直线下刀容易断刀，这时可以采用螺旋式下刀。单击【螺旋式下刀】按钮，弹

出如图 11-76 所示的【螺旋式下刀参数】对话框。该对话框可以用来设置以螺旋的方式进行下刀的参数。【半径】用于输入螺旋半径值；【Z 方向开始螺旋位置(增量)】用于输入开始螺旋的高度值；【进刀角度】用于输入进刀时角度；【从圆弧进给(G2/G3)】用于将螺旋式下刀的刀具路径以圆弧的方式输出；【方向】用于设置螺旋的方向，以【顺时针】或【逆时针】进行螺旋；【进刀采用的进给率】用于设置螺旋进刀时采用的速率，有下刀速率和进给率两种。

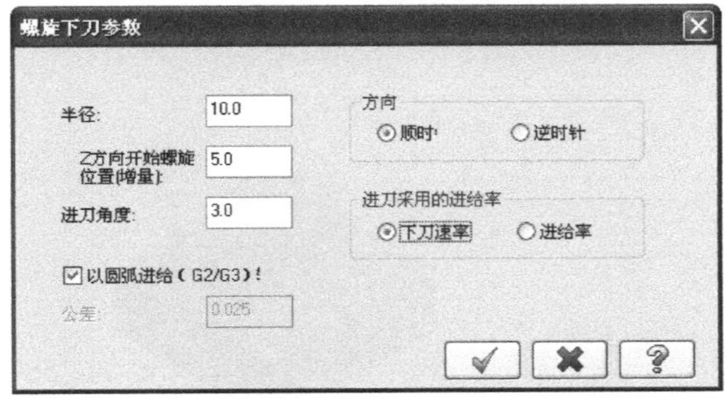

图 11-76　螺旋式下刀

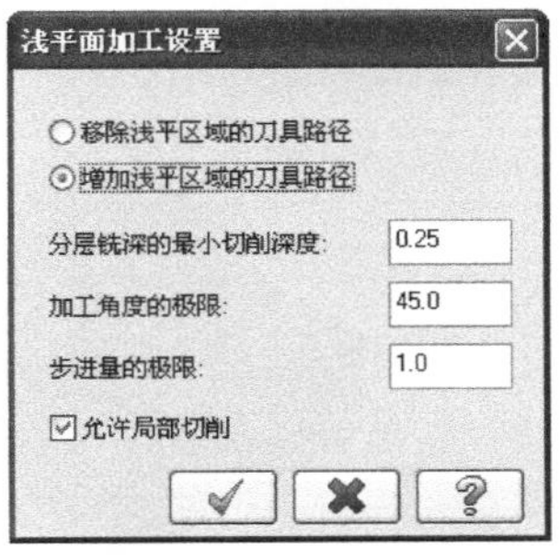

图 11-77　浅平面加工设置

⑰　【浅平面加工】：专门对等高外形无法加工或加工不好的地方进行移除或增加刀具路径。选中【浅平面加工设置】复选框，单击【浅平面加工设置】按钮，弹出【浅平面加工设置】对话框，如图 11-77 所示，可以用来设置工件中比较平坦的曲面刀具路径。【移除浅平区域的刀具路径】可以将浅平面区域比较稀疏的等高刀具路径移除，然后再用其他刀路进行弥补；【增加浅平区域的刀具路径】可以在浅平面区域的比较稀疏的等高刀具路径中增加部分开放的刀具路径；【分层铣深的最小切削深度】可以设置【增加浅平面区域的刀具路径】的最小切削深度；【加工角度的极限】可以设置浅平面的分界角度，所有小于该角度的都被认为是浅平面；【步进量的极限】可以设置浅平面区域的刀具路径间的最大距离；【允许局部切削】可以允许刀具路径在局部区域形成开放式切削。

如图 11-78 所示为取消选中【浅平面加工】复选框时的刀具路径。如图 11-79 所示为启用并移除 30° 度浅平面区域的刀具路径；如图 11-80 所示为启用并增加浅平面区域的刀具路径。

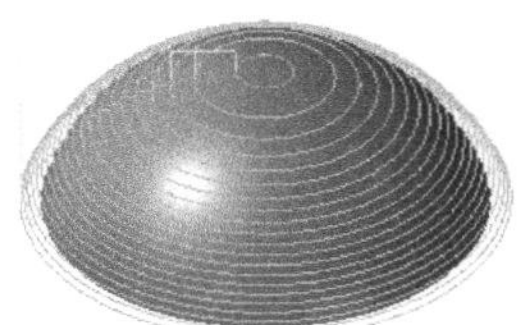

图 11-78　取消启用浅平面加工

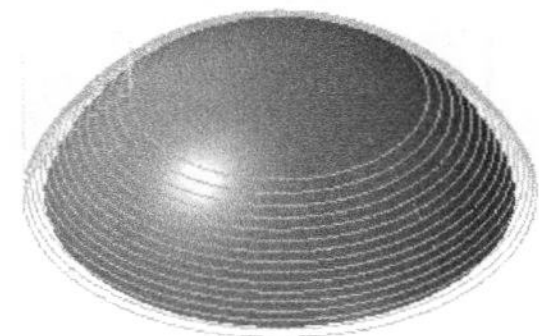

图 11-79　移除浅平面加工

图 11-80　增加浅平面加工

⑱　【平面区域】：对工件平面或近似平面进行加工设置。单击【平面区域】按钮，弹出【平面区域加工设置】对话框，如图 11-81 所示，可以用来设置平面区域的步进量。

如图 11-82 所示为未选中平面区域时的刀具路径；如图 11-83 所示为选中平面区域时的刀具路径。

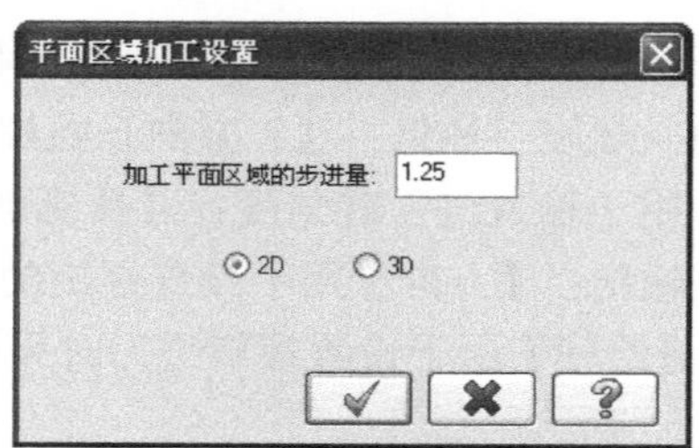

图 11-81 【平面区域加工设置】对话框

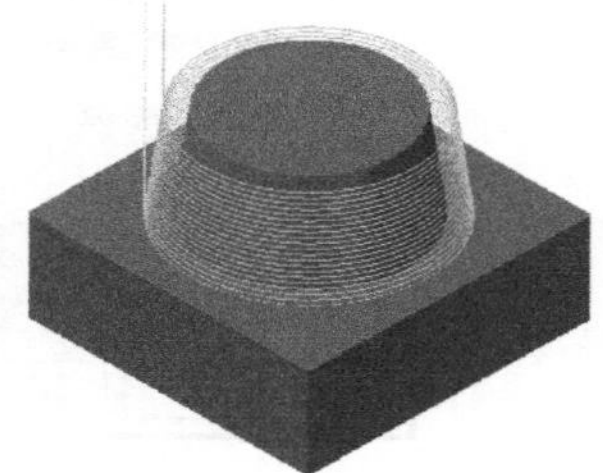

图 11-82 未选中平面区域

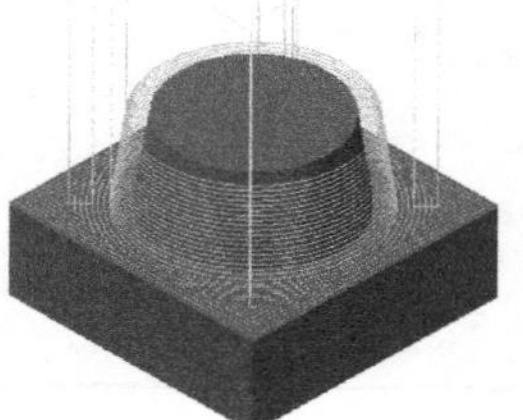

图 11-83 选中平面区域

11.6.2 等高外形精加工范例

范例文件(光盘)：/11/11-6-2.mcx。

多媒体教学路径：光盘→多媒体教学→第 11 章→11.6.2 节。

步骤 01 打开源文件

打开源文件 11-6-2，将如图 11-84 所示的图形采用沿 Z 轴等分等高外形精加工。

图 11-84 等高外形加工图形

技术点拨

本例以按钮的凸模进行加工，按钮凸模主体是回转体，四周有筋，带有拔模斜度，斜度不大，算比较陡的斜面，可以采用等高外形精加工刀路进行铣削，采用球刀加工。

步骤 02　选取加工曲面和加工范围

选择【刀具路径】|【曲面精加工】|【精加工等高外形加工】菜单命令，系统弹出【刀具路径的曲面选取】对话框，如图 11-85 所示。

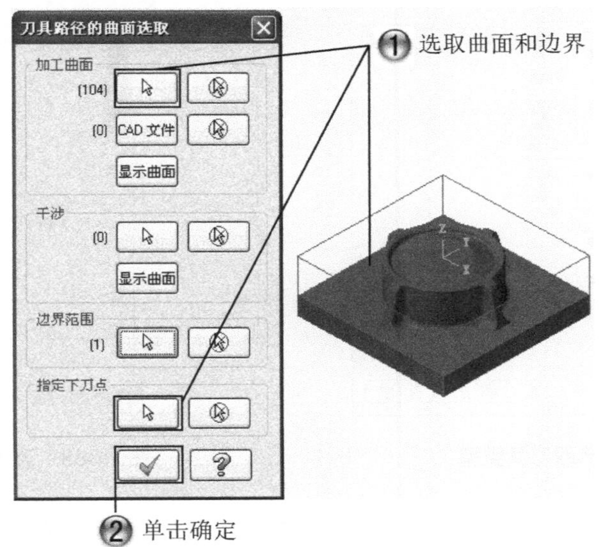

图 11-85　选取曲面和加工范围

步骤 03　设置刀具参数

按图 11-86～图 11-89 所示进行操作。

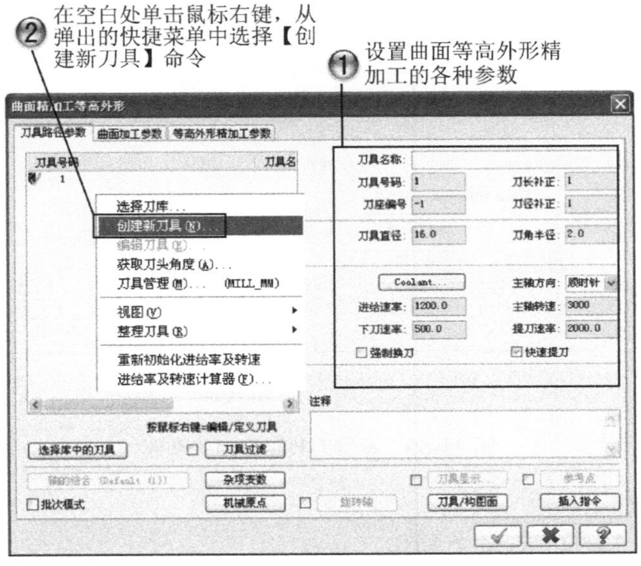

图 11-86　新建刀具

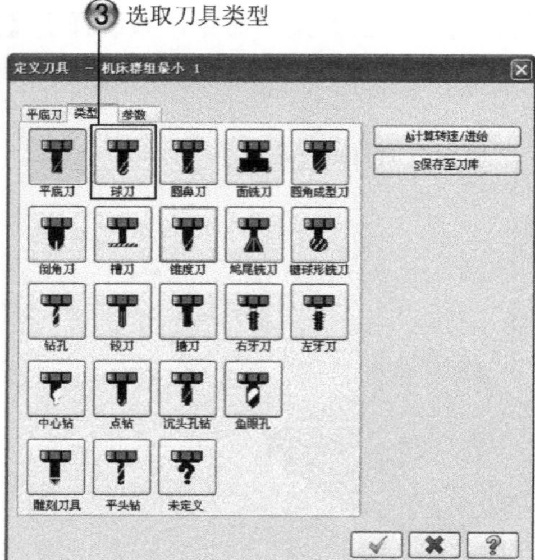

图 11-87　选取刀具类型

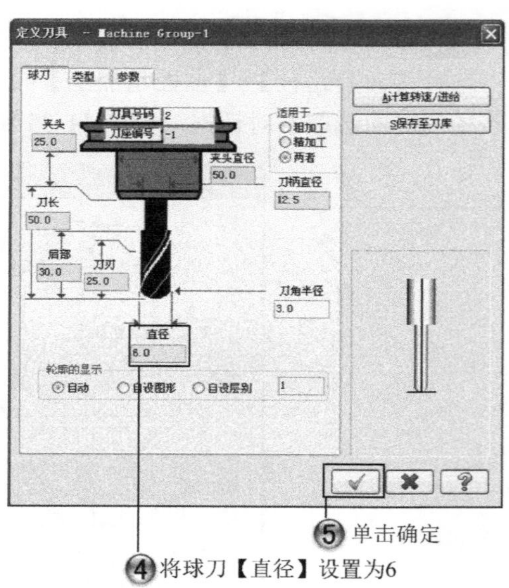

图 11-88　设置球刀直径

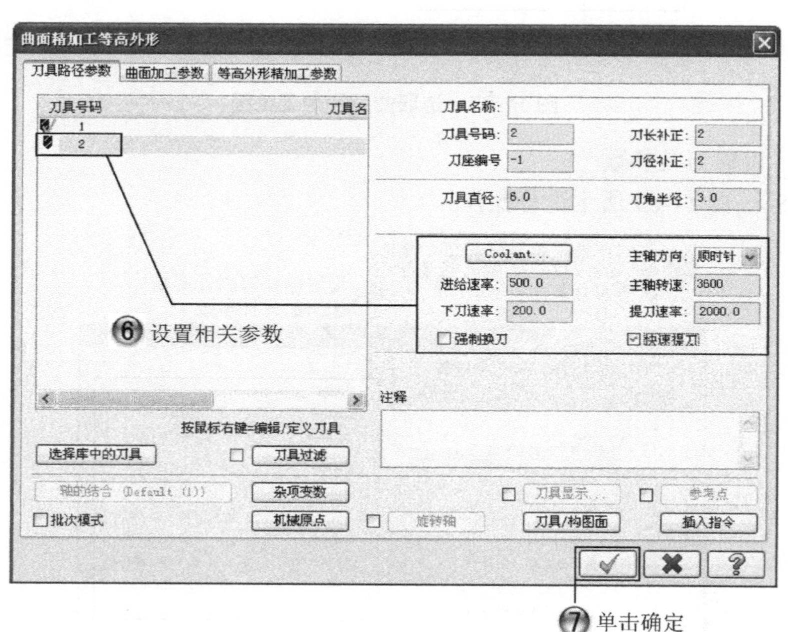

图 11-89　设置刀具路径相关参数

步骤 04　设置加工参数

按图 11-90～图 11-94 所示进行操作。

步骤 05　生成刀具路径

分别设置所需的参数，并单击【确定】按钮完成设置。系统会根据设置的参数生成等高外形精加工刀具路径，如图 11-95 所示。

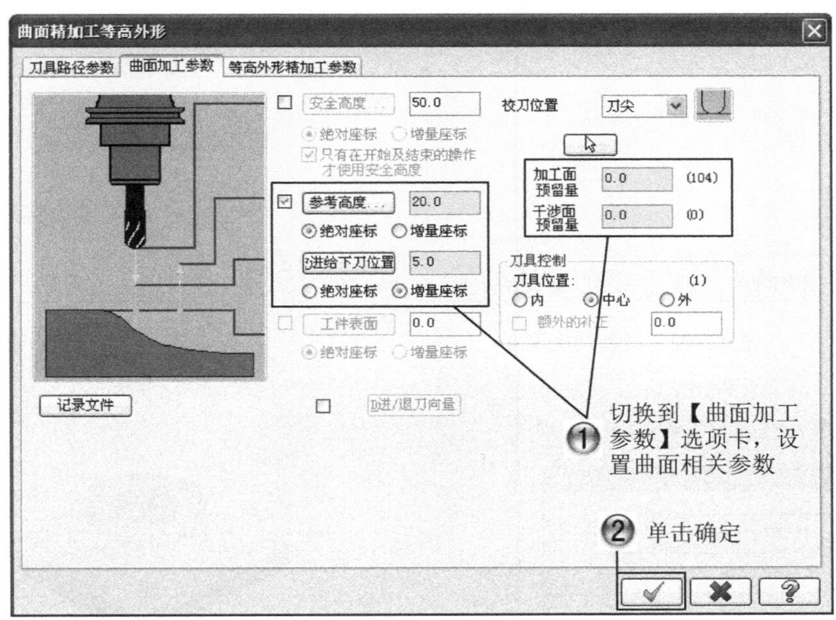

图 11-90　设置曲面加工参数

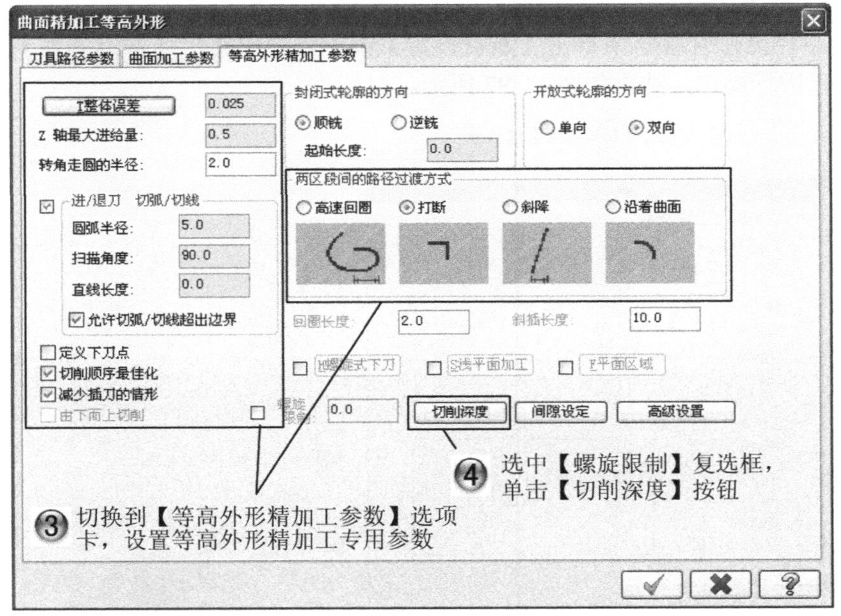

图 11-91　设置等高外形精加工参数

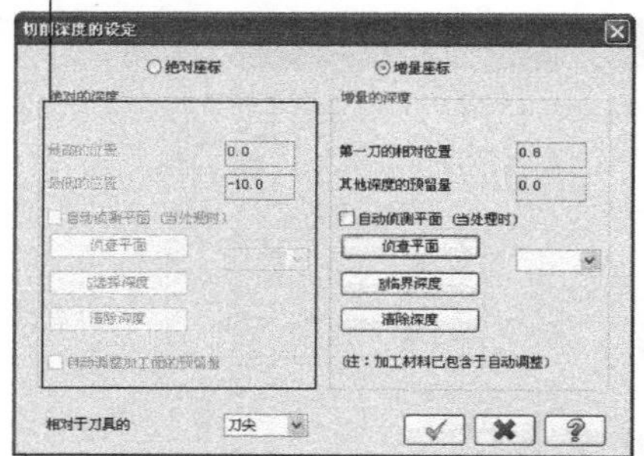

图 11-92　设置切削深度

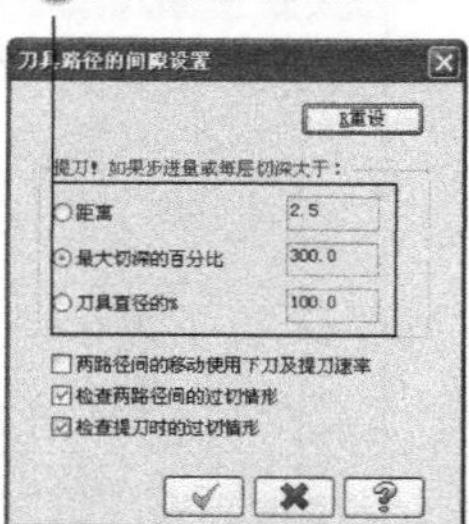

图 11-93　间隙设置

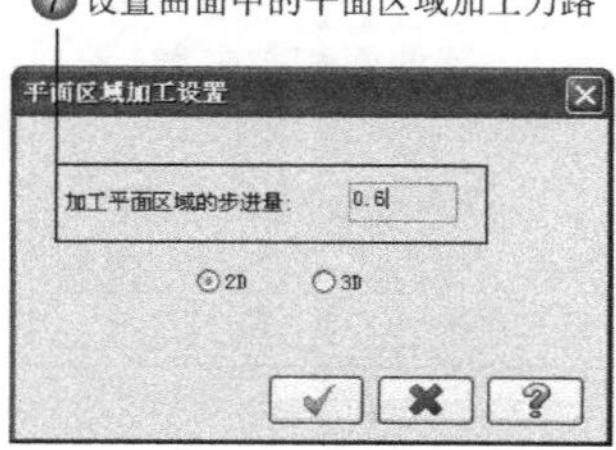

图 11-94　平面区域加工设置

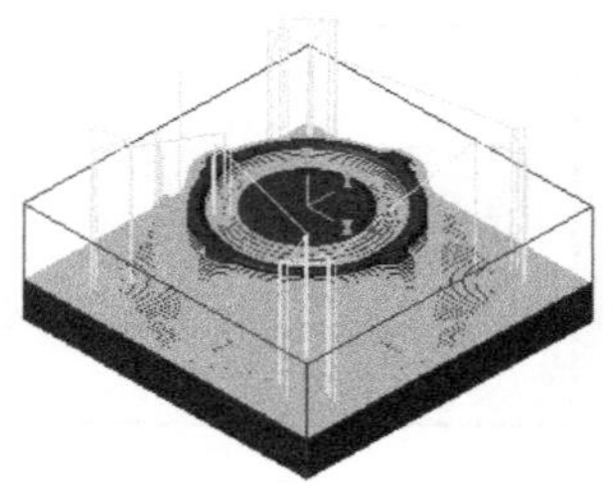

图 11-95　加工刀路

步骤 06 设置工件毛坯

在刀具路径操作管理器中单击【素材设置】节点，弹出【机器群组属性】对话框，按图 11-96 所示进行操作，结果如图 11-97 所示。

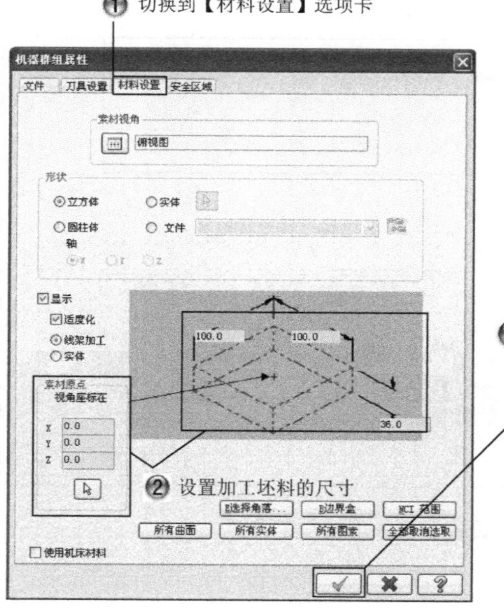

图 11-96　材料参数设置

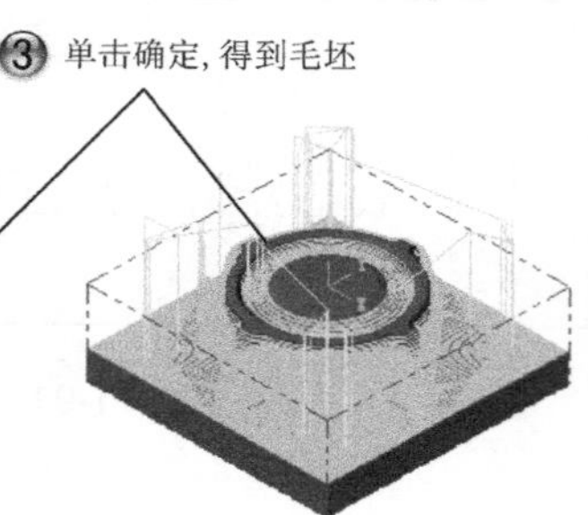

图 11-97　设置后的毛坯

步骤 07　实体仿真模拟

单击【实体模拟】按钮，弹出【验证】对话框，如图 11-98 所示。单击【播放】按钮，模拟结果如图 11-99 所示。

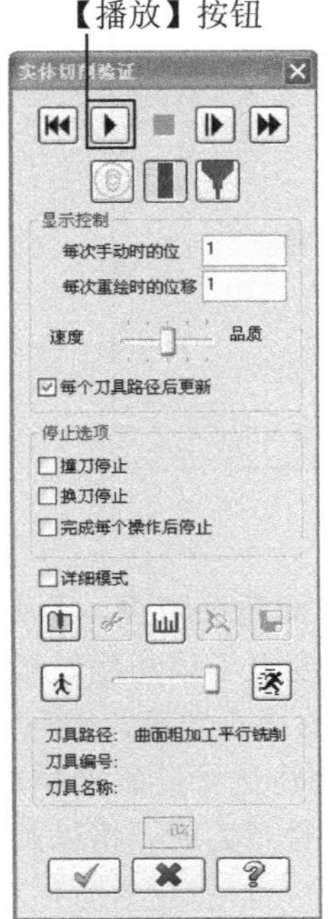

图 11-98　模拟

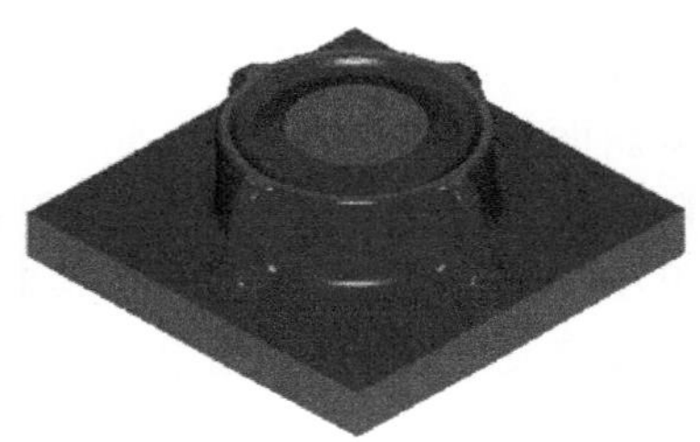

图 11-99　模拟结果

11.7　陡斜面精加工

陡斜面精加工适用于比较陡的斜面的精加工，可在陡斜面区域上以设定的角度产生相互平行的陡斜面精加工刀具路径，与平行精加工刀路相似。

11.7.1　陡斜面精加工参数

选择【刀具路径】|【精加工】|【陡斜面精加工】菜单命令，弹出【曲面精加工平行式陡斜面】对话框，单击【陡斜面精加工参数】标签，切换到【陡斜面精加工参数】选项卡，如图 11-100 所示，用来设置陡斜面精加工参数。

其参数含义如下。

①　【整体误差】：设定刀具路径与曲面之间的误差值。

②　【最大切削间距】：设定两刀具路径之间的距离。

③　【加工角度】：设定陡斜面加工切削方向在水平面的投影与 X 轴的夹角。

④　【切削方式】：设置陡斜面精加工刀具路径切削的方式，有【双向】和【单向】两种方式。

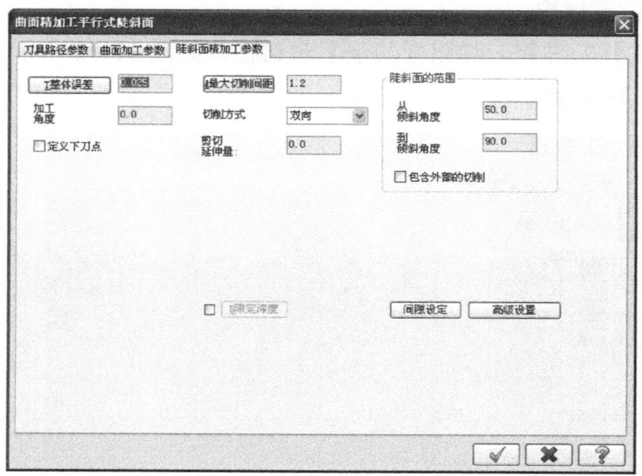

图 11-100　陡斜面精加工参加

⑤　【陡斜面的范围】：以角度来限定陡斜面加工的曲面角度范围。【从倾斜角度】用来设定陡斜面范围的起始角度，此角度为最小角度，所有角度大于该角度时被认为是陡斜面将进行陡斜面精加工；【到倾斜角度】用来设定陡斜面范围的终止角度，此角度为最大角度；所有角度小于该角度而大于最小角度时被认为是陡斜面范围将进行陡斜面精加工。

⑥　【定义下刀点】：指定刀点，陡斜面精加工刀具路径下刀时，将以最接近点的地方开始进刀。

⑦　【剪切延伸量】：在陡斜面切削路径中，由于只加工陡斜面，没有加工浅平面，因而在陡斜面刀具路径之间将有间隙断开，形成内边界。而曲面的边界形成外边界。切削方向的延伸量将在内边界的切削方向上沿曲面延伸一段设定的值，来清除部分残料区域。

如图 11-101 所示为【剪切延伸量】为 0 时的刀具路径；如图 11-102 所示为【剪切延伸量】为 10 时的刀具路径。可以看出后面的刀具路径在内边界延伸了一段距离，此距离即是用户所设置的延伸值。

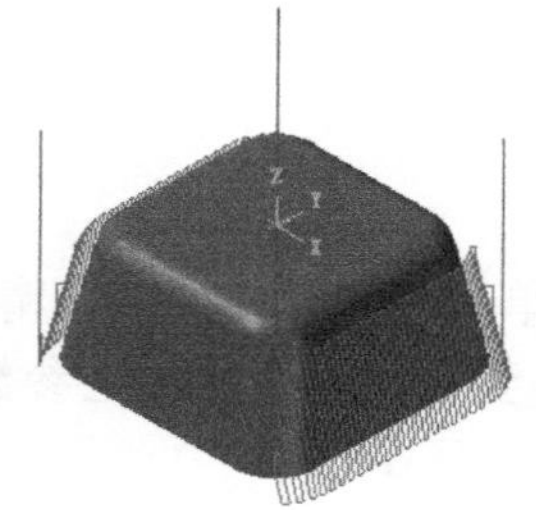

图 11-101　延伸距离为 0

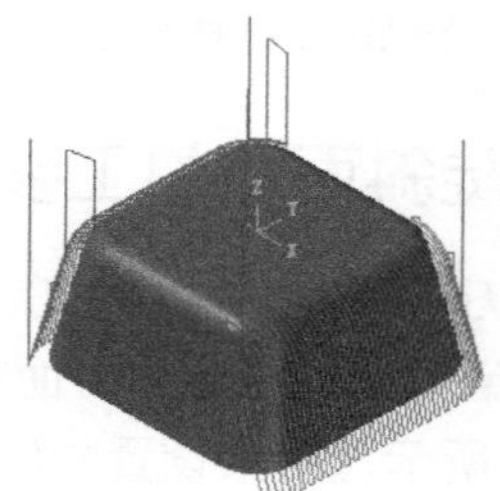

图 11-102　延伸距离为 10

⑧　【包含外部的切削】：为了解决浅平面区域较大，而陡斜面精加工对浅平面加工效果不佳的问题，可以设置【包含外部的切削】选项。该项是在切削方向延伸量的基础上将全部的浅平面进行覆盖。在选中【包含外部切削】复选框后就不需要再设置切削方向延伸量了，因为【包含外部的切削】相当于将切削方向延伸量设定延伸到曲面边界。如图 11-103 所示为取消选中【包含外部的切削】复选框时的刀具路径；如图 11-104 所示为选中【包含外部

的切削】复选框时的刀具路径。

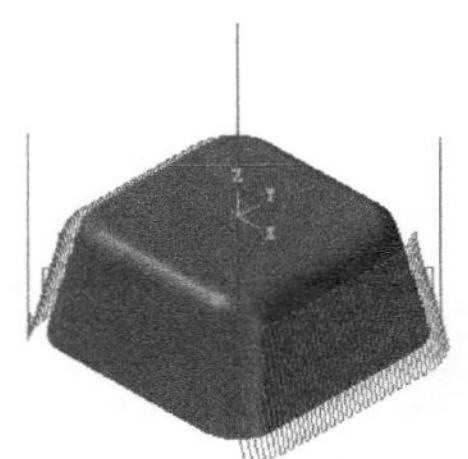

图 11-103　取消选中【包含外部的切削】复选框的图形

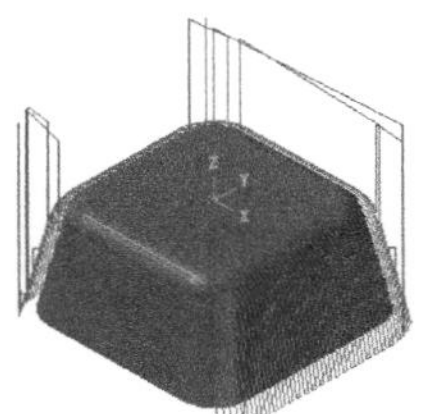

图 11-104　选中【包含外部的切削】复选框的图形

11.7.2　陡斜面精加工范例

 **源文件(光盘)：/11/11-7-2.mcx。**

 **多媒体教学路径：光盘→多媒体教学→第 11 章→11.7.2 节。**

步骤 01 打开源文件

打开源文件 11-7-2，将如图 11-105 所示的图形采用陡斜面精加工。

图 11-105　陡斜面加工图形

技术点拨

本例主要是加工按键的凸模，凸模四周都是陡斜面，因此采用专门加工陡峭的曲面的曲面精加工陡斜面加工刀具路径进行铣削，采用球刀加工。

步骤 02 选取加工面和切削范围

选择【刀具路径】|【曲面精加工】|【精加工陡斜面加工】菜单命令，弹出【刀具路径曲面的选取】对话框，按图 11-106 所示进行操作。

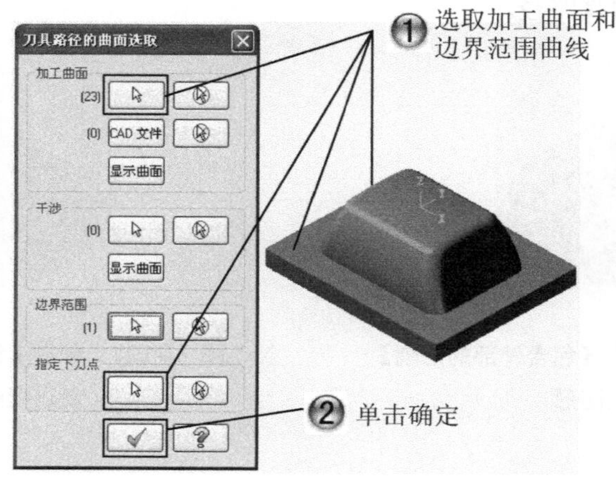

图 11-106 选取加工曲面和边界范围

步骤 03 设置刀具参数

按图 11-107～图 11-110 所示进行操作。

② 在空白处单击鼠标右键，从弹出的快捷菜单中选择【创建新刀具】命令

① 设置相关参数

图 11-107 新建刀具

步骤 04 设置加工参数

按图 11-111～图 11-112 所示进行操作。

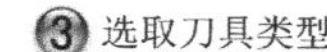

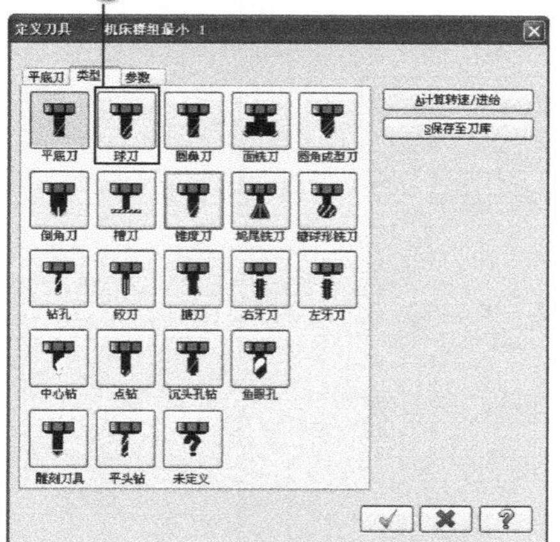

图 11-108　选取刀具类型

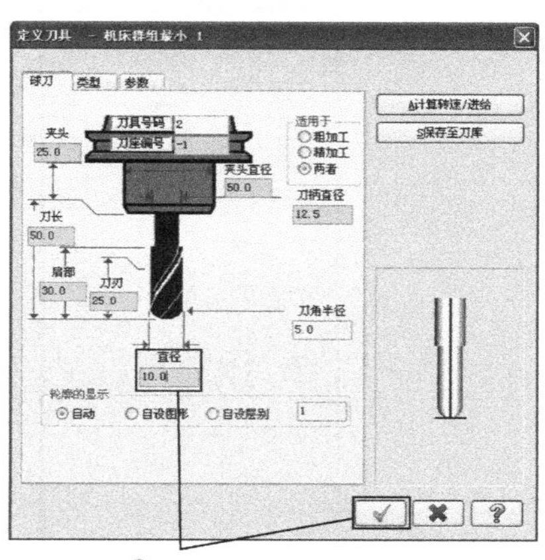

④ 将球刀【直径】设置为10，单击确定

图 11-109　设置球刀直径

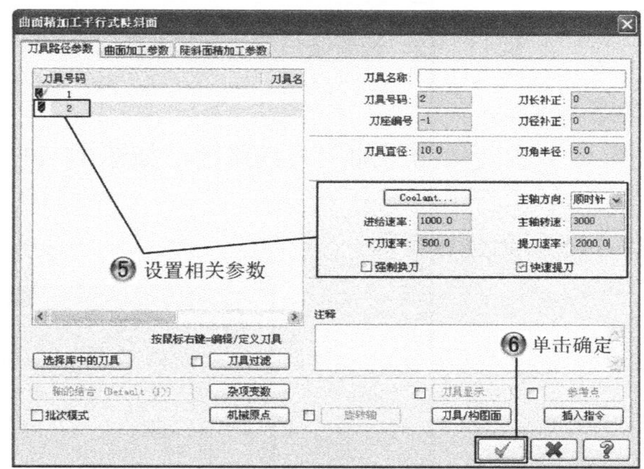

图 11-110　设置刀具路径相关参数

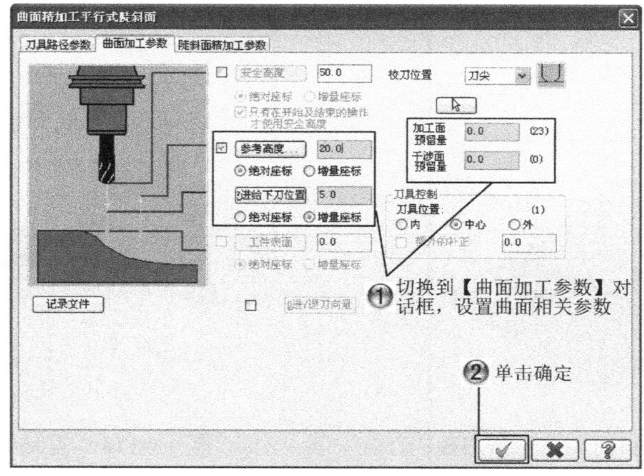

图 11-111　设置曲面加工参数

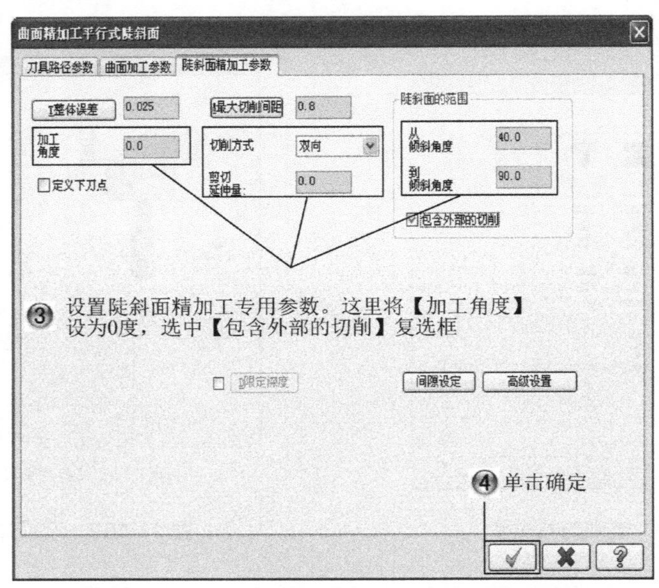

图 11-112　设置陡斜面精加工参数

步骤 05 生成刀具路径

系统会根据设置的参数生成陡斜面精加工刀具路径，如图 11-113 所示。

步骤 06 复制刀路

按图 11-114～图 11-115 所示进行操作。

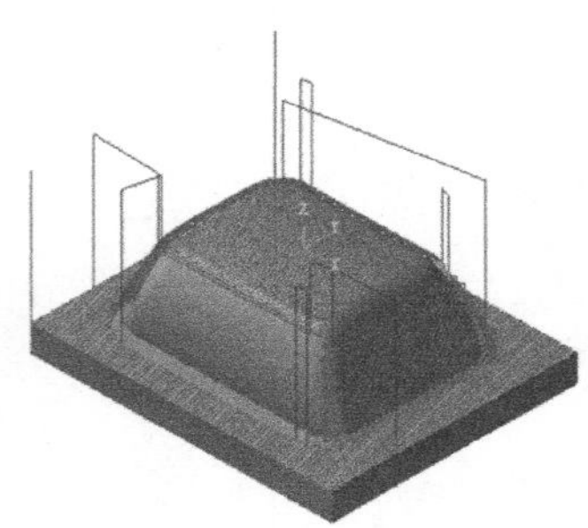

图 11-113　陡斜面加工刀具路径

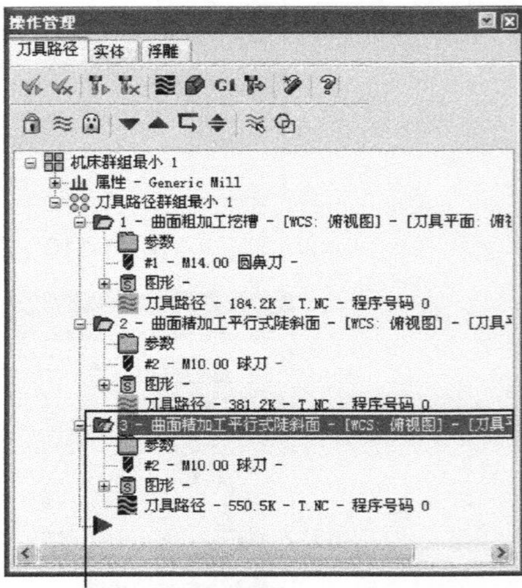

图 11-114　复制的陡斜面精加工

在刀具路径操作管理器中单击【重建所有失效的操作】按钮，系统根据设置的参数重新生成 90° 方向的陡斜面精加工，如图 11-116 所示。

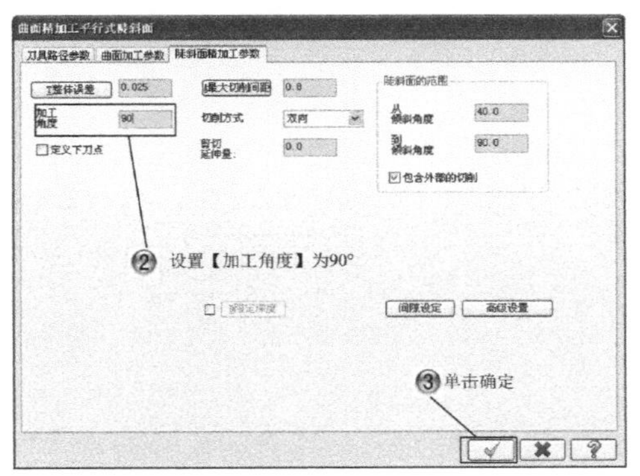

图 11-115　修改陡斜面精加工参数

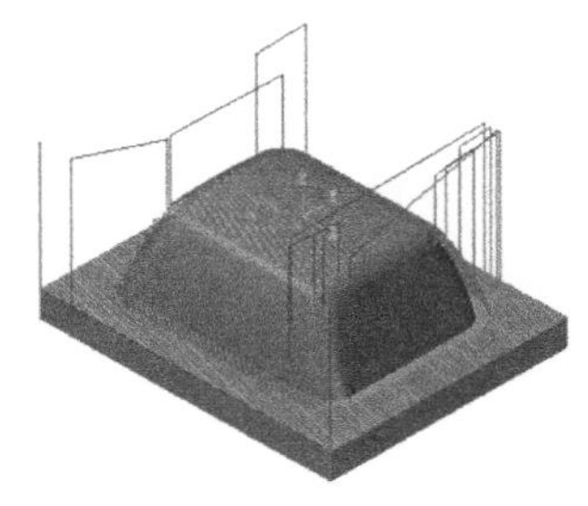

图 11-116　重新生成 90°方向刀具路径

步骤 07　设置工件毛坯

在刀具路径操作管理器中单击【素材设置】节点，弹出【机器群组属性】对话框，按图 11-117 所示进行操作，结果如图 11-118 所示。

图 11-117　材料参数设置

图 11-118　设置后的毛坯

注 意

对于四周都是陡斜面的工件，陡斜面精加工并不能一次将四周全部加工完，通常采用两刀路，分别为 0° 和 90° 交错铣削，即可将四周所有斜壁全部铣削完全。

步骤 08　实体仿真模拟

单击【实体模拟】按钮，弹出【验证】对话框，如图 11-119 所示。单击【播放】按钮，模拟结果如图 11-120 所示。

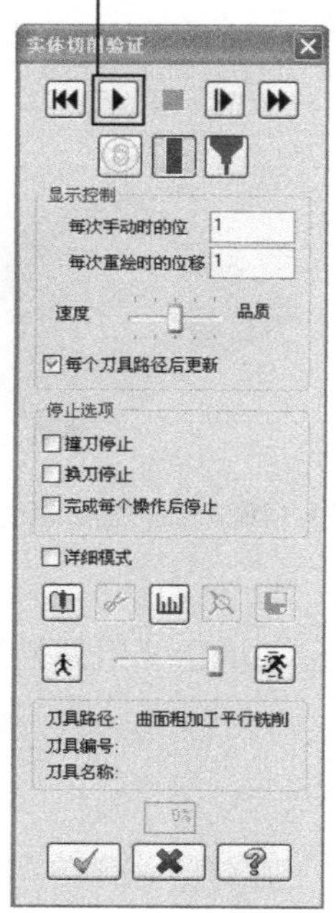

图 11-119　模拟

图 11-120　模拟结果

11.8　浅平面精加工

浅平面精加工适合对比较平坦的曲面进行精加工。某些刀路在浅平面区域加工的效果不佳，如挖槽粗加工、等高外形精加工、陡斜面精加工等，常常会留下非常多的残料，而浅平面精加工可以对这些残料区域进行加工。

11.8.1　浅平面精加工参数

选择【刀具路径】|【精加工】|【浅平面精加工】菜单命令，弹出【曲面精加工浅平面】对话框，单击【浅平面精加工参数】标签，切换到【浅平面精加工参数】选项卡，如图 11-121 所示，用来设置浅平面精加工参数。

其部分参数含义如下。

①　【整体误差】：设定刀具路径与曲面之间的误差值。

②　【最大切削间距】：设定刀具路径之间的最大间距。

③　【加工角度】：设定刀具路径切削方向与 X 轴夹角。此项只有在切削方式为【双向】切削或【单向】切削时才有效，切削方式为【3D 环绕】时此处角度值无效。

④　【加工方向】：当设置切削方式为【3D 环绕】时，有【逆时针】和【顺时针】两种。

⑤　【由内而外环切】：加工时从内向外进行切削。此项只在切削方式为【3D 环绕】

时才被激活。

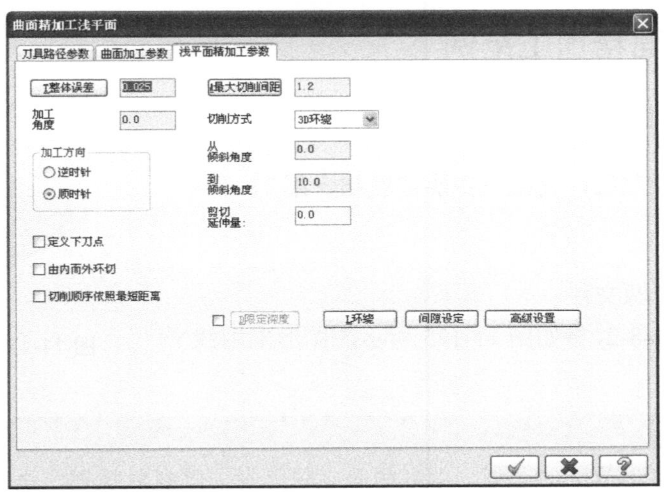

图 11-121　浅平面精加工参数

⑥　【切削顺序依照最短距离】：该项可以在加工刀具路径提刀次数较多时进行优化处理，减少提刀次数。

⑦　【定义下刀点】：选择一点，刀具路径从最靠近此点处进行下刀。

⑧　【切削方式】：设定浅平面精加工刀具路径的切削方式，其中，【双向】切削以双向来回切削工件；【单向】切削以单一方向进行切削到终点后，提刀到参考高度，再回到起点重新循环；【3D 环绕】切削以等距环绕的方式进行切削。

⑨　【从倾斜角度】：设定浅平面的最小角度值。

⑩　【到倾斜角度】：设定浅平面的最大角度值。最小角度值到最大角度值即是要加工的浅平面区域。

⑪　【剪切延伸量】：在浅平面区域的切削方向沿曲面延伸一定距离。只适合【双向】切削和【单向】切削。如图 11-122 所示为延伸量为 0 时的刀具路径；图 11-123 所示为延伸量为 5 时的刀具路径。

⑫　【环绕】：当切削方式为 3D 环绕时，可设置环绕切削参数。单击【环绕】按钮，弹出【环绕设置】对话框，如图 11-124 所示，可以重新设置计算精度。

图 11-122　延伸量为 0

图 11-123　延伸量为 5

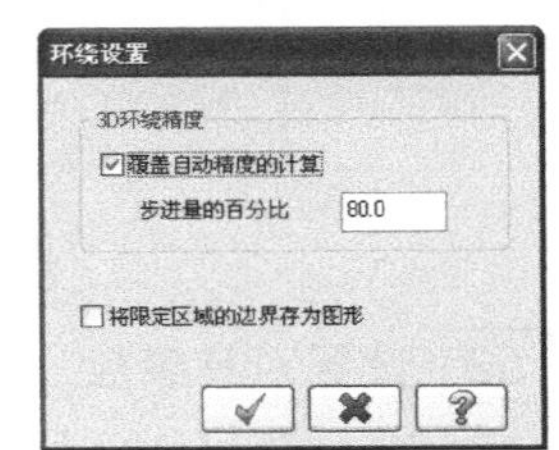

图 11-124　【环绕设置】对话框

【覆盖自动精度计算】复选框选中时系统将先前的部分设置值覆盖，采用步进量的百分比来控制切削间距。若取消选中此复选框，系统自动以设置的误差值和切削间距进行计算。

【将限定区域的边界存为图形】复选框选中将限定为浅平面的区域边界保存为图形。

11.8.2 浅平面精加工范例

源文件(光盘)：/11/11-8-2.mcx。

多媒体教学路径：光盘→多媒体教学→第 11 章→11.8.2 节。

图 11-125 浅平面加工图形

步骤 01 打开源文件

打开源文件 11-8-2，将如图 11-125 所示的图形采用浅平面精加工。

技术点拨

本例是加工心形吊坠的凸模，心形曲面比较光滑，流线教规则，曲面比较平坦，且平坦区域相对比较大，因此，本例采用专门加工平坦曲面区域的浅平面精加工刀具路径进行加工。采用球刀光刀。

步骤 02 选取加工曲面和切削范围

选择【刀具路径】|【曲面精加工】|【精加工浅平面加工】菜单命令，弹出【刀具路径的曲面选取】对话框，按图 11-126 所示进行操作。

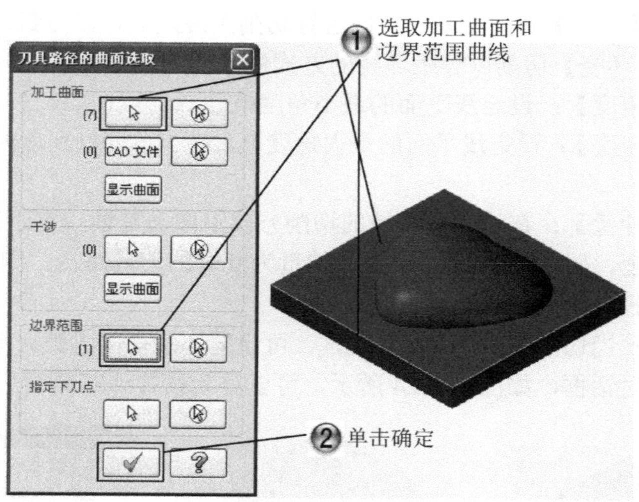

图 11-126 选取加工曲面和边界范围

步骤 03 设置刀具参数

按图 11-127～图 11-130 所示进行操作。

步骤 04 设置加工参数

按图 11-131～图 11-132 所示进行操作。

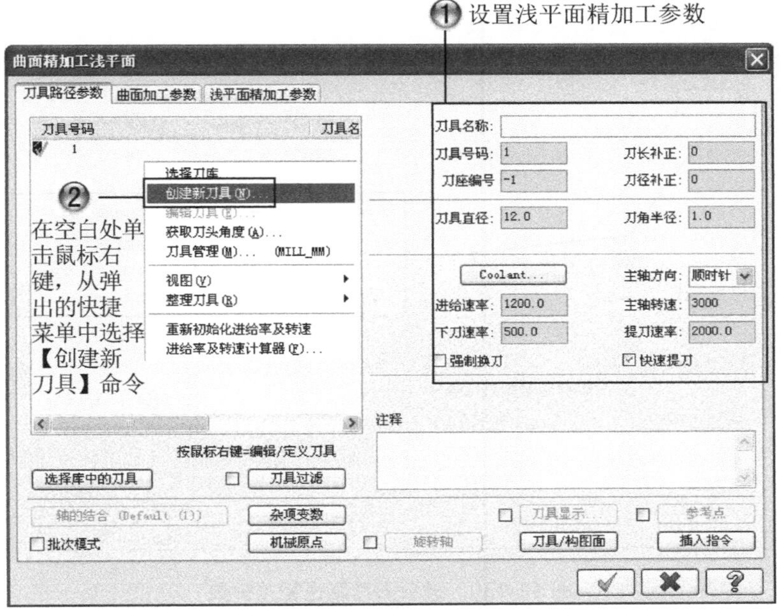

图 11-127　新建刀具

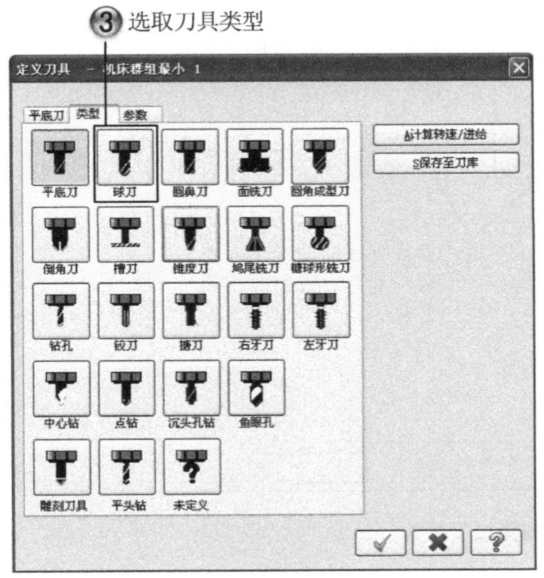

图 11-128　选择刀具类型

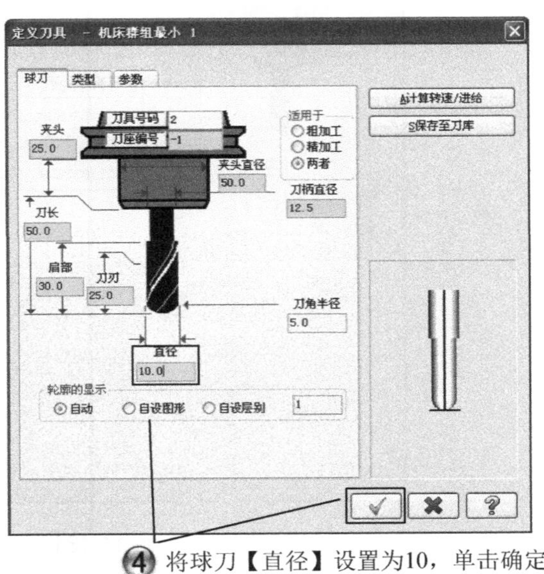

图 11-129　设置球刀直径

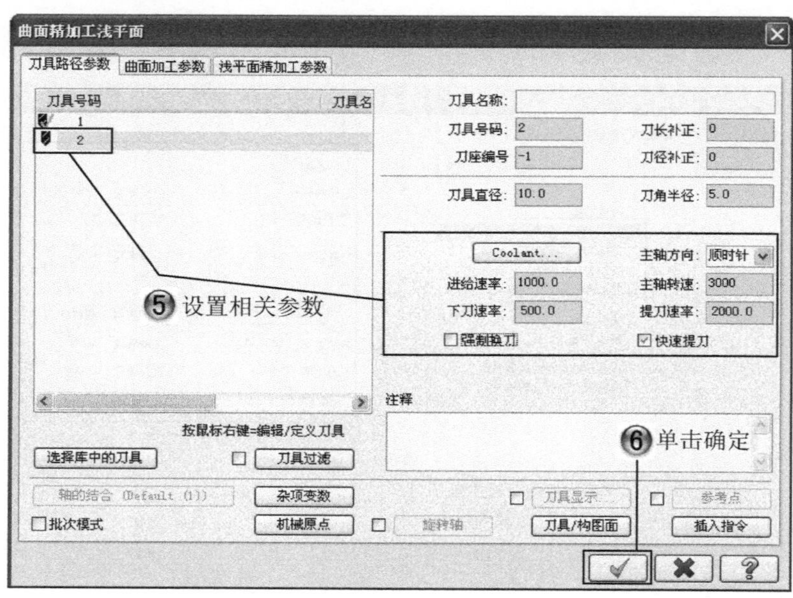

图 11-130 设置刀具路径相关参数

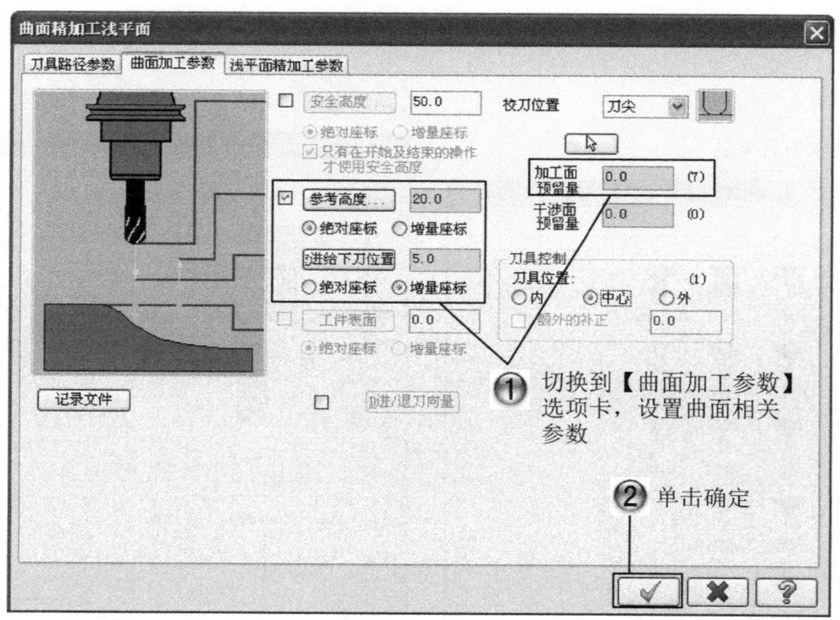

图 11-131 设置曲面加工参数

步骤 05 生成刀具路径

系统会根据用户所设置的参数生成浅平面精加工刀具路径，如图 11-133 所示。

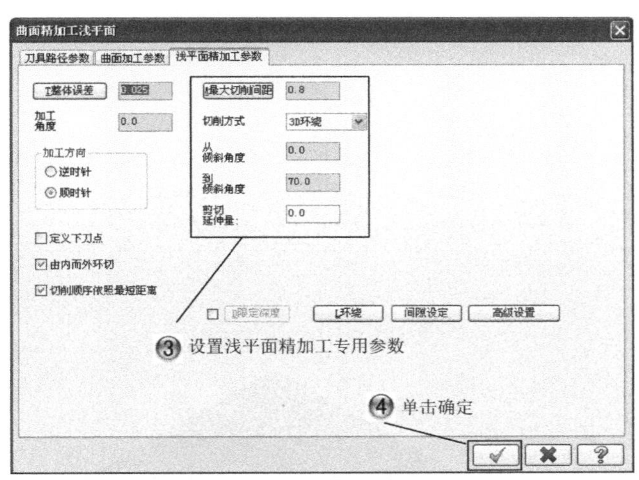

图 11-132　设置浅平面精加工参数

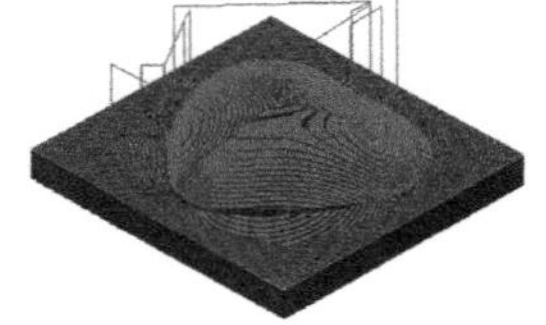

图 11-133　浅平面刀具路径

步骤 06　设置工件毛坯

在刀具路径操作管理器中单击【素材设置】节点，弹出【机器群组属性】对话框，按图 11-134 所示进行操作，结果如图 11-135 所示。

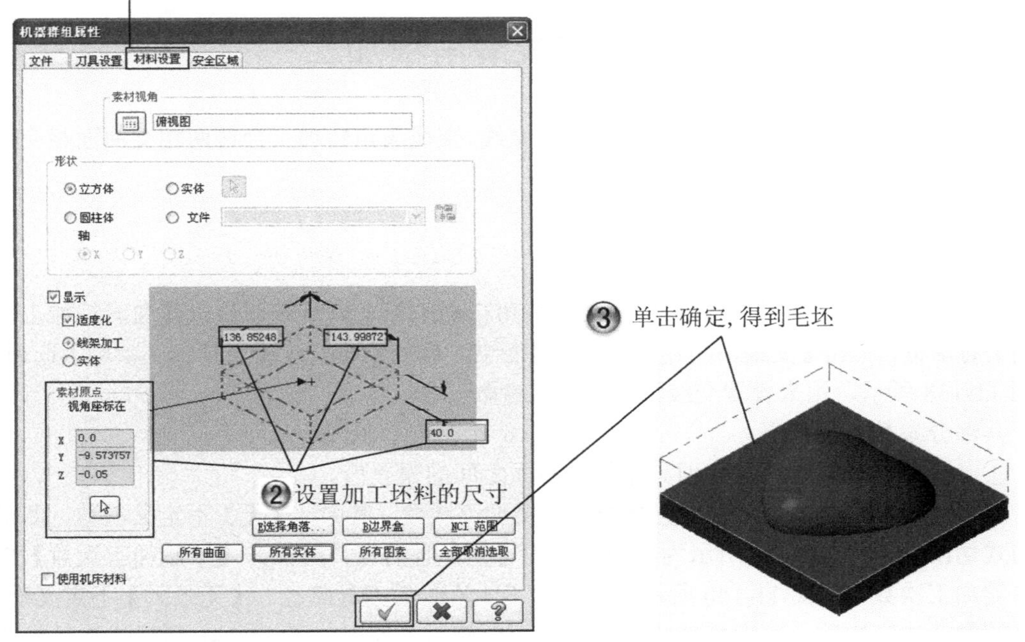

图 11-134　材料参数设置

图 11-135　设置后的毛坯

步骤 07　实体仿真模拟

单击【实体模拟】按钮，弹出【验证】对话框，如图 11-136 所示。单击【播放】按钮，模拟结果如图 11-137 所示。

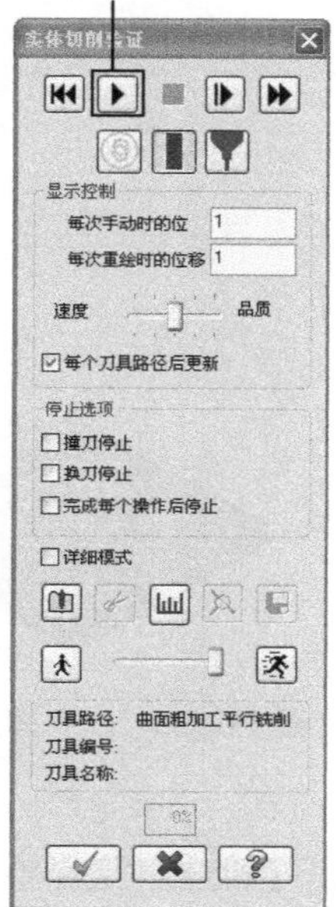

图 11-136　模拟

图 11-137　模拟结果

11.9　交线清角精加工

交线即两相交的曲面在相交处产生的相交线。交线清角精加工会在两相交曲面相交处产生刀具路径，用来清除交线处的残料。

11.9.1　交线清角精加工参数

选择【刀具路径】|【精加工】|【交线清角精加工】菜单命令，弹出【曲面精加工交线清角】对话框，单击【交线清角精加工参数】标签，切换到【交线清角精加工参数】选项卡，如图 11-138 所示，用来设置交线清角精加工参数。

其部分参数含义如下。

① 【整体误差】：设定刀具路径与曲面之间的误差值。

② 【平行加工次数】：设置交线清角精加工次数。其中，【无】不定义次数，即进行一刀式切削。如图 11-139 所示为次数设置为【无】时的刀具路径。【单侧加工次数】自定义单侧加工次数。如图 11-140 所示为单侧加工 3 次时的刀具路径。【无限制】不定义次数，由系统自动决定次数，直到将交线以外的曲面全部加工为止。图 11-141 所示为次数设置为【无限制】时的刀具路径。

③ 【切削方式】：设置切削加工方式，有【单向】和【双向】两种。

④ 【定义下刀点】：设置进刀点，刀具会从最接近此点处下刀。

⑤ 【允许沿面下降切削】：允许刀具沿曲面下降切削。

⑥　【允许沿面上升切削】：允许刀具沿曲面上升切削。

⑦　【清角曲面的最大角度】：设置两曲面夹角的最大值，所有曲面夹角在此范围内都纳入交线清角的范围。

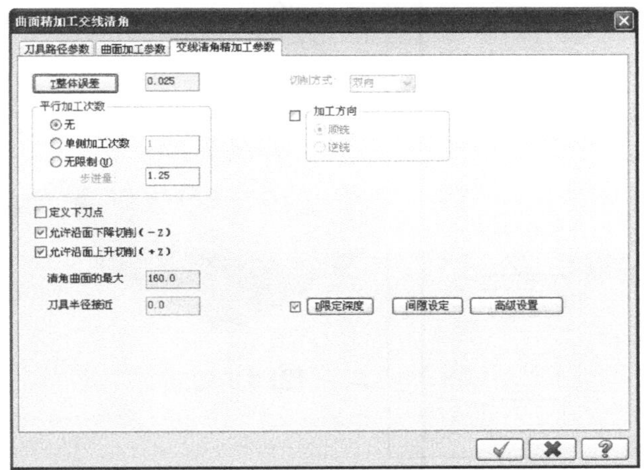

图 11-138　曲面精加工交线清角

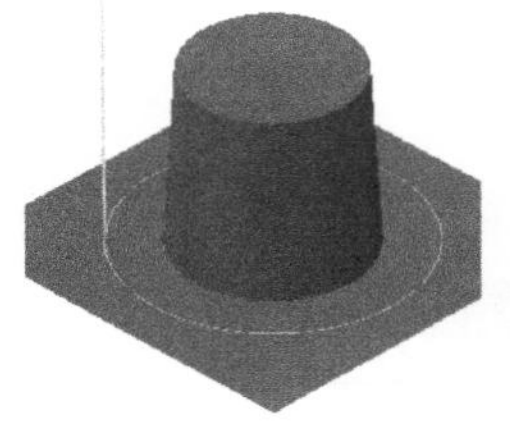

图 11-139　次数无

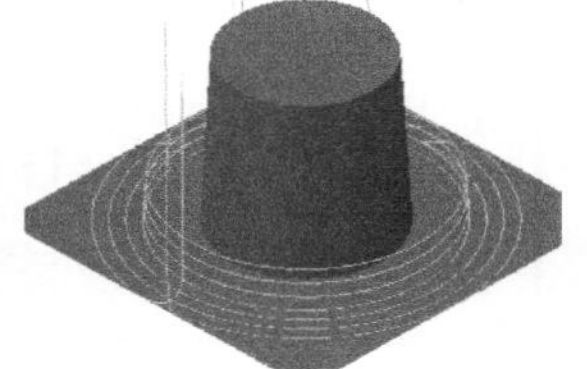

图 11-140　单侧 3 次

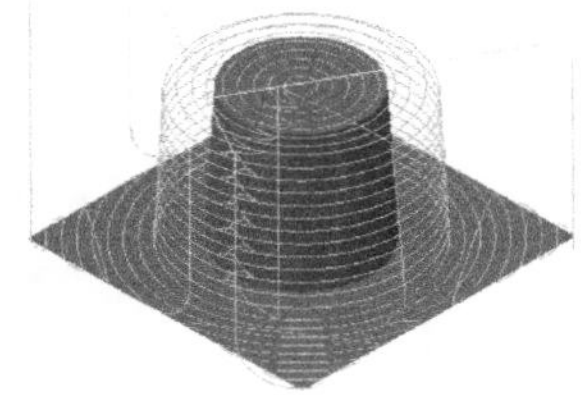

图 11-141　无限制

11.9.2　交线清角精加工范例

 **源文件(光盘)：/11/11-9-2.mcx。**

 **多媒体教学路径：光盘→多媒体教学→第 11 章→11.9.2 节。**

图 11-142　交线清角加工图形

步骤 01　打开源文件

打开源文件 11-9-2，将如图 11-142 所示的图形采用交线清角精加工。

技术点拨

本例主要加工吹风机的凸模。型芯曲面和科框之间是相交的，存在交线，主要是采用棒刀对交线部分进行曲面精加工交线清角加工。

步骤 02　选取加工面和切削范围

选择【刀具路径】|【曲面精加工】|【精加工交线清角加工】菜单命令，弹出【刀具路

径的曲面选取】对话框，按图 11-143 所示进行操作。

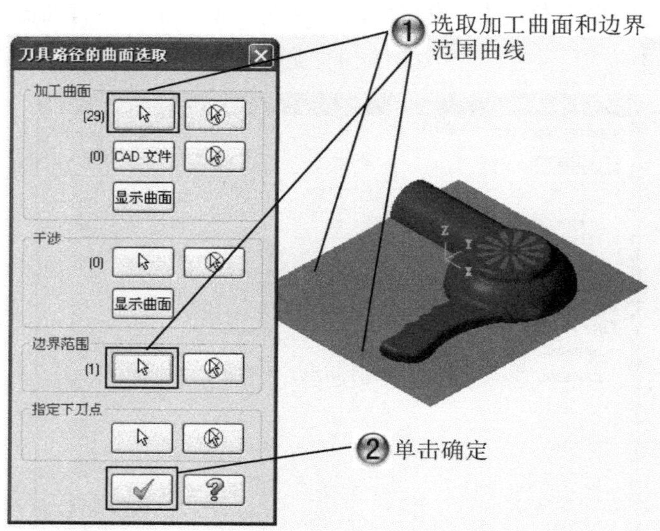

图 11-143　选取曲面和加工范围

步骤 03 设置刀具参数

按图 11-144～图 11-147 所示进行操作。

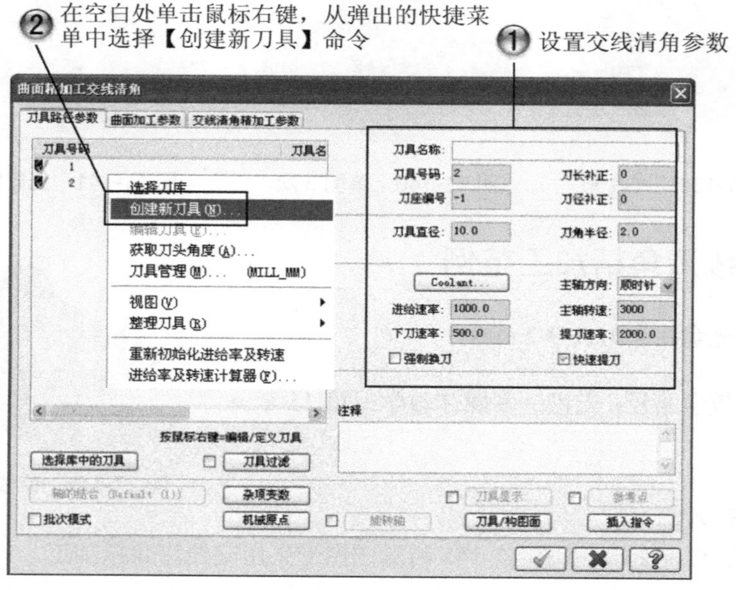

图 11-144　新建刀具

步骤 04 设置加工参数

按图 11-148～图 11-150 所示进行操作。

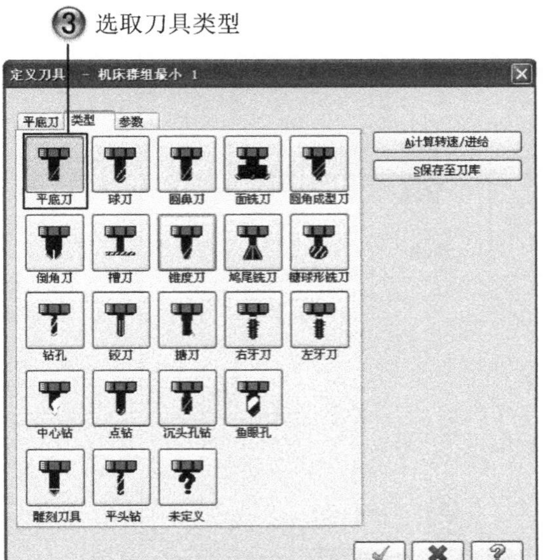

图 11-145　选取刀具类型

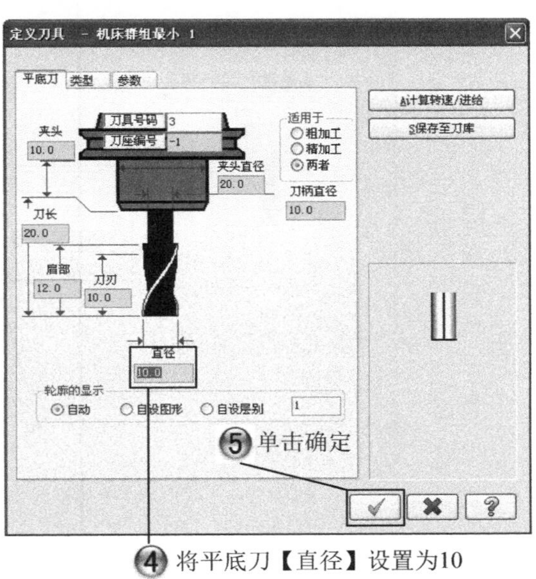

图 11-146　设置平底刀直径

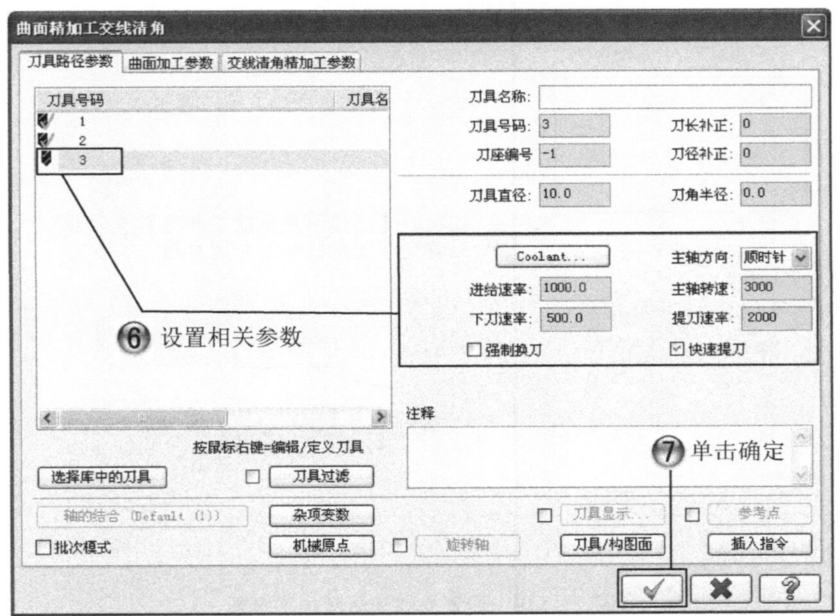

图 11-147　设置刀具路径相关参数

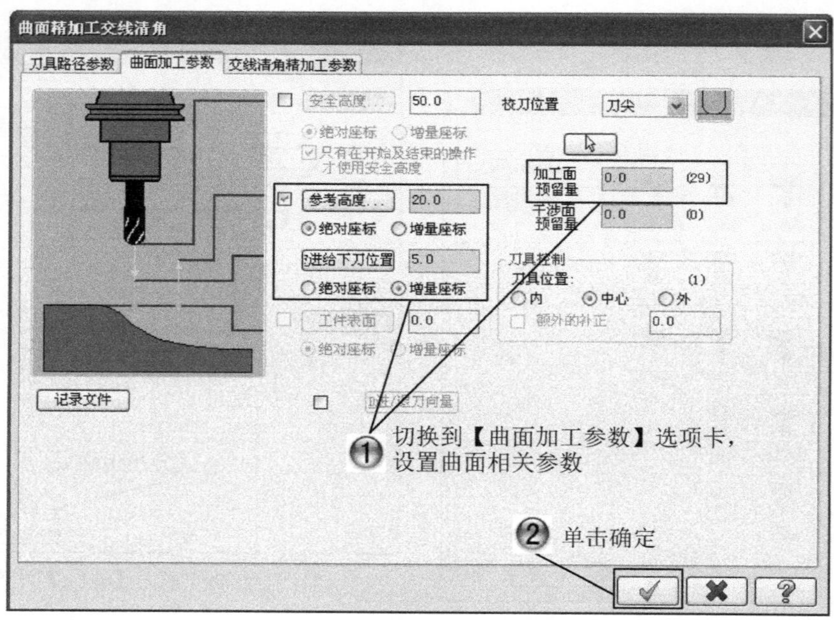

图 11-148　曲面精加工交线清角参数

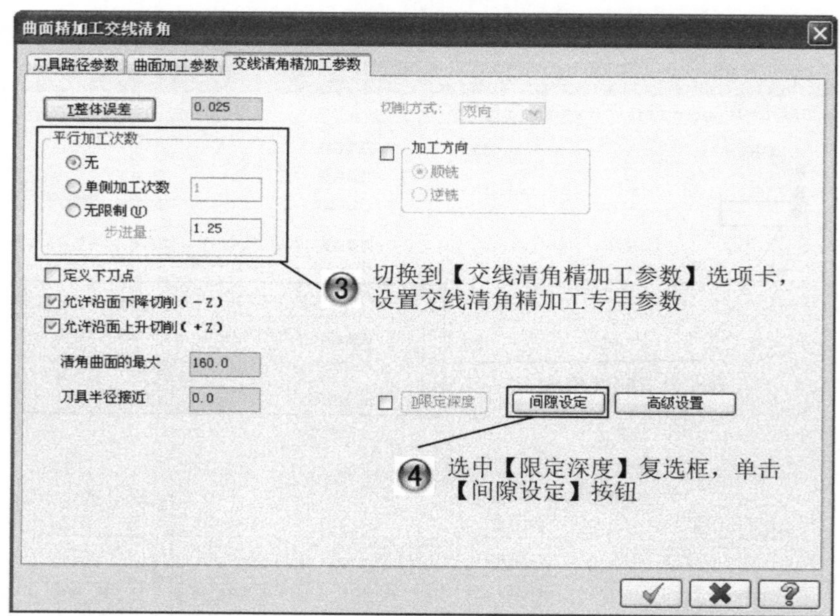

图 11-149　设置交线清角精加工参数

步骤 05　生成刀具路径

完成设置后，单击【确定】按钮。系统会根据设置的参数生成交线清角精加工刀具路径，如图 11-151 所示。

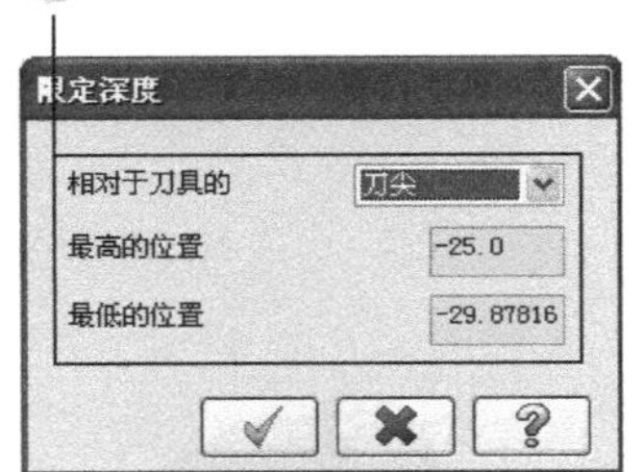

图 11-150　限定深度

图 11-151　交线清角刀具路径

步骤 06　设置工件毛坯

在刀具路径操作管理器中单击【素材设置】节点，弹出【机器群组属性】对话框，按图 11-152 所示进行操作，结果如图 11-153 所示。

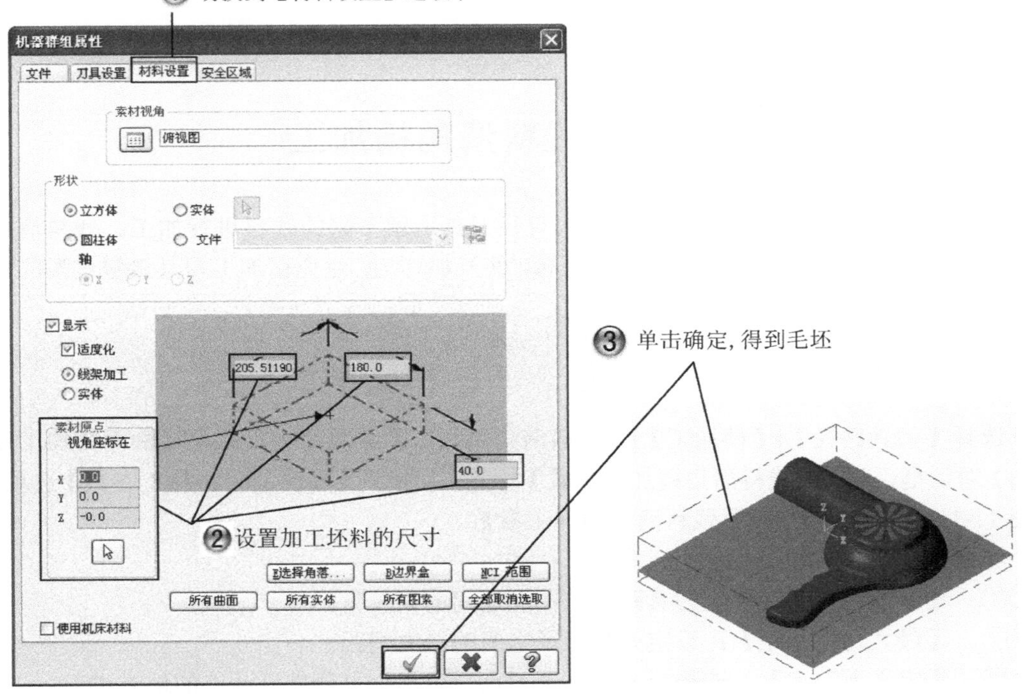

图 11-152　材料参数设置

图 11-153　设置后的毛坯

步骤 07　实体仿真模拟

单击【实体模拟】按钮，弹出【验证】对话框，如图 11-154 所示。单击【播放】按钮，模拟结果如图 11-155 所示。

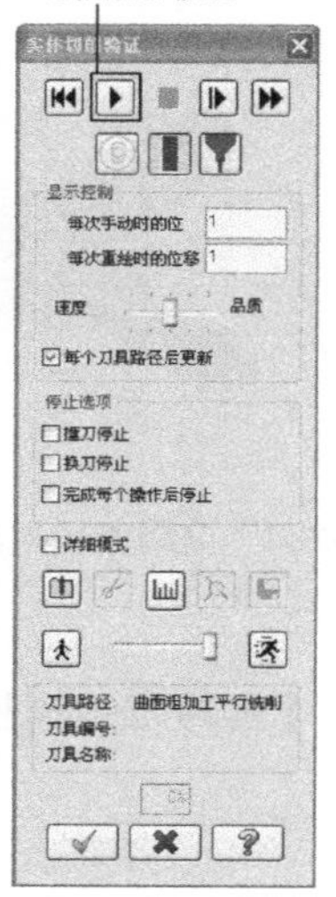

图 11-154　模拟

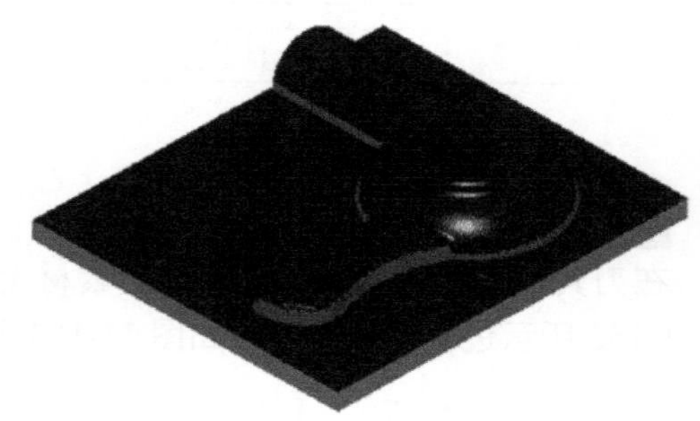

图 11-155　模拟结果

11.10　残料清角精加工

残料清角精加工是对先前的操作或大直径刀具所留下来的残料进行加工。残料清角精加工主要用来清除局部地方过多的残料区域，使残料均匀，避免精加工刀具接触过多的残料撞刀，为后续的精加工做准备。

11.10.1　残料清角精加工参数

选择【刀具路径】|【精加工】|【残料清角精加工】菜单命令，弹出【曲面精加工残料清角】对话框，单击【残料清角精加工参数】标签，切换到【残料清角精加工参数】选项卡，如图 11-156 所示，用来设置残料清角精加工参数。

其部分参数含义如下。

①　【整体误差】：设定刀具路径与曲面之间的误差值。

②　【最大切削间距】：设定刀具路径之间的最大间距。

③　【定义下刀点】：选择一点作为下刀点，刀具会在最靠近此点的地方进刀。

④　【从倾斜角度】：设定残料清角刀具路径的曲面最小倾斜角度。

⑤　【到倾斜角度】：设定残料清角刀具路径的曲面最大倾斜角度。

⑥　【切削方式】：设定残料清角的切削方式，有【双向】、【单向】和【3D 环绕】3 种切削方式。

⑦　【混合路径(在中断角度上方用等高切削，下方则用环绕切削)】：在残料区域的斜面中，有陡斜面和浅平面之分，系统为了将残料区域铣削干净，还设置了混合路径，对陡斜面和浅平面分别采用不同的走刀方法。在浅平面采用环绕切削，在陡斜面区域采用等高切削。分界点即是中断角度，大于中断角度的斜面即是陡斜面，采用等高切削，小于中断角度为浅

平面，采用环绕切削。

图 11-156　残料清角精加工参数

⑧　【延伸的长度】：设定熔接路径中等高切削路径的延伸距离。

⑨　【保持切削方向与残料区域垂直】：产生的等高切削刀具路径与曲面相垂直。

⑩　【加工角度】：设定刀具路径的加工角度。只在【双向】和【单向】切削方式时有用。

⑪　【加工方向】：设置 3D 环绕刀具路径的加工方向，【逆时针】或是【顺时针】。

⑫　【由内而外环切】：设置 3D 环绕刀具路径加工方式为从内向外。

在【曲面精加工残料清角】对话框中单击【残料清角的材料参数】标签，切换到【残料清角的材料参数】选项卡，如图 11-157 所示，用来设置残料清角精加工剩余材料参数。

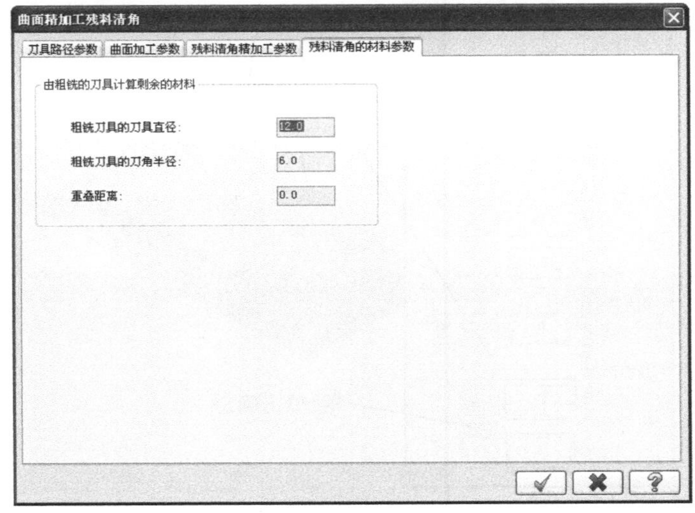

图 11-157　残料清角的材料参数

其参数含义如下。

① 【精铣刀具的刀具直径】：输入精加工刀具的刀具直径，系统会根据刀具直径计算剩余的材料。

② 【精铣刀具的刀具半径】：输入精加工刀具的刀角半径，系统会根据刀具的刀角半径精确计算刀具加工不到的剩余材料。

③ 【重叠距离】：加大残料区域的切削范围。

11.10.2 残料清角精加工范例

源文件(光盘)：/11/11-10-2.mcx。

多媒体教学路径：光盘→多媒体教学→第 11 章→11.10.2 节。

步骤 01 打开源文件

打开源文件 11-10-2，将如图 11-158 所示的图形采用残料清角精加工。

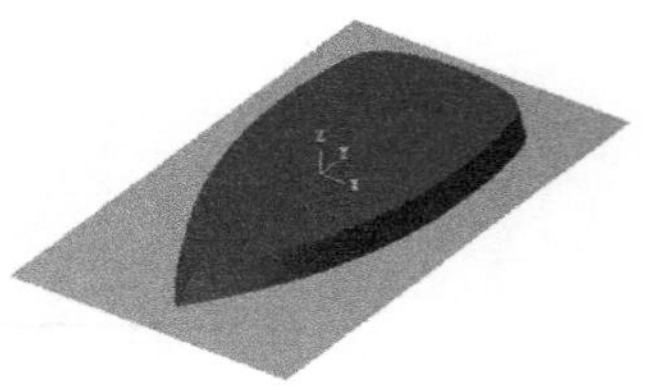

图 11-158 残料清角精加工图形

技术点拨

本例主要加工烫斗基座，基座曲面是带锥度的，在采用球刀加工后的死角部分剩余大量残料，可以用平底刀采用曲面精加工残料加工刀具路径进行清残料加工。

步骤 02 选取曲面和切削范围

选择【刀具路径】|【曲面精加工】|【精加工残料清角加工】菜单命令，弹出【刀具路径的曲面选取】对话框，按图 11-159 所示进行操作。

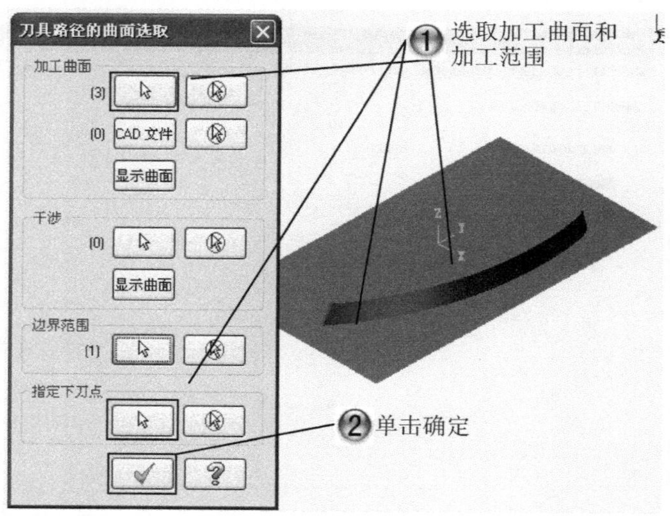

图 11-159 选取曲面和加工范围

步骤 03 设置刀具参数

按图 11-60～图 11-163 所示进行操作。

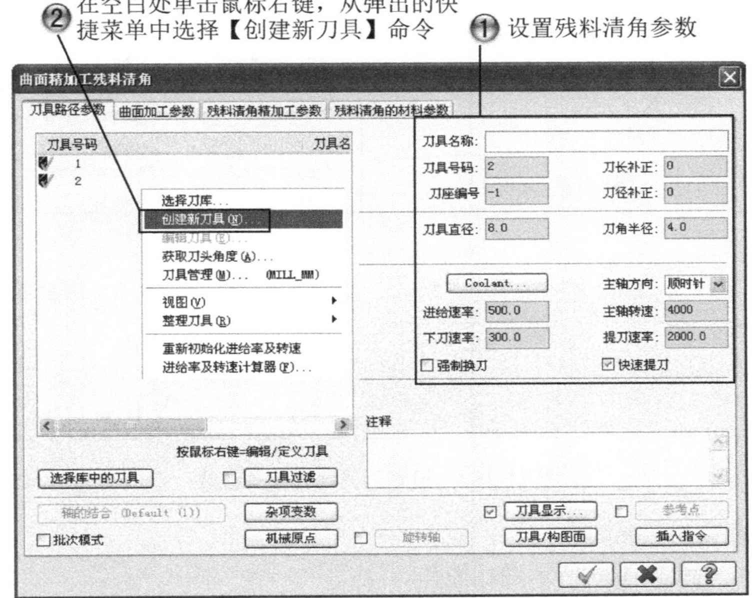

图 11-160　新建刀具

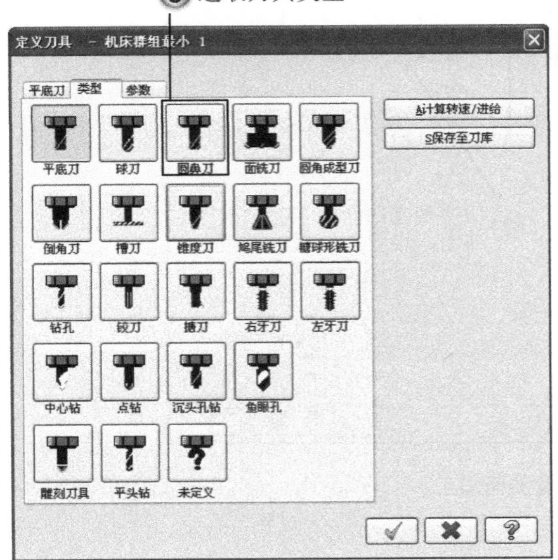

图 11-161　选取刀具类型

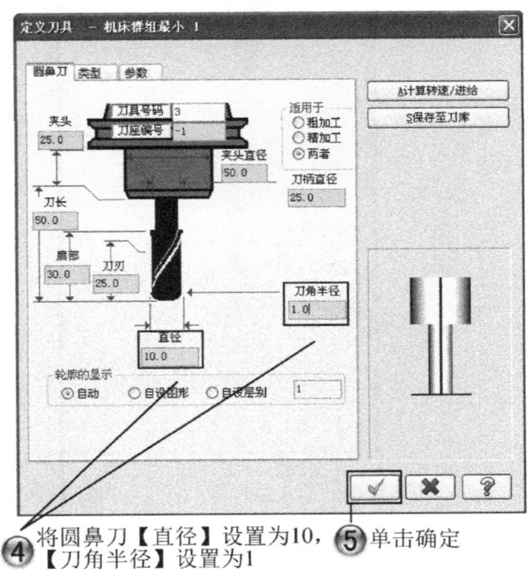

图 11-162　设置圆鼻刀参数

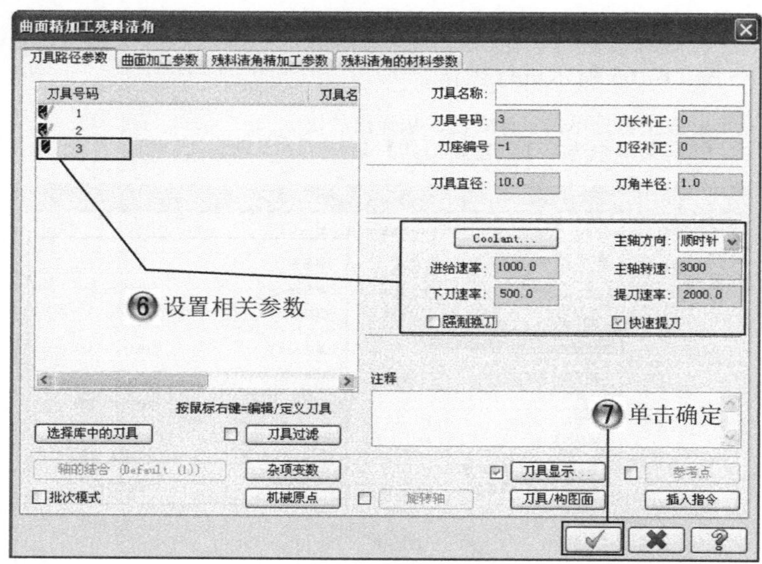

图 11-163　设置刀具路径相关参数

步骤 04 设置加工参数

按图 11-164～图 11-166 所示进行操作。

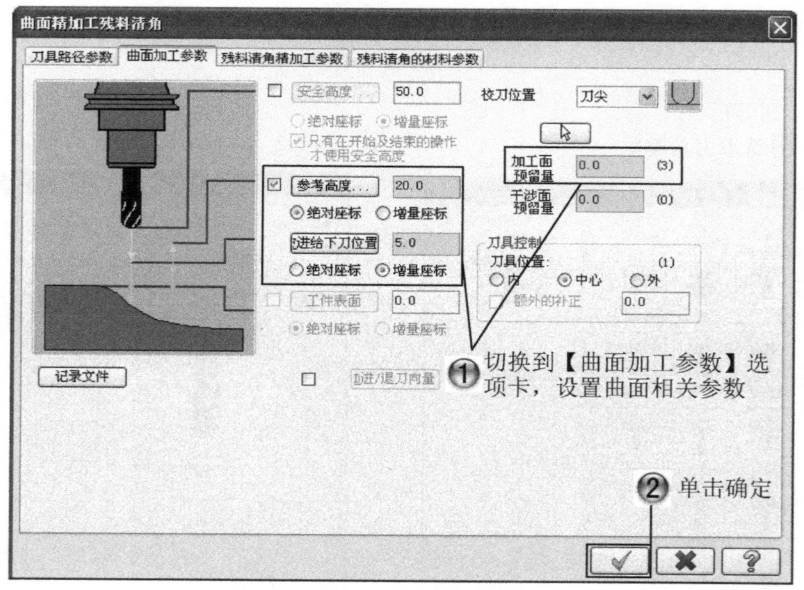

图 11-164　设置曲面加工

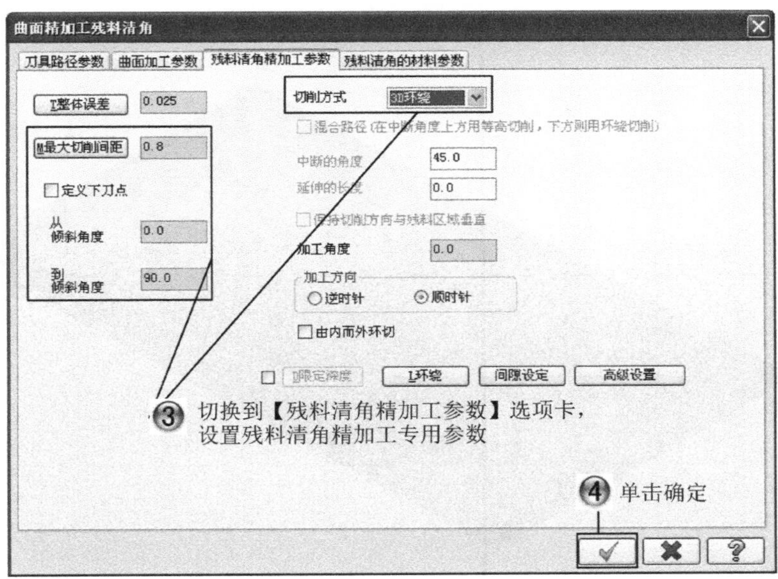

图 11-165　设置残料清角精加工参数

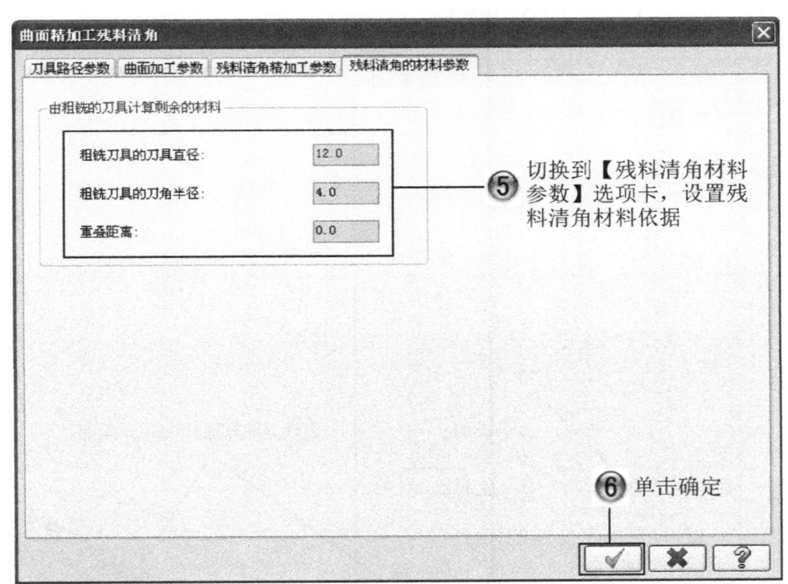

图 11-166　设置残料清角的材料参数

步骤 05　生成刀具路径

系统会根据用户所设置的参数，生成残料清角精加工刀具路径，如图 11-167 所示。

步骤 06　设置工件毛坯

在刀具路径操作管理器中单击【素材设置】节点，弹出【机器群组属性】对话框，按图 11-168 所示进行操作，结果如图 11-169 所示。

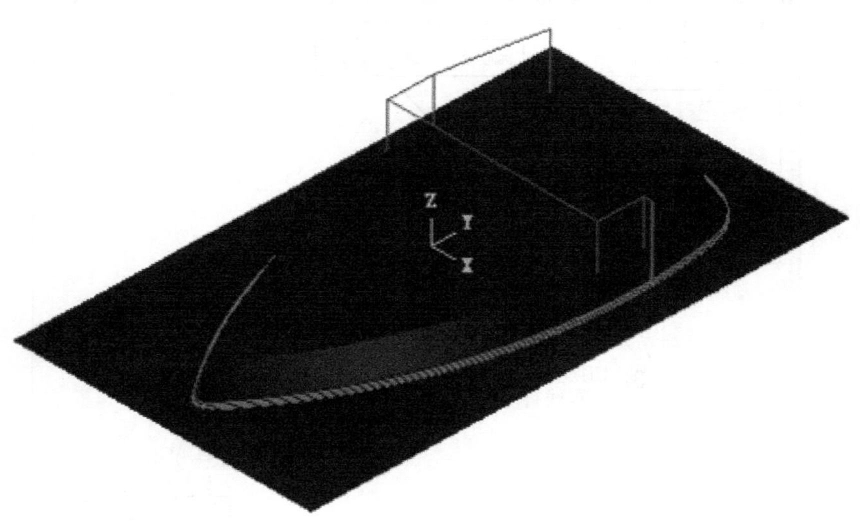

图 11-167　残料清角精加工刀具路径

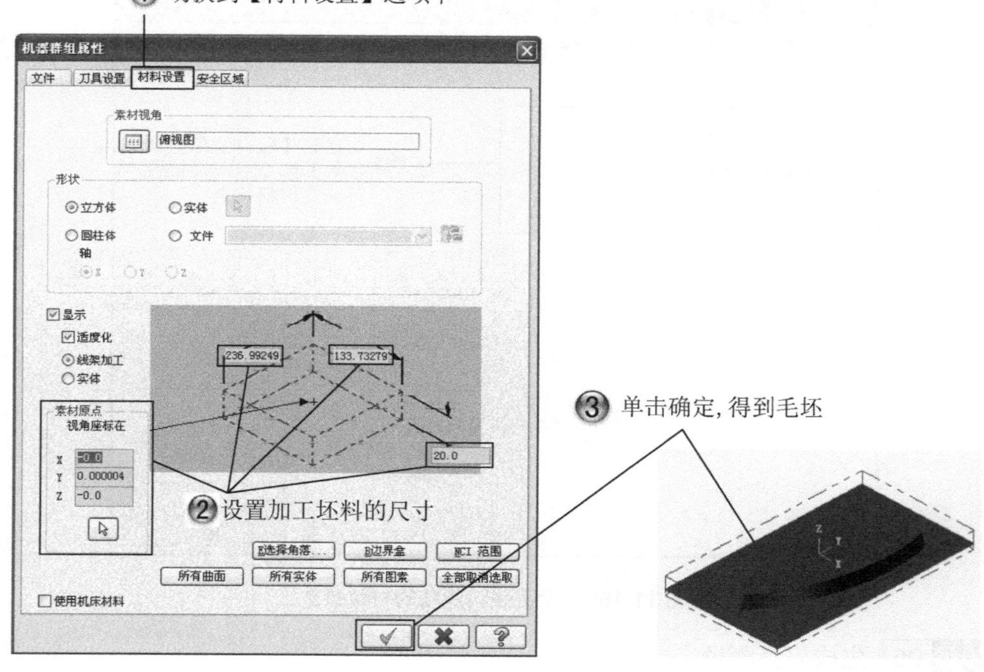

图 11-168　材料参数设置

图 11-169　设置后的毛坯

步骤 07 实体仿真模拟

单击【实体模拟】按钮，弹出【验证】对话框，如图 11-170 所示。单击【播放】按钮，模拟结果如图 11-171 所示。

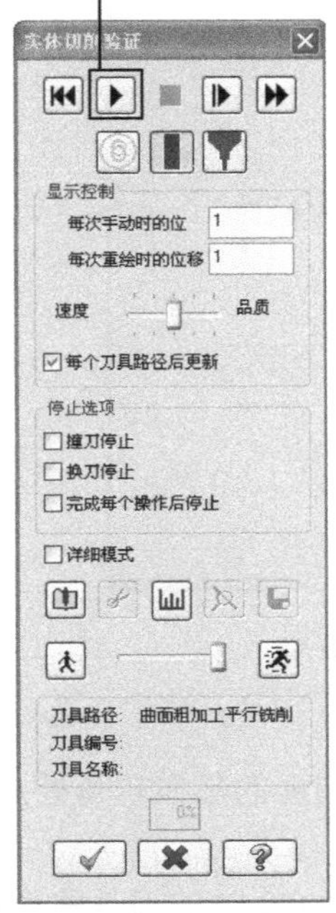

图 11-170　模拟

图 11-171　模拟结果

11.11　环绕等距精加工

环绕等距精加工可在多个曲面零件时采用环绕式切削，而且刀具路径采用等距式排列，残料高度固定，在整个区域上产生首尾一致的表面光洁度，抬刀次数少，因而是比较好的精加工刀具路径，常作为工件最后一层残料的清除。

11.11.1　环绕等距精加工参数

选择【刀具路径】|【精加工】|【环绕等距精加工】菜单命令，弹出【曲面精加工环绕等距】对话框，在【曲面精加工环绕等距】对话框中单击【环绕等距精加工参数】标签，切换到【环绕等距精加工参数】选项卡，如图 11-172 所示，用来设置环绕等距精加工参数。

其部分参数含义如下。

①　【整体误差】：设定刀具路径与曲面之间的误差值。

②　【最大切削间距】：设定刀具路径之间的最大间距。

③　【加工方向】：设定环绕方向，是【逆时针】还是【顺时针】。

④　【定义下刀点】：选择一点作为下刀点，刀具会在最靠近该点的地方进刀。

⑤　【由内而外环切】：设定环绕的起始点从内向外切削，取消选中该复选框即从外向内切削。

⑥　【切削顺序依照最短距离】：适合对抬刀次数多的零件进行优化，减少抬刀次数。

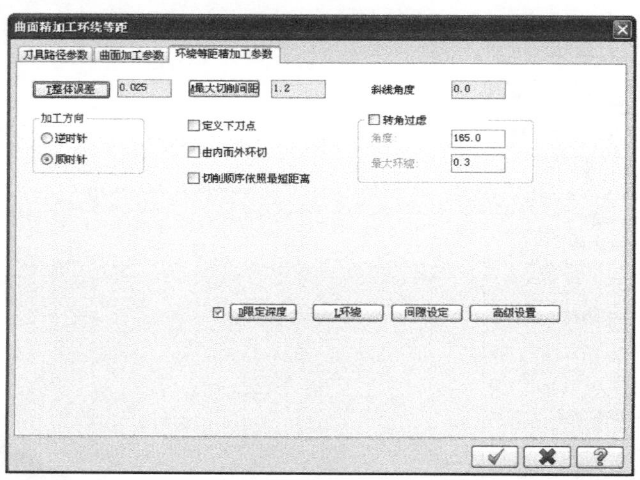

图 11-172　环绕等距精加工参数

⑦　【转角过滤】：设置环绕等距切削转角设置。

⑧　【角度】：输入临界角度值，所有在此角度值范围内的都在转角处走圆弧。

⑨　【最大环绕】：输入环绕转角圆弧半径值。

如图 11-173 所示为转角过滤的角度设为 120°，半径为 0.2 时的刀具路径；如图 11-174 所示为转角过滤的角度设为 60°，半径为 0.2 时的刀具路径，由于刀具路径间夹角为 90°，所以设置为 60°将不走圆角；如图 11-175 所示为转角过滤的角度设为 91°，半径为 2 时的刀具路径，可以看出转角半径变大。

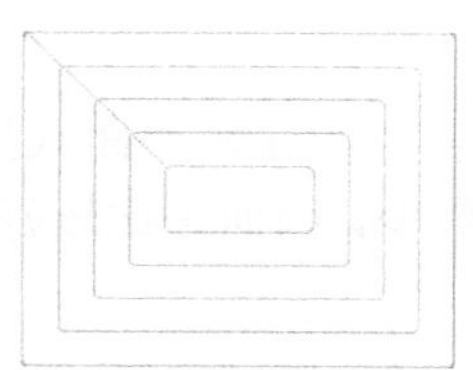

图 11-173　角度 120°、半径 0.2

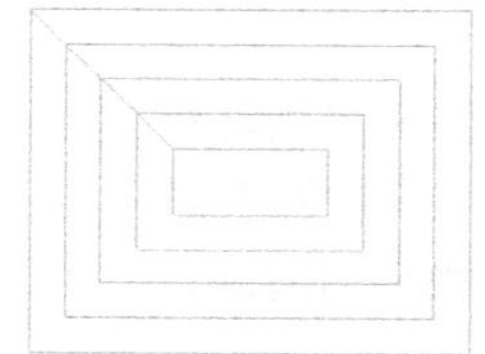

图 11-174　角度 60°、半径 0.2

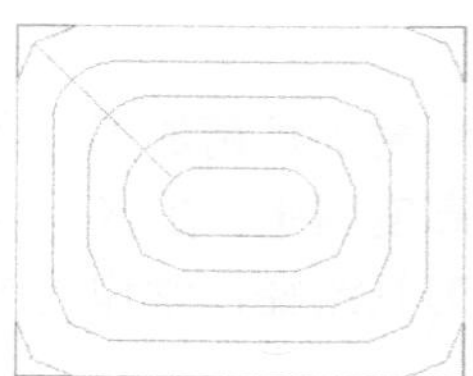

图 11-175　角度 91°、半径 2

⑩　【斜线角度】：输入环绕等距刀具路径转角的斜线角度。如图 11-176 所示是【斜线角度】为 0°时的刀具路径；图 11-177 所示是【斜线角度】为 45°时的刀具路径。

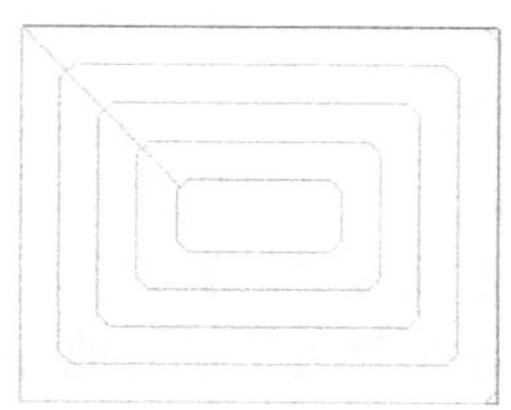

图 11-176　斜线角度为 0°

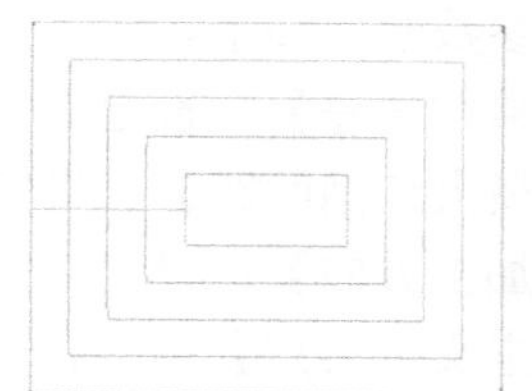

图 11-177　斜线角度为 45°

11.11.2　环绕等距精加工范例

源文件(光盘)：/11/11-11-2.mcx。

多媒体教学路径：光盘→多媒体教学→第 11 章→11.11.2 节。

步骤 01　打开源文件

打开源文件 11-11-2，将如图 11-178 所示的图形采用环绕等距精加工。

图 11-178　环绕等距加工图形

技术点拨

本例主要对滑鼠凸模曲面进行初步的精加工操作，需要加工的曲面顶面大部分的区域比较平坦，若采用曲面精加工浅平面加工，则四轴的陡斜面加工效果不佳。因此，可以采用曲面精加工环绕等距加工进行铣削。

步骤 02　选取加工曲面和切削范围

选择【刀具路径】|【曲面精加工】|【精加工环绕等距加工】菜单命令，弹出【刀具路径的曲面选取】对话框，按图 11-179 所示进行操作。

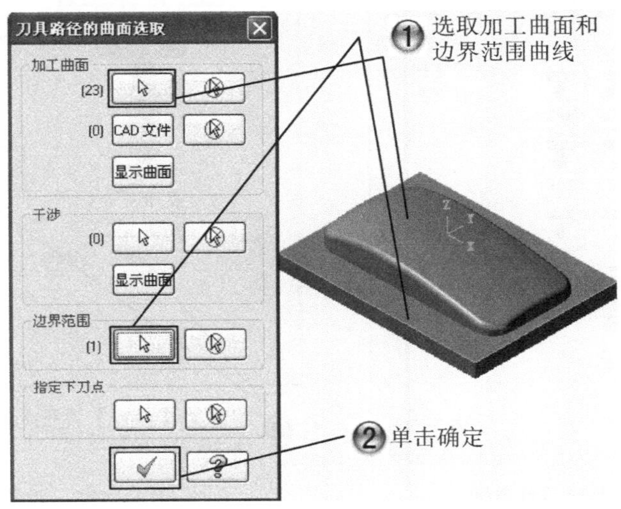

图 11-179　选取曲面和加工范围

步骤 03 设置刀具参数

按图 11-180～图 11-183 所示进行操作。

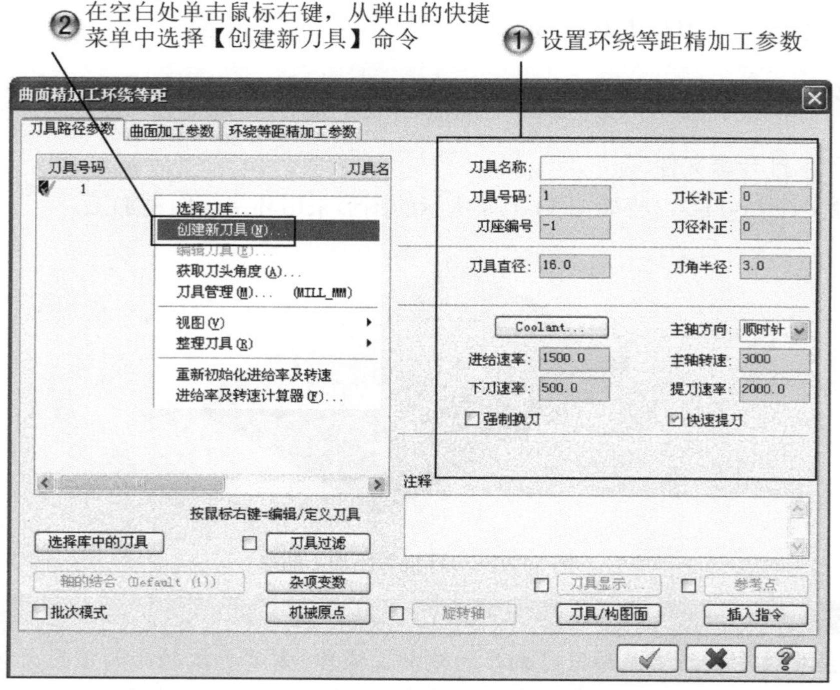

图 11-180　新建刀具

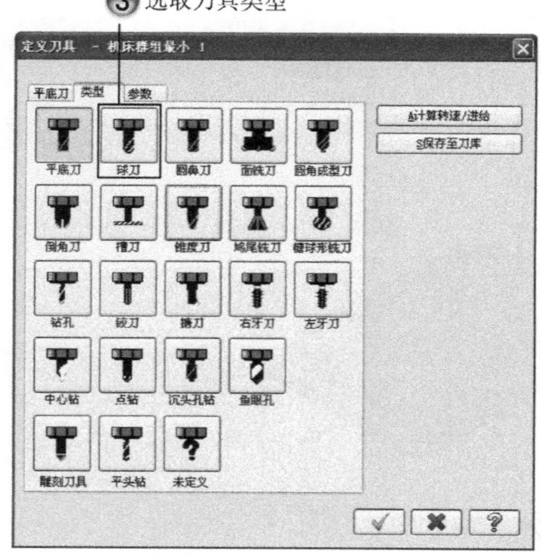

图 11-181　选择刀具类型

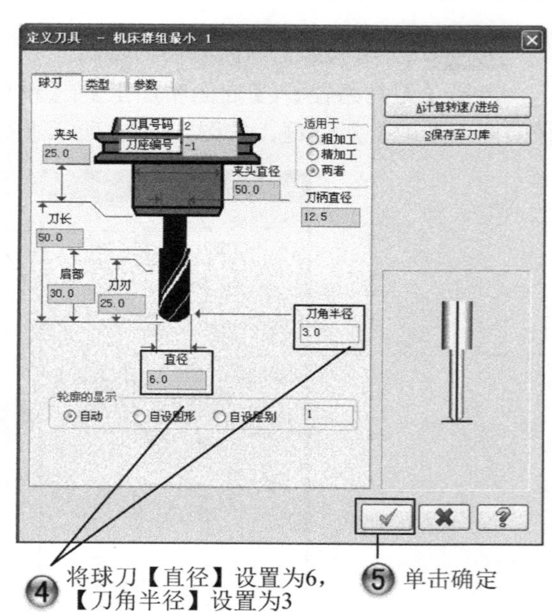

图 11-182　设置球刀参数

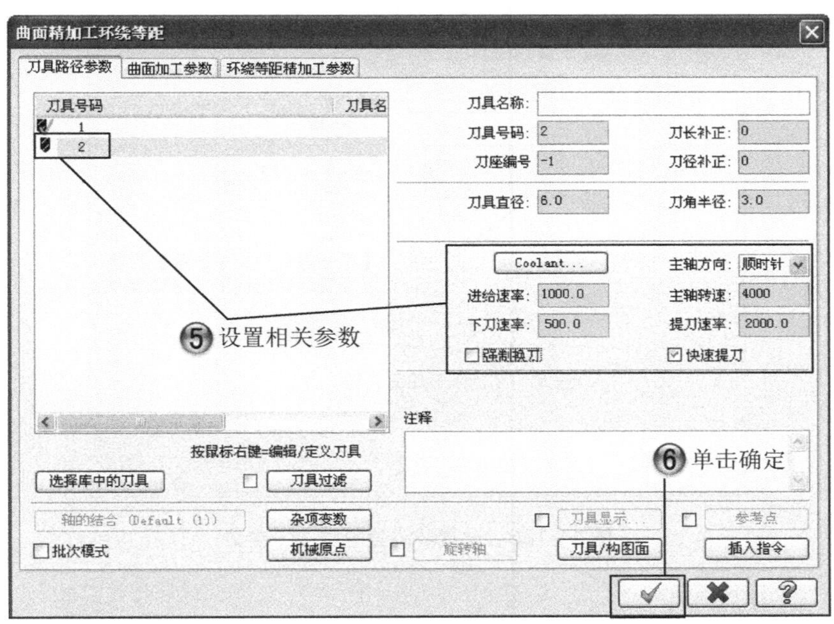

图 11-183　设置刀具路径相关参数

步骤 04 设置加工参数

按图 11-184～图 11-186 所示进行操作。

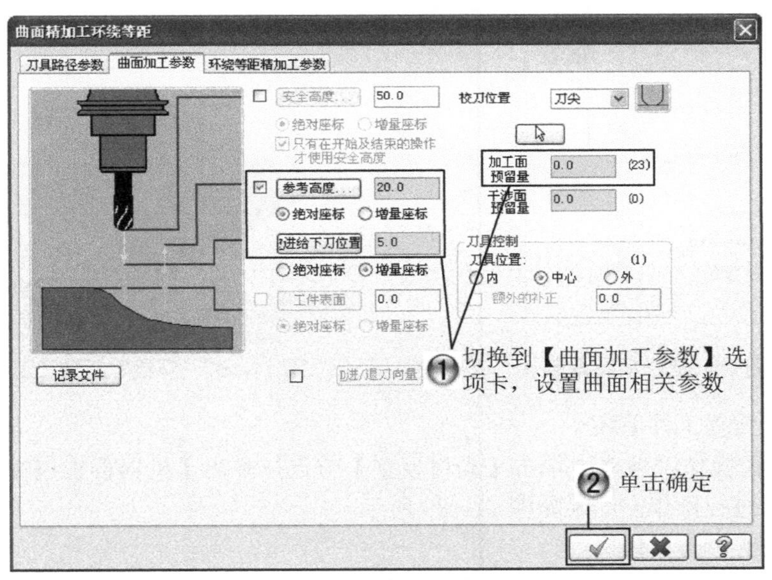

图 11-184　设置曲面加工参数

步骤 05 生成刀具路径

系统会根据用户所设置的参数，生成环绕等距精加工刀具路径，如图 11-187 所示。

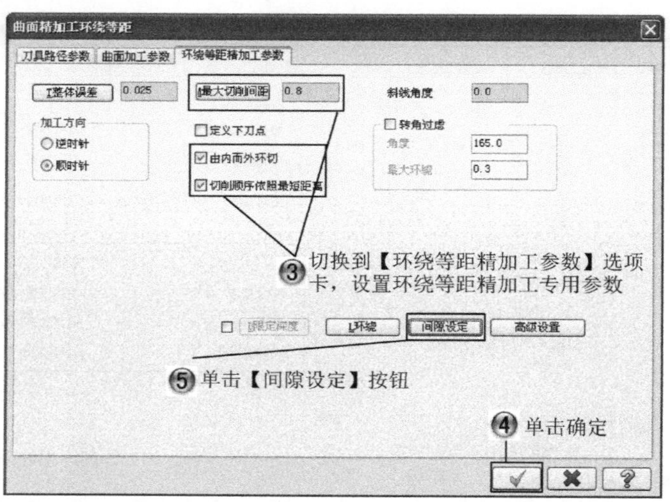

图 11-185　设置环绕等距精加工参数

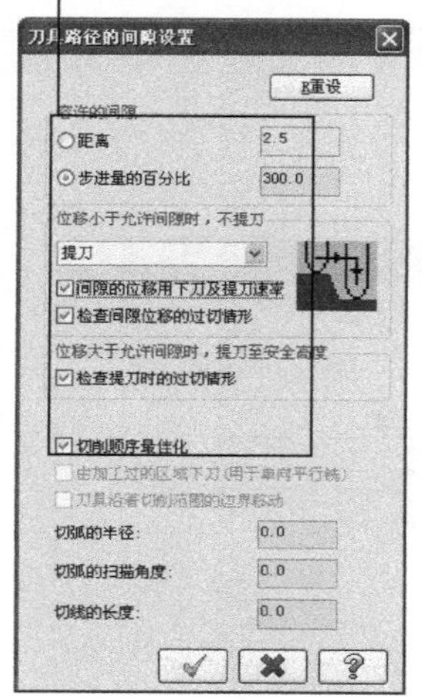

图 11-186　间隙设定

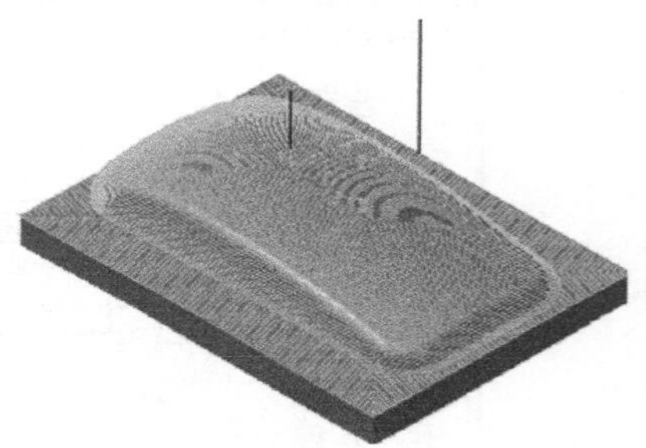

图 11-187　环绕等距精加工刀具路径

步骤 06 设置工件毛坯

在刀具路径操作管理器中单击【素材设置】节点，弹出【机器群组属性】对话框，按图 11-188 所示进行操作，结果如图 11-189 所示。

步骤 07 实体仿真模拟

单击【实体模拟】按钮，弹出【验证】对话框，如图 11-190 所示。单击【播放】按钮▶，模拟结果如图 11-191 所示。

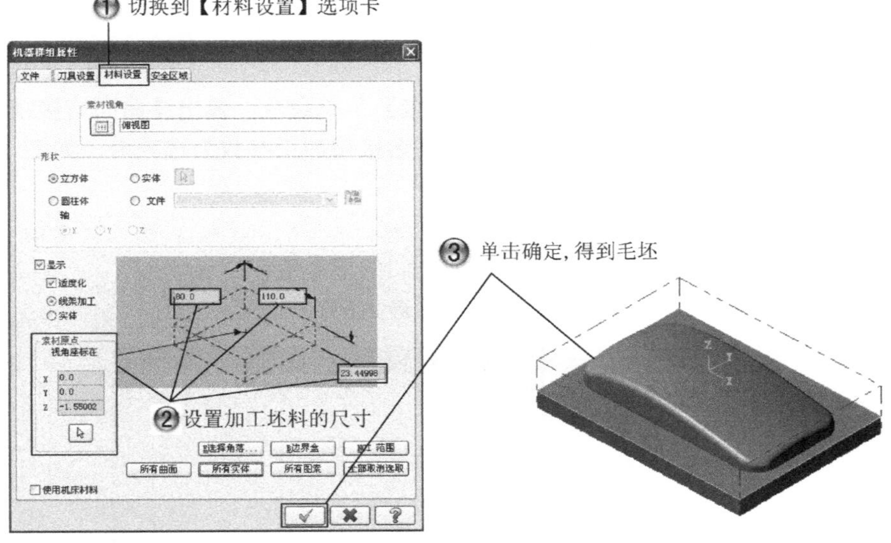

图 11-188　材料参数设置　　　　图 11-189　设置后的毛坯

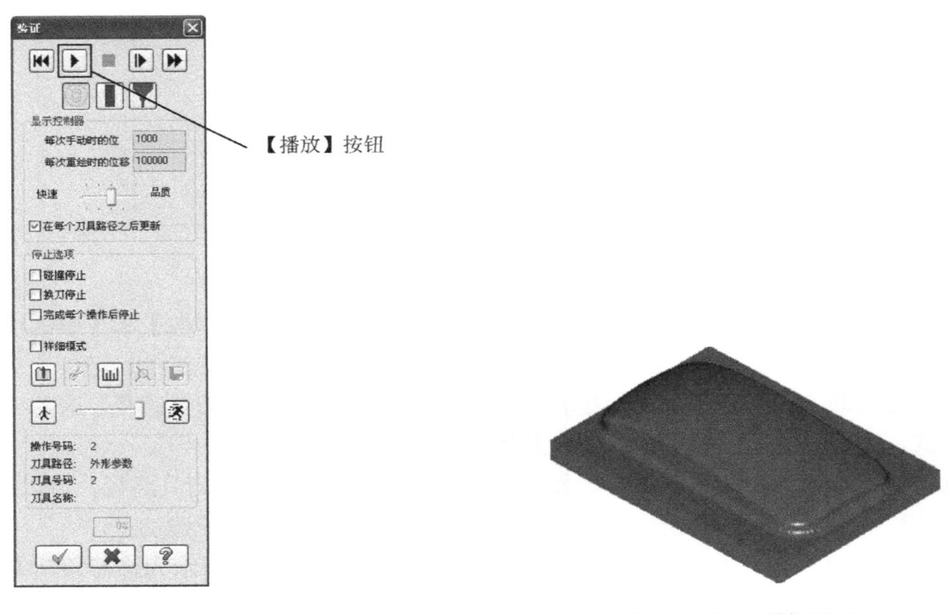

图 11-190　模拟　　　　图 11-191　模拟结果

11.12　熔接精加工

熔接精加工是将两条曲线内形成的刀具路径投影到曲面上形成的精加工刀具路径。需要选取两条曲线作为熔接曲线。熔接精加工其实是双线投影精加工，新版 Mastercam 将此刀具路径从原始的投影精加工中分离出来，专门列为一个刀路。

11.12.1 熔接精加工参数

选择【刀具路径】|【精加工】|【精加工熔接】菜单命令，弹出【曲面熔接精加工】对话框，单击【熔接精加工参数】标签，切换到【熔接精加工参数】选项卡，如图 11-192 所示，用来设置熔接精加工参数。

其部分参数含义如下。

① 【整体误差】：设定刀具路径与曲面之间的误差值。

② 【最大步进量】：设定刀具路径之间的最大间距。

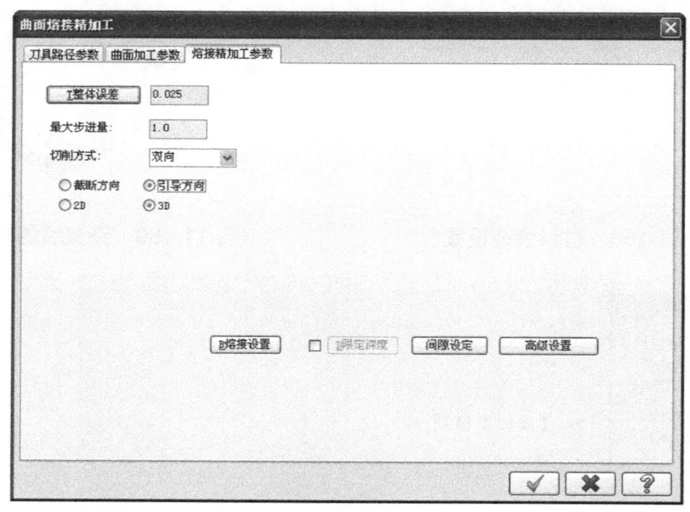

图 11-192 熔接精加工参数

③ 【切削方式】：设置熔接加工切削方式，有【双向】、【单向】和【螺旋线】三种切削方式。

④ 【截断方向】：在两熔接边界间产生截断方向熔接精加工刀具路径。这是一种二维切削方式，刀具路径是直线型的，适合腔体加工，不适合陡斜面的加工。

⑤ 【引导方向】：在两熔接边界间产生切削方向熔接精加工刀具路径。可以选择 2D 或 3D 加工方式。刀具路径由一条曲线延伸到另一条曲线，适合于流线加工。

如图 11-193 所示为选择引导方向时的刀具路径；如图 11-194 所示为选择截断方向时的刀具路径。

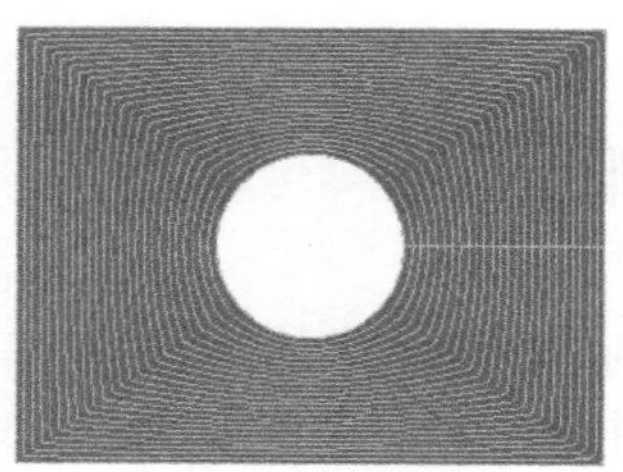

图 11-193 引导方向

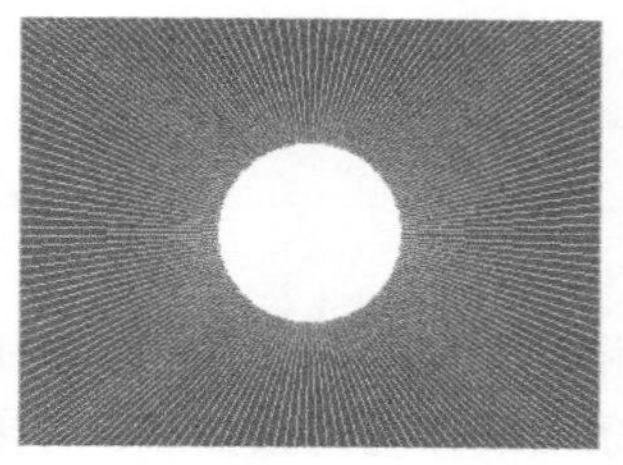

图 11-194 截断方向

⑥　2D：适合产生 2D 熔接精加工刀具路径。

⑦　3D：适合产生 3D 熔接精加工刀具路径。

⑧　【熔接设置】：设置两个熔接边界在熔接时横向和纵向的距离。单击【熔接设置】按钮，弹出【引导方向熔接设置】对话框，如图 11-195 所示。用来设置引导方向的距离和步进量的百分比等参数。

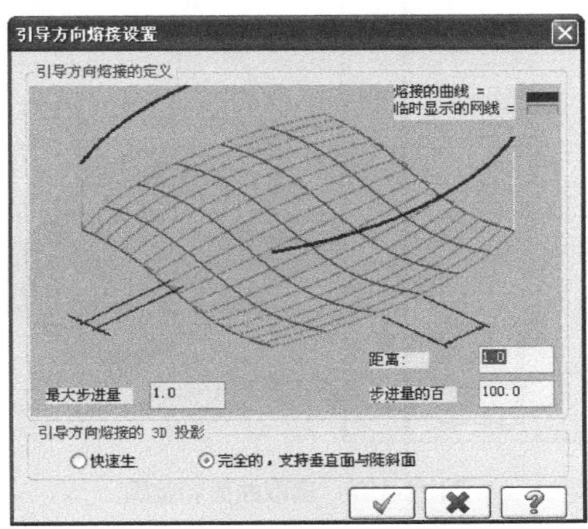

图 11-195　【引导方向熔接设置】对话框

11.12.2　熔接精加工范例

源文件(光盘)：/11/11-12-2.mcx。

多媒体教学路径：光盘→多媒体教学→第 11 章→11.12.2 节。

步骤 01　打开源文件

打开源文件 11-12-2，将如图 11-196 所示的图形采用熔接精加工。

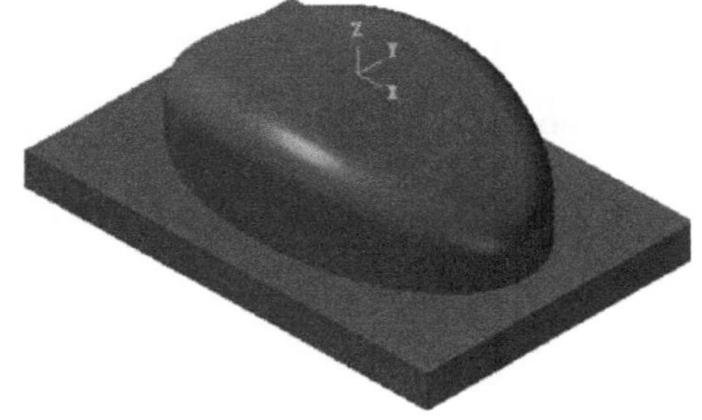

图 11-196　熔接加工图形

技术点拨

本例主要加工纽扣模型的上表面，由于上表面曲面比较平坦，与下面的陡斜面相接，为了控制好相接部分的位置，可以采用曲面精加工熔接加工中的熔接边界进行限定，专门加工其边界内部。

步骤 02 选取曲面和切削范围

选择【刀具路径】|【曲面精加工】|【精加工熔接加工】菜单命令，弹出【刀具路径的曲面选取】对话框，按图 11-197 所示进行操作。

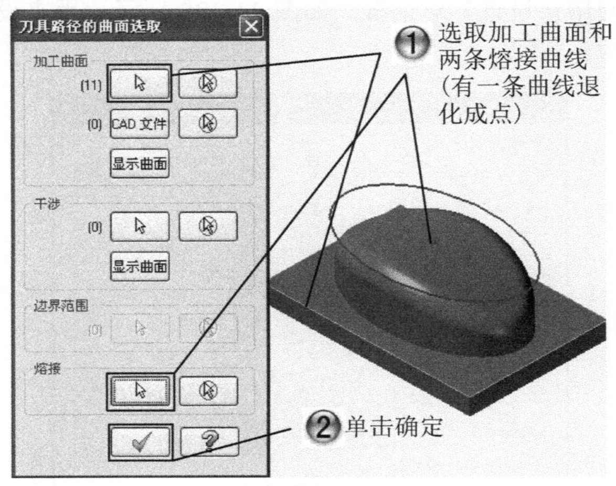

图 11-197 选取曲面和范围

步骤 03 设置刀具参数

按图 11-198～图 11-201 所示进行操作。

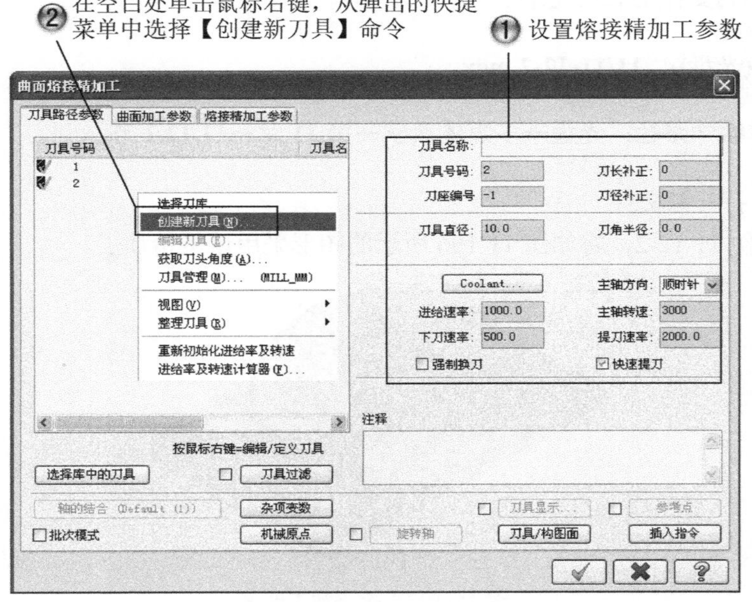

图 11-198 新建刀具

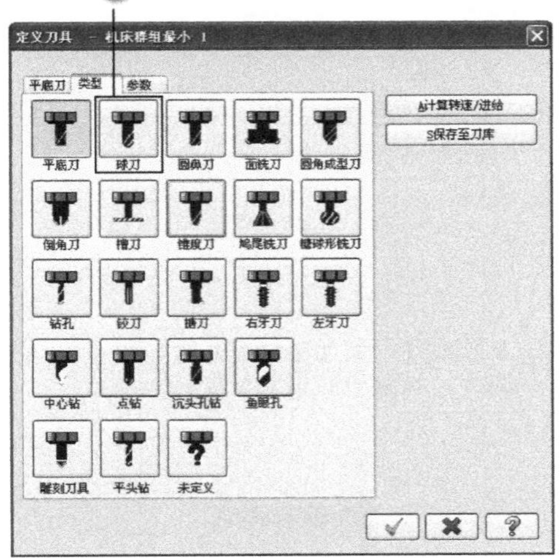

图 11-199　选择刀具类型

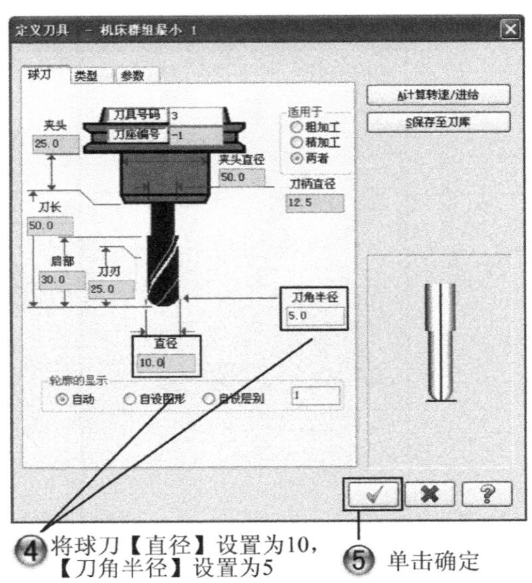

图 11-200　设置刀具参数

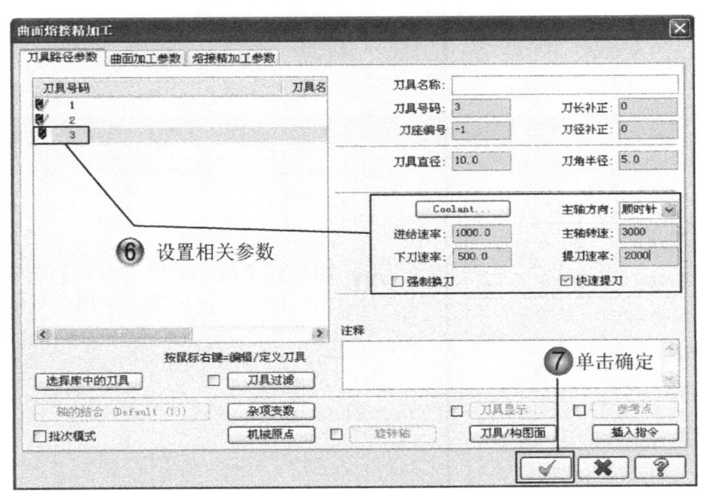

图 11-201　设置刀具路径相关参数

步骤 04　设置加工参数

按图 11-202～图 11-203 所示进行操作。

步骤 05　生成刀具路径

系统会根据设置的参数，生成熔接精加工刀具路径，如图 11-204 所示。

步骤 06　设置工件毛坯

在刀具路径操作管理器中单击【素材设置】节点，弹出【机器群组属性】对话框，单击【材料设置】标签，打开【材料设置】选项卡，按图 11-205 所示进行操作，结果如图 11-206 所示。

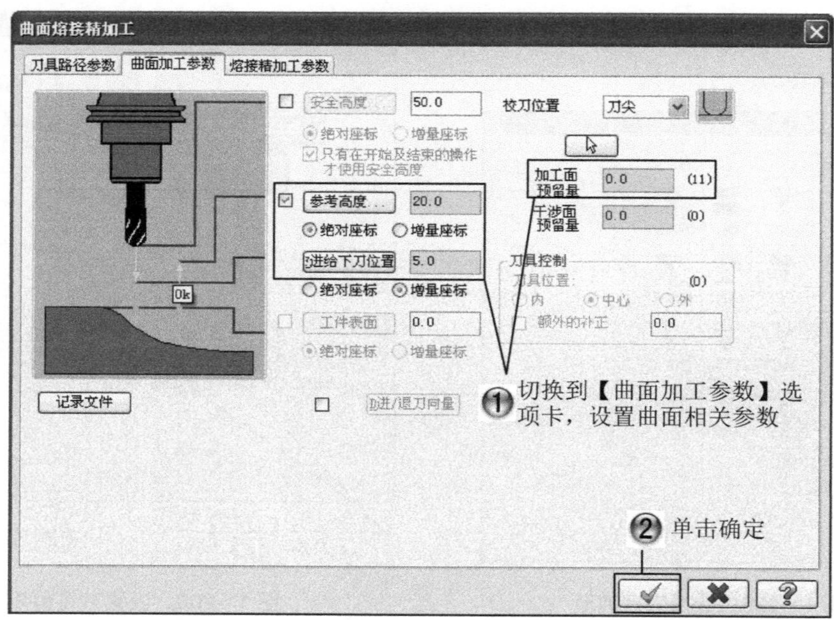

图 11-202　设置曲面加工参数

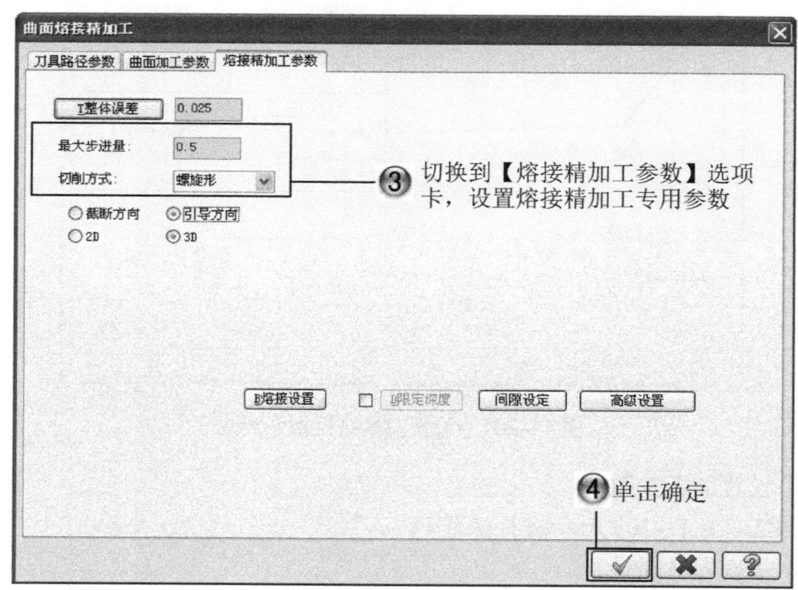

图 11-203　设置熔接精加工参数

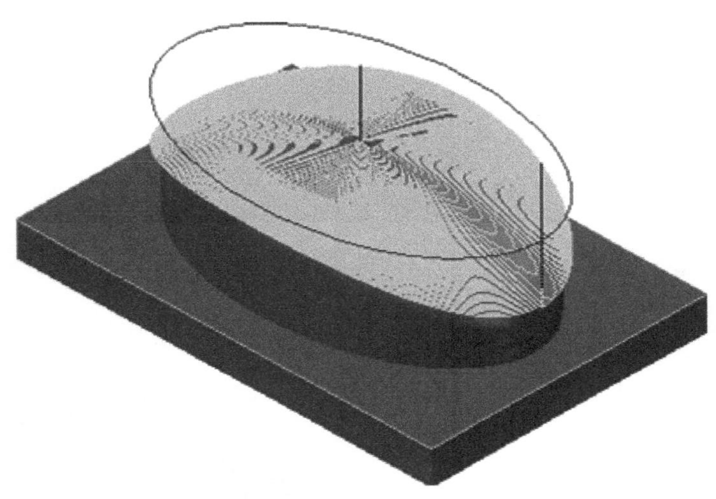

图 11-204　熔接精加工刀路

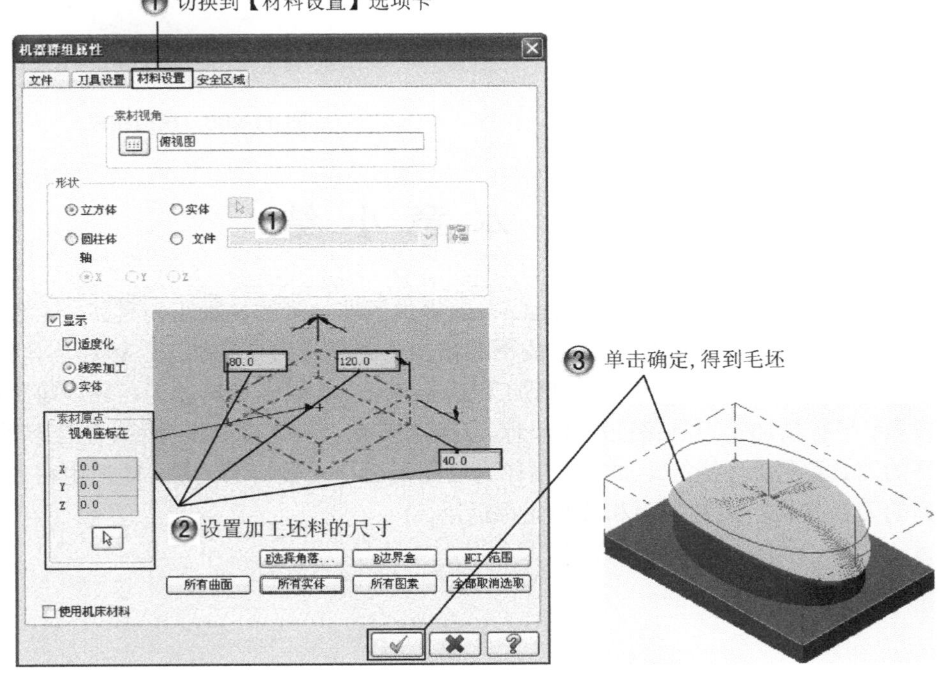

图 11-205　材料参数设置　　　　图 11-206　设置后的毛坯

步骤 07　实体仿真模拟

单击【实体模拟】按钮，弹出【验证】对话框，如图 11-207 所示。单击【播放】按钮，模拟结果如图 11-208 所示。

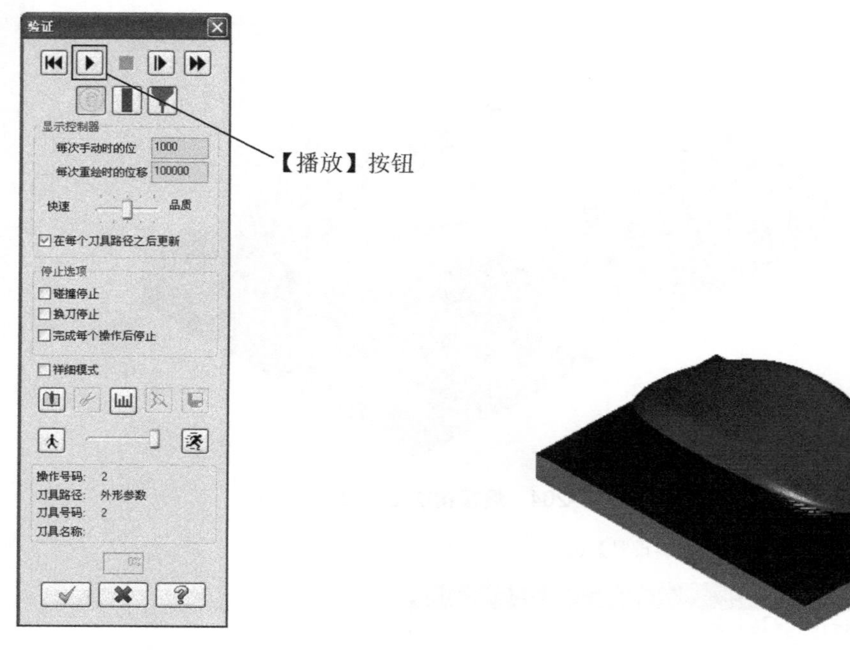

图 11-207　模拟

图 11-208　模拟结果

11.13　本 章 小 结

本章主要讲解曲面精加工技法。Mastercam 提供了非常多的精加工刀具路径，包括平行精加工、放射精加工、陡斜面精加工、浅平面精加工、交线清角精加工、残料清角精加工、环绕等距精加工、熔接精加工等 11 种精加工刀具路径。其中平行精加工、环绕等距精加工等使用较多。平行精加工刀具路径相互平行，刀路稳定、刀具切削负荷平稳、加工精度较好，是非常好的刀具路径。环绕等距加工通常作为曲面最后一层残料的清除，能产生在曲面上等间距排列的刀具路径。对陡斜面和浅平面都适用。

第12章

Mastercam X5

车削加工

本章导读：

在 Mastercam X5 车削加工中包含粗车加工、精车加工、车槽、螺纹车削、截断车削、端面车削、钻孔车削、快速车削模组和循环车削模组等，下面将详细讲解车削加工各种参数及操作步骤。

学习内容：

知识点 \ 学习目标	理　解	应　用	实　践
车削加工基础	√	√	
粗车削、精车削、车槽加工、车端面加工、快速简式车削、循环车削		√	√

12.1 车削加工基础

本节主要讲解有关车削加工的基础知识，包括车床坐标系、工件设置、刀具管理器和刀具参数设置。

12.1.1 车床坐标系

数控机床坐标系用右手笛卡儿坐标系作为标准确定。数控车床平行于主轴方向即纵向为 Z 轴，垂直于主轴方向即横向为 X 轴，刀具远离工件方向为正向。

数控车床有三个坐标系即机械坐标系、编程坐标系和工件坐标系。机械坐标系的原点是生产厂家在制造机床时的固定坐标系原点，也称机械零点。它是在机床装配、调试时已经确定下来的，是机床加工的基准点。在使用中机械坐标系是由参考点来确定的，机床系统启动后，进行返回参考点操作，机械坐标系就建立了。坐标系一经建立，只要不切断电源，坐标系就不会变化。编程坐标系是编程序时使用的坐标系，一般把我们把 Z 轴与工件轴线重合，X 轴放在工件端面上。工件坐标系是机床进行加工时使用的坐标系，系统启动后进行回参考点操作，工件坐标系即确定了。

12.1.2 工件设置

刀具路径生成后即可设置工件参数了，工件设置包括工件尺寸、原点设置、卡盘尺寸设置、尾座设置、中心架设置及工件材料设置等参数。

在【刀具路径】操作管理器中单击【素材设置】节点，系统弹出【机器群组属性】对话框，切换到【素材设置】选项卡，可以设置车削加工工件参数，如图 12-1 所示。

1. 设置工件尺寸

在【素材】选项组中单击【参数】按钮，系统弹出【机床组件材料】对话框，可以设置工件材料参数，如图 12-2 所示。

其部分参数含义如下。

① 【图形】：用来设置工件的形状，有【立方体】、【圆柱体】、【实心图素】、【挤出】、【旋转】等。

② 【颜色】：设置工件显示的颜色。

③ 【透明度】：设置工件在实体模拟时的透明度。

④ 【外径】：设置工件圆柱体工件外径大小。

⑤ 【内径】：设置圆柱体工件内孔的直径大小。

⑥ 【长度】：设置圆柱体工件长度。

⑦ 【轴向位置】：设置工件在 Z 轴的固定位置。

2. 卡盘夹头设置

在【夹头设置】选项组中单击【参数】按钮，系统弹出【机床组件夹爪的设定】对话框，可以设置卡盘参数，如图 12-3 所示。

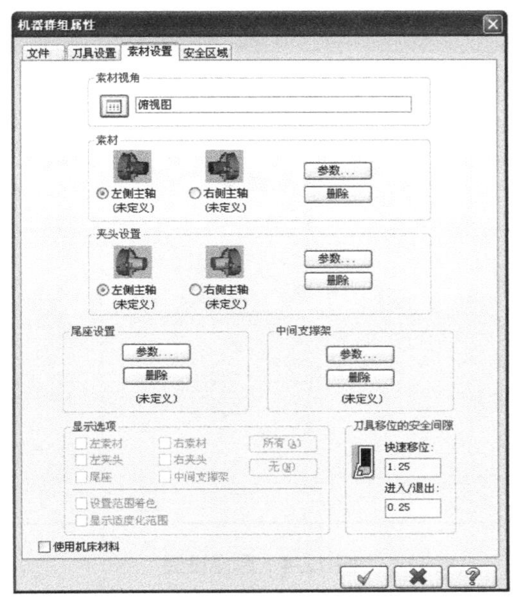

图 12-1 【素材设置】选项卡

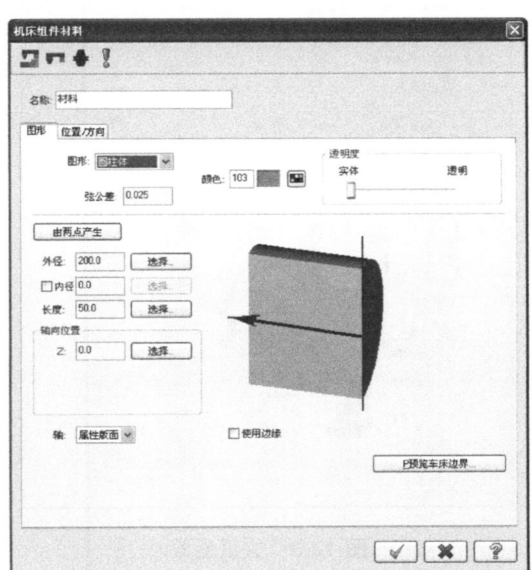

图 12-2 工件材料参数设置

其部分参数含义如下。

① 【夹紧方法】：设置夹紧的方式，有 OD 和 ID 两类，OD 是夹外径，ID 是夹内径。

② 【位置】：设置卡盘夹紧位置。

③ 【夹爪宽度】：设置夹爪总宽度。

④ 【宽度步进】：设置卡盘台阶宽度。

⑤ 【夹爪高度】：设置卡盘总高度。

⑥ 【高度步进】：设置卡盘台阶高度。

⑦ 【厚度】：设置卡盘的厚度。

3. 尾座设置

在【尾座设置】选项组中单击【参数】按钮，系统弹出【机床组件中心】对话框，可以设置尾座参数，如图 12-4 所示。

其部分参数含义如下：

① 【图形】：设置尾座尺寸的方式，有参数式、实体图素、圆柱体和旋转等。

② 【中心直径】：设置尾座中心圆柱的直径。

③ 【指定角度】：设置尾座的锥尖角度。

④ 【中心长度】：设置中心圆柱的长度。

4. 中间支撑架设置

在【中间支撑架】选项组中单击【参数】按钮，系统弹出【机床组件中间支撑架】对话框，可以设置中间支撑架参数，如图 12-5 所示。

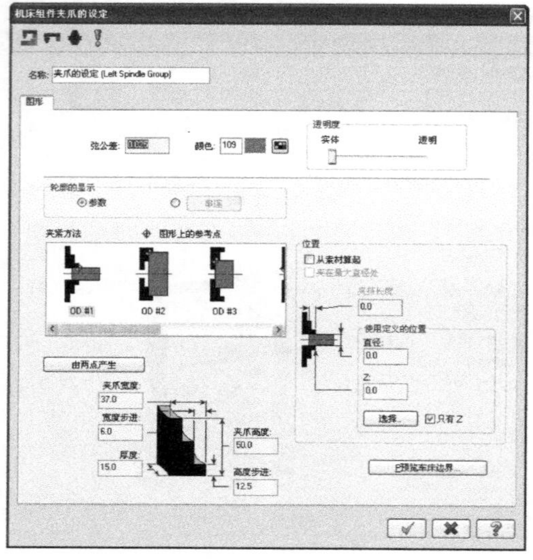

图12-3　夹爪设置

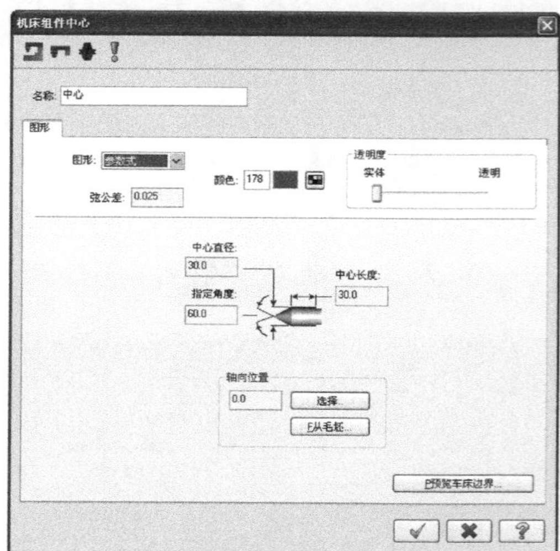

图12-4　尾座设置

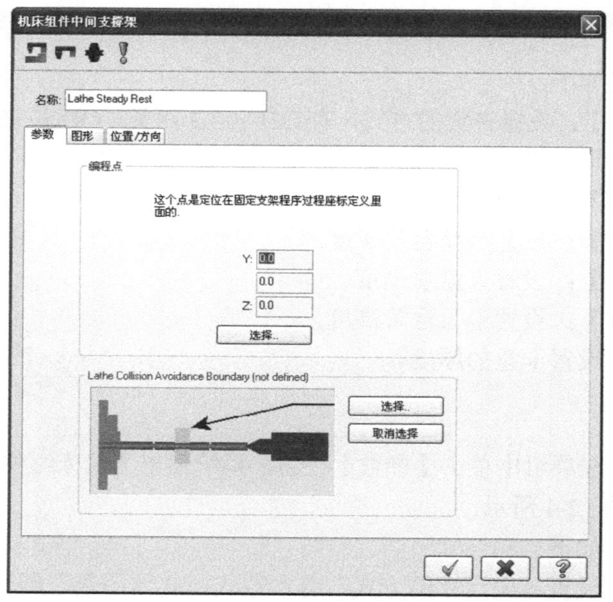

图12-5　中间支撑架设置

12.1.3　刀具管理器

在进行车削编程时首先需要设置的是刀具，刀具可以直接创建，也可以通过修改原有刀库的刀具，刀具的形式有多种，下面将详细讲解。

1. 从刀库选择刀具

选择【刀具路径】|【粗车削】菜单命令，弹出【输入新的NC名称】对话框，按默认

的名称，单击【确定】按钮后，系统弹出【串连选项】对话框，在绘图窗口选取加工串连并单击【确定】按钮，系统弹出【车削粗加工 属性】对话框，切换到【刀具路径参数】选项卡，可以设置刀具参数，如图 12-6 所示。

【刀具路径参数】选项卡中有系统已经设置好的刀库，可以直接选择自己需要的刀具即可，非常方便。

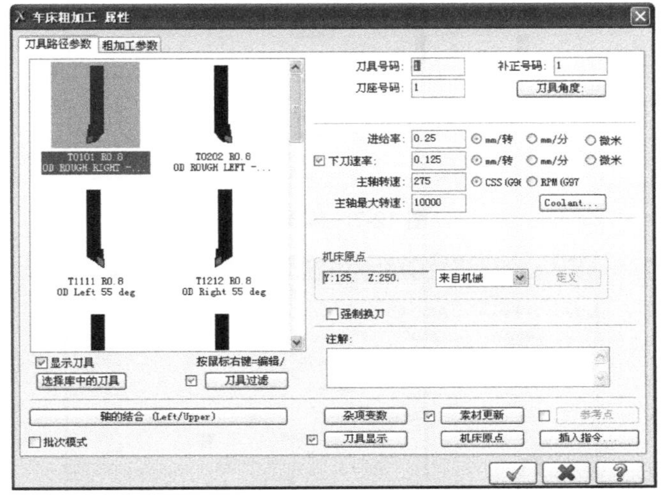

图 12-6　【刀具路径参数】选项卡

刀库中的刀具主要有以下几种。

① 外圆车刀：凡是带 OD 的都是外圆车刀，此类刀具主要用来车削外圆。

② 内孔车刀：凡是带 ID 的都是内孔车刀，此类车刀主要用来车削内孔。

③ 右车刀：凡是带 RIGHT 的都是右车削刀具，此类刀具在车削时由右向左车削。大部分车床采用此类加工方式。

④ 左车刀：凡是带 LEFT 的都是左车削刀具，此类刀具在车削时由左向右车削。

⑤ 粗车刀：凡是带 ROUGH 的都是粗车削刀具，此类刀具刀尖角大、刀尖强度大、适合大进给速度和大背吃刀量的铣削，主要用在粗车削加工中。

⑥ 精车刀：凡是带 FINISH 的都是精车削刀具，此类刀刀尖角小、适合车削高精度和高表面光洁度工件，主要用于精车削加工。

刀库中提供了多种形式的粗精车削刀具，用户可以根据实际加工需要从刀库中选择合适的刀具，以满足加工需要。

2. 修改刀库中的刀具

如果刀库中的刀具不满足用户需求，用户可以在刀库中的刀具基础上进行必要的修改，改变其中的部分或全部参数，生成新的刀具，以满足实际需要。在刀库中选择一把近似刀具，然后右击，系统弹出快捷菜单，如图 12-7 所示。

在弹出的快捷菜单中选择【编辑刀具】命令，系统弹出【定义刀具】对话框，该对话框用来设置刀具参数，所设参数都将修改系统默认的刀具参数，如图 12-8 所示。

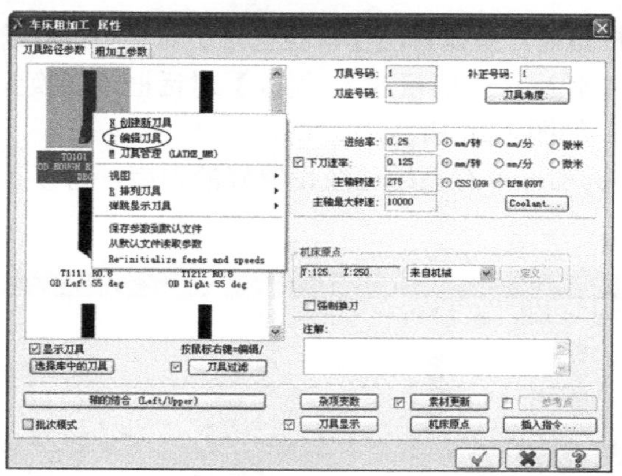

图 12-7　编辑刀具

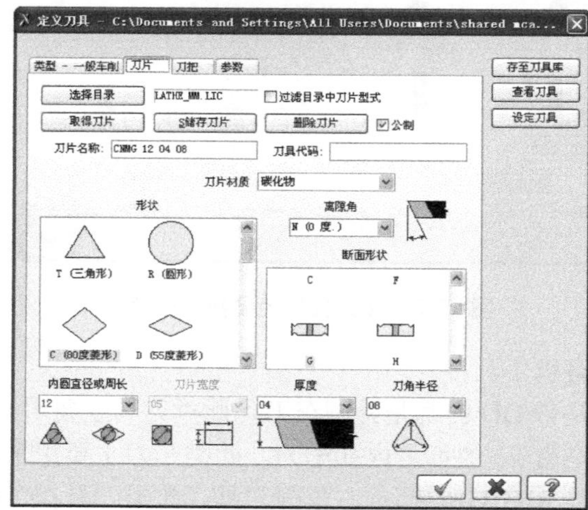

图 12-8　编辑刀具参数

【定义刀具】对话框中可以设置的参数有【类型】、【刀片】、【刀把】和【参数】，下面将详细讲解各种参数的含义。

(1)　刀具类型

在【定义刀具】对话框中单击【类型-一般车削】标签，切换到【类型-一般车削】选项卡，用来修改刀具类型，如图 12-9 所示。

各种刀具用途如下。

①　【一般车削】：用于外圆车削加工。

②　【车螺纹】：用于螺纹车削加工。

③　【径向车削/截断】：用于车槽或截断车削加工。

④　【镗孔】：用于镗孔车削加工。

⑤　【钻孔/攻牙/绞孔】：用于钻孔/攻牙/绞孔车削加工。

⑥　【自定义】：用于用户自己设置符合实际加工的车削刀具。

(2)　刀片

切换到【刀片】选项卡，可以设置刀片形状和参数，如图 12-10 所示。

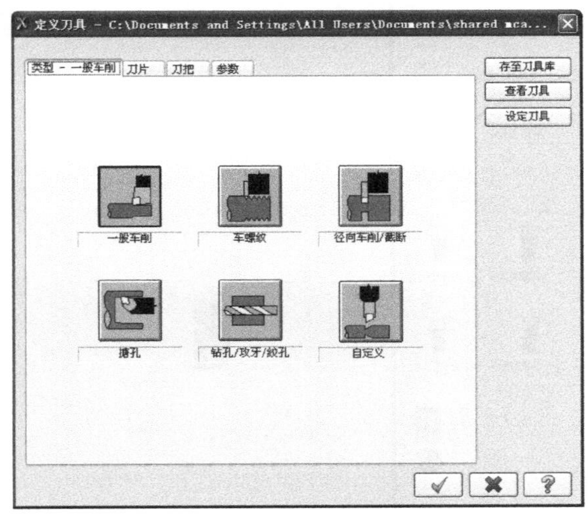

图 12-9　刀具类型

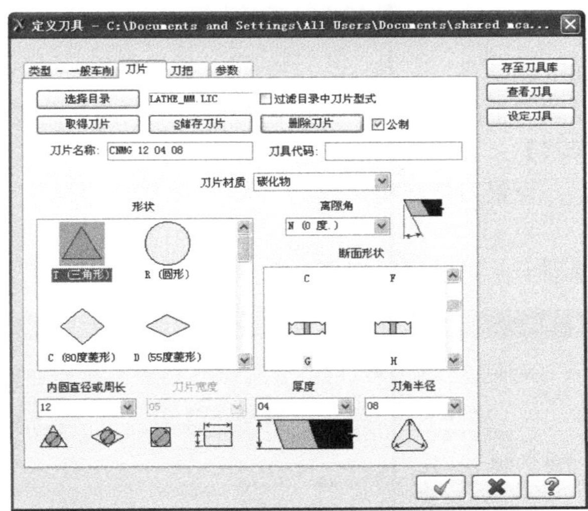

图 12-10　刀片设置

其部分参数含义如下。

①　【形状】：设置刀片形状，有三角形、圆形、菱形、四边形、多边形等形状。

②　【刀片材质】：用于选择刀片所用的材料，有碳化物、金属陶瓷、陶瓷、立方氮化硼、金刚石以及用户自定义材料。

③　【离隙角】：设置刀具的间隙角。

④　【断面形状】：设置刀片的断面形状。

⑤　【内圆直径或周长】：设置刀片内接圆直径，直径越大，刀片越大。

⑥　【厚度】：设置刀片的厚度。

⑦　【刀角半径】：设置刀片的刀尖圆角半径。

(3)　刀把

切换到【刀把】选项卡，可以设置刀把的参数，如图 12-11 所示。

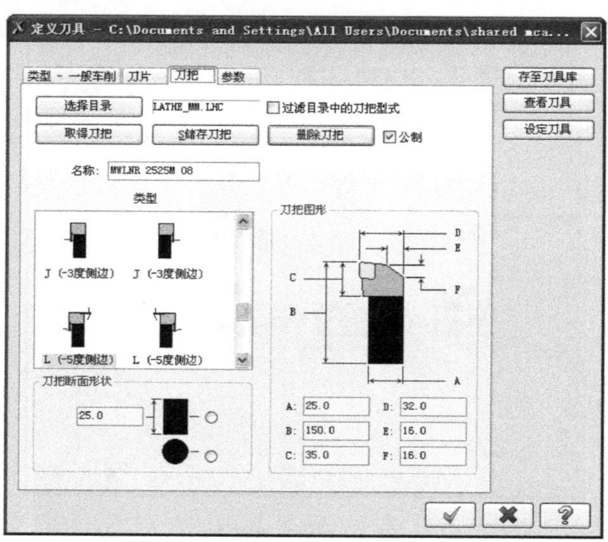

图 12-11 刀把设置

其部分参数含义如下。

① 【类型】：设置刀把的类型，主要设置的是刀把朝向和角度。

② 【刀把断面形状】：设置刀把的断面形状。

③ 【刀把图形】：设置刀把结构参数。

(4) 参数

切换到【参数】选项卡，可以设置刀具参数，如图 12-12 所示。

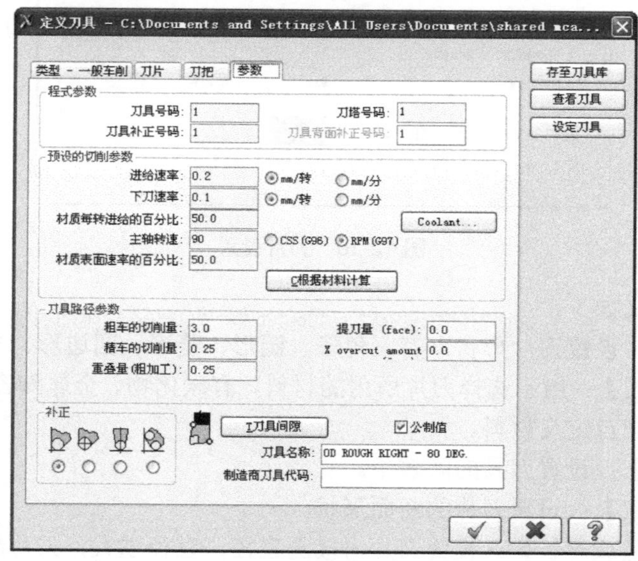

图 12-12 刀具参数设置

除了从刀库中直接或间接得到车削刀具外，还可以直接新建刀具或删除刀库中的刀具。操作方式类似于修改刀具操作，这里将不做介绍，用户可以自行操作演练。

12.2　粗　车　削

粗车削是通过车刀逐层车削工件轮廓来产生刀具路径。粗车削目的是快速地将工件上的多余材料去除，尽量接近设计零件外形，以方便下一步进行精车削。

12.2.1　粗车削参数

选择【刀具路径】|【粗车削】菜单命令，系统弹出【车床粗加工 属性】对话框，该对话框用来设置粗车削参数，包括【刀具路径参数】和【粗加工参数】，如图 12-13 所示。本节主要讲解粗加工参数。

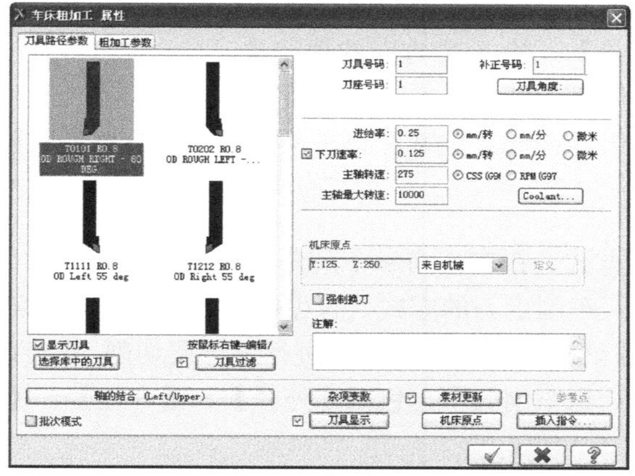

图 12-13　【刀具路径参数】选项卡

切换到【粗加工参数】选项卡，用来设置粗车削的各种参数。包括粗车步进量设置、预留量设置、车削方式设置、补偿设置、进/退刀设置、凹槽车削方式设置、过滤设置、半精车设置，如图 12-14 所示。

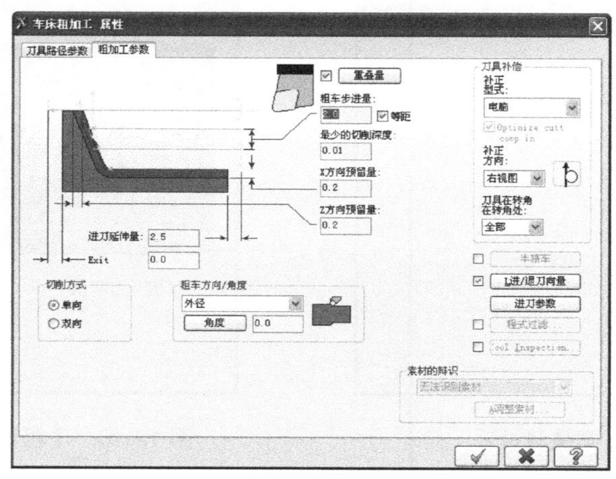

图 12-14　【粗加工参数】选项卡

下面将详细讲解各项参数。

1. 粗车步进量和预留量

粗车步进量和预留量等参数含义如下。

① 【粗车步进量】：表示每刀吃刀的深度。

② 【等距】：选中此复选框，粗车削每层车削的深度值相同，等距后每层切削深度将不是设置的粗车步进量。如果取消选中此复选框，则每层切削深度值按粗车步进量给，最后一层值按剩余的材料深度进行车削。

③ 【最少的切削深度】：输入车削时最小的切削深度。

④ 【重叠量】：单击此按钮，弹出【粗车重叠量参数】对话框，该对话框用于设置每层粗车削结束后进入下一层粗车削时相对前一层的回刀量。一般设为 0.2～0.5，如图 12-15 所示。

⑤ 【X 方向预留量】：输入 X 方向的预留量。

⑥ 【Z 方向预留量】：输入 Z 方向的预留量。

⑦ 【进刀延伸量】：在起点处增加粗车削的进刀刀具路径长度。

2. 车削方式

车削方式包括切削方式、粗车方向和车削角度 3 个方面。

① 【切削方式】：车削走刀的方式，有【单向】和【双向】切削。在车削模块一般采用单向，即快速从右向左切削后快速返回右侧进行下一层切削。双向切削是来回两方向切削。

② 【粗车方向】：粗车削类型，包括【外径】、【内径】、【端面】和【背面】切削 4 种形式。

③ 【角度】：车削角度设置。单击【角度】按钮，弹出【粗车角度】对话框，如图 12-16 所示。【角度】用于输入角度值作为车削角度；【选择线段】用于选择某一线段，以此线段的角度作为粗车角度；【任意 2 点】用于选择任意两点，以两点的角度作为粗车的角度；【旋转倍率】用于输入旋转的角度基数，设置的角度值将是此值的整数倍。

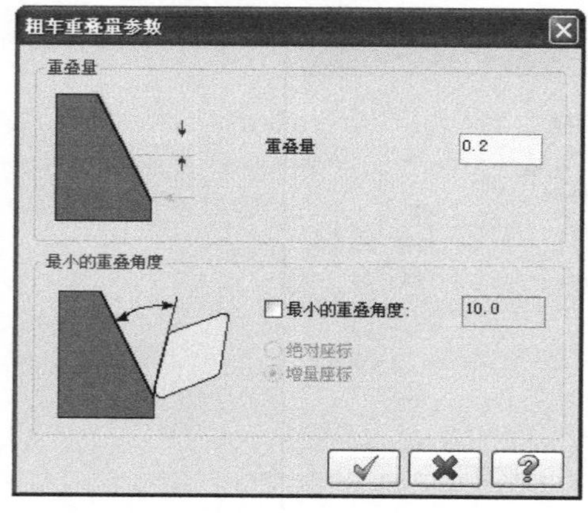

图 12-15 重叠量设置

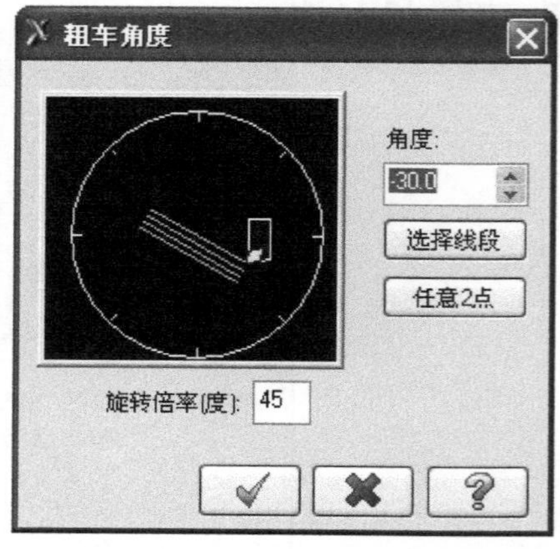

图 12-16 【粗车角度】对话框

3. 补偿设置

在数控车床使用过程中，为了降低被加工工件表面的粗糙度，减缓刀具磨损，提高刀具寿命，通常将车刀刀尖刃磨成圆弧，圆弧半径一般在 0.4～1.6mm 之间。在数控车削圆柱面或断面时不会有影响，在数控车削带有圆锥或圆弧曲面的零件时，由于刀尖半径的存在，会造成过切或少切的现象，采用刀尖半径补偿，既可保证加工精度，又为编制程序提供了方便。合理编程和正确测算出刀尖圆弧半径是刀尖圆弧半径补偿功能得以正确使用的保证。

为了消除刀尖带来的误差，系统提供了多种补正型式和补正方向供用户进行选择，满足用户需要。

刀具【补正型式】包括【电脑】补偿、【控制器】补偿、【两者】补偿、【两者反向】补偿和【关】补偿 5 类。

① 当设置为【电脑】补偿时，系统采用电脑补偿，遇到车削锥面、圆弧面和非圆曲线面时自动将刀具圆角半径补偿量加入到刀具路径中。刀具中心向指定的方向(左或右)移动一个补偿量(一般为刀具的半径)，NC 程序中的刀具移动轨迹坐标是加入了补偿量的坐标值。

② 当设置为【控制器】补偿时，系统采用控制器补偿，遇到车削锥面、圆弧面和非圆曲线面时自动将刀具圆角半径补偿量加入到刀具路径中。刀具中心向(左或右)移动一个存储在寄存器里的补偿量(一般为刀具半径)，系统将在 NC 程序中给出补偿控制代码(左补 G41 或右补 G42)，NC 程序中的坐标值是外形轮廓值。

③ 当设置为【两者】补偿时，即刀具磨损补偿时，同时具有电脑补偿和控制器补偿，且补偿方向相同，并在 NC 程序中给出加入了补偿量的轨迹坐标值，同时又输出控制代码 G41 或 G42。

④ 当设置为【两者反向】补偿时，即刀具磨损反向补偿时，同样也同时具有电脑补偿和控制器补偿，但控制器补偿的补偿方向与设置的方向反向。即当采用电脑左补偿时，系统在 NC 程序中输出反向补偿控制代码 G42，当采用电脑右补偿时，系统在 NC 程序中输出反向补偿控制代码 G41。

⑤ 当设置为【关】补偿时，系统关闭补偿设置，在 NC 程序中给出外形轮廓的坐标值，且在 NC 程序中无控制补偿代码 G41 或 G42。

在设置刀具补偿时可以设置为刀具磨损补偿或刀具磨损反向补偿，使刀具同时具有电脑刀具补偿和控制器刀具补偿，用户可以按指定的刀具刀尖圆弧直径来设置电脑补偿，而实际刀具刀尖圆弧直径与指定刀具刀尖圆弧直径的差值可以由控制器补偿来补正。当两个刀具刀尖圆弧直径相同的时候，在暂存器里的补偿值应该是零，当两个刀尖圆弧直径不相同的时候，在暂存器里的补偿值应该是两个刀尖圆弧直径的差值。

除了需要设置补正形式外，还需要设置【补正方向】，【补正方向】有【左视图】和【右视图】两种。刀具从选取的串连的起点方向向终点方向走刀，刀尖往工件左边偏移即为左视图，刀尖往工件右边偏移即为右视图。

4. 转角设置

转角设置用于两条及两条以上的相连线段转角处的刀具路径，即根据不同选择模式决定在转角处是否采用弧形刀具路径。当设置为【无】时，即不走圆角，不管转角的角度是多少，都不采用圆弧刀具路径。当设置为【尖角】时，即在尖角处走圆角，在小于 135° 转角处采用圆弧刀具路径。当设置为【全部】时，即在所有转角处都走圆角，在所有转角处都采用圆弧刀具路径。

5. 进刀参数

进刀参数用来设置是否对粗车中的凹槽进行粗切削。单击【进刀参数】按钮，弹出【进刀的切削参数】对话框，可以设置进刀的切削设定参数，如图 12-17 所示。

进刀参数可以设置粗车时外圆方向和径向方向的凹槽是否切削和进刀时的角度等参数，为了方便半精加工和精加工，提高加工精度。

6. 半精车

在粗车削完后在不更换刀具的情况下可以对工件进行半精加工，由于没有更换刀具，所以加工的精度和光洁度都不高，在后续的加工工序中要继续进行精加工。此工序只为将残料加工均匀，方便后续的精加工。在【车床粗加工】对话框中单击【半精车】按钮，系统弹出【半精车参数】对话框，如图 12-18 所示。

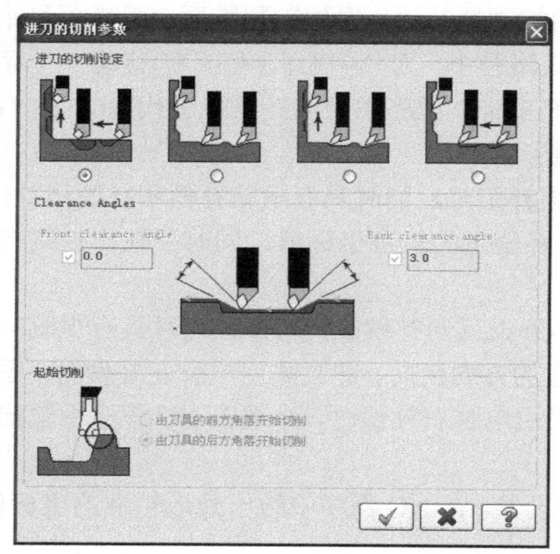

图 12-17　【进刀的切削设定】对话框

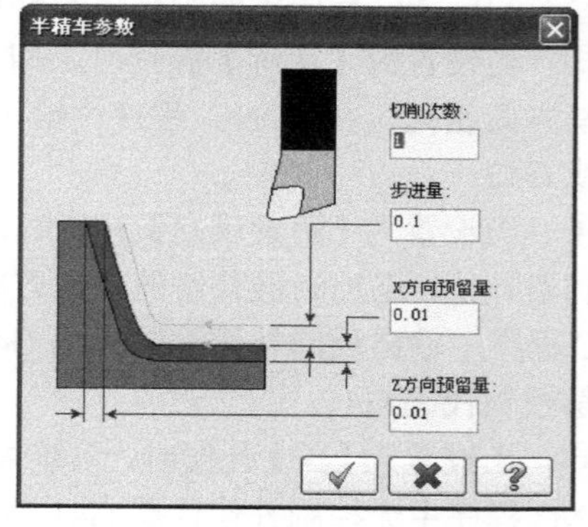

图 12-18　【半精车参数】对话框

其参数含义如下。

① 【切削次数】：输入半精车削的次数。

② 【步进量】：输入半精车削的粗车步进量。

③ 【X 方向预留量】：输入工件在 X 方向预留量。

④ 【Z 方向预留量】：输入工件在 Z 方向预留量。

12.2.2　粗车削范例

范例文件(光盘)：/12/12-2-2.mcx。

多媒体教学路径：光盘→多媒体教学→第 12 章→12.2.2 节。

步骤 01 打开源文件

打开源文件 12-2-2.mcx，将如图 12-19 所示的图形进行粗车削。

技术点拨

本例需要加工轴零件，由于轴上还有凹槽，所以需要采用专门针对凹槽的参数，但是，由于零件前端凹槽比较窄，所以在粗加工中不需要加工，为了区别对待凹槽，粗加工中先不加工外圆方向凹槽，另外再走刀加工圆弧形凹槽，刀路规划如下。

① 采用 T0101 R0.8 OD ROUGH RIGHT 车刀对零件进行粗车削加工。

② 采用 T0303 R0.4 OD FINISH RIGHT 车刀对零件中的圆弧凹槽采用粗车削加工。

③ 采用实体模拟。

步骤 02 粗车刀具路径

首先采用粗车刀具路径进行加工。单击【确定】按钮完成文件的调取。选择【刀具路径】|【粗车削】菜单命令，系统弹出【输入新的 NC 名称】对话框，按默认名称。单击【确定】按钮，完成输入，如图 12-20 所示。

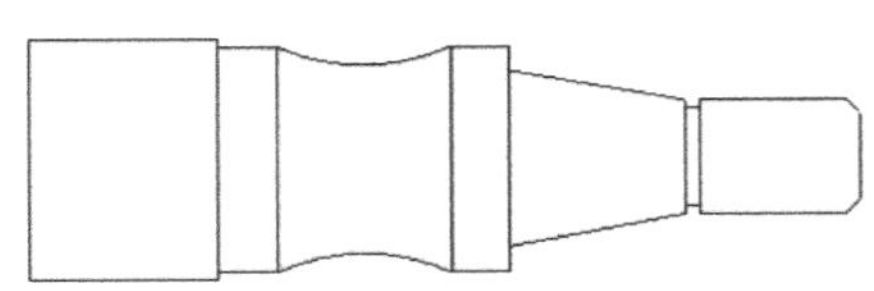

图 12-19 粗车图形

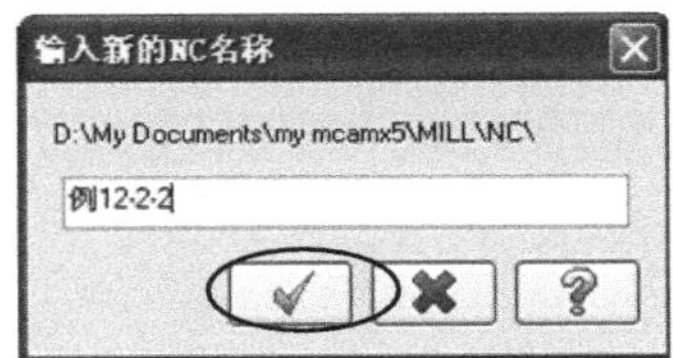

图 12-20 输入新的 NC 名称

步骤 03 选取串连

系统弹出【串连选项】对话框，按图 12-21 所示进行操作。

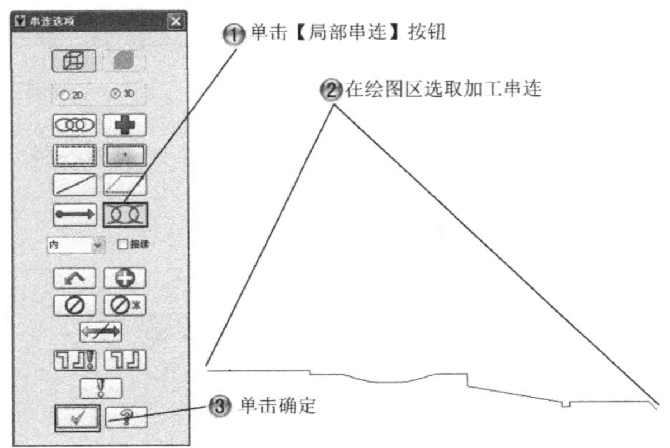

图 12-21 选取串连

步骤 04 设置参数

系统弹出【车床粗加工 属性】对话框，按图 12-22～图 12-26 所示进行操作。

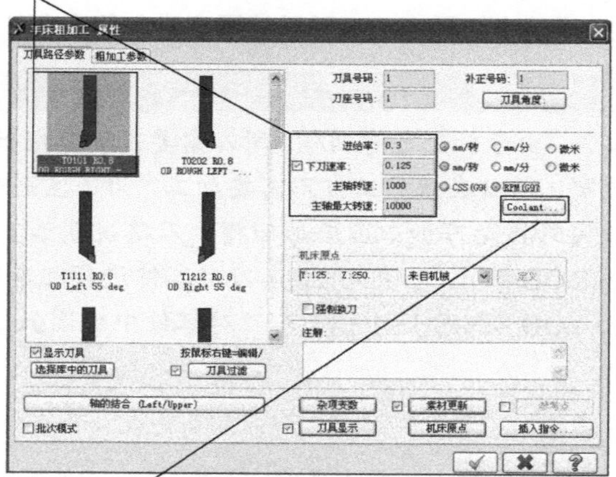

图 12-22　车床粗加工

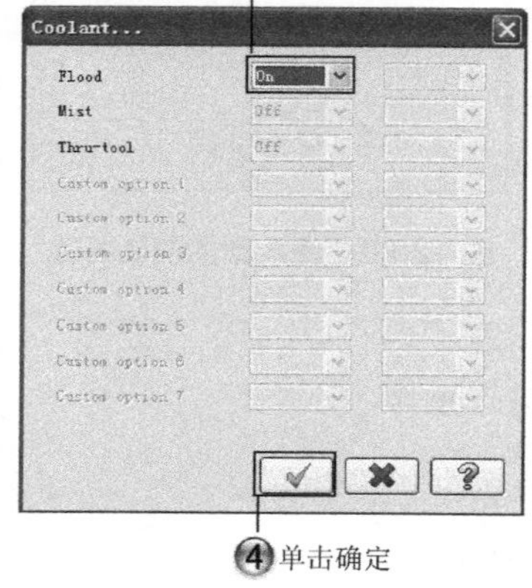

图 12-23　打开油冷

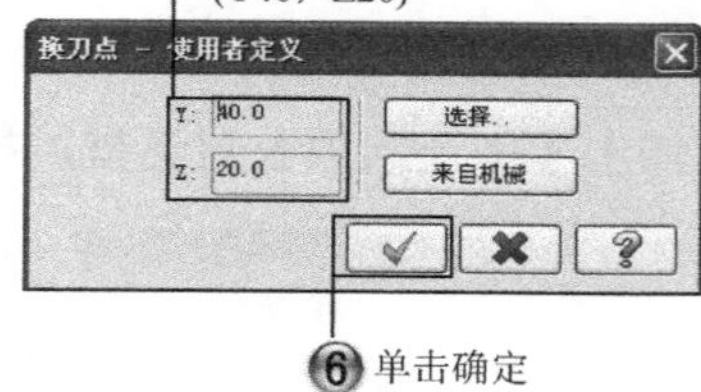

图 12-24　换刀点

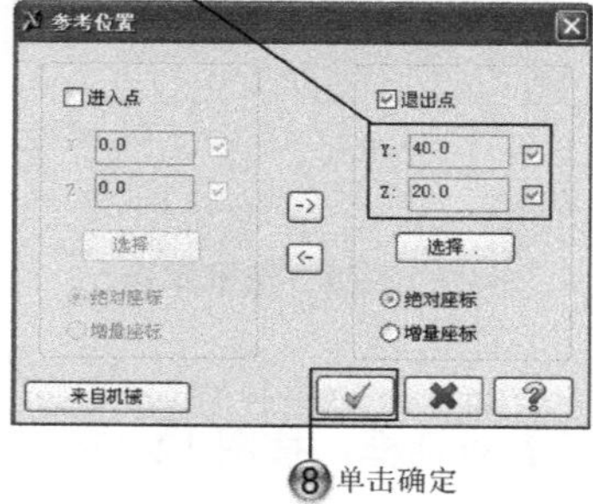

图 12-25　参考点设置

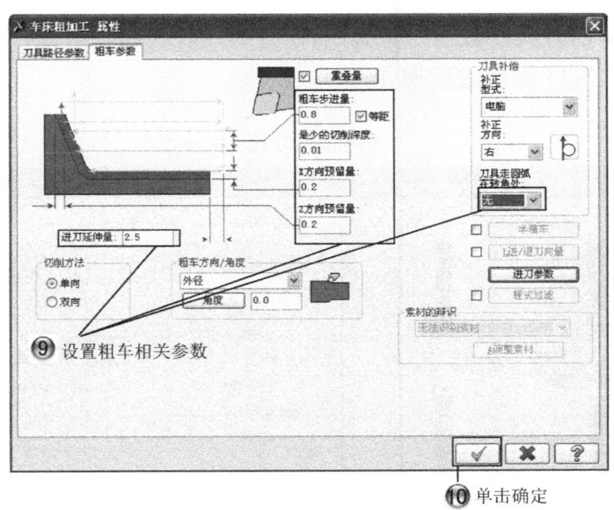

图 12-26　设置粗车参数

步骤 05 生成刀具路径

系统根据所设置的参数生成粗车刀具路径，如图 12-27 所示。

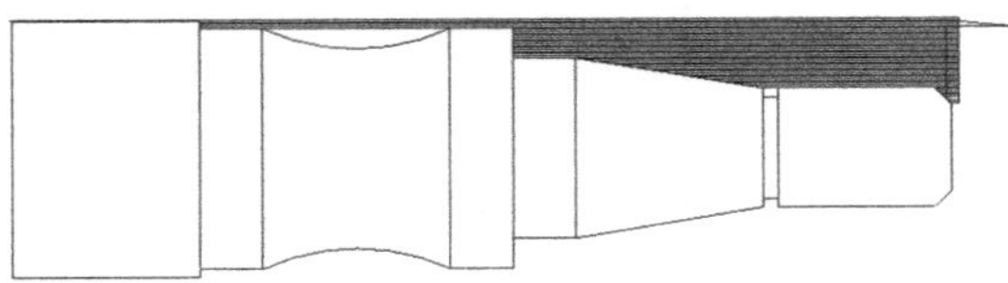

图 12-27　生成的粗车刀具路径

步骤 06 车槽加工刀具路径选取串连

选择【刀具路径】|【粗车削】菜单命令，系统弹出【串连选项】对话框，按图 12-28 所示进行操作。

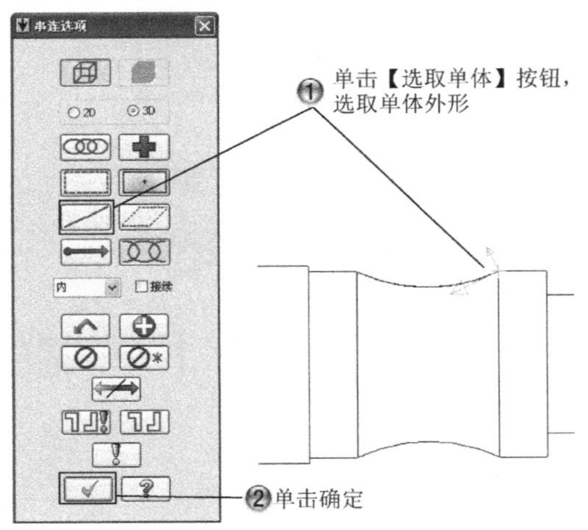

图 12-28　选取串连

步骤 07 设置车槽刀具参数

按图 12-29～图 12-35 所示进行操作。

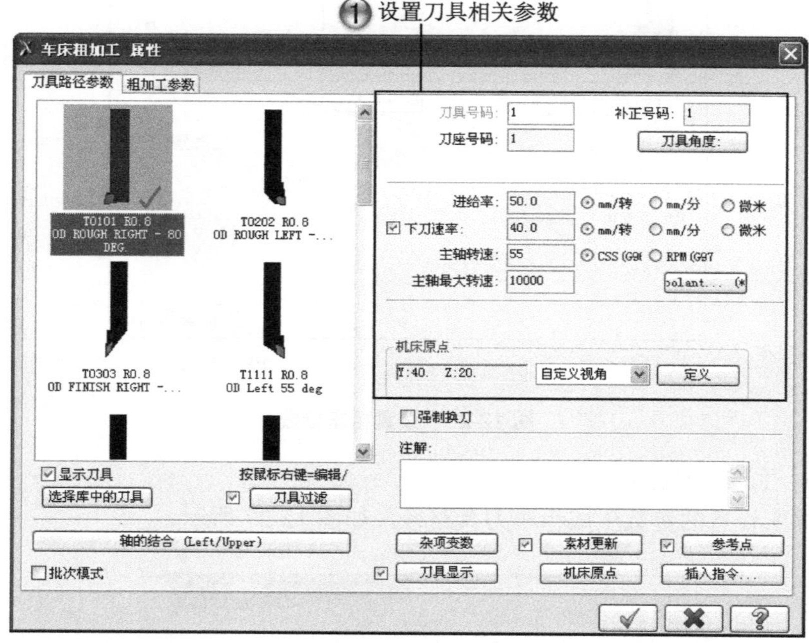

图 12-29 新建刀具

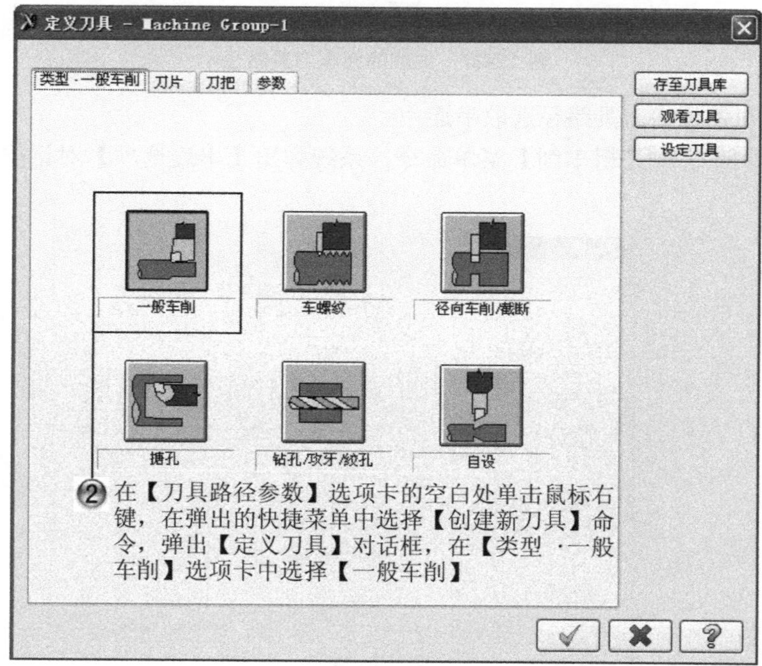

图 12-30 选取刀具类型

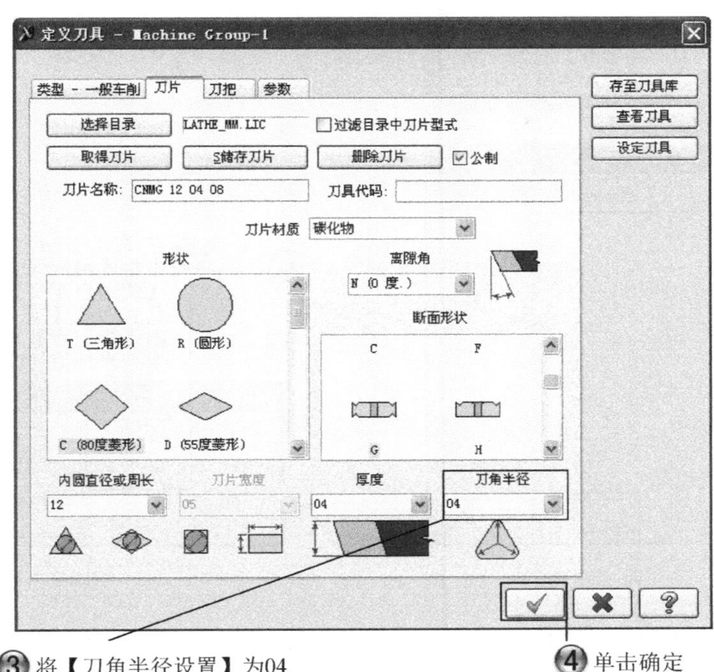

图 12-31　刀片设置

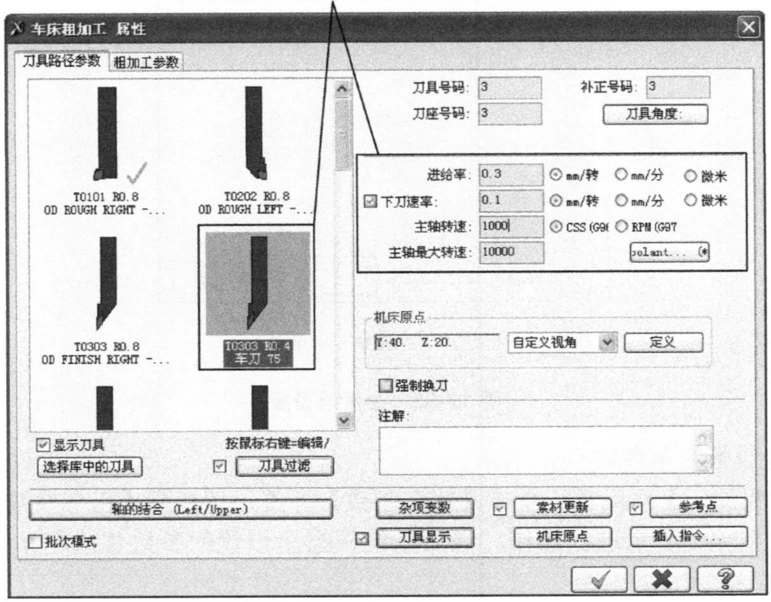

图 12-32　设置刀具路径相关参数

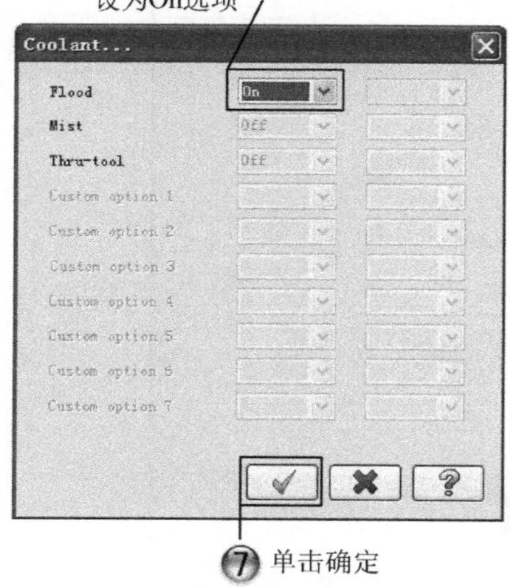

图 12-33　打开油冷

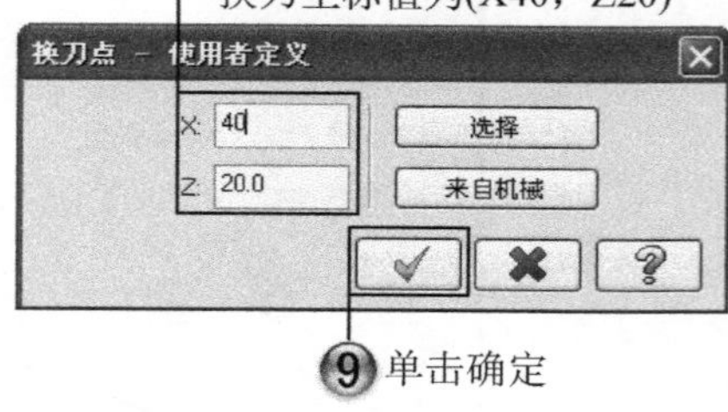

图 12-34　换刀点

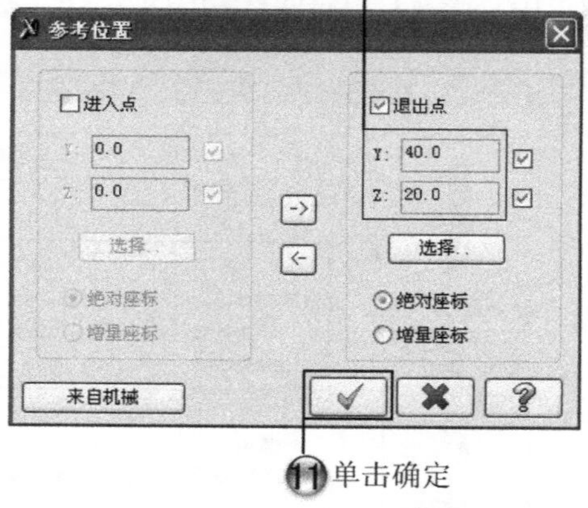

图 12-35　参考点设置

步骤 08 设置粗车参数

在【车床粗加工】对话框中单击【粗车参数】标签，切换到【粗车参数】选项卡，按图 12-36～图 12-40 所示进行操作。最后系统根据所设置的参数生成粗车刀具路径，如图 12-41 所示。

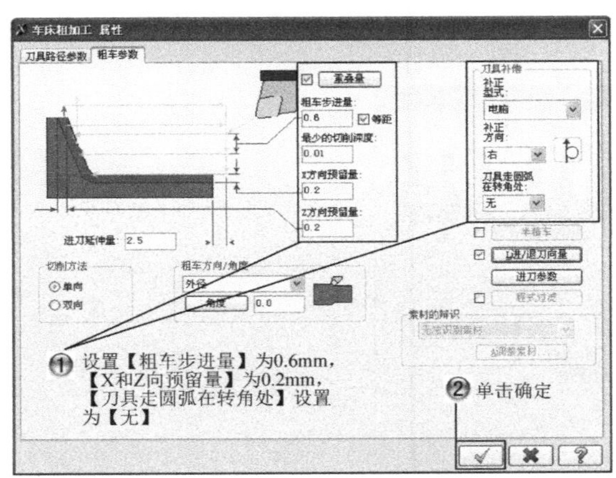

图 12-36　设置粗车参数

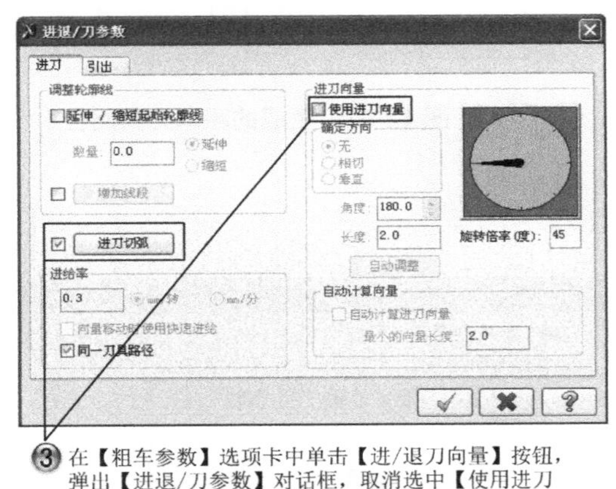

图 12-37　进/退刀设置

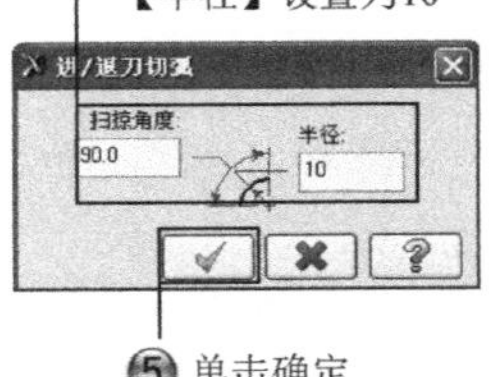

图 12-38　切弧设置

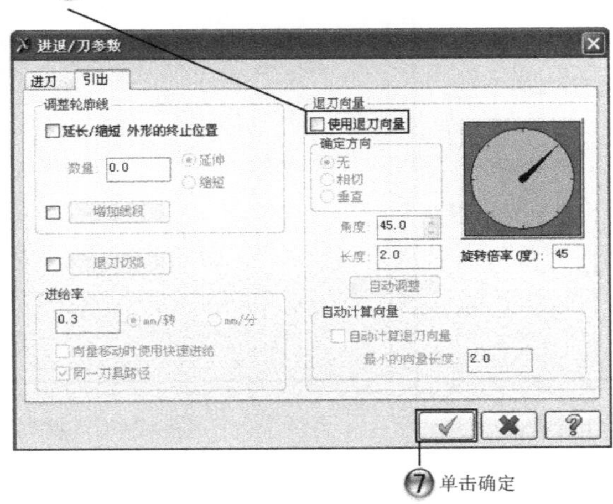

图 12-39　引出设置

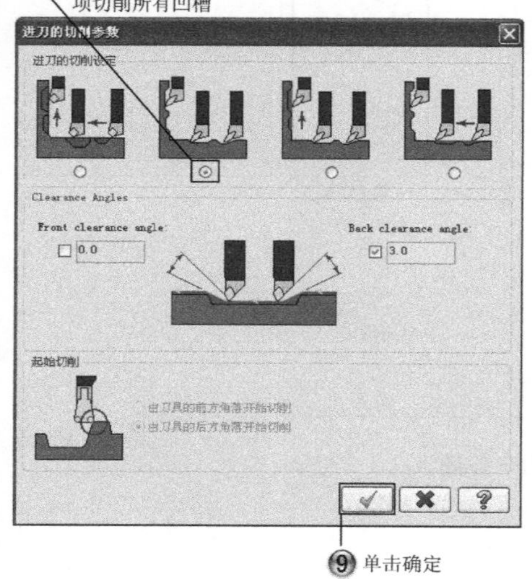

图 12-40　进刀切削参数设置

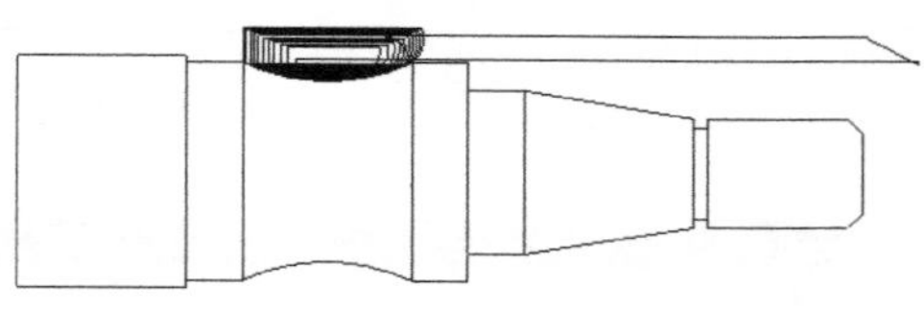

图 12-41　生成的粗车刀具路径

步骤 09 设置毛坯

按图 12-42～图 12-45 所示进行操作。

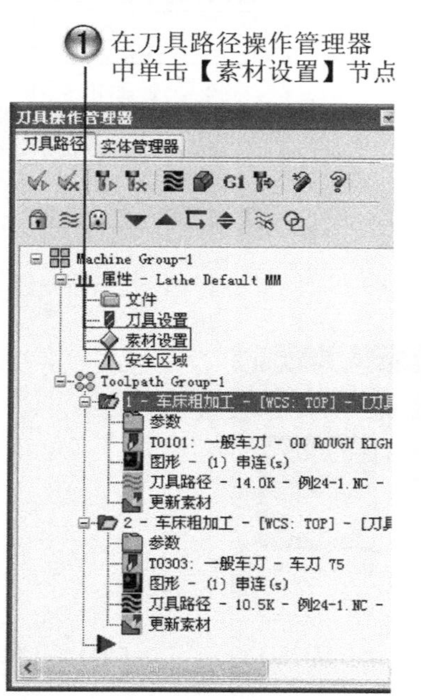

图 12-42　刀具路径操作管理器

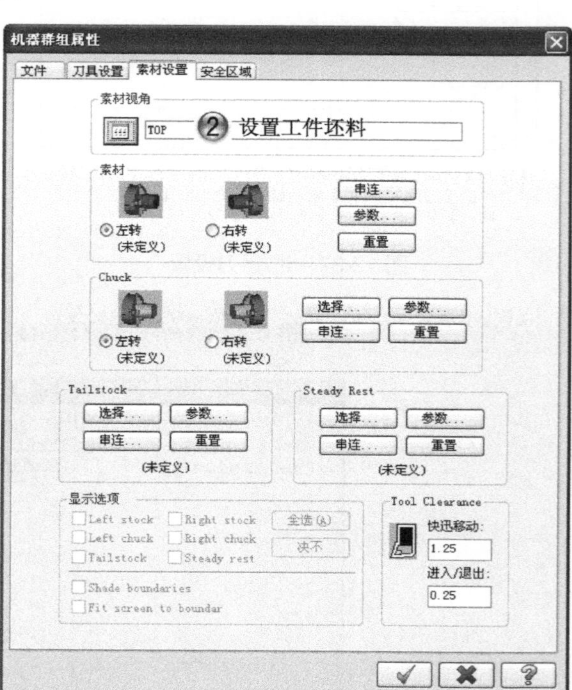

图 12-43　材料设置

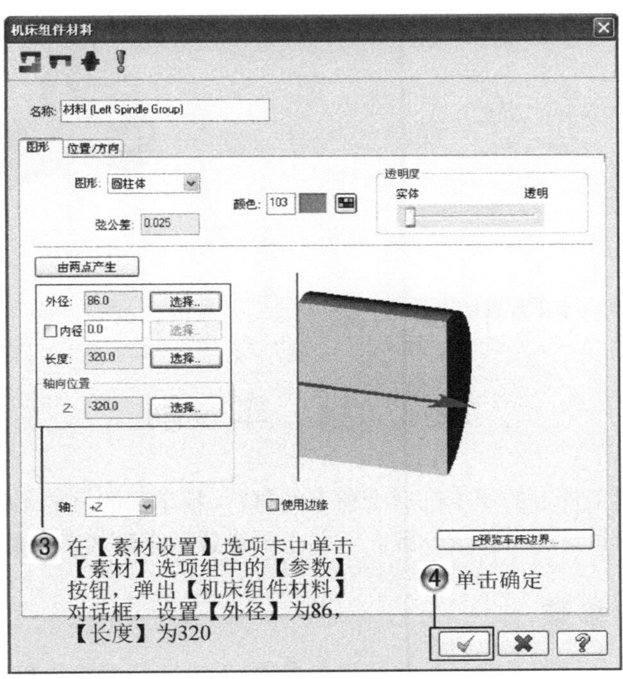

图 12-44　毛坯设置

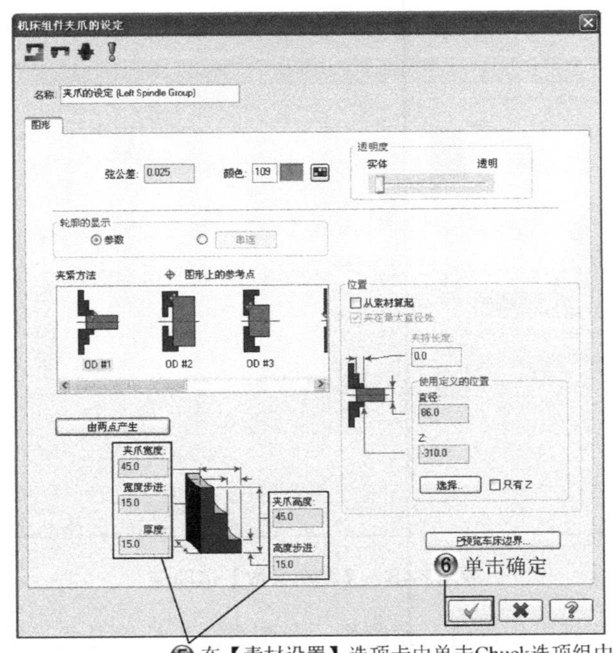

图 12-45　卡爪设置

步骤 10　实体仿真模拟

毛坯和卡爪设置结果如图 12-46 所示。模拟结果如图 12-47 所示。

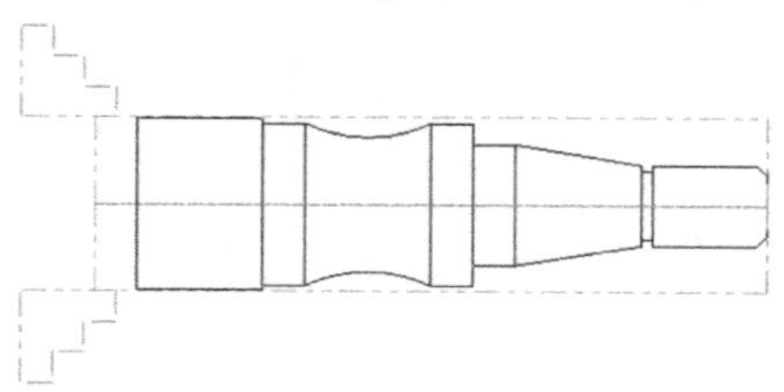

图 12-46　卡爪设置结果

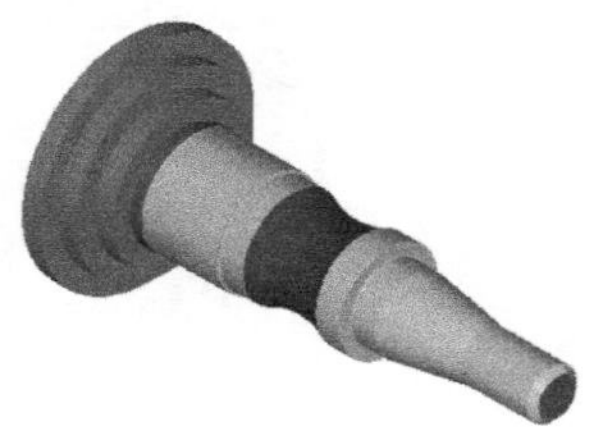

图 12-47　模拟结果

12.3　精　车　削

精车削主要车削工件上的粗车削后余留下的材料，精车削的目的是尽量满足加工要求和光洁度要求，达到与设计图纸要求一致。下面主要讲解精车削加工参数和加工步骤。

12.3.1　精车削参数

精车削参数主要包括刀具路径参数和精车参数，刀具路径参数与粗车削中的刀具路径参数一样，本节主要介绍精车参数。选择【刀具路径】|【精车削】菜单命令，弹出【车床-精车 属性】对话框，可以设置精车相关的参数，如图 12-48 所示。

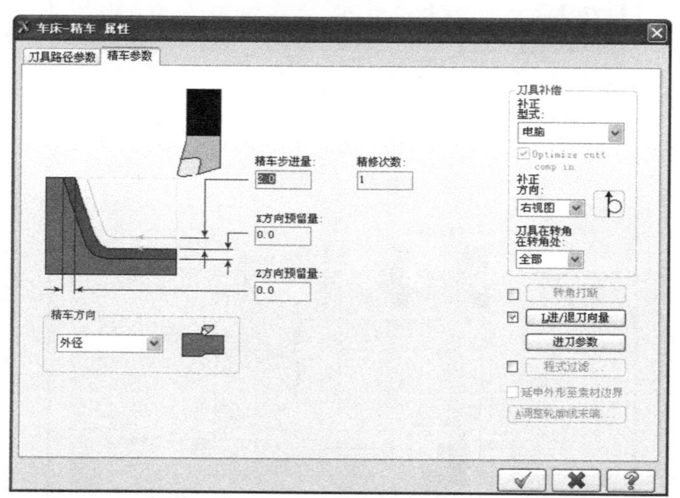

图 12-48　【精车参数】选项卡

精车参数主要包括精车步进量、预留量、车削方向、补偿方式、转角、进退刀向量等。下面将详细讲解其含义。

1．精车步进量和预留量

精车削的精车步进量一般较小，目的是清除前面粗加工留下来的材料。精车削预留量的设置是为了下一步的精车削或最后精加工，一般在精度要求比较高或表面光洁度要求比较高

的零件中设置。

① 【精车步进量】：此项用于输入精车削时每层车削的吃刀深度。

② 【精修次数】：此项用于输入精车削的层数。

③ 【X 方向的预留量】：此项用于精车削后在 X 方向的预留量。

④ 【Z 方向的预留量】：此项用于精车削后在 Z 方向的预留量。

⑤ 【精车方向】：此项用于设置精车削的车削方式。有【外径】车削、【内孔】车削、【右端面】车削及【左端面】车削 4 种方式。

2. 补偿设置

由于试切对刀时都是对端面和圆柱面，所以对于锥面和圆弧面或非圆曲线组成的面时，精车削也会导致误差，因此需要采用刀具补偿功能来消除可能存在的过切或少切的现象。

① 【补正型式】：包括【电脑】补偿、【控制器】补偿、【两者】补偿、【两者反向】补偿和【无】补偿 5 种形式。具体含义与粗车削补偿形式相同。

② 【补正方向】：包括【左视图】、【右视图】和【自动】3 种补偿形式。左补偿和右补偿与粗加工相同，自动补偿是系统根据工件轮廓自行决定。

③ 【转角设置】：转角设置主要是在轮廓转向的地方是否采用圆弧刀具路径。有【全部】、【无】和【尖角】3 种方式，含义与粗车削相同。

3. 进刀参数

进刀参数设置用来设置在精车削过程中是否切削凹槽。设置进刀参数可以在【精车参数】选项卡中单击【进刀参数】按钮，弹出【进刀的切削参数】对话框，如图 12-49 所示。参数含义与粗加工相同。

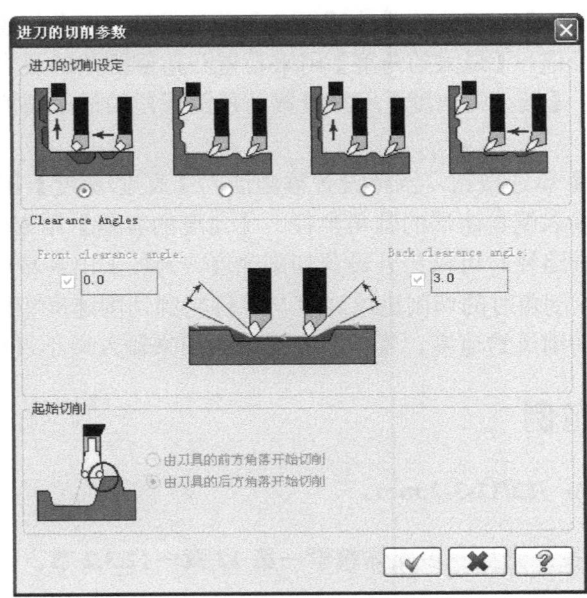

图 12-49　进刀切削参数设置

4. 圆角和倒角设置

在进行精车削时，系统允许对工件的凸角进行倒角或圆角处理。在【精车参数】选项卡中选中【转角打断】复选框，再单击【转角打断】按钮，弹出【角落打断的参数】对话框，可以设置转角采用圆角或倒角的参数，如图 12-50 所示。

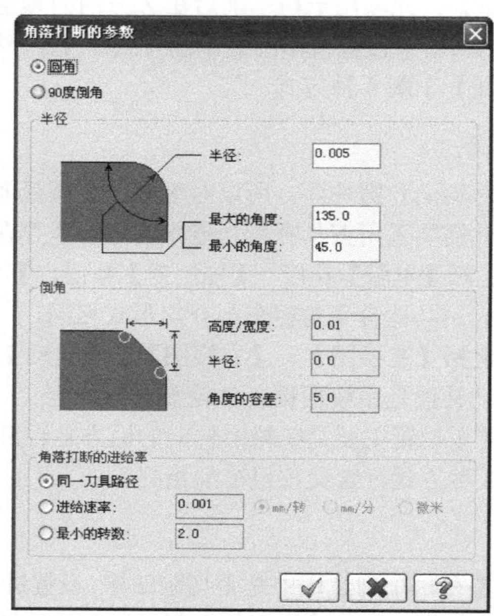

图 12-50 圆角和倒角设置

在【角落打断的参数】对话框中选中【圆角】单选按钮，圆角设置被激活。【半径】用来设置凸角倒圆角半径值。【最大的角度】用来设置凸角倒圆角的最大角度，大于此角度的凸角将不进行倒圆角。【最小的角度】用来设置凸角倒圆角的最小角度，小于此角度的凸角将不进行倒圆角。

选中【90 度倒角】单选按钮，倒角设置被激活。【高度/宽度】用来输入倒角的高度和宽度。【半径】用来输入倒角两端的圆角半径。【角度的容差】用来输入倒角误差。

在倒角或圆角刀具路径时可以另外设置切削速度，为加工出高精度的圆角和倒角。【同一刀具路径】即圆角或倒角时的切削进给速度与工件轮廓切削速度相同。【进给速率】用来有输入圆角和倒角的切削进给速度。【最小的转数】用来输入最小进给转速。

12.3.2 精车削范例

范例文件(光盘)：/12/12-3-2.mcx。

多媒体教学路径：光盘→多媒体教学→第 12 章→12.3.2 节。

步骤 01 打开源文件

打开源文件 12-3-2.mcx，采用精车削对如图 12-51 所示的图形进行车削加工。

技术点拨

本例主要是车削葫芦外形。粗加工已经采用粗车削进行加工，外径上留有少量的材料，因此只需要切削一层即可。采用精车削加工即可完成。由于有凹槽存在，采用一般的精车削外圆刀具即可。

步骤 02 选取串连

选择【刀具路径】|【精车削刀具路径】菜单命令，系统弹出【串连选项】对话框，按图 12-52 所示进行操作。

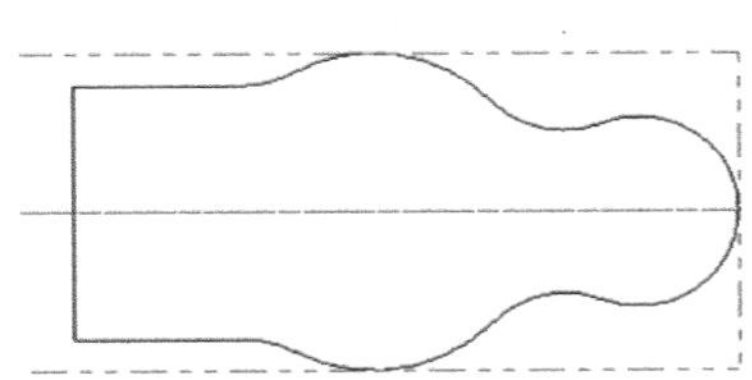

图 12-51　加工图形

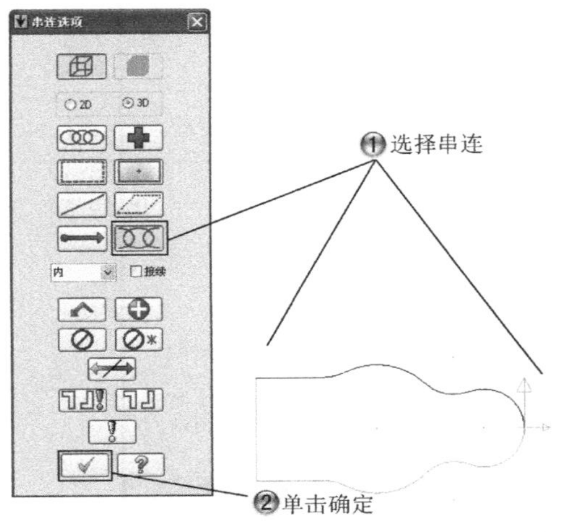

图 12-52　选取串连

步骤 03 设置刀具路径参数

按图 12-53～图 12-56 所示进行操作。

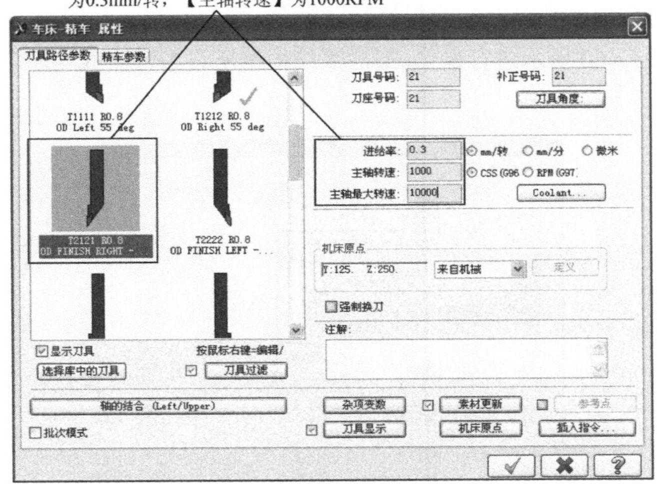

图 12-53　设置刀具路径参数

②在【刀具路径参数】选项卡中单击【Coolant(冷却液)】按钮，弹出Coolant对话框，该对话框用来设置冷却液。将Floot(油冷)设置为On(打开)

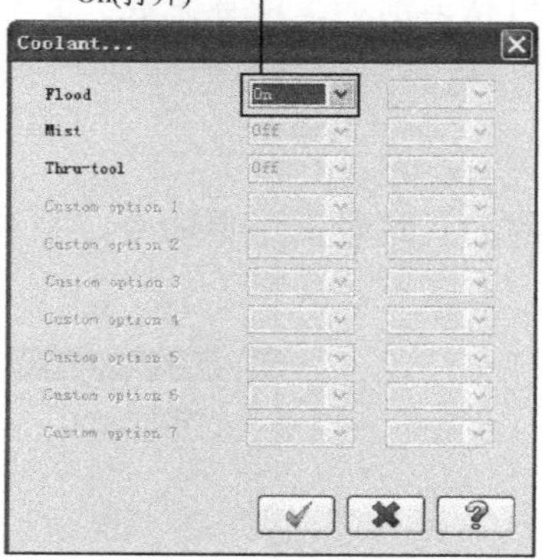

图 12-54 冷却液设置

③在【刀具路径参数】选项卡中将【机床原点】设置为【自定义】，单击【定义】按钮，弹出【换刀点-使用者定义】对话框，将换刀点设置为Y50Z30

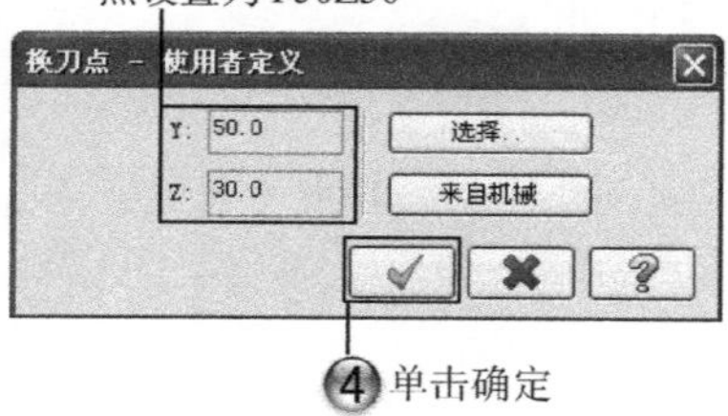

④单击确定

图 12-55 换刀点设置

⑤在【刀具路径参数】选项卡中单击【参考点】按钮，弹出【参考位置】对话框，将退刀点设为(Y50,Z30)

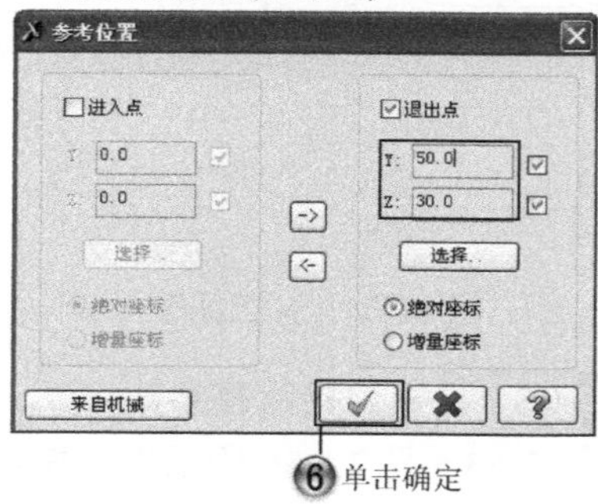

⑥单击确定

图 12-56 参考点设置

步骤 04 设置精车参数

按图 12-57～图 12-60 所示进行操作。最后系统根据所设参数生成精车刀具路径，如图 12-61 所示。

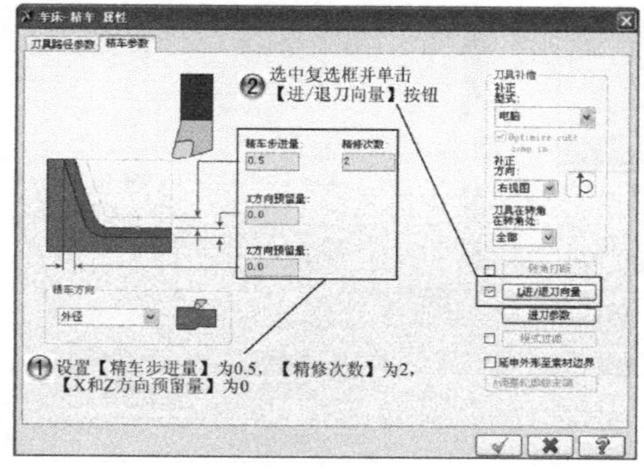

图 12-57 设置精车参数

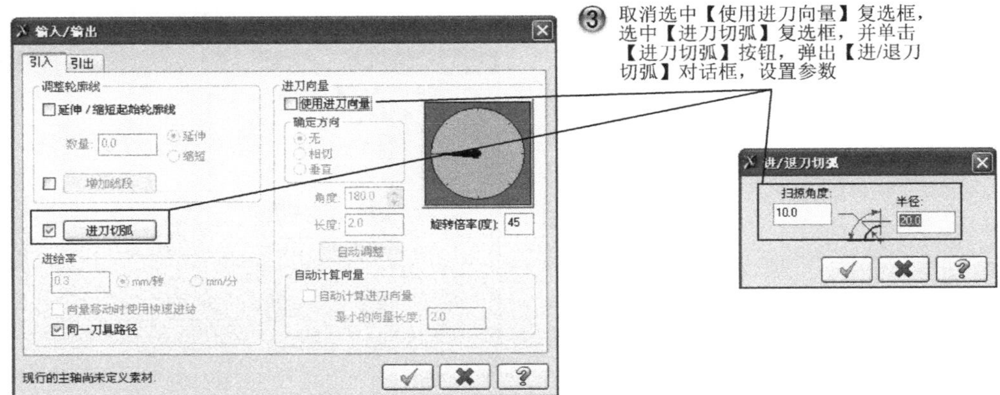

图 12-58　输入/输出参数　　　　图 12-59　进退刀圆弧

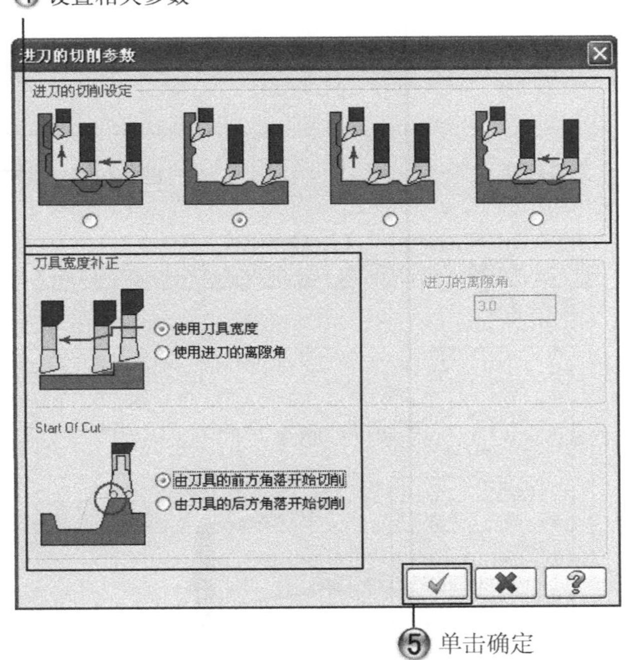

图 12-60　设置进刀切削参数

步骤 05 设置毛坯

在刀具路径操作管理器中单击【素材设置】节点，系统弹出【机器群组属性】对话框，切换到【素材设置】选项卡，按图 12-62～图 12-64 所示进行操作。

将刀具路径进行模拟，模拟结果如图 12-65 所示；加工结果如图 12-66 所示。

图 12-61 刀具路径

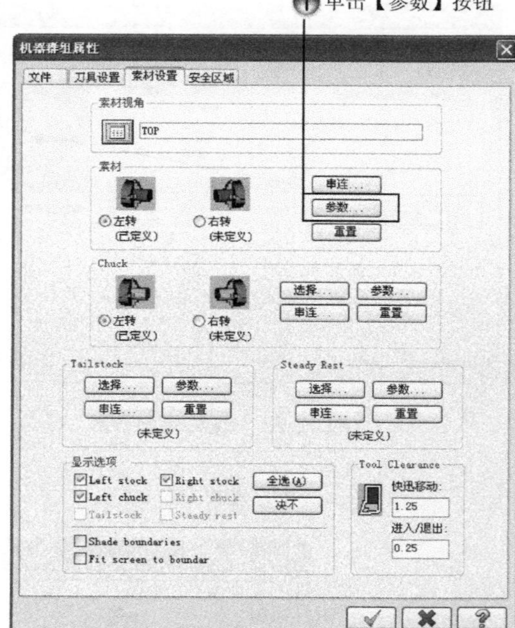

图 12-62 素材设置

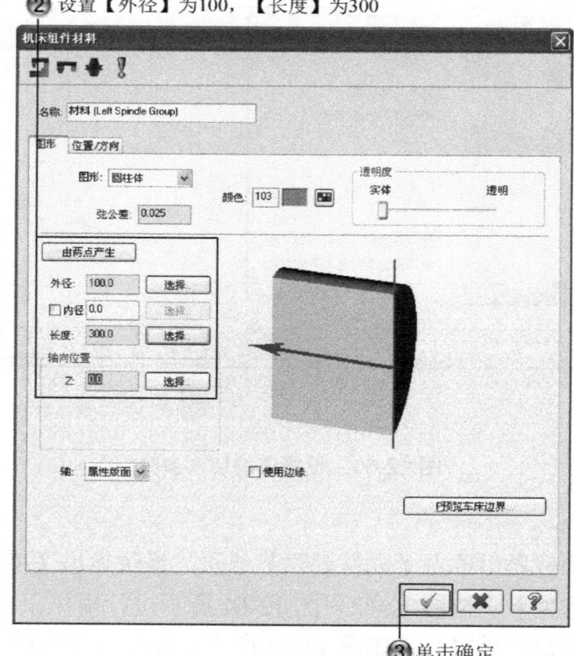

图 12-63 毛坯设置

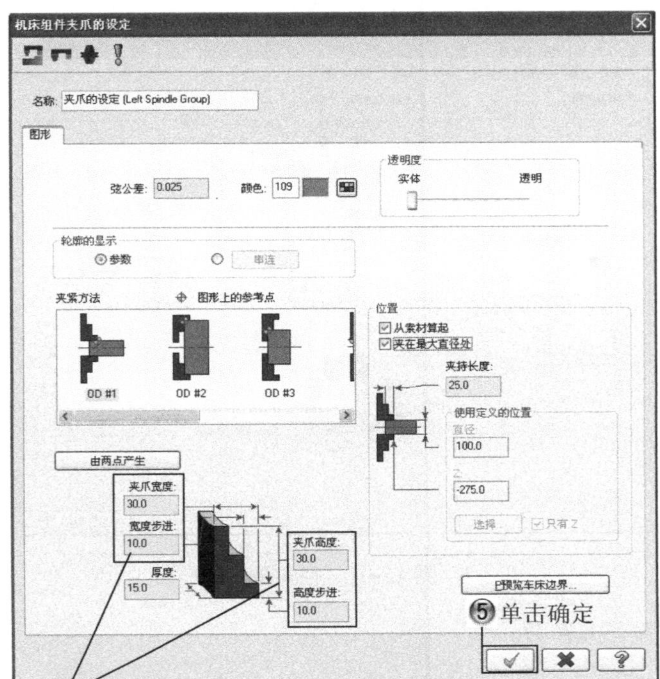

图 12-64　夹爪设置

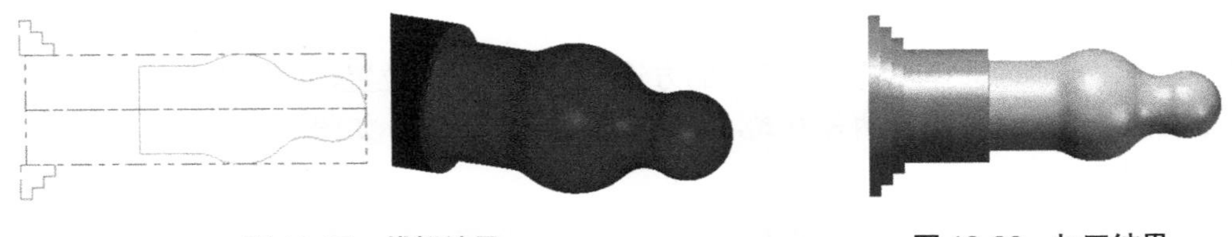

图 12-65　模拟结果　　　　图 12-66　加工结果

12.4　车 槽 加 工

径向车削的凹槽加工刀具路径主要用于车削工件上凹槽部分。选择【刀具路径】|【径向车削刀具路径】菜单命令，弹出【车床-径向粗车 属性】对话框，如图 12-67 所示。该对话框除了共同的【刀具路径参数】外，还有【径向车削外形参数】、【径向粗车参数】和【径向精车参数】。

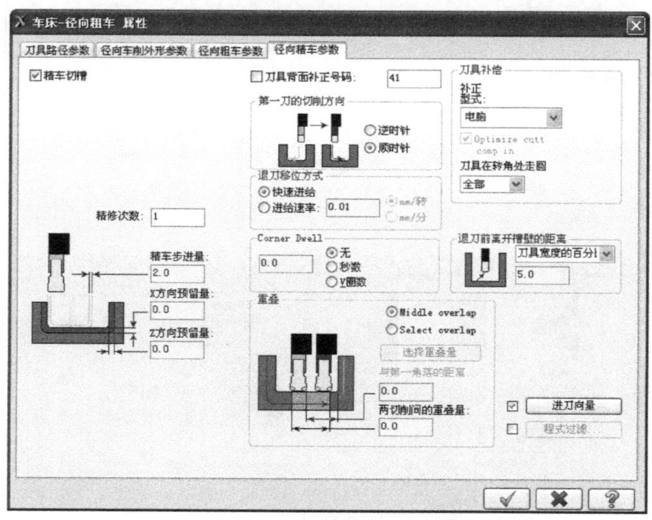

图 12-67　径向粗车

下面将详细讲解有关参数。

12.4.1　车槽选项

选择【刀具路径】|【径向车削刀具路径】菜单命令，弹出【径向车削的切槽选项】对话框，如图 12-68 所示，可以设置凹槽的位置。有 5 种方式，包括【一点】、【两点】、【三直线】、【串连】和【多串连(Multiple chains)】。

1. 一点

【一点】方式通过选择凹槽右上角点的方法来定义凹槽的位置，而凹槽的大小由车槽外形参数来决定，点的选择也有两种方式，手动和窗选两种方式。如图 12-69 所示为选取一点的方式示意图。

图 12-68　切槽选项

2. 两点

通过选取凹槽右上角点和左下角点的方法来定义凹槽的位置，此方法还定义了凹槽的宽度和高度参数。如图 12-70 所示为选取两点方式的示意图。

3. 三直线

通过定义凹槽的三条边界线来定义凹槽位置，此方法还定义了凹槽的高度、宽度和锥度。

如图 12-71 所示为定义凹槽三条边界线示意图。

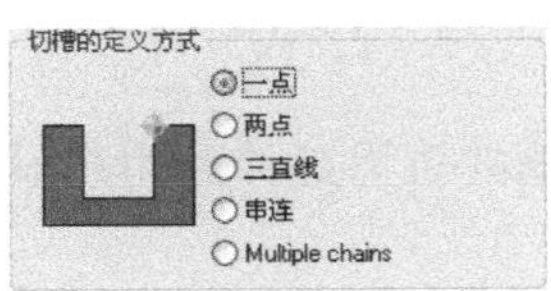

图 12-69 一点

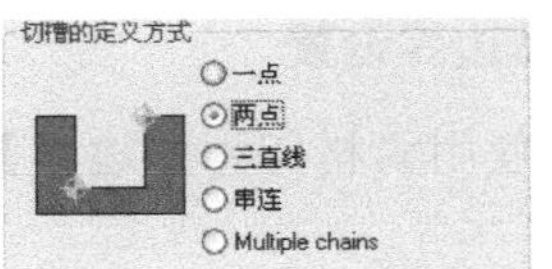

图 12-70 两点

4. 串连

通过选取凹槽的串连几何图形和凹槽的边界的方式来定义凹槽的位置。如图 12-72 所示为串连选取示意图。

5. 多串连

多串连是通过选取多条串连几何图形来定义工件中有多处凹槽位置的零件。如图 12-73 所示为多串连方式选取示意图。

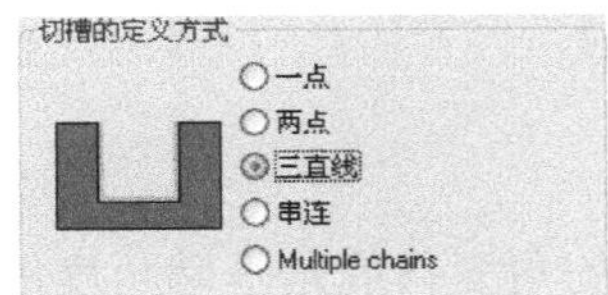

图 12-71 三直线

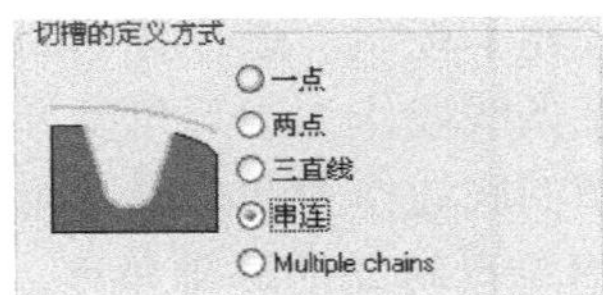

图 12-72 串连

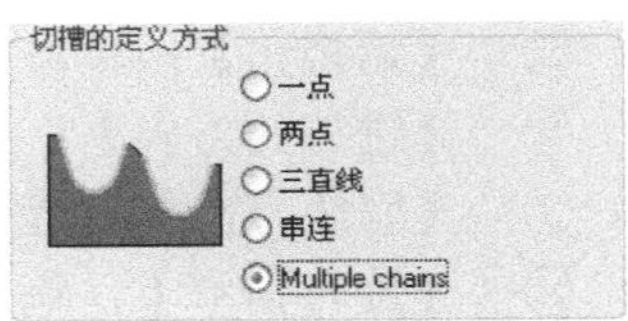

图 12-73 多串连

12.4.2 径向车削外形参数

在【车床-径向粗车 属性】对话框中单击【径向车削外形参数】标签，切换到【径向车削外形参数】选项卡，如图 12-74 所示，可以设置凹槽的角度、高度、宽度、斜度、凹槽底部圆角半径和凹槽顶部圆角半径等。

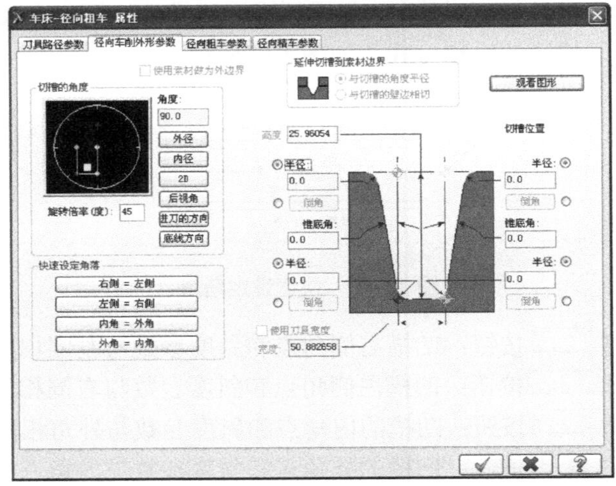

图 12-74 【径向车削外形参数】选项卡

其部分参数含义如下。

1．凹槽边界设置

① 【使用素材作为外边界】：选中此复选框，凹槽的边界延伸到用户设置的工件边界上。

② 【与切槽的角度平行】：延伸的凹槽边界与凹槽的几何图形边界平行。

③ 【与切槽的壁边相切】：延伸的凹槽边界与凹槽的几何图形边界相切。

④ 【观看图形】：单击此按钮，设置的凹槽边界将在绘图区中以几何图形的方式显示。

2．切槽的角度

① 【角度】：此文本框用于输入凹槽的进刀角度，系统默认的为 90°，即直接垂直工件进刀。

② 【外径】：单击【外径】按钮，进行外径凹槽切削。

③ 【内径】：单击【内径】按钮，进行内径凹槽切削。

④ 2D：单击 2D 按钮，进行 2D 凹槽切削。

⑤ 【后视角】：单击【后视角】按钮，进行背面凹槽切削。

⑥ 【进刀的方向】：选择某条线段作为进刀角度方向。

⑦ 【底线方向】：选择凹槽的底边作为凹槽进刀角度。

⑧ 【旋转倍率】：输入凹槽轮盘转动的基础角度。转动的角度只能是基础角度的整数倍。

3．凹槽尺寸设置

凹槽的尺寸设置主要用来定义凹槽形状参数。其中，【高度】用来输入凹槽的高度；【半径】用来输入凹槽左上、左下、右上或右下四个角点的倒圆角的半径值；【倒角】用来设置倒角尺寸；【宽度】用来输入凹槽底部的宽度。

4．快速设定角落

如果凹槽角落的角点及斜度对称时，只需要设置凹槽的一侧角点及斜度参数，而另一侧的参数系统提供了以下快速的设置方式，如图 12-75 所示。

快速设定角落

右侧 = 左侧
左侧 = 右侧
内角 = 外角
外角 = 内角

图 12-75　快速设定角落

① [右侧 = 左侧] 按钮：凹槽右侧角点和斜度参数与左侧相同。

② [左侧 = 右侧] 按钮：凹槽左侧角点和斜度参数与右侧相同。

③ [内角 = 外角] 按钮：凹槽的内角点和斜度参数与外角相同。

④ [外角 = 内角] 按钮：凹槽的外角点和斜度参数与内角点相同。

12.4.3　车削粗加工参数

在【车床-径向粗车 属性】对话框中单击【径向粗车参数】标签，切换到【径向粗车参数】选项卡，可以设置凹槽粗车削时的粗切量、切削方向、预留量及凹槽的槽壁等参数，如图 12-76 所示。

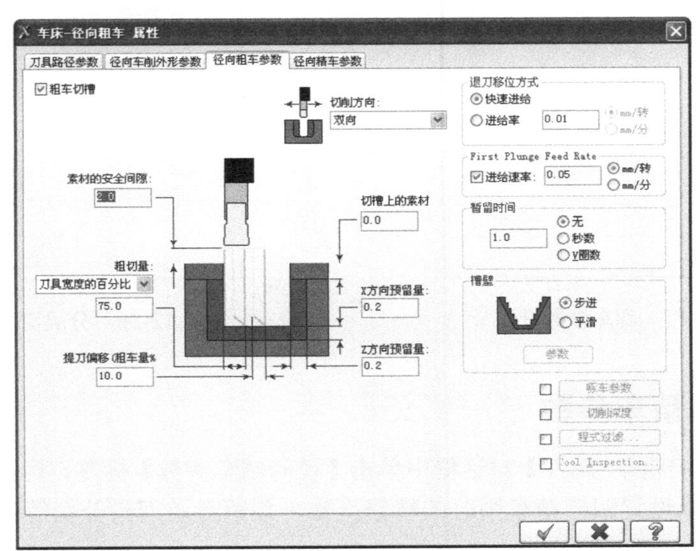

图 12-76　【径向粗车参数】选项卡

其部分参数含义如下。

①　【粗车切槽】：选中此复选框，系统启用凹槽车削功能。

②　【切削方向】：设置凹槽车削方向，有【正数】、【负数】和【双向】。

③　【素材的安全间隙】：输入车槽时车刀起点高于工件的尺寸。

④　【粗切量】：输入凹槽车削的步进量。

⑤　【提刀偏移(粗车量%)】：输入每车完一刀，车刀往后面的回刀量。

⑥　【切槽上的素材】：输入工件高于轮廓的尺寸。

⑦　【X/Z 方向预留量】：输入粗车后 X 和 Z 方向预留量。

⑧　【退刀位移方式】：设置车刀回刀速度。有【快速进给】和【进给率】两种。

⑨　【暂留时间】：设置车刀在凹槽底部停留的时间。有【无】、【秒数】和【圈数】3 种方式。

⑩　【槽壁】：设置凹槽斜壁的连接形式。有【步进】连接和【平滑】连接两种。

⑪　【啄车参数】：选中【啄车参数】复选框，再单击【啄车参数】按钮，弹出【啄钻参数】对话框，该对话框用来设置采用啄车车削的方式加工凹槽的参数。啄车参数用于凹槽比较深、排削困难的情况采用，如图 12-77 所示。

⑫　【切削深度】：选中【切削深度】复选框，再单击【切削深度】按钮，弹出【切槽的分层切深设定】对话框，该对话框用来设置分层切削加工凹槽的参数。主要用于凹槽深度比较大时的加工，如图 12-78 所示。

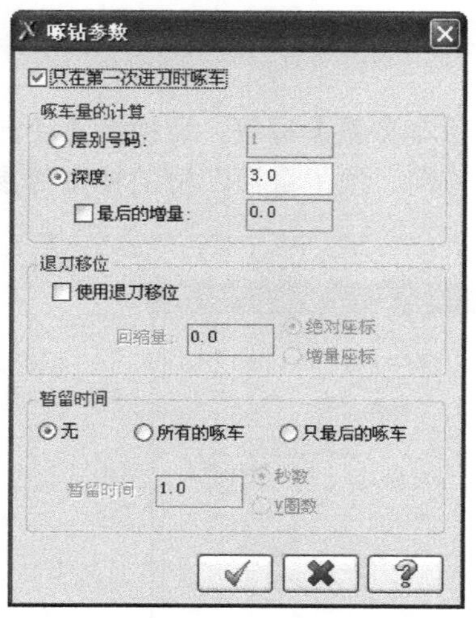

图 12-77 啄车参数设置

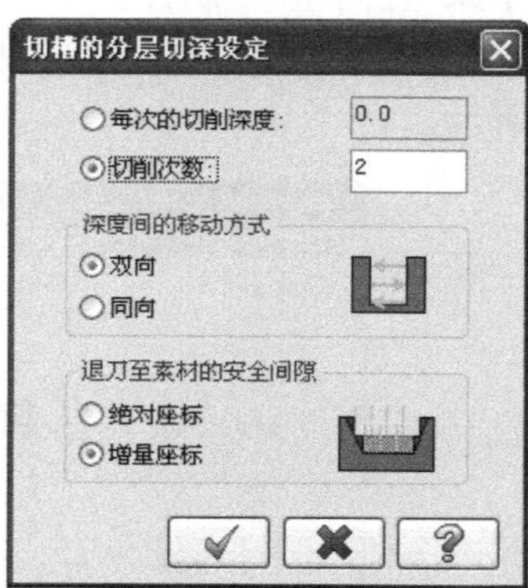

图 12-78 分层切削设定

12.4.4 径向精车参数

在【车床-径向粗车 属性】对话框中单击【径向精车参数】标签，切换到【径向精车参数】选项卡，可以设置凹槽精车削时的精修次数、预留量及刀具补偿等参数，如图 12-79 所示。

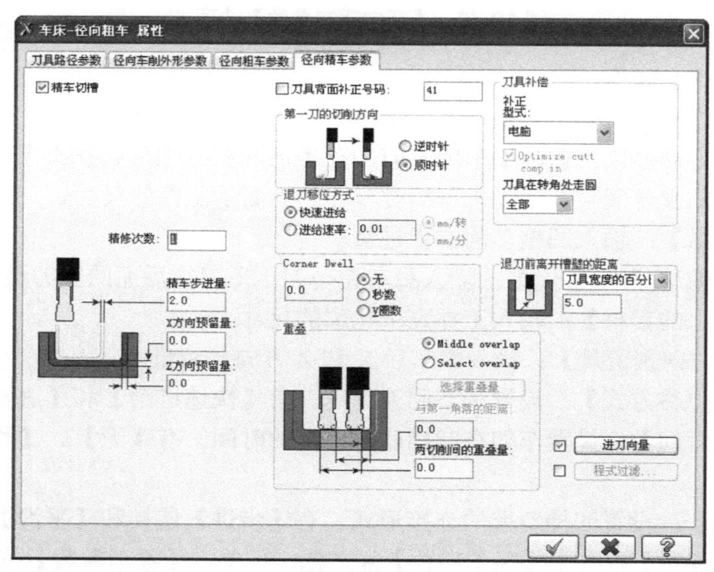

图 12-79 【径向精车参数】选项卡

其部分参数如下。

① 【精车切槽】：选中此复选框，系统采用凹槽精车削功能。

② 【精修次数】：输入精车削次数。

③　【第一刀的切削方向】：设置第一次精车削时的车削方向。

④　【退刀移位方式】：设置车刀的回刀速度。

⑤　【两切削间的重叠量】：输入每次精车削的重叠量。

⑥　【刀具补偿】：设置精车削的补偿方式。

⑦　【刀具在转角处走圆】：设置刀具在转角处是否走圆弧刀具路径。

⑧　【退刀前离开壁槽的距离】：输入每车削完一刀后，车刀往回的回刀距离。

12.4.5　车槽范例

范例文件(光盘)：/12/12-4-5.mcx。

多媒体教学路径：光盘→多媒体教学→第 12 章→12.4.5 节。

步骤 01　打开源文件

打开源文件 12-4-5.mcx，将如图 12-80 所示的图形进行车槽加工。

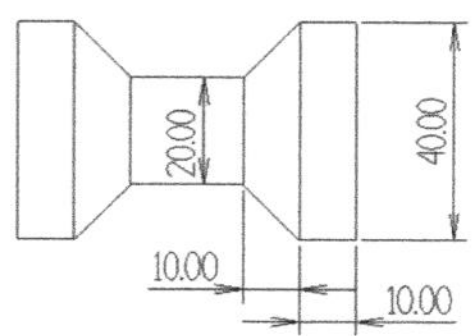

图 12-80　车槽图形

技术点拨

本例主要加工线圈槽模型，用来说明车削凹槽的加工步骤与技巧。此工件要加工的凹槽断面为梯形，直接采用串连的选取方式选取即可。由于凹槽在外径方向，所以采用外径槽刀进行车削。

步骤 02　选取串连

选择【刀具路径】|【径向车削刀具路径】菜单命令，系统弹出【径向车削的切槽选项】对话框，如图 12-81 和图 12-82 所示。

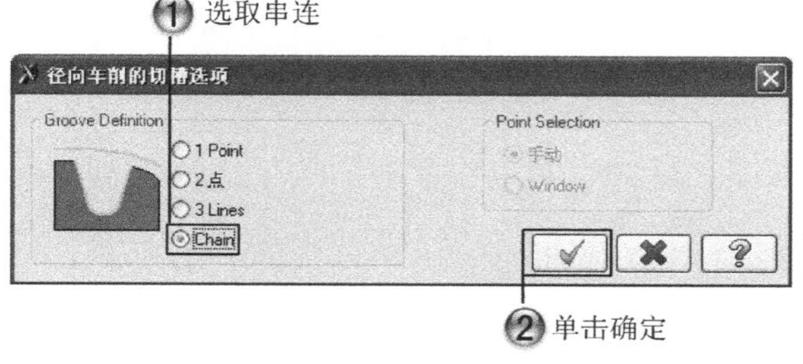

图 12-81　径向车削的切槽选项

图 12-82　选取串连

步骤 03　设置刀具路径参数

按图 12-83～图 12-87 所示进行操作。

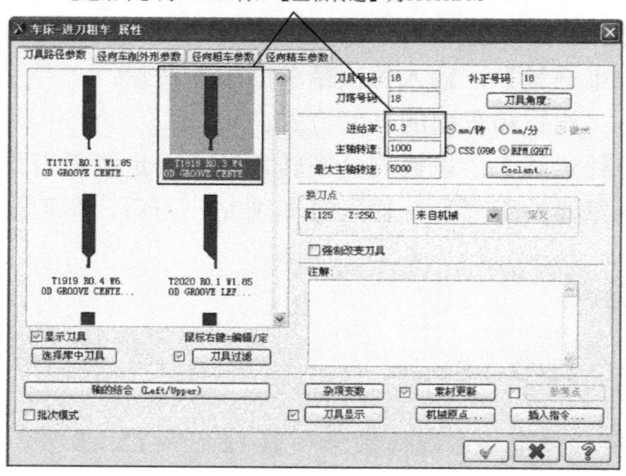

图 12-83　设置刀具路径参数

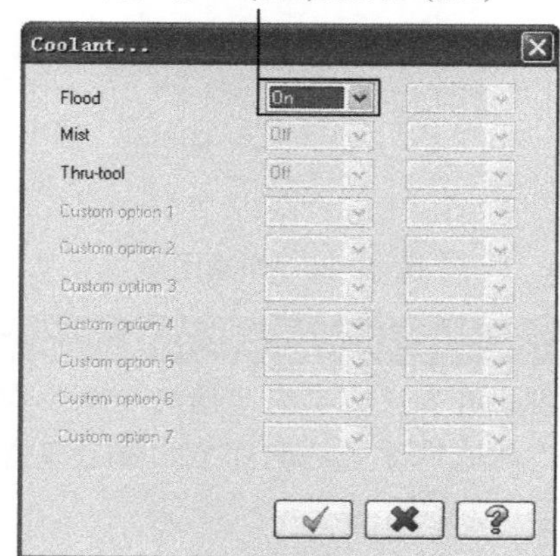

图 12-84　冷却液设置

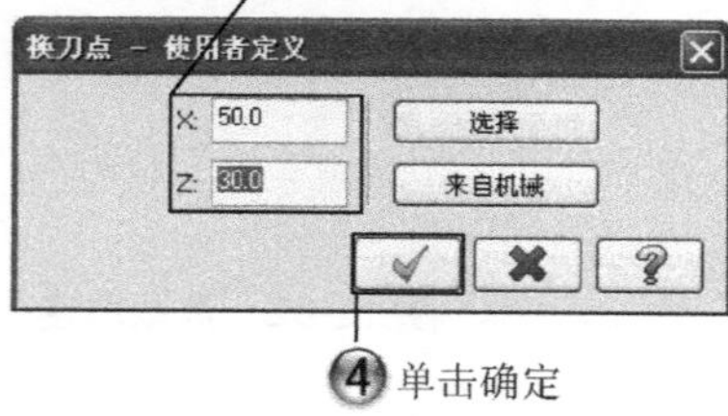

图 12-85　换刀点设置

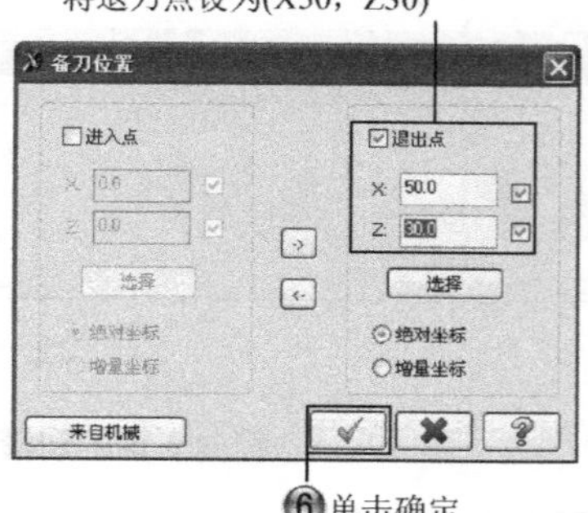

图 12-86　参考点设置

⑦ 切换到【径向车削外形参数】选项卡，设置车槽外形参数

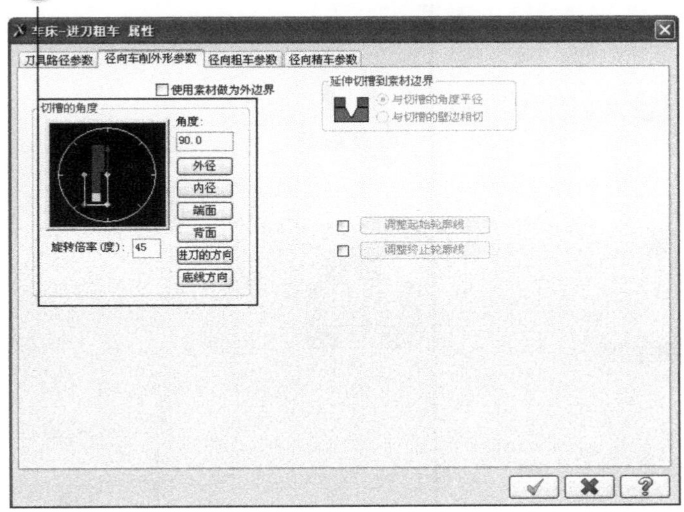

图 12-87　径向车削外形参数设置

步骤 04　设置径向粗车参数

在【车床-进刀粗车 属性】对话框中单击【径向粗车参数】标签，切换到【径向粗车参数】选项卡，按图 12-88～图 12-89 所示进行操作。

最后系统根据所设参数生成车槽刀具路径，如图 12-90 所示。

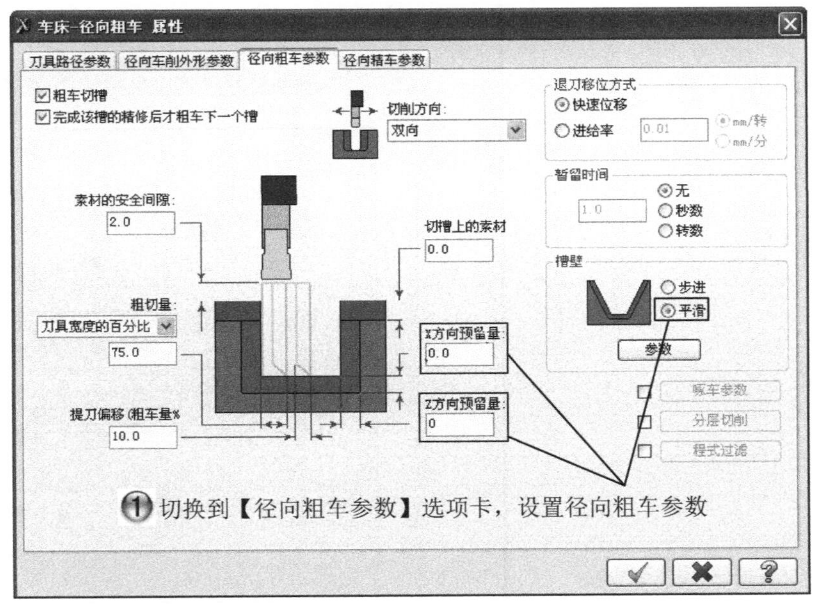

图 12-88　设置径向粗车参数

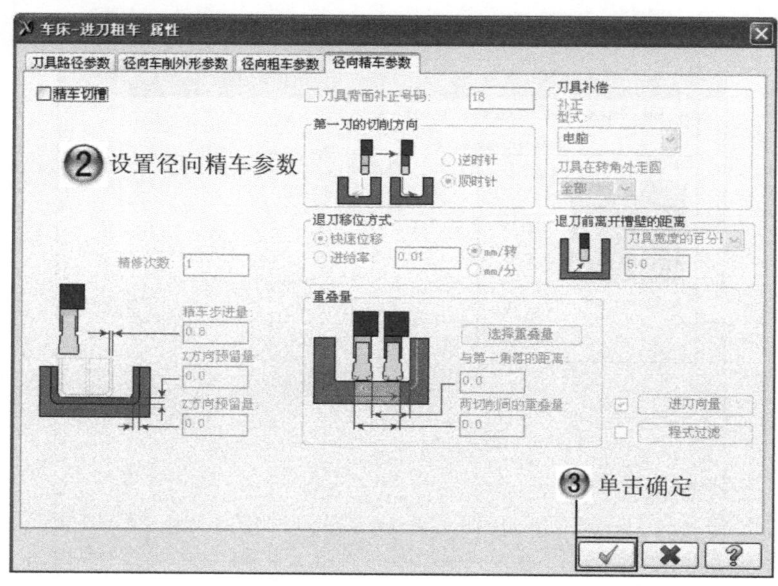

图 12-89　设置径向精车参数

步骤 05　设置毛坯

在【刀具路径】操作管理器中单击【素材设置】节点，系统弹出【机器群组属性】对话框，切换到【素材设置】选项卡，按图 12-91 图 12-93 所示进行操作。

最后将刀具路径进行模拟，模拟结果如图 12-94 所示。

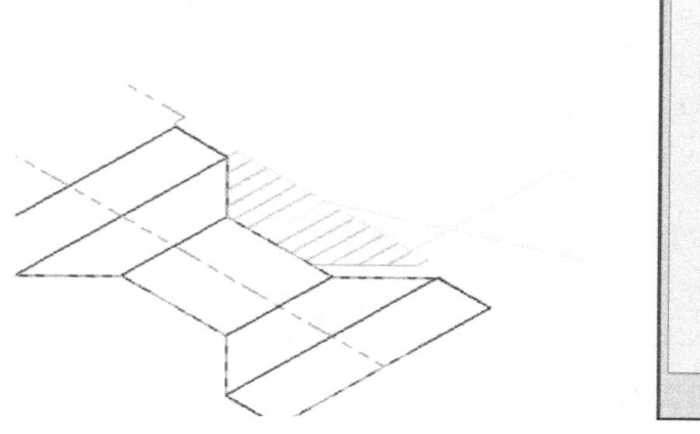

图 12-90　车槽刀具路径

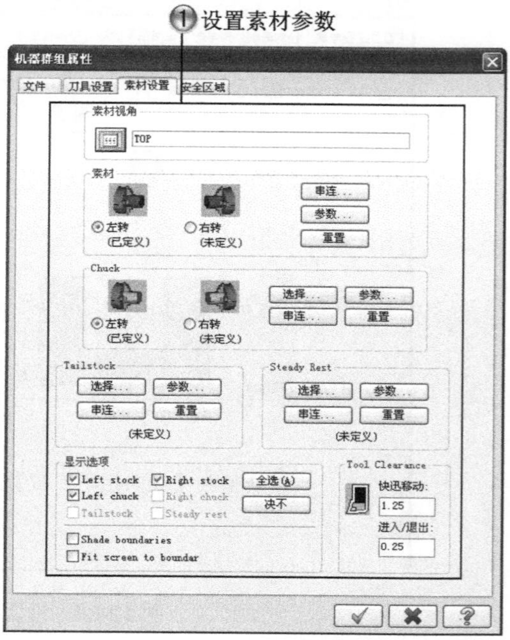

① 设置素材参数

图 12-91　材料设置

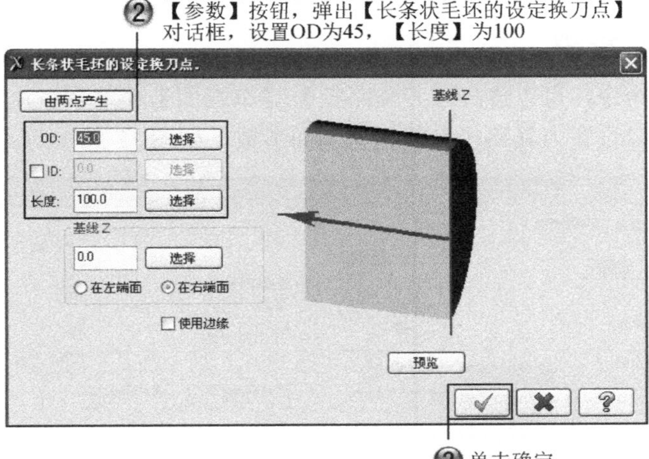

图 12-92 毛坯设置

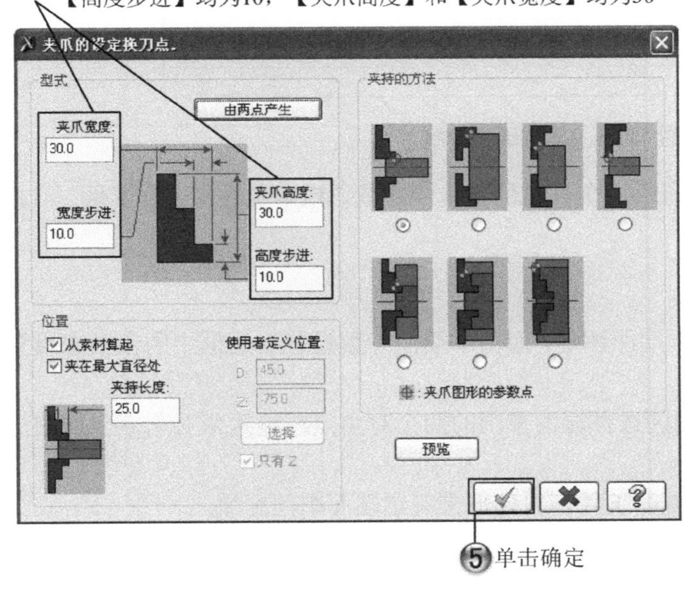

图 12-93 夹爪设置

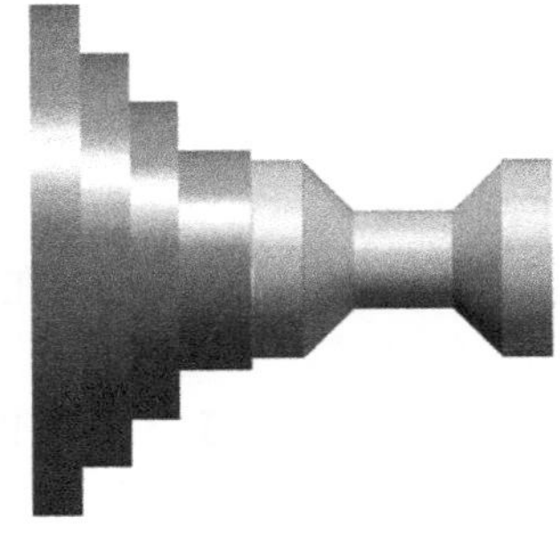

图 12-94 模拟结果

12.5 车端面加工

车削端面刀具路径适合用来车削毛坯工件的端面，或零件结构在 Z 方向的尺寸较大的场合。

12.5.1　车端面参数

要启动车端面命令，可以选择【刀具路径】|【车端面】菜单命令，弹出【车床-车端面属性】对话框，可以设置刀具路径参数和车端面参数，如图 12-95 所示。

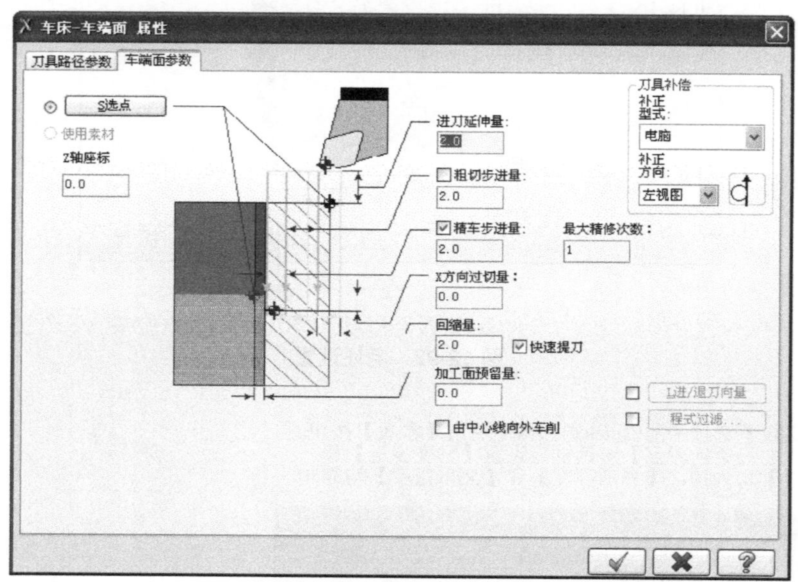

图 12-95　车削端面参数

车削端面加工参数主要用于设置端面车削时的粗车步进量、精车步进量、预留量、刀具补偿和进退刀向量等。

1．车削端面的区域

车削端面时，用户可以不用绘制端面图形，而由车端面参数设置对话框中的参数来设置端面车削区域。

①　【选点】：用户可以在绘图区选择端面车削的两个对角点或输入两对角点坐标来产生端面车削区域。

②　【使用素材】：系统以设置的工件坯料外形来确定端面车削区域。

③　【Z 轴座标】：输入车削端面 Z 方向的长度。

2．端面车削参数

端面车削参数含义如下。

①　【进刀延伸量】：输入进刀路径离开工件的距离。

②　【粗切步进量】：输入每次粗车削的厚度。

③　【精车步进量】：输入每次精车削的厚度。

④　【最大精修次数】：输入精车的次数。

⑤　【X 方向过切量】：输入 X 方向相对于工件中心的过切量。

⑥　【回缩量】：在车削端面后输入 Z 方向的回缩量。

⑦　【加工面预留量】：输入 Z 方向预留量。

⑧　【由中心向外车削】：选中此复选框，车削由中心向外车削，否则由外向内车削。

3．刀具补偿

刀具补偿参数如下。

①　【补正型式】：选择补偿的类型。与粗车削相同。

②　【补正方向】：设置补偿方向，有【左视图】和【右视图】。

12.5.2　车端面加工范例

范例文件(光盘)：/12/12-5-2.mcx。

多媒体教学路径：光盘→多媒体教学→第 12 章→12.5.2 节。

步骤 01　打开源文件

打开源文件 12-5-2.mcx，将如图 12-96 所示的图形进行端面车削。

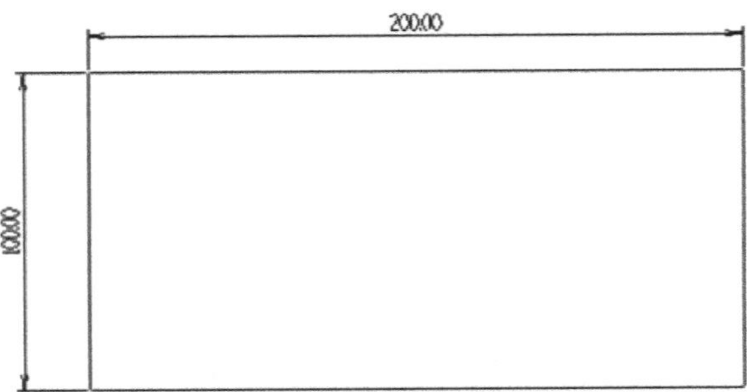

图 12-96　车削图形

技术点拨

本例主要采用圆柱体来说明车削端面加工编程技法。图形比较简单，需要在右端面采用车削端面加工沿径向方向进行车削。可以采用端面车刀进行快速车削。

步骤 02　设置新文件

选择【刀具路径】|【车端面】菜单命令，弹出【输入新的 NC 名称】对话框，如图 12-97 所示。

步骤 03　设置刀具路径参数

弹出【车床-车端面 属性】对话框，按图 12-98～图 12-102 所示进行操作。

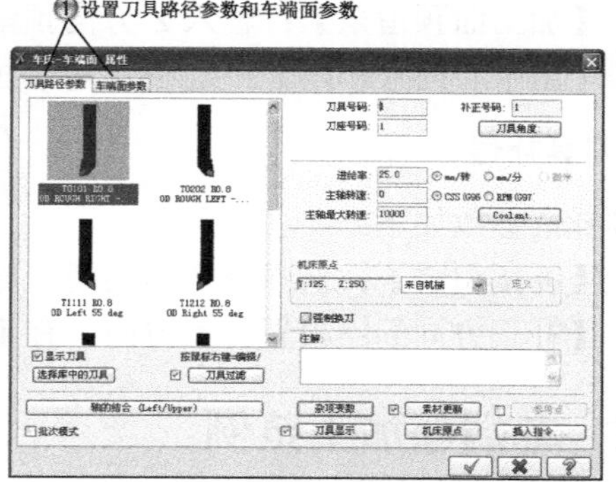

图 12-97 输入新的 NC 名称

图 12-98 设置刀具路径参数

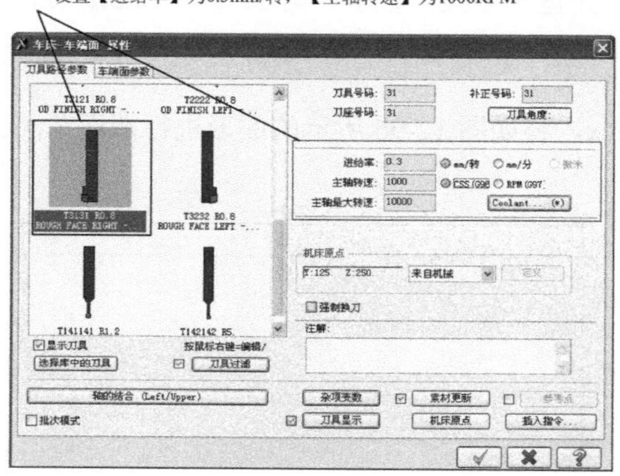

图 12-99 设置刀具参数

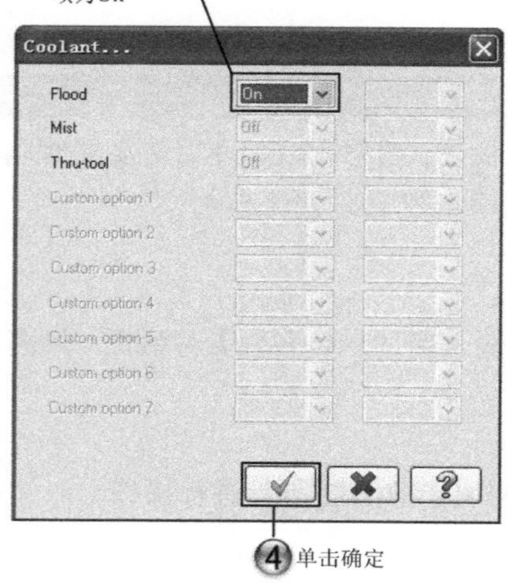

图 12-100 冷却液设置

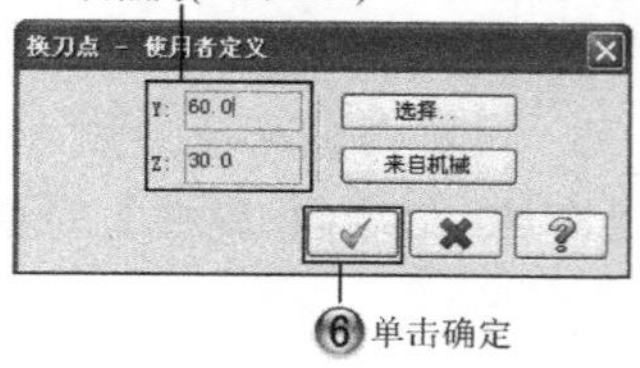

图 12-101 换刀点设置

⑦ 在【刀具路径参数】选项卡中选中【参考点】复选框，系统弹出【参考位置】对话框，用来设置进刀点和退刀点位置。选中退刀点并设置为(Y60,Z30)

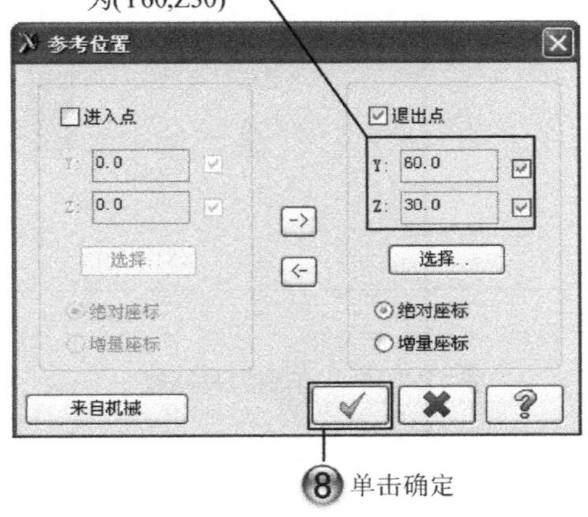

⑧ 单击确定

图 12-102 退刀点设置

步骤 04 设置车端面参数

按图 12-103 所示进行操作。系统根据所设参数生成车削刀具路径，如图 12-104 所示。

① 切换到【车端面参数】选项卡，设置【进刀延伸量】为1，【粗切步进量】为1，【精车步进量】为0.5，【X方向过切量】为2

② 设置端面区域，选取两点作为端面区域

③ 单击确定

图 12-103 车端面参数

步骤 05 设置毛坯

在刀具路径操作管理器中单击【素材设置】节点，系统弹出【机器群组属性】对话框，切换到【素材设置】选项卡，按图 12-105～图 12-108 所示进行操作。

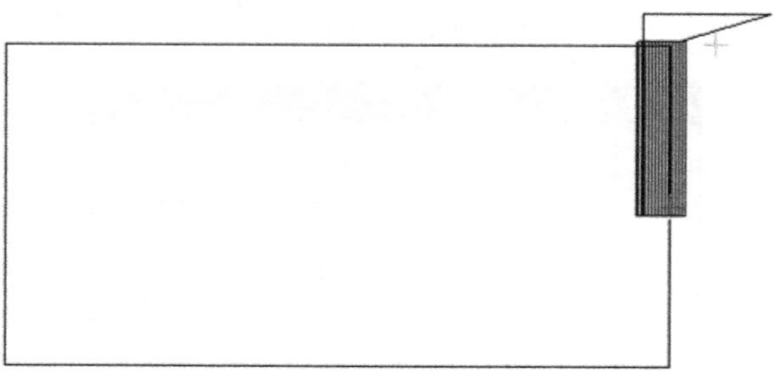

图 12-104　车削刀具路径

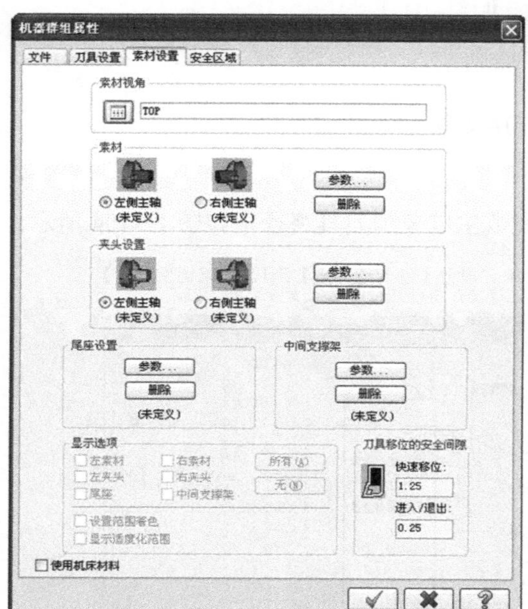

图 12-105　材料设置

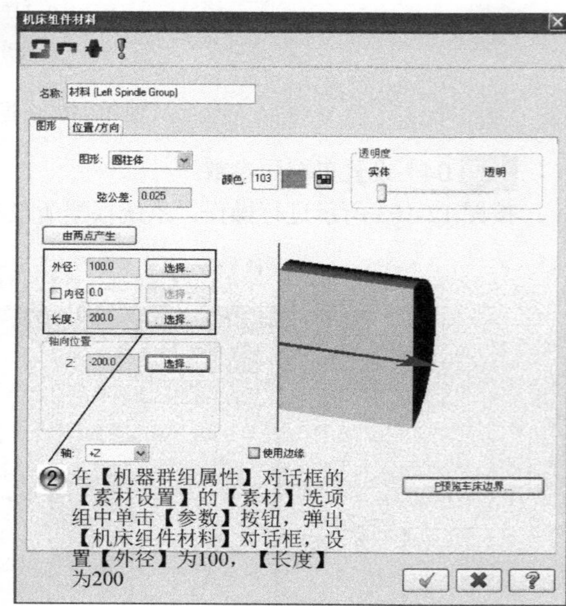

图 12-106　毛坯参数

图 12-107　预览毛坯

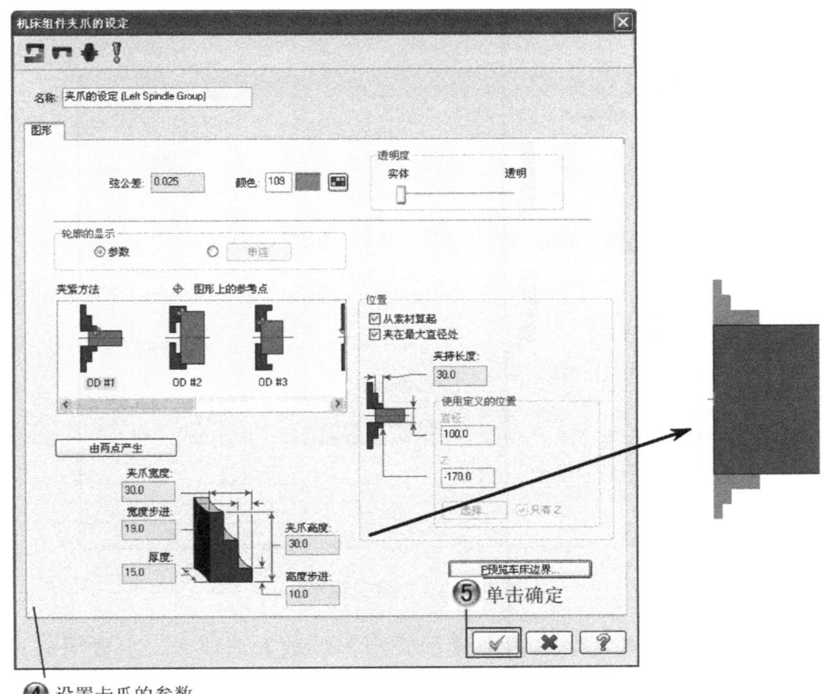

图 12-108　卡爪设置

最后对车端面刀具路径进行模拟，模拟结果如图 12-109 所示。

图 12-109　模拟结果

12.6　快速简式车削

对较简单的工件而言，用户可以采用快速简式车削来进行车削加工。快速简式车削包括快速简式粗车、快速简式精车，快速简式径向车削。下面将分别进行讲解。

12.6.1　快速简式粗车削

选择【刀具路径 属性】|【快速】|【粗车】菜单命令，选取需要加工的外形并确定后，系统弹出【车床-简式粗车 属性】对话框，可以设置简式粗车的刀具参数和简式粗车参数，

如图 12-110 所示。

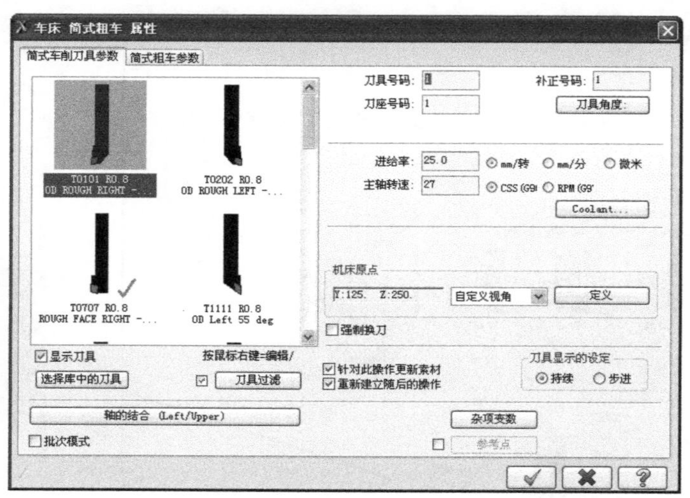

图 12-110　简式粗车

单击【简式粗车参数】标签，切换到【简式粗车参数】选项卡，主要用来设置简式粗车参数，如图 12-111 所示。

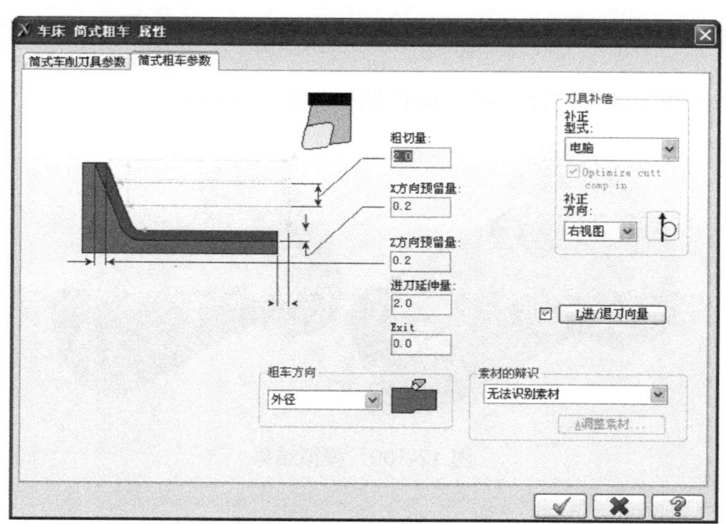

图 12-111　【简式粗车参数】选项卡

其部分参数含义如下。

① 【粗切量】：每层粗切的吃刀量。

② 【X 方向预留量】：X 方向预留的残料。

③ 【Z 方向预留量】：Z 方向预留的残料。

④ 【进刀延伸量】：进刀方向的进入点离工件的距离。

12.6.2 快速简式精车削

用户可以采用快速简式精车来进行精车削外形较简单的工件。选择【刀具路径】|【快速】|【精车】菜单命令，按默认输入新 NC 名称后，系统弹出【车床-简式精车 属性】对话框，可以设置简式精车的刀具参数和简式精车参数，如图 12-112 所示。

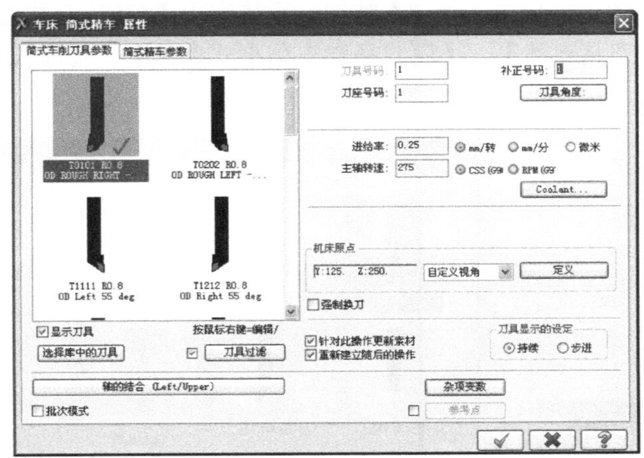

图 12-112 简式精车

单击【简式精车参数】标签，切换到【简式精车参数】选项卡，主要用来设置简式精车参数，如图 12-113 所示。

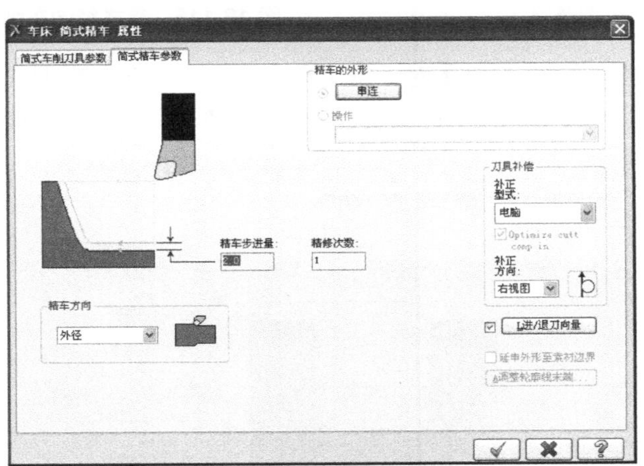

图 12-113 【简式精车参数】选项卡

其部分含义如下。

① 【精车外形】：选取精车削需要的外形加工串连。

② 【精车步进量】：精车削时每层切削的吃刀量。

③ 【精修次数】：输入精修的切削次数。

④ 【精车方向】：指定精车的类型，有【外径】、【内径】、2D、【后视角(背面)】等。

12.6.3 快速简式径向车削

对于凹槽形状简单的工件，用户可以采用快速简式径向车削来进行凹槽车削。选择【刀具路径】|【快速】|【 简式径向车削】菜单命令，按默认输入新NC名称后，系统弹出【简式径向车削的选项】对话框，可以设置凹槽定义方式，如图12-114所示。选中需要的类型并在绘图区选取凹槽图元后单击【确定】按钮，系统弹出【车床 简式径向车削 属性】对话框，设置【简式车削刀具参数】、【简式径向车削型式参数】、【简式径向车削参数】，如图12-115所示。

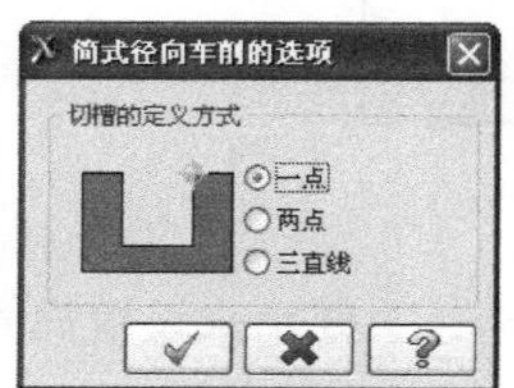

图12-114 简式径向车削选项

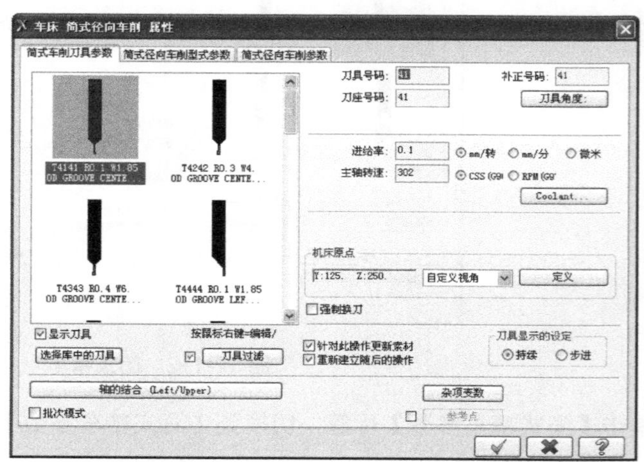

图12-115 简式径向车削

在【车床 简式径向车削 属性】对话框中单击【简式径向车削型式参数】标签，切换到【简式径向车削型式参数】选项卡，可以设置简式径向车削凹槽形状参数，如图12-116所示。

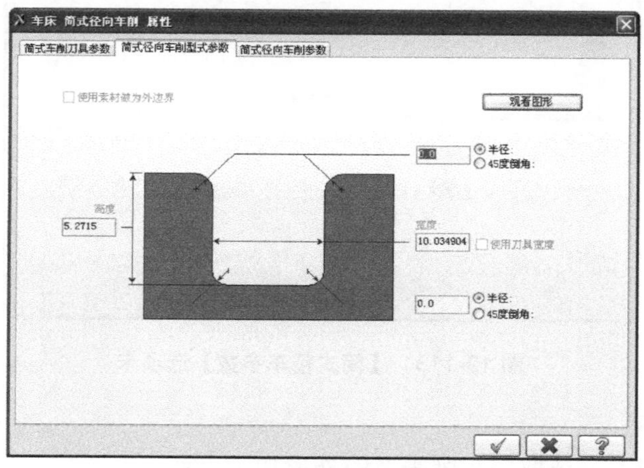

图12-116 【简式径向车削型式参数】选项卡

其部分参数含义如下。

- 【半径】用来输入凹槽上下角点的圆角半径值。

- 【45 度倒角】用来输入凹槽上下角点倒角值。
- 【宽度】用来输入凹槽的宽度值。
- 【高度】用来输入高槽径向高度值。

在【车床-简式径向车削 属性】对话框中单击【简式径向车削参数】标签，切换到【简式径向车削参数】选项卡，可以设置简式径向车削参数，如图 12-117 所示。

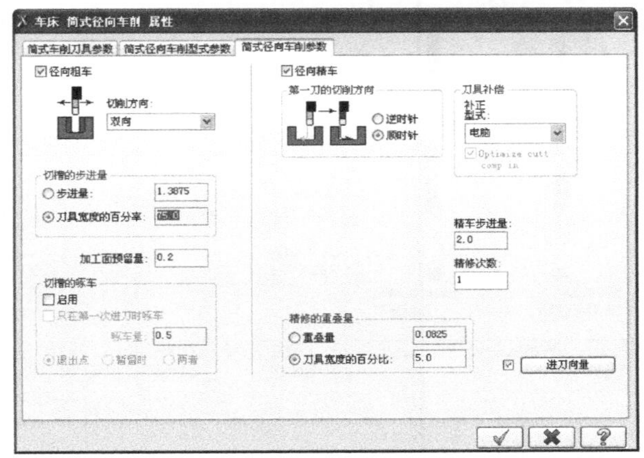

图 12-117　【简式径向车削参数】选项卡

其部分参数含义如下。【径向粗车】用来设置径向粗车削参数。【切削方向】用来设置刀具在凹槽中切削的走刀方式，有【双向】、【正的】和【负的】3 种走刀方式。【切削的步进量】用来设置切槽粗车的步进量。【加工面预留量】用来设置预留残料，留给精加工的余量。【径向精车】用来设置精车凹槽的参数。【第一刀的切削方向】用来设置精车削的切削方向，有逆时针和顺时针两种。【刀具补偿】用来设置切削半径补偿。

12.7　循 环 车 削

当工件余量较多，或者工件要求的精度和光洁度比较高，采用一次车削加工不了所有的材料或者达不到图纸所要求的精度和光洁度，就可以采用多次循环车削的方式来加工，循环车削包括粗车循环、精车循环、径向车削循环和外形车削循环。

12.7.1　粗车循环

粗车循环是通过产生外圆粗切削复合循环指令 G71 来车削工件，参数与粗车参数类似。只是在切削时分层循环切削，并在程序中产生 G71 指令。

G71 指令的格式如下：

```
G71  U (△d) R(e)
G71  P(ns)Q(nf)U(△u)W(△w)F(f)S(s)T(t)
```

△d 表示粗车削每层的半吃刀量；e 表示每层车削完毕后进行下一层车削前在 X 方向的退刀量；ns 表示精加工路线的第一个程序段的顺序号；nf 表示精加工路线的最后一个程序段的顺序号；△u 表示 X 方向上的精加工余量；△w 表示 Z 方向上的精加工余量；F、S、T

表示进给切削速度、主轴转速功能及刀具功能。

选择【刀具路径】|【循环】|【粗车】菜单命令，按默认输入新 NC 名称后，选取需要加工的串连并确定，系统弹出【车床 粗车循环 属性】对话框，可以设置粗车循环的【刀具路径参数】、【循环粗车的参数】等，如图 12-118 所示。

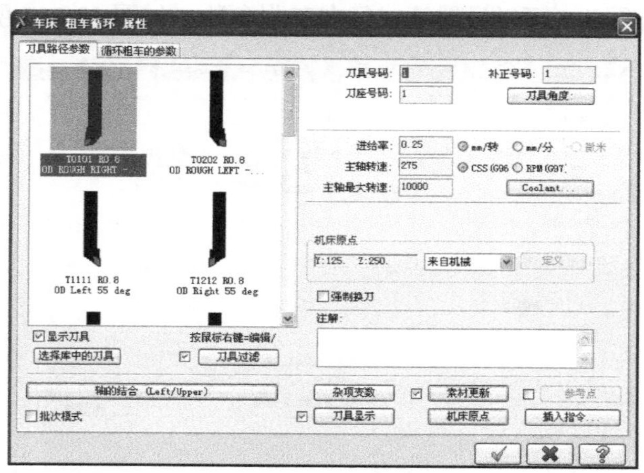

图 12-118　粗车循环

在【车床 粗车循环 属性】对话框中单击【循环粗车的参数】标签，切换到【循环粗车的参数】选项卡，可以设置循环粗车的粗切量、预留量等参数，如图 12-119 所示。

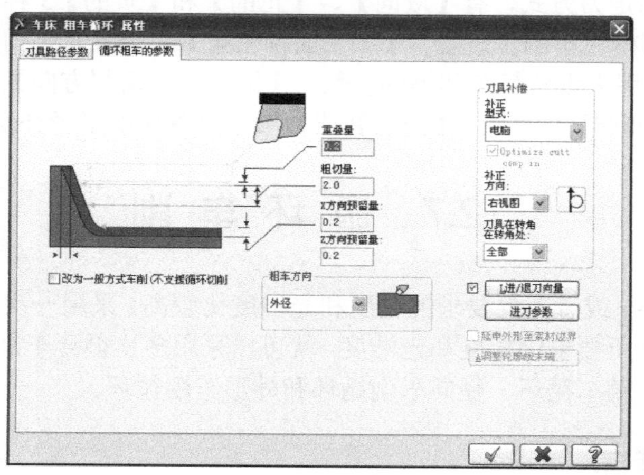

图 12-119　循环粗车参数

其部分参数含义如下。【重叠量】即每相邻的两层粗切循环重叠在一起的材料厚度；【粗切量】即每层切削量；【X 方向预留量】即径向预留的量；【Z 方向预留量】即切削进给方向预留的量。

12.7.2　精车循环

精车循环是通过产生外圆精切削复合循环指令 G70 来车削零件。在产生的 NC 程序中输出 G70 指令。参数与精车削参数类似。

G70 的格式如下：

```
G70  P(ns)Q(nf)
```

ns 表示精加工路线的第一个程序段的顺序号；nf 表示精加工路线的最后一个程序段的顺序号。

选择【刀具路径】|【循环】|【精车】菜单命令，按默认输入新 NC 名称后，选取需要加工的串连并确定，系统弹出【车床 精车循环 属性】对话框，可以设置精车循环的【刀具路径参数】、【循环精车的参数】等，如图 12-120 所示。

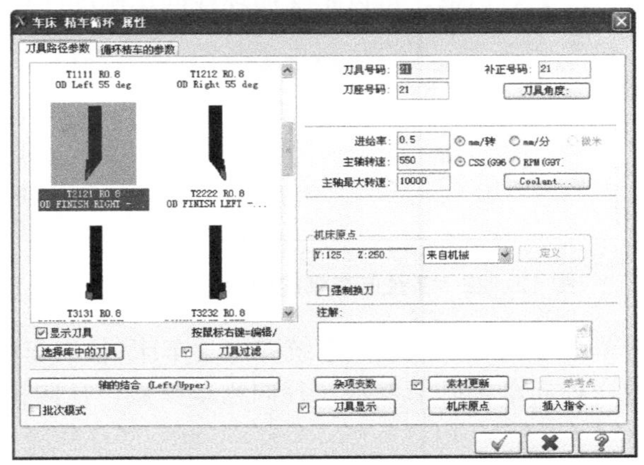

图 12-120　精车循环

在【车床 精车循环 属性】对话框中单击【循环精车的参数】标签，切换到【循环精车的参数】选项卡，可以设置循环精车的刀具补偿、进退刀点等参数，如图 12-121 所示。

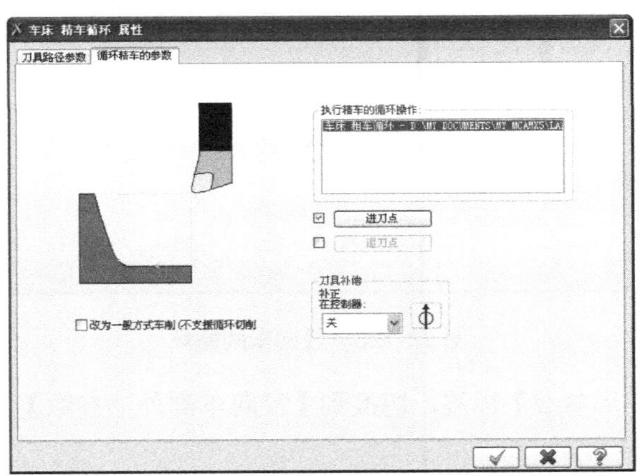

图 12-121　循环精车参数

12.7.3　径向车削循环

径向车削循环是通过产生车槽复合循环指令 G75 来车削工件上的凹槽部位。在 NC 程序中输出 G75 指令，参数与径向车削类似。

G75 格式如下：

```
G75  R(e)
G75  X   Z   P(u)Q(w)F(f)S(s)T(t)
```

e 表示每层车削完后进行下一层车削前在 X 方向的退刀量；X、Z 表示凹槽左下角点的坐标；u 表示每层车削在 X 方向的下刀量；w 表示每层车削在 Z 方向的步进量；F、S、T 表示进给切削速度、主轴转速、刀具功能。

选择【刀具路径】|【循环】|【 径向车削】菜单命令，按默认输入新 NC 名称后，系统弹出【径向车削的切槽选项】对话框，可以定义循环径向车削的凹槽，如图 12-122 所示。

图 12-122 【径向车削的切槽选项】对话框

选取凹槽特征点后单击【确定】按钮，系统弹出【车床 径向车削循环 属性】对话框，可以设置刀具路径参数、径向车削外形参数、径向粗车参数、径向精车参数，如图 12-123 所示。

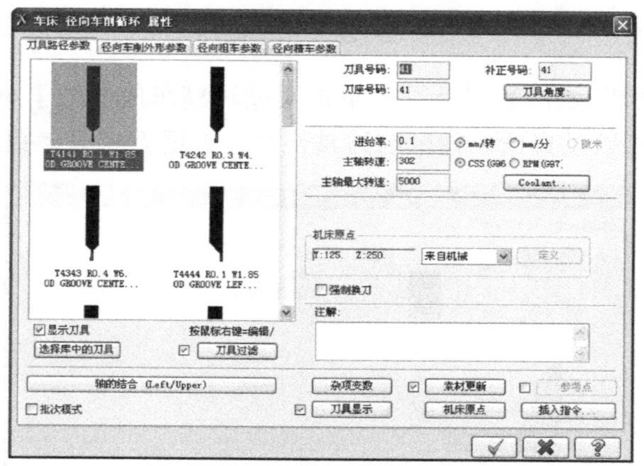

图 12-123 径向车削循环

单击【径向车削外形参数】标签，切换到【径向车削外形参数】选项卡，用来设置凹槽外形参数，如图 12-124 所示。

其部分参数含义如下。【切削的角度】用来设置切削所在的角度位置，有切削外径(外圆径向)、内径(内圆径向)、2D(端面)、后视角(后端面)4 种方式；【高度】用来设置凹槽的径向高度；【半径】用来设置凹槽上下角点的圆角半径；【倒角】用来设置凹槽上下角点的 45° 倒角值；【锥底角】用来设置凹槽径向侧壁的锥度角。

单击【径向粗车参数】标签，弹出【径向粗车参数】选项卡，用来设置粗车切削方向、步进量、预留量等参数，如图 12-125 所示。

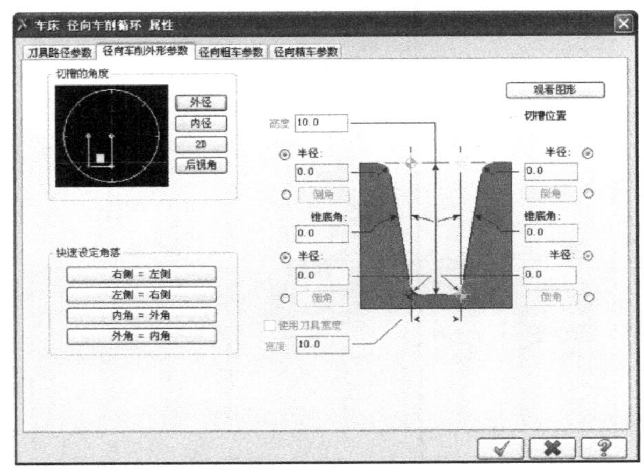

图 12-124　【径向车削外形参数】选项卡

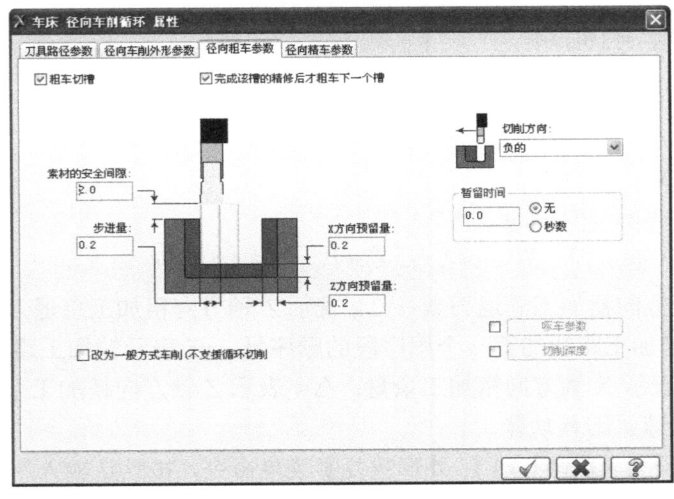

图 12-125　【径向粗车参数】选项卡

其部分参数含义如下。

①　【完成该槽的精修后才粗车下一个槽】：选中此复选框，则系统对某一凹槽粗车和精车完毕后才进行下一凹槽的切削，否则对全部的凹槽进行粗车后再精修。

②　【素材的安全间隙】：刀具在进入素材前在 X 方向上与素材之间的间隙。

③　【步进量】：粗车切槽在 Z 方向的步进量。

④　【X/Z 方向预留量】：在 X 方向、Z 方向粗车凹槽预留的材料。

⑤　【切削方向】：【正的】是沿 Z 轴正向切削，【负的】是沿 Z 轴负向切削。

单击【径向精车参数】标签，切换到【径向精车参数】选项卡，可以设置精修次数、步进量、预留量等参数，如图 12-126 所示。

其部分参数含义如下。【精修次数】用来设置径向精车加工的次数。【精车步进量】即每层精车加工的厚度。【X、Z 方向预留量】即 X、Z 方向预留给下一工序的残料。【第一刀的切削方向】有逆时针和顺时针方向，可以设置第一刀精车的切削方向。

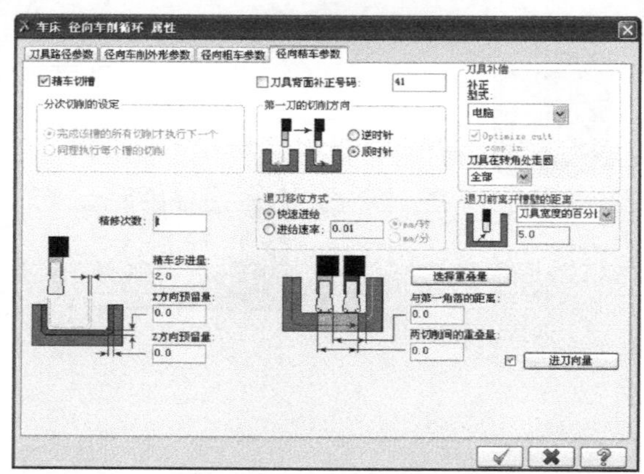

图 12-126 【径向精车参数】选项卡

12.7.4 外形车削循环

外形车削循环是通过产生外形切削的复合循环指令 G73 来车削工件的。产生的 NC 程序输出 G73 指令，产生的刀具路径和外形保持一致。

G73 格式如下：

```
G73  U(△I)  W(△k)  R(d)
G73  P(ns)  Q(nf)  U(△u) W(△w)  F(f)  S(s)  T(t)
```

△I 表示 X 轴方向粗加工总退刀量；△k 表示 Z 轴方向粗加工总退刀量；d 表示重复加工次数；ns 表示精加工路线的第一个程序段的顺序号；nf 表示精加工路线的最后一个程序段的顺序号；△u 表示 X 轴方向精加工余量；△w 表示 Z 轴方向精加工余量；F、S、T 表示进给速度、主轴转速、刀具功能。

选择【刀具路径】|【循环】|【 外形重复】菜单命令，按默认输入新 NC 名称后，选取需要车削的外形串连并单击确定，系统弹出【车床 外形重复循环 属性】对话框，可以设置【刀具路径参数】和【循环外形重复的参数】，如图 12-127 所示。

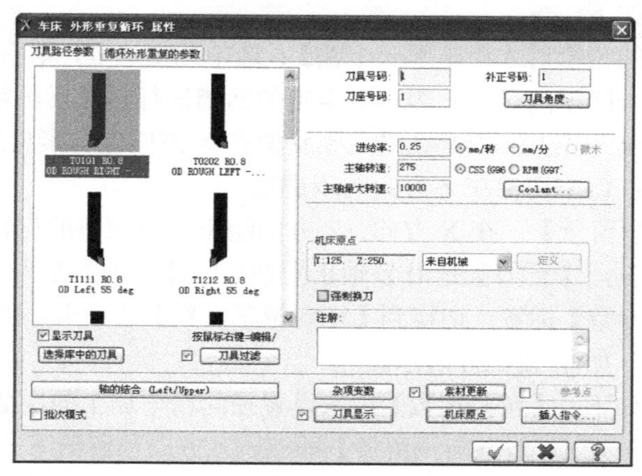

图 12-127 外形重复循环

单击【循环外形重复的参数】标签，切换到【循环外形重复的参数】选项卡，用来设置外形补正角度、步进量、预留量等参数，如图 12-128 所示。

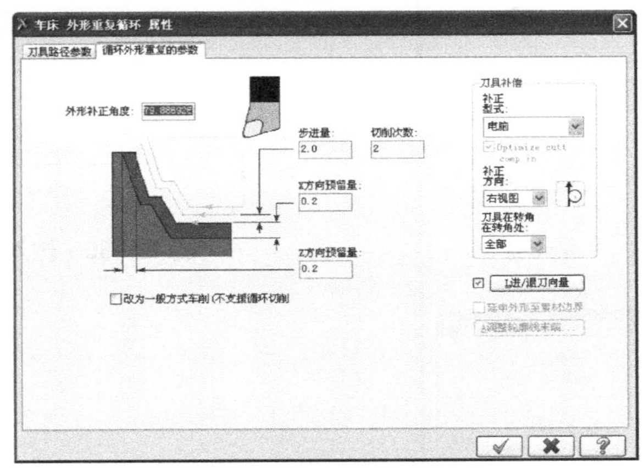

图 12-128　循环外形重复参数

其部分参数含义如下。【外形补正角度】即外形刀路沿设定的角度向外偏移。【步进量】即每层切削的厚度。【切削次数】即外形循环的次数。【X、Z 方向预留量】即给下一工序预留的材料。

12.7.5　外形车削循环范例

范例文件(光盘)：/12/12-7-5.mcx。

多媒体教学路径：光盘→多媒体教学→第 12 章→12.7.5 节。

步骤 01　打开源文件

打开源文件 12-7-5.mcx，对如图 12-129 所示的手柄采用外形车削循环进行车削加工。

技术点拨

本例主要是手柄的车削加工，此手柄外形相对较复杂，右多段圆弧组成的外形曲线呈 S 形，因此，刀具应采用外形精加工刀具，以防干涉。外形上凹槽还算比较深，所以，可以采用外形循环加工模组来进行车削加工。

步骤 02　设置新文件

选择【刀具路径】|【循环车削】|【外形重复】菜单命令，弹出【输入新的 NC 名称】对话框，按图 12-130 所示进行操作。

步骤 03　选取串连

在【输入新的 NC 名称】对话框中单击【确定】按钮后，系统弹出【串连选项】对话框，按图 12-131 所示进行操作。

步骤 04　设置刀具路径参数

系统弹出【车床 外形重复循环 属性】对话框，单击【刀具路径参数】标签，切换到

【刀具路径参数】选项卡，按图 12-132～图 12-135 所示进行操作。

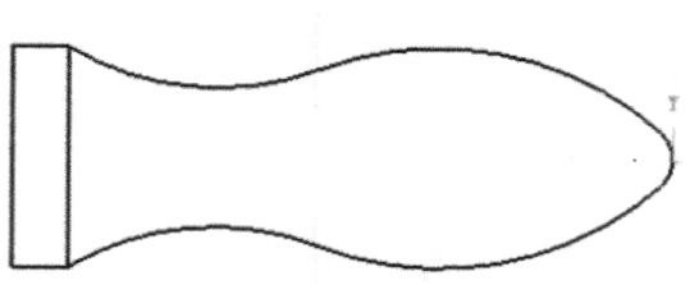

图 12-129　手柄车削

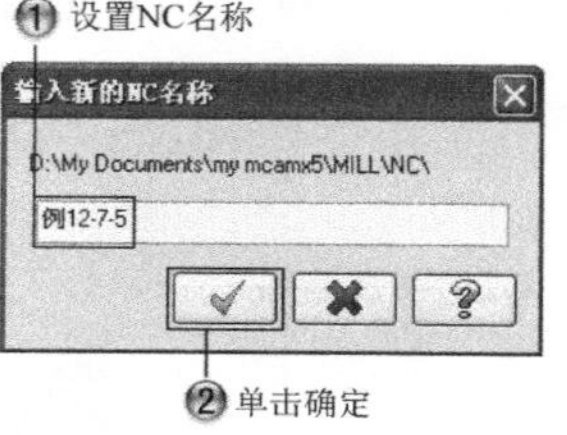

图 12-130　输入新的 NC 名称

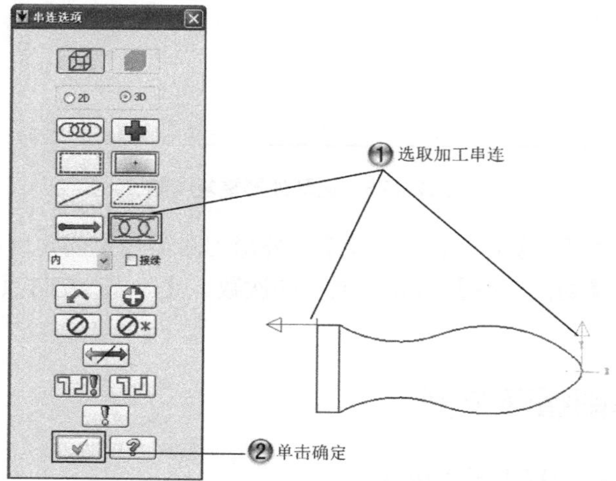

图 12-131　选取串连

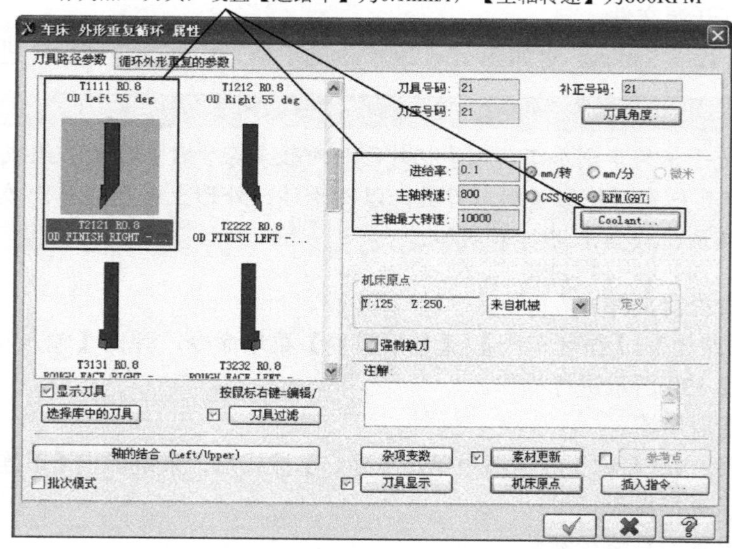

图 12-132　设置刀具路径参数

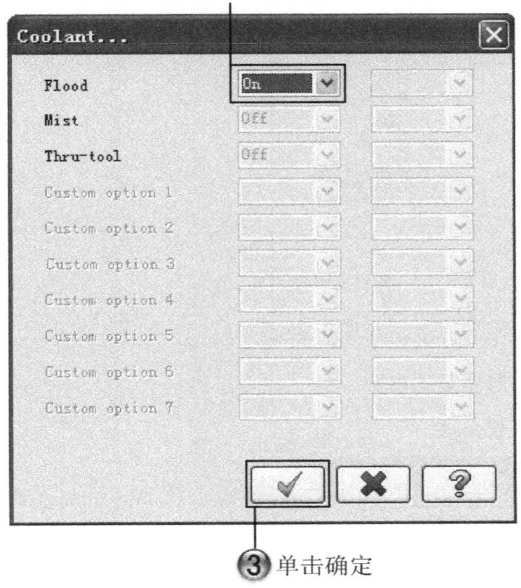

图 12-133　冷却液设置

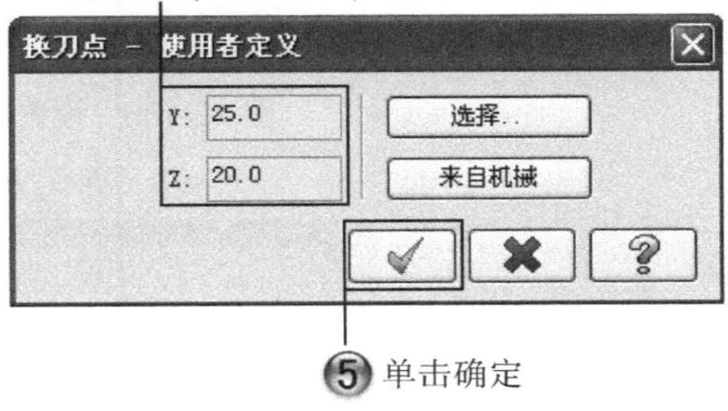

图 12-134　换刀点设置

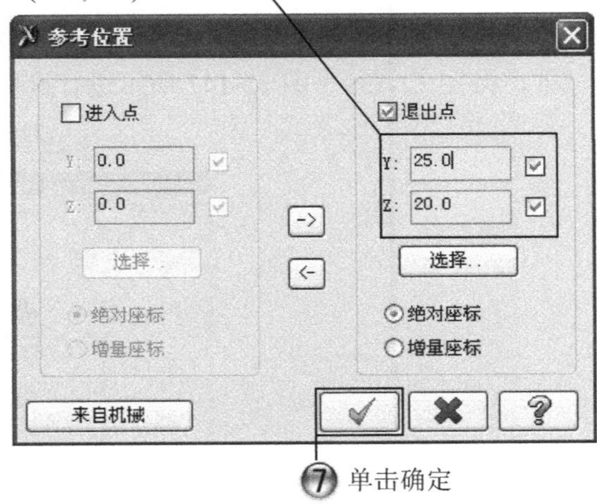

图 12-135　退刀点设置

步骤 05　设置循环外形重复的参数

按图 12-136～图 12-137 所示进行操作。

系统根据所设参数生成车削刀具路径，如图 12-138 所示。

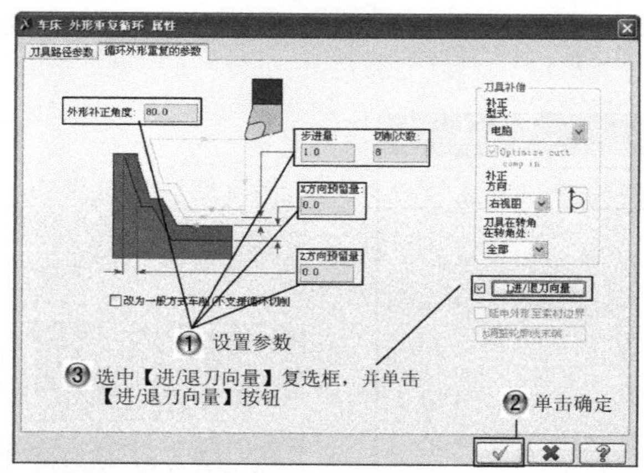

图 12-136 设置循环外形重复的参数

图 12-137 进/退刀向量

步骤 06 设置毛坯

在刀具路径操作管理器中单击【素材设置】节点，系统弹出【机器群组属性】对话框，切换到【素材设置】选项卡，按图 12-139～图 12-142 所示进行操作。

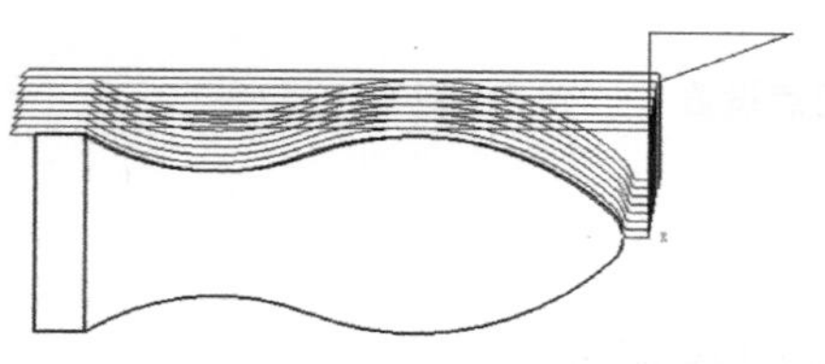

图 12-138 生成刀具路径

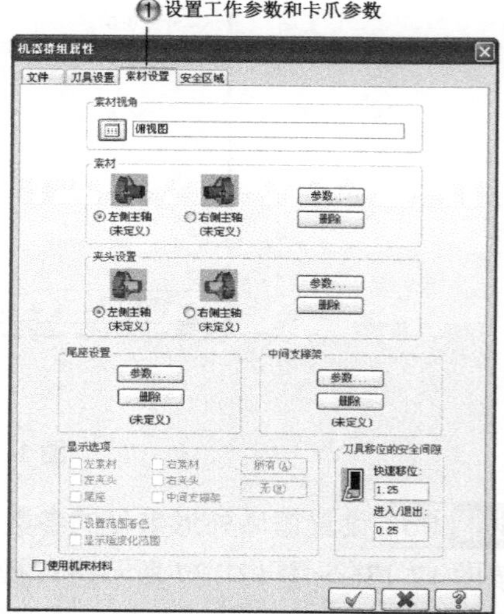

图 12-139 材料设置

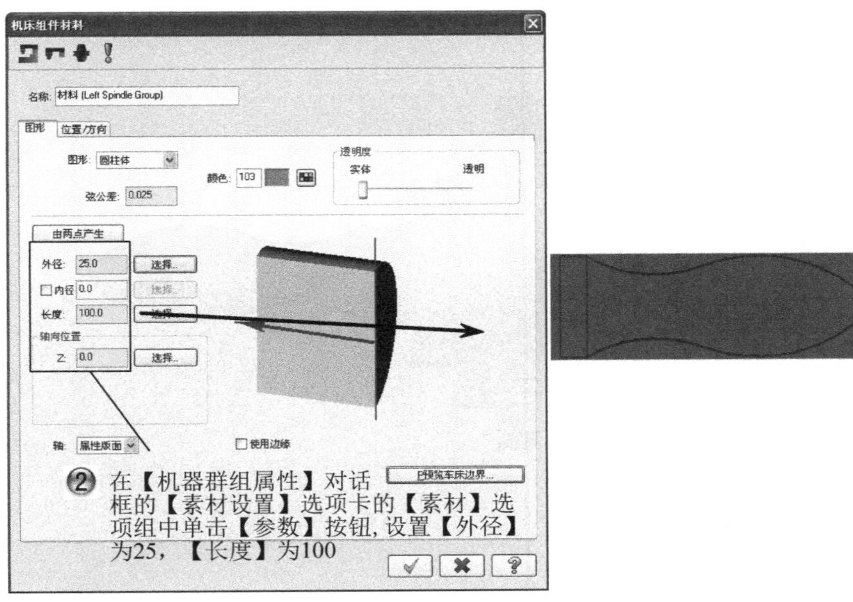

图 12-140　毛坯设置

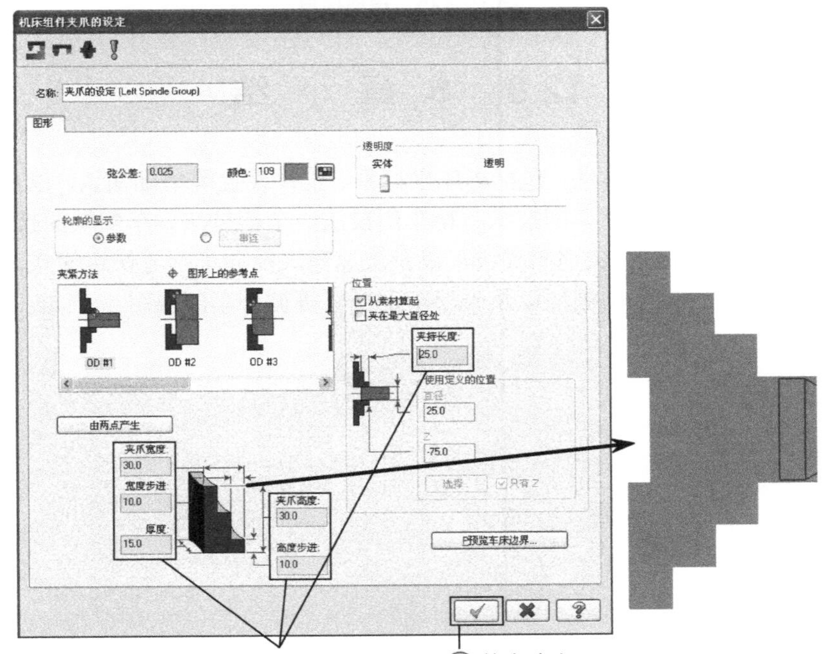

图 12-141　卡爪设置

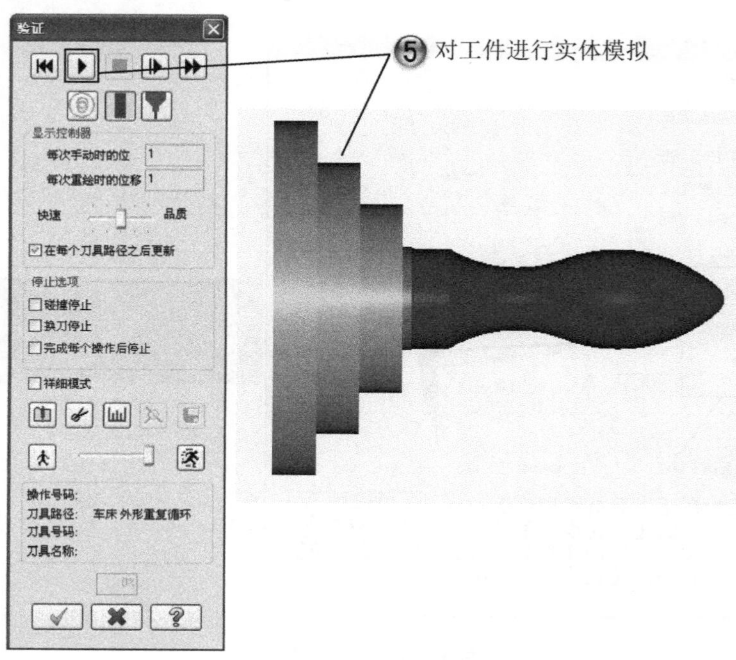

图 12-142 模拟结果

12.8 本 章 小 结

本章主要讲解车削编程技法，包括车床坐标系、工件设置等基础知识，以及各种车削编程技法。读者应掌握基本的粗车削技法、精车削技法、车槽技法、车削端面技法等。此外，还要学会编制快速简式粗车、快速简式精车以及快速简式径向车削等快速简式车削模组和粗车循环、精车循环、径向车削循环以及外形车削循环等循环车削模组。

第13章

Mastercam X5

线切割加工

本章导读：

线切割技术在现代制造业中应用极其广泛，是采用电极丝进行放电加工。尤其在现代模具制造业中的使用更为频繁。线切割加工是线电极电火花切割的简称，即 WEDM，Mastercam X5 提供了线切割的多种加工方式，供用户进行选择，包括外形线切割、无屑线切割和四轴线切割等。

学习内容：

学习目标 知识点	理　解	应　用	实　践
线切割的加工原理	√	√	
线切割的适用范围	√	√	
放电加工的火花位和脉冲等概念	√	√	
外形线切割加工		√	√
无屑线切割加工		√	√
四轴线切割加工		√	√

13.1 线切割加工概述

电火花线切割简称线切割。它是在电火花穿孔、成型加工的基础上发展起来的。它不仅使电火花加工的应用得到了发展，而且某些方面已取代了电火花穿孔、成形加工。如今，线切割机床已经非常普及，一般的小模具作坊都具备线切割机进行模具加工。线切割加工属电加工范畴，是苏联拉扎林科夫妇研究开关触点受火花放电腐蚀损坏的现象和原因时，发现电火花的瞬时高温可以使局部的金属熔化、氧化而被腐蚀掉，从而开创和发明了电火花加工方法。第一台线切割机也于1960年由苏联发明。线切割加工是采用电进行腐蚀加工，其物理上的原理是自由正离子和电子在场中积累，很快形成一个被电离的导电通道。在这个阶段，两板间形成电流。导致粒子间发生无数次碰撞，形成一个等离子区，并很快升高到8000～12000℃的高温，在两导体表面瞬间熔化一些材料。同时，由于电极和电介液的汽化，形成一个气泡，并且它的压力规则上升直到非常高。然后电流中断，温度突然降低，引起气泡内向爆炸，产生的动力把熔化的物质抛出弹坑，然后被腐蚀的材料在电介液中重新凝结成小的球体，并被电介液排走。然后通过NC控制的监测和管控，伺服机构执行，使这种放电现象呈周期性均匀进行，从而达到将物体成型的目的，使之成为合乎要求之尺寸大小及形状精度的产品。

电流电压以及脉冲对切割速度和质量都有影响。在一定条件下，但其他工艺条件不变时，增大短路峰值电流，或提高电压，都可以提高切割速度，但表面粗糙度将会变差。这是作为短路峰值电流越大，单个脉冲能量越大，放电的电痕就越大，切割速度高，表面粗糙度就比较差。增大脉冲宽度时，切割速度提高，但是表面粗糙度变差。这是因为脉冲宽度增大，单个脉冲放电能量增大，所以致使切割速度提高，表面粗糙度变差

13.2 外形线切割加工

外形线切割是电极丝根据选取的加工串连外形进行切割出产品的形状的加工方法。可以切割直侧壁零件，也可以切割带锥度的零件。外形线切割加工应用较广泛，可以加工很多较规则的零件。要启动线切割加工，在编程之前必须先选择线切割机床，选择【机床类型】|【线切割】|【默认】菜单命令，在刀具路径操作管理器中即创建一个默认的线切割加工群组，如图13-1所示。

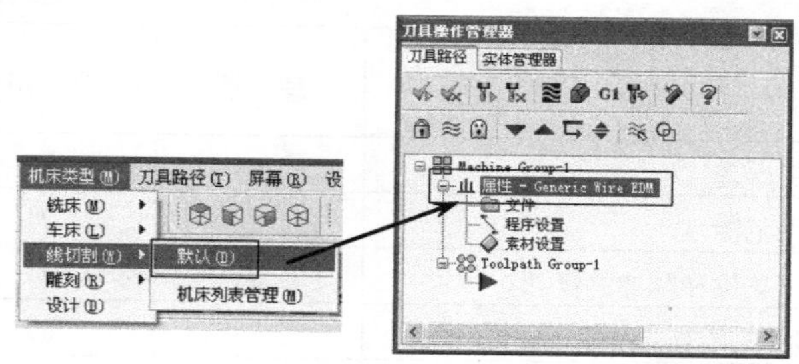

图 13-1　启动线切割机床

选择了默认的线切割机床后，即启动了线切割加工模组，接下来即可进行线切割加工编程了。

13.2.1　外形线切割参数

选择【刀具路径】|【轨迹生成】菜单命令，弹出【输入新的 NC 名称】对话框，按默认的名称，单击【确定】按钮后，系统弹出【串连选项】对话框，选取加工串连并单击【确定】按钮，弹出【线切割刀具路径-外形参数】对话框，可以设置外形线切割刀具路径的参数，如图 13-2 所示。

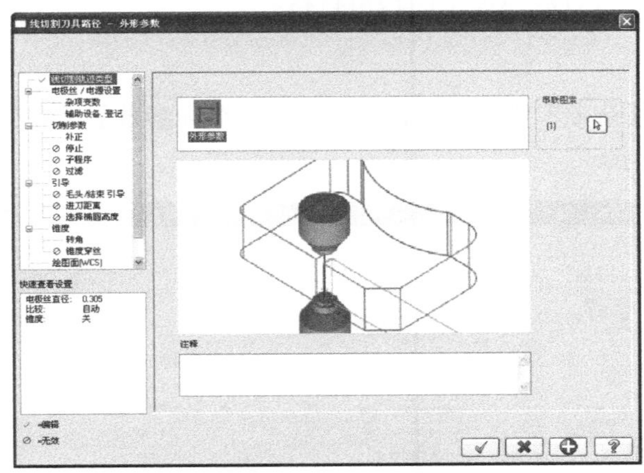

图 13-2　外形线切割参数

外形线切割刀具路径需要设置切削参数、补正、停止、引导、锥度等参数，下面将详细讲解各参数含义。

1．电极丝/电源设置

在对话框中单击【电极丝/电源设置】节点，系统弹出【电极丝/电源设置】设置界面，用来设置电源参数以及电极丝相关参数，如图 13-3 所示。

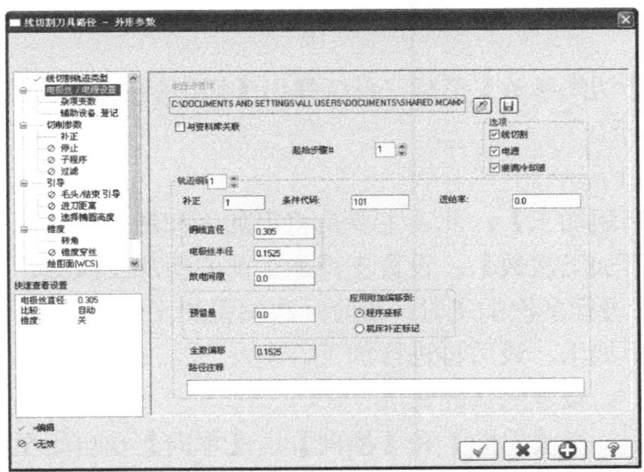

图 13-3　电极丝/电源设置

其部分参数含义如下。

① 【线切割】：选中此复选框，表示为机床装上电极丝。

② 【电源】：选中此复选框，为机床装上电源。

③ 【装满冷却液】：选中此复选框，为机床装满冷却液。

④ 【轨迹编号】：线切割刀具路径对应的编号。

⑤ 【铜线直径】：设置电极丝的直径。

⑥ 【电极丝半径】：设置电极丝半径。

⑦ 【放电间隙】：设置电火花的放电间隙即火花位。

⑧ 【预留量】：设置放电加工的预留材料。

2．杂项参数

在对话框中单击【杂项参数】节点，系统弹出【杂项参数】设置界面，用来设置辅助相关参数，如图 13-4 所示。

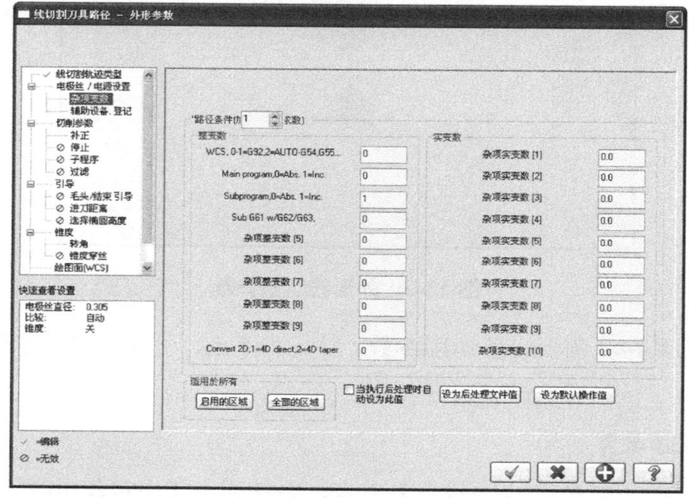

图 13-4　杂项参数设置

3．切削参数

在对话框中单击【切削参数】节点，系统弹出【切削参数】设置界面，用来设置切削相关参数，如图 13-5 所示。

其部分参数含义如下。

① 【切削前分离粗加工】：此项主要是将粗加工和精加工分离，方便支撑切削。

② 【毛头前的再加工次数】：设置支撑加工前的粗加工次数。

③ 【毛头】：在进行多次加工时，在前几次的粗加工中线切割电极丝并不将所有外形切割完，而是留一段不加工，最后再进行加工。

④ 【毛头宽度】：设置毛头的宽度。

⑤ 【切削方式】：有【单向】和【换向】。【单向】是自始至终都采用相同的方向。【换向】是每切割一次，下一次切割都进行反向切割。

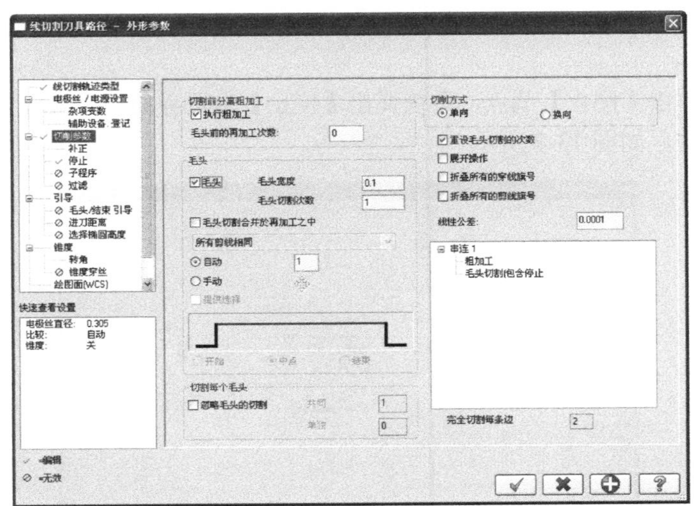

图 13-5　切削参数设置

4．补正

在对话框中单击【补正】节点，系统弹出【补正】设置界面，用来设置补正参数，如图 13-6 所示。

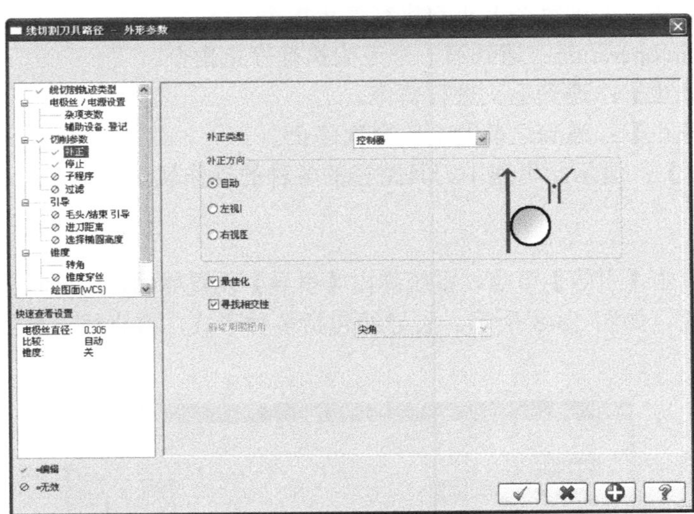

图 13-6　补正

其部分参数含义如下。

①　【补正类型】：设置补正的类型。补正类型有【电脑】、【控制器】、【两者】、【两者反向】、【关】5 种。

②　【补正方向】：设置刀补偏移方向，有【自动】、【左视图】、【右视图】3 种。【左视图】即沿串连方向，电极丝往串连向左偏。【右视图】即沿串连方向，电极丝往串连向右偏。

5．停止

在对话框中单击【停止】节点，系统弹出【停止】设置界面，用来设置线切割电极丝遇到毛头停止的参数，如图 13-7 所示。

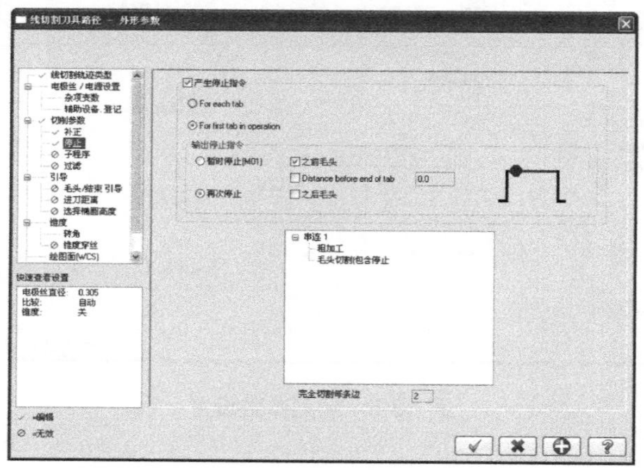

图 13-7　停止

其部分参数含义如下。

① For each tab：遇到每个毛头都执行停止指令。

② For first in operation：遇到第一个毛头执行停止指令。

③ 【暂时停止】：遇到毛头进行暂停。

④ 【再次停止】：遇到之前的毛头再次停止。

⑤ 【串连 1】：显示此串连中刀具路径的各种的动作轨迹。

6．引导

在对话框中单击【引导】节点，系统弹出【引导】设置界面，用来设置线切割电极丝进刀和退刀相关参数，如图 13-8 所示。引导线包括多种形式，有直线、直线和圆弧以及两条直线和圆弧等。

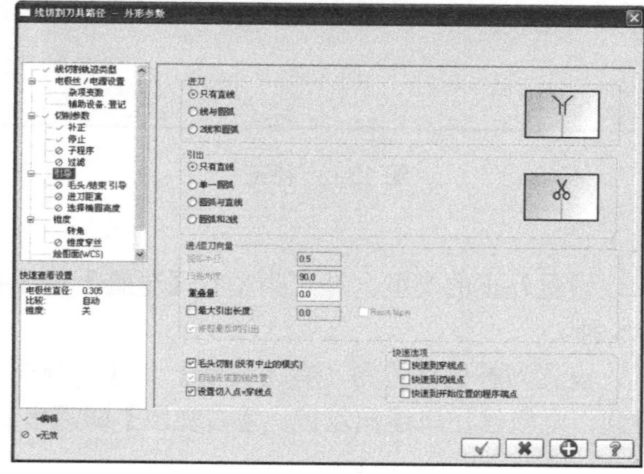

图 13-8　引导

其部分参数含义如下。

①　【进刀】：设置电极丝进入工件时的引导方式。

②　【引出】：设置电极丝退出工件时的引导方式。【只有直线】即进刀或退刀是只采用直线的方式。【单一圆弧】即采用一段圆弧退刀。【线与圆弧】即采用一直线加一圆弧的方式进行进/退刀。【2 线和圆弧】即采用两条直线加圆弧的方式进行进/退刀。

③　【重叠量】：退刀点相对于进刀点多走一段重复的路径再执行退刀动作。

7. 进刀距离

在对话框中单击【进刀距离】节点，系统弹出【进刀距离】设置界面，用来设置线切割电极丝进刀点和工件之间的距离，如图 13-9 所示。进刀距离一般不宜过大，过大浪费时间，一般取 10mm 以下。

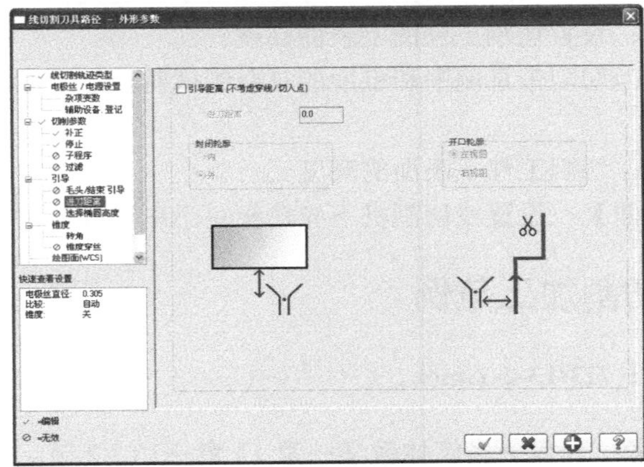

图 13-9　进刀距离

8. 锥度

在对话框中单击【锥度】节点，系统弹出【锥度】设置界面，用来设置线切割电极丝加工工件的锥度类型和锥度值，如图 13-10 所示。

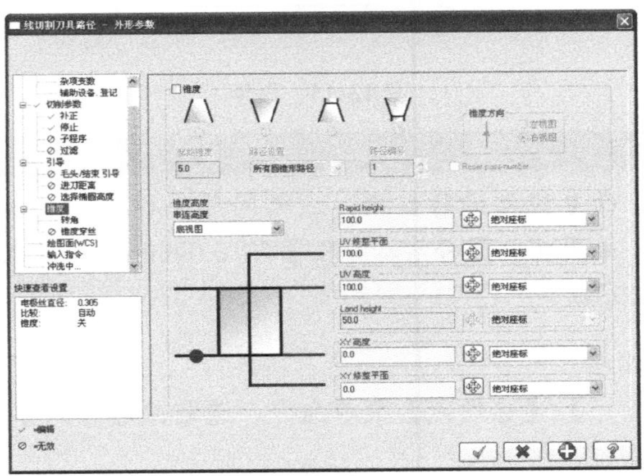

图 13-10　锥度

切割工件呈锥度的形式有多种，下面将详细讲解。

① /\：切割成下大上小的锥度侧壁。

② \/：切割成上大下小的锥度侧壁。

③ ：切割成下大上小并且上方带直立侧面的复合锥度。

④ ：切割成上大下小并且下方带直立侧面的复合锥度。

⑤ 【起始锥度】：输入锥度值。

⑥ 【串连高度】：设置选取的串连所在的高度位置。

⑦ 【锥度方向】：设置电极丝的锥度方向。【左视图】即沿串连方向电极丝往左偏设置的角度值。【右视图】即沿串连方向电极丝往右偏设置的角度值。

⑧ Rapid height：此项设置线切割机上导轮引导电极丝快速移动(空运行)时的 Z 高度。

⑨ 【UV 修整平面】：设置线切割机上导轮相对于串连几何的 Z 高度。

⑩ 【UV 高度】：设置切割工件的上表面高度。

⑪ Land height：当切割带直侧壁和锥度的复合锥度时，此项可以设置锥度开始的高度位置。

⑫ 【XY 高度】：切割工件下表面的高度。

⑬ 【XY 修整平面】：设置线切割机下导轮相对于串连几何的 Z 高度。

13.2.2 外形线切割加工范例

范例文件(光盘)：/13/13-2-2.mcx。

多媒体教学路径：光盘→多媒体教学→第 13 章→13.2.2 节。

步骤 01 打开源文件

打开 13-2-2.mcx 文件，对如图 13-11 所示的图形进行线切割加工。

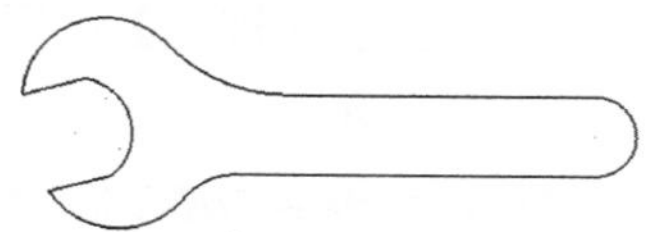

图 13-11 扳手

技术点拨

采用直径 D0.14 的电极丝进行切割，放电间隙为单边 0.02mm，因此，补偿量为 0.14/2+0.02=0.09mm，采用控制器补偿，补偿量即 0.09mm，穿丝点为原点。进刀线长度取 5mm 长，切割一次完成。

步骤 02 绘制穿丝点

选择【绘图】|【绘点】|【穿丝点】菜单命令，选取原点作为穿丝点，结果如图 13-12 所示。

步骤 03 选取串连

选择【刀具路径】|【轨迹生成】菜单命令，系统弹出【输入新的 NC 名称】对话框，

按图 13-13～图 13-14 所示进行操作。

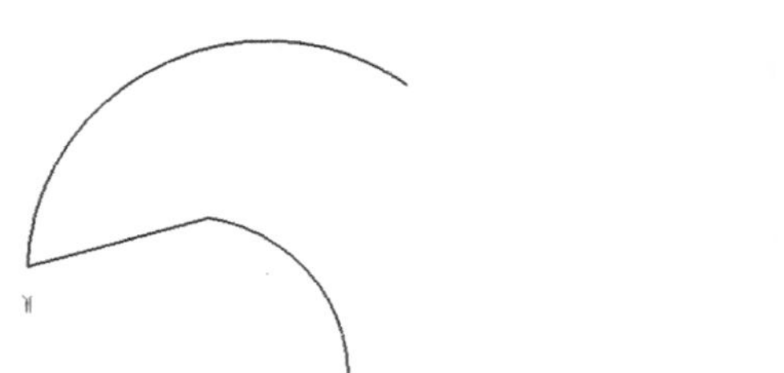

图 13-12　穿丝点

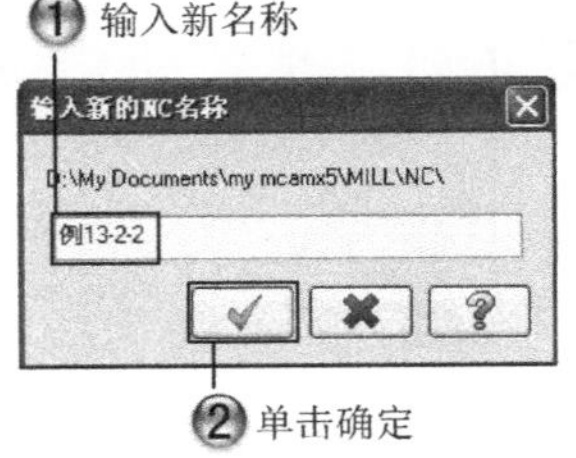

图 13-13　输入新的 NC 名称

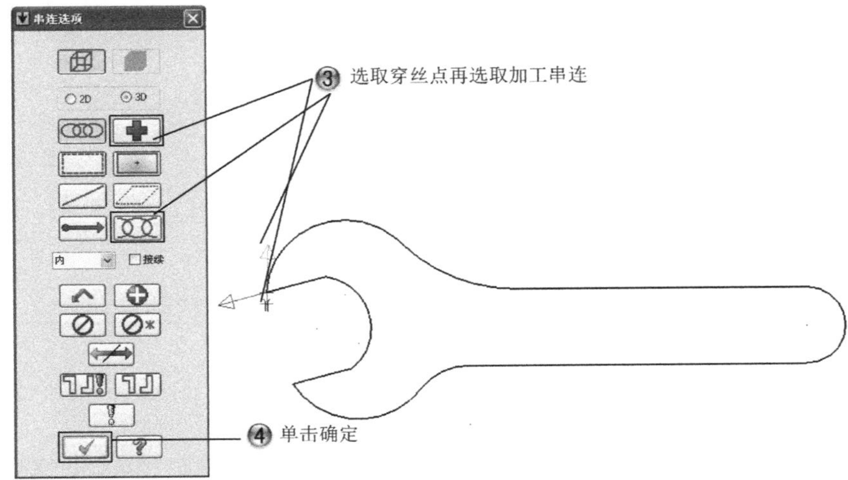

图 13-14　选取穿丝点和串连

步骤 04　设置参数

按图 13-15～图 13-21 所示进行操作。

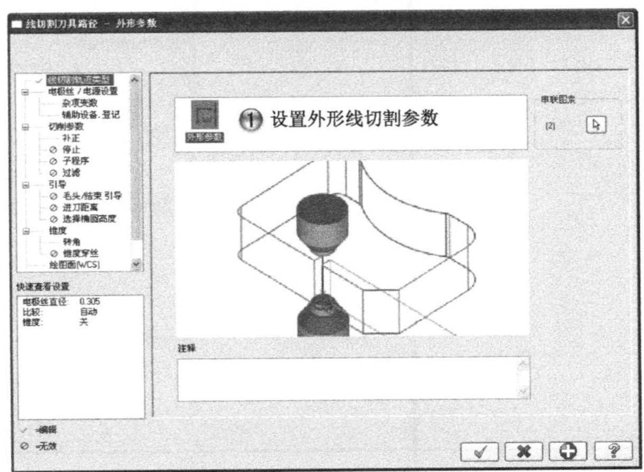

图 13-15　设置外形参数

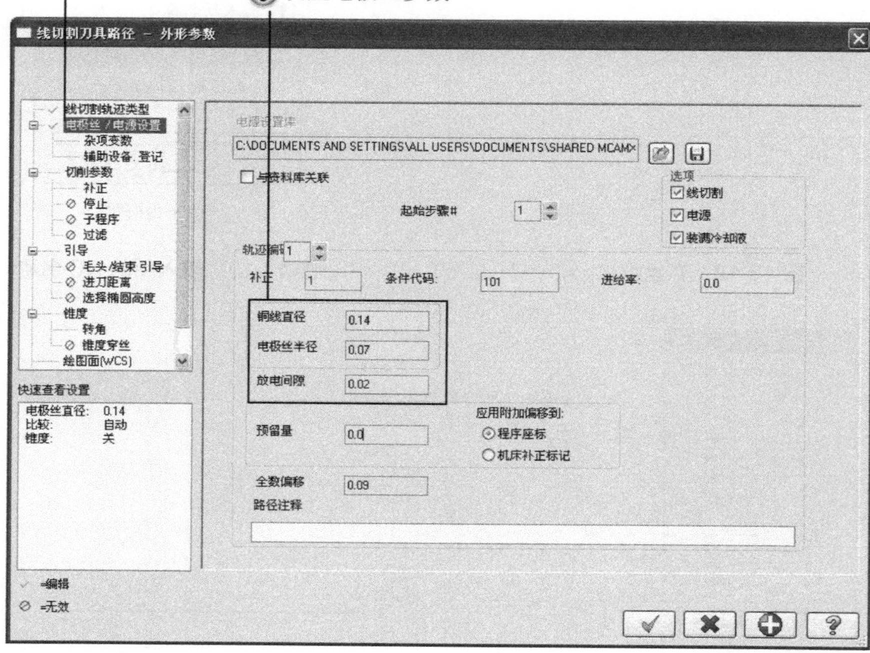

图 13-16　设置电极丝参数

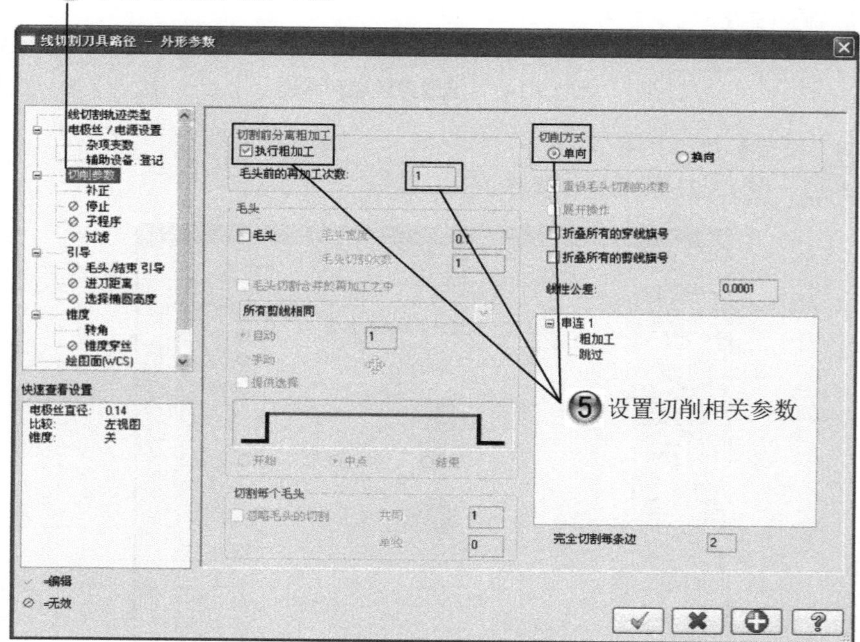

图 13-17　设置切削参数

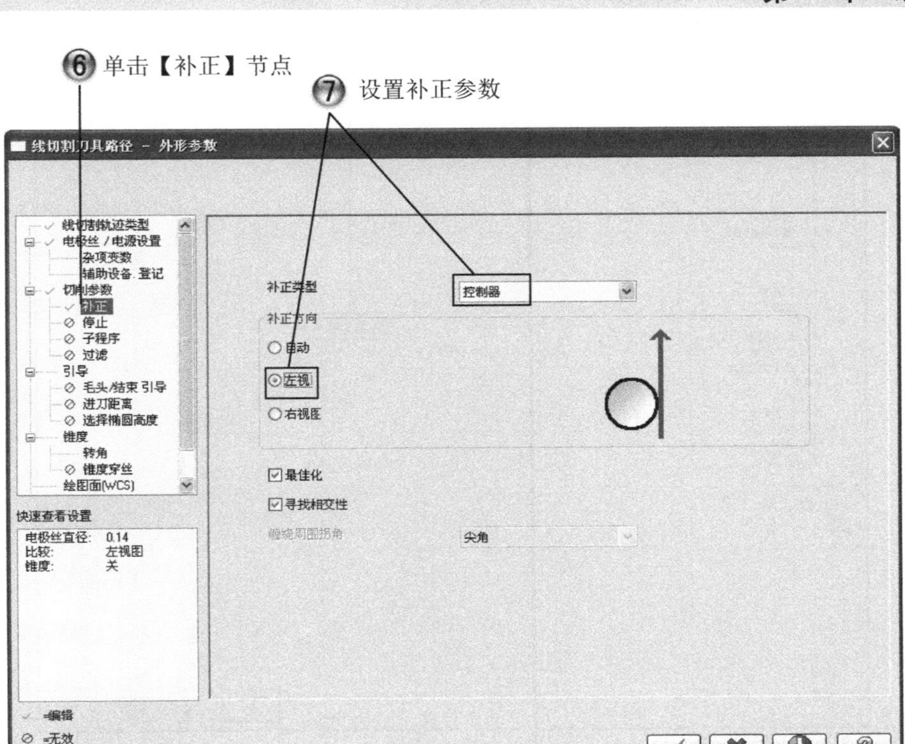

图 13-18　设置补正参数

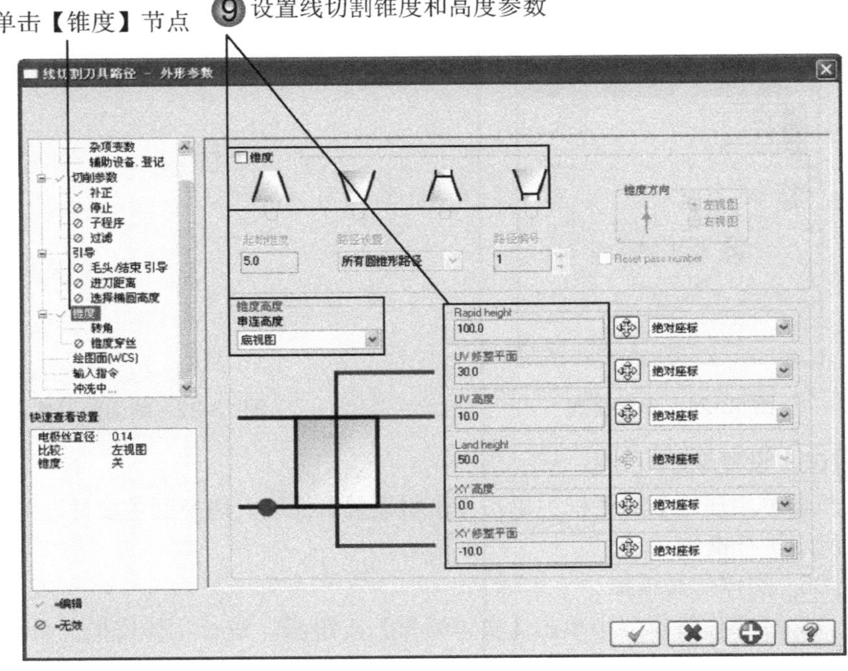

图 13-19　设置锥度

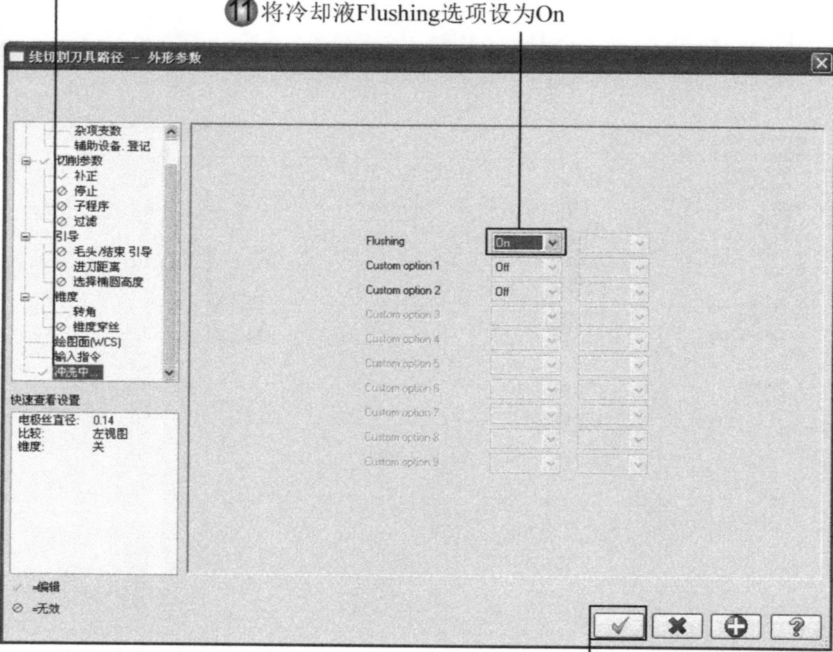

图 13-20　冷却液设置

系统根据参数生成线切割刀具路径，如图 13-22 所示。

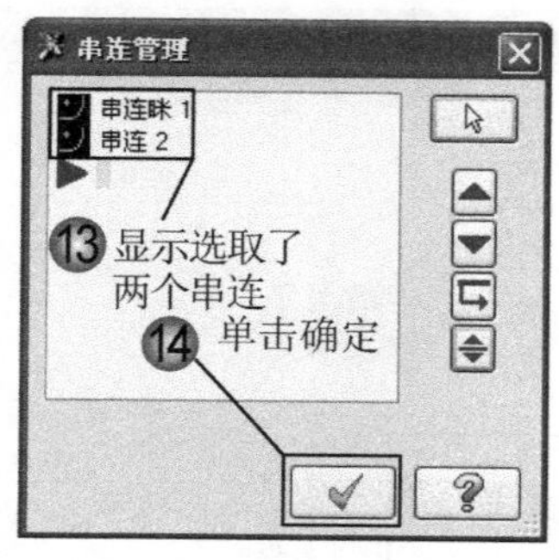

图 13-21　串连管理

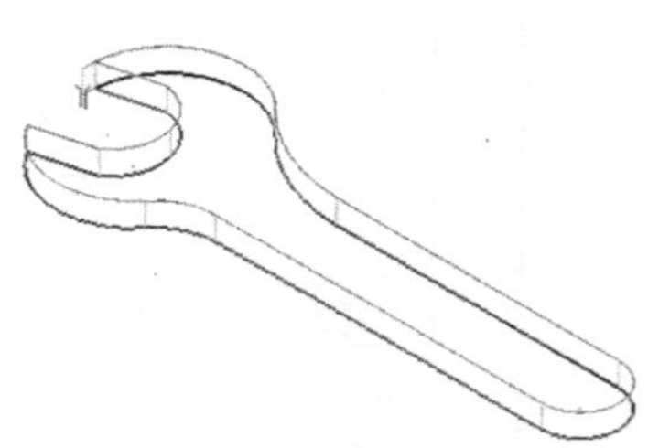

图 13-22　线切割刀具路径

步骤 05　设置毛坯

在【机器群组属性】对话框中单击【素材设置】标签，切换到【素材设置】选项卡，按图 13-23 所示进行操作。

步骤 06　实体仿真模拟

在刀具路径操作管理器中单击【实体模拟】按钮，进行实体模拟。系统弹出【验证】对话框。按图 13-24 所示进行操作。

最后得到模拟结果，如图 13-25 所示。

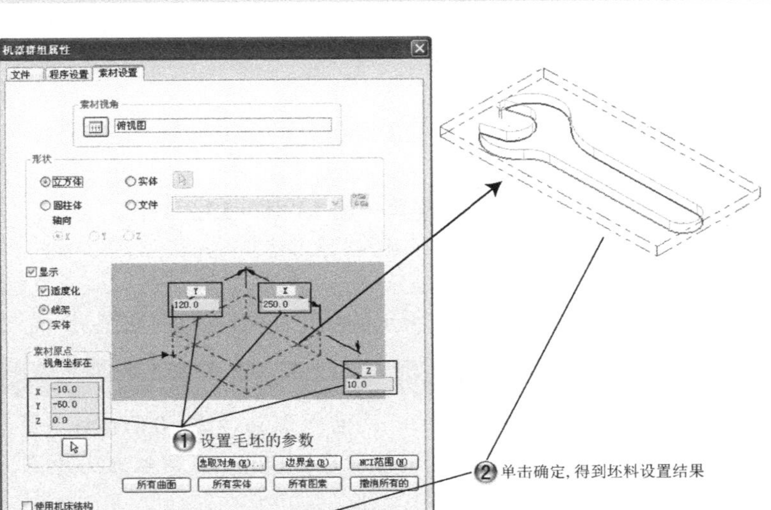

图 13-23　材料设置

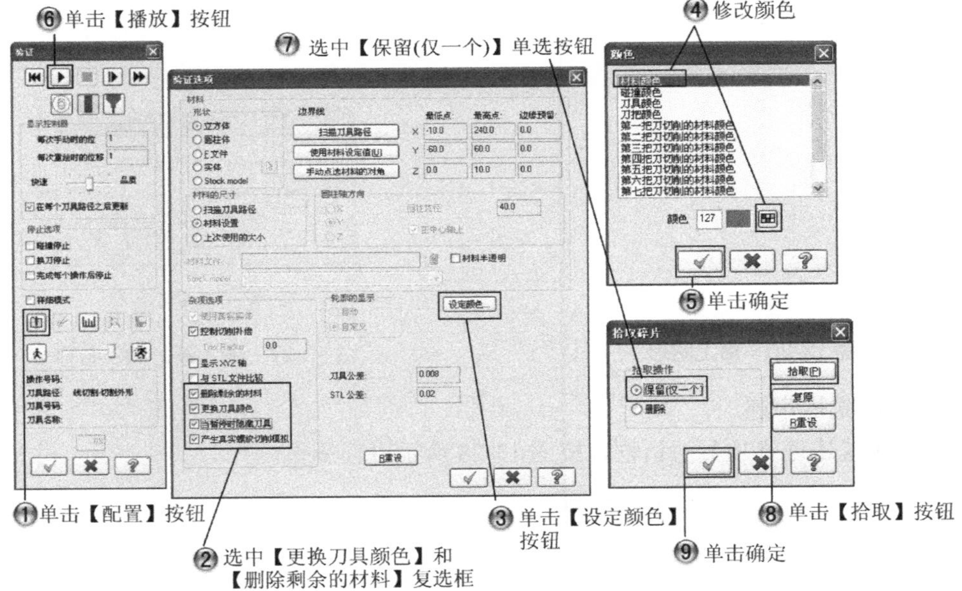

图 13-24　进行模拟

图 13-25　模拟结果

13.2.3 带锥度外形线切割范例

范例文件(光盘)：/13/13-2-3.mcx。

多媒体教学路径：光盘→多媒体教学→第 13 章→13.2.3 节。

步骤 01 打开源文件

打开 13-2-3.mcx 文件，对如图 13-26 所示的图形进行线切割加工。

技术点拨

采用直径 D0.14 的电极丝进行切割，放电间隙为单边 0.01mm，因此，补偿量为 0.14/2+0.01=0.08mm，采用控制器补偿，补偿量即 0.08mm，穿丝点为原点。锥度为 3°。进刀线长度取 5mm 长，切割一次完成。

步骤 02 输入名称

选择【刀具路径】|【轨迹生成】菜单命令，系统弹出【输入新的 NC 名称】对话框，按图 13-27 所示进行操作。

图 13-26 加工图形

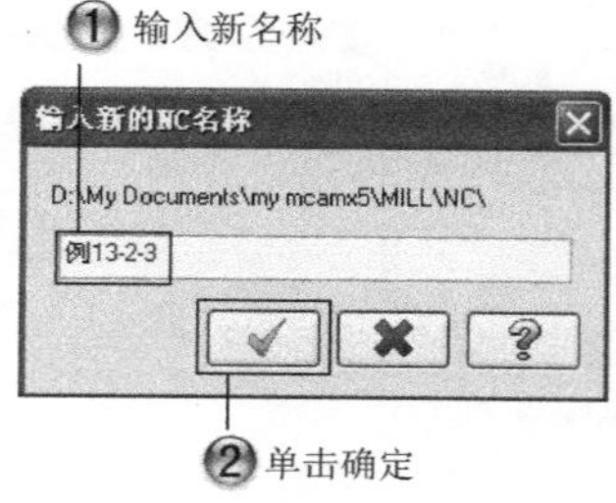

图 13-27 输入新的 NC 名称

步骤 03 选取串连

系统弹出【串连选项】对话框，按图 13-28 所示进行操作。

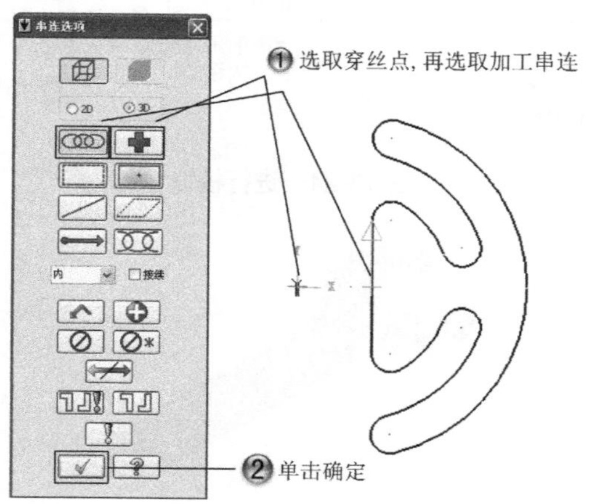

图 13-28 选取穿丝点和串连

步骤 04 设置参数

按图 13-29～图 13-35 所示进行操作。最后系统根据参数生成线切割刀具路径，如图 13-36 所示。

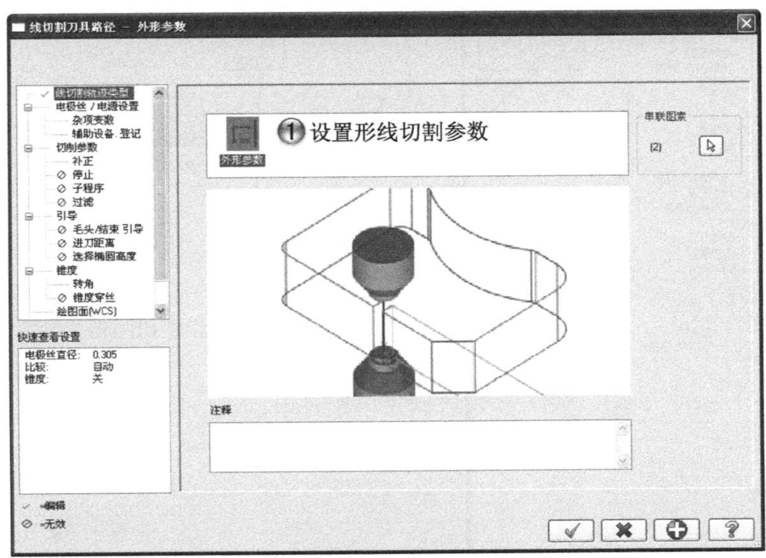

图 13-29　设置外形参数

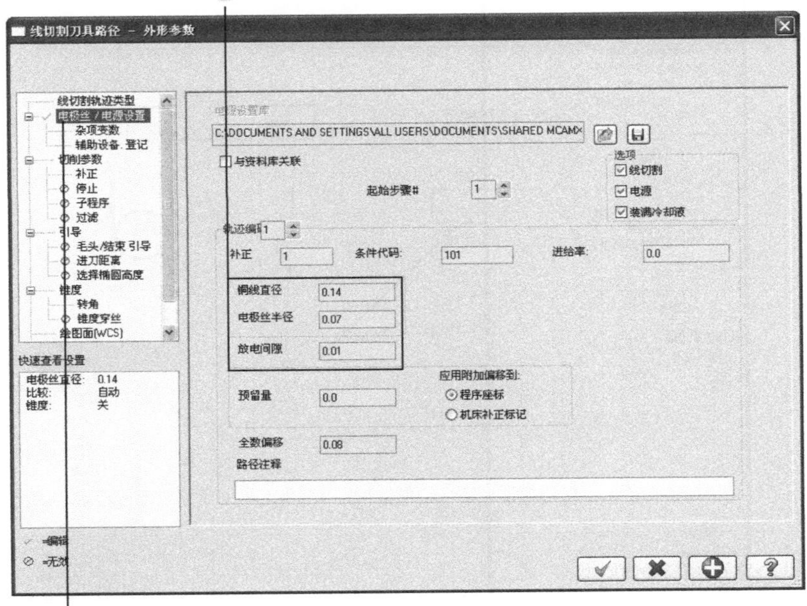

图 13-30　设置电极丝参数

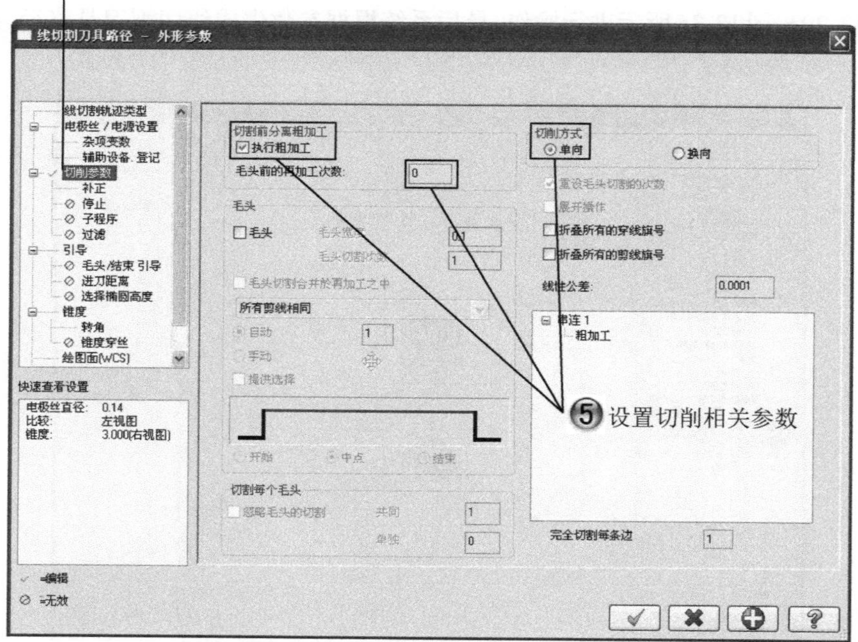

图 13-31 设置切削参数

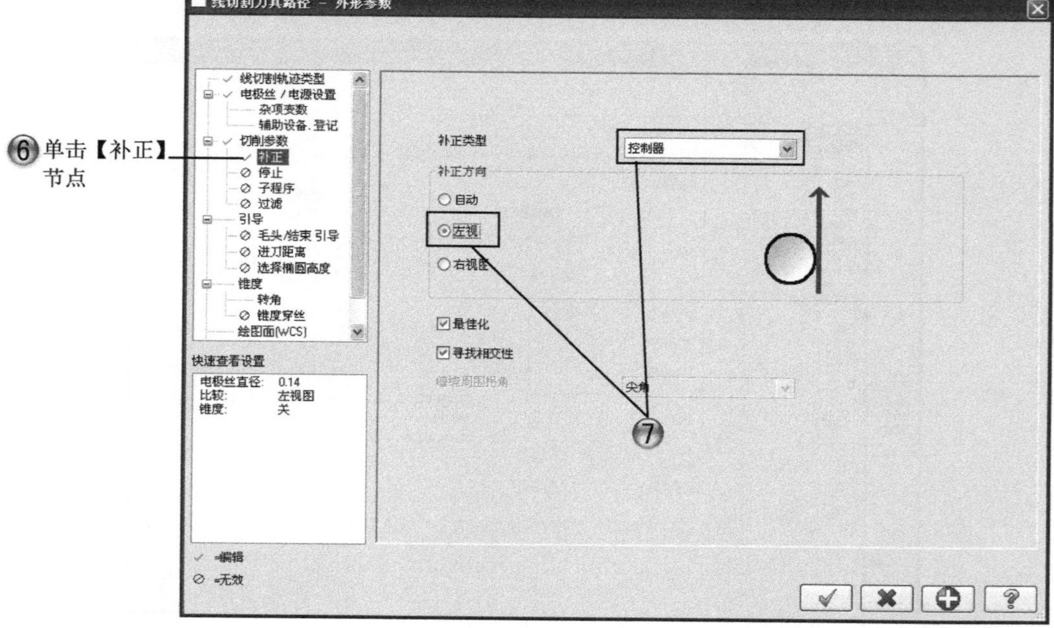

图 13-32 设置补正参数

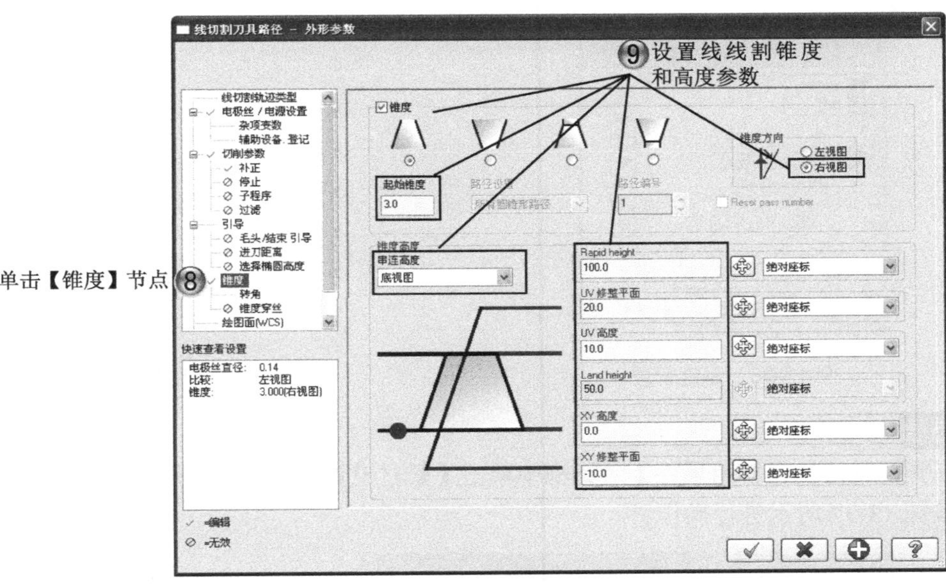

图 13-33 设置锥度

11 将冷却液Flushing选项设为On

线切割刀具路径 － 外形参数

Flushing On
Custom option 1 Off
Custom option 2 Off

快速查看设置
电极丝直径: 0.14
比较: 左视图
锥度: 关

10 单击【冲洗中】节点

12 单击确定

图 13-34 设置冷却液

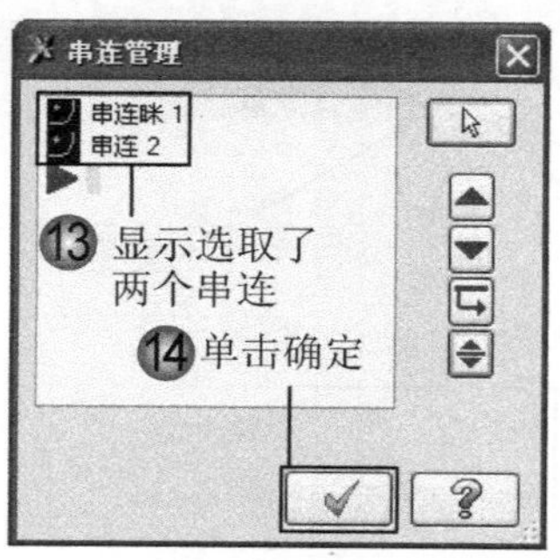

图 13-35　串连管理

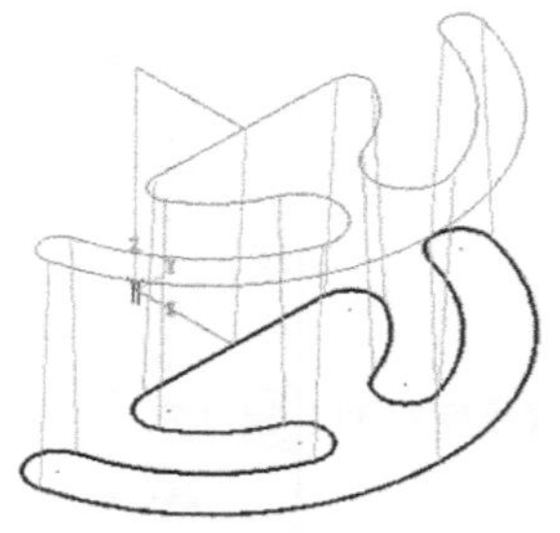

图 13-36　线切割刀具路径

步骤 05　设置毛坯

在弹出的【机器群组属性】对话框中单击【素材设置】标签，切换到【素材设置】选项卡，按图 13-37 所示进行操作。

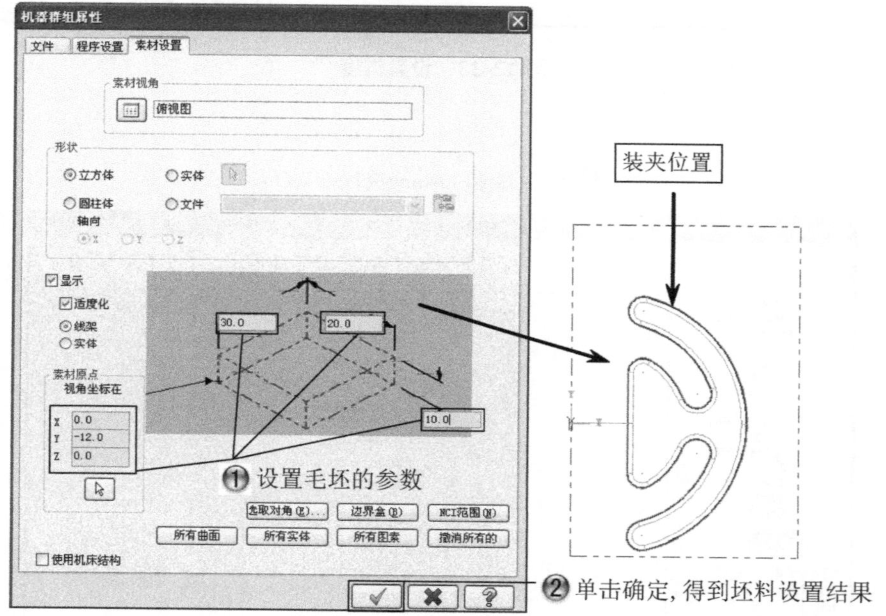

图 13-37　材料设置

步骤 06　实体仿真模拟

在刀具路径操作管理器中单击【实体模拟】按钮，进行实体模拟。系统弹出【验证】对话框，按图 13-38 所示进行操作。

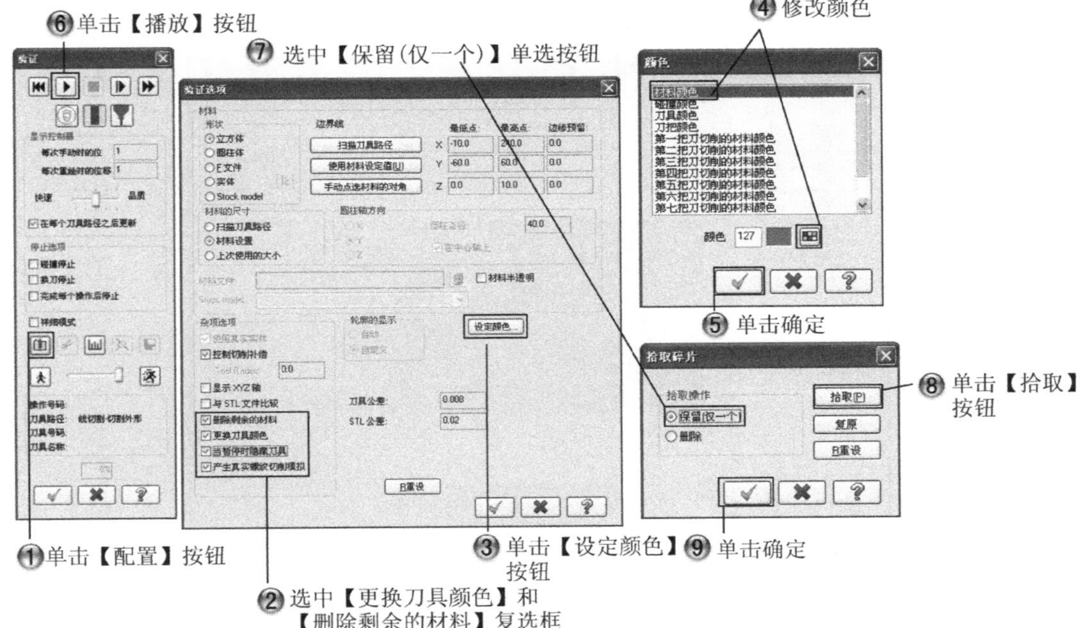

图 13-38　进行模拟

最后得到模拟结果如图 13-39 所示。

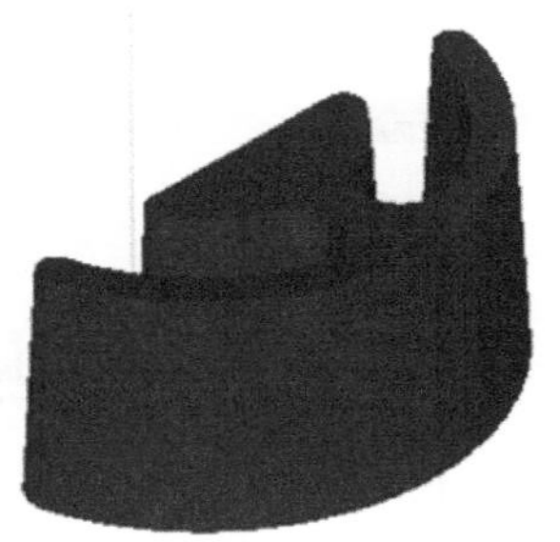

图 13-39　模拟结果

13.3　无屑线切割

无屑线切割加工即采用线切割将要加工的区域全部切割掉，无废料产生，相当于铣削效果，类似于铣削挖槽加工。

13.3.1　无屑线切割参数

选择【刀具路径】|【无屑切割】菜单命令，系统弹出【输入新的 NC 名称】对话框，按默认的名称，单击【确定】按钮，弹出【串连选项】对话框，选取加工串连并单击【确定】按钮后，系统弹出【线切割刀具路径-无屑切割】对话框，可以设置无屑切割相关参数，如

图 13-40 所示。

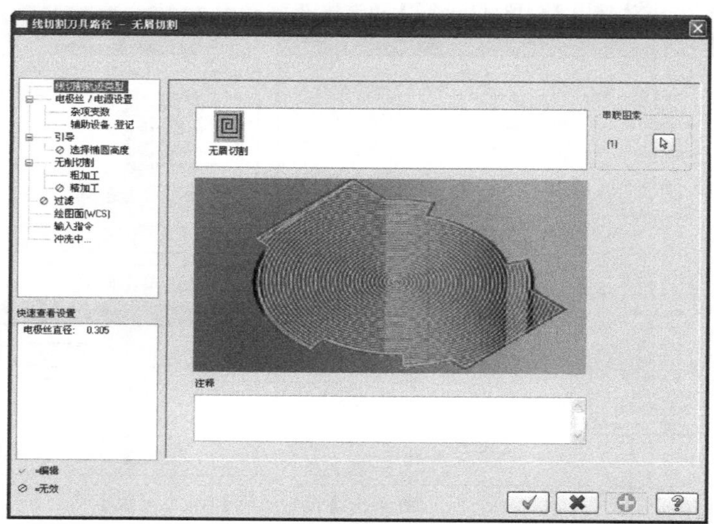

图 13-40　无屑切割

【线切割刀具路径-无屑切割】对话框中的参数与【线切割刀具路径-外形参数】对话框中的参数基本类似，主要是多了【粗加工】参数和【精加工】参数。

单击【粗加工】节点，系统弹出【粗加工】设置界面，用来设置无屑切割的粗加工参数。如图 13-41 所示，粗加工参数与挖槽参数完全相同。

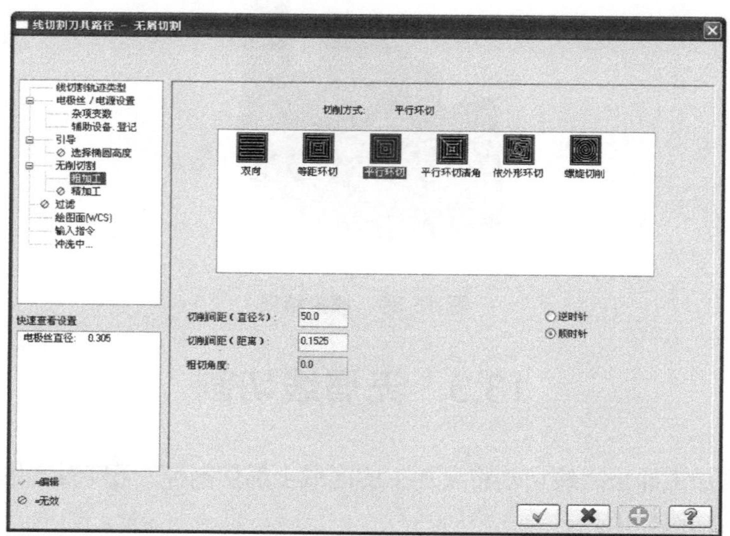

图 13-41　粗加工参数

单击【精加工】节点，系统弹出【精加工】设置界面，用来设置无屑切割的精加工次数和间距等参数，如图 13-42 所示。

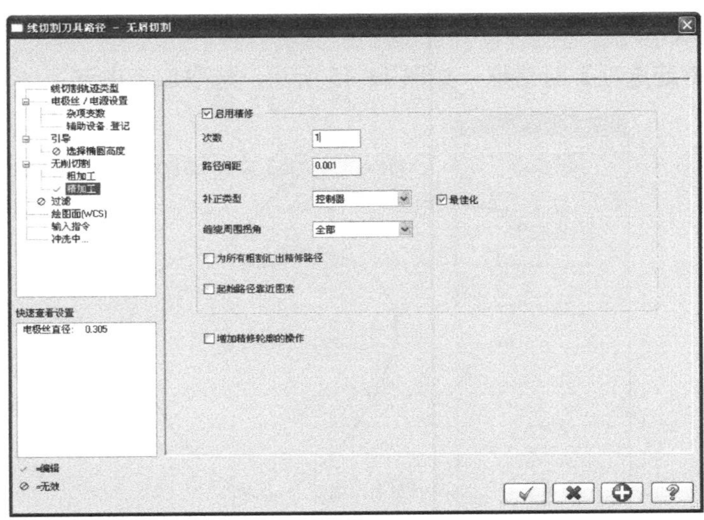

图 13-42　精加工参数

13.3.2　无屑线切割加工范例

范例文件(光盘)：/13/13-3-2.mcx。

多媒体教学路径：光盘→多媒体教学→第 13 章→13.3.2 节。

步骤 01　打开源文件

打开 13-3-2.mcx 文件，对如图 13-43 所示的图形进行无屑线切割加工。

技术点拨

采用直径 D0.14mm 的电极丝进行切割，放电间隙为单边 0.01mm，因此，补偿量为 0.14/2+0.01=0.08mm，采用控制器补偿，补偿量即 0.08mm，穿丝点为原点。切割一次完成。

步骤 02　输入名称

选择【刀具路径】|【无屑切割】菜单命令，系统弹出【输入新的 NC 名称】对话框，如图 13-44 所示。

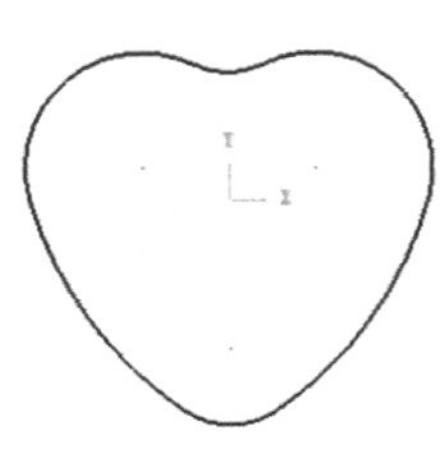

图 13-43　加工图形

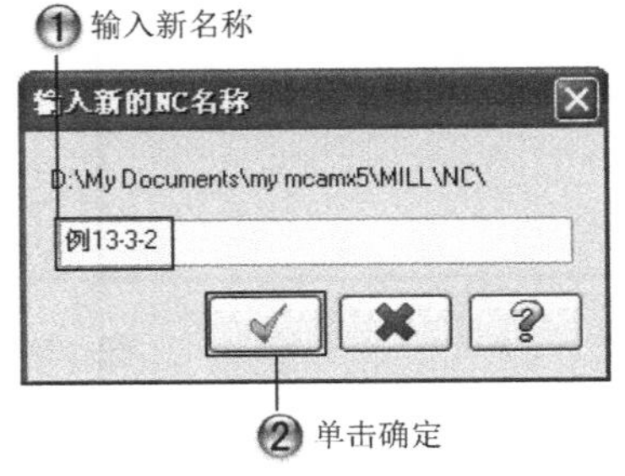

图 13-44　输入新的 NC 名称

步骤 03 选取串连

系统弹出【串连选项】对话框，如图 13-45 所示，选取加工串连。

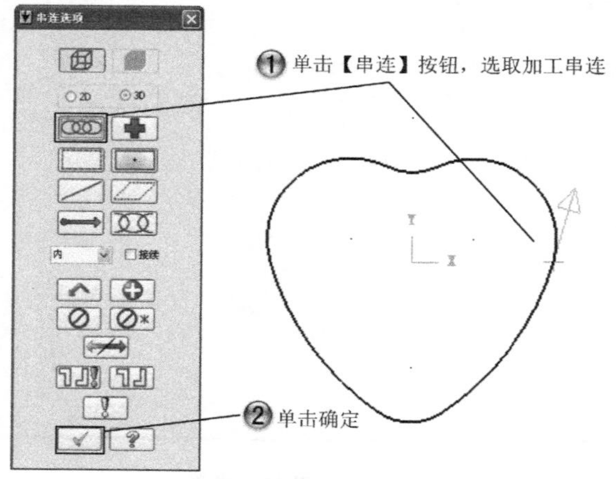

图 13-45 选取加工串连

步骤 04 设置参数

按图 13-46～图 13-50 所示进行操作。

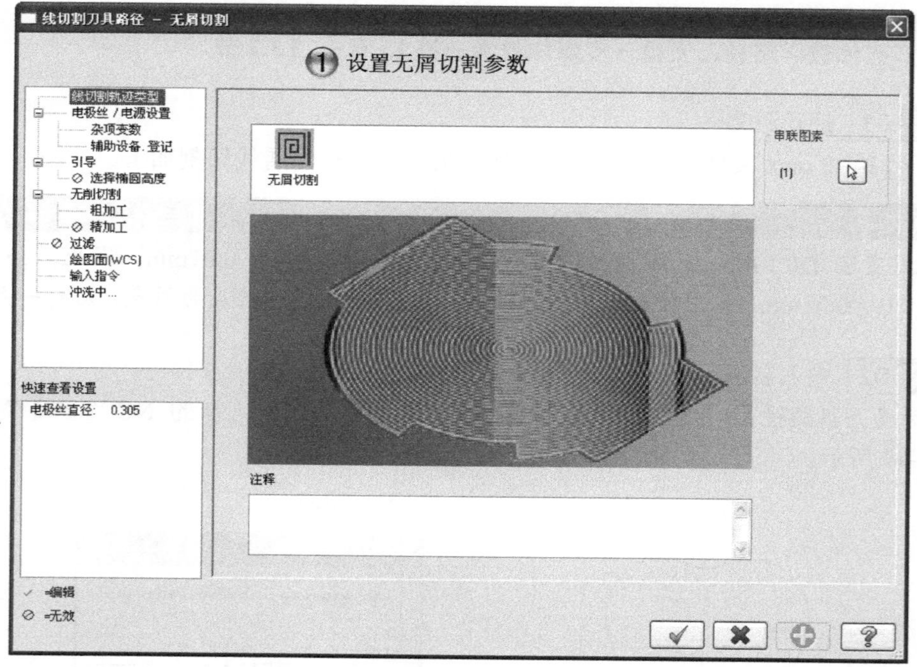

图 13-46 无屑切割

② 单击【电极丝/电源设置】节点，设置电极丝直径、放电间隙、预留量等参数

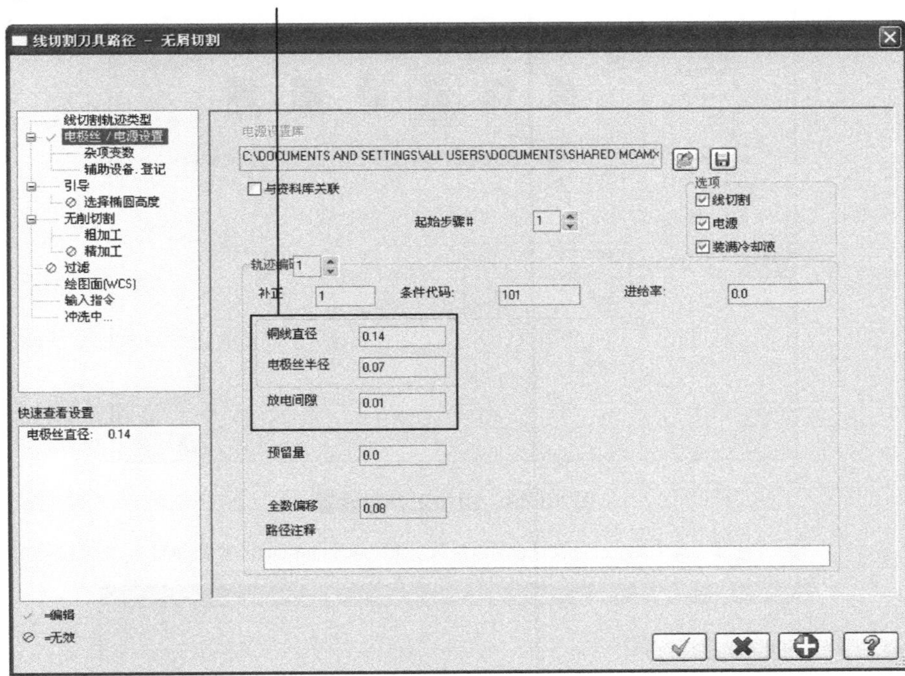

图 13-47 电极丝设置

③ 单击【无削切割】节点，设置高度参数

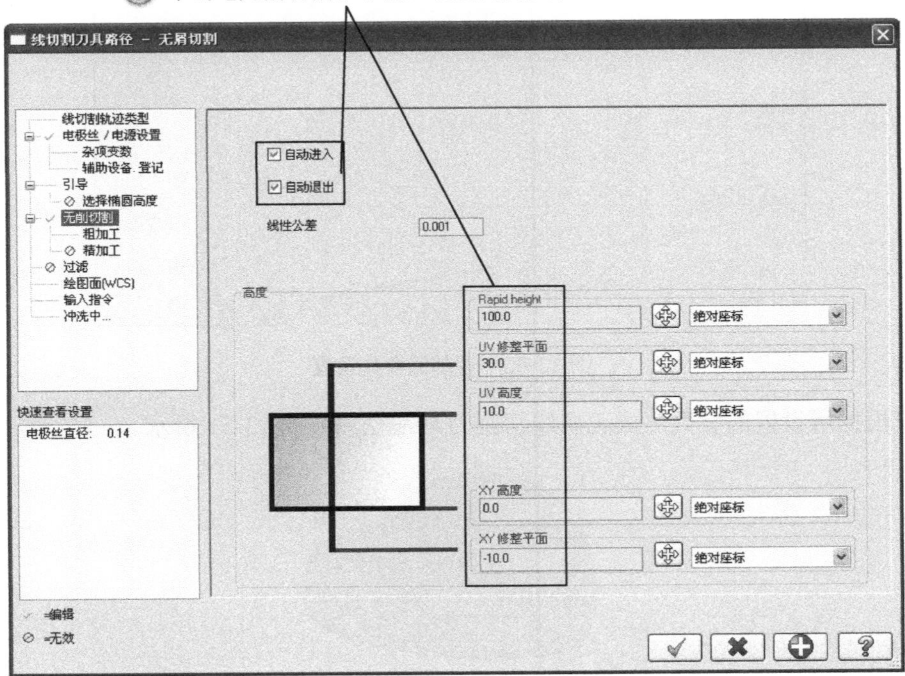

图 13-48 无削切割参数设置

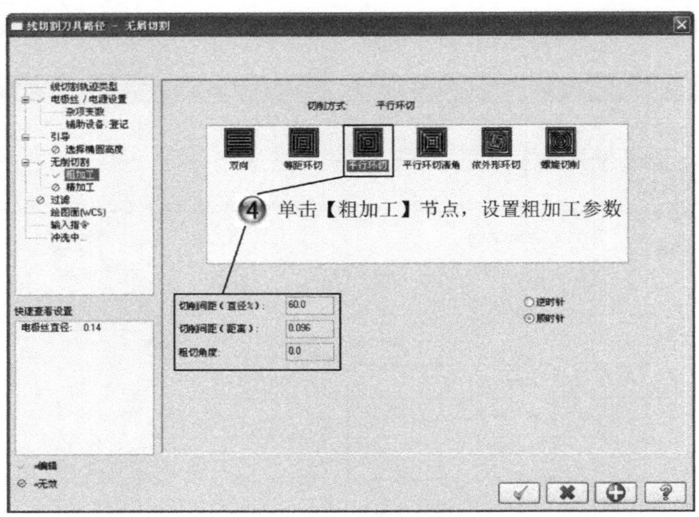

图 13-49　粗加工参数设置

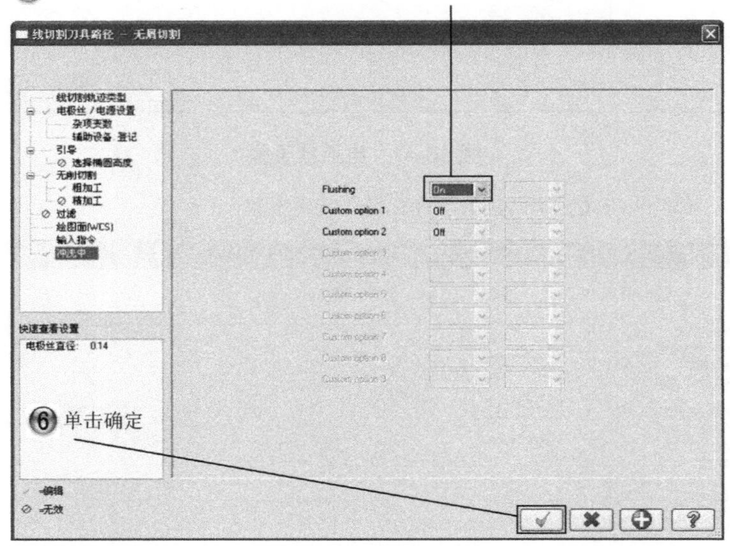

图 13-50　冷却液参数设置

系统根据所设置的参数生成无屑线切割刀具路径，如图 13-51 所示。

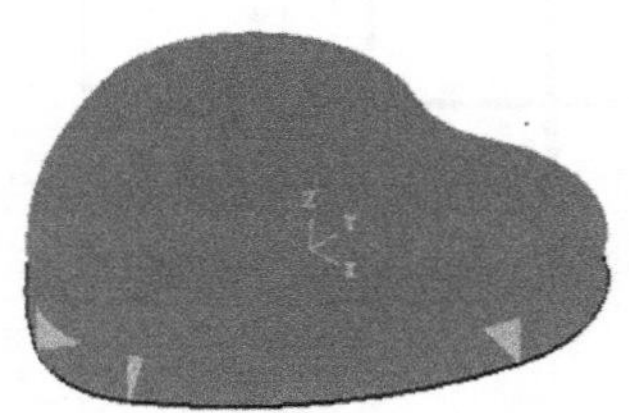

图 13-51　无屑线切割刀具路径

步骤 05 设置毛坯

在弹出的【机器群组属性】对话框中单击【素材设置】标签，切换到【素材设置】选项卡，如图 13-52 所示。

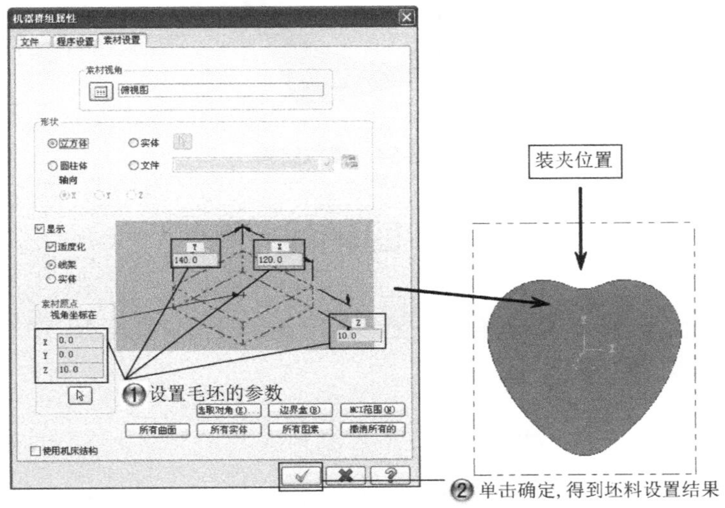

图 13-52　材料设置

步骤 06 实体仿真模拟

在【刀具路径】操作管理器中单击【实体模拟】按钮，进行实体模拟。系统弹出【验证】对话框，按图 13-53 所示进行操作。

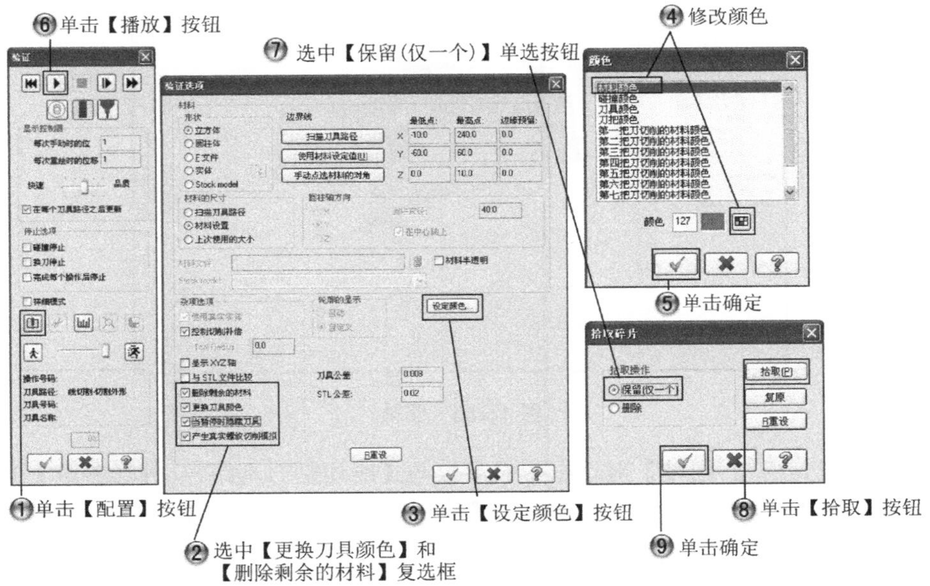

图 13-53　进行模拟

最后得到的模拟结果如图 13-54 所示。

图 13-54 模拟结果

13.4 四轴线切割

四轴线切割主要是用来切割具有上下异形的工件。四轴主要是 X、Y、U、V 四个轴方向。可以加工比较复杂的零件。

13.4.1 四轴线切割参数

选择【刀具路径】|【四轴】菜单命令，系统弹出【输入新的 NC 名称】对话框，按默认的名称，单击【确定】按钮，弹出【串连选项】对话框，选取加工串连并单击【确定】按钮后，系统弹出【线切割刀具路径-四轴】对话框，可以设置四轴相关参数，如图 13-55 所示。

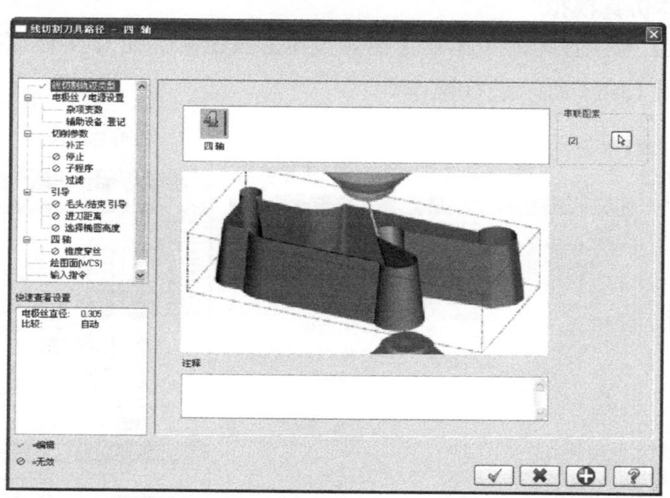

图 13-55 四轴

【线切割刀具路径-四轴】对话框中的参数与【线切割刀具路径-外形参数】对话框中的参数类似，主要增加了【四轴】参数。在【线切割刀具路径-四轴】对话框中单击【四轴】节点，弹出【四轴】设置界面，用来设置四轴参数，如图 13-56 所示。

其部分参数含义如下。

① 【4 轴锥度】：在输出的 NC 程序中，采用将曲线打断成直线，代码中全部采用 G01 的方式逼近曲线。

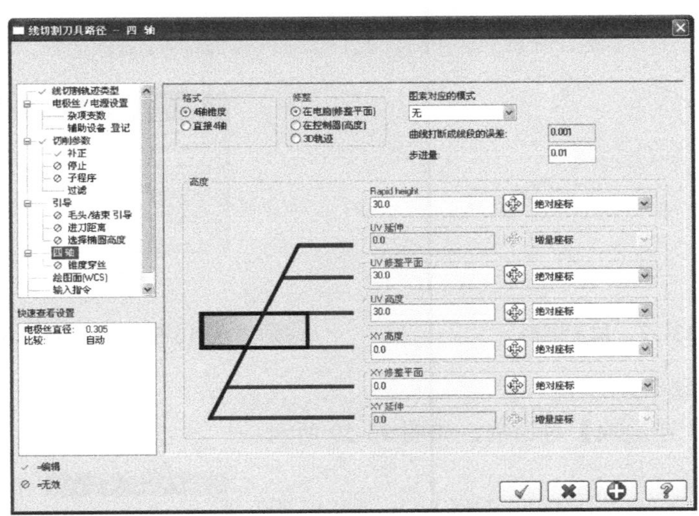

图 13-56　设置四轴参数

② 【直接 4 轴】：在输出的代码中采用直线和圆弧的指令来逼近曲线。

③ 【图素对应模式】：当上下异形时，外形上存在差异，此时可以通过设置图素对应模式来解决对应关系。

④ 【在电脑(修整平面)】：选择此项，切割机导轮 Z 高度为 UV 修整平面和 XY 修整平面所设的高度。

⑤ 【在控制器(高度)】：选择此项，切割机导轮 Z 高度为 UV 高度和 XY 高度所设的高度。

⑥ 【3D 轨迹】：选择此项，切割机导轮 Z 高度随几何截面的 Z 高度的变化而变化。

13.4.2　四轴线切割加工范例

源文件(光盘)：/13/13-4-2.mcx。

多媒体教学路径：光盘→多媒体教学→第 13 章→13.4.2 节。

技术点拨

采用直径 D0.3mm 的电极丝进行切割，放电间隙为单边 0.02mm，因此，补偿量为 0.3/2+0.02=0.17mm，采用控制器补偿，补偿量即 0.17mm。本例是天圆地方模型，外形上下不一样，因此需要采用四轴线切割进行加工。

下面将具体讲解四轴线切割加工的操作步骤。

步骤 01 打开源文件

打开 13-4-2.mcx 文件，对如图 13-57 所示的图形进行面铣加工。

步骤 02 输入名称

选择【刀具路径】|【四轴】菜单命令，系统弹出【输入新的 NC 名称】对话框，如图 13-58 所示。

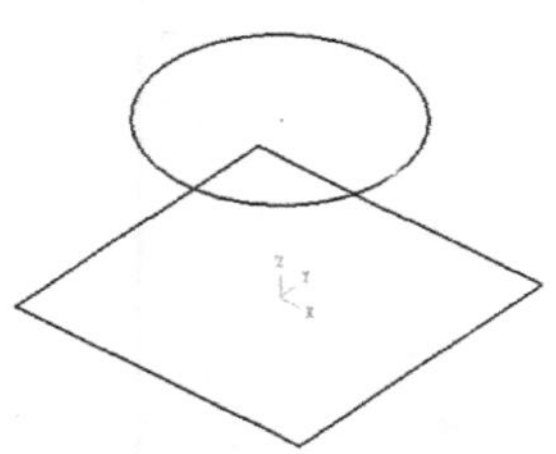

图 13-57　加工图形

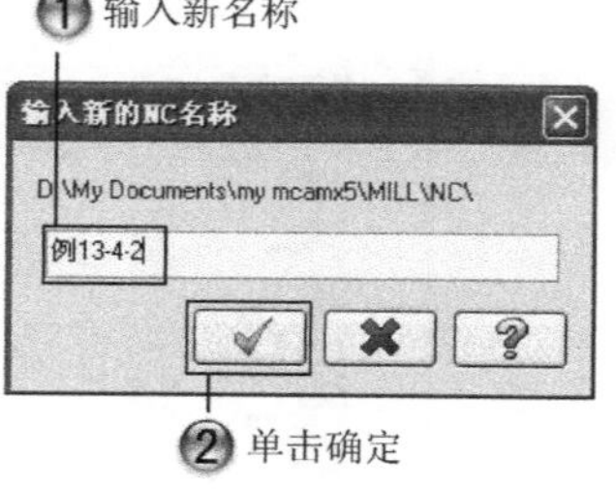

图 13-58　输入新的 NC 名称

步骤 03　选取串连

系统弹出【串连选项】对话框，如图 13-59 所示。

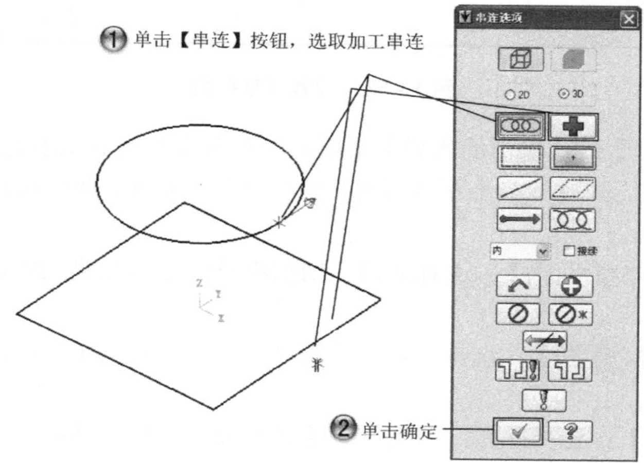

图 13-59　选取串连

步骤 04　设置参数

按图 13-60～图 13-65 所示进行操作。

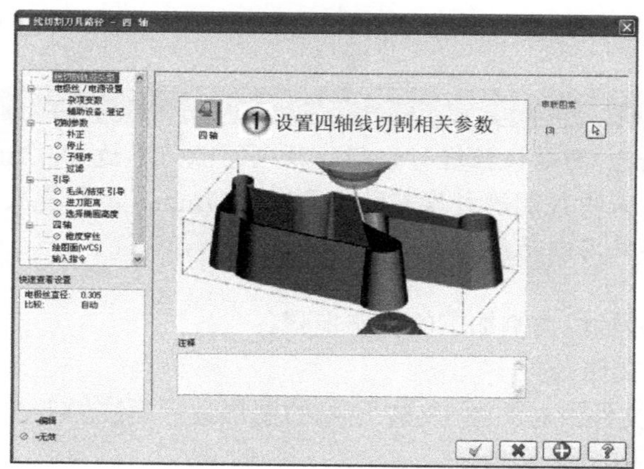

图 13-60　四轴线参数设置

② 单击【电极丝/电源设置】节点，设置电极丝直径、放电间隙等

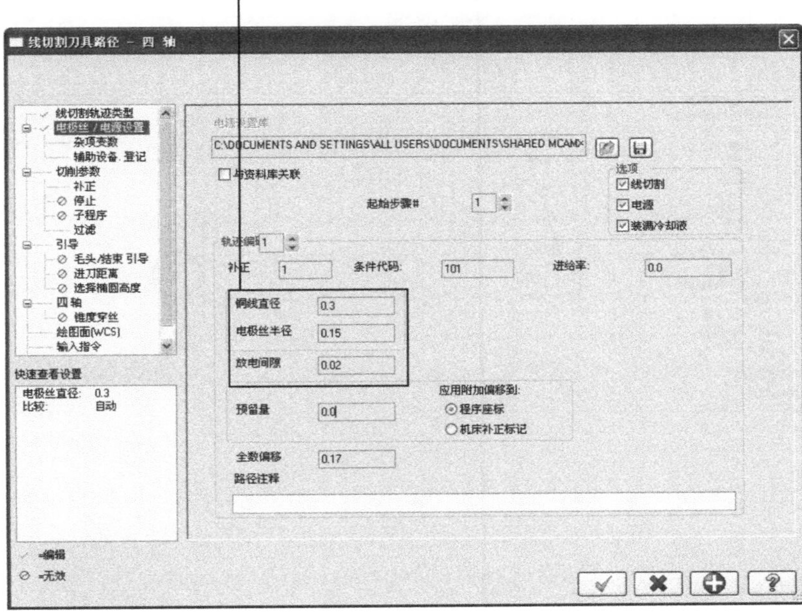

图 13-61　电极丝设置

③ 单击【切削参数】节点，设置切削参数

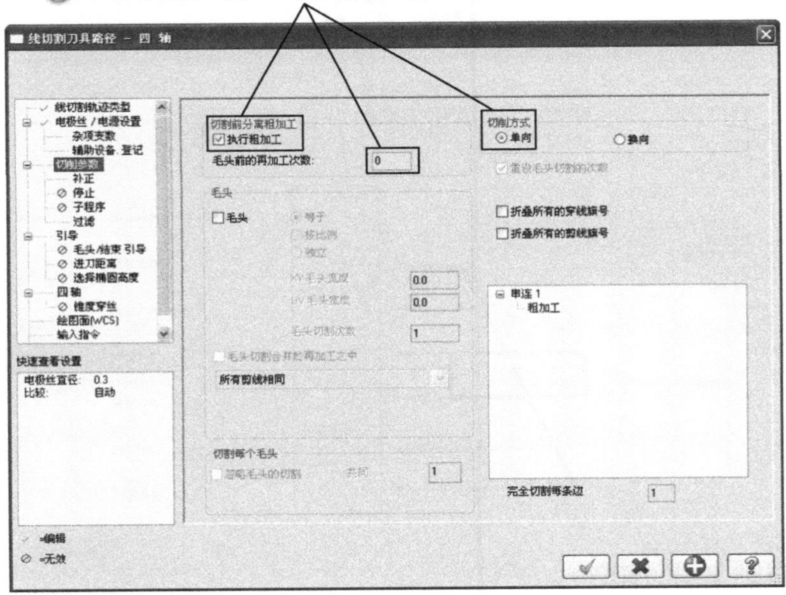

图 13-62　切削参数设置

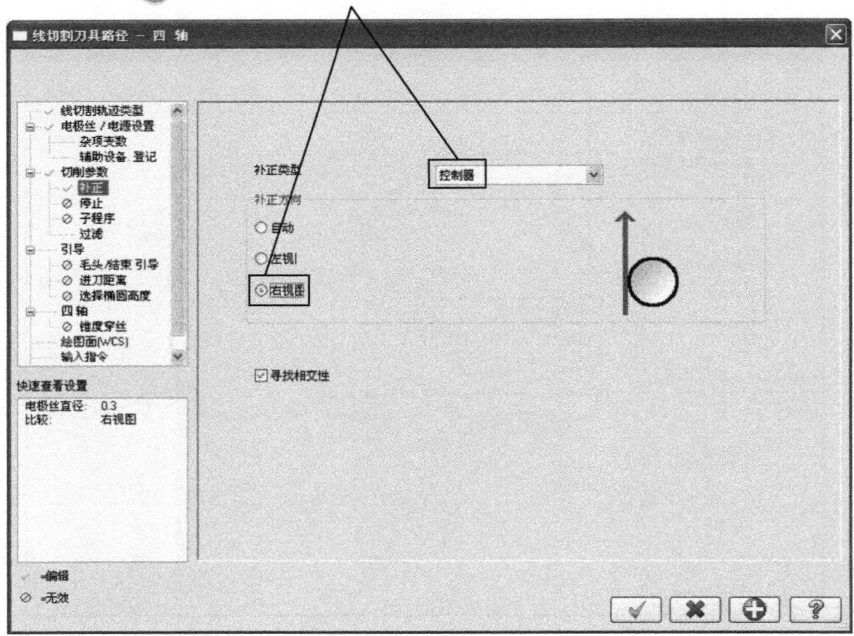

图 13-63　补正参数设置

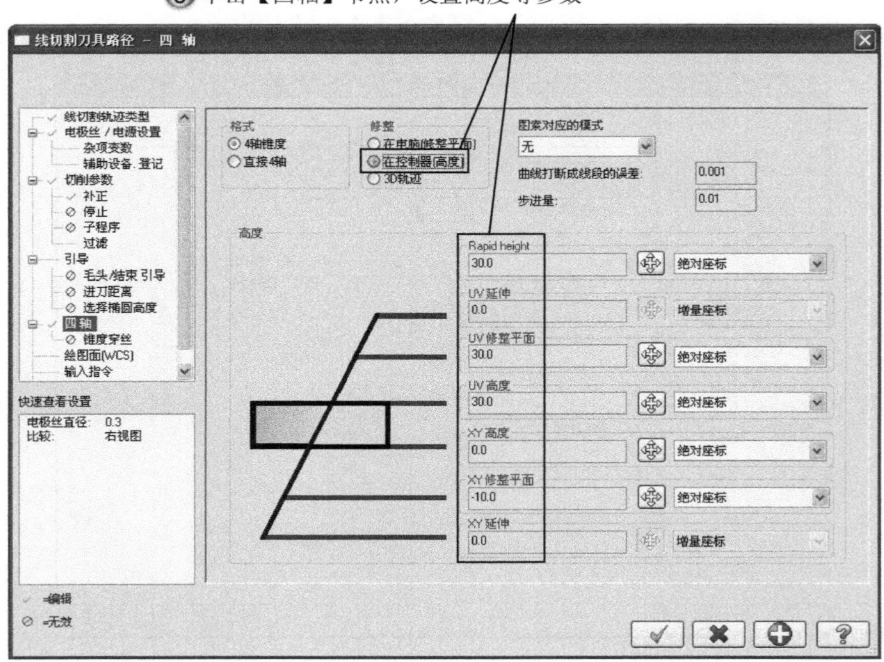

图 13-64　四轴参数设置

最后系统根据所设参数生成刀具路径，如图 13-66 所示。

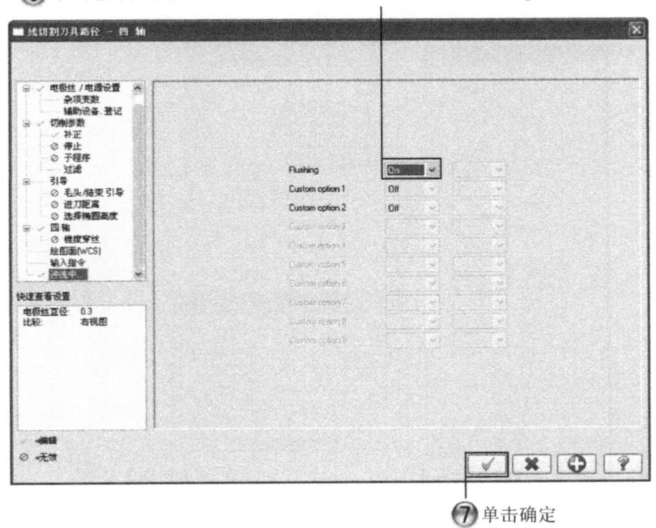

图 13-65　冷却液设置

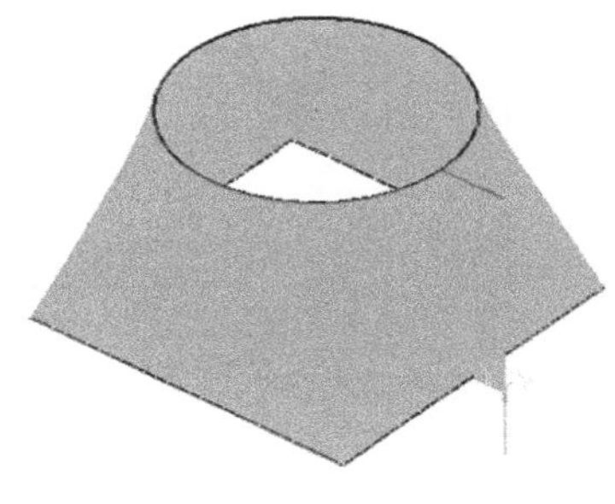

图 13-66　生成刀具路径

步骤 05 设置毛坯

在弹出的【机器群组属性】对话框中单击【素材设置】标签，切换到【素材设置】选项卡，如图 13-67 所示。

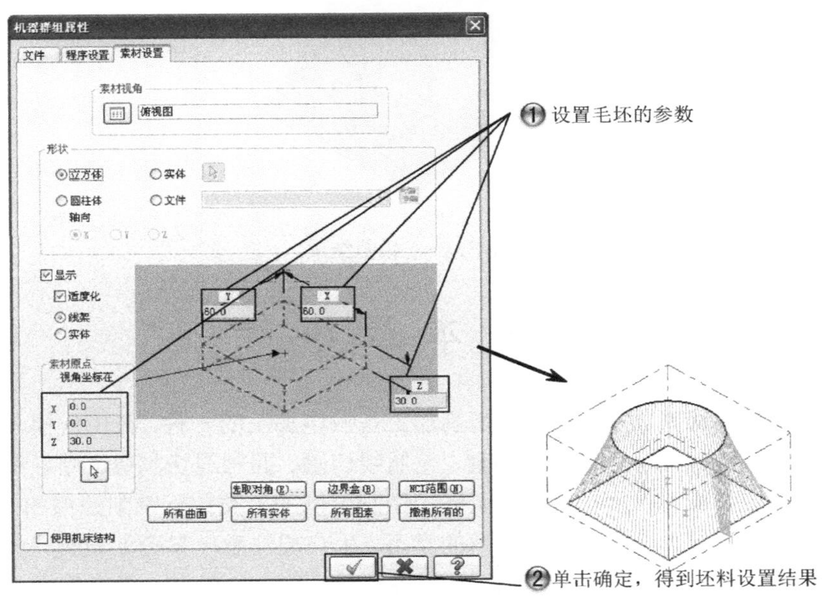

图 13-67　设置毛坯

步骤 06 实体仿真模拟

在刀具路径操作管理器中单击【实体模拟】按钮，进行实体模拟。系统弹出【验证】对话框，按图 13-68 所示进行操作。

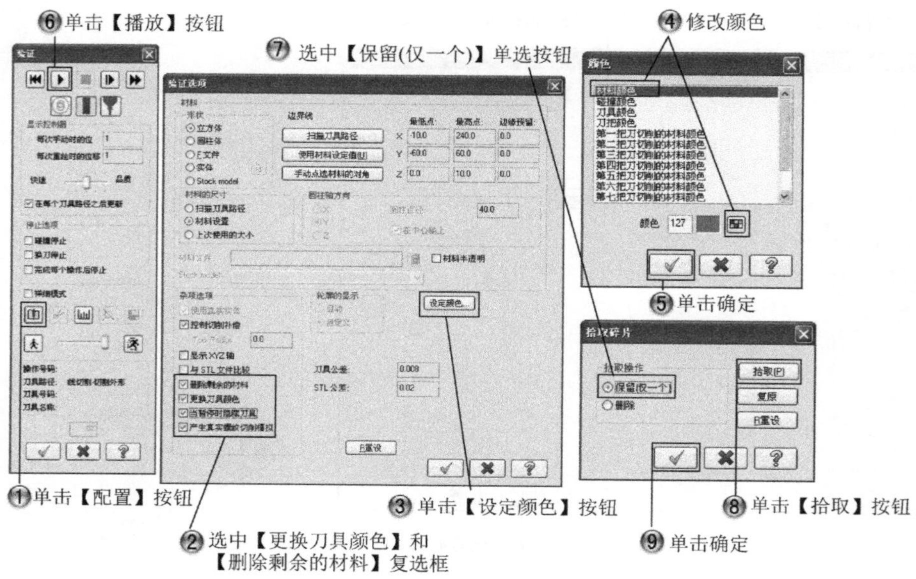

图 13-68　进行模拟

最后得到模拟结果如图 13-69 所示。

图 13-69　模拟结果

13.5　本 章 小 结

本章主要讲解线切割加工技法。线切割加工是放电加工的一种，在现代模具制造业中应用非常广泛。线切割加工包括外形线切割、无屑线切割、四轴线切割等。外形线切割可以加工垂直侧壁或者加工带有锥度的零件；无屑线切割可以加工类似于铣削凹槽的工件；而四轴线切割可以加工上下异形工件。通过本章的学习，用户要注意电参数的设置，放电间隙的设置对实际的影响非常重要。在此基础上，掌握各种线切割加工技法，重点掌握外形线切割加工技法。

第14章

Mastercam X5

综合范例1——Mastercam三维造型

本章导读：

轴套零件就是做成正圆筒形的轴瓦。轴套和轴瓦都相当于滑动轴承的外环，轴套是整体的，而轴瓦是分片的。轴套零件中的轴颈是组成轴被轴承支承的部分；轴瓦部分是与轴颈相配的零件。

本章介绍一个轴套零件的制作方法，制作步骤包括外壳的制作、支撑部分的制作以及孔的制作，在制作完成后进行倒角和圆角操作。

学习内容：

知识点 \ 学习目标	理　解	应　用	实　践
创建外壳	√	√	√
创建支撑部分	√	√	√
创建孔	√	√	√
倒角和圆角	√	√	√

14.1 范例分析

本章的完成模型如图 14-1 所示，是一个典型的轴套类零件，可以使用拉伸和旋转等命令进行外壳的制作，在支撑部分制作之后要进行布尔运算，最后进行倒角和圆角操作。

图 14-1 完成的模型

14.2 范例绘制

范例完成文件：\14\14-1. MCX-5。

多媒体教学路径：光盘→多媒体教学→第 14 章。

14.2.1 创建外壳

步骤 01 绘制矩形

单击【草图】工具栏中的【矩形形状设置】按钮，弹出【矩形选项】对话框，如图 14-2 所示。

步骤 02 挤出实体

单击 Solids 工具栏中的【挤出实体】按钮，系统弹出【串连选项】对话框，如图 14-3 所示。

步骤 03 完成挤出

打开【实体挤出的设置】对话框，如图 14-4 所示。

步骤 04 实体抽壳

单击 Solids 工具栏中的【实体抽壳】按钮，系统弹出【实体薄壳】对话框，如图 14-5 所示。

步骤 05 绘制矩形

单击【草图】工具栏中的【矩形】按钮，在前视图上绘制尺寸为 30×50 的矩形，如图 14-6 所示。

步骤 06 绘制四条直线

单击【草图】工具栏中的【绘制任意线】按钮，如图 14-7 所示。

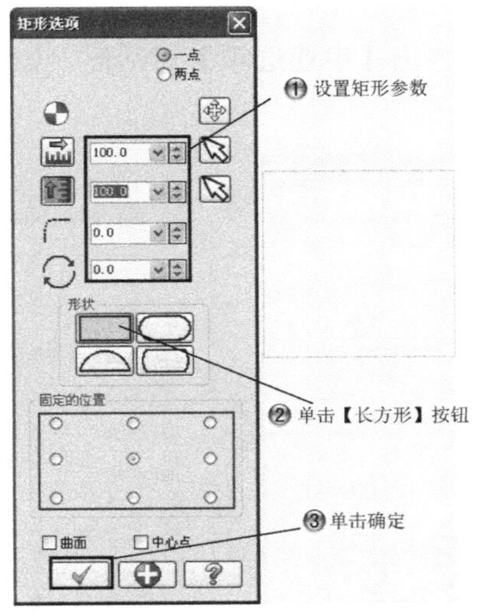

图 14-2　绘制矩形

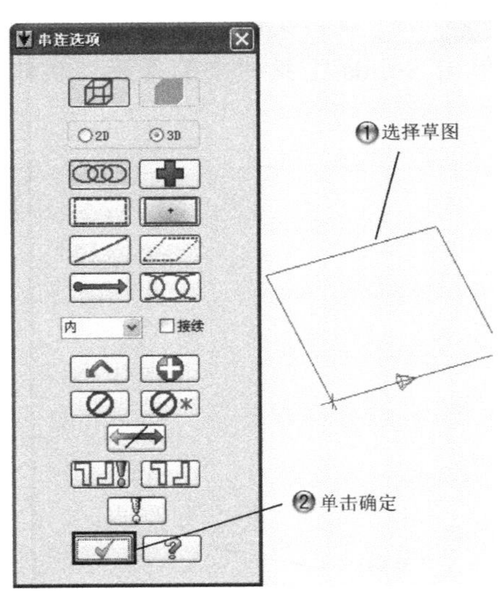

图 14-3　挤出实体

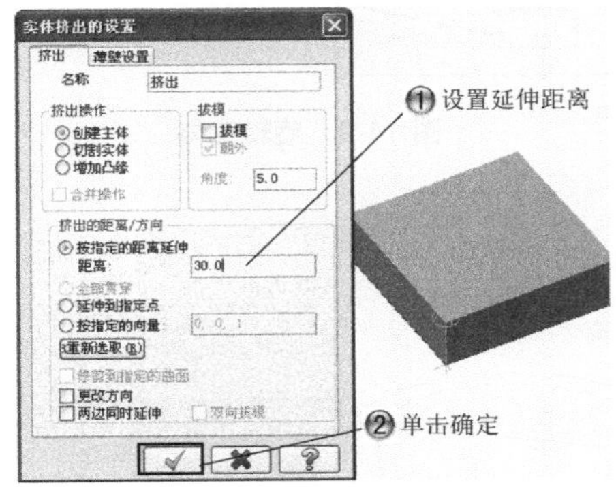

图 14-4　完成挤出

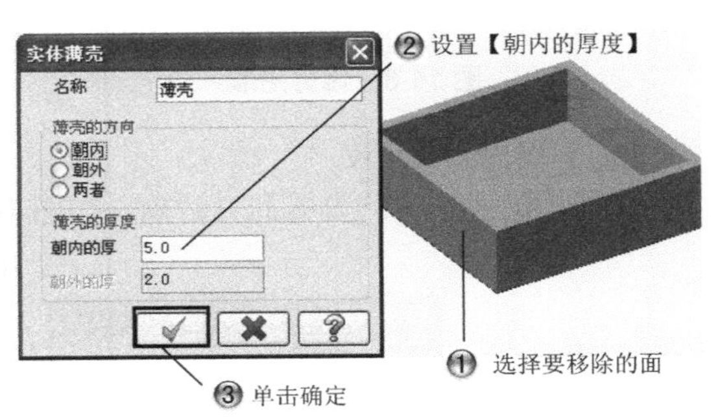

图 14-5　实体抽壳

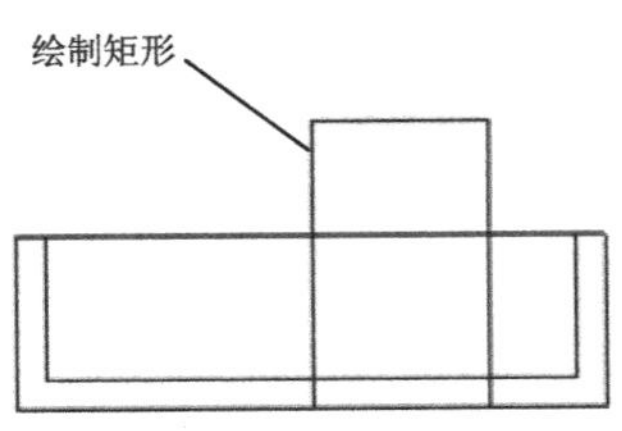

图 14-6　绘制矩形

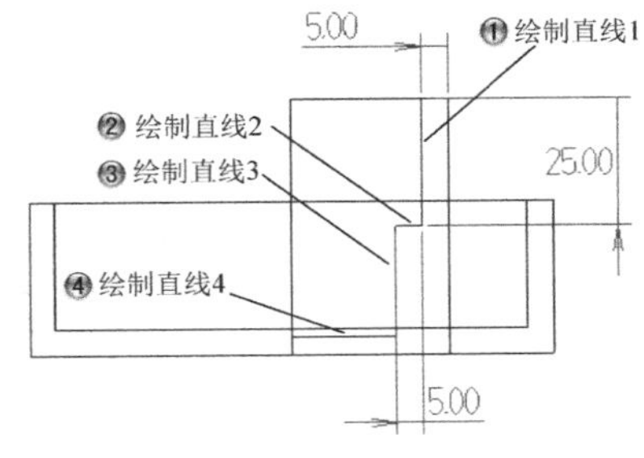

图 14-7　绘制四条直线

步骤 07　修剪图形

单击【修剪/打断】工具栏中的【修剪/打断/延伸】按钮，对线条进行修剪，如图 14-8 所示。

步骤 08 旋转实体

单击 Solids 工具栏中的【旋转实体】按钮，弹出【串连选项】对话框，如图 14-9 所示。

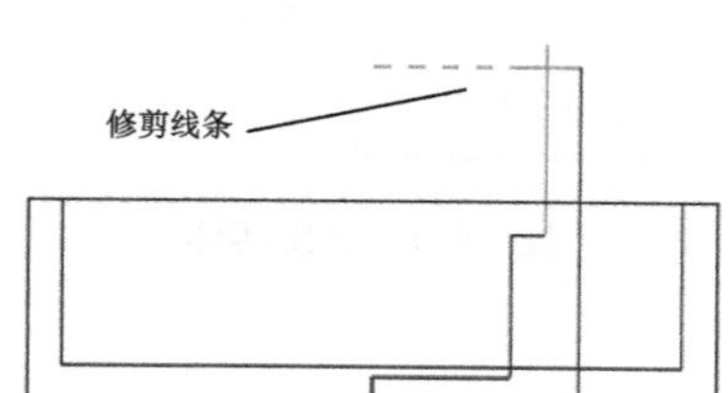

图 14-8 修剪图形

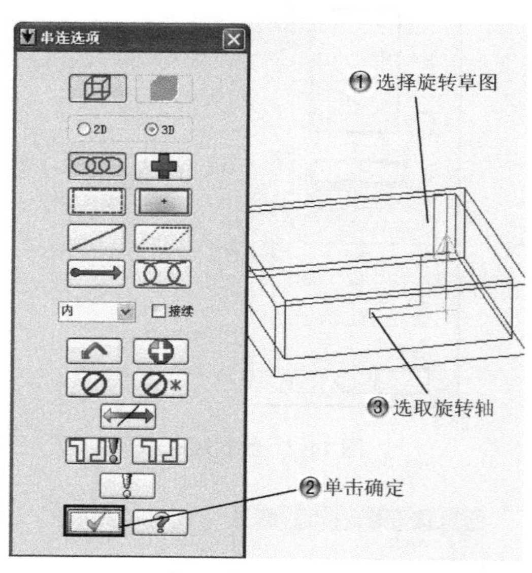

图 14-9 旋转实体

步骤 09 完成旋转

打开【旋转实体的设置】对话框，如图 14-10 所示。

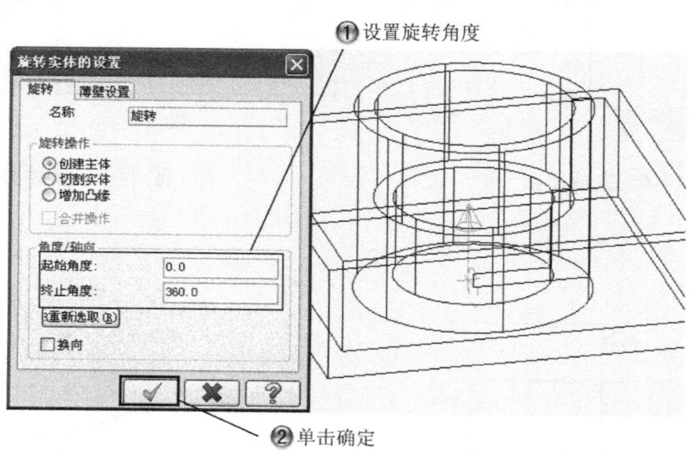

图 14-10 完成旋转

步骤 10 合并特征

单击 Solids 工具栏中的【布尔运算-结合】按钮，按图 14-11 所示进行操作。

步骤 11 绘制直径为 40 的圆

在顶视图视角，单击【草图】工具栏中的【圆心+点】按钮，绘制直径为 40 的圆，如图 14-12 所示。

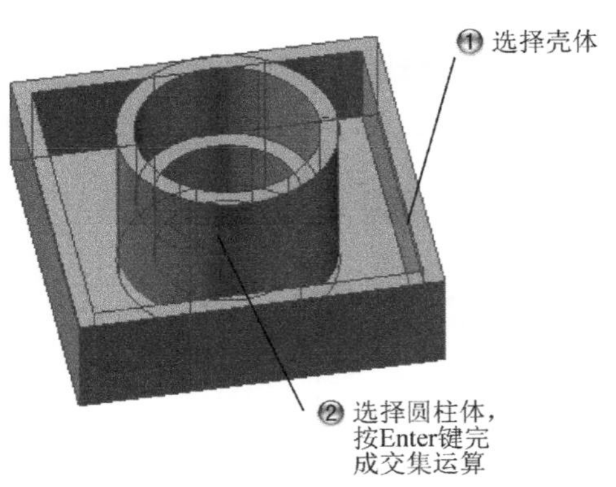

图 14-11　合并特征

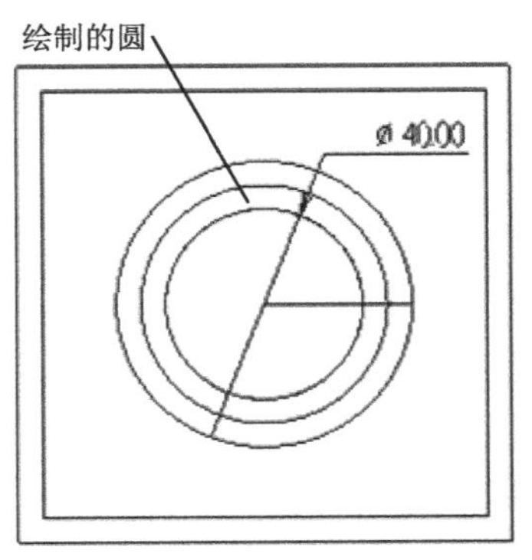

图 14-12　绘制直径为 40 的圆

步骤 12　拉伸圆

单击 Solids 工具栏中的【挤出实体】按钮，系统弹出【串连选项】对话框，如图 14-13 所示。

步骤 13　切割实体

打开【实体挤出的设置】对话框，如图 14-14 所示。

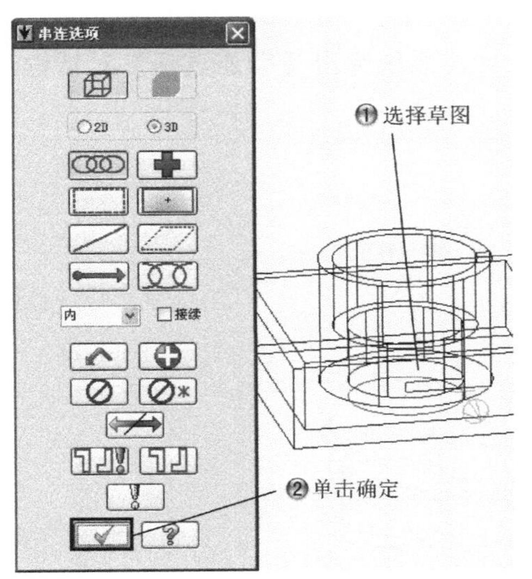

图 14-13　拉伸圆

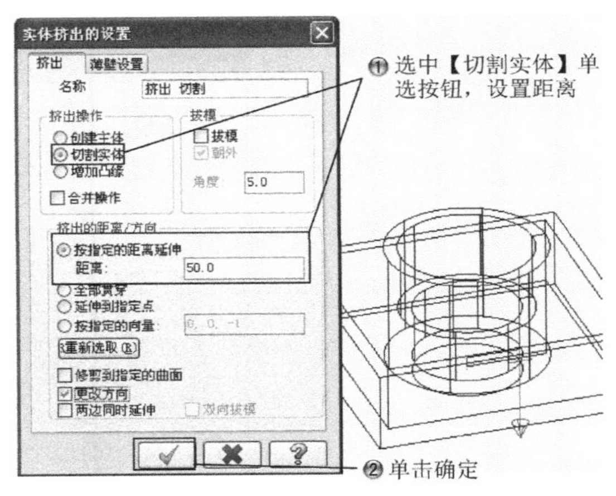

图 14-14　切割实体

14.2.2　创建支撑部分

步骤 01　绘制小圆

在顶视图视角，单击【草图】工具栏中的【圆心+点】按钮，绘制坐标中心在(40,40,0)的圆，如图 14-15 所示。

步骤 02　阵列小圆

单击【参考变换】工具栏中的【阵列】按钮，弹出如图 14-16 所示的【阵列选项】对话框。

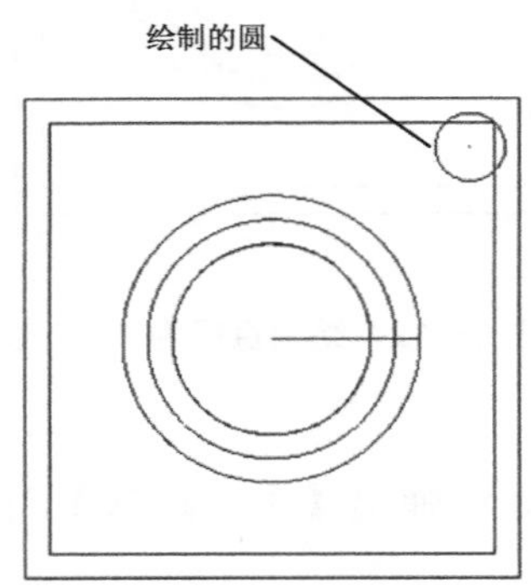

图 14-15　绘制小圆

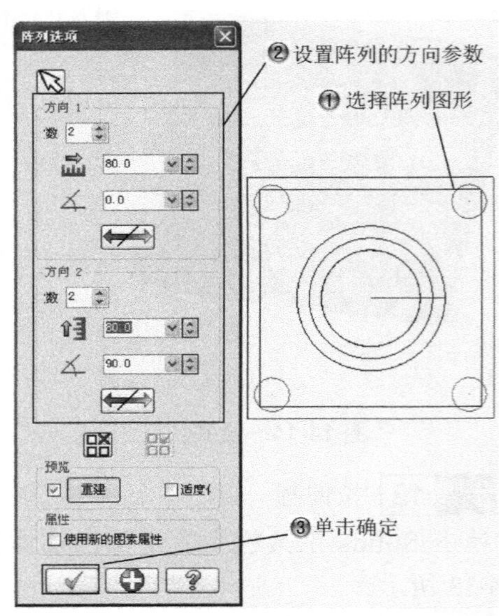

图 14-16　阵列小圆

步骤 03 拉伸小圆

单击 Solids 工具栏中的【挤出实体】按钮，系统弹出【串连选项】对话框，如图 14-17 所示。

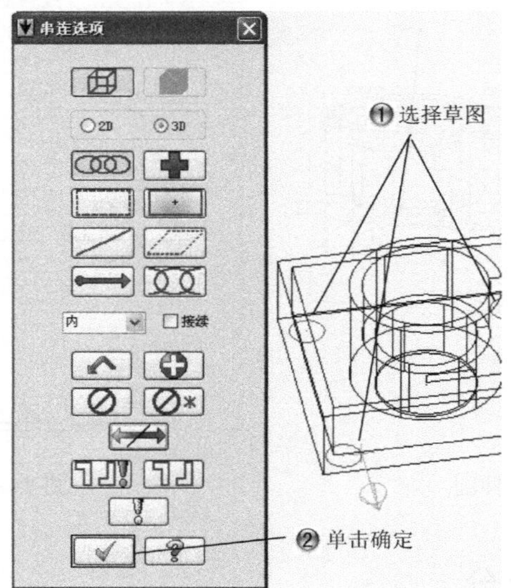

图 14-17　拉伸小圆

步骤 04 完成拉伸实体

弹出【实体挤出的设置】对话框，如图 14-18 所示。

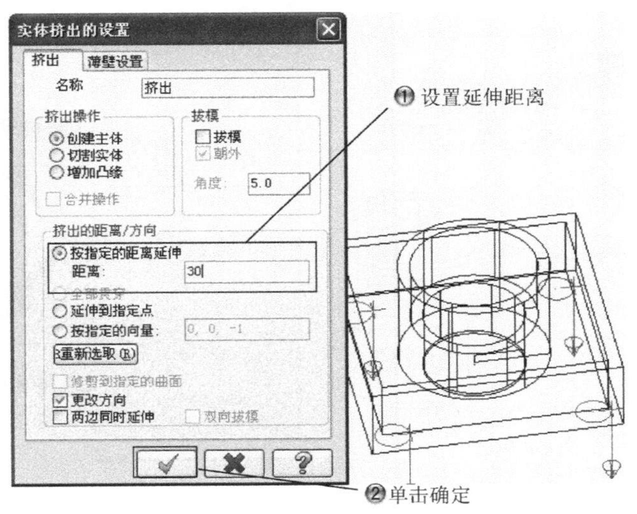

图 14-18　完成拉伸实体

步骤 05 绘制直径为 11 的圆

在顶视图视角，单击【草图】工具栏中的【圆心+点】按钮，绘制坐标中心在(0,35,0)的圆，如图 14-19 所示。

步骤 06 拉伸小圆

单击 Solids 工具栏中的【挤出实体】按钮，系统弹出【串连选项】对话框，如图 14-20 所示。

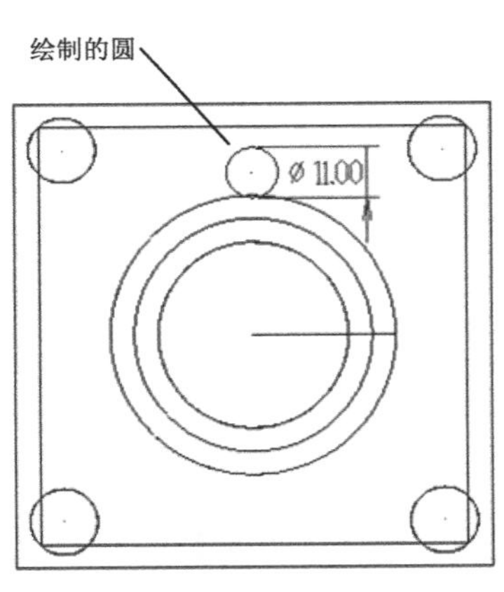

图 14-19　绘制直径为 11 的圆

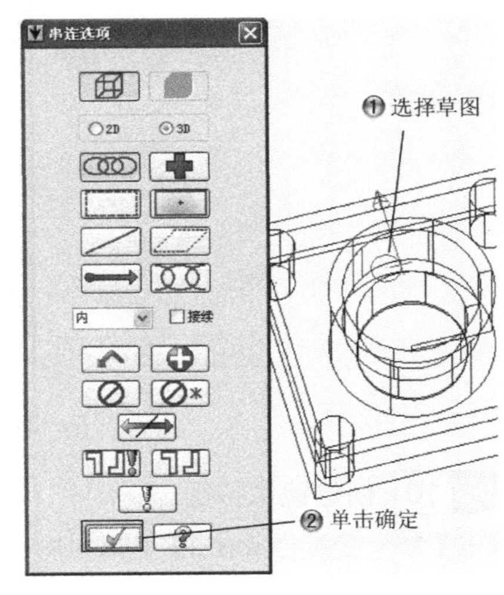

图 14-20　拉伸小圆

步骤 07 拉伸到指定点

弹出【实体挤出的设置】对话框，如图 14-21 所示。

步骤 08 旋转圆柱

单击【参考变换】工具栏中的【旋转】按钮，弹出如图 14-22 所示的【旋转】对话框。

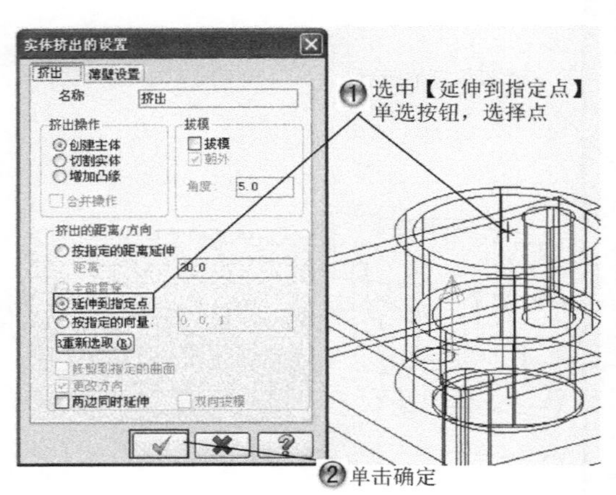

图 14-21　拉伸到指定点

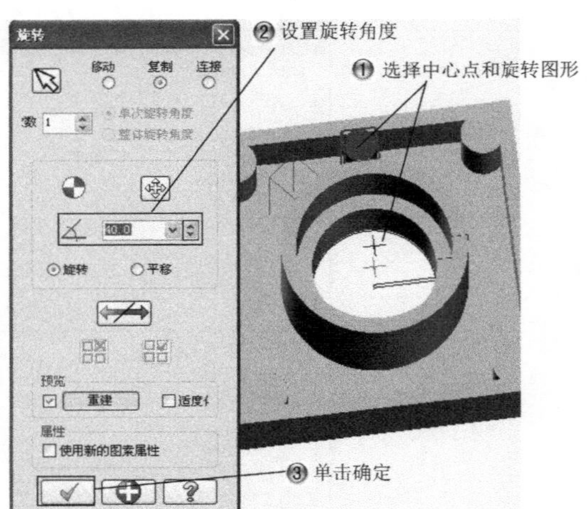

图 14-22　旋转圆柱

步骤 09　旋转对称圆柱

单击【参考变换】工具栏中的【旋转】按钮，同时弹出如图 14-23 所示的【旋转】对话框。

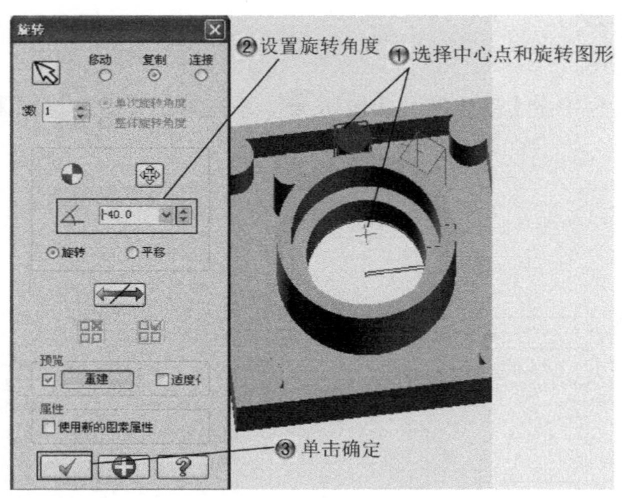

图 14-23　旋转对称圆柱

步骤 10　创建镜像特征

单击【参考变换(Xform)】工具栏中的【镜像】按钮，弹出【镜像】对话框，如图 14-24 所示。

步骤 11　绘制小矩形

单击【草图】工具栏中的【矩形】按钮，在顶视图上绘制宽度为 2 的矩形，如图 14-25 所示。

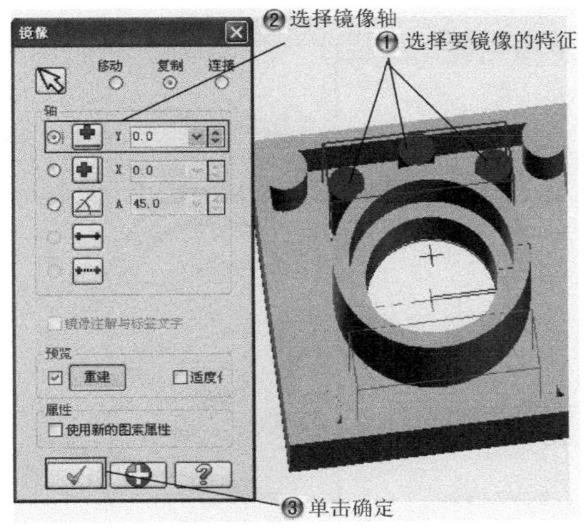

图 14-24　创建镜像特征

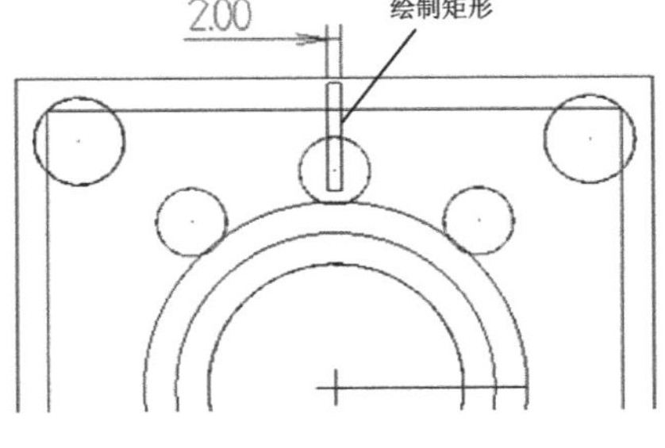

图 14-25　绘制小矩形

步骤 12　拉伸小矩形

单击 Solids 工具栏中的【挤出实体】按钮，系统弹出【串连选项】对话框，如图 14-26 所示。

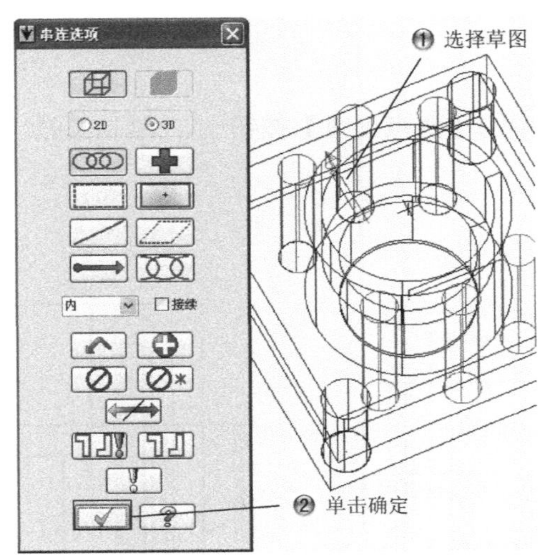

图 14-26　拉伸小矩形

步骤 13　完成小矩形拉伸

弹出【实体挤出的设置】对话框，如图 14-27 所示。

步骤 14　镜像长方体

单击【参考变换(Xform)】工具栏中的【镜像】按钮，弹出【镜像】对话框，如图 14-28 所示。

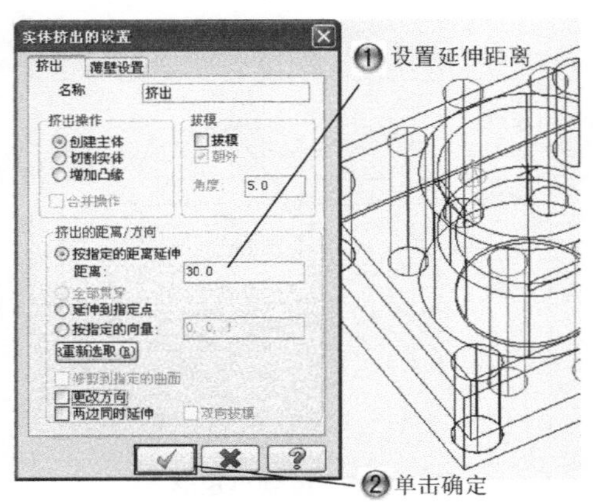

图 14-27　完成小矩形拉伸

图 14-28　镜像长方体

步骤 15　绘制矩形

单击【草图】工具栏中的【矩形】按钮，在右视图上绘制矩形，Z 轴的深度为 50，如图 14-29 所示。

步骤 16　绘制圆弧

单击【草图】工具栏中的【两点画弧】按钮，绘制圆弧，并修剪图形，如图 14-30 所示。

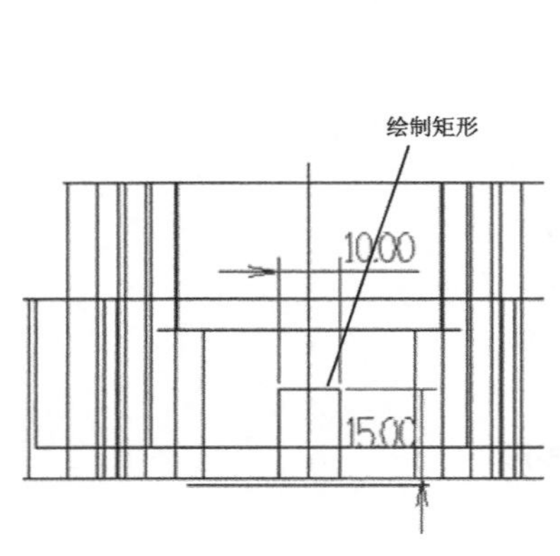

图 14-29　绘制矩形

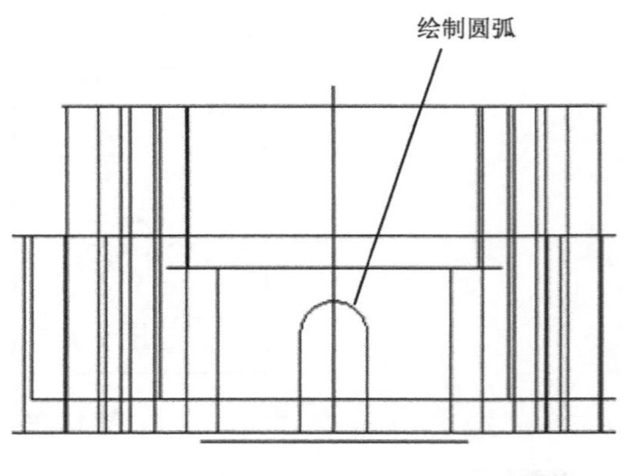

图 14-30　绘制圆弧

步骤 17　拉伸拱形草图

单击 Solids 工具栏中的【挤出实体】按钮，系统弹出【串连选项】对话框，如图 14-31 所示。

步骤 18　完成拉伸拱形草图

弹出【实体挤出的设置】对话框，如图 14-32 所示。

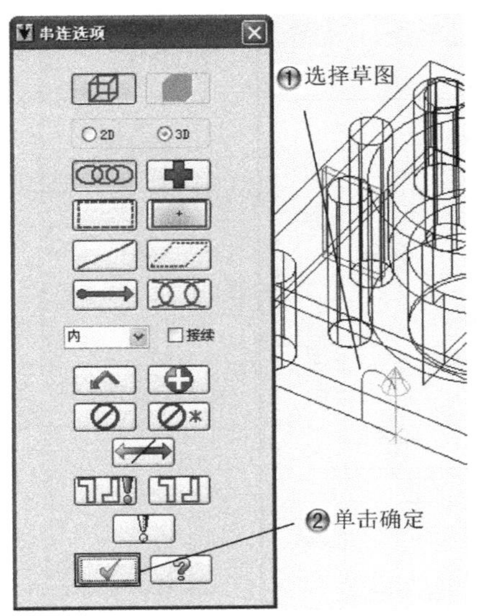

图 14-31　拉伸拱形草图

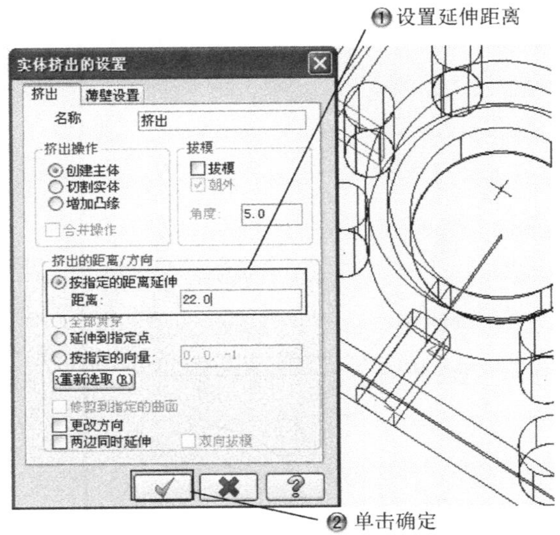

图 14-32　完成拉伸拱形草图

步骤 19 合并所有特征

单击 Solids 工具栏中的【布尔运算-结合】按钮，选择所有特征进行合并，如图 14-33 所示。

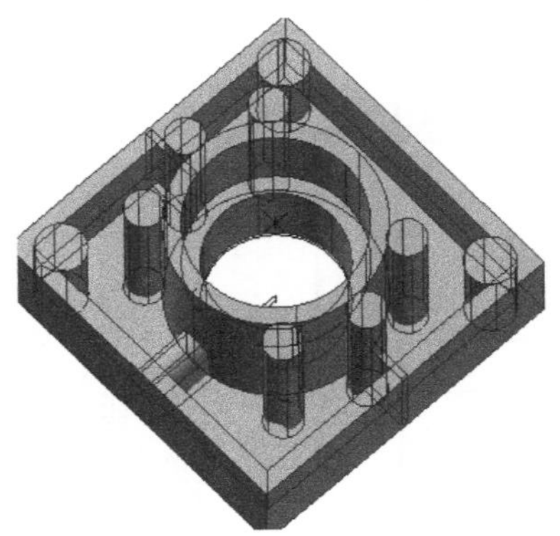

图 14-33　合并所有特征

14.2.3　创建孔

步骤 01 绘制直径为 6 的圆

在顶视图视角，单击【草图】工具栏中的【圆心+点】按钮，绘制直径为 6 的圆，如图 14-34 所示。

步骤 02 阵列小圆

单击【参考变换】工具栏中的【阵列】按钮，弹出如图 14-35 所示的【阵列选项】对话框。

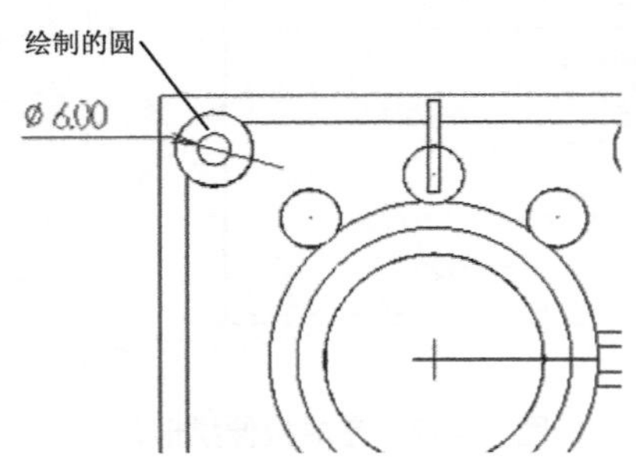

图 14-34　绘制直径为 6 的圆

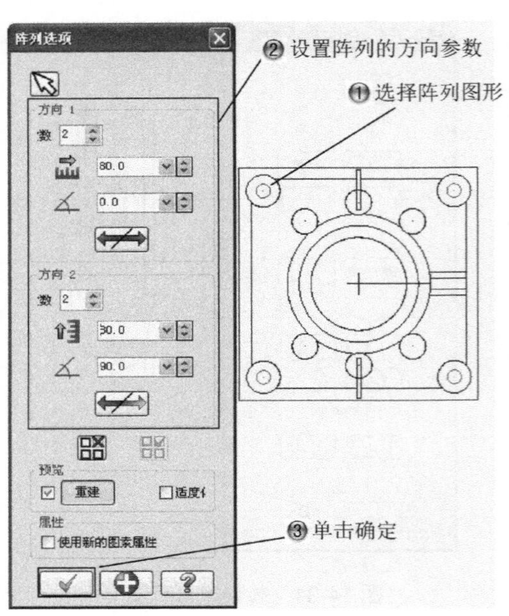

图 14-35　阵列小圆

步骤 03　拉伸 4 个圆

单击 Solids 工具栏中的【挤出实体】按钮，系统弹出【串连选项】对话框，如图 14-36 所示。

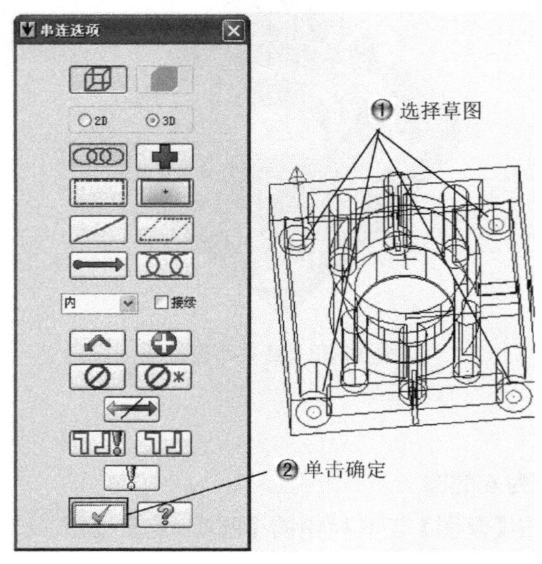

图 14-36　拉伸 4 个圆

步骤 04　切割实体

弹出【实体挤出的设置】对话框，如图 14-37 所示。

步骤 05 绘制六个小圆

在顶视图视角，单击【草图】工具栏中的【圆心+点】按钮，绘制直径为 6 的 6 个圆，如图 14-38 所示。

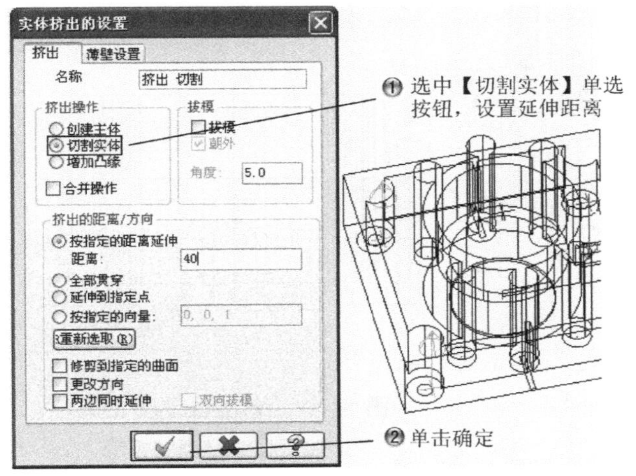

图 14-37　切割实体

图 14-38　绘制 6 个小圆

步骤 06 拉伸 6 个圆

单击 Solids 工具栏中的【挤出实体】按钮，系统弹出【串连选项】对话框，如图 14-39 所示。

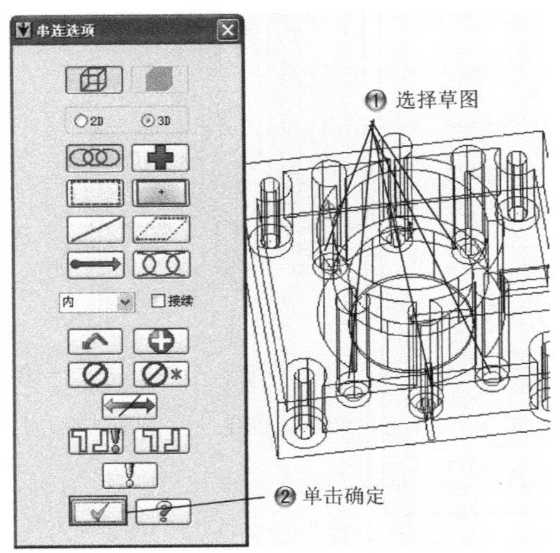

图 14-39　拉伸 6 个圆

步骤 07 切割实体

弹出【实体挤出的设置】对话框，如图 14-40 所示。

步骤 08 绘制直径为 6 的圆

在右视图视角，单击【草图】工具栏中的【圆心+点】按钮，绘制直径为 6 的圆，如

图 14-41 所示。

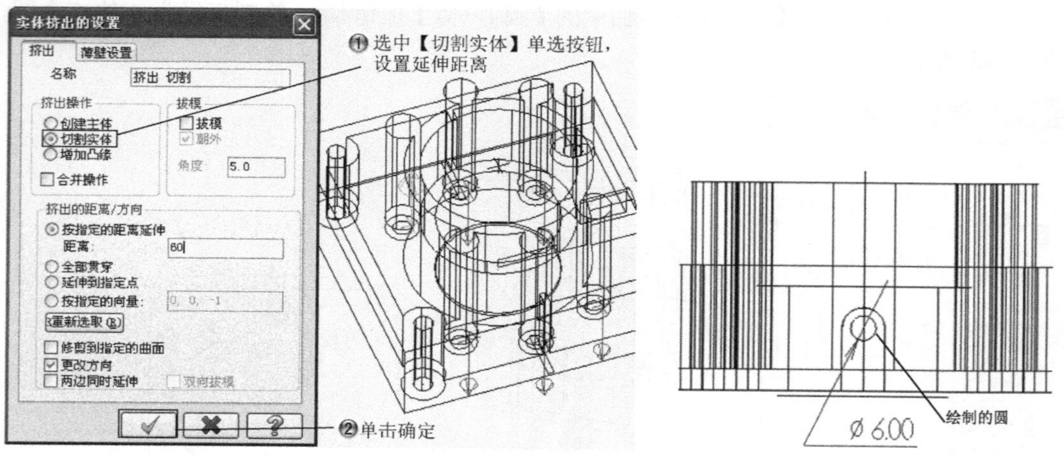

图 14-40　切割实体

图 14-41　绘制直径为 6 的圆

步骤 09 拉伸圆形

单击 Solids 工具栏中的【挤出实体】按钮，系统弹出【串连选项】对话框，如图 14-42 所示。

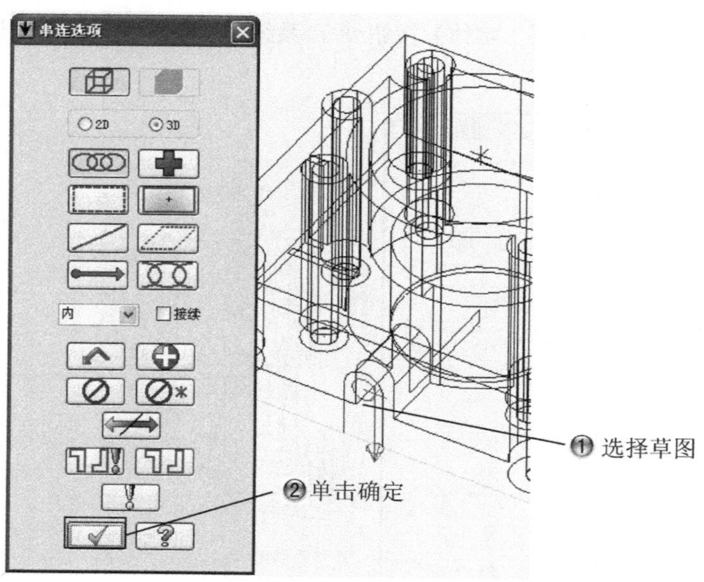

图 14-42　拉伸圆形

步骤 10 拉伸切割实体

弹出【实体挤出的设置】对话框，如图 14-43 所示。

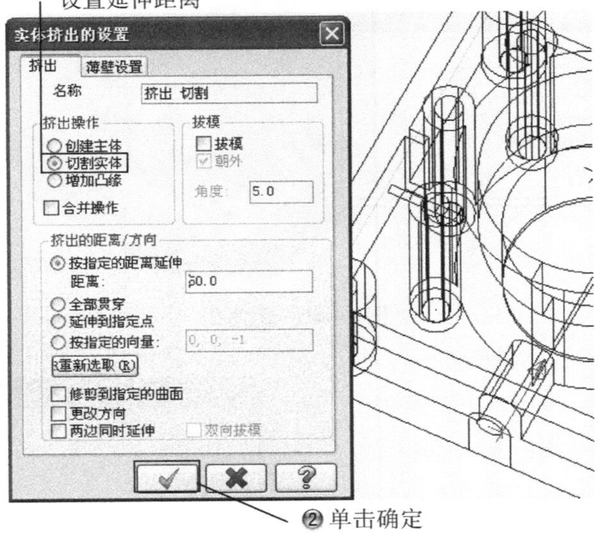

图 14-43 拉伸切割实体

14.2.4 倒角和圆角

步骤 01 倒角 1

单击 Solids 工具栏中的【单一距离倒角】按钮，系统弹出【实体倒角参数】对话框，如图 14-44 所示。

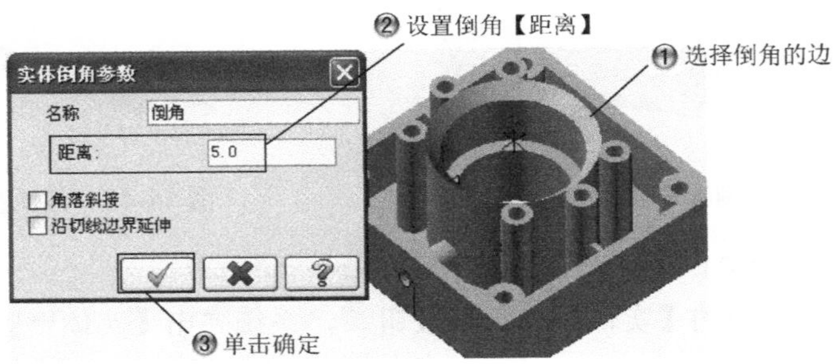

图 14-44 实体倒角 1

步骤 02 倒角 2

单击 Solids 工具栏中的【单一距离倒角】按钮，系统弹出【实体倒角参数】对话框，如图 14-45 所示。

步骤 03 倒圆角 R3

单击 Solids 工具栏中的【实体倒圆角】按钮，系统弹出【实体倒圆角参数】对话框，如图 14-46 所示。

步骤 04 其他圆角 R3

单击 Solids 工具栏中的【实体倒圆角】按钮，系统弹出【实体倒圆角参数】对话框，如图 14-47 所示。

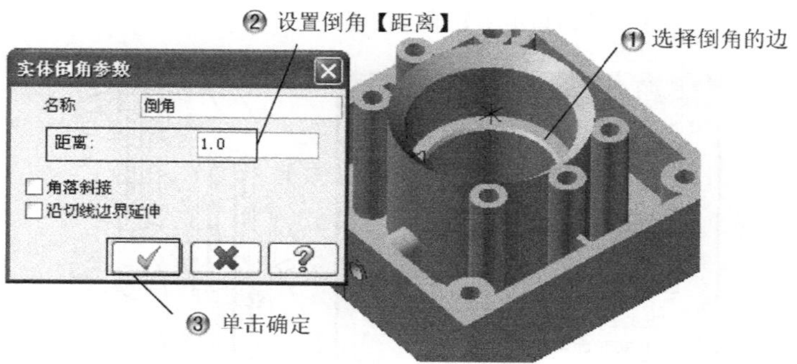

图 14-45　倒角 2

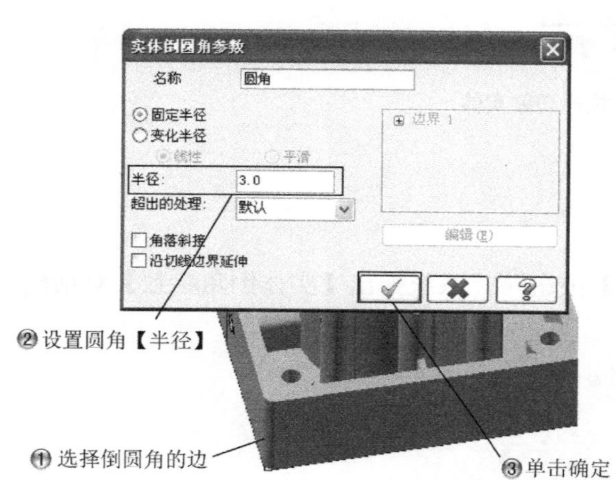

图 14-46　倒圆角 R3

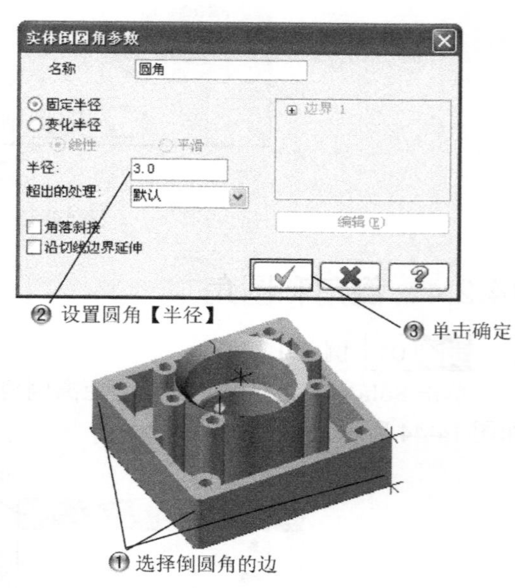

图 14-47　其他圆角 R3

步骤 05　边沿圆角 R1

单击 Solids 工具栏中的【实体倒圆角】按钮，系统弹出【实体倒圆角参数】对话框，如图 14-48 所示。

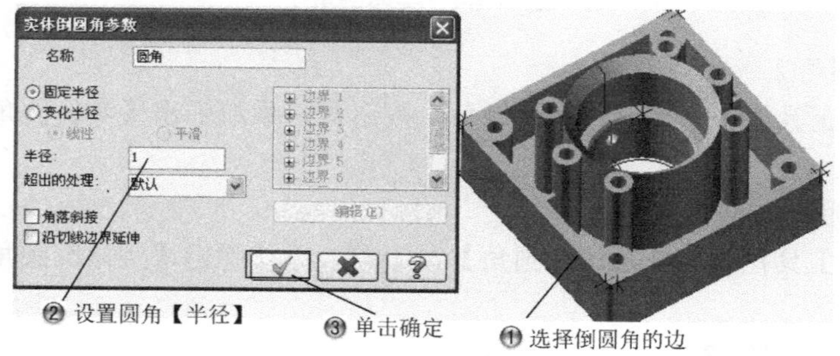

图 14-48　边沿圆角 R1

步骤 06 圆柱边倒圆角

单击 Solids 工具栏中的【实体倒圆角】按钮，系统弹出【实体倒圆角参数】对话框，如图 14-49 所示。

步骤 07 内边倒圆角

单击 Solids 工具栏中的【实体倒圆角】按钮，系统弹出【实体倒圆角参数】对话框，如图 14-50 所示。

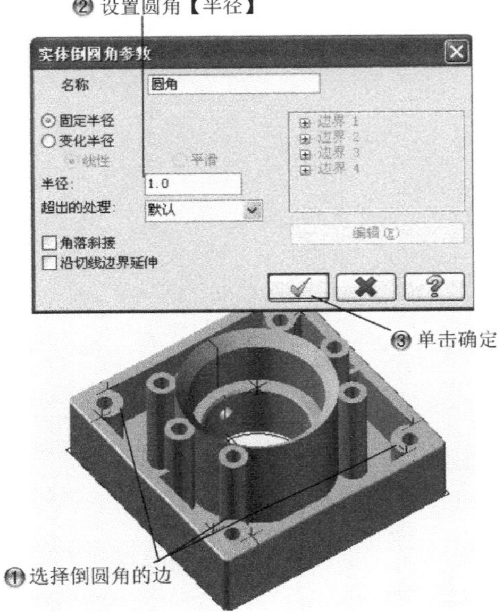

图 14-49　圆柱边倒圆角

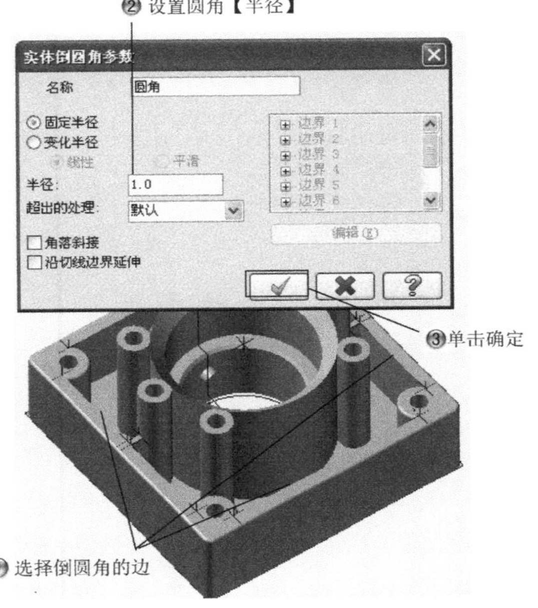

图 14-50　内边倒圆角

步骤 08 通孔倒角

单击 Solids 工具栏中的【单一距离倒角】按钮，系统弹出【实体倒角参数】对话框，如图 14-51 所示。

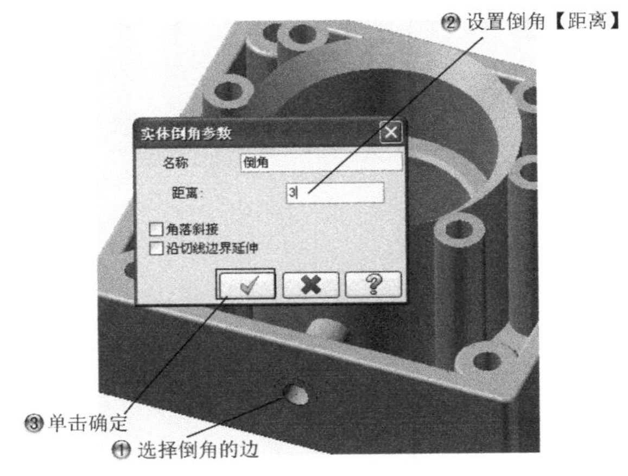

图 14-51　通孔倒角

14.3 范例小结

通过本章的学习，读者可以掌握基本的 Mastercam 零件设计步骤。通过零件的制作和布尔运算完成实体模型的创建。

第15章

Mastercam X5

综合范例 2——Mastercam 曲面粗加工

本章导读：

曲面粗加工是对三维曲面模型进行去料加工，采用的大刀对曲面进行快速切削，将曲面模型之外的材料大部分清除掉。曲面粗加工不要求加工结果与曲面模型的精确性，只需要快速地去掉材料即可。因此，效率是曲面粗加工的原则——越快越好！

Mastercam X5 提供了 8 种曲面粗加工方式来进行开粗加工。这 8 种粗加工分别为平行粗加工、放射粗加工、投影粗加工、曲面流线粗加工、等高外形粗加工、挖槽粗加工、残料粗加工和钻削粗加工。其中挖槽粗加工、残料粗加工应用比较多！

学习内容：

学习目标 / 知识点	理　解	应　用	实　践
平行粗加工	√	√	√
等高外形粗加工	√	√	√
实体仿真模拟	√	√	√

15.1 范例分析

本例是滑鼠盖的凸模曲面加工，如图 15-1 所示，主要对其进行开粗加工，分首次开粗和二次开粗，首次开粗采用平行粗加工，二次开粗采用等高外形清除残料。加工结果如图 15-2 所示。

其步骤如下。

(1) 采用 D10R1 的圆鼻刀进行平行粗加工。

(2) 采用 D6R1 的圆鼻刀进行等高外形粗加工。

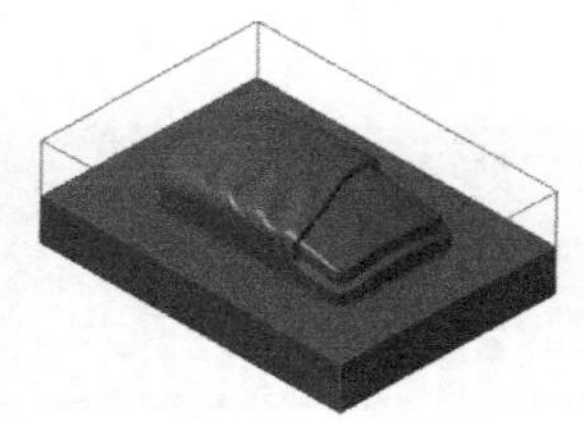

图 15-1 加工图形

图 15-2 加工结果

15.2 范例详解

范例文件：/15/15-2.mcx。

多媒体教学路径：光盘→多媒体教学→第 15 章。

15.2.1 采用圆鼻刀进行平行粗加工

步骤 01 打开源文件

选择【刀具路径】|【曲面粗加工】|【粗加工平行铣削加工】菜单命令，弹出【选取工件的形状】对话框，按图 15-3 所示操作，弹出如图 15-4 所示的【输入新的 NC 名称】对话框。

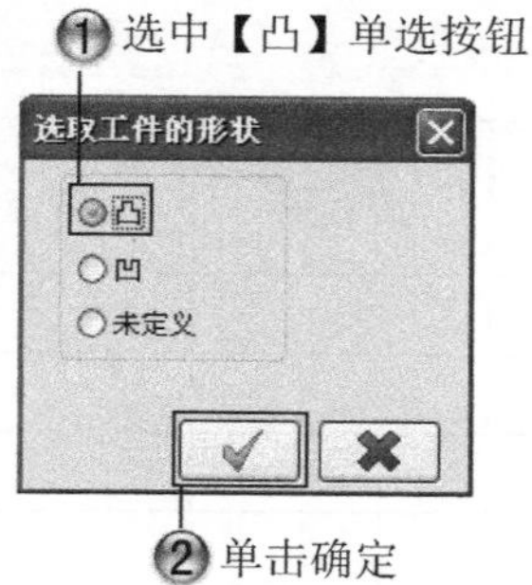

图 15-3 选取曲面类型

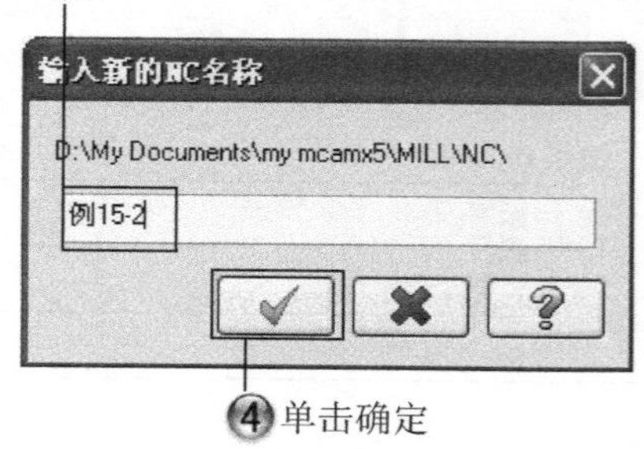

图 15-4 输入新的 NC 名称

步骤 02 选取加工曲面和切削范围

系统弹出如图 15-5 所示的【刀具路径的曲面选取】对话框。

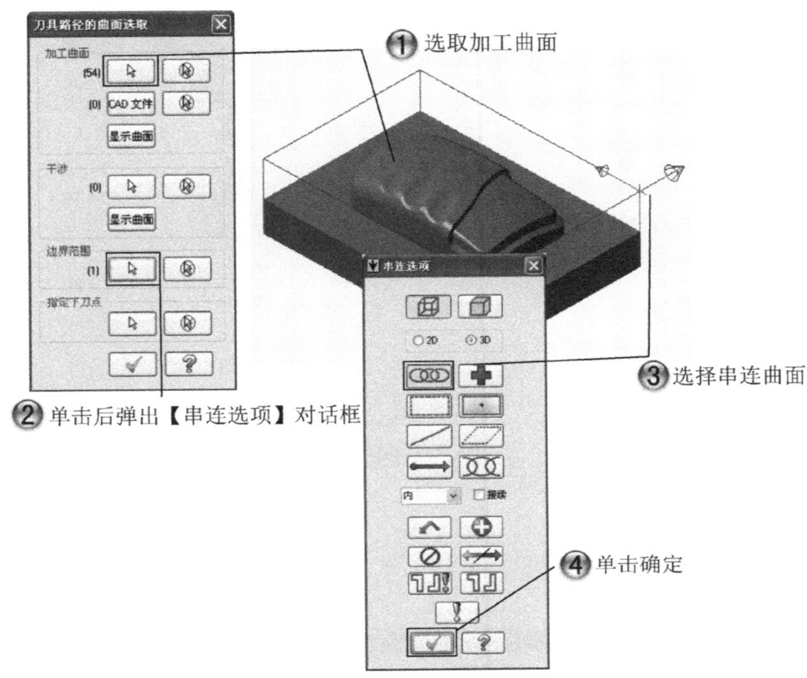

图 15-5　选取曲面和加工范围

步骤 03 设置刀具路径参数

按图 15-6～图 15-9 所示进行操作。

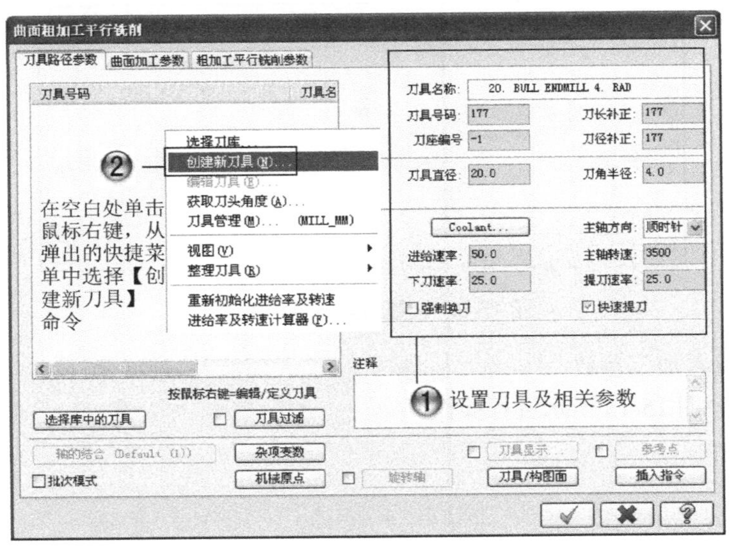

图 15-6　创建刀具

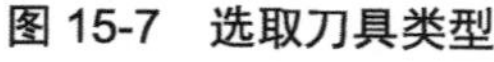

图 15-7　选取刀具类型

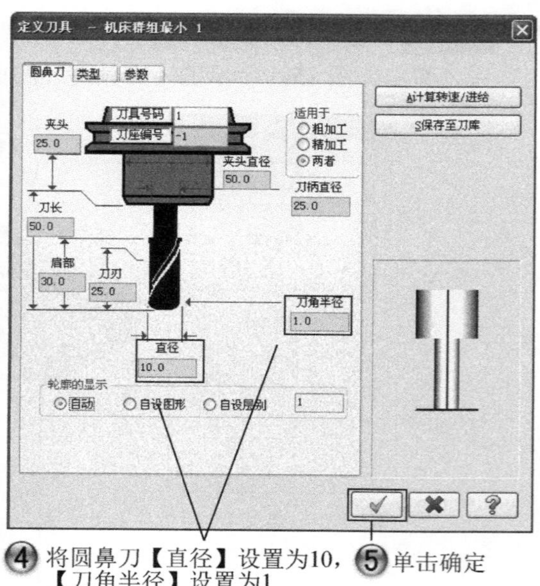

图 15-8　设置圆鼻刀参数

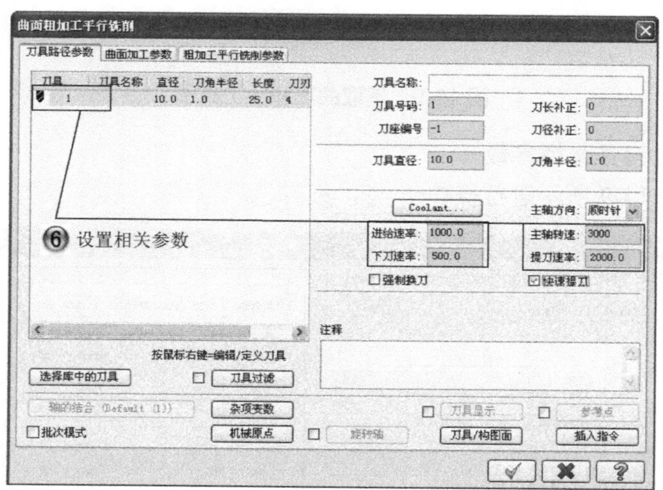

图 15-9　设置刀具路径相关参数

步骤 04　设置加工参数

按图 15-10～图 15-13 所示进行操作。

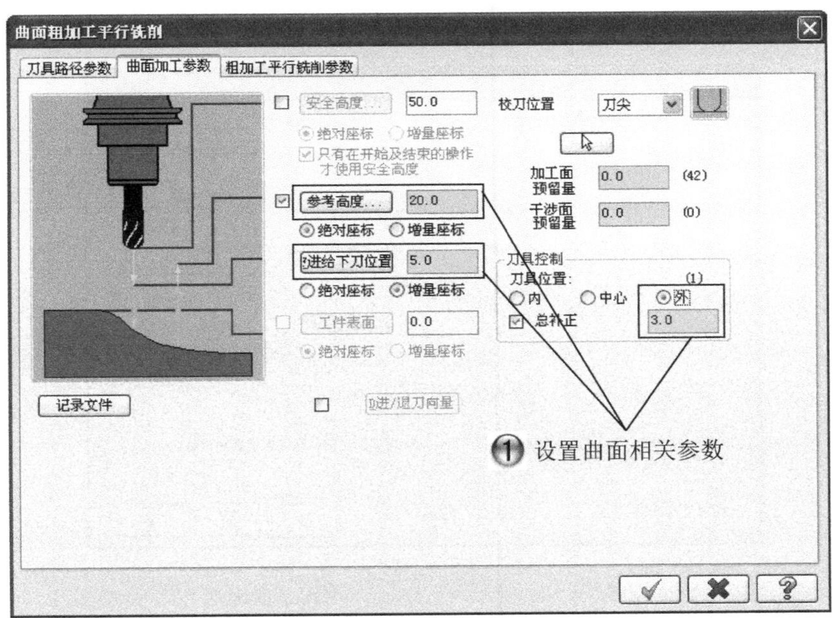

图 15-10　设置曲面加工参数

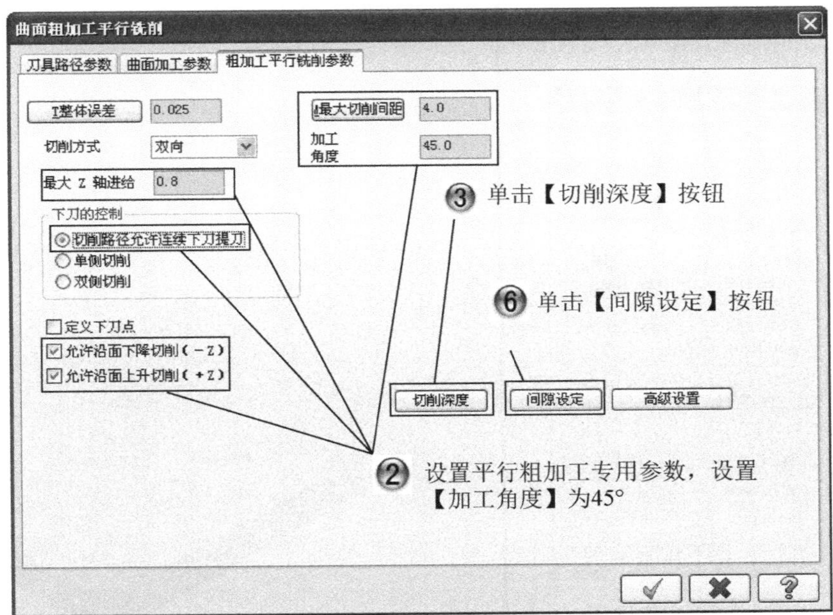

图 15-11　设置平行粗加工专用参数

④ 设定第一层切削深度和最后一层的切削深度

切削深度的设定

○绝对座标 ⊙增量座标

绝对的深度 增量的深度

最高的位置 0.0 第一刀的相对位置 0.8

最低的位置 -10.0 其他深度的预留量 0.0

侦查平面 侦查平面

S选择深度 B临界深度

清除深度 清除深度

自动调整加工面的预留量 (注：加工材料已包含于自动调整)

相对于刀具的 刀尖

⑤ 单击确定

图 15-12 设置切削深度

系统会根据设置的参数生成平行粗加工刀具路径，如图 15-14 所示。

⑦ 设置刀具路径在遇到间隙时的处理方式

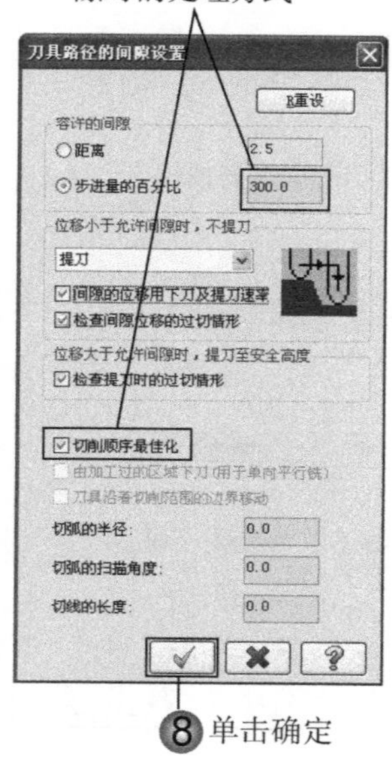

图 15-13 间隙设置

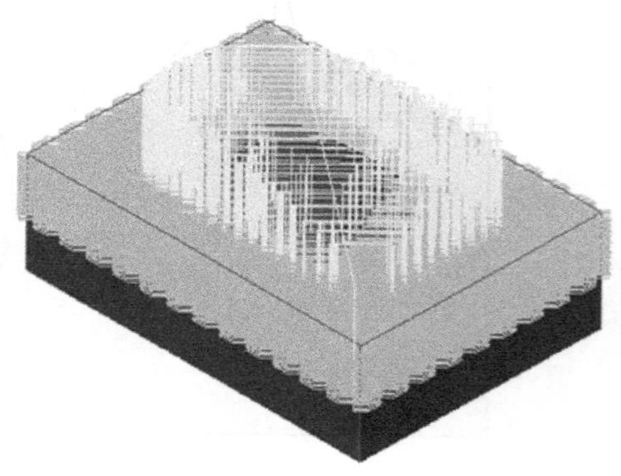

图 15-14 平行粗加工刀具路径

15.2.2 采用圆鼻刀进行等高外形粗加工

步骤 01 选取加工曲面和切削范围

选择【刀具路径】|【曲面粗加工】|【粗加工等高外形加工】菜单命令，系统要求选取曲面，选择曲面后弹出【刀具路径的曲面选取】对话框，如图 15-15 所示。

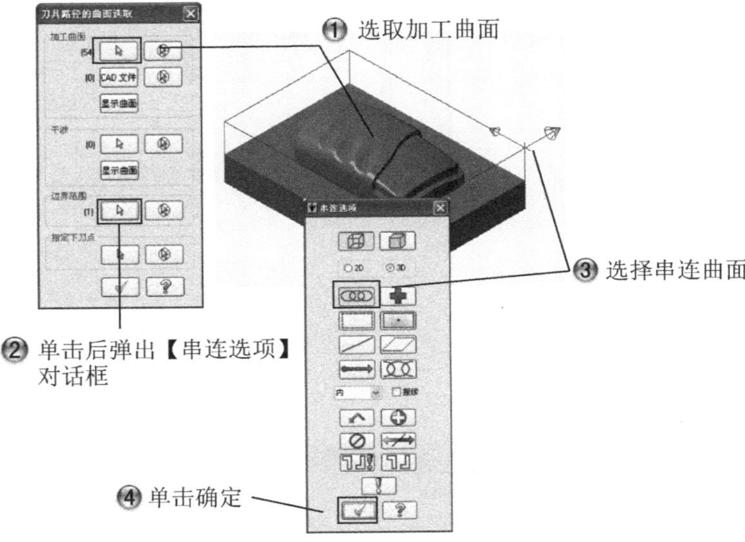

图 15-15 曲面和加工范围的选取

步骤 02 设置刀具参数

按图 15-16～图 15-19 所示进行操作。

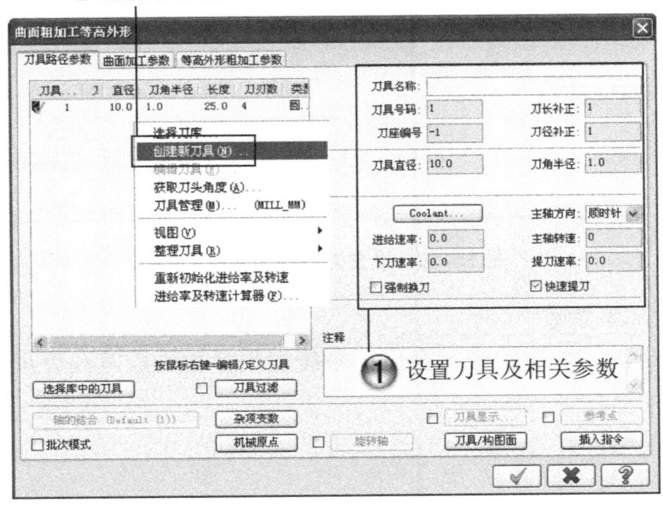

图 15-16 新建刀具

③ 选取刀具类型

图 15-17　选取刀具类型

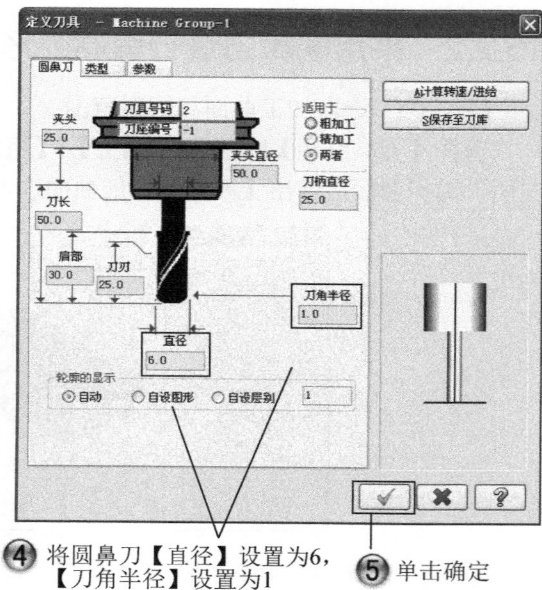

图 15-18　设置圆鼻刀参数

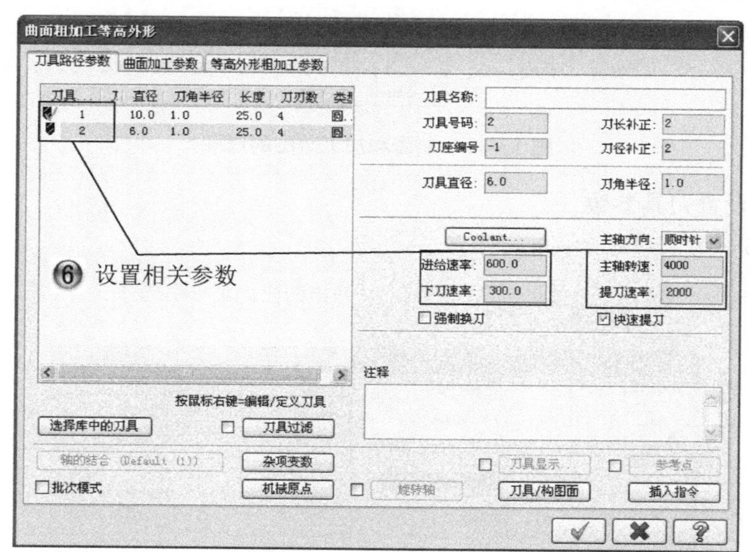

图 15-19　设置刀具路径相关参数

步骤 03 设置加工参数

按图 15-20～图 15-23 所示进行操作，系统根据参数生成等高外形加工刀具路径，如图 15-24 所示。

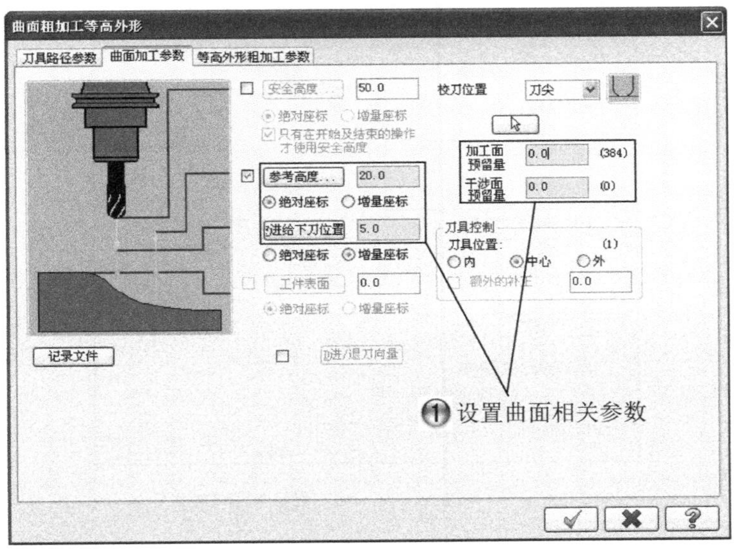

图 15-20 设置曲面加工参数

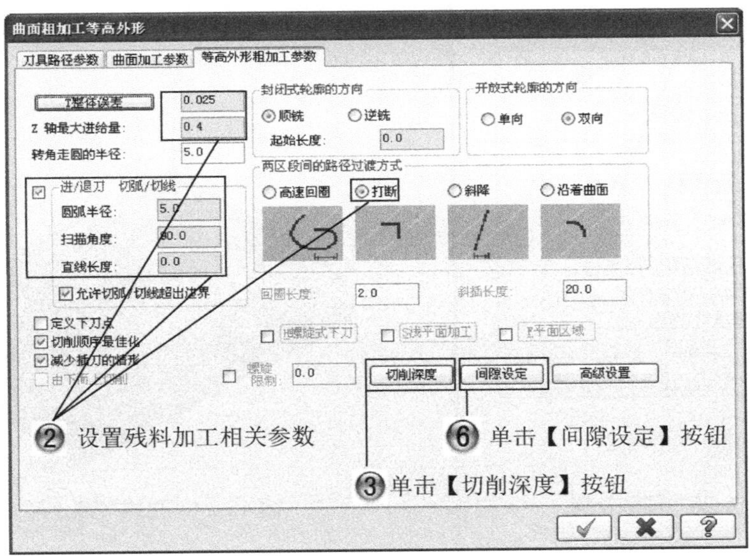

图 15-21 设置等高外形粗加工参数

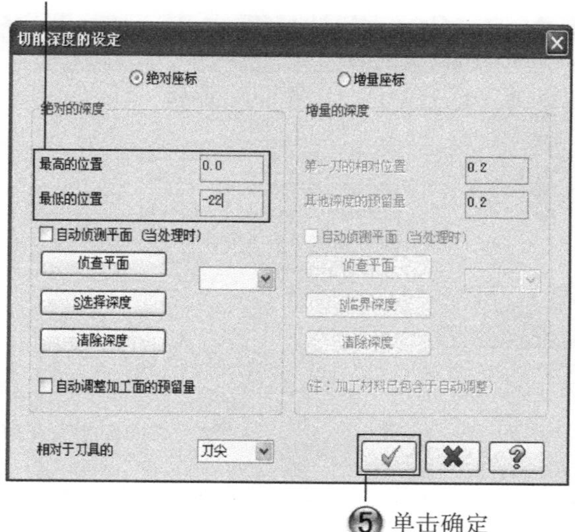

图 15-22　设置切削深度

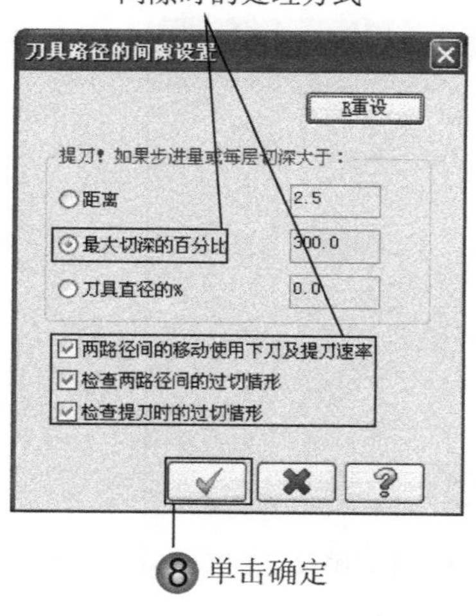

图 15-23　间隙设置

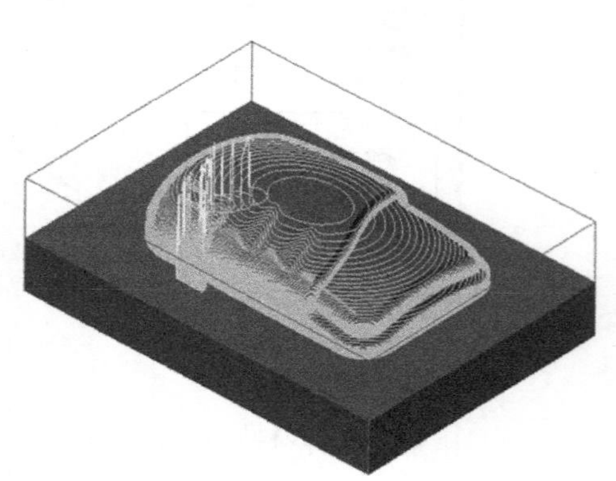

图 15-24　生成等高外形刀路

15.2.3　实体仿真模拟

步骤 01　设置工件毛坯

在刀具路径操作管理器中单击【属性】|【素材设置】节点，弹出【机器群组属性】对话框，单击【材料设置】标签，切换到【材料设置】选项卡，如图 15-25 所示。

步骤 02　实体仿真模拟

按图 15-26 所示进行操作，最后模拟结果如图 15-27 所示。

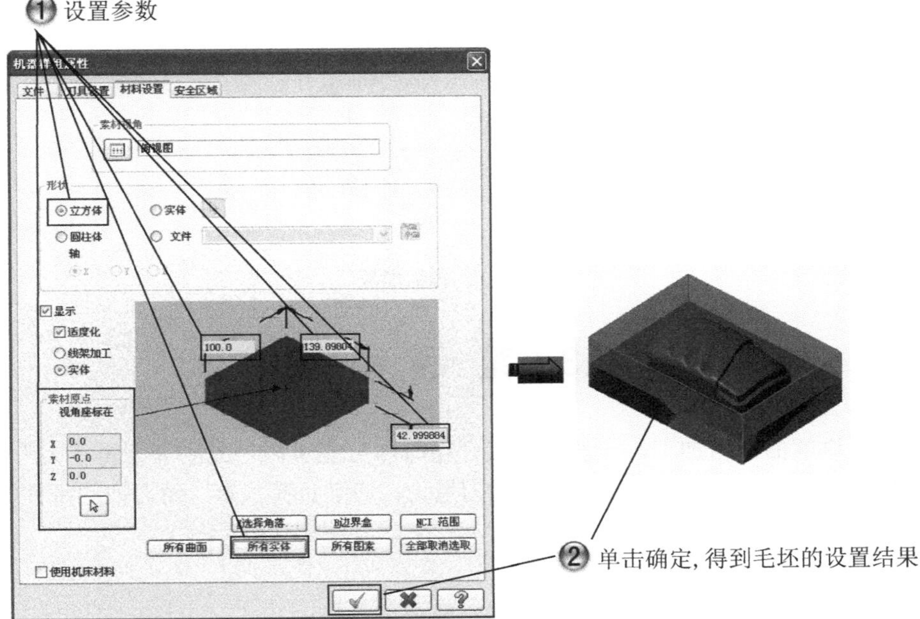

图 15-25　设置毛坯

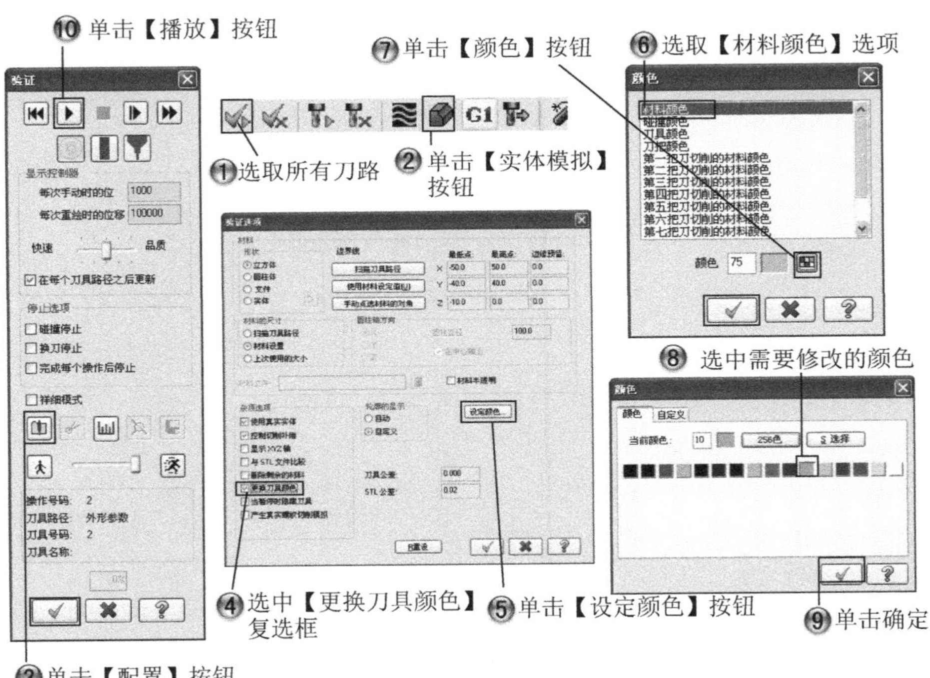

图 15-26　模拟步骤

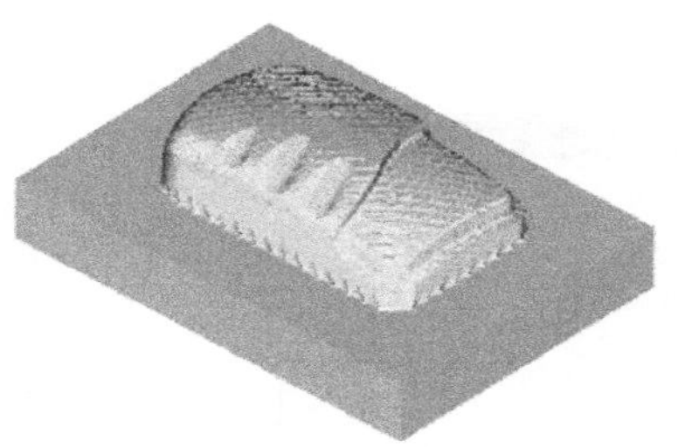

图 15-27　模拟结果

15.3 范 例 小 结

本例主要讲解曲面粗加工，一般粗加工开粗时尽可能遵循“先用大刀再小刀”的原则。开粗一般也尽量用刀把，因为开粗切削的吃刀量大，切削负荷很重，而刀把的刚性好，所以开粗优先选用刀把。

第16章

Mastercam X5

综合范例3——Mastercam曲面精加工

本章导读：

曲面精加工即是对曲面模型进行精铣加工，即精修，是对先前经过曲面开粗后留下的小部分精料做进一步的清除，尽量达到与模型一致的程度。精加工除需要保证效率外，还需要保证加工精度和表面光洁度。

曲面精加工共有11种，选择【刀具路径】|【曲面精加工】菜单命令，即可调取所需要的精加工。包括平行精加工、放射精加工、投影精加工、曲面流线精加工、等高外形精加工、陡斜面精加工、浅平面精加工、交线清角精加工、残料清角精加工、环绕等距精加工、熔接精加工。其中，平行精加工、环绕等距精加工、投影精加工等刀具路径应用较多。

学习内容：

学习目标 知识点	理　解	应　用	实　践
采用平行精加工进行光刀	√	√	√
采用等高外形精加工进行光刀	√	√	√
采用挖槽面铣加工进行光平面	√	√	√
实体模拟仿真加工	√	√	√

16.1 范例分析

本例通过小车模型来讲解精加工的综合运用。本例精加工共用了 3 种精加工操作，即浅平面精加工、等高外形精加工和挖槽面铣。浅平面精加工用来加工平坦的曲面；等高外形用来加工陡斜面；挖槽面铣用来加工平面。因此，合理利用刀路之间互补，达到图纸模型要求的效果。

本例小车的加工只需要做精加工，如图 16-1 所示。粗加工已经编制完毕，小车四壁比较陡峭，可以采用等高外形精加工进行精修，而小车顶上曲面则比较平坦，可以采用平行精加工或者浅平面精加工。此处采用浅平面精加工。最后采用挖槽面铣加工平面区域，加工结果如图 16-2 所示。其刀路规划如下。

(1) 用 D10 的球刀对小车顶面采用浅平面精加工进行光刀。
(2) 用 D10R1 的圆鼻刀对小车侧面采用等高外形精加工进行光刀。
(3) 用 D10 的平底刀对小车分型面位置采用挖槽面铣加工进行光平面。
(4) 实体仿真模拟加工。

图 16-1 加工图形

图 16-2 加工结果

16.2 范例详解

范例文件(光盘)：/16/16-2.mcx。

多媒体教学路径：光盘→多媒体教学→第 16 章。

16.2.1 用球刀对小车顶面采用平行精加工进行光刀

步骤 01 打开源文件

打开源文件 16-2.mcx。

步骤 02 选取加工曲面和切削范围

选择【刀具路径】|【曲面精加工】|【精加工浅平面加工】菜单命令，弹出【刀具路径的曲面选取】对话框，如图 16-3 所示。

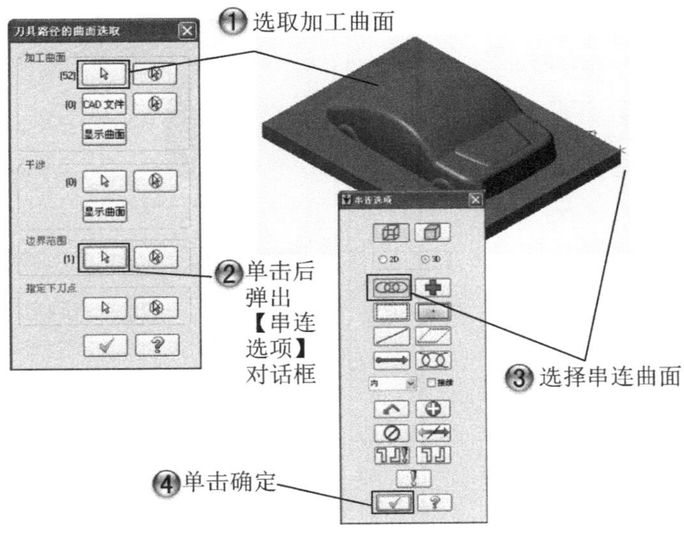

图 16-3　选取曲面和加工范围

步骤 03 设置刀具参数

按图 16-4～图 16-7 所示进行操作。

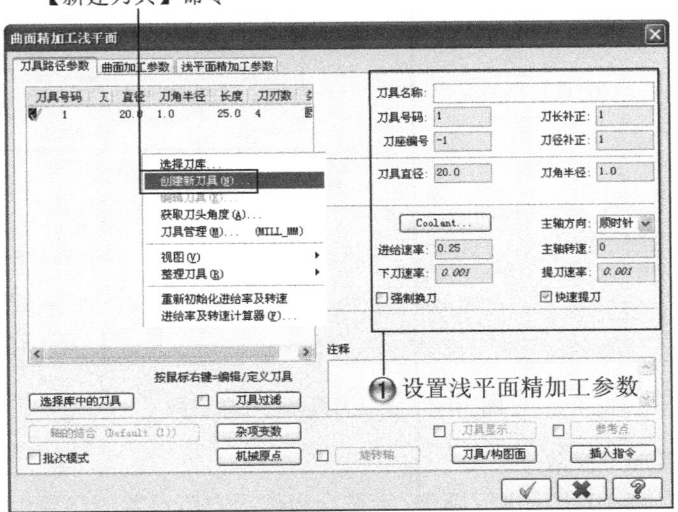

图 16-4　新建刀具

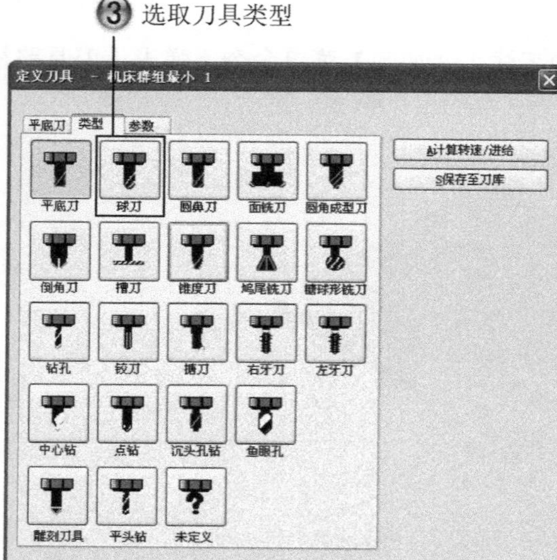

图 16-5 选取刀具类型

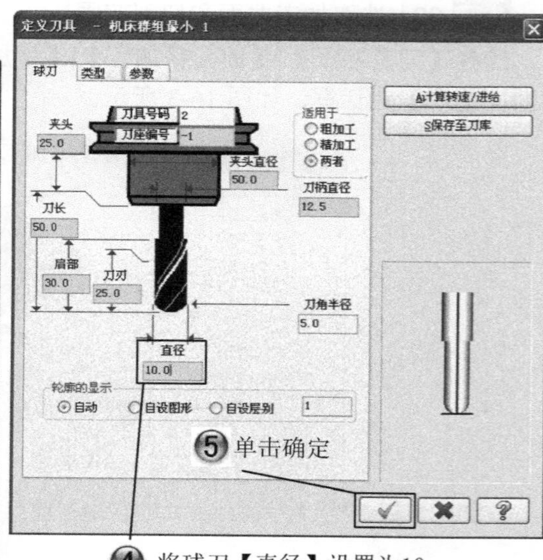

图 16-6 设置球刀参数

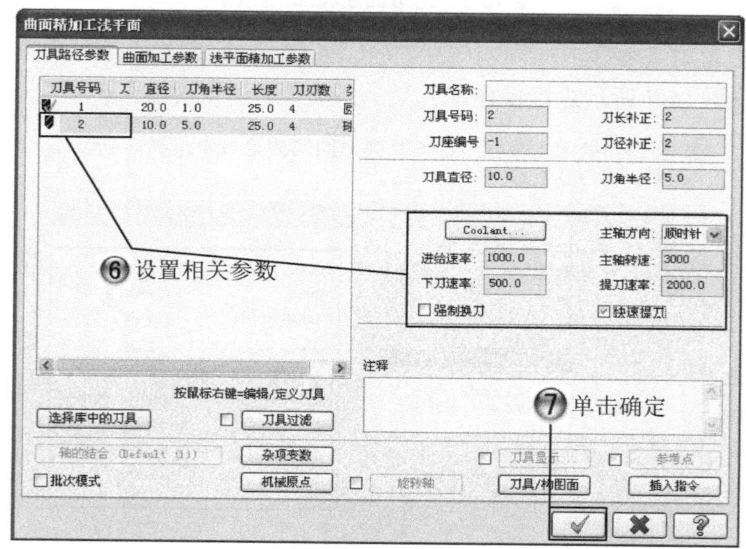

图 16-7 设置刀具路径相关参数

步骤 04 设置加工参数

按图 16-8～图 16-10 所示进行操作，系统会根据用户所设置的参数生成浅平面精加工刀具路径，如图 16-11 所示。

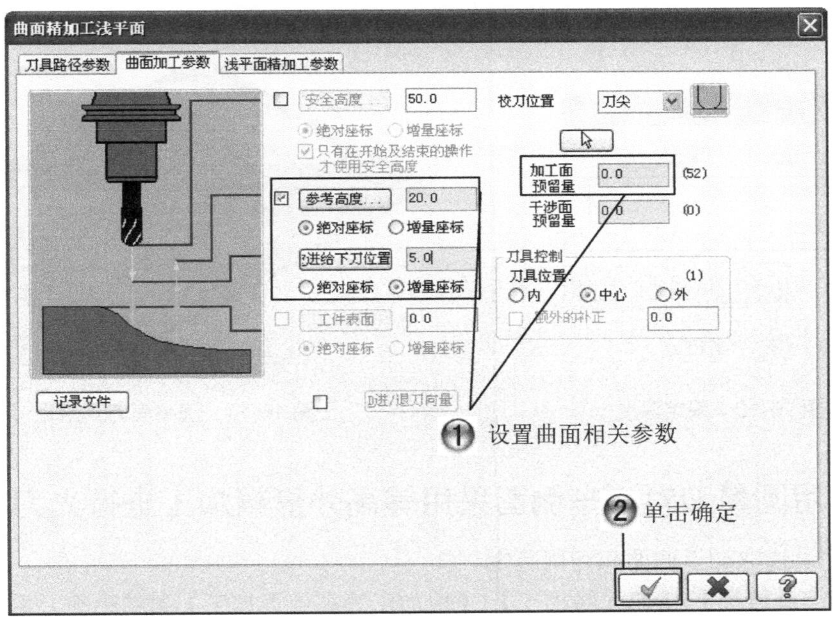

图 16-8　设置曲面加工参数

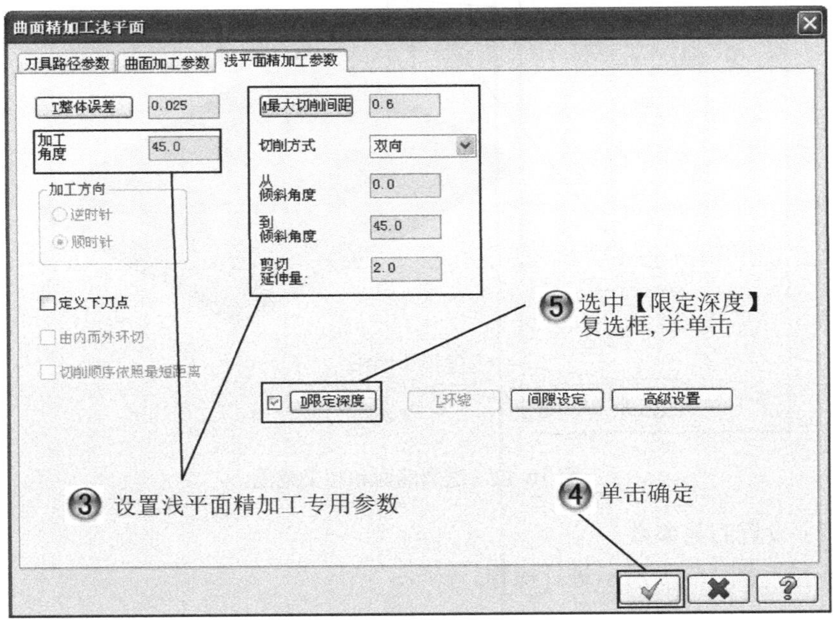

图 16-9　设置浅平面精加工参数

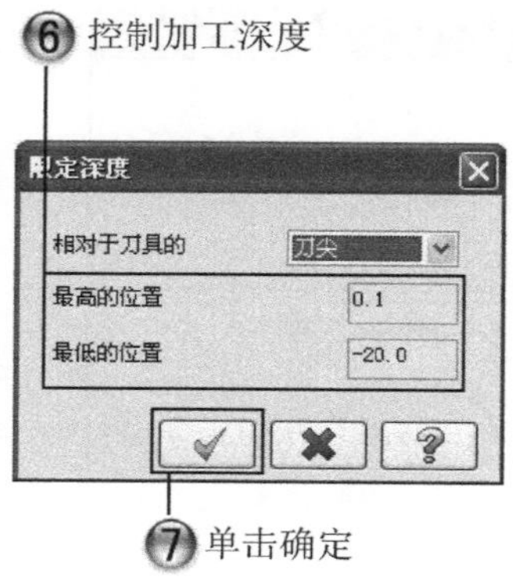

图 16-10　限定深度

图 16-11　浅平面刀具路径

16.2.2　用圆鼻刀对小车侧面采用等高外形精加工进行光刀

步骤 01　选取加工曲面和切削范围

选择【刀具路径】|【曲面精加工】|【精加工等高外形加工】菜单命令，系统弹出【刀具路径的曲面选取】对话框，如图 16-12 所示。

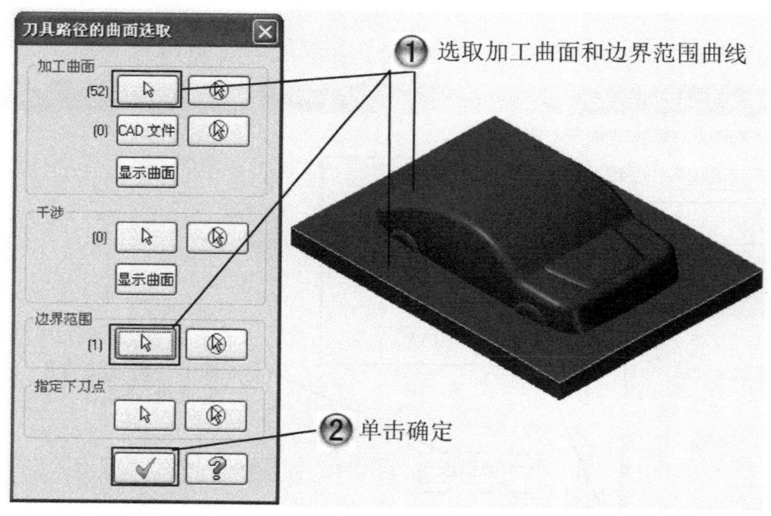

图 16-12　选取曲面和加工范围

步骤 02　设置刀具参数

按图 16-13～图 16-16 所示进行操作。

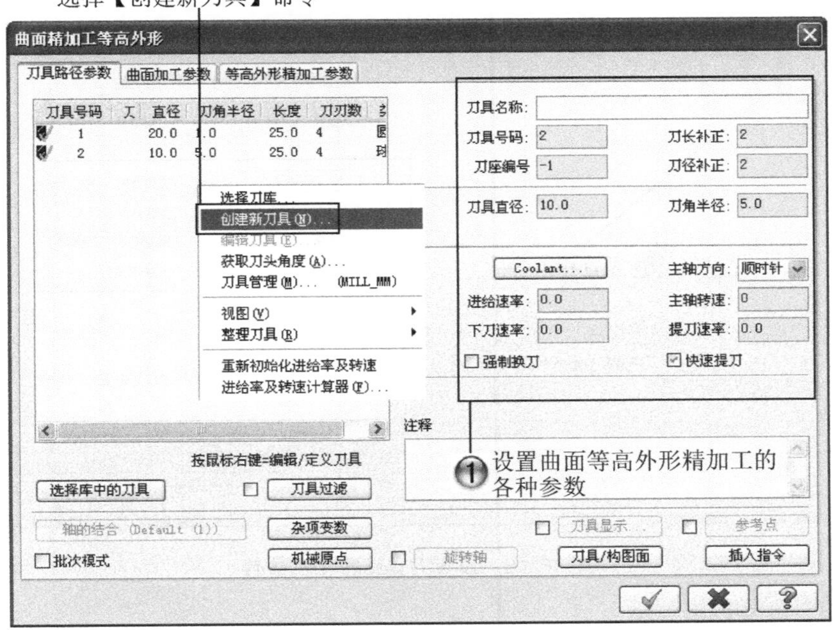

图 16-13　新建刀具

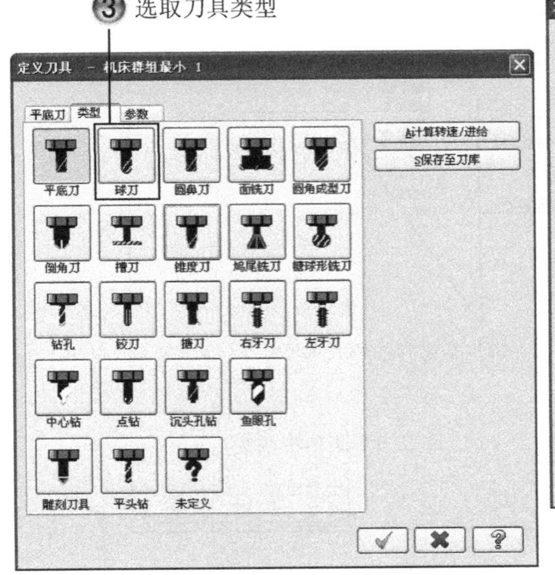

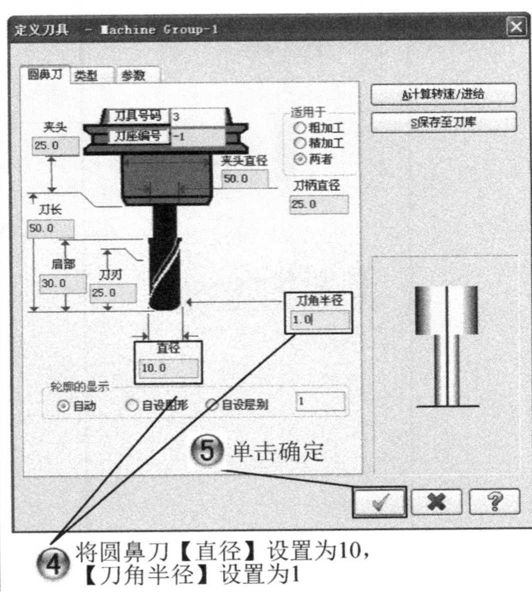

图 16-14　选取刀具类型

图 16-15　设置球刀参数

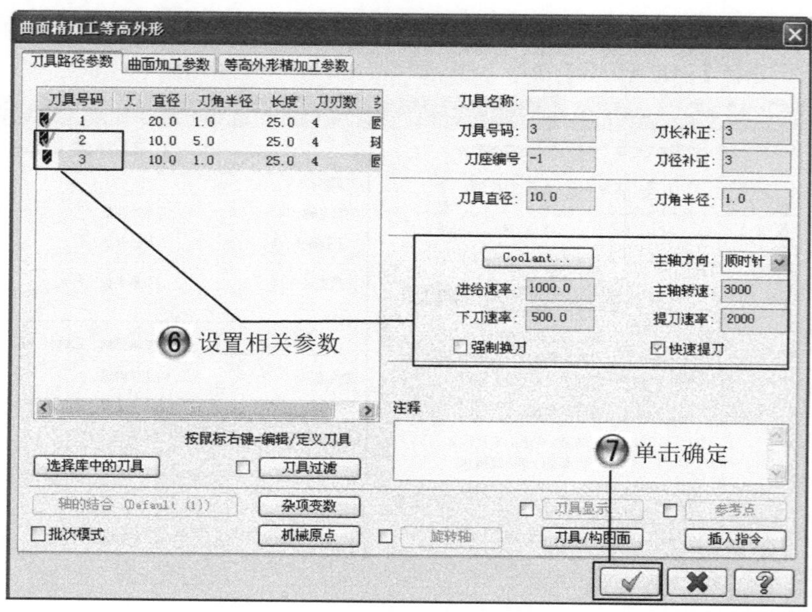

图 16-16　设置刀具路径相关参数

步骤 03　设置加工参数

按图 16-17～图 16-20 所示进行操作。

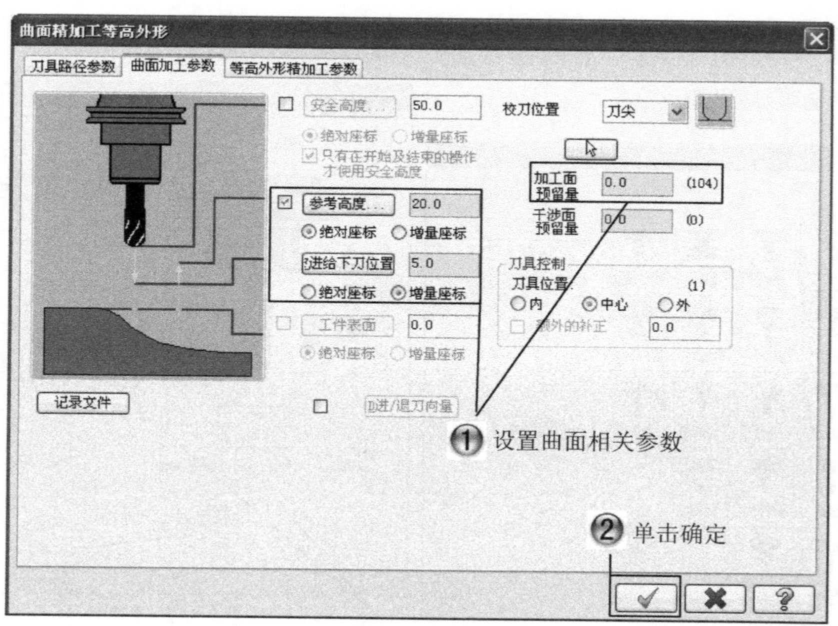

图 16-17　设置曲面加工参数

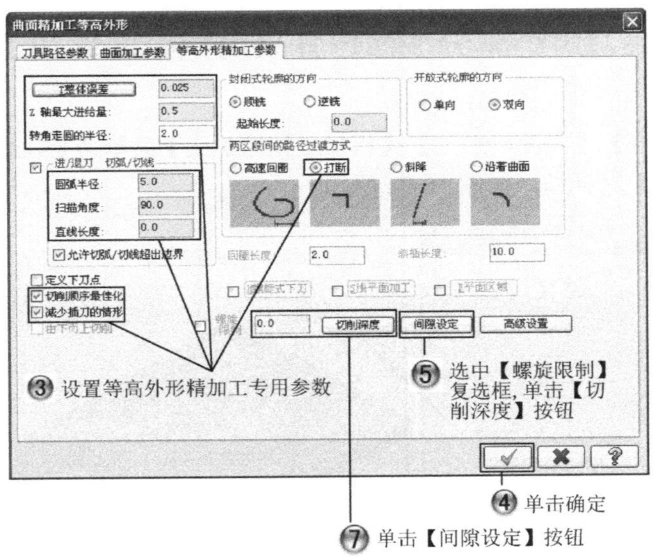

图 16-18　设置等高外形精加工参数

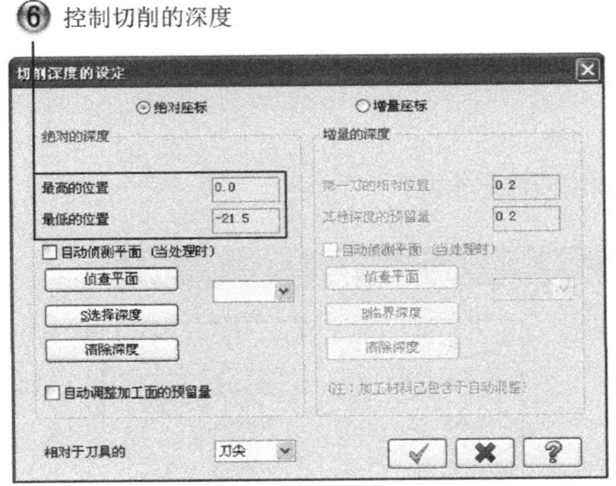

图 16-19　切削深度的设定

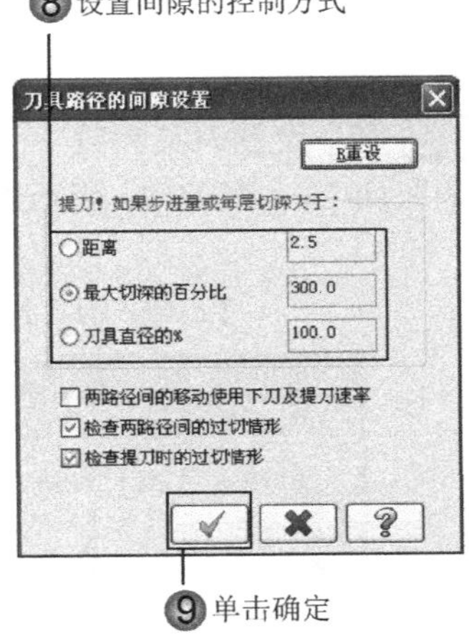

图 16-20　间隙设定

系统会根据设置的参数生成等高外形精加工刀具路径，如图 16-21 所示。

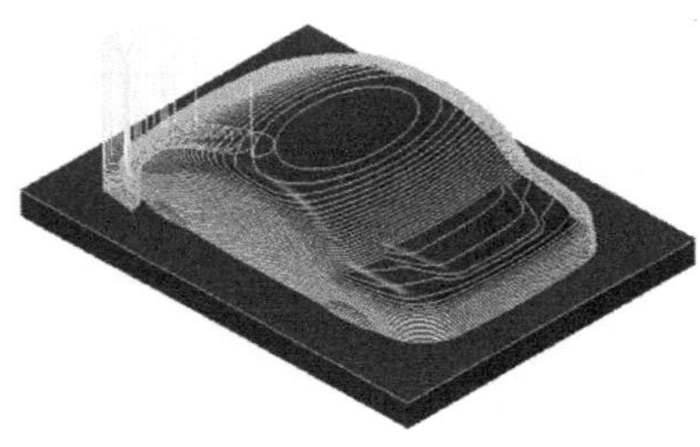

图 16-21　等高外形精加工刀具路径

16.2.3 用平底刀对小车分型面位置采用挖槽面铣加工进行光平面

步骤 01 选取加工曲面和切削范围

选择【刀具路径】|【曲面粗加工】|【粗加工挖槽加工】菜单命令，选取曲面后弹出【刀具路径的曲面选取】对话框，如图 16-22 所示。

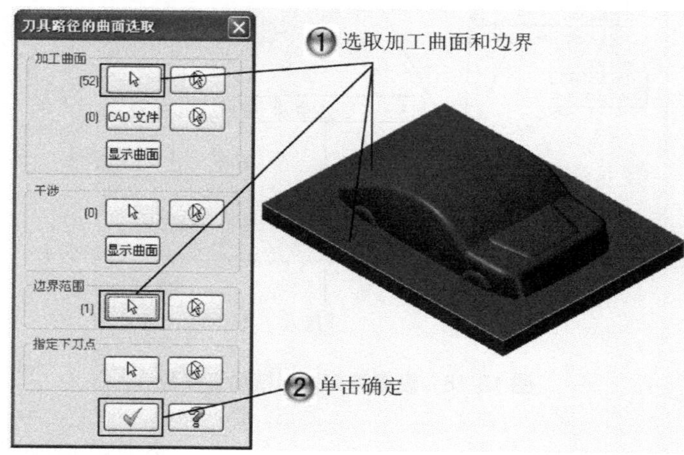

图 16-22 曲面的选取

步骤 02 设置刀具参数

按图 16-23～图 16-26 所示进行操作。

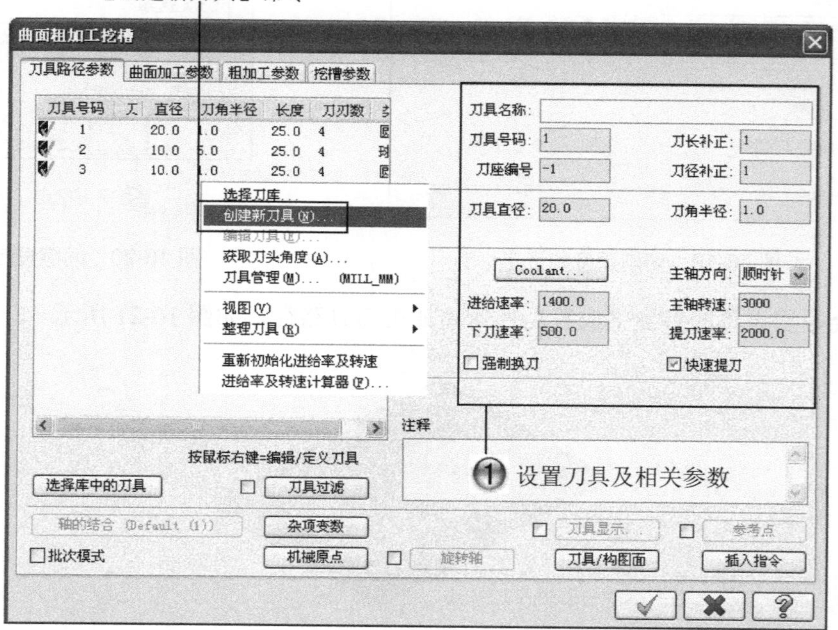

图 16-23 新建刀具

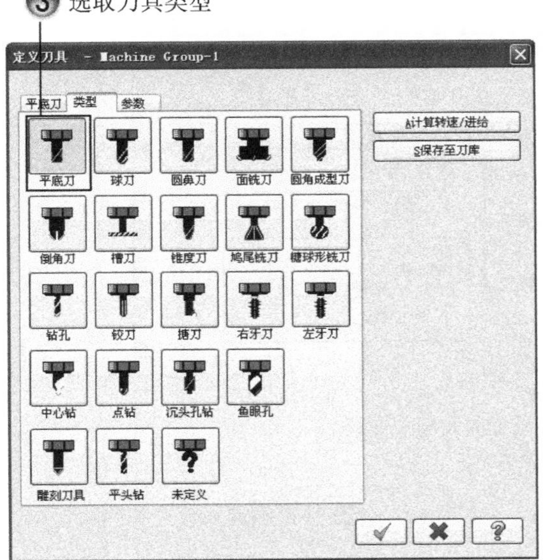

图 16-24　选取刀具类型

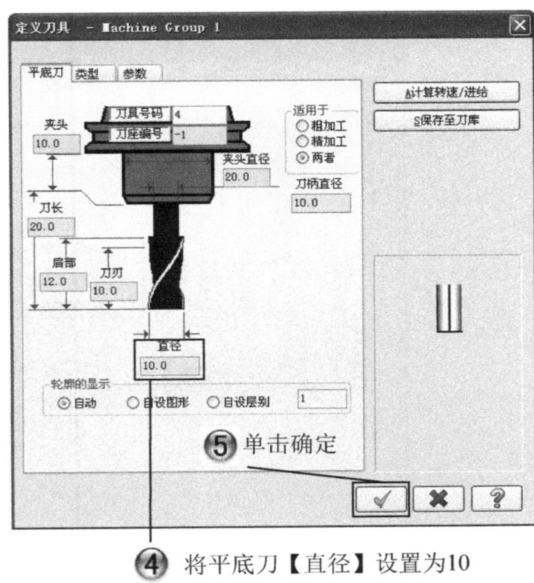

图 16-25　设置平刀参数

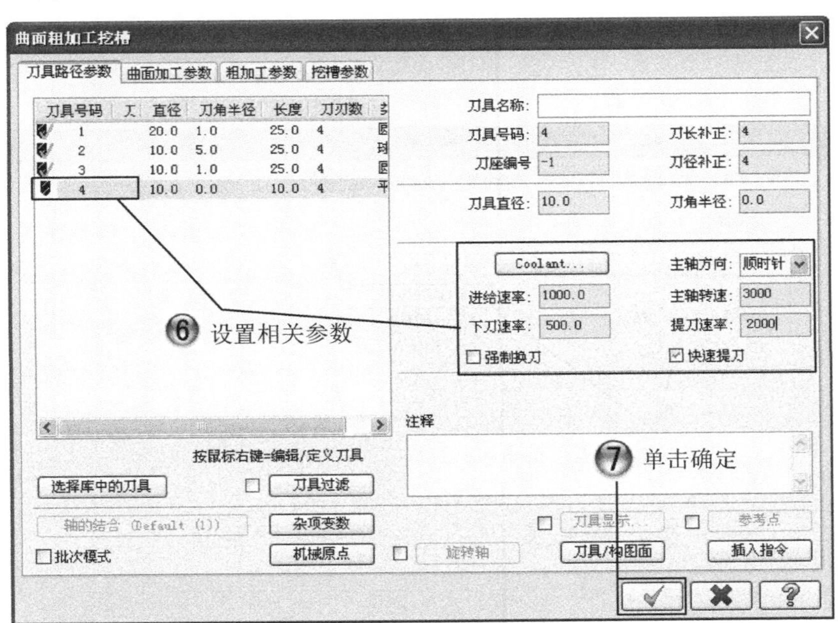

图 16-26　设置刀具路径相关参数

步骤 03　设置加工参数

按图 16-27～图 16-29 所示进行操作。

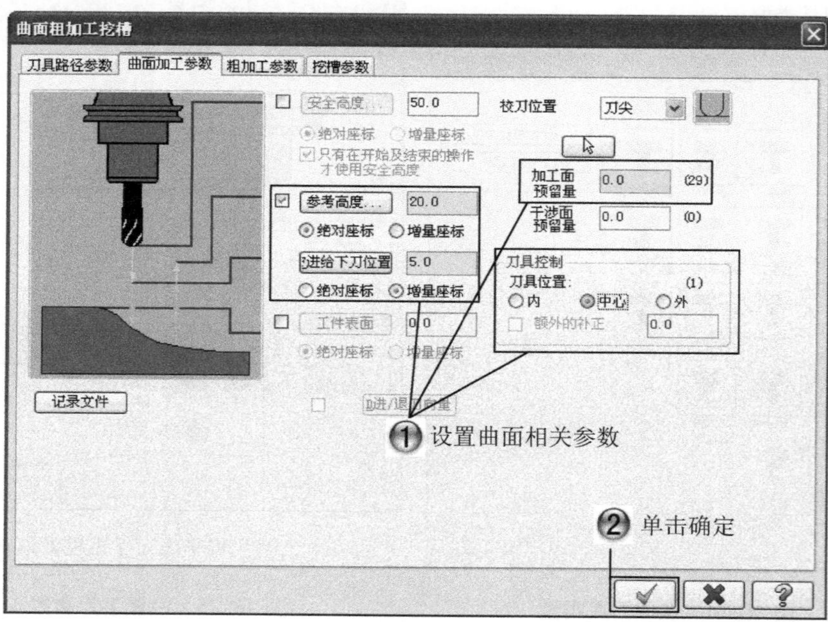

图 16-27　设置曲面加工参数

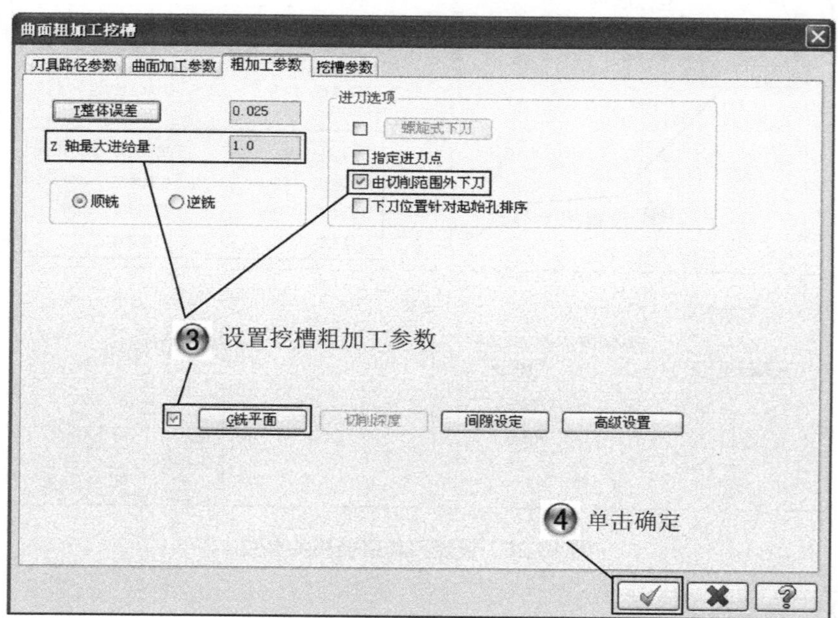

图 16-28　设置挖槽粗加工参数

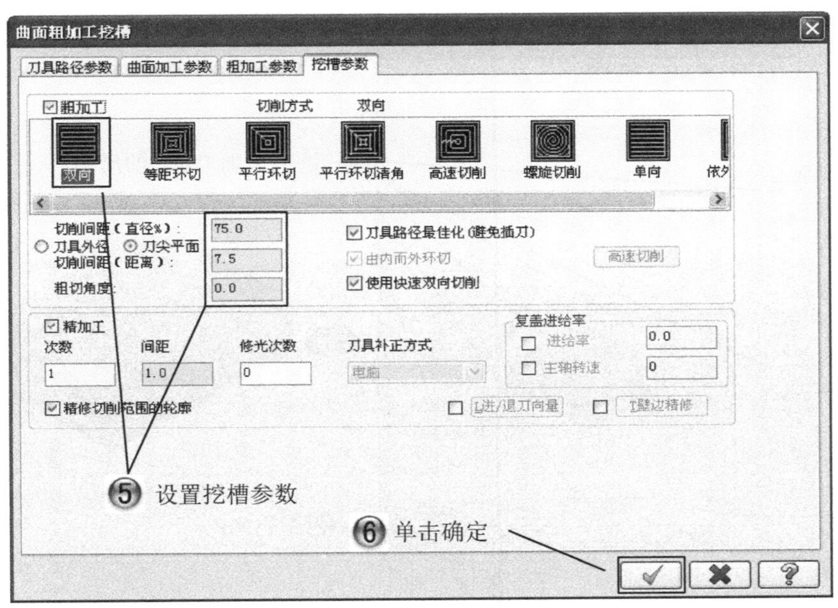

图 16-29　设置挖槽参数

系统会根据设置的参数生成挖槽粗面铣加工刀具路径，如图 16-30 所示。

图 16-30　挖槽粗加工刀具路径

16.2.4　实体模拟仿真加工

步骤 01 设置工件毛坯

在刀具路径操作管理器中单击【属性】|【素材设置】节点，弹出【机器群组属性】对话框，单击【材料设置】标签，切换到【材料设置】选项卡，如图 16-31 所示。

步骤 02 实体仿真模拟

按图 16-32 所示进行操作，模拟结果如图 16-32 所示。

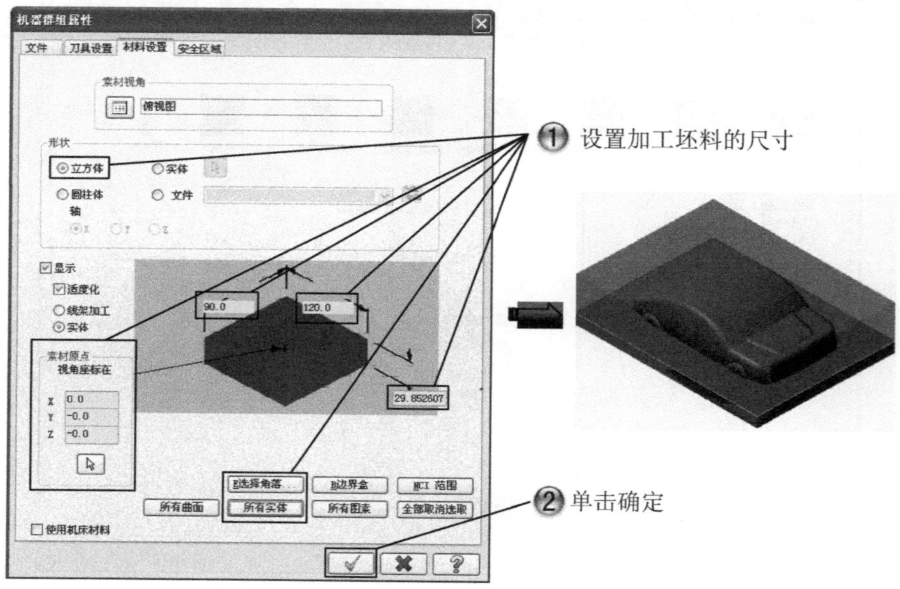

图 16-31 设置毛坯

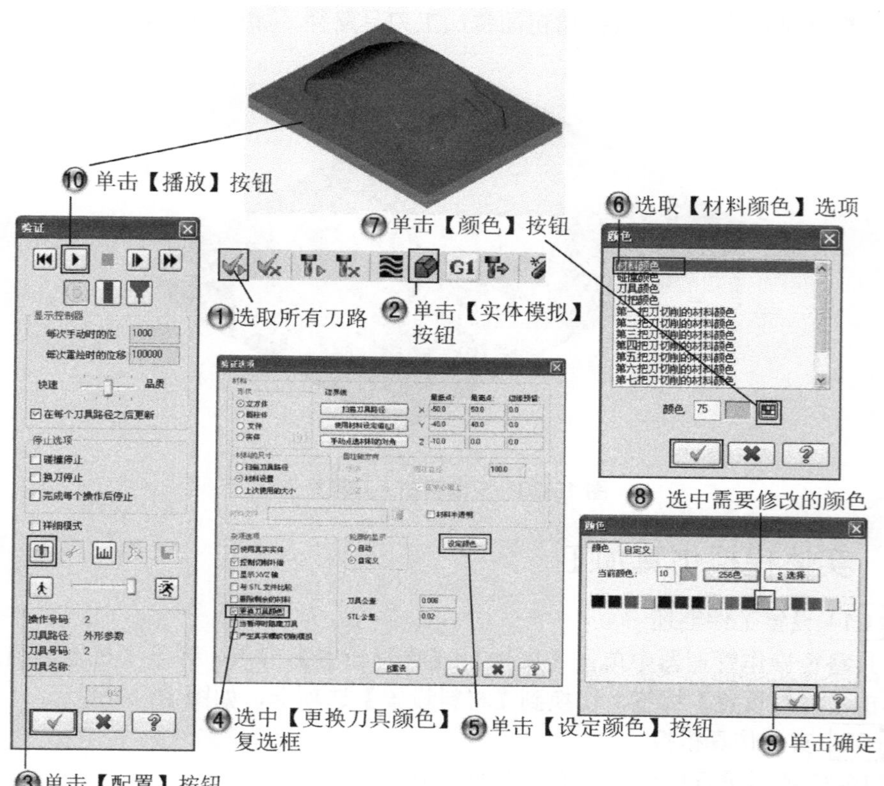

图 16-32 模拟

16.3　本 章 小 结

本章主要讲解 3 种精加工刀具路径的编制操作步骤和技巧。精加工的主要目的是满足加工要求的精度和光洁度。在保证质量的前提下提高效率。也就是精加工以质量为首，有时为了精度可能会牺牲效率。精加工中用的比较多的有平行精加工、等高外形精加工、环绕等距精加工、投影精加工等。精加工一次往往不能将残料去除干净，通常需要多个刀具路径进行配合使用。在精加工中要学会范围限定和深度限定在编程中的优化作用。在后续的章节会专门讲到。

第17章

Mastercam X5

综合范例 4 ——Mastercam 模具加工

本章导读：

模具是用来成型塑料制品的腔体的，模具有凸模和凹模。一般用来成型制品外表面的是凹模，成型制品的内表面的是凸模。通常制品的外表面要求的精度和光洁度比内表面高。所以，凸模和凹模加工的要求和工艺也有些不同。

学习内容：

学习目标 / 知识点	理解	应用	实践
二维外形加工	√	√	√
挖槽开粗	√	√	√
环绕等距精加工	√	√	√
残料精加工	√	√	√
等高精加工	√	√	√
实体模拟仿真加工	√	√	√

17.1 范 例 分 析

本例电风扇扇叶凸模加工采用了多种刀路进行加工，曲面比较复杂，高低起伏比较多，如图 17-1 所示。粗加工采用挖槽进行快速的去除残料，精加工采用环绕和等高外形进行精修操作，并且采用小直径刀具进行清残料操作，一步步将残料清除。加工结果如图 17-2 所示。

图 17-1 加工图形

图 17-2 加工结果

本例电风扇凸模加工中，由于分型面部位比较复杂，因此需要采用多种道具路径进行加工。其规划如下。

(1) 采用 D20 的平底刀对电风扇凸模外围进行二维外形加工。

(2) 采用 D10R5 的球刀对电风扇胶位进行挖槽开粗。

(3) 采用 D6R3 的球刀进行环绕等距精加工。

(4) 采用 D1R0.5 的球刀对胶位进行残料精加工。

(5) 采用 D1R0.5 的球刀对侧面进行等高精加工。

17.2 范 例 详 解

范例文件(光盘)：/17/17-2.mcx。

多媒体教学路径：光盘→多媒体教学→第 17 章。

17.2.1 采用平底刀对电风扇凸模外围进行二维外形加工

步骤 01 打开源文件

打开源文件 17-2.mcx，选择【刀具路径】|【外形铣削】菜单命令，弹出【输入新的 NC 名称】对话框，如图 17-3 所示。

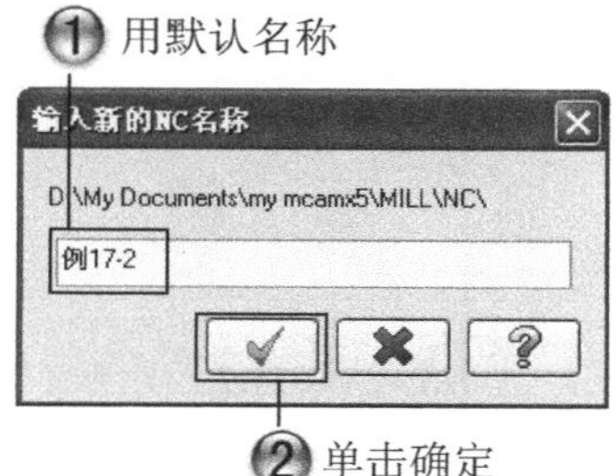

图 17-3　输入新的 NC 名称

步骤 02 选取加工曲面和切削范围

系统弹出如图 17-4 所示的【刀具路径的曲面选取】对话框。

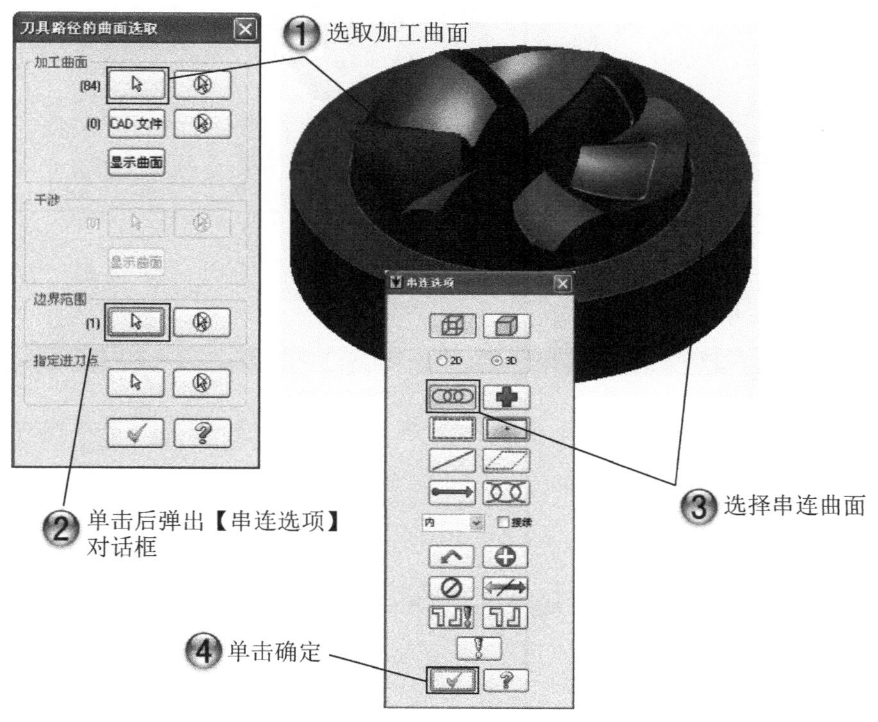

图 17-4　选取串联

步骤 03 设置刀具参数

按图 17-5～图 17-9 所示进行操作。

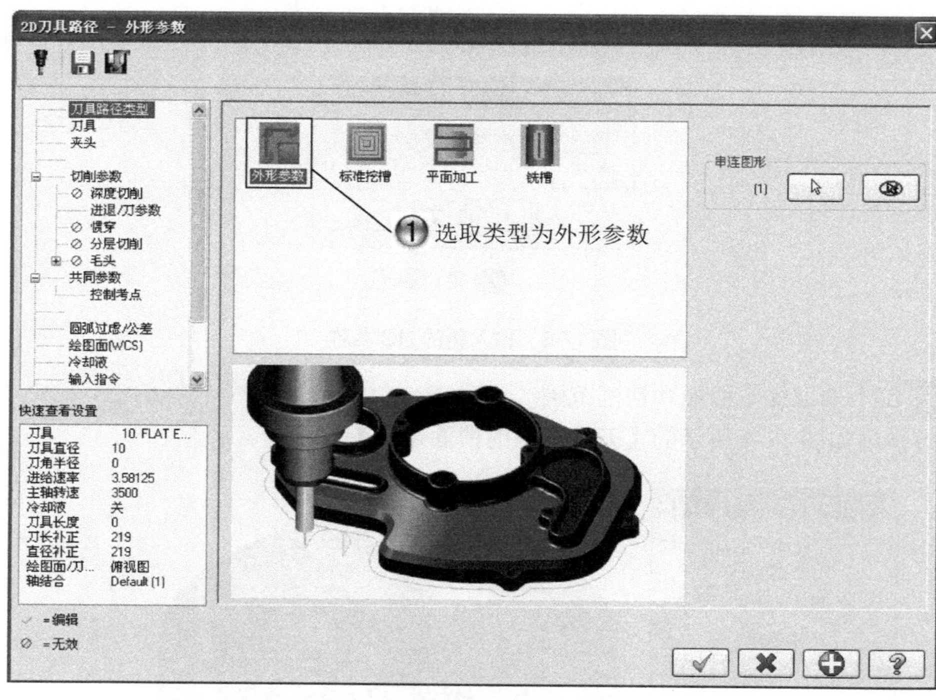

图 17-5　选取 2D 加工类型

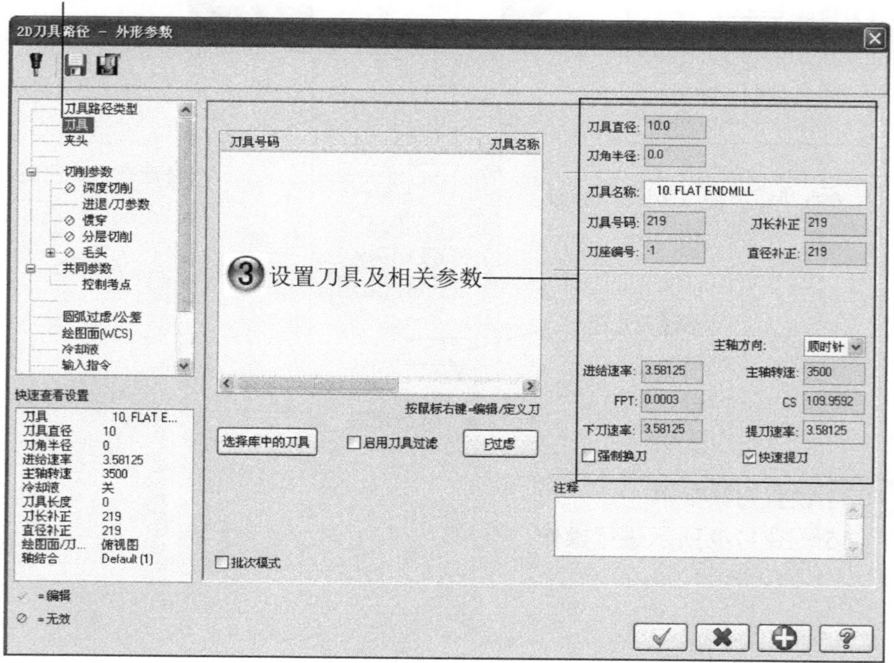

图 17-6　设置刀具参数

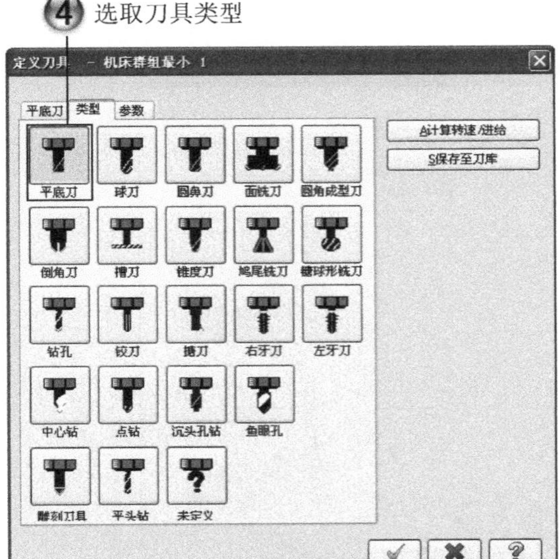

图 17-7　选取刀具类型

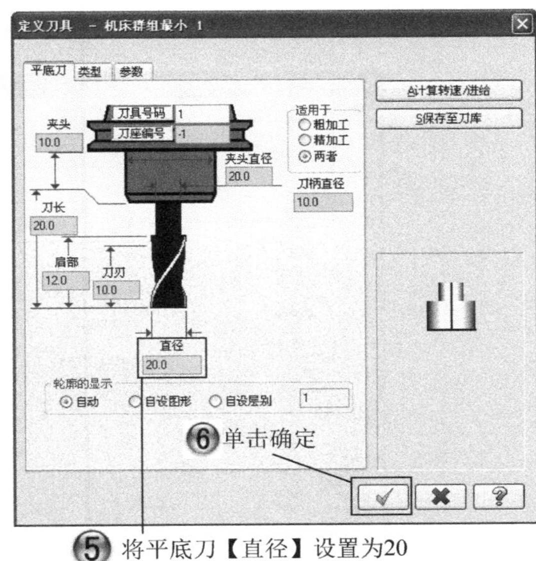

图 17-8　设置刀具参数

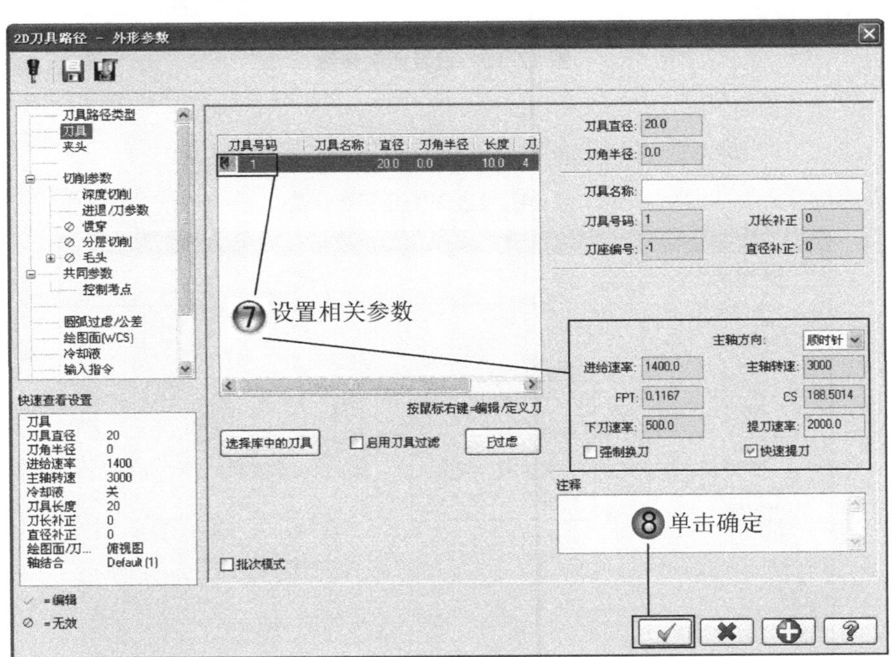

图 17-9　设置刀具相关参数

步骤 04　设置加工参数

按图 17-10～图 17-13 所示进行操作。

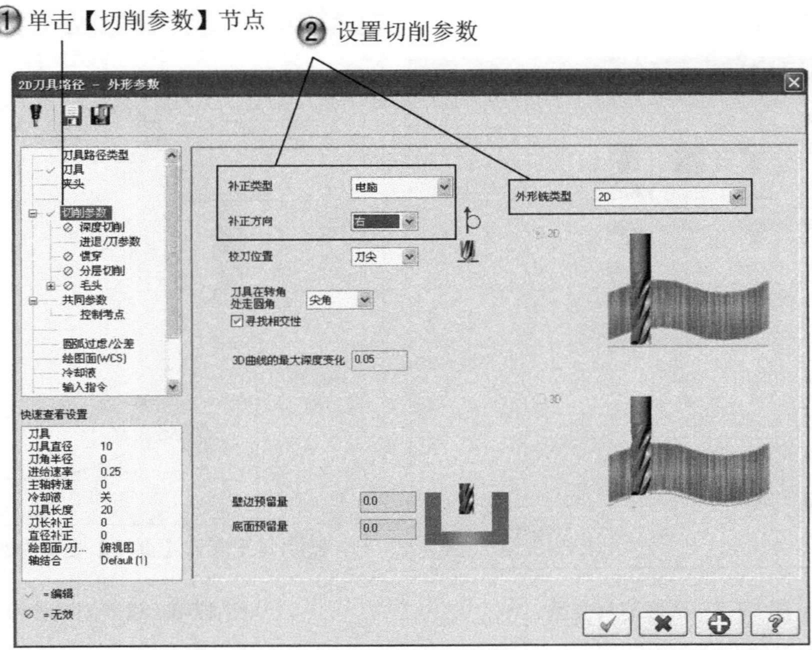

图 17-10　设置切削参数

图 17-11　设置深度切削参数

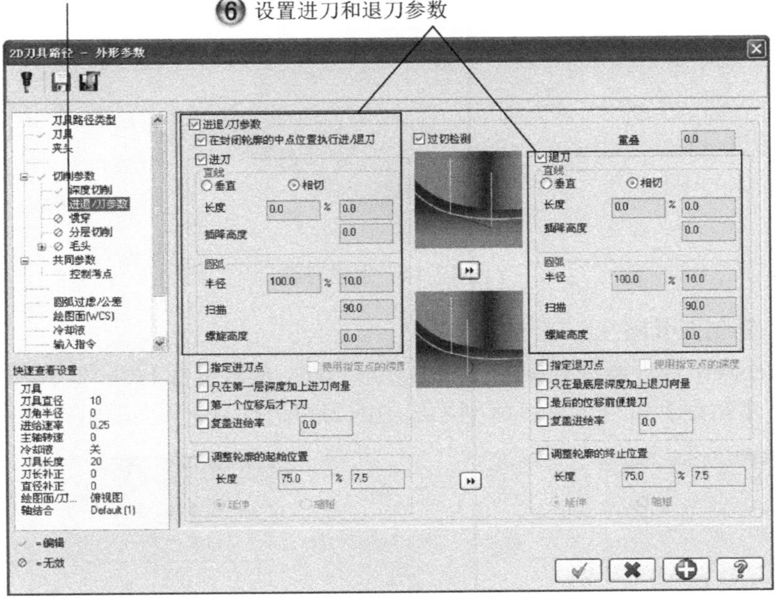

图 17-12　设置进/退刀参数

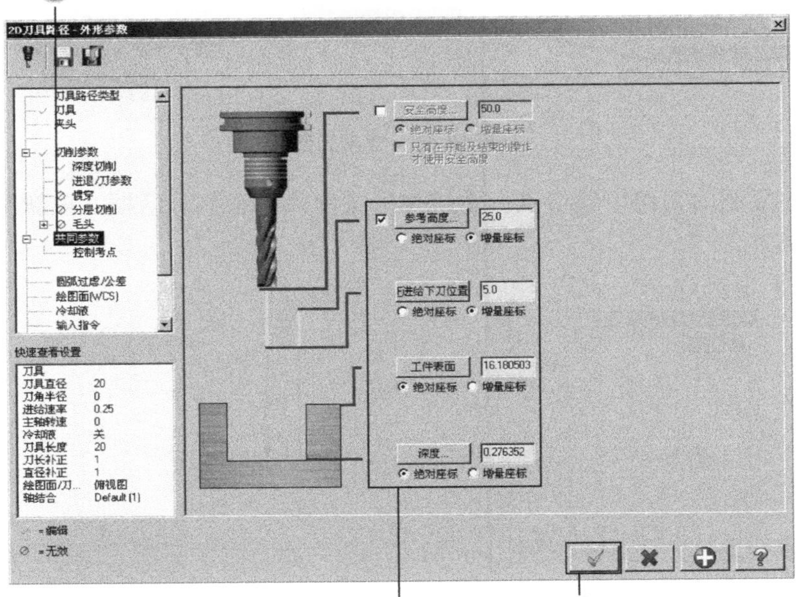

图 17-13　设置共同参数

系统根据所设参数，生成刀具路径如图 17-14 所示。

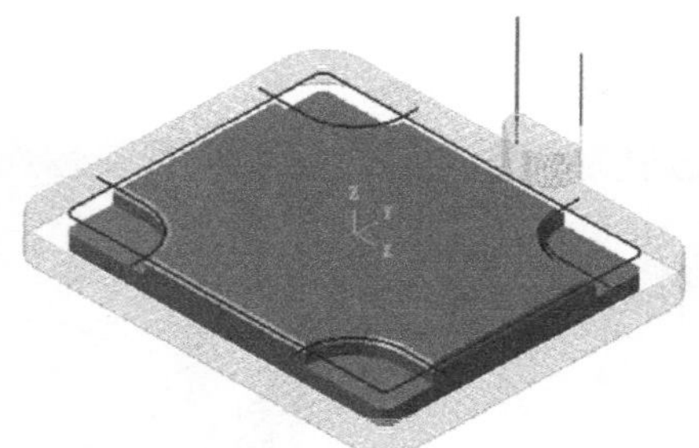

图 17-14　生成刀路

步骤 05　复制刀具路径

在刀具路径操作管理器中选中刚生成的外形刀路，单击鼠标右键，在弹出的快捷菜单中选择【复制】|【粘贴】命令，系统将刚才选中的刀路进行复制，如图 17-15 所示。

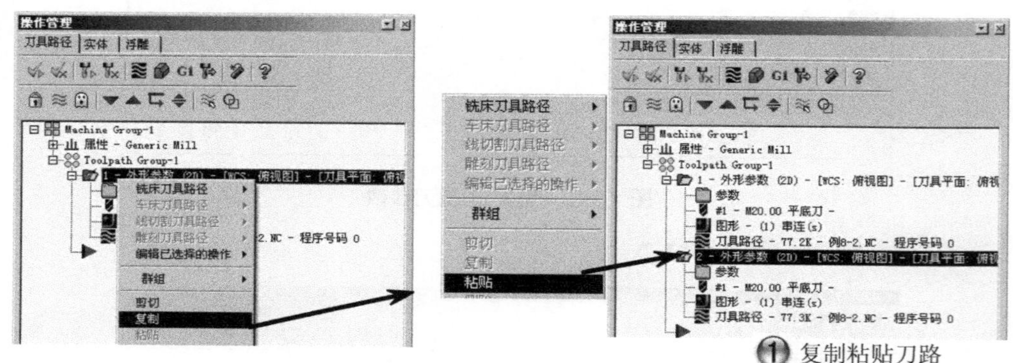

图 17-15　复制刀路

单击刚才复制的刀路串连节点，系统弹出【串联管理】对话框，重新选取串联，如图 17-16 所示。

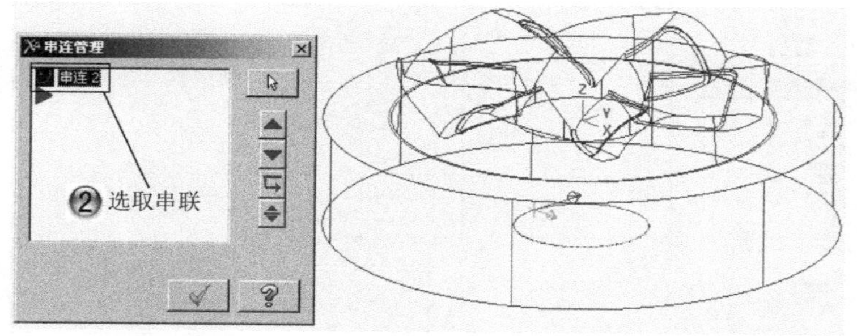

图 17-16　重新串联

步骤 06　修改刀具参数

按图 17-17～图 17-20 所示进行操作。

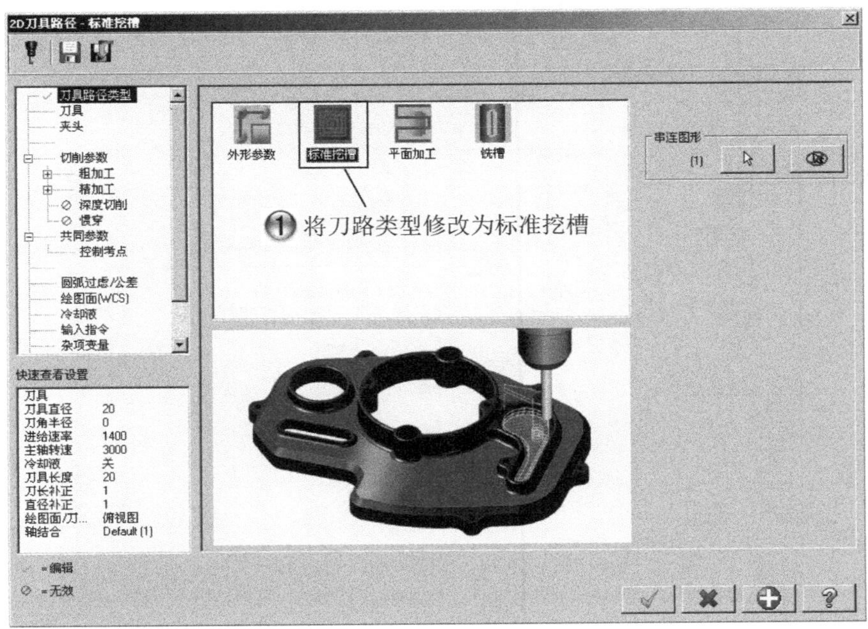

图 17-17 修改为标准挖槽

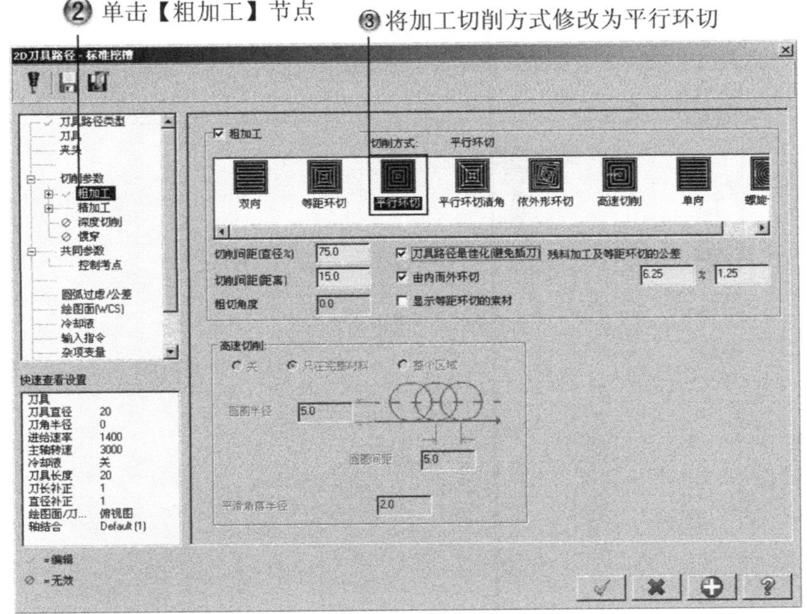

图 17-18 设为平行环切

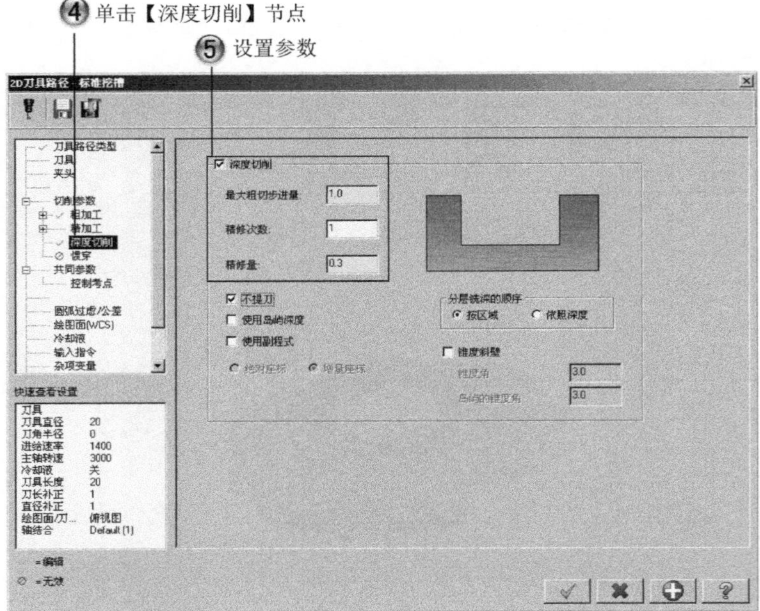

图 17-19　设置深度切削

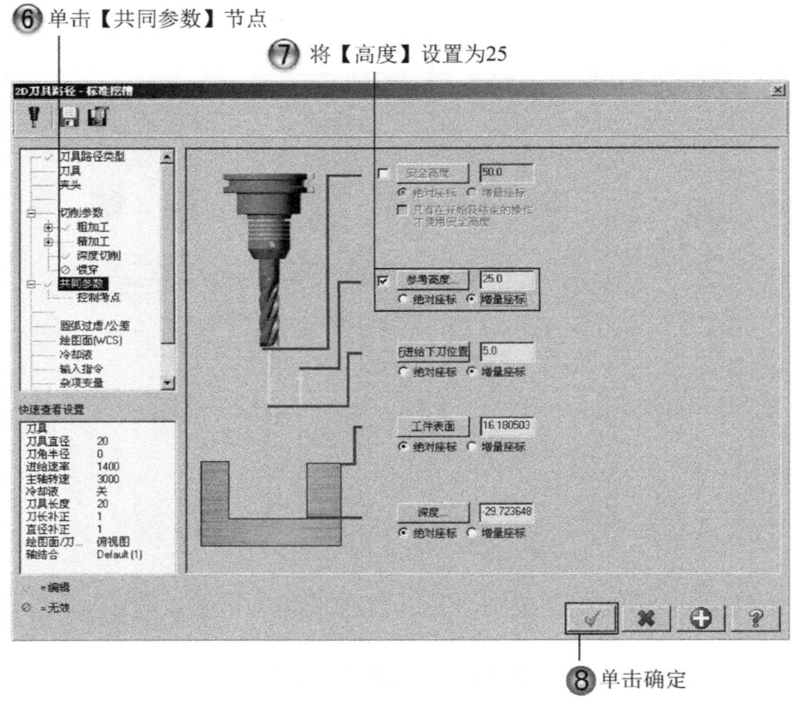

图 17-20　设置共同参数

系统会根据设置的参数生成挖槽加工刀具路径，如图 17-21 所示。

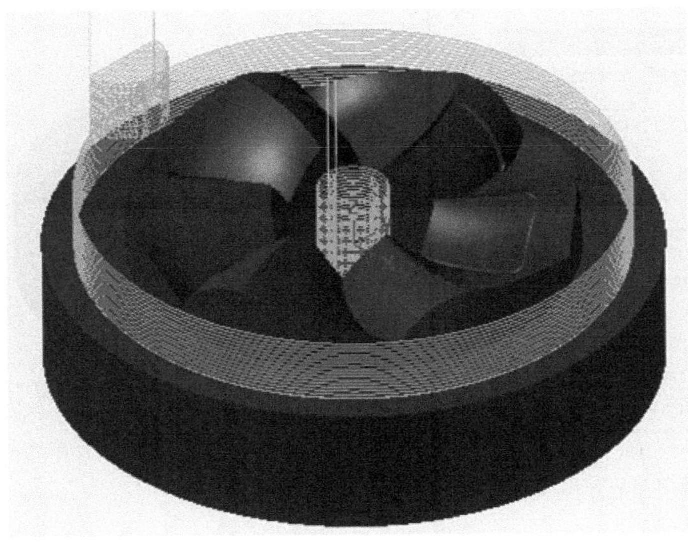

图 17-21　生成刀具路径

17.2.2　采用球刀对电风扇胶位进行挖槽开粗

步骤 01　显示镶件

单击【图层】按钮，打开【层别管理】对话框，如图 17-22 所示。

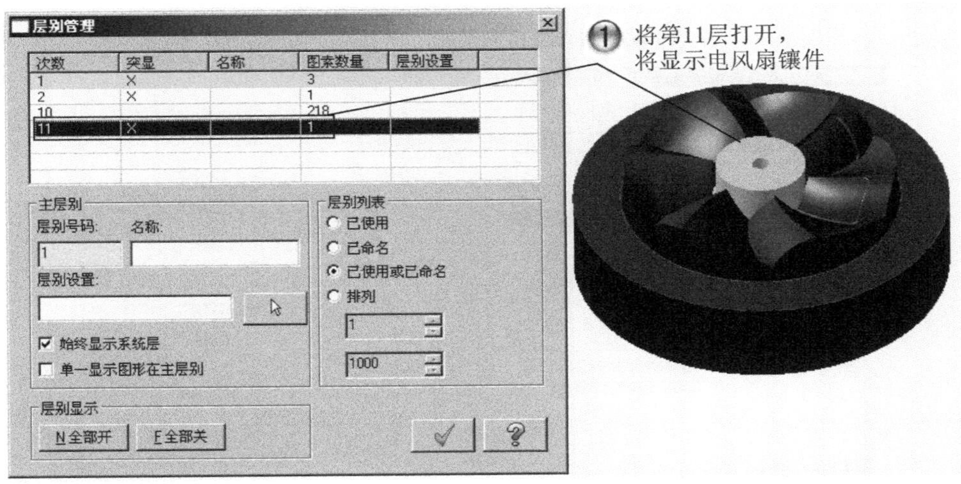

图 17-22　显示镶件

步骤 02　选取曲面和切削范围

系统弹出如图 17-23 所示的【刀具路径的曲面选取】对话框。

步骤 03　设置刀具参数

按图 17-24～图 17-27 所示进行操作。

步骤 04　设置加工参数

按图 17-28～图 17-30 所示进行操作。

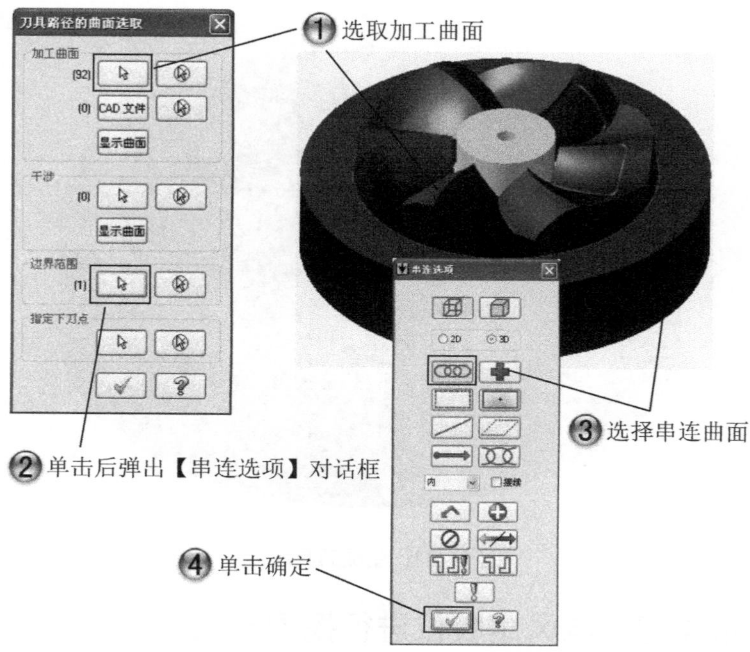

图 17-23　曲面的选取

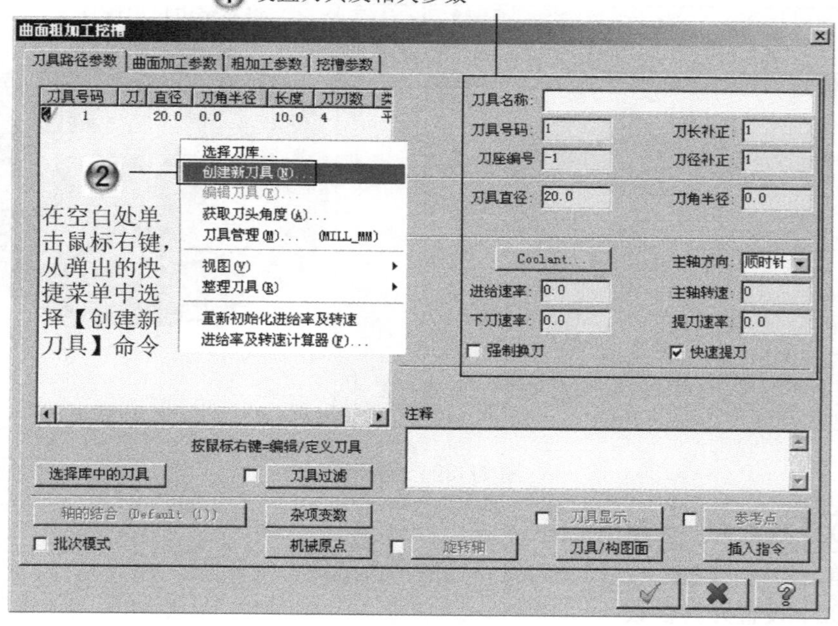

图 17-24　新建刀具

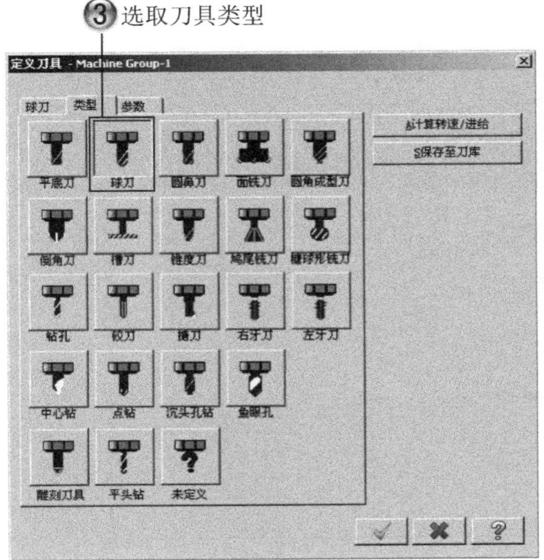

图 17-25　选取刀具类型

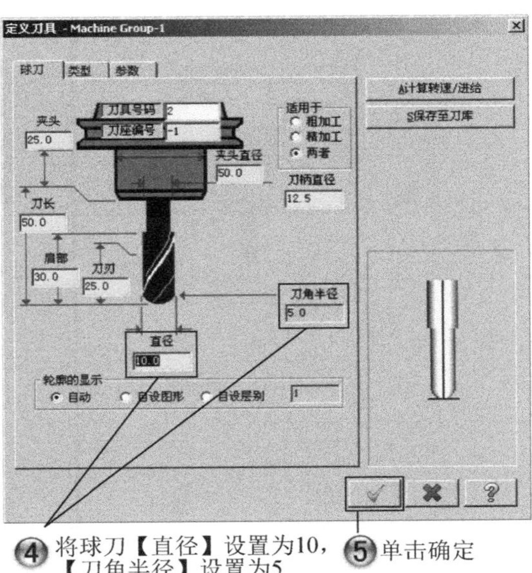

图 17-26　设置球刀参数

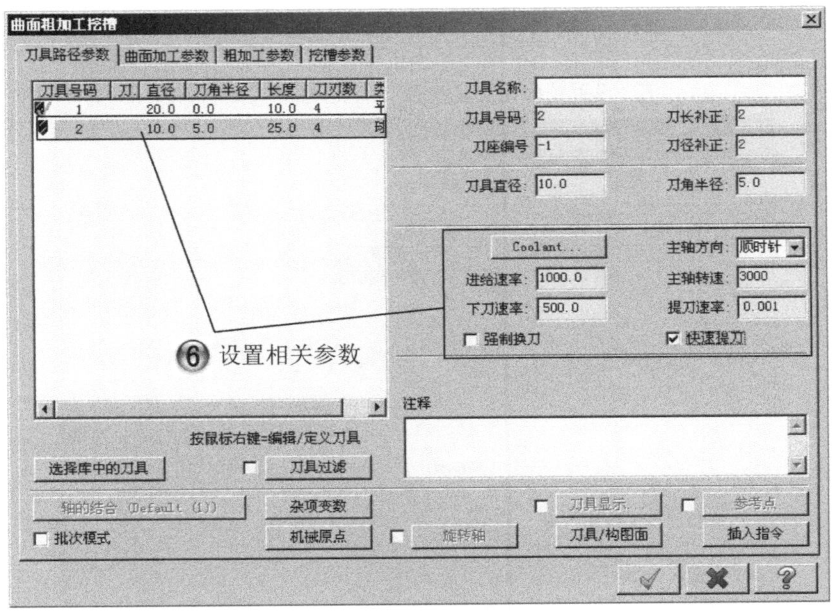

图 17-27　设置刀具路径相关参数

① 设置曲面相关参数

曲面粗加工挖槽

刀具路径参数 | 曲面加工参数 | 粗加工参数 | 挖槽参数

安全高度... 50.0 校刀位置 刀尖

绝对座标 增量座标

只有在开始及结束的操作才使用安全高度

参考高度... 25.0

绝对座标 增量座标

进给下刀位置 5.0

绝对座标 增量座标

工件表面 0.0

绝对座标 增量座标

加工面预留量 0.3 (92)

干涉面预留量 0.0 (0)

刀具控制

刀具位置 (1)

内 中心 外

总补正 1.0

记录文件

进/退刀向量

② 单击确定

图 17-28 设置曲面加工参数

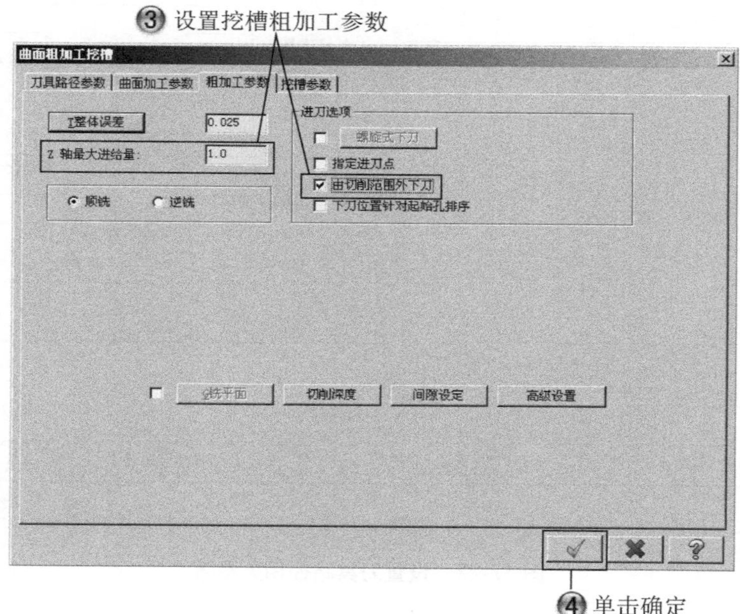

图 17-29 设置挖槽粗加工参数

系统会根据设置的参数生成挖槽粗加工刀具路径，如图 17-31 所示。

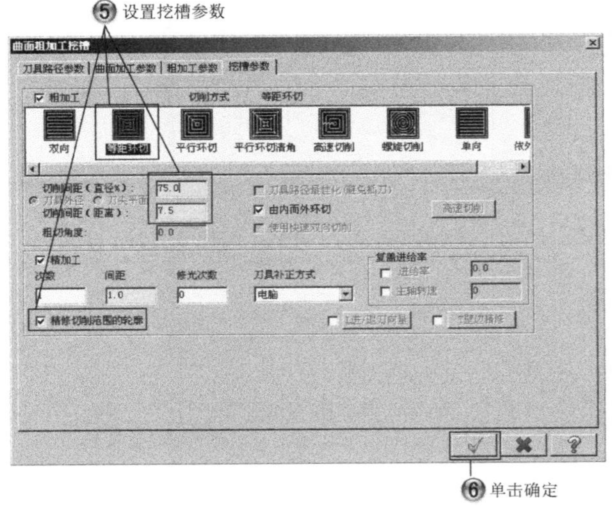

图 17-30　挖槽参数

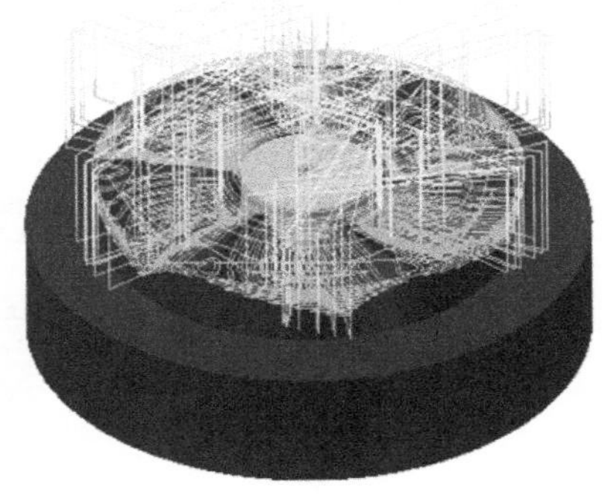

图 17-31　挖槽粗加工刀具路径

17.2.3　采用球刀进行环绕等距精加工

步骤 01　选取加工曲面和切削范围

选择【刀具路径】|【曲面精加工】|【精加工环绕等距加工】菜单命令，系统弹出如图 17-32 所示的【刀具路径的曲面选取】对话框。

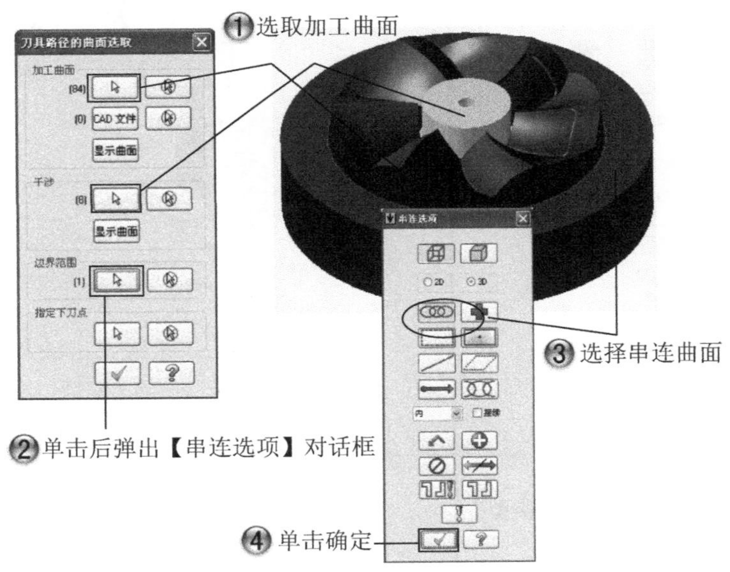

图 17-32　选取曲面和范围

步骤 02　选取加工曲面和切削范围

按图 17-33～图 17-36 所示进行操作。

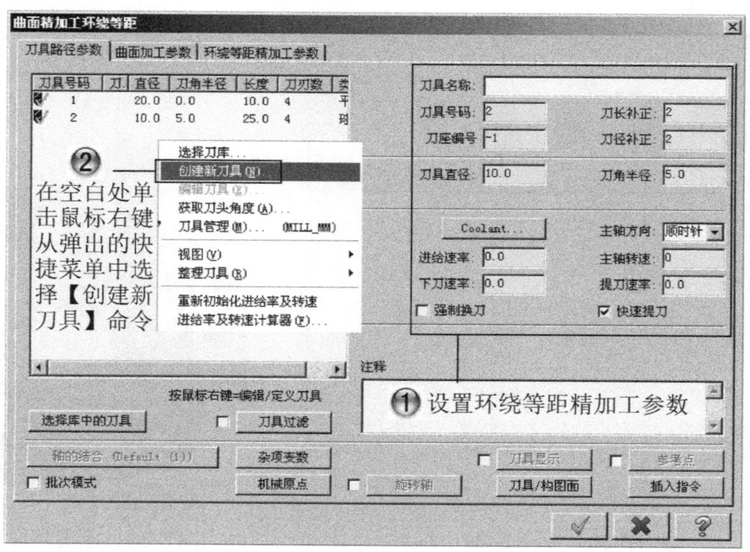

图 17-33　新建刀具

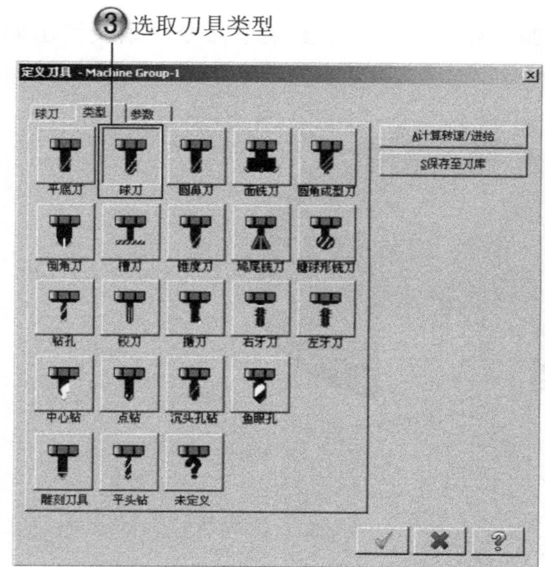

图 17-34　选取刀具类型

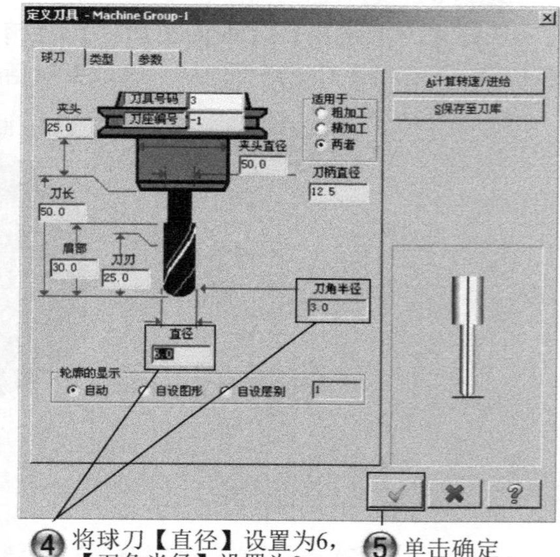

图 17-35　设置刀具参数

步骤 03　设置加工参数

按图 13-37～图 17-38 所示进行操作。

系统会根据用户所设置的参数，生成环境等距精加工刀具路径，如图 17-39 所示。

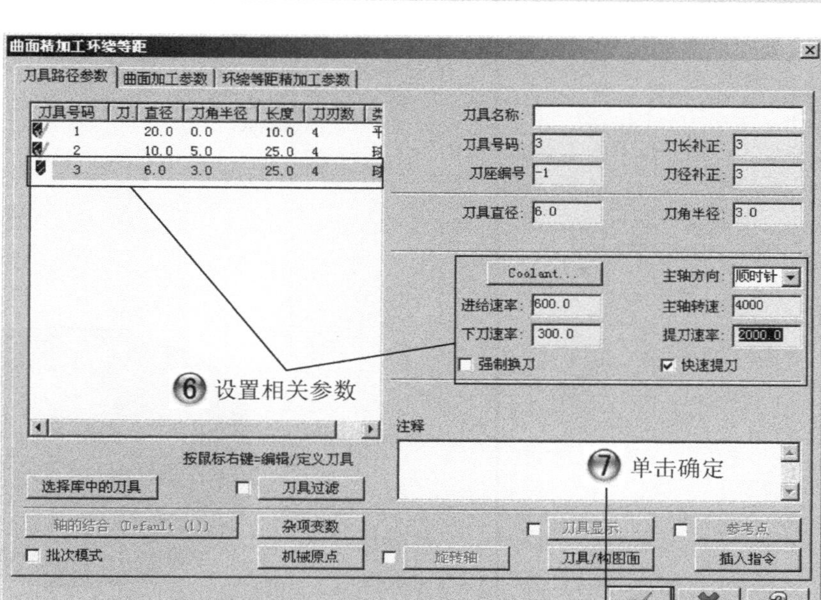

图 17-36　设置刀具路径相关参数

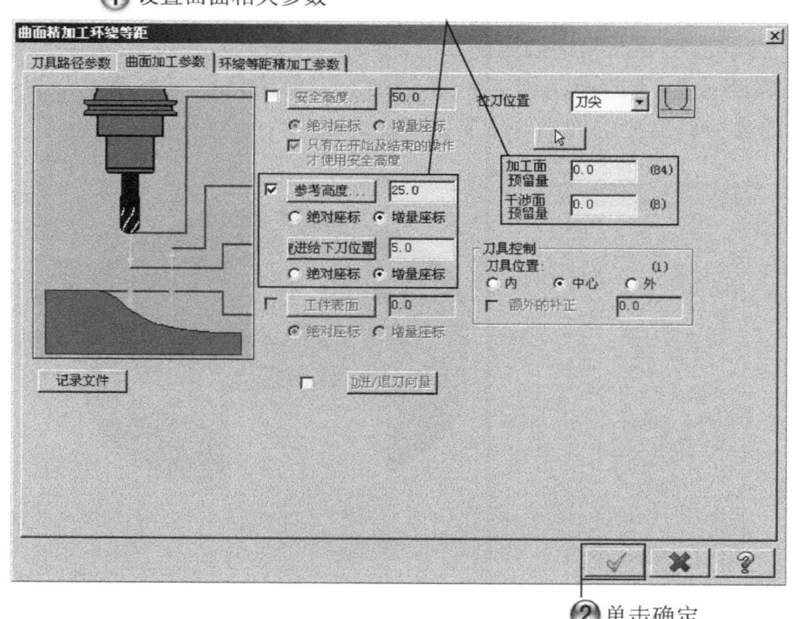

图 17-37　设置曲面加工参数

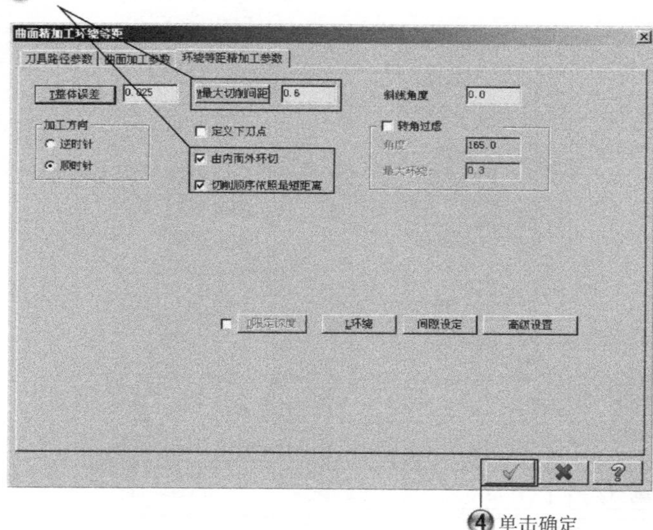

图 17-38　设置环绕等距精加工参数

图 17-39　环绕等距精加工刀具路径

17.2.4　采用球刀对胶位进行残料清角精加工

步骤 01 选取加工曲面和切削范围

选择【刀具路径】|【曲面精加工】|【精加工残料清角加工】菜单命令，系统弹出如图 17-40 所示的【刀具路径的曲面选取】对话框。

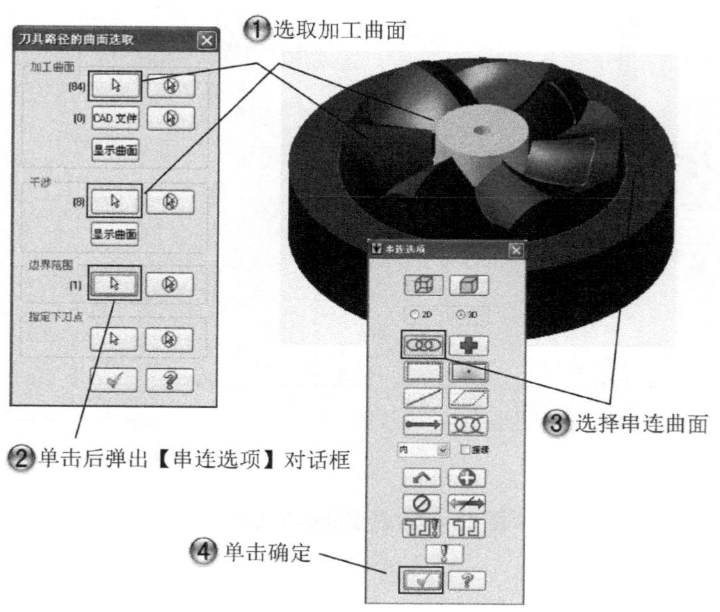

图 17-40　选取曲面和加工范围

步骤 02　设置刀具参数

按图 17-41～图 17-44 所示进行操作。

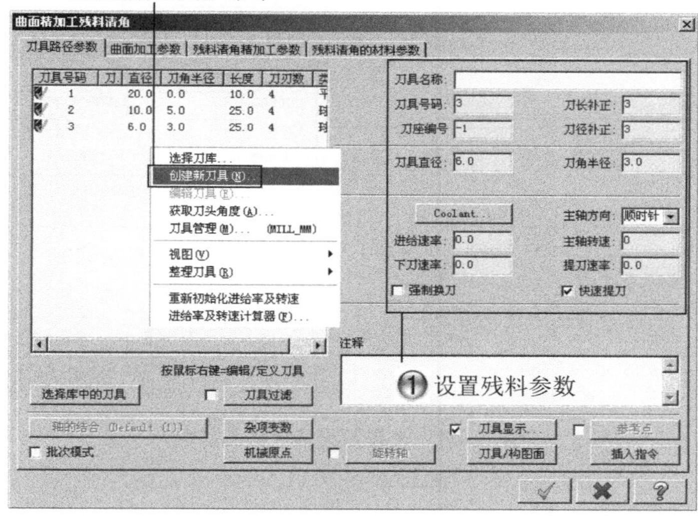

图 17-41　新建刀具

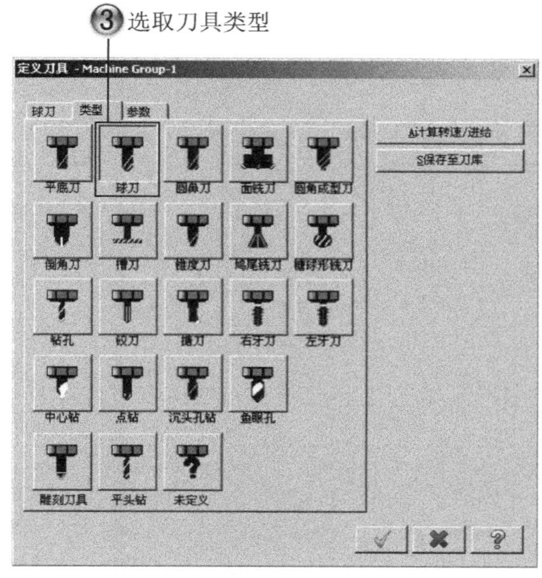

图 17-42　选取刀具类型

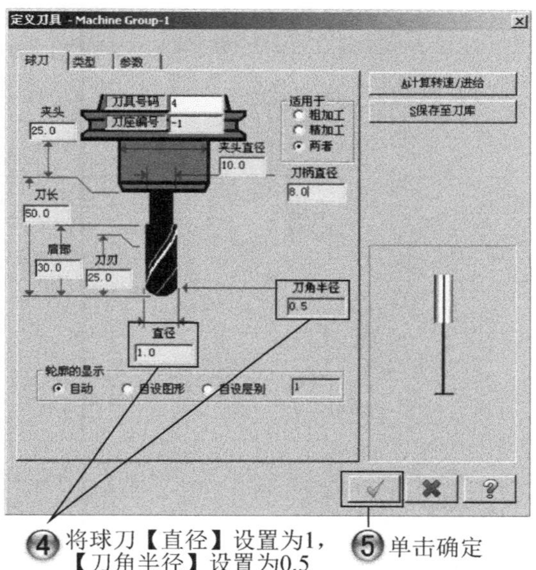

图 17-43　设置刀具参数

步骤 03　设置加工参数

按图 17-45～图 17-48 所示进行操作，系统会根据用户所设置的参数，生成残料清角精加工刀具路径，如图 17-49 所示。

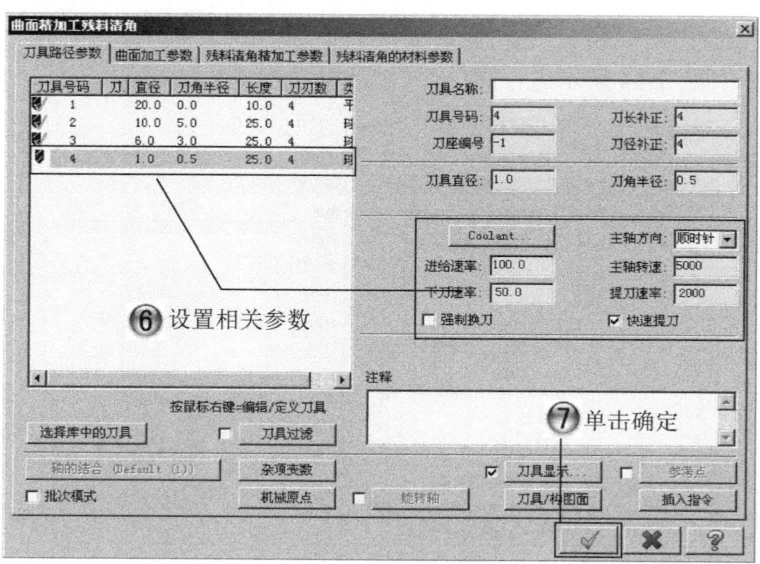

图 17-44 设置刀具路径相关参数

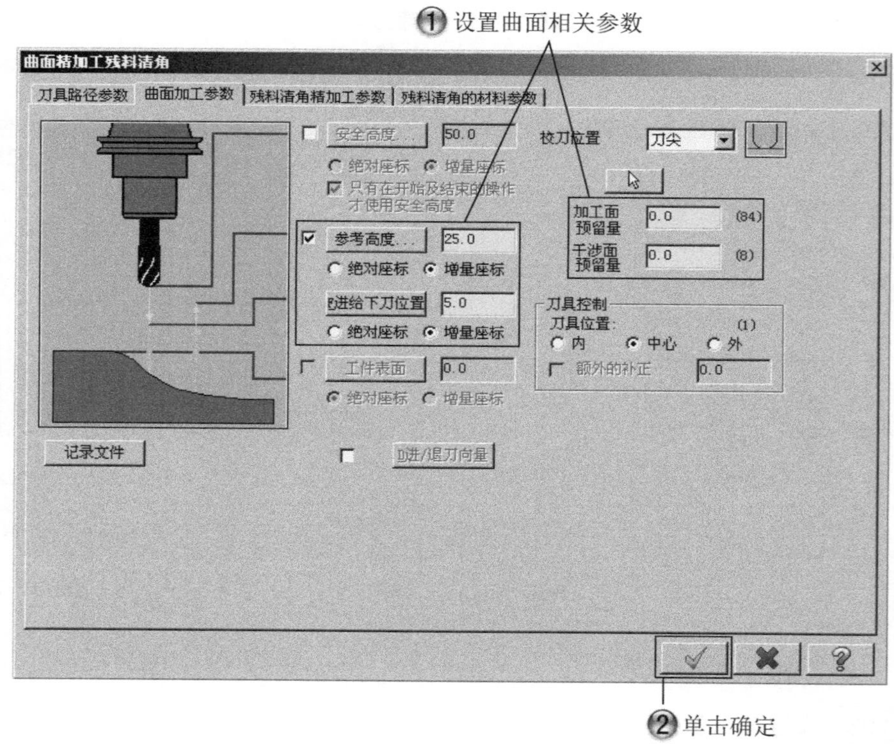

图 17-45 设置曲面加工参数

③ 设置残料清角精加工专用参数

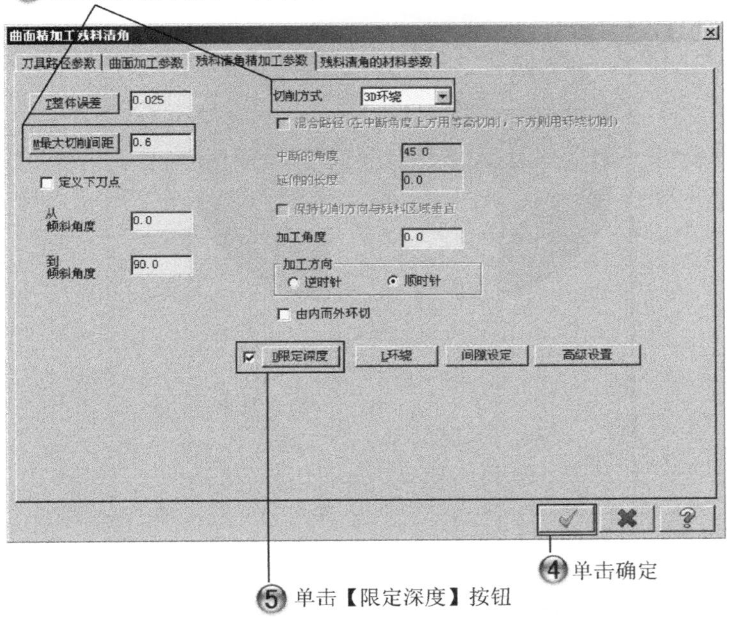

图 17-46 设置残料清角精加工参数

⑥ 设置加工深度参数

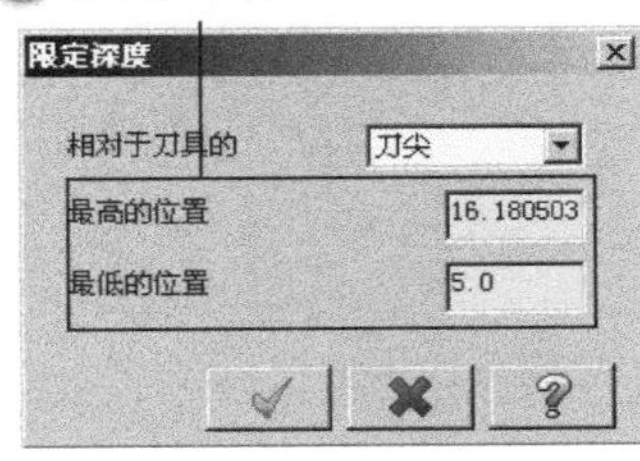

图 17-47 深度限定

⑦ 设置残料清角材料依据

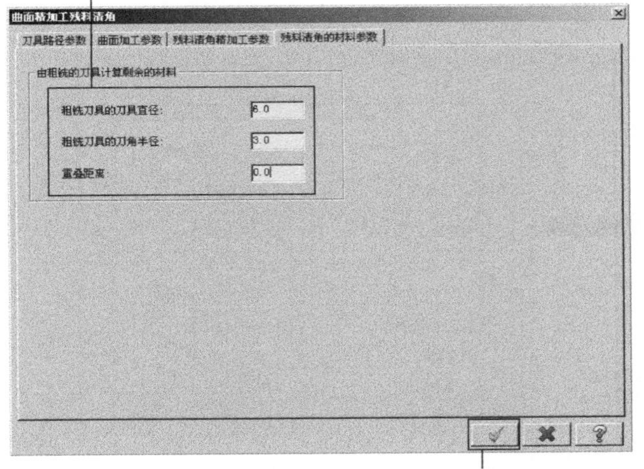

图 17-48 设置残料清角的材料参数

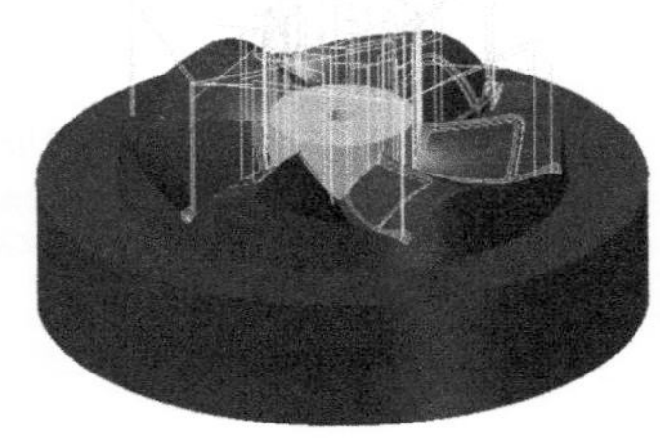

图 17-49 残料清角精加工刀具路径

17.2.5 采用球刀对侧面进行等高外形精加工

步骤 01 选取加工曲面和切削范围

选择【刀具路径】|【曲面精加工】|【精加工等高外形加工】菜单命令，系统弹出如图 17-50 所示的【刀具路径的曲面选取】对话框。

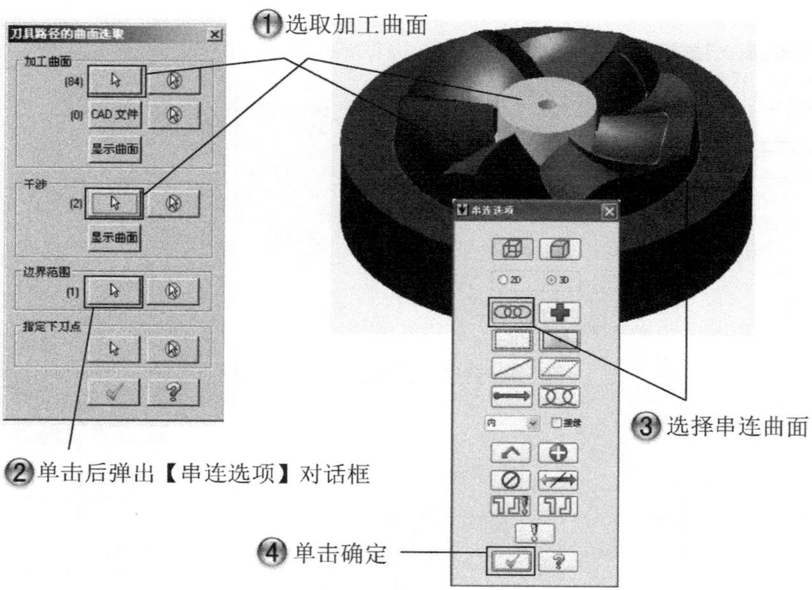

图 17-50　选取曲面和加工范围

步骤 02　设置刀具参数

按图 17-51～图 17-54 所示进行操作。

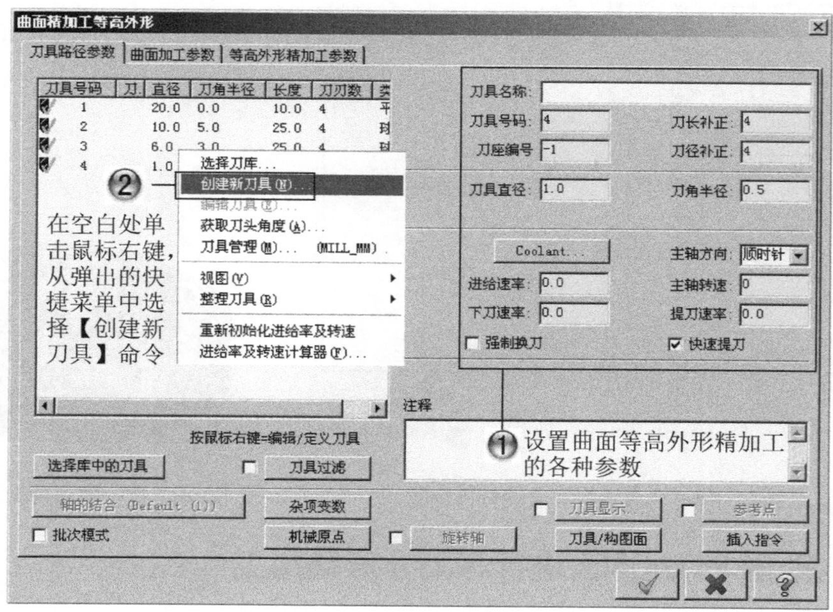

图 17-51　新建刀具

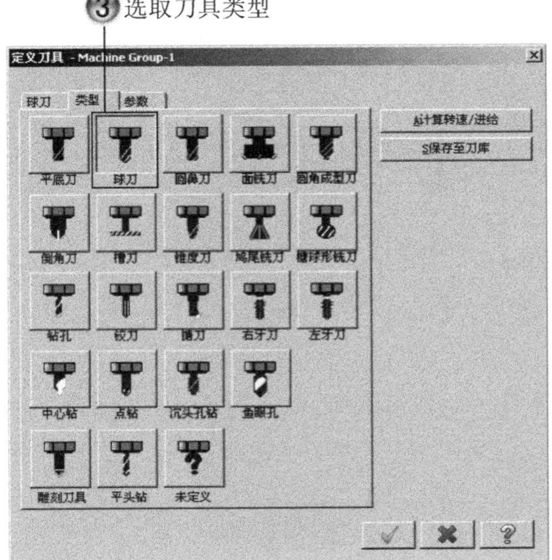

图 17-52　选取刀具类型

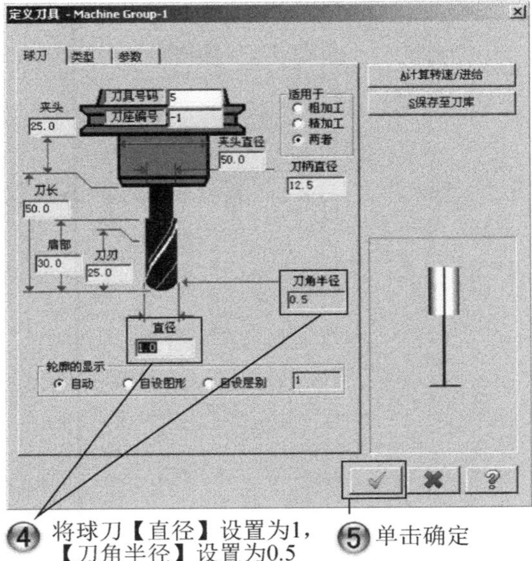

图 17-53　设置球刀参数

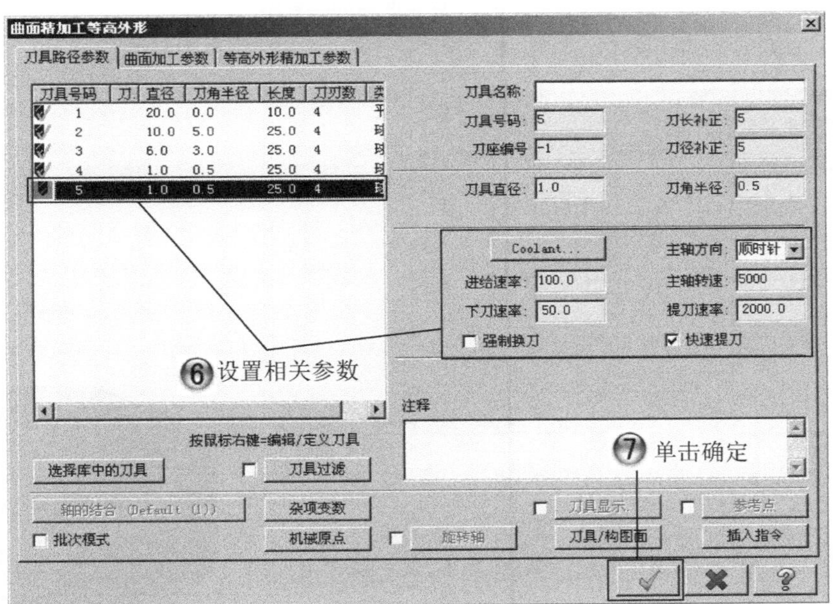

图 17-54　设置刀具路径相关参数

步骤 03　设置加工参数

按图 17-55～图 17-56 所示进行操作。

系统会根据设置的参数生成等高外形精加工刀具路径，如图 17-57 所示。

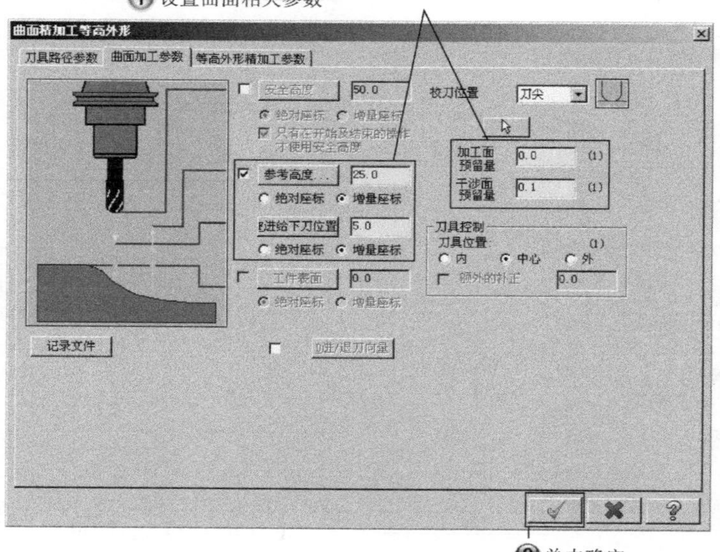

图 17-55　设置曲面加工参数

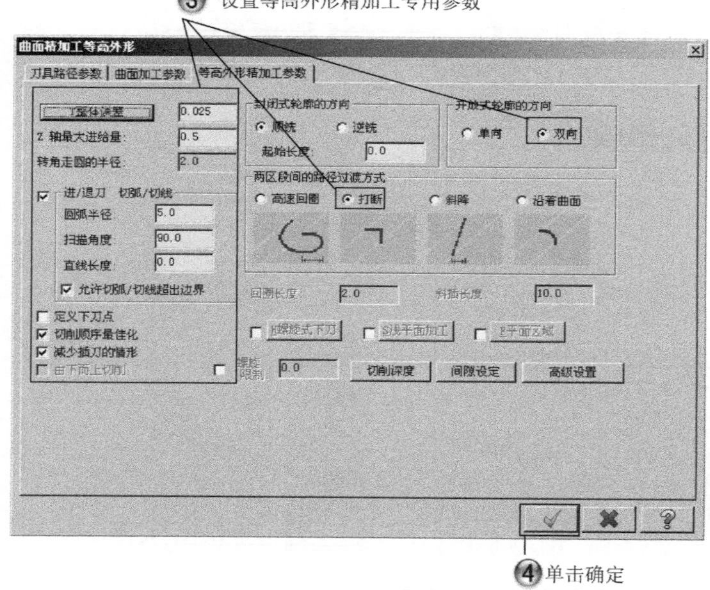

图 17-56　设置等高外形精加工参数

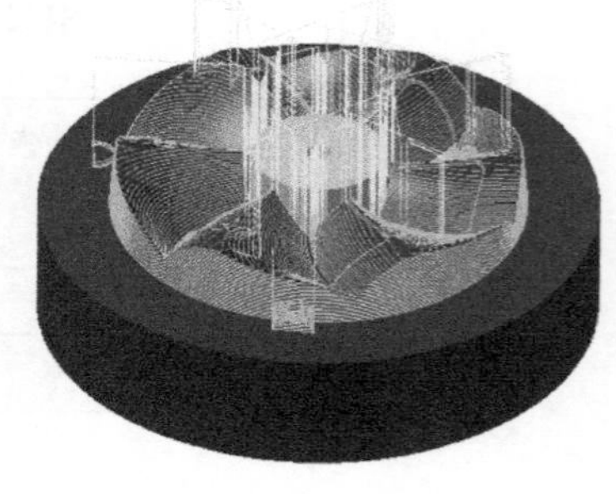

图 17-57　等高外形精加工刀具路径

17.2.6　实体模拟仿真加工

步骤 01　设置工件毛坯

在刀具路径操作管理器中单击【属性】|【素材设置】节点，弹出【机器群组属性】对话框，单击【材料设置】标签，切换到【材料设置】选项卡，如图 17-58 所示。